Ceux qui savent manger sont comparativement de dix ans plus jeunes que ceux à qui cette science est étrangère.

◆ ◆ ◆

제대로 먹을 줄 아는 사람은
요리의 과학을 수수께끼라고
생각하는 자보다 십 년은
더 젊어 보인다.

장 앙텔므 브리야 사바랭,
『미식 예찬*The Physiology of Taste*』,
1825

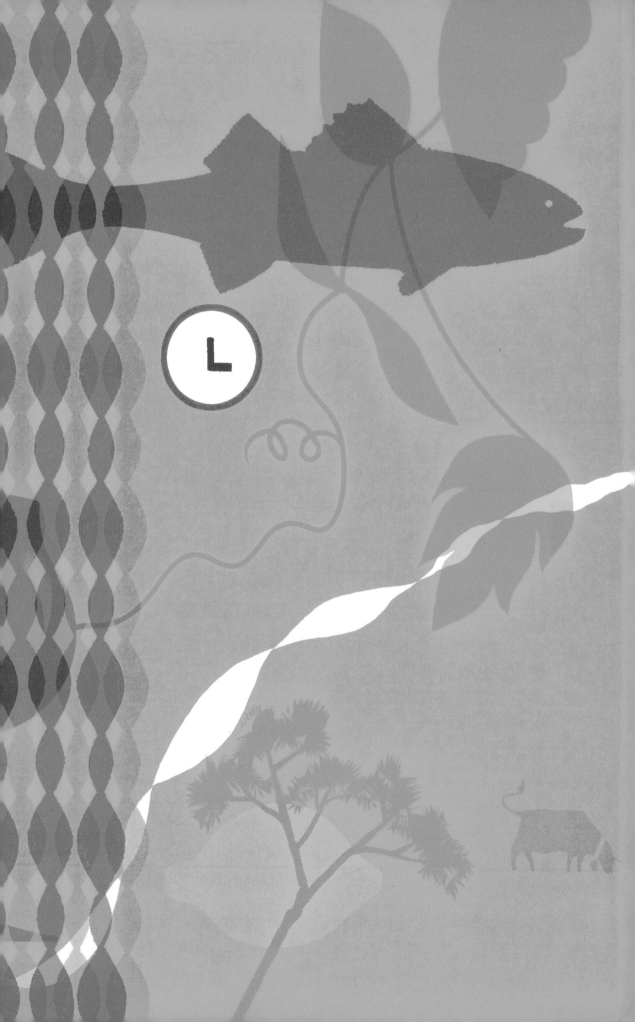

프랑스
FRANCE THE COOKBOOK 쿡북

지베르 마티오 지음 정연주 옮김

일러두기
본문 측변의 주석은 모두 옮긴이 주입니다.

레시피

서문

프랑스 요리는 세계에서 가장 풍성하고 다양하기로 유명하며, 기술과 전통으로 전 세계의 요리사에게 오랫동안 영향을 미쳐 왔다. 하지만 워낙 뛰어난 평판 때문에 오히려 너무 심오해 일반 가정에서는 범접할 수 없는 이미지가 되고 말았다. 하지만 프랑스식 가정 요리의 매력은 풍성한 식재료와 단순함에 있다. 뛰어난 전통을 기반으로 각 지방마다 특색이 살아 있어 품격 있는 다이닝 테이블부터 일상 속 식탁까지 두루 어울린다.

지네트 마티오의 『나는 요리하는 법을 안다*Je sais cuisiner*』는 이 점을 완벽하게 시사한다. 좋은 요리를 만들기 위한 기본적인 지식을 차곡차곡 담아서 독자가 접하게 될 재료와 필요한 기술을 가르치고, 프랑스 주방의 중심을 이루는 철학을 전달한다. 한정된 재료로 풍미를 최대한 끌어내는 방법, 남은 음식을 독창적으로 활용하는 방법, 간단한 보존 스킬로 식재료를 남김없이 활용하는 방법 등을 알려 준다. 저자가 30대 초반 무렵에 쓴 책이라 각 가정의 안주인이 스토브 앞을 꼬박 지키던 당시의 시대상이 묻어나지만, 지네트 마티오가 건네는 교훈은 오늘날에도 생생하게 살아 있다. 현재 요리사들 또한 지네트만큼이나 식재료를 꼼꼼하게 고르고 경제적으로 조리해서 놀라울 정도로 맛있게 만들기 위해 노력한다.

내가 처음 이 책의 개정 작업에 참여하게 되었다고 주변에 알리자마자 너도나도 이 책에 얽힌 개인적인 일화들을 들려 주었다. 대체로 다들 어머니의 냉장고 위에 낡아빠진 모습으로 덩그러니 놓여 있던 것을 떠올렸고, 집을 떠날 때에 새 책을 선물로 받았다고 기억했다. 그리고 첫 수플레나 첫 코코뱅을 만들 때 참고했음은 물론 프랑스 고전 요리를 만드는 법이 궁금할 때면 언제고 이 책을 들춰 봤다는 것이다. 내가 가지고 있는 『나는 요리하는 법을 안다』 또한 할머니에게 물려받은 것이다. 표지는 뜯어지고 없어서 몇 년도 판인지는 알 수 없지만, 할머니가 결혼한 해가 1933년도이니 분명 그 즈음에 구입했을 것이다. 책장은 너무 약해져서 아주 조심스럽게 넘겨야 하고 읽다 보면 무릎 위에 온통 노란 종이 부스러기 투성이지만, 책 자체는 물론 그것에 담긴 의미까지 가보로서 소중하게 간직하고 있다.

『나는 요리하는 법을 안다』가 처음 출판된 1932년, 쥬느비에브 마티오(지네트는 애칭이다.)는 고작 스물다섯 살이었다. 젊은 가정과 교사였던 지네트는 프랑스의 출판사와 손을 잡고 각 가정의 부엌을 책임지는 이들을 위하여 어느 책보다도 실용적이고 꼼꼼하며 포괄적인 레시피 모음집을 만들었다. 게다가 당시로서는 참신한 발상에 속하는 식단 조절에 대한 내용을 책에 반영했다. 지네트는 학생을 동원해 책에 실릴 레시피를 테스트하고, 주부가 알아야 할 요리와 홈베이킹, 음식 보존법을 고루 망라한 1,900개의 레시피를 작성했다. 저자의 뛰어난 감각을 반영한 단순하면서도 폭넓은 양질의 레시피 덕분에 책은 출간 즉시 이름을 알렸고 지금까지 무려 77년간 여러 번의 개정을 거치며 수백만 권이 팔려나간 기록을 세웠다. 비록 지네트 마티오 여사는 1998년 세상을 떠났지만 그녀의 작품은 여전히 시간의 흐름을 초월하며 우리 곁에 살아 숨쉬고 있다.

원래 젊은 초보 주부를 염두에 두고 주방에서의 첫 걸음을 인도하여 가족에게 맛있는 식사를 대접할 수 있도록 제작한 『나는 요리하는 법을 안다』는 프랑스 사회가 진화하면서 함께 발전을 거듭했다. 이는 저자 자신이 보수적인 가족의 반대로 의사가 되고자 했던 꿈이 좌절된 후 평생 결혼하지 않고 대신 프랑스 교육계에서 성공적으로 경력을 쌓아 결국 감사관 지위까지 오른 주체적인 여성이었던 사실과 무관하지 않다. 그리고 이제 이 책은 나이, 환경과 관계없이 남녀 모두가 애용하는 요리책이 되었다. 다들 갑자기 양 다리 한 짝을 구워야 하거나 미래의 배우자 식구들에게 잘 보이고 싶을 때 박학다식한 친척에게 전화를 걸어 묻듯 지네트의 설명에 귀를 기울인다. 신뢰성 만점에 다행스럽게도 반짝 유행과는 거리가 먼 지네트의 레시피에는 매력적인 고전 요리의 정수가 가득 담겨 있어, 오늘날까지 『나는 요리하는 법을 안다』가 가장 사랑받는 고전 프랑스 가정식 책이라는 점을 쉬이 납득할 수 있다.

『프랑스 쿡북』의 목표는 다음과 같다. 『나는 요리하는 법을 안다』 원본을 현대식 주방에 적합하면서 국제적으로 통용 가능한 수준으로 개정하는 것이다. 원본 레시피는 전형적인 프랑스식 조리서답게 심하게 간결한 편이므로 빈 곳을 채우거나 세부 단계를 상세하게 설명하고 일부 기술은 프랑스 어머니의 어깨 너머로 접할 기회가 없었던 사람도 따라할 수 있도록 자세하게 풀어 썼다. 또한 기름과 버터의 양을 조정하고 채소와 생선의 조리 시간을 훨씬 짧게 줄이는 등 현대식 입맛에 맞춰서 레시피를 적절하게 수정했다. 물론 이러한 결정은 결코 가볍게 내리지 않았으며, 무엇보다 원본에 담긴 저자의 정신을 충실하게 되살리는 것을 우선으로 삼았다. 나와 함께 요리 전문 편집자, 레시피 테스트 담당자 등이 팀을 이루어 공동 작업을 펼쳤다. 수북한 레시피들이 이리저리 오가며 새로운 단어가 덧입혀지고 수정되기를 반복했다.

지금 당신의 손에 들려 있는 책이 바로 그 결과물이다. 마티오 여사가 의도한 그대로 조금도 손대지 않고 똑같이 따라 하고 싶은 레시피가 있는가 하면, 본인의 취향과 상황에 따라 나름대로 변주하고 싶은 요리도 있을 것이다. 모두 나름대로 배울 부분이 있는 영감 가득한 레시피다. 부디 『프랑스 쿡북』이 1932년 이래 수백만 명의 프랑스 요리사에게 그랬듯이 독자 여러분에게 믿음직한 부엌의 동반자가 되어 줄 수 있기를 바란다.

클로틸드 뒤슐리에

이 책을 펼친 이들에게

우리는 복잡하지 않으면서 성공적으로 만들어 낼 수 있는 요리를 좋아한다. 그리고 그런 음식을 사람들에게 대접하면서 즐거운 시간을 보내고 싶어 한다. 오랜 시간 신뢰와 명성을 구축해 온 이 책을 고르게 된 이유도 그와 별다를 바 없을 것이다.

『프랑스 쿡북』은 요리를 하고 싶은 이들에게 매우 유용한 책이다. 좋은 요리책이라면 모름지기 유용한 정보만 깔끔하게 전달해야 하기 때문이다. 질이 떨어지는 레시피는 싣지 않고, 요즘 라이프스타일에 적합하지 않은 너무 복잡한 것도 빼야 한다. 이처럼 견실한 요리 원칙에 기반한 짜임새 있는 작품을 소개할 수 있게 되어 기쁘기 그지없다. 모두가 시간과 예산 절약을 언제나 염두에 두는 시기에 실로 실용적이고 유용하게 쓰일 것이라 믿어 마지않는다. 또한 전통 요리는 물론 현대적인 요리를 원하는 사람을 위해 최신 정보를 유지하고 있다는 점을 덧붙이고 싶다.

모든 레시피와 메뉴는 균형 잡힌 영양 식단의 규칙에 따라 만들었다. 프랑스 각지의 특색 있는 요리들을 살펴볼 수 있음은 물론이다. 설명은 최대한 간단하게 정리했고, 모든 요리는 6인분 기준이다. 준비 시간은 요리하는 사람의 숙련도에 따라 제각기 다르다. 요리사라면 비교적 빨리 준비할 수 있는 요리와 그렇지 않은 것을 구분할 수 있을 것이다. 조리 시간은 물이 끓기 시작하거나 예열된 오븐에 넣는 순간부터 정확하게 측정했다. 오븐 온도도 항상 명시되어 있다. 즉 실패할 두려움 없이 레시피를 따라할 수 있도록 만들었다.

초판 발행 이후 독자로부터 받은 수많은 편지 덕분에 부족한 점을 보완하고 개선하여 개정판을 낼 수 있었다. 이 단순한 가정 요리책이 독자들이 가장 아끼는 참고서로 영원히 남을 수 있기를 바란다.

지네트 마티오

지네트가 알려 주는
요리의 기초

우리는 왜 먹을까?

누구나 답을 아는 질문이다. 살기 위해서는 먹어야 한다. 하지만 어떻게 먹어야 하냐고 묻는다면? 책과 잡지에서 방대한 정보와 조언을 얻고 있음에도 불구하고 이 질문의 해답은 아는 사람도, 궁금해 하는 사람도 없다. 현대 사회에 들어와 요리 속 숨은 과학이 더욱 잘 알려지면서 때로는 단순한 즐거움을 배제하기도 하고, 우리의 식단이 습관과 편견에 빠지거나 우연과 변덕에 좌우되는 일이 잦아졌다. 하지만 자기 자신에게 제대로 식사를 대접하는 방법을 익히는 것은 건강을 챙기고 생활비를 지키는 과학적인 접근법이다.

음식은 우리 몸에 반드시 필요한 두 가지 요소를 충족시킨다. 일상생활을 영위하는 데에 필요한 에너지원(탄수화물, 지방, 단백질), 그리고 신체가 정상적으로 작동하도록 구성하고 보수 및 유지하는 것(단백질, 비타민, 미네랄, 식이섬유와 수분)이다. 프랑스인은 음식을 감사히 여기고 좋아한다. 식이 관련 조언을 귀 기울이는 것에 전혀 거부감이 없지만, 무엇보다 음식은 반드시 맛있어야 한다고 생각한다.

따라서 우리는 위와 같은 요청을 충족시키면서 식사를 다양하고 조화롭게 구성하여 미각도 함께 자극할 수 있도록 최선을 다해야 한다. 메인 요리는 식사를 지배하지 않으면서도 풍미의 클라이맥스가 되어야 한다. 그리고 디저트는 메인 요리의 존재감을 다독이면서 만족스러운 식사의 마무리 역할을 담당해야 한다. 요리마다 제각기 특별한 풍미가 나고, 쓸데없이 향이 강렬해서 메인 요리를 방해하는 일 없이 부차적인 맛과 향, 적절한 톤으로 배경을 장식하는 음식을 조화롭게 구성해야 한다.

만일 과학자들이 식사를 해결해 주는 알약을 개발한다면 우리의 삶은 훨씬 간편해질 것이다. 하지만 그와 동시에 삶의 대표적인 매력 중 하나를 잃게 될 것이다. 제대로 요리한 식사, 맡기만 해도 입에 침이 고일 정도로 뛰어난 향기를 풍기는 잘 꾸며 낸 음식 접시보다 더 즐거운 것이 있을까? 다행히 아직 음식을 먹으려면 반드시 조리 과정을 거쳐야 한다. 요리는 예술이므로 요리사의 상상력을 완벽하게 발휘할 수 있는 기회. 그러나 요리는 과학이기도 하다는 점을 절대 잊지 말고, 반드시 주방의 규칙을 준수해야 한다.

조리 도구

조리 도구는 무심코 잔뜩 사기 쉬운 매력적인 존재지만, 너무 많은 물건으로 주방을 복잡하게 만드느니 질 좋은 도구를 소량 구입하는 것이 훨씬 좋다.

하지만 한 가지 물건만 갖추고 살 수는 없다. 이상적인 조리 도구는 튼튼하고 녹슬지 않으며 사용 중에 손상되지 않을 정도의 내구성을 갖추고, 열전도율이 좋으면서 세척이 간편해야 한다. 달콤한 디저트와 보존 음식을 만들려면 구리 냄비를 반드시 구입해야 한다. 스튜를 만들 때는 무쇠 냄비가 이상적이다. 하지만 물을 끓일 때는 스테인리스 스틸 냄비가 제일 좋다. 바닥이 두껍고 단열 처리가 된 단단한 손잡이가 달린 스테인리스 스틸 팬을 한 세트 장만하면 유용하게 쓸 수 있다. 세척이 간편하고 내구성이 좋으며 저렴하다. 알루미늄 팬 또한 실용적이다.

저렴한 팬은 단점도 많다. 튼튼하지 않고 금속의 품질도 떨어지며 너무 얇거나 모양이 실용적이지 않을 수 있다. 오븐 조리용 유리 도구는 기능성이 뛰어나지만 사고가 발생할 위험이 있다. 금이 가거나 부서지면 쓰지 않도록 한다.

요리 준비용 도구

- 기계식 또는 디지털 저울
- 계량컵 2개(1L, 1/4L)
- 시계와 타이머
- 육수용 대형 냄비(지름 24cm)
- 바닥이 무거운 팬 1개 (지름 28cm)
- 뚜껑 있는 팬 1세트(5개 들이)
- 무쇠 캐서롤 냄비 2개
- 눌어붙음 방지 코팅된 프라이팬 2개(지름 24cm, 28cm)
- 전기 튀김기 1개
- 로스팅용 타원형 그릇 2개
- 그라탕용 그릇 2개
- 깔때기 1개
- 찜기용 이중 바닥 대형 냄비 1개
- 크기가 다른 테린 틀 2개
- 믹서 1개
- 푸드 프로세서 1개
- 푸드 밀 1개
- 소형 수동 채소 분쇄기 1개
- 눈 크기가 다른 체 2개
- 기계식 분쇄기(고기 다지는 기계 등) 1개
- 칼 2개
- 절구와 절굿공이 1개
- 스패출러 2개
- 국자 1개
- 구멍 뚫린 국자 1개
- 깔때기형 금속 체(쉬누아) 1개
- 강판 1개
- 도마 1개
- 테이블 매트 4개
- 조리용 칼 1세트(과도, 고기용 칼, 중식도, 날갈이와 채소 필러)

케이크와 페이스트리용 도구

- 페이스트리 밀기 또는 반죽 치대기용 작업판 1개
- 작업대의 남은 반죽 제거용 스크래퍼 1개
- 밀대 1개
- 수동 또는 자동 거품기 1개
- 깍지와 짤주머니 1개
- 제과용 솔 1개
- 나무 주걱 1개
- 식힘망 1개
- 다양한 크기와 모양의 쿠키 커터
- 다양한 크기의 원형 케이크 틀(지름 20~25cm):
  로프 틀
  바바 럼 틀
  타르트 틀
  샤를로트 틀
  케이크 틀
  식빵 틀
  가장자리가 높은 틀
  12구 머핀 틀
  플랑용 그릇
  원형과 타원형 타르틀레트 틀
- 베이킹 트레이 1개

당과용 도구

- 잼용 냄비 1개
- 구멍 뚫린 국자 1개
- 구리 냄비 1개
- 절구와 절굿공이 1개
- 쿠키 커터 1개

LA PELOTE
★★★

조리 방법

삶기와 데치기

물에 삶거나 데치는 것은 파스타나 곡물 등 밀도가 높은 음식을 조리하기 좋은 방법이다. 생선을 익힐 때 쓰는 전용 육수인 '쿠르부이용'처럼 재료를 삶으면서 동시에 국물의 풍미가 배게 하거나, 육수를 만들 때처럼 재료의 풍미가 국물에 빠져나오도록 하기도 한다.

끓는 물에 식재료를 바로 넣으면 풍미 유출이 덜하고 보존이 잘 되는 편이라 특히 녹색 채소처럼 신속한 조리를 통해 풍미를 최대한 유지하고 싶을 때 적합한 방법이다. 그러나 장시간 조리하면 용해성 물질이 결국 국물로 녹아 나오게 된다.

찬물에 재료를 넣고 서서히 데우면 수분이 천천히 빠져나오기 때문에 육수의 풍미와 영양이 늘어나고, 동시에 식재료의 맛과 영양은 줄어든다. 이것이 고기 육수나 채소 육수를 만드는 원리다.

찜

찜기는 위아래로 나뉘어진 팬 두 개로 이루어져 있다. 바닥에 구멍이 뚫린 위쪽 용기에 조리할 음식을 담고 아래쪽 용기에는 물을 담고 끓인다. 찜기가 없다면 물이 끓는 팬 위에 소쿠리를 올려 대체할 수 있다. 접어서 수납 가능한 찜기용 소형 바구니 또한 다양한 형태와 크기로 판매하므로 냄비의 크기에 맞춰서 골라 사용하도록 하자.

튀김

다량의 기름에 푹 담가 튀기는 딥 프라잉deep frying에 가장 흔히 사용하는 지방 종류는 고온으로 가열할 수 있도록 식물성 오일과 동물성 지방을 조합한 것이다. 땅콩 오일을 사용하면 아주 맛있는 튀김을 만들 수 있다. 해바라기씨 오일, 옥수수 오일, 유채씨 오일은 열에 쉽게 변질되므로 기름을 얕게 부어서 튀기는 셸로 프라잉shallow frying에 사용한다. 튀김을 할 때는 식재료를 넣기 전에 기름을 반드시 고온(180℃)으로 가열해서 겉이 빠르게 익을 수 있도록 해야 한다.

기름은 절대 연기가 날 때까지 뜨겁게 가열해서는 안 된다. 갈색으로 변하면서 기분 나쁜 맛이 난다. 뜨거운 기름에 식재료를 넣을 때는 소량씩 조심스럽게 더한다. 식재료에 전분이 들어 있으면 노릇하고 바삭하게 튀겨지는데, 튀김을 만들 때 주로 빵가루나 밀가루를 묻히는 것도 이 때

문이다. 기름의 높은 온도가 겉을 캐러멜화하고, 안쪽은 재료 자체의 수
분으로 익는다. 예시로는 채소 튀김을 생각하면 된다. 그러려면 기름이
아주 뜨겁고, 식재료는 표면이 건조해서 물기가 묻어 있지 않아야 하며,
작은 크기로 잘라야 한다.

로스트

로스트는 음식에 지방을 소량 묻혀서 뜨거운 오븐에 익히는 것이다. 조리
온도는 고기의 종류와 익히고 싶은 정도에 따라 조절한다. 붉은 고기는
220~240℃에서 겉을 노릇하게 익힌 다음 온도를 200℃로 낮춰서 마저
조리한다. 흰색 고기와 가금류는 처음부터 낮은 온도에서 가열하여 익힘
과 동시에 노릇해지도록 한다.

그릴 구이

그릴에 굽는 법은 언제나 똑같다. 날것의 재료에 솔로 오일을 가볍게 바른
다음 직화로 굽는다. 그릴은 반드시 조리 전에 뜨겁게 달궈 놓아야 한다.
나무나 석탄 등으로 불을 피워서 그릴 요리를 하면 훈제 향이 배어서 풍
미가 더욱 좋아진다. 적색 고기를 그릴에 구울 때는 집게 또는 스패출러
로 뒤집는다. 포크를 쓰면 육즙이 줄줄 빠져나가기 때문이다.

바비큐

작은 크기의 고기를 익힐 때는 그릴이 적합하지만, 큼직한 고기 덩어리를
구울 때는 바비큐를 해야 한다. 꼬챙이에 끼운 고기를 쉬지 않고 돌려서
한 부위가 너무 오랫동안 열에 노출되지 않도록 한다. (꼬챙이가 자동으로
회전하는 기계도 있다.) 굽는 동안 고기에서 흘러나온 기름기와 육즙을 수
시로 고기에 전체적으로 끼얹도록 한다.

팟 로스트

팟 로스트는 덩어리 고기를 뚜껑을 닫은 캐서롤 냄비나 바닥이 묵직한 냄비에 담고 스토브에서 조리하는 것을 뜻한다. 냄비 바닥에는 저민 당근이나 양파 등 향미 채소를 깔고, 버터 등 지방 재료를 소량 사용한다. 주로 오븐에서 로스트하는 동안 건조해질 위험이 높은 큼직한 송아지고기 덩어리나 통닭, 거세된 수탉, 칠면조 등 몸집이 큰 가금류에 주로 사용하는 방법이다. 조리 중에는 향미 채소에서 증기가 발생하여 고기가 건조해지는 것을 막는다. 우선 고기를 골고루 노릇하게 지진 다음 소금 간을 가볍게 하여 뚜껑을 꽉 닫고 고기를 약 15분 간격으로 돌려 가면서 천천히 익힌다.

조림(브레이즈)

조림, 즉 브레이즈는 한때 프랑스 요리를 부흥하게 만들었던 고기와 채소를 사용하는 고전 요리 에스투파드estouffade에 적용되는 조리법이다. 아주 천천히 오랫동안 조리하므로 열이 골고루 분배되는 것이 중요하다. 열원이 위아래에 있어야 맛있는 브레이즈를 만들 수 있다. 뚜껑이 있는 캐서롤 냄비 또는 바닥이 무거운 냄비를 이용해서 단단히 밀봉해야 한다. 초반에 간을 하고, 조리 시간을 정확하게 계산해야 함은 물론이다.

조리 중에 식재료에서 발생한 증기는 뚜껑에 막혀서 다시 고기로 떨어지며 요리에 풍미를 주입하고, 각별한 맛이 나는 그레이비를 완성한다. 주로 소고기 우둔살처럼 큼직한 덩어리 고기는 얇은 베이컨으로 감싸거나 칼집을 내서 베이컨 조각을 박는 과정을 거친 다음 하루 전날 미리 양념에 재우는 식으로 손질한다. 그리고 겉을 노릇하게 지진 다음 풍미가 농후하고 살짝 걸쭉한 소스와 향미 채소를 덮어서 천천히 오랫동안 조린다.

스튜

스튜는 브레이즈와 장단점이 동일하다. 딱 맞는 뚜껑이 있는 캐서롤 또는 바닥이 묵직한 냄비를 이용하고 고기와 채소를 소스에 익히며 밀가루로 점도를 낸다. 스튜는 조리할 때 주의를 많이 기울일 필요가 없다. 향신료나 와인, 육수 등 추가한 재료에서 풍미가 우러나기 때문에 저절로 맛있어진다. 조리 과정은 일정하고 느릿해야 한다. 종류는 크게 흰색 스튜와 갈색 스튜로 구분할 수 있다. 흰색 스튜인 블랑케트blanquette를 만들 때는 고기 또는 가금류를 갈색으로 노릇하게 지지지 않고, 소스는 맑은 육수를 이용해 만든다. 닭고기 프리카세 등에는 크림을 더하기도 한다. 나바랭이나 코코뱅 같은 갈색 스튜를 만들 때는 고기나 가금류를 먼저 제대로 노릇하게 지진 다음 레드 와인이나 갈색 육수 등의 액상 재료를 더한다.

소테(셀로 프라잉)

소테는 빠르게 조리해야 한다. 재료를 작은 크기로 잘라서 뜨거운 기름에 조리하며, 튀김용 또는 소테용 팬을 이용한다. 한쪽 면을 노릇하게 지져서 절반 정도 익힌 다음 뒤집어서 반대쪽 면도 노릇하게 지진다. 에스칼로프escalopes나 스테이크, 뮈니에르식 생선을 만들 때 적합한 조리법이다. 또한 프라이팬에 액상 재료를 더해서 바닥의 파편을 긁어내는 디글레이징을 진행하기 전에 반드시 여분의 기름기를 제거해야 한다.

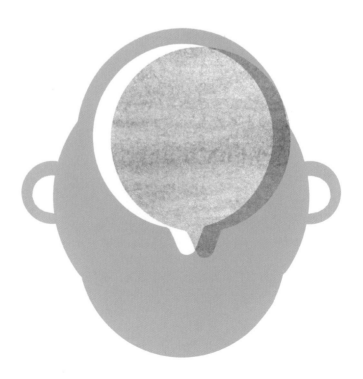

와인

와인 고르는 법

18세기 프랑스의 식도락가 브리야 사바랭은 와인 마시는 법에 대하여 가장 약한 맛에서 가장 강한 맛으로 강도의 순서에 따라 마시라고 조언했다. 음식에 와인을 곁들일 때는 아주 신중하게 골라야 한다. 가벼운 맛의 음식에는 차갑게 낼 수 있는 가볍고 어린 와인이 필요하다. 향신료가 강한 음식이나 소스를 곁들이는 음식에는 풍미가 더 강한 풀바디 와인이 좋다. 향을 강화하려면 와인에 맞는 적정 온도를 맞추는 것이 중요하다.

온도

화이트와 로제 와인

드라이한 것은 아주 차가운 6~12℃로 내야 한다.

샴페인

냉장고에서 차갑게 식힌 다음 얼음을 채운 와인 버킷에 담는다.

레드 와인

레드 와인은 약 22℃의 실온으로 내야 한다. 부르고뉴 와인은 주로 더 서늘한 16℃ 정도로 낸다. 보르도 와인을 완벽하게 즐기고 싶다면 살짝 높은 18℃로 내야 한다.

와인 내는 법

● 포도주를 담아서 식탁에 내는 용도로 사용하는 유리병.
●● Appellation d'origine contrôlée, 원산지 관리 증명.

테이블 와인은 카라페carafes●에 부어 낼 수 있다. 오래된 와인은 디캔팅을 해야 할 수도 있다. AOC●● 와인은 병 그대로 낸다. 침전물이 많을 경우 가라앉을 수 있도록 특별한 바구니에 담아서 옆에 따로 둔다. 아주 오래된 병은 절대 깨끗하게 닦지 않는다. 보통 수프, 또는 샐러드나 아스파라거스 등 비네그레트 드레싱을 두른 요리에는 와인을 곁들이지 않는다. 초콜릿 디저트나 특히 오렌지 등의 과일과 함께 내면 와인의 풍미가 망가질 수도 있으니 주의하자.

오르되브르

드라이하거나 가볍기만 하다면 미디엄 드라이 화이트 또는 로제 와인인 샤블리, 푸이-퓌메, 실바네르, 아르부아, 뮈스까데, 로제 드 리세, 몽루이, 코트 뒤 프로방스와 상세르를 추천한다.

굴과 갑각류

드라이 화이트 와인인 뮈스카데, 화이트 버건디와 트라미너가 좋다.

생선 전채 요리

생선 전채 요리에는 드라이 또는 미디엄 드라이 화이트 와인이 제일 잘 어울린다. (오르되브르에 추천하는 와인을 참고하자.)

스위트 와인은 진한 크림과 버터 소스를 곁들인 생선과 잘 어울린다. 바르삭, 그라브, 샤토 쉬드로, 샤토 디켐과 샤토 필로 등의 화이트 보르도 와인을 곁들여 보자. 뫼르소와 몽라셰 등 화이트 부르고뉴 와인도 완벽하게 어울리며, 리즐링과 게뷔르츠트라미네르 등 알자스 와인도 좋다. 레드 와인에 익힌 생선 요리에는 레드나 로제 와인을 곁들이는 것이 좋다.

고기 및 채소 전채 요리

종류가 너무 다양해서 어울리는 와인을 딱 꼬집어 말하기 힘들다. 크루스타드croustades, 볼로방, 부셰bouchées, 송아지 흉선, 크넬 페이스트리나 육류 내장이 들어간 요리에는 드라이 또는 미디엄 드라이 화이트 또는 로제 와인이 좋다. (생선 전채 요리의 추천 와인을 참고하자.) 가금류 요리에는 오크와 타닌 느낌이 덜한 가벼운 레드 와인이 어울릴 수도 있다. 샤토 라피트, 샤토 마고, 생테밀리옹, 생테스테프와 생 줄리앙 등의 보르도 레드 와인을 곁들여 보자.

고기 또는 야생 고기 로스트

로스트 고기 요리에는 양질의 레드 와인을 곁들인다. 붉은 고기에는 풀바디, 흰색 고기에는 그보다 가벼운 와인을 낸다.

보르도 와인에는 포메롤, 샤토 라피트, 샤토 마고, 생테밀리옹, 생테스테프와 생 줄리앙 등이 있고, 레드 부르고뉴 와인에는 즈브레 샹베르탱, 클로 부죠, 라 타슈, 본 로마네, 뉘 생 조르주, 코르통, 코트 드 본과 포마르 등이 있다.

푸아그라

일반적으로 살짝 달콤한 화이트 와인 또는 푸아그라 생산지의 와인을 추천한다. 소테른, 몽바지악, 몽라셰, 쥐랑송과 게뷔르츠트라미너를 시도해 보자.

치즈

레드 와인은 주로 치즈와 함께 낸다. 하지만 치즈에 맞는 와인을 골라야 한다. 예를 들어 그뤼에르와 브리 치즈에는 푸른 곰팡이가 있고 냄새가 강한 프랑스산 치즈인 로크포르보다 풀바디 느낌이 약한 와인이 어울린다. 염소젖 치즈에는 상세르 같은 드라이한 화이트 와인이 잘 어울린다.

디저트

샴페인은 주로 디저트와 함께 내며, 처음이라면 미디엄 드라이 샴페인을 고르는 것이 제일 안전하다. 그러나 샴페인은 식사 중에 내든(이때는 드라이한 것을 고른다.), 식사와 독립적으로 내든 일단 샴페인이라는 존재 자체에 집중하도록 만들어야 가장 완벽하게 음미할 수 있으며, 손님의 취향을 고려해야 한다면 미디엄 드라이와 드라이 샴페인을 모두 준비해야 한다. 또한 같은 종류의 샴페인으로 식사를 마무리하는 것이 일반적이다.

디저트에 어울리는 다른 와인으로는 소테른이나 바르삭, 루피삭, 루피악, 몽바지악 등의 보르도 화이트 와인 등이 있다.

부브레나 소뮈르, 쥐라의 뱅 드 빠유 등 높은 평가를 받는 와인이나 세리, 바니울스, 무스카트 등 강화 와인도 빠뜨릴 수 없다.

그랑 크뤼 와인은 가격이 비싼 편이며, 간단한 식사에는 대체로 그랑 크뤼보다 비교적 쉽게 구할 수 있는 딘순한 와인이 질 어울린다. 마콩, 샤블리, 지커 등의 화이트 와인, 로제 당주, 따벨, 부르게이 등의 로제 와인, 부르게이, 플뢰리, 보졸레 등의 레드 와인이 이에 속한다.

최근에는 식사 전체를 통틀어 와인을 한 종류만 제공하는 추세가 증가하고 있다. 이런 경우에는 가볍고 오래 숙성되지 않은 와인을 차갑게 낸다.

계절 식품

메뉴를 만들 때 가장 중요한 요소 중 하나는 제철 재료를 쓰는지의 여부다. 이제는 채소나 과일 대부분이 계절에 구애받지 않고 일 년 내내 구입할 수 있어서 계절에 큰 관계없이 사용하기 쉽다. 하지만 식재료는 일반적으로 제철이 아니면 값도 더 비싸지고 맛도 떨어진다는 것을 반드시 기억해야 한다. 다음 페이지의 표에서 주재료인 고기, 생선, 치즈, 채소 및 과일의 제철을 확인할 수 있다.

	고기&생선	치즈	채소	과일
1월	소고기 양고기 머튼 토끼고기 칠면조고기 멧돼지고기 굴 달팽이	브리 카망베르 캉탈 염소젖 치즈 리바로 마루왈 문스터 파르미지아노 레지아노	카르둔 당근 셀러리와 셀러리악 양배추 방울양배추 초석잠 치커리 서양 대파 호박	바나나 클레멘타인 대추야자 밤 호두 오렌지 배 사과
2월	양고기 멧돼지고기 사슴고기 개구리 다리 달팽이 레몬 서대기 굴 연어 염장 대구 민대구	브리 카망베르 블뢰 드 젝스 리바로 파르미지아노 레지아노	바르브 드 카퓌생● 브로콜리 셀러리와 셀러리악 양배추 초석잠 마타리 상추 모둠 샐러드 채소 민들레 마늘잎쇠채 돼지감자 ● 치커리의 일종	파인애플 레몬 대추야자 오렌지 배 사과
3월	새끼 염소고기 양고기 송아지고기 달팽이 도미 잉어 굴 농어 염장 대구 치어 민대구	봉동 브리 카망베르 쿨로미에 고르곤졸라 스위스 치즈	아스파라거스 당근 셀러리와 셀러리악 방울양배추 콜리플라워 시금치 마타리 상추 순무 코스 양상추 마늘잎쇠채	파인애플 바나나 키위 오렌지 배 사과

	고기&생선	치즈	채소	과일
4월	새끼 오리고기 곡물 사육 닭고기 새끼 염소고기 양고기 비둘기고기 고등어 연어 전어 민대구	브리 쿨로미에 구르네 뇌샤텔 로크포르	아스파라거스 콜리플라워 오이 양상추 모렐 버섯 소렐 완두콩 햇감자 래디시 코스 양상추	파인애플 바나나 딸기 오렌지 키위
5월	닭고기 새끼 염소고기 비둘기고기 토끼고기 개구리 다리 대구 몰바대구 고등어 도미 전어	염소젖 치즈 쿨로미에 구르네 뇌샤텔 로크포르	아티초크 아스파라거스 당근 오이 물냉이 시금치 누에콩 깍지콩 양상추 순무 소렐 완두콩 래디시 코스 양상추	아몬드 바나나 체리 딸기 키위 멜론
6월	닭고기 오리고기 새끼 염소고기 양고기 비둘기고기 칠면조고기 붕장어 고등어 홍어 송어 민대구	벨파아제 봉동 쿨로미에 고르곤졸라 구르네 에담 파르메산 퐁레베크	아스파라거스 가지 당근 오이 애호박 누에콩 양상추 순무 완두콩 감자 코스 양상추 토마토	살구 체리 딸기 라즈베리 레드커런트 멜론 복숭아

	고기&생선	치즈	채소	과일
7월	소고기 머튼 비둘기고기 송아지고기 붕장어 가재 닭고기 서대기 닭새우	에담 구르네 그뤼에르 퐁레베크 포르샬뤼 르블로숑	아티초크 버터헤드 양상추 당근 콜리플라워 오이 애호박 콩 레터스 순무 피터팬 호박 완두콩 파프리카 코스 양상추 토마토	살구 아몬드 바나나 천도복숭아 체리 딸기 라즈베리 레드커런트 멜론 복숭아 자두
8월	닭고기 칠면조고기 잉어 가재 바닷가재 닭새우 송어	벨파아제 구르네 그뤼에르 에담 뇌샤텔 퐁레베크 포트샬뤼 르블로숑	가지 당근 애호박 콩 순무 피터팬 호박 완두콩 파프리카 토마토	살구 체리 무화과 멜론 미라벨 자두 헤이즐넛 복숭아 사과 포도 녹색 자두
9월	산토끼고기 자고새고기 가금류 토끼고기 홍합 새끼 자고새고기 고등어 굴	블뢰 드 젝 고르곤졸라 그뤼에르 리바로 몽도르 포트샬뤼 생 마르슬랭	가지 콜리플라워 깍지 강낭콩 생흰강낭콩 양상추 코스 양상추 토마토 송로버섯	파인애플 바나나 무화과 라즈베리 멜론 미라벨 자두 블랙베리 호두 윌리엄 배 사과 붉은 자두 녹색 자두

	고기&생선	치즈	채소	과일
10월	소고기 산토끼고기 머튼 자고새고기 비둘기고기 돼지고기 송아지고기 사슴고기 멧돼지고기 붉은퉁돔 서대기 민대구	브리 카망베르 체다 리바로 퐁레베크	가지 브로콜리 당근 셀러리와 셀러리악 프라젤렛 콩 모둠 샐러드 채소 순무 토마토	퀸스 무화과 키위 호두 사과 붉은 자두 포도
11월	소고기 거위고기 산토끼고기 머튼 자고새고기 돼지고기 토끼고기 홍합 굴 정어리 참치	브리 카망베르 캉탈 체다 리바로 마루알 파르메산	브로콜리 엔다이브 방울양배추 치커리 콩 렌틸 모둠 샐러드 채소 코스 양상추 마늘잎쇠채 돼지감자	대추야자 키위 밤 서양 모과 오렌지 배 사과 포도
12월	소고기 거위고기 산토끼고기 머튼 돼지고기 토끼고기 칠면조고기 해덕 아귀 홍어 농어 도미	브리 카망베르 캉탈 리바로 마루알 문스터 파르메산 퐁레베크	야생 치커리 브로콜리 방울양배추 사보이 양배추 치커리 마른 콩 밤 모둠 샐러드 채소 마늘잎쇠채	바나나 클레멘타인 대추야자 감 밤 헤이즐넛 호두 배 사과

풍미

요리에 풍미를 내는 용도로 사용하는 재료는 실로 다양하고 방대하다. 풍미 자체가 주인공이 되기도 하고, 맛은 물론 영양가를 더하는 역할을 한다. 요리 예술의 필수적인 부분으로 매력적인 요리를 완성하려면 반드시 필요한 재료다. 다양한 풍미는 요리사에게 있어서 예술가의 팔레트와 같다. 풍미 재료는 크게 향미 채소, 허브, 향신료, 산미 재료의 네 가지로 구분할 수 있다.

향미 채소

여기에는 마늘, 샬롯, 기타 양파 종류와 셀러리 등이 포함된다.

셀러리

줄기와 잎을 요리에 사용하며, 셀러리악이라는 뿌리채소의 형태로 쓰이기도 한다. 주로 육수나 포토푀, 퓌레 등에 향을 가미하는 용도로 사용한다. 토마토 주스에 셀러리 소금을 뿌리기도 한다.

양파

요리에 널리 사용되는 채소로 수많은 요리의 바탕이 된다. 양파 껍질을 벗길 때 눈물을 흘리고 싶지 않다면, 차가운 물을 틀어 놓고 그 앞에서 작업하거나 손질 직전까지 냉장고에 넣어 차갑게 보관한다. 가열하면 매운맛이 줄어들며 자연스러운 단맛이 부각된다.

마늘

마늘쪽은 얇은 껍질에 싸여 있다. 껍질을 제거하려면 칼날의 넓은 부분으로 마늘을 세게 눌러 으깨면 쉽게 벗길 수 있다. 마늘은 분홍빛을 띠는 것이 풍미가 부드러운 편이다.

샬롯

샬롯은 마늘, 양파와 비슷하지만 보통 맛이 그만큼 강하지는 않다. 풍미가 은은해서 여러 소스에 바탕으로 많이 쓰인다.

허브

허브는 많은 요리에서 주연 역할을 한다. 전통 요리에서는 필수 재료로 쓰이기도 하고, 낯선 풍미를 발굴하는 기회를 선사하기도 한다. 취향에 따라 여러 가지 조합으로 사용할 수 있지만 향이 강한 허브를 쓸 때는 분량 조절에 주의해야 한다. 허브는 저마다 자주 쓰이는 특정 지역이 있어서 향으로 해당 장소를 연상시키는 등 각 지역과 깊은 연관성을 지니기도 한다. 따라서 같은 지역의 요리에 사용하거나, 풍미가 비슷한 재료와 함께 쓰는 것이 좋다.

일반적으로 맛을 풍성하게 내려면 생으로 된 허브를 쓰는 것이 좋지만 특히 타임이나 로즈메리, 오레가노 등 줄기가 튼튼한 목질 허브는 건조 후에도 뛰어난 풍미를 자랑하며, 덕분에 오랜 시간 천천히 조리하는 요리에 잘 어울린다. 처빌이나 바질, 골파 등 잎이 풍성한 허브는 풍미가 섬세해서 너무 오래 가열하면 향이 사라지므로 요리를 마무리할 즈음에 넣는 것이 좋다.

바질
잎이 부드럽고 풍미가 은은하지만 쉽게 망가지므로 믹서로 다지는 것은 추천하지 않는다. 주로 손으로 찢어서 요리 마무리 단계에 넣는다. 여름 채소와 함께 샐러드로 만들면 좋다. 페스토 또는 피스투pistou●의 주재료다.

● 바질과 견과류, 올리브 오일 등을 이용하여 만드는 프랑스의 양념. 페스토와 비슷하지만 더 묽으며, 수프에 넣어서 먹기도 한다.

월계수 잎
월계수 나무의 이파리는 특히 풍미가 강하기 때문에 과하게 넣으면 쓴맛이 날 수 있다. 날것 또는 말린 상태로 사용하며 오랜 시간 조리하는 요리에 주로 들어간다. 육수와 쿠르부이용, 고기 스튜의 필수 재료다. 부케 가르니에도 빼놓을 수 없다.

부케 가르니
부케 가르니는 허브류를 모아서 묶거나 면포에 담아서 봉한 것으로, 수프나 스튜 등에 풍미를 내기 위하여 쓴다. 먹기 전에는 꺼내어 제거한다. 부케 가르니는 취향에 따라 다양하게 만들 수 있다. 항상 들어가는 재료로는 월계수 잎과 파슬리 줄기, 타임 등이 있지만 줄기가 억센 종류의 다양한 허브를 사용할 수 있다.

처빌
섬세한 잎에서 은은한 아니스 풍미가 나는 허브로 수프와 소스 및 샐러드에 유용하게 쓰인다. 맛을 제대로 내고 싶다면 줄기에서 잎만 떼어 내 사용하는 것이 좋다. 핀제르브의 고전 재료 중 하나다.

골파

양파과의 한 종류의 향기로운 허브로 아주 어린 실파의 녹색 이파리와 비슷한 느낌이 난다. 섬세하고 오묘한 풍미가 양파와 비슷하지만 아린 맛이 덜하며, 생으로 사용하거나 요리 마무리 단계에 넣는 것이 가장 좋다. 핀 제르브의 고전 재료 중 하나다.

딜

강한 아니스 풍미가 나는 미나리과 식물. 주로 곁들임 요리에 풍미를 강화하는 용으로 사용하며 생선과 피클에 특히 잘 어울린다.

회향

딜과 같은 미나리과 식물인 회향은 플로렌스 펜넬, 즉 펜넬 구근과 친척 관계다. 아주 곱고 부드러운 회향 잎은 딜 대신 사용할 수 있지만 더 달고 은은하다. 회향 줄기는 그릴이나 바비큐 또는 플랑베로 조리한 생선 요리에 향을 내는 용도로 사용한다. 또한 회향 씨는 프랑스 남부 요리에 흔히 쓰인다.

핀제르브

처빌, 파슬리, 타라곤, 골파 등의 생허브를 곱게 다져서 섞은 양념이다. 고전적으로 수많은 프랑스 소스 및 고기나 치즈 요리 등에 곁들여서 낸다. 오믈렛 속 재료로 널리 쓰이기도 한다. 요즘에는 고전 허브 4총사에 타임 등의 다른 허브를 추가할 때도 있다.

레몬밤

민트와 비슷하지만 기분 좋은 레몬 풍미를 더하는 허브로 샐러드에 넣거나 고기 또는 가금류 요리에 풍미를 내는 용도로 사용한다.

레몬그라스

태국이나 동남아시아 지역 요리에 많이 사용하는 향기 좋은 허브다.

레몬 버베나

남미가 원산지인 허브로 레몬 향과 풍미가 아주 강렬하기 때문에 주의해서 사용해야 한다. 과일 샐러드 등 달콤한 요리에 주로 넣는다.

마저럼

오레가노보다 풍미가 부드러운 마저럼은 샐러드는 물론 다양한 익힘 요리에 주로 사용하며, 오이나 당근 등 생채소에 곁들여도 맛있다. 생으로 요리 마무리 단계에 넣어야 향을 제대로 살릴 수 있다.

민트

민트는 민트 소스 등 짭짤한 주요리에 곁들이는 재료로 사용하며, 완두콩 및 감자 등과 잘 어울린다. 드물게 달콤한 요리에 쓰이는 허브 중 하나이기도 하다.

오레가노

마저럼과 가까운 관계인 지중해산 허브로 풍미가 강하며 생으로 사용하는 일은 거의 없다. 파스타 소스에 흔히 사용하며 그리스에서는 양고기 등의 고기 요리에 많이 쓴다.

파슬리

파슬리는 짭짤한 요리 위에 올리는 장식으로 흔하게 쓰인다. 잎이 얇고 넓은 이탈리안 파슬리는 곱슬 파슬리보다 풍미가 강하고 후추 맛이 난다. 핀제르브의 고전 4총사 허브 중 하나이며 부케 가르니에 수로 들어간다.

로즈메리

로즈메리는 젖먹이 돼지나 송아지, 양, 야생 동물의 고기나 채소 요리에 잘 어울린다. 건조 후에도 자극적인 풍미가 잘 유지되는 편이다. 향과 풍미가 강렬하므로 양 조절에 유의해야 한다.

세이지

다년생 허브로 품종이 다양하다. 전체적으로 모두 장뇌 같은 독특한 풍미가 나는 편이라 다른 허브와는 잘 어울리지 않는다.

세이버리

세이버리 허브는 수프나 샐러드, 특정 채소와 콩 요리에 사용한다.

타라곤

핀제르브의 필수 고전 재료 중 하나로 일 년 내내 구할 수 있다. 잎을 통째로 사용하거나 다져서 넣는다. 아니스 향이 상당히 강하므로 조금씩 사용해야 한다.

타임

타임은 흔히들 프랑스 요리의 비밀 재료라고 말하기도 한다. 부케 가르니의 재료 중 하나이며 모든 요리에 잘 어울리지만 버릇처럼 항상 넣지 않도록 주의해야 한다. 핀제르브에 더해도 좋다.

향신료

향신료는 프랑스 요리에서 점차 흔하게 사용되고 있다. 위대한 항해 모험 이후 독특하고 맛있는 여러 가지 향신료가 프랑스 요리에 자리 잡기 시작했다. 요즘은 향신료를 활용하여 요리의 풍미를 한껏 살리는 편이다.

아니스
소아시아에서 유래한 미나리과 식물이다. 씨앗은 페이스트리와 제과 등에 사용한다. 요리에서는 조개 및 갑각류에 풍미를 내는 용도로 쓰인다.

오향
중국 요리에 사용하며 증류주와 리큐어를 만들 때 쓴다.

시나몬
나무 껍질을 작게 돌돌 말린 막대 모양으로 가공한 향신료. 파우더 형태로 판매하기도 한다. 고대부터 야생 육류와 오리, 돼지고기 요리 및 우유와 달걀을 넣은 푸딩이나 디저트, 케이크, 페이스트리에 사용했다.

카다몬
이미 2000년 전 유럽에 소개된 향신료다. 작은 깍지 또는 파우더 형태로 판매한다. 쌉쌀한 후추 풍미가 나며 돼지고기 가공육이나 페이스트리에 사용한다. 커리 파우더의 재료 중 하나이기도 하다.

캐러웨이
진한 갈색을 띠는 초승달 모양의 씨앗으로 돼지고기 가공육이나 사우어크라우트●에 주로 사용한다. 취향에 따라 어떤 요리에도 넣을 수 있다.

● 독일식 양배추 절임.

카이엔 페퍼
매운 고추의 한 종류로 붉은 파우더 형태로 판매한다. 특정 조개 및 갑각류 조리법과 생선 수프의 필수 재료로 매운 맛이 난다.

칠리 고추
멕시코가 원산지인 매운 고추로 맛이 자극적이다. 매운 정도는 품종마다 다르다.

정향
정향은 이미 800년 전부터 요리에 사용했다. 주로 열매째나 가루 형태로 빻아 사용한다. 정향은 양파나 샬롯에 박아서 포토푀 또는 쿠르부이용에 넣거나 야생 육류 요리에 사용한다.

고수
미나리과 식물로 잎은 수프에, 씨는 마리네이드나 생선 또는 채소 요리에 주로 사용한다.

쿠민

아랍 요리에 많이 사용하는 향신료로 따뜻한 풍미가 난다

커리 파우더

커리 파우더는 약 12~14종류의 향신료를 혼합한 제품이다. 다양한 커리 레시피에 사용한다.

주니퍼

작은 상록수 관목의 열매로 사우어크라우트와 마리네이드, 일부 야생 육류 요리에 주로 사용한다. 건조된 열매 또는 가루 형태로 판매한다.

생강

로마 작가 플리니우스의 기록에 등장할 정도로 역사 깊은 향신료다. 뿌리줄기 형태의 날것, 시럽에 절인 것, 가루 등 다양한 형태로 판매한다. 맵싸한 풍미가 강렬하며 흰 살코기나 생선 요리 등에 널리 사용한다.

하리사

아주 풍미가 강한 페이스트로 매운 고추 말린 것을 으깬 다음 마늘과 고수 씨, 캐러웨이, 소금과 함께 오일에 재워서 만든다. 바비큐 고기에 곁들이거나 강렬한 맛의 소스를 만들 때 사용한다.

믹스드 스파이스

후추와 너트메그, 정향, 생강으로 만든 혼합 향신료 가루. 돼지고기 가공육에 흔히 사용하며 스튜나 시베civets처럼 천천히 오랫동안 조리하는 음식에 주로 넣는다.

너트메그

주로 통 너트메그를 갈아서 시금치, 으깬 감자, 오믈렛, 수플레, 다진 고기 요리 등에 풍미를 내는 용도로 사용한다.

파프리카 가루

작고 매운 헝가리 또는 스페인산 고추를 빻아 만든 붉은 가루 향신료다. 강한 맛, 훈제, 부드러운 맛, 중간 맛 등 다양하다. 조개 및 갑각류나 소스, 달걀, 리소토, 생선 및 닭고기 요리에 풍미용으로 사용한다.

후추

붉은 후추, 녹색 후추, 회색 후추, 백후추, 검은 후추 등 다양한 종류가 있다. 여러 가지를 섞어서 색다르게 활용할 수 있다. 백후추는 완숙한 씨의 껍질을 제거한 것이다. 검은 후추는 익힌 후 건조시킨 것이다. 빻아서 가루 형태로 판매하는 제품은 권장하지 않는다. 분쇄기로 즉석에서 갈아 쓰는 것이 좋다.

사프란

크로커스의 암술을 말려서 만드는 향신료. 전통적으로 파에야와 부야베스 등의 요리에 사용한다. 쌀과 흰 살코기에 풍미 강화용으로 쓰기도 한다.

타바스코

아주 매운 시판 병 소스다. 몇 방울만 떨어뜨려도 속을 채운 아보카도나 칵테일 새우처럼 가벼운 요리에 매콤한 자극을 더할 수 있다.

산미 재료

신맛을 사용하면 섬세한 요리에 생동감을 불어넣을 수 있지만, 모든 음식과 소스에 전부 넣으면 안 된다. 신 음식을 너무 많이 먹으면 소화 불량을 일으킬 수 있다.

케이퍼

케이퍼 덤불의 꽃봉오리다. 식초나 소금에 절여서 피클을 만들어 사용한다. 보존성은 소금에 절인 케이퍼 쪽이 더 높다. 소스에 넣거나 입맛에 따라 생선, 토끼나 송아지 등의 고기 요리에 풍미용으로 사용한다.

레몬

레몬은 양념에서 케이크와 페이스트리 재료에 이르기까지 다양한 요리에 사용되며, 껍질을 갈아 낸 제스트와 즙 모두 다방면에 쓰인다.

거킨GHERKIN 오이

작은 오이 품종으로 거친 표면과 탄탄한 과육이 특징이다. 상점에서 주로 식초 피클 형태로 판매하며, 제철에 생으로 된 것을 사서 직접 담글 수도 있다. 오이 피클은 주로 돼지고기 가공육이나 기타 고기류에 곁들여 내며, 많은 소스의 바탕이 된다.

머스터드

머스터드 씨의 가루 및 허브, 식초, 와인 등의 다양한 형태로 활용되는 향신료다. 머스터드의 종류는 매우 다양하며 생강이나 고수 씨, 셰리 식초, 라즈베리 식초, 타라곤 식초 등의 다양한 첨가물을 더하기도 한다.

식초

와인이 호기성 박테리아로 인해 산성화되면서 생기는 양념이다. 잘 골라서 사용하면 음식에 생동감을 불어넣을 수 있다. 쿠르부이용이나 소스, 새콤달콤한 요리에 주로 사용한다. 식초는 와인이나 사과주, 셰리, 라즈베리 등 많은 재료로 만들 수 있다.

용어 설명

걸쭉하게 하다

달걀노른자 등의 재료를 더하여
소스나 수프를 걸쭉하게 만드는 것.

그라탕

요리에 말린 빵가루나 치즈
간 것을 뿌려서 뜨거운 오븐에
노릇하게 구운 것.

글레이즈

주로 페이스트리 등 식재료 표면에
물과 달걀노른자를 섞은 액체를
솔로 바르는 것. 또는 음식을 내기
전에 걸쭉한 소스 또는 시럽을
둘러서 반짝이게 하는 것.

끓기 직전까지 데우다

주로 우유 등의 액체를 끓는점에
닿기 바로 전까지 가열하는 것.

끼우다

흰색 고기(송아지 안심, 송아지 흉선,
가금류 가슴살) 표면에 라딩용
바늘로 작게 썬 베이컨 지방을
주입하여 조리 중에 건조해지지
않도록 하는 것.

달이기

특정 물질을 액상 재료에 담가
끓여서 용해성 성분을 추출하는 것.

대망막

송아지 등의 포유류의 복부 내부를
둘러싼 지방 막. 로스트용 고기를
감싸서 촉촉함을 유지하는 용도로
사용한다.

덮는다

요리에 소스 등의 재료를 둘러서
표면을 거의 완전히 가리는 것.

데치기

주로 채소류를 끓는 물에 가볍게
익히는 것. 건져 낸 뒤 바로 찬물에
옮겨 식히는 과정으로 이어진다.
껍질을 쉽게 벗기기 위하여
데치기도 한다.

뒥셀

다진 버섯과 샬롯, 파슬리를 섞어
만든 혼합물로 포스미트 또는
스터핑으로 사용한다.

디캔트

침전물이 남아 있는 액체(주로
와인)를 다른 용기에 천천히 따라서
바닥에 가라앉은 것을 제거하는 것.

라드

라딩용 바늘을 이용해서 고기 결을
따라 일정한 간격으로 가느다란
베이컨 지방을 끼워 넣는 것.

루

녹인 버터와 밀가루로 만든
페이스트로 여러 걸쭉한 소스의
바탕을 이룬다. 소스 자체를
부르는 이름으로 쓰기도 한다.

마세두안

여러 가지 채소나 과일을 깍둑썰기
한 것.

면포

소스나 젤리를 거르는 용도로
사용하는 아주 고운 천.

묶다

흔히 가금류 등 고기 덩어리를
조리용 끈으로 묶는 것. 주로
로스트 치킨 등을 만들기 전에
전용 바늘을 이용해서 다리와
날개를 몸통에 고정시킨다.

뭉근하게 익히다

잔잔한 불에서 천천히 익히는 것.
뭉근하다는 것은 액상 재료가
끓기 직전의 상태로, 수면에 기포
몇 개가 천천히 올라오는 정도를
뜻한다.

뭉치기

소스, 스터핑, 기타 음식에
달걀노른자 등의 점도 조절제를
더하여 농도를 조절하고 한
덩어리로 뭉쳐지게 만드는 것.

미르푸아

깍둑썰기 한 채소와 허브를 노릇하게 볶은 것. 그레이비와 소스의 풍미를 강화하는 용도로 사용한다.

바드

얇은 베이컨 또는 베이컨 껍질로 고기 덩어리를 감싸거나 냄비 바닥에 한 켜 깔아서 건조해지지 않게 하는 조리법. 얇게 저민 베이컨을 부르는 명칭이기도 하다.

부산물

여기서는 가금류의 다리, 날개, 목, 다리, 간 및 모래주머니 등을 뜻한다. 육수를 만들 때 주로 사용한다.

부케 가르니

이탈리안 파슬리와 타임, 월계수 잎 등의 허브 종류를 모아서 끈으로 묶은 것. 소스나 육수 등에 넣는다.

브레이즈

뚜껑을 닫은 냄비에서 육수 또는 걸쭉한 소스와 함께 천천히 조리하는 것.

산성수

물이나 액상 재료에 레몬즙이나 식초를 더하여 아티초크 같은 채소의 갈변을 막는 것.

삶기

육수, 물, 우유, 설탕 시럽 등의 액상 재료에 식재료를 넣어 천천히 익히는 것.

샤를로트 틀

여러 프랑스식 케이크와 푸딩을 만들 때에 사용하는 속이 깊은 원형 틀. 주로 비반응성 금속으로 만든 제품이 많다. 속이 깊고 둥근 그릇으로 대체하기도 한다.

소테

가장자리가 높은 프라이팬 또는 소테용 팬에 기름을 아주 살짝 두르고 센 불로 식재료를 익히는 것.

속을 채우다

고기 또는 채소 안에 스터핑을 채우는 것.

손질하다

식재료에서 먹을 수 없거나 흠이 있는 부분을 제거하는 것.

쉬누아

눈이 고운 깔때기 모양의 체.

스터핑

고기나 생선 등을 기반으로 만든 고운 퓌레. 그대로 쓰거나 다른 재료에 속을 채우는 용도로 쓴다.

아스픽

정제한 고기 육수 또는 생선 국물로 만든 맑은 젤리.

알 덴테

파스타나 채소를 부드럽지만 아직 살짝 식감이 살아 있는 정도로 조리하는 것.

우림액

식물성 재료에 끓는 물을 부어서 풍미를 추출해 얻어 낸 액체.

우물

밀가루 등의 가루 재료를 소복하게 담고 가운데에 오목하게 구멍을 파는 것. 구멍에 액상 재료를 붓는 용도다.

유화하다

밀도가 서로 다른 액체를 혼합해서 걸쭉한 액체를 만드는 과정으로 머스터드 등 유화제의 도움을 받기도 한다.

육수

소고기, 송아지고기, 가금류에 채소와 향미 재료를 더하여 2~3시간 가량 뭉근하게 익혀서 얻어 낸 풍미 가득한 조리용 액상 재료. 사용하기 전에 기름기를 걷어 낸다. 시간이 부족하면 뜨거운 물에 시판 분말 소고기 육수를 녹이거나 양질의 시판 액상 육수를 사용한다.

잔털을 그슬리다

깃털을 뽑은 가금류에 불꽃을 가해서 남아 있는 작은 깃털을 완전히 제거하는 것.

재우기

생고기 또는 기타 식재료를 조리하기 전에 향기로운 액상 재료에 담가서 부드럽게 만들거나 여분의 풍미를 가미하는 것.

절이기

식재료를 주정이나 리큐어 등의 액상 재료에 장기간 담가서 풍미를 주입하고 부드럽게 만드는 것.

정제

육수 등 액체를 고운체에 거르거나 달걀흰자를 넣고 가열하여 고체 입자 찌꺼기를 제거하고 맑은 국물만 남기는 것.

정제 버터

흰색 유고형분을 제거한 버터. 주로 가열한 후 고형분을 걷어 내는 방식으로 제조한다.

제스트

감귤류의 외피를 얇게 벗겨 낸 것. 하얀 중과피 바깥쪽 부분이다. 주로 갈아서 가루를 내어 쓴다.

졸이기

액체를 팔팔 끓이거나 뭉근하게 익혀서 수분을 증발시켜 풍미를 농축해 걸쭉하게 만드는 것.

줄리엔

당근, 순무, 셀러리, 서양 대파의 흰색 부분 같은 채소 재료를 아주 가늘게 채 써는 것.

중탕

그릇을 뜨거운 물이 담긴 냄비 안에 넣거나 위에 얹어서 천천히 가열하는 조리법. 이대로 오븐에 넣거나 직화로 아주 잔잔하게 가열하여 조리한다.

지지기

아주 뜨거운 기름에 재료를 넣어서 표면이 노릇해지도록 가열하는 것.

찌다

끓는 물 위에 얹은 구멍 뚫린 용기에 식재료를 넣고 딱 맞는 뚜껑으로 완전히 닫아 증기로 조리하는 것.

찬물에 담그다

익혀서 뜨거운 식재료를 바로 찬물에 담가 더 이상 익지 않도록 하는 것.

축이기

물, 우유, 육수 등의 액상 재료를 소스에 더하는 것.

치대기

작업대에서 반죽을 매끄러워질 때까지 손바닥으로 밀고 누르는 것.

카나페

원래 버터에 구운 빵에 다양한 재료나 포스미트●를 얹은 음식을 뜻하는 말. 오늘날에는 종류와 무관하게 한입짜리 음식을 뜻하는 단어로 쓰인다.

● 고기와 채소 등의 다양한 재료를 다져서 혼합한 것

칼집을 넣다

생선에 대각선으로 칼자국을 내어 조리 중에 터지지 않도록 하는 것.

크넬

주로 독특한 타원형 모양으로 빚은 작은 경단을 뜻한다. 물이나 육수에 삶아 익힌다.

크림화하다

달걀노른자 또는 버터와 설탕을 거품기나 나무 주걱으로 휘저어서 옅은 노란빛을 띠는 걸쭉한 상태로 만드는 것.

투르네

채소의 껍질을 벗기면서 둥근 모양으로 다듬는 것.

퓌레

식재료를 블렌더 등으로 갈거나 졸여서 고운 페이스트를 만드는 것. 또는 완성한 페이스트를 부르는 이름.

플랑베

음식에 브랜디 등 알코올성 액체를 부어서 불을 붙여 알코올을 날리고 풍미를 유지한다.

- 1 -
소스
&
기본 레시피

소스

프랑스 요리에는 다양한 소스가 있으며, 조리 방법에 따라 구분한다. 재료에 바로 끼얹거나 접시 위에 둘러 내기도 하고 소스 그릇에 담아 따로 곁들이기도 한다. 프랑스식 소스는 대부분 풍미가 강하고 지방이 많이 들어가는 편이다. 하지만 분량을 섬세하게 조절하면 건강식으로도 한몫하는 소스도 있다. 프랑스식 소스는 그 종류가 워낙 많아서 어떻게 사용하느냐에 따라 무한한 가짓수의 요리가 탄생한다. 프랑스인은 그때그때 구할 수 있는 재료와 손님의 규모 등에 따라서 현존하는 소스 조리법을 적절하게 활용하며, 필요하면 새로운 소스를 만들기도 한다.

루 베이스의 소스를 만들 때는 수제 소고기 또는 송아지고기 육수를 사용하는 것이 가장 좋지만, 시중에서 파는 양질의 액상 육수 또는 가루 형태의 스톡으로도 대체 가능하다. 이 장에 실린 레시피로는 보통 6인분에 해당하는 약 500mL의 소스를 만들 수 있다.

쥬

로스트한 고기의 쥬
조리 중에 바닥에 고인 국물을 다시 고기에 끼얹어 촉촉하게 만드는 과정을 반복하면 고기 표면을 따라 흘러내리는 지방에 감칠맛 성분이 녹아들며 단백질이 축적된다. 이렇게 생성된 혼합물이 로스트한 고기의 천연 육즙, 즉 쥬Jus가 된다.

브레이즈한 고기의 쥬
고기를 브레이즈하면 열로 인해 흘러나온 육즙이 자연스럽게 그레이비를 형성한다. 사실 육즙이 많이 흘러나올수록 고기 자체의 풍미는 떨어지게 된다. 그러나 천천히 오래 조리하는 브레이즈 조리법을 따르면 흘러나온 육즙의 풍미가 다시 고기에 배어들면서 맛이 채워진다. 물론 채소로도 맛있는 쥬를 만들 수 있다.

점도 강화 소스

소스가 너무 묽거나 부드럽지 않을 경우, 점도를 더하는 재료를 추가해 보자. 밀가루나 감자 전분, 쌀가루, 빵가루 등의 녹말 재료를 더하면 소스가 걸쭉해진다. 또한 크림이나 달걀노른자, 버터, 동물의 피 등을 첨가하면 소스의 농도는 진해지고 동시에 풍미도 개선할 수 있다.

녹말 기반 점도 조절제
녹말 재료(밀가루, 쌀가루, 감자 또는 옥수수 전분)를 소량의 차가운 액상 재료에 섞은 다음 보글보글 끓는 소스에 부으면서 계속 휘젓는다. 수초간 바글바글 끓이며 농도를 맞춘다. 단순하지만 신중하게 작업해야 한다.

단백질 기반 점도 조절제
소스의 점도를 높이는 단백질 재료로는 동물의 피나 달걀노른자 등이 있다. 달걀노른자에 뜨거운 소스를 천천히, 조심스럽게 부으면서 거품기로 가볍게 휘젓는다. 소스를 다시 약한 불에 올려 걸쭉해질 때까지 계속 휘젓다가 완전히 응고되기 전에 멈춘다. 이때 소스를 절대로 바글바글 끓이면 안 된다.

지방 기반 점도 조절제
액상 재료에 지방을 조심스럽게 더해 섞으면 풍미와 농도를 갖춘 유화 소스가 완성된다. 버터 또는 크림을 끓지 않을 정도로만 뜨거운 액상 재료에 넣고 골고루 잘 섞는다. 이때 팔팔 끓이면 유화가 풀리면서 소스의 섬세한 풍미가 망가진다.

루

루는 주로 버터 등의 지방 재료에 밀가루를 익힌 다음 뜨거운 액상 재료를 첨가하여 완성하는 페이스트 상태의 소스다. 밀가루를 얼마나 오래 익히는가에 따라 소스의 색과 풍미가 달라진다. 화이트 루, 블론드 루, 브라운 루 등의 종류가 있다. 물, 우유, 육수, 와인 또는 요리에 쓴 액상 형태 재료를 모두 사용해 다양한 조합으로 만들 수 있으며, 루에 사용한 와인 등의 액상 재료를 요리에 함께 곁들여서 내기도 한다.

　모든 루는 동일한 과정으로 만든다. 팬에 버터를 녹인 다음(이때 노릇해지지 않도록 천천히 녹이면 화이트 루가 된다.) 밀가루를 넣는다. 나무 주걱으로 저으면서 거품이 올라올 때까지 익히되 밀가루가 살짝 노릇해지도록 볶으면 블론드 루가, 갈색이 돌도록 볶으면 브라운 루가 된다. 밀가루 상태가 알맞게 되면 센 불에 올린 채로 뜨거운 액상 재료를 천천히 부으면서 쉬지 않고 가볍게 저으며 섞는다. 단 밀가루가 너무 진한 갈색을 띠면 브라운 루의 색이 과하게 짙어지고 쓴맛과 신맛이 돌게 되니 주의한다.

유화 소스

유화 소스는 액상 재료에 지방 재료를 넣고 세게 휘저어서 미세한 크기로 분리된 지방 재료가 균질하게 퍼져 걸쭉하고 매끄러운 상태가 되도록 만든 소스로, 상태가 불안정하고 맛이 섬세한 것이 특징이다. 기본 바탕이 되는 액상 재료는 오일이나 물 또는 식초이며, 더하여 유화시키는 지방 재료는 주로 크림이나 버터 또는 오일 등을 사용한다. 오늘날 가장 잘 알려진 유화 소스로는 비네그레트와 마요네즈가 있다. 베어네즈 소스와 홀랜다이즈 소스 또한 널리 쓰인다. 유화 소스를 만들려면 지방 재료를 액상 재료에 천천히 넣으면서 쉼 없이 저으며 섞어야 한다. 유화 소스는 뜨겁게도 차갑게도 만들 수 있지만, 언제나 반드시 제 온도를 일정하게 유지해야 한다. 유화가 풀리고 분리되는 것은 보통 온도가 고르게 유지되지 않았기 때문이다. 따라서 유화 소스를 만들 때는 언제나 주의를 기울여야 한다.

쿨리와 졸임액 & 육수

쿨리나 졸임액, 육수(또는 퓌메fumet)에는 다양한 종류가 있으며, 여러 소스의 베이스 또는 첨가물로 활약하며 뛰어난 색과 풍미를 낸다. 일반적으로 버섯, 조개 및 갑각류, 허브 등의 재료의 풍미를 농축하여 만든다.

소스 만들기의
기초

베어네즈 에센스
ESSENCE BÉARNAISE

- ◆ 화이트 와인 식초 1L
- ◆ 드라이 화이트 와인 300mL
- ◆ 양파 다진 것 500g
- ◆ 샬롯 다진 것 375g
- ◆ 타라곤(대) 다진 것 1줌 분량
- ◆ 후추

  준비 시간 20분
  조리 시간 2시간
  분량 500mL

베어네즈 소스(75쪽)의 바탕이 되는 풍미 에센스로, 많은 소스를 만드는 데에 사용된다. 냉장고에서 오랜 시간 보존 가능하다는 장점이 있다.

큰 냄비에 모든 재료를 담고 한소끔 끓인 다음 부피가 3분의 2 정도로 줄어들 때까지 약한 불에서 2시간 동안 잔잔하게 끓인다. 체에 걸러 찌꺼기를 제거한 뒤 액상 에센스를 밀폐용기에 담아 냉장 보관한다.

녹색 시금치 퓌레
VERT D'ÉPINARDS

- ◆ 시금치 125g
- ◆ 생타라곤 125g
- ◆ 생처빌 100g

  준비 시간 5분
  조리 시간 1분
  분량 350mL

큰 냄비에 물을 담고 한소끔 끓인 다음 시금치와 타라곤, 처빌을 넣고 1분간 데친다. 건져 내 곧바로 아주 차가운 물을 담은 볼에 옮겨 완전히 식힌다. 다시 건져 믹서에 넣고 곱게 갈거나 체에 내려 퓌레를 만든다. 색이 금방 변하므로 만들고 바로 사용하는 것이 좋다. 선명한 녹색을 띠는 퓌레로, 소스에 색을 낼 때 사용한다.

미르푸아
MIREPOIX

팬에 버터를 두르고 중간 불에서 녹인 다음 당근, 샬롯, 양파, 생햄을 넣고 부드러워질 때까지 5~10분간 볶는다. 불을 끈 뒤 타임, 이탈리안 파슬리, 월계수 잎을 넣고 섞는다. 다양한 소스에 첨가해 풍미를 더하는 용으로 쓴다.

◆ 버터 50g

◆ 당근 깍둑 썬 것 100g

◆ 샬롯 깍둑 썬 것 5g(1작은술)

◆ 양파 깍둑 썬 것 50g

◆ 기름기가 적은 생햄 깍둑 썬 것 100g

◆ 타임 곱게 다진 것 1줌 분량

◆ 이탈리안 파슬리 곱게 다진 것 1줌 분량

◆ 월계수 잎 1장

준비 시간 15분

조리 시간 5분

분량 250g

생선 글레이즈
GLACE DE POISONS

큰 냄비에 소금과 후추를 제외한 모든 재료를 담고 물 1L를 부은 후 천천히 가열해서 잔잔하게 한소끔 끓인 다음 30분간 그대로 두어 익힌다. 체에 걸러 건더기를 제거하고 국물만 다시 냄비에 부어 국물이 4분의 3 정도로 줄어들 때까지 1시간 30분간 천천히 가열한다. 소금과 후추로 간하고 얕은 그릇에 담아 식힌 후 밀폐용기에 옮겨서 냉장 보관한다.

◆ 화이트 와인 500mL

◆ 민대구, 성대 같은 흰살 생선 뼈와 서덜 1kg

◆ 순무 다진 것 60g

◆ 당근 다진 것 60g

◆ 양파 다진 것 50g

◆ 부케 가르니 1개

◆ 이탈리안 파슬리 다진 것 1줌 분량

◆ 소금과 후추

준비 시간 20분

조리 시간 2시간

분량 500mL

고기 글레이즈
GLACE DE VIANDE

◆ 송아지 또는 소 뼈 1kg

◆ 베이컨 껍질 1조각

◆ 기름기가 적은 생햄 다진 것 1kg

◆ 순무 다진 것 60g

◆ 당근 다진 것 60g

◆ 양파 다진 것 50g

◆ 부케 가르니 1개

◆ 이탈리안 파슬리 다진 것 1줌 분량

　준비 시간 30분

　조리 시간 3시간

　분량 500mL

고기 글레이즈는 육수를 농축한 것으로 고기 요리 및 소스에 풍미와 색을 낼 때 사용한다.

　뼈와 베이컨 껍질, 생햄을 큰 냄비에 담고 물 2.5L를 붓는다. 한소끔 끓인 다음 불을 낮춰서 15분간 뭉근하게 익힌다. 불순물을 걷어 내고 순무, 당근, 양파, 부케 가르니, 이탈리안 파슬리를 넣는다. 이때 소금 간은 하지 않는다. 다시 한소끔 끓인 다음 약한 불에서 3시간 동안 뭉근하게 익힌다. 체에 거른 다음 국물만 냄비에 다시 넣어 글레이즈 같은 농도가 될 때까지 끓여서 졸인다. 완성된 졸임액을 체에 거른 다음 얕은 그릇에 담아서 식힌 후 밀폐용기에 담아 냉장 보관한다.

고기 젤리 또는 아스픽
GELÉE DE VIANDE

◆ 송아지 정강이 부위 1kg

◆ 소 우둔살 500g

◆ 기름기를 제거한 베이컨 껍질 150g

◆ 양파 다진 것 2개 분량

◆ 당근 다진 것 1개 분량

◆ 부케 가르니 1개

◆ 소금과 후추

◆ 판 젤라틴 3~4장(필요 시)

◆ 정제용 달걀흰자 2개

◆ 풍미용 마데이라 와인, 포트 와인 또는 셰리 100mL(선택 사항)

　준비 시간 25분

　조리 시간 4시간

　분량 500mL

고기 젤리 또는 아스픽은 육수를 졸여서 고기와 뼈의 천연 젤라틴으로 굳혀 만든다. 아스픽을 만들 때는 육수를 먼저 정제하여 아주 맑게 만든다. 고기 요리나 테린에 반짝이는 윤기를 내는 용도로 아주 제격이다.

　젤라틴과 달걀흰자, 알코올성 재료(사용 시)를 제외한 모든 재료를 큰 냄비에 담고 물 2.5L를 부은 후 한소끔 끓인다. 불순물을 걷어 내고 불의 세기를 안정적으로 조절하며 약 4시간 동안 뭉근하게 익힌다. 면포를 깐 체에 조심스럽게 거른 다음 완전히 식힌다. 육수 표면에 굳은 기름기를 제거한다. 육수가 차갑게 식으면 농도를 확인한다. 굳지 않았다면 다시 데워서 찬물에 불린 판 젤라틴 3~4장을 더한다.

　고기 젤리를 정제하여 아스픽을 만들려면 달걀흰자를 거품기로 가볍게 쳐서 푼다. 육수를 냄비에 담고 달걀흰자를 넣은 다음 쉬지 않고 조심스럽게 휘저으며 거의 끓기 직전까지 천천히 가열해 달걀흰자가 굳어서 거품처럼 올라오도록 만든다. 원한다면 마데이라 와인, 포트 와인 또는 셰리를 더하여 풍미를 낸다. 정제한 국물은 젖은 면포를 깐 체에 걸러서 찌꺼기를 제거하고 냉장고에 넣어 굳힌다.

버섯 육수

FUMET DE CHAMPIGNONS

버섯은 껍질을 벗기지 않고 젖은 행주로 닦은 후 다진다. 딱 맞는 뚜껑이 있는 팬에 버터를 두르고 서서히 녹인 다음 레몬즙, 물 120mL, 버섯을 더하여 뚜껑을 닫고 약 10분간 익힌다. 걸러서 국물을 따로 보관하다가 졸여서 요리나 소스에 풍미를 강화할 때 사용한다. 익힌 버섯은 따로 보관했다가 장식용으로 쓴다.

- 버섯 250g
- 버터 60g
- 레몬즙 1큰술

  준비 시간 10분

  조리 시간 10분

  분량 120mL

생선 육수

FUMET DE POISSON

큰 팬에 버터를 녹이고 양파와 생선 뼈, 서덜을 넣어 양파가 부드러워질 때까지 약 8분간 천천히 익힌다. 와인을 붓고 모든 재료가 잠길 만큼 물을 부은 뒤 레몬즙, 파슬리 줄기를 넣고 소금으로 가볍게 간을 한다. 뚜껑을 닫고 20~25분간 천천히 익힌다. 체에 걸러서 식힌 다음 밀폐용기에 담아 소스 또는 생선 수프에 사용한다.

- 버터 50g
- 양파 채 썬 것 50g
- 서대기, 민대구, 브릴*등 생선 뼈와 서덜 500~600g
- 드라이 화이트 와인 200mL
- 레몬즙 2작은술
- 파슬리 줄기 4개
- 소금

  준비 시간 10분

  조리 시간 20~25분

  분량 500mL

● 가자미목의 편평어 종류

로스트한 고기 쥬
JUS DE RÔTI

로스트 고기의 쥬 또는 그레이비는 익힌 고기를 휴지하는 사이에 로스팅 팬 아래 눌어붙은 캐러멜화된 작은 고기 파편을 뜨거운 액상 재료(와인, 육수 또는 물)로 녹여서 만든다. 나무 주걱으로 문질러서 풍미 가득한 파편을 최대한 긁어내는 것이 중요하며, 와인을 사용할 경우에는 그레이비를 반드시 체에 걸러야 한다. 필요하다면 기름기를 적당히 제거하고 소금과 후추로 간을 한다.

그레이비의 색이 너무 옅거나 농도가 묽고 풍미가 약하다면 강한 불에서 가볍게 졸인다. 걸쭉한 그레이비를 좋아하는 사람은 옥수수 전분을 물 약 1큰술에 풀어서 넣는다. 잘 섞은 다음에는 반드시 한소끔 끓인 후 1~2분간 뭉근하게 익혀서 날가루 맛을 없애고 걸쭉하게 만들어야 한다. 필요하다면 완성한 그레이비에 마데이라 와인이나 포트 와인, 셰리, 토마토 퓌레 등을 더하여 맛을 낸다. 버터를 조금 넣으면 광택이 흘러서 보기 좋다.

'가난한 자'의 소스
SAUCE SANS CORPS GRAS PAUVRE HOMME

- ◆ 샬롯 다진 것 3개
- ◆ 이탈리안 파슬리(대) 다진 것 1줌 분량
- ◆ 부케 가르니 1개
- ◆ 돼지고기 또는 야생 육류 육수 500mL
- ◆ 화이트 와인 식초 또는 레몬즙 1큰술
- ◆ 소금과 후추

  준비 시간 5분

  조리 시간 5분

  분량 500mL

팬에 샬롯, 이탈리안 파슬리, 부케 가르니를 담고 육수와 식초 또는 레몬즙을 붓는다. 소금과 후추로 간을 하고 한소끔 끓인 뒤 불을 줄이고 샬롯이 부드러워질 때까지 5분간 뭉근하게 익힌다. 돼지고기나 야생 육류 등 아주 기름지거나 맛이 진한 고기에 기가 막히게 어울린다.

메트르도텔 버터
MAÎTRE D'HÔTEL

 83쪽

버터에 이탈리안 파슬리와 레몬즙을 넣고 소금과 후추로 간을 하여 잘 섞는다. 유산지 또는 알루미늄 포일을 작게 뜯어서 가운데에 버터 혼합물을 얹고 감싸 원통형으로 빚는다. 사용하기 전까지 차갑게 보관한다. 사용할 때는 유산지나 포일을 벗긴 다음 동전 모양으로 송송 썰어서 접시마다 하나씩 얹어 낸다. 버터가 바로 녹으면서 진한 소스가 되며, 특히 스테이크처럼 구운 고기류에 아주 잘 어울린다.

- ◆ 버터 부드러운 것 80g
- ◆ 이탈리안 파슬리(소) 다진 것 1줌 분량
- ◆ 레몬즙 1작은술
- ◆ 소금과 후추

  준비 시간 15분

  분량 90g

라비고트 버터
BEURRE RAVIGOTE

냄비에 물을 붓고 끓인 다음 모둠 허브를 넣어 약 3분간 데친다. 건져서 체에 밭쳐 물기를 제거한 허브를 곱게 다져 버터와 함께 잘 섞은 뒤 다시 체에 걸러 딱딱하고 굵은 찌꺼기를 제거한다. 유산지 또는 알루미늄 포일을 작게 뜯어서 가운데에 버터 혼합물을 얹고 감싸 원통형으로 빚는다. 사용하기 전까지 냉장고에 넣어 차갑게 보관한다. 사용할 때는 유산지나 포일을 벗긴 다음 동전 모양으로 송송 썰어서 접시마다 하나씩 얹어 낸다. 생선 요리와 특히 잘 어울린다.

- ◆ 처빌, 골파, 타라곤, 물냉이 등 모둠 허브(대) 1줌
- ◆ 버터 부드러운 것 80g
- ◆ 소금과 후추

  준비 시간 5분

  분량 90g

블랙 버터
BEURRE NOIR

 84쪽

작은 프라이팬에 버터를 넣고 계속 저어가며 천천히 녹인 다음 유고형분이 짙은 갈색을 띠되 거뭇하게 타지는 않을 때까지 계속 가열한다. 이때 버터가 새까맣게 변했다면 버려야 한다. 가열한 버터를 그릇에 붓는다. 불을 끄고 프라이팬에 식초를 넣어 잘 저은 후 버터 위에 부어서 골고루 섞는다. 그릴에 굽거나 튀긴 생선, 달걀 및 채소 요리 등에 곁들여 낸다.

- ◆ 버터 60g
- ◆ 화이트 와인 식초 1큰술

  준비 시간 5분

  분량 75mL

뵈르 블랑
BEURRE BLANC

- 샬롯 다진 것 100g
- 타라곤 20g
- 화이트 와인 100mL
- 화이트 와인 식초 50mL
- 더블 크림 50mL
- 버터 살짝 부드러운 것 250g
- 소금과 후추
  준비 시간 15분
  조리 시간 20분
  분량 500mL

기름을 두르지 않은 작은 팬에 샬롯과 타라곤 잎을 넣고 수분간 천천히 가열한다. 와인은 전부, 식초는 조금 남겨 두고 부은 뒤 휘저어 섞으며 약한 불에서 약 10분간 졸인다. 더블 크림을 넣고 한소끔 끓인 다음 버터를 작게 잘라서 넣고 거품기로 빠르고 힘차게 휘저어 섞는다. 믹서에 부어 곱게 간 뒤 남겨 둔 식초를 더하여 매끄러운 소스를 완성한다. 소금과 후추로 간을 한다. 마무리로 다진 타라곤을 소량 섞어도 좋다.

콜베르 소스
SAUCE COLBERT

- 고기 젤리(45쪽) 200mL
- 버터 70g
- 레몬즙 1큰술
- 이탈리안 파슬리 다진 것 1줌 분량
  준비 시간 10분
  조리 시간 10분
  분량 250mL

작은 팬에 고기 젤리를 넣고 데운 다음 불을 끄고 작게 자른 버터를 넣어 쉬지 않고 골고루 휘젓는다. 레몬즙과 이탈리안 파슬리를 넣고 섞어서 마무리한다. 주로 생선 요리, 특히 서대기에 곁들여 낸다. 그릴에 구운 고기나 채소 요리와 함께 내기도 한다. 어떤 요리에 곁들이는가에 따라 타라곤이나 너트메그, 카이엔 페퍼 또는 마데이라 와인 등으로 풍미를 낼 때도 있다.

고기용 베르시 소스
SAUCE BERCY (POUR VIANDES)

- 샬롯 곱게 다진 것 3개 분량
- 화이트 와인 200mL
- 고기 글레이즈(45쪽) 50g
- 버터 50g
- 소금과 후추
- 소 골수, 곱게 다진 것 50g
- 파슬리(대) 다진 것 1줌 분량
  준비 시간 10분
  조리 시간 25분
  분량 150mL

대규모 와인 창고와 거래소로 유명한 파리의 한 지역 이름을 딴 전통 베르시 소스에는 원래 생선 국물이 들어가며, 생선찜 등에 주로 곁들인다. 여기서는 고기에 잘 어울려서 주로 그릴에 구운 앙트르코트 스테이크에 곁들이는 변형 레시피를 소개한다.

작은 팬에 샬롯을 넣고 와인을 붓는다. 한소끔 끓인 후 국물이 반으로 줄어들 때까지 계속 저으면서 잔잔한 불에서 약 15~20분간 익힌다. 고기 글레이즈를 더하고 작게 자른 버터를 넣어 쉬지 않고 휘저어 잘 섞는다. 소금과 후추로 간을 하고 소 골수와 파슬리를 섞은 다음 수분 더 익혀서 완성한다.

루 기반 소스

화이트 소스
SAUCE BLANCHE

밀가루로 걸쭉하게 만드는 기본 화이트 소스는 크림 소스, 베샤멜 소스, 치즈 소스 등 일상적으로 많이 사용하는 다양한 소스의 바탕이 된다.

[만드는 법 1]

달군 팬에 버터를 넣고 녹인다. 밀가루를 넣어 잘 섞은 다음 2~3분간 익혀서 페이스트를 만든다. 뜨거운 물을 천천히 부으면서 쉬지 않고 휘저어 덩어리진 부분이 없도록 만든 다음 10분간 뭉근하게 익힌다. 밀가루에 따라 흡습성이 다르므로 필요한 액상 재료의 분량은 정확히 측정하기 어렵다. 물을 적당히 조절하면서 원하는 농도를 맞추도록 한다. 소금과 후추로 간하여 마무리한다.

* 버터 30g
* 밀가루 40g
* 뜨거운 물 500mL
* 소금과 후추

  준비 시간 10분

  조리 시간 20분

  분량 500mL

[만드는 법 2]

앞의 방법보다 훨씬 풍미가 가벼운 소스를 만드는 방법이다. 팬에 밀가루를 넣고 찬물 100mL를 천천히 부으면서 잘 섞어 페이스트를 만든다. 다른 냄비에 물 500mL를 넣고 가열하여 끓는 순간 밀가루 페이스트 위에 부으면서 쉬지 않고 섞는다. 소금과 후추로 간을 하고 원하는 농도가 될 때까지 뭉근하게 졸인다. 내기 직전에 작게 자른 버터를 넣고 잘 섞는다.

* 밀가루 40g
* 소금과 후추
* 버터 50g

  준비 시간 5분

  조리 시간 20분

  분량 500mL

[변형]

• •

베샤멜 소스
SAUCE BÉCHAMEL

달걀이나 채소 요리, 그라탕 등에 널리 쓰이는 베샤멜 소스는 화이트 소스와 동일한 방식으로 만들되 물 대신 우유를 사용한다. 용도에 따라서 종종 즉석에서 간 너트메그로 풍미를 내기도 한다.

 85쪽

치즈 소스
SAUCE MORNAY

화이트 소스 또는 베샤멜 소스에 그뤼에르 또는 파르미지아노 레지아노 치즈 간 것 100g을 섞는다. 치즈 때문에 소스가 훨씬 걸쭉해진다.

크림 소스
SAUCE À LA CRÈME

중약불에 올리고 화이트 소스에 더블 크림 90mL를 섞은 다음 달걀노른 자 1개를 넣고 거품기로 섞는다. 이때 소스가 끓지 않도록 주의한다. 달걀 이나 생선, 가금류, 채소 요리에 곁들여 낸다.

노르망디식 크림 소스
SAUCE À LA CRÈME NORMANDE

◆ 걸쭉한 화이트 소스(50쪽) 300mL

◆ 생선 육수(46쪽) 100mL

◆ 버섯 육수(46쪽) 100mL

◆ 달걀노른자 1개

◆ 더블 크림 90mL

준비 시간 10분

조리 시간 20분

분량 500mL

화이트 소스를 만들어 갓 내기 직전, 아직 뜨거울 때 생선 육수와 버섯 육 수, 달걀노른자, 더블 크림을 더하고 절대 끓어오르지 않도록 주의하면서 중약불에서 거품기로 잘 섞어 바로 낸다. 주로 생선 요리에 곁들이지만 닭 고기나 야생 가금류 요리에도 잘 어울린다. 이때는 생선 육수 대신 칼바 도스를 넣는다.

바타드 소스
SAUCE BÂTARDE

◆ 화이트 소스(50쪽) 1회 분량

◆ 버터 40g

◆ 달걀노른자 푼 것 2개 분량

◆ 레몬즙 1큰술

준비 시간 15분

조리 시간 20분

분량 500mL

화이트 소스를 만든 후 소스가 아직 뜨거울 때 아주 약한 불에서 잔잔하 게 끓는 냄비 물 위에 얹은 내열용 볼에 붓는다. 버터와 달걀노른자를 넣 고 자주 휘저으면서 걸쭉해질 때까지 데운다. 이때 과조리하지 않도록 주 의해야 한다. 내기 직전에 레몬즙을 넣어 섞는다. 생선이나 채소 찜 요리 에 잘 어울린다.

풀레트 소스
SAUCE POULETTE

화이트 소스를 만든 다음 양파를 더하여 부드러워질 때까지 10~15분간 뭉근하게 익힌다. 내기 전에 양파를 건져서 제거한 다음(제거하지 않고 장식용으로 사용해도 좋다.) 레몬즙과 와인을 더하여 잘 섞는다. 가장 약한 불로 조절한 다음 버터와 달걀노른자를 더하여 소스가 걸쭉해질 때까지 쉬지 않고 휘저어 뒤섞는다. 이때 과조리하지 않도록 주의해야 한다. 원래 닭고기 요리에 곁들이는 소스이지만 현재는 달팽이와 해산물, 버섯 요리에 주로 사용한다. 풍미가 섬세한 소스로 간을 전혀 하지 않는 것이 일반적이다.

- ◆ 화이트 소스(50쪽) 300mL
- ◆ 양파 4등분한 것 100g
- ◆ 레몬즙 1큰술
- ◆ 드라이 화이트 와인 100mL
- ◆ 버터 50g
- ◆ 달걀노른자 1개

    준비 시간 10분

    조리 시간 20분

    분량 500mL

수프림 소스
SAUCE SUPRÊME

화이트 소스를 만든 다음 버섯을 더하여 30분간 뭉근하게 익힌다. 크림을 섞어서 마무리한다. 튀기거나 찐 가금류 요리와 함께 낸다.

- ◆ 화이트 소스(50쪽), 닭 육수로 만든 것 300mL
- ◆ 버섯 잘게 썬 것, 손질하고 남은 자투리 포함 125g
- ◆ 더블 크림 100mL

    준비 시간 25분

    조리 시간 30분

    분량 500mL

낭투아 소스
SAUCE NANTUA

론 강의 역사적인 뷔제Bugey 지역에서 가재로 유명한 낭투아 마을의 이름을 딴 농후한 소스로, 검은 송로버섯으로 풍미를 더하기도 한다.

베샤멜 소스를 만든 다음 절반 분량의 크림을 더하여 천천히 데운다. 남은 크림과 버터, 가재 살점을 더하여 잘 섞는다.

- ◆ 베샤멜 소스(50쪽) 300mL
- ◆ 더블 크림 200mL
- ◆ 새우 버터(99쪽) 또는 일반 버터 60g
- ◆ 가재 몸통살, 익혀서 껍데기를 벗긴 것(286쪽) 10개

    준비 시간 1시간

    조리 시간 25분

    분량 500mL

수비즈 소스
SAUCE SOUBISE

끓는 물에 양파를 넣고 10분간 삶는다. 양파를 건져서 다른 팬에 담고 버터와 와인, 육수, 고기 쥬를 더한다. 20분간 뭉근하게 익힌 다음 체에 걸러서 국물만 받는다. 화이트 소스에 걸러 낸 국물과 크림을 동시에 붓는다. 소금과 후추로 간을 하고 더 이상 가열하지 않는다. 주로 달걀이나 고기, 채소 요리와 함께 낸다.

- ◆ 양파 굵게 썬 것 350g
- ◆ 버터 30g
- ◆ 화이트 와인 100mL
- ◆ 고기 육수 또는 채소 육수 100mL
- ◆ 고기 쥬(소스를 고기 요리에 곁들일 경우)
- ◆ 더블 크림 100mL
- ◆ 화이트 소스(50쪽) 300mL
- ◆ 소금과 후추

  준비 시간 10분

  조리 시간 35분

  분량 500mL

홀스래디시 소스
SAUCE AU RAIFORT

베샤멜 소스를 만든다. 뜨거울 때 와인과 홀스래디시를 더하여 5분 더 뭉근하게 익힌다. 소고기와 감자, 돼지고기, 훈제 생선 요리에 잘 어울린다.

- ◆ 베샤멜 소스(50쪽) 1회 분량
- ◆ 화이트 와인 50mL
- ◆ 생홀스래디시 간 것 1큰술

  준비 시간 10분

  조리 시간 25분

  분량 500mL

프랭타니에르 또는 시브리 소스
SAUCE PRINTANIÈRE OU CHIVRY

화이트 소스를 만든다. 냄비에 물을 끓여서 허브를 넣고 1분간 데친다. 허브를 건져 물기를 충분히 제거한 다음 잘게 다져서 버터와 함께 섞는다. 뜨거운 화이트 소스에 허브 버터를 더하여 잘 섞는다. 생선과 가금류, 달걀 요리와 잘 어울린다.

- ◆ 화이트 소스(50쪽) 1회 분량
- ◆ 타라곤이나 처빌, 골파, 파슬리 등 허브 80g
- ◆ 버터 125g

  준비 시간 20분

  조리 시간 20분

  분량 500mL

안초비 소스
SAUCE AUX ANCHOIS

◆ 화이트 소스(50쪽) 1회 분량

◆ 안초비 버터(100쪽) 60g

◆ 안초비 필레(선택 사항)

   준비 시간 15분

   조리 시간 20분

   분량 500mL

화이트 소스를 만든 다음 뜨거울 때 안초비 버터를 더하여 섞는다. 안초비 필레 적당량을 아주 얇게 저미며 섞어도 좋다. 찐 생선과 수란 요리에 잘 어울린다.

새우 소스
SAUCE AUX CREVETTES

◆ 화이트 소스(50쪽), 쿠르부이용(82쪽)
  또는 생선 육수(46쪽)로 만든 것 1회
  분량

◆ 새우 버터(99쪽) 100g

   준비 시간 1시간

   조리 시간 20분

   분량 500mL

쿠르부이용 또는 생선 육수로 화이트 소스를 만든 다음 뜨거울 때 새우 버터를 더하여 섞는다.

홍합 소스
SAUCE AUX MOULES

◆ 홍합 잘 씻은 것 1L 분량

◆ 화이트 소스(50쪽), 쿠르부이용(82쪽)
  또는 생선 육수(46쪽)로 만든 것 1회
  분량

◆ 달걀노른자 푼 것 1개 분량

   준비 시간 30분

   조리 시간 20분

   분량 500mL

껍데기를 세게 두드려도 입을 다물지 않는 홍합은 골라내서 버린다. 딱 맞는 뚜껑이 있는 큰 냄비에 물을 약간 붓고 홍합을 넣은 다음 뚜껑을 닫아 센 불에 올린다. 가끔 냄비를 흔들면서 홍합이 전부 입을 벌릴 때까지 수 분간 가열한다. 이때 입을 벌리지 않는 홍합은 골라내서 버린다. 홍합은 건지고 바닥에 남은 국물은 따뜻하게 데워 둔다. 홍합은 살만 발라내서 따뜻하게 보관하고 껍데기는 버린다. 화이트 소스를 만든 다음 홍합살과 홍합 국물을 더한다. 약한 불에서 달걀노른자를 넣고 소스가 살짝 걸쭉해질 때까지 골고루 휘젓는다. 이때 과조리하지 않도록 주의한다. 생선 필레와 잘 어울리니 참고하자.

주앵빌 소스
SAUCE JOINVILLE

화이트 소스를 만들어서 따뜻하게 보관한다. 그 사이에 홀랜다이즈 소스를 만든다. 화이트 소스에 방금 만든 홀랜다이즈 소스와 새우 버터, 새우, 송로버섯을 더하여 잘 섞는다. 주로 정교한 생선 요리에 곁들여 낸다.

- 화이트 소스(50쪽) 3큰술
- 홀랜다이즈 소스(74쪽) 500mL
- 새우 버터(99쪽) 50g
- 새우, 익혀서 껍데기를 제거한 것 100g
- 검은 송로버섯 채 썬 것 10g(선택 사항)

  준비 시간 30분

  조리 시간 30분

  분량 500mL

케이퍼 소스
SAUCE AUX CÂPRES

베샤멜 소스를 만든 다음 뜨거울 때 케이퍼를 넣는다. 끓지 않도록 주의한다. 삶은 생선 또는 머튼 요리와 함께 낸다.

- 베샤멜 소스(50쪽) 1회 분량
- 케이퍼 물기를 제거한 것 125g

  준비 시간 10분

  조리 시간 20분

  분량 500mL

라비고트 소스
SAUCE RAVIGOTE

화이트 소스를 만든다. 작은 팬에 식초, 와인, 샬롯을 넣고 잔잔한 불에서 한소끔 끓인다. 약 50mL 정도 남을 때까지 약 10분간 뭉근하게 익힌 다음 화이트 소스를 더하여 섞는다. 6분간 뭉근하게 익힌 다음 체에 걸러서 따뜻하게 보관한다. 내기 직전에 허브와 버터를 더하여 섞는다. 과조리하지 않도록 주의해야 한다. 삶은 닭고기 또는 송아지 머리와 뇌 등의 내장 부위에 주로 곁들이는 섬세한 소스가 된다.

- 화이트 소스(50쪽) 가금류 또는 송아지 육수로 만든 것 1회 분량
- 화이트 와인 식초 50mL
- 화이트 와인 50mL
- 샬롯 다진 것 1개 분량
- 처빌 다진 것 1작은술
- 타라곤 다진 것 1작은술
- 골파 다진 것 1작은술
- 버터 40g

  준비 시간 20분

  조리 시간 15분

  분량 500mL

블론드 루
ROUX BLOND

◆ 버터 50g

◆ 밀가루 60g

◆ 육수 또는 물 500mL

◆ 소금과 백후추

　준비 시간 10분

　조리 시간 20분

　분량 500mL

바닥이 묵직한 팬에 버터를 넣고 중간 불에 올린다. 연기가 오를 정도로 뜨거워지면 밀가루를 넣고 나무 주걱으로 휘저으면서 밀짚 색을 띠고 살짝 모래 같은 질감이 남아 있을 정도로 익힌다. 루를 불에서 내리고 육수 또는 물을 천천히 부으면서 쉬지 않고 저어서 덩어리지지 않도록 잘 섞는다. 다시 불에 올리고 계속 저으면서 천천히 한소끔 끓인다. 끓어오르면 불을 줄여서 날가루 냄새가 사라질 때까지 뭉근하게 2분간 익힌다. 소금과 후추로 간을 한다.

토마토 소스
SAUCE TOMATE

◆ 토마토 4등분한 것 750g

◆ 버터 60g

◆ 밀가루 30g

◆ 채소 육수 120mL

◆ 당근 깍둑 썬 것 1개 분량

◆ 양파 깍둑 썬 것 1개 분량

◆ 파슬리 다진 것 1줄기 분량

◆ 타임 다진 것 1줄기 분량

◆ 월계수 잎 1장

◆ 소금과 후추

　준비 시간 10분

　조리 시간 30분

　분량 500mL

오일이나 버터를 두르지 않은 팬에 토마토를 넣고 중간 불에 올려 가끔 휘저으면서 5분간 익힌다. 체에 내려서 퓌레를 만든다. 버터 30g과 밀가루로 블론드 루(57쪽)를 만든 다음 체에 내린 토마토 과육을 더하여 섞는다. 육수, 당근, 양파, 파슬리, 타임, 월계수 잎, 소금과 후추를 더해 30분간 뭉근하게 익힌다. 내기 직전에 남은 버터를 넣어 섞는다.

피낭시에르 소스
SAUCE FINANCIÈRE

◆ 닭 육수로 만든 블론드 루(57쪽)
　1회 분량

◆ 레몬즙 1개 분량 또는 마데이라
　와인 100mL

◆ 송로버섯 다진 것 적당량(선택 사항)

◆ 소금과 후추

　준비 시간 25분

　조리 시간 25분

　분량 500mL

블론드 루를 만든 다음 레몬즙 또는 마데이라 와인, 송로버섯(사용 시)을 더한다. 수분간 뭉근하게 익히고 소금과 후추로 간을 한다. 송아지 흉선 요리(370쪽) 또는 가금류 크넬(104쪽)에 곁들이거나 다진 버섯을 섞어서 볼로방 또는 부셰에 채우는 속 재료로 사용한다.

리슐리외 소스
SAUCE RICHELIEU

블론드 루를 만든 다음 송로버섯과 버섯을 더한다. 5분간 뭉근하게 익힌 다음 내기 직전에 버터를 더하여 섞는다. 주로 로스트 비프와 오리, 야생 육류 요리와 함께 낸다.

- ◆ 닭 육수로 만든 블론드 루(57쪽) 1회 분량
- ◆ 송로버섯 깎아낸 것 적당량
- ◆ 버섯 다진 것 125g
- ◆ 버터 10g

  준비 시간 15분

  조리 시간 25분

  분량 500mL

보르드레즈 소스
SAUCE BORDELAISE

블론드 루를 만들어서 따로 둔다. 중간 크기 팬에 버터 20g을 넣고 녹인 다음 샬롯을 넣고 반투명해질 때까지 8분간 익힌다. 후추, 월계수 잎, 타임, 와인을 더하고 양이 절반 정도로 줄어들 때까지 뭉근하게 익힌다. 따로 둔 블론드 루를 붓고 섞어 25분간 서서히 뭉근하게 익힌 다음 체에 내린다. 마지막으로 소 골수(사용 시)는 소금물에 삶아서 물기를 제거하고 깍둑 썰기해 남은 버터와 함께 소스에 더하여 섞는다. 주로 그릴에 구운 고기 요리와 함께 내며 화이트 와인으로 만들 경우 생선과 함께 낸다.

- ◆ 블론드 루(57쪽) 1회 분량
- ◆ 버터 40g
- ◆ 샬롯 곱게 다진 것 30g
- ◆ 후추
- ◆ 월계수 잎 1장
- ◆ 타임 줄기 1개
- ◆ 보르도 레드 와인 200mL
- ◆ 소금물에 삶은 소 골수(선택 사항)

  준비 시간 15분

  조리 시간 30분

  분량 500mL

마리니에르 소스
SAUCE MARINIÈRE

버터, 밀가루, 쿠르부이용, 와인으로 블론드 루(57쪽)를 만든다. 소금과 후추로 간을 한 뒤 생선 요리에 곁들인다.

- ◆ 버터 50g
- ◆ 밀가루 50g
- ◆ 화이트 와인 쿠르부이용(82쪽) 100mL
- ◆ 드라이 화이트 와인 200mL
- ◆ 소금과 후추

  준비 시간 10분

  조리 시간 20분

  분량 500mL

벨루테 소스

SAUCE POUR VELOUTÉ

* 버터 50g
* 밀가루 60g
* 육수(종류 무관) 750mL

  준비 시간 10분

  조리 시간 30분

  분량 500mL

프랑스어로 '벨벳'을 뜻하는 벨루테는 블론드 루와 육수로 만든 화이트 소스를 졸인 것으로, 가장 흔하게 쓰이는 프랑스의 기본 화이트 소스 중 하나다.

　　버터와 밀가루, 육수를 이용하여 블론드 루(57쪽)를 만든다. 아주 약한 불에서 약 30분간 졸여서 농도를 조절하고 풍미를 더한다. 일반 육수 대신 농축 육수 500mL를 사용하면 조리 시간을 줄일 수 있다.

〔변형〕

· ·

아이보리 벨루테
VELOUTÉ IVOIRE

벨루테 소스에 더블 크림 200mL를 섞어 바로 낸다. 닭 육수로 만들 경우 주로 가금류 소스에 곁들인다.

쇼프루아 소스

CHAUD-FROID

* 아이보리 벨루테(59쪽) 1회 분량
* 고기 젤리 또는 아스픽(45쪽) 100mL
* 더블 크림 100mL
* 달걀노른자 4개

  준비 시간 15분

  조리 시간 40분

  분량 500mL

쇼프루아 요리는 뜨거운 요리와 같은 방식으로 조리하지만 차갑게 내는 것이 특징이다. 흰 살코기와 가금류 요리에 주로 사용하는 쇼프루아 소스는 식으면서 굳어 형태가 잡힌다. 야생 육류에 곁들일 때는 브라운 루로 벨루테 소스를 만든 후 아래와 같은 과정으로 진행하되 크림을 넣지 않는다.

　　아이보리 벨루테를 만든 다음 고기 젤리 또는 아스픽을 천천히 더하여 자주 저으면서 잔잔한 불에서 20분간 뭉근하게 익힌다. 소스를 체에 내린 다음 다시 팬에 부어서 크림과 달걀노른자를 더한다. 약한 불에서 소스가 걸쭉해질 때까지 쉬지 않고 젓는다.

브라운 소스
SAUCE BROWN

기본 브라운 소스는 일반 고기나 야생 육류, 내장 등에 주로 사용하는 여러 고전적인 소스의 기본 바탕이 되며 브라운 루로 만든다.

바닥이 두꺼운 큰 팬에 버터를 넣고 녹인 뒤 양파와 베이컨을 넣고 중간 불에서 노릇해질 때까지 익힌다. 양파와 베이컨을 따로 덜어 낸 다음 불을 약간 세게 한다. 버터에서 연기가 올라오기 시작하면 팬에 밀가루를 한 번에 전부 넣는다. 나무 주걱으로 버터와 밀가루 혼합물이 갈색으로 변할 때까지 젓는다. 계속 휘저으면서 육수를 천천히 부은 다음 소금과 후추로 간을 한다. 양파와 베이컨을 다시 팬에 넣고 부케 가르니를 더하여 20분간 천천히 익힌다. 내기 직전에 양파와 베이컨, 부케 가르니를 제거한다.

- 버터 50g
- 양파 4등분한 것 60g
- 기름기 없는 베이컨 깍둑 썬 것 60g
- 밀가루 60g
- 물 또는 육수(종류 무관) 300mL
- 소금과 후추
- 부케 가르니 1개
  준비 시간 10분
  조리 시간 20분
  분량 300mL

피칸트 소스
SAUCE PIQUANTE

작은 팬에 식초와 샬롯을 넣는다. 내용물이 약 3큰술 정도로 졸아들 때까지 잔잔한 불에서 뭉근하게 익힌다. 만들어 둔 브라운 소스에 부어 섞고 약 5분간 잔잔하게 끓인 뒤 오이 피클을 섞는다. 소고기와 돼지 갈비살(뼈째), 삶은 혀 요리에 잘 어울린다.

- 화이트 와인 식초 150mL
- 샬롯 곱게 다진 것 10g
- 브라운 소스(60쪽) 1회 분량
- 오이 피클, 저미거나 곱게 다진 것 80g
  준비 시간 10분
  조리 시간 25분
  분량 500mL

마데이라 소스
SAUCE MADÈRE

- 브라운 소스(60쪽) 1회 분량
- 양질의 마데이라 와인 2큰술

  준비 시간 5분

  조리 시간 20분

  분량 330mL

브라운 소스를 만든 다음 약한 불에서 20분간 뭉근하게 익힌다. 내기 직전에 마데이라 와인을 섞는다. 대부분의 고기 종류, 특히 송아지와 혀 요리에 잘 어울린다.

[변형]

. . . .

페리그 소스
SAUCE PÉRIGUEUX

마데이라 소스에 깍둑 썬 검은 송로버섯 25g과 송로버섯 에센스 또는 오일 한 방울을 더한다. 끓기 직전의 상태로 2분간 뭉근하게 익힌다. 이때 절대 끓지 않도록 주의한다.

버섯 소스
SAUCE AUX CHAMPIGNONS

- 마데이라 소스(61쪽) 1회 분량
- 통버섯(소) 껍질 벗긴 것 150g
- 소금과 후추
- 마데이라 와인 1큰술

  준비 시간 15분

  조리 시간 20분

  분량 500mL

마데이라 소스에 버섯을 넣고 소금과 후추로 간을 한 다음 약 15분간 천천히 익힌다. 마데이라 와인을 넣고 5분 더 익힌다. 이 소스는 닭고기와 흉선에 잘 어울린다.

참고
버섯 대신 씨를 제거한 올리브를 넣으면 파스타나 오리 요리에 잘 어울리는 올리브 소스가 된다.

샤토브리앙 소스
SAUCE CHATEAUBRIAND

브라운 소스를 만들어서 뜨겁게 보관한다. 팬에 버터 30g을 넣고 녹인 뒤 샬롯을 넣고 잘 섞으며 약한 불에서 10분간 익힌다. 버섯과 와인을 넣고 10분 더 뭉근하게 익힌다. 체에 거른 다음 찌꺼기를 제거하고 국물만 걸러서 남은 버터, 타라곤, 파슬리와 함께 뜨거운 브라운 소스에 넣고 섞는다. 그릴에 구운 고기 요리와 잘 어울린다.

- ◆ 브라운 소스(60쪽) 1회 분량
- ◆ 버터 50g
- ◆ 샬롯 곱게 다진 것 25g
- ◆ 버섯, 껍질을 벗기고 곱게 다진 것 60g
- ◆ 화이트 와인 100mL
- ◆ 타라곤 다진 것 1큰술
- ◆ 이탈리안 파슬리 다진 것 1큰술
  준비 시간 15분
  조리 시간 25분
  분량 500mL

포르투갈식 소스
SAUCE PORTUGAISE

브라운 소스를 만든 다음 마데이라 소스와 토마토 퓌레를 섞어서 1분간 끓인다. 무스나 테린 등 섬세한 생선 요리에 곁들여 낸다.

- ◆ 브라운 소스(60쪽) 1회 분량
- ◆ 마데이라 소스 200mL
- ◆ 토마토 퓌레 2큰술
  준비 시간 15분
  조리 시간 2분
  분량 500mL

프라브라드 소스
SAUCE POIVRADE

- 화이트 와인 식초 100mL
- 월계수 잎 1장
- 타임 줄기 1개
- 당근 송송 썬 것 1개 분량
- 샬롯 다진 것 1개 분량
- 양파 다진 것 1개 분량
- 후추
- 브라운 소스(60쪽) 1회 분량
- 드라이 화이트 와인 100mL
- 육수(종류 무관) 200mL

  준비 시간 15분

  조리 시간 40분

  분량 500mL

팬에 식초, 월계수 잎, 타임, 당근, 샬롯, 양파를 담고 후추 한 꼬집을 뿌린다. 약한 불에서 반으로 졸아들 때까지 20분간 익힌다. 체에 걸러서 찌꺼기를 제거한다. 브라운 소스에 와인, 육수, 식초 졸임액을 넣고 한소끔 끓인 다음 15분간 뭉근하게 익힌다. 고운체에 내리고 후추를 뿌려서 간을 맞춘다. 일반 고기 및 야생 육류 요리에 곁들여 낸다.

로베르 소스
SAUCE ROBERT

- 버터 50g
- 양파 곱게 다진 것 60g
- 밀가루 60g
- 육수(종류 무관) 500mL
- 드라이 화이트 와인 50mL
- 소금과 후추
- 화이트 와인 식초 1/2큰술
- 머스터드 1큰술
- 토마토 퓌레 1큰술

  준비 시간 10분

  조리 시간 25분

  분량 500mL

그릴에 구운 돼지 갈비살, 토끼고기, 오리고기 등 육류와 수란, 달걀 프라이, 튀긴 생선과 염장 대구 등 다양한 요리와 잘 어울리는 고전 소스다.

팬에 버터를 넣어 녹이고 양파를 더하여 갈색이 될 때까지 중간 불에서 익힌다. 밀가루를 더한다. 자주 뒤적이면서 색이 나도록 볶은 다음 육수와 와인을 천천히 붓는다. 소금과 후추로 간을 한다. 20분간 뭉근하게 익힌다. 내기 직전에 식초, 머스터드, 토마토 퓌레를 더하여 섞는다.

[변형]

. . . .

샤퀴테리 소스
SAUCE CHARCUTIÈRE

돼지고기를 샤퀴테리에 곁들일 때는 로베르 소스에 가늘게 채 썬 오이 피클 80g을 더한다.

즈느브와즈 소스
SAUCE GENEVOISE

브라운 소스를 만든 다음 파슬리와 샬롯, 버섯, 소금과 후추를 더한다.
와인을 부은 다음 20분간 천천히 익힌 뒤 체에 거른다. 내기 직전에 버터
를 섞되 원한다면 안초비 버터를 추가한다. 풍미가 강한 삶은 생선 요리
와 함께 내며, 이때 가능하다면 생선을 조리한 국물로 브라운 소스를 만
든다.

- ◆ 브라운 소스(60쪽) 500mL
- ◆ 이탈리안 파슬리(소) 다진 것 1줌 분량
- ◆ 샬롯 다진 것 1개 분량
- ◆ 버섯 다진 것 125g
- ◆ 소금과 후추
- ◆ 레드 와인 100mL
- ◆ 버터 50g
- ◆ 안초비 버터(100쪽) 1조각(선택 사항)

  준비 시간 15분

  조리 시간 20분

  분량 500mL

마틀로트 소스
SAUCE MATELOTE

냄비에 와인, 물 200mL, 부케 가르니, 소금, 후추, 마늘, 샬롯을 넣는다.
한소끔 끓인 다음 20분간 뭉근하게 익힌다. 체에 걸러서 찌꺼기는 제거
하고 국물만 남긴다. 밀가루와 절반 분량의 버터로 브라운 소스를 만든
다음 체에 거른 국물을 넣어 섞는다. 내기 직전에 코냑과 남은 버터를 더
하여 섞는다. 연어와 갑각류, 토끼 요리와 잘 어울린다.

- ◆ 레드 와인 100mL
- ◆ 부케 가르니 1개
- ◆ 소금과 후추
- ◆ 마늘 다진 것 2쪽 분량
- ◆ 샬롯 다진 것 2쪽 분량
- ◆ 밀가루 40g
- ◆ 버터 차가운 것 80g
- ◆ 코냑 50mL

  준비 시간 10분

  조리 시간 30분

  분량 500mL

블러드 소스
SAUCE AU SANG

- 야생 육류의 간과 피
- 버터 50g
- 밀가루 60g
- 베이컨 곱게 다진 것 85g
- 양파 곱게 다진 것 50g
- 육수(종류 무관) 100mL
- 레드 와인 300mL
- 부케 가르니 1개
- 소금과 후추
  준비 시간 10분
  조리 시간 30분
  분량 500mL

야생 육류에 곁들이는 소스와 야생 육류 스튜의 농도를 조절할 때는 주로 해당 고기의 피를 사용하며, 이때 제일 흔하게 사용하는 고기는 산토끼 hare다. 이러한 방식으로 걸쭉하게 만든 스튜를 시베civet라고 부른다.

팬에 야생 육류의 간을 담고 피를 부어서 10분간 서서히 익힌다. 버터와 밀가루, 베이컨, 양파로 브라운 소스용 루(60쪽)를 만든 다음 육수, 와인, 부케 가르니, 소금과 후추를 더한다. 내기 직전에 간 퓌레에 소스를 붓는다. 잘 저어서 걸쭉하게 만든다.

샤쇠르 소스
SAUCE CHASSEUR

- 고기 또는 야생 육류에 사용한
  마리네이드 1L
- 버터 60g
- 밀가루 50g
- 레드커런트 젤리 2큰술
  준비 시간 10분
  조리 시간 1시간 30분
  분량 500mL

마리네이드를 팬에 붓고 한소끔 끓인 다음 불 세기를 낮춰서 3분의 2 정도로 졸아들 때까지 뭉근하게 익힌다. 버터와 밀가루로 브라운 루(60쪽)를 만든 다음 졸인 마리네이드를 부어서 잘 섞어 풍미가 강한 소스를 만든다. 로스팅 팬 바닥에 흘러나온 육즙과 레드커런트 젤리를 더하여 마무리한다. 로스트한 일반 육류 또는 야생 육류에 곁들여 낸다.

유화 소스

비네그레트
SAUCE VINAIGRETTE

녹색 채소 샐러드의 오랜 단짝 드레싱인 비네그레트는 아스파라거스나 서양 대파, 아티초크 등 채소는 물론 삶은 고기, 일부 생선 종류에 이르기까지 온갖 차가운 요리에 다양하게 활용할 수 있다. 식초에 소금을 녹인 다음 작은 볼에 모든 재료를 담아서 골고루 휘저어 섞거나, 딱 맞는 뚜껑이 있는 깨끗한 병에 모든 재료를 담아서 세차게 흔들어 섞는다. 맛을 보고 기름기가 강하게 느껴진다면 소금이나 식초를 조금 더하여 잘 섞는다. 어떤 음식에 곁들이는가에 따라서 식초 대신 레몬이나 오렌지 등 새콤한 과일즙을 사용하기도 한다.

참고
기본 비네그레트에 다른 재료를 추가하면 여러 가지 변형 소스를 만들 수 있다. 디종 또는 기타 머스터드류를 1작은술 섞으면 머스터드 비네그레트가 된다. (머스터드는 유화를 돕는 역할도 한다.) 골파, 처빌, 파슬리, 타라곤, 바질을 단독 또는 혼합으로 한 움큼 다져서 넣으면 허브 비네그레트가 된다. 으깨거나 다진 마늘 1~2쪽 분량을 더하면 마늘 비네그레트가 된다.

◆ 화이트 와인 식초 1큰술
◆ 소금
◆ 양질의 올리브 오일이나 땅콩 오일 또는 유채씨 오일, 단독 또는 혼합 3큰술
　준비 시간 5분
　분량 4큰술

요구르트 소스
SAUCE AU YAOURT

볼에 머스터드와 식초를 넣고 섞는다. 소금과 후추로 간을 한 다음 요구르트를 더하여 조심스럽게 마저 섞는다. 대부분의 샐러드 및 채소 요리, 연어, 오리와 메추리 등 야생 가금류 요리와 잘 어울리는 저지방 비네그레트다.

◆ 맵지 않은 머스터드 1~2작은술
◆ 화이트 와인 식초 2큰술
◆ 소금과 후추
◆ 무지방 요구르트 4큰술
　준비 시간 5분
　분량 100mL

머스터드 소스

SAUCE MOUTARDE

내열용 볼에 머스터드를 담는다. 아주 약한 불에 잔잔하게 끓는 냄비 물 위로 머스터드를 담은 볼을 살짝 얹는다. 실온에 두어 부드러워진 버터를 넣고 계속해서 휘젓는다. 버터가 골고루 섞이면 뜨거운 물에 푼 옥수수 전분을 부어서 걸쭉해질 때까지 쉬지 않고 휘저은 뒤 소금과 후추로 간을 한다. 청어나 고등어 등 기름진 생선에 곁들여 낸다.

- ◆ 디종 머스터드 2큰술
- ◆ 버터 깍둑 썬 것(실온) 100g
- ◆ 옥수수 전분 1작은술
- ◆ 뜨거운 물 100mL
- ◆ 소금과 후추
  준비 시간 10분
  분량 100mL

레물라드 소스

SAUCE RÉMOULADE

반드시 모든 재료와 도구를 실온으로 준비한다. 볼에 머스터드를 담고 마요네즈를 만들듯이(70쪽) 오일을 소량씩 실처럼 이어지도록 쉬지 않고 부으면서 휘젓는다. 소금과 후추로 간을 하고 샬롯을 더하여 섞는다. 레물라드는 전통적으로 채 썬 셀러리악에 버무려 먹는다. 곱게 다진 오이 피클이나 케이퍼, 파슬리, 골파, 타라곤 또는 소량의 안초비 에센스를 더하면 차가운 고기나 생선, 조개 및 갑각류 요리와 잘 어울린다.

- ◆ 디종 머스터드 2큰술
- ◆ 올리브 오일, 땅콩 오일, 해바라기씨 오일 단독 또는 혼합 200mL
- ◆ 소금과 후추
- ◆ 샬롯 곱게 다진 것 1개 분량
  준비 시간 10분
  분량 200mL

로크포르 소스

SAUCE AU ROQUEFORT

볼에 로크포르 치즈를 담고 포크로 곱게 으깬다. 레몬즙과 크림을 더하여 완전히 유화될 때까지 휘젓는다. 바질 또는 세이지를 섞은 다음 샐러드 채소와 함께 내거나 크루디테와 함께 딥으로 낸다.

- ◆ 로크포르 치즈 60g
- ◆ 레몬즙 1/2개 분량
- ◆ 더블 크림 3큰술
- ◆ 바질 잎 찢은 것 적당량, 또는 세이지 잎 곱게 다진 것 2장 분량
  준비 시간 10분
  분량 120mL

그리비슈 소스
SAUCE GRIBICHE

- ◆ 달걀 3개
- ◆ 디종 머스터드 1작은술
- ◆ 올리브 오일, 땅콩 오일, 해바라기씨
   오일 단독 또는 혼합 250mL
- ◆ 화이트 와인 식초 2큰술
- ◆ 오이 피클 곱게 다진 것 30g
- ◆ 다진 허브(파슬리, 처빌, 타라곤 등) 단독
   또는 혼합 1큰술
- ◆ 소금과 후추
   준비 시간 10분
   분량 300mL

달걀을 완숙으로 삶고 달걀흰자와 달걀노른자를 분리한 뒤 달걀흰자는 곱게 다진다. 달걀노른자는 다른 볼에 담고 곱게 으깨서 머스터드와 함께 섞어 부드러운 페이스트 상태로 만든다. 마요네즈(70쪽)를 만들듯이 오일을 조금씩 천천히 더한 다음 식초를 더한다. 오이 피클, 다진 달걀흰자, 허브를 섞고 소금과 후추로 간을 하여 마무리한다. 전통적으로 송아지 머리 고기에 곁들이는 소스인데, 차가운 생선 요리와 함께 먹기도 한다.

마요네즈
SAUCE MAYONNAISE

차갑게 만드는 법

큰 볼에 달걀노른자를 담고 나무 주걱 또는 철제 거품기로 매끄럽게 푼다. 실온에 둔 오일을 소량씩 천천히 부으면서 휘저어 섞는다. 반드시 완전히 유화시키면서 나머지 분량을 부어야 한다. 마요네즈가 걸쭉해지면 소금과 후추, 식초를 더한다. 이때 모든 재료와 도구를 실온에 두었다가 준비해야 소스를 성공적으로 유화시킬 수 있다.

뜨겁게 만드는 법

내열용 볼에 달걀노른자와 식초 1큰술을 담고 소금과 후추로 간을 한다. 아주 약한 불에서 잔잔하게 끓는 냄비 물 위에 볼을 얹고 혼합물이 걸쭉해질 때까지 휘젓는다. 차갑게 만들 때처럼 오일을 조금씩 더해 마무리한다. 이때 중탕 온도가 절대로 끓는점까지 올라가지 않도록 주의한다.

〔변형〕

• •

그린 마요네즈
MAYONNAISE AU VERT

이탈리안 파슬리와 처빌 각각 20g씩, 소렐 100g, 시금치 300g을 끓는 물에 넣고 30초간 데친다. 건져서 찬물에 담가 차갑게 식힌 다음 체에 내려서 고운 퓌레를 만든다. 마요네즈와 퓌레를 섞은 다음 곱게 다진 골파와 바질을 각각 20g씩 더하여 마무리한다.

• •

안초비 마요네즈
MAYONNAISE AUX ANCHOIS

완성된 그린 마요네즈에 다진 안초비 6개 분량과 다진 샬롯 1개 분량을 더한다. 맛이 훌륭한 딥으로 튀긴 생선과 해산물 요리에 아주 잘 어울린다.

◆ 달걀노른자 1개

◆ 올리브 오일, 땅콩 오일, 해바라기씨 오일 단독 또는 혼합 180mL

◆ 소금과 후추

◆ 화이트 와인 식초 20mL

준비 시간 10분

분량 약 200mL

 86쪽

무슬린 마요네즈
MAYONNAISE MOUSSELINE

- 분리한 달걀흰자와 달걀노른자 각각
  1개 분량
- 올리브 오일, 땅콩 오일, 해바라기씨
  오일 단독 또는 혼합 180mL
- 화이트 와인 식초 20mL
- 소금과 후추
  준비 시간 12분
  분량 225mL

달걀노른자와 오일, 식초로 마요네즈(70쪽)를 만든다. 달걀흰자를 아주 단단하게 휘핑한 다음 소스에 더하여 접듯이 섞는다. 소금과 후추로 간을 한다. 주로 아스파라거스에 곁들여 내는 훨씬 부드럽고 가벼운 마요네즈가 된다.

노르웨이식 소스
SAUCE NORVÉGIENNE

- 안초비 필레 으깬 것 8개 분량
- 껍데기 벗긴 호두 다진 것 100g
- 마늘 으깬 것과 곱게 다진 것 총 1개
  분량
- 머스터드 2큰술
- 올리브 오일, 땅콩 오일, 해바라기씨
  오일 단독 또는 혼합 250mL
- 화이트 와인 식초 2큰술
- 후추
  준비 시간 20분
  분량 400mL

볼에 안초비와 호두, 마늘, 머스터드를 담고 마요네즈(70쪽)를 만들듯이 오일과 식초를 순서대로 천천히 부으면서 잘 섞는다. 후추로 간을 맞춘다. 훈제 연어와 달걀, 페이스트리에 싼 생선 요리에 잘 어울린다.

타르타르 소스
SAUCE TARTARE

마요네즈를 만든 다음 양파, 오이 피클(사용 시), 허브, 머스터드, 케이퍼, 레몬즙(사용 시), 카이엔 페퍼를 더하여 잘 섞는다. 맛을 보고 소금과 후추로 간을 맞춘다. 간을 넉넉히 하는 것이 포인트다.

◆ 마요네즈(70쪽) 250mL

◆ 양파 곱게 다진 것 1개(소) 분량

◆ 씻어서 물기를 제거한 오이 피클 곱게 다진 것 2큰술(선택 사항)

◆ 골파 곱게 다진 것 1줌(소) 분량

◆ 처빌 곱게 다진 것 1줌(소) 분량

◆ 타라곤 곱게 다진 것 1줌(소) 분량

◆ 이탈리안 파슬리 곱게 다진 것 1줌(소) 분량

◆ 디종 머스터드 2작은술

◆ 씻어서 물기를 제거한 케이퍼 곱게 다진 것 2작은술

◆ 레몬즙 1큰술(선택 사항)

◆ 카이엔 페퍼

◆ 소금과 후추

준비 시간 20분

분량 500mL

분노하는 소스
SAUCE ENRAGÉE

절구 또는 볼에 달걀노른자와 오일을 넣고 잘 섞어 으깬 뒤 고추를 넣어 천천히 섞는다. 이때 덜 매운 맛을 원한다면 고추씨를 미리 제거한다. 식초와 사프란을 더하고 소금과 후추로 간을 한다. 팬에 담고 잔잔한 불에 올려서 계속 휘저으며 10분간 뭉근하게 익힌 다음 소스 그릇에 담아 낸다.

◆ 완숙 달걀노른자 6개

◆ 올리브 오일 100mL

◆ 새눈고추 등 매운 고추의 씨를 제거하고(덜 매운 맛 선호 시) 곱게 다진 것 6개(소) 분량

◆ 화이트 와인 식초 3큰술

◆ 사프란 가닥 1꼬집

◆ 소금과 후추

준비 시간 20분

조리 시간 10분

분량 150mL

아이올리
AÏOLI

87쪽

프로방스의 고전 마늘 소스로, 예로부터 금요일에 생선 스튜(부리드 bourride)와 달팽이, 염장 대구, 채소 요리와 함께 먹는다.

    감자를 껍질째 부드러워질 때까지 삶은 다음 아직 뜨거울 때 껍질을 벗긴다. 마늘을 절구나 볼에 넣고 으깬 다음 감자를 넣고 으깨며 잘 섞어 마늘 감자 퓌레를 만든다. 달걀노른자와 소금, 후추를 더해 섞는다. 마요네즈(70쪽)를 만들듯이 올리브 오일을 천천히 부으면서 쉬지 않고 휘저어 잘 섞은 다음 레몬즙을 더하여 마무리한다. 감자 대신 우유에 불린 묵은 빵 1장을 사용해도 좋다.(불린 후에 꽉 짜서 여분의 우유를 제거하고 넣는다.)

- ◆ 분질 감자 껍질째 1개(약 100g)
- ◆ 마늘 4~6쪽
- ◆ 달걀노른자 2개
- ◆ 소금과 후추
- ◆ 올리브 오일 250mL
- ◆ 레몬즙 2작은술

    준비 시간 20분

    분량 300mL

홀랜다이즈 소스
SAUCE HOLLANDAISE

88쪽

달걀노른자와 버터를 섞어 만드는 뜨거운 유화 소스인 홀랜다이즈는 프랑스의 전통 소스 중 하나로, 무슬린 소스(75쪽) 등 수많은 다른 소스의 바탕이 된다. 주로 그릴에 구운 스테이크와 생선, 달걀, 삶거나 찐 채소 요리와 함께 낸다.

    내열용 볼에 달걀노른자, 소금, 물 1큰술을 넣는다. 아주 약한 불 위에서 잔잔하게 끓는 물이 든 냄비 위에 얹고 힘차게 휘저어 골고루 잘 섞는다. 팬을 불에서 내리고 작게 자른 버터를 더하여 휘젓는다. 버터가 잘 섞였으면 팬을 다시 불에 올리고 소스가 걸쭉해질 때까지 계속 휘젓는다.(아주 섬세한 과정이므로 조금이라도 분리되거나 스크램블드 에그처럼 보이기 시작하면 바로 팬을 불에서 내려야 한다.) 레몬즙을 붓고 소금과 후추를 더한다. 바로 낸다.

- ◆ 달걀노른자 3개
- ◆ 소금과 후추
- ◆ 버터 175g
- ◆ 레몬즙 따뜻한 것 2작은술

    준비 시간 10분

    조리 시간 10분

    분량 250mL

무슬린 소스
SAUCE MOUSSELINE

- 버터 150g
- 달걀노른자 2개
- 옥수수 전분 10g
- 더블 크림, 단단한 뿔이 서도록 거품 낸
  것 60mL
- 소금

  준비 시간 15분

  조리 시간 10분

  분량 250mL

무슬린은 거품 낸 크림을 더하여 무스 같은 질감으로 완성한 달걀 유화 소스를 일컫는 말이다.

홀랜다이즈 소스(74쪽)와 같은 방식으로 진행하되 버터를 섞기 전 달걀노른자에 옥수수 전분과 물 1큰술을 더한다. 소스가 걸쭉해지면 크림을 넣고 소금으로 간한다. 완성한 소스는 중탕 또는 로스팅 팬에 올려 따뜻하게 보관하다가 거품기로 휘저어서 잘 섞어 낸다. 전통적으로 질감이 섬세한 생선과 아스파라거스 요리에 곁들여 낸다.

 89쪽

베어네즈 소스
SAUCE BÉARNAISE

- 화이트 와인 식초 100mL
- 샬롯 곱게 다진 것 2개 분량
- 마늘 곱게 다진 것 1/2쪽 분량
- 타라곤 곱게 다진 것 1줄기 분량
- 달걀노른자 3개
- 버터 150g

  준비 시간 15분

  조리 시간 1시간

  분량 300mL

팬에 식초, 샬롯, 마늘과 소량의 타라곤을 넣고 아주 약한 불에서 20~30분간 뭉근하게 익힌다. 이때 졸인 액체를 체에 거른다. 아주 약한 불 위에서 잔잔하게 끓는 물이 든 냄비 위에 내열용 볼을 얹고 달걀노른자와 체에 거른 졸임액을 담은 뒤 쉬지 않고 젓다가 작게 자른 버터를 더해 골고루 섞는다. 남은 타라곤을 더하여 마저 섞는다. 졸임액 대신 베어네즈 에센스 1큰술(43쪽)을 사용해도 좋다. 그릴에 구운 스테이크나 양고기 필레 등에 잘 어울린다.

크라포딘 소스
SAUCE CRAPAUDINE

- 화이트 와인 식초 100mL
- 샬롯 곱게 다진 것 2개 분량
- 마늘 곱게 다진 것 1/2쪽 분량
- 타라곤 곱게 다진 것 1줄기 분량
- 고기 글레이즈(45쪽) 150g
- 레몬즙 1큰술

  준비 시간 10분

  조리 시간 8분

  분량 250mL

팬에 식초와 샬롯, 마늘, 타라곤을 담고 한소끔 끓인 다음 반으로 줄어들 때까지 뭉근하게 약 8분간 익힌다. 고기 글레이즈와 레몬즙을 더해 거품기로 휘저어 섞는다. 이 소스는 닭과 비둘기, 토끼를 크라포딘 스타일, 즉 두꺼비(프랑스어로 크라포crapaud) 모양으로 납작하게 눌러 펼친 다음 빵가루를 묻혀 그릴에 구운 요리에 곁들여 낸다.

데빌드 소스
SAUCE À LA DIABLE

작은 냄비에 와인과 식초, 샬롯을 담는다. 한소끔 끓인 다음 반으로 줄어들 때까지 약 8분간 졸인다. 육수를 붓고 잘 섞은 뒤 8~10분간 뭉근하게 익힌다. 버터와 밀가루를 서로 잘 이겨서 섞은 다음 냄비에 넣고 거품기로 휘저어서 소스를 걸쭉하게 만든다. 내기 직전에 허브를 더하고 카이엔 페퍼(사용 시)를 뿌린다. 이 소스는 보통 '데빌드devilled(또는 아 라 디아블a la diable)' 스타일로 매콤한 머스터드와 달걀물, 빵가루를 순서대로 묻혀 튀겨 낸 음식과 함께 낸다.

- ◆ 화이트 와인 100mL
- ◆ 화이트 와인 식초 100mL
- ◆ 샬롯 다진 것 2개 분량
- ◆ 육수(종류 무관) 200mL
- ◆ 버터 60g
- ◆ 밀가루 40g
- ◆ 처빌 다진 것 1줌(소) 분량
- ◆ 타라곤 다진 것 1줌(소) 분량
- ◆ 카이엔 페퍼 1꼬집(선택 사항)

  준비 시간 15분

  조리 시간 20분

  분량 500mL

마리네이드 & 스터핑

소량의 고기용
즉석 마리네이드
MARINADE INSTANTANÉE POUR PETITES PIÈCES

큰 볼에 모든 재료를 담고 잘 섞어 마리네이드를 만든다. 마리네이드에 고기를 담그고 자주 뒤집으면서 약 2시간 정도 재운다.

- ◆ 화이트 와인 100mL
- ◆ 타임 2~3줄기
- ◆ 이탈리안 파슬리 2~3줄기
- ◆ 올리브 오일 또는 해바라기씨 오일

  1큰술

- ◆ 레몬즙 1개 분량
- ◆ 후추

  준비 시간 5분

  분량 150mL

가열식 화이트 와인
또는 레드 와인 마리네이드

MARINADE CUITE, AU VIN BLANC OU ROUGE

- ◆ 화이트 또는 레드 와인 750mL
- ◆ 화이트 또는 레드 와인 식초 50mL
- ◆ 당근 저민 것 40g
- ◆ 양파 채 썬 것 50g
- ◆ 후추
- ◆ 마늘 1~2쪽
- ◆ 타임 줄기 2~3개
- ◆ 월계수 잎 1장
- ◆ 마늘 다진 것 1쪽 분량

  준비 시간 5분

  조리 시간 3~5분

  분량 약 900mL

냄비에 모든 재료를 담고 한소끔 끓인다. 수분간 익힌 다음 식힌 후에 고기를 재운다. 냉장고에 보관하면서 가끔 고기를 뒤집어 준다.

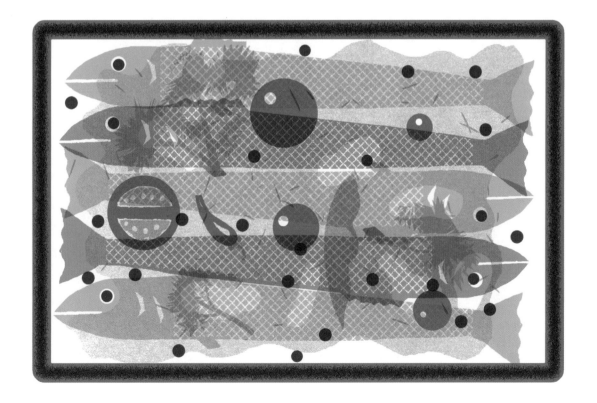

비가열식 마리네이드

MARINADE CRUE

절일 고기 또는 생선에 당근과 양파, 샬롯, 마늘을 뒤덮듯이 얹은 다음 정향, 소금, 후추, 월계수 잎, 타임을 뿌린다. 와인과 식초, 오일을 붓는다. 주기적으로 뒤집으면서 냉장고에서 생선은 2~3시간, 고기는 종류와 신선도에 따라 3일까지 보관한다.

- ◆ 당근 저민 것 100g
- ◆ 양파 채 썬 것 100g
- ◆ 샬롯 채 썬 것 10g
- ◆ 마늘 저민 것 1~2쪽 분량
- ◆ 정향 간 것 1~2개 분량
- ◆ 소금과 후추
- ◆ 월계수 잎 잘게 부순 것 1장 분량
- ◆ 다진 타임 2~3줄기 분량
- ◆ 화이트 와인 750mL
- ◆ 화이트 와인 식초 175mL
- ◆ 올리브 오일 또는 해바라기씨 오일 2큰술

  준비 시간 10분

  분량 1.5L

달콤한 마리네이드

MARINADE DOUCE

베이컨과 양파, 샬롯, 마늘, 파슬리, 처빌을 잘게 썬 다음 오일과 식초, 소금, 후추와 함께 섞는다. 송아지 등 풍미가 섬세한 고기를 재울 때 사용한다.

- ◆ 훈제 베이컨 100g
- ◆ 양파 30g
- ◆ 샬롯 10g
- ◆ 마늘 1쪽(소)
- ◆ 이탈리안 파슬리 줄기
- ◆ 처빌 줄기
- ◆ 올리브 오일 또는 해바라기씨 오일 1큰술
- ◆ 화이트 와인 식초 50mL
- ◆ 소금과 후추

  준비 시간 10분

  분량 200mL

가금류용 스터핑:
비둘기, 닭, 거위
FARCE POUR VOLAILLES: PIGEON, POULET, OIE

가금류의 간과 심장, 내장(구할 수 있다면)을 잘게 썬다. 뜨거운 우유에 넣어 불린 다음 우유를 꽉 짠 흰 빵, 버터에 익힌 버섯, 파슬리, 소금, 후추를 더한다. 이때 스터핑 분량을 늘리고 싶다면 곱게 으깬 소시지용 고기를 소량 더한다. 가금류 뱃속에 채운다.

칠면조용 스터핑
FARCE POUR DINDE

- 송아지고기 125g
- 가금류 간(구할 수 있을 경우)
- 송로버섯 손질하고 남은 자투리 60g
- 훈연하지 않은 베이컨 125g
- 무가당 밤 500g
- 소금과 후추
  준비 시간 10분
  분량 800g

모든 재료를 푸드 프로세서에 담고 갈아서 굵은 페이스트를 만든다. 칠면조 뱃속을 채울 때 사용한다.

비둘기용 스터핑
FARCE POUR FAISAN

- 송아지고기 250g
- 돼지고기 100g
- 무가당 밤 500g
- 마데이라 와인 2큰술
- 소금과 후추
  준비 시간 10분
  분량 850g

모든 재료를 푸드 프로세서에 담고 갈아서 굵은 페이스트를 만든다. 비둘기 뱃속을 채울 때 사용한다.

붉은 고기용 스터핑

FARCE POUR VIANDE

볼에 모든 재료를 담는다. 각 고기 파트의 마지막 부분에 소개하는 먹고 남은 익힌 고기(미트볼, 파테 등) 처리용으로 사용한다.

- ◆ 훈연하지 않은 베이컨 곱게 다진 것 100g
- ◆ 돼지고기 곱게 다진 것 100g
- ◆ 이탈리안 파슬리 곱게 다진 것 1줌 분량
- ◆ 코냑 1큰술
- ◆ 소금과 후추

  준비 시간 10분

  분량 200g

생선용 스터핑

FARCE POUR POISSON

쿠르부이용을 한소끔 끓인 다음 생선을 넣고 5분간 잔잔한 불에서 뭉근하게 익힌다. 화이트 소스를 만든다. 생선에서 머리와 뼈를 제거한 다음 속살을 으깨어 화이트 소스와 함께 섞는다. 팬에 버섯과 버터를 넣고 10분간 볶는다. 소스는 소금과 후추로 간을 하고 완숙 달걀과 버섯을 더한다.

- ◆ 식초 쿠르부이용(82쪽)
- ◆ 생선(민대구나 헤이크) 500g
- ◆ 화이트 소스(50쪽) 1회 분량
- ◆ 송로버섯 손질하고 남은 자투리 또는 버섯 다진 것
- ◆ 버터 10g
- ◆ 소금과 후추
- ◆ 완숙 달걀 다진 것 2개 분량

  준비 시간 10분

  조리 시간 15분

  분량 500g

뒥셀
DUXELLES

- 버터 30g

- 오일 1큰술

- 버섯 곱게 다진 것 125g

- 양파 곱게 다진 것 60g

- 샬롯 곱게 다진 것 1작은술

- 즉석에서 간 너트메그

- 브라운 소스(60쪽) 1큰술 또는 토마토
  퓌레 1큰술을 섞은 말린 빵가루
  1큰술(선택 사항)

- 소금과 후추

- 마늘 곱게 다진 것 1쪽 분량(선택 사항)

- 이탈리안 파슬리 곱게 다진 것 1큰술
  (선택 사항)

  준비 시간 10분

  조리 시간 15분

  분량 200g

달군 팬에 버터와 오일을 두르고 버섯, 양파, 샬롯을 넣은 뒤 양파가 반투명해질 때까지 볶는다. 너트메그를 뿌리고 혼합물이 걸쭉해질 때까지 천천히 익힌다. 부피를 늘리고 싶다면 브라운 소스 또는 토마토 퓌레를 섞은 말린 빵가루를 넣는다. 소금과 후추로 간을 한 다음 마늘과 이탈리안 파슬리(사용 시)를 더한다. 이렇게 만든 뒥셀은 수많은 고기와 채소 요리에 사용한다.

튀긴 파슬리
PERSIL FRIT

신선한 녹색을 띠는 이탈리안 파슬리 또는 곱슬 파슬리 줄기를 골라서 깨끗이 씻은 다음 키친타월로 두드려 물기를 충분히 제거한다. 튀김기에 식물성 오일을 담고 190℃로 온도를 조절해 빵 조각을 넣었을 때 20초 안에 노릇해질 정도로 가열한다. 뜨거운 기름에 파슬리를 넣고 수초간 튀긴 다음 건져서 바로 기름기를 제거한다. 파슬리는 밝은 녹색을 유지하는 상태여야 한다.

쿠르부이용

쿠르부이용은 생선과 해산물을 익히는 용도로 사용하는 풍미가 강한 액체다. 생선이 쿠르부이용에 완전히 잠겨야 하므로 분량은 생선과 냄비 크기, 모양에 따라 조절한다. 쿠르부이용을 만들려면 모든 재료를 냄비에 담고 한소끔 끓인 다음 불 세기를 낮춰서 가끔 저어 가며 1시간 동안 잔잔히 뭉근하게 익힌다.

소금 쿠르부이용
COURT-BOUILLON AU SEL

고등어와 도미, 송어를 삶을 때 쓴다. 물 1L에 소금 15g을 녹인다.

식초 쿠르부이용
COURT-BOUILLON AU VINAIGRE

헤이크와 강꼬치고기, 잉어를 삶을 때 쓴다. 물 3L에 화이트 와인 식초 200mL, 당근 저민 것 50g, 양파 채 썬 것 50g, 정향 1개, 이탈리안 파슬리 1줄기, 소금과 후추를 섞는다.

화이트 와인 쿠르부이용
COURT-BOUILLON AU VIN BLANC

연어와 송어를 삶을 때 쓴다. 물 2L에 드라이 화이트 와인 1L, 당근 50g, 양파 50g, 타임 1줄기(대), 월계수 잎 1장(대), 이탈리안 파슬리 줄기 적당량, 소금과 후추를 섞는다. 강꼬치고기와 잉어, 송어용으로 레드 와인 쿠르부이용을 만들려면 화이트 와인을 레드 와인으로 대체한다.

우유 쿠르부이용
COURT-BOUILLON AU LAIT

넙치, 브릴, 서대기를 삶을 때 쓴다. 물 3L에 우유 500mL, 레몬 저민 것 1개 분량과 소금과 후추를 섞는다.

메트르도텔 버터(48쪽)

블랙 버터(48쪽)

베샤멜 소스(50쪽)

그린 마요네즈(70쪽)

아이올리(74쪽)

홀랜다이즈 소스(74쪽)

베어네즈 소스(75쪽)

-2-
오르되브르

오르되브르

오르되브르는 식사를 시작할 때 내는 코스로, 식욕을 자극하는 역할을 한다. 신선한 채소 크루디테는 물론 염장 또는 훈제한 고기류, 오일에 보존한 생선이나 절인 생선 등을 내기도 한다. 동글동글한 모양으로 긁어낸 곱슬 버터를 오르되브르에 곁들이기도 한다.

뜨거운 오르되브르

- 생선, 가금류와 고기 크로켓
- 턴오버 페이스트리 또는 다양하게 조리한 달걀 요리
- 뇨키
- 조개 및 갑각류
- 볼로방
- 시금치 햄 타르틀레트
- 크로크 무슈
- 짭짤한 치즈 튀김
- 버섯을 얹은 페이스트리
- 달걀 프라이

차가운 오르되브르

- 돼지고기 가공육:

  햄(날것, 익히거나 훈제한 것), 소시지, 모르타델라, 간 파테, 리예트

- 생선:

  정어리, 참치, 연어, 고등어, 절인 청어, 청어 필레, 안초비

- 조개 및 갑각류와 연체 동물:

  새우, 홍합, 달팽이, 굴, 크고 작은 조개와 고둥, 가재, 게

아티초크와 비네그레트
ARTICHAUTS 'POIVRADE' À LA VINAIGRETTE

아주 부드러운 어린 아티초크 6개(아직 안쪽에 털이 생기지 않은 것)를 깨끗하게 씻는다. 잎과 줄기를 떼어 내고 비네그레트 드레싱(66쪽)을 곁들여 낸다.

준비 시간 15분

6인분

아보카도 칵테일
COCKTAIL À L'AVOCAT

- ◆ 잘게 부순 얼음 6큰술
- ◆ 아보카도 껍질과 씨를 제거하고 먹기
  직전에 깍둑 썬 것 4~6개 분량
- ◆ 즙이 많은 잘 익은 토마토 깍둑 썬 것
  4~6개 분량
- ◆ 레몬즙 1큰술
- ◆ 소금과 후추
- ◆ 타바스코 소스
  준비 시간 10분
  6인분

아보카도는 아보카도 나무의 과실로 지방과 탄수화물 함량이 높다. 그러나 올리브 오일처럼 건강한 단일 불포화지방산이 주를 이룬다. 대체로 샐러드에 넣어서 날로 먹는다.

　　칵테일 글라스 6개에 잘게 부순 얼음을 1큰술씩 넣는다. 깍둑 썬 아보카도를 글라스에 나누어 담고 깍둑 썬 토마토를 위에 얹는다. 레몬즙을 뿌린다. 소금과 후추를 더하고 타바스코 몇 방울을 뿌린다.

속을 채운 아보카도
AVOCATS FARCIS

- ◆ 아보카도 3개
- ◆ 셀러리 줄기 얇게 저민 것 1대(대) 분량
- ◆ 말린 호두 반으로 잘라서 저민 것 20개
  분량
- ◆ 토마토 소스(57쪽) 2작은술
- ◆ 화이트 와인 식초 2작은술
- ◆ 소금
  준비 시간 10분
  6인분

아보카도를 세로로 반 자른 다음 씨를 제거한다. 미리 저민 셀러리와 호두를 섞어서 스터핑을 만들고 토마토 소스, 식초, 소금으로 간을 한다. 반으로 자른 아보카도 빈 곳에 스터핑을 채우고 냉장고에 넣어 1시간 정도 차갑게 보관한 다음 낸다.

새우를 채운 아보카도
AVOCATS FARCIS AUX CREVETTES

- ◆ 아보카도 3개
- ◆ 입자가 고운 소금
- ◆ 레몬즙 1/2개 분량
- ◆ 셀러리 줄기 얇게 저민 것 1대 분량
- ◆ 익힌 새우 껍데기를 벗기고
  3~4등분한 것 6마리(대) 분량
- ◆ 파프리카 가루
- ◆ 토마토 소스(57쪽)
  준비 시간 20분
  6인분

아보카도를 세로로 반 자른 다음 씨를 제거한다. 껍질 모양을 그대로 유지하면서 과육만 파내 깍둑 썬 다음 소금 약간과 레몬즙을 뿌린다. 볼에 셀러리와 새우, 소량의 파프리카 가루를 담고 섞은 다음 깍둑 썬 아보카도 과육과 토마토 소스를 넣고 버무린다. 아보카도 껍질에 샐러드를 담는다. 내기 전까지 냉장고에 보관한다.

참고
새우 대신 게살이나 바닷가재, 닭새우, 가재 살 익힌 것을 사용해도 좋다.

붉은 래디시
RADIS ROSES

래디시는 빨리 자라서 탄탄하고 줄기가 곧은 것을 골라야 과육이 부드럽다. 녹색 이파리는 살짝 잘라 내고 뿌리를 다듬는다. 찬물에 씻어 주로 빵과 버터, 소금과 함께 낸다.

검은 래디시
RADIS NOIRS

검은 래디시는 껍질을 벗긴 다음 아주 얇게 저민다. 소금을 골고루 뿌리고 체에 밭쳐서 물기를 제거한다. 작고 얕은 접시에 낸다.

비트 샐러드
BETTERAVES

비트는 생으로 된 것을 구입해 소금물에 넣고 불에 올려 3시간 동안 뭉근하게 익힌 뒤 건져 내 완전히 식힌다. 껍질을 벗긴 다음 적당한 두께로 저민다. 소금과 후추로 간을 한 다음 채 썬 양파와 정향, 월계수 잎, 비네그레트 드레싱(66쪽)을 더해 24시간 동안 재운다.

토마토 샐러드
TOMATES EN SALADE

토마토는 끓는 물에 넣고 1분간 데친 뒤 찬물에 담가 식혀 껍질을 벗긴다. 얇게 저민 뒤에 간을 넉넉히 한 비네그레트 드레싱(66쪽)을 둘러서 바로 낸다.

오이
COMCOMBRE

먹기 약 3시간 전에 오이 껍질을 벗기고 얇게 저민다. 소금을 뿌리고 잘 버무린 다음 체에 밭쳐 물기를 제거한다. 오이가 너무 짜면 찬물에 씻는다. 비네그레트 드레싱(66쪽) 또는 크렘 프레슈를 더하여 낸다.

적양배추 샐러드
SALADE DE CHOU ROUGE

적양배추를 가늘게 채 썬 뒤 볼에 담고 굵은 소금을 뒤덮듯이 뿌린다.   4
시간 동안 재운 다음 건져 내 흐르는 물에 헹궈 소금기를 제거한다. 비네
그레트 드레싱(66쪽)을 둘러 버무린다.

생버섯 샐러드와 크림
SALADE DE CHAMPIGNONS CRUS À LA CRÈME

◆ 버섯 250g

◆ 레몬즙 2큰술

◆ 크렘 프레슈 100g

◆ 소금과 후추

◆ 이탈리안 파슬리 다진 것 1줌(대) 분량

  준비 시간 15분

  6인분

버섯은 기둥을 제거하고 젖은 행주로 꼼꼼하게 닦는다. 가늘게 채 썬 다
음 레몬즙 1큰술을 골고루 뿌려서 갈변을 막는다. 크렘 프레슈에 남은 레
몬즙을 넣어 희석한 다음 소금과 후추로 간을 해 크림 소스를 만든다. 볼
에 채 썬 버섯과 크림 소스를 넣어 부서지지 않도록 조심스럽게 버무린다.
그릇에 담고 파슬리를 뿌린다.

참고
먹기 직전에 만들어야 하는 요리이므로 대기 시간이 길어도 30분을 넘기
지 않도록 한다.

그리스식 버섯 요리
CHAMPIGNONS À LA GRECQUE

◆ 버섯(양송이버섯 추천) 500g

◆ 오일 50mL

◆ 레몬즙 1큰술

◆ 드라이 화이트 와인 100mL

◆ 고수 씨 으깬 것 10g

◆ 토마토 퓌레 1큰술

◆ 부케 가르니 1개

◆ 소금과 후추

  준비 시간 10분

  조리 시간 8분

  6인분

버섯을 젖은 천으로 깨끗하게 닦는다. 달군 프라이팬에 오일을 두른 뒤
버섯을 넣는다. 레몬즙, 와인, 고수 씨, 토마토 퓌레, 부케 가르니를 더하
고 소금과 후추로 간을 한다. 뚜껑을 연 채로 아주 센 불에서 8분간 더 익
힌다. 국물에 담근 채로 아주 차갑게 식혀 낸다.

마세두안
MACÉDOINE

마세두안은 깍둑썰기 하거나 얇게 저민 채소 및 고기류를 골고루 섞어서
예쁘게 담은 다음 비네그레트(66쪽)나 마요네즈(70쪽) 또는 라비고트 소
스(56쪽)로 양념한 요리다.

〔변형 1〕

• •

감자를 삶은 다음 깍둑썰기 하여 식사용 접시에 피라미드 모양으로 담는
다. 비트 샐러드(94쪽)를 감자 주변으로 둘러싸듯 둥글게 담은 다음 비트
조각마다 다진 고기를 조금씩 얹어서 장식한다. 다진 허브, 머스터드, 오
일, 식초, 후추와 소금으로 만든 비네그레트(66쪽)로 양념한다.

〔변형 2〕

• •

토마토를 얇게 저며서 식사용 접시에 담는다. 완숙 달걀 저민 것을 덮듯
이 얹은 다음 마지막으로 껍데기를 벗긴 새우를 한 켜 깐다. 군데군데 마
요네즈(70쪽)를 짜 얹는다.

〔변형 3〕

• •

모둠 채소(당근, 깍지콩, 감자)를 삶은 다음 작게 깍둑썰기 하여 식사용 접
시에 피라미드 모양으로 담는다. 반으로 자른 완숙 삶은 달걀에 마요네즈
(70쪽)를 두른 다음 채소를 감싸듯이 둥글게 담는다.

〔변형 4〕

• •

양배추와 셀러리, 작은 양파를 가늘게 채 썬다. 당근 1~2개를 갈고 아보
카도를 깍둑썰기 한 다음 채 썬 채소에 더하여 섞는다. 비네그레트(66쪽)
또는 마요네즈(70쪽)를 두른다.

모둠 샐러드 채소
SALADE MÉLANGÉE

부드러운 질감과 아삭한 식감을 동시에 즐길 수 있도록 샐러드 채소를
2~3종류 정도 섞어서 접시에 나누어 담거나 샐러드 볼 하나에 담는다.
다음 예시를 참고하여 창의력을 발휘해 보자.

마타리 상추 + 어린 샐러드 채소 모둠 + 코스 양상추
부드러운 양상추 + 물냉이 + 라디키오
치커리(가늘게 채 썬 것) + 마타리 상추 + 부드러운 양상추

오이나 저민 토마토, 비트, 완숙으로 삶은 계란 등을 더해도 좋다. 결정된
새료는 1인당 100g씩 준비한다. 샐러드 채소를 깨끗하게 씻은 다음 깨끗
한 행주로 물기를 제거한다. 비네그레트(66쪽), 요구르트 소스(66쪽), 로
크포르 소스(68쪽), 레물라드 소스(68쪽), 레몬즙과 크렘 프레슈 등 준비
할 수 있는 드레싱 종류도 매우 다양하다. 준비한 드레싱에 다진 허브(처
빌, 타라곤, 골파 등을 한 종류 또는 여러 가지를 섞어서 사용한다.)와 다진 샬롯
을 섞어 보자. 올리브 오일, 땅콩 오일, 호두 오일, 해바라기씨 오일 등 오
일이나 식초 종류를 다양하게 바꿔 가며 실험해 보자.

 112쪽

◆ 조리용 올리브 오일
◆ 붉은 피망 4개
◆ 녹색 피망 4개
◆ 소금과 백후추
◆ 비네그레트(66쪽) 1회 분량
　준비 시간 10분
　조리 시간 10분
　6인분

오일에 재운 피망
POIVRONS À L'HUILE

오븐을 240℃로 예열한다. 베이킹 시트에 오일을 바른 다음 피망을 얹고
소금과 후추로 간을 한다. 껍질이 까맣게 그슬릴 때까지 8~10분간 굽고
꺼내 식힌다. 껍질과 심, 씨를 제거한 뒤 가늘게 썰어서 접시에 담고 비네
그레트를 두른다.

버터

버터를 가장 맛있게 먹으려면 내기 전에 냉장고에 꺼내서 접시에 담아 잠깐 실온에 보관하면 된다. 부드럽게 만들어서 풍미를 최대한 이끌어 내는 것이 포인트.

비살균 버터
살균 처리를 거치지 않은 크림으로 만든 것.

생크림 버터
냉동하지 않은 살균 또는 비살균 크림이나 크렘 프레슈로 만든 것.

기타 버터류
'조리용cooking' 버터라고 불리는 제품은 냉동 또는 살균한 크림으로 만든 것이다.

'저지방' 버터
살균한 크림과 유장으로 만든 뒤 젤라틴이나 식물성 농후제를 더하여 유화한 것.

위의 모든 버터는 가염 또는 무염 등으로 각각 구분하여 판매한다.

가향 버터
가향 버터에는 다양한 종류가 있으며, 요리사의 창의력과 상상력 및 입맛에 따라서 양념, 장식, 향미 재료를 달리할 수 있다.

버터 파스타
BEURRE EN VERMICELLI

버터를 아주 매력적인 모양으로 담아 내는 방법이다. 차가운 버터를 감자라이서에 담고 짜거나, 눈이 중간 크기인 체에 버터를 담고 물을 묻힌 나무 주걱으로 꾹꾹 눌러서 내린 다음 작은 접시에 담는다.

새우 버터
BEURRE DE CREVETTE

새우 적당량을 익혀서 껍데기를 벗긴 다음 으깨서 동량의 버터와 함께 섞 거나, 통새우를 버터와 함께 으깨도 좋다. 내열용 볼에 담고 아주 약한 불에서 잔잔하게 끓는 물이 든 냄비에 얹어 부드럽게 만든다. 물에 적신 면포 또는 고운체에 거른 다음 냉장고에서 차갑게 식힌다.

〔변형〕

. . . .

코럴 버터
BEURRE CORAIL

바닷가재 알(흔히 산호라는 뜻의 코럴coral이라고 부른다.)을 쿠르부이용에 삶은 다음 부드러운 버터와 함께 잘 섞는다.

. . . .

가재 버터
BEURRE D'ÉCREVISSES

새우 대신 가재를 사용하여 같은 방식으로 만든다.

곱슬 버터
BEURRE EN COQUILLES

버터를 돌돌 말린 모양으로 긁어내어 내는 것으로 품이 조금 든다. 버터 컬러butter curler라는 이름의 전용 칼을 따뜻한 물에 담갔다가 빼서 아주 차가운 버터의 표면을 긁어낸다. 또는 간단하게 일반 칼의 날 부분으로 긁어낼 수도 있다. 긁어낸 버터 조각을 얼음물 또는 찬물에 담가서 차갑게 식힌 다음 손으로 돌돌 말아 모양을 낸다.

정어리 또는 안초비 버터
BEURRE DE SARDINE, D'ANCHOIS

통조림 정어리 또는 안초비의 껍질과 뼈를 제거하고 살점만 발라낸다. 절구에 살점과 다진 이탈리안 파슬리, 다진 처빌을 담고 빻아서 페이스트를 만든다. 입맛에 맞춰 디종 머스터드를 더해 섞는다. 동량의 부드러운 버터와 함께 골고루 섞어 마무리한다.

허브 버터
BEURRE AUX HERBES

큰 냄비에 소금물을 한소끔 끓여서 시금치와 골파, 처빌, 타라곤, 이탈리안 파슬리를 넣고 2분간 데친다. 동시에 다른 팬에 물을 끓여서 샬롯을 넣고 2분간 익힌다. 모든 채소를 건져서 탈탈 턴 다음 꽉 짜서 물기를 최대한 제거한다. 채소를 절구나 볼에 담고 빻은 다음 샬롯, 버터와 함께 천천히 부드럽게 섞는다. 매끄러운 질감으로 완성되어야 한다.

- 시금치 잎 6장
- 골파 20g
- 처빌 10g
- 타라곤 10g
- 이탈리안 파슬리 10g
- 다진 샬롯 20g
- 부드러운 버터 100g
  준비 시간 5분
  조리 시간 5분
  6인분

치즈 버터
BEURRE AUX FROMAGE

브리와 카망베르 치즈는 껍질을 제거한다. 볼에 치즈와 버터를 담고 칼로 완전히 매끄럽게 섞일 때까지 골고루 치댄다.

- 숙성한 브리 치즈 80g
- 숙성한 카망베르 치즈 80g
- 부드러운 버터 80g
  준비 시간 10분
  6인분

로크포르 버터
BEURRE AU ROQUEFORT

- **부드러운 버터 130g**
- **로크포르 치즈 200g**
- **아르마냑 1큰술**

  준비 시간 10분

  6인분

버터와 로크포르를 볼에 담고 숟가락으로 조심스럽게 섞는다. 아르마냑을 더하여 마저 섞는다. 매끄러운 상태로 완성되어야 한다.

카나페

요즘에는 카나페canapé라는 단어를 식사 전 또는 파티용 음식으로 내는 다양한 종류의 주전부리를 일컫는 말로 비교적 막연하게 사용한다. 그러나 프랑스에서 카나페는 훨씬 한정적인 범위의 음식을 가리키는 단어다. 즉 껍질을 제거한 얇은 흰색 빵을 그대로 또는 버터 등에 구운 다음 안초비 버터 등의 가향 버터를 바른 후 깍둑썰기 한 토마토나 햄, 안초비, 훈제 연어 등 다양한 토핑을 얹은 메뉴를 뜻한다. 카나페는 다양한 모양으로 만들 수 있지만 제일 흔한 모양은 삼각형이다.

안초비 카나페
CANAPÉS À L'ANCHOIS

준비한 빵 윗면의 절반에는 완숙 달걀흰자 다진 것을, 반대쪽 절반에는 달걀노른자 으깬 것을 덮듯이 얹는다. 반으로 자른 안초비 필레를 가운데에 얹는다.

청어 카나페
CANAPÉS DE HARENG

준비한 빵에 프로마주 프레fromage frais• 또는 크림치즈를 바른다. 청어 롤몹스 1/2개를 가운데에 얹고 완숙 달걀 다진 것과 깍둑썰기 한 토마토로 장식한다.

• 수분이 많은, 숙성하지 않은 치즈. 생치즈로 분류한다.

래디시 카나페
CANAPÉS AUX RADIS

준비한 빵의 가운데 부분에 마요네즈(70쪽)를 약간 바른다. 둥글게 저민 래디시를 덮듯이 얹은 다음 저민 오이 피클을 얹어 완성한다.

타라곤 카나페
CANAPÉS À L'ESTRAGON OU VIEVILLE

 113쪽

부드러운 버터와 다진 타라곤을 골고루 섞은 다음 준비한 빵 조각마다 바른다. 햄을 1조각씩 얹고 그 위에 타라곤 잎 1장을 얹어 장식한다.

'노노 나네트' 카나페
CANAPÉO NO NO NANETTE

준비한 빵 윗면에 안초비 버터(100쪽)를 바른다. 저민 완숙 달걀 1개를 가운데에 얹고 껍데기를 벗긴 새우를 달걀 가장자리에 조금씩 겹치게 둘러 얹는다. 달걀 위에 마요네즈(70쪽)를 바르고 가운데에 다진 허브를 조금 뿌린다.

정어리 카나페
CANAPÉS À LA SARDINE

토마토는 씨를 적당히 제거하고 저민다. 달군 팬에 버터를 넣어 녹이고 토마토를 넣은 다음 수분이 전부 날아갈 때까지 굽는다. 준비한 빵에 버터를 바르고 한쪽 절반 부분에 구운 토마토를 얹은 뒤 가운데에 정어리 버터(100쪽)를 얹는다.

새우 카나페
CANAPÉS À LA CREVETTE

작은 브리오슈 빵을 길게 가르고 안쪽을 뜯어내서 속을 비운다. 마요네즈(70쪽)를 한 겹 바르고 작은 양상추 잎 한 장을 가운데에 얹은 다음 익혀서 껍데기를 제거한 새우를 옆에 올린다.

노르웨이식 카나페
CANAPÉS NORVÉGIENS

갈색 빵에 버터를 바른 다음 훈제 소 혀 한 조각을 올린 뒤 채 썰어 레뮬라드 드레싱(68쪽)에 버무린 셀러리악을 가장자리에 둘러 얹는다.

크넬

크넬은 주로 남은 고기(송아지, 가금류 또는 간 등)나 생선(주로 강꼬치고기 또는 기름진 고기 종류) 퓌레로 만든 가벼운 질감의 경단이다. 빵이나 밀가루, 으깬 감자 등을 넣기도 한다. 고기나 생선으로 만든 크넬은 주로 볼로방이나 부세에 채워 넣고, 빵이나 밀가루 및 감자로 만든 크넬은 블랑케트나 스튜 위에 올린다. 종종 소스와 함께 첫 번째 코스로 나오기도 하며, 프랑스 북부 지방에서는 아주 작은 공 모양으로 만든 크넬인 프리카델 fricadelle을 수프에 넣어 먹는다.

송아지 크넬
PÂTE À QUENELLES

먼저 물 150mL와 버터, 밀가루로 슈 페이스트리 반죽(774쪽)을 만든다. 반죽이 식으면 다시 볼에 넣고 달걀과 달걀노른자를 더하여 매끄럽고 반짝일 때까지 잘 치댄다. 송아지고기를 푸드 프로세서에 담고 소금과 후추로 간을 한 다음 갈아서 잘 치댄 슈 페이스트리 반죽에 넣어 부드러워질 때까지 잘 섞는다. 입맛에 따라 너트메그로 적당히 간을 더한다. 접시에 버터를 바른 다음 반죽을 접시에 펼쳐 담아 식힌다. 수큰술 분량의 반죽을 덜어서 작은 손가락 모양으로 빚어 크넬을 만든 다음 밀가루 위에 적당히 굴린다. 잔잔하게 끓는 소금물에 크넬을 조금씩 나누어 넣고 5~8분간 조심스럽게 삶는다. 구멍 뚫린 국자로 살며시 건진 다음 키친타월로 물기를 제거한다.

〔변형〕

• •

간 크넬
QUENELLES DE FOIE

위 레시피의 송아지고기를 닭고기 또는 송아지 간 300g으로 대체한 다음 같은 방식으로 만든다.

◆ 버터 30g, 틀용 여분
◆ 밀가루 80g, 덧가루용 여분
◆ 달걀 1개, 달걀노른자 2개
◆ 작게 썬 송아지고기 200g
◆ 소금과 후추
◆ 즉석에서 간 너트메그
　준비 시간 40분
　조리 시간 10분
　6인분

소스를 곁들인 크넬
QUENELLES EN SAUCE

생선 또는 고기 크넬은 크넬을 만들 때 사용한 고기 또는 생선에서 흘러 나온 즙과 함께 수프림 소스(52쪽), 아이보리 벨루테(59쪽) 또는 페리그 소스(61쪽)를 곁들여 낼 수 있다.

• •

송로버섯 크넬
QUENELLES AUX TRUFFES

오븐을 200℃로 예열한다. 크넬을 살짝 납작한 원통형으로 빚은 다음 작고 고른 크기의 송로버섯으로 장식한다. 완성한 크넬은 뜨거운 육수가 담긴 오븐용 그릇에 조심스럽게 미끄러트려 넣고 오븐에 넣어 20분간 굽는다.

생선 크넬
QUENELLES DE POISSON

◆ 껍질과 등뼈를 제거한 생선 필레 500g

◆ 버터 250g

◆ 우유에 불린 빵가루 200g

◆ 달걀 4개

◆ 소금과 후추

준비 시간 30분

조리 시간 15분

6인분

볼에 생선을 담고 으깬 후 버터를 넣는다. 꽉 짜서 우유를 제거한 빵가루를 볼에 더한다. 골고루 치대서 단단하고 매끄러운 반죽을 만든 다음 달걀을 하나씩 넣어 가며 섞는다. 소금과 후추로 간을 한 뒤 냉장고에 넣고 몇 시간 정도 휴지한다. 휴지한 반죽을 롤 모양으로 빚어 크넬을 만든 다음 잔잔하게 끓는 소금물에 적당량씩 나누어 넣고 5분간 삶는다. 건져서 물기를 제거한다.

강꼬치고기 크넬
QUENELLES DE BROCHET

강꼬치고기의 살점을 곱게 으깬다. 빵가루는 꼭 짜서 우유를 충분히 제거한다. 볼 또는 절구에 빵가루를 담고 버터, 강꼬치고기, 달걀을 순서대로 넣으면서 잘 섞는다. 소금과 후추, 너트메그로 간을 한다. 완벽하게 잘 버무려진 상태의 반죽을 냉장고에 넣고 수시간 휴지한다. 휴지한 반죽을 적당량씩 떼어서 최소 10cm 길이의 직사각형 모양으로 빚어 크넬을 만든다. 잔잔하게 끓는 물에 크넬을 한 번에 적당량씩 나누어 넣고 3~5분간 삶는다. 원하는 소스와 함께 낸다.

〔변형〕

. . . .

낭투아 크넬
QUENELLES À LA NANTUA

위와 같은 방식으로 강꼬치고기 크넬과 소스를 만든다. 생선 서덜을 드라이 화이트 와인 200mL, 물 100mL, 다진 양파 15g, 부케 가르니 1개, 소금, 후추와 함께 1시간 동안 뭉근하게 익힌다. 체에 걸러서 국물만 따로 받는다. 밀가루 50g과 버터 40g으로 블론드 루(57쪽)를 만든 다음 체에 거른 국물만 부어서 한소끔 끓인다. 더블 크림 60mL와 껍데기를 제거하고 잘게 썬 가재 몸통 살점 5마리 분량을 더하여 잘 섞는다. 강꼬치고기 크넬을 소스에 넣고 15분간 뭉근하게 익힌다. 뜨겁게 낸다.

빵가루 크넬
QUENELLES DE MIE DE PAIN

볼에 꼭 짜서 우유를 제거한 빵가루를 담고 달걀과 허브를 더한다. 부드러워질 때까지 잘 섞은 다음 소금과 후추로 간을 한다. 작은 손가락 모양으로 빚어서 크넬을 만든 다음 밀가루 위에 굴려서 골고루 묻힌다. 잔잔하게 끓는 소금물에 크넬을 한 번에 적당량씩 넣고 10분간 삶는다. 건져서 물기를 제거한다.

📷 114쪽

- ◆ 껍질과 등뼈를 제거한 강꼬치고기 필레 200g
- ◆ 우유에 불린 빵가루 200g
- ◆ 버터 200g
- ◆ 달걀 4개
- ◆ 소금과 후추
- ◆ 즉석에서 간 너트메그
  준비 시간 40분
  조리 시간 15분
  6인분

- ◆ 우유에 불린 묵은 빵가루 500g
- ◆ 달걀 4개
- ◆ 다진 모둠 허브(이탈리안 파슬리, 골파, 처빌, 타라곤 등) 1줌(대) 분량
- ◆ 소금과 후추
- ◆ 마무리용 밀가루
  준비 시간 30분
  조리 시간 20분
  6인분

밀가루 크넬
QUENELLES DE FARINE

- 밀가루 250g
- 달걀 5개
- 부드러운 버터 50g
- 우유 2큰술
- 소금과 후추

  준비 시간 10분

  조리 시간 20분

  6인분

큰 볼에 체 쳐 둔 밀가루를 담고 가운데를 오목하게 만든 뒤 달걀을 깨트려 넣는다. 포크로 달걀을 밀가루와 함께 천천히 섞어 반죽을 만든다. 다른 볼에 버터를 담고 포크로 휘저어서 크림화한 다음 달걀 반죽에 더하고 우유를 붓는다. 소금과 후추로 간을 한 다음 부드러워질 때까지 잘 섞는다. 반죽을 동그랗게 빚어서 크넬을 만든 다음 잔잔하게 끓는 소금물에 적당량씩 나누어 넣고 10분간 삶는다. 건져서 물기를 제거한다.

감자 크넬
QUENELLES DE POMMES DE TERRE

- 노란 점질 감자 350g
- 분리한 달걀흰자와 달걀노른자 각각

  5개 분량
- 소금과 후추
- 크렘 프레슈 80g

  준비 시간 15분

  조리 시간 20분

  6인분

감자를 부드러워질 때까지 삶은 다음 체에 내려서 퓌레를 만든다. 달걀흰자는 단단하게 뿔이 올라올 정도로 친다. 감자 퓌레에 달걀노른자를 더하고 소금과 후추로 간을 한 다음 거품 낸 달걀흰자와 크렘 프레슈를 더하여 섞는다. 둥근 크넬 모양으로 빚은 다음 잔잔하게 끓는 소금물에 크넬을 적당량씩 넣어서 10분간 삶은 다음 건져서 물기를 제거한다.

개구리 다리 & 달팽이

개구리 다리는 5~7월 사이에 가장 맛이 좋다. 개구리는 뒷다리만 식용한
다. 주로 이미 손질한 상태로 껍질을 벗겨서 12개씩 꼬치에 끼워 판매한
다. 1인당 꼬치 1개씩을 준비해서 조리하기 직전에 꼬치에서 빼낸다.

113쪽

- ◆ 개구리 다리 꼬치 6개(다리 총 72개)
- ◆ 밀가루 50g
- ◆ 버터 100g
- ◆ 소금과 후추
- ◆ 곱게 다진 샬롯 또는 마늘 3~4큰술

    준비 시간 8분

    조리 시간 10분

    6인분

개구리 다리 소테
GRENOUILLES SAUTÉES

개구리 다리에 밀가루를 뿌린다. 큰 소테용 팬 또는 프라이팬에 버터를 넣어 녹이고 개구리 다리를 넣어서 골고루 노릇한 색을 띨 때까지 8~10분간 소테한다. 소금과 후추로 간을 한 다음 샬롯 또는 마늘을 뿌린다.

〔변형〕

● ●

개구리 다리 튀김
GRENOUILLES FRITES

소량의 고기용 즉석 마리네이드(76쪽)에 개구리 다리를 넣어서 30분간 재운다. 튀김옷(724쪽)을 만들고 개구리 다리를 마리네이드에서 건져 물기를 제거한다. 튀김기에 기름을 채워서 180℃ 혹은 빵조각을 넣으면 30초 만에 노릇해질 정도로 가열한다. 개구리 다리에 튀김옷을 입힌 다음 뜨거운 기름에 적당량씩 나누어 조심스럽게 넣는다. 노릇해질 때까지 3~5분간 튀긴다.

● ●

소스에 익힌 개구리 다리
GRENOUILLES EN SAUCE

개구리 다리를 버터에 5분간 볶은 다음 풀레트 소스(52쪽)와 함께 팬에 넣어서 10분간 뭉근하게 익힌다.

- ◆ 버터 50g
- ◆ 얇게 채 썬 양파 1개 분량
- ◆ 밀가루 10g
- ◆ 부르고뉴 화이트 와인 100mL
- ◆ 개구리 다리 꼬치 6개(다리 총 72개)
- ◆ 소금과 후추
- ◆ 더블 크림 50mL
- ◆ 이탈리안 파슬리 곱게 다진 것 1줌(소)

    분량

- ◆ 레몬즙 1작은술

    준비 시간 10분

    조리 시간 20분

    6인분

크림을 두른 개구리 다리
GRENOUILLES À LA CRÈME

달군 팬에 버터를 녹이고 양파를 더해 잔잔한 불에서 부드러워질 때까지 익힌다. 밀가루를 더하여 갈색이 되지 않도록 주의하면서 가볍게 익힌다. 와인을 넣고 잘 저은 다음 개구리 다리를 더해 소금과 후추로 간을 한 뒤 15분간 뭉근하게 익힌다. 소스에 크림, 파슬리, 레몬즙을 더한다.

달팽이 요리
ESCARGOTS

준비 시간 20분 + 달팽이 금식 기간

1주일

조리 시간 2시간

6인분

달팽이를 1주일간 굶겨서 노폐물을 제거한 다음 소금에 밀가루를 섞고 화이트 와인 식초를 살짝 둘러서 먹는다. 달팽이를 조심스럽게 씻은 다음 끓는 소금물에 넣어 5분간 데친다. 달팽이 껍데기에서 속살을 꺼내고 꼬리에 붙은 까만 부분을 제거한다. 달팽이 살을 다시 물에 담가 씻은 다음 간을 충분히 한 화이트 와인 쿠르부이용(82쪽)에 넣어 2시간 동안 삶는다. 국물에 담근 채로 식힌다. 껍데기는 조심스럽게 씻은 다음 행주에 엎어서 물기를 제거한다. 달팽이용 스터핑(111쪽)을 만든다. 오븐을 200℃로 예열한다. 껍데기에 스터핑을 조금씩 담고 달팽이 살을 다시 넣은 다음 스터핑을 조금 더 넣는다. 달팽이를 달팽이 전용 그릇에 담고 오븐에서 8분간 굽는다.

116쪽

달팽이용 스터핑
FARCE POUR ESCARGOTS

◆ 버터 60g

◆ 샬롯 곱게 다진 것 1작은술

◆ 마늘 곱게 다진 것 1/2쪽 분량

◆ 이탈리안 파슬리 곱게 다진 것 10g

◆ 소금과 후추

준비 시간 15분

달팽이 12개 분량

모든 재료를 잘 섞어서 스터핑을 만든다.

참고

달팽이 통조림 또는 병조림, 달팽이 껍데기는 고급 식료품점 등에서 구입할 수 있다.

117쪽

샤블리를 넣은 달팽이 요리
CASSOLETTES D`ESCARGOTS AU CHABLIS

◆ 샬롯 곱게 다진 것 20g

◆ 마늘 곱게 다진 것 1과 1/2작은술

◆ 샤블리 와인 200mL

◆ 더블 크림 250mL

◆ 손질한 달팽이(위쪽 '달팽이 요리' 레시피

　참고) 90마리

◆ 소금과 후추

◆ 파르미지아노 레지아노 치즈 간 것

　100g

준비 시간 15분

조리 시간 25분

7~8인분

팬에 샬롯과 마늘을 넣고 샤블리를 부어서 잔잔한 불에서 15분간 뭉근하게 익힌다. 크림을 더하여 잔잔한 불에서 약 15분간 더 졸인다. 달팽이를 넣고 골고루 섞은 다음 소금과 후추로 간을 하고 재빨리 데운다. 달팽이와 소스를 작은 라메킨 7~8개에 나누어 담는다. 파르미지아노 레지아노 치즈를 뿌리고 브로일러에 넣어 5분간 노릇하게 굽는다.

참고

버섯 100g을 깨끗하게 손질해서 막대 모양으로 썬 다음 마늘과 샬롯 혼합물에 더해도 좋다.

오일에 채운 피망(97쪽)

타라곤 카나페(102쪽)

강꼬치고기 크넬(106쪽)

개구리 다리 튀김 소테(109쪽)

달팽이용 스터핑(111쪽)

샤블리를 넣은 달팽이 요리(111쪽)

-3-
우유, 달걀 & 치즈

우유

우유는 신체에 질소, 지방, 당, 미네랄, 칼슘, 비타민 등 많은 영양소를 공급한다. 수프나 으깬 감자 등 많은 요리에서 다양한 형태로 사용된다. 우유를 크림 형태로 만든 뒤 이를 베이스로 만드는 디저트도 많다. 우유를 마시는 것은 즐기지 않는 사람도 유제품으로 만든 달콤하고 짭짤한 음식은 맛있게 먹기도 한다. 또한 초콜릿, 커피, 캐러멜, 오렌지 꽃물, 바닐라 등 다양한 풍미를 가진 재료와도 잘 어울린다.

상점에서 판매하는 우유는 혹시 있을지도 모르는 유해한 박테리아를 박멸하기 위해 다양한 방법으로 살균 처리를 거친 것이 대부분이다. 흔히 볼 수 있는 멸균 우유는 말 그대로 멸균 상태라 안전하며 개봉 후에도 2~3일간 보관할 수 있지만, 초고온살균UHT을 거쳤기 때문에 저온 살균 처리한 우유에 비해 풍미가 떨어진다. 농축한 연유는 가당과 무가당 두 가지 형태로 구입할 수 있다. 덮개를 단단하게 씌우면 냉장고에서 최대 2~3일까지 보관 가능하다. 전지유 또는 탈지유 분유는 물에 잘 녹으므로 사용이 간편하다.

비살균 우유는 농장이나 인근 농가에서 구할 수 있을 때도 있다. 착유한 후 별다른 처리를 거치지 않고 현장에서 병입하여 차갑게 보관한 것이다. 아주 빨리 변질되므로 100℃까지 수초간 가열한 후 마시기를 권장한다. 가열해도 비타민 C 외의 영양소는 파괴되지 않는다. 우유가 끓으면 바로 차가운 물에 냄비를 담가서 재빨리 식힌 다음 냉장고에 보관한다.

커드 치즈(생치즈, 카유보트caillebotte)는 우유에 식물성 재료를 더하여 응고시켜 만든다. 사용하는 재료는 지역마다 다르다. 프랑스 남부에서는 무화과 나뭇가지를 구부려서 십자가 모양으로 만든 다음 막 끓여 내 뜨거운 상태의 우유를 휘저어 응고시킨다. 프랑스 서부에서는 야생 엉겅퀴 꽃을 사용한다. 몇 그램 정도를 면포에 싸서 비살균 우유를 천천히 가열하는 동안 함께 넣고 휘젓는다. 프랑스 중부에서는 '숙녀의 침대끈'이라고도 불리는 솔나물 꽃송이를 주로 사용한다. 프랑스식으로는 카이유레caille-lait라고 부르는데, 말 그대로 부드럽게 응고된다는 뜻이다.

162쪽

- ◆ 우유(전지유) 1.5L
- ◆ 요구르트 종균 적당량 또는 양질의
  시판 생요구르트 수북한 1큰술
  준비 시간 12시간 30분
  6인분

요구르트
YAOURT

냄비에 우유를 담고 한소끔 끓인 다음 양이 1L로 줄어들 때까지 가열한
다. 살짝 식힌다. 따뜻한 우유에 요구르트 종균을 더한다. 작은 유리병에
부어서 따뜻한 곳에 12시간 동안 재운다. 정확한 온도를 유지해서 유익한
박테리아 번식을 활성화하는 전기 요구르트 기계를 이용해도 좋다.

에그노그
LAIT DE POULE

- ◆ 우유 500mL
- ◆ 정제 백설탕 60g
- ◆ 달걀노른자 2개
- ◆ 오렌지 꽃물 10~100mL
  준비 시간 2분
  조리 시간 5분
  6인분

냄비에 우유와 설탕을 담고 중간 불에 올려서 자주 휘저으며 한소끔 끓인
다. 큰 내열용 볼에 달걀노른자를 담는다. 우유를 불에서 내리고 한 김 식
힌 다음 달걀노른자를 담은 볼에 천천히 부으면서 골고루 휘젓는다. 취향
에 따라 오렌지 꽃물을 더하고 다시 팬에 부어서 주기적으로 휘저으며 에
그노그가 살짝 걸쭉해질 때까지 수분간 천천히 데운다. 다시 끓지 않도
록 주의한다.

우유 잼
CONFITURE DE LAIT

- ◆ 우유 2L
- ◆ 정제 백설탕 100g
  준비 시간 2분
  조리 시간 2시간
  6인분

바닥이 묵직한 팬에 우유와 설탕을 섞어서 아주 약한 불에서 약 2시간 동
안 뭉근하게 익힌다. 이때 위에 막이 형성되지 않도록 자주 휘저으면서 혼
합물이 약 3분의 2 정도 줄어들 때까지 졸여야 한다. 우유가 걸쭉해져서
옅은 갈색을 띠게 될 것이다. 뜨거울 때 아이스크림에 두르거나 그대로
차갑게 식혀서 디저트로 낸다.

샹티이 크림(달콤한 휘핑크림)
CRÈME CHANTILLY

- ◆ 차갑고 걸쭉한 더블 크림 250mL와
  우유 100mL를 섞은 것
  (또는 싱글 크림 330mL)
- ◆ 정제 백설탕
- ◆ 바닐라 익스트랙
  준비 시간 10분
  6인분

크림을 아주 차갑게 준비한다. 볼에 담고 단단하게 뿔이 서고 가벼운 상
태가 될 때까지 거품을 낸다. 이때 너무 많이 휘젓지 않도록 주의한다. 취
향에 따라 설탕과 바닐라 익스트랙을 더하여 섞는다. 온도가 올라가면 크
림이 버터가 될 수 있으므로 주의한다.

치즈

치즈는 보관하는 중에도 풍미가 계속 발달하므로 제대로 숙성했을 때 제일 맛있게 즐길 수 있다. 숙성 과정과 제철은 치즈마다 다르다. 따라서 가장 맛있게 숙성된 상태일 때 구입하는 것이 중요하다. 묵직한 식사를 끝낸 후에 가볍게 먹어도 좋고, 간단한 식사를 마무리하는 코스로 내기도 한다. 또한 다양한 요리에 추가해서 맛과 영양가를 높이는 식으로 활용할 수 있다. 생치즈에는 브루스Brousses나 생 플로랑틴Saint-Florentin 등이 있다. 숙성한 치즈는 아래 항목에 따라 구분할 수 있다.

- 연질 치즈:

  브리, 쿨로미에, 리바로, 문스터
- 반연질 치즈:

  르블로숑, 생 넥테르, 캉탈, 미몰레트
- 경질 치즈:

  그뤼에르, 에멘탈, 파르미지아노 레지아노
- 블루 치즈:

  로크포르, 푸름 당베르
- 염소 치즈:

  생트 모르, 피코동, 크로탱 드 샤비뇰

크림 치즈
FROMAGE À LA CRÈME

냄비에 우유를 담고 잔잔한 불에서 따뜻하게 데운다. 골고루 휘저으면서 콩알만 한 크기의 레닛 1개(액상 레닛은 몇 방울)를 넣어 섞거나 하루 전날 응고시킨 응유를 소량 더한다. 수시간 동안 약 25℃를 유지하면서 우유를 굳힌다. 면포를 깐 채반을 볼 위에 얹거나 전용 거름망을 준비해서 우유를 붓고 4~5시간 정도 물기를 거른다. 내기 전에 크렘 프레슈를 더해서 골고루 섞은 다음 취향에 따라 설탕을 더해 간을 맞춘다.

참고
크렘 프레슈 대신 소량의 우유와 달걀노른자 1개를 넣으면 질감이 아주 부드러워진다.

- 우유 1L
- 레닛 또는 뉴뉴(우유를 커드화한 것)
- 크렘 프레슈 125g
- 정제 백설탕 약 150g

  준비 시간 10분 + 물기 거르기

  6인분

아주 진한 크림 치즈
FROMAGE À LA CRÈME SURFIN

◆ 프로마주 프레(생치즈) 500g

◆ 크렘 프레슈 500mL

◆ 달걀흰자 3개

◆ 곁들임용 싱글 크림

  준비 시간 15분 + 물기 거르기

  6인분

체에 면포를 깔아 볼 위에 올리고 프로마주 프레를 담은 후에 아주 걸쭉해질 때까지 물기를 거른다. 다른 볼에 옮겨서 크렘 프레슈를 더하고 골고루 섞어서 10분간 잘 치댄다. 달걀흰자를 부드러운 뿔이 설 정도로 거품을 내고 치즈 혼합물과 함께 접듯이 섞은 다음 면포를 깐 체에 담고 볼 위에 얹는다. 냉장고에 6시간 동안 넣어 물기를 거른다. 싱글 크림을 몇 큰술 곁들여 차갑게 낸다.

연질 치즈 튀김
BOULETTES DE FROMAGE BLANC

크박과 달걀, 설탕, 밀가루, 베이킹 소다를 골고루 섞는다. 아주 부드러운 혼합물이 될 것이다. 튀김기에 오일을 담고 180℃로 온도를 조절해 빵조각을 넣었을 때 30초 만에 노릇해질 정도로 가열한다. 크박 혼합물을 공 모양으로 빚은 다음 밀가루 또는 빵가루를 꼼꼼히 묻혀서 뜨거운 오일에 적당량씩 조심스럽게 넣는다. 혼합물이 부풀어서 노릇하고 바삭해질 때까지 1~2분간 튀긴다. 칼로 하나를 찔러서 깨끗하게 나오면 다 익은 것이다. 구멍이 뚫린 국자로 건진 다음 키친타월에 얹어 기름기를 제거한다. 설탕을 뿌려서 바로 낸다.

참고
프랑스에서는 프로마주 블랑(연질 크림 생치즈)을 사용한다. 크박이나 프로마주 프레를 면포를 깐 체에 담고 물기를 걸러서 걸쭉하게 만든 것으로 대체할 수 있다.

- ◆ 크박● 또는 프로마주 프레(설명 확인)
  350g
- ◆ 달걀 2개
- ◆ 정제 백설탕 80g, 마무리용 여분
- ◆ 밀가루 200g
- ◆ 베이킹 소다 1작은술
- ◆ 튀김용 식물성 오일
- ◆ 튀김옷용 마른 빵가루 또는 밀가루
  준비 시간 10분
  조리 시간 5분
  6인분
- ● 독일산 생치즈의 일종.

짭짤한 치즈 튀김
DÉLICIEUSES DE FROMAGE

달걀흰자를 아주 단단한 뿔이 서도록 휘핑한 후 치즈를 재빨리 더하여 골고루 섞는다. 소금과 후추로 간을 한다. 기포가 많이 빠지지 않도록 주의하면서 혼합물을 달걀만 한 크기의 공 모양으로 빚은 다음 빵가루를 묻힌다. 튀김기에 오일을 담고 180℃로 온도를 조절해 빵조각을 넣었을 때 30초 만에 노릇해질 정도로 가열한다. 혼합물을 뜨거운 오일에 적당량씩 넣어서 노릇해질 때까지 1~2분간 튀긴다. 구멍 뚫린 국자로 건진 다음 키친타월에 얹어서 기름기를 제거한다. 튀긴 파슬리로 장식한다.

- ◆ 달걀흰자 4개
- ◆ 그뤼에르 치즈 간 것 200g
- ◆ 소금과 후추
- ◆ 튀김옷용 마른 빵가루
- ◆ 튀김용 식물성 오일
- ◆ 튀긴 파슬리(81쪽)
  준비 시간 10분
  조리 시간 3분
  6인분

163쪽

- ◆ 버터 50g
- ◆ 밀가루 200g
- ◆ 그뤼에르 치즈 간 것 250g
- ◆ 달걀 가볍게 푼 것 2개 분량
- ◆ 소금과 후추
- ◆ 튀김용 식물성 오일

  준비 시간 15분

  조리 시간 6분

  6인분

치즈 프리터
BEIGNETS AU FROMAGE

팬에 버터와 물 300mL를 넣고 한소끔 끓인다. 밀가루를 한 번에 털어 넣고 거세게 치대어 매끄러운 반죽을 만든다. 치즈를 더하여 마저 섞고 한 김 식힌다. 달걀을 더해 섞은 다음 소금과 후추로 간을 한다. 튀김기에 오일을 담고 180℃로 온도를 조절해 빵조각을 넣었을 때 30초 만에 노릇해질 정도로 가열한다. 반죽을 1큰술씩 떠서 뜨거운 오일에 넣는다. 예쁘게 노릇노릇해질 때까지 1~2분씩 튀긴다. 구멍 뚫린 국자로 건진 다음 키친타월에 얹어서 기름기를 제거한다.

간단 크로크 무슈
CROQUE-MONSIEUR ÉCONOMIQUE

- ◆ 껍질을 제거한 흰색 빵(가능하면 하루

  묵은 것) 250g
- ◆ 버터 125g
- ◆ 그뤼에르 치즈 간 것 60g

  준비 시간 15분

  조리 시간 16분

  6인분

빵을 일정한 크기로 자른 다음 버터를 가볍게 바른다. 그중 절반 위에 치즈를 뿌리고 치즈를 뿌리지 않은 나머지 빵을 그 위에 덮은 뒤 꾹 눌러서 서로 잘 달라붙도록 한다. 중간 불에서 달군 팬에 버터를 넣고 녹인다. 빵을 올리고 한 면당 4분씩 노릇하게 굽는다. 뜨겁게 낸다.

 164쪽

- ◆ 껍질을 제거한 흰색 빵(가능하면 하루

  묵은 것) 250g
- ◆ 버터 100g
- ◆ 그뤼에르 치즈 간 것 60g
- ◆ 햄 저민 것 85g

  준비 시간 15분

  조리 시간 8분

  6인분

햄 크로크 무슈
CROQUE-MONSIEUR AU JAMBON

일정한 크기로 자른 빵 전체에 버터를 적당량 바른 다음 치즈를 골고루 뿌린다. 그중 절반 위에 햄을 한 장씩 올리고 나머지 빵을 그 위에 덮은 뒤 조리용 끈으로 빵을 묶는다. 중간 불에서 달군 팬에 남은 버터를 둘러 녹인다. 빵을 올리고 한 면당 4분씩 노릇하게 굽는다. 끈을 제거하고 낸다.

치즈 크로켓

CROQUETTES AU FROMAGE

버터와 밀가루, 우유로 아주 걸쭉한 베샤멜 소스(50쪽)를 만든 뒤 치즈와
달걀노른자를 넣어 섞는다. 엄지손가락 크기의 크로켓 모양으로 빚어서
빵가루를 묻힌다. 튀김기에 오일을 담고 180℃로 온도를 조절해 빵조각
을 넣었을 때 30초 만에 노릇해질 정도로 가열한다. 혼합물을 적당량씩
넣고 노릇해질 때까지 1~2분간 튀긴다. 구멍 뚫린 국자로 건진 다음 키친
타월에 얹어서 기름기를 제거한다.

- ◆ 버터 80g
- ◆ 밀가루 90g
- ◆ 우유 500mL
- ◆ 그뤼에르 치즈 간 것 150g
- ◆ 달걀노른자 2개
- ◆ 튀김옷용 마른 빵가루
- ◆ 튀김용 식물성 오일

  준비 시간 25분

  조리 시간 5분

  6인분

그뤼에르 치즈 프렌치 토스트

PAIN PERDU AU GRUYÈRE

오븐을 220℃로 예열한다. 우유를 한소끔 끓인 다음 불을 끈다. 달걀을
넣어 잘 섞고 소금으로 간을 한다. 빵에 버터를 바르고 따뜻한 상태의 달
걀물에 넣어서 15분간 불린다. 오븐용 그릇에 버터를 바르고 우유에 불린
빵을 담는다. 치즈를 넉넉히 뿌리고 오븐에서 25분간 노릇하게 굽는다.

- ◆ 우유 500mL
- ◆ 달걀 가볍게 푼 것 3개 분량
- ◆ 소금
- ◆ 묵은 빵 얇게 썬 것 200g
- ◆ 버터 50g, 틀용 여분
- ◆ 그뤼에르 치즈 간 것 100g

  준비 시간 20분

  조리 시간 25분

  6인분

치즈 뇨키

GNOCCHIS AU FROMAGE

오븐을 250℃로 예열한다. 슈 페이스트리 반죽을 손가락 두께의 원통형
으로 빚은 다음 1.5cm 길이로 잘라서 작은 뇨키를 만든다. 큰 냄비에 소
금물을 끓인다. 뇨키를 조심스럽게 넣고 10분간 뭉근하게 삶는다. 오븐
용 그릇에 건져 낸 뇨키를 담고 치즈를 뿌린 뒤 소금과 후추로 간을 한다.
버터를 바르고 오븐에서 10분간 굽는다.

- ◆ 슈 페이스트리 반죽(774쪽) 300g
- ◆ 그뤼에르 치즈 간 것 125g
- ◆ 소금과 후추
- ◆ 버터 녹인 것 60g

  준비 시간 20분

  조리 시간 20분

  6인분

부르고뉴식 빵 요리
PAIN BOURGUIGNON

- 버터 100g
- 밀가루 70g
- 우유 250mL
- 달걀 6개
- 그뤼에르 치즈 간 것 125g
- 소금과 후추
- 토마토 소스(57쪽) 또는 버섯
  소스(61쪽) 1회 분량

  준비 시간 15분

  조리 시간 1시간 45분

  6인분

오븐을 140℃로 예열한다. 버터(한 조각은 틀용 여분으로 남겨둔다.)와 밀가루, 우유로 베샤멜 소스(50쪽)를 만든다. 달걀을 하나씩 넣어 가며 잘 섞은 다음 치즈를 더하고 소금과 후추로 간을 한다. 원형 틀에 버터를 바르고 혼합물을 부은 다음 속이 깊은 로스팅 팬에 담고 뜨거운 물을 틀이 반정도 잠길 만큼 붓는다. 오븐에 넣어 1시간 45분간 굽고 틀에서 꺼낸 다음 토마토 소스 또는 버섯 소스를 곁들여 낸다.

햄 달걀 그라탕
BOUCHÉES GRATINÉES

- 버터 25g
- 익힌 햄 깍둑 썬 것 80g
- 달걀 푼 것 2개 분량
- 끓는 우유 250mL
- 소금과 후추
- 너트메그 즉석에서 간 것 1꼬집
- 그뤼에르 치즈 간 것 80g

  준비 시간 10분

  조리 시간 25분

  6인분

● 유리 또는 세라믹으로 만든 오븐 사용이
  가능한 작은 원형 종지.

오븐을 200℃로 예열하고 라메킨● 6개에 버터를 바른다. 내열용 볼에 햄과 달걀을 담고 계속 휘젓다가 끓는 우유를 천천히 붓고 골고루 섞는다. 소금과 후추, 너트메그로 간을 한다. 혼합물을 라메킨에 붓고 치즈를 조금씩 뿌린 다음 오븐에 넣어 굳을 때까지 25분간 굽는다.

치즈 수플레
SOUFFLÉ AU FROMAGE

오븐을 180℃로 예열하고 수플레 그릇 1개 또는 개별 라메킨 6개에 버터를 골고루 바른다. 버터와 밀가루, 우유로 아주 걸쭉한 베샤멜 소스(50쪽)를 만든다. 치즈를 더하여 섞고 한 김 식힌 다음 달걀노른자를 넣고 골고루 섞는다. 달걀흰자를 단단한 뿔이 설 때까지 휘핑한 다음 치즈 혼합물에 넣어서 접듯이 섞는다. 소금과 후추로 간을 하고 버터를 바른 그릇에 붓는다. 수플레 그릇을 사용할 경우 180℃로 예열한 오븐에 넣어 30분간 구운 다음 220℃로 온도를 높여 15분 더 굽는다. 개별용 라메킨을 사용할 경우 180℃로 예열한 오븐에 넣어 10분간 구운 다음 온도를 높여서 수플레가 모양이 잡히고 노릇해질 때까지 5~10분 더 굽는다.

 165쪽

- 버터 100g, 틀용 여분
- 밀가루 100g
- 우유 500mL
- 그뤼에르 치즈 간 것 125g
- 분리한 달걀흰자와 달걀노른자 각각
  5개 분량
- 소금과 후추
  준비 시간 25분
  조리 시간 45분
  6인분

구제르
GOUGÉRE

프랑스 동부 부르고뉴 지역에서 유래한 맛있는 치즈 페이스트리다. 오븐을 200℃로 예열하고 베이킹 트레이에 버터를 바른다. 슈 페이스트리 반죽을 만들되 설탕을 빼고 치즈를 더한다. 페이스트리 반죽을 짤주머니에 담고 준비한 베이킹 트레이에 링 모양 또는 동그라미 모양으로 짠다. 혹은 숟가락으로 수큰술 분량씩 떠서 준비한 베이킹 트레이에 담는다. 이때 서로 충분히 간격을 두어야 부풀면서 달라붙지 않는다. 여분의 치즈를 뿌리고 오븐에서 25~30분간(작은 구제르는 15~20분간) 노릇하게 부풀 때까지 굽는다.

 166쪽

- 버터 10g
- 슈 페이스트리 반죽(774쪽) 300g
- 그뤼에르 치즈 갈거나 길고 가늘게 썬
  것 125g, 마무리용 여분
  준비 시간 15분
  조리 시간 15~30분
  6인분

치즈 타르트
TARTE AU FROMAGE

오븐을 220℃로 예열한다. 쇼트크러스트 페이스트리 반죽을 만든 후 작업대에 덧가루를 뿌리고 반죽을 밀어서 속이 깊고 바닥이 분리되는 지름 23cm 크기의 타르트 틀에 채운다. 초벌구이(784쪽)를 한 다음 오븐에서 꺼내고 오븐 온도를 180℃로 낮춘다. 볼에 달걀을 풀어서 우유, 크렘 프레슈와 치즈를 더하고 소금과 후추로 간을 한다. 혼합물을 타르트 틀에 붓고 오븐에 넣어 30분간 굽는다.

- 쇼트크러스트 페이스트리 반죽(784쪽)
  300g
- 덧가루용 밀가루
- 달걀 3개
- 우유 250mL
- 크렘 프레슈 125g
- 그뤼에르 치즈 간 것 125g
- 소금과 후추
  준비 시간 20분
  조리 시간 30분
  6인분

콩테 치즈 크루아상 구이

ENTRÉE COMTOISE

- ◆ 하루 묵은 크루아상 6개
- ◆ 화이트 소스(50쪽) 1회 분량
- ◆ 콩테 치즈 간 것 100g
- ◆ 버터 부드러운 것 50g

  준비 시간 20분

  조리 시간 10~15분

  6인분

오븐을 240℃로 예열한다. 크루아상을 가로로 반 자른 다음 속을 파낸다. 화이트 소스에 치즈를 섞은 다음 속을 파낸 크루아상의 빈 곳에 채운다. 버터를 바르고 오븐에 넣어 10~15분간 노릇하게 굽는다.

프로마주 블랑과 설타나 타르트
TARTE AU FROMAGE BLANC ET AUX RAISINS

쇼트브레드 또는 쇼트크러스트 페이스트리 반죽을 만든다. 오븐을 200℃로 예열한다. 작업대 위에 덧가루를 뿌리고 반죽을 민 다음 속이 깊고 바닥이 분리되는 지름 23cm 크기의 타르트 틀에 채운다. 틀 바닥에 빵가루와 커런트 또는 설타나를 뿌린다. 버터와 설탕을 크림화한 뒤 달걀 노른자 3개를 넣고 섞은 후 밀가루, 레몬 제스트와 즙, 프로마주 프레, 크렘 프레슈를 더하여 마저 섞는다. 다른 볼에 달걀흰자를 담고 아주 단단한 뿔이 서도록 휘핑한 다음 치즈 혼합물에 더하여 조심스럽게 접듯이 섞는다. 혼합물을 페이스트리 틀에 붓는다. 또 다른 볼에 나머지 달걀노른자를 풀어서 틀 가장자리에 발라 광택을 낸 뒤 오븐에 넣고 45분간 굽는다. 이 타르트는 차갑게 내야 맛있다.

- ◆ 사블레 비스킷 반죽(761쪽)
  또는 쇼트크러스트 페이스트리
  반죽(784쪽) 1회 분량
- ◆ 밀가루 30g, 덧가루용 여분
- ◆ 말린 빵가루 50g
- ◆ 말린 커런트 또는 설타나 100g
- ◆ 부드러운 버터 50g
- ◆ 정제 백설탕 125g
- ◆ 분리한 달걀흰자와 달걀노른자 각각
  4개 분량
- ◆ 레몬즙과 제스트 1/2개 분량
- ◆ 크박 또는 기타 크림치즈 500g
- ◆ 크렘 프레슈 100g
  준비 시간 30분
  조리 시간 45분
  6개 분량

키슈 로렌
QUICHE LORRAINE

 167쪽

쇼트크러스트 페이스트리 반죽을 만든다. 오븐을 200℃로 예열한다. 작업대에 덧가루를 뿌리고 반죽을 민 다음 바닥이 분리되지 않는 지름 23cm 크기의 타르트 틀에 채운다. 틀 바닥에 베이컨을 뿌린다. 볼에 달걀을 풀고 크렘 프레슈 또는 크렘 프레슈와 우유를 섞은 것을 붓고 잘 섞은 뒤 소금과 후추로 간을 한다. 혼합물을 타르트 틀에 붓는다. 오븐에 넣어 굳어서 모양이 잡히고 노릇해질 때까지 40분간 굽는다.

- ◆ 쇼트크러스트 페이스트리 반죽(784쪽)
  200g
- ◆ 덧가루용 밀가루
- ◆ 훈제 베이컨 깍둑 썬 것 125g
- ◆ 달걀 4개
- ◆ 크렘 프레슈 500mL 또는 우유
  250mL과 크렘 프레슈 250mL를
  섞은 것
- ◆ 소금과 후추
  준비 시간 20분
  조리 시간 40분
  6인분

169쪽

뜨거운 샤비뇰 크로탱
ONOTTINO DE OHAVIQNOL OHAUDO

- ◆ 껍질을 제거한 흰색 빵 6장
- ◆ 원하는 샐러드 채소
- ◆ 크로탱 드 샤비뇰 염소젖 치즈 3개

  준비 시간 10분

  조리 시간 7~10분

  6인분

달군 그릴에 빵을 올려 앞뒤로 노릇하게 굽는다. 샐러드 채소는 접시 6개에 적당량을 나누어 담는다. 치즈를 각각 가로로 2등분한다. 빵마다 치즈를 하나씩 올리고 다시 그릴에 얹어 부드럽고 노릇해지도록 굽는다. 치즈면이 샐러드 채소 위로 오도록 얹어 바로 낸다.

프랑슈콩테 치즈 퐁듀
FONDUE FRANC-COMPOISE

- ◆ 마늘 1쪽
- ◆ 드라이 화이트 와인 100mL
- ◆ 콩테 치즈 간 것 130g
- ◆ 달걀 푼 것 6개 분량
- ◆ 버터 65g
- ◆ 소금과 후추
- ◆ 즉석에서 간 너트메그
- ◆ 곁들임용 적당히 썬 빵

  준비 시간 5분

  조리 시간 20분

  분량 6인분

바닥이 묵직한 팬의 바닥에 마늘을 놓고 완전히 으깨질 정도로 문질러 바른다. 와인을 붓고 한소끔 끓인다. 치즈를 넣고 잔잔한 불에 올린 다음 완전히 녹아서 크림 같은 상태가 될 때까지 쉬지 않고 휘젓는다. 달걀과 버터를 넣고 걸쭉해질 때까지 쉬지 않고 저으면서 7~8분간 천천히 익힌다. 소금과 후추, 너트메그로 간을 한 다음 빵에 얹어서 낸다.

달걀

달걀은 비타민과 철분, 황 등 풍부한 영양 공급원이다. 아주 신선할 때 먹어야 한다. 유통기한과 더불어 산란 일자를 반드시 확인하자. 크기와 품질에 따라 등급이 달라지며, 대체로 인근 가게 및 슈퍼마켓에서 양질의 달걀을 구입할 수 있다. 사용하기 1~2시간 전에 미리 냉장고에서 꺼내어 실온 상태로 되돌려 놓는 것이 좋다.

껍데기가 있는 반숙 달걀
OEUFS À LA COQUE

반숙 달걀을 만드는 방법은 세 가지가 있다.

방법 1
작은 냄비에 물을 끓인 다음 달걀을 조심스럽게 넣는다. 2분, 길어도 3분 이하로 삶은 다음 건져서 낸다.

방법 2
작은 냄비에 물을 끓이고 소금 한 꼬집을 더한 다음 달걀을 조심스럽게 넣는다. 뚜껑을 닫고 팬을 불에서 내린 다음 4~5분간 그대로 두었다가 건져서 낸다.

방법 3
작은 냄비에 달걀을 담는다. 달걀이 잠길 정도로 찬물을 부은 뒤 불에 올린다. 물이 끓으면 즉시 달걀을 꺼내서 낸다. 반숙 달걀은 냅킨에 싸서 소금과 버터를 곁들여 낸다.

조리 시간 2~3분

껍데기를 벗긴 반숙 달걀
OEUFS MOLLETS

작은 냄비에 물을 끓이고 소금을 더한 뒤 달걀을 조심스럽게 넣는다. 5분간 삶고 숟가락으로 건져서 찬물에 담근다. 껍데기를 벗긴 뒤 채소 또는 소스를 곁들여 낸다.

조리 시간 5분

완숙 달걀
OEUFS DURS

조리 시간 10분

작은 냄비에 물을 한소끔 끓이고 소금 한 꼬집을 넣은 다음 달걀을 조심 스럽게 넣는다. 10분간 삶은 다음 숟가락으로 건진다. 이때 노른자가 가 운데 오도록 삶고 싶다면 달걀을 물에 넣자마자 쉬지 않고 수분간 굴리면 된다. 완숙 달걀의 껍데기를 쉽게 벗기려면 익힌 다음 찬물을 붓는다. 또 한 신선한 달걀보다 오래된 달걀의 껍데기가 더 쉽게 벗겨진다. 완숙 달걀 은 샐러드나 채소 마세두안, 차가운 생선 요리 등에 장식으로 사용한다.

〔변형〕

• •

소스를 곁들인 완숙 또는 반숙 달걀
OEUFS DURS OU MOLLETS EN SAUCE

완숙 달걀을 길게 반으로 자르거나 반숙 달걀을 통째로 낼 때는 다양한 소스를 위에 덮어도 좋다. 화이트 소스(50쪽), 베샤멜 소스(50쪽), 치즈 소스(51쪽), 토마토 소스(57쪽), 로베르 소스(63쪽) 등을 곁들여서 뜨겁게 낸다.

• •

완숙 달걀과 마요네즈
OEUFS DURS MAYONNAISE

완숙 달걀의 껍데기를 벗긴 다음 식혀서 반으로 자르거나 저며서 마요네 즈(70쪽)를 두른 후 양상추, 케이퍼, 저민 토마토 등으로 장식한다. 차가 운 샐러드나 생선, 마세두안, 뜨거운 시금치나 익힌 샐러드의 장식으로 사용할 수 있다.

• •

완숙 달걀과 시금치
OEUFS DURS ÉPINARDS

뜨거운 완숙 달걀을 길게 반 자르고 그릇에 익힌 시금치를 수북하게 담은 후 그 위에 얹어 낸다.

• •

완숙 달걀 샐러드
OEUFS DURS EN SALADE

식힌 완숙 달걀의 껍데기를 벗기고 깍둑 썬 다음 비네그레트(66쪽) 또는 라비고트 소스(56쪽)를 두른다. 케이퍼, 오이 피클, 저민 토마토, 생오이 (씨를 제거한 것), 삶아서 차갑게 식힌 소고기, 청어나 안초비 필레 등을 더 해도 좋다.

달걀 미모사
OEUFS MIMOSA

- ◆ 달걀 6개
- ◆ 마요네즈(70쪽) 1회 분량
- ◆ 장식용 다진 파슬리

  준비 시간 30분

  조리 시간 10분

  6인분

달걀을 완숙(134쪽)으로 삶은 다음 식혀서 껍데기를 벗긴다. 길게 반으로 자르고 작은 숟가락으로 조심스럽게 노른자를 꺼내 볼에 담는다. 노른자를 으깬 다음 3분의 2 분량을 덜어 마요네즈에 더해 골고루 섞는다. 식사용 그릇에 반으로 가른 달걀흰자를 담고 노른자와 섞은 마요네즈를 빈 곳에 채운다. 남은 노른자는 굵은 체에 내려서 속을 채운 윗부분에 꼼꼼하게 뿌린다. 다진 파슬리로 장식한다.

속을 채운 기본 달걀
OEUFS FARCIS AU MAIGRE

- ◆ 화이트 소스(50쪽) 또는 베샤멜

  소스(50쪽) 1회 분량
- ◆ 달걀 6개
- ◆ 빵가루 25g
- ◆ 우유 50mL
- ◆ 버터 15g
- ◆ 골파, 이탈리안 파슬리, 타라곤, 처빌

  등 모둠 허브 1단
- ◆ 소금과 후추

  준비 시간 20분

  조리 시간 20분

  6인분

화이트 소스 또는 베샤멜 소스를 만든다. 달걀을 완숙(134쪽)으로 삶은 다음 식혀서 껍데기를 벗긴다. 길게 반으로 잘라서 작은 숟가락으로 조심스럽게 노른자를 꺼내 볼에 담는다. 달걀흰자는 오븐용 그릇에 담는다. 오븐을 240℃로 예열한다. 다른 볼에 빵가루를 담고 우유를 부어서 불린다.

빵가루를 불리는 동안 달군 팬에 버터를 녹인다. 허브를 더해서 약한 불에 올리고 자주 뒤적이면서 2~3분간 익힌다. 불에서 내리고 허브를 다져서 달걀노른자와 함께 섞는다. 빵가루는 꼭 짜서 달걀노른자 혼합물에 더하여 잘 섞은 다음 소금과 후추로 간을 한다. 골고루 잘 으깬다. 달걀흰자의 빈 부분에 혼합물을 채운다. 위에 소스를 붓고 오븐에 넣어 10분간 굽는다. 바로 낸다.

참고
스터핑에 송로버섯이나 새우, 버섯 등을 더해서 풍미를 내도 좋다.

안초비 속을 채운 달걀
OEUFS FARCIS AUX ANCHOIS

오븐을 가장 높은 온도로 예열하고 오븐용 그릇에 버터를 바른다. 달걀은 완숙(134쪽)으로 삶은 다음 식혀서 껍데기를 벗긴다. 길게 반으로 잘라서 작은 숟가락으로 조심스럽게 노른자를 꺼내 볼에 담는다. 안초비 필레와 파슬리를 더하고 소금과 후추로 간을 한 뒤 부드럽게 잘 섞일 때까지 골고루 잘 으깬다. 레몬즙을 더하여 마저 섞은 다음 달걀흰자의 빈 곳에 혼합물을 채운다. 준비한 그릇에 달걀을 담고 크렘 프레슈를 위에 부은 뒤 오븐에 넣고 살짝 노릇해질 때까지 10~15분간 굽는다.

◆ 버터 15g
◆ 달걀 6개
◆ 물기를 제거하고 다진 안초비 필레(통조림) 6개 분량
◆ 이탈리안 파슬리 다진 것 2큰술
◆ 소금과 후추
◆ 레몬즙 1작은술
◆ 크렘 프레슈 5큰술
  준비 시간 35분
  조리 시간 10~15분
  6인분

에그 아 라 로열
OEUFS À LA ROYALE

달걀을 완숙(134쪽)으로 삶은 다음 식혀서 껍데기를 벗긴다. 길게 반으로 잘라서 작은 숟가락으로 조심스럽게 노른자를 꺼내 볼에 담는다. 버터와 밀가루, 우유, 너트메그로 베샤멜 소스(50쪽)를 만든 다음 소금과 후추로 간을 한다. 식사용 그릇에 달걀흰자를 둥글게 담고 흰자의 빈 곳에 체에 내린 노른자를 채운 다음 베샤멜 소스를 둘러서 덮는다. 팬에 토마토 파사타를 담아서 데운 다음 달걀 위에 부어서 바로 낸다.

◆ 달걀 6개
◆ 버터 50g
◆ 밀가루 25g
◆ 우유 200mL
◆ 즉석에서 간 너트메그
◆ 소금과 후추
◆ 토마토 파사타● 100g
  준비 시간 15분
  조리 시간 20분
  6인분
● 생토마토의 껍질과 씨를 제거하고 간 것

에그 아 라 트라이프
OEUFS À LA TRIPE

달걀은 완숙(134쪽)으로 삶은 다음 그대로 식힌다. 달군 팬에 버터를 넣어 녹이고 양파를 넣은 뒤 약한 불에서 가끔 휘저으며 부드러워질 때까지 5분간 볶는다. 밀가루를 넣고 계속 휘저으면서 수분간 익히되 밀가루가 노릇해지지 않도록 주의한다. 육수를 천천히 부어서 섞는다. 식힌 완숙 달걀은 껍데기를 벗기고 두껍게 저며 팬에 넣는다. 소금과 후추로 간을 한 다음 자주 휘저으면서 20분간 뭉근하게 익힌다.

◆ 달걀 6개
◆ 버터 20g
◆ 양파 곱게 다진 것 2개 분량
◆ 밀가루 20g
◆ 육수(종류 무관) 250mL
◆ 소금과 후추
  준비 시간 15분
  조리 시간 20분
  6인분

브뤼셀식 달걀 요리
OEUFS BRUXELLOIS

- 버터 50g
- 달걀 3개
- 방울양배추 500g
- 그뤼에르 치즈 간 것 100g
- 밀가루 30g
- 우유 500mL
- 즉석에서 간 너트메그
- 소금과 후추

  준비 시간 40분

  조리 시간 10분

  6인분

오븐을 가장 높은 온도로 예열하고 오븐용 그릇에 버터를 살짝 바른다. 달걀은 완숙(134쪽)으로 삶는다. 방울양배추는 끓는 소금물에 8~10분 간 삶아 부드럽게 만든 뒤 건져서 고운체에 내리고 볼에 담는다. 절반 분량의 치즈를 넣어 섞은 다음 버터를 바른 그릇에 혼합물을 펴 바른다. 완숙 달걀은 껍데기를 벗기고 굵게 다진다. 남은 버터와 밀가루, 우유, 너트메그 한 꼬집으로 베샤멜 소스(50쪽)를 만든 다음 소금과 후추로 간을 한다. 달걀과 베샤멜 소스를 섞어서 양배추 혼합물 위에 붓는다. 나머지 치즈를 뿌리고 오븐에서 살짝 노릇해질 때까지 10분간 굽는다.

이탈리아식 달걀 요리
OEUFS À L'ITALIENNE

- 토마토 소스(57쪽) 100g
- 달걀 6개
- 버터 15g
- 리본 모양 파스타 또는 작은 마카로니 150g
- 그뤼에르 치즈 간 것 50g
- 말린 빵가루 4큰술
- 소금과 후추

  준비 시간 15분

  조리 시간 30분

  6인분

토마토 소스를 만들어서 따뜻하게 보관한다. 그동안 달걀을 완숙(134쪽)으로 삶은 다음 식혀서 껍데기를 벗기고 두껍게 저민다. 오븐을 250℃로 예열하고 오븐용 그릇에 버터를 바른다. 큰 냄비에 소금물을 끓여서 파스타를 넣고 8~10분간 알 덴테로 삶은 다음 건져서 준비한 그릇에 링 모양으로 둥글게 담는다. 가운데 빈 곳에 달걀 저민 것을 채운다. 토마토 소스를 달걀과 파스타 위에 두르고 치즈와 빵가루를 뿌린다. 소금과 후추로 간을 한 다음 오븐에 넣고 살짝 노릇해질 때까지 10분간 굽는다.

신데렐라 달걀
OEUFS CENDRILLON

달걀을 완숙(134쪽)으로 삶은 다음 식혀서 껍데기를 벗긴다. 길게 반으로
잘라서 작은 숟가락으로 조심스럽게 노른자를 꺼낸다. 볼에 햄, 푸아그
라, 크렘 프레슈, 버터를 담고 골고루 섞은 다음 소금과 후추로 간을 한다.
달걀흰자의 빈 곳에 혼합물을 담고 식사용 그릇에 담는다. 달걀노른자를
체에 내려서 위에 뿌린다. 원한다면 아스픽으로 달걀을 장식한다.

- 달걀 6개
- 기름기가 적은 햄 곱게 다진 것 125g
- 푸아그라 무스 125g
- 크렘 프레슈 5큰술
- 버터 25g
- 소금과 후추
- 곁들임용 아스픽(45쪽) 다진 것

  적당량(선택 사항)

  준비 시간 25분

  조리 시간 10분

  6인분

달걀과 송로버섯
OEUFS AUX TRUFFES

 169쪽

달걀을 완숙(134쪽)으로 삶은 다음 식혀서 껍데기를 벗긴다. 길게 반으로
잘라서 작은 숟가락으로 조심스럽게 달걀노른자를 들어내 체에 내린 후
볼에 담는다. 오븐을 250℃로 예열하고 오븐용 그릇에 녹인 버터를 소량
바른다. 냄비에 크림과 브랜디를 붓고 너트메그를 한 꼬집 더한 다음 소금
과 후추로 간을 하고 10분간 뭉근하게 익힌다. 팬을 불에서 내리고 달걀
노른자와 송로버섯 깎은 것을 더해 골고루 섞어 페이스트를 만든다. 달걀
흰자의 빈 곳에 혼합물을 채우고 준비한 그릇에 담는다. 나머지 녹인 버
터를 위에 두르고 오븐에 넣어 살짝 노릇해질 때까지 5분간 굽는다.

- 달걀 6개
- 녹인 버터 50g
- 더블 크림 200mL
- 브랜디 175mL
- 즉석에서 간 너트메그
- 소금과 후추
- 송로버섯 깎은 것 80g

  준비 시간 20분

  조리 시간 15분

  6인분

시메이식 달걀 요리
OEUFS CHIMAY

- 틀용 버터 적당량
- 치즈 소스(51쪽) 1회 분량
- 달걀 6개
- 뒥셀(81쪽) 150g
- 이탈리안 파슬리 곱게 다진 것 1줄기
  분량
- 소금과 후추
- 그뤼에르 치즈 간 것 50g
  준비 시간 25분
  조리 시간 10분
  6인분

오븐을 250℃로 예열하고 오븐용 그릇에 버터를 바른다. 치즈 소스를 만들어서 뜨겁게 보관한다. 그동안 달걀을 완숙(134쪽)으로 삶고 식혀서 껍질을 벗긴다. 길게 반으로 잘라서 작은 숟가락으로 노른자를 조심스럽게 들어낸다. 볼에 노른자를 담고 으깬 다음 뒥셀, 치즈 소스 1큰술, 파슬리를 더하여 조심스럽게 섞는다. 소금과 후추로 간을 한다. 달걀흰자의 빈 곳에 혼합물을 채우고 준비한 그릇에 담은 후 나머지 치즈 소스를 위에 뿌린다. 그뤼에르 치즈를 뿌린 다음 오븐에 넣어 살짝 노릇해질 때까지 10분간 굽는다.

오로라 달걀
OEUFS À L'AURORE

- 버터 50g, 틀용 여분
- 밀가루 20g
- 우유 250mL
- 그뤼에르 치즈 간 것 30g
- 달걀 6개
- 소금과 후추
  준비 시간 15분
  조리 시간 25분
  6인분

버터와 밀가루, 우유로 베샤멜 소스(50쪽)를 만든 다음 치즈를 더하여 섞는다. 오븐을 240℃로 예열하고 라메킨 6개에 버터를 바른다. 달걀을 완숙(134쪽)으로 삶고 식혀서 껍데기를 벗긴다. 길게 반으로 자르고 작은 숟가락으로 조심스럽게 노른자를 꺼낸다. 달걀흰자는 잘게 다져서 베샤멜 소스에 더하여 섞은 뒤 소금과 후추로 간을 한다. 노른자는 고운체에 내려서 볼에 담는다. 준비한 라메킨에 소스와 달걀노른자를 번갈아서 켜켜이 담고 가장 윗부분을 달걀노른자 층으로 마무리한다. 오븐에 넣어 살짝 노릇해질 때까지 10~15분간 굽는다.

나폴리식 달걀 요리

OEUFS À LA NAPOLITAINE

달걀을 완숙(134쪽)으로 삶은 다음 식혀서 껍데기를 벗긴 뒤 길게 반으로 자른다. 냄비에 소금물을 끓여서 쌀을 넣고 부드러워질 때까지 20분간 삶은 다음 건진다. 그동안 오븐을 250℃로 예열하고 오븐용 그릇에 버터를 바른다. 쌀에 절반 분량의 치즈를 섞어서 준비한 그릇에 담는다. 달걀을 위에 얹고 남은 치즈와 허브를 뿌린다. 버터를 군데군데 얹고 오븐에 넣어 5분간 굽는다. 이때 흰자가 너무 단단해지지 않도록 5분 이상 굽지 않는다.

- 달걀 6개
- 장립종 쌀 150g
- 버터 25g, 틀용 여분
- 그뤼에르 치즈 간 것 75g
- 모둠 허브(이탈리안 파슬리, 골파, 타라곤과 처빌 등) 곱게 다진 것 1큰술
- 소금

  준비 시간 10분

  조리 시간 5분

  6인분

바스크식 달걀 요리

OEUFS BASQUAISE

달걀을 완숙(134쪽)으로 삶고 식힌다. 새우는 껍데기를 벗겨서 따로 두고 살만 곱게 다진다. 달군 팬에 버섯과 절반 분량의 버터, 물 300mL, 레몬즙을 더하여 10분간 뭉근하게 익힌다. 버섯을 구멍 뚫린 국자로 건져서 따로 두고 팬에 새우 껍데기를 더한다. 한소끔 끓으면 약한 불로 줄여 10분간 뭉근하게 익힌다. 불을 끄고 국물을 체에 걸러서 볼에 담는다. 나머지 버터와 밀가루, 새우 국물로 아주 묽은 화이트 소스(50쪽)를 만든다.

그동안 오븐을 250℃로 예열한다. 완숙 달걀은 껍데기를 벗기고 길게 반으로 잘라서 작은 숟가락으로 달걀노른자를 조심스럽게 꺼낸다. 달걀노른자를 볼에 담고 새우, 버섯, 허브를 더한 뒤 소금과 후추로 간을 하고 포크로 골고루 으깨어 섞는다. 달걀흰자의 빈 곳에 혼합물을 채우고 오븐용 그릇에 담아서 소스를 붓는다. 오븐에 넣고 5분간 구워서 낸다.

- 달걀 6개
- 껍데기째 익힌 새우 125g
- 버섯 다진 것 125g
- 버터 50g
- 레몬즙 1개 분량
- 밀가루 25g
- 모둠 허브(이탈리안 파슬리와 골파, 타라곤, 처빌 등) 곱게 다진 것 1큰술
- 소금과 후추

  준비 시간 25분

  조리 시간 5분

  6인분

귀테식 달걀 요리
OEUFS QUITTE

- 버터 20g
- 아주 신선한 달걀 6개
- 소금과 후추
- 마요네즈(70쪽) 250mL
- 모둠 허브(이탈리안 파슬리, 골파,
  타라곤, 처빌 등) 다진 것 2큰술
  준비 시간 5분
  조리 시간 15분
  6인분

오븐을 200℃로 예열하고 작은 라메킨 6개에 버터를 바른다. 달걀을 조심스럽게 깨서 하나씩 담고 소금과 후추로 간을 한다. 로스팅 팬에 라메킨을 담고 끓는 물을 라메킨 높이의 반 정도 오도록 붓는다. 오븐에 넣고 달걀이 굳을 때까지 약 15분간 굽는다. 로스팅 팬을 꺼내고 라메킨을 들어내어 완전히 식힌다. 달걀을 식사용 타원형 접시에 뒤집어 꺼내고 마요네즈를 1작은술씩 얹는다. 달걀 주변에 남은 마요네즈를 두르고 허브로 장식한다. 차갑게 낸다.

러시아 여황제의 달걀 요리
OEUFS À LA TSARINE

- 달걀 6개
- 버터 15g
- 토마토 껍질 벗기고 잘게 썬 것 3개(대)
  분량
- 양파 다진 것 1개 분량
- 부케 가르니 1개
- 소금과 후추
- 베샤멜 소스(50쪽) 또는 홀랜다이즈
  소스(74쪽) 1회 분량
- 버섯 60g
  준비 시간 20분
  조리 시간 10분
  6인분

달걀을 완숙(134쪽)으로 삶은 다음 껍데기를 벗기고 뜨거운 물을 담은 볼에 담근다. 팬에 절반 분량의 버터를 녹인 다음 토마토, 양파, 부케 가르니를 넣고 소금과 후추를 더하여 이따금 저으면서 약한 불에서 20분간 익힌다. 부케 가르니를 건져 내고 내용물을 푸드 프로세서나 믹서로 곱게 갈아 잘 섞은 다음 볼에 담는다.

베샤멜 소스(사용 시)를 만들고 그릴을 예열한다. 팬에 소금물을 끓여서 버섯을 넣고 5분간 데친 다음 건져서 물기를 제거하고 잘게 다진다. 앞서 만든 토마토 혼합물에 다진 버섯을 넣고 남은 버터를 더하여 잘 섞는다. 달걀을 길게 반 자른 다음 작은 숟가락으로 달걀노른자를 조심스럽게 꺼낸다. 달걀노른자를 토마토 버섯 혼합물에 더하여 잘 으깨 섞은 다음 소금과 후추로 간을 한다. 달걀흰자의 빈 곳에 토마토 혼합물을 채운다. 홀랜다이즈 소스(사용 시)를 만든다. 오븐용 그릇에 달걀을 담고 베샤멜 또는 홀랜다이즈 소스를 위에 붓는다. 베샤멜 소스 사용 시 그릴에 올려 10분간 노릇하게 구워서 내고, 홀랜다이즈 소스 사용 시에는 바로 낸다.

터키식 달걀
OEUFS À LA TURQUE

달걀은 완숙(134쪽)으로 삶아서 식힌 다음 껍데기를 벗긴다. 달걀노른자의 동그란 형태가 유지되도록 달걀흰자를 조심스럽게 벗겨 길게 채 썬다. 달군 팬에 버터를 넣고 녹인다. 양파와 부케 가르니를 더하고 소금과 후추로 간을 해서 약한 불에 올리고 가끔 뒤적이면서 5분간 익힌다. 밀가루를 한 번에 털어 넣고 가끔 저으면서 1분간 익힌다. 와인과 육수를 더해서 섞은 다음 소금과 후추로 간을 한다. 채 썬 달걀흰자를 섞고 달걀노른자를 통으로 더하여 살짝 데우되 절대 끓어오르지 않도록 주의한다. 바로 낸다.

- ◆ 달걀 6개
- ◆ 버터 50g
- ◆ 양파 다진 것 2개(대) 분량
- ◆ 부케 가르니 1개
- ◆ 소금과 후추
- ◆ 밀가루 2큰술
- ◆ 화이트 와인 100mL
- ◆ 송아지고기 육수 100mL

  준비 시간 25분

  조리 시간 15분

  6인분

모레트 소스를 두른 달걀
OEUFS EN MEURETTE

달걀을 익힌다. 완숙(134쪽) 또는 반숙(132쪽)으로 삶은 다음 껍데기를 벗긴다. 또는 수란(143쪽)으로 만든다. 냄비에 와인, 양파, 샬롯, 타임, 월계수 잎, 파슬리를 담는다. 한소끔 끓여서 불을 줄이고 양이 절반으로 줄어들 때까지 뭉근하게 익힌다. 볼에 버터 25g을 담고 밀가루와 함께 으깨서 매끄러운 페이스트를 만든 다음 냄비에 더해 골고루 섞는다. 1분간 끓여서 걸쭉하게 만든다. 나머지 버터를 넣고 골고루 휘저은 다음 체에 걸러서 국물만 남기고 소금과 후추로 간을 한다. 달군 팬에 버터를 약간 넣어 녹이고 빵을 구운 다음 구운 면에 마늘 단면을 문지른다. 달걀을 구운 빵 위에 올린 다음 소스를 덮듯이 두른다.

- ◆ 달걀 6개
- ◆ 레드 와인 750mL
- ◆ 양파 곱게 다진 것 1개(소) 분량
- ◆ 샬롯 곱게 다진 것 1개 분량
- ◆ 타임 1줄기
- ◆ 월계수 잎 1장
- ◆ 이탈리안 파슬리 2줄기
- ◆ 버터 70g, 조리용 여분
- ◆ 밀가루 15g
- ◆ 소금과 후추
- ◆ 빵 6장
- ◆ 마늘 1/2쪽

  준비 시간 10분

  조리 시간 25분

  분량 6인분

디포와즈식 달걀 요리
OEUFS À LA DIEPPOISE

- 달걀 6개
- 버터 부드러운 것 60g
- 이탈리안 파슬리 다진 것 2큰술
- 크렘 프레슈 500mL
- 소금과 후추
- 마요네즈 250mL(70쪽)
- 익혀서 껍데기 벗기고 깍둑 썬 새우
  100g
  준비 시간 15분
  조리 시간 12분
  분량 6인분

달걀을 완숙(134쪽)으로 삶은 다음 식혀서 껍데기를 벗기고 가로로 반 자른다. 작은 숟가락으로 조심스럽게 노른자를 들어내 작은 볼에 담아 으깬 다음 버터, 파슬리, 크렘 프레슈 250mL를 더하여 잘 섞는다. 소금과 후추로 간을 한 뒤 달걀흰자의 빈 곳에 달걀노른자 혼합물을 채운다. 마요네즈에 새우, 남은 크렘 프레슈를 더하여 잘 섞은 다음 노른자 혼합물을 덮듯이 얹는다.

수란
OEUFS POCHÉS

- 달걀 6개
- 화이트 와인 식초 3큰술
  준비 시간 2분
  조리 시간 달걀 1개당 3분 30초
  6인분

아주 신선한 달걀을 사용한다. 달걀 개수에 따라 정확한 분량의 물을 준비하는 것이 아주 중요하다. 달걀 1개당 물 500mL를 계량하여 준비한다. 냄비에 물과 식초를 담고 한소끔 끓인 다음 잔잔하게 끓도록 불 세기를 조절한다. 달걀을 깨서 라메킨에 담은 후 물에 흘려 넣어서 푹 잠기도록 한다. 필요하면 숟가락으로 흰자를 노른자 주변으로 몬다. 3분 30초간 뭉근하게 익힌다. 구멍 뚫린 국자로 달걀을 건져서 깨끗한 행주에 얹어 물기를 제거한다. 남은 달걀도 같은 과정을 반복한다. 달걀을 식사용 그릇에 담고 원하는 소스를 두른다.(아래 변형 참조) 참고로 수란은 따뜻한 물에 1L당 소금 1작은술씩 푼 볼에 담아서 먹기 전까지 따뜻하게 보관한다.

(변형)

. . . .

소스를 곁들인 수란
OEUFS POCHÉS EN SAUCE

수란은 주로 화이트 소스(50쪽)나 베샤멜 소스(50쪽), 로베르 소스(63쪽), 토마토 소스(57쪽), 피칸트 소스(60쪽), 블랙 버터(48쪽) 등과 함께 낸다.

모네이 소스를 얹은 수란

OEUFS POCHÉS À LA MORNAY

오븐은 240℃로 예열하고 오븐용 그릇에 버터를 바른다. 냄비에 물 3L와 식초를 넣어 한소끔 끓인 다음 잔잔하게 끓도록 불 세기를 조절한 후 수란(143쪽)을 만든다. 완성된 수란을 건져서 깨끗한 행주에 얹어 물기를 제거한다. 남은 재료로 치즈 소스(51쪽)를 만든다. 준비한 그릇에 소스를 한 켜 바르고 달걀을 얹은 다음 나머지 소스를 달걀 위에 두른다. 오븐에 넣어 노릇해질 때까지 10분간 굽는다.

◆ 버터 40g, 틀용 여분
◆ 화이트 와인 식초 3큰술
◆ 달걀 6개
◆ 밀가루 25g
◆ 우유 500mL
◆ 그뤼에르 치즈 간 것 60g
　준비 시간 25분
　조리 시간 30분
　6인분

스트라스부르 토스트

TARTINES STRASBOURGEOISES

페리그 소스를 만들어서 뜨겁게 보관한다. 냄비에 물 3L와 식초를 넣어 한소끔 끓인 다음 잔잔하게 끓도록 불 세기를 조절한다. 수란(143쪽)을 만든 다음 건져서 물기를 제거한다. 달군 팬에 버터를 넣어 녹이고 빵을 올려 앞뒤로 수분간 노릇하게 굽는다. 뒤집개로 건져서 식사용 그릇에 담는다. 빵 위에 푸아그라를 하나씩 얹고 수란을 올린다. 페리그 소스를 두르고 깎아 낸 송로버섯으로 장식하여 바로 낸다.

◆ 페리그 소스(61쪽) 500mL
◆ 화이트 와인 식초 3큰술
◆ 달걀 6개
◆ 버터 50g
◆ 흰 빵 껍질을 제거한 것 6장
◆ 푸아그라 저민 것 6장
◆ 장식용 송로버섯 깎은 것
　준비 시간 15분
　조리 시간 5분
　6인분

둥지 속의 달걀

OEUFO AU NID

- ◆ 아티초크 손질한 것(510쪽) 6개
- ◆ 보르드레즈 소스(58쪽) 500mL
- ◆ 화이트 와인 식초 3큰술
- ◆ 달걀 6개
  - 준비 시간 1시간
  - 조리 시간 45분
  - 6개 분량

냄비에 소금물을 끓여서 아티초크를 넣고 부드러워질 때까지 30~45분 간 삶는다. 보르드레즈 소스를 만들어서 뜨겁게 보관한다. 다른 냄비에 물 3L와 식초를 붓고 한소끔 끓인 다음 잔잔하게 끓도록 불 세기를 조절 해 수란(143쪽)을 만든 다음 건져서 물기를 제거한다. 삶은 아티초크는 물기를 제거한 다음 잎과 털을 제거하고 받침 부분만 그릇에 담는다. 손 질한 아티초크 위에 수란을 하나씩 얹고 보르드레즈 소스를 두른다. 바 로 낸다.

수란과 아스파라거스

OEUFS POCHÉS AUX ASPERGES

- ◆ 화이트 와인 식초 3큰술
- ◆ 달걀 6개
- ◆ 아스파라거스 녹색은 10cm, 흰색은
  5cm 길이로 손질한 것 18개
- ◆ 크렘 프레슈 4큰술
- ◆ 버터 20g
- ◆ 소금과 후추
  - 준비 시간 15분
  - 조리 시간 20분
  - 6인분

냄비에 물 3L와 식초를 넣고 한소끔 끓인 다음 잔잔하게 끓도록 불 세기 를 조절해 수란(143쪽)을 만든 뒤 건져서 따뜻한 소금물에 담가 보관한 다. 다른 냄비에 소금물을 끓인 다음 아스파라거스를 넣고 부드러워질 정도로 5분간 데친 다음 건진다. 팬에 아스파라거스와 크렘 프레슈, 버 터를 넣고 약한 불에서 10분간 익힌다. 소금과 후추로 간을 한다. 수란을 건져서 그릇에 담고 아스파라거스 혼합물을 얹는다.

[변형]

수란과 버섯
OEUFS POCHÉS AUX CHAMPIGNONS
위와 같은 방식으로 조리하되 아스파라거스 대신 버섯 저민 것 60g을 사 용한다. 버섯을 크렘 프레슈 4큰술과 버터 30g과 함께 익힌다.

달걀 마틀로트
OEUFS EN MATELOTE

팬에 부케 가르니와 양파를 담고 와인과 물 500mL를 부어서 한소끔 끓인 다음 불 세기를 조절하여 20분간 뭉근하게 익힌다. 부케 가르니와 양파를 제거한다. 풍미가 밴 물로 수란(143쪽)을 만든 다음 건져서 따뜻한 소금물에 담가 보관한다. 국물은 체에 걸러서 볼에 담는다.

　달군 팬에 절반 분량의 버터를 넣어 녹인다. 밀가루를 넣고 계속 휘저으면서 2분간 볶는다. 소금과 후추로 간을 하고 남겨 둔 국물을 천천히 부으면서 섞는다. 계속 저으면서 걸쭉해질 때까지 15~20분간 익힌다. 다른 팬에 나머지 버터를 넣어 녹이고 빵을 올려 앞뒤로 수분간 노릇하게 굽는다. 뒤집개로 빵을 꺼낸 뒤 양쪽 면에 마늘 단면을 문지른다. 식사용 그릇에 구운 빵을 담고 물기를 제거한 수란을 얹는다. 소스를 둘러서 낸다.

◆ 부케 가르니 1개
◆ 양파 반으로 자른 것 1개(대) 분량
◆ 레드 와인 500mL
◆ 달걀 6개
◆ 버터 40g
◆ 밀가루 15g
◆ 소금과 후추
◆ 빵 껍질을 제거하고 5cm 크기로 둥글게 썬 것 6장
◆ 마늘 반으로 자른 것 1쪽 분량
　준비 시간 15분
　조리 시간 45분
　6인분

달걀 뒤세스
OEUFS DUCHESSE

냄비에 소금물을 끓여서 아스파라거스를 넣어 부드러워질 정도로 4~8분간 삶는다. 그 사이 달군 팬에 절반 분량의 버터를 넣어 녹인다. 팬에 닭고기를 올리고 너트메그 한 꼬집을 넣은 뒤 소금과 후추로 간을 한 다음 약한 불에서 이따금 휘저으며 골고루 데워질 때까지 5~8분간 익힌다. 식사용 그릇에 밥을 담고 닭고기를 가운데에 얹는다. 볼에 나머지 버터를 담고 녹인다. 삶은 아스파라거스는 물기를 제거하고 녹인 버터에 담갔다가 뺀 다음 닭고기 가장자리에 두르듯이 장식한다. 수란을 만드는 동안 음식을 담은 그릇을 따뜻하게 보관한다. 냄비에 물 3L와 식초를 넣고 한소끔 끓인 다음 잔잔하게 끓도록 불 세기를 조절해 수란(143쪽)을 만든다. 건져서 물기를 제거한 뒤 식사용 그릇에 수란을 얹어 낸다.

◆ 아스파라거스 녹색은 10cm, 흰색은 5cm 길이로 손질한 것 150g
◆ 버터 50g
◆ 닭고기 익혀서 곱게 다진 것 225~275g
◆ 즉석에서 간 너트메그
◆ 소금과 후추
◆ 금방 지은 밥(618쪽) 3/4회 분량
◆ 화이트 와인 식초 3큰술
◆ 달걀 6개
　준비 시간 10분
　조리 시간 15분
　6인분

푸른 초원 위의 달걀
OEUFS VENT-PRÉ

- **노란 점질 감자(크기가 일정한 것) 6개**
- **버터 75g**
- **밀가루 2큰술**
- **우유 200mL**
- **즉석에서 간 너트메그**
- **소금과 후추**
- **그뤼에르 치즈 간 것 50g**
- **시금치 질긴 줄기는 제거하고 굵게
  다진 것 125g**
- **화이트 와인 식초 3큰술**
- **달걀 6개**
  준비 시간 35~40분
  조리 시간 40분
  6인분

오븐을 가장 높은 온도로 예열한다. 감자를 껍질째 오븐에 넣고 자주 뒤집어 가며 부드러워질 때까지 약 30분간 굽는다. 그동안 버터 20g과 밀가루, 우유로 베샤멜 소스(50쪽)를 만든다. 너트메그를 한 꼬집 넣고 소금과 후추로 간을 맞춘 다음 절반 분량의 치즈를 더하여 잘 섞은 뒤 5분 더 익힌다. 달군 팬에 나머지 버터 중 20g을 넣어 녹인다. 팬에 시금치를 넣고 센 불에서 자주 뒤적이며 숨이 죽을 때까지 수분간 익힌 후 불에서 내린다. 냄비에 물 3L와 식초를 넣고 한소끔 끓인 다음 잔잔하게 끓도록 불 세기를 줄인다. 수란(143쪽)을 만든 다음 건져서 따뜻한 소금물에 담가 보관한다.

그릴을 예열한다. 오븐에서 감자를 꺼낸 뒤 껍질에 작게 틈을 내서 감자의 동그란 형태를 보존하고 속살만 파내 볼에 담는다. 감자 속살을 으깬 다음 나머지 버터 20g을 넣고 소금과 후추로 간을 해서 잘 섞는다. 감자 껍질 틈 사이로 양념한 감자 속살을 채우고 내열용 그릇에 담는다. 감자 위에 수란을 하나씩 올리고 시금치를 가장자리에 두른다. 감자와 시금치 위에 베샤멜 소스를 두르고 남은 치즈를 뿌린 다음 남은 버터를 군데군데 얹고 그릴에 올려 노릇해질 때까지 2~3분간 익힌다.

달걀 젤리
OEUFS EN GELÉE

- **고기 젤리 또는 아스픽(45쪽)**
- **화이트 와인 식초 3큰술**
- **달걀 6개**
- **타라곤 잎 6장**
- **송로버섯, 저며서 6등분한 것 1개(소)
  분량**
- **익혀서 껍데기 벗긴 새우 125g**
- **모둠 허브(이탈리안 파슬리, 골파,
  타라곤, 처빌 등) 다진 것 2큰술**
  준비 시간 20분 + 세팅 시간
  조리 시간 10분
  6인분

고기 젤리를 준비해서 살짝 따뜻할 때 작은 원형 틀 6개 또는 라메킨 바닥에 한 켜씩 깐다. 틀은 냉장고에 넣어서 굳히고 남은 젤리는 따로 둔다. 그동안 냄비에 물 3L와 식초를 넣어 한소끔 끓이고 잔잔하게 끓도록 불 세기를 낮춘다. 수란(143쪽)을 만들고 건져서 물기를 제거한다. 틀에 담은 젤리가 굳으면 각각 타라곤 1장과 송로버섯 저민 것 1장을 얹어서 장식한다. 수란을 조심스럽게 틀마다 하나씩 담고 남은 젤리를 조금씩 더해 빈 곳을 채운다. 틀과 남은 젤리를 냉장고에 넣어 3시간 동안 차갑게 식힌다. 칼날로 틀 가장자리를 빙 둘러서 틀과 젤리를 분리한 다음 뒤집어서 식사용 그릇에 담는다. 남은 젤리는 다진다. 그릇에 담은 젤리에 다진 젤리, 새우, 허브를 올려 장식한다.

수란 그라탕

OEUFS POCHÉS GRATINES

오븐을 180℃로 예열한 뒤 쇼트크러스트 페이스트리 반죽을 만든다. 작업대에 가볍게 덧가루를 뿌리고 페이스트리를 민 다음 지름 12cm 크기의 원형으로 6개를 찍어서 지름 10cm 크기의 타르틀레트 틀에 하나씩 채운다. 포크로 바닥에 골고루 구멍을 낸 다음 오븐에 넣어 20분간 굽는다. 그동안 냄비에 물 3L와 식초를 더하여 한소끔 끓인 다음 불 세기를 낮춰서 뭉근하게 끓도록 한다. 수란(143쪽)을 만든 다음 건져서 따뜻한 소금물에 담가 보관한다.

　　오븐에서 타르틀레트 틀을 꺼내고 오븐 온도를 250℃로 높인다. 타르틀레트를 틀에서 꺼내고 베이킹 시트에 타르틀레트를 얹는다. 반으로 자른 햄을 각각 1장씩 얹는다. 수란은 물기를 제거하고 햄 위에 얹는다. 달걀 위에 크림을 두르고 소금과 후추로 간을 한 다음 치즈를 뿌리고 오븐에 넣어 노릇해질 때까지 5분간 굽는다.

- ◆ 쇼트크러스트 페이스트리 반죽(784쪽) 400g
- ◆ 덧가루용 밀가루
- ◆ 화이트 와인 식초 3큰술
- ◆ 달걀 6개
- ◆ 햄, 저며서 반으로 자른 것 3장 분량
- ◆ 더블 크림 4큰술
- ◆ 소금과 후추
- ◆ 그뤼에르 치즈 간 것 30g

　준비 시간 45분

　조리 시간 5분

　6인분

치즈를 더한 달걀

OEUFS AU FROMAGE

직화 가능한 작은 원형 그릇 또는 팬에 버터, 치즈, 파슬리를 담고 버터와 치즈가 녹을 때까지 천천히 가열한다. 달걀을 조심스럽게 깨 넣은 다음 약한 불에서 2~3분간 익힌다. 소금으로 간을 해서 낸다. 1인 이상을 대접할 때는 개별 접시에 달걀을 1인당 2개씩 요리한다.

- ◆ 버터 15g
- ◆ 그뤼에르 치즈 간 것 3큰술
- ◆ 이탈리안 파슬리 간 것 1큰술
- ◆ 달걀 2개
- ◆ 소금

　준비 시간 4분

　조리 시간 3분

　1인분

크림에 익힌 달걀

OEUFS À LA CRÈME

오븐을 180℃로 예열한다. 작은 주물 그릇 또는 주물 팬에 크렘 프레슈를 붓는다. 아주 약한 불에 올려서 한소끔 끓인다. 바로 달걀을 깨 넣고 수 초간 익힌 다음 오븐에 넣어서 흰자가 익을 때까지 굽는다. 소금과 후추로 간을 해서 낸다.

- ◆ 크렘 프레슈 125mL
- ◆ 달걀 6개
- ◆ 소금과 후추

　준비 시간 3분

　조리 시간 5분

　6인분

달걀 미루와
OEUFS MIROIR

- ◆ 버터 10g, 달걀노른자용 녹인 버터
  여분
- ◆ 달걀 2개
- ◆ 소금
  준비 시간 2분
  조리 시간 3분
  1인분

오븐을 180℃로 예열한다. 작은 원형 내열용 그릇 또는 팬에 버터를 넣어 녹인다. 달걀을 조심스럽게 깨트려 넣고 약한 불에서 2~3분간 익힌다. 달걀노른자마다 녹인 버터를 2~3방울씩 뿌리고 달걀흰자에만 소금으로 간을 한 다음 오븐에 넣어서 달걀이 굳을 때까지 구워 낸다. 1인 이상을 대접할 때는 개별 그릇에 달걀을 1인당 2개씩 조리한다.

햄 또는 베이컨을 더한 달걀
OEUFS AU JAMBON ET AU BACON

프라이팬에 버터를 넣어 녹인다. 햄 또는 베이컨을 넣고 중간 불에 올려서 가볍게 앞뒤로 노릇하게 익힌다. 햄 위에 달걀을 하나씩 깨서 얹고 불 세기를 강하게 올린 다음 달걀흰자가 굳을 때까지 수분간 익힌다. 후추로 간을 해서 낸다.

◆ 버터 30g
◆ 햄 또는 베이컨 6장
◆ 달걀 6개
◆ 후추
　준비 시간 4분
　조리 시간 5분
　6인분

샤누아네스식 달걀 요리
OEUFS À LA CHANOINESSE

오븐을 250℃로 예열한다. 달군 팬에 버터를 넣어 녹인 뒤 양파를 넣고 약한 불에서 이따금 뒤적이면서 노릇해질 때까지 15분간 익힌다. 오븐용 그릇에 양파를 담고 밤 퓌레를 덮듯이 얹는다. 달걀을 깨서 가운데에 담고 치즈를 뿌린 다음 오븐에 넣는다. 표면이 노릇해질 때까지 5분간 굽는다. 소금과 후추로 간을 하여 낸다.

◆ 버터 30g
◆ 양파 채 썬 것 2개 분량
◆ 밤 퓌레(559쪽) 500g
◆ 달걀 6개
◆ 그뤼에르 치즈 간 것 30g
◆ 소금과 후추
　준비 시간 45분
　조리 시간 5분
　6인분

아르덴식 달걀 요리
OEUFS À L'ARDENNAISE

오븐을 220℃로 예열하고 오븐용 그릇에 버터를 넉넉히 바른다. 기름기가 없는 볼에 달걀흰자를 담고 단단한 뿔이 설 정도로 거품을 낸 다음 준비한 그릇에 담고 골고루 편다. 달걀흰자 위에 크렘 프레슈를 고루 펴 바른 후 달걀노른자를 올리고 소금과 후추로 간을 한다. 오븐에 넣고 10분간 구워서 낸다.

◆ 버터 15g
◆ 달걀흰자와 달걀노른자를 분리한 것 6개 분량
◆ 크렘 프레슈 150mL
◆ 소금과 후추
　준비 시간 10분
　조리 시간 10분
　6인분

로시니식 달걀 요리
OEUFS À LA ROSSINI

◆ 버터 30g

◆ 달걀흰자와 달걀노른자를 분리한 것

    6개 분량

◆ 파르미지아노 레지아노 치즈 간 것 75g

◆ 크렘 프레슈 100mL

◆ 소금과 후추

    준비 시간 10분

    조리 시간 6분

    6인분

오븐을 220℃로 예열하고 오븐용 그릇에 절반 분량의 버터를 바른다. 기름기가 없는 볼에 달걀흰자를 담고 단단한 뿔이 설 정도로 휘핑한 다음 준비한 그릇에 담고 골고루 편다. 절반 분량의 치즈를 뿌리고 달걀노른자를 통째로 위에 얹은 다음 나머지 치즈를 뿌린다. 나머지 버터도 군데군데 얹는다. 오븐에 넣고 6분간 구운 다음 위에 크렘 프레슈를 두르고 소금과 후추를 뿌려서 낸다.

마이어베어식 달걀 요리
OEUFS À LA MEYERBEER

◆ 버터 50g

◆ 양 신장, 껍질을 벗기고 반으로 잘라서

    심을 제거한 것 3개 분량

◆ 달걀 6개

◆ 소금과 후추

    준비 시간 10분

    조리 시간 10분

    6인분

오븐을 240℃로 예열하고 오븐용 그릇에 소량의 버터를 바른다. 남은 버터를 프라이팬에 넣어 녹인다. 신장을 넣고 중강 불에서 4분간 익힌다. 신장을 준비한 그릇에 담고 그 위에 달걀을 깨 담은 후 소금과 후추로 간을 한다. 오븐에 넣고 5분간 굽는다. 바로 낸다.

폰타이약 달걀 요리
OEUFS PONTAILLAC

 170쪽

◆ 토마토 소스(57쪽) 1회 분량

◆ 버터 20g

◆ 치폴라타 소시지 6개

◆ 달걀 6개

◆ 소금과 후추

◆ 모둠 허브(이탈리안 파슬리와 골파,

    타라곤, 처빌 등) 다진 것 2큰술

    준비 시간 20분

    조리 시간 12분

    6인분

토마토 소스를 만들어서 따뜻하게 보관한다. 에나멜로 코팅된 무쇠 그릇 또는 팬에 버터를 바른다. 소시지를 넣고 가끔 뒤집으면서 노릇해질 때까지 7~8분간 익힌다. 소시지를 그릇 가장자리로 밀고 가운데에 달걀을 조심스럽게 깨트려 넣어 3~4분간 익힌다. 소금과 후추로 간을 한다. 허브를 토마토 소스에 섞어 넣고 달걀 위에 붓는다. 그릇째 바로 낸다.

틀에 담은 달걀 요리
OEUFS EN CAISSE

오븐을 200℃로 예열한다. 버터를 라메킨 6개에 나누어 담고 소금과 후추로 간을 한다. 오븐에 넣어서 버터를 녹인 다음 꺼내서 달걀을 하나씩 깨트려 넣는다. 치즈와 모둠 허브, 빵가루를 뿌리고 다시 오븐에 넣어서 노릇해질 때까지 10분간 굽는다.

◆ 버터 60g
◆ 소금과 후추
◆ 달걀 6개
◆ 파르미지아노 레지아노 치즈 간 것
　30g
◆ 모둠 허브(이탈리안 파슬리나 골파,
　타라곤, 처빌 등) 다진 것 2큰술
◆ 말린 빵가루 2큰술
　준비 시간 10분
　조리 시간 10분
　6인분

코코트 에그
OEUFS COCOTTE

오븐을 220℃로 예열한다. 로스팅 팬에 끓는 물을 절반 정도 차도록 붓는다. 도기 재질의 코코트 또는 라메킨에 크렘 프레슈를 2작은술씩 담고 로스팅용 팬에 올리고 오븐에 넣어 2분간 데운다. 코코트에 달걀을 1개씩 깨트려 담고 나머지 크렘 프레슈를 나누어 두른 후 소금과 후추로 간을 한다. 로스팅 팬을 다시 오븐에 넣어서 달걀이 굳을 때까지 6~8분간 구운 다음 낸다.

 171쪽

◆ 크렘 프레슈 125mL
◆ 달걀 6개
◆ 소금과 후추
　준비 시간 5분
　조리 시간 10분
　분량 6인분

토마토에 담은 달걀 요리
OEUFS EN TOMATE

오븐을 180℃로 예열하고 오븐용 그릇에 오일을 바른다. 토마토의 심 부분을 도려내고 껍질 형태를 그대로 유지하도록 주의하면서 씨를 파낸다. 토마토에 달걀을 1개씩 깨 담고 소금과 후추로 간을 한 후 마늘을 뿌린다. 준비한 그릇에 토마토를 담고 오븐에 넣어 25분간 굽는다. 허브를 뿌려서 바로 낸다.

◆ 올리브 오일 1큰술
◆ 둥근 토마토 6개(대)
◆ 달걀 6개
◆ 소금과 후추
◆ 마늘 곱게 다진 것 1/2쪽 분량
◆ 모둠 허브(골파, 처빌, 타라곤, 이탈리안
　파슬리 등) 다진 것 2큰술
　준비 시간 10분
　조리 시간 25분
　6인분

스크램블드 에그
OEUFS BROUILLÉS

◆ 달걀 6개

◆ 우유 50mL

◆ 소금과 후추

◆ 깍둑 썬 부드러운 버터 60g

　준비 시간 5분

　조리 시간 12분

　6인분

볼에 달걀과 우유를 넣고 잘 섞은 뒤 소금과 후추로 간을 한다. 절반 분량의 버터를 조금씩 넣으며 잘 섞는다. 바닥이 묵직한 팬에 나머지 버터를 두르고 약한 불에서 녹인다. 달걀 혼합물을 붓고 계속 저으면서 부드러워질 때까지 12분간 익힌다. 바로 낸다.

참고
달걀 혼합물에 치즈 간 것, 아스파라거스 싹 부분, 버터에 10분간 볶은 버섯 또는 송로버섯, 버터에 튀긴 크루통, 껍데기 벗긴 새우 등을 더해도 좋다.

스크램블드 에그와 밥
COURONNES D'OEUFS BROUILLÉS

◆ 토마토 소스(57쪽) 500mL

◆ 달걀 6개

◆ 우유 50mL

◆ 소금과 후추

◆ 버터 50g

◆ 갓 지은 인도식 밥(616쪽) 180g

　준비 시간 15분

　조리 시간 1시간

　6인분

토마토 소스를 만든 뒤 뜨겁게 보관한다. 달걀과 우유, 소금, 후추, 버터로 스크램블드 에그(153쪽)를 만든다. 원형 식사용 그릇에 인도식 밥을 링 모양으로 담고 가운데에 스크램블드 에그를 채운다. 밥 가장자리에 토마토 소스를 둘러서 바로 낸다.

뉴욕식 달걀 요리
OEUFS NEW-YORKAIS

◆ 버터 50g

◆ 달걀 6개

◆ 토마토 소스(57쪽) 또는 파사타 50g

◆ 햄 깍둑 썬 것 50g

◆ 싱글 크림 100mL

◆ 소금과 후추

　준비 시간 5분

　조리 시간 12분

　6인분

팬에 버터를 넣고 약한 불에 올려서 녹인다. 달걀을 팬에 깨트려 넣고 계속 휘저으며 익힌다. 토마토 소스 또는 파사타와 햄을 더한다. 크림을 조금씩 천천히 넣으면서 달걀이 전체적으로 부드럽게 굳을 때까지 잘 섞는다. 소금과 후추로 간을 하고 라메킨에 담아 낸다.

벨기에식 달걀 요리

OEUFS BELGES

볼에 치즈와 달걀노른자를 넣고 잘 섞어서 페이스트를 만든다. 페이스트를 빵의 한쪽 면에 골고루 바른다. 햄 한 장을 빵과 같은 크기로 잘라서 얹는다. 기름기가 없는 볼에 달걀흰자를 담고 단단한 뿔이 서도록 휘핑한 다음 햄 위에 얹는다. 프라이팬에 오일을 넣어 달구고 그릴을 예열한다. 아무것도 바르지 않은 면이 아래로 가도록 빵을 팬에 올린다. 약한 불에서 아랫부분이 바삭하고 노릇해지면서 치즈 페이스트가 녹을 때까지 5분간 익힌다. 빵을 베이킹 트레이에 얹고 그릴 위에서 달걀흰자가 막 익어 노릇해지기 시작할 때까지 1~2분간 굽는다. 소금과 후추로 간을 해서 바로 낸다.

- ◆ 그뤼에르 치즈 간 것 150g
- ◆ 분리한 달걀흰자와 달걀노른자 각각 3개 분량
- ◆ 흰색 빵 껍질을 제거하고 1cm 두께로 썬 것 6장
- ◆ 기름기가 없는 햄 6장
- ◆ 오일 3큰술
- ◆ 소금과 후추

준비 시간 25분

조리 시간 5분

6인분

달걀 프라이

OEUFS FRITS

달군 팬에 동물성 지방을 넣어 녹이거나 식물성 오일을 두른다. 국자 또는 컵에 달걀 1개를 깨트려 넣고 팬에 조심스럽게 흘려 넣는다. 뒤집개를 이용해서 달걀흰자를 달걀노른자 위로 접어 올리고 달걀을 뒤집은 다음 팬에서 건진다. 남은 달걀을 같은 방식으로 한 번에 하나씩 익힌다. 튀긴 파슬리와 크루통으로 장식하여 낸다.

- ◆ 버터, 라드 또는 거위 지방 60g 또는 올리브 오일 2큰술
- ◆ 달걀 6개
- ◆ 곁들임용 튀긴 파슬리(81쪽)
- ◆ 곁들임용 크루통(183쪽)

준비 시간 2분

조리 시간 3분

6인분

〔변형〕

. . . .

소스를 두른 달걀 프라이

OEUFS FRITS EN SAUCE

위쪽 달걀 프라이 과정과 동일하게 진행한다. 달걀을 익히고 나서 크루통(183쪽)을 담은 접시 위에 얹거나 뜨거운 블랙 버터(48쪽), 토마토 소스(57쪽), 샤쇠르 소스(65쪽)를 둘러서 낸다.

. . . .

달걀 프라이와 셀러리악

OEFUS FRITS AU CÉLERI

위쪽 달걀 프라이 과정과 동일하게 진행한 다음 달걀 프라이를 셀러리악 퓌레(524쪽) 위에 얹어서 낸다.

오리엔탈식 달걀 요리
OEUFS À L'ORIENTALE

- 올리브 오일 4큰술
- 토마토 다진 것 3개 분량
- 가지 다진 것 1개 분량
- 마늘 곱게 다진 것 2쪽 분량
- 양파 다진 것 2개(대) 분량
- 붉은 피망 씨를 제거하고 다진 것 2개 분량
- 파프리카 가루 1작은술
- 이탈리안 파슬리 다진 것 1큰술
- 소금과 후추
- 갓 지은 인도식 밥(616쪽) 3/4회 분량
- 달걀 6개

  준비 시간 15분

  조리 시간 25분

  6인분

팬에 오일 2큰술을 넣어 달군다. 토마토와 가지, 마늘, 양파, 피망, 파프리카 가루, 파슬리를 넣고 뚜껑을 닫은 후 약한 불에서 가끔 뒤적여 가며 20~25분간 익힌다. 소금과 후추로 간을 한다. 인도식 밥을 식사용 그릇에 링 모양으로 담는다. 채소 혼합물을 링 가운데 부분에 담고 따뜻하게 보관한다. 팬에 나머지 오일을 달구고 달걀 프라이(154쪽)를 한 번에 하나씩 만든다. 채소 혼합물 위에 달걀 프라이를 얹어서 바로 낸다.

파프리카 달걀
OEUFS AU PAPRIKA

- 토마토 깍둑 썬 것 2개 분량
- 가지 깍둑 썬 것 1개 분량
- 양파 깍둑 썬 것 1개 분량
- 붉은 피망 씨를 제거하고 깍둑 썬 것 2개 분량
- 애호박 깍둑 썬 것 1개 분량
- 올리브 오일 5큰술
- 소금과 후추
- 갓 지은 인도식 밥(616쪽) 150g
- 달걀 6개
- 크림 소스(51쪽) 350mL
- 최고급 헝가리산 파프리카 가루 10g

  준비 시간 45분

  조리 시간 30분

  분량 6인분

모든 채소 재료를 체에 담고 켜켜이 소금을 뿌린 다음 20분간 두어서 물기를 제거한다. 건져서 물에 씻은 후 다시 물기를 제거한다. 팬에 오일 3큰술을 넣어 달군다. 채소를 넣고 약한 불에 올려서 가끔 저어 가며 약 10분간 익힌 다음 소금과 후추로 간을 한다. 인도식 밥을 식사용 그릇에 담고 위에 채소 혼합물을 얹어 따뜻하게 보관한다. 팬에 나머지 오일을 넣고 달궈서 달걀 프라이(154쪽)를 만든 다음 채소 위에 얹는다. 크림 소스를 만들어서 끓으면 파프리카 가루를 더한 다음 달걀 위에 붓는다. 바로 낸다.

달걀 터번
TURBAN D'OEUFS

오븐을 180℃로 예열하고 링 모양 틀에 버터를 바른다. 팬에 우유를 붓고 소금과 후추로 간을 한 다음 한소끔 끓어오를 때까지 가열한다. 볼에 달걀을 깨트려 풀고 뜨거운 우유에 천천히 부으면서 골고루 섞는다. 혼합물을 준비한 틀에 담고 틀을 로스팅 팬에 담는다. 로스팅 팬에 끓는 물을 틀 가장자리가 반 정도 잠길 만큼 붓고 달걀이 굳을 때까지 45분간 굽는다. 그동안 토마토 소스를 만든다. 식사용 그릇에 틀을 뒤집어 엎어서 내용물을 꺼내고 링 가운데 부분에 토마토 소스를 부어서 낸다.

- 틀용 버터 적당량
- 우유 1L
- 소금과 후추
- 달걀 6개
- 토마토 소스(57쪽) 500mL
  준비 시간 10분
  조리 시간 45분
  6인분

달걀 크로켓
CROQUETTES D'OEUFS

달걀 7개는 완숙(134쪽)으로 삶고 남은 2개는 달걀흰자와 달걀노른자를 분리한다. 버터와 밀가루, 우유로 아주 걸쭉한 화이트 소스(50쪽)를 만든다. 생달걀노른자 2개를 넣어서 섞은 다음 소금과 후추로 간을 하고 그대로 식힌다. 기름기가 없는 볼에 달걀흰자를 담고 부드러운 뿔이 설 정도로 휘핑한다. 튀김기에 오일을 채워서 180℃ 혹은 빵조각을 넣으면 30초 만에 노릇해질 정도로 가열한다. 완숙 달걀의 껍데기를 벗기고 깍둑 썬 다음 소스에 더하여 섞는다. 혼합물을 엄지손가락 크기의 크로켓 모양으로 빚은 다음 휘핑한 달걀흰자에 담갔다가 빼서 빵가루를 묻힌다. 적당량씩 뜨거운 오일에 넣고 노릇해질 때까지 2~3분간 튀긴다. 건져서 기름기를 빼고 소스와 함께 낸다.

- 달걀 9개
- 버터 50g
- 밀가루 3큰술
- 우유 250mL
- 소금과 후추
- 튀김용 식물성 오일
- 튀김옷용 말린 빵가루
  준비 시간 25분
  조리 시간 35분
  6인분

치즈 타르틀레트
GNOCCHIS RAMEQUINS

오븐을 180℃로 예열한다음 쇼트크러스트 페이스트리 반죽을 만든다. 작업대에 가볍게 덧가루를 뿌리고 반죽을 민 다음 지름 12cm 크기의 원형으로 6개를 찍어 내서 지름 10cm 크기의 타르틀레트 틀에 하나씩 채운다. 기름기가 없는 볼에 달걀흰자를 담고 부드러운 뿔이 설 정도로 휘핑한다. 다른 볼에 달걀노른자, 치즈, 크렘 프레슈를 담고 잘 섞은 다음 휘핑한 달걀흰자와 함께 접듯이 조심스럽게 섞는다. 소금과 후추로 간을 하고 혼합물을 틀에 채운다. 오븐에 넣고 35분간 굽는다.

- 쇼트크러스트 페이스트리 반죽(784쪽)
  400g
- 덧가루용 밀가루
- 달걀흰자 3개 분량
- 달걀노른자 6개
- 파르미지아노 레지아노 치즈 간 것
  100g
- 크렘 프레슈 5와 1/2큰술
- 소금과 후추
  준비 시간 30분
  조리 시간 35분
  6인분

기본 오믈렛
OMELETTE AU NATUREL

- ◆ 달걀 6개
- ◆ 소금과 후추
- ◆ 버터 30g

  준비 시간 5분

  조리 시간 5분

  6인분

 172쪽

볼에 달걀을 담고 소금과 후추로 간을 하여 잘 푼다. 일반 팬 또는 오믈렛용 팬을 달구고 버터를 넣어 녹인다. 버터가 아주 뜨겁고 갈색을 띠는 상태가 되면 달걀물을 붓는다. 달걀이 굳고 가장자리에 작은 거품이 생기기 시작하면 팬을 흔들면서 포크로 가장자리 부분을 가운데 부분으로 모은다. 오믈렛의 프라이팬 손잡이쪽 절반 부분을 바깥쪽 가장자리를 향해 접은 다음 뜨거운 접시에 재빨리 미끄러뜨려 담는다. 잘 만든 오믈렛은 가운데가 살짝 흐르는 상태여야 한다.

〔변형〕

허브 오믈렛
OMELETTE AUX FINES HERBES

이탈리안 파슬리, 처빌, 골파, 타라곤 등 생허브를 다진 다음 달걀 혼합물을 익히기 직전에 섞어 넣는다. 원한다면 익힌 다음 조금 더 뿌려서 낸다.

치즈 오믈렛
OMELETTE AUX FROMAGE

오믈렛을 접기 수초 전에 치즈 간 것 75g을 뿌린다.

버섯 또는 송로버섯 오믈렛
OMELETTE AUX CHAMPIGNONS OU AUX TRUFFES

저민 버섯 또는 송로버섯을 버터에 수분간 볶은 다음 오믈렛을 접기 직전에 넣는다.

아스파라거스 오믈렛
OMELETTE AUX POINTES D'ASPERGES

손질한 아스파라거스를 끓는 소금물에 넣고 부드러워질 정도로 4~8분간 익힌 다음 건진다. 송송 썰어서 오믈렛을 접기 직전에 더한다.

해산물 오믈렛
OMELETTE AUX FRUITS DE MERS

통조림 안초비나 청어 필레, 생선 알, 익힌 새우나 홍합살, 생선 크넬(105쪽) 등을 작게 썬다. 오믈렛을 접기 직전에 넣는다.

신장, 크루통 또는 감자 오믈렛
OMELETTE AUX ROGNONS, AUX CROUTONS. AUX POMMES DE TERRE

송아지 신장(363쪽), 크루통(183쪽) 또는 감자 소테(574쪽)를 준비한다. 뜨거운 버터에 볶은 다음 오믈렛을 접기 직전에 넣는다.

파스타 또는 쌀 오믈렛
OMELETTE AU RIZ, AUX MACARONIS. AUX NOUILLES

파스타를 포장지의 안내에 따라서 익힌 뒤 건지거나 인도식 밥(616쪽)을 짓는다. 오믈렛에 접기 직전에 넣는다.

베이컨, 햄 또는 양파 오믈렛
OMELETTE AU LARD, AU JAMBON, À L'OIGNON

베이컨이나 햄 또는 양파를 깍둑 썰어서 뜨거운 버터에 볶은 다음 달걀물에 더해 오믈렛 만드는 과정에 따라 조리한다.

토마토, 소렐 또는 시금치 오믈렛
OMELETTE À LA TOMATE, À LOSEILLE, AUX ÉPINARDS

토마토와 소렐 또는 시금치를 잘게 썬 뒤 녹인 버터에 넣고 부드러워질 때까지 2~3분간 익힌 다음 오믈렛을 접기 직전에 넣는다.

프로방스식 오믈렛
OMELETTE PROVENÇALE

브랑다드(258쪽)를 만든 다음 오믈렛을 접기 직전에 넣는다.

무지개 오믈렛

OMELETTE EN ARC-EN-CIEL

달걀을 2개씩 이용해서 색이 서로 다른 재료(시금치나 토마토 등)를 섞어 넣어 작은 오믈렛을 만든다. 그릇에 서로 겹치도록 둥글게 담는다. 달걀 흰자만 넣으면 흰색 오믈렛, 달걀노른자만 넣으면 노란색 오믈렛을 만들 수 있다. 둥글게 담은 오믈렛의 안쪽 빈 공간에 뜨거운 토마토 소스(57쪽)를 채운다.

독일식 오믈렛

OMELETTE ALLEMANDE

- 밀가루 75g
- 우유 350mL
- 분리한 달걀흰자와 달걀노른자 각각 6개 분량
- 치즈 간 것 또는 다진 허브 60g
- 소금과 후추
- 버터 25g

  준비 시간 8분

  조리 시간 10분

  6인분

● 그림물감을 섞을 때 사용하는 형태로 계단 모양의 단차가 있는 칼. 칼날이 작고 납작하며 유연한 것이 특징이다.

볼에 밀가루를 담고 우유를 천천히 부으면서 거품기로 섞은 다음 달걀노른자를 더한다. 기름기 없는 볼에 달걀흰자를 담고 단단한 뿔이 서도록 휘핑한 다음 달걀노른자 혼합물에 더하여 접듯이 섞는다. 이어서 치즈 또는 허브를 더하여 접듯이 섞는다. 소금과 후추로 간을 한다. 달군 팬에 버터를 녹인다. 달걀 혼합물을 팬에 넣고 가장자리에 작은 거품이 생길 때까지 익힌다. 팬을 한 손으로 흔들면서 다른 손으로 포크를 들고 오믈렛 가장자리를 안쪽으로 모은다. 오믈렛을 팔레트 나이프●로 뒤집어서 뒷면을 살짝 노릇하게 구운 다음 팬에서 미끄러트리듯이 꺼낸다.

감자 오믈렛

CRIQUE À L'ANCIENNE

- 달걀 6개
- 소금과 후추
- 우유 50mL
- 노란색 점질 감자 간 것 4개 분량
- 버터 30g

  준비 시간 10분

  조리 시간 15분

  6인분

볼에 달걀을 풀어서 소금과 후추로 간을 하고 우유와 감자를 더한다. 달군 팬에 버터를 넣어 녹이고 달걀 혼합물을 부은 다음 뚜껑을 덮고 중간 불에서 10분간 노릇하고 바삭해지도록 익힌다. 팔레트 나이프로 오믈렛을 뒤집고 다시 뚜껑을 덮어서 5분 더 익힌다. 팬을 기울여서 오믈렛을 그릇에 미끄러트려 담아서 낸다.

앙주식 오믈렛
OMELETTE ANGEVINE

오븐을 220℃로 예열한다. 팬에 라르동과 감자를 넣고 중간 불에서 노릇해지도록 익힌다. 다른 팬에 절반 분량의 버터를 넣고 녹인다. 서양 대파를 더하여 약한 불에서 가끔 저으면서 부드러워질 때까지 5분간 익힌다. 볼에 달걀을 풀어서 소금과 후추로 간을 하고 남은 버터를 제외한 모든 재료를 넣는다. 오븐 조리가 가능한 팬에 남은 버터를 넣고 녹인다. 달걀 혼합물을 붓고 가장자리에 작은 거품이 올라올 때까지 익힌다. 팬을 한 손으로 흔들면서 다른 손으로 포크를 들고 오믈렛 가장자리를 안쪽으로 모은다. 팬을 오븐에 넣고 윗부분이 굳을 때까지 5분간 굽는다. 그릇에 뒤집어 담아서 낸다.

◆ 라르동 1/2큰술
◆ 감자 깍둑 썬 것 1개(대) 분량
◆ 버터 50g
◆ 서양 대파 흰 부분만 잘게 다진 것 1대 분량
◆ 달걀 6개
◆ 소금과 후추
◆ 그뤼에르 치즈 간 것 60g
◆ 이탈리안 파슬리 다진 것 1큰술
  준비 시간 10분
  조리 시간 10분
  6인분

피프라드
PIPERADE

큰 팬에 오일을 두르고 달군 다음 양파와 피망, 토마토를 넣고 양파가 부드러워질 때까지 익힌다. 마늘을 더하고 소금과 후추로 간을 한다. 약한 불에서 걸쭉해질 때까지 뭉근하게 끓이면서 국물을 졸인다. 다른 팬에 햄을 넣고 튀기듯이 구워서 뜨겁게 보관한다. 볼에 달걀을 풀어서 채소 팬에 부어 골고루 섞는다. 전체적으로 스크램블드 에그가 될 때까지 천천히 익힌다. 소금과 후추로 간을 한다. 햄으로 장식해서 뜨겁게 낸다.

 173쪽

◆ 오일 4큰술
◆ 양파 다진 것 1개 분량
◆ 녹색 피망 씨를 빼고 잘게 다진 것 1kg
◆ 토마토 껍질 벗기고 잘게 다진 것 1kg
◆ 마늘 으깬 것 1쪽 분량
◆ 소금과 후추
◆ 생햄 3장
◆ 달걀 6개
  준비 시간 25분
  조리 시간 45~60분
  6인분

카세 무소
CASSE-MUSEAU

- 양젖 1L
- 레닛 몇 방울
- 달걀 푼 것 3개 분량
- 밀가루 400g
- 소금
- 깨끗하게 씻은 밤나무 잎

  준비 시간 25분 + 물기 거르기

  조리 시간 20분

  6인분

프랑스 푸아투Poitou 지방에서 유래한 바삭한 비스킷으로, 이름은 말 그대로 '입을 부순다'는 뜻이다.

　　냄비에 양젖을 담고 미지근해지도록 데운 다음 레닛 몇 방울을 떨어뜨린다. 뭉글뭉글하게 뭉치면 면포를 깐 체를 볼 위에 얹은 뒤 양젖을 붓고 냉장고에 넣어서 12시간 동안 물기를 거른다. 오븐을 180℃로 예열한다. 물기를 제거한 커드 치즈를 볼에 담고 달걀, 밀가루, 소금 한 꼬집을 더하여 잘 섞는다. 호두만 한 크기로 떼어서 방금 채집한 밤나무 잎에 잘 싼 다음 베이킹 트레이에 얹어서 오븐에 넣고 20분간 굽는다.

투체
TUTSCHE

- 우유 300mL
- 생이스트 25g 또는 드라이 이스트 15g
- 밀가루 500g
- 버터 150g, 틀용 여분
- 소금 1작은술
- 크렘 프레슈 300mL
- 달걀 2개

  준비 시간 20분 + 발효하기

  조리 시간 30분

  6인분

2시간 전부터 준비를 시작한다. 우유는 체온 정도로 따뜻하게 데운다. 생이스트 또는 드라이 이스트를 더하여 거품기로 골고루 섞은 다음 5분간 그대로 둔다. 볼에 밀가루와 버터 100g, 따뜻한 우유와 소금 1/2작은술을 담고 잘 섞어 매끄러운 반죽이 될 때까지 치댄다. 덮개를 씌워서 따로 두어 2시간 동안 발효한다. 오븐을 200℃로 예열하고 큰 플랑용 그릇에 버터를 바른다. 반죽을 1cm 두께로 민 다음 준비한 그릇에 담는다. 크렘 프레슈와 달걀, 남은 소금을 잘 섞은 다음 그릇에 붓는다. 남은 버터를 군데군데 얹는다. 오븐에 넣어 30분간 굽는다.

툴루즈식 옥수수 과자
MILLAS DE TOULOUSE

- 옥수수 가루 250g
- 우유 500mL
- 달걀 푼 것 3개 분량
- 버터 125g
- 크렘 프레슈 100mL
- 소금

  준비 시간 10분

  조리 시간 40분

  6인분

옥수수 가루에 찬물을 약간 섞어서 페이스트를 만든다. 큰 팬에 물 500mL를 담고 한소끔 끓인 다음 옥수수 가루 페이스트를 더한다. 계속 저으면서 20분간 뭉근하게 익힌다. 우유를 더하고 자주 저으면서 10분 더 익힌다. 불에서 내리고 달걀과 절반 분량의 버터, 크렘 프레슈를 더한다. 소금으로 간을 한다. 혼합물을 다시 불에 올리고 걸쭉해질 때까지 계속 저으면서 익히되 절대 끓지 않도록 주의한다. 혼합물을 그릇에 1~2cm 두께로 펴 담은 후 식힌다. 일단 굳으면 컵이나 쿠키 커터로 둥글게 찍어낸 다음 팬에 남은 버터를 넣어 녹이고 반죽을 넣어서 크레페를 부치듯이 앞뒤로 노릇하게 굽는다.

요구르트(121쪽)

치즈 프리터(125쪽)

햄 크로크 무슈(125쪽)

치즈 수플레(128쪽)

구제르(128쪽)

키슈 로렌(130쪽)

뜨거운 샤비뇰 크로탱(131쪽)

달걀과 송로버섯(138쪽)

폰타이약 달걀 요리(151쪽)

코코트 에그(152쪽)

허브 오믈렛(157쪽)

피프라드(160쪽)

-4-

수프

수프

수프는 주로 식사 초반부에 첫 코스로 낸다. 부이용이나 콩소메처럼 맑은 것부터 채소 퓌레, 크림 수프, 벨루테 등 걸쭉하고 불투명한 것까지 종류가 다양하며 양념이나 채소 또는 고기 종류를 바꾸는 것만으로도 간단하게 변주할 수 있다. 특별한 날에 우아하게 내기도 좋고, 일상에서 첫 코스 삼아 먹기에도 제격이다. 다만 언제나 뜨끈뜨끈하게 내야 한다는 점을 잊지 말자. 유일한 예외는 차갑게 식힌 여름 수프와 특정 형태의 콩소메 뿐이다.

수프의 양은 1인당 300~400mL 가량이 적당하다. 분량을 여기에 맞추려면 여분의 재료는 1인당 생채소 125g, 파스타 10g 또는 말린 콩류 40g 등으로 계량하는 것이 좋다. 간을 할 때는 수프 1L당 소금 1과 1/2작은술을 더한다. 달걀이나 밀가루, 감자 전분을 점도 조절제로 사용하면 채소나 파스타의 양을 늘리지 않고도 이상적인 수프의 농도를 쉽게 맞출 수 있다.

진한 소고기 육수(포토푀)
BOUILLON GRAS (POT-AU-FEU)

큰 냄비에 소고기를 넣고 소금을 더한다. 물을 잠기도록 붓는다. 한소끔 끓인 다음 불 세기를 줄이고 15분간 뭉근하게 익힌다. 표면에 올라온 불순물을 제거한 다음 채소 재료들을 넣는다. 다시 한소끔 끓인 후 약한 불에서 3시간 동안 뭉근하게 익힌다. 내기 직전에 국물의 기름기를 제거하고 수프 그릇에 토스트를 담는다. 수프를 체에 걸러서 토스트 위에 부어낸다.

- 스튜용 소고기(뼈째) 800g
- 소금 30g
- 당근 잘게 썬 것 200g
- 순무 깍둑 썬 것 125g
- 서양 대파 굵게 다진 것 100g
- 파스닙 깍둑 썬 것 60g
- 셀러리 깍둑 썬 것 1대 분량
- 곁들임용 토스트

  준비 시간 25분

  조리 시간 3시간 30분

  6인분

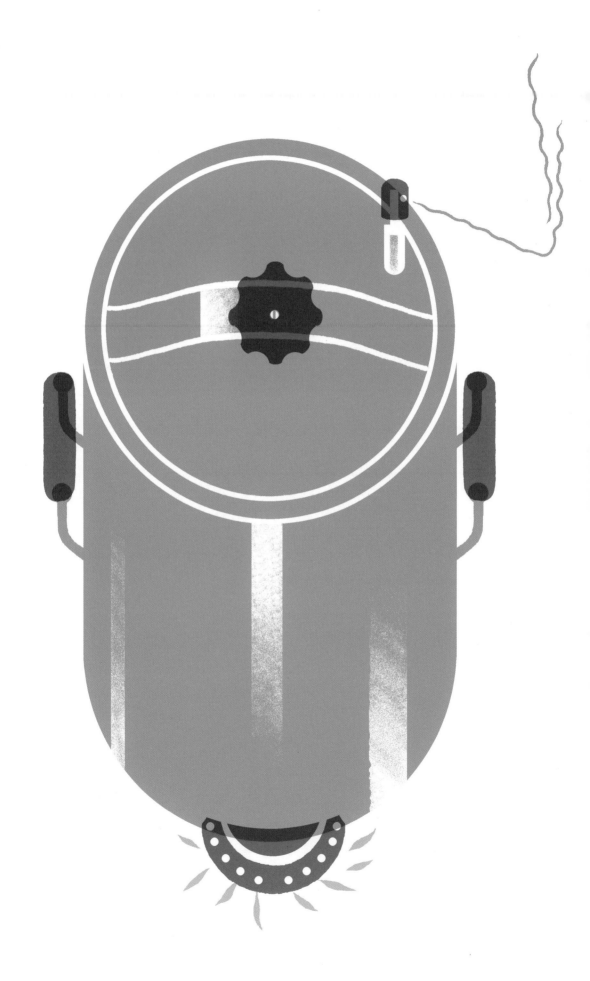

콩소메
CONSOMMÉ

큰 냄비에 물 4L, 소고기, 닭 내장과 자투리 부위를 담는다. 천천히 한소끔 끓인다. 표면에 올라온 찌꺼기를 제거한다. 채소 재료를 더하고 소금으로 간을 맞춘 다음 3시간 30분간 약한 불에서 뭉근하게 익힌다. 식힌 다음 기름기를 제거한다. 정제용으로 볼에 달걀흰자를 담고 가볍게 풀어 준비한다. 콩소메를 냄비에 붓고 달걀흰자를 넣어서 골고루 섞은 다음 쉬지 않고 국물을 천천히 휘저어서 한소끔 끓을 때까지 서서히 가열한다. 젖은 면포를 깐 체에 국물을 부어서 불순물을 제거한 다음 뜨겁게 또는 차갑게 낸다.

- 소고기(저렴한 부위라면 무엇이든) 1kg
- 닭 또는 야생 가금류 내장 및 자투리 부위 6마리 분량
- 당근 깍둑 썬 것 200g
- 순무 깍둑 썬 것 125g
- 서양 대파 굵게 다진 것 100g
- 파스닙 깍둑 썬 것 60g
- 셀러리 깍둑 썬 것 1대 분량
- 소금
- 달걀흰자 2개 분량

준비 시간 25분

조리 시간 4시간

6인분

벨벳 수프
POTAGE VELOURS

큰 냄비에 육수를 부어서 한소끔 끓인 다음 타피오카를 한 번에 전부 털어 넣는다. 덩어리지지 않도록 자주 저으면서 약한 불에서 10분간 뭉근하게 익힌다. 컵에 달걀노른자, 버터, 뜨거운 수프 국물 소량을 담고 골고루 섞어서 점도 조절제를 마련한다. 냄비에 이 혼합물을 붓고 전체적으로 걸쭉해질 때까지 골고루 휘젓는다. 저으면서 수프 그릇에 담아 낸다.

- 진한 소고기 육수(176쪽) 체에 거른 것 2L
- 타피오카 100g
- 달걀노른자 1개
- 버터 50g

준비 시간 15분

조리 시간 15분

6인분

육수 바탕 수프

버미첼리 수프
POTAGE AU VERMICELLE

◆ 진한 소고기 육수(176쪽) 체에 거른 것
2L

◆ 버미첼리 100g

준비 시간 2분

조리 시간 6분

6인분

큰 냄비에 육수를 담고 한소끔 끓인 다음 버미첼리를 더하여 알 덴테가
될 때까지 6분간 삶는다. 뜨겁게 낸다.

파스타 수프
POTAGE AUX PETITES PÂTES

◆ 진한 소고기 육수(176쪽) 체에 거른 것
2L

◆ 크기가 작은 파스타 등의 면류 100g

준비 시간 2분

조리 시간 8분

6인분

큰 냄비에 육수를 담고 한소끔 끓인 다음 준비한 면을 넣고 딱 알 덴테가
될 때까지 8분간 삶는다. 내기 전에 표면에 뜬 거품 등을 깔끔하게 제거
한다.

새벽의 수프
POTAGE À L'AURORE

◆ 완숙 달걀(134쪽) 껍데기 벗긴 것 3개

◆ 크루통(183쪽) 한 줌(대)

◆ 진한 소고기 육수(176쪽) 체에 거른 것
2L

◆ 마데이라 와인 200mL

준비 시간 10분

조리 시간 15분

6인분

볼에 달걀을 담고 포크로 골고루 으깬다. 수프 그릇 바닥에 크루통을 담
고 으깬 달걀을 뿌린다. 큰 냄비에 육수를 한소끔 끓이고 마데이라 와인
을 붓는다. 그릇에 달걀과 크루통을 담고 그 위에 육수를 부어서 뜨겁게
낸다.

마카로니 수프
POTAGE AUX MACARONIS

냄비에 소금물을 담아 한소끔 끓인 다음 마카로니를 더하여 포장지에 기재된 시간의 절반만큼만 삶는다. 다른 큰 냄비에 육수를 담는다. 마카로니를 건져서 육수에 더한다. 한소끔 끓인 다음 마카로니가 딱 알 덴테로 익을 때까지 4~5분 더 삶는다. 수프 그릇에 치즈를 담고 그 위에 수프를 붓는다. 뜨겁게 낸다.

- 마카로니 180g
- 진한 소고기 육수(176쪽) 체에 거른 것 2L
- 그뤼에르 치즈 간 것 60g

준비 시간 5분
조리 시간 20분
6인분

허브 수프

물냉이 수프
POTAGE AU CRESSON OU POTATE SANTÉ

물냉이 잎은 수프 장식용으로 몇 장만 따로 두고 나머지는 다진다. 대형 팬에 버터를 넣어 달구고 물냉이를 더하여 잔잔한 불에서 부드러워질 때까지 볶는다. 끓는 물 1.75L를 붓고 5분간 익힌다. 쌀과 소금, 후추를 더하여 쌀이 부드러워질 때까지 20분 더 익힌다. 내기 직전에 수프에 달걀노른자를 더하고 골고루 휘저어서 걸쭉하게 만든다. 나머지 물냉이 잎으로 장식하고 뜨겁게 낸다.

- 물냉이 1단
- 버터 30g
- 쌀 80g
- 소금과 후추
- 달걀노른자 푼 것 1개 분량

준비 시간 20분
조리 시간 25분
6인분

소렐 수프
POTAGE À L'OSEILLE

큰 냄비에 버터를 넣고 불에 올려서 녹인다. 소렐을 넣고 골고루 저으면서 숨이 죽을 때까지 2분간 익힌다. 물 2L를 붓는다. 감자를 넣고 소금과 후추로 간을 한다. 한소끔 끓인 다음 약한 불에서 30분간 익힌다. 내기 직전에 혼합물을 푸드 프로세서 또는 믹서에 넣고 곱게 간다. 대형 볼 또는 수프 그릇에 달걀노른자를 담아서 잘 푼 다음 뜨거운 수프를 붓고 휘저어 걸쭉하게 만든 후 낸다.

- 버터 30g
- 소렐 다진 것 250g
- 감자 잘게 썬 것 500g
- 소금과 후추
- 달걀노른자 푼 것 1개 분량

준비 시간 20분
조리 시간 30분
6인분

파슬리 수프
POTAGE AU PERSIL OU OMOIOY

- ◆ 이탈리안 파슬리 100g
- ◆ 소금
- ◆ 물냉이 1단
- ◆ 감자 500g
- ◆ 버터 30g

  준비 시간 20분

  조리 시간 30분

  6인분

파슬리는 수프 장식용으로 몇 줄기만 따로 남겨 둔다. 큰 냄비에 물 1.75L를 담고 한소끔 끓인다. 소금을 더하고 파슬리, 물냉이, 감자를 넣는다. 약한 불에서 30분간 뭉근하게 익힌다. 내기 직전에 혼합물을 푸드 프로세서 또는 믹서로 곱게 간 다음 수프 그릇에 붓고 버터를 더한다. 남겨 둔 파슬리를 곱게 다져서 수프 위에 뿌린다.

[변형]

. . . .

처빌 수프
POTAGE AU CERFEUIL

파슬리와 물냉이 대신 처빌을 넣고 같은 방식으로 조리한다.

 211쪽

- ◆ 올리브 오일 50mL
- ◆ 당근 깍둑 썬 것 150g
- ◆ 순무 깍둑 썬 것 150g
- ◆ 양파 깍둑 썬 것 60g
- ◆ 소금과 후추
- ◆ 아주 잘 익은 토마토 쐐기 모양으로 썬 것 100g
- ◆ 마늘 으깬 것 1쪽 분량
- ◆ 생바질 곱게 다진 것 풍성한 1줄기 분량
- ◆ 마무리용 그뤼에르 치즈 간 것(선택 사항)

  준비 시간 25분

  조리 시간 40분

  6인분

피스투 수프
SOUPE AU PISTOU

큰 냄비에 절반 분량의 오일을 두르고 깍둑 썬 채소 재료들을 넣는다. 잔잔한 불에 올려서 10분간 익힌 다음 물 1.75L를 붓는다. 소금과 후추로 간을 맞추고 한소끔 끓인 다음 10분간 잔잔하게 익힌다. 그동안 팬에 남은 오일을 두르고 쐐기 모양으로 썬 토마토와 마늘을 더해 수분간 천천히 익힌다. 채소 국물에 볶은 토마토와 마늘을 넣고 20분 더 익힌다. 내기 수분 전에 바질을 더한다. 원한다면 그뤼에르 치즈 간 것을 뿌려서 아주 뜨겁게 낸다.

허브 수프
POTAGE AUX FINES HERBES

큰 팬에 절반 분량의 버터를 넣고 잔잔한 불에서 녹인다. 소렐과 양상추를 더하여 부드러워질 때까지 수분간 천천히 익힌다. 물 2L를 잠기도록 붓고 한소끔 끓인 다음 소금과 후추로 간을 한다. 10분 후 타피오카를 한번에 털어 넣고 부드러워질 때까지 20분 더 뭉근하게 익힌다. 남은 버터와 골파를 넣고 잘 섞은 다음 수프 그릇에 담아서 낸다.

- 버터 30g
- 소렐 곱게 다진 것 125g
- 양상추 곱게 다진 것 250g
- 소금과 후추
- 타피오카 60g
- 골파 곱게 다진 것 60g
  준비 시간 20분
  조리 시간 30분
  6인분

리에즈식 수프
POTAGE À LA LIÉGEOISE

큰 팬에 버터를 넣고 중강 불에서 녹인다. 서양 대파, 셀러리, 소렐을 넣고 자주 저으면서 부드러워질 때까지 익힌다. 끓는 물 2L를 붓고 월계수 잎과 처빌을 더한 다음 소금과 후추로 간을 한다. 다시 한소끔 끓인 다음 감자를 넣는다. 잔잔하게 끓도록 불 세기를 줄인 다음 30분간 익힌다. 월계수 잎을 꺼내고 수프를 체에 내린 다음 토마토를 더한다. 잘 저으면서 다시 한소끔 끓인 다음 낸다.

- 버터 40g
- 서양 대파 다진 것 2대 분량
- 셀러리 다진 것 1대 분량
- 소렐 다진 것 125g
- 월계수 잎 1장
- 처빌 다진 것 1줄기(대) 분량
- 소금과 후추
- 감자 깍둑 썬 것 500g
- 토마토, 스틱 블렌더 또는 감자 라이서로 갈아 퓌레로 만든 것 200g
  준비 시간 20분
  조리 시간 45분
  6인분

채소 수프

아스파라거스 수프
POTAGE AUX ASPERGES

◆ 아스파라거스 줄기는 껍질을 벗겨서
  깍둑 썰고 싹은 그대로 남겨 둔 것
  500g
◆ 버터 40g
◆ 더블 크림 125mL 또는 달걀노른자 2개
  준비 시간 25분
  조리 시간 45분
  6인분

큰 냄비에 소금물 1.5L를 넣고 한소끔 끓인다. 아스파라거스 줄기를 넣고 2분간 데친다. 아스파라거스는 건지고 삶은 물은 그대로 남겨 둔다. 다른 큰 냄비에 버터 20g을 넣어 녹이고 건진 아스파라거스를 더하여 부드러워질 때까지 10분간 천천히 익힌다. 남겨 둔 삶은 물에 아스파라거스를 더하여 한소끔 끓인 후 30분간 천천히 익힌다. 푸드 프로세서나 믹서로 곱게 간다. 식사 약 10분 전에 수프에 아스파라거스 싹을 더하여 다시 가열한다. 크림 또는 달걀노른자와 남은 버터를 더해서 살짝 걸쭉해질 때까지 휘저은 다음 낸다.

당근 수프
POTAGE AUX CAROTTES OU PURÉE CRÉCY

◆ 양파 다진 것 150g
◆ 당근 작게 다진 것 500g
◆ 순무 작게 다진 것 125g
◆ 감자 작게 다진 것 500g
◆ 버터 10g
◆ 소금과 후추

  크루통 재료:
◆ 버터 15g
◆ 마늘 곱게 다진 것 1쪽 분량(선택 사항)
◆ 오래 묵어서 상당히 건조해진
  빵, 껍질을 제거하고 깍둑 썬 것
  2~3장(두껍게 썬 것)
  준비 시간 20분
  조리 시간 1시간
  6인분

큰 냄비에 양파를 제외한 모든 채소를 담고 물 2L를 부어서 한소끔 끓인 다음 40분간 뭉근하게 익힌다. 그동안 팬에 버터를 두르고 양파를 더하여 가끔 저으면서 30분간 아주 천천히 익힌다. 채소 혼합물에 소금과 후추로 간을 하고 푸드 프로세서 또는 믹서로 곱게 간다. 수프에 익힌 양파를 더해서 20분간 뭉근하게 익힌다.

그동안 크루통을 만든다. 팬에 버터를 넣어 달구고 마늘(사용 시)을 더하여 부드러워질 때까지 3~4분간 천천히 익힌 다음 깍둑 썬 빵을 더한다. 중간 불로 높여서 자주 뒤적이며 골고루 노릇해질 때까지 3~5분간 굽는다. 수프 그릇 바닥에 크루통을 뿌리고 그 위에 수프를 담아서 낸다.

할머니의 수프
POTAGE BONNE FEMME

 212쪽

큰 냄비에 버터 20g을 넣고 녹인다. 채소 재료를 넣고 중간 불에 올려서 가끔 저어 가며 노릇해지지 않도록 수분간 익힌다. 끓는 물 1.5L를 붓고 월계수 잎과 정향을 더한 다음 소금과 후추로 간을 한다. 한소끔 끓인 다음 30분간 익힌다. 채소 재료가 제 형태를 유지하고 있는 상태로 낸다. 취향에 따라 내기 직전에 남은 버터나 더블 크림을 소량 둘러도 좋다.

- ◆ 버터 40g
- ◆ 당근 작게 깍둑 썬 것 250g
- ◆ 서양 대파 곱게 다진 것 250g
- ◆ 감자 작게 깍둑 썬 것 500g
- ◆ 월계수 잎 1장
- ◆ 정향 1~2개
- ◆ 소금과 후추
- ◆ 더블 크림 적당량(선택 사항)

  준비 시간 20분

  조리 시간 30분

  6인분

셀러리악 수프
POTAGE AU CÉLERI OU CRÈME MARIA

큰 냄비에 육수를 담아서 한소끔 끓인 다음 셀러리악을 더하여 30분간 부드러워질 때까지 뭉근하게 익힌다. 푸드 프로세서 또는 믹서에 옮겨 담고 갈아 퓌레를 만든다. 퓌레를 다시 냄비에 부어서 한소끔 끓인다. 쌀가루에 물을 조금 더해서 개어 페이스트를 만든 다음 팬에 더하여 5분간 익힌다. 내기 직전에 달걀노른자를 넣고 섞어서 수프를 살짝 걸쭉하게 만든다.

- ◆ 육수(종류 무관) 1.5L
- ◆ 셀러리악 저민 것 1개(약 1kg)
- ◆ 쌀가루 60g
- ◆ 달걀노른자 1개

  준비 시간 15분

  조리 시간 35분

  6인분

버섯 수프
POTAGE AUX CHAMPIGNONS

◆ 버섯 잘 닦아서 기둥을 제거한 것
  250g
◆ 타임 1줄기
◆ 버터 25g
◆ 쌀가루 60g
◆ 소금과 후추
◆ 더블 크림
  준비 시간 30분
  조리 시간 40분
  6인분

버섯은 3분의 2 분량만 가늘게 채 썬다. 큰 냄비에 채 썬 버섯을 담고 물 1.5L를 부은 다음 한소끔 끓인다. 타임을 더한 후 20분간 익힌다. 타임을 제거한다. 냄비의 내용물을 푸드 프로세서 또는 믹서로 곱게 간 다음 다시 냄비에 붓고 한소끔 끓인다. 그동안 남은 버섯을 잘게 썬다. 프라이팬에 버터를 넣어 천천히 녹인 다음 버섯을 넣고 부드러워질 때까지 수분간 익힌다. 쌀가루에 물을 조금 더해서 개어 페이스트를 만든 다음 익힌 버섯과 함께 냄비에 넣어서 잘 섞는다. 소금과 후추로 간을 하고 크림을 더해서 10분 더 익힌다. 뜨겁게 낸다.

콜리플라워 수프
POTAGE AU CHOU-FLEUR OU CRÈME DUBARRY

◆ 콜리플라워 1개(중)
◆ 옥수수 전분 30g
◆ 달걀노른자 2개
◆ 버터 30g
◆ 소금
  준비 시간 30분
  조리 시간 30분
  6인분

콜리플라워는 작은 송이들로 나눠 자른다. 큰 냄비에 소금물 1.5L를 담고 한소끔 끓인 다음 콜리플라워를 더하여 부드러워질 때까지 15분간 익힌다. 건져서 물기를 제거하고 삶은 물은 그대로 두고, 아주 작은 콜리플라워 송이 몇 개는 수프 장식용으로 따로 둔다. 나머지 콜리플라워는 푸드 프로세서 또는 믹서로 곱게 간 다음 옥수수 전분을 더하여 잘 섞는다. 남겨 둔 삶은 물을 더하면서 수프 농도를 조절한 다음 다시 냄비에 부어서 10분간 뭉근하게 익힌다. 내기 직전에 달걀노른자를 더해서 잘 휘저어 걸쭉하게 만든 다음 버터와 남겨 둔 콜리플라워를 얹어서 장식한다. 필요하면 소금으로 간을 맞춘다.

적양배추 수프
POTAGE AU CHOU ROUGE

큰 냄비에 물 2.25L를 담고 한소끔 끓인 다음 적양배추를 넣어서 10분간 뭉근하게 익힌다. 양배추를 건져서 물기를 제거하고 익힌 물은 따로 남겨 둔다. 빈 냄비에 양배추를 다시 넣고 따로 둔 익힌 물을 양배추가 잠길 만큼 부은 후 감자와 양파를 더한다. 소금으로 간을 하고 30분간 뭉근하게 익힌다. 혼합물을 푸드 프로세서 또는 믹서에 부어서 곱게 간다. 와인(사용 시)을 더한 후 다시 데워서 낸다.

- 적양배추 굵게 썬 것 1개 분량
- 감자 큼직하게 깍둑 썬 것 500g
- 양파 썬 것 60g
- 소금
- 보르도 레드 와인 100mL (선택 사항)

  준비 시간 10분

  조리 시간 40분

  분량 6인분

방울양배추 수프
SOUPE AUX CHOUX DE BRUXELLES OU POTAGE BELGE

큰 냄비에 소금물을 담고 한소끔 끓인 다음 방울양배추를 더하여 딱 부드러워질 정도로 15분간 익힌다. 건져서 물기를 제거한다. 큰 팬에 버터를 넣고 달군 뒤 익힌 방울양배추를 더하여 살짝 노릇해질 정도로 볶은 다음 밀가루를 뿌린다. 뜨거운 물 또는 육수를 붓는다. 소금과 후추로 간을 한 다음 30분간 익힌다. 혼합물을 푸드 프로세서 또는 믹서에 부어서 곱게 간다. 수프 그릇에 크루통을 담고 그 위에 수프를 부어서 낸다.

- 방울양배추 500g
- 버터 50g
- 밀가루 30g
- 뜨거운 물 또는 육수(종류 무관) 1.5L
- 소금과 후추
- 크루통(183쪽) 1회 분량

  준비 시간 20분

  조리 시간 1시간

  6인분

양배추 수프
SOUPE AUX OIIIOUX

- ◆ 돼지고기 정강이 500g
- ◆ 훈제 베이컨(통) 250g
- ◆ 줄무늬 베이컨(통) 250g
- ◆ 양배추 반으로 자른 것 1통(중) 분량
- ◆ 감자 깍둑 썬 것 200g
- ◆ 순무 깍둑 썬 것 200g
- ◆ 당근 깍둑 썬 것 200g
- ◆ 양파 잘게 다진 것 50g
- ◆ 소금과 후추
- ◆ 곁들임용 얇게 썬 빵

  준비 시간 20분

  조리 시간 2시간 30분

  6인분

큰 냄비에 돼지고기와 베이컨을 담고 물 4L를 붓는다. 한소끔 끓인 다음 위에 올라온 불순물을 제거하고 1시간 동안 잔잔하게 익힌다. 채소 재료를 모두 넣고 소금과 후추로 간을 한 뒤 1시간 더 익힌다. 고기류를 건져서 한 김 식힌 다음 잘게 썰어 다시 수프에 넣는다. 따뜻하게 데운 수프 그릇에 빵을 담고 그 위에 수프를 부어서 낸다.

시금치 수프
SOUPE AUX ÉPINARDS OU POTAGE FLORENTINE

- ◆ 버터 30g
- ◆ 밀가루 40g
- ◆ 육수(종류 무관) 2L
- ◆ 시금치 곱게 다진 것 500g
- ◆ 소금과 후추
- ◆ 즉석에서 간 너트메그
- ◆ 마무리용 크루통(183쪽) 1회 분량

  준비 시간 30분

  조리 시간 45분

  6인분

큰 냄비에 버터와 밀가루를 넣어 화이트 소스(50쪽)를 만든 다음 육수를 더하여 섞는다. 한소끔 끓인 다음 불 세기를 줄여 5분간 뭉근하게 익힌다. 시금치를 더하고 소금과 후추, 너트메그로 간을 한다. 30분간 뭉근하게 익힌다. 수프 그릇에 크루통을 담고 그 위에 수프를 부어서 낸다.

누에콩 크림 수프
CREME DE FÈVES

큰 냄비에 물 1.5L를 붓고 한소끔 끓인다. 누에콩, 세이버리 또는 타임, 그리고 소금 한 꼬집을 넣고 부드러워질 때까지 10분간 익힌다. 콩은 건지고 국물은 다시 팬에 붓는다. 터지지 않고 형태를 온전히 유지하는 콩은 장식용으로 따로 남겨 둔다. 나머지 콩은 푸드 프로세서나 믹서로 갈아서 퓌레를 만든다. 콩 삶은 국물이 든 팬에 퓌레를 붓고 잘 섞은 다음 절반 분량의 우유를 더하여 다시 불에 올린다. 볼에 밀가루와 나머지 우유를 담고 잘 섞은 다음 수프 냄비에 붓고 골고루 저으면서 걸쭉해질 때까지 5분 더 익힌다. 장식용으로 남겨둔 콩과 버터를 더한 다음 소금과 후추로 간을 해서 낸다.

- ◆ 누에콩 껍질 벗긴 것 750g
- ◆ 세이버리 또는 생타임 2줄기
- ◆ 소금과 후추
- ◆ 우유 500mL
- ◆ 밀가루 10g
- ◆ 버터 30g

  준비 시간 20분

  조리 시간 35분

  6인분

가르부르 수프
GARBURE

계절에 맞춰 재료를 준비한다. 큰 냄비에 물 3L를 붓고 한소끔 끓인다. 준비한 재료(콩과 채소)와 허브, 마늘을 넣고 소금과 후추로 간을 한다. 필요하면 끓는 물을 보충하면서 2시간~2시간 30분 정도 잔잔하고 뭉근하게 익힌다. 이때 양배추는 완성 1시간 전에 더한다. 완성 30분 전에 거위 콩피를 더한다. 수프 그릇에 빵을 담고 그 위에 수프를 부은 다음 거위 콩피는 건져서 따로 낸다. 수프의 농도는 숟가락을 수프 그릇에 꽂았을 때 똑바로 설 수 있을 만큼 아주 걸쭉해야 한다. 수프가 너무 묽으면 익힌 흰강낭콩 퓌레를 더해서 농도를 조절한다.

여름 레시피:

- ◆ 깍지콩 250g
- ◆ 누에콩 250g
- ◆ 완두콩 250g
- ◆ 감자 잘게 썬 것 300g
- ◆ 녹색 양배추 채 썬 것 1통(소) 분량

겨울 레시피:

- ◆ 마른 흰강낭콩 하룻밤 불린 것 500g
- ◆ 당근 잘게 썬 것 250g
- ◆ 양파 잘게 썬 것 1개 분량
- ◆ 순무 잘게 썬 것 100g

- ◆ 모둠 허브(평엽 파슬리, 마저럼, 타임 등)

  다진 것 1줌
- ◆ 마늘 으깬 것 3쪽 분량
- ◆ 소금과 후추
- ◆ 거위 콩피 1개
- ◆ 빵 6장
- ◆ 삶은 흰강낭콩 퓌레(선택 사항)

  준비 시간 40분

  조리 시간 3시간~3시간 30분

  분량 6인분

깍지콩 수프

POTAGE AUX HARICOTS VERTS OU CRÈME MIMOSA

- 깍지콩 손질한 것 250g
- 소금과 후추
- 채소 육수 1L
- 쌀가루 30g
- 완숙 달걀(134쪽) 3개
- 버터 30g

  준비 시간 45분

  조리 시간 30분

  분량 6인분

큰 냄비에 물 750mL를 붓고 한소끔 끓인다. 깍지콩과 소금 한 꼬집을 더하여 아주 부드러워질 때까지 10~15분간 익힌다. 그동안 다른 냄비에 국물을 부어서 데운다. 깍지콩을 건져 가늘게 채 썰고 콩 삶은 물은 따로 남겨 둔다. 볼에 쌀가루와 물 3~4큰술을 담고 잘 개어 페이스트를 만든 다음 뜨거운 국물에 더해 섞는다. 남겨 둔 콩 삶은 물을 붓고 5분간 뭉근하게 익혀서 걸쭉하게 만든다. 달걀은 길게 반으로 자르고 작은 숟가락으로 노른자를 조심스럽게 꺼낸 다음 굵은 체에 내려서 수프 그릇에 담는다. (흰자는 다른 요리에 사용한다.) 수프 그릇에 콩과 버터를 더하고 그 위에 수프를 부은 다음 소금과 후추로 간을 맞춰서 낸다.

깍지콩 크림 수프

CRÈME DE HARICOTS VERT

- 깍지콩 손질한 것 400g
- 베샤멜 소스(50쪽) 1회 분량
- 소금과 후추
- 뜨거운 육수(종류 무관) 1.5L
- 크렘 프레슈 100mL
- 버터 30g

  준비 시간 1시간

  조리 시간 20분

  6인분

냄비에 물을 끓이고 깍지콩을 넣어 5분간 데친 다음 건진다. 장식용으로 넉넉하게 한 줌 정도를 따로 남겨 두고 나머지 깍지콩을 베샤멜 소스와 함께 섞어 약한 불에서 15분간 익힌다. 그동안 장식용 깍지콩은 마름모꼴로 썬다. 베샤멜 혼합물에 소금과 후추로 간을 하고 푸드 프로세서나 믹서로 갈아서 퓌레를 만든다. 육수를 부어서 살짝 갈아 골고루 섞은 다음 수프 그릇에 담는다. 크렘 프레슈와 버터를 더한 뒤 살짝 휘저어서 걸쭉하게 만든 다음 남겨 둔 깍지콩으로 장식하여 낸다.

밤 수프
POTAGE AUX MARRONS

밤은 칼집을 낸 뒤 내열용 볼에 담고 끓는 물을 잠기도록 부어서 5분간 불린다. 밤을 건져서 속껍질까지 조심스럽게 벗긴다. 냄비에 껍질을 깐 밤을 담고 육수를 부어서 한소끔 끓인 후 불 세기를 줄여 30분간 뭉근하게 익힌다. 소금과 후추로 간을 하고 푸드 프로세서 또는 믹서로 곱게 간다. 팬에 다시 붓고 버터를 더하여 10분 더 익힌다. 크루통을 수프 그릇에 담고 그 위에 수프를 부어서 낸다.

◆ 밤 500g

◆ 육수(종류 무관) 2L

◆ 소금과 후추

◆ 버터 60g

◆ 크루통(183쪽) 1회 분량

    준비 시간 35분

    조리 시간 45분

    6인분

양파 수프
SOUPE À L'OIGNON OU POTAGE PARISIEN

큰 냄비에 버터를 넣고 녹인 뒤 양파를 넣고 약한 불에서 가끔 저어 가며 노릇노릇 내지는 갈색을 띨 때까지 10분간 익힌다. 밀가루를 뿌리고 골고루 휘저으면서 갈색이 될 때까지 수분간 익힌다. 육수를 붓고 다시 10분간 뭉근하게 익힌다. 소금과 후추로 간을 한다. 빵 사용 시에는 수프 그릇에 빵을 담고 수프를 체에 걸러서 양파를 제거한 다음 빵 위에 붓는다. 버미첼리 사용 시에는 체에 거른 수프를 다시 팬에 담고 버미첼리를 더하여 버미첼리가 부드러워질 때까지 살짝 가열한다.

◆ 버터 60g

◆ 양파 곱게 다진 것 250g

◆ 밀가루 80g

◆ 뜨거운 육수(종류 무관) 1.5L

◆ 소금과 후추

◆ 빵 6장 또는 버미첼리 50g

    준비 시간 10분

    조리 시간 20분

    6인분

 214쪽

〔변형〕

• •

양파 수프 그라탕
SOUPE GRATINÉE

위 레시피에 따라 양파 수프를 만든 다음 오븐용 수프 그릇에 담는다. 그 뤼에르 치즈 간 것을 뿌리고 240℃로 예열한 오븐에 넣어 10분간 노릇하게 굽는다.

채 썬 채소 수프
POTAGE JULIENNE

큰 냄비에 감자와 당근, 순무, 서양 대파, 셀러리, 양배추, 감자를 담고 물 2L를 부어서 한소끔 끓인 다음 불 세기를 줄이고 뚜껑을 덮어서 30분간 뭉근하게 익힌다. 소금과 후추로 간을 하고 완두콩과 처빌, 양상추를 더하여 15분 더 뭉근하게 익힌다. 수프 그릇에 담고 버터를 더해 휘저어서 바로 낸다.

 213쪽

- ◆ 당근 가늘게 채 썬 것 150g
- ◆ 순무 가늘게 채 썬 것 150g
- ◆ 서양 대파 가늘게 채 썬 것 2대 분량
- ◆ 셀러리 가늘게 채 썬 것 100g
- ◆ 양배추 가늘게 채 썬 것 100g
- ◆ 감자 가늘게 채 썬 것 200g
- ◆ 소금과 후추
- ◆ 깐 완두콩 100g
- ◆ 처빌 곱게 다진 것 2줄기 분량
- ◆ 양상추 곱게 다진 것 1통 분량
- ◆ 버터 30g

  준비 시간 45분

  조리 시간 45분

  6인분

순무 수프
POTAGE AUX NAVETS OU CRÈME FLAMANDE

큰 냄비에 빵과 순무, 감자를 담고 물 1.75L를 부은 다음 소금과 후추로 간을 하고 한소끔 끓인다. 불 세기를 줄이고 뚜껑을 덮어서 부드러워질 때까지 30~40분간 뭉근하게 익힌다. 혼합물을 푸드 프로세서나 믹서로 곱게 간다. 다시 팬에 붓고 가볍게 데운다. 내기 직전에 크렘 프레슈와 파슬리를 더하고 휘저어 섞는다.

- ◆ 하루 묵은 빵 작게 자른 것 200g
- ◆ 순무 작게 썬 것 500g
- ◆ 감자 작게 썬 것 500g
- ◆ 소금과 후추
- ◆ 크렘 프레슈 100mL
- ◆ 이탈리안 파슬리 곱게 다진 것 3큰술

  준비 시간 20분

  조리 시간 40분

  6인분

양파 크림 수프

PURÉE D'OIGNON OU POTAGE SOUBISE

◆ 버터 50g

◆ 양파 채 썬 것 500g

◆ 밀가루 50g

◆ 뜨거운 우유 500mL

◆ 소금과 후추

◆ 육수(종류 무관) 1L

◆ 달걀노른자 1개

준비 시간 20분

조리 시간 35분

6인분

냄비에 버터 30g을 넣어 녹이고 양파를 넣은 뒤 자주 저어 가며 반투명해질 때까지 10분간 익힌다. 밀가루를 뿌려서 계속 저으며 2분간 익힌 다음 뜨거운 우유를 부어서 잘 섞고 소금과 후추로 간을 해 20분간 뭉근하게 익힌다. 혼합물을 푸드 프로세서나 믹서로 곱게 간다. 다시 팬에 붓고 육수를 더하여 10분 더 뭉근하게 익힌다. 달걀노른자와 남은 버터를 잘 치대어 섞어서 수프 그릇에 담고 그 위에 수프를 부어서 골고루 잘 휘저어 섞은 다음 낸다.

파르망티에 수프
POTAGE PARMENTIÈRE

큰 냄비에 소금물을 한소끔 끓인 다음 감자를 껍질째 넣어서 부드러워
질 때까지 20분간 익힌다. 감자는 건져서 껍질을 벗긴 다음 볼에 담고 곱
게 으깬다. 큰 냄비에 버터를 넣고 녹인다. 양파와 파슬리를 넣고 가끔 저
으면서 노릇해질 때까지 약한 불에서 15분간 익힌다. 으깬 감자와 뜨거운
물을 더한 다음 우유를 부어서 매끄러운 질감이 되도록 수프의 농도를 조
절한다. 소금과 후추로 간을 한 다음 10분 더 뭉근하게 익혀서 낸다.

- ◆ 감자 껍질째 1kg
- ◆ 버터 50g
- ◆ 양파 잘게 썬 것 100g
- ◆ 이탈리안 파슬리 다진 것 2줄기 분량
- ◆ 뜨거운 물 1L
- ◆ 우유 1L
- ◆ 소금과 후추

  준비 시간 10분

  조리 시간 45분

  6인분

호박 수프
POTAGE AU POTIRON OU CRÈME D'OR

큰 냄비에 호박을 담고 물 1.5L를 부어서 한소끔 끓인다. 불 세기를 줄여
서 부드러워질 때까지 25분간 뭉근하게 익힌다. 혼합물을 푸드 프로세서
나 믹서로 곱게 간다. 다시 팬에 붓고 우유를 더하여 섞은 다음 소금과 후
추로 간을 하고 5분 더 뭉근하게 익힌다. 수프 그릇에 버터와 크루통을 담
고 그 위에 수프를 부어서 낸다.

- ◆ 호박 껍데기와 씨를 제거하고 깍둑 썬
  것 1.5kg
- ◆ 우유 1L
- ◆ 소금과 후추
- ◆ 버터 30g
- ◆ 크루통(183쪽) 1회 분량

  준비 시간 15분

  조리 시간 30분

  6인분

오로라 수프
POTAGE AURORE

큰 냄비에 버터를 넣고 녹인다. 호박과 토마토를 넣고 약한 불에서 5분간
익힌다. 끓는 물 2L를 붓고 소금과 후추로 간을 한다. 감자를 넣고 뚜껑을
덮어서 40분간 뭉근하게 익힌다. 혼합물을 푸드 프로세서나 믹서로 곱게
간다. 다시 팬에 부어서 5분 더 익힌 다음 수프 그릇에 담는다. 볼에 달걀
노른자와 크렘 프레슈를 담고 잘 섞은 다음 수프에 더해 골고루 휘저어서
걸쭉하게 만든다. 바로 낸다.

 215쪽

- ◆ 버터 60g
- ◆ 호박 껍데기와 씨를 제거하고 저민 것
  500g
- ◆ 토마토 저민 것 250g
- ◆ 소금과 후추
- ◆ 감자 250g
- ◆ 달걀노른자 1개
- ◆ 크렘 프레슈 50mL

  준비 시간 15분

  조리 시간 45분

  6인분

서양 대파 수프
SOUPE AUX POIREAUX

- 감자 깍둑 썬 것 500g
- 서양 대파 깍둑 썬 것 500g
- 소금과 후추
- 뜨거운 우유 500mL
- 버터 30g

  준비 시간 20분

  조리 시간 45분

  6인분

큰 냄비에 감자와 서양 대파를 담고 물 1.25L를 부은 다음 소금과 후추로 간을 하고 한소끔 끓인다. 불 세기를 줄이고 뚜껑을 닫은 후 부드러워질 때까지 30분간 뭉근하게 익힌다. 혼합물을 푸드 프로세서나 믹서로 곱게 간다. 뜨거운 우유를 더하고 살짝 갈아서 섞는다. 수프 그릇에 버터를 담고 그 위에 수프를 부어서 낸다.

참고

감자 대신 장립종 쌀 100g을 넣어도 좋다.

근검절약 수프
SOUPE ÉVONOMIQUE

- 육수(종류 무관) 1.5L
- 감자 500g
- 버터 30g
- 소금과 후추

  준비 시간 20분

  조리 시간 10분

  6인분

냄비에 육수를 담고 한소끔 끓인 다음 생감자를 갈아서 넣고 10분간 뭉근하게 익힌다. 수프 그릇에 버터를 담고 그 위에 수프를 부은 다음 소금과 후추로 간을 하여 낸다.

포르투갈식 토마토 수프
POTAGE AUX TOMATES OU PORTUGAIS

- 토마토 작게 자른 것 500g
- 감자 작게 자른 것 250g
- 육수(종류 무관) 1.5L
- 처빌 곱게 다진 것 3큰술
- 크루통(183쪽) 1회 분량

  준비 시간 10분

  조리 시간 30분

  6인분

큰 냄비에 토마토와 감자를 담고 육수를 부어서 한소끔 끓인다. 불 세기를 줄이고 뚜껑을 닫아 30분간 뭉근하게 익힌다. 수프 그릇에 처빌과 크루통을 담고 그 위에 수프를 부어서 낸다.

이탈리아식 토마토 수프
POTAGE AUX TOMATES OU ITALIEN

큰 냄비에 버터를 넣고 녹인다. 양파와 토마토를 넣고 약한 불에서 가끔 저어가며 노릇해질 때까지 10분간 익힌다. 뜨거운 육수를 붓고 소금과 후추로 간을 한 다음 쌀을 넣고 30분간 뭉근하게 익힌다. 수프 그릇에 치즈를 담고 그 위에 수프를 부어서 낸다.

- ◆ 버터 50g
- ◆ 양파 채 썬 것 150g
- ◆ 토마토 작게 썬 것 500g
- ◆ 뜨거운 육수(종류 무관) 2L
- ◆ 소금과 후추
- ◆ 장립종 쌀 100g
- ◆ 그뤼에르 치즈 간 것 60g

  준비 시간 10분

  조리 시간 40분

  6인분

마늘 수프
SOUPE À L'AIL

큰 냄비에 오일을 둘러서 달군다. 토마토, 마늘, 양파, 타임, 파슬리, 사프란을 넣고 소금과 후추로 간을 한다. 뚜껑을 닫고 가끔 저으면서 약한 불에 20분간 익힌다. 혼합물을 체에 내려서 볼에 담거나 푸드 프로세서 또는 믹서로 갈아서 퓌레를 만든다. 퓌레를 다시 팬에 담고 뜨거운 물을 부은 뒤 골고루 휘저어 섞은 다음 다시 15분간 천천히 데운다. 수프 그릇에 달걀노른자와 크루통을 담고 수프를 부어서 골고루 휘저어 섞은 다음 낸다.

- ◆ 올리브 오일 2큰술
- ◆ 토마토 깍둑 썬 것 500g
- ◆ 마늘 곱게 다진 것 15g
- ◆ 양파 잘게 썬 것 100g
- ◆ 타임 1줄기
- ◆ 이탈리안 파슬리 1줄기
- ◆ 사프란 가닥 한 꼬집
- ◆ 소금과 후추
- ◆ 뜨거운 물 1.75L
- ◆ 달걀노른자 1개
- ◆ 크루통(183쪽) 1회 분량

  준비 시간 35분

  조리 시간 35분

  6인분

샹파뉴식 수프
POTAGE CHAMPENOIS

◆ 버터 30g

◆ 잘게 썬 서양 대파 125g

◆ 깍둑썰기 한 감자 750g

◆ 소금과 후추

◆ 올리브 오일 4큰술

◆ 깍둑썰기 한 빵 125g

◆ 그뤼에르 치즈 간 것 50g

◆ 쇼트 마카로니 30g

　준비 시간 25분

　조리 시간 50분

　분량 6인분

큰 냄비에 버터를 넣고 녹인다. 서양 대파를 넣고 가끔 뒤적이면서 약한 불에서 5분간 익힌다. 감자를 넣고 물 3L를 부은 다음 소금과 후추로 간을 하고 한소끔 끓인다. 불 세기를 줄이고 뚜껑을 닫아서 30분간 뭉근하게 익힌다.

　그동안 오븐을 180℃로 예열한다. 팬에 오일을 달구고 빵을 올려 자주 뒤적여 가며 중간 불에서 골고루 노릇해질 때까지 수분간 익힌다. 불에서 내리고 베이킹 시트에 한 켜로 담은 후 치즈를 뿌리고 오븐에 넣어 치즈가 녹을 때까지 약 5분간 굽는다. 수프 그릇에 치즈 크루통을 담는다. 마카로니를 수프에 넣어서 15분 더 익힌다. 수프 그릇에 수프를 부어 낸다.

말린 완두콩 수프
POTAGE AUX POIS CASSÉS

◆ 녹색 또는 노란색 말린 완두콩 물 1L에 1시간 불려서 건진 것 300g

◆ 다진 소렐 1큰술

◆ 소금

◆ 버터 30g

◆ 크루통(183쪽) 1회 분량

　준비 시간 10분 + 불리기

　조리 시간 2시간 15분

　6인분

큰 냄비에 불린 완두콩을 담고 물 2L를 부은 다음 소렐을 더하여 한소끔 끓인다. 불 세기를 줄이고 뚜껑을 닫아서 아주 부드러워질 때까지 2시간 동안 뭉근하게 익힌다. 소금으로 간을 하고 15분 더 익힌다. 수프 그릇에 버터와 크루통을 담고 그 위에 수프를 부어서 낸다.

완두콩 수프
POTAGE AUX PETITS POIS OU CRÈME CLAMART

큰 냄비에 완두콩을 담고 육수를 부어서 한소끔 끓인다. 불 세기를 줄이고 뚜껑을 덮은 다음 10분간 뭉근하게 익힌다. 수프를 체에 내려서 수프 그릇에 담고 소금과 후추로 간을 한 다음 크렘 프레슈와 크루통을 곁들여 낸다.

- 껍질 벗긴 완두콩 750g
- 육수(종류 무관) 1.5L
- 소금과 후추
- 크렘 프레슈 125mL
- 크루통(183쪽) 1회 분량
  준비 시간 30분
  조리 시간 10분
  6인분

생 제망 수프
POTAGE SAINT-GERMAIN

큰 냄비에 서양 대파와 양상추를 담고 물 1.5L를 부은 다음 소금 한 꼬집을 더하여 한소끔 끓인다. 불 세기를 줄이고 뚜껑을 덮어서 10분간 뭉근하게 익힌다. 완두콩을 넣고 부드러워질 때까지 10분 더 뭉근하게 익힌다. 볼에 달걀노른자와 크렘 프레슈를 담고 잘 섞은 뒤 수프 그릇에 담고 버터를 더한다. 채소를 국물째 으깬 다음 수프 그릇에 부어서 쉬지 않고 골고루 휘저어 잘 섞은 다음 낸다.

- 잘게 썬 서양 대파 60g
- 채 썬 양상추 1통 분량
- 소금
- 껍질 벗긴 완두콩 500g
- 달걀노른자 1개 분량
- 크렘 프레슈 4큰술
- 버터 30g
  준비 시간 30분
  조리 시간 20분
  분량 6인분

포본느 수프*
POTAGE À LA FAUBONNE

큰 냄비에 완두콩을 담고 물 1.75L를 부어서 한소끔 끓인다. 불 세기를 줄이고 뚜껑을 닫은 다음 아주 부드러워질 때까지 2시간 동안 뭉근하게 익힌다. 다른 냄비에 물을 끓이고 양파를 넣어 5분간 데친 다음 건진다. 완두콩이 든 냄비에 양파와 소렐, 서양 대파, 셀러리를 넣어서 20분 더 익힌다. 수프 그릇에 크루통을 담는다. 수프에 소금과 후추로 간을 한 다음 고운체에 내려서 크루통 위에 부어 낸다.

- 물 1L에 1시간 불려서 건진 녹색 또는 노란색 말린 완두콩 350g
- 잘게 썬 양파 60g
- 잘게 썬 소렐 125g
- 잘게 썬 서양 대파 60g
- 잘게 썬 셀러리 100g
- 크루통(183쪽) 1회 분량
- 소금과 후추
  준비 시간 25분 + 불리기
  조리 시간 2시간 30분
  6인분

● 채소와 콩으로 만든 수프.

콤브 수프
POTAGE COMBES

◆ 녹색 또는 노란색 말린 완두콩 물 1L에
  1시간 불려서 건진 것 250g

◆ 양파 1개

◆ 소금

◆ 장립종 쌀 4큰술

◆ 버터 50g 또는 크렘 프레슈 50mL

  준비 시간 10분 + 불리기

  조리 시간 2시간 20분

  6인분

큰 냄비에 완두콩과 양파를 담고 물 2L를 부어서 한소끔 끓인다. 불 세기를 줄이고 뚜껑을 닫아서 아주 부드러워질 때까지 2시간 동안 뭉근하게 익힌다. 혼합물을 푸드 프로세서나 믹서로 곱게 간다. 다시 팬에 붓고 소금으로 간한다. 냄비를 다시 불에 올리고 한소끔 끓인 다음 쌀을 더하고 20분 더 익힌다. 수프 그릇에 버터 또는 크렘 프레슈를 담고 수프를 부어 낸다.

붉은 강낭콩 수프
POTAGE AUX HARICOTS ROUGES OU POTAGE CONDÉ

◆ 말린 붉은 강낭콩 물 1L에 3~4시간
  또는 하룻밤 불린 것 800g

◆ 버터 30g

◆ 채 썬 양파 150g

◆ 소금

◆ 크루통(183쪽) 1회 분량

◆ 그뤼에르 치즈 간 것 60g

  준비 시간 10분 + 불리기

  조리 시간 2시간 30분

  6인분

큰 냄비에 콩을 담고 물을 잠기도록 부어 한소끔 끓인 다음 15분간 팔팔 끓인다. 콩을 건져서 흐르는 물에 헹군 뒤 다시 냄비에 담는다. 그동안 작은 팬에 버터를 넣고 녹인 뒤 양파를 넣고 약한 불에서 가끔 저어 가며 노릇해질 때까지 10분간 익힌다. 양파를 콩이 든 냄비에 넣고 물 2.5L를 부어서 한소끔 끓인다. 불 세기를 줄이고 뚜껑을 닫은 다음 콩이 아주 부드러워질 때까지 2시간 15분간 뭉근하게 익힌다. 콩이 반쯤 익었을 때 소금으로 간을 한다. 수프 그릇에 크루통을 담고 수프를 체에 내려서 크루통 위에 붓는다. 바로 낸다. 그뤼에르 치즈를 다른 접시에 담아서 곁들인다.

〔변형〕

• •

붉은 강낭콩 소렐 수프
POTAGE AUX HARICOTS ROUGES ET À L'OSEILLE

위와 같은 과정으로 진행한다. 그리고 팬에 버터 40g을 넣고 약한 불로 달군 뒤 소렐 다진 것 200g을 더해 숨이 죽을 때까지 수분간 익힌다. 콩이 완전히 익어서 완성될 즈음 수프에 소렐을 더한다.

러시아식 수프
POTAGE RUSSE

큰 냄비에 콩과 감자를 담고 물 1.5L를 부은 다음 한소끔 끓인다. 불 세기를 줄이고 뚜껑을 닫아서 콩이 아주 부드러워질 때까지 1시간 30분간 뭉근하게 익힌다. 혼합물을 푸드 프로세서나 믹서로 곱게 간다. 다시 냄비에 붓고 소금으로 간을 한 다음 소렐와 처빌, 양상추를 넣어 섞는다. 다시 불에 올려서 15분간 뭉근하게 익힌다. 수프 그릇에 버터와 크루통(사용 시)을 담고 그 위에 수프를 부어서 낸다.

- ◆ 말린 흰강낭콩 물 1L에 3~4시간 또는 하룻밤 불린 것 350g
- ◆ 4등분한 감자 250g
- ◆ 소금
- ◆ 곱게 다진 소렐 125g
- ◆ 곱게 다진 처빌 1줄기 분량
- ◆ 곱게 다진 양상추 1통 분량
- ◆ 버터 50g
- ◆ 크루통(183쪽) 1회 분량(선택 사항)

    준비 시간 15분 + 불리기

    조리 시간 1시간 45분

    6인분

렌틸 쿨리
COULIS AUX LENTILLES

큰 냄비에 렌틸과 양파, 당근을 담고 물 2.5L를 부어서 한소끔 끓인다. 불 세기를 줄이고 뚜껑을 닫아서 자주 저어 가며 아주 부드러워질 때까지 1시간 동안 뭉근하게 익힌다. 소금과 후추로 간을 하고 혼합물을 푸드 프로세서나 믹서로 곱게 간다. 너무 되직하면 뜨거운 육수를 조금 섞어서 희석하고, 너무 묽으면 다시 팬에 옮겨서 10분 정도 졸인다.

- ◆ 녹색 또는 갈색 렌틸콩 500g
- ◆ 양파 50g
- ◆ 당근 250g
- ◆ 소금과 후추
- ◆ 뜨거운 채소 육수 4~5큰술(선택 사항)

    준비 시간 10분

    조리 시간 1시간

    6인분

간단 쌀 수프
POTAGE SIMPLE AU RIZ

* 장립종 쌀 125g
* 버터 30g
* 끓는 물 1.5L
* 소금
* 달걀노른자 2개
* 크렘 프레슈 100mL

  준비 시간 5분

  조리 시간 25분

  6인분

냄비에 쌀과 버터를 넣고 끓는 물을 부은 다음 소금 한 꼬집을 더한다. 한소끔 끓여서 25분간 익힌다. 달걀노른자와 크렘 프레슈를 섞어서 수프 그릇에 담고 그 위에 수프를 부은 다음 재빠르게 휘저어서 골고루 섞어 낸다.

쌀 수프
POTAGE AU RIZ

* 잘게 썬 양파 100g
* 잘게 썬 당근 100g
* 잘게 썬 순무 100g
* 잘게 다진 소렐 100g
* 소금과 후추
* 장립종 쌀 60g
* 버터 30g

  준비 시간 25분

  조리 시간 55분

  분량 6인분

냄비에 양파, 당근, 순무, 소렐을 담고 물 2L를 부어서 한소끔 끓인다. 불 세기를 줄이고 30분간 뭉근하게 익힌다. 소금과 후추로 간을 한 다음 혼합물을 푸드 프로세서나 믹서로 곱게 간다. 다시 냄비에 붓고 쌀을 더하여 약한 불에서 25분간 익힌다. 버터를 수프 그릇에 담고 수프를 부어서 낸다.

브라질식 수프

POTAGE À LA BRÉSILIENNE

큰 냄비에 버터를 넣고 녹인다. 당근과 순무, 양파, 서양 대파, 셀러리를 넣고 소금과 후추로 간을 한 다음 뚜껑을 닫고 약한 불에서 가끔 저으면서 30분간 익힌다. 토마토를 넣고 콩소메를 부어서 10분간 뭉근하게 익힌다. 콩 퓌레를 더하여 골고루 섞는다. 수프 그릇에 크리올식 쌀 요리를 담고 그 위에 수프를 부어서 낸다.

참고

검은콩 퓌레를 만들려면 말린 검은콩을 하룻밤 동안 불리고 건져서 씻은 후 끓는 물에서 아주 부드러워질 때까지 2시간 동안 익힌다. 건져서 푸드 프로세서로 곱게 갈면 검은콩 퓌레가 완성된다. 또는 검은콩 통조림의 물기를 제거하고 깨끗하게 헹궈서 푸드 프로세서로 갈아 만들 수도 있다.

- ◆ 버터 50g
- ◆ 가늘게 채 썬 당근 100g
- ◆ 가늘게 채 썬 순무 100g
- ◆ 가늘게 채 썬 양파 60g
- ◆ 가늘게 채 썬 서양 대파 100g
- ◆ 가늘게 채 썬 셀러리 40g
- ◆ 소금과 후추
- ◆ 껍질과 씨를 제거하고 깍둑 썬 토마토 200g
- ◆ 콩소메(178쪽) 1.5L
- ◆ 검은콩 퓌레(202쪽) 3큰술
- ◆ 크리올식 쌀 요리(617쪽) 60g

  준비 시간 30분

  조리 시간 40분

  6인분

콩소메 임페리얼

CONSOMMÉ IMPÉRIAL

큰 냄비에 콩소메를 넣어 한소끔 끓이고 타피오카를 전부 한 번에 넣은 다음 부드러워질 때까지 5~8분간 익힌다. 수프 그릇에 완두콩과 처빌 잎을 담는다. 수프를 부어서 바로 낸다.

- ◆ 콩소메(178쪽) 1.5L
- ◆ 타피오카 80g
- ◆ 익힌 완두콩 4큰술
- ◆ 처빌 잎 6장

  준비 시간 10분

  조리 시간 10분

  6인분

마르미트 수프[*]
PETITE MARMITE

멜론 볼러를 이용하여 당근과 순무를 작은 공 모양으로 파낸다. 큰 냄비에 버터를 넣고 녹인다. 당근, 순무, 서양 대파, 양배추를 넣고 뚜껑을 닫은 후 가끔 저으면서 약한 불에서 30분간 익힌다. 소금과 후추로 간을 하고 콩소메를 부어서 5분 더 익힌다. 닭고기와 소고기, 공 모양 채소를 수프 볼 6개에 나누어 담고 그 위에 수프를 붓는다. 토스트를 따로 곁들여서 바로 낸다.

 216쪽

- 당근 100g
- 순무 100g
- 버터 60g
- 흰 부분만 깍둑 썬 서양 대파 100g
- 채 썬 양배추 100g
- 소금과 후추
- 콩소메(178쪽) 1.5L
- 깍둑 썬 익힌 닭고기 100g
- 깍둑 썬 익힌 소고기 100g
- 곁들임용 작은 토스트 18~20개

    준비 시간 25분

    조리 시간 40분

    6인분

● 고기와 채소 등으로 만든 콩소메식 수프.

소꼬리 수프
POTAGE OX-TAIL OU QUEUES DE BOEUF

진한 소고기 육수를 만든 다음 소꼬리를 더하여 3시간 동안 뭉근하게 익힌다. 육수를 체에 걸러서 깨끗한 냄비에 옮겨 담은 다음 다시 불에 올리고 마데이라 와인, 토마토 퓌레, 크넬을 더한다. 소금과 후추로 간을 하고 10분간 뭉근하게 끓여서 낸다.

- 진한 소고기 육수(176쪽) 1.5L
- 적당히 썬 소꼬리 3개 분량
- 마데이라 와인 4큰술
- 토마토 퓌레 1과 1/2작은술
- 송아지 크넬(104쪽) 125g
- 소금과 후추

    준비 시간 40분

    조리 시간 3시간 10분

    6인분

프로방스식 생선 수프
SOUPE DE POISSONS

- 올리브 오일 50mL
- 채 썬 양파 1개 분량
- 흰 부분만 송송 썬 서양 대파 2대 분량
- 마늘 2쪽
- 잘게 썬 토마토 100g
- 잎만 잘게 잘라낸 펜넬 1큰술
- 월계수 잎 1장
- 카이엔 페퍼 1/2작은술
- 사프란 가닥 1꼬집
- 손질한 볼락, 달고기, 붕장어, 양놀래기
  등의 생선 1kg
- 소금
- 빵 6장
- 곁들임용 그뤼에르 치즈 간 것 50g

  준비 시간 20분

  조리 시간 20분

  6인분

큰 냄비에 오일을 두르고 양파와 서양 대파를 더하여 갈색이 나지 않도록 주의하면서 부드러워질 때까지 볶는다. 마늘 1쪽은 으깨고 다른 1쪽은 반으로 자른다. 냄비에 토마토와 으깬 마늘, 펜넬, 월계수 잎, 카이엔 페퍼와 사프란을 더한다. 생선을 넣고 소금으로 간을 한 뒤 물 2.5L를 붓는다. 한소끔 끓인 다음 20분간 뭉근하게 익힌다. 고운체에 거르면서 꾹꾹 눌러 생선 살을 최대한 통과시킨다. 빵은 구운 다음 반으로 자른 마늘을 앞뒤로 문질러 향을 낸다. 원한다면 수프 그릇에 빵을 먼저 담고 아주 뜨거운 수프를 부어서 바로 낸다. 그뤼에르 치즈는 따로 곁들여 낸다.

 217쪽

- 금방 익힌 바닷가재(280쪽)의
  몸통살과 집게살, 머리와 껍데기 1마리
  분량
- 크렘 프레슈 100mL
- 버터 90g
- 쌀가루 50g 또는 옥수수 전분 1큰술
- 육수(종류 무관) 1.5L
- 달걀노른자 2개

  준비 시간 1시간 30분

  조리 시간 55분

  6인분

바닷가재 비스크
POTAGE À LA BISQUE DE HOMARD

바닷가재 살의 절반 분량은 깍둑 썰고 나머지는 곱게 다진다. 머리와 껍데기는 쉬누아(눈이 고운 깔때기형 체) 또는 고운체에 담고 아래에 볼을 받친 다음 절굿공이로 두드려 찧는다. 받아 낸 페이스트에 곱게 다진 바닷가재 살을 더하여 섞는다. 작은 팬에 크렘 프레슈를 담고 천천히 데우되 절대 끓이지 않도록 주의한다. 그동안 큰 냄비에 버터 60g을 넣고 녹인다. 쌀가루 또는 옥수수 전분을 넣어 섞은 후 계속 저으면서 수분간 익힌 다음 천천히 육수를 부으면서 섞는다. 계속 저으면서 걸쭉해질 때까지 익힌다. 따뜻한 크렘 프레슈와 바닷가재 페이스트를 더하여 골고루 섞는다. 볼에 달걀노른자와 남은 버터를 담고 잘 섞은 다음 수프에 섞어 넣는다. 내기 직전에 깍둑 썬 바닷가재 살을 더한다.

가재 비스크
POTAGE À LA BISQUE D'ÉCREVISSES

큰 냄비에 버터를 넣고 녹인다. 양파와 당근, 파슬리, 타임, 월계수 잎을 더하여 가끔 저으면서 약한 불에서 노릇해질 때까지 10분간 익힌다. 불 세기를 강하게 올리고 가재를 넣어서 껍데기가 노릇해질 때까지 볶는다. 브랜디를 붓고 1~2분간 가열하여 알코올을 날린다. 와인을 붓고 소금과 후추로 간을 한다. 불 세기를 줄이고 뚜껑을 덮은 다음 12분간 뭉근하게 익힌다. 냄비를 불에서 내린다.

끓는 소금물 또는 생선 육수에 쌀을 붓고 포장지의 안내에 따라 익힌 다음 건진다. 구멍 뚫린 국자로 냄비에서 가재를 건져 낸 다음 껍데기에서 살만 발라내고 머리와 껍데기는 따로 모은다. 몸통 살은 깍둑 썰어서 따로 둔다. 머리와 껍데기는 쉬누아(눈이 고운 깔때기형 체) 또는 고운체에 담고 흘러나오는 즙을 받을 수 있도록 아래에 볼을 받친 다음 절굿공이로 두드려 찧는다. 큰 냄비에 콩소메를 담고 한소끔 끓인 다음 가재 껍데기에서 흘러나온 즙을 더한다. 익힌 채소를 구멍 뚫린 숟가락으로 건져서 볼에 담고 월계수 잎을 제거한 다음 익힌 쌀을 더해 골고루 으깬다. 으깬 쌀 혼합물을 콩소메에 넣고 가재를 익히면서 흘러나온 즙을 전부 모아서 붓는다. 깍둑 썬 몸통살과 크렘 프레슈를 더하여 낸다.

- ◆ 버터 50g
- ◆ 곱게 다진 양파 30g
- ◆ 곱게 다진 당근 30g
- ◆ 곱게 다진 파슬리 1줄기 분량
- ◆ 곱게 다진 타임 1줄기 분량
- ◆ 월계수 잎 1장
- ◆ 내장을 손질한 가재(288쪽) 18마리
- ◆ 브랜디 50mL
- ◆ 화이트 와인 100mL
- ◆ 소금과 후추
- ◆ 쌀 조리용 생선 육수(선택 사항)
- ◆ 장립종 쌀 75g
- ◆ 콩소메(178쪽) 1.5L
- ◆ 크렘 프레슈 100mL

준비 시간 1시간

조리 시간 25분

6인분

생선 벨루테
VELOUTÉ DE POISSON

서대기(262쪽)는 필레를 바르고 뼈를 따로 분리하여 각각 보관한다. 다른 생선은 적당한 크기로 썰어서 남겨 둔 서대기 뼈, 양파와 함께 큰 냄비에 담는다. 와인과 물 2.5L를 붓고 소금과 후추로 간을 하여 약한 불에서 한소끔 끓인다. 25~30분간 천천히 뭉근하게 익힌 다음 냄비를 불에서 내린다. 육수를 고운체에 걸러서 깨끗한 냄비에 옮긴다. 서대기 필레를 더하고 다시 불에 올려서 3분간 천천히 삶는다. 뒤집개로 필레를 건지고 육수는 따로 남겨 둔다. 다른 냄비에 물을 끓여 크넬을 익힌다. 서대기 필레는 가늘게 채 썰고 크넬은 건져서 깍둑 썬다. 육수를 다시 데우고 달걀노른자를 더하여 잘 섞는다. 크넬, 가재 몸통살, 채 썬 서대기 필레를 더하여 바로 낸다. 남은 흰살 생선은 살만 발라내서 크로켓 또는 생선 빵 등을 만들면 좋다.

- ◆ 손질한 흰살 생선(서대기 1마리 포함)
  1kg
- ◆ 얇게 채 썬 양파 100g
- ◆ 드라이 화이트 와인 100mL
- ◆ 소금과 후추
- ◆ 달걀노른자 2개

장식용 재료
- ◆ 생선 크넬(105쪽) 100g
- ◆ 익혀서 가늘게 채 썬 가재 몸통살
  3마리 분량

준비 시간 30분

조리 시간 35분

6인분

디에푸아즈 수프
POTAGE À LA DIEPPOISE

- 깨끗이 씻은 생홍합 1kg
- 버터 50g
- 흰 부분만 잘게 썬 서양 대파 125g
- 잘게 썬 버섯 125g
- 생선 육수 1.5L
- 소금과 후추(선택 사항)
- 익혀서 껍데기와 내장을 제거한 새우 100g
- 달걀 1개
- 크렘 프레슈 50mL
  준비 시간 30분
  조리 시간 30분
  6인분

홍합(271쪽)은 익혀서 건진 다음 익힌 국물은 따로 남겨 둔다. 입을 벌리지 않은 홍합은 버리고 나머지는 살점을 발라낸다. 익힌 국물은 쉬누아(눈이 고운 깔때기형 체) 또는 면포를 깐 체에 걸러서 깨끗한 냄비에 옮겨 담은 후 따로 둔다. 큰 냄비에 버터를 넣고 녹인다. 서양 대파와 버섯을 넣고 약한 불에 올려서 가끔 저어 가며 부드러워질 때까지 5분간 익힌다. 생선 육수를 붓고 한소끔 끓인 다음 불 세기를 줄여 20분간 뭉근하게 익힌다. 생선 국물을 체에 걸러서 남겨 둔 홍합 국물과 함께 냄비에 붓고 다시 가볍게 데운다. 맛을 보고 필요하면 소금과 후추로 간을 맞춘다. 수프 그릇에 새우살과 홍합살을 담는다. 볼에 달걀을 풀고 크렘 프레슈를 더하여 잘 섞은 다음 수프 그릇에 붓는다. 그 위에 뜨거운 수프를 붓고 골고루 휘저은 다음 바로 낸다.

해산물 수프
CRÈME MARINE

- 깨끗이 씻은 생홍합 1kg
- 굴 12개
- 레몬즙 1개 분량
- 후추
- 가늘게 채 썬 버섯 125g
- 타임 1줄기
- 월계수 잎 1장
- 달걀노른자 2개
  준비 시간 45분
  조리 시간 20분
  6인분

홍합(271쪽)은 익힌 다음 건지고 익힌 국물은 따로 보관한다. 입을 벌리지 않은 홍합은 버리고 나머지는 살점을 발라낸다. 익힌 국물을 쉬누아(눈이 고운 깔대기형 체) 또는 면포를 깐 체에 걸러서 계량컵에 담아 따로 둔다. 굴을 깐다. 한 손에 보호용으로 행주를 감고 납작한 부분이 위로 오도록 굴을 잡는다. 굴 손질용 칼을 이음새 부분에 밀어 넣고 비틀어서 위아래 껍데기를 분리한다. 칼날을 위쪽 껍데기 안쪽에 밀어 넣고 도려내듯이 인대를 자른다. 굴즙이 쏟아지지 않도록 주의하면서 위쪽 껍데기를 들어낸다. 칼날을 아래쪽 껍데기 안쪽에 밀어 넣고 마찬가지로 도려내듯이 인대를 자른다.

같은 방법으로 나머지 굴을 모두 손질하며, 이미 깐 굴은 아래쪽 껍데기에 담은 채로 둔다. 굴즙만 냄비에 붓고 레몬즙을 더한 다음 후추로 간을 하고 한소끔 끓인다. 굴을 더하여 3분간 익힌 다음 건지고 익힌 즙은 따로 남겨 둔다. 남겨 둔 홍합을 익힌 국물과 함께 섞어서 계량한 뒤 물을 보충해서 1.5L를 맞춘다. 국물을 냄비에 붓고 버섯, 타임, 월계수 잎을 더하여 15분간 익힌 다음 허브 재료를 제거한다. 수프를 수프 그릇에 담고 달걀노른자를 넣은 뒤 휘저어 섞는다. 홍합과 굴 살점을 더해서 낸다.

어부의 수프

POTAGE DU PÊCHEUR

큰 냄비에 오일을 넣고 달군다. 서양 대파와 양파, 마늘을 넣고 약한 불에서 가끔 저으면서 5분간 익힌다. 불 세기를 높이고 토마토, 허브, 뜨거운 물을 더하여 한소끔 끓인다. 불 세기를 줄이고 뚜껑을 닫아서 20분간 뭉근하게 익힌다. 불 세기를 다시 강하게 올리고 게를 푹 담가서 30분간 팔팔 끓인다. 소금과 후추로 간을 하고 냄비를 불에서 내린 다음 내용물을 체에 걸러 깨끗한 냄비에 옮긴다. 게는 남기고 향미 재료는 제거한다. 볼에 쌀가루를 담은 뒤 물 4큰술을 넣고 잘 개어 페이스트를 만든다. 국물을 다시 불에 올리고 쌀가루 페이스트를 넣어서 자주 저어 가며 10분간 뭉근하게 익힌다. 게 껍데기에서 살점만 발라내어 작게 자른다. 수프에 게살과 크렘 프레슈를 더하여 골고루 섞는다. 바로 낸다.

- 올리브 오일 3큰술
- 곱게 다진 서양 대파 60g
- 곱게 다진 양파 50g
- 곱게 다진 마늘 1쪽 분량
- 잘게 썬 토마토 125g
- 타임 1줄기
- 월계수 잎 1장
- 뜨거운 물 1.5L
- 벨벳 게 또는 작은 게 종류(생물) 10마리
- 소금과 후추
- 쌀가루 40g
- 크렘 프레슈 5큰술

  준비 시간 25분

  조리 시간 1시간

  6인분

어부의 국물
NAGE DES PÊCHEURS

- 문질러 씻은 생홍합 1kg
- 생조개(대합, 새조개, 맛조개 등) 1kg
- 버터 50g
- 곱게 채 썬 양파 30g
- 곱게 채 썬 당근 100g
- 곱게 채 썬 서양 대파 100g
- 곱게 채 썬 날생강 20g
- 드라이 화이트 와인 100mL
- 오렌지즙 3개 분량
- 생선 육수 2L
- 부케 가르니 1개

  준비 시간 25분

  조리 시간 1시간

  6인분

홍합(271쪽)과 기타 조개류를 익힌 다음 건지고 익힌 국물은 따로 보관한다. 입을 벌리지 않은 홍합은 버리고 익힌 홍합과 조개에서 살을 발라낸다. 익힌 국물은 쉬누아(눈이 고운 깔대기형 체) 또는 면포를 깐 체에 걸러서 볼에 담아 따로 보관한다. 큰 냄비에 버터를 넣고 녹인다. 양파, 당근, 서양 대파와 생강을 넣고 뚜껑을 닫은 다음 가끔 저으면서 약한 불에서 약 20분간 익힌다. 와인을 붓고 휘저어 바닥에 눌어붙은 것을 긁어내며 수분간 익힌다. 오렌지즙과 생선 육수, 체에 거른 조개 익힌 국물을 붓고 부케 가르니를 더한다. 한소끔 끓인 다음 불 세기를 줄이고 뚜껑을 덮은 후 30~40분간 뭉근하게 익힌다. 내기 직전에 홍합과 조개를 더하여 천천히 데운다. 부케 가르니를 제거하고 낸다.

생선 수프
SOUPE DE POISSONS

- 민대구, 도미, 노랑촉수 등의 흰살 생선 대가리(나머지 부분은 주 요리에 사용)
- 양파 60g
- 다진 마늘 1작은술
- 버터 30g
- 밀가루 40g
- 우유 500mL
- 소금과 후추
- 빵 6장
- 반으로 자른 마늘 1쪽 분량
- 크렘 프레슈 200mL

  준비 시간 25분

  조리 시간 40분

  6인분

생선 대가리에서 아가미를 제거한다. 큰 냄비에 생선 대가리를 넣고 양파, 다진 마늘, 물 1L를 더한다. 한소끔 끓인 다음 불 세기를 줄이고 뚜껑을 닫은 후 20분간 뭉근하게 익힌다. 익힌 생선을 체에 담아 내린다. 이때 생선 대가리를 꾹꾹 눌러 최대한 풍미를 끌어낸다. 국물은 따로 보관한다. 다른 팬에 버터를 넣고 녹인다. 밀가루를 넣고 약한 불에서 계속 휘저으며 1~2분간 익히되 밀가루가 색이 나지 않도록 주의한다. 남겨 둔 국물을 천천히 부으며 잘 섞은 다음 우유를 붓고 계속 휘저으며 한소끔 끓인다. 소금과 후추로 간을 하고 자주 휘저으면서 20분간 뭉근하게 익힌다. 빵을 한 면만 구운 다음 굽지 않은 부분에 반으로 자른 마늘 단면을 문질러서 마저 굽는다. 마늘 토스트를 식사용 그릇 6개에 나누어 담는다. 수프에 크렘 프레슈를 넣어서 골고루 섞은 다음 마늘 토스트 위에 붓는다. 바로 낸다.

참고

취향에 따라 마늘 토스트 대신 손질한 굴 12개를 끓는 물에 2분간 삶은 다음 내기 직전에 수프에 섞는다.

파나드
PANADE

큰 팬에 빵을 담고 물 2L를 붓는다. 한소끔 끓인 다음 불 세기를 줄여서 1시간 동안 뭉근하게 익힌다. 불에서 내린 다음 빵을 아주 곱게 으깬다. 소금과 우유 또는 크림을 더하여 잘 섞는다. (빵 종류와 마른 정도에 따라 필요한 우유의 양이 달라지니 상태를 보고 조절한다.) 뜨겁게 낸다.

◆ 적당히 찢은 하루 묵은 빵 250g
◆ 소금 20g
◆ 우유 또는 더블 크림 100mL
    준비 시간 5분
    조리 시간 1시간 15분
    6인분

모나코식 수프
POTAGE À LA MONACO

빵을 사방 3cm 크기의 정사각형 모양으로 총 18등분한다. 팬에 버터를 넣어 녹이고 빵을 앞뒤로 노릇하게 굽는다. 양면에 설탕을 조금씩 뿌리고 수프 그릇에 담는다. 팬에 우유를 붓고 남은 설탕을 더하여 막 끓어오르기 직전까지 가열한다. 우유를 토스트 위에 붓는다. 달걀노른자를 더하여 휘저은 다음 낸다.

◆ 껍질을 제거한 흰색 빵 6장
◆ 버터 1조각
◆ 정제 백설탕 100g
◆ 우유 1L
◆ 달걀노른자 2개
    준비 시간 15분
    조리 시간 10분
    6인분

[변형]

• •

우유 수프
SOUPE AU LAIT

껍질을 제거한 빵 18조각에 버터 100g을 골고루 나누어 바르고 구워서 수프 그릇에 담는다. 팬에 우유 1.5L를 붓고 소금으로 간을 한 다음 끓어오르기 직전까지 가열한다 토스트 위에 우유를 부어서 바로 낸다.

피스투 수프(181쪽)

할머니의 수프(184쪽)

채 썬 채소 수프(192쪽)

양파 수프 그라탕(191쪽)

오로라 수프(194쪽)

마르미트 수프(204쪽)

바닷가재 비스크(205쪽)

-5-

생선

생선

단백질과 미네랄이 풍부하고 고기보다 담백한 생선은 가정 요리에서 중요한 역할을 담당한다. 손질하는 법을 모르더라도 단념하지 말자. 생선 가게에 가면 비늘을 제거하고 깨끗하게 손질해서 살만 발라 준다. 갈수록 생선이 귀해져 값이 비싸지고 있지만 고등어나 성대처럼 언제든 부담 없이 살 수 있는 종류도 많다.

손질하는 법

신선도
생선의 신선도를 확인하려면 눈이 밝은 색을 띠는지, 지느러미가 온전한 상태를 유지하고 있는지, 배가 탄탄하고 껍질이 반짝이며 아가미가 붉은 색을 띠는지 살핀다. 신선하지 않은 경우 눈이 흐리고 지느러미가 손상되어 있으며 배에 푹 꺼진 부분이 있거나 얼룩이 보인다. 또한 살점이 탄탄하지 않아서 누르면 모양이 그대로 유지된다.

비늘 제거하기
생선의 꼬리 부분을 잡고 납작한 칼이나 비늘 제거용 도구로 꼬리에서 머리 방향으로 몸통을 골고루 긁어 비늘을 제거한다. 비늘이 사방으로 튀지 않도록 흐르는 찬물에 대거나 봉지 안에 담은 채로 작업하는 것이 좋다.

껍질 벗기기
서대기와 장어는 꼬리 바로 윗부분에 칼집을 넣어서 껍질을 자른다. 그리고 천으로 껍질을 단단히 쥔 다음 위에서 아래를 향해 강하게 당겨서 벗겨 낸다. 다른 생선은 먼저 필레를 뜬 다음 껍질을 제거하는 것이 좋다.

세척하기
아가미 부분에 둘째손가락을 밀어 넣고 내장과 아가미를 당겨서 제거한다. 큰 생선일 경우 배 부분에 칼집을 넣고 내장을 꺼내서 제거한다. 내장을 제거한 생선은 찬물에 씻는다.

손질하기
주방용 가위로 지느러미를 자른다.

칼집 넣기
생선의 등 부분에 일정한 간격을 두고 대각선으로 2mm 깊이의 칼집을 넣는다.

필레 뜨기

납자한 생선은 주방용 가위로 가장자리의 지느러미를 모조리 잘라 낸다. 그리고 가운데 꼬리부터 머리까지 칼집을 길게 넣어서 살점을 뼈에서 분리한다. 필레용 칼(또는 날이 얇고 유연한 칼)을 필레와 뼈 사이에 밀어 넣어 필레를 바른다. 순서대로 4장을 발라낸다. 둥근 생선은 생선 등뼈를 따라 머리에서 꼬리까지 길게 칼집을 넣는다. 대가리를 자르고 필레용 칼로 바로 필레를 바른다.

조리 방법

물 또는 쿠르부이용에 삶기

적당한 쿠르부이용(82쪽)을 고른다. 큰 냄비 또는 생선찜용 냄비에 쿠르부이용을 담고 가열한다.(분리형 철망이 장착된 것이 가장 이상적이다.) 깨끗하게 손질한 생선을 냄비에 담는다. 한소끔 끓인 다음 불 세기를 줄여서 거의 끓지 않도록 조절한다. 신선한 생선이라면 쿠르부이용에 익히는 동안 주방에 전혀 비린내가 나지 않는다.

조리 시간은 국물이 끓기 시작하는 순간부터 측정한다. 큰 생선은 500g당 10분, 납작한 생선이나 필레는 500g당 8분, 200g짜리 작은 생선은 총 12분간 조리한다. 삶은 연어처럼 차갑게 내는 생선 요리일 경우 쿠르부이용에 담은 채로 식힌다.

튀기기

생선을 키친타월로 두드려서 물기를 제거한 다음 밀가루에 굴려서 앞뒤로 골고루 묻힌다. 튀김기에 오일을 채워서 180~190℃ 혹은 빵조각을 넣으면 약 30초 만에 노릇해질 정도로 가열한다. 생선을 넣어서 튀긴다. 작은 생선을 튀길 때는 내장을 제거하지 않고 그대로 사용한다. 키친타월로 두드려서 물기를 제거한 다음 밀가루에 굴려서 앞뒤로 골고루 묻히고 5분간 튀긴다. 큰 생선은 두 번에 나누어서 튀겨야 할 수도 있다. 이때 초벌은 6분간 튀긴다. 생선을 건진 다음 튀김 기름의 온도를 190℃로 높인다. 생선을 다시 튀김기에 넣고 노릇해질 때까지 가볍게 튀긴다. 소금으로 간을 한 다음 파슬리와 레몬 조각을 곁들여 낸다.

그릴에 굽기

납작한 생선은 그릴에 굽는 것이 제일 좋다. 그릴을 예열한다. 생선을 키친타월로 두드려서 물기를 제거한 다음 솔로 오일을 바르고 그릴에 올린다. 중간에 한 번 뒤집으면서 500g당 15분씩 익힌다. 소금으로 간을 하고 녹인 버터, 메트르도텔 버터(48쪽) 또는 베어네즈 소스(75쪽)와 함께 낸다.

로스트하기

오븐을 220°C로 예열한다. 고기를 로스트할 때와 마찬가지 방법으로 중간에 바닥에 흘러나온 즙을 생선에 끼얹으면서 500g당 15분씩 굽는다. 소금으로 간을 하고 메트르도텔 버터(48쪽)를 곁들여 낸다.

소테(셸로 프라잉)하기

소테는 120~200g 크기의 생선에 적합한 조리법이다. 생선을 깨끗하게 손질한 다음 키친타월로 두드려 물기를 제거하고 우유에 담갔다가 밀가루를 앞뒤로 골고루 굴려서 묻힌다. 프라이팬에 버터를 바닥이 전부 뒤덮일 정도로 충분히 넣고 녹인 다음 생선을 넣고 한 면이 완전히 노릇하게 익을 때까지 굽는다. 뒤집어서 익은 면에 소금으로 간을 하고 반대쪽을 마저 익힌다. 반대쪽에도 소금과 후추로 간을 한다.

소스

뜨거운 소스

안초비(55쪽), 베어네즈(75쪽), 뵈르 블랑(49쪽), 메트르도텔 버터(48쪽), 블랙 버터(48쪽), 라비고트 버터(48쪽), 케이퍼(56쪽), 새우(55쪽), 즈느브와즈(64쪽), 홀랜다이즈(74쪽), 주앵빌(56쪽), 뜨거운 마요네즈(70쪽), 마틀로트(64쪽), 치즈(51쪽), 홍합(55쪽), 무슬린(75쪽), 낭투아(52쪽), 토마토(57쪽).

차가운 소스

라비고트 버터(48쪽), 아이올리(74쪽), 데빌드(76쪽), 그리비슈(69쪽), 마요네즈(70쪽), 머스터드(68쪽), 라비고트(56쪽), 레물라드(68쪽), 비네그레트(66쪽).

담아 내는 법

삶은 큰 생선

아주 긴 접시 또는 도마에 흰 냅킨을 깔고 그 위에 얹어 낸다. 나눌 때는 생선 껍질을 벗기고 필레를 대각선으로 자른다. 이탈리안 파슬리, 안초비, 케이퍼, 저민 토마토, 삶은 달걀 또는 레몬으로 장식한다. 소스 그릇에 원하는 소스를 담아서 곁들인다.

아스픽을 씌운 생선

큰 접시에 담아서 잘게 다진 젤리와 타라고으로 장식해 낸다.

그릴 또는 로스트한 생선

접시에 담아서 저미거나 4등분한 레몬 조각으로 장식하고 소스는 소스 그릇에 담아 따로 곁들여 낸다.

생선 튀김

따뜻한 냅킨을 깐 접시에 담아서 저미거나 4등분한 레몬 조각으로 장식해서 낸다.

생선 뮈니에르

접시에 담아서 조리한 소스를 두른 다음 저미거나 4등분한 레몬 조각으로 장식해서 낸다.

민물 생선

민물 생선은 바다 생선의 좋은 대체제로 갈수록 인기가 더욱 높아지고 있다. 바다 생선에 비해 지속 가능한 방식으로 잡았을 가능성도 크다. 아래에 나오는 생선들을 구하기 힘들다면 생선 가게에 대체할 만한 생선이 있는지 물어 보자.

아메리칸청어

청어는 소금 쿠르부이용(82쪽)에 익혀서 홀랜다이즈 소스(74쪽) 또는 새우 소스(55쪽)를 곁들여 뜨겁게 낼 수 있다. 또는 그릴(221쪽)에 구워서 소렐 브레이즈(562쪽)를 곁들여도 좋다.

속을 채운 아메리칸청어
ALOSE FARCIE

◆ 생선용 스터핑(80쪽) 1회 분량
◆ 손질한 아메리칸청어 1kg
◆ 소금 쿠르부이용(82쪽) 1회 분량
◆ 마리니에르 소스(58쪽) 1회 분량
  준비 시간 15분
  조리 시간 20분
  6인분

스터핑을 만든다. 아메리칸청어에 스터핑을 채우고 위아래로 벌어진 곳을 조리용 실로 바느질하듯 꿰어서 여민 다음 면포로 싼다. 쿠르부이용에 500g당 10분씩 익혀서 마리니에르 소스를 곁들여 낸다.

포르투갈식 아메리칸청어 요리

ALOSE À LA PORTUGAISE

오븐을 200℃로 예열한다. 절반 분량의 토마토를 내열용 그릇 바닥에 깐다. 파슬리와 절반 분량의 양파를 뿌리고 그 위에 아메리칸청어를 올린다. 남은 토마토와 양파, 버섯을 아메리칸청어 위에 덮듯이 뿌린다. 와인을 붓고 군데군데 버터를 얹어서 소금과 후추로 간을 한다. 약한 불에서 10분간 익힌 다음 오븐에 넣고 30분간 굽는다.

- 쐐기 모양으로 썬 토마토 750g
- 다진 이탈리안 파슬리 2큰술
- 다진 양파 125g
- 손질한 아메리칸청어 1kg
- 굵게 다진 버섯 125g
- 화이트 와인 100mL
- 버터 60g
- 소금과 후추

  준비 시간 20분

  조리 시간 40분

  6인분

샤르트뢰즈식 아메리칸청어 요리

ALOSE À LA CHARTREUSE

바닥이 묵직한 팬에 당근과 양상추, 토마토, 소렐, 양파를 넣고 물 100mL를 부은 다음 소금과 후추로 간을 하고 골고루 섞는다. 뚜껑을 덮고 약한 불에서 국물이 졸아들어 거의 퓌레 같은 상태가 될 때까지 30분간 뭉근하게 익힌다. 채소 위에 아메리칸청어를 얹고 햄으로 덮은 다음 월계수 잎을 넣는다. 와인을 붓고 뚜껑을 닫은 후 30분 더 뭉근하게 익힌다. 월계수 잎을 제거하고 낸다.

- 다진 당근 250g
- 채 썬 양상추 1통 분량
- 껍질과 씨를 제거하고 다진 토마토 500g
- 다진 소렐 250g
- 다진 양파 200g
- 소금과 후추
- 손질한 아메리칸청어 1kg
- 얇게 저민 염장 햄 4~5장
- 월계수 잎 1장
- 화이트 와인 100mL

  준비 시간 45분

  조리 시간 1시간

  6인분

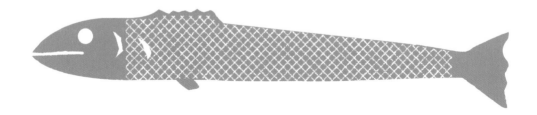

산골식 아메리칸청어 요리

ALOOE MONTAQNANDE

- ◆ 화이트 와인 500mL
- ◆ 아메리칸청어 600g
- ◆ 버섯 125g
- ◆ 깍둑 썬 작은 양파 또는 샬롯 10~12개
   분량
- ◆ 깍둑 썬 아티초크 받침 3개 분량
- ◆ 버터 75g
- ◆ 소금과 후추
- ◆ 장식용 저민 레몬 1개 분량

  준비 시간 25분

  조리 시간 1시간 45분

  6인분

와인 쿠르부이용(82쪽)을 준비한다. 아메리칸청어는 비늘을 벗기고 깨끗하게 손질한 다음 두껍게 썬다. 버섯은 깨끗하게 닦아서 깍둑 썬다. 바닥이 묵직한 팬에 버터를 넣어 녹이고 생선과 채소를 넣고 볶는다. 쿠르부이용을 체에 거른다. 생선과 채소가 노릇해지면 체에 거른 쿠르부이용을 붓는다. 아주 약한 불에서 45분간 뭉근하게 익힌다. 맛을 보고 필요하면 소금과 후추를 더하여 간을 맞춘다. 따뜻한 식사용 그릇에 담고 레몬 저민 것으로 장식한다.

장어

붕장어는 등 부분이 보랏빛을 띠는 회색이다. 가능하면 큰 것을 고르길 추천한다. 작은 장어에는 가시가 너무 많기 때문이다. 장어는 221쪽의 안내를 따라 소금 쿠르부이용(82쪽)에 익힌 다음 원하는 소스를 곁들여 낸다.

장어 로스트를 만들려면 껍질을 벗긴 다음 222쪽을 참고해 조리한다. 마리니에르 소스(58쪽), 풀레트 소스(52쪽) 또는 타르타르 소스(72쪽)를 곁들여 낸다.

장어 그릴 구이를 만들려면 껍질을 벗긴 뒤 221쪽을 참고해 조리하고 소렐 브레이즈(562쪽)을 곁들여 낸다. 장어 튀김을 만들려면 껍질을 벗긴 뒤 222쪽을 참고해 조리하고 토마토 소스(57쪽)를 곁들여 낸다.

장어 마틀로트
ANGUILLE À LA MATELOTE

 293쪽

큰 팬에 절반 분량의 버터를 넣고 녹인다. 양파와 베이컨을 넣고 약한 불에 올려서 가끔 휘저으며 노릇해질 때까지 10~15분간 익힌 다음 구멍 뚫린 국자로 건져서 따로 둔다. 팬에 밀가루를 더하여 계속 휘저으면서 노릇해질 때까지 수분간 익힌 다음 육수와 와인을 천천히 부으면서 섞는다. 양파와 베이컨을 다시 팬에 넣고 버섯과 부케 가르니를 더하여 소금과 후추로 간을 하고 30분간 뭉근하게 익힌다. 장어를 넣고 뚜껑을 덮은 다음 45분간 천천히 뭉근하게 익힌다.

프라이팬에 남은 버터를 넣어 녹인 다음 빵을 앞뒤로 노릇하게 굽는다. 구운 빵을 식사용 그릇에 담는다. 장어를 뒤집개로 조심스럽게 건져 빵 위에 얹는다. 소스는 부케 가르니를 제거하고 국자로 떠서 생선 위에 붓는다. 바로 낸다.

◆ 버터 60g
◆ 양파 다진 것 60g
◆ 깍둑 썬 줄무늬 베이컨 125g
◆ 밀가루 40g
◆ 뜨거운 육수(종류 무관) 100mL
◆ 레드 와인 100mL
◆ 저민 버섯 125g
◆ 부케 가르니 1개
◆ 소금과 후추
◆ 껍질 벗겨서 저민 장어 1kg
◆ 껍질을 제거한 흰색 빵 6장
　준비 시간 40분
　조리 시간 1시간 30분
　6인분

아스픽을 씌운 장어
ASPIC D'ANGUILLE

작은 테린 틀 6개에 각각 타라곤과 토마토를 하나씩 깐다. 장어를 6등분해서 하나씩 넣는다. 달걀 저민 것을 그 위에 하나씩 올린다. 아스픽을 준비해서 테린 틀에 부어 채운 다음 소금과 후추로 간을 한다. 냉장고에 넣고 12시간 동안 굳힌다. 뒤집어서 꺼낸 다음 낸다.

◆ 타라곤 6줄기
◆ 저민 토마토 150g
◆ 익힌 장어 300g
◆ 저민 삶은 달걀 1개 분량
◆ 인스턴트 아스픽 젤리 1봉 또는 아스픽(45쪽) 1회 분량
◆ 소금과 후추
　준비 시간 20분 + 굳히기
　6인분

화이트 와인에 익힌 장어
ANQUILLE AU VIN BLANC

- ◆ 버터 100g
- ◆ 작은 양파 또는 샬롯 125g
- ◆ 껍질 벗겨서 적당히 썬 장어 1kg
- ◆ 마늘 5쪽
- ◆ 부케 가르니 1개
- ◆ 소금과 후추
- ◆ 화이트 와인 500mL
- ◆ 밀가루 50g

준비 시간 20분

조리 시간 30분

6인분

큰 팬에 버터 20g을 넣고 녹인다. 양파 또는 샬롯을 넣고 약한 불에 올려서 가끔 저어 가며 노릇해질 때까지 10분간 익힌다. 장어, 마늘, 부케 가르니를 넣고 소금과 후추로 간을 한 다음 와인을 붓고 한소끔 끓인다. 불 세기를 줄이고 뚜껑을 닫은 다음 30분간 뭉근하게 익힌다.

그동안 볼에 밀가루와 남은 버터를 넣고 섞어서 페이스트를 만든다. 구멍 뚫린 국자로 장어를 건져 식사용 그릇에 담는다. 익힌 국물은 체에 걸러서 깨끗한 냄비에 붓고 한소끔 끓인다. 밀가루 버터 페이스트를 작은 크기로 뜯어서 하나씩 넣으며 매번 골고루 잘 섞는다. 소스 그릇에 소스를 담아서 생선에 곁들여 낸다.

모레트
MEURETTE

- ◆ 장어 250g
- ◆ 잉어 250g
- ◆ 강꼬치고기 250g
- ◆ 숙성한 부르고뉴 레드 와인 1병
- ◆ 다진 양파 1개 분량
- ◆ 으깬 마늘 1쪽 분량
- ◆ 부케 가르니 1개
- ◆ 버터 100g
- ◆ 소금과 후추
- ◆ 브랜디 100mL
- ◆ 밀가루 30g

준비 시간 15분

조리 시간 30분

6인분

장어와 기타 생선의 비늘을 제거하고 깨끗하게 손질한 다음 적당한 크기로 썬다. 큰 냄비에 와인을 붓고 한소끔 끓인다. 생선과 양파, 마늘, 부케 가르니와 절반 분량의 버터를 더한다. 소금과 후추로 간을 한다. 10분 후에 브랜디를 붓고 1~2분간 끓여서 알코올을 날린다. 불 세기를 줄이고 15분간 뭉근하게 익힌다. 볼에 남은 버터와 밀가루를 섞어서 페이스트를 만든다. 페이스트를 작은 크기로 떼어 내서 생선 스튜에 넣고 걸쭉해질 때까지 5분 더 익힌다. 부케 가르니를 제거한다. 여분의 부르고뉴 와인을 곁들여서 낸다.

참고
모레트와 비슷한 생선 스튜로 포슈즈Pauchouse가 있다. 위와 같은 방식으로 조리하되 레드 와인 대신 화이트 와인을 사용한다. 생선을 익힌 후에 국물에 크렘 프레슈 150mL, 버터 100g, 달걀노른자 2개를 넣고 휘저어서 걸쭉하게 만든다.

돌잉어 & 브림˚

● 잉어과의 민물고기.

돌잉어와 브림은 221쪽의 설명을 따라 소금 쿠르부이용(82쪽)에 조리한 다음 채소 자르디니에르(555쪽)를 곁들여 낸다.

속을 채운 돌잉어
BARBEAU FARCI

오븐을 190℃로 예열한다. 스터핑을 준비하여 돌잉어 또는 브림의 뱃속에 채운다. 오븐용 그릇 바닥에 절반 분량의 양파를 담고 그 위에 생선을 올린다. 생선 위에 남은 양파를 얹는다. 소금과 후추로 간을 하고 빵가루를 뿌린 다음 버터를 군데군데 얹고 와인을 붓는다. 30분간 굽는다. 뒤집개를 이용하여 생선을 건져서 식사용 그릇에 담는다. 조리한 국물을 한소끔 끓여서 졸아들 때까지 부글부글 끓인다. 체에 걸러서 생선 위에 부어 낸다.

 294쪽

- ◆ 생선 스터핑(80쪽) 1회 분량
- ◆ 비늘을 제거하고 손질한 돌잉어 또는 브림 1마리(1kg)
- ◆ 다진 양파 100g
- ◆ 소금과 후추
- ◆ 말린 빵가루 4큰술
- ◆ 버터 30g
- ◆ 화이트 와인 200mL

  준비 시간 20분

  조리 시간 30분

  6인분

강꼬치고기

강꼬치고기는 221쪽의 안내에 따라 소금 쿠르부이용(82쪽)에 조리한 다음 홀렌다이즈 소스(74쪽), 베샤멜 소스(50쪽), 그린 미요네즈(70쪽)를 곁들여 낸다. 삶기 전에 뱃속의 알을 미리 제거한다.

강꼬치고기 로스트를 만들려면 먼저 오븐을 220℃로 예열한다. 강꼬치고기를 저민 다음 베이컨 조각과 번갈아 꼬챙이에 꿴다. 오븐에 넣고 500g당 15분씩 굽는다. 레몬, 케이퍼, 블랙 올리브를 곁들여 낸다.

강꼬치고기 오렌지 로스트
BROCHET RÔTI À L'ORANGE

- 다진 이탈리안 파슬리 1단 분량, 장식용
  줄기 여분
- 다진 타임 1/2단 분량
- 월계수 잎 2장
- 다진 샬롯 1개(소) 분량
- 다진 골파 1큰술
- 저민 마늘 2쪽 분량
- 정향 6개
- 비늘을 제거하고 손질한 강꼬치고기
  1마리(1.5kg)
- 오일 100mL
- 소금과 후추
- 화이트 와인 200mL
- 오렌지즙 1개 분량
- 장식용 저민 오렌지
  준비 시간 20분 + 재우기
  조리 시간 30분
  6인분

하루 전에 준비를 시작한다. 속이 깊은 길쭉한 그릇에 파슬리, 타임, 월계수 잎, 샬롯, 골파, 마늘을 담고 골고루 섞는다. 강꼬치고기에 정향을 박아서 그 위에 얹는다. 오일을 두르고 소금과 후추로 간을 한 다음 냉장고에 넣고 24시간 동안 재우면서 중간중간 두세 번 정도 뒤집는다. 다음 날 생선을 건지고 마리네이드를 제거한다. 오븐용 그릇에 생선을 담는다. 오븐을 220℃로 예열한다. 생선에 와인과 오렌지즙을 붓고 오븐에 넣어 30분간 굽는다. 뒤집개로 생선을 건져서 식사용 그릇에 담고 파슬리 줄기와 저민 오렌지로 장식한다. 조리한 국물을 소스 그릇에 담는다. 소스를 곁들여서 바로 낸다.

쿠르부이용에 익힌 강꼬치고기
BROCHET AU BLEU

- 화이트 와인 식초 1L
- 비늘을 제거하고 손질한 강꼬치고기
  1마리
- 레드 와인 또는 식초 쿠르부이용(82쪽)
  1회 분량
- 오일(선택 사항)
- 메트르도텔 버터(48쪽) 또는 타르타르
  소스(72쪽)
  준비 시간 15분
  조리 시간 약 30분
  6인분

넓은 팬에 식초를 붓고 한소끔 끓인다. 강꼬치고기를 넣고 5분간 익힌다. 다른 냄비 또는 생선찜용 냄비에 쿠르부이용을 담고 가열한 다음 식초 팬의 생선을 건져서 쿠르부이용에 조심스럽게 넣는다. 한소끔 끓인 다음 500g당 15분간 삶는다. 생선을 건져서 메트르도텔 버터를 곁들여 뜨겁게 낸다. 또는 차갑게 식혀서 오일을 발라 윤기를 낸 다음 타르타르 소스를 곁들여 낸다.

참고
잉어도 같은 방식으로 조리할 수 있다.

강꼬치고기 크렘 프레슈 구이
BROCHET À LA CRÈME

오븐을 220℃로 예열한다. 버터 60g에 파슬리를 넣고 골고루 섞은 다음 강꼬치고기의 뱃속에 채운다. 오븐용 그릇에 담고 군데군데 남은 버터를 얹은 다음 소금과 후추로 간을 하고 오븐에 넣어 10분간 굽는다. 크렘 프레슈 3큰술을 생선 위에 붓고 다시 오븐에 넣어 5분간 굽는다. 생선이 완전히 익을 때까지 5분마다 같은 과정을 반복한다. 마지막 크렘 프레슈를 부은 다음 빵가루와 여분의 다진 파슬리를 뿌려서 오븐에 넣고 5분간 구워 마무리한다.

- ◆ 버터 80g
- ◆ 곱게 다진 이탈리안 파슬리 3큰술, 장식용 여분
- ◆ 비늘을 제거하고 손질한 강꼬치고기 1마리(1kg)
- ◆ 소금과 후추
- ◆ 크렘 프레슈 180mL
- ◆ 말린 빵가루 4큰술
  - 준비 시간 15분
  - 조리 시간 30분
  - 6인분

화이트 와인에 익힌 작은 강꼬치고기
BROCHETONS AU VIN BLANC

오븐을 190℃로 예열하고 그라탕 그릇에 버터 30g을 바른다. 준비한 그릇에 강꼬치고기를 담고 양파를 얹어 덮는다. 와인을 붓고 소금과 후추로 간을 한 다음 타임과 월계수 잎을 더하여 다 익을 때까지 15~20분간 굽는다. 생선을 식사용 그릇에 담고 따뜻하게 보관한다. 조리한 국물은 체에 걸러서 냄비에 붓고 약한 불에 올린다. 볼에 달걀노른자와 레몬즙을 담고 섞은 뒤 조리한 국물 1큰술을 넣고 다시 섞은 후 냄비에 전부 붓는다. 남은 버터를 천천히 넣으면서 골고루 휘저어 섞는다. 생선 위에 소스를 부어서 바로 낸다.

- ◆ 버터 90g
- ◆ 비늘을 제거하고 손질한 강꼬치고기 2마리(소)
- ◆ 저민 양파 60g
- ◆ 화이트 와인 100mL
- ◆ 소금과 후추
- ◆ 타임 1줄기
- ◆ 월계수 잎 1장
- ◆ 달걀노른자 1개
- ◆ 레몬즙 1개 분량
  - 준비 시간 30분
  - 조리 시간 30분
  - 6인분

뵈르 블랑 소스를 곁들인 강꼬치고기

BROCHET AU BEURRE BLANC

◆ 비늘을 제거하고 손질한 강꼬치고기
  1마리(약 1kg)

◆ 식초 쿠르부이용(82쪽) 1회 분량

◆ 샬롯 60g

◆ 뮈스카데 와인 100mL

◆ 깍둑 썬 버터 150g

◆ 소금과 후추

  준비 시간 20분

  조리 시간 35분

  6인분

생선찜용 냄비 또는 큰 냄비에 강꼬치고기를 넣고 쿠르부이용을 잠기도록 붓는다. 한소끔 끓인 다음 불 세기를 줄여서 아주 잔잔하게 25분간 익힌다. 샬롯을 곱게 다지고 소형 팬에 와인과 함께 넣는다. 국물이 4분의 3 정도로 졸아들 때까지 20~25분간 뭉근하게 익힌다. 버터를 천천히 넣으면서 골고루 휘저어 섞은 다음 소금과 후추로 간을 한다. 졸임액이 버터로 유화되면서 부드러운 흰색 소스가 되어야 한다. 소스 그릇에 담아서 생선에 곁들여 낸다.

잉어

잉어는 221쪽의 안내에 따라 소금 쿠르부이용(82쪽)에 조리해서 차갑거나 뜨거운 소스(222쪽)를 곁들여 낸다. 쿠르부이용에 익힌 강꼬치고기(229p) 레시피에 따라 조리해도 좋다.

잉어 튀김을 만들려면 221쪽의 '튀기기'에 따라 익힌 다음 피칸트 소스(60쪽) 또는 케이퍼 소스(56쪽)를 곁들여 낸다. 틴카 잉어도 마찬가지로 조리한다.

잉어 커틀렛

CÔTELETTES DE CARPES

◆ 비늘을 제거하고 손질한 잉어
  1마리(1kg)

◆ 소금과 후추

◆ 조리용 밀가루

◆ 버터 85g

◆ 마데이라 소스, 버섯 소스 또는 페리그
  소스(61쪽) 1회 분량

  준비 시간 20분

  조리 시간 15분

  분량 6인분

잉어는 손질해서 필레를 뜬다. 소금과 후추로 간을 하고 밀가루를 묻힌다. 팬에 버터를 넣어 녹이고 생선을 넣어 한 번씩 뒤집어 가며 중간 불에서 노릇하게 익힌다. 원하는 소스를 곁들여 낸다.

아스픽을 씌운 잉어
CARPE EN GELÉE

요리를 내기 하루 전부터 준비를 시작한다. 잉어는 대가리와 꼬리를 잘라서 따로 모아 두고 몸통은 저민다. 따뜻한 쿠르부이용 냄비에 잉어 몸통을 넣고 30분간 삶는다. 뒤집개로 잉어를 꺼내서 껍질을 제거한다. 속이 깊은 식사용 그릇에 살점을 생선 모양으로 장식하듯 담는다. 쿠르부이용을 한소끔 끓인 다음 남겨 둔 대가리와 꼬리를 넣고 바질을 더하여 쿠르부이용이 반으로 졸아들 때까지 익힌다. 젤라틴을 뜨거운 물 2큰술과 함께 녹인 다음 졸인 쿠르부이용에 더한다. 졸인 쿠르부이용을 정제(45쪽)한 다음 체에 걸러서 항아리에 담아 잉어 위에 붓는다. 냉장고에 넣어 밤새 차갑게 굳힌다.

- ◆ 비늘을 제거하고 손질한 잉어
  1마리(1kg)
- ◆ 화이트 와인 쿠르부이용(82쪽) 1회
  분량
- ◆ 바질 1~2줄기
- ◆ 젤라틴 파우더 10g
  준비 시간 20분 + 굳히기
  조리 시간 30분
  6인분

속을 채운 잉어
CARPE FARCIE

그릇에 잉어를 담고 오일을 부은 뒤 타임과 월계수 잎, 파슬리를 더하고 소금과 후추로 간을 하여 골고루 버무려 45분간 재운다. 오븐을 190℃로 예열한다. 생선을 건지고 절임액은 따로 놔둔다. 잉어 뱃속에 생선 스터핑을 채우고 오븐용 그릇에 담는다. 위에 절임액을 두르고 오븐에 넣어 45분간 굽는다.

- ◆ 비늘을 제거하고 손질한 잉어
  1마리(1kg)
- ◆ 오일 250mL
- ◆ 다진 타임 1줄기
- ◆ 월계수 잎 1장
- ◆ 다진 이탈리안 파슬리 1줄기 분량
- ◆ 소금과 후추
- ◆ 생선 스터핑(80쪽) 250g
  준비 시간 10분 + 재우기
  조리 시간 45분
  6인분

철갑상어

익힌 철갑상어 살은 송아지고기와 아주 비슷해서 같은 방식으로 조리할 수 있다. 철갑상어 스테이크는 튀기거나 대구 스테이크(243쪽)와 같은 방식으로 조리한다.

철갑상어 브레이즈
ESTURGEON BRAISÉ

철갑상어는 로스트용 고기를 손질하듯 조리용 끈으로 묶어서 따로 둔다. 큰 냄비에 버터를 넣고 녹인다. 양파를 넣고 가끔 휘저으면서 약한 불에서 부드러워질 때까지 5분간 익힌다. 생선과 당근을 넣고 와인을 부은 다음 소금과 후추로 간을 한다. 뚜껑을 닫고 약한 불에서 30~40분간 익힌다. 생선과 소스를 식사용 그릇에 담고 조리용 끈을 제거한 다음 완두콩을 곁들여 낸다.

◆ 철갑상어 1kg

◆ 버터 80g

◆ 다진 양파 60g

◆ 저민 당근 1개 분량

◆ 화이트 와인 200mL

◆ 소금과 후추

◆ 완두콩 아 라 프랑세즈(564쪽) 1회 분량

준비 시간 10분

조리 시간 40분

6인분

호수 송어

크렘 프레슈에 익힌 호수 송어
LAVARET À LA CRÉME

호수 송어 필레는 100g 크기로 자른 다음 밀가루를 묻히고 소금과 후추로 간을 한다. 팬에 버터를 넣어 녹이고 생선을 올려 중간에 한 번 뒤집어가며 약한 불에서 노릇하게 굽는다. 와인을 붓고 샬롯과 버섯을 뿌린 다음 위에 크렘 프레슈를 얹는다. 10분간 뭉근하게 익힌다. 생선을 식사용 그릇에 담는다. 소스를 한소끔 끓여서 생선 위에 붓는다. 취향에 따라 다진 파슬리로 장식해서 낸다.

◆ 호수 송어 필레 800g

◆ 밀가루 30g

◆ 소금과 후추

◆ 버터 30g

◆ 드라이 화이트 와인 50mL

◆ 곱게 다진 샬롯 30g

◆ 다진 버섯 100g

◆ 크렘 프레슈 150mL

◆ 다진 이탈리안 파슬리(선택 사항)

준비 시간 25분

조리 시간 10분

6인분

퍼치˚

● 농어 무리에 속하는 민물고기.

퍼치는 221쪽의 설명에 따라 튀긴다. 뼈가 매우 날카로우므로 손질할 때 주의해야 한다.

퍼치 뮈니에르
PERCHE À LA MEUNIÈRE

퍼치는 소금과 후추로 간을 하고 우유에 담갔다가 밀가루를 묻힌다. 팬에 버터 50g을 넣고 녹인다. 생선을 넣고 한 번씩 뒤집어 가며 강한 불에서 노릇해질 때까지 15분간 익힌다. 생선을 식사용 접시에 옮기고 파슬리를 뿌린다. 다른 팬에 나머지 버터를 넣어 녹이고 갈색이 될 때까지 가열한 뒤 생선을 익혔던 팬에 붓고 골고루 섞은 후 생선 위에 뿌린다. 바로 낸다.

- ◆ 비늘을 제거하고 손질한 퍼치
  1마리(1.2kg)
- ◆ 소금과 후추
- ◆ 우유 120mL
- ◆ 밀가루 40g
- ◆ 버터 80g
- ◆ 다진 이탈리안 파슬리 2큰술
  준비 시간 15분
  조리 시간 15분
  6인분

비네그레트를 두른 잔더˚˚
SANDRE À LA VINAIGRETTE

냄비에 소금물을 한소끔 끓인 다음 양파를 넣고 10~15분간 익힌다. 브로콜리를 더하여 5분간 익힌 다음 건진다. 그릴을 예열하고 내열용 그릇에 오일을 바른다. 잔더를 길고 가늘게 썬 다음 준비한 그릇에 담는다. 잔더 표면에 솔로 오일을 골고루 바른 후 소금과 후추로 간을 한다. 그릴에 올려 6~10분간 굽는다.

그동안 큰 팬에 양파와 브로콜리, 새우를 넣고 서서히 가열한다. 작은 팬에 식초를 담고 천천히 따뜻하게 데운다. 볼에 식초를 붓고 오일을 더한 후 소금과 후추로 간을 하고 거품기로 잘 휘저어 비네그레트를 만든다. 생선이 익으면 식사용 그릇에 담는다. 따뜻한 새우 혼합물과 토마토로 장식한다. 따뜻한 비네그레트를 붓고 샬롯과 허브를 뿌린 다음 소금과 후추로 가볍게 간을 해서 낸다.

- ◆ 작은 양파 250g
- ◆ 브로콜리 100g
- ◆ 오일 100g, 틀용 여분 직팅탕
- ◆ 비늘을 제거하고 손질해서 필레를 뜬
  잔더 1마리(1kg) 분량
- ◆ 소금과 후추
- ◆ 익혀서 껍데기를 벗긴 새우 250g
- ◆ 셰리 식초 50mL
- ◆ 껍질을 벗긴 방울토마토 250g
- ◆ 곱게 다진 샬롯 50g
- ◆ 다져서 섞은 골파와 처빌 50g
  준비 시간 45분
  조리 시간 15분
  6인분

●● 강꼬치고기와 비슷한 퍼치과의 민물농어류.

연어

신선한 연어는 워낙 커서 통째로 내는 일은 거의 드물고, 보통 스테이크나 저민 상태로 판매한다. 연어는 소금물에 삶기도 한다. 이때는 2cm 두께로 저며서 12분간 삶거나, 통째로 삶을 경우 500g당 10분 기준으로 계산하여 조리한다.

또는 221쪽의 안내에 따라 소금 쿠르부이용(82쪽)에 삶는다. 이때는 홀랜다이즈 소스(74쪽), 홍합 소스(55쪽), 케이퍼 소스(56쪽), 메트르도텔 버터(48쪽), 마요네즈(70쪽), 새우 소스(55쪽), 베어네즈 소스(75쪽)를 곁들여 낸다. 삶은 감자를 곁들여서 뜨겁게 내거나 안초비와 파슬리로 장식해서 차갑게 내도 좋다. 양쪽 모두 껍질을 제거한 다음 오일을 발라서 반짝반짝 윤기가 나도록 한다.

연어를 그릴에 구울 때는 221쪽의 안내를 따른다. 홀랜다이즈 소스(74쪽), 베어네즈 소스(75쪽), 라비고트 소스(56쪽) 또는 타르타르 소스(72쪽)를 곁들여서 낸다.

연어 갈랑틴
GALANTINE DE SAUMON

볼에 빵가루를 담고 우유를 부어서 불린다. 그동안 연어를 등뼈를 기준으로 반으로 자른 다음 등뼈를 제거한다. 면포 1장에 연어를 얹고 양쪽 가장자리에 안초비, 버섯, 오이 피클을 끼워 넣는다. 푸드 프로세서에 민대구, 불린 빵가루, 허브를 담고 곱게 간 다음 소금과 후추로 간을 해서 스터핑을 만든다. 연어 안에 스터핑을 채우고 샌드위치처럼 포갠 다음 끈으로 묶고 면포로 단단하게 감싼다. 따뜻한 쿠르부이용에 면포로 감싼 연어를 넣고 30~35분간 뭉근하게 익힌다. 불에서 내리고 쿠르부이용에 담근 채로 식힌다. 냉장고에 보관했다가 다음 날에 차갑게 낸다.

 295쪽

- 생빵가루 100g
- 우유 4큰술
- 연어 1조각(500g)
- 물기를 제거하고 다진 안초비 필레(통조림) 6장 분량
- 다진 버섯 100g
- 다진 오이 피클 50g
- 익힌 민대구 100g
- 모듬 허브(딜, 이탈리안 파슬리, 처빌과 골파 등) 2큰술
- 소금과 후추
- 따뜻한 화이트 와인 쿠르부이용(82쪽) 1회 분량

준비 시간 25분 + 식히기
조리 시간 35분
6인분

딜에 재운 연어

SAUMON MARINÉ À L'ANETH

- ◆ 연어 또는 무지개송어 필레 1.2kg
- ◆ 정제 백설탕 400g
- ◆ 굵은 소금 300g
- ◆ 굵게 간 후추 30g
- ◆ 다진 딜 1단(소) 분량, 서빙용 여분
- ◆ 감자 500g
- ◆ 디종 머스터드 3큰술
- ◆ 마요네즈(70쪽) 6큰술
- ◆ 껍질을 제거하고 구운 흰색 빵 6장
- ◆ 비네그레트(66쪽) 100mL

  준비 시간 1시간 + 재우기

  조리 시간 20분

  6인분

요리를 내기 3일 전부터 준비를 시작한다. 무지개송어를 사용할 경우 껍질과 등뼈를 제거한다. 연어를 사용할 경우 껍질이 아래로 가도록 하여 속이 깊은 접시에 담는다. 볼에 설탕과 소금을 섞은 다음 생선을 뒤덮듯이 뿌리고 후추를 더한다. 냉장고에 넣고 48시간 동안 재운다. 이틀 후에 생선을 건져서 씻은 다음 두드려 말린다. 식사용 그릇에 담고 4분의 3 분량의 딜을 뿌린 후 다시 냉장고에 넣어 24시간 보관한다. 다음 날 감자를 부드러워지도록 삶은 다음 식혀서 저민다. 내기 직전에 마요네즈와 머스터드, 남은 딜을 잘 섞는다. 연어를 얇게 저며서 구운 빵과 감자, 소스 그릇에 담은 마요네즈와 비네그레트를 곁들여 낸다.

가리비 껍데기에 담은 연어

SAUMON EN COQUILLE

- ◆ 껍질을 제거한 익힌 연어 필레 또는 물기를 제거한 통조림 연어 500g
- ◆ 화이트 소스(50쪽) 400mL
- ◆ 소금과 후추
- ◆ 문질러 씻어서 끓는 물에 데친 빈 가리비 껍데기 6개
- ◆ 마른 빵가루 6큰술
- ◆ 녹인 버터 50g

  준비 시간 20분

  조리 시간 30분

  6인분

오븐을 220℃로 예열한다. 연어 살을 잘게 찢어서 소스에 버무린다. 소금과 후추로 간을 한다. 혼합물을 깨끗하게 씻은 가리비 껍데기 6개에 나누어 담고 빵가루를 뿌린 뒤 버터를 두른다. 베이킹 트레이에 가리비 껍데기를 담고 오븐에 넣어 윗부분이 살짝 노릇해질 때까지 10분간 굽는다.

연어 로프

PAIN DE SAUMON

감자는 20~25분간 삶거나 오븐에 넣어 45~60분간 구운 다음 건져서 껍질을 벗기고 체에 내려 볼에 담는다. 연어 살을 잘게 찢어서 볼에 넣고 허브와 버터를 더하여 잘 섞는다. 소금과 후추로 간을 하고 마저 버무린다. 샤를로트 틀에 버터를 바르고 혼합물을 담는다. 냉장고에 24시간 동안 굳힌다. 내기 전에 틀 바닥 부분을 뜨거운 물에 담갔다가 뒤집어서 빼내 식사용 그릇에 담는다. 마요네즈를 둘러서 덮고 삶은 달걀 다진 것으로 장식한다.

- ◆ 껍질이 있는 감자 200g
- ◆ 껍질을 제거한 익힌 연어 필레 또는 물기를 제거한 통조림 연어 500g
- ◆ 다진 모듬 허브(파슬리, 처빌, 타라곤, 골파 등) 3큰술
- ◆ 버터 60g, 틀용 여분
- ◆ 소금과 후추
- ◆ 마요네즈(70쪽) 1회 분량
- ◆ 다진 완숙 달걀 2개 분량

준비 시간 30분 + 굳히기

조리 시간 20분

6인분

송어

송어는 221쪽의 안내에 따라 소금 쿠르부이용(82쪽)에 조리한다. 또는 쿠르부이용에 익힌 강꼬치고기(229쪽) 레시피에 따라 조리하거나 222쪽의 안내에 따라 튀긴다.

아몬드를 곁들인 송어

TRUITES AUX AMANDES

 296쪽

송어는 먼저 우유에 담갔다가 밀가루를 묻힌다. 큰 팬에 절반 분량의 버터와 오일을 넣고 버터를 녹인다. 송어를 넣고 중간에 한 번 뒤집으면서 중간 불에서 앞뒤로 노릇해질 때까지 10~15분간 익힌다. 소금과 후추로 간을 하고 기름기를 제거한다. 작은 팬에 나머지 버터를 녹인다. 아몬드를 넣고 자주 뒤적이면서 약한 불에서 수분간 노릇하게 익힌다. 송어를 접시에 담고 아몬드를 뿌린 다음 저미거나 조각내어 썬 레몬으로 장식한다. 바로 낸다.

- ◆ 손질한 송어 6마리
- ◆ 우유 100mL
- ◆ 밀가루 60g
- ◆ 버터 50g
- ◆ 오일 50mL
- ◆ 소금과 후추
- ◆ 아몬드 플레이크 100g
- ◆ 저민 레몬 또는 조각 레몬

준비 시간 20분

조리 시간 10~15분

6인분

송어 크림 그라탕
TRUITES GRATINÉES À LA CRÈME

◆ 곱게 다진 샬롯 60g

◆ 깨끗하게 손질한 송어 6마리

◆ 소금과 후추

◆ 레몬즙 1/2개 분량

◆ 드라이 화이트 와인 또는 화이트
　와인과 드라이 화이트 베르무트
　동량으로 섞은 것 200mL

◆ 생선 육수(46쪽) 100mL

◆ 홀랜다이즈 소스(74쪽) 250mL

◆ 크렘 프레슈 4큰술

◆ 카이엔 페퍼 1꼬집

◆ 갈아 놓은 그뤼에르 치즈 30g

　준비 시간 40분

　조리 시간 40분

　6인분

오븐을 190℃로 예열한다. 그라탕 그릇에 샬롯을 수북하게 깔고 송어를 얹은 다음 소금과 후추로 간을 하고 레몬즙과 와인 또는 와인 베르무트 혼합물을 붓는다. 덮개를 씌우고 오븐에 넣어 20분간 굽는다. 송어를 오븐 조리가 가능한 식사용 그릇에 담고 따뜻하게 보관한다. 오븐 온도를 250℃로 높인다.

　소스를 만들려면 조리한 국물을 체에 걸러서 냄비에 담고 한소끔 끓인 다음 반으로 졸 때까지 익힌다. 생선 육수와 홀랜다이즈 소스, 크렘 프레슈를 넣어서 섞은 다음 약한 불에서 계속 휘저으면서 절대 끓지 않도록 수분간 익힌다. 카이엔 페퍼를 넣고 골고루 섞은 다음 생선에 소스를 붓는다. 치즈를 뿌리고 오븐에 넣고 3분간 노릇하게 굽는다. 바로 낸다.

송어 슈프림
TRUITES À LA SUPRÊME

◆ 달걀 1개

◆ 오일 4큰술

◆ 송어 6마리(소)

◆ 튀김옷용 마른 빵가루 80g

◆ 튀김용 식물성 오일

◆ 안초비 버터(100쪽) 175g

　준비 시간 30분

　조리 시간 30분

　6인분

얕은 그릇에 달걀과 오일을 풀어서 섞는다. 송어는 등뼈를 기준으로 반 가른 다음 등뼈를 제거하고 깨끗하게 씻는다. 생선을 달걀물에 담갔다가 빵가루에 굴려서 골고루 묻힌다. 튀김기에 오일을 채워서 180℃ 혹은 빵 조각을 넣으면 30초 만에 노릇해질 정도로 가열한다. 송어를 적당량씩 나눠서 뜨거운 기름에 조심스럽게 넣은 다음 골고루 노릇해질 때까지 10분간 튀긴다. 건져서 기름기를 제거하고 따뜻하게 보관한다. 소형 팬에 안초비 버터를 넣고 녹여서 송어 뱃속의 빈 부분에 붓는다. 바로 낸다.

송어 크림 구이
TRUITES À LA CRÈME

오븐을 200℃로 예열한다. 큰 팬에 절반 분량의 버터를 넣어 녹이고 송어를 넣어서 앞뒤로 각각 2~3분씩 중간 불에서 노릇하게 굽는다. 조심스럽게 오븐용 그릇에 옮긴다. 같은 팬에 버섯을 넣고 5~10분간 볶은 다음 생선 위에 뒤덮듯이 얹는다. 볼에 크렘 프레슈와 달걀노른자를 넣고 섞는다. 생선과 버섯에 크렘 프레슈 혼합물을 둘러 덮은 다음 오븐에 넣어 10분간 굽는다. 남은 버터에 빵을 구워서 생선을 얹어 낸다.

- 버터 125g
- 깨끗하게 손질한 송어 6마리(소)
- 곱게 다진 버섯 250g
- 크렘 프레슈 150mL
- 달걀노른자 2개
- 껍질을 제거한 빵 6장

  준비 시간 15분

  조리 시간 25분

  6인분

아스픽을 씌운 무지개송어
TRUITE SAUMONÉE EN GELÉE

생선찜용 냄비 또는 큰 냄비에 쿠르부이용과 와인을 붓고 천천히 데운다. 무지개송어를 넣고 뚜껑을 닫은 다음 12~15분간 천천히 삶는다. 불에서 내리고 생선을 쿠르부이용에 담은 채로 식힌다. 차갑게 식으면 접시에 옮겨서 덮개를 씌우고 냉장고에 넣어 필요할 때까지 보관한다. 익힌 국물은 따로 놓아둔다. 팬에 생선 서덜과 뼈, 흰살 생선, 버섯, 파슬리를 넣고 남겨 둔 익힌 국물을 부어서 한소끔 끓인다. 불 세기를 낮추고 45분간 뭉근하게 익힌다. 식사용 그릇에 무지개송어를 담고 껍질을 제거한 다음 생선에 국물을 두른다. 냉장고에 넣어서 차갑게 굳힌다. 그린 마요네즈를 곁들어 낸다.

- 화이트 와인 쿠르부이용(82쪽) 1회 분량
- 부르고뉴 화이트 와인 1L
- 깨끗하게 손질한 무지개송어 1마리(1.5kg)
- 흰살 생선 서덜과 뼈 500g
- 흰살 생선(민대구, 대구 등) 300g
- 껍질 벗긴 버섯 75g
- 이탈리안 파슬리 4줄기
- 그린 마요네즈(70쪽)

  준비 시간 1시간 + 식히기

  조리 시간 1시간

  6인분

바다생선

바다생선은 현재 남획으로 존속을 위협받는 종이 많으며, 지역마다 구할 수 있는 종류가 각기 다르다. 생선 가게에서 주로 볼 수 있는 어종에는 어떤 것이 있는지 확인해 보자.

농어

작은 농어는 뮈니에르(234쪽)식으로 익히거나 222쪽의 안내에 따라 튀길 수 있다.

다시마 쿠르부이용에 익힌 농어
BAR, COURT-BOUILLON AUX ALGUES

- 물 3L에 30~60분간 불린 사방 3cm 크기 다시마
- 소금 30g
- 지느러미와 비늘을 제거하고 깨끗하게 손질한 농어 1마리(1.2~1.5kg)
- 마요네즈(70쪽)나 홀랜다이즈 소스(74쪽), 무슬린 소스(75쪽) 등 1회 분량

준비 시간 10분 + 식히기
조리 시간 20분
6인분

냄비에 다시마와 다시마 불린 물을 담고 한소끔 끓기 직전까지 가열한다. 팬을 불에서 내리고 다시마를 제거한다. 생선찜용 냄비 또는 큰 냄비에 다시마 국물과 소금을 담아서 쿠르부이용(82쪽)을 만든다. 냄비에 생선을 넣고 500g당 10~15분 기준으로 삶는다. 불에서 내리고 생선을 국물에 담근 채로 식힌다. 팬에서 건져 내 마요네즈를 곁들여서 차갑게 낸다. 또는 쿠르부이용에 담근 채로 가볍게 다시 데워서 원하는 소스와 함께 뜨겁게 낸다.

참고
무슬린 소스를 사용할 경우 해초가루(김 등) 20g을 불리지 않은 채로 쿠르부이용을 다시 데울 때 넣어도 좋다.

아귀

아귀는 대가리가 큰 것이 특징인 아주 귀한 생선이다. 장어와 같은 방식으로 조리 가능하며 꼬리살만 식용한다. 송송 썰어서 221쪽의 안내에 따라 소금 쿠르부이용(82쪽)에 익힌 다음 원하는 소스를 곁들여 낼 수도 있고, 포르투갈식(224쪽)으로 익히거나 버터 대신 크렘 프레슈 80mL를 사용하여 크림 구이(240쪽)를 할 수도 있다.

아귀 그라탕
LOTTE EN GRATIN

오븐을 220℃로 예열한다. 오븐용 접시에 양파와 절반 분량의 파슬리를 담고 잘 섞는다. 아귀 껍질에 칼집을 넣는다. 생선을 접시에 담고 버터와 남은 파슬리를 위에 덮듯이 올린다. 소금과 후추로 간을 하고 와인과 물 100mL를 부은 다음 빵가루를 뿌린다. 5분마다 바닥의 국물을 아귀에 끼얹으면서 20분간 굽는다.

참고
도미와 성대도 같은 방식으로 조리할 수 있다.

* 다진 양파 50g
* 다진 이탈리안 파슬리 1단 분량
* 아귀 1마리(1.2kg)
* 버터 50g
* 소금과 후추
* 화이트 와인 100mL
* 마른 빵가루 4큰술
  준비 시간 20분
  조리 시간 20분
  6인분

미국식 아귀 요리
LOTTE À L'AMÉRICAINE

아귀 꼬리살은 뼈를 제거한 다음 적당한 크기로 잘라 밀가루를 골고루 묻힌다. 팬에 오일을 둘러 달군다. 아귀살을 넣고 조심스럽게 뒤집어 가며 중간 불에서 노릇해질 때까지 5분간 익힌다. 철제 국자에 브랜디 50mL를 부어서 가볍게 가열한 다음 팬에 붓는다. 팬 주변의 인화성 물질을 모조리 치운 다음 멀찍이 서서 불을 켠 성냥을 팬 가장자리에 가져다 대서 불을 붙인다. 불꽃이 사그라지면 생선을 건져 내고 조리한 국물은 냄비에 붓는다. 와인과 남은 브랜디, 양파, 마늘, 토마토 퓌레, 정향, 너트메그, 육수를 더하여 30분간 뭉근하게 익힌다. 소금과 후추로 간을 한다. 아귀살을 냄비에 넣어서 15분간 뭉근하게 익힌다. 뜨겁게 낸다.

* 아귀 꼬리살 750g
* 밀가루
* 오일 100mL
* 브랜디 150mL
* 화이트 와인 500mL
* 다진 양파 1개 분량
* 곱게 다진 마늘 1쪽 분량
* 토마토 퓌레 2큰술
* 정향 1개
* 즉석에서 간 너트메그 1꼬집
* 육수(종류 무관) 50mL
* 소금과 후추
  준비 시간 10분
  조리 시간 50분
  6인분

대구

대구는 221쪽의 안내를 따라 소금 쿠르부이용(82쪽)에 조리할 수 있다. 홀랜다이즈 소스(72쪽)나 화이트 소스(50쪽), 케이퍼 소스(56쪽) 등 원하는 소스를 곁들여 낸다. 해덕은 대구와 같은 방식으로 조리할 수 있지만 조리 시간을 조금 늘려야 한다.

대구 스테이크
CÔTELETTES DE CABILLAUD

◆ 대구 스테이크 6장

◆ 가볍게 푼 달걀 1개 분량

◆ 마른 빵가루 6큰술

◆ 소금과 후추

◆ 버터 60g

◆ 다진 이탈리안 파슬리 2줄기 분량

◆ 레몬즙 1개 분량

준비 시간 25분

조리 시간 10분

6인분

대구 스테이크는 종이 행주로 두드려서 물기를 제거한 다음 달걀물에 먼저 담갔다가 빵가루를 골고루 묻힌다. 소금과 후추로 간을 한다. 팬에 버터를 넣고 녹인다. 생선을 넣고 중간 불에서 한 번 뒤집어 가며 앞뒤로 노릇해질 때까지 10분간 익힌다. 파슬리와 레몬즙을 더하여 바로 낸다.

대구 소테
SAUTÉ DE CABILLAUD

◆ 버터 60g

◆ 대구 스테이크 6장

◆ 다진 이탈리안 파슬리 2큰술

◆ 부케 가르니 1개

◆ 레몬즙 1개 분량

◆ 소금과 후추

◆ 밀가루 1큰술

◆ 장식용 다진 처빌

준비 시간 10분

조리 시간 15분

6인분

팬에 버터를 넣고 녹인다. 대구 스테이크와 파슬리, 부케 가르니, 레몬즙을 넣고 소금과 후추로 간을 한다. 약한 불에서 살점이 쉽게 분리될 정도로 15분간 익힌다. 생선을 따뜻한 식사용 그릇에 담는다. 대구를 조리한 국물을 한소끔 끓인 다음 밀가루를 더하여 골고루 휘저으면서 걸쭉해질 때까지 가열한다. 맛을 보고 필요하면 간을 맞춘 다음 생선 위에 소스를 두른다. 다진 처빌로 장식해서 바로 낸다.

가자미

가자미는 222쪽의 안내를 따라 튀기거나 뮈니에르(234쪽)로 조리할 수 있다.

화이트 와인에 익힌 가자미

CARRELETS AU VIN BLANC

팬에 버터를 넣고 녹인다. 양파를 넣고 약한 불에서 가끔 휘저으며 약 8분간 노릇하게 익힌다. 가자미를 넣고 소금과 후추로 간을 한 다음 와인을 붓는다. 불 세기를 강하게 올려 5분간 익힌 다음 다시 약한 불로 줄여서 15분간 뭉근하게 익힌다. 밀가루와 달걀노른자를 더하여 계속 휘저으며 걸쭉해질 때까지 익힌다. 다진 파슬리를 뿌려서 낸다.

- 버터 30g
- 양파 다진 것 60g
- 씻어서 적당히 썬 큰 가자미 500g
- 소금과 후추
- 화이트 와인 300mL
- 밀가루 20g
- 달걀노른자 2개
- 장식용 다진 이탈리안 파슬리

  준비 시간 25분

  조리 시간 20분

  6인분

명태

명태는 222쪽의 안내를 따라 소금 쿠르부이용(82쪽)에 익힌 다음 원하는 소스를 곁들여 낸다. 통명태는 222쪽의 안내를 따라 로스트하거나 뮈니에르(234쪽)로 조리할 수 있다.

저민 명태는 221쪽의 안내를 따라 그릴에 구워서 차갑거나 뜨거운 소스를 곁들여 낸다.

브레통식 명태 요리
COLIN À LA BRETONNE

◆ 따뜻한 소금 쿠르부이용(82쪽) 1회
  분량
◆ 명태 필레 1kg
◆ 갈아 놓은 그뤼에르 치즈 125g
◆ 치즈 소스(50쪽) 100mL
  준비 시간 25분
  조리 시간 30분
  6인분

팬에 쿠르부이용을 붓고 명태를 더하여 20분간 천천히 익힌다. 그동안 오븐을 240℃로 예열한다. 뒤집개로 명태를 건져서 껍질을 제거한다. 오븐용 접시에 명태를 담고 치즈를 뿌린 다음 치즈 소스를 두른다. 오븐에 넣고 10분간 노릇하게 구운 다음 바로 낸다.

명태 또는 헤이크 터번
TURBAN DE COLIN OU DE MERLU

◆ 생빵가루 200g
◆ 우유 200mL
◆ 따뜻한 소금 쿠르부이용(82쪽) 1회
  분량
◆ 깨끗하게 손질한 헤이크 또는 명태
  500g
◆ 틀용 버터 적당량
◆ 분리한 달걀흰자와 달걀노른자 3개
  분량
◆ 소금과 후추
◆ 크렘 프레슈 4큰술
◆ 새우 소스(55쪽) 또는 홍합 소스(55쪽)
  1회 분량
  준비 시간 30분
  조리 시간 1시간
  6인분

볼에 빵가루를 담고 우유를 부어서 불린다. 팬에 쿠르부이용을 붓고 명태 또는 헤이크를 더하여 한소끔 끓인 다음 10분간 뭉근하게 익힌다. 그동안 오븐을 190℃로 예열하고 틀에 버터를 바른다. 뒤집개로 생선을 건져서 껍질과 뼈를 제거한다. 생선 살을 결대로 찢어서 볼에 담고 불린 빵가루를 더하여 섞은 다음 달걀노른자를 넣어서 마저 섞는다. 달걀흰자는 기름기가 없는 볼에 따로 담아서 단단한 뿔이 설 정도로 휘핑한 다음 생선 혼합물에 더해서 접듯이 섞고 소금과 후추로 간을 한다.

준비한 틀에 생선 혼합물을 담고 로스팅 팬에 담는다. 로스팅 팬에 끓는 물을 틀 높이의 반 정도까지 부은 후 1시간 동안 굽는다. 그동안 크렘 프레슈에 원하는 소스를 더하여 섞는다. 오븐에서 꺼내 뒤집어서 틀을 제거한 다음 식사용 그릇에 담는다. 소스를 곁들여서 바로 낸다.

도미

도미는 그라탕(242쪽)을 만들 수 있다. 또는 221쪽의 안내에 따라 소금
쿠르부이용(82쪽)에 익혀서 뜨겁거나 차가운 소스를 곁들여 낸다.

도미 허브 구이
DORADE AUX HERBES

오븐을 190℃로 예열하고 그라탕 그릇에 오일을 바른다. 도미는 앞뒤로
칼집을 3~4개 정도 낸 다음 준비한 그릇에 담는다. 도미 위에 양파를 뿌
린다. 주변에 토마토를 담고 회향, 골파, 파슬리를 뿌린 후 타임과 월계수
잎을 더한다. 도미 위에 와인을 붓고 버터를 군데군데 얹는다. 너트메그
를 뿌리고 소금과 후추로 간을 한다. 오븐에 넣고 30분간 굽는다. 타임과
월계수 잎을 제거하고 바로 낸다.

 297쪽

◆ 틀용 오일 적당량
◆ 비늘을 제거하고 손질한 도미
  1마리(1.2kg)
◆ 채 썬 양파 60g
◆ 4등분한 토마토 350g
◆ 다진 회향 1줄기 분량
◆ 다진 골파 1/2큰술
◆ 다진 이탈리안 파슬리 1줄기 분량
◆ 타임 1줄기
◆ 월계수 잎 1장
◆ 화이트 와인 200mL
◆ 버터 40g
◆ 즉석에서 간 너트메그
◆ 소금과 후추
  준비 시간 20분
  조리 시간 30분
  6인분

도미 해초 구이
DORADE AUX ALGUES

오븐을 180℃로 예열하고 그라탕 그릇에 오일을 바른다. 다른 그릇에 덜
스를 담고 레몬즙을 더하여 수분간 불린다. 도미는 앞뒤로 3~4군데 정도
작게 칼집을 낸다. 덜스를 건지고 불린 레몬즙은 그대로 둔다. 도미를 덜
스로 감싸서 준비한 그라탕 그릇에 담는다. 소금과 후추로 간을 하고 와
인을 두른 후 버터를 군데군데 얹는다. 오븐에 넣고 중간에 남겨 둔 레몬
즙을 가끔 두르면서 30~35분간 굽는다. 바로 낸다.

◆ 틀용 오일 50mL
◆ 덜스(해조류) 10장
◆ 레몬즙 2개 분량
◆ 비늘을 제거하고 손질한 도미 2.5kg
◆ 소금과 후추
◆ 화이트 와인 200mL
◆ 버터 40g
  준비 시간 15분
  조리 시간 30~35분
  6인분

모나코식 도미 요리
DORADE À LA MONACO

- 오일 100mL
- 곱게 다진 마늘 1쪽 분량
- 다진 이탈리안 파슬리 2큰술
- 비늘을 손질하고 적당히 썬 도미
  1마리(1.2kg)
- 토마토 400g
- 화이트 와인 100mL
- 소금과 후추
  준비 시간 20분
  조리 시간 30분
  6인분

토마토의 껍질과 씨를 제거하고 잘게 다진다. 큰 팬에 오일을 두른 뒤 달구고 마늘과 파슬리를 더하여 자주 저으면서 약한 불에서 수분간 익힌 다음 도미를 넣는다. 토마토를 얹어서 덮은 후 와인을 두르고 소금과 후추로 넉넉히 간을 한다. 뚜껑을 닫고 30분간 뭉근하게 익힌 다음 낸다.

성대

성대는 지느러미가 아주 크기 때문에 조심해서 손질해야 하며 배 부분이 아래로 가도록 낸다. 221쪽의 안내에 따라서 소금 쿠르부이용(82쪽)에 익힌 다음 원하는 소스를 곁들이거나 그라탕(242쪽)을 만들 수 있다.

오리엔탈식 성대 요리
GRONDIN À L'ORIENTALE

- 손질한 성대 6마리
- 오일 1큰술
- 화이트 와인 400mL
- 다진 토마토 400g
- 곱게 다진 마늘 1쪽 분량
- 곱게 다진 타임 1줄기 분량
- 월계수 잎 1장
- 사프란 가닥 1꼬집
- 소금과 후추
  준비 시간 25분
  조리 시간 12분
  6인분

성대는 배가 아래로 오도록 도마에 얹고 날카로운 칼로 뾰족뾰족한 등 지느러미와 대가리 사이에 얕게 칼집을 낸다. 등 지느러미를 한 손으로 잡고 칼을 세로로 길게 그어 껍질만 자른다. 등뼈를 따라 대가리 아래 부분을 거의 끝까지 쭉 잘라 낸다. 한 손으로 대가리를 잡고 다른 손으로 몸통을 잡은 후 머리를 배 쪽으로 꺾어서 당긴다. 대가리와 껍질이 분리되면 그대로 계속 당겨 전부 벗겨 낸다. 넓은 냄비에 오일을 붓고 생선을 바닥에 평평하게 담는다. 와인을 붓고 토마토, 마늘, 타임, 월계수 잎, 사프란을 더한 후 소금과 후추로 간을 한다. 한소끔 끓인 다음 불 세기를 줄인 뒤 뚜껑을 닫고 12분간 뭉근하게 익힌다. 불에서 내리고 국물에 담근 채로 식힌다. 차가워지면 타임과 월계수 잎을 제거한 다음 생선을 식은 국물과 함께 낸다.

해덕°

● 깊은 바다에 사는 대구의 일종.

해덕은 대구(243쪽)나 명태(244쪽)를 참조하여 다양한 방식으로 조리할 수 있다. 훈제 해덕은 221쪽의 안내에 따라 식초 쿠르부이용(82쪽)이나 우유에 익히기도 한다.

훈제 해덕 그릴 구이
ÉGLEFIN FUMÉ GRILLÉ

그릴을 예열한다. 넓은 팬에 물을 아주 잔잔하게 끓인 다음 해덕 필레를 넣고 5분간 삶는다. 필레를 건져서 키친타월로 두드려 물기를 제거한 다음 오일 또는 녹인 버터를 발라서 그릴에 올린다. 가운데가 불투명해질 때까지 앞뒤로 8~10분간 굽는다. 크림 소스나 메트르도텔 버터를 곁들여 낸다.

◆ 훈제 해덕 필레 6장

◆ 조리용 오일 또는 녹인 버터

◆ 크림 소스(51쪽) 또는 메트르도텔 버터(48쪽) 1회 분량

준비 시간 5분

조리 시간 20분

6인분

해덕 라메킨
ÉGLEFIN EN RAMEQUINS

냄비에 물을 끓여서 양배추를 넣고 10분간 데친다. 건져서 흐르는 찬물에 씻은 다음 물기를 제거한다. 바닥이 묵직한 직화용 팬에 버터 40g을 넣고 녹인다. 양파를 더해 자주 뒤적이며 약한 불에서 부드러워질 때까지 5분간 익힌다. 양배추를 넣고 후추로 가볍게 간을 한 다음 뚜껑을 닫고 가끔 저으면서 부드러워질 정도로 20분간 익힌다.

오븐을 180℃로 예열하고 라메킨 6개에 남은 버터의 절반을 바른다. 라메킨 바닥에 길게 썬 해덕을 깐다. 양배추는 꽉 짜서 최대한 물기를 제거한 다음 곱게 다지고 양파는 물기를 거른다. 양배추와 양파를 라메킨에 나누어 담는다. 유산지를 라메킨에 맞는 크기로 둥글게 자른 다음 남은 버터를 바른다. 라메킨에 유산지를 얹고 오븐에 넣어 10분간 굽거나, 라메킨에 내열용 랩을 씌우고 오븐에 넣어 10분간 찐다. 그동안 뵈르 블랑을 준비하고 연어알과 골파를 더하여 섞는다. 라메킨을 오븐이나 찜기에서 꺼내 덮개를 벗기고 접시에 뒤집어서 꺼내 담는다. 뵈르 블랑을 위에 둘러 낸다.

◆ 4등분한 녹색 양배추 1kg

◆ 버터 60g

◆ 다진 양파 150g

◆ 후추

◆ 길고 가늘게 썬 해덕 필레 500g

◆ 연어알 125g

◆ 다진 골파 50g

◆ 뵈르 블랑(49쪽) 150mL

준비 시간 30분

조리 시간 45분

6인분

청어

청어는 생물, 염장, 훈제의 세 가지 형태로 각각 식용한다. 훈제 헤링은 키퍼스kippers라고 부르기도 한다.

그릴에 굽는 법
청어 앞뒤로 칼집을 두 군데씩 넣는다. 세로로 길게 반으로 자른 다음 오일을 바른다. 예열한 그릴에 얹어서 중간에 한 번 뒤집어가며 15분간 굽는다. 머스터드 소스(68쪽) 등 풍미가 강한 소스를 곁들여 낸다.

튀기는 법
청어의 비늘을 제거해 손질한 다음 대가리를 떼고 몸통에 밀가루를 묻힌 다음 뜨거운 오일에 튀긴다. 레몬과 튀긴 파슬리(81쪽), 또는 머스터드 소스(68쪽)를 곁들여 낸다. 뮈니에르(234쪽)식으로 조리할 수도 있다.

속을 채워 만드는 법
청어의 비늘을 제거하고 키친타월로 두드려서 물기를 제거한다. 뼈를 제거하고 속에 스터핑(80쪽)을 한 켜 채운다. 221~222쪽의 안내에 따라 그릴에 굽거나 튀긴다.

염장하는 법
청어를 물에 씻어서 우유에 3시간 동안 담가 둔다. 대가리와 껍질을 제거하고 필레를 뜬다. 221쪽의 안내에 따라 소금 쿠르부이용(82쪽)에 조리한다.

청어 필레 절임
FILETS DE HARENGS MARINÉS

◆ 청어 필레와 이리 6마리 분량
◆ 쿠르부이용(82쪽) 1회 분량
◆ 화이트 와인 식초 100mL
◆ 오일 100mL
◆ 후추
◆ 다진 처빌 또는 이탈리안 파슬리
◆ 부케 가르니 1개(선택 사항)
◆ 저민 당근 1개 분량
◆ 저민 레몬 1개 분량
◆ 채 썬 양파 1개(소) 분량
  준비 시간 20분 + 재우기
  6인분

4일 전에 준비를 시작한다. 큰 냄비에 쿠르부이용을 넣어 한소끔 끓이고 청어 필레를 더하여 500g당 8분 기준으로 익힌다. 이리는 두 가지 방식으로 조리할 수 있다. 첫째, 잘 으깨서 식초, 오일과 함께 버무린 다음 후추로 간을 하고 처빌과 파슬리를 더한다. 둘째, 냄비에 식초와 부케 가르니, 후추를 담고 한소끔 끓인 다음 2분간 익힌다. 부케 가르니를 제거하고 한 김 식힌 다음 이리를 넣고 골고루 으깬 후 오일, 처빌 또는 파슬리를 더한다.

접시에 청어 필레를 담고 당근, 레몬, 양파를 덮는다. 그 위에 이리를 붓는다. 그대로 냉장고에 4일간 재운다.

롤몹스
HARENGS ROLLMOPS

2~3일 전에 준비를 시작한다. 냄비에 식초, 부케가르니와 후추를 넣고 한소끔 끓인 다음 2분간 뭉근하게 익힌다. 부케가르니를 제거한다. 청어 필레를 돌돌 만다. 이때 가운데에 오이 피클을 넣어 말아도 좋다. 돌돌 만 필레를 이쑤시개로 고정한다. 테린 틀에 빼곡하게 담고 식초를 잠기도록 부은 다음 양파와 당근을 더한다. 2~3일간 절인다.

- ◆ 화이트 와인 식초 300mL
- ◆ 부케 가르니 1개
- ◆ 후추(취향에 따라 조절)
- ◆ 반으로 자른 청어 필레 12개 분량
- ◆ 오이 피클(선택 사항)
- ◆ 저민 양파 1개 분량
- ◆ 저민 당근 1개 분량

  준비 시간 15분 + 재우기

  6인분

훈제 청어

훈제 청어는 통통한 것을 고른다. 껍질을 제거하고 우유와 물 혼합물에 3시간 동안 담가서 소금기를 제거한다. 건져서 키친타월로 두드려 말린다. 이제 어떤 요리에도 사용할 수 있다.

　훈제 청어는 221쪽의 안내에 따라 그릴에 구운 다음 머스터드 소스 (68쪽)를 곁들여 낸다. 데빌드 훈제 청어를 만들려면 필레에 머스터드를 바르고 오일을 두른다. 마른 빵가루를 뿌리고 222쪽의 안내에 따라 오일을 얕게 둘러서 튀긴다.

훈제 청어 샐러드
SALADE DE HARENGS SAURS

훈제 청어는 손질한 다음(250쪽) 작은 직사각형 모양으로 자른다. 셀러리를 가늘게 채 썰어서 볼에 담고 훈제 청어와 함께 섞는다. 라비고트 소스를 더해서 버무린다.

- ◆ 훈제 청어 125g
- ◆ 셀러리 100g
- ◆ 라비고트 소스(56쪽) 1회 분량

  준비 시간 20분 + 불리기

  분량 6인분

고등어

고등어는 221쪽의 안내에 따라 레드 와인 쿠르부이용(82쪽)에 익힌 다음 풍미가 강한 소스를 곁들여서 뜨겁게 낸다.

    고등어 그릴 구이를 한다면 우선 그릴을 예열하고 고등어를 길게 반으로 자른다. 오일을 바르고 그릴에 얹어서 중간에 한 번 뒤집으며 15분간 익힌다. 메트르도텔 버터(48쪽) 또는 머스터드 소스(68쪽)를 곁들여 낸다.

 298쪽

◆ 생빵가루 60g

◆ 익혀서 껍데기 벗긴 후 다진 새우 120g

◆ 다진 버섯 120g

◆ 다진 양파 60g

◆ 다진 이탈리안 파슬리 3큰술

◆ 소금과 후추

◆ 손질한 고등어 6마리

◆ 녹인 버터 175g

◆ 마른 빵가루 6큰술

    준비 시간 30분

    조리 시간 25분

    6인분

속을 채운 고등어
MAQUEREAUX FARCIS

볼에 생빵가루를 담고 물 4큰술을 더하여 10분간 불린다. 볼에 새우, 버섯, 양파, 파슬리, 불린 빵가루를 담고 잘 섞은 뒤 소금과 후추로 간하여 스터핑을 만든다. 오븐을 190℃로 예열한다. 고등어 아가미를 벌려 안쪽에 스터핑을 골고루 채워 담는다. 오븐용 그릇에 고등어를 담고 버터를 솔로 바른 다음 마른 빵가루를 뿌리고 오븐에 넣어 25분간 굽는다. 그릴에 구울 경우에는 마른 빵가루를 뿌리지 않는다.

◆ 손질한 고등어 6마리

◆ 생선용 스터핑(80쪽) 1회 분량

◆ 소금과 후추

◆ 조리용 버터

    준비 시간 30분

    조리 시간 25분

    6인분

고등어 파피요트
MAQUEREAUX EN PAPILLOTES

오븐을 200℃로 예열한다. 고등어에 스터핑을 채운다. 소금과 후추로 간을 하고 군데군데 버터를 얹는다. 고등어를 알루미늄 쿠킹포일로 싸서 베이킹 트레이에 얹고 20분간 굽는다. 쿠킹포일을 벗겨 내고 식사용 그릇에 담은 다음 익힌 국물을 붓는다.

구즈베리를 채운 고등어

MAQUEREAUX AUX GROSEILLES

먼저 스터핑을 만든다. 냄비에 소금물을 끓여서 구즈베리를 넣고 10분간 데친 다음 건져서 잘게 썬다. 볼에 버터와 구즈베리, 완숙 달걀 다진 것을 담고 골고루 섞어 스터핑을 완성한다. 고등어의 등 부분을 길게 가른 다음 대가리를 잘라 내고 등뼈를 제거한다. 스터핑을 고등어 등 부분의 빈 곳에 나누어 채운다.

고등어를 면포로 감싼 다음 생선찜용 냄비 또는 대형 냄비에 담고 쿠르부이용을 부어서 한소끔 끓인 다음 15~20분간 뭉근하게 익힌다. 그동안 소스를 만든다. 크림을 한소끔 끓인 다음 수분간 익힌 후 구즈베리를 더해서 골고루 섞고 소금과 후추로 간을 한다. 팬에서 고등어를 건져 면포를 벗긴 후 식사용 그릇에 담는다. 소스를 부어서 낸다.

◆ 손질한 고등어 6마리
◆ 따뜻한 소금 쿠르부이용(82쪽) 1회
  분량

스터핑 재료:
◆ 구즈베리 심과 줄기를 제거한 것 250g
◆ 버터 깍둑 썬 것 90g
◆ 완숙 달걀 껍데기를 벗기고 잘게 썬 것
  3개 분량

소스 재료:
◆ 더블 크림 200mL
◆ 구즈베리 125g
◆ 소금과 후추
  준비 시간 20분
  조리 시간 15~20분
  6인분

고등어 절임

MAQUEREAUX MARINÉS

하루 전날 준비를 시작한다. 고등어 대가리가 달려 있으면 제거한 다음 비금속성 그릇에 담는다. 물을 잠기도록 붓고 소금과 식초를 더하여 5분간 불린다. 고등어를 건져서 직화 가능한 테린 틀에 담는다. 뜨거운 마리네이드 액을 잠기도록 부은 후 오일을 더해서 한소끔 끓인다. 불에서 내리고 단단히 밀봉한다. 식힌 다음 냉장고에 넣어서 12시간 동안 재운다. 저민 레몬을 곁들여서 차갑게 낸다.

◆ 손질한 고등어 6마리(소)
◆ 소금 1작은술
◆ 화이트 와인 식초 2큰술
◆ 가열식 마리네이드(77쪽) 1회 분량
◆ 오일 100mL
◆ 곁들임용 저민 레몬 1개 분량
  준비 시간 15분 + 재우기
  조리 시간 15분
  6인분

화이트 와인에 익힌 고등어

MAQUEREAUX AU VIN BLANC

- ◆ 화이트 와인 식초 100mL
- ◆ 화이트 와인 200mL
- ◆ 오일 50mL, 조리용 여분
- ◆ 타임 줄기 1개
- ◆ 이탈리안 파슬리 줄기 1개
- ◆ 월계수 잎 1장
- ◆ 고수 씨 가루 1작은술
- ◆ 저민 당근 1개 분량
- ◆ 저민 양파 1개 분량
- ◆ 소금과 후추
- ◆ 손질한 고등어 6마리 분량
- ◆ 저민 레몬 1개 분량

　준비 시간 15분 + 재우기

　조리 시간 30분

　6인분

2~3일 전에 준비를 시작한다. 팬에 식초와 와인, 오일을 붓고 타임과 파슬리, 월계수 잎, 고수 씨, 당근, 양파를 넣은 뒤 소금과 후추로 간을 하고 한소끔 끓인다. 불 세기를 줄이고 뚜껑을 닫아 10분간 더 뭉근하게 익힌다. 그동안 오븐을 190℃로 예열한 뒤 직화 가능한 묵직한 팬 바닥에 솔로 오일을 바른다. 팬에 고등어를 한 켜 깔고 마리네이드를 부은 뒤 저민 레몬을 얹어 장식한다. 유산지를 덮고 중간 불에서 한소끔 끓인다. 팬을 오븐에 넣고 15분간 굽는다. 식사용 그릇에 고등어를 옮겨 담고 식힌 다음 냉장고에 넣어 2~3일간 보관한다.

민대구

민대구는 221쪽의 안내에 따라 소금 쿠르부이용(82쪽)에 익혀서 원하는 소스를 곁들여 뜨겁게 낸다. 또는 221~222쪽의 안내에 따라 튀기거나 그릴에 굽는다. 뮈니에르(234쪽)식으로 조리하거나 화이트 와인(230쪽)에 익히기도 한다.

쇼드레

CHAUDRÉE

- ◆ 비늘을 제거하고 손질한 민대구 1.5kg
- ◆ 화이트 와인 300mL
- ◆ 소금과 후추
- ◆ 부드러운 버터 100g
- ◆ 밀가루 40g

　준비 시간 30분

　조리 시간 20분

　6인분

프랑스 서부 샤랑트Charente 지역의 전통 생선 스튜다.

　　민대구는 적당한 크기로 썬다. 큰 냄비에 민대구를 담고 물 300mL와 와인을 잠기도록 붓는다. 소금과 후추로 간을 하고 빠르게 한소끔 끓인다. 10분간 바글바글 끓인 후 불 세기를 줄여서 5분 더 뭉근하게 익힌다. 작은 볼에 버터와 밀가루를 담고 으깨서 매끄러운 페이스트를 만든 다음 냄비에 더해 국물을 걸쭉하게 만든다. 5분 더 익혀서 낸다.

뒤글레레풍 민대구
MERLANS À LA DUGLÉRÉ

오븐을 220℃로 예열한다. 직화 가능한 그릇에 버터를 바른다. 볼에 양파와 샬롯, 파슬리, 토마토를 담고 잘 섞은 뒤 버터를 바른 그릇에 담고 소금과 후추로 간을 한다. 그 위에 민대구를 얹고 와인을 부은 뒤 강한 불에서 한소끔 끓인다. 버터를 바른 유산지를 얹고 오븐에 넣어 15분간 굽는다. 그동안 다른 볼에 버터와 밀가루를 담고 섞어서 페이스트를 만든다. 민대구를 식사용 그릇에 옮겨 담고 따뜻하게 보관한다. 익힌 국물은 한소끔 끓인 다음 졸인다. 그런 다음 버터 페이스트를 조금씩 떼어 넣으면서 천천히 잘 섞어 농도를 조절한다. 레몬즙과 크렘 프레슈를 입맛에 따라 적당히 넣은 다음 맛을 보고 간을 조절한다. 민대구 위에 소스를 두르고 파슬리로 장식하여 낸다.

- ◆ 버터 50g, 틀용 여분
- ◆ 다진 양파 50g
- ◆ 다진 샬롯 20g
- ◆ 다진 이탈리안 파슬리 1큰술, 장식용 여분
- ◆ 껍질과 씨를 제거하고 으깬 토마토 250g
- ◆ 소금과 후추
- ◆ 비늘을 제거하고 손질한 민대구 6마리
- ◆ 화이트 와인 400mL
- ◆ 밀가루 30g
- ◆ 레몬즙 1개 분량
- ◆ 크렘 프레슈 2큰술

  준비 시간 20분
  조리 시간 30분
  6인분

푸페통
POUPETON

오븐을 180℃로 예열하고 로프 틀에 오일을 바른다. 큰 냄비에 소금물을 한소끔 끓이고 불 세기를 낮춰서 민대구와 칠성장어를 더한 후 부드러워질 때까지 15분간 뭉근하게 익힌다. 빵은 우유에 넣어 불린다. 민대구와 칠성장어는 껍질과 뼈를 제거하고 속살만 발라내 절구에 찧은 다음 크렘 프레슈와 빵, 치즈를 조금씩 더해 가며 섞는다. 달걀노른자를 더한다. 달걀흰자는 단단한 뿔이 올라올 때까지 휘핑한 다음 생선 혼합물에 더하여 접듯이 섞는다. 너트메그, 소금과 후추로 간을 한다. 생선 혼합물을 준비한 로프 틀에 담고 오븐에 넣어 40분간 굽는다. 꺼낸 뒤 썰어서 뜨겁게 낸다.

- ◆ 틀용 오일
- ◆ 비늘을 제거하고 손질한 민대구 1마리
- ◆ 칠성장어 250g
- ◆ 껍질을 제거한 흰색 빵 100g
- ◆ 우유 100mL
- ◆ 크렘 프레슈 125mL
- ◆ 갈아 놓은 파르메산 치즈 60g
- ◆ 분리한 달걀흰자와 달걀노른자 4개 분량
- ◆ 즉석에서 간 너트메그
- ◆ 소금과 후추

  준비 시간 25분
  조리 시간 50분
  6인분

염장 대구

염장 대구는 살이 두껍고 살결에서 윤기가 흘러야 한다. 흔히 필레 형태로 판매하는 통조림 염장 대구 또한 품질이 매우 뛰어난 편이다. 대신 짠맛이 강하므로 조리하기 전에 소금기를 제거해야 한다. 물을 담은 볼에 체를 얹고 염장 대구를 껍질이 위로 오도록(소금이 아래로 빠져나오도록 하기 위하여) 넣은 다음 중간에 물을 2~3회 정도 갈면서 12~24시간 동안 불린다.

염장 대구를 삶으려면 팬에 필레를 넣고 찬물을 넉넉히 붓거나 화이트 와인 쿠르부이용(82쪽)을 잠기도록 붓는다. 한소끔 끓기 직전까지 강한 불에서 가열한 다음 팬을 바로 불에서 내리고 뚜껑을 덮어 10~15분간 그대로 둔다. 염장 대구는 절대로 팔팔 끓이지 않는다. 대구를 건져서 장식하여 낸다. 뜨겁게 낼 때는 메트르도텔 버터(48쪽), 블랙 버터(48쪽) 또는 베샤멜 소스(50쪽)를 곁들인다. 차갑게 낼 때는 익힌 생선을 켜켜이 찢어서 식사용 그릇에 담고 양상추, 케이퍼, 오이 피클, 마요네즈(70쪽)와 함께 낸다.

염장 대구는 튀기거나 그릴에 구울 수도 있다. 그릴에 구우려면 불려서 삶은 염장 대구 필레(255쪽)를 저민다. 키친타월로 두드려서 물기를 제거한 다음 달걀물을 묻히고 마른 빵가루를 입힌다. 가볍게 오일을 바른 다음 그릴에 올려 5분간 굽는다. 머스터드 소스(68쪽) 또는 타르타르 소스(72쪽)를 곁들여서 낸다. 튀기려면 불린 필레를 저민다. 키친타월로 두드려서 물기를 제거하고 우유에 담갔다가 밀가루를 입혀서 아주 뜨거운 오일(180℃ 또는 빵조각을 넣으면 30초 안에 노릇해질 때까지 가열한 것)에 노릇하게 튀긴다.

염장 대구 튀김
FRITOS DE MORUE

- ◆ 뜨거운 토마토 소스(57쪽) 1회 분량
- ◆ 불려서 삶은 염장 대구(255쪽) 300g
- ◆ 레몬즙 1개 분량
- ◆ 후추
- ◆ 튀김옷 반죽(724쪽) 1회 분량
- ◆ 튀김용 식물성 오일

  준비 시간 20분

  조리 시간 20분

  6인분

토마토 소스를 준비해서 따뜻하게 보관한다. 염장 대구는 작은 크기로 부순 다음 레몬즙을 뿌리고 후추로 간을 한다. 대구 조각에 튀김옷을 입힌다. 튀김기에 오일을 채워서 180~190℃ 혹은 빵조각을 넣으면 30초 만에 노릇해질 정도로 가열한다. 튀김옷을 입힌 대구를 적당량씩 나누어 넣고 노릇하게 튀긴다. 구멍 뚫린 숟가락으로 건져서 기름기를 제거하고 토마토 소스를 곁들여 낸다.

크렘 프레슈를 더한 염장 대구
MORUE À LA CRÈME

큰 냄비에 베샤멜 소스를 만들고 크렘 프레슈를 더하여 골고루 섞는다. 염장 대구를 결대로 찢어서 냄비에 더한 후 약한 불에서 5분간 따뜻하게 데우되 절대 끓어오르지 않도록 주의한다. 식사용 그릇에 담아서 낸다.

- 뜨거운 베샤멜 소스(50쪽) 250mL
- 크렘 프레슈 100mL
- 불려서 삶은 염장 대구(255쪽) 500g
  준비 시간 20분
  조리 시간 20분
  6인분

프로방스식 염장 대구
MORUE À LA PROVENÇALE

오일을 팬에 둘러 달군다. 양파, 마늘, 토마토를 더하여 약한 불에서 가끔 휘저으며 5분간 익힌다. 올리브와 파슬리를 넣고 후추로 간을 해서 5분 더 익힌다. 염장 대구를 결대로 찢어서 팬에 더한 다음 10분간 천천히 익혀서 낸다.

 299쪽

- 오일 2큰술
- 다진 양파 100g
- 다진 마늘 5쪽 분량
- 굵게 다진 토마토 500g
- 블랙 올리브 125g
- 다진 이탈리안 파슬리 2큰술
- 후추
- 불려서 삶은 염장 대구(255쪽) 500g
  준비 시간 20분
  조리 시간 20분
  6인분

아이슬란드식 염장 대구
MORUE ISLANDAISE

팬에 염장 대구와 감자를 담고 양파를 뿌린 후 와인을 붓고 군데군데 버터를 얹은 다음 후추로 간을 한다. 뚜껑을 닫고 약한 불에서 45분간 익힌다.

- 불린 염장 대구 500g
- 4등분한 감자 600g
- 다진 양파 100g
- 화이트 와인 300mL
- 버터 150g
- 후추
  준비 시간 25분
  조리 시간 45분
  6인분

우유에 익힌 염장 대구
MORUE AU LAIT

◆ 불린 염장 대구 500g

◆ 저민 감자 600g

◆ 다진 양파 50g

◆ 우유 1L

◆ 후추

　준비 시간 20분

　조리 시간 45분

　6인분

오븐을 200℃로 예열한다. 염장 대구를 오븐용 그릇에 담고 그 위에 감자와 양파를 얹는다. 우유를 붓고 후추로 간을 한 다음 오븐에 넣어 45분간 굽는다.

염장 대구 파르망티에
MORUE À LA PARMENTIER

◆ 감자 1kg

◆ 소금

◆ 버터 50g

◆ 우유 500mL

◆ 크렘 프레슈를 더한 염장 대구(256쪽)

　1회 분량

◆ 갈아 놓은 그뤼에르 치즈 100g

　준비 시간 20분

　조리 시간 30분

　6인분

감자를 냄비에 담고 물을 잠기도록 부어서 소금을 약간 더한다. 한소끔 끓이고 뚜껑을 덮어서 20분간 삶는다. 그동안 오븐을 220℃로 예열한다. 감자를 건져서 아직 뜨거울 때 체에 내리거나 포테이토 라이서로 갈아서 볼에 담는다. 버터와 우유를 더하여 나무 주걱으로 치대어 섞은 다음 오븐용 그릇 가장자리에 링 모양으로 담는다. 가운데에 염장 대구를 붓고 치즈를 뿌린 다음 노릇해질 때까지 10분간 굽는다. 바로 낸다.

〔변형〕

• •

파스타를 곁들인 염장 대구
MORUE AUX NOUILLES
위와 같은 과정으로 조리하되 으깬 감자 대신 파스타를 삶아서 건진 다음 버터에 볶아 사용한다.

염장 대구 플로랑틴
MORUE À LA FLORENTINE

오븐을 220℃로 예열한다. 냄비에 소금물을 끓여서 시금치를 넣어 수분 간 데친 다음 건져서 꽉 짜서 물기를 가능한 한 제거하고 굵게 다진다. 프라이팬에 버터를 넣고 녹인다. 시금치를 더하여 중약 불에서 가끔 뒤적이면서 수분간 익힌다. 소금과 후추로 간을 하고 너트메그를 넣어서 섞은 다음 팬을 불에서 내린다. 시금치를 그라탕 그릇에 담고 대구를 결대로 찢어서 그 위에 얹은 다음 베샤멜 소스를 덮는다. 치즈를 뿌리고 오븐에 넣어 노릇해질 때까지 10분간 굽는다.

- ◆ 질긴 줄기를 제거한 시금치 1kg
- ◆ 버터 40g
- ◆ 소금과 후추
- ◆ 즉석에서 간 너트메그 1꼬집
- ◆ 불려서 삶은 염장 대구(255쪽) 500g
- ◆ 베샤멜 소스(50쪽) 250mL
- ◆ 갈아 놓은 그뤼에르 치즈 30g

  준비 시간 20분

  조리 시간 30분

  6인분

브랑다드
BRANDADE

염장 대구를 찬물에 담가서 하룻밤 동안 불린다. 다음 날 냄비에 새 물을 받아 끓여서 염장 대구를 넣고 약 8분간 익힌다. 생선을 건지고 껍질과 뼈를 제거한 다음 살을 결대로 찢는다. 마늘을 절구에 빻은 후 오일을 조금씩 더하면서 매끄러운 혼합물이 될 때까지 골고루 휘저어 섞는다. 팬을 아주 약한 불에 올리고 염장 대구와 마늘 혼합물을 더한 다음 계속 저으면서 크렘 프레슈를 조금씩 넣으며 골고루 섞는다. 후추와 레몬즙으로 간을 한다. 차갑게 낸다.

- ◆ 염장 대구 500g
- ◆ 마늘 2쪽
- ◆ 올리브 오일 250mL
- ◆ 크렘 프레슈 75mL
- ◆ 후추
- ◆ 레몬즙 1개 분량

  준비 시간 25분 + 불리기

  조리 시간 10분

  6인분

숭어

큼직한 숭어는 221쪽의 안내에 따라 소금 쿠르부이용(82쪽)에 익힌 다음 원하는 소스(뜨거운 것과 차가운 것 모두)를 곁들여 뜨겁게 낸다. 숭어 튀김, 숭어 그릴 구이를 만들려면 221~222쪽의 안내를 참조한다.

보타르가

BOUTARGUE

준비 시간 5분 + 염장 및 건조하기

숭어알은 굵은 소금을 뿌려서 완전히 덮는다. 깨끗한 천을 덮어서 냉장고에 넣어 2일간 차갑게 보관한다. 도마에 숭어알을 올린 뒤 그 위에 다른 도마를 덮고 누름돌을 얹어 2시간 동안 그대로 둔다. 꺼내서 꼼꼼하게 씻고 햇볕에 두어 2시간 동안 건조한다. 올리브 오일을 적당히 두르고 저며서 레몬 저민 것과 함께 오르되브르로 낸다.

홍어

홍어는 손질하기 전 찬물에 여러 번 씻는다. 221쪽의 안내에 따라 소금 쿠르부이용(82쪽)에 익힐 수 있다. 작은 홍어는 통째로 조리하고 큰 것은 적당히 자른다. 메트르도텔 버터(48쪽)를 곁들여 낸다.

잘게 찢은 홍어와 허브

EFFILOCHÉE DE RAIE AUX AROMATES

◆ 따뜻한 소금 쿠르부이용(82쪽) 1회 분량
◆ 홍어 지느러미 1.4kg
◆ 마늘쪽 80g
◆ 달걀 1개
◆ 오일 100mL
◆ 셰리 식초 50mL
◆ 디종 머스터드 1큰술
◆ 소금과 후추
◆ 껍질과 씨를 제거하고 깍둑 썬 토마토 700g
◆ 다진 처빌 50g
◆ 송송 썬 골파 60g
◆ 아주 곱게 다진 샬롯 100g
◆ 케이퍼 60g
◆ 곁들임용 저민 삶은 감자(선택 사항)
◆ 곁들임용 셰리 식초 비네그레트(66쪽) 1회 분량

준비 시간 45분
조리 시간 15분
6인분

큰 냄비에 쿠르부이용을 담고 홍어를 넣는다. 한소끔 끓인 다음 20분간 천천히 익힌다. 불에서 내리고 따뜻하게 보관한다. 마늘을 끓는 물에 넣고 2분간 데친 다음 건진다. 물을 새로 갈아 다시 끓여 마늘을 데치는 과정을 2번 반복한 뒤 마늘을 얇게 저민다. 대형 내열용 볼을 이용해서 달걀과 오일, 식초, 머스터드로 마요네즈(70g)를 만든 다음 소금과 후추로 간을 한다. 잔잔하게 끓는 물 냄비 위에 볼을 얹고 따뜻하게 데운다. 홍어를 쿠르부이용에서 건진다.

　홍어에서 껍질을 제거한 다음 살점을 결대로 찢으면서 연골을 꼼꼼하게 모두 제거한다. 식사용 그릇에 홍어 살을 담는다. 마요네즈를 불에서 내리고 마늘, 토마토, 처빌, 골파, 샬롯, 케이퍼를 더하여 섞은 다음 생선 위에 붓는다. 바로 낸다. 원한다면 삶아서 저민 감자에 셰리 식초 비네그레트 드레싱으로 간을 해서 곁들인다.

홍어 소테
RAIE SAUTÉE

오븐을 160℃로 예열한다. 적당히 썬 홍어를 접시에 담고 마리네이드를 부어서 5분간 재운다. 건져서 밀가루를 골고루 묻힌다. 오븐용 팬에 버터를 넣어 녹인다. 홍어를 넣고 약한 불에서 5분간 앞뒤로 굽는다. 팬을 오븐에 넣고 15분간 굽는다. 소금과 후추로 간을 하고 레몬 조각으로 장식해서 낸다.

 300쪽

- 적당히 썬 홍어 지느러미 1kg
- 비가열식 마리네이드(78쪽) 1회 분량
- 밀가루 50g
- 버터 50g
- 소금과 후추
- 쐐기 모양으로 썬 레몬 1개 분량

준비 시간 10분

조리 시간 25분

6인분

노랑촉수

노랑촉수는 221쪽의 안내에 따라 소금 쿠르부이용(82쪽)에 조리한 다음 원하는 소스를 곁들여 뜨겁게 낸다. 노랑촉수 튀김을 만들려면 222쪽의 안내를 참조한다. 노랑촉수 그릴 구이를 만들려면 먼저 비가열식 마리네이드(78쪽)에 재운 다음 221쪽의 안내를 따라 조리한다.

노랑촉수와 토마토
ROUGETS AUX TOMATES

대형 팬에 오일을 두르고 달군다. 토마토는 4등분한다. 팬에 양파, 마늘, 샬롯, 토마토를 넣고 약한 불에 올려서 가끔 뒤적이며 5분간 익힌다. 부케 가르니를 더하고 소금과 후추로 간을 한 다음 와인을 부어서 뚜껑을 닫고 15분간 뭉근하게 익힌다. 노랑촉수를 더하고 다시 뚜껑을 닫은 후 15분간 뭉근하게 익힌다. 부케 가르니를 제거하고 파슬리를 뿌린다. 노랑촉수를 적당히 잘라서 소스에 담아 낸다.

- 올리브 오일 2큰술
- 토마토 500g
- 다진 양파 1개 분량
- 다진 마늘 1쪽 분량
- 다진 샬롯 1개 분량
- 부케 가르니 1개
- 소금과 후추
- 드라이 화이트 와인 200mL
- 비늘을 제거하고 손질한 노랑촉수 1.2kg
- 다진 이탈리안 파슬리 2큰술

준비 시간 20분

조리 시간 30분

6인분

정어리

정어리를 손질할 때는 비늘을 제거하고 대가리를 잘라 낸 다음 내장을 손질해서 깨끗하게 씻는다. (또는 이미 손질된 정어리를 구입한다.) 정어리 소테를 만들려면 밀가루를 묻힌 다음 프라이팬에 버터를 넣어서 뜨겁게 달군 후 정어리를 넣고 앞뒤로 5분간 튀기듯이 굽는다. 정어리 그릴 구이를 만들려면 솔로 오일을 바른 다음 그릴에서 앞뒤로 5분간 굽는다. 메트르도텔 버터(48쪽)를 곁들여 낸다.

정어리 허브 구이
SARDINES AUX FINES HERBES

오븐을 200℃로 예열한다. 정어리를 오븐용 그릇에 담고 빵가루와 허브를 뿌린 다음 소금과 후추로 간을 하고 오일을 두른다. 오븐에 넣고 20분간 굽는다.

 301쪽

- ◆ 비늘을 제거하고 손질한 정어리
  12~18마리
- ◆ 마른 빵가루 40g
- ◆ 곱게 다진 모둠 허브(이탈리안 파슬리,
  골파, 타라곤 등) 60g
- ◆ 소금과 후추
- ◆ 오일 50mL
  준비 시간 10분
  조리 시간 20분
  6인분

서대기

도버 서대기를 손질할 때는 깨끗하게 씻어서 주방용 가위로 지느러미를 모조리 잘라 낸다. 흰색 배 부분의 껍질을 긁어내서 제거한다. 회색 등 부분의 꼬리 끝에 칼집을 넣는다. 다른 손으로 꼬리를 고정하고 칼끝으로 껍질을 들어 올려 행주로 단단히 잡은 다음 대가리 쪽으로 잡아당겨 껍질을 벗긴다. 서대기의 필레를 뜨려면 등뼈를 따라 칼집을 길게 낸 다음 칼끝 부분을 뼈와 살점 사이에 밀어 넣어 도려낸다.

레몬 서대기는 도버 서대기만큼 고급으로 취급받지는 못하며 섬세한 맛도 덜하다. 둘 다 같은 방식으로 손질하고 조리한다.

서대기는 221쪽의 안내에 따라 화이트 와인 쿠르부이용(82쪽) 또는 우유 쿠르부이용(82쪽)에 조리한 다음 메트르도텔 버터(48쪽)나 홀랜다이즈 소스(74쪽)를 곁들여서 뜨겁게 낸다. 서대기 튀김을 만들려면 우선 서대기를 위와 같은 방법으로 손질해서 222쪽의 안내에 따라 조리한다. 오일을 사용할 경우 손질한 생선을 우유에 담갔다가 밀가루를 묻힌다. 버터를 사용할 경우 바로 밀가루를 묻힌 다음 레몬 조각을 곁들여 낸다.

702쪽

서대기 뫼니에르
SOLE À LA MEUNIÈRE

◆ 껍질을 제거하고 손질한 도버 서대기

　또는 레몬 서대기 3마리

◆ 소금과 후추

◆ 우유 120mL

◆ 밀가루 40g

◆ 버터 100g

◆ 다진 이탈리안 파슬리 2큰술

　준비 시간 15분

　조리 시간 15분

　6인분

서대기는 각각 소금과 후추로 간을 한 다음 우유에 담갔다가 밀가루에 굴려서 골고루 묻힌다. 달군 팬에 버터 60g을 넣고 녹인다. 서대기를 넣고 중간에 한 번 뒤집으면서 강한 불에서 노릇해질 때까지 10~15분간 굽는다. 식사용 그릇에 서대기를 담고 파슬리를 뿌린다. 다른 팬에 남은 버터를 넣고 녹여 갈색을 띨 때까지 가열한 다음 서대기 주변에 둘러서 바로 낸다.

노르망디식 서대기 요리
SOLE À LA NORMANDE

◆ 문질러 닦아서 족사를 제거한 생홍합

　1kg

◆ 랑구스틴(스캄피) 6마리

◆ 버터 80g

◆ 버섯 200g

◆ 손질해서 껍질을 제거한 도버 서대기

　또는 레몬 서대기 3마리 분량

◆ 화이트 와인 200mL

◆ 밀가루 20g

◆ 달걀노른자 2개

◆ 깐 굴 6개

　준비 시간 1시간 30분

　조리 시간 35분

　6인분

홍합(271쪽)은 익히고 랑구스틴(286쪽)도 조리한 다음 각각 익힌 국물을 따로 남겨 둔다. 달군 팬에 버터 10g을 넣어 녹이고 버섯을 더해 5~10분간 볶는다. 넓고 얕은 팬에 서대기를 담고 와인을 부은 다음 홍합과 랑구스틴을 익힌 국물 200mL를 붓는다. 버터 20g을 깍둑 썰어서 팬에 더한다. 팬을 중약 불에 올려서 한소끔 끓인 다음 불 세기를 줄여서 15분간 뭉근하게 익힌다.

　서대기를 따뜻한 식사용 그릇에 담고 그 위에 서대기를 조리한 국물을 부어서 따뜻하게 보관한다. 버터 30g과 밀가루, 홍합과 랑구스틴을 익힌 국물 500mL로 화이트 소스(50쪽)를 만든다. 볼에 달걀노른자와 남은 버터를 넣고 섞은 다음 소스를 한 국자 더해서 골고루 섞는다. 혼합물을 다시 소스에 붓고 골고루 섞는다. 서대기에 굴과 홍합, 버섯을 얹어서 장식한 다음 소스를 두르고 랑구스틴을 제일 위에 얹는다.

바스크식 서대기 요리

SOLE À LA BASQUAISE

오븐을 200℃로 예열한다. 서대기는 한가운데를 따라 길게 잘라서 등뼈를 제거한 다음 오븐용 그릇에 담는다. 와인을 붓고 오븐에 넣어서 10분간 굽는다. 그동안 볼에 골파, 파슬리, 샬롯, 버섯, 버터를 넣고 섞어서 스터핑을 만든다. 서대기를 오븐에서 꺼낸 다음 등뼈를 제거한 빈 곳에 스터핑을 채운다. 육수를 붓고 소금과 후추로 간을 한다. 오븐 온도를 160℃로 낮춘 다음 그릇을 다시 오븐에 넣어서 10분간 굽는다. 레몬즙을 뿌려서 낸다.

◆ 손질해서 껍질을 제거한 도버 서대기
　또는 레몬 서대기 3마리 분량
◆ 화이트 와인 100mL
◆ 다진 골파 1큰술
◆ 다진 이탈리안 파슬리 2큰술
◆ 다진 샬롯 1개 분량
◆ 다진 버섯 100g
◆ 버터 50g
◆ 육수(종류 무관) 200mL
◆ 소금과 후추
◆ 레몬즙 1개 분량
　준비 시간 30분
　조리 시간 20분
　6인분

토마토를 곁들인 서대기 필레

FILLETS DE SOLE À LA TOMATE

서대기는 대가리와 뼈를 적당히 썰어서 팬에 담고 레몬즙과 파슬리 줄기 1개를 더한다. 와인 200mL와 물 200mL를 붓고 소금과 후추로 간을 한 다음 한소끔 끓인다. 불 세기를 줄이고 뚜껑을 닫아서 20분간 뭉근하게 익힌 다음 체에 걸러 볼에 국물을 담는다.

　　그동안 남은 파슬리를 다진다. 직화 가능한 그릇에 버터를 살짝 바르고 서대기 필레를 담은 후 생선 국물 100mL와 남은 와인을 붓는다. 소금과 후추로 간을 하고 다진 파슬리, 샬롯, 토마토를 뿌려서 중간 불에서 12~15분간 익힌다. 뒤집개로 서대기 필레를 건져서 따뜻한 식사용 그릇에 담는다. 불 세기를 줄이고 조리한 국물에 남은 버터를 더하여 천천히 섞는다. 맛을 보고 간을 맞춘 다음 소스를 서대기 위에 둘러서 낸다.

◆ 대가리와 뼈 포함 필레 뜬 도버 서대기
　또는 레몬 서대기 3마리 분량
◆ 레몬즙 1개 분량
◆ 이탈리안 파슬리 1/2단
◆ 화이트 와인 300mL
◆ 소금과 후추
◆ 버터 50g
◆ 곱게 다진 샬롯 15g
◆ 씨를 제거하고 굵게 다진 토마토 200g
　준비 시간 12분
　조리 시간 35분
　6인분

오를리식 서대기 필레 요리
FILETS DE SOLE À LA ONLY

- 필레를 뜨고 껍질을 제거한 도버
  서대기 또는 레몬 서대기 3마리 분량
- 저민 당근 1개 분량
- 저민 양파 1개 분량
- 저민 레몬 1개 분량
- 소금과 후추
- 올리브 오일 2큰술
- 뜨거운 토마토 소스(57쪽) 500mL
- 튀김용 식물성 오일
- 달걀 가볍게 푼 것 1개 분량
- 튀김옷용 마른 빵가루 120g
- 익힌 완두콩(563쪽) 400g
  준비 시간 45분
  조리 시간 10~15분
  6인분

볼에 서대기 필레와 당근, 양파, 레몬을 담고 소금과 후추로 간을 한 다음 올리브 오일을 부어서 30분간 재운다. 토마토 소스를 준비하여 따뜻하게 보관한다. 서대기 필레를 건져서 돌돌 만 다음 끝 부분을 이쑤시개로 고정한다. 튀김기에 오일을 채워서 180℃ 혹은 빵조각을 넣으면 30초 만에 노릇해질 정도로 가열한다. 돌돌 만 서대기를 먼저 달걀물에 담근 다음 빵가루를 묻혀서 적당량씩 나누어 뜨거운 오일에 넣고 갈색이 나지는 않을 정도로 5분간 튀긴다. 튀긴 서대기 롤을 건지고 오일 온도를 높인다. 서대기 롤을 다시 넣고 한 번 더 노릇하게 튀긴 뒤 건져서 기름기를 제거하고 이쑤시개를 뺀다. 원형 그릇에 서대기 롤을 둥글게 링 모양으로 담고 가운데에 완두콩을 채운 다음 토마토 소스를 롤 위에 부어서 낸다.

아스파라거스를 곁들인 서대기 프리카세
FRICASSÉE DE SOLES AUX ASPERGES

- 손질해서 껍질을 벗긴 흰색
  아스파라거스 300g
- 도버 서대기 또는 레몬 서대기 필레
  1.5kg
- 문질러 씻은 생대합 500g
- 버터 60g
- 곱게 다진 샬롯 50g
- 소금과 후추
- 드라이 화이트 와인 60mL
- 크렘 프레슈 150mL
- 처빌 40g
  준비 시간 1시간
  조리 시간 35분
  6인분

소금물을 끓여서 아스파라거스를 넣고 부드러워질 때까지 4~8분간 익힌 다음 건져서 찬물에 담가 식힌다. 아스파라거스를 3cm 길이로 자른 다음 따로 둔다. 서대기 필레는 4~5cm 크기로 자른다. 냄비에 대합을 담고 뚜껑을 닫은 다음 가끔 냄비를 흔들면서 강한 불에 입을 벌릴 때까지 약 5분간 익힌다. 구멍 뚫린 국자로 대합을 건지고 바닥에 고인 국물은 따로 남겨 둔다. 입을 벌리지 않은 대합은 버린다. 남은 대합은 속살만 꺼내서 따로 둔다.

달군 팬에 버터 40g을 넣고 녹인다. 서대기를 넣고 앞뒤로 5분간 굽는다. 샬롯을 뿌리고 소금과 후추로 간을 한 다음 와인과 대합 익힌 국물을 붓는다. 대합과 아스파라거스를 넣고 섞는다. 익힌 국물은 체에 걸러서 볼에 담는다. 서대기와 대합, 아스파라거스는 따뜻하게 보관한다. 익힌 국물에 크렘 프레슈를 더하여 섞은 다음 푸드 프로세서나 믹서로 2분간 간다. 혼합물을 냄비에 부어서 천천히 데운다. 남은 버터를 작은 크기로 잘라서 소스에 더하여 천천히 골고루 섞는다. 식사용 그릇에 서대기, 아스파라거스, 대합을 담고 소스를 두른 다음 처빌로 장식한다.

서대기 팀발

TIMBALE DE FILETS DE SOLE

팬에 생선 대가리와 뼈를 담고 와인과 물 200mL를 부어서 한소끔 끓인다. 불 세기를 줄이고 뚜껑을 닫아서 30분간 뭉근하게 익힌 다음 체에 걸러서 볼에 담는다. 팬에 버터 50g을 넣고 녹인다. 밀가루를 넣고 약한 불에 올려서 쉬지 않고 저어 가며 1분간 익힌다. 밀가루가 노릇해지지 않도록 주의한다. 서대기 국물을 천천히 부으면서 계속 휘저어 골고루 섞은 다음 한소끔 끓이고 자주 저어 가며 걸쭉해질 때까지 뭉근하게 익힌다.

그동안 큰 냄비에 쿠르부이용을 담고 서대기 필레를 담아서 3분간 삶은 다음 불에서 내리고 따뜻하게 보관한다. 작은 팬에 남은 버터를 넣고 녹인다. 버섯을 더하고 가끔 저으면서 약한 불에 5~8분간 익힌다. 소스에 버섯, 새우, 홍합을 더하여 섞은 다음 생선 필레를 더하고 소금과 후추로 간을 해서 뜨겁게 데워 낸다.

- ◆ 도버 서대기 또는 레몬 서대기 필레, 대가리와 뼈 4마리 분량
- ◆ 화이트 와인 200mL
- ◆ 버터 70g
- ◆ 밀가루 50g
- ◆ 따뜻한 화이트 와인 쿠르부이용(82쪽) 또는 우유 쿠르부이용(82쪽) 1회 분량
- ◆ 저민 버섯 185g
- ◆ 익혀서 껍데기를 벗긴 새우 125g
- ◆ 익힌 홍합살(271쪽) 125g
- ◆ 소금과 후추

  준비 시간 1시간 30분

  조리 시간 45분

  6인분

참치

참치는 크기가 커서 주로 저미거나 스테이크로 썰어서 낸다. 221쪽의 안내에 따라 소금 쿠르부이용(82쪽)에 익힌 다음 원하는 소스를 곁들여서 뜨겁게 낼 수 있다.

참치 그릴 구이를 만들려면 우선 저민 참치를 비가열식 마리네이드(78쪽)에 재운다. 뜨거운 그릴 팬에 저민 참치를 넣고 중간 불에서 앞뒤로 10분간 굽는다. 또는 샤르트뢰즈(224쪽)식으로 익힐 수도 있다.

참치 캐서롤
THON À LA CASSEROLE

- 비가열식 마리네이드(78쪽) 1회 분량
- 참치 600g
- 얇게 저민 베이컨 250g
- 오일 2큰술
- 채소 육수 350mL
- 소금과 후추
- 다진 마늘 1쪽 분량
- 다진 샬롯 1개 분량
- 버터 30g
  준비 시간 10분 + 재우기
  조리 시간 1시간
  6인분

볼에 마리네이드를 담고 참치를 두껍게 썰어서 더한다. 냉장고에 넣은 뒤 가끔 뒤집으면서 2시간 동안 재운다. 건져서 마리네이드는 따로 보관하고 참치는 베이컨으로 돌돌 만다. 큰 팬에 오일을 둘러서 달구고 베이컨으로 감싼 참치를 넣고 한 번 뒤집어 중간 불에서 8분간 익힌다. 남겨 둔 마리네이드 150mL와 육수를 붓고 소금과 후추로 간을 한 다음 마늘과 샬롯을 더하여 버터를 군데군데 올린다. 불 세기를 줄이고 뚜껑을 닫은 다음 15분마다 뒤집으면서 1시간 동안 뭉근하게 익힌다.

참치와 올리브
THON AUX OLIVES

- 물기를 제거한 염장 참치(통조림)
  400g
- 부드러운 버터 100g
- 마요네즈(70쪽) 1회 분량
- 소금과 후추
- 곁들임용 빵(선택 사항)
- 씨를 제거한 올리브 125g
  준비 시간 25분
  6인분

볼에 참치와 버터를 담아서 곱게 으깨어 섞는다. 마요네즈에 소금과 후추로 간을 해서 참치 혼합물에 더하여 섞는다. 그릇에 돔 모양으로 담거나 빵 위에 얹는다. 올리브로 장식한다.

참치 에스칼로프
ESCALOPES DE THON

볼에 달걀과 우유를 넣고 섞는다. 저민 참치를 달걀 혼합물에 담갔다가 밀가루를 묻힌다. 팬에 오일을 둘러서 달군다. 참치를 넣고 중간 불에서 노릇해질 때까지 5~6분간 굽는다. 뒤집개로 참치를 건져서 기름기를 제거하고 소금과 후추로 간을 한다. 튀긴 파슬리, 크루통, 레몬 저민 것으로 장식해서 바로 낸다.

- 달걀 1개
- 우유 50mL
- 1cm 두께로 저민 참치 750g
- 밀가루 75g
- 오일 3큰술
- 소금과 후추
- 튀긴 이탈리안 파슬리(81쪽)
- 크루통(183쪽) 8~10개
- 저민 레몬 1개 분량
  준비 시간 10분
  조리 시간 10분
  6인분

넙치

넙치는 등뼈에 전체적으로 칼집을 넣은 다음 221쪽의 안내에 따라 우유 쿠르부이용(82쪽)에 익힌 다음 껍질을 제거한다. 홀랜다이즈 소스(74쪽) 또는 마요네즈(70쪽)를 곁들여 낸다. 넙치 그릴 구이를 만들려면 221쪽의 안내를 참조하여 익힌 후 베어네즈 소스(75쪽)를 곁들여 낸다. 브릴도 넙치와 같은 방식으로 조리할 수 있다.

넙치 그라탕
TURBOT EN GRATIN

오븐을 200℃로 예열하고 직화 가능한 그릇에 버터를 넉넉히 바른다. 그릇에 양파와 절반 분량의 파슬리를 수북하게 깐다. 넙치 껍질에 칼집을 넣고 색이 어두운 부분이 아래로 오도록 양파와 파슬리 위에 얹은 다음 남은 버터를 군데군데 얹는다. 남은 파슬리와 버섯을 올리고 소금과 후추로 간을 한 다음 와인과 물 100mL를 붓고 빵가루를 뿌린다. 센 불에서 5분간 익힌 다음 오븐에 넣고 바닥의 국물을 자주 끼얹어 가며 20분간 굽는다.

- 버터 50g
- 다진 양파 50g
- 다진 이탈리안 파슬리 1단 분량
- 넙치 1마리(1kg)
- 다진 버섯 125g
- 소금과 후추
- 화이트 와인 100mL
- 마른 빵가루 50g
  준비 시간 20분
  조리 시간 25분
  6인분

가리비에 담은 넙치
TURBOT EN COQUILLES

- ◆ **쿠르부이용(82쪽) 1회 분량**
- ◆ **넙치 300g**
- ◆ **크림 소스(51쪽) 500mL**
- ◆ **문질러 씻어서 끓는 물에 데친 빈 가리비 껍데기 6개**
- ◆ **갈아놓은 그뤼에르 치즈 60g**

  준비 시간 20분

  조리 시간 20분

  6인분

큰 냄비에 쿠르부이용을 담아서 데운 다음 넙치를 넣고 8분간 뭉근하게 완전히 익힌다. 오븐을 240℃로 예열한다. 넙치를 건지고 볼에 담아서 크림 소스를 더하여 포크로 으깨면서 섞는다. 씻은 가리비 껍데기 6개에 넙치살 혼합물을 나누어 담고 치즈를 뿌린 다음 오븐에 넣어 10분간 굽는다.

동미리

동미리는 221쪽의 안내에 따라 소금 쿠르부이용(82쪽), 식초 쿠르부이용(82쪽), 화이트 와인 쿠르부이용(82쪽)에 익힌다. 원하는 소스를 곁들여 낸다.

동미리 그릴 구이는 221쪽의 안내를 참조한다. 베어네즈 소스(75쪽), 머스터드 소스(68쪽), 타르타르 소스(72쪽)를 곁들여 낸다. 동미리 튀김은 222쪽의 안내를 참조한다. 메트르도텔 버터(48쪽)를 곁들여 낸다.

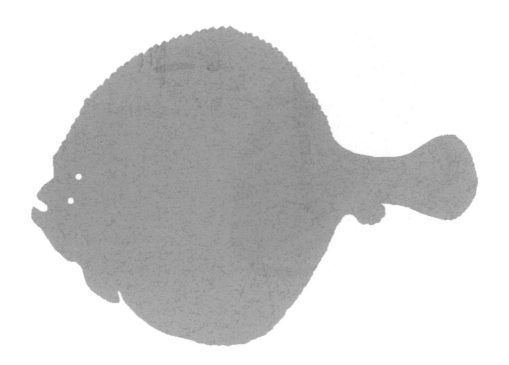

부야베스

BOUILLABAISSE

마늘 2쪽을 으깬다. 큰 냄비에 오일을 둘러 달구고 서양 대파, 양파, 토마토, 으깬 마늘을 더하여 볶는다. 소금과 후추로 간을 하고 허브와 사프란을 더한다. 두꺼운 생선(붕장어, 동미리, 아귀 등)은 저민 다음 갑각류와 함께 냄비에 넣는다. 1인당 물 250mL를 붓는다. 재빨리 한소끔 끓인 다음 7분간 익힌다. 이제 섬세한 축에 속하는 생선류를 넣는다. 강한 불에서 8분간 익히되 5분이 지나면 홍합을 넣는다.

그동안 루이유rouille를 만든다. 마늘과 고추를 절구에 빻아서 페이스트를 만들고 달걀노른자를 더하여 소금과 후추로 간을 한다. 올리브 오일을 천천히 부으면서 계속 휘저어서 걸쭉하고 매끄러운 소스를 만든다. 생선 익힌 국물 1큰술을 더하여 따로 둔다. 부야베스의 맛을 확인하고 필요하면 소금과 후추로 간을 맞춘다. 빵을 구워서 남은 마늘 1쪽을 문지른다. 마늘 토스트를 수프 그릇에 담고 그 위에 생선 익힌 국물을 붓는다. 생선과 갑각류, 홍합은 루이유와 함께 따로 식사용 그릇에 담아서 낸다.

 303쪽

- ◆ 마늘 3쪽
- ◆ 올리브 오일 5큰술
- ◆ 흰 부분만 다진 서양 대파 100g
- ◆ 다진 양파 100g
- ◆ 껍질과 씨를 제거하고 다진 토마토 250g
- ◆ 소금과 후추
- ◆ 모둠 허브(이탈리안 파슬리와 회향 등) 1줌
- ◆ 월계수 잎 1장
- ◆ 사프란 가닥 한 꼬집
- ◆ 생선 필레(민대구, 동미리, 붕장어, 아귀, 붉은쏨뱅이류, 성대, 노랑촉수, 닭고기 등) 2.5kg
- ◆ 갑각류(랑구스틴, 닭새우 등) 1kg
- ◆ 손질한 홍합 1L
- ◆ 구운 빵

루이유● 재료:
- ◆ 마늘 2쪽
- ◆ 씨를 제거한 매운 고추 3개(소)
- ◆ 달걀노른자 2개
- ◆ 올리브 오일 300mL

준비 시간 25분

조리 시간 20분

6인분

● 프로방스 지역의 소스로 마요네즈 기반에 마늘과 고추를 더하여 녹슨 듯한 색을 내는 것이 특징이다. 전통적으로 부야베스에 곁들여 먹는다.

부리드
BOURRIDE

- ◆ 흰살 생선(도미, 헤이크, 아귀, 장어, 홍어 등) 800g
- ◆ 월계수 잎 1장
- ◆ 타임 1줄기
- ◆ 다진 양파 2개 분량
- ◆ 소금과 후추
- ◆ 곁들임용 빵
- ◆ 아이올리(74쪽) 1회 분량
- ◆ 곁들임용 크렘 프레슈(선택 사항)

준비 시간 30분

조리 시간 30분

6인분

큰 냄비에 생선을 담고 물 2L를 부은 다음 월계수 잎, 타임, 양파, 소금과 후추를 더한다. 한소끔 끓인 후 20분간 익힌다. 그동안 오븐을 140℃로 예열한 다음 빵을 넣고 15분간 말린다. 체에 국물을 거르고 생선은 따로 보관한다. 아이올리에 국물을 더하면서 천천히 섞는다. 수프 그릇에 빵을 담고 생선을 그 위에 올린 뒤 아이올리를 부어서 낸다. 취향에 따라 국물에 크렘 프레슈를 더하여 마무리해도 좋다.

조개 및 갑각류

조개 및 갑각류는 풍미가 아주 은은하고 질감이 부드러워서 귀하게 취급받는 재료다. 아주 신선한 것만 사용해야 한다.

홍합

기본 홍합 조리법
MOULES AU NATUREL

- ◆ 홍합 3kg
- ◆ 버터 30g
- ◆ 다진 당근 50g
- ◆ 다진 양파 30g
- ◆ 다진 이탈리안 파슬리 1큰술
- ◆ 타임 줄기 1개
- ◆ 월계수 잎 1장
- ◆ 후추

준비 시간 20분

조리 시간 6분

6인분

홍합은 입을 단단히 닫고 있는 것만 고른다. 껍데기나 깨졌거나 건드려도 입을 닫지 않는 것은 버린다. 족사를 제거하고 물을 여러 번 갈면서 문질러 씻은 다음 건진다. 큰 냄비에 홍합과 버터, 당근, 양파, 파슬리, 타임, 월계수 잎을 담고 후추로 간을 한다. 뚜껑을 닫고 약한 불에서 약 6분간 익히되 홍합이 입을 열기 시작하면 냄비를 흔들어서 골고루 뒤섞는다. 입을 벌리지 않는 것은 버리고 바로 낸다.

참고
홍합은 차갑게 낼 수도 있다. 위와 같은 방식으로 조리한 다음 식혀서 껍데기에서 살을 발라내 마요네즈(70쪽)와 함께 섞는다.

홍합 마리니에르
MOULES MARINIÈRES

홍합(271쪽)은 손질해서 익힌 다음 살이 붙어 있지 않은 껍데기 한쪽을 떼고 따뜻한 식사용 그릇에 담아서 따로 둔다. 익힌 국물은 체에 걸러서 다시 팬에 붓고 와인, 버터, 파슬리, 샬롯, 양파를 더해 센 불에서 3분간 끓인다. 홍합에 소스를 둘러서 뜨겁게 낸다.

 304쪽

- 홍합 4kg
- 드라이 화이트 와인 200mL
- 버터 50g
- 다진 이탈리안 파슬리 1큰술
- 다진 샬롯 1개 분량
- 다진 양파 60g
  준비 시간 20분
  조리 시간 10분
  6인분

홍합 풀레트
MOULES À LA POULETTE

블론드 루를 만든다. 그동안 홍합(271쪽)을 손질해서 익힌 다음 살이 붙어 있지 않은 껍데기 한쪽을 떼고 따뜻한 식사용 그릇에 담아서 따로 둔다. 홍합 익힌 국물은 체에 걸러서 블론드 루에 부어 섞는다. 내기 직전 소스에 달걀노른자를 더하여 약한 불에 올리고 골고루 휘저어서 걸쭉하게 만든 후 레몬즙을 더한다. 홍합에 소스를 두르고 파슬리를 뿌린다.

- 블론드 루(57쪽) 250mL
- 홍합 2kg
- 달걀노른자 2개
- 레몬즙 1개 분량
- 다진 이탈리안 파슬리 1큰술
  준비 시간 20분
  조리 시간 20분
  6인분

베샤멜 소스를 두른 홍합 그라탕
MOULES À LA BÉCHAMEL ET AU GRATIN

오븐을 220℃로 예열한다. 베샤멜 소스를 만든다. 그동안 홍합(271쪽)을 손질하고 익힌 다음 살만 발라낸다. 소스에 홍합을 넣고 5분간 뭉근하게 익힌다. 얕은 베이킹 그릇에 홍합과 소스를 담고 빵가루를 뿌린 다음 버터를 군데군데 얹어서 오븐에 넣어 10분간 노릇해지도록 굽는다.

- 베샤멜 소스(50쪽) 1회 분량
- 홍합 3kg
- 마무리용 마른 빵가루
- 작게 자른 버터 30g
  준비 시간 20분
  조리 시간 20분
  6인분

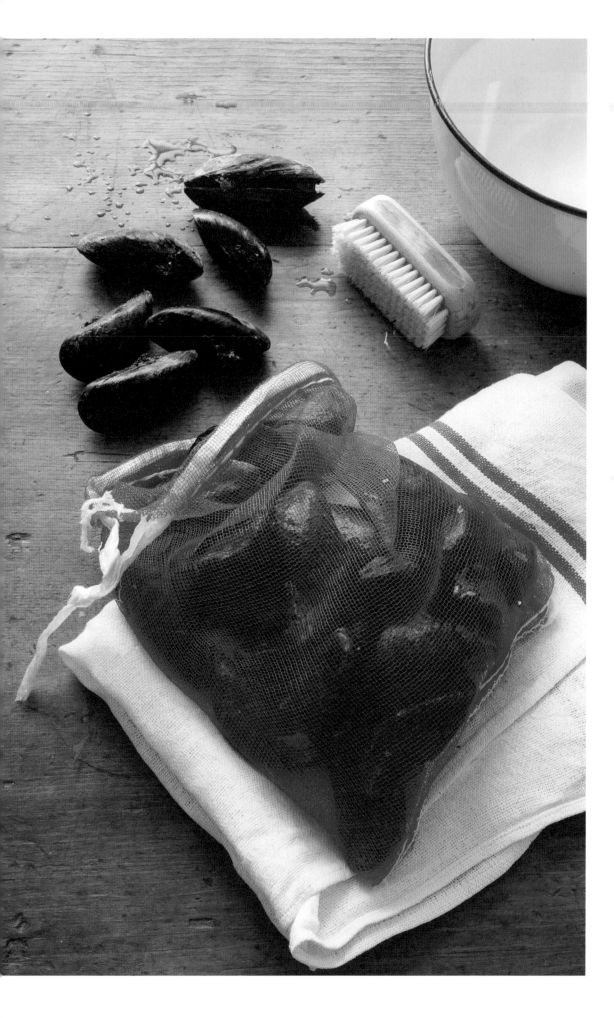

껍데기에 담아 구운 홍합
COQUILLES DE MOULES GRATINEES

오븐을 220℃로 예열한다. 홍합(271쪽)은 손질하고 익힌 다음 살만 발라낸다. 얇은 베이킹 그릇에 가리비 껍데기 6개를 담는다. 빵가루와 버터, 골파, 파슬리를 섞는다. 소금과 후추로 간을 한다. 가리비 껍데기 위에 빵가루 혼합물을 한 켜 깔고 홍합을 올린 다음 빵가루를 다시 한 켜 올려서 마무리한다. 오븐에 넣고 8분간 굽는다.

- 홍합 2kg
- 문질러 씻어서 끓는 물에 데친 빈 가리비 껍데기 6개
- 마른 빵가루 60g
- 부드러운 버터 60g
- 다진 골파 15g
- 다진 이탈리안 파슬리 15g
- 소금과 후추

  준비 시간 30분

  조리 시간 8분

  6인분

무클라드
MOUCLADE

홍합을 문질러 씻은 다음 족사를 제거하고 두드려도 입을 다물지 않는 것은 버린다. 큰 냄비에 홍합을 담고 중간 불에 올려서 입을 벌릴 때까지 약 5분간 가열한다. 아래에 볼을 받친 체에 홍합을 걸러서 국물을 받는다. 홍합의 살이 붙어 있지 않은 빈 껍데기는 제거한다. 나머지 반쪽짜리 홍합은 덮개를 씌우고 뜨겁게 보관한다. 버터와 밀가루에 물과 홍합 익힌 국물을 반반 섞어서 화이트 소스(50쪽)를 만든다. 마늘을 넣어서 섞은 다음 소금과 후추로 간을 한다. 자주 휘저으면서 10분간 천천히 뭉근하게 익힌다. 달걀노른자를 넣어서 골고루 휘저어서 걸쭉하게 만든 다음 먹기 직전에 레몬즙과 뜨거운 홍합을 넣어서 섞는다. 파슬리를 뿌려서 낸다.

 305쪽

- 홍합 3kg
- 버터 50g
- 밀가루 40g
- 곱게 다진 마늘 1쪽 분량
- 소금과 후추
- 달걀노른자 1개
- 레몬즙 1/2개 분량
- 다진 이탈리안 파슬리 3큰술

  준비 시간 25분

  조리 시간 25분

  6인분

굴

굴은 다른 조개류처럼 익히기도 하지만 날것으로 먹는 일이 더 흔하다. 굴 껍데기를 까려면 우선 행주를 감아서 손을 보호한다. 굴 껍데기의 둥근 부분이 아래로 오도록 손바닥으로 잡는다. 날이 넓은 굴 손질용 칼을 위아래 껍데기를 잇는 이음새 부분에 밀어 넣고 한 바퀴 두른 뒤 비틀어서 껍데기를 분리한다. 이때 아래쪽 국물이 흐르지 않도록 주의한다. 굴 살점 아래에 칼날을 밀어 넣고 바닥을 도려내어 살점을 분리해 놓는다. 반쪽짜리 껍데기에 살점과 굴즙을 담은 채로 레몬 저민 것, 식초에 재운 다진 샬롯을 곁들여 낸다.

굴 빵가루 구이
COQUILLES D'HUÎTRES FARCIES

 306쪽

◆ 참굴 18개

◆ 레몬즙 1/2개 분량

◆ 버터 30g, 조리용 여분

◆ 다진 버섯 100g

◆ 우유 120mL

◆ 생빵가루 25g

◆ 완숙 달걀노른자 1개

◆ 마른 빵가루 25g, 마무리용 여분

◆ 소금과 후추

준비 시간 15분

조리 시간 15분

6인분

오븐을 240℃로 예열한다. 굴(275쪽)을 까서 접시에 담고 레몬즙을 뿌린다. 아래쪽 껍데기 9개를 씻어서 말린 다음 오븐용 그릇에 담고 굴을 껍데기 1개당 2개씩 담는다. 달군 팬에 버터를 넣어 녹이고 버섯을 더하여 중간 불에서 부드러워질 때까지 수분간 익힌다. 냄비를 중간 불에 올리고 우유가 끓어오르지 않도록 주의하면서 따뜻하게 데운 후 생빵가루를 넣어서 불린다. 달걀노른자를 으깨서 버섯, 마른 빵가루와 함께 생빵가루 혼합물에 더하여 섞는다. 소금과 후추로 간을 한다. 굴에 생빵가루 혼합물을 덮고 여분의 마른 빵가루를 뿌린 다음 버터를 군데군데 얹는다. 노릇해질 때까지 10분간 굽는다.

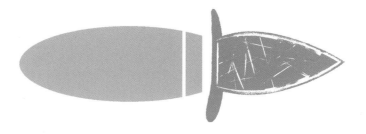

굴 그라탕
HUÎTRES EN GRATIN

오븐을 190℃로 예열한다. 얕은 그라탕 그릇에 버터를 넣어 녹인다. 마른 빵가루 4큰술을 뿌려서 버터를 흡수하게 한다. 굴(275쪽)을 까서 껍데기에서 살점을 분리하고 국물을 따로 모은다. 빵가루 위에 굴을 얹고 크렘 프레슈를 부은 다음 굴즙 2큰술을 두른다. 남은 마른 빵가루를 덮듯이 오븐에 넣어 뿌리고 노릇해질 때까지 15분간 굽는다.

- ◆ 버터 60g
- ◆ 마른 빵가루 30g
- ◆ 굴 60개
- ◆ 크렘 프레슈 90mL

  준비 시간 10분

  조리 시간 15분

  6인분

굴 튀김
HUÎTRES FRITES

굴(275쪽)을 까서 껍데기에서 분리한다. 소금과 후추로 간을 하고 달걀물에 담갔다가 빵가루를 골고루 묻힌다. 팬에 버터를 넣고 중강 불에서 녹인다. 튀김옷을 입힌 굴을 넣고 중간에 한 번 뒤집으면서 노릇해질 때까지 튀긴다. 굴을 팬에서 건져 그릇에 담고 토마토 소스를 두른다.

〔변형〕

• •

굴 토스트
HUÎTRES SUR CROÛTONS

굴 튀김을 하고 빵 10장을 굽는다. 굴 튀김을 빵 1장당 6개씩 올린다. 굴을 튀긴 버터를 두르고 뜨겁게 낸다.

- ◆ 굴 60개
- ◆ 소금과 후추
- ◆ 달걀 푼 것 1개
- ◆ 튀김옷용 마른 빵가루
- ◆ 버터 100g
- ◆ 토마토 소스(57쪽) 1회 분량

  준비 시간 10분

  조리 시간 5분

  6인분

굴과 버섯
HUÎTRES AUX CHAMPIGNONS

오븐을 220℃로 예열한다. 굴(275쪽)을 까서 껍데기에서 분리한다. 쿠르부이용에 굴을 담고 가장자리가 말리기 시작할 때까지 약 3분간 삶는다. 굴을 건지고 큰 것은 반으로 가른다. 아래쪽 껍데기를 씻어서 말린 다음 오븐용 그릇에 담는다. 팬에 절반 분량의 버터를 넣고 중강 불에서 달군다. 버섯을 더해 부드러워질 때까지 익힌 다음 얇게 저민다. 소금과 후추로 간을 한다. 굴과 버섯을 골고루 섞은 다음 베샤멜 소스를 더하여 마저 섞는다. 준비한 그릇에 올린 굴 껍데기 위에 혼합물을 담고 빵가루를 뿌린 다음 남은 버터를 둘러서 오븐에 넣고 5~6분간 굽는다.

◆ 굴 36개
◆ 화이트 와인 쿠르부이용(82쪽) 1L
◆ 녹인 버터 40g
◆ 기둥을 제거하고 깨끗하게 손질한 버섯
　150g
◆ 소금과 후추
◆ 베샤멜 소스(50쪽) 200mL
◆ 마무리용 마른 빵가루
　준비 시간 25분
　조리 시간 25분
　6인분

가리비

가리비 그라탕
SAINT-JACQUES EN GRATIN

오븐을 220℃로 예열한다. 껍데기에서 가리비 살점을 발라내어 검은색의 질긴 부분을 제거하고 관자와 알 부분을 물에 씻는다. 껍데기 6개를 깨끗하게 문질러 닦고 냄비에 물을 끓여서 넣어 데친다. 한 김 식혀 말린다. 깨끗한 가리비 껍데기를 베이킹 그릇에 담는다. 소금물 200mL를 한소끔 끓인다. 가리비 살점을 넣고 1분간 익힌 뒤 건져서 물기를 완전히 제거하고 따로 둔다. 팬에 버터 20g을 넣고 중강 불에서 녹인 다음 샬롯, 파슬리, 버섯을 더하여 샬롯이 부드러워질 때까지 익힌다.

　다른 팬에 버터 30g을 넣어 녹이고 연기가 나기 시작하면 밀가루를 더하여 살짝 밀짚 색을 띨 때까지 볶는다. 계속 휘저으면서 와인과 육수를 천천히 부으며 골고루 섞어 2분간 끓인다. 달걀노른자를 넣고 약한 불에서 골고루 휘저어 잘 섞는다. 가리비와 샬롯, 파슬리, 버섯 혼합물을 더한다. 껍데기 1개당 가리비가 3개씩 들어가도록 혼합물을 나누어 담고 빵가루를 뿌린 다음 남은 버터를 군데군데 얹어서 오븐에 넣고 10분간 굽는다.

 307쪽

◆ 가리비 18개
◆ 버터 70g
◆ 다진 샬롯 1개 분량
◆ 다진 이탈리안 파슬리 1줌(소) 분량
◆ 다진 버섯 125g
◆ 밀가루 30g
◆ 화이트 와인 100mL
◆ 육수(종류 무관) 200mL
◆ 달걀노른자 1개
◆ 마무리용 마른 빵가루
◆ 소금
　준비 시간 50분
　조리 시간 15분
　6인분

가리비 소테
SAINT JACQUES SAUTÉES

◆ 가리비 24개

◆ 버터 60g

◆ 다진 마늘 1개 분량

◆ 곱게 다진 이탈리안 파슬리 1큰술

◆ 소금과 후추

준비 시간 10분

조리 시간 4분

6인분

껍데기에서 가리비 살점을 발라내어 검은색의 질긴 부분을 제거하고 관자와 알 부분을 물에 씻는다. 물기를 완전히 제거한다. 팬에 버터를 넣어 달구고 마늘과 파슬리를 더한다. 가리비를 넣고 강한 불에서 바삭한 크러스트가 생기도록 2분간 건드리지 않고 앞뒤로 굽는다. 소금과 후추로 간을 해서 바로 낸다.

치즈 소스를 두른 가리비
SAINT-JACQUES SAUCE MORNAY

◆ 가리비 24개

◆ 치즈 소스(51쪽) 1회 분량

준비 시간 10분

조리 시간 25분

6인분

오븐을 240℃로 예열한다. 껍데기에서 가리비 살점을 발라내어 검은색의 질긴 부분을 제거하고 관자와 알 부분을 물에 씻는다. 냄비에 물을 넣어 한소끔 끓기 직전까지 데우고 가리비를 넣어 3분간 삶는다. 건져서 물기를 제거하고 살짝 식힌다. 가리비를 깍둑 썬 다음 치즈 소스를 둘러서 오븐용 그릇에 담는다. 오븐에 넣고 노릇해질 때까지 5분간 굽는다.

성게

성게알은 익혀서도 날것으로도 먹는다. 날것은 그대로 먹어도 좋지만 레몬즙을 둘러도 맛있다. 익힐 때는 가시에 찔리지 않도록 면포를 두르고 성게를 가볍게 잡아서 조심스럽게 씻은 다음 소금물에서 5분간 삶는다. 삶은 달걀을 먹듯이 윗부분을 뚜껑처럼 잘라 낸 다음 안쪽에 들어 있는 식용 가능한 오렌지색 성게알(코럴이라고도 부른다)을 확인한다. 성게는 겨울과 봄이 제철이다.

갑각류

갑각류는 바다와 민물 양쪽에서 잡히는 아주 귀한 식재료다. 조리한 후에는 온몸을 감싼 껍데기가 전부 붉게 변한다. 살점은 영양소가 풍부하며 은은하고 섬세한 풍미가 난다. 갑각류는 아주 신선하게 먹어야 한다.

바닷가재 & 닭새우

일반적으로 바닷가재는 조리하기 몇 시간 전에 냉동고에 넣어 두는 것이 좋다. 바닷가재를 삶으려면 소금 쿠르부이용(82쪽)이나 식초 쿠르부이용(82쪽)을 뭉근하게 끓인 다음 바닷가재를 넣고 400g당 8분간 또는 1kg당 10분간 삶는다. 삶고 나서는 쿠르부이용에 담근 채로 식힌다. 꺼낼 때는 머리 쪽에 가볍게 칼집을 넣어서 속에 들어찬 쿠르부이용을 따라 낸다.

　익힌 바닷가재를 손질할 때는 뒤집어서 배를 길게 가른 다음 꼬리를 잘라 낸다. 가운데 창자를 제거하고 살점을 저민다. 집게발은 껍데기를 벗긴다. 닭새우는 바닷가재와 같은 방식으로 손질할 수 있으나 앞다리에 집게발이 없고 살점이 대부분 몸통에 집중된 것이 특징이다.

바닷가재 테르미도르
HOMARD THERMIDOR

오븐을 220℃로 예열한다. 큰 냄비에 쿠르부이용을 넣고 한소끔 끓인다. 바닷가재를 넣고 10분간 삶는다. 꺼내서 한 김 식힌다. 만질 수 있을 정도로 식으면 껍데기에서 살점을 발라내고 작게 깍둑 썬다. 큰 팬에 버터를 넣어 녹이고 깍둑 썬 바닷가재 살을 더하여 중간 불에서 5분간 익힌다. 크렘 프레슈를 붓고 마데이라 와인과 코냑을 더한다. 소금과 카이엔 페퍼로 간을 한다. 오븐용 그릇에 혼합물을 담고 5분간 구워서 낸다.

 308쪽

◆ 소금 쿠르부이용(82쪽) 또는 식초 쿠르부이용(82쪽) 1회 분량

◆ 바닷가재 1마리(500g)

◆ 버터 125g

◆ 크렘 프레슈 200mL

◆ 마데이라 와인 100mL

◆ 코냑 100mL

◆ 소금

◆ 카이엔 페퍼

　준비 시간 1시간

　조리 시간 30분

　6인분

바닷가재 샐러드
SALADE DE HOMARD

◆ 소금 쿠르부이용(82쪽) 또는 식초

　쿠르부이용(82쪽) 1회 분량

◆ 바닷가재 1마리(1kg)

◆ 곁들임용 샐러드용 채소

◆ 비네그레트(66쪽) 1회 분량

◆ 마요네즈(70쪽) 1회 분량

　준비 시간 20분

　조리 시간 10분

　6인분

큰 냄비에 쿠르부이용을 넣고 한소끔 끓인다. 바닷가재를 넣고 10분간 삶는다. 바닷가재를 건져서 살짝 식힌다. 만질 수 있을 정도로 식으면 살점을 발라내서 얇게 저민다. 저민 바닷가재 살을 적당량의 양상추 잎에 담고 비네그레트를 두른 다음 마요네즈를 곁들여 낸다.

미국식 바닷가재 요리
HOMARD À L'AMÉRICAINE

조리하기 약 2시간 전에 바닷가재를 냉동실에 넣어 둔다. 큰 냄비에 소금물을 한소끔 끓인 다음 바닷가재를 머리부터 거꾸로 집어 넣는다. 2분간 삶은 다음 건져서 식힌다. 작은 냄비에 일반 코냑을 붓고 센 불에서 수분간 끓여서 알코올을 날린다. 따로 둔다.

작업대에 바닷가재를 납작하게 펴서 머리와 몸통이 붙어 있는 부분을 잡는다. 큰 식칼의 끝 부분으로 머리를 도마에 꾹 누른 다음 칼날을 눈 사이로 밀어 넣어 자른다. 집게발을 잘라 내고 몸통은 6등분한다. 알과 부드러운 간은 분리해서 따로 보관한다.

팬에 오일을 둘러 달구고 바닷가재 살점을 넣은 뒤 붉은색이 될 때까지 수분간 익힌다. 팬에서 살점을 꺼낸다. 팬에 샬롯, 마늘, 일반 코냑, 와인, 토마토를 더하고 소금과 카이엔 페퍼로 간을 하여 수분간 뭉근하게 익힌다. 불에서 내리고 고급 코냑을 더한 다음 가볍게 수분간 끓여서 알코올을 날린다. 15분간 더 뭉근하게 익힌다. 바닷가재를 다시 팬에 넣고 5분 더 뭉근하게 익힌다. 식사용 그릇에 바닷가재를 담는다. 소스는 조금 더 끓여서 졸인 다음 간과 알, 버터, 허브를 더하여 골고루 휘저어서 걸쭉하게 만든다. 바닷가재 위에 부어서 뜨겁게 낸다.

◆ 바닷가재 1마리(1kg)
◆ 일반 코냑 50mL
◆ 오일 3큰술
◆ 다진 샬롯 20g
◆ 다진 마늘 1쪽 분량
◆ 화이트 와인 200mL
◆ 껍질을 벗겨서 굵게 간 토마토 300g
◆ 소금과 카이엔 페퍼
◆ 고급 코냑 50mL
◆ 버터 60g
◆ 다진 처빌 1큰술
◆ 다진 이탈리안 파슬리 1큰술
◆ 다진 타라곤 1큰술
　준비 시간 25분
　조리 시간 20분
　6인분

닭새우 수플레
SOUFFLÉ DE LANGOUSTE

큰 냄비에 쿠르부이용을 넣고 한소끔 끓인다. 닭새우를 넣고 8~9분간 삶는다. 건져서 만질 수 있을 정도로 식힌 다음 살점을 발라내어 먼저 잘게 썬 후 으깬다. 오븐을 190℃로 예열하고 수플레 그릇에 버터를 바른다. 베샤멜 소스를 만들고 와인, 닭새우 살, 버터, 달걀 노른자를 더하여 잘 섞는다. 달걀흰자는 단단한 뿔이 설 때까지 휘핑한 다음 닭새우 혼합물에 더하여 접듯이 섞는다. 코냑을 더하여 섞고 소금과 카이엔 페퍼로 간을 한다. 혼합물을 준비한 수플레 그릇에 담은 뒤 오븐에 넣어 노릇하게 부풀어 오를 때까지 20분간 굽는다.

◆ 소금 쿠르부이용(82쪽) 또는 식초 쿠르부이용(82쪽) 1회 분량
◆ 닭새우 1마리(500g)
◆ 버터 50g, 틀용 여분
◆ 베샤멜 소스(50쪽) 1회 분량
◆ 화이트 와인 50mL
◆ 달걀노른자 3개
◆ 달걀흰자 4개
◆ 코냑 20mL
◆ 소금과 카이엔 페퍼
　준비 시간 1시간
　조리 시간 20분
　6인분

닭새우 칵테일
COCKTAIL DE LONGOUSTE

- ◆ 익힌 닭새우 살(280쪽) 350g
- ◆ 마요네즈(70쪽) 3큰술
- ◆ 소금과 후추
- ◆ 코냑 100mL
- ◆ 벨루테 소스(59쪽) 1/2회 분량
- ◆ 버섯 육수(46쪽) 50mL
- ◆ 마데이라 와인 1큰술
- ◆ 토마토 퓌레 1작은술

  준비 시간 25분 + 식히기

  6인분

닭새우 살을 큰 칵테일 잔 6개에 나누어 담는다. 마요네즈에 소금과 후추로 넉넉히 간을 한 다음 코냑을 더하여 섞는다. 벨루테 소스에 버섯 육수, 마데이라 와인, 토마토 퓌레를 더하여 섞은 다음 마요네즈를 넣고 마저 섞는다. 칵테일 잔의 닭새우 살에 마요네즈 소스를 두른다. 차갑게 식혀서 낸다.

새우

새우는 소금을 넉넉하게 넣은 끓는 물에서 익힌다. 큰 것은 약 3분, 작은 것은 약 2분간 삶는다. 익으면 바로 건져서 물기를 충분히 제거한다. 살점을 발라낼 때는 머리를 몸통에서 분리한 다음 껍데기를 벌려 몸통 살을 꺼낸다.

새우 크로켓
CROQUETTES DE CREVETTES

- ◆ 새우 500g
- ◆ 우유 750mL
- ◆ 버터 100g
- ◆ 밀가루 100g
- ◆ 즉석에서 간 너트메그
- ◆ 소금과 후추
- ◆ 조리용 오일 또는 버터

  준비 시간 45분

  조리 시간 40분

  6인분

새우(283쪽)는 익혀서 껍데기와 살점을 따로 분리한다. 팬에 우유를 넣고 한소끔 끓여서 새우 껍데기를 넣은 다음 15분간 뭉근하게 익힌다. 체에 내려서 새우 우유 국물을 따로 모은다. 껍데기는 체에 담은 채로 꼼꼼하게 으깨서 국물을 완전히 걸러 내어 받는다. 버터와 밀가루, 새우 우유 국물, 껍데기를 으깨서 모은 국물을 사용하여 화이트 소스(50쪽)를 만든다. 새우 살을 넣어서 섞은 다음 너트메그, 소금, 후추로 간을 하고 국물이 완전히 증발할 때까지 5분간 익혀서 식힌다. 이때 혼합물은 아주 되직한 상태여야 한다. 혼합물을 작은 공 또는 패티 모양으로 빚는다. 큰 팬에 오일 또는 버터를 넣어 달구고 크로켓을 넣어 계속 굴리면서 골고루 노릇해지도록 튀긴다.

새우 샐러드

SALADE DE CREVETTES

새우(283쪽)를 익힌 다음 껍데기를 제거한다. 연어에 새우살을 섞은 다음 비네그레트 드레싱 또는 마요네즈에 버무린다. 냉장고에 넣어 2시간 정도 차갑게 보관했다가 낸다.

- 새우 200g
- 길게 썬 훈제 연어 60g
- 비네그레트 드레싱(66쪽) 또는 마요네즈(70쪽) 1회 분량

  준비 시간 20분 + 식히기

  조리 시간 3분

  6인분

새우 리솔*

RISSOLES AUX CREVETTES

새우(283쪽)는 익힌 다음 한 김 식혀서 살점과 껍데기를 분리하여 각각 따로 담는다. 중간 크기 냄비에 물 350mL를 넣어 한소끔 끓이고 껍데기를 넣은 다음 불을 줄이고 10분간 뭉근하게 익힌다. 체에 걸러서 국물은 팬에 담고 껍데기는 버린다. 이 국물과 버터, 밀가루로 화이트 소스(50쪽)를 만든다. 머스터드를 넣어서 섞은 다음 새우 살을 더한다. 페이스트리는 3mm 두께로 민 뒤 지름 약 7cm 크기의 원형 틀로 찍어 낸다. 페이스트리 가운데에 혼합물을 적당량씩 담고 턴오버처럼 반달 모양으로 접는다. 가장자리에 살짝 물을 묻혀서 꼭꼭 눌러 여민다. 속이 깊은 소테 팬에 오일을 약 2cm 두께로 채워 가열한다. 뜨거운 오일에 반달 모양 페이스트리를 조심스럽게 넣고 앞뒤로 수분간 튀긴다. 키친타월에 얹어서 기름기를 제거하고 아주 뜨겁게 낸다.

- 새우 350g
- 버터 30g
- 밀가루 40g
- 머스터드 1작은술
- 밀가루 150g으로 만든 쇼트크러스트 페이스트리(784쪽)
- 튀김용 오일

  준비 시간 20분

  조리 시간 10분

  6인분

● 내장 등의 속재료를 채워서 튀기듯이 익힌 파이의 일종.

새우 칵테일
COOKTAIL DE OREVETTES

◆ 마요네즈(70쪽) 150mL

◆ 레몬즙 1개 분량

◆ 코냑 1큰술

◆ 토마토 퓌레 1큰술

◆ 소금과 후추

◆ 커리 파우더

◆ 양상추 잎 6장

◆ 익혀서 껍데기를 제거한 새우 살 200g

　준비 시간 20분

　6인분

볼에 마요네즈와 레몬즙, 코냑, 토마토 퓌레를 담고 함께 섞는다. 소금과 후추, 커리 파우더로 간을 한다. 양상추 잎을 굵게 다져서 개인용 잔 6개에 나눠 담는다. 마요네즈 혼합물에 새우 살을 넣고 골고루 섞은 뒤 잔에 나누어 담는다.

게

게는 소금 쿠르부이용(82쪽)을 끓인 다음 넣어서 1kg당 30분간 삶는다. 삶은 뒤에는 쿠르부이용에 담은 채로 식힌다. 꺼낼 때는 머리에 살짝 칼집을 내고 안에 들어찬 쿠르부이용을 따라 낸다.

익힌 게를 손질할 때는 게살과 껍데기 속의 알을 발라낸다. 다리와 집게발의 살점도 발라낸다.

가리비 껍데기에 담은 커리 풍미 게살
COQUILLES DE CRABES À L'INDIENNE

◆ 소금 쿠르부이용(82쪽) 1회 분량

◆ 게 6마리(각 450g)

◆ 토마토 퓌레 100g

◆ 카이엔 페퍼

◆ 커리 파우더

◆ 버터 50g

　준비 시간 30분

　조리 시간 30~40분

　6인분

오븐을 240℃로 예열한다. 쿠르부이용을 한소끔 끓인 다음 게를 넣고 1마리당 약 15분씩 팔팔 끓여 가며 삶는다. 팬에서 건진 다음 씻어서 식힌다. 집게발과 다리를 비틀어서 뜯어내 따로 둔다. 배 부분의 껍데기를 부숴서 제거한 다음 모래주머니와 부드러운 아가미를 제거한다. 위쪽 껍데기는 깨끗하게 씻어서 따로 둔다. 갈색 살을 전부 파낸다. 집게발과 다리를 깨서 흰색 살을 전부 파낸다. 모든 게살을 곱게 다진다. 알과 껍데기 안에 들어 있는 부드러운 내용물을 꺼내서 곱게 으깬 다음 입맛에 따라 토마토 퓌레, 카이엔 페퍼, 커리 파우더로 양념한다. 손질한 껍데기를 오븐용 그릇에 담고 게살 혼합물을 나누어 담는다. 버터를 군데군데 얹고 오븐에 넣어 10분간 굽는다.

로스코프식 게 요리
TOURTEAUX À LA ROSCOVITE

쿠르부이용에 게(285쪽)를 넣고 1마리당 15분씩 익힌 다음 건져서 깨끗하게 씻은 후 식힌다. 살점을 발라낸다. 집게발과 다리를 비틀어서 뜯어내 따로 둔다. 등과 배의 껍데기를 뜯어서 분리한 다음 배 부분의 모래주머니와 부드러운 아가미를 제거한다. 위쪽 껍데기는 깨끗하게 씻어서 따로 둔다. 갈색 살을 전부 파낸다. 집게발과 다리를 깨서 흰색 살을 전부 파낸다. 모든 게살을 곱게 다진 다음 알, 삶은 달걀 저민 것 4분의 3 분량, 허브, 마요네즈를 더하여 골고루 섞는다. 손질한 껍데기에 게살 혼합물을 피라미드 모양으로 담는다. 저민 토마토, 남은 저민 달걀, 다진 파슬리로 장식한다.

- ◆ 소금 쿠르부이용(82쪽) 1회 분량
- ◆ 게 2마리
- ◆ 껍데기 벗겨서 저민 완숙 달걀(134쪽) 3개 분량
- ◆ 다진 모듬 허브(이탈리안 파슬리, 골파, 처빌, 타라곤 등) 1줌 분량, 장식용 파슬리
- ◆ 마요네즈(70쪽) 250mL
- ◆ 저민 토마토 2개 분량

  준비 시간 30분

  조리 시간 20분

  6인분

가재 & 랑구스틴

가재와 랑구스틴(스캄피라고도 부른다)을 익히려면 소금 쿠르부이용(82쪽) 또는 식초 쿠르부이용(82쪽)에 넣어 8~10분간 삶는다. 삶은 뒤에는 쿠르부이용에 담은 채로 식힌다. 건져서 껍데기에 살짝 칼집을 내고 속에 들어찬 쿠르부이용을 따라 낸다. 가재나 랑구스틴에서 내장을 제거할 때는 몸통 가운데 지느러미 부분을 잘라 내서 까만 관 모양 내장을 잡아 당겨 빼낸다.

가재 낭투아

ÉCREVISSES À LA NANTUA

- 가재 40마리
- 소금 또는 식초 쿠르부이용(82쪽) 1회 분량
- 버터 40g
- 크렘 프레슈 200mL
- 버섯 185g
- 달걀노른자 4개 분량

  준비 시간 1시간 30분

  조리 시간 1시간 10분

  6인분

가재(286쪽)는 손질해서 쿠르부이용에 익힌 다음 건지고 쿠르부이용은 1L만 남겨 둔다. 가재는 껍데기를 벗겨 내고 몸통만 보관한다. 껍데기는 조심스럽게 완전히 빻은 다음 남겨 둔 쿠르부이용에 넣고 약한 불에 1시간 동안 익혀서 반으로 졸인다. 졸인 국물을 체에 걸러 소스를 완성한다.

그동안 큰 프라이팬에 절반 분량의 버터를 넣고 중간 불에 올려서 버섯을 더하여 10분간 익힌 다음 덜어 내서 따로 둔다. 팬에 남은 버터를 두르고 가재 몸통살을 더하여 10분간 볶는다. 소스를 두르고 크렘 프레슈와 버섯을 더하여 섞는다. 내기 전에 달걀노른자를 소스에 더한 다음 약한 불에 올려서 골고루 휘저어 걸쭉하게 만든다.

랑구스틴 샐러드

SALADE DE LANGOUSTINES

 309쪽

- 곱슬 엔다이브 300g
- 마타리 상추 200g
- 쇠비름 100g
- 깍지콩 60g
- 아스파라거스 200g
- 랑구스틴 50마리(소)
- 버섯 25g
- 비네그레트(66쪽) 1회 분량
- 오일 50mL
- 소금과 후추
- 다진 골파 50g

  준비 시간 30~40분

  조리 시간 10분

  6인분

샐러드 채소류는 껍질을 벗기고 씻어서 물기를 제거하고 말린다. 큰 냄비에 소금물을 끓인 다음 깍지콩과 아스파라거스를 다듬어서 넣고 부드러워질 때까지 5~8분간 데친다. 랑구스틴은 몸통 살을 발라내고 집게발은 버린다. 원한다면 몇 마리는 통째로 빼놨다가 샐러드 장식용으로 사용한다. 버섯은 기둥을 제거하고 젖은 천으로 닦아서 길게 썬다.

샐러드 채소에 비네그레트 적당량을 더하여 골고루 버무린 다음 접시에 담는다. 아스파라거스는 어슷 썰고 깍지콩은 곱게 채 썬다. 팬에 오일을 두르고 센 불에서 달군 뒤 랑구스틴을 더하여 볶는다. 아스파라거스, 깍지콩, 버섯을 더한다. 비네그레트를 조금 뿌려서 수분을 더하고 소금과 후추로 간을 한 뒤 골파를 뿌린다. 팬의 내용물을 샐러드 채소 위에 둘러서 바로 낸다.

익힌 생선 &
조개 및 갑각류 활용법

조개 드벨림
COQUILLES DEBELLEYME

오븐을 220℃로 예열하고 가리비 껍데기를 오븐용 그릇에 가지런히 얹는다. 달군 팬에 버터 30g을 넣어 녹인다. 양파를 넣고 약한 불에서 가끔 휘저으며 10분간 익힌다. 생빵가루를 따뜻한 우유에 불린다. 양파가 든 팬에 버섯을 더하고 8분간 익힌다. 빵가루를 꽉 짜서 우유를 제거한 다음 와인과 함께 양파가 든 팬에 더하여 소금과 후추로 간을 한다. 10분간 뭉근하게 익힌다. 조개를 넣고 소스에 골고루 버무린다. 혼합물을 가리비 껍데기에 나누어 담은 다음 빵가루를 뿌리고 남은 버터를 군데군데 얹어서 오븐에 넣고 10분간 굽는다.

- ◆ 문질러 씻어서 끓는 물에 데친 빈 가리비 껍데기 6개
- ◆ 버터 40g
- ◆ 곱게 다진 양파 60g
- ◆ 생빵가루 80g
- ◆ 따뜻한 우유 200mL
- ◆ 다진 버섯 100g
- ◆ 화이트 와인 100mL
- ◆ 소금과 후추
- ◆ 익힌 조개 300g
- ◆ 마무리용 마른 빵가루

   준비 시간 30분

   조리 시간 40분

   6인분

치즈 소스를 두른 조개
COQUILLES À LA MORNAY

오븐을 220℃로 예열히고 오븐용 그릇에 기리비 껍데기를 기지런히 얹는다. 조개를 껍데기에 나누어 담는다. 치즈 소스를 덮어서 오븐에 넣고 10분간 굽는다.

- ◆ 문질러 씻어서 끓는 물에 데친 빈 가리비 껍데기 6개
- ◆ 익힌 조개 400g
- ◆ 치즈 소스(50쪽) 500mL

   준비 시간 15분

   조리 시간 30분

   6인분

생선 버섯 리솔
RISSOLES

◆ 덧가루용 밀가루

◆ 시판 쇼트크러스트 또는 퍼프
　페이스트리 300g

◆ 화이트 소스(50쪽) 200mL

◆ 껍질을 제거하고 작게 썬 익힌 생선
　250g

◆ 소금과 후추

◆ 버터 30g

◆ 다진 버섯 100g

◆ 달걀 푼 것 1개 분량

　준비 시간 1시간

　조리 시간 40분

　6인분

오븐을 200℃로 예열한다. 작업대에 가볍게 덧가루를 뿌리고 페이스트리를 얇게 밀어서 지름 7cm 크기의 원형 쿠키 커터 또는 유리잔 입구 등으로 둥글게 찍어 낸다. 화이트 소스를 만들어서 생선살을 더하여 섞은 후 소금과 후추로 간을 한다. 그동안 달군 팬에 버터를 넣어 녹이고 버섯을 넣어 중간 불에서 5분간 익힌다. 생선살 혼합물에 더해서 골고루 섞는다. 둥근 페이스트리 절반 부분에 생선 혼합물 1작은술을 얹는다. 나머지 반쪽을 덮듯이 접어서 초승달 모양의 리솔을 만들고 가장자리에 물을 바른 다음 꼭꼭 눌러 봉한다. 앞뒤로 달걀물을 바르고 베이킹 트레이에 얹어서 오븐에 넣어 20분간 굽는다.

참고

리솔은 튀겨서 먹기도 한다.

생선 튀김
BEIGNETS DE POISSON

◆ 껍질을 제거하고 작게 썬 익힌 생선
　250g

◆ 튀김옷 반죽(724쪽) 1회 분량

◆ 튀김용 식물성 오일

　준비 시간 30분

　조리 시간 15분

　6인분

생선을 튀김옷에 섞는다. 튀김기에 오일을 채워서 180℃ 혹은 빵조각을 넣으면 30초 만에 노릇해질 정도로 가열한다. 뜨거운 오일에 튀김옷을 입힌 생선을 조금씩 떠서 조심스럽게 넣는다. 적당량씩 나눠 노릇하고 바삭해질 때까지 약 5분간 튀긴다. 키친타월로 기름기를 제거하고 따뜻하게 낸다.

생선 크로켓
SUBRICS DE POISSON

큰 팬을 중간 불에 올리고 버터를 넣어 녹인 다음 버섯을 더하여 10분간 익힌다. 화이트 소스를 만들어서 생선과 버섯을 더하여 섞은 후 소금과 후추로 간을 하고 식힌다. 튀김기에 오일을 채워서 180℃ 혹은 빵조각을 넣으면 30초 만에 노릇해질 정도로 가열한다. 혼합물을 작은 직사각형 모양으로 빚어서 달걀물을 입히고 빵가루를 골고루 묻힌 다음 뜨거운 오일에 적당량씩 나누어서 조심스럽게 넣고 노릇하고 바삭해질 때까지 약 5분간 튀긴다. 키친타월에 얹어서 기름기를 제거하고 레몬 조각과 튀긴 파슬리를 곁들여 낸다.

- 버터 50g
- 버섯 다진 것 125g
- 화이트 소스(50쪽) 250mL
- 껍질을 제거하고 잘게 썬 익힌 생선 250g
- 소금과 후추
- 튀김용 식물성 오일
- 가볍게 푼 달걀 1개 분량
- 튀김옷용 마른 빵가루
- 곁들임용 레몬 조각 1개
- 곁들임용 튀긴 이탈리안 파슬리(81쪽)
  준비 시간 15분
  조리 시간 15분
  6인분

아스픽을 씌운 생선
ASPIC DE POISSON

작은 그릇 또는 라메킨 6개의 바닥에 토마토를 한 조각씩 깔고 채소 마세두안을 조금씩 얹은 다음 생선을 한 조각씩 올린다. 아스픽 젤리 포장지에 쓰인 안내를 따라 아스픽 젤리를 만들고 접시에 나누어 붓는다. 랩을 씌우고 냉장고에 넣어 12시간 동안 굳힌다. 칼로 가장자리를 두른 다음 식사용 그릇에 뒤집어 얹고 가볍게 흔들어서 빼낸다. 차갑게 낸다.

- 토마토 저민 것 6개
- 채소 마세두안(96쪽) 175g
- 껍질을 제거하고 잘게 썬 익힌 생선 250g
- 아스픽 젤리 1봉 또는 아스픽(45쪽) 1회 분량
  준비 시간 20분 + 굳히기
  6인분

생선 수플레

SOUFFLÉ DE POISSON

- 버터 50g, 틀용 여분
- 밀가루 70g
- 우유 300mL
- 껍질을 제거하고 잘게 썬 익힌 생선
  200g
- 달걀흰자와 달걀노른자를 분리한 것
  4개 분량
- 곁들임용 소스(종류 무관)

  준비 시간 20분

  조리 시간 65분

  6인분

오븐을 160℃로 예열한다. 수플레 그릇에 버터를 바른다. 버터와 밀가루, 우유로 베샤멜 소스(50쪽)를 만든다. 생선살을 더하여 섞은 다음 달걀노른자를 더하여 마저 섞는다. 달걀흰자는 단단한 뿔이 서도록 거품을 낸 다음 생선살 혼합물에 더하여 접듯이 섞는다. 준비한 그릇에 혼합물을 담고 오븐에 넣어 45분간 구운 다음 오븐 온도를 200℃로 높이고 수플레가 부풀어서 노릇해질 때까지 20분 더 굽는다. 원하는 소스를 곁들여 낸다.

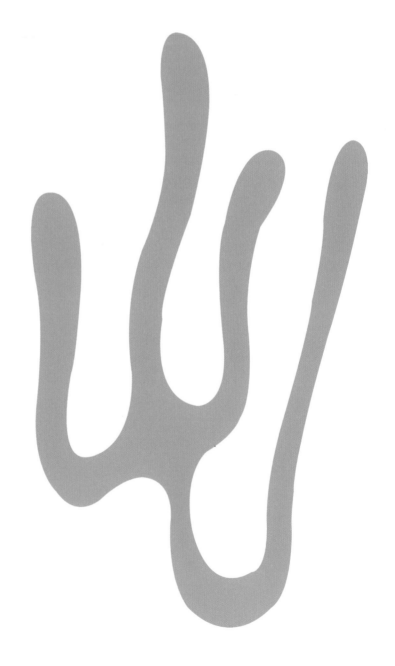

생선 파이
TIMBALE PARMENTIER

오븐을 220℃로 예열한다. 감자를 소금물에 넣고 부드러워질 때까지 삶아서 볼에 담고 곱게 으깬다. 달걀물을 더해 잘 섞은 후 소금과 후추로 간을 한다. 오븐용 그릇에 감자 혼합물을 링 모양으로 담고 버터 30g을 군데군데 얹은 다음 오븐에 넣어 노릇해질 때까지 20분간 굽는다. 그동안 팬에 버터 20g을 넣어 녹인 뒤 버섯을 넣고 잔잔한 불에서 약 10분간 익힌다. 화이트 소스를 만들어서 버섯, 생선, 조리한 버터를 넣고 잘 섞는다. 10분간 잔잔하게 익힌 다음 혼합물을 감자 링 가운데 부분에 붓는다. 바로 낸다.

- ◆ 4등분한 감자 500g
- ◆ 가볍게 푼 달걀 3개 분량
- ◆ 소금과 후추
- ◆ 버터 50g
- ◆ 다진 버섯 125g
- ◆ 화이트 소스(50쪽) 500mL
- ◆ 익혀서 껍질 제거하고 잘게 썬 생선 400g

  준비 시간 1시간

  조리 시간 35분

  6인분

생선 볼
BOULETTES DE POISSON

감자를 소금물에 넣고 부드러워질 때까지 삶아서 볼에 담아 곱게 으깬다. 생선살과 달걀물을 더하여 잘 섞은 후 소금과 후추로 간을 한다. 튀김기에 오일을 채워서 180℃ 혹은 빵조각을 넣으면 30초 만에 노릇해질 정도로 가열한다. 혼합물을 공 모양으로 빚어서 밀가루를 골고루 묻힌다. 뜨거운 오일에 적당량씩 넣고 노릇해질 때까지 약 5분간 튀긴다. 키친타월에 얹어 기름기를 제거한 다음 토마토 소스를 소스 그릇에 담아서 곁들여 낸다.

- ◆ 감자 400g
- ◆ 익혀서 껍질을 제거하고 으깬 생선 400g
- ◆ 가볍게 푼 달걀 3개 분량
- ◆ 소금과 후추
- ◆ 튀김용 식물성 기름
- ◆ 밀가루 50g
- ◆ 곁들임용 토마토 소스(57쪽) 1회 분량

  준비 시간 20분

  조리 시간 20분

  6인분

장어 마틀로트(226쪽)

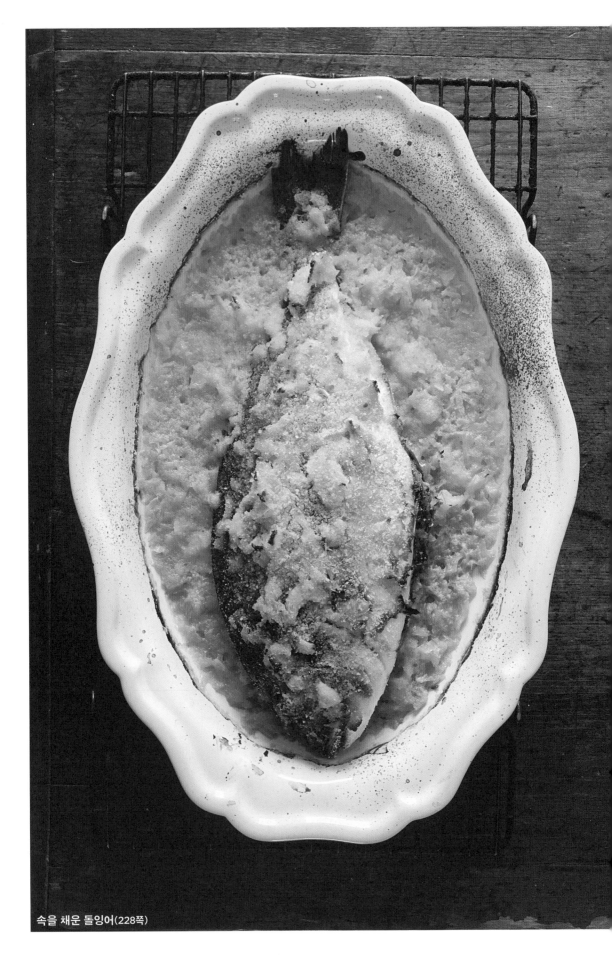

속을 채운 돌잉어(228쪽)

연어 갈랑틴(236쪽)

아몬드를 곁들인 송어(238쪽)

도미 허브 구이(246쪽)

속을 채운 고등어(251쪽)

프로방스식 염장 대구(256쪽)

홍어 소테(260쪽)

정어리 허브 구이(262쪽)

서대기 뫼니에르(263쪽)

부야베스(270쪽)

홍합 마리니에르(272쪽)

무클라드(274쪽)

굴 빵가루 구이(275쪽)

가리비 그라탕(278쪽)

바닷가재 테르미도르(280쪽)

랑구스틴 샐러드(287쪽)

육류

고기

육류는 주로 소고기와 머튼 등의 붉은 살코기와 송아지고기, 닭고기, 돼지고기, 토끼고기 같은 흰 살코기로 구분한다. 영양가에는 차이가 없다. 중요한 것은 부위별 특징(기름기 유무 등)과 조리법이다. 오랜 시간 조리해서 소스와 함께 낼 수도 있고, 그보다 가볍게 조리하려면 간단하게 그릴에 굽거나 오븐에 로스트하거나 삶아도 좋다. 냉동 육류는 잘 손질하면 생고기만큼 좋은 풍미를 내기도 하지만 그러려면 조리하기 전에 반드시 아주 천천히 해동해야 한다. 요리하기 수시간 전에 미리 냉장고에 옮겨 두고, 큰 덩어리 고기는 하룻밤에 걸쳐서 해동한다.

분량은 평균적으로 1인분당 뼈 없는 고기는 120g, 뼈 있는 고기는 160g을 준비한다. 이때 조리 시간이 길 경우 고기 무게의 약 35%가, 짧을 경우 20%가 줄어든다는 점을 명심하자.

손질하는 법

고기를 손질할 때는 너무 기름기가 많거나 껍질, 힘줄 등 조리에 적절하지 않은 부위를 제거해야 한다. 조리법에 따라 고기를 손질하는 방법이 달라진다. 그릴에 구울 때는 그릴 팬과 조리할 고기에 오일을 바른다. 로스트를 할 때는 덩어리 고기에 베이컨 등을 덮은 다음 조리용 끈으로 묶는다. 브레이즈를 할 때는 라딩용 바늘을 이용해서 작게 썬 줄무늬 베이컨 또는 훈제 베이컨을 고기에 꿴다. 고기를 조리할 때는 기본적으로 버터를 사용한다. 다만 브레이즈나 스튜를 만들 때는 무향 오일, 올리브 오일, 거위나 오리 지방 등을 사용해도 좋다.

담아 내는 법

차가운 고기 요리
얇게 저며서 오이 피클, 머스터드, 마요네즈, 샐러드 등과 함께 길쭉한 식사용 그릇에 담는다.

고기 그릴 구이
그릇에 샐러드 잎채소나 물냉이를 장식하고 고기를 담는다. 종종 감자튀김이나 감자칩 등을 곁들인다.

고기 로스트

고기는 저민다. 한 가지 이상의 채소 곁들인 요리를 준비하여 식사용 그릇에 고기와 함께 담는다. 소스 또는 로스트 쥬를 소스 그릇에 담아 곁들인다.

고기 브레이즈

식사용 그릇에 고기를 담는다. 곁들임 요리를 함께 담거나 다른 접시에 따로 담아 곁들인다.

소스에 익힌 고기

식사용 그릇에 고기를 담고 소스를 적당량 두른다. 남은 소스는 소스 그릇에 담아 따로 곁들여 낸다. 어울리는 소스는 아래를 참고한다.

소스

흰 살코기용 소스

뜨거운 소스

버터(48쪽), 베어네즈(75쪽), 베샤멜(50쪽), 보르드레즈(58쪽), 케이퍼(56쪽), 프랭타니에르 또는 시브리(54쪽), 뜨겁거나 차가운 블론드 루(57쪽), 피낭시에르(57쪽), 홀랜다이즈(74쪽), 풀레트(52쪽), 리슐리외(58쪽), 수비즈(54쪽), 수프림(52쪽), 토마토(57쪽), 벨루테(59쪽), 아이보리 벨루테(59쪽)

차가운 소스

마요네즈(70쪽), 그린 마요네즈(70쪽), 타르타르(72쪽), 레물라드(68쪽)

붉은 살코기용 소스

뜨거운 소스

베어네즈(75쪽), 버섯(61쪽), 샤쇠르(65쪽), 샤토브리앙(62쪽), 가난한 자의(47쪽), 페리그(61쪽), 프라브라드(63쪽), 크라포딘(75쪽), 마데이라(61쪽), 머스터드(68쪽), 포르투갈식(62쪽), 홀스래디시(54쪽), 로베르(63쪽), 토마토(57쪽)

차가운 소스

마요네즈(70쪽), 라비고트(56쪽), 노르웨이식(71쪽), 데빌드(76쪽)

소고기

소고기는 부위에 따라 특징이 달라 조리할 때 익는 방식도 같이 달라진다. 대체로 상단 등쪽 부분을 구성하는 부위가 제일 품질이 좋고 부드러워서 빠른 조리에 적합하다. 허리나 옆구리살은 상단보다 질겨서 브레이즈나 삶는 요리에 어울린다. 소고기는 언제나 밝은 붉은색을 띠고 육질이 탄탄하며 윤기가 흘러야 한다. 흰색 또는 옅은 노란색을 띠는 지방은 표면 가까이 있거나 근육 깊이 퍼져 있기도 한다. 후자의 경우 고기의 '마블링'이 좋다고 표현한다. 반드시 부위를 알아야 품질을 확인하고 만들고자 하는 요리에 적절한 것을 고를 수 있다.

1 • 목살
2 • 어깨살
3 • 목심
4 • 앞갈비
5 • 중갈비
6 • 뒷갈비
7 • 갈비심
8 • 등심
9 • 설도
10 • 우둔살
11 • 홍두깨
12 • 치마양지
13 • 다리살
14 • 치마살
15 • 양지머리
16 • 사태

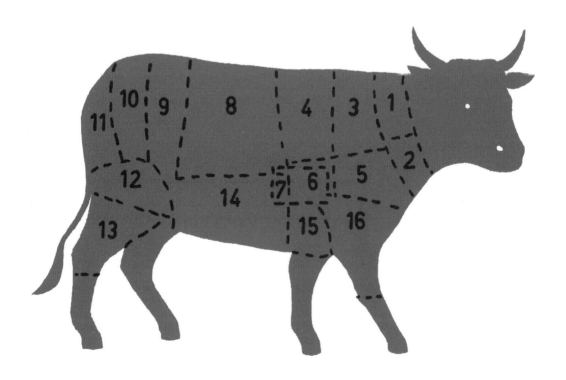

※ 나라마다 도축 및 발골 방식이 상이하므로 요리에 가장 적합한 부위는 구입 시 정육점에 문의하는 것이 좋다.

조리법	부위	조리 시간
삶기	치마양지 우둔살 다리살 뒷갈비, 중갈비 갈비심 목살 치마살 등심 볼살 꼬리	1kg당 3시간 30분
그릴	안심 설도 채끝 앙트르코트	두께에 따라 8~15분
기름에 굽기 (스테이크)	그릴에 적합한 부위: 치마살 치마양지 목심 정강이 어깨살	두께에 따라 8~15분
로스트	등심 안심 채끝 설도 갈비심	500g당 15~25분(레어는 15분, 웰던은 25분)
브레이즈	치마양지 우둔살 목심(덩어리) 앞다리살(허벅지) 안창살	1kg당 3~4시간
스튜	가슴 부위 치마양지 잉글리시 로스트● 안창살	1kg당 3시간

● 목심이나 어깨살 등의 부위를 영국의 로스트 비프용으로 덩어리째 손질한 것.

삶기

포토푀
BŒUF BOUILLI OU POT-AU-FEU

큰 냄비에 물 3L와 소금을 넣고 센 불에 올려서 한소끔 끓인다. 끓는 물에 고기와 뼈를 조심스럽게 넣고 불 세기를 줄여서 15분간 뭉근하게 익힌다. 위에 뜬 기름기를 제거하고 채소 재료를 넣는다. 다시 한소끔 끓인 다음 불 세기를 줄이고 3시간 동안 뭉근하게 익힌다. 내기 직전에 기름기를 걷어 내고 수프 그릇에 담는다. 소고기와 채소 재료를 건져서 따로 담은 후 굵은 소금, 머스터드, 오이 피클을 곁들여 낸다.

- ◆ 소금 30g
- ◆ 스튜용 소고기(뼈째) 800g
- ◆ 굵게 다진 당근 200g
- ◆ 굵게 다진 순무 125g
- ◆ 서양 대파 굵게 다진 것 100g
- ◆ 다진 파스닙 60g
- ◆ 다진 셀러리 1대 분량
- ◆ 곁들임용 굵은 소금
- ◆ 곁들임용 머스터드
- ◆ 곁들임용 오이 피클
  준비 시간 25분
  조리 시간 3시간 30분
  6인분

번철 굽기

스테이크
BIFTECKS

메트르도텔 버터를 준비한다. 번철을 달구고 스테이크에 솔로 오일을 바른다. 번철이 아주 뜨거워지면 스테이크를 얹고 레어의 경우 노릇해질 때까지 앞뒤로 2분씩 굽는다. 소금과 후추로 간을 하고 메트르도텔 버터를 곁들여 낸다.

참고
스테이크를 팬에 구울 때는 고기 두께가 1.5cm를 넘기면 안 된다. 달군 팬에 버터 20g을 넣어 녹이고 스테이크를 넣어서 노릇해질 때까지 앞뒤로 2분씩 굽는다. 기름기를 제거하고 소금과 후추로 간을 해서 낸다.

- ◆ 곁들임용 메트르도텔 버터(48쪽) 1회 분량
- ◆ 스테이크용 고기(설도 또는 등심) 6장(두께 2cm, 각 100g)
- ◆ 조리용 오일
- ◆ 소금과 후추
  준비 시간 5분
  조리 시간 4~5분
  6인분

412쪽

- **곁들임용 메트르도텔 버터(48쪽),**

  보르드레즈 소스(58쪽), 또는

  베어네즈 소스(75쪽) 등 소스 1회 분량
- **앙트르코트 스테이크 6장(각 100g)**
- **조리용 오일**
- **소금과 후추**

  준비 시간 5분

  조리 시간 9분

  6인분

앙트르코트 스테이크
ENTRECÔTE

원하는 소스를 준비한다. 그동안 번철을 달구고 스테이크에 솔로 오일을 바른다. 앙트르코트는 다른 스테이크보다 두꺼우므로 더 오래 조리해야 한다. 번철이 뜨거울 때 스테이크를 얹고 한 면은 4분, 반대쪽 면은 5분간 굽는다. 원하는 소스를 곁들여 낸다.

참고
앙트르코트 스테이크는 갈비뼈 사이에서 잘라 낸 것으로 어깨 바로 아래 부위에 속한다. 등심, 우둔살 스테이크도 같은 방식으로 조리할 수 있다.

오일에 굽기

알자스식 스테이크
BIFTECKS À L'ALSACIENNE

- **버터 20g**
- **저민 양파 60g**
- **스테이크 6장**
- **달걀 6개**
- **소금과 후추**

  준비 시간 5분

  조리 시간 7분

  6인분

팬에 버터를 넣어 녹이고 센 불에서 달군 다음 양파를 더하여 노릇하게 볶는다. 스테이크를 넣고 2분간 익힌다. 스테이크를 한 번 뒤집고 달걀을 깨서 위에 얹은 다음 소금과 후추로 간을 하고 5분 더 익힌다. 바로 낸다.

317 ◆ 육류

독일식 햄버그 스테이크

BIFTECKS À L'ALLEMANDE

큰 팬을 중강 불에 올려서 절반 분량의 버터를 더하여 녹인다. 양파를 더하여 노릇해지지 않도록 주의하면서 부드러워질 때까지 조리한다. 그동안 빵가루에 따뜻한 우유를 부어서 불린 다음 꽉 짜서 볼에 담고 소고기와 익힌 양파를 더한다. 달걀을 깨트려 넣고 잘 섞은 다음 소금과 후추로 간을 한다. 같은 크기로 6등분하여 패티 모양으로 빚는다. 팬에 남은 버터를 넣어 달구고 패티를 올려 한 면당 5분씩 굽는다. 파슬리로 장식하여 낸다.

- ◆ 버터 40g
- ◆ 다진 양파 60g
- ◆ 흰색 생빵가루 60g
- ◆ 따뜻한 우유 200mL
- ◆ 다지거나 간 소고기 400g
- ◆ 달걀 1개
- ◆ 소금과 후추
- ◆ 장식용 다진 이탈리안 파슬리

  준비 시간 25분

  조리 시간 10분

  6인분

샤트렌식 필레 미뇽 스테이크

FILETS MEGNONS CHÂTELAINE

뚜껑이 있는 바닥이 묵직한 냄비에 베이컨, 당근, 양파를 담고 그 위에 양상추를 얹는다. 송아지고기 육수와 소고기 육수를 붓고 부케 가르니를 더하여 뚜껑을 닫고 중간 불에서 40분간 익힌다. 양상추를 뒤집어 20분간 더 익힌 뒤 꺼내서 따뜻하게 보관한다. 국물은 팔팔 끓여서 묽은 시럽 정도의 농도가 될 때까지 졸인다. 팬에 절반 분량의 버터를 넣고 뜨겁게 달군 뒤 필레 스테이크를 얹고 한 면당 2~3분씩, 또는 원하는 상태로 굽는다. 소금과 후추로 간을 한다. 스테이크를 양상추와 함께 식사용 그릇에 켜켜이 담는다. 졸인 국물은 체에 걸러서 스테이크를 구운 팬에 부은 다음 뭉근하게 익히면서 바닥의 파편을 긁어내어 골고루 섞는다. 남은 버터를 작게 잘라서 넣고 골고루 휘저어서 소스를 완성한 다음 고기 위에 부어서 바로 낸다.

- ◆ 잘게 썬 베이컨 60g
- ◆ 저민 당근 60g
- ◆ 저민 양파 30g
- ◆ 씻어서 겉잎을 제거한 작은
  양상추(어린 양상추 또는 리틀 젬● 등)
  6통
- ◆ 송아지고기 육수 100mL
- ◆ 소고기 육수 500mL
- ◆ 부케 가르니 1개
- ◆ 버터 30g
- ◆ 필레 미뇽 스테이크 6장
- ◆ 소금과 후추

  준비 시간 25분

  조리 시간 1시간

  6인분

● 잎이 아삭하고 부드러운 작은 양상추 품종.

부르기뇽 퐁듀
FONDUE BOURGUIGNONNE

먼저 원하는 디핑 소스를 만든다. 마요네즈를 만들 때는 코냑이나 위스키를 더해서 풍미를 낸다. 손님용 그릇에 고기를 1인분씩 나누어 담는다. 팬에 오일과 마늘을 담고 빵 조각을 넣으면 30초 안에 노릇해질 때까지 가열한 다음 마늘을 건진다. 중간 불로 조절한 식탁용 가열 장치 위에 얹은 퐁듀 냄비에 오일을 조심스럽게 붓는다. 손님은 포크 또는 퐁듀용 꼬챙이로 고기 조각을 찍어서 뜨거운 오일에 담가 원하는 만큼 익혀 먹는다. 라메킨에 담은 디핑 소스, 양파 피클, 오이 피클을 곁들여 낸다.

◆ 마요네즈(70쪽), 피칸트 소스(60쪽), 홀스래디시 소스(54쪽) 또는 토마토 소스(57쪽) 1회 분량
◆ 코냑 또는 위스키 적당량(선택 사항)
◆ 2cm 크기로 깍둑 썬 설도 스테이크 700g
◆ 오일 1L
◆ 으깬 마늘 1쪽 분량
◆ 곁들임용 양파 피클
◆ 곁들임용 오이 피클
　 준비 시간 1시간
　 6인분

투르느도 스테이크
TOURNEDOS

베어네즈 소스나 마데이라 소스(사용 시)를 준비한다. 팬에 절반 분량의 버터를 넣어 녹이고 빵을 더하여 앞뒤로 노릇하게 굽는다. 다 구운 빵은 꺼내서 따로 둔다. 팬에 남은 버터를 두르고 달군 뒤 투르느도 스테이크를 넣고 미디엄 레어일 경우 앞뒤로 약 3분간 굽는다. 소금과 후추로 간을 한 다음 구운 빵 위에 투르느도를 하나씩 얹는다. 원한다면 고기를 굽고 남은 버터에 마데이라 와인을 붓고 버섯을 더하여 5분간 볶는다. 투르느도에 마데이라 버섯 소스를 곁들여 낸다.

참고
투르느도는 안심 부위를 두께 1.5cm에 지름 5~6cm 크기로 잘라 낸 스테이크를 뜻한다.

◆ 베어네즈 소스(75쪽) 또는 마데이라 소스(61쪽) 등 소스 1회 분량(선택 사항)
◆ 버터 50g
◆ 하루 묵은 빵 6장
◆ 투르느도 스테이크 6장
◆ 소금과 후추
◆ 곁들임용 마데이라 와인 3큰술(선택 사항)
◆ 곁들임용 버섯 저민 것 250g(선택 사항)
　 준비 시간 10분
　 조리 시간 10분
　 6인분

로시니식 투르느도
TOURNEDOS ROSSINI

- 버터 90g
- 하루 묵은 빵 6장
- 투르느도 스테이크 6장
- 소금과 후추
- 저민 푸아그라 6장
- 저민 송로버섯 1개 분량

  준비 시간 15분

  조리 시간 15분

  6인분

팬에 절반 분량의 버터를 넣어 달구고 빵을 넣어 앞뒤로 노릇하게 굽는다. 빵을 꺼내고 남은 버터를 넣어서 달군 후 투르트도를 더하여 미디엄 레어의 경우 한 면당 약 3분씩 굽는다. 소금과 후추로 간을 하고 구운 빵 위에 투르느도를 하나씩 얹는다. 다시 팬을 아주 뜨겁게 달궈서 저민 푸아그라를 넣고 앞뒤로 각각 1~2분씩 진하게 노릇노릇해질 때까지 굽는다. 투르느도 위에 푸아그라를 올리고 저민 송로버섯을 하나씩 얹어 낸다.

참고
푸아그라는 날것을 사용할 때만 지진다. 푸아그라 테린 저민 것을 사용할 때는 추가로 조리할 필요가 없다.

안심 스테이크(필레 미뇽)*
FILETS MIGNONS

- 메트르도텔 버터(48쪽) 1회 분량
- 조리용 오일
- 2cm 두께로 저민 안심 스테이크 6장

  준비 시간 10분

  조리 시간 4분

  6인분

* 부드러운 안심 끄트머리 부위.

메트르도텔 버터를 준비하고 스테이크에 오일을 바른다. 번철 또는 팬을 달구고 스테이크를 얹어서 한 면당 2분씩 굽는다. 메트르도텔 버터를 곁들여 낸다.

프로방스식 햄버그 스테이크
BIFSTECKS À LA PROVENÇALE

- 다지거나 간 소고기 400g
- 다진 버섯 100g
- 으깬 마늘 3쪽 분량
- 달걀 1개
- 소금과 후추
- 올리브 오일 3큰술
- 조리용 밀가루

  준비 시간 25분

  조리 시간 5분

  6인분

볼에 소고기, 버섯, 마늘을 담아 버무린 다음 달걀을 더하여 잘 섞고 소금과 후추로 간을 한다. 프라이팬에 오일을 넣어 달군다. 혼합물을 패티 모양으로 빚어서 총 6개를 만든 다음 밀가루를 골고루 묻힌다. 한 면당 약 2분씩 노릇하게 굽는다.

로스트

로스트 비프
ROTI

오븐을 240℃로 예열한다. 로스트용 덩어리 고기에 베이컨을 덮고 로스팅 팬에 철망을 깐 다음 그 위에 얹는다. 오븐에 넣고 450g당 12~15분씩 굽되 완성 10분 전에 베이컨을 벗겨 내 고기 겉면이 노릇하게 익도록 한다. 고기가 노릇해지면 소금을 뿌린다. 그레이비를 만들려면 뜨거운 물을 약간 부어서 골고루 휘저어 바닥에 붙은 파편을 긁어낸다. 계속 가열해서 국물을 졸인 다음 불에서 내리고 수분간 그대로 두었다가 숟가락으로 위에 고인 기름기를 제거한다. 버터를 넣고 골고루 휘저어 그레이비를 완성한다. 소스 그릇에 담는다. 로스트 고기에 원하는 소스와 채소 퓌레, 으깬 감자를 곁들여 낸다.

- 덩어리 소고기(등심, 갈비살, 설도 등) 600g
- 덮개용 베이컨 긴 것
- 소금
- 작게 썬 버터 20g
- 곁들임용 마데이라 소스(61쪽), 수비즈 소스(54쪽) 또는 버섯 소스(61쪽)
- 곁들임용 당근, 시금치 또는 양파 퓌레(560쪽) 또는 으깬 감자(568쪽)

준비 시간 5분

조리 시간 25분

6인분

브레이즈

비프 아 라 모드
BŒUF À LA MODE

오븐을 180℃로 예열한다. 바닥이 묵직한 오븐용 냄비 바닥에 얇은 베이컨과 베이컨 껍질을 깐다. 소고기에 베이컨 라르동(312쪽)을 라딩한 다음 우족과 함께 냄비에 넣는다. 양파와 당근을 더하고 뜨거운 육수와 와인을 붓는다. 부케 가르니를 넣고 소금과 후추로 간을 한 다음 딱 맞는 뚜껑을 닫는다. 냄비를 스토브에 올려서 가열한 다음 끓으면 바로 오븐에 넣고 4시간 동안 익힌다. 반드시 덩어리 고기가 골고루 완전히 뜨거워져야 한다. 완성 1시간 전부터는 10분 간격으로 바닥에 고인 국물을 고기에 골고루 끼얹는다. 완성 25분 전에는 냄비 뚜껑을 열어 고기가 오븐 열기에 직접적으로 노출되도록 한다. 그래야 고기 겉부분이 노릇해질 수 있다.

- 덮개용 얇은 베이컨 150g
- 덮개용 베이컨 껍질
- 브레이징용 소고기 덩어리 1개(900g)
- 라딩용 베이컨 라르동
- 송아지 우족 1개
- 채 썬 양파 60g
- 저민 당근 1kg
- 뜨거운 육수(종류 무관) 200mL
- 화이트 와인 200mL
- 부케 가르니 1개
- 소금과 후추

준비 시간 30분

조리 시간 4시간 30분

6인분

〔변형〕

. . . .

차가운 비프 아 라 모드
BOEUF À LA MODE FROID

고기를 손질해서 조리(322쪽)한다. 고기를 저며서 테린에 담고 당근을 주변에 둘러 담은 후 우족 국물을 붓는다. 식으면 냉장고에 넣어 젤리 형태로 굳힌다. 다음 날 꺼내서 차갑게 먹는다.

. . . .

소고기 캐서롤
BOEUF À LA CASSEROLE

오븐이 없으면 뚜껑이 있고 바닥이 묵직한 냄비에 소고기를 넣고 스토브에서 직화 조리한다. 재료는 똑같이 준비하되 버터 40g을 먼저 넣어 달군 다음 양파를 더하여 5분간 볶는다. 고기를 넣어서 강한 불에서 골고루 노릇하게 지진다. 베이컨 껍질과 우족을 얹은 다음 육수와 와인을 붓는다. 부케 가르니를 더하고 소금과 후추로 간을 한다. 1시간 30분간 뭉근하게 익힌다. 당근을 더하고 아주 약한 불에서 2시간 더 익힌다.

사슴고기식으로 익힌 소고기 요리
BŒUF EN CHEVREUIL

- ◆ 스튜용 소고기 덩어리 1개(900g)
- ◆ 라딩용 베이컨 라르동
- ◆ 덮개용 줄무늬 베이컨
- ◆ 비가열식 마리네이드(78쪽) 1회 분량
- ◆ 버터 50g
- ◆ 소금과 후추
- ◆ 곁들임용 샤쇠르 소스(65쪽) 1회 분량

  준비 시간 10분 + 재우기

  조리 시간 3시간

  6인분

24시간 전에 준비를 시작한다. 소고기에 베이컨 라르동을 라딩한 다음 줄무늬 베이컨(312쪽)을 덮는다. 마리네이드를 준비하여 고기에 붓고 24시간 동안 재운다. 바닥이 묵직한 팬에 버터를 넣어 달구고 소고기를 넣어서 10분간 골고루 노릇하게 지진 다음 뚜껑을 닫고 3시간 동안 약한 불에서 익힌다. 소금과 후추로 간을 한다. 그동안 마리네이드와 소고기에서 흘러나온 육즙을 이용하여 샤쇠르 소스를 만든다. 소스 그릇에 소스를 담고 소고기에 곁들여 낸다.

소고기 도브

BŒUF EN DAUBE

12시간 전에 준비를 시작한다. 마리네이드를 준비하여 고기에 붓고 12시간 동안 재운다. 바닥이 묵직한 팬을 중강 불에 올리고 버터를 넣어 달군다. 소고기를 건져서 키친타월로 두드려 물기를 제거한 다음 팬에 넣고 앞뒤로 노릇하게 지진다. 불 세기를 줄이고 15분간 천천히 익힌다. 절반 분량의 마리네이드를 붓고 육수, 양파, 부케 가르니, 소금, 후추를 더한다. 뚜껑을 닫고 약한 불에서 3시간 동안 익힌다.

- ◆ 비가열식 또는 달콤한
  마리네이드(78쪽) 1회 분량
- ◆ 3cm 두께로 저민 스튜용 소고기
  900g
- ◆ 버터 30g
- ◆ 육수(종류 무관) 200mL
- ◆ 양파 다진 것 1개 분량
- ◆ 부케 가르니 1개
- ◆ 소금과 후추
  준비 시간 15분 + 재우기
  조리 시간 3시간 15분
  6인분

쌀을 더한 소고기 요리
BŒUF AU RIZ

- ◆ 버터 30g
- ◆ 스튜용 소고기 덩어리 1개(900g)
- ◆ 다진 양파 100g
- ◆ 부케 가르니 1개
- ◆ 소금과 후추
- ◆ 육수(종류 무관) 750mL
- ◆ 장립종 쌀 250g

  준비 시간 15분

  조리 시간 3시간 30분

  6인분

바닥이 묵직한 캐서롤 냄비에 버터를 두르고 중강 불에 올려서 달군 다음 소고기를 더하여 골고루 노릇하게 지진다. 양파와 부케 가르니를 넣고 소금과 후추로 간을 한다. 육수를 붓고 약한 불에서 3시간 동안 뭉근하게 익힌다. 쌀을 꼼꼼하게 씻은 다음 냄비에 넣고 약한 불에서 30분 더 익힌다.

소고기 브레이즈
ESTOUFFADE DE BŒUF

- ◆ 스튜용 소고기 덩어리 1개(900g)
- ◆ 베이컨 라르동 100g
- ◆ 채 썬 양파 300g
- ◆ 레드 와인 500mL
- ◆ 육수(종류 무관) 200mL
- ◆ 다진 샬롯 1개(대) 분량
- ◆ 이탈리안 파슬리 줄기 2개
- ◆ 처빌 2줄기
- ◆ 타임 2줄기
- ◆ 월계수 잎 1장
- ◆ 소금과 후추

  준비 시간 20분 + 재우기

  조리 시간 5시간

  6인분

소고기는 베이컨 라르동을 라딩(312쪽)한 다음 3cm 두께로 저민다. 볼에 소고기와 양파를 번갈아 켜켜이 담은 후 와인을 부어서 6시간 동안 재운다. 오븐을 180℃로 예열한다. 딱 맞는 뚜껑이 있고 바닥이 묵직한 오븐용 냄비에 고기와 양파를 담는다. 와인과 육수를 붓는다. 샬롯, 허브를 넣고 소금과 후추로 간을 한다. 뚜껑을 닫고 5시간 동안 뭉근하게 익힌다. 비프 아 라 모드(322쪽)처럼 뜨겁거나 차게 낼 수 있다.

소고기 포피예트
PAUPIETTES DE BŒUF

작업대에 저민 소고기를 깔고 저민 베이컨을 한 장씩 얹은 다음 샬롯과 파슬리를 뿌린다. 롤 모양으로 돌돌 만 다음 조리용 끈으로 묶는다. 바닥이 묵직한 팬에 버터를 넣어 녹이고 소고기 롤을 넣어서 수분간 골고루 노릇하게 지진다. 육수를 붓고 소금과 후추로 간을 한 다음 1시간 30분간 뭉근하게 익힌다. 소고기는 건지고 국물에서 기름기를 어느 정도 제거한 다음 소스 그릇에 담는다. 고기에 소스를 곁들여 낸다.

- ◆ 얇게 저민 스튜용 소고기 6장(총 500g)
- ◆ 얇게 저민 훈제 베이컨 250g
- ◆ 곱게 다진 샬롯 1개 분량
- ◆ 다진 이탈리안 파슬리 1큰술
- ◆ 버터 30g
- ◆ 육수(종류 무관) 200mL
- ◆ 소금과 후추

   준비 시간 40분

   조리 시간 1시간 30분

   6인분

뵈프 부르기뇽
BŒUF BOURGUIGNON

 413쪽

바닥이 묵직한 팬을 중강 불에 올리고 양파와 라르동을 넣어 노릇하게 볶는다. 양파와 라르동을 건지고 소고기를 넣어서 골고루 노릇하게 지진다. 밀가루를 뿌리고 골고루 휘저어서 갈색이 될 때까지 익힌 다음 뜨거운 육수를 붓는다. 라르동, 양파, 와인, 부케 가르니를 넣고 소금과 후추로 간을 한다. 약한 불에서 2시간 동안 천천히 뭉근하게 익힌 다음 버섯을 넣고 30분 더 익힌다.

- ◆ 작은 양파 또는 샬롯 60g
- ◆ 베이컨 라르동 100g
- ◆ 적당히 썬 스튜용 소고기 700g
- ◆ 밀가루 30g
- ◆ 뜨거운 육수(종류 무관) 300mL
- ◆ 레드 와인 300mL
- ◆ 부케 가르니 1개
- ◆ 소금과 후추
- ◆ 껍질을 벗겨서 다진 버섯 100g

   준비 시간 20분

   조리 시간 2시간 30분

   6인분

허브 카보나드

CARBONADE AUX HERBES

◆ 5cm 크기로 썬 소고기(목심, 앞갈비 등)
　1kg

◆ 밀가루 60g

◆ 버터 40g

◆ 뜨거운 육수(종류 무관) 500mL

◆ 다진 이탈리안 파슬리 2줄기 분량

◆ 다진 타라곤 2줄기 분량

◆ 다진 처빌 2줄기 분량

◆ 다진 양파 60g

◆ 소금괴 후추

◆ 팽데피스(798쪽) 80g

◆ 맥주 200mL

◆ 저민 오이 피클 60g

　준비 시간 15분

　조리 시간 2시간 15분

　6인분

소고기에 밀가루를 골고루 묻힌다. 바닥이 묵직한 팬에 버터를 넣어 녹이고 소고기를 적당량씩 넣어서 골고루 노릇하게 지진다. 뜨거운 육수를 붓고 휘저어서 바닥에 붙은 파편을 모조리 긁어낸 다음 파슬리, 타라곤, 처빌, 양파를 더하고 소금과 후추로 간을 한다. 뚜껑을 닫고 1시간 30분간 천천히 익힌다. 팽데피스를 잘게 부숴서 맥주와 함께 섞은 다음 오이 피클과 함께 고기 냄비에 넣는다. 소고기가 부드러워질 때까지 45분 이상 뭉근하게 익힌다.

익힌 소고기 활용법

먹고 남은 소고기를 맛있게 재조리하는 방법에 대해 알아 본다.

소스를 두른 소고기

BŒUF EN SAUCE

◆ 버섯 소스(61쪽), 피칸트 소스(60쪽)
　토마토 소스(57쪽) 등 소스 1회 분량

◆ 익힌 저민 소고기 600~700g

　준비 시간 5분

　조리 시간 10분

　6인분

원하는 소스를 만든다. 소스를 담은 팬에 소고기를 넣고 수분간 천천히 데운다. 이때 소스가 끓으면 고기가 질겨지므로 끓어오르지 않도록 주의한다.

파슬리 소스를 두른 소고기

BŒUF À LA PERSILLADE

익힌 소고기에 식초를 두르고 1~2시간 재운 다음 소금과 후추로 간을 한다. 버터와 밀가루로 블론드 루(57쪽)를 만든다. 고기를 식초에서 건져 식사용 그릇에 담고 식초는 따로 남겨 둔다. 루에 뜨거운 육수, 남겨둔 식초, 파슬리, 머스터드를 섞는다. 소고기 위에 소스를 부어서 낸다.

- ◆ 익힌 소고기 저민 것 12장(총 600~700g)
- ◆ 화이트 와인 식초 100mL
- ◆ 소금과 후추
- ◆ 버터 40g
- ◆ 밀가루 20g
- ◆ 뜨거운 육수(종류 무관) 200mL
- ◆ 다진 이탈리안 파슬리 1줌 분량
- ◆ 머스터드 1작은술

준비 시간 20분 + 재우기

조리 시간 30분

6인분

소고기 미로통 스튜

BŒUF MIROTON

오븐을 240℃로 예열한다. 브라운 소스를 만든 뒤 토마토 퓌레와 오이 피클을 더한다. 그라탕 그릇에 소스를 약간 담고 익힌 소고기를 얹은 뒤 남은 소스를 두른다. 오븐에 넣고 15분간 노릇하게 굽는다.

- ◆ 브라운 소스(60쪽) 500mL
- ◆ 토마토 퓌레 40g
- ◆ 오이 피클 저민 것 8개 분량
- ◆ 익힌 소고기 저민 것 12장(총 600~700g)

준비 시간 10분

조리 시간 15분

6인분

소고기 튀김
BŒUF FRIT

- ◆ 익힌 소고기 저민 것 12장(총 600~700g)
- ◆ 올리브 오일 100mL
- ◆ 화이트 와인 식초 100mL
- ◆ 소금과 후추
- ◆ 튀김용 식물성 오일
- ◆ 튀김옷 반죽(724쪽) 1회 분량

  준비 시간 10분 + 재우기

  조리 시간 15분

  6인분

익힌 소고기에 올리브 오일과 식초를 두르고 1~2시간 재운 다음 소금과 후추로 간을 한다. 튀김기에 오일을 채워서 180℃ 혹은 빵조각을 넣으면 30초 만에 노릇해질 정도로 가열한다. 재운 소고기에 튀김옷을 입힌 다음 뜨거운 오일에 조심스럽게 넣되 필요하면 적당량씩 나누어서 작업한다. 전체적으로 노릇하게 튀긴 다음 키친타월에 얹어서 기름기를 제거한다. 뜨거울 때 낸다.

[변형]
. . . .

소고기 소테
BŒUF GRILLE

팬에 버터 40g을 넣어 녹인 다음 소고기 저민 것을 넣고 앞뒤로 2분씩 굽는다.

소고기 샐러드
BŒUF EN SALADE

- ◆ 비네그레트(66쪽) 1회 분량
- ◆ 익힌 소고기가 작게 깍둑 썬 600~700g
- ◆ 다진 이탈리안 파슬리 1큰술
- ◆ 다진 골파 1큰술

  준비 시간 5분

  6인분

비네그레트를 만든 뒤 소고기에 두르고 파슬리와 골파를 뿌린다.

소고기 크로켓
BŒUF EN CROGUETTES

팬을 중강 불에 올리고 버터를 넣어 녹인 다음 양파를 더하여 부드러워질 때까지 익힌다. 빵가루는 뜨거운 우유에 불린 다음 꽉 짜서 물기를 제거한다. 소고기와 베이컨, 양파, 빵가루, 다진 파슬리를 섞는다. 달걀을 더하여 골고루 잘 뭉친 다음 소금과 후추로 간을 한다. 튀김기에 오일을 채워서 180℃ 혹은 빵조각을 넣으면 30초 만에 노릇해질 정도로 가열한다. 반죽을 공 모양으로 빚은 다음 밀가루를 묻혀서 적당량씩 나누어 뜨거운 오일에 조심스럽게 넣는다. 노릇하고 바삭해질 때까지 약 5분간 튀긴다. 키친타월에 얹어서 기름기를 제거하고 튀긴 파슬리를 곁들여 낸다.

[변형]

· ·

소고기 크로켓과 콩 퓌레
PALETS DE BŒUF SUR PURÉE DE HARIOTS

생흰강낭콩 퓌레(553쪽)을 준비한다. 위와 같은 과정으로 소고기 크로켓을 준비한다. 팬에 버터 한 덩어리를 넣어 녹이고 크로켓을 넣어서 앞뒤로 노릇하게 굽는다. 식사용 그릇에 흰강낭콩 퓌레를 깔고 소고기 크로켓을 얹는다. 녹인 버터를 둘러 낸다.

- ◆ 버터 20g
- ◆ 다진 양파 60g
- ◆ 생빵가루 100g
- ◆ 뜨거운 우유 100mL
- ◆ 익힌 소고기 잘게 썬 것 300g
- ◆ 다진 훈제 베이컨 100g
- ◆ 다진 이탈리안 파슬리 1큰술
- ◆ 달걀 1개
- ◆ 소금과 후추
- ◆ 조리용 식물성 오일
- ◆ 밀가루 50g
- ◆ 튀긴 이탈리안 파슬리(81쪽) 1회 분량
  준비 시간 45분
  조리 시간 15분
  6인분

셰퍼드 파이
HACHIS PARMENTIER

오븐을 200℃로 예열한다. 소고기 혼합물을 준비하고 으깬 감자를 만든다. 오븐용 그릇에 감자를 한 켜 깔고 그 위에 소고기 혼합물을 한 켜 얹은 다음 다시 남은 감자를 얹는다. 빵가루 또는 치즈를 뿌린다. 버터를 군데군데 얹고 오븐에 넣어 노릇해질 때까지 20분간 굽는다.

- ◆ 소고기 크로켓의 다진 소고기 혼합물 1회 분량(위쪽 참조)
- ◆ 으깬 감자(568쪽) 1회 분량
- ◆ 마른 빵가루 60g 또는 갈은 그뤼에르 치즈
- ◆ 마무리용 작게 썬 버터
  준비 시간 1시간
  조리 시간 20분
  6인분

소고기 로프

PAIN DE BŒUF

- 버터 40g, 틀용 여분
- 밀가루 40g
- 우유 200mL
- 익힌 소고기 다진 것 250g
- 분리한 달걀흰자와 달걀노른자 각각
  3개 분량
- 소금과 후추
  준비 시간 30분
  조리 시간 1시간
  6인분

오븐을 190℃로 예열한 다음 오븐용 틀 또는 로프 틀에 버터에 바른다. 버터와 밀가루, 우유로 베샤멜 소스(50쪽)를 만든 다음 소고기를 더하여 섞는다. 달걀노른자를 더한다. 달걀흰자를 뿔이 단단히 서도록 휘핑한 다음 소금과 후추로 간을 한다. 휘핑한 달걀흰자를 소고기 혼합물에 더하여 접듯이 섞는다. 준비한 틀에 혼합물을 담는다. 오븐에 넣어 40분간 구운 다음 5분간 그대로 휴지했다가 뒤집어서 꺼내고 썰어 낸다.

소고기 리예트

POTTED MEAT

- 익힌 소고기 곱게 다진 것 250g
- 부드러운 버터 250g
- 안초비 소스(55쪽) 2큰술
- 즉석에서 간 너트메그
- 소금과 후추
- 덮개용 라드 또는 거위 지방
  준비 시간 20분
  6인분

소고기와 버터를 으깨서 곱게 섞는다. (푸드 프로세서를 사용해도 좋다.) 안초비 소스와 너트메그, 소금과 후추를 더하여 섞는다. 라드나 거위 지방을 잔잔한 불로 녹인다. 테린 틀 또는 개인용 라메킨 6개에 혼합물을 나누어 담고 지방을 한 켜 둘러서 덮는다. 냉장고에 5~6일간 보관할 수 있다.

다진 고기 로스트

HACHIS RÔTI

- 돼지 대망막 1개
- 소고기 크로켓(330쪽)의 다진 소고기
  혼합물(소고기 400g으로 만든 것) 1회
  분량
- 줄무늬 베이컨 75g
- 버터 20g
- 곁들임용 물냉이 1단
  준비 시간 30분 + 불리기
  조리 시간 1시간
  6인분

돼지 대망막은 사용하기 전에 물에 담가 약 3시간 정도 불린 다음 키친타월로 두드려서 물기를 제거한다. 오븐을 220℃로 예열한다. 다진 소고기 혼합물을 만들어서 긴 고기 덩어리 모양으로 빚은 다음 돼지 대망막으로 감싼다. 줄무늬 베이컨으로 덮은 다음 버터를 바르고 베이킹 그릇에 담은 후 물 1큰술을 넣는다. 오븐에 넣어 10분간 노릇하게 구운 다음 뒤집어서 오븐 온도를 200℃로 낮춘 후 약 45분 더 굽는다. 그릇에 물냉이를 수북하게 깔고 그 위에 로스트 고기를 내듯이 얹은 다음 익히면서 나온 국물은 소스 그릇에 따로 담아 곁들여 낸다.

남은 로스트 비프 활용법
UTILISATION DES RESTES DE RÔTI

타르타르 소스나 마요네즈를 준비한다. 저민 소고기를 접시에 담고 물냉이로 장식한다. 원하는 소스를 소스 그릇에 담아서 곁들여 낸다.

참고
남은 로스트 비프는 얇게 저며서 소스를 두른 소고기(327쪽)처럼 소스와 함께 다시 데워 낼 수 있다.

- ◆ **타르타르 소스(72쪽)나 마요네즈(70쪽) 등 소스 1회 분량**
- ◆ **남아서 저민 로스트 비프**
- ◆ **장식용 물냉이 1단**
  준비 시간 10~20분
  6인분

소 부산물

부산물은 아주 신선해야 하며 반드시 출처가 확실한 것을 사용해야 한다. 부산물 판매는 법률로 규제하고 있고 지역마다 판매 상태가 다르므로 정육점에 직접 물어 확인하도록 하자.

손질법

심장
심장은 라르동을 박거나 라딩용 바늘을 이용해서 지방 재료를 꿴다. 또는 줄무늬 베이컨으로 감싼 다음 조리용 끈으로 묶어서 비프 아 라 모드(322쪽) 또는 소고기 캐서롤(323쪽)과 같이 조리할 수 있다.

간
담낭을 제거하고 얇은 막을 잘라 낸다. 조리법(그릴 구이 또는 튀기기)에 따라 얇게 저미거나 통째로 조리한다. 천천히 익힐 때는 라르동을 박는다.

양
씻어서 솔로 문질러 닦아 낸 다음 물에 4시간 동안 담가 둔다. 익힐 때는 우선 큰 냄비에 소금물을 넉넉하게 붓고 당근, 양파, 화이트 와인, 후추, 정향을 넣어서 풍미를 더한다. 양을 넣고 뚜껑을 닫아서 한소끔 끓인 다음 최소 5시간 동안 익힌다. 익힌 양을 길게 썬 다음 비네그레트(66쪽)나 라비고트 소스(56쪽), 데빌드 소스(76쪽)를 둘러 낸다.

혀

혀는 12시간 동안 물에 담가 두다. 중간에 물을 2~3회 갈아 준다. 기름기를 떼어 내고 손질한 다음 끓는 물에 넣어서 20분간 삶는다. 찬물에 씻어서 질긴 껍질을 벗겨 낸다. 혓바닥 쪽 껍질을 자르고 뾰족한 부분으로 당겨서 딱딱한 부분을 제거한다. 물에 씻은 다음 키친타월로 두드려 물기를 제거한다.

신장

소의 신장은 암모니아 냄새가 강하므로 손질에 각별히 신경을 써야 한다. 신장은 두 개로 나누어서 겉 부분의 얇은 외막과 기름기, 내막을 전부 제거하여 손질한다. 키친타월로 두드려서 물기를 제거한 다음 저미며 끓는 물에 넣어 5분간 데친다.

소 심장 마틀로트
COEUR DE BŒUF EN MATELOTE

- ◆ 버터 60g
- ◆ 저민 양파 1개 분량
- ◆ 소 심장 2개
- ◆ 밀가루 20g
- ◆ 레드 와인 100mL
- ◆ 육수(종류 무관) 500mL
- ◆ 부케 가르니 1개
- ◆ 소금과 후추
- ◆ 깍둑 썬 두꺼운 빵 2장 분량

  준비 시간 20분

  조리 시간 2시간 30분

  6인분

바닥이 묵직한 팬에 절반 분량의 버터를 넣어 녹이고 양파를 더하여 노릇하게 볶는다. 심장을 넣어서 골고루 노릇하게 지진 다음 밀가루를 뿌리고 휘저어서 잘 섞는다. 와인, 육수, 부케 가르니를 넣고 소금과 후추로 간을 한다. 2시간 동안 뭉근하게 익힌 다음 익힌 국물을 체에 거르고 다시 팬에 붓는다. 심장은 꺼내서 얇게 저민 다음 다시 팬에 넣고 20분간 뭉근하게 익힌다. 그동안 팬에 남은 버터를 넣고 녹여서 달군 후 빵을 얹어서 노릇하고 바삭하게 튀겨 크루통을 만든다. 저민 심장에 소스, 크루통을 곁들여 낸다.

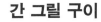 414쪽

- ◆ 메트르도텔 버터(48쪽), 블랙 버터(48쪽), 라비고트 소스(56쪽) 등 소스 1회 분량
- ◆ 얇게 저민 간 500g
- ◆ 조리용 오일

  준비 시간 5분

  조리 시간 10분

  6인분

간 그릴 구이
FOIE GRILLÉ

원하는 소스를 준비한다. 저민 간에 솔로 오일을 바른다. 번철을 달군 다음 간을 얹어서 앞뒤로 5분간 익힌다. 준비한 소스를 곁들여 낸다.

간 캐서롤

FOIE À LA CASSEROLE

바닥이 묵직한 팬에 버터를 넣어 달구고 양파를 넣어서 노릇하게 볶는다. 양파를 건진다. 간에 라르동을 끼운 다음 팬에 넣고 앞뒤로 약 5분씩 굽는다. 간은 건져서 따로 두고 팬 바닥에 고인 버터에 밀가루를 뿌려서 골고루 잘 섞는다. 와인을 붓고 계속 휘저으면서 타임, 월계수 잎, 익힌 양파를 넣고 소금과 후추로 간을 한다. 간을 다시 팬에 넣고 바닥의 국물을 자주 끼얹으면서 40분간 천천히 익힌다. 내기 직전에 소스를 체에 걸러서 간에 둘러 낸다.

- 버터 40g
- 채 썬 양파 50g
- 간 500g
- 손질용 베이컨 라르동
- 밀가루 30g
- 화이트 와인 300mL
- 타임 2줄기
- 월계수 잎 1장
- 소금과 후추

  준비 시간 5분

  조리 시간 50분

  6인분

소스에 익힌 양

GRAS-DOUBLE EN SAUCE

원하는 소스를 준비한다. 소스에 양을 넣고 20분간 뭉근하게 익혀서 골고루 데운다.

- 베샤멜 소스(50쪽), 폴레트 소스(52쪽), 피칸트 소스(60쪽), 토마토 소스(57쪽) 등 소스 1회 분량
- 1cm 너비로 길게 썬 익힌 양(332쪽) 500g

  준비 시간 30~50분

  조리 시간 20분

  6인분

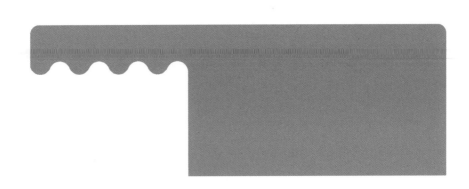

프로방스식 양 주머니 요리
PIEDS PAQUETS À LA PROVENÇALE

- ◆ 익힌 양(332쪽) 500g
- ◆ 길게 썬 줄무늬 베이컨 125g
- ◆ 마늘 60g
- ◆ 다진 모둠 허브(이탈리안 파슬리, 골파,
  타라곤, 처빌 등)
- ◆ 흰 후추
- ◆ 즉석에서 간 너트메그
- ◆ 돼지 껍질 100g
- ◆ 양파 1개
- ◆ 정향 1개
- ◆ 토마토 퓌레 150mL
- ◆ 드라이 화이트 와인 200mL
- ◆ 소금과 후추
- ◆ 4등분한 송아지 우족 1개(소) 분량
- ◆ 육수(내용물이 충분히 잠길 만큼 준비)
- ◆ 감자 아 랑글레즈(567쪽) 1회 분량

준비 시간 30분

조리 시간 2시간

6인분

양은 약 15x10cm 크기의 네모 모양으로 자른다. 양 위에 길게 자른 베이컨 1장과 마늘 1쪽을 얹고 허브를 넉넉하게 1꼬집 올린다. 후추와 너트메그로 간을 한다. 돌돌 말아서 주머니 모양으로 다듬은 다음 조리용 끈으로 단단히 묶어 고정한다.

바닥이 묵직한 팬에 돼지 껍질을 깐다. 양파에 정향을 박은 다음 팬에 양파, 주머니 모양의 양, 토마토 퓌레, 와인, 소금, 후추, 송아지 우족을 넣는다. 육수를 양이 잠길 만큼 부은 다음 뚜껑을 닫고 한소끔 끓인다. 불 세기를 줄이고 2시간 동안 잔잔하게 끓는 상태로 익힌다. 그동안 감자 아 랑글레즈를 준비한다. 양 주머니를 꺼내서 끈을 제거한다. 소스는 체에 거른다. 양에 소스, 감자를 곁들여 낸다.

리옹식 양 요리

GRAS-DOUBLE À LA LYONNAISE

양(332쪽)은 손질해서 익힌 다음 길게 썬다. 팬에 버터를 넣어 달구고 양파를 더하여 약 5분간 노릇하게 볶는다. 양을 더하여 15분 더 익힌다. 식초를 더하여 섞은 다음 파슬리를 뿌려서 바로 낸다.

- ◆ 양 500g
- ◆ 버터 30g
- ◆ 양파 다진 것 150g
- ◆ 화이트 와인 식초 100mL
- ◆ 이탈리안 파슬리 다진 것 2큰술
   준비 시간 5분
   조리 시간 20분
   6인분

양 아 라 모드

TRIPES À LA MODE

오븐을 150℃로 예열한다. 오븐용 그릇에 양을 한 켜 깔고 이어서 양파와 샬롯, 골파, 파슬리, 빵가루를 순서대로 담는다. 소금과 후추로 간을 한 다음 양을 모두 소진할 때까지 모든 재료를 반복해서 켜켜이 쌓는다. 와인을 붓고 버터를 군데군데 얹은 다음 뚜껑을 닫고 6~8시간 동안 익힌다.

 415쪽

- ◆ 익힌 양(332쪽) 1kg
- ◆ 다진 양파 200g
- ◆ 다진 샬롯 1개 분량
- ◆ 다진 골파 2큰술
- ◆ 다진 이탈리안 파슬리 2큰술
- ◆ 생빵가루 100g
- ◆ 소금과 후추
- ◆ 화이트 와인 400mL
- ◆ 작게 썬 버터 40g
   준비 시간 35분
   조리 시간 8시간
   6인분

사과주에 익힌 양 요리
TRIPES À LA MODE DE CAEN

- 익힌 양(332쪽) 1kg
- 송아지 우족 1개
- 우족 1개
- 돼지 껍질 100g
- 반으로 썬 당근 2개 분량
- 4등분한 양파 1개 분량
- 으깬 마늘 1쪽 분량
- 부케 가르니 1개
- 정향 3개
- 소금과 후추
- 드라이 사과주 1L
- 칼바도스
- 밀가루 3큰술

  준비 시간 30분

  조리 시간 8시간

  6인분

뚜껑이 있고 바닥이 묵직한 큰 냄비에 양을 담는다. 2종의 우족을 잘게 잘라서 돼지 껍질, 당근, 양파, 마늘과 함께 냄비에 더한다. 부케 가르니와 정향을 넣고 소금과 후추로 간을 한다. 사과주를 모든 채소와 고기가 잠길 만큼 붓고 취향에 따라 칼바도스를 적당히 더한다. 뚜껑을 닫는다. 밀가루와 물 3큰술로 페이스트를 만들고 뚜껑 가장자리에 둘러서 붙여 단단히 봉한다. 한소끔 끓인 다음 불 세기를 줄여서 8시간 동안 뭉근하게 익힌다. 뼈와 채소, 부케 가르니를 제거하고 따뜻한 접시에 고기를 담아 낸다.

삶은 혀 요리
LANGUE BOUILLIE

- 식초 또는 화이트 와인
  쿠르부이용(82쪽) 1회 분량
- 손질한 소 혀(333쪽) 1개
- 케이퍼 소스(56쪽), 수비즈
  소스(54쪽), 피칸트 소스(60쪽),
  토마토 소스(57쪽) 등 1회 분량

  준비 시간 40분

  조리 시간 3시간

  6인분

쿠르부이용을 만들어서 식힌다. 혀를 쿠르부이용에 넣고 약한 불에서 3시간 동안 익힌다. 그동안 원하는 소스를 만든다. 혀를 1cm 두께로 어슷썰기 하거나 세로로 잘라서 준비한 소스를 곁들여 낸다.

참고

혀를 밤 퓌레(559쪽)나 소렐 브레이즈(562쪽), 렌틸콩 퓌레(614쪽), 버섯 퓌레(525쪽) 등 채소 퓌레에 얹어 내도 좋다.

혀 캐서롤
LANGUE À LA CASSEROLE

쿠르부이용을 만들어서 큰 냄비에 담고 손질한 소 혀를 더한다. 한소끔 끓인 다음 불 세기를 줄이고 2시간 동안 뭉근하게 익힌다. 혀를 건져서 물기를 제거한다. 바닥이 묵직한 냄비에 버터를 넣어 녹이고 양파와 혀를 넣어 앞뒤로 노릇하게 굽는다. 밀가루를 뿌리고 와인을 부어서 골고루 섞은 다음 소금과 후추로 간을 하고 1시간 동안 뭉근하게 익힌다. 저며서 낸다.

- ◆ 식초 쿠르부이용(82쪽) 1회 분량
- ◆ 손질한 소 혀(333쪽) 1개
- ◆ 버터 60g
- ◆ 다진 양파 60g
- ◆ 밀가루 20g
- ◆ 화이트 와인 200mL
- ◆ 소금과 후추

  준비 시간 40분

  조리 시간 3시간

  6인분

이탈리아식 혀 요리
LANGUE À L'ITALIENNE

쿠르부이용을 만들어서 큰 냄비에 담고 손질한 소 혀를 더한다. 약한 불에서 1시간 30분간 익힌 다음 건져서 물기를 제거한다. 오븐을 150℃로 예열한다. 바닥이 묵직한 오븐용 그릇에 베이컨, 양파, 당근을 담는다. 그 위에 혀를 얹고 와인과 육수를 붓는다. 소금과 후추를 더하여 한소끔 끓인다. 뚜껑을 단단히 닫고 오븐에 넣어 2시간 30분간 익힌다.

그동안 쌀을 채운 토마토를 만들고 끓는 소금물에 마카로니를 넣어 알 덴테로 8~10분간 삶는다. 내기 조금 전에 마카로니를 혀 그릇에 더하여 섞는다. 내기 직전에 치즈를 더하여 마저 섞는다. 혀는 1cm 두께로 어슷썰기 한 다음 식사용 그릇에 담고 마카로니와 쌀을 채운 토마토를 곁들인다. 혀를 조리하고 남은 국물은 기름기를 제거한 다음 체에 걸러서 소스 그릇에 따로 담아 함께 낸다.

- ◆ 식초 쿠르부이용(82쪽) 1회 분량
- ◆ 손질한 소 혀(333쪽) 1개
- ◆ 얇게 저민 베이컨 100g
- ◆ 채 썬 양파 60g
- ◆ 저민 당근 60g
- ◆ 화이트 와인 200mL
- ◆ 육수(종류 무관) 200mL
- ◆ 소금과 후추
- ◆ 쌀을 채운 토마토(580쪽) 6개(소)
- ◆ 마카로니 200g
- ◆ 그뤼에르 치즈 간 것 150g

  준비 시간 1시간

  조리 시간 2시간 30분

  6인분

신장 볶음
ROGNONS SAUTÉS

- 버터 30g
- 손질한 신장(333쪽) 500g
- 소금
- 밀가루 20g
- 다진 샬롯 25g
- 소스용 육수(종류 무관)

  준비 시간 15분

  조리 시간 30분

  6인분

팬에 버터를 넣어 달구고 신장을 넣어 앞뒤로 노릇하게 굽는다. 소금으로 간을 하고 밀가루를 뿌린 다음 샬롯을 더한다. 걸쭉한 소스가 될 때까지 육수를 조금씩 부으면서 골고루 섞은 다음 가끔 휘저으면서 30분간 뭉근하게 익힌다.

참고
신장은 보르드레즈 소스(58쪽)나 프라브라드 소스(63쪽), 로베르 소스(63쪽) 등을 곁들여 낸다.

버섯을 곁들인 신장 요리
ROGNONS AUX CHAMPIGNONS

- 버터 60g, 조리용 여분
- 버섯 200g
- 손질한 신장(333쪽) 700g
- 밀가루 30g
- 마데이라 와인 200mL
- 토마토 퓌레 100mL
- 깍둑 썬 하루 묵은 빵 6장 분량
- 소금과 후추
- 다진 이탈리안 파슬리 1큰술

  준비 시간 25분

  조리 시간 35분

  6인분

팬에 버터 20g을 넣어 녹이고 버섯을 더하여 10분간 익힌다. 버섯은 건지고 팬에 배어 나온 버섯 즙은 따로 담아 둔다. 신장은 1cm 두께로 어슷하게 썬다. 팬에 버터 20g을 넣어 녹이고 신장을 더해서 4분간 구운 다음 따로 덜어 낸다. 버섯 즙에 밀가루를 더하여 섞은 다음 신장을 구운 팬에 붓고 마데이라 와인, 토마토 퓌레를 더한다. 걸쭉한 소스가 될 때까지 뭉근하게 익혀서 졸인 다음 신장을 다시 넣고 20분 더 익힌다.

그동안 다른 팬에 남은 버터를 넣어 달군 뒤 빵을 넣고 노릇하고 바삭하게 튀겨 크루통을 만든다. 내기 조금 전에 신장을 조리하는 팬에 버섯을 더한다. 소금과 후추로 간을 하고 파슬리를 뿌린다. 크루통을 곁들여 낸다.

송아지고기

송아지고기는 주로 생후 6개월 이내의 소고기를 뜻한다. 송아지고기에는 두 가지 종류가 있다. 첫째, 모체 또는 다른 소의 우유만 먹고 자란 것. 부드럽고 색이 아주 연하며 탄탄한 흰색 지방이 특징으로 마블링이 절대 생성되지 않는다. 둘째, 소규모로 관리하며 분유를 먹고 자란 것. 우유만 먹은 송아지에 비해 질이 조금 떨어지지만 공들여 기른 경우에는 맛이 좋은 편이다.

1 · 머리
2 · 목살
3 · 목심
4 · 갈비 목살
5 · 허릿살
6 · 우둔살
7 · 다리살, 허벅지살, 옆구리살
8 · 정강이살
9 · 가슴살
10 · 어깨살

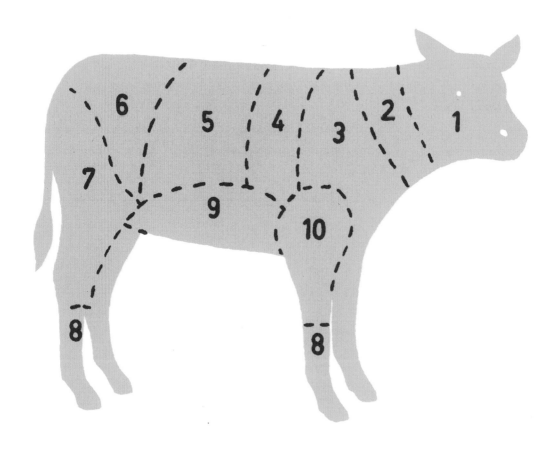

※ 나라마다 도축 및 발골 방식이 상이하므로 요리에 가장 적합한 부위는 구입 시 정육점에 문의하는 것이 좋다.

● 뼈가 붙은 상태로 둥글게 썬 고기. 주로 갈빗살이다.

조리법	부위	조리 시간
삶기	어깨살 목심 가슴살 목살 정강이살	1kg당 2시간
그릴 및 굽기 (에스칼로프와 커틀렛)	우둔살(두껍게 썬 것) 옆구리살 허릿살 허벅지살 찹●	두께에 따라 10~15분
로스트	우둔살 갈비 목살 허벅지살 허릿살 신장	500g당 30분
브레이즈	옆구리살 갈비 목살 어깨살 목심	1kg당 2~3시간
스튜	갈비 목살 목살 목심 가슴살	1kg당 2시간

삶기

송아지 블랑케트*
BLANQUETTE

바닥이 묵직한 팬에 송아지고기를 넣고 물을 잠길 만큼 붓는다. 와인, 당근, 양파, 부케 가르니를 더한다. 소금과 후추로 간을 한 다음 한소끔 끓이고 수면에 올라온 거품을 제거한 다음 불 세기를 줄이고 부드러워질 때까지 1시간 30분~2시간 동안 뭉근하게 익힌다. 고기를 건져서 따뜻하게 보관하고 국물은 체에 거른다. 버터, 밀가루, 체에 거른 국물로 블론드 루(57쪽)를 만든다. 자주 휘저으면서 10분간 뭉근하게 익힌다. 내기 직전에 달걀노른자를 소스에 넣고 약한 불에 올려서 휘저어 걸쭉하게 만든다. 송아지고기에 소스를 부어서 낸다.

〔변형〕

· ·

버섯 블랑케트
BLANQUETTE AUX CHAMPIGNONS

위와 같은 방식으로 송아지 블랑케트를 조리한다. 그동안 프라이팬에 버터 40g을 넣어 달구고 다진 양파 100g, 다진 버섯 125g을 더하여 약한 불에서 부드럽고 노릇해질 때까지 25분간 익힌다. 익힌 버섯과 양파를 블랑케트 소스에 더하고 송아지고기 위에 부어서 낸다.

- ◆ 적당히 자른 송아지 가슴살 500g
- ◆ 적당히 자른 송아지 어깨살 500g
- ◆ 드라이 화이트 와인 200mL
- ◆ 당근 60g
- ◆ 채 썬 양파 1개 분량
- ◆ 부케 가르니 1개
- ◆ 소금과 후추
- ◆ 버터 40g
- ◆ 밀가루 40g
- ◆ 달걀노른자 1개

  준비 시간 15분

  조리 시간 2시간 30분

  6인분

- ● 대표적인 화이트 스튜에 속한다.

가정식 송아지 가슴살 요리
POITRINE DE VEAL MÉNAGÈRE

큰 냄비에 송아지고기와 베이컨을 담는다. 물 3.5L를 붓고 한소끔 끓인 다음 1시간 30분간 뭉근하게 익힌다. 양배추와 당근, 순무를 넣고 1시간 더 익힌다. 송아지고기를 식사용 그릇 한가운데에 담은 다음 채소를 고기 주변에 원형으로 둘러 얹는다. 베이컨을 저미서 송아지고기 위를 장식하여 낸다.

- ◆ 적당히 자른 송아지 가슴살 1kg
- ◆ 염장 베이컨 250g
- ◆ 손질해서 4등분한 양배추 1개(소) 분량
- ◆ 당근 200g
- ◆ 4등분한 순무 200g

  준비 시간 25분

  조리 시간 2시간 30분

  6인분

번철 굽기

송아지 찹 구이
CÔTES DE VEAU

 417쪽

◆ 메트르도텔 버터(48쪽) 60g

◆ 송아지 찹 6개

◆ 조리용 오일

◆ 소금과 후추

준비 시간 5분

조리 시간 10분

6인분

메트르도텔 버터를 만들고 번철을 달군다. 송아지 찹에 조리용 솔로 오일을 바른다. 송아지 찹을 아주 뜨거운 번철에 얹어서 앞뒤로 5분씩 노릇하게 굽는다. 소금과 후추로 간을 하고 메트르도텔 버터와 함께 낸다.

튀기기

기본 에스칼로프*
ESCALOPES NATURE

◆ 송아지 에스칼로프 6개

◆ 버터 40g

◆ 소금

◆ 레몬즙 1개 분량

◆ 다진 이탈리안 파슬리 1/2줌 분량

준비 시간 6분

조리 시간 10분

6인분

● 돈가스와 같은 방식으로 빵가루를 입혀 튀긴 커틀릿 요리다. 돈가스용으로 손질한 고기를 사용한다.

송아지 에스칼로프를 랩 2장 사이에 깔고 고기용 망치 등으로 두드려서 약 5mm 두께로 얇게 편다. 팬에 버터를 넣고 센 불에서 달군 다음 에스칼로프를 더하여 앞뒤로 5분씩 노릇하게 굽는다. 따뜻한 식사용 그릇에 담고 소금을 약간 뿌려 간을 한다. 에스칼로프를 구운 팬에 물 1큰술을 두르고 골고루 휘저어서 바닥에 달라붙은 파편을 모조리 긁어낸다. 불 세기를 올리고 레몬즙을 더한 다음 소금으로 간을 해서 고기 위에 붓는다. 에스칼로프에 파슬리를 뿌린다.

참고

버섯 퓌레(525쪽)나 양파 퓌레(560쪽)를 곁들여 낸다.

빵가루를 묻힌 에스칼로프

ESCALOPES PANÉES

에스칼로프를 달걀물에 담갔다가 빵가루를 골고루 묻힌다. 팬에 버터를 두르고 센 불에서 달군 뒤 에스칼로프를 더하여 노릇하게 앞뒤로 5분씩 굽는다. 소금과 후추로 간을 하고 파슬리를 뿌린다.

참고

에스칼로프는 소스 그릇에 담은 토마토 소스(57쪽)를 곁들여 내기도 한다.

◆ 약 5mm 두께로 납작하게 편 송아지
　 에스칼로프(343쪽) 6장

◆ 달걀 푼 것 2개 분량

◆ 마른 빵가루 150g

◆ 버터 60g

◆ 소금과 후추

◆ 다진 이탈리안 파슬리 1/2줌 분량

　 준비 시간 10분

　 조리 시간 10분

　 6인분

비엔나식 에스칼로프

ESCALOPES À LA VIENNOISE

장식을 먼저 만든다. 올리브를 안초비 필레로 하나씩 감싼 다음 저민 레몬 위에 얹어 따로 둔다.

　에스칼로프는 밀가루를 묻힌 다음 달걀물에 담근다. 소금과 후추로 간을 한 다음 빵가루를 꼼꼼하게 묻힌다. 속이 깊은 소테용 팬에 식물성 오일을 약 2cm 두께로 부은 다음 연기가 피어오를 정도로 가열한다. 조심스럽게 에스칼로프를 넣는다. 공간이 충분하다면 한 번에 2장씩 튀기고 앞뒤로 3~4분씩 튀긴다. 식사용 그릇에 에스칼로프를 담고 안초비로 감싼 올리브를 얹은 레몬을 하나씩 장식한다. 아주 뜨겁게 낸다.

◆ 씨를 제거한 올리브 6개

◆ 안초비 필레 6장

◆ 저민 레몬 6장

◆ 약 5mm 두께로 납작하게 편 송아지
　 에스칼로프(343쪽) 6장

◆ 밀가루 30g

◆ 달걀 푼 것 1개 분량

◆ 소금과 후추

◆ 튀김옷용 마른 빵가루 150g

◆ 튀김용 식물성 오일

　 준비 시간 20분

　 조리 시간 20분

　 6인분

빵가루를 묻힌 밀라노식 에스칼로프
ESCALOPES PANÉES À LA MILANAISE

- 튀김옷용 마른 빵가루 150g
- 콩테 치즈 간 것 100g
- 약 5mm 두께로 납작하게 편 송아지 에스칼로프(343쪽) 6장
- 달걀 푼 것 2개 분량
- 버터 30g
- 튀김용 오일 2큰술
- 소금과 후추
- 레몬 1개
  준비 시간 15분
  조리 시간 10분
  6인분

빵가루와 치즈를 섞는다. 에스칼로프를 달걀물에 담갔다가 치즈 빵가루 혼합물을 골고루 묻힌다. 팬을 센 불에 올리고 버터와 오일을 둘러서 달군 다음 에스칼로프를 더하여 앞뒤로 노릇하게 5분씩 튀긴다. 소금과 후추로 간을 한다. 팬에 흘러 나온 육즙에 레몬즙을 조금 짜 넣은 다음 에스칼로프에 곁들여 낸다.

크림 에스칼로프
ESCALOPES ZEPHYR

- 버터 30g
- 약 5mm 두께로 납작하게 편 송아지 에스칼로프(343쪽) 6장
- 크렘 프레슈 300mL
- 소금과 후추
- 장식용 저민 레몬
  준비 시간 5분
  조리 시간 15분
  6인분

팬을 센 불에 올리고 버터를 둘러서 달군 다음 에스칼로프를 더하여 앞뒤로 노릇하게 5분씩 굽는다. 에스칼로프를 팬에서 꺼내 따뜻한 식사용 그릇에 담는다. 팬에 남은 에스칼로프 육즙에 크렘 프레슈를 더하여 계속 휘저으면서 한소끔 끓인다. 소금과 후추로 간을 하고 에스칼로프 위에 붓는다. 레몬으로 장식한다.

에스칼로프 그라탕
ESCALOPES GRATINÉES

오븐을 220℃로 예열한다. 팬에 버터 40g을 넣어 녹이고 에스칼로프를 더하여 중간 불에서 앞뒤로 노릇하게 5분씩 굽는다. 에스칼로프를 팬에서 꺼내 오븐용 그릇에 담는다. 그동안 남은 버터와 밀가루, 우유로 베샤멜 소스(50쪽)를 만든다. 버섯을 더해 10분간 익히고 크렘 프레슈를 섞는다. 에스칼로프에 소스를 둘러서 덮고 치즈를 뿌린 다음 오븐에 넣어 노릇해질 때까지 10분간 굽는다.

◆ 버터 70g
◆ 약 5mm 두께로 납작하게 편 송아지 에스칼로프(343쪽) 6장
◆ 밀가루 40g
◆ 우유 100mL
◆ 저민 버섯 150g
◆ 크렘 프레슈 150mL
◆ 그뤼에르 치즈 간 것 50g
  준비 시간 10분
  조리 시간 30분
  6인분

송아지 찹 구이 소테
COTES DE VEAU SAUTÉES

팬을 중간 불에 올린 뒤 버터를 넣어 녹이고 송아지고기를 얹어서 앞뒤로 노릇하게 5분씩 굽는다. 고기가 두꺼우면 2~3분 정도 더 익힌다. 그릇에 으깬 감자(568쪽)나 버섯 퓌레(525쪽), 시금치 또는 양파 퓌레(560쪽), 소렐 브레이즈(562쪽)를 담고 송아지고기를 얹은 다음 토마토 소스(57쪽) 또는 마데이라 소스(61쪽)를 소스 그릇에 담아 곁들여 낸다.

◆ 버터 60g
◆ 송아지 찹 6개
  준비 시간 6분
  조리 시간 10~15분
  6인분

처빌 송아지 갈비살 구이
CÔTES DE VEAU À LA VERT-PRÉ

팬을 중간 불에 올린 뒤 절반 분량의 버터를 넣어 녹이고 송아지고기를 얹어 앞뒤로 노릇하게 6분씩 굽는다. 불에서 내리고 덮개를 씌운다. 나머지 버터와 처빌을 골고루 섞어서 송아지고기 위에 조금씩 얹는다. 소금과 후추로 간을 해서 바로 낸다.

◆ 부드러운 버터 80g
◆ 송아지 찹 6개
◆ 다진 처빌 1단 분량
◆ 소금과 후추
  준비 시간 5분
  조리 시간 15분
  6인분

송로버섯을 곁들인 송아지 찹 구이

CÔTES DE VEAU AUX TRUFFES

- ◆ 버터 50g
- ◆ 송아지 찹 6개
- ◆ 소금
- ◆ 마데이라 와인 200mL
- ◆ 깎거나 다진 송로버섯

  준비 시간 5분

  조리 시간 15분

  6인분

팬을 중간 불에 올린 뒤 버터를 넣어 녹이고 송아지고기를 얹어서 앞뒤로 노릇하게 6분씩 굽는다. 소금으로 간을 한다. 송아지고기는 꺼내서 뜨겁게 보관한다. 팬에 흘러나온 육즙에 마데이라 와인과 송로버섯을 더하여 골고루 휘저으며 3분간 익힌다. 송아지고기에 소스를 둘러서 바로 낸다.

송아지 찹 파피요트

CÔTES DE VEAU EN PAPILLOTES

- ◆ 버터 80g
- ◆ 다진 양파 1/2개 분량
- ◆ 다진 샬롯 2개 분량
- ◆ 다진 버섯 100g
- ◆ 곱게 다진 줄무늬 베이컨 50g, 덮개용

  얇게 저민 줄무늬 베이컨 6장
- ◆ 곱게 다진 햄 50g
- ◆ 곱게 다진 이탈리안 파슬리 1/2줌 분량
- ◆ 소금과 후추
- ◆ 송아지 찹 6개
- ◆ 조리용 오일
- ◆ 레몬즙 2개 분량

  준비 시간 45분

  조리 시간 30분

  6개 분량

오븐을 200℃로 예열한다. 큰 팬에 버터 30g을 넣어 녹이고 양파와 샬롯을 넣어 중간 불에서 5분간 익힌다. 버섯을 더하고 골고루 섞으며 5분 더 익힌다. 다진 베이컨, 햄, 파슬리를 더하여 5분 더 익힌 다음 소금과 후추로 간을 한다. 다른 팬을 센 불에 올리고 버터를 더해서 달군 다음 송아지고기를 앞뒤로 2분씩 노릇하게 굽는다.

파피요트를 만든다. 유산지 또는 쿠킹포일을 큼직하게 자른 뒤 반으로 접어 송아지고기보다 사방 5cm 정도 여유가 있는 이중 사각형을 만든다. 오일을 골고루 바르고 얇게 저민 베이컨을 가운데에 1장 깐다. 베이컨 혼합물을 베이컨 가운데에 1작은술 얹은 다음 그 위에 송아지고기를 올리고 베이컨 혼합물을 다시 1작은술 얹은다. 얇게 저민 베이컨 양쪽 가장자리를 들어 올려서 송아지고기를 감싼 다음 유산지 또는 쿠킹포일의 사방 가장자리를 들어 올려서 주머니 모양으로 접는다. 가장자리를 돌돌 말아 봉하되 필요하면 조리용 끈을 둘러서 단단히 고정한다. 오븐용 그릇에 담고 30분간 굽는다. 유산지 또는 쿠킹포일을 열어서 송아지고기 위에 레몬즙을 뿌리고 낸다.

로스트

송아지 로스트
RÔTI DE VEAU

오븐을 220℃로 예열한다. 송아지고기(312쪽)에 얇게 저민 베이컨을 덮은 다음 조리용 끈으로 묶어서 고정한 후 철망을 깐 로스팅 팬에 얹는다. 오븐에 넣어 고기를 찌르면 맑은 육즙이 흐를 때까지 500g당 30분씩 굽는다. 고기가 노릇하게 익으면 소금으로 간을 하고 바닥에 흐른 육즙을 고기 위에 끼얹는다. 고기를 묶은 끈을 제거한 다음 로스팅 팬에 물이나 육수를 조금 부어서 바닥에 붙은 파편을 모조리 긁어내 송아지 쥬를 만든다. 송아지 쥬에서 기름기를 제거한 다음 소스 그릇에 담는다. 송아지 로스트에 원하는 소스와 채소 요리, 송아지 쥬를 곁들여 낸다.

참고
남은 송아지 로스트는 저며서 뜨겁게 또는 차갑게 낼 수 있다. 차갑게 낼 때는 그릇에 담아서 파슬리와 오이 피클로 장식해서 낸다. 이때 마요네즈(70쪽)를 소스 그릇에 담아 곁들인다. 뜨겁게 낼 때는 토마토 소스(57쪽)나 리슐리외 소스(58쪽), 풀레트 소스(52쪽), 수비즈 소스(54쪽) 등을 만든다. 내기 약 10분 전에 저민 송아지 로스트를 소스 냄비에 더해서 끓지 않도록 주의하며 약한 불에서 골고루 데운다. 속이 깊은 식사용 그릇에 담아 낸다.

 416쪽

- 송아지고기 덩어리(설도, 갈비 목살, 보섭살, 허릿살 등) 1개(1kg)
- 덮개용 얇게 저민 베이컨
- 소금
- 디글레이즈용 육수(종류 무관) 또는 물
- 토마토 소스(57쪽)나 버섯 소스(61쪽), 페리그 소스(61쪽) 등 1회 분량
- 채소 자르디니에르(555쪽), 마세두안(96쪽), 양파 퓌레(560쪽) 또는 으깬 감자(568쪽) 등 채소 요리 1회 분량

  준비 시간 10분

  조리 시간 1~2시간

  6인분

머스터드 송아지 로스트
RÔTI DE VEAU À LA MOUTARDE

전날 준비를 시작한다. 로스팅 팬에 송아지고기를 담는다. 덩어리 전체에 머스터드를 조심스럽게 골고루 바르고 크렘 프레슈를 더해서 마저 바른다. 냉장고에 넣고 24시간 동안 재운다. 오븐을 220℃로 예열한다. 송아지고기에 발라 놓은 머스터드와 크렘 프레슈를 긁어내서 작은 팬에 옮겨 담은 뒤 오븐에 넣고 45분간 로스트한다. 바닥에 흘러나온 육즙을 머스터드와 크렘 프레슈 팬에 부어서 골고루 섞는다. 한소끔 끓인 다음 약한 불에서 5분간 익힌다. 소금과 후추로 간을 한다. 송아지고기를 다시 오븐에 넣어서 찌르면 맑은 육즙이 흐를 때까지 15~20분 더 익힌다. 소스를 소스 그릇에 담아서 곁들여 낸다.

- 송아지고기 덩어리(다리살 또는 안심 필레 등) 1개(1kg)
- 매운 머스터드 60g
- 크렘 프레슈 100mL
- 소금과 후추

  준비 시간 15분 + 재우기

  조리 시간 1시간

  6인분

속을 채운 송아지 가슴살
POITRINE DE VEAU FARCIE

- 곱게 다진 훈제하지 않은 베이컨 200g
- 다진 돼지고기 200g
- 다진 이탈리안 파슬리 1큰술
- 코냑 50mL
- 뼈를 제거한 송아지 가슴살 1kg
- 덮개용 얇게 저민 베이컨
- 소금과 후추

  준비 시간 30분

  조리 시간 1시간

  6인분

오븐을 220℃로 예열한다. 볼에 다진 베이컨, 돼지고기, 파슬리, 코냑을 담고 잘 섞어서 스터핑을 만든다. 송아지 가슴살은 옆에 칼집을 크게 넣어서 공간을 만든 다음 스터핑을 채운다. 얇게 저민 베이컨으로 가슴살을 감싸고 조리용 끈으로 고정해서 로스팅 팬에 담는다. 오븐에 넣고 고기를 찌르면 맑은 육즙이 흐를 때까지 1시간 정도 로스트한다. 소금과 후추로 간을 하고 바닥의 육즙을 끼얹는다.

브레이즈

송아지 캐서롤
VEAU À LA CASSEROLE

- 버터 40g
- 스튜용 송아지고기 700g
- 덮개용 얇게 저민 베이컨
- 소금과 후추

  준비 시간 15분

  조리 시간 50분

  6인분

오븐을 220℃로 예열한다. 바닥이 묵직한 오븐용 팬을 센 불에 올리고 버터를 넣어 녹인 다음 송아지고기를 더하여 골고루 노릇하게 지진다. 송아지고기를 꺼내서 베이컨으로 덮은 다음 조리용 끈으로 묶어 고정한다. 다시 팬에 넣고 오븐에 넣어 5분마다 뒤집어 가며 찌르면 맑은 육즙이 흐를 때까지 45분간 굽는다. 고기가 노릇해지면 소금과 후추로 간을 하고 바닥에 흐른 육즙을 끼얹는다. 송아지 로스트(348쪽)와 같은 방식으로 낸다.

송아지 스튜
VEAU À L'ETOUFFÉE

- 송아지고기 덩어리 1개(800g)
- 덮개용 얇게 저민 베이컨
- 버터 40g
- 다진 양파 1개 분량
- 드라이 화이트 와인 20mL
- 뜨거운 육수(종류 무관) 20mL
- 소금과 후추

  준비 시간 5분

  조리 시간 2시간

  6인분

송아지고기를 베이컨으로 덮은 다음 조리용 끈으로 묶어 고정한다. 바닥이 묵직한 팬을 센 불에 올리고 버터를 넣어 달군 다음 송아지고기를 얹어 골고루 노릇하게 지진다. 양파를 더하고 와인과 뜨거운 육수를 붓는다. 소금과 후추로 간을 하고 뚜껑을 닫은 후 2시간 동안 아주 잔잔하고 뭉근하게 익힌다.

송아지 브레이즈

FRICANDEAU

날카로운 칼을 이용해서 송아지고기에 일정한 간격으로 군데군데 칼집을 낸 다음 베이컨 라르동을 하나씩 끼운다. 바닥이 묵직한 오븐용 팬을 센 불에 올리고 버터를 둘러서 달군 다음 송아지고기를 더하여 골고루 노릇하게 지진 후 꺼낸다. 얇게 저민 베이컨과 베이컨 껍질(사용 시)을 바닥에 깔고 송아지고기, 당근, 양파, 부케 가르니를 더한다. 뜨거운 육수 100mL와 코냑을 붓고 소금과 후추로 간을 한 다음 뚜껑을 닫는다. 1시간 동안 뭉근하게 익힌다. 오븐을 190℃로 예열한다. 남은 육수를 붓고 오븐에 넣어 2시간 30분간 익힌다. 국물에서 기름기를 제거하고 체에 걸러서 고기 위에 둘러 낸다.

- ◆ 송아지고기 덩어리(다리살 또는 안심 필레 등) 1개(800g)
- ◆ 훈제하지 않은 베이컨 라르동 150g
- ◆ 버터 30g
- ◆ 얇게 저민 베이컨 150g
- ◆ 베이컨 껍질(선택 사항)
- ◆ 당근 1개
- ◆ 양파 1개
- ◆ 부케 가르니 1개
- ◆ 뜨거운 육수(종류 무관) 500mL
- ◆ 코냑 1큰술
- ◆ 소금과 후추

준비 시간 40분

조리 시간 3시간 30분

6인분

부르주아식 송아지 요리

VEAU À LA BOURGEOISE

송아지고기에 일정한 간격으로 군데군데 칼집을 낸 다음 깍둑 썬 베이컨을 끼워 넣는다. 바닥이 묵직한 팬을 센 불에 올리고 버터를 더하여 달군 다음 송아지고기를 넣고 골고루 노릇하게 지진다. 양파와 부케 가르니를 넣고 소금과 후추로 간을 한다. 뜨거운 육수를 붓고 뚜껑을 닫은 다음 1시간 동안 뭉근하게 익힌다. 당근을 더해 1시간 더 익힌다.

- ◆ 송아지고기 덩어리(다리살 또는 안심 필레 등) 1개(800g)
- ◆ 깍둑 썬 훈제 베이컨 125g
- ◆ 버터 40g
- ◆ 양파 125g
- ◆ 부케 가르니 1개
- ◆ 소금과 후추
- ◆ 뜨거운 육수(종류 무관) 500mL
- ◆ 저민 당근 1kg

준비 시간 25분

조리 시간 2시간

6인분

송아지 자르디니에르
VEAU JARDINIÈRE

- ◆ 버터 40g
- ◆ 작은 양파 또는 샬롯 10개
- ◆ 깍둑 썬 베이컨 100g
- ◆ 송아지고기 덩어리 800g
- ◆ 소금과 후추
- ◆ 뜨거운 육수(종류 무관) 100mL
- ◆ 어린 당근 250g
- ◆ 햇감자 350g
- ◆ 깐 완두콩 350g
- ◆ 양상추 1통
- ◆ 손질한 깍지콩 250g

  준비 시간 45분

  조리 시간 2시간 45분

  6인분

바닥이 묵직한 팬에 버터를 둘러 달구고 양파 또는 샬롯, 베이컨을 더하여 중간 불에서 노릇하게 볶는다. 송아지고기를 넣고 소금과 후추로 간을 한 다음 센 불에서 골고루 노릇하게 지진다. 뜨거운 육수를 붓고 뚜껑을 닫은 다음 가끔 고기를 뒤집으면서 1시간 30분간 뭉근하게 익힌다. 당근, 감자, 완두콩, 양상추를 고기 주변에 담고 1시간 더 익힌다. 그동안 냄비에 소금물을 끓여서 깍지콩을 넣고 15분간 익힌다. 고기와 채소를 조리한 냄비에 깍지콩을 넣고 마지막으로 15분간 가열한다. 속이 깊은 그릇에 송아지고기와 채소, 소스를 함께 담아 낸다.

크림 소스를 두른 송아지 요리
VEAU À LA CRÈME

- ◆ 덮개용 얇게 저민 베이컨
- ◆ 송아지고기 덩어리 800g
- ◆ 버터 40g
- ◆ 다진 양파 2개 분량
- ◆ 밀가루 30g
- ◆ 화이트 와인 100mL
- ◆ 뜨거운 육수(종류 무관) 100mL
- ◆ 소금과 후추
- ◆ 달걀노른자 2개
- ◆ 크렘 프레슈 100mL

  준비 시간 10분

  조리 시간 2시간

  6인분

얇게 저민 베이컨으로 송아지고기를 덮은 다음 조리용 끈으로 묶는다. 바닥이 묵직한 팬을 센 불에 올리고 버터를 더하여 달군 다음 송아지고기를 넣어 골고루 지진다. 양파와 밀가루를 뿌리고 노릇하게 볶는다. 와인과 뜨거운 육수를 붓는다. 소금과 후추로 간을 한 다음 뚜껑을 닫고 아주 약하게 2시간 동안 익힌다. 송아지고기를 꺼내서 따뜻하게 보관한다. 익힌 국물은 체에 걸러서 내열용 볼에 담고 잔잔하게 끓는 물이 든 냄비에 얹은 다음 달걀노른자와 크렘 프레슈를 더하여 약한 불에서 골고루 휘저어 가며 걸쭉해질 때까지 익힌다. 송아지고기에 두른 베이컨과 조리용 끈을 제거하고 소스를 둘러서 낸다.

프랑샤르식 송아지 요리
VEAU FRANCHARD

얇게 저민 베이컨으로 송아지고기를 감싼 다음 조리용 끈으로 묶는다. 바닥이 묵직한 팬을 센 불에 올리고 버터를 더하여 달군 다음 송아지고기와 다진 베이컨을 넣고 골고루 노릇하게 지진다. 양파 또는 샬롯, 타라곤을 더한다. 뜨거운 육수를 붓고 소금과 후추로 간을 한 다음 아주 잔잔하게 1시간 동안 익힌다. 버섯을 넣고 30분 더 익힌다. 내기 직전에 타라곤과 베이컨, 조리용 끈을 제거한다. 속이 깊은 그릇에 담아 낸다.

- 덮개용 얇게 저민 베이컨
- 송아지고기 덩어리 1kg
- 버터 40g
- 다진 베이컨 125g
- 작은 양파 또는 샬롯 10개
- 타라곤 1단
- 뜨거운 육수(종류 무관) 100mL
- 소금과 후추
- 버섯 125g

  준비 시간 10분

  조리 시간 1시간 30분

  6인분

나무꾼의 송아지 요리
CARRÉ DE VEAU À LA BÛCHERONNE

송아지고기를 다듬어서 얇게 저민 베이컨으로 감싼 다음 조리용 끈으로 묶는다. 바닥이 묵직한 팬을 센 불에 올리고 버터를 더하여 달군 뒤 송아지고기를 올려 골고루 노릇하게 지진다. 송아지고기를 팬에서 꺼낸다. 양파 또는 샬롯을 팬에 더하여 설탕을 뿌린 다음 노릇하게 볶는다. 송아지고기를 다시 팬에 넣고 와인을 붓는다. 부케 가르니를 넣고 소금과 후추로 간을 한 다음 뚜껑을 닫고 2시간 동안 뭉근하게 익힌다. 송아지고기에서 베이컨과 조리용 끈을 제거한다. 버섯을 더하여 30분 더 익힌다. 송아지고기를 꺼내고 팬을 불에서 내린 다음 달걀노른자를 넣고 휘저어서 소스를 걸쭉하게 만든다. 송아지고기를 속이 깊은 그릇에 담아서 소스를 둘러 낸다.

- 송아지고기(목심 등) 1kg
- 덮개용 얇게 저민 베이컨
- 버터 50g
- 작은 양파 또는 샬롯 12~15개
- 정제 백설탕 15g
- 보르도 레드 와인 500mL
- 부케 가르니 1개
- 소금과 후추
- 버섯 125g
- 달걀노른자 1개

  준비 시간 20분

  조리 시간 2시간 30분

  6인분

110쪽

송아지 포피예트
PAUPIETTES DE VEAU

- 생빵가루 30g
- 뜨거운 우유 1큰술
- 버터 50g
- 다진 양파 1개 분량
- 깍둑 썬 베이컨 60g
- 다진 버섯 100g
- 다진 이탈리안 파슬리 1줌 분량
- 소금과 후추
- 약 5mm 두께로 납작하게 편 송아지
  에스칼로프(343쪽) 6장(대)
- 뜨거운 육수(종류 무관) 100mL

  준비 시간 35분

  조리 시간 1시간 45분

  6인분

작은 볼에 빵가루와 뜨거운 우유를 담아 빵가루를 불린다. 바닥이 묵직한 팬에 절반 분량의 버터를 넣어 달군 다음 양파, 베이컨을 넣고 양파가 살짝 노릇해질 때까지 볶는다. 팬을 불에서 내리고 버섯, 파슬리, 불린 빵가루를 더해 섞는다. 소금과 후추로 간을 한다. 에스칼로프 1장당 버섯 베이컨 혼합물을 1작은술씩 얹고 돌돌 말아서 속이 빠져나오지 않도록 조리용 끈으로 고정한다. 팬에 남은 버터를 두르고 센 불에서 녹인 뒤 포피예트를 올려 골고루 노릇하게 지진 다음 뜨거운 육수를 붓는다. 뚜껑을 닫고 1시간 30분간 뭉근하게 익힌다. 조리용 끈을 제거하여 낸다. 육즙은 체에 걸러서 포피예트에 곁들인다.

에스칼로프 샌드위치
ESCALOPES SANDWICHES

- 아주 두꺼운 송아지 에스칼로프
  6장(소)
- 얇게 저민 염장 햄 3장
- 얇게 저민 훈제 베이컨 3장
- 버터 40g
- 뜨거운 육수(종류 무관) 200mL

  준비 시간 20분

  조리 시간 45분

  6인분

에스칼로프는 가로 방향으로 반을 저미고 그 사이에 햄 1/2장과 베이컨 1/2장을 끼운다. 조리용 끈으로 묶어서 고정한다. 바닥이 묵직한 팬을 센 불에 올리고 버터를 둘러 달군 다음 에스칼로프를 더하여 골고루 노릇하게 지진다. 뜨거운 육수를 붓고 45분간 뭉근하게 익힌다. 조리용 끈을 제거하여 낸다.

다진 버섯을 곁들인 에스칼로프

ESCALOPES AUX CHAMPIGNONS HACHÉS

버섯과 빵가루, 허브를 섞어서 스터핑을 만든 다음 소금과 후추로 간을
한다. 바닥이 묵직한 팬을 센 불에 올리고 버터 40g을 넣어 달군 다음 에
스칼로프를 더하여 앞뒤로 노릇하게 지진다. 스터핑을 각각 1큰술씩 얹
는다. 육수를 주변에 붓고 뚜껑을 닫아 30분간 뭉근하게 익힌다. 그동안
팬에 남은 버터 10g을 넣어 녹이고 빵 2장을 더하여 앞뒤로 노릇하게 굽
는다. 남은 버터와 빵으로 같은 과정을 반복한다. 빵에 에스칼로프를 하
나씩 얹고 레몬즙을 약간 둘러서 낸다.

- ◆ 다진 버섯 200g
- ◆ 흰색 생빵가루 50g
- ◆ 다진 타라곤 잎 1작은술
- ◆ 다진 이탈리안 파슬리 1/2줌 분량
- ◆ 소금과 후추
- ◆ 버터 70g
- ◆ 두꺼운 송아지 에스칼로프 6장(소)
- ◆ 육수(종류 무관) 200mL
- ◆ 빵 6장
- ◆ 레몬즙 1개 분량

  준비 시간 30분

  조리 시간 40분

  6인분

송아지 그레나딘

GRENADINS DE VEAU

바닥이 묵직한 팬을 센 불에 올리고 버터를 넣어 달군 다음 송아지 메달
리온을 넣어 앞뒤로 노릇하게 지진다. 코냑을 붓고 수분간 가열하여 알
코올을 날린 다음 육수를 붓는다. 소금과 후추로 간을 하고 뚜껑을 덮어
30분간 뭉근하게 익힌다. 버섯과 샬롯을 더하여 30분 더 익힌다. 내기 직
전에 메달리온을 식사용 그릇에 담는다. 익힌 국물에 크렘 프레슈를 넣고
잘 섞어서 메달리온에 둘러 낸다.

- ◆ 버터 40g
- ◆ 송아지 메달리온● 6개
- ◆ 코냑 1큰술
- ◆ 육수(종류 무관) 50mL
- ◆ 소금과 후추
- ◆ 다진 버섯 125g
- ◆ 다진 샬롯 1개 분량
- ◆ 크렘 프레슈 10mL

  준비 시간 20분

  조리 시간 1시간

  6인분

- ● 안심 등 메달처럼 둥근 원반형 모양의 부위

송아지 누아제트 아 라 피낭시에르
NOISETTES DE VEAU À LA FINANCIÈRE

- 송아지고기(다리 살 또는 안심 필레)
  800g
- 길게 썬 훈제하지 않은 베이컨 120g
- 버터 50g
- 당근 1개
- 채 썬 양파 1개 분량
- 덮개용 베이컨 껍질 또는 얇게 저민
  베이컨
- 소금과 후추
- 뜨거운 육수(종류 무관) 400mL
- 부케 가르니 1개
- 마데이라 와인 100mL
  준비 시간 30분
  조리 시간 1시간 15분
  6인분

송아지고기는 두께 2cm에 지름 5cm 크기의 원형으로 10등분한다. 날카로운 칼로 고르게 칼집을 낸 다음 길게 썬 베이컨을 끼워 넣는다. 큰 팬에 버터를 두르고 센 불에서 달궈서 송아지고기를 더해 앞뒤로 노릇하게 지진다. 송아지고기는 꺼내고 당근, 양파, 베이컨 껍질 또는 얇게 저민 베이컨을 더한다. 소금과 후추로 간을 하고 뜨거운 육수를 부은 다음 고기를 다시 넣는다. 부케 가르니를 더하고 뚜껑을 닫아 약 1시간 동안 뭉근하게 익힌다.

송아지고기는 건져서 따뜻하게 보관한다. 익힌 국물은 체에 걸러서 마데이라 와인을 더하여 약 200mL만 남을 정도로 뭉근하게 졸인다. 식사용 그릇에 송아지고기를 담고 마데이라 소스를 둘러 낸다.

아스픽을 씌운 송아지고기
VEAU EN GELÉE

- 다진 샬롯 2개 분량
- 작고 얇게 저민 송아지 어깨살 500g
- 작고 얇게 저민 돼지고기 안심 필레
  500g
- 다진 이탈리안 파슬리 2큰술
- 소금과 후추
- 화이트 와인 500mL
- 뼈를 제거하고 잘게 썬 송아지 우족 1개
  분량
  준비 시간 30분 + 굳히기
  조리 시간 3시간
  6인분

하루 전날 준비를 시작한다. 오븐을 150℃로 예열한다. 테린 바닥에 다진 샬롯을 약간 깔고 그 위에 저민 고기를 담는다. 샬롯과 파슬리를 한 켜 깔고 소금과 후추로 간을 한 다음 저민 고기를 다시 한 켜 깐다. 와인을 붓고 우족을 더한다. 뚜껑을 닫고 오븐에 넣어 3시간 동안 익힌다. 우족을 제거하고 테린 위에 접시를 얹은 다음 500g 정도 무게의 누름돌을 올려 냉장고에 넣고 하루 동안 굳힌다. 다음 날 테린 틀에서 고기를 꺼낸다. 젤리를 잘게 잘라서 고기 주변에 둘러 낸다.

베이컨을 가미한 송아지 다리
ROUELLE DE VEAU À LA COUENNE

오븐을 200℃로 예열한다. 날카로운 칼로 송아지 다리에 골고루 칼집을
낸 다음 훈제하지 않은 베이컨 조각을 끼워 넣는다. 소금과 후추로 간을
한다. 테린 틀에 줄무늬 베이컨, 송아지 저민 것, 등살 베이컨을 순서대로
켜켜이 반복해서 깔되 마지막 층은 줄무늬 베이컨으로 마무리한다. 육수
와 코냑을 붓고 파슬리, 골파, 샬롯을 뿌린다. 오븐에 넣고 2시간 30분간
굽는다. 뜨겁게 낸다.

- ◆ 굵게 저민 송아지 다리 500g
- ◆ 덮개용 길게 자른 훈제하지 않은
  베이컨
- ◆ 소금과 후추
- ◆ 얇게 저민 줄무늬 베이컨 200g
- ◆ 얇게 저민 등살 베이컨 200g
- ◆ 육수(종류 무관) 100mL
- ◆ 코냑 100mL
- ◆ 다진 이탈리안 파슬리 1/2줌 분량
- ◆ 곱게 다진 골파 1큰술
- ◆ 곱게 다진 샬롯 1개 분량
  준비 시간 20분
  조리 시간 2시간 30분
  6인분

송아지 로프
PAIN DE VEAU

오븐을 200℃로 예열한다. 팬에 버터를 넣어 녹이고 버섯을 더하여 중간
불에서 부드러워질 때까지 익힌다. 볼에 버섯을 담고 빵가루, 달걀, 송아
지고기, 돼지고기를 더하여 잘 섞는다. 소금과 소량의 너트메그로 간을
한다. 빵 모양으로 다듬어서 오븐용 그릇에 담고 위에 버터를 발라 1시간
동안 굽는다. 원하는 소스를 곁들여 낸다.

- ◆ 버터 20g, 조리용 여분
- ◆ 다진 버섯 125g
- ◆ 생빵가루 100g
- ◆ 가볍게 푼 달걀 2개 분량
- ◆ 곱게 다진 송아지고기(목심 등) 350g
- ◆ 곱게 다진 삼겹살 150g
- ◆ 소금
- ◆ 즉석에서 간 너트메그
- ◆ 토마토 소스(57쪽)나 '가난한 자의'
  소스(47쪽) 등 풍미가 강한 소스 1회
  분량
  준비 시간 30분
  조리 시간 1시간
  6인분

미트볼과 베샤멜 소스

BOULETTES À LA BÉCHAMEL

- ◆ 버터 25g
- ◆ 곱게 다진 샬롯 3개 분량
- ◆ 작게 뜯은 하루 묵은 빵 150g
- ◆ 우유 500mL
- ◆ 다진 송아지고기 300g
- ◆ 다진 돼지고기 200g
- ◆ 가볍게 푼 달걀 1개 분량
- ◆ 소금과 후추
- ◆ 베샤멜 소스(50쪽) 1회 분량
- ◆ 달걀노른자 2개

  준비 시간 30분

  조리 시간 45분

  6인분

팬에 버터를 넣어 녹이고 샬롯을 더하여 약한 불에서 부드러워질 때까지 익힌다. 빵조각을 우유에 담가 부드러워질 때까지 불리고 꼭 짜서 우유를 제거한다. 볼에 빵조각과 송아지고기, 돼지고기, 달걀 푼 것, 샬롯을 더하여 골고루 섞는다. 소금과 후추로 간을 한다. 바닥이 묵직한 팬에 소금물을 미트볼이 잠길 만큼 넉넉하게 붓고 한소끔 끓인다. 고기 혼합물을 공 모양으로 빚어서 미트볼을 만들어 물에 넣는다. 미트볼을 가끔 살살 굴려 가면서 25분간 익힌다. 그동안 베샤멜 소스를 만들고 달걀노른자를 더해 휘저어서 걸쭉하게 만든다. 미트볼을 식사용 그릇에 담고 소스를 부어서 낸다.

참고

미트볼은 베샤멜 소스 대신 토마토 소스(57쪽)와 함께 낼 수 있다.

작은 양상추롤

PETITS PAQUETS À LA SALADE

- ◆ 다진 송아지고기 300g
- ◆ 다진 돼지고기 200g
- ◆ 씻은 쌀 3큰술
- ◆ 가볍게 푼 달걀 1개 분량
- ◆ 소금과 후추
- ◆ 에스카롤escarole 또는 잎이 느슨한

  양상추 2통
- ◆ 버터 25g
- ◆ 올리브 오일 1큰술
- ◆ 육수(종류 무관) 500mL

  준비 시간 30분

  조리 시간 1시간 20분

  6인분

큰 볼에 송아지고기, 돼지고기, 쌀, 달걀을 담는다. 소금과 후추로 간을 한다. 팬에 소금물을 담아서 한소끔 끓이고 양상추를 더하여 30초간 데친 뒤 바로 찬물에 담가서 식힌 다음 물기를 제거한다. 잎을 넓게 펼쳐서 고기 혼합물을 1큰술씩 얹고 돌돌 말아 롤을 만든다. 바닥이 묵직한 팬에 버터와 오일을 두르고 달군 다음 양상추롤을 넣고 골고루 노릇하게 지진다. 육수를 붓고 뚜껑을 닫아 1시간 동안 뭉근하게 익힌 후 뚜껑을 열고 20분 더 익힌다.

송아지 라구
RAGOÛT DE VEAU

바닥이 묵직한 팬에 버터를 넣어 달구고 양파 또는 샬롯, 송아지고기를 더하여 살짝 노릇해질 때까지 볶는다. 밀가루를 뿌리고 자주 뒤적이면서 노릇해질 때까지 익힌다. 뜨거운 육수를 붓고 소금과 후추로 간을 한 다음 부케 가르니를 더한다. 와인(사용 시)을 더한다. 뚜껑을 닫고 1시간 동안 뭉근하게 익힌다. 채소류를 더하여 1시간 더 익힌다.

- 버터 50g
- 작은 양파 또는 샬롯 10개
- 적당히 썬 송아지고기 1kg
- 밀가루 50g
- 뜨거운 육수(종류 무관) 400mL
- 소금과 후추
- 부케 가르니 1개
- 화이트 와인 100mL(선택 사항)
- 저민 순무, 감자, 당근 각각 또는 혼합물

  준비 시간 10분

  조리 시간 2시간

  6인분

송아지 마렝고
VEAU MARENGO

바닥이 묵직한 팬에 오일과 버터를 넣어 달구고 양파와 송아지고기를 더하여 중간 불에서 살짝 노릇해질 때까지 익힌다. 샬롯을 넣고 파슬리는 아주 약간만 남겨 놓고 모두 더한다. 밀가루를 뿌리고 노릇해질 때까지 볶은 다음 뜨거운 육수와 와인을 붓는다. 부케 가르니를 더하고 소금과 후추로 간을 한 다음 1시간 30분간 뭉근하게 익힌다. 토마토 퓌레와 버섯을 더하여 30분 더 익힌다. 부케 가르니를 제거하고 송아지고기에 남겨 둔 파슬리를 뿌려서 낸다.

- 오일 2큰술
- 버터 30g
- 양파 1개
- 적당히 썬 송아지고기 1kg
- 다진 샬롯 1개 분량
- 다진 이탈리안 파슬리 1줌 분량
- 밀가루 30g
- 뜨거운 육수(종류 무관) 100mL
- 화이트 와인 100mL
- 부케 가르니 1개
- 소금과 후추
- 토마토 퓌레 25g
- 다진 버섯 100g

  준비 시간 25분

  조리 시간 2시간

  6인분

송아지 마틀로트 스튜
VEAU EN MATELOTE

◆ 버터 40g

◆ 적당히 썬 송아지고기 1kg

◆ 다진 양파 1개 분량

◆ 밀가루 40g

◆ 뜨거운 육수(종류 무관) 100mL

◆ 레드 와인 200mL

◆ 레몬즙 1개 분량

◆ 부케 가르니 1개

◆ 소금과 후추

◆ 레드 와인 식초 2큰술

준비 시간 15분

조리 시간 2시간

6인분

바닥이 묵직한 팬에 버터를 넣어 달구고 송아지고기와 양파를 더하여 중강 불에서 골고루 노릇하게 익힌다. 송아지고기와 양파를 팬에서 건져 내따로 둔다. 바닥에 고인 국물에 밀가루를 뿌려서 노릇해질 때까지 볶는다. 뜨거운 육수, 와인, 레몬즙을 붓고 부케 가르니를 더한다. 소금과 후추로 간을 한다. 송아지고기와 양파를 다시 팬에 넣고 2시간 동안 뭉근하게 익힌다. 내기 직전에 식초를 더하여 섞는다.

푸아투식 송아지 스테이크
ROUELLE DE VEAU POITEVINE

◆ 송아지 스테이크(원형) 500g

◆ 돼지 껍질 200g

◆ 송아지 우족 1개

◆ 부케 가르니 1개

◆ 정향을 박은 양파 1개

◆ 소금과 후추

◆ 정제 백설탕 2작은술

◆ 화이트 와인 100mL

◆ 코냑 1큰술

◆ 부드러운 버터 50g

◆ 밀가루 1큰술

준비 시간 15분

조리 시간 4시간

6인분

오븐을 160℃로 예열한다. 송아지고기와 돼지 껍질을 아주 큼직하게 깍둑썰기 한다. 우족을 잘게 잘라서 오븐용 그릇에 담고 부케 가르니와 양파를 얹는다. 송아지고기를 넣고 돼지 껍질로 덮는다. 소금, 후추, 설탕을 뿌린다. 와인과 코냑을 붓는다. 그릇에 덮개나 뚜껑을 씌우고 오븐에 넣고 4시간 동안 익힌다. 고기를 건져 내 식사용 그릇에 담고 뜨겁게 보관한다. 버터와 밀가루를 섞어서 페이스트를 만든 다음 익힌 국물에 넣고 휘저어 걸쭉하게 만든다. 소스를 체에 걸러서 고기에 부어 낸다.

익힌 송아지고기 활용법

송아지 미트볼 튀김
BOULETTES DE VEAU

버터와 밀가루, 육수로 화이트 소스(50쪽)를 만들고 소금과 후추로 간을
한다. 소스에 고기를 더하여 골고루 섞은 다음 달걀 2개를 더하여 마저
섞는다. 혼합물을 잔잔한 불에 올려서 쉬지 않고 휘저으며 절대 끓어오르
지 않도록 서서히 익히고 한 김 식힌다. 남은 달걀을 깨서 볼에 담고 튀김
기에 오일을 채워서 180℃ 혹은 빵조각을 넣으면 30초 만에 노릇해질 정
도로 가열한다. 고기 혼합물을 공 모양으로 빚어서 달걀물에 담갔다가 꺼
내 빵가루를 골고루 묻힌다. 뜨거운 오일에 송아지 미트볼을 적당량씩 넣
어서 노릇해질 때까지 5분간 튀기고 키친타월에 얹어 기름기를 제거한
다. 파슬리를 곁들여 낸다.

- 버터 30g
- 밀가루 40g
- 육수(종류 무관) 400mL
- 소금과 후추
- 곱게 다진 익힌 송아지고기 300g
- 달걀 3개
- 튀김용 식물성 오일
- 튀김옷용 마른 빵가루
- 튀긴 이탈리안 파슬리(81쪽) 1회 분량

  준비 시간 30분

  조리 시간 25분

  6인분

송아지 그라탕
GRATIN DE VEAU

오븐을 220℃로 예열한다. 팬에 버터 15g을 넣어 녹이고 버섯을 더하여
부드러워질 때까지 수분간 익힌다. 버터 30g과 밀가루, 우유로 베샤멜 소
스(50쪽)를 만들이 소금과 후추로 긴을 한다. 볼에 송아지고기, 햄, 소스
외 버섯을 담고 섞어서 오븐용 그릇에 붓는다. 빵기루를 뿌리고 남은 비디
를 군데군데 얹는다. 오븐에 넣어 노릇해질 때까지 10분 정도 굽는다.

- 버터 60g
- 곱게 다진 버섯 150g
- 밀가루 40g
- 우유 400mL
- 소금과 후추
- 익힌 송아지고기 다진 것 250g
- 다진 햄 150g
- 조리용 마른 빵가루

  준비 시간 40분

  조리 시간 30분

  6인분

송아지 크로켓
CROQUETTES DE VEAU

◆ 생빵가루 100g

◆ 뜨거운 우유 100mL

◆ 곱게 다지고 익힌 송아지고기 300g

◆ 햄 곱게 다진 것 125g

◆ 가볍게 푼 달걀 2개 분량

◆ 튀김옷용 마른 빵가루

◆ 버터 60g

　준비 시간 40분

　조리 시간 15분

　6인분

오븐을 220℃로 예열한다. 큰 볼에 생빵가루와 뜨거운 우유를 담아 빵가루를 불린다. 송아지고기, 햄, 달걀을 더하여 섞는다. 고기 혼합물을 3.5cm 길이의 크로켓 모양으로 빚어 마른 빵가루를 골고루 굴려 묻힌다. 오븐용 그릇에 담은 뒤 작게 자른 버터 1조각을 얹고 노릇해질 때까지 15분간 굽는다.

송아지 리솔
RISSOLES

◆ 쇼트크러스트 페이스트리(784쪽) 1회
　분량

◆ 송아지고기 100g

◆ 훈제하지 않은 베이컨 100g

◆ 다진 이탈리안 파슬리 1/2줌 분량

◆ 코냑 1큰술

◆ 소금과 후추

◆ 물을 살짝 더해서 푼 달걀 1개 분량

　준비 시간 1시간 15분

　조리 시간 25분

　6인분

오븐을 220℃로 예열한다. 쇼트크러스트 페이스트리를 만든다. 푸드 프로세서로 송아지고기와 베이컨, 파슬리를 다진다. 코냑을 붓고 소금과 후추로 간을 해서 골고루 섞는다. 페이스트리를 밀어서 지름 약 10cm 크기의 원형으로 자른다. 스터핑을 반죽 한쪽 절반에 1큰술씩 얹는다. 페이스트리 가장자리에 물을 약간 묻힌 뒤 반을 접고 단단하게 여며 반달 모양 리솔을 만든다. 베이킹 트레이에 얹고 달걀물을 바른 다음 오븐에 넣고 노릇해질 때까지 25분간 굽는다.

속을 채운 크레페롤
CRÊPES FARCIES

크레페를 만든다. 오븐을 220℃로 예열한다. 큰 볼에 빵가루와 뜨거운 우유를 담아 빵가루를 불린다. 송아지고기, 햄, 허브, 버섯을 더하여 잘 섞는다. 소금과 후추로 간을 해 스터핑을 완성한다. 크레페 가운데에 스터핑을 1큰술씩 얹는다. 크레페를 돌돌 말아서 오븐용 그릇에 나란히 담는다. 버터를 군데군데 얹고 오븐에 넣어 8분간 굽는다.

참고
소스를 더한 크레페롤을 만들려면 베사멜 소스(50쪽)를 만들어서 그뤼에르 치즈 간 것 1줌을 더하여 섞는다. 크레페 위에 소스를 붓고 10분간 구워서 낸다.

◆ 작은 크레페(721쪽) 12장
◆ 생빵가루 50g
◆ 뜨거운 우유 100mL
◆ 익힌 송아지고기 다진 것 250g
◆ 다진 햄 150g
◆ 다진 모둠 허브(골파, 처빌, 이탈리안 파슬리, 타라곤 등) 1줌 분량
◆ 다진 버섯 125g
◆ 소금과 후추
◆ 작게 자른 버터 50g

준비 시간 35분
조리 시간 8분
6인분

송아지 부산물

부산물은 아주 신선해야 하며 반드시 출처가 확실한 것을 사용해야 한다. 부산물 판매는 법률로 규제하고 있고 지역마다 판매 상태가 다르므로 구입할 때는 꼭 정육점에 확인하도록 하자.

손질법

뇌
뇌는 잘 씻어서 식초를 조금 푼 차가운 물에 1시간 동안 담갔다가 깨끗하게 씻는다. 외막과 피 등을 제거하여 손질한다. 요리에 사용하기 전에 물 또는 쿠르부이용을 한소끔 끓인 다음 뇌를 더하여 15분간 익힌다. 돼지 뇌도 같은 방식으로 손질한다.

심장
심장은 한쪽에 칼집을 넣어서 펼친 다음 눈에 보이는 뭉친 핏덩이를 전부 제거한다. 라르동을 박거나 베이컨으로 감싸기도 하고, 조리용 끈으로 묶은 다음 비프 아 라 모드(322쪽)나 소고기 캐서롤(323쪽)과 같은 방식으로 조리할 수 있다.

대망막

대망막은 물에 2~3시간 불려서 깨끗하게 손질한다, 건져서 물기를 제거하고 적당한 크기로 썬다. 소금 쿠르부이용(82쪽)에 1시간 30분간 뭉근하게 익힌 다음 라비고트 소스(56쪽)를 곁들여 낸다.

흉선

흉선은 물에 5시간 동안 담가서 깨끗하게 손질하되 중간에 한 번씩 물을 갈아 준다. 큰 냄비에 담고 소금물을 부어서 천천히 한소끔 끓인 다음 3~5분간 뭉근하게 삶아 건진다. 물에 씻은 다음 키친타월로 두드려서 물기를 제거한다. 겉을 감싼 얇은 막과 연골을 제거한다. 면포로 싸서 도마를 얹은 다음 2kg짜리 누름돌을 올린다. 그대로 1시간 동안 냉장 보관하면 요리에 사용 가능하다. 송로버섯 저민 것을 조금 곁들여 치즈 소스(51쪽)와 함께 내거나 속이 깊은 식사용 그릇에 담고 버섯 소스(61쪽), 토마토 소스(57쪽), 마데이라 소스(61쪽)를 둘러 낸다.

신장

송아지 신장은 절대 팔팔 끓이지 않는 것이 포인트다. 우선 외막과 연골을 제거하고 어슷썰기 한다. 그리고 옅은 노란색을 띨 때까지 재빠르게 조리한다. 황소 신장은 암모니아 냄새가 더 강하므로 조리하기 전에 끓는 물에 데쳐 누린내를 제거하는 것이 좋다.

송아지 머리

송아지 머리는 물에 24시간 동안 담가 둔다. 뼈를 제거하고 조리용 끈으로 묶은 다음 큰 냄비에 담고 물을 잠기도록 부어서 10분간 팔팔 끓인 다음 바로 찬물에 담근다. 비네그레트(66쪽)나 라비고트 소스(56쪽)를 곁들여서 뜨겁게 낸다.

송아지 뇌 튀김
BEIGNETS DE CERVELLE

◆ 손질한 송아지 뇌(362쪽) 2개(소)

◆ 달걀 푼 것 2개 분량

◆ 그뤼에르 치즈 간 것 100g

◆ 밀가루 40g

◆ 소금과 후추

◆ 버터 60g

◆ 곁들임용 저민 레몬 1개 분량

준비 시간 25분

조리 시간 8분

6인분

익힌 뇌를 깍둑썰기 하여 볼에 담는다. 달걀과 치즈, 밀가루를 더해 골고루 섞는다. 소금과 후추로 간을 한다. 팬에 버터를 두르고 달군 다음 뇌 혼합물을 한 번에 1큰술씩 넣는다. 중강 불에서 약 8분간 노릇하게 튀긴 다음 키친타월에 얹어 기름기를 제거하고 저민 레몬을 곁들여 바로 낸다.

송아지 뇌 로프

PAIN DE CERVELLE

오븐을 140℃로 예열한다. 뇌를 푸드 프로세서나 믹서기로 갈아 퓌레를 만든다. 달걀과 크렘 프레슈, 파슬리를 더한다. 소금과 후추로 간을 한다. 일반 틀 또는 로프 틀에 버터를 바르고 빵가루를 뿌린다. 뇌 혼합물을 채운다. 로스팅 팬에 담고 틀이 반 정도 잠기도록 뜨거운 물을 부어서 오븐에 넣고 1시간 정도 익힌다. 토마토 소스를 곁들여서 틀 째로 뜨겁게 낸다.

◆ 손질한 송아지 뇌(362쪽) 3개
◆ 가볍게 푼 달걀 4개 분량
◆ 크렘 프레슈 200mL
◆ 다진 이탈리안 파슬리 1큰술
◆ 소금과 후추
◆ 버터 틀용 여분
◆ 조리용 마른 빵가루
◆ 곁들임용 토마토 소스(57쪽) 1회 분량
  준비 시간 25분
  조리 시간 1시간
  6인분

시브리 소스를 곁들인 송아지 뇌

CERVELLE À LA CHIVRY

오븐을 180℃로 예열한다. 뇌를 포크로 으깬다. 버터와 밀가루, 우유로 베샤멜 소스(50쪽)를 만들고 계속 휘저으면서 뇌를 한 번에 1큰술씩 더한다. 가볍게 풀어 놓은 달걀과 달걀노른자를 더하고 소금과 후추로 간을 한다. 틀에 버터를 바르고 혼합물을 부어서 로스팅 팬에 담고 틀이 반 정도 잠기도록 뜨거운 물을 붓는다. 덮개를 씌워서 오븐에 넣고 45분간 익힌다. 10분간 그대로 둔 다음 프랭타니에르 또는 시브리 소스를 곁들여 낸다.

◆ 손질한 송아지 뇌(362쪽) 500g
◆ 버터 35g, 틀용 여분
◆ 밀가루 30g
◆ 우유 200mL
◆ 가볍게 푼 달걀 3개 분량
◆ 가볍게 푼 달걀노른자 3개 분량
◆ 소금과 후추
◆ 곁들임용 프랭타니에르 또는 시브리 소스(54쪽) 1회 분량
  준비 시간 30분
  조리 시간 45분
  6인분

송아지 심장 브레이즈
COEUR BRAISE

- 버터 35g
- 손질한 송아지 심장(362쪽) 2개
- 다진 양파 50g
- 길게 썬 당근 60g
- 뜨거운 육수(종류 무관) 100mL
- 소금과 후추

  준비 시간 5분

  조리 시간 35분

  6인분

바닥이 묵직한 팬에 버터를 넣어 달구고 심장과 양파를 더하여 중간 불에서 양파가 부드러워질 때까지 약 5분간 익힌다. 당근을 넣고 뜨거운 육수를 붓는다. 소금과 후추로 간을 한다. 뚜껑을 덮고 30분간 뭉근하게 익힌다.

속을 채운 송아지 심장
COEUR FARCI

- 붉은 고기용 스터핑(80쪽) 125g
- 손질한 송아지 심장(362쪽) 2개
- 버터 50g
- 다진 베이컨 라르동 60g
- 육수(종류 무관) 400mL
- 마데이라 와인 100mL
- 당근 50g
- 양파 50g
- 부케 가르니 1개

  준비 시간 30분

  조리 시간 1시간

  6인분

스터핑을 만든다. 스터핑을 반으로 나눠서 양쪽 심장에 각각 채워 담고 조리용 끈으로 묶어 고정한다. 바닥이 묵직한 팬에 버터를 넣어 녹이고 라르동을 더하여 노릇하게 볶은 다음 심장을 넣어 중간 불에서 익힌다. 육수, 마데이라 와인, 당근, 양파, 부케 가르니를 더하여 1시간 동안 뭉근하게 익힌다.

참고
원한다면 데친 흰강낭콩을 완성 30분 전에 더해도 좋다.

송아지 심장 소테
COEUR SAUTÉ

심장을 3cm 두께로 저민다. 팬에 버터를 넣어 녹이고 저민 심장을 넣어 앞뒤로 노릇하게 지진다. 밀가루와 파슬리를 뿌리고 소금과 후추로 간을 한다. 10분간 튀긴 다음 불에서 내리고 코냑을 붓는다. 다시 불에 올리고 5분 더 익혀서 알코올을 날린다.

- ◆ 손질한 송아지 심장(362쪽) 2개
- ◆ 버터 50g
- ◆ 밀가루 10g
- ◆ 다진 이탈리안 파슬리 1/2줌 분량
- ◆ 소금과 후추
- ◆ 코냑 50mL

  준비 시간 5분

  조리 시간 15분

  6인분

소스에 익힌 송아지 심장
COEUR EN SAUCE

심장을 3cm 두께로 저민다. 바닥이 묵직한 팬에 오일을 넣어 달구고 라르동과 양파를 넣어 중간 불에서 양파가 부드러워질 때까지 익힌다. 저민 심장을 넣고 수분간 노릇하게 구운 다음 와인과 물 수큰술을 붓는다. 소금과 후추로 간을 하고 뚜껑을 닫아서 1시간 30분간 뭉근하게 익히고 필요하면 물을 보충한다. 토마토 퓌레와 버섯을 더하여 10분 더 익힌다.

- ◆ 손질한 송아지 심장(362쪽) 2개
- ◆ 올리브 오일 2큰술
- ◆ 다진 베이컨 라르동 125g
- ◆ 다진 양파 100g
- ◆ 화이트 와인 200mL
- ◆ 소금과 후추
- ◆ 토마토 퓌레 100mL
- ◆ 다진 버섯 60g

  준비 시간 15분

  조리 시간 1시간 45분

  6인분

송아지 간 꼬치구이
BROCHETTES DE FOIE DE VEAU

◆ 두께 1cm 이하, 사방 4cm 크기로 깍둑
  썬 베이컨 150g

◆ 버터 80g

◆ 기둥을 제거한 버섯 200g

◆ 소금과 후추

◆ 두께 2cm, 사방 4cm 크기로 썬
  송아지 간 400g

◆ 조리용 마른 빵가루 50g

◆ 차가운 토마토 소스(57쪽) 또는
  메트르도텔 버터(48쪽) 1회 분량,
  곁들임용

  준비 시간 30분

  조리 시간 8~10분

  6인분

냄비에 물을 담아 한소끔 끓이고 베이컨을 넣어서 8~10분간 삶은 다음 건진다. 팬에 버터 30g을 넣어 달구고 버섯을 더해 중간 불에서 노릇하게 익힌다. 소금으로 간을 하고 팬에서 건진다. 간, 베이컨, 버섯을 철제 꼬치 6개에 나누어 꽂는다. 꼬치를 빵가루에 골고루 굴린다. 남은 버터를 녹여서 꼬치에 두르고 그대로 10분간 휴지한다. 번철을 아주 뜨겁게 달구고 꼬치를 얹은 뒤 주기적으로 뒤집으며 골고루 노릇하게 익힌다. 필요하면 소금과 후추로 간을 한다. 차가운 토마토 소스나 메트르도텔 버터를 곁들여 낸다.

참고

송아지 간 손질법은 332쪽을 참조한다. 소 간은 송아지 간보다 크지만 가격이 저렴하며 대체하여 사용할 수 있다.

송아지 또는 소 간 로프
PAIN DE FOIE DE VEAU OU DE GÉNISSE

◆ 송아지 또는 소 간 손질한 것(332쪽)
  500g

◆ 부드러운 버터 135g

◆ 크렘 프레슈 200mL

◆ 달걀노른자 4개

◆ 소금과 후추

◆ 조리용 마른 빵가루

  준비 시간 30분

  조리 시간 2시간

  6인분

오븐을 140℃로 예열한다. 믹서기 또는 푸드 프로세서에 간을 넣고 간다. 버터 125g과 크렘 프레슈, 달걀노른자를 더하여 섞는다. 소금과 후추로 간을 한다. 틀에 남은 버터를 바르고 마른 빵가루를 뿌린 다음 간 혼합물을 채운다. 틀을 로스팅 팬에 담고 반 정도 잠기도록 뜨거운 물을 부어서 오븐에 넣은 뒤 2시간 동안 굽는다.

부르고뉴식 송아지 간 요리

FOIE DE VEAU DE BOURGOGNE

간에 절반 분량의 라르동을 군데군데 박는다. 팬에 버터를 넣어 달구고 남은 라르동과 양파 또는 샬롯을 더하여 중약 불에서 양파 또는 샬롯이 부드러워질 때까지 익힌다. 팬에서 건져 낸다. 팬에 간을 넣고 골고루 노릇하게 지진다. 와인을 붓는다. 베이컨과 양파 또는 샬롯을 다시 팬에 넣고 부케 가르니를 더하여 소금과 후추로 간을 한다. 뚜껑을 닫고 약한 불에서 45분간 익힌 후 버섯을 더하여 15분 더 익힌다.

- ◆ 송아지 간 600g
- ◆ 훈제 베이컨 라르동 125g
- ◆ 버터 20g
- ◆ 다진 작은 양파 또는 샬롯 125g
- ◆ 부르고뉴 레드 와인 250mL
- ◆ 부케 가르니 1개
- ◆ 소금과 후추
- ◆ 버섯 200g

  준비 시간 20분

  조리 시간 1시간

  6인분

송아지 간 수비즈

FOIE DE VEAU SOUBISE

바닥이 묵직한 팬에 버터 30g을 넣어 달구고 라르동을 넣어서 중간 불에서 바삭하게 볶는다. 건져 내고 저민 간을 넣어서 앞뒤로 강한 불에서 노릇하게 지진다. 간을 건져 내고 팬 바닥 부분의 기름기를 제거한다. 남은 버터를 팬에 넣고 달군 다음 양파, 허브, 마늘을 더하고 뚜껑을 닫아서 잔잔한 불에서 1시간 동안 익힌다. 양파가 부드러워져서 퓌레 같은 상태가 되면 간 조각을 위에 얹고 20분간 뭉근하게 익힌다.

- ◆ 버터 60g
- ◆ 훈제 베이컨 라르동 125g
- ◆ 저민 송아지 간 600g
- ◆ 가늘게 채 썬 양파 750g
- ◆ 다진 타임 잎 1작은술
- ◆ 월계수 잎 1장
- ◆ 으깬 마늘 1쪽 분량
- ◆ 소금

  준비 시간 30분

  조리 시간 1시간 30분

  6인분

송아지 간 케이크
GÂTEAU DE FOIE

- 버터 135g
- 밀가루 125g
- 우유 350mL
- 달걀흰자와 달걀노른자 분리한 것 2개
  분량
- 곱게 다진 송아지 간 500g
- 소금과 후추
- 곁들임용 토마토 소스(57쪽) 또는 버섯
  소스(61쪽) 1회 분량
  준비 시간 30분
  조리 시간 1시간 5분
  6인분

오븐을 200℃로 예열한다. 틀에 버터 10g을 바른다. 볼에 남은 버터와 밀가루, 우유를 담고 잘 섞어 베샤멜 소스(50쪽)를 만든다. 달걀흰자는 단단한 뿔이 설 정도로 휘핑한다. 소스에 간을 넣고 섞은 다음 달걀노른자와 휘핑한 달걀흰자를 더하여 마저 골고루 섞는다. 소금과 후추로 간을 하고 준비한 틀에 부어서 45분간 굽는다. 원하는 소스를 곁들여 낸다.

신장 화이트 와인 소테
ROGNONS SAUTÉS AU VIN BLANC

- 송아지 신장 6개(약 500g)
- 버터 80g
- 곱게 다진 양파 60g
- 소금과 후추
- 화이트 와인 200mL
- 육수(종류 무관) 100mL
- 다진 이탈리안 파슬리 1줌 분량
  준비 시간 20분
  조리 시간 25분
  6인분

신장은 외막과 연골을 제거하고 어슷썰기 한다. 팬에 절반 분량의 버터를 넣어 달구고 양파를 넣어서 아주 약한 불에서 노릇하게 익힌다. 불 세기를 올리고 저민 신장을 더해 앞뒤로 3분씩 지진다. 소금과 후추로 간을 한다. 신장을 건져 내 따뜻하게 보관하고 팬에는 와인과 육수를 붓는다. 뚜껑을 덮고 15분간 익힌다. 남은 버터를 작게 잘라서 팬에 넣고 파슬리를 더하여 쉬지 않고 계속 휘젓는다. 신장 위에 부어서 뜨겁게 낸다.

송아지 흉선 소테
RIS DE VEAU SAUTÉ

흉선(363쪽)은 손질해서 익힌 다음 저민다. 팬에 버터를 넣어 달구고 저민 흉선을 더하여 센 불에서 앞뒤로 5분씩 노릇하게 굽는다. 파슬리를 뿌리고 팬에 남은 버터를 흉선 위에 둘러서 낸다.

- 손질한 송아지 흉선(363쪽) 1개
- 버터 60g
- 다진 이탈리안 파슬리 1/2줌 분량

  준비 시간 10분

  조리 시간 10분

  6인분

송아지 흉선 크로켓
CROQUETTES DE RIS DE VEAU

흉선(363쪽)을 손질해서 익힌다. 그동안 버섯을 끓는 소금물에 넣어 10분간 데친 다음 건져서 따로 둔다. 버터, 밀가루 40g, 물로 화이트 소스(50쪽)를 만든다. 크렘 프레슈와 레몬즙을 더하여 섞는다. 달걀노른자와 달걀을 더하여 섞는다. 작은 볼에 달걀흰자를 담고 가볍게 쳐서 따로 둔다. 소스에 버섯을 더하고 소금과 후추로 간을 한다.

흉선이 식으면 작게 깍둑썰기 하여 소스에 섞고 혼합물을 식힌다. 튀김기에 오일을 채워서 180℃ 혹은 빵조각을 넣으면 30초 만에 노릇해질 정도로 가열한다. 흉선 혼합물을 크로켓 모양으로 빚어서 달걀흰자를 묻힌 다음 밀가루에 굴려서 튀김기에 적당량씩 넣어 노릇하게 튀긴다. 키친 타월에 얹어서 기름기를 제거하고 바로 낸다.

- 손질한 송아지 흉선(363쪽) 1개
- 버섯 200g
- 버터 40g
- 밀가루 100g
- 크렘 프레슈 200mL
- 레몬즙 1개 분량
- 분리한 달걀흰자와 달걀노른자 3개 분량
- 달걀 1개
- 소금과 후추
- 튀김용 식물성 오일

  준비 시간 40분

  조리 시간 25분

  6인분

송아지 흉선 브레이즈
RIS DE VEAU BRAISÉS

◆ 손질한 송아지 흉선(363쪽) 1과 1/2개

◆ 베이컨 라르동 60g

◆ 버터 50g

◆ 저민 당근 60g

◆ 채 썬 양파 60g

◆ 베이컨 껍질 2개

◆ 드라이 화이트 와인 200mL

◆ 소금과 후추

    준비 시간 20분

    조리 시간 40분

    6인분

흉선(363쪽)은 손질해서 익힌 다음 베이컨 라르동을 박는다. 바닥이 묵직한 팬에 버터를 넣어 녹이고 당근과 양파를 중간 불에서 노릇하게 볶는다. 베이컨 껍질과 흉선을 더하고 와인을 붓는다. 소금과 후추로 간을 한다. 한소끔 끓인 다음 불 세기를 줄이고 뚜껑을 닫아서 30분간 뭉근하게 익힌다. 그동안 오븐을 240℃로 예열한다. 팬 뚜껑을 열고 오븐에서 5분간 익힌다. 흉선을 건져 내 따뜻하게 보관한다. 익힌 국물은 체에 거른 뒤 다른 팬에 붓고 센 불에서 진한 브라운 소스가 될 때까지 끓인다. 흉선을 식사용 그릇에 담고 소스를 약간만 두른 다음 나머지 소스는 소스 그릇에 담아 곁들여 낸다.

송아지 흉선 아 랑글레즈
RIS DE VEAU À L'ANGLAISE

◆ 손질한 송아지 흉선(363쪽) 1개

◆ 달걀 3개

◆ 녹인 버터 30g

◆ 마른 빵가루

◆ 소금과 후추

◆ 곁들임용 송아지 쥬 200mL

◆ 곁들임용 익힌 완두콩

    준비 시간 35분

    조리 시간 20분

    6인분

흉선(363쪽)을 손질해서 익힌 다음 식힌다. 오븐을 220℃로 예열한다. 볼에 달걀과 버터를 담고 함께 쳐서 잘 섞는다. 흉선을 더하여 골고루 묻힌 다음 빵가루를 입힌다. 소금과 후추로 간을 한다. 오븐용 그릇에 담고 오븐에 넣어 20분간 굽는다. 송아지 쥬와 완두콩을 곁들여 낸다.

플랑베한 신장 크림 요리
ROGNONS FLAMBÉS À LA CRÈME

신장은 외막과 연골을 제거하고 어슷썰기 한다. 팬에 버터를 넣어 녹이고 저민 신장을 더하여 강한 불에서 지진다. 소금과 후추로 간을 한다. 신장을 뒤집어서 버섯을 더한다. 아르마냑을 붓고 팬 주변의 인화성 물질을 모조리 치운 다음 멀찍이 서서 불을 켠 성냥을 팬 가장자리에 대고 불을 붙인다. 팬을 흔들어서 불꽃이 사그라지게 한다. 물 3큰술을 부어서 골고루 휘저은 뒤 바닥에 붙은 파편을 모조리 긁어낸다. 크렘 프레슈를 더한다. 한소끔 끓인 다음 소금과 후추로 간을 해서 아주 뜨겁게 낸다.

- ◆ 송아지 신장 600g
- ◆ 버터 50g
- ◆ 소금과 후추
- ◆ 저민 버섯 150g
- ◆ 아르마냑 2큰술
- ◆ 크렘 프레슈 2큰술

  준비 시간 20분

  조리 시간 20분

  6인분

마데이라 와인에 익힌 신장 요리
ROGNONS AU MADÈRE

신장은 외막과 연골을 제거하고 어슷썰기 한다. 팬에 버터를 넣어 녹이고 신장을 더하여 센 불에서 3~4분간 튀긴다. 팬에서 신장을 건져 내 뜨겁게 보관한다. 밀가루를 팬에 뿌리고 계속 휘저으면서 노릇하게 볶은 후 육수를 붓는다. 버섯, 허브, 양파를 더한다. 소금과 후추로 간을 한다. 잔잔한 불에서 15분간 익힌다. 신장을 다시 팬에 넣고 마데이라와 레몬즙을 더한 다음 끓지 않도록 주의하면서 5분간 가열한다. 속이 깊은 식사용 그릇에 담는다.

- ◆ 송아지 신장 600g
- ◆ 버터 100g
- ◆ 밀가루 30g
- ◆ 육수(종류 무관) 200mL
- ◆ 4등분한 버섯 125g
- ◆ 다진 모둠 허브 1/2단 분량
- ◆ 다진 양파 1개 분량
- ◆ 소금과 후추
- ◆ 마데이라 와인 100mL
- ◆ 레몬즙 1개 분량

  준비 시간 25분

  조리 시간 25분

  6인분

삶은 송아지 머리
TÊTE DE VEAU BOUILLIE

◆ 통 또는 잘게 썬송아지 머리 1개 분량

◆ 화이트 와인 식초 200mL

◆ 밀가루 50g

◆ 부케 가르니 1개

◆ 채 썬 양파 60g

◆ 저민 당근 60g

◆ 소금과 후추

◆ 곁들임용 비네그레트(66쪽) 또는
  라비고트 소스(56쪽)(선택 사항)

  준비 시간 10분

  조리 시간 1시간 30분~3시간

  6인분

송아지 머리를 큰 냄비에 넣고 물 2L와 식초를 부은 다음 한소끔 끓인다. 작은 볼에 밀가루와 물 2큰술을 넣고 섞어서 팬에 붓고 부케 가르니, 양파, 당근을 더한다. 소금과 후추로 간을 한다. 뚜껑을 닫고 통머리일 경우는 3시간 동안, 자른 것은 1시간 30분간 뭉근하게 익힌다. 뜨겁게 해서 비네그레트나 라비고트 소스(사용시)를 곁들여 낸다.

송아지 머리 앙 토르투[*]
TÊTE DE VEAU EN TORTUE

◆ 송아지 머리 1개

◆ 버터 50g

◆ 밀가루 50g

◆ 육수(종류 무관) 500mL

◆ 마데이라 와인 100mL

◆ 토마토 퓌레 1작은술

◆ 카이엔 페퍼

◆ 다진 오이 피클

◆ 다진 모둠 허브(골파, 이탈리안 파슬리,
  처빌, 타라곤 등)

  준비 시간 20분

  조리 시간 3시간

  6인분

● 거북이 모양으로 만든 요리라는 뜻.

송아지 머리는 삶은 다음(373쪽) 뼈를 발라내서 저민다. 그동안 소스를 만든다. 팬에 버터를 넣어 녹이고 밀가루를 더하여 노릇하게 볶는다. 육수를 부어서 계속 휘저어 섞은 다음 30분간 뭉근하게 익힌다. 마데이라 와인과 토마토 퓌레, 카이엔 페퍼, 오이 피클, 허브를 입맛에 따라 적당히 더한다. 소스에 고기를 더하여 20분간 뭉근하게 익힌다. 식사용 그릇에 고기를 담고 소스를 두른다.

머튼과 램(양고기)

머튼mutton은 식용으로 1년 이상 사육한 양고기로, 육질이 탄탄하고 살결은 거의 갈색에 가까운 짙은 붉은 빛을 띤다. 지방은 단단하고 거의 진주빛을 띨 정도로 아주 하얗다. 여름 동안에는 라눌린 냄새가 고기에 배기 때문에 겨울과 봄철에 가장 맛이 좋다.

반면 램lamb은 300일 이하의 새끼 양에서 얻은 고기다. 월령에 따라 2개월 이하는 우유를 먹고 자란 스프링 램milk-fed spring lamb, 4개월 이하는 스프링 램spring lamb, 목초를 먹고 자란 1년생은 호깃hogget이라고 부른다. 고기의 모양과 풍미는 월령에 따라 다르다. 색 또한 옅은 분홍빛에서 분홍빛이 도는 붉은색까지 다양하다. 대체로 머튼보다 맛이 섬세한 램을 선호하는 사람이 많지만, 조리 시간이 길어서 고기가 충분히 부드러워질 수 있는 브레이즈 또는 천천히 익히는 스튜 등의 요리에는 머튼이 잘 어울린다. 로스트나 그릴 구이 등에는 램이 적절하다.●

1	•	목살
2	•	목심
3	•	어깨살
3B	•	앞다리 정강이
4	•	갈비 목살
5	•	허릿살
6	•	허벅지살
7	•	다리살
7B	•	뒷다리 정강이
8	•	가슴살

● 우리나라에서 흔히 구할 수 있는 양고기는 거의 램이므로 이 책에서는 램을 양고기로, 머튼을 따로 지정할 때는 머튼으로 표기한다.

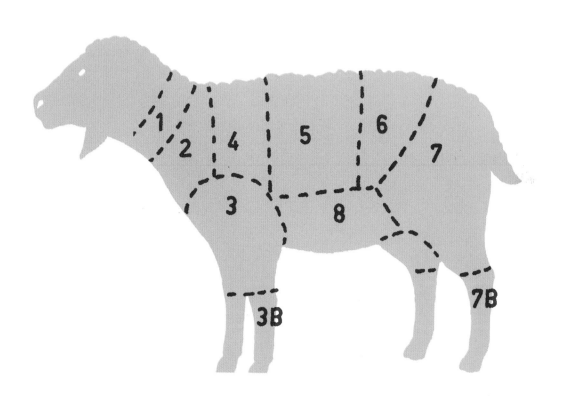

※ 나라마다 도축 및 발골 방식이 상이하므로
요리에 가장 적합한 부위는 구입 시 정육점
에 문의하는 것이 좋다.

조리법	부위	조리 시간
삶기	가슴살 목살류 다리살	500g당 15~30분
팬 또는 그릴 구이	커틀렛 허릿살 또는 허벅지살 찹 갈비 목살 필레	두께에 따라 10~15분
로스트	다리살 필레 갈비 목살 갈비살 어깨살	500g당 15분
브레이즈	다리살 어깨살	1kg당 2~3시간
스튜	가슴살 목살류	1kg당 2~3시간

삶기

양 다리 아 랑글레즈
GIGOT À L'ANGLAISE

큰 냄비에 물 3L를 붓고 센 불에서 한소끔 끓인다. 채소와 부케 가르니, 양 다리를 넣고 소금과 후추로 간을 한 다음 뚜껑을 덮고 부드러워질 때까지 양고기 500g당 15분 기준으로 뭉근하게 삶는다. 양고기는 건져 내 그릇에 담고 주변을 빙 둘러 채소를 담는다. 케이퍼 소스와 흰강낭콩 또는 으깬 감자를 곁들여 낸다.

- ◆ 다진 당근 200g
- ◆ 다진 순무 100g
- ◆ 다진 양파 125g
- ◆ 부케 가르니 1개
- ◆ 양 다리 1.5kg
- ◆ 소금과 후추
- ◆ 곁들임용 케이퍼 소스(56쪽)
- ◆ 곁들임용 흰강낭콩(610쪽) 또는 으깬 감자(568쪽)

  준비 시간 25분

  조리 시간 3시간

  6인분

머튼 가슴살 메나제리에
POITRINE DE MOUTON MÉNAGÈRE

큰 냄비에 머튼과 베이컨을 담고 물 2L를 부은 다음 손질한 채소 재료를 더한다. 소금으로 간을 하고 뚜껑을 닫은 다음 2시간 30분간 뭉근하게 익힌다. 머튼은 건져서 평평한 작업대에 얹는다. 도마를 올리고 2kg짜리 누름돌을 얹어서 식힌다. 팬을 중강 불에 올리고 버터를 넣어 가열한다. 머튼을 달걀물에 담갔다가 빵가루를 골고루 묻힌다. 조심스럽게 팬에 넣고 골고루 노릇하게 튀긴다. 접시에 머튼을 담고 익힌 채소와 베이컨을 함께 담아 낸다.

- ◆ 먹기 좋은 크기로 자른 머튼 가슴살 1kg
- ◆ 다진 베이컨 500g
- ◆ 다진 양배추 1통 분량
- ◆ 다진 당근 200g
- ◆ 다진 순무 200g
- ◆ 소금
- ◆ 버터 60g
- ◆ 달걀 푼 것 2개 분량
- ◆ 튀김옷용 마른 빵가루

  준비 시간 20분

  조리 시간 2시간 45분

  6인분

머튼 꼬치구이
BROCHETTES DE MOUTON

- ◆ 두께 1cm 이하에 사방 3.5cm 크기의
  정사각형으로 썬 베이컨 150g
- ◆ 두께 2cm에 3.5cm 크기의
  정사각형으로 썬 머튼 필레 300g
- ◆ 월계수 잎
- ◆ 조리용 오일
- ◆ 소금과 후추
  준비 시간 10분
  조리 시간 20분
  6인분

냄비에 물을 한소끔 끓여서 베이컨을 넣고 5~10분간 익힌다. 건져서 한 김 식힌다. 꼬챙이 6개에 머튼, 베이컨, 월계수 잎을 번갈아 끼우되 고기와 베이컨을 골고루 섞어서 분배한다. 번철을 달군다. 꼬치에 오일을 솔로 펴 바르고 번철에 얹어서 주기적으로 뒤집어 가며 10분간 익힌다. 소금과 후추로 간을 한다.

로스트와 오일 기반 굽기

 419쪽

- ◆ 양고기 커틀렛 6개
- ◆ 조리용 올리브 오일
- ◆ 소금
- ◆ 다진 이탈리안 파슬리 1/2줌 분량
- ◆ 레몬즙 1/2개 분량
- ◆ 피칸트 소스(60쪽), 피낭시에르
  소스(57쪽), 버섯 소스(61쪽), 토마토
  소스(57쪽) 등 소스 1회 분량
  준비 시간 5분
  조리 시간 6분
  6인분

양고기 커틀렛
CÔTELETTES D'AGNEAU

번철을 달군다. 양고기 커틀렛에 오일을 조금씩 바른 다음 뜨거운 번철에 얹고 앞뒤로 2~3분씩 굽는다. 소금으로 간을 한다. 파슬리와 레몬즙, 원하는 소스를 곁들여 낸다.

참고
커틀렛은 프라이팬에 굽기도 한다. 팬에 올리브 오일 1큰술, 버터 15g을 넣어 달군 다음 커틀렛을 더하여 크기와 두께에 따라서 앞뒤로 2~4분씩 굽는다. 마세두안(96쪽), 양상추 브레이즈(556쪽), 으깬 감자(568쪽), 뒤세스 감자(570쪽), 쌀을 채운 토마토(580쪽), 양파 퓌레(560쪽) 또는 생흰 강낭콩 퓌레(553쪽) 등과 함께 낸다.

빵가루를 묻힌 양고기 커틀렛
COTELETTES PANÉES

중간 사이즈 볼에 달걀을 풀고 오일과 함께 섞는다. 커틀렛에 달걀물을 묻힌 다음 빵가루를 입힌다. 팬에 버터를 넣어 녹이고 양고기를 더하여 중강불에서 한 번 뒤집어 가며 5~7분간 튀긴다. 소금과 후추로 간을 한다.

- ◆ 달걀 2개
- ◆ 오일 2작은술
- ◆ 양고기 커틀렛 6개
- ◆ 튀김옷용 마른 빵가루
- ◆ 버터 40g
- ◆ 소금과 후추

  준비 시간 5분

  조리 시간 6~8분

  6인분

양 다리 로스트
GIGOT RÔTI

양 다리 표면의 지방층이 너무 두껍다면 적당히 제거하면서 손질한다. 두꺼운 쪽에 마늘을 찔러 넣는다. 오븐은 220℃로 예열한다. 오븐용 그릇에 양 다리를 담고 오븐에 넣어 레어는 500g당 10분, 미디엄 레어는 500g당 15분 기준으로 굽는다.

- ◆ 양 다리 1개(2kg)
- ◆ 마늘 1쪽

  준비 시간 10분

  조리 시간 1시간~1시간 30분

  분량 6인분

참고
어깨살, 옆구리살, 허리살 등도 같은 방식으로 조리할 수 있다. 어깨살은 미리 뼈를 제거해야 익힌 후에 쉽게 썰 수 있다. 직접 뼈를 발라내거나 정육점에 손질해 달라고 요청하자.

(변형)
. . . .
농장식 양 다리 요리
GIGOT FERMIÈRE

위와 같이 조리한다. 양고기를 식사용 접시에 담고 따뜻하게 보관한다. 익힌 국물은 체에 걸러서 팬에 담고 아주 잔잔하게 가열한 다음 버터 50g, 달걀노른자 3개, 레몬즙 2개 분량을 더하여 거품기로 골고루 섞는다. 소스 그릇에 담아서 양고기에 곁들여 낸다.

사슴고기식으로 조리한 양 다리 요리
GIGOT CHEVREUIL

- 레드 와인 400mL
- 굵게 다진 양파 100g
- 다진 타임 잎 1큰술
- 월계수 잎 1장
- 소금과 후추
- 양 다리 1개(2kg)
- 크렘 프레슈 100mL

  준비 시간 15분 + 재우기

  조리 시간 1시간~1시간 30분

  6인분

3일 전에 준비를 시작한다. 물 400mL에 와인, 양파, 타임, 월계수 잎, 소금, 후추를 섞어서 마리네이드를 만든다. 그릇에 양고기를 담고 마리네이드를 부은 다음 냉장고에 넣고 중간에 고기를 한 번씩 뒤집어 가며 3일간 재운다. 오븐을 220℃로 예열한다. 고기를 건져서 키친타월로 두드려 물기를 제거하고 마리네이드는 남겨 둔다. 고기는 로스팅 팬에 담아서 500g당 10~15분씩 굽는다. 마리네이드로 샤쇠르 소스(65쪽)를 만든다. 내기 직전에 양고기 로스트에서 흘러나온 국물과 크렘 프레슈를 소스에 넣어 잘 섞는다. 바로 낸다.

브레이즈

 420쪽

양 다리 브레이즈
GIGOT BRAISÉ

- 버터 50g
- 양 다리 1개(1.5kg)
- 얇게 저민 베이컨 125g
- 덮개용 베이컨 껍질
- 적당히 썬 당근 150g
- 적당히 썬 양파 60g
- 화이트 와인 200mL
- 육수(종류 무관) 200mL
- 소금과 후추

  준비 시간 15분

  조리 시간 2시간 30분

  6인분

바닥이 묵직한 팬에 버터를 넣어 녹이고 양고기를 골고루 노릇하게 지진다. 얇게 저민 베이컨과 베이컨 껍질을 넣는다. 당근, 양파, 와인, 육수를 더한다. 소금과 후추로 간을 한다. 딱 맞는 뚜껑을 닫고 고기 500g당 50분씩 익힌다. 익힌 국물은 내기 직전에 체에 걸러서 팬에 담은 후 500mL만 남을 정도로 졸여서 곁들인다.

양 어깨살 브레이즈

ÉPAULE BRAISÉE

◆ 버터 50g

◆ 양 어깨살 1개(1.2kg)

◆ 밀가루 30g

◆ 소금과 후추

◆ 육수(종류 무관) 500mL

바닥이 묵직한 팬에 버터를 넣어 녹이고 양고기를 더하여 중간 불에서 골고루 노릇하게 지진 다음 꺼낸다. 팬에 흘러나온 국물에 밀가루를 뿌려서 골고루 휘저어 섞은 다음 소금과 후추로 간을 하고 육수를 천천히 붓는다. 양고기를 다시 팬에 넣고 뚜껑을 닫은 후 부드러워질 때까지 1시간 30분간 뭉근하게 익힌다.

속을 채운 양 어깨살

ÉPAULE FARCIE

◆ 곱게 다진 훈제하지 않은 베이컨 100g

◆ 곱게 다진 돼지고기 100g

◆ 곱게 다진 이탈리안 파슬리 1줌 분량

◆ 코냑 1큰술

◆ 소금과 후추

◆ 뼈를 제거한 양 어깨살 1개(1.2kg)

◆ 버터 50g

◆ 밀가루 30g

◆ 육수(종류 무관) 400mL

◆ 감자 또는 순무 4등분한 것(선택 사항)

　준비 시간 45분

　조리 시간 2시간 30분

　6인분

스터핑을 만든다. 볼에 베이컨과 돼지고기, 파슬리, 코냑을 담는다. 소금과 후추로 간을 하고 잘 섞는다. 양 어깨살에 스터핑을 펴 바르고 돌돌 말아서 조리용 끈으로 단단하게 묶어 고정한다. 바닥이 묵직한 팬에 버터를 넣어 녹이고 양고기를 더하여 중간 불에서 골고루 노릇하게 지진 다음 꺼낸다. 바닥에 흘러나온 육즙에 밀가루를 뿌리고 골고루 휘저어 섞은 다음 소금과 후추로 간을 하고 육수를 천천히 붓는다. 양고기를 다시 팬에 넣고 뚜껑을 닫아서 2시간 30분간 뭉근하게 익힌다. 취향에 따라 1시간 30분 후 감자와 순무를 더해서 함께 익힌다.

프로방스식 양 어깨살 요리

ÉPAULE À LA PROVENÇALE

 421쪽

스터핑을 만들어서 양 어깨살에 골고루 펴 바른 다음 돌돌 말아서 조리용 끈으로 단단하게 묶어 고정한다. 바닥이 묵직한 팬에 버터를 넣어 녹이고 양파와 라르동을 더하여 중간 불에서 노릇하게 볶는다. 양고기, 당근, 부케 가르니를 더한다. 소금과 후추로 간을 하고 뜨거운 육수를 붓는다. 토마토 퓌레를 더한다. 뚜껑을 닫고 가끔 뒤적이면서 2시간 30분간 뭉근하게 익힌다.

- ◆ 붉은 고기용 스터핑(80쪽) 250g
- ◆ 뼈를 제거한 양 어깨살 1개(1.2kg)
- ◆ 버터 50g
- ◆ 다진 양파 1개 분량
- ◆ 다진 베이컨 라르동 125g
- ◆ 저민 당근 1개 분량
- ◆ 부케 가르니 1개
- ◆ 소금과 후추
- ◆ 뜨거운 육수(종류 무관) 500mL
- ◆ 토마토 퓌레 60g

  준비 시간 35분

  조리 시간 2시간 30분

  6인분

머튼 누아제트•

NOISETTES DE MOUTON

찹 형태로 동그랗게 썬 머튼을 준비한다. 가장자리의 지방층을 조금만 남기고 도려내어 둥근 누아제트 형태를 완성한다. 베이컨 라르동을 박는다. 바닥이 묵직한 팬에 버터를 넣어 녹이고 누아제트를 더하여 중강 불에서 앞뒤로 노릇하게 지진다. 육수를 붓고 뚜껑을 닫아 1시간 동안 뭉근하게 익힌다. 채소 마세두안을 곁들여 낸다.

- ◆ 뼈를 제거한 머튼(찹 또는 갈비살) 12개
- ◆ 줄무늬 베이컨 라르동 100g
- ◆ 버터 40g
- ◆ 육수(종류 무관) 100mL
- ◆ 마세두안(96쪽) 1회 분량

  준비 시간 10분

  조리 시간 1시간

  6인분

- ● 누아제트는 호두라는 뜻으로 주로 고기를 동글납작하게 다듬어 익힌 요리에 붙이는 명칭이다.

머튼 갈비살 샹발롱

COTES DE MOUTON À LA CHAMPVALLON

- ◆ 얇게 저민 감자 750g
- ◆ 곱게 다진 양파 1개 분량
- ◆ 곱게 다진 이탈리안 파슬리 1줌 분량
- ◆ 소금과 후추
- ◆ 버터 50g
- ◆ 머튼 찹 6개
- ◆ 화이트 와인 100mL
- ◆ 육수(종류 무관) 100mL
- ◆ 토마토 퓌레 80g

  준비 시간 25분

  조리 시간 1시간

  6인분

저민 감자에 양파와 파슬리를 뿌리고 소금과 후추로 간을 한다. 팬에 버터를 넣어 녹이고 양고기를 더하여 앞뒤로 3분씩 노릇하게 지진다. 양고기와 흘러나온 육즙을 얕고 큰 팬에 붓고 가장자리에 감자를 둘러 깐다. 와인과 육수, 토마토 퓌레를 부어서 한소끔 끓인다. 불 세기를 줄이고 뚜껑을 닫아서 1시간 동안 뭉근하게 익힌다.

머튼 커리

MOUTON AU CURRY

- ◆ 버터 60g
- ◆ 적당히 썬 머튼 1.2kg
- ◆ 소금과 후추
- ◆ 커리 파우더 10g
- ◆ 곱게 다진 양파 1개 분량
- ◆ 밀가루 30g
- ◆ 코코넛 밀크 또는 코코넛 워터 200mL
- ◆ 부케 가르니 1개
- ◆ 장립종 쌀 150g
- ◆ 크렘 프레슈 100mL

  준비 시간 25분

  조리 시간 1시간 45분

  6인분

바닥이 묵직한 팬에 버터를 넣고 녹인 뒤 머튼을 넣어 센 불에서 골고루 노릇하게 지진다. 소금과 후추로 간을 하고 커리 파우더를 뿌린다. 양파와 밀가루를 더하고 휘저으면서 옅은 노란색을 띨 때까지 볶는다. 코코넛 밀크나 코코넛 워터를 붓고 부케 가르니를 더한다. 뚜껑을 닫고 잔잔한 불에 1시간 30분간 익힌다. 쌀로 인도식 밥(616쪽)을 짓는다. 먹기 10분 전에 팬에서 소스만 따로 체에 걸러 내어 다른 팬에 부은 다음 크렘 프레슈를 더하여 잔잔한 불에서 골고루 잘 섞는다. 소금과 후추로 간을 맞추고 고기에 소스를 두른다. 밥을 곁들여 낸다.

참고

생식용 사과 150g의 껍질을 벗기고 저며서 팬에 버터와 함께 부드러워지도록 볶는다. 머튼 커리 완성 5분 전에 더하고 잘 섞어서 머튼 사과 커리를 만든다.

나바랭

NAVARIN

바닥이 묵직한 팬을 중강 불에 올리고 버터를 더해 가열한다. 머튼과 양파, 당근, 순무를 넣고 노릇하게 볶는다. 밀가루를 뿌리고 골고루 휘저어 노릇하게 익힌다. 뜨거운 육수를 붓고 소금과 후추로 간을 한 다음 부케 가르니를 더하여 아주 잔잔하게 2시간 동안 익힌다.

[변형]

• •

감자 머튼 스튜

RAGOÛT DE MOUTON AUX POMMES DE TERRE

위와 같이 진행하되 순무는 100g만 사용하고 4등분한 감자 750g을 완성 1시간 전에 냄비에 더한다.

• •

마늘잎쇠채 머튼 스튜

MOUTON AUX SALSIFIS

위와 같이 진행하되 순무 대신 마늘잎쇠채를 사용한다.

• •

밤 머튼 스튜

MOUTON AUX MARRONS

위와 같이 진행하되 밤(558쪽) 1.25kg을 손질해서 순무 대신 사용한다.

◆ 버터 60g

◆ 적당히 썬 머튼 1kg

◆ 양파 125g

◆ 4등분한 당근 150g

◆ 적당히 썬 순무 1.25kg

◆ 밀가루 30g

◆ 뜨거운 육수(종류 무관) 500ml

◆ 소금과 후추

◆ 부케 가르니 1개

준비 시간 25분

조리 시간 2시간

6인분

저민 머튼

ÉMINCÉ DE MOUTON

내열용 그릇에 머튼을 담고 잔잔하게 끓는 물이 든 냄비 위에 얹어서 데운다. 브라운 소스를 만들어서 샬롯과 오이 피클을 더한다. 저민 고기 위에 소스를 붓는다.

◆ 얇게 저민 남은 머튼 500g

◆ 브라운 소스(60쪽) 1회 분량

◆ 다진 샬롯 1개 분량

◆ 저민 오이 피클 100g

준비 시간 10분

조리 시간 20분

분량 6인분

머튼과 콩 요리
HARICOT DE MOUTON

- ◆ 마른 흰강낭콩 1kg
- ◆ 버터 40g
- ◆ 적당히 썬 머튼 1kg
- ◆ 다진 양파 125g
- ◆ 밀가루 20g
- ◆ 뜨거운 육수(종류 무관) 500mL
- ◆ 부케 가르니 1개
- ◆ 소금과 후추

  준비 시간 10분 + 불리기

  조리 시간 2시간

  6인분

콩은 따뜻한 물에 담가 6시간 동안 불린 다음 건져서 씻는다. 큰 냄비에 콩을 담고 물을 넉넉히 잠기도록 붓는다. 한소끔 끓인 다음 30분간 더 뭉근하게 익혀서 건진다. 그동안 바닥이 묵직한 팬에 버터를 넣어 달구고 머튼, 양파를 더하여 중강 불에서 노릇하게 볶는다. 밀가루를 뿌리고 골고루 휘저어서 노릇하게 익힌다. 뜨거운 육수를 붓고 콩, 부케 가르니를 더하여 소금과 후추로 간을 한다. 뚜껑을 닫고 1시간 30분간 천천히 익힌다.

양 부산물

부산물은 아주 신선해야 하며 반드시 출처가 확실한 것을 사용해야 한다. 부산물 판매는 법률로 규제하고 있고 지역마다 판매 상태가 다르므로 정육점에 확인하도록 하자.

손질법

혀
물에 2시간 동안 담갔다가 건져서 새 물에 넣고 20분간 삶는다. 질긴 껍질과 딱딱한 부위를 제거한다.

양 족발
물에 12시간 동안 담갔다가 건져서 새 물에 넣고 10분간 삶는다. 발굽 사이의 털을 모조리 제거한다.

신장
신장을 완전히 자르지 않도록 주의하면서 반으로 가른다. 외막과 기름기를 제거한다.

양 혀 브레이즈
LANGUES BRAISÉES

혀(386쪽)는 손질한다. 바닥이 묵직한 팬에 베이컨, 당근, 양파를 담고 그 위에 혀를 얹는다. 육수를 붓고 소금과 후추로 간을 한다. 한소끔 끓인 다음 불 세기를 낮춰서 뚜껑을 닫고 2시간 동안 뭉근하게 익힌다. 한 김 식힌 다음 혀를 꺼내서 길게 2등분한다. 식사용 그릇에 담고 그 위에 익힌 육수를 붓는다. 원하는 소스를 소스 그릇에 담아 곁들인다.

참고
양 혀 브레이즈는 베이컨을 더한 붉은 콩(612쪽), 메트르도텔 버터를 두른 렌틸콩(612쪽), 밤(558쪽), 소렐(562쪽) 또는 시금치(548쪽)와 함께 낼 수 있다.

- 양 혀 4개
- 깍둑 썬 베이컨 125g
- 저민 당근 100g
- 채 썬 양파 125g
- 육수(종류 무관) 500mL
- 소금과 후추
- 케이퍼 소스(56쪽), 피칸트 소스(60쪽), 토마토 소스(57쪽) 등 소스 1회 분량

준비 시간 30분 + 불리기

조리 시간 2시간

6인분

삶은 양 족발
PIEDS BOUILLIS

- ◆ 양 족발 12개
- ◆ 밀가루 60g
- ◆ 화이트 와인 식초 200mL
- ◆ 채 썬 양파 60g
- ◆ 정향 1개 + 타임 2줄기
- ◆ 월계수 잎 1장
- ◆ 소금과 후추
- ◆ 폴레트 소스(52쪽), 프라브라드
  소스(63쪽), 토마토 소스(57쪽) 등
  소스 1회 분량
  준비 시간 10분 + 불리기
  조리 시간 3시간
  6인분

양 족발(386쪽)은 손질한다. 바닥이 묵직한 큰 냄비에 밀가루와 물 50mL를 넣고 섞는다. 식초, 물 250mL, 양파, 정향, 타임, 월계수 잎을 더한다. 소금과 후추로 간을 한다. 한소끔 끓인 다음 양 족발을 넣고 불 세기를 줄인 후 뚜껑을 닫아서 3시간 동안 뭉근하게 익힌다. 원하는 소스를 곁들여 낸다.

양 족발 레물라드 샐러드
SALADE DE PIEDS DE MOUTON EN RÉMOULADE

- ◆ 양 족발 12개
- ◆ 완숙 달걀 2개
- ◆ 오이 피클 50g
- ◆ 케이퍼 50g
- ◆ 이탈리안 파슬리 50g
- ◆ 곱슬 치커리 250g
- ◆ 비네그레트(66쪽) 1회 분량
- ◆ 마요네즈(70쪽) 1회 분량
  준비 시간 30분 + 불리기
  조리 시간 10분
  6인분

양 족발(386쪽)은 손질해서 익힌다. 껍질을 벗기고 뼈를 발라낸 다음 고기만 작고 가늘게 채 썬다. 달걀, 오이 피클, 케이퍼, 절반 분량의 파슬리를 다져서 골고루 섞는다. 치커리 잎은 한 장씩 떼어 내서 비네그레트에 버무린 다음 식사용 그릇에 링 모양으로 담는다. 달걀 혼합물에 마요네즈를 더하여 버무린다. 채 썬 양 족발을 링 가운데 부분에 담고 달걀 마요네즈 샐러드를 위에 덮듯이 얹는다. 남은 파슬리를 뿌리고 차갑게 낸다.

신장 그릴 구이
ROGNONS GRILLÉS

- ◆ 신장 750g
- ◆ 조리용 오일
- ◆ 소금과 후추
- ◆ 메트르도텔 버터(48쪽) 1회 분량
  준비 시간 15분
  조리 시간 6분
  6인분

그릴을 예열한다. 신장(386쪽)은 손질해서 솔로 오일을 앞뒤로 바른다. 서로 조금씩 간격을 두고 꼬챙이 6개에 나누어 끼운다. 그릴에 얹어서 아주 센 불에서 앞뒤로 3분씩 굽는다. 소금과 후추로 간을 한다. 메트르도텔 버터와 함께 낸다.

돼지고기

돼지고기는 전 세계에서 가장 널리 먹는 고기다. 맛이 좋고 경제적이며 담백한 안심에서 기름진 삼겹살과 스페어립에 이르기까지 부위별로 특징이 다양하다. 대부분의 돼지는 식용으로 사육해 6개월 이내에 도살해서 대체로 거의 흰색에 가까운 분홍빛을 띠며 살이 탄탄하고 결이 곱다. 지방층이 근육 부위에 '마블링'을 이루지는 않지만 대신 표면에 두꺼운 흰색 켜를 형성하며, 이를 녹여서 정제하여 라드로 판매한다. 돼지고기는 완전히 익혀서 먹어야 한다.

1 • 머리
2 • 스페어립
3 • 어깻살
4 • 허릿살
5 • 허벅지살과 다리살(필레 쪽)
6 • 다리살(도가니 쪽)
7 • 뒷다리살
8 • 삼겹살(옆구리살)
9 • 앞다리살
10 • 족발

※ 나라마다 도축 및 발골 방식이 상이하므로 요리에 가장 적합한 부위는 구입 시 정육점에 문의하는 것이 좋다.

조리법	부위	조리 시간
삶기	허벅지살, 앞다리살, 뒷다리살 염장 삼겹살 (프티 살레petit sale) 머리 족발	1kg당 2시간
그릴	찹 안심 삼겹살 또는 베이컨	10~12분
로스트	안심 스페어립 또는 허릿살 커틀렛 염장 머릿고기 다리살/허벅지살	500g당 30분
브레이즈	귀 머리 족발 스페어립 안심	1kg당 2~3시간

로스트와 오일 기반 굽기

돼지고기 찹 팬 로스트
CÔTES DE PORC GRILLÉES

돼지고기는 날카로운 칼로 고기 부분을 건드리지 않도록 주의하면서 지방층에만 칼집을 낸다. 번철에 오일을 두르고 달군 다음 고기를 넣고 중간 불에서 앞뒤로 7~8분씩 굽는다. 소금과 후추로 간을 한다.

- ◆ 돼지고기 찹 6개
- ◆ 오일 2큰술
- ◆ 소금과 후추
  준비 시간 10분
  조리 시간 14~16분
  6인분

빵가루를 입힌 돼지고기 찹
CÔTES DE PORC PANNÉES

돼지고기는 지방층을 손질하고 번철은 중간 불로 예열한다. 고기에 달걀 물을 묻힌 다음 빵가루를 가볍게 입힌다. 번철에 얹어서 앞뒤로 7~8분씩 굽는다. 소금과 후추로 간을 한다.

- ◆ 돼지고기 찹 6개
- ◆ 달걀 푼 것 3개 분량
- ◆ 튀김옷용 마른 빵가루
- ◆ 소금과 후추
  준비 시간 10분
  조리 시간 14~16분
  6인분

돼지 갈비 구이
CÔTES DE PORC POÊLÉES

돼지고기는 날카로운 칼로 고기 부분을 건드리지 않도록 주의하면서 지방층에만 칼집을 낸다. 팬에 버터를 넣어 녹이고 조심스럽게 고기를 넣는다. 중간 불에서 앞뒤로 7~8분씩 노릇하게 구운 다음 소금과 후추로 간을 한다. 원하는 소스를 곁들여 낸다. 취향에 따라 고기를 지진 다음 소스를 붓고 뚜껑을 닫은 후 잔잔한 불에서 10~12분 정도 함께 익혀 내도 좋다.

- ◆ 돼지고기 찹 6개
- ◆ 버터 10g
- ◆ 소금과 후추
- ◆ 토마토 소스(57쪽), 로베르 소스(63쪽), 피칸트 소스(60쪽), 머스터드 소스(68쪽) 등 소스 1회 분량
  준비 시간 10분
  조리 시간 24~26분
  6인분

돼지 안심 필레 또는 뼈를 제거한
갈비살 750g

소금과 후추

준비 시간 15분

조리 시간 45분

6인분

돼지 안심 필레 로스트
CARRÉ DE PORC RÔTI

오븐을 200℃로 예열한다. 돼지고기는 지방층을 제거하고 조리용 끈으로 묶어 형태를 잡는다. 로스팅 팬에 철망을 얹고 돼지고기를 올려서 오븐에 넣어 전체적으로 노릇해지도록 로스트한다. 소금과 후추로 간을 한다. 오븐 온도를 180℃로 낮추고 바닥의 국물을 고기에 자주 끼얹으면서 맑은 육즙이 흐를 때까지 45분 더 굽는다. 같은 방식으로 꼬챙이에 끼워서 직화로 구울 수도 있다. 조리용 끈을 제거한 다음 저며서 낸다.

참고
로스트 포크는 으깬 감자(568쪽)나 무가당 사과 퓌레(669쪽), 양파 퓌레(560), 밤 퓌레(559쪽), 렌틸콩 퓌레(614쪽), 또는 생흰강낭콩 퓌레(553쪽)과 잘 어울린다. 원하는 퓌레를 식사용 그릇에 담고 그 위에 고기를 얹어서 육즙을 둘러 낸다.

돼지 안심 필레 750g

햇감자 1.5kg

손질한 물냉이 1/2단

준비 시간 25분

조리 시간 45분

6인분

돼지 안심 필레와 햇감자
FILET DE PORC AUX POMMES NOUVELLES

오븐을 200℃로 예열한다. 고기는 철망을 깐 로스팅 팬에 담고 오븐에 넣어 골고루 노릇해질 때까지 구운 다음 오븐 온도를 180℃로 낮춘다. 완성 25분 전에 햇감자를 로스팅 팬의 고기 주변에 담는다. 고기를 뒤집고 흘러나온 국물을 고기 위에 고루 끼얹는다. 맑은 육즙이 흐를 때까지 익힌 다음 꺼낸다. 길쭉한 식사용 그릇에 감자와 물냉이 줄기를 링 모양으로 담고 가운데에 고기를 담아 낸다.

프로방스식으로 조리한 돼지 갈비 허릿살
LONGE DE PORC À LA PROVENÇALE

오븐을 200℃로 예열한다. 돼지고기는 등뼈를 제거하고 지방층은 얇게 한 켜만 남기고 도려낸 다음 조리용 끈으로 묶어 모양을 잡는다. 고기의 지방층 부분에 날카로운 칼로 칼집을 넣고 마늘과 버섯 저민 것을 끼워 넣는다. 오븐용 그릇에 담고 오븐에 넣어 약 45분간 굽되 돼지고기가 노릇해지면 바로 오븐 온도를 180℃로 낮춘다.

그동안 버섯의 고깔만 남기고 기둥을 도려내 잘게 다진다. 볼에 다진 버섯 기둥과 소시지용 고기, 돼지고기에 끼우고 남은 저민 버섯, 허브를 담고 골고루 잘 섞는다. 소금과 후추로 간을 한다. 토마토는 바닥 부분을 원형으로 얇게 도려낸 다음 작은 숟가락으로 씨를 제거하고 고기 혼합물을 채운다. 남겨 둔 버섯 고깔에 남은 고기 혼합물을 담는다. 팬에 오일을 둘러서 달군 다음 버섯과 토마토를 넣고 센 불에서 5분간 굽는다. 불 세기를 줄이고 뚜껑을 닫아서 20분 더 익힌다. 로스트한 고기에서 조리용 끈을 제거한다. 길쭉한 식사용 그릇에 담고 가장자리에 토마토와 버섯을 두른 다음 육즙을 부어 낸다.

- ◆ 돼지 통갈비(허릿살) 800g
- ◆ 저민 마늘 2쪽 분량
- ◆ 저민 버섯 125g
- ◆ 작은 그물버섯 또는 큰 양송이 버섯 6개
- ◆ 소시지용 고기 150g
- ◆ 다진 모둠 허브(이탈리안 파슬리, 골파, 타라곤 등) 1줌 분량
- ◆ 소금과 후추
- ◆ 둥근 토마토 6개(소)
- ◆ 오일 120mL
  준비 시간 30분
  조리 시간 50분
  6인분

삶기

소금에 절인 넓적다리ham나 염장 삼겹살(프티 살레), 일부 부산물 부위를 제외하면 돼지고기에 자주 활용하는 조리법은 아니다.

염장 삼겹살과 양배추
PETIT SALÉ AUX CHOUX

하루 전에 준비를 시작한다. 돼지고기를 물에 담그고 중간에 여러 번 물을 갈면서 24시간 동안 소금기를 제거한다. 바닥이 묵직한 냄비에 물 2L를 붓고 돼지고기를 더하여 잔잔하게 한소끔 끓인다. 부케 가르니, 양파, 통후추를 더하되 소금 간은 하지 않는다. 양배추를 바글바글 끓는 국물에 넣고 불 세기를 줄여 약한 불에서 2시간 동안 뭉근하게 익힌다. 건져서 국물은 따로 둔다. 속이 깊은 그릇에 양배추를 담고 돼지고기를 얹은 다음 삶은 감자를 함께 낸다.

참고
익힌 국물으로는 맛있는 수프를 만들 수 있다.

- ◆ 염장 삼겹살 800g
- ◆ 부케 가르니 1개
- ◆ 4등분한 양파 1개 분량
- ◆ 통후추
- ◆ 크게 쐐기 모양으로 썬 양배추 1통(중) 분량
- ◆ 감자 아 랑글레즈(567쪽) 1.5kg
  준비 시간 24시간
  조리 시간 2시간 30분
  6인분

브레이즈

양배추와 돼지고기 브레이즈
PORC BRAISÉ AU CHOU

◆ 로스팅용 덩어리 돼지고기 1kg

◆ 라드 20g

◆ 라르동 모양으로 썬 줄무늬 베이컨
  125g

◆ 소금과 후추

◆ 손질해서 4등분한 양배추 1개(소) 분량

◆ 이탈리안 파슬리 1줌

◆ 감자 500g

  준비 시간 20분

  조리 시간 2시간

  6인분

돼지고기는 필요하다면 뼈를 제거하여 손질한 다음 조리용 끈으로 묶는다. 바닥이 묵직한 팬에 라드를 넣어 녹인 뒤 라르동을 넣고 센 불에서 노릇하게 볶는다. 돼지고기를 넣고 주기적으로 뒤집으면서 골고루 노릇하게 지진다. 소금과 후추로 간을 한다. 불 세기를 줄이고 뚜껑을 닫아서 잔잔한 불에서 약 30분간 익힌다.

그동안 냄비에 소금물을 한소끔 끓여서 양배추를 넣고 15분간 데친 다음 건진다. 돼지고기가 든 냄비에 양배추와 파슬리를 더한다. 뚜껑을 닫고 잔잔한 불에서 45분간 익힌 다음 감자를 넣는다. 다시 뚜껑을 닫고 잔잔한 불에서 45분 더 익힌다. 돼지고기를 건져서 조리용 끈을 제거한다. 속이 깊은 식사용 그릇에 양배추를 담고 그 위에 돼지고기를 얹는다. 가장자리에 감자를 링 모양으로 두른 다음 국물을 둘러 낸다.

보르도식 돼지 갈비 요리
ÉCHINÉE BORDELAISE

◆ 버터 50g

◆ 돼지 통갈비 800g

◆ 고기 콩소메 또는 양질의 육수 250mL

◆ 화이트 와인 500mL

◆ 정향 2개를 박은 양파 1개

◆ 부케 가르니 1개

◆ 소금

◆ 통후추

◆ 밤 퓌레(559쪽) 또는 렌틸콩
  퓌레(614쪽) 1회 분량

  준비 시간 10분

  조리 시간 3시간

  6인분

바닥이 묵직한 팬에 버터를 넣어 녹이고 돼지고기를 더하여 센 불에서 골고루 노릇하게 지진다. 콩소메와 와인을 붓는다. 양파와 부케 가르니를 더하여 소금으로 간을 하고 통후추를 더한다. 뚜껑을 닫고 고기를 여러 번 뒤집어 가며 약한 불에서 2시간 30분간 익힌다. 돼지고기를 건져서 조리용 끈을 제거하고 익힌 국물은 따로 둔다. 식사용 그릇에 돼지고기를 담고 뜨겁게 보관한다. 국물을 다시 팬에 부어 센 불에서 12~15분간 졸인 다음 소스 그릇에 담는다. 돼지고기에 밤 또는 렌틸콩 퓌레를 곁들이고 소스와 함께 낸다.

부르고뉴식 포테 스튜
POTÉE BOURGUIGNONNE

24시간 전에 준비를 시작한다. 염장 돼지고기는 물에 24시간 동안 담가 둔다. 큰 냄비에 건져 낸 돼지고기와 소시지, 베이컨을 더한 다음 물 2L를 붓고 천천히 한소끔 끓인다. 양배추는 질긴 겉잎을 제거한다. 돼지고기가 끓으면 냄비에 순무, 당근, 양파, 부케 가르니, 통후추를 더한다. 뚜껑을 닫고 1시간 30분간 뭉근하게 익힌다. 감자를 더하고 40~45분 더 익힌 뒤 체에 걸러서 볼에 국물을 받는다. (국물은 나중에 맛있는 수프를 만드는 용도로 사용한다.) 양배추를 4등분해서 식사용 그릇에 담는다. 돼지고기를 그 위에 얹고 소시지와 베이컨을 얇게 저며서 주변에 담는다. 고기 주변에 채소를 링 모양으로 담아 낸다.

- 염장 돼지고기 600g
- 소시지 6개(소)
- 훈제 베이컨 1덩어리(100g)
- 양배추 1개(소)
- 순무 250g(소)
- 당근 250g
- 양파 1개
- 부케 가르니 1개
- 통후추 1/2작은술
- 작고 둥근 감자 500g

  조리 시간 25분 + 불리기
  조리 시간 2시간 15분
  분량 6인분

카술레
CASSOULET

 423쪽

바닥이 무거운 큰 팬 또는 직화 가능한 도기 그릇에 씻어서 건진 콩과 당근, 정향을 박은 양파, 베이컨, 부케 가르니를 담는다. 물을 콩이 전부 잠길 만큼 약 4L 정도 붓는다. 한소끔 끓인 다음 표면의 거품을 전부 걷어 내면서 1시간 정도 뭉근하게 끓인다. 당근과 양파를 제거한다. 다른 팬을 약한 불에 올리고 거위 지방을 넣어 녹인 다음 불 세기를 올려서 돼지고기 또는 머튼을 적당량씩 더해 노릇하게 지진다. 양파와 마늘, 토마토 퓌레를 더하고 콩 삶은 국물을 500mL 붓는다. 10분간 뭉근하게 익힌 다음 콩과 베이컨이 든 냄비에 붓고 소시지와 거위 또는 오리 콩피를 더한다. 국물이 너무 흥건하면 고기가 딱 잠길 만큼만 남기고 따라 낸다. 한소끔 끓인 다음 뚜껑을 닫고 약한 불에서 1시간 동안 뭉근하게 익힌다.

　오븐을 180℃로 예열한다. 소시지와 베이컨을 건져서 잘게 자른다. 큰 오븐용 그릇에 콩과 익힌 국물, 돼지고기나 머튼, 콩피, 베이컨과 소시지를 켜켜이 번갈아 담는다. 소금과 후추로 세심하게 간을 맞춘다.● 마지막으로 베이컨과 소시지를 한 켜 깔아서 마무리한다. 뚜껑을 덮고 오븐에 넣어 2시간 동안 익힌 다음 뚜껑을 열고 15분간 마저 익힌 후 낸다.

- 밤새 불린 마른 흰강낭콩 500g
- 당근 1개
- 정향을 박은 양파 1개
- 줄무늬 베이컨 1덩어리(150g)
- 부케 가르니 1개
- 거위 지방 60g
- 사방 5cm 크기로 자른 돼지고기 또는 머튼 750g
- 다진 양파 200g
- 으깬 마늘 25g
- 토마토 퓌레 150g
- 생마늘소시지 또는 툴루즈Toulouse 소시지 150g
- 거위 또는 오리 콩피 600g
- 소금과 후추

  준비 시간 1시간 + 불리기
  조리 시간 4시간 30분
  6인분

- ● 샤퀴테리가 들어가서 이미 어느 정도 간이 되어 있는 상태다.

잡탕
HOCHEPOT

- 소고기 어깨살 250g
- 염장 삼겹살 200g
- 버터 40g
- 머튼 가슴살 250g
- 사슴 목살 250g
- 돼지 귀 1개
- 4등분한 양배추 1개(소) 분량
- 반으로 자른 순무 200g(소)
- 굵게 다진 당근 200g
- 굵게 다진 서양 대파 150g
- 굵게 다진 셀러리 1대 분량
- 소금과 후추
- 치폴라타chipolatas 소시지 6개
- 하루 묵은 빵 6장

  준비 시간 40분

  조리 시간 2시간 30분~3시간

  6인분

큰 냄비에 소고기와 돼지고기를 담고 물 3.5L를 붓는다. 신속하게 한소끔 끓인 다음 표면의 거품을 전부 걷어 낸다. 그동안 큰 팬에 버터를 넣어 녹이고 센 불에 올려서 머튼, 사슴고기, 돼지 귀를 더해 노릇하게 지진 뒤 뜨겁게 보관한다. 팬에 채소류를 더하고 소금과 후추로 간을 한 다음 한소끔 끓인다. 머튼, 사슴고기, 돼지 귀를 더하고 뚜껑을 닫아서 약한 불에서 1시간 30분간 뭉근하게 익힌다. 완성 30분 전에 치폴라타 소시지를 더한다. 낼 때는 식사용 그릇 바닥에 먼저 빵조각을 담고 고기를 얹어 육수를 부은 다음 채소류를 둘러서 낸다.

햄

- 돼지 넓적다리 부위를 염지액에 절이거나 훈제한 것.

삶은 햄
CUISSON DU JAMBON

- 염지액에 재운 생햄 1개(1.5~2kg)
- 화이트 와인 500mL
- 저민 당근 2개 분량
- 채 썬 양파 1개 분량
- 부케 가르니 1개
- 통후추
- 잠길 만큼의 육수(종류 무관) 또는 물

  준비 시간 15분 + 불리기

  조리 시간 1시간 30분

  6인분

하루 전에 준비를 시작한다. 햄을 물에 하룻밤 담가서 소금기를 제거한 다음 건져서 큰 냄비에 담는다. 와인을 붓고 당근, 양파, 부케 가르니, 통후추를 더한다. 육수 또는 물을 햄이 완전히 잠길 만큼 붓는다. 한소끔 끓인 다음 불 세기를 줄이고 1시간 30분간 뭉근하게 익힌다. 햄을 팬에 담은 채로 식힌 후 건진다. 길고 유연하며 날카로운 칼로 햄 살점 부분부터 뼈가 닿는 부분까지 얇게 저민다.

참고

햄 포토푀를 만들려면 위와 같이 준비한 다음 양배추, 치커리 또는 양상추 브레이즈를 곁들여 낸다.

파슬리 햄
JAMBON PERSILLÉ

하루 전에 준비를 시작한다. 햄은 물에 하룻밤 담가서 소금기를 제거한다. 큰 냄비에 햄을 담고 물을 잠길 만큼 부어서 한소끔 끓인 후 약한 불에서 1시간 동안 익힌다. 건져서 흐르는 물에 씻은 다음 물기를 제거한다. 송아지고기와 우족을 큰 냄비에 담고 그 위에 햄을 얹는다. 드라이 화이트 와인을 붓고 물을 추가해서 고기가 완전히 잠기도록 한다. 샬롯과 파슬리 40g을 포함한 허브를 더한다. 한소끔 끓여서 올라온 거품을 제거한 다음 뚜껑을 닫고 약한 불에서 2시간 동안 뭉근하게 익힌다. 햄을 건져서 물기를 제거하고 껍질을 잘라 낸 다음 살점을 테린 틀에 담아 포크로 잘게 찢는다. 익힌 국물을 체에 걸러서 후추로 간을 한다. 따로 두어서 식힌다. 국물이 굳기 시작하면 식초와 와인 100mL를 붓는다. 국물을 고기 위에 붓고 남은 파슬리를 뿌린 다음 냉장고에 넣어서 굳힌다. 저며서 차갑게 낸다.

 424쪽

- 생햄 또는 정강이 부위 햄 1개(1.5kg)
- 송아지 정강이 또는 도가니 부위 200g
- 적당히 자른 송아지 우족 1개 분량
- 드라이 화이트 와인 1.5L
- 샬롯 3개
- 다진 이탈리안 파슬리 100g
- 처빌 1/2단
- 타라곤 1줄기
- 타임 1줄기
- 월계수 잎 1장
- 후추
- 화이트 와인 식초 1큰술
- 양질의 화이트 와인(부르고뉴산 추천) 100mL

    준비 시간 30분 + 불리기

    조리 시간 3시간

    6인분

마데이라 와인 햄
JAMBON AU MADÈRE

하루 전에 준비를 시작한다. 햄을 물에 담가서 밤새 불린다. 큰 냄비에 햄을 담고 물을 잠길 만큼 부은 다음 한소끔 끓여서 불을 약하게 줄이고 1시간 동안 뭉근하게 익힌다. 바닥이 묵직한 냄비에 베이컨과 양파를 깔고 부케 가르니를 더한다. 햄을 넣고 그 위에 미르푸아를 뿌린다. 뚜껑을 닫고 30분간 뭉근하게 익힌다. 마데이라, 육수, 버섯을 더하여 10분 더 익힌다. 그릇에 담고 소스를 소스 그릇에 담아서 따로 낸다.

- 손질한 생햄 1개(1.5~2kg)
- 줄무늬 베이컨 100g
- 채 썬 양파 1개 분량
- 부케 가르니 1개
- 미르푸아(44쪽) 500mL
- 마데이라 와인 50mL
- 육수(종류 무관) 400mL
- 버섯 125g

    준비 시간 20분 + 불리기

    조리 시간 1시간 40분

    6인분

마리 로즈 햄

JAMBON MAINE ROSE

- 버터 90g
- 다진 샬롯 1개 분량
- 밀가루 40g
- 화이트 와인 200mL
- 육수(종류 무관) 200mL
- 토마토 퓌레 100mL
- 부케 가르니 1개
- 크렘 프레슈 150mL
- 익힌 햄 6장

  준비 시간 5분

  조리 시간 40분

  6인분

팬에 절반 분량의 버터를 넣어 녹이고 샬롯을 더하여 부드러워질 때까지 천천히 익힌다. 밀가루를 넣고 노릇하게 볶는다. 와인과 육수를 천천히 부으면서 골고루 섞어 매끄러운 소스를 만든다. 토마토 퓌레와 부케 가르니를 더하여 30분간 뭉근하게 익힌다. 크렘 프레슈를 더하여 5분간 익힌다. 소스를 체에 걸러서 남은 버터를 더한다. 그동안 내열용 그릇에 햄을 담고 잔잔하게 끓는 물이 든 냄비에 얹어서 데운다. 햄을 그릇에 담고 소스를 덮듯이 둘러 낸다.

햄 수플레

SOUFFLÉ AU JAMBON

오븐을 200℃로 예열하고 수플레 그릇 1개 또는 소형 라메킨 6개에 버터를 바른다. 베샤멜 소스를 만들어서 치즈(사용 시)를 더한다. 그동안 달걀흰자를 단단한 뿔이 설 정도로 휘핑한다. 베샤멜 소스에 달걀노른자를 더하여 섞은 다음 달걀흰자와 햄을 더해서 접듯이 섞는다. 소금과 후추로 간을 하고 혼합물을 준비한 수플레 그릇 또는 라메킨에 붓는다. 부풀 때까지 25~30분간(작은 수플레는 10~15분간) 굽는다. 바로 낸다.

- 녹인 버터 20g
- 베샤멜 소스(50쪽) 750mL
- 그뤼에르 치즈 간 것(선택 사항)
- 분리한 달걀흰자와 달걀노른자 3개 분량
- 다진 익힌 햄 150g
- 소금과 후추
  준비 시간 20분
  조리 시간 15~30분
  6인분

성촉절 롤

ROULÉS DE LA CHANDELEUR

전통적으로 크레페의 날le jour des crêpes이라고도 하는 2월 2일 성촉절에 먹는 요리다.

　오븐을 200℃로 예열한다. 크레페를 부치고 햄을 한 장씩 얹는다. 치즈를 조금 뿌리고 단단하게 돌돌 말아서 롤을 만들어 속이 깊은 오븐용 그릇에 담는다. 남은 치즈와 토마토 소스를 섞어서 롤 위에 바른다. 후추로 약간 간을 한 다음 오븐에 넣어 10분간 굽는다. 아주 뜨겁게 낸다.

- 크레페(721쪽) 6개(소)
- 익힌 햄 6장
- 그뤼에르 치즈 간 것 125g
- 토마토 소스(57쪽) 250mL
- 후추
  준비 시간 20분
  조리 시간 30분
  6인분

정강이 햄

JAMBONNEAU

큰 냄비에 정강이를 담고 물을 잠기도록 붓는다. 한소끔 끓인 다음 불 세기를 줄여 1시간 동안 뭉근하게 익힌다. 육수에 담근 채로 천천히 식힌다. 그동안 마른 팬에 빵가루를 담고 중간 불에서 노릇하게 볶는다. 정강이가 아직 따뜻할 때 팬에서 건져서 물기를 제거한다. 빵가루를 넉넉히 뿌린다.

참고

정강이는 넓적다리와 족발 사이 부분을 뜻한다.

- 돼지고기 정강이 1개
- 마무리용 마른 빵가루
  준비 시간 10분
  조리 시간 1시간
  6인분

햄 코르넷
CORNETS DE JAMBON

◆ 1L로 만든 고기 젤리 또는
  아스픽(45쪽), 소금 쿠르부이용(82쪽)
  1회 분량
◆ 백후추
◆ 아주 되직한 마요네즈(70쪽) 225mL
◆ 마세두안(96쪽) 900g
◆ 익힌 햄 6장
◆ 저민 작은 토마토 3개 분량
◆ 저민 완숙 달걀 2개 분량
  준비 시간 1시간 + 굳히기
  6인분

고기 젤리를 만들어서 후추로 간을 한다. 냉장고에 넣어서 12시간 동안 굳힌다. 꺼내서 다진 후 따로 둔다. 마요네즈를 더해서 마세두안을 만든다. 저민 햄을 원뿔형 코르넷 모양으로 만 다음 채소 마세두안을 안에 채우고 타원형 그릇에 담는다. 토마토, 완숙 달걀, 젤리로 장식한다.

돼지 부산물

부산물은 아주 신선해야 하며 반드시 출처가 확실한 것을 사용해야 한다. 부산물 판매는 법률로 규제하고 있고 지역마다 판매 상태가 다르므로 반드시 정육점에 확인하도록 하자.

화이트 와인에 익힌 소시지
SAUCISSES AU VIN BLANC

◆ 소시지 6개
◆ 버터 60g
◆ 얇게 채 썬 양파 1개 분량
◆ 화이트 와인 100mL
◆ 소금과 후추
  준비 시간 10분
  조리 시간 30분
  6인분

소시지를 포크로 군데군데 찌른다. 팬에 버터를 넣어 녹이고 소시지를 더하여 자주 뒤적이면서 센 불에서 8분간 튀긴다. 팬에서 건져서 따뜻하게 보관한다. 팬에 남은 기름에 양파를 더하여 중간 불에서 노릇하게 익힌다. 와인을 더하고 소금과 후추로 간을 한다. 30분간 뭉근하게 익힌 다음 소시지 위에 붓는다.

돼지 간 파테
PÂTÉ DE FOIE

오븐을 150℃로 예열한다. 달군 팬에 베이컨과 간, 돼지고기를 넣고 골고루 노릇하게 볶는다. 양파, 샬롯, 코냑을 더하여 양파가 부드러워질 때까지 볶는다. 불에서 내리고 소금과 후추, 너트메그로 간을 한다. 달걀과 빵가루(사용 시)를 더하여 섞는다.

테린이나 도기 그릇 또는 로프 틀에 얇게 저민 베이컨을 깔되 덮개용 베이컨을 조금 남겨 둔다. 베이컨 위로 고기 혼합물을 채운 다음 남은 다시 남겨 둔 베이컨을 덮고 월계수 잎과 타임을 올린다. 볼에 밀가루와 물을 넣고 개어 뻑뻑한 페이스트를 만든다. 테린 뚜껑을 닫고 틈새에 페이스트를 둘러 봉한다. 로스팅 팬에 테린 틀을 담고 뜨거운 물을 틀이 반 정도 잠길 만큼 부은 후 오븐에 넣어 1시간 30분간 익힌다. 뚜껑을 열고 20분간 그대로 둔 다음 파테 위에 도마를 얹어서 무게 400g 정도의 누름돌을 올린다. 파테를 냉장고에 넣어서 완전히 식힌다. 접시에 담아서 썰어 낸다.

- ◆ 굵게 다진 줄무늬 베이컨 200g
- ◆ 2cm 크기로 썬 돼지 간 350g
- ◆ 2cm 크기로 자른 뼈 없는 돼지고기 250g
- ◆ 다진 양파 1개 분량
- ◆ 다진 샬롯 1개 분량
- ◆ 코냑 1큰술
- ◆ 소금과 후추
- ◆ 즉석에서 간 너트메그
- ◆ 가볍게 푼 달걀 2개 분량
- ◆ 소량의 우유에 불린 생빵가루 100g(선택 사항)
- ◆ 얇게 저민 베이컨 6~8장
- ◆ 월계수 잎 1장
- ◆ 타임 1줄기
- ◆ 밀가루 50g

  준비 시간 30분 + 식히기

  조리 시간 1시간 30분

  6인분

돼지 간 로프
PAIN DE FOIE DE PORC

오븐을 180℃로 예열한다. 간, 지방, 양파, 마늘, 샬롯, 버섯을 곱게 다진다. 소금과 후추로 간을 한다. 샤를로트 틀에 라드를 바르고 다진 혼합물을 채운다. 베이컨을 덮고 파슬리, 타임, 월계수 잎을 얹어서 장식한다. 뚜껑을 덮어서 2시간 동안 익힌다. 틀에서 꺼내서 뜨겁게 낸다.

- ◆ 돼지 간 500g
- ◆ 돼지 지방(신장 또는 필레에서 추출한 것 추천) 300g
- ◆ 양파 1개
- ◆ 마늘 1쪽
- ◆ 샬롯 1개
- ◆ 버섯 125g
- ◆ 소금과 후추
- ◆ 라드 25g
- ◆ 덮개용 베이컨 50g
- ◆ 이탈리안 파슬리 2줄기
- ◆ 타임 1줄기
- ◆ 월계수 잎 1장

  준비 시간 15분

  조리 시간 2시간

  6인분

송로버섯을 곁들인 돼지 족발

PIEDS TRUFFÉS

- 돼지 족발 3개
- 다진 줄무늬 베이컨 350g
- 익힌 돼지고기 다진 것 200g
- 다진 송아지 간 125g
- 송로버섯 간 것
- 소금
- 정향 가루 1꼬집
- 시나몬 가루 1꼬집
- 즉석에서 간 너트메그 1꼬집
- 가볍게 푼 달걀 1개 분량
- 12~15cm크기의 정사각형 대망막 6개
- 버터 50g
- 장식용 이탈리안 파슬리
- 장식용 저민 레몬 1개 분량

  준비 시간 30분

  조리 시간 15~20분

  6인분

족발은 바닥 부분이 위로 오도록 작업대 위에 납작하게 펼쳐서 뼈를 발라 낼 준비를 한다. 다리 위쪽으로 깊은 칼집을 길게 하나 낸다. 이 칼집을 기준으로 날카로운 작은 칼을 이용하여 껍질을 양쪽으로 벗겨 내면서 결합 조직을 잘라 낸다. 첫 번째 관절 뒤쪽으로 껍질을 당겨서 잘라 낸 다음 뼈가 고기에서 분리될 때까지 최대한 깊게 사방으로 칼집을 골고루 넣는다. 이 과정은 정육점에 따로 부탁해도 좋다.

팬에 베이컨을 넣고 중간 불에서 수분간 튀긴 후 돼지고기와 간을 더해 골고루 노릇하게 지진다. 취향에 따라 송로버섯을 뿌린 다음 소금과 향신료로 간을 한다. 달걀을 더하여 골고루 섞는다. 대망막에 혼합물을 각각 1큰술씩 올린다. 그 위에 절반 분량의 족발을 하나씩 나누어 얹는다. 족발 위에 혼합물을 1큰술씩 얹은 후 대망막으로 꼼꼼하게 싼다. 팬에 버터를 넣어 달구고 족발을 넣어 중간에 한 번 뒤집으며 15~20분간 익힌다. 파슬리와 저민 레몬으로 장식해서 뜨겁게 낸다.

블랙 푸딩 그릴 구이

BOUDIN GRILLÉ

- 블랙 푸딩 500g
- 곁들임용 머스터드

  준비 시간 5분

  조리 시간 15분

  6인분

블랙 푸딩은 껍질에 포크로 구멍을 내서 손님 수만큼 나눠 자른다. 달군 번철에 블랙 푸딩을 넣고 여러 번 뒤집어 가며 중간 불에서 12~15분간 굽는다. 머스터드를 곁들여서 뜨겁게 낸다.

〔변형〕

• •

블랙 푸딩 튀김

BOUDIN POÊLÉ

블랙 푸딩을 위와 같이 손질한다. 달군 팬에 버터 40g을 넣고 녹인다. 여러 번 뒤집어 가며 중간 불에서 약 12분간 튀긴다. 머스터드를 곁들여서 뜨겁게 낸다.

앙두예트 소시지 그릴 구이
ANDOUILLES ET ANDOUILLETTES GRILLÉES

소시지 껍질을 포크로 찔러서 구멍을 낸 다음 저민다. 달군 번철에 소시지를 얹어서 여러 번 뒤집어 가며 중간 불에서 12분간 익힌다. 머스터드를 곁들여 낸다.

참고
수제 앙두예트 소시지 만드는 법은 408쪽을 참고한다.

[변형]

. . . .

앙두예트 소시지 구이
ANDOUILLES ET ANDOUILLETTES POÊLÉES

소시지 껍질을 포크로 찔러 구멍을 낸 다음 저민다. 달군 팬에 버터 20g을 넣고 녹인다. 여러 번 뒤집어 가며 센 불에서 10분간 익힌다. 접시에 감자 아 랑글레즈(567쪽), 말린 완두콩 퓌레(615쪽), 밤 퓌레(559쪽) 등을 담고 소시지를 얹은 다음 머스터드를 곁들여 낸다.

◆ **앙두예트 소시지 500g**

◆ **곁들임용 머스터드**

준비 시간 2분

조리 시간 12분

6인분

소시지 그릴 구이
SAUCISSES GRILLÉES

소시지 껍질을 포크로 찔러서 구멍을 낸 다음 번철에 얹어서 자주 뒤집어 가며 중간 불에서 10분간 익힌다. 원한다면 기름진 쌀밥(618쪽)에 얹어 낸다.

[변형]

. . . .

소시지 구이
SAUCISSES POÊLÉES

소시지 껍질을 포크로 찔러서 구멍을 낸 다음 팬에 버터 한 덩어리와 함께 넣는다. 자주 뒤집어 가며 센 불에서 8분간 볶는다. 감자 아 랑글레즈(567쪽), 말린 완두콩 퓌레(615쪽), 밤 퓌레(559쪽) 또는 기름진 쌀밥(618쪽)에 얹거나 양배추 베이컨 브레이즈(535쪽) 접시에 올려 낸다.

준비 시간 2분

조리 시간 10분

6인분

앙쥬식 블랙 푸딩 요리
COQUE AU SANG

- ◆ 장립종 쌀 100g
- ◆ 껍질을 제거한 흰색 빵 100g
- ◆ 우유 200mL
- ◆ 손질한 돼지 간(332쪽) 500g
- ◆ 돼지 지방 500g
- ◆ 양파 250g
- ◆ 모둠 허브(이탈리안 파슬리, 처빌, 골파,
  타라곤 등) 1줄(소)
- ◆ 달걀 푼 것 3개 분량
- ◆ 갈은 고수 씨 1작은술
- ◆ 소금과 후추
- ◆ 돼지 피 1L
- ◆ 씻은 돼지 창자(406쪽) 1개(대)
- ◆ 곁들임용 근대
  준비 시간 1시간
  조리 시간 20분
  6인분

큰 냄비에 물을 한소끔 끓인 다음 쌀을 넣고 부드러워질 정도로 12~15분
간 익힌 다음 건진다. 볼에 깍둑썰기 한 빵을 담고 우유를 부어서 불린다.
간과 돼지 지방, 양파, 허브는 다져서 다른 큰 볼에 담는다. 달걀, 익힌 쌀,
고수 씨, 소금과 후추, 우유에 불린 빵, 돼지 피를 더하여 섞는다. 이 혼합
물을 돼지 창자에 채우고 끝 부분을 묶어서 봉한다. 포크로 골고루 찌른
다. 큰 냄비에 소금물을 한소끔 끓이고 창자를 넣어 20분간 뭉근하게 익
힌다. 저며서 일반 블랙 푸딩(401쪽)처럼 볶거나 그릴에 굽는다. 근대를
곁들여 낸다.

가예트
GAYETTES

- ◆ 돼지 간 250g
- ◆ 돼지 폐 250g
- ◆ 돼지 신장 300g
- ◆ 소금
- ◆ 곱게 다진 마늘 1쪽 분량
- ◆ 소시지용 고기 300g
- ◆ 돼지 대망막
- ◆ 녹인 라드 75g
  준비 시간 45분 + 재우기
  조리 시간 1시간 30분
  6인분

6시간 전에 준비를 시작한다. 간과 폐, 신장을 큼직하게 썬다. 그릇에 담
고 소금을 넉넉히 뿌려 간을 한 다음 마늘을 더해서 덮개를 씌우고 냉장
고에 넣어 6시간 동안 재운다. 오븐을 160℃로 예열한다. 고기를 굵게 다
져서 소시지용 고기와 함께 섞는다. 돼지 대망막을 적당히 썬다. 고기 혼
합물을 사과 크기의 공 모양으로 빚은 다음 돼지 대망막으로 감싼다. 공
모양 고기 혼합물을 오븐용 그릇에 담고 라드를 부어서 오븐에 넣어 1시
간 30분간 익힌다. 차갑게 낸다.

익힌 돼지고기 활용법

소스에 익힌 로스트 포크
RÔRI EN SAUCE

돼지고기를 저미고 원하는 소스를 만든다. 저민 돼지고기를 소스에 넣고
10분간 뭉근하게 가열하며 데운다. 로스트 포크는 저며서 파슬리와 오이
피클로 장식한 다음 마요네즈를 곁들여서 차갑게 낼 수도 있다.

- ◆ 익힌 로스트 포크
- ◆ 피칸트 소스(60쪽), 머스터드
  소스(68쪽), 토마토 소스(57쪽),
  마요네즈(70쪽) 등 소스 1회 분량
- ◆ 곁들임용 다진 이탈리안 파슬리 1줄기
  분량(선택 사항)
- ◆ 곁들임용 오이 피클 1큰술(선택 사항)
  준비 시간 5분
  조리 시간 20분
  6인분

가난한 자의 파테
PÂTÉ DE GUEUX

오븐을 200℃로 예열한다. 오븐용 그릇에 버터를 바른다. 볼에 곱게 다진
베이컨과 고기를 담고 허브와 양파를 더한다. 냄비에 감자를 담고 우유를
잠길 만큼 부은 다음 부드러워질 때까지 익힌다. 건져서 으깨 되직한 퓌
레를 만든다. 고기와 감자를 한 데 섞은 다음 육수를 조금씩 더하면서 골
고루 섞는다. 소금과 후추로 넉넉히 간을 한다. 준비한 그릇에 담고 오븐
에 넣어서 25분간 굽는다.

- ◆ 버터 15g
- ◆ 익힌 기름진 베이컨 1개(125g)
- ◆ 익힌 모둠 고기 350g
- ◆ 다진 모둠 허브(이탈리안 파슬리, 처빌,
  타라곤, 골파 등) 1줌 분량
- ◆ 다진 양파 1개 분량
- ◆ 감자 500g
- ◆ 우유
- ◆ 육수(종류 무관) 250mL
- ◆ 소금과 후추
  준비 시간 20분
  조리 시간 25분
  6인분

샤퀴테리

고급 돼지고기 전문 정육점 등에 가면 여러 가지 종류의 샤퀴테리를 구입할 수 있지만, 농장에서 막 잡은 신선한 돼지고기를 구할 수 있는 요리사라면 직접 만들기도 한다. 복잡한 장비도, 전문 주방도 필요 없으며 일반적으로 생각하는 공예에 가까운 샤퀴테리보다는 가정 요리에 가까운 레시피를 실었다.

소시지용 고기
CHAIR À SAUCISSE

◆ 다진 담백한 돼지고기 부위(목살 등)
  1kg
◆ 다진 줄무늬 베이컨 1kg
◆ 소금과 후추
◆ 다진 송로버섯 또는 손질하고 남은
  송로버섯 자투리(선택 사항)
  준비 시간 10분
  6인분

볼에 돼지고기와 베이컨을 담고 잘 섞은 뒤 소금과 후추로 간을 한다. 매우 고급에 속하는 소시지용 고기를 만들려면 다진 송로버섯이나 손질하고 남은 송로버섯 자투리를 섞는다.

대망막 소시지
CRÉPINETTES

◆ 화이트 와인 식초 1큰술
◆ 사방 12cm 정사각형 모양 대망막 6개
◆ 소시지용 고기(405쪽) 2kg
◆ 조리용 오일
  준비 시간 20분 + 불리기
  조리 시간 15분
  6인분

오븐을 190℃로 예열한다. 볼에 물과 식초를 담고 섞은 뒤 대망막을 넣어 말랑해질 때까지 약 15분간 불린다. 대망막을 건져 물에 헹군 뒤 키친타월로 두드려 물기를 제거하고 작업대에 펼친다. 소시지용 고기를 한 덩어리 떼어서 대망막 가운데에 얹은 다음 꼼꼼하게 감싸고 살짝 납작한 모양으로 다듬어서 전체적으로 타원형이 되도록 한다. 익힐 때는 팬에 오일을 둘러 달구고 소시지를 넣어 센 불에서 앞뒤로 노릇하게 지진다. 오븐에 넣고 8~10분간 마저 익힌다.

참고
익히지 않은 소시지에 녹인 버터를 넉넉하게 발라서 마른 빵가루를 묻힌 다음 소테하거나 번철에 앞뒤로 노릇하게 굽기도 한다.

블랙 푸딩
BOUDIN DE SANG

하루 전에 준비를 시작한다. 돼지 창자는 뒤집고 손으로 청결도를 계속 확인하면서 부드러운 솔로 문질러 따뜻한 물을 여러 번 갈아 가며 꼼꼼하게 씻는다. 볼에 물과 식초를 담고 잘 섞은 뒤 창자를 담고 12시간 동안 둔다. 돼지 피는 따뜻할 때 사용해야 하며 식초를 더하면 응고를 막을 수 있다.

팬에 라드를 넣어 달구고 양파를 넣어 가끔 뒤적이면서 약한 불에서 1시간 30분간 익힌다. 크렘 프레슈, 돼지 지방, 피, 파슬리, 마늘을 더하고 향신료, 소금, 후추로 간을 한다. 뒤적이면서 5분간 익힌다. 깔때기 또는 소시지 채우는 도구를 이용해서 손질한 돼지 창자에 돼지 피 혼합물을 채우되 너무 꽉 채우지 않도록 주의한다. 양끝을 각각 끈으로 묶고 둥글게 모아서 다시 묶어 고정한다.

익힐 때는 큰 냄비에 물을 한소끔 끓이고 소시지를 넣어서 뭉근하게 20분간 익힌다. 소시지 껍질을 포크로 찔렀을 때 피가 전혀 흘러나오지 않으면 다 익은 것이다. 건져서 키친타월로 두드려 물기를 제거하고 원한다면 베이컨 껍질로 문질러서 반짝이는 윤기를 낸다. 완성한 블랙 푸딩은 그릴에 굽거나 볶는다(401쪽).

- ◆ 25cm 길이로 자른 돼지 창자 250g
- ◆ 화이트 와인 식초 2큰술, 불리기용 여분
- ◆ 돼지 피 2L
- ◆ 라드 125g
- ◆ 양파 125g
- ◆ 크렘 프레슈 500mL
- ◆ 곱게 다진 돼지 지방(신장이나 필레에서 발라낸 것 추천) 1kg
- ◆ 다진 이탈리안 파슬리 1줌 분량
- ◆ 곱게 다진 마늘 1쪽 분량
- ◆ 즉석에서 간 너트메그 1작은술
- ◆ 갈은 정향 1작은술
- ◆ 시나몬 가루 1작은술
- ◆ 소금과 후추
- ◆ 문지르기용 베이컨 껍질(선택 사항)

준비 시간 2시간 + 불리기

조리 시간 20분

6인분

툴루즈 소시지
SAUCESSES DE TOULOUSE

 427쪽

하루 전날 준비를 시작한다. 돼지 창자(406쪽)는 씻어서 손질한 다음 불린다. 돼지고기는 힘줄을 모두 제거한 다음 잘게 잘라서 베이컨과 함께 고기 다지는 기구나 푸드 프로세서로 가장 굵은 크기로 간다. (툴루즈 소시지에 들어가는 고기는 절대로 아주 곱게 갈지 않는다.) 소금과 후추, 설탕으로 간을 하고 면포를 덮어서 냉장고에 넣고 다음 날까지 휴지한다. 냉장고에서 휴지한 소시지 혼합물을 꺼내고 나무 주걱으로 골고루 섞는다. 깔때기 또는 소시지 채우는 도구를 이용해서 손질한 돼지 창자에 소시지 혼합물을 채운다. 끈을 이용해서 10cm 간격으로 묶는다. 완성한 툴루즈 소시지는 그릴에 굽거나(402쪽) 튀기거나(402쪽) 화이트 와인에 익힌다(399쪽).

- ◆ 돼지 창자 1개(소)
- ◆ 담백한 돼지고기 1.5kg
- ◆ 줄무늬 베이컨 500g
- ◆ 소금 40g
- ◆ 후추 8g
- ◆ 정제 백설탕 10g

준비 시간 1시간 + 휴지하기

6인분

앙두예트 소시지
ANDOUILLES

적어도 3일 전에 준비를 시작한다. 돼지 창자는 뒤집고 손으로 청결도를 계속 확인하면서 부드러운 솔로 문질러 따뜻한 물을 여러 번 갈아 가며 꼼꼼하게 씻는다. 볼에 물과 식초를 넣고 잘 섞은 뒤 창자를 담고 12시간 동안 둔다. 다른 볼에 다진 고기와 양파, 샬롯, 매운 고추를 담고 정향, 소금, 후추로 간을 한다. 준비한 창자에 고기 혼합물을 4분의 3 정도 채운다. 양끝을 끈으로 묶고 바람이 잘 통하는 곳에 매달아 최소 48시간 동안 차갑게 훈제한다. (온도는 30℃ 이상을 유지한다.)

익힐 때는 먼저 소시지를 깨끗한 면포에 싼다. 냄비에 소금물을 담고 소시지를 넣는다. 중간 불에서 1시간 30분간 아주 잔잔하게 끓이되 절대 팔팔 끓지 않도록 주의한다. 식힌다. 완성한 앙두예트 소시지는 그릴에 굽거나 튀긴다(402쪽).

- ◆ 25cm 길이로 자른 돼지 창자 250g(소)
- ◆ 25cm 길이로 자른 송아지 창자 250g(소)
- ◆ 불리기용 화이트 와인 식초
- ◆ 굵게 다진 양 200g
- ◆ 굵게 다진 송아지 가슴살 200g
- ◆ 굵게 다진 돼지 가슴살 200g
- ◆ 다진 양파 1개 분량
- ◆ 다진 샬롯 1개 분량
- ◆ 다진 매운 고추
- ◆ 정향 가루 1꼬집
- ◆ 소금과 후추

준비 시간 2시간 + 불리기 + 훈제하기
조리 시간 1시간 30분
6인분

헤드치즈°
FROMAGE DE TÊTE

 425쪽

하루 전에 준비를 시작한다. 식초를 조금 푼 찬물에 머리를 넣고 24시간 동안 둔다. 큰 냄비에 건져 낸 머리를 담고 찬물을 잠기도록 부은 다음 센 불에서 10분간 끓인다. 머리를 건져서 바로 찬물에 담근다. 턱부터 시작해서 전체적으로 뼈를 제거하고 고기만 발라낸다. 귀는 잘라 내서 고기 모은 것에 더한다. 혀는 사용하지 않으므로 제거한다. 고기를 큼직하게 썰어서 큰 냄비에 담는다. 베이컨 껍질, 당근, 양파, 부케 가르니, 물, 와인을 더해서 4시간 30분간 잔잔하고 뭉근하게 익힌다. 고기를 건지고 국물은 뭉근하게 익혀서 졸인다.

틀 옆면에 얇게 저민 베이컨을 붙인 다음 익힌 고기를 켜켜이 담는다. 졸인 육수를 부어서 틀을 채운다. 뚜껑을 닫거나 랩을 씌운 다음 누름돌을 얹는다. 냉장고에 넣어 24시간 보관한 다음 낸다.

- ◆ 돼지 머리 1개
- ◆ 손질용 화이트 와인 식초
- ◆ 다진 베이컨 껍질 250g
- ◆ 당근 1개
- ◆ 양파 1개
- ◆ 부케 가르니 1개
- ◆ 물 1L
- ◆ 화이트 와인 1L
- ◆ 얇게 저민 베이컨 125g

준비 시간 1시간 + 불리기 + 차갑게 식히기
조리 시간 4시간 30분
6인분

● 소나 돼지 등의 머리를 고아서 젤리 모양으로 압착한 음식.

부댕 블랑
BOUDIN BLANC

- 돼지 창자 250g
- 손질용 화이트 와인 식초
- 라드 50g
- 곱게 다진 양파 125g
- 흰색 생빵가루 500g
- 우유 500mL
- 곱게 다진 돼지고기 750g
- 곱게 다진 흰색 가금류 고기 250g
- 곱게 다진 돼지 지방(신장 또는 필레에서 추출한 것 추천) 150g
- 크렘 프레슈 500mL
- 가볍게 푼 달걀 4개 분량
- 즉석에서 간 너트메그 1작은술
- 소금과 후추

  준비 시간 2시간 + 불리기

  조리 시간 2시간

  6인분

하루 전에 준비를 시작한다. 돼지 창자는 뒤집고 손으로 청결도를 계속 확인하면서 부드러운 솔로 문질러 따뜻한 물을 여러 번 갈아 가며 꼼꼼하게 씻는다. 볼에 물과 식초를 담아 잘 섞고 창자를 넣어 12시간 동안 둔다. 팬에 라드를 넣어 달구고 양파를 더하여 약한 불에서 1시간 30분간 익힌다.

다른 볼에 빵가루를 담고 우유를 부어 불린다. 팬에 불린 빵가루를 넣고 뭉근하게 끓여 물기를 제거해 걸쭉한 페이스트를 만든다. 돼지고기, 가금류 고기, 돼지 지방을 더하고 양파, 크렘 프레슈, 달걀을 넣어 골고루 섞는다. 너트메그와 소금, 후추로 간을 한다. 준비한 창자에 혼합물을 채우고 양쪽 끝을 묶는다. 큰 냄비에 물을 한소끔 끓이고 속을 채운 창자를 넣어서 20분간 삶는다. 건진 뒤 흰색이 유지되도록 두꺼운 흰색 천을 덮어 식힌다. 완성한 뒤에는 블랙 푸딩과 마찬가지로 그릴에 굽거나 튀긴다 (401쪽).

이탈리아식 '치즈'
FROMAGE D'ITALIE

- 돼지 대망막 1개
- 화이트 와인 식초 1큰술
- 다진 돼지 간 1kg
- 다진 베이컨 1kg
- 가볍게 푼 달걀 3개 분량
- 소금과 후추
- 타임, 월계수 잎, 다진 마늘, 다진 샬롯 등 풍미 재료

  준비 시간 45분 + 식히기

  조리 시간 2시간 30분

  6인분

오븐을 150℃로 예열한다. 돼지 대망막은 식초를 탄 물에 담가 약 15분간 불려서 유연하게 만든 다음 씻어서 물기를 제거한다. 볼에 간과 절반 분량의 베이컨을 담고 골고루 섞는다. 달걀을 깨트려 넣고 소금, 후추, 원하는 풍미 재료를 더하여 마저 섞는다. 틀 바닥에 대망막을 깐다. 간 베이컨 혼합물을 적당히 담고 남은 베이컨을 한 켜 깐다. 모든 재료가 소진될 때까지 반복해서 켜켜이 담되 마지막 켜는 베이컨으로 마무리한다. 오븐에 넣어 2시간 30분간 익힌 다음 완전히 식혀서 냉장고에 넣어 차갑게 보관한다. 차갑게 낸다.

고기 파테
PÂTÉ DE VIANDES

오븐을 190℃로 예열한다. 돼지 대망막은 식초를 탄 물에 담가 약 15분간 불려 유연하게 만든 다음 씻어서 물기를 제거한다. 작업대에 대망막을 깐다. 그동안 볼에 돼지고기, 송아지고기, 소고기, 양파, 파슬리를 담아 골고루 섞는다. 빵가루를 우유에 넣어 불리고 고기 혼합물에 더한다. 달걀을 깨트려 넣고 소금과 후추로 간을 해서 골고루 섞는다. 혼합물을 대망막에 얹어서 꼼꼼하게 돌돌 만 다음 오븐용 그릇에 담고 와인을 붓는다. 오븐에 넣고 1시간 30분간 익힌 다음 식혀서 낸다. 파테는 냉장고에서 48시간 동안 보관할 수 있다.

- ◆ 돼지 대망막 1개
- ◆ 화이트 와인 식초 1큰술
- ◆ 곱게 다진 돼지고기 250g
- ◆ 곱게 다진 송아지고기 250g
- ◆ 곱게 다진 소고기 250g
- ◆ 곱게 다진 양파 1개(중) 분량
- ◆ 곱게 다진 이탈리안 파슬리 1줌 분량
- ◆ 흰색 생빵가루 200g
- ◆ 우유
- ◆ 가볍게 푼 달걀 2개 분량
- ◆ 소금과 후추
- ◆ 화이트 와인 100mL

　준비 시간 35분 + 식히기

　조리 시간 1시간 30분

　6인분

아스픽을 채운 파테
PÂTÉ EN GELÉE

하루 전에 준비를 시작한다. 오븐을 180℃로 예열한다. 오븐용 그릇에 소량의 샬롯과 파슬리를 깔고 저민 고기 재료를 얹고 다시 샬롯과 파슬리를 한 켜 깐다. 모든 재료를 소진할 때까지 같은 과정을 반복한다. 맨 위에 우족을 얹고 와인을 부어서 소금과 후추로 간을 한 다음 오븐에 넣고 3시간 동안 익힌다. 우족을 제거하고 고기 위에 그릇과 같은 크기의 도마나 판을 얹어 식힌다. 파테는 냉장고에 48시간 동안 보관할 수 있다.

- ◆ 다진 샬롯 125g
- ◆ 다진 이탈리안 파슬리 1줌 분량
- ◆ 작게 저민 송아지고기 500g
- ◆ 작게 저민 돼지고기 500g
- ◆ 송아지 우족 1개
- ◆ 화이트 와인 500mL
- ◆ 소금과 후추

　준비 시간 30분 + 식히기

　조리 시간 3시간

　6인분

생트 므느울식 돼지 족발 요리
PIEDS À LA SAINTE MENEHOULE

- 돼지 족발 6개
- 소금과 후추
- 으깬 마늘 2쪽 분량
- 부케 가르니 1개
- 조리용 오일
- 튀김옷용 마른 빵가루

　준비 시간 1시간

　조리 시간 5시간

　6인분

돼지 족발은 양 족발처럼(386쪽) 손질한 다음 면포 한 겹으로 단단하게 감싼다. 큰 냄비에 족발을 담고 접시를 얹거나 나무 주걱을 하나 올려 누른다. 물을 잠기도록 붓고 소금과 후추로 간을 한 다음 마늘과 부케 가르니를 더한다. 5시간 동안 뭉근하게 익힌다. 족발을 건져서 아직 따뜻할 때 면포를 제거한다. 족발을 오일에 담갔다가 빵가루를 묻힌다. 번철 또는 팬을 중강 불에 달군 뒤 족발을 넣고 골고루 노릇하게 굽는다.

426쪽

- 라드 또는 정제버터 200g
- 3cm 크기로 썬 돼지 안심 필레 500g
- 3cm 크기로 썬 훈제하지 않은 기름진 베이컨 500g
- 부케 가르니 1개
- 소금과 후추
- 곁들임용 또스트 또는 빵

　준비 시간 40분

　조리 시간 5시간

　6인분

돼지고기 리예트
RILLETTES DE PORC

팬에 라드 또는 버터 50g을 넣어 녹이고 돼지고기와 베이컨을 적당량씩 더해 가끔 뒤집어 가며 노릇하게 익힌다. 기름기는 따라 내서 따로 둔다. 팬에 고기가 완전히 잠길 만큼 소금물을 붓는다. 부케 가르니를 더하여 아주 약한 불에서 5시간 동안 익힌다. 물이 증발하면 혼합물을 가끔 뒤적여서 고기가 골고루 노릇해지도록 한다. 고기 다지는 기구 또는 푸드 프로세서에 적당량씩 나누어 담고 돌려서 페이스트를 만든다. 이때 필요하다면 물을 조금씩 더해서 농도를 조절한다. 소금과 후추로 간을 한 다음 작은 항아리나 라메킨 6개에 나누어 담는다. 남은 라드 또는 버터를 녹여서 식힌 다음 페이스트 위에 한 켜 덮는다. 냉장고에 보관하고 토스트나 빵을 곁들여서 차갑게 낸다.

- 작게 자른 돼지 지방 1.25kg

　준비 시간 5분 + 식히기

　조리 시간 10분

라드
SAINDOUX

냄비에 돼지 지방을 담고 약한 불에서 천천히 데운다. 지방이 녹으면 고운 체에 걸러서 도기 항아리에 담는다. 식혀서 냉장 보관한다. 지방 1.2kg이면 라드 약 1kg를 얻을 수 있다.

앙트르코트 스테이크(317쪽)

뵈프 부르기뇽(326쪽)

간 그릴 구이(333쪽)

양 아 라 모드(336쪽)

송아지 로스트(348쪽)

송아지 찹 구이(343쪽)

송아지 포피에트(353쪽)

양고기 커틀렛(377쪽)

양 다리 브레이즈(379쪽)

프로방스식 양 어깨살 요리(382쪽)

돼지 안심 필레 로스트(391쪽)

카술레(394쪽)

파슬리 햄(396쪽)

헤드치즈(408쪽)

돼지고기 리예트(411쪽)

툴루즈 소시지(406쪽)

-7-
가금류

가금류

가금류는 식용으로 사육한 모든 조류를 통칭한다. 단백질이 풍부하며 종류에 따라 기름진 것과 담백한 것으로 나뉜다. 대체로 이미 깃털을 제거하고 세척한 상태로 판매하지만 조리하기 전에는 반드시 내장 등을 완전히 제거해야 한다. 깃털이 남아 있는 세척 전 가금류를 구입했다면 손질 후 원래 무게의 3분의 1 정도가 줄어든다는 점을 알아 두자.

손질법

털 뽑기
가금류는 반드시 도살 즉시 깃털을 제거해야 한다. 다만 깃털이 잘 뽑히지 않는다고 뜨거운 물에 담는 것은 금물이다. 모공이 넓어져서 털은 제거하기 쉬워지지만 고기의 섬세한 풍미가 사라지기 때문이다.

세척하기
엉덩이 근처의 둥근 근육 부분, 즉 꽁무니를 잘라 낸다. 목 둘레에 칼집을 내서 식도 소화관 상단 부분을 잡아당겨 제거하고 목 입구 근처의 지저분한 부분도 모두 잘라 낸다. 가슴 부분을 눌러서 꽁무니로 창자를 빼낸다. 오리를 세척할 때는 아주 불쾌한 맛이 나는 엉덩이 부근 양쪽 기름샘 두 개를 반드시 제거해야 한다. 간과 폐, 심장, 모래 주머니도 제거한다. 간에서 쓸개를 떼어 낸다. 모래주머니는 열어서 내용물을 제거한 다음 내막을 떼어 내고 잘 씻어서 따로 둔다.

남은 깃털 제거하기
한 손으로 머리를, 다른 손으로 발을 잡고 깨끗한 불꽃 위에서 가볍게 흔들어 남아 있는 작은 깃털을 모두 그슬린다. 그런 다음 작은 칼로 껍질을 쓸어서 남아 있는 깃털 끝 부분을 모조리 제거한다.

손질하기
머리와 목, 날개 끝 부분, 발을 자른다. 이 부분과 모래주머니, 심장을 내장이라고 통칭하며 따로 요리에 사용할 수 있다.

송로버섯 끼우기
원한다면 가슴 부분의 껍질에 칼집을 두 군데 내고 그 밑으로 송로버섯 저민 것을 밀어 넣는다.

스터핑 채우기

가금류용 스터핑(79쪽)을 만든다. 끈으로 묶기 전에 목 부분을 통해 밀어 넣어서 뱃속에 채워 넣는다.

끈으로 묶기

가금류를 안정적으로 가열하기 위해서 조리하기 전에 끈으로 묶어 다리와 날개를 몸통에 고정시키는 방법이다. 이때 전용 바늘과 가느다란 조리용 끈이 필요하다. 바늘에 끈을 꿰어서 오른쪽 다리 뼈 아랫부분에 찔러 넣고 몸통 내부를 관통한 다음 왼쪽 다리를 꿰어 빼낸 다음 매듭을 짓는다. 바늘을 다시 왼쪽 날개에 찔러 넣고 몸통 내부를 관통한 다음 오른쪽 날개를 통해 빼낸다. 목 아래로 늘어진 껍질을 꿰어서 몸통에 고정시킨다. 단단히 매듭을 짓는다.

바딩

고기가 담백한 가금류나 아주 어린 새의 경우 조리 중에 수분을 촉촉하게 유지할 수 있도록 바딩을 해야 한다. 가슴살 또는 몸통 전체를 얇은 베이컨으로 감싼 다음 조리용 끈으로 둘러 묶는다.

오리

살이 부드러운 새끼 오리는 로스트를 하기 좋고, 그보다 월령이 높은 오리는 브레이즈나 삶는 요리에 어울린다. 새끼 오리는 2개월 이하, 일반 오리는 4개월에서 1년생이다. 보통 1마리당 1.5kg 정도의 무게가 나간다.

오리 해체하는 법

다리

다리에 포크를 찔러 넣어 단단하게 고정시켜 들어 올린 다음 몸통을 따라 칼날을 밀어 넣어 살점을 도려낸다. 관절 부분을 자른다.

가슴살

목 아래 차골을 기준으로 양쪽에 깊은 칼집을 길게 넣어서 오리 가슴살을 잘라 낸다. 지방 부분에 격자 모양으로 얕게 칼집을 넣는다.

날개

날개 아래에 포크를 찔러 넣고 칼로 관절 부위를 찾는다. 관절을 잘라 내고 포크로 고정시켜 들어 올려서 떼어 낸다.

로스트 덕

CANARD RÔTI

오븐을 220℃로 예열한다. 오리(430~431쪽)는 안팎으로 깨끗하게 손질
한 다음 깃털을 제거하고 조리용 끈으로 묶는다. 껍질에 녹인 버터를 바
르고 오븐용 그릇에 담는다. 500g당 20분씩 로스트한다.

준비 시간 15분

조리 시간 약 1시간

6인분

162쪽

- ◆ 오리 1마리
- ◆ 장식용 오렌지 2개(껍질을 벗기고 잘게 다진 것 1개, 쐐기 모양으로 썬 것 1개)
- ◆ 곱게 다진 오렌지 제스트 1개 분량
- ◆ 송아지 육수 100mL
- ◆ 큐라소 50mL
- ◆ 소금과 후추
- ◆ 버터 50g

준비 시간 15분

조리 시간 약 1시간

6인분

오렌지 오리 요리
CANARD À L'ORANGE

오븐을 220℃로 예열한다. 오리(430쪽)는 손질하고 간만 따로 남겨 둔다. 오리 뱃속에 잘게 썬 오렌지를 채우고 조리용 끈으로 묶은 다음 로스팅 팬에 담는다. 오븐에 넣어 500g당 20분씩 굽는다. 그동안 작은 냄비에 물을 한소끔 끓인 다음 오렌지 제스트를 넣고 10분간 데친다. 작은 볼에 건져 낸 오렌지 제스트와 오리 간을 함께 담고 으깬다.

오리를 로스팅 팬에서 꺼낸 다음 해체하여 식사용 그릇에 담고 오렌지 조각으로 장식한다. 로스팅 팬 바닥에 고인 국물은 체에 거른다. 팬에 육수를 부어서 한소끔 끓인 다음 체에 거른 국물을 붓고 간 제스트 혼합물, 큐라소를 더한다. 다시 한소끔 끓어오르면 바로 불에서 내린다. 소금과 후추로 간을 한 다음 버터를 더하여 골고루 휘저어서 소스 그릇에 담아 낸다.

- ◆ 오리 1마리
- ◆ 버터 100g
- ◆ 육수(종류 무관) 200mL
- ◆ 소금과 후추
- ◆ 작은 공 또는 통통한 기둥 모양으로 손질한 순무 750g
- ◆ 레몬즙 1/2개 분량

준비 시간 15분

조리 시간 2시간

6인분

오리 브레이즈
CANARD BRAISÉ

오리는 손질해서 끈으로 묶는다(430~431쪽). 바닥이 묵직한 냄비에 버터 40g을 넣어 녹이고 오리를 넣어서 골고루 노릇하게 지진다. 육수를 붓고 소금과 후추로 간을 한 다음 딱 맞는 뚜껑을 덮고 약한 불에서 2시간 동안 뭉근하게 익힌다. 그동안 다른 냄비에 소금물을 담고 순무를 넣어 센 불에서 한소끔 끓인다. 10분간 팔팔 끓인 다음 건진다. 바닥이 묵직한 팬에 남은 버터를 넣어 달구고 순무를 넣어 센 불에서 노릇하게 지진다. 불을 줄이고 뚜껑을 닫아서 1시간 30분 더 익힌다. 완성 10분 전에 오리가 든 냄비에 순무를 넣는다. 국물을 체에 거른 다음 레몬즙을 더하여 골고루 섞는다. 소스 그릇에 담아서 곁들인다.

〔변형〕

• •

올리브를 더한 오리 요리
CANARD AUX OLIVES

위와 같이 조리하되 순무를 뺀다. 완성 직전에 씨를 뺀 올리브 200g을 더하고 레몬즙을 넉넉하게 짜서 뿌린다. 소금과 후추로 간을 하고 10분간 뭉근하게 익힌다. 오리를 익힌 국물을 체에 걸러서 오리 위에 두르고 가장자리에 올리브를 둘러 낸다.

루엔식 오리 요리
CANARD À LA ROUENNAISE

오븐을 220℃로 예열한다. 오리(430쪽)는 로스트용으로 손질한다. 볼에 간과 베이컨, 파슬리를 담아서 골고루 섞은 다음 소금과 후추로 간을 한다. 오리 뱃속에 스터핑을 채운다. 로스팅 팬에 오리를 담고 오븐에 넣어 500g당 20분씩 굽는다. 로스팅 팬에서 오리를 건져 식사용 그릇에 담는다. 팬에 고인 국물을 다른 팬에 옮겨서 육수와 와인을 더한다. 잔잔한 불에 올려서 5분간 뭉근하게 졸인 다음 버터를 더하여 골고루 섞는다. 소스 그릇에 담고 오리와 함께 낸다.

참고
정통 루엔식 오리 요리는 집에서 만들기 무척 까다롭다. 위 레시피는 매우 간소화한 것임을 알아 두자.

- 오리 1마리
- 다진 오리 간 150g
- 다진 베이컨 180g
- 다진 이탈리안 파슬리 1줌 분량
- 소금과 후추
- 육수(종류 무관) 100mL
- 레드 와인 100mL
- 버터 30g
  준비 시간 45분
  조리 시간 약 1시간
  6인분

오리 살미*
CANARD EN SALMIS

오리(430쪽)는 로스트용으로 손질하고 간과 발을 따로 모아 둔다. 로스팅 팬에 오리를 담고 레어가 되도록 약 45분간 굽는다. 그동안 팬에 버터 20g을 넣고 녹여서 달군 다음 샬롯을 더하여 부드러워질 때까지 잔잔한 불에서 익힌다. 브라운 소스를 부어서 약 15분 더 가열한다. 소금과 후추로 간을 해서 따로 둔다. 다른 팬에 버터 40g을 넣고 녹여서 달군 다음 빵을 올려 앞뒤로 굽는다. 로스팅 팬에서 오리를 건져 부위별로 해체한 다음 가슴살은 얇고 길게 저민다. 오리 다리와 가슴살을 팬에 담고 버터를 바른 쿠킹포일 또는 유산지를 덮어서 잔잔한 불에 올려 뜨겁게 보관한다.

살을 발라내고 남은 뼈와 날개는 절구에 찧거나 푸드 프로세서로 갈아 고운 퓌레를 만든다. 오리 뼈 퓌레를 고운체에 내린 다음 소스에 붓고 잘 섞은 뒤 잔잔한 불에서 뭉근하게 익힌다. 오리를 구운 로스팅 팬에 버터 20g을 넣어 녹이고 버섯을 더하여 수분간 볶은 다음 코냑을 부어 버무린다. 식사용 그릇에 오리를 담고 버섯 혼합물을 위에 얹는다. 간을 으깨서 잔잔하게 끓는 소스에 더하여 섞는다. 소스가 한소끔 끓으면 바로 체에 걸러서 남은 버터를 더한다. 절대 끓어오르지 않도록 주의하면서 소스를 다시 데운 다음 오리에 두른다. 구운 빵으로 장식하고 뜨겁게 낸다.

- 오리 1마리
- 버터 120g
- 곱게 다진 샬롯 30g
- 브라운 소스(60쪽) 100mL
- 소금과 후추
- 껍질을 제거한 흰색 빵 6장
- 굵게 다진 버섯 100g
- 코냑 50mL
  준비 시간 1시간
  조리 시간 1시간
  6인분

● 가금류나 야생 조류를 구워서 육수와 와인 등의 재료를 더한 스튜.

463쪽

자두 오리 테린
TERRINE DE CANARD AUX PRUNEAUX

- 레드 와인 300mL
- 정제 백설탕 50g
- 말린 자두 200g
- 오리 1마리(700~800g)
- 돼지 삼겹살 200g
- 송아지 가슴살 100g
- 오리 간 1개
- 버터 50g
- 다진 양파 50g
- 드라이 화이트 와인 100mL
- 으깬 주니퍼 베리 1꼬집
- 타임 2줄기
- 월계수 잎 2장
- 소금
- 돼지 지방 250g
- 달걀 2개
- 얇게 저민 베이컨 200g

준비 시간 45분 + 재우기 + 차갑게
식히기

조리 시간 1시간 30분

12인분

3일 전에 준비를 시작한다. 냄비에 레드 와인과 설탕을 담아 한소끔 끓인 다음 불 세기를 줄여서 설탕이 녹을 때까지 뭉근하게 익혀 마리네이드를 만든다. 볼에 말린 자두를 담고 그 위에 마리네이드를 부어 12시간 동안 불린다. 오리는 뼈를 발라내서 고기만 적당히 자르고 돼지 삼겹살과 사슴 가슴살은 큼직하게 썬다. 간은 반으로 자른 다음 다른 모든 고기 재료와 함께 볼에 담는다. 팬에 버터를 넣어 녹이고 양파를 더하여 부드러워질 때까지 익힌다. 화이트 와인을 부어서 골고루 휘저어 바닥에 붙은 파편을 전부 긁어낸다. 주니퍼 베리, 타임 1줄기, 월계수 잎 1장을 더한다. 소금으로 간을 한다. 불에서 내리고 식힌다. 식힌 국물을 고기 위에 붓고 냉장고에 넣어 24시간 재운다.

고기는 건지고 마리네이드는 체에 거른다. 고기와 돼지 지방을 고기 다지는 기계로 다진 뒤 볼에 담는다. 달걀과 절반 분량의 마리네이드를 더해 골고루 섞는다. 얇게 저민 베이컨을 테린 틀 가장자리 밖으로 조금 걸쳐지도록 깐다. 오븐을 180℃로 예열한다. 말린 자두는 씨를 발라낸다. 테린 틀에 고기 혼합물과 자두를 번갈아 켜켜이 깔고 마지막 층은 고기로 마무리한다. 가장자리에 늘어진 베이컨을 접어서 위로 덮는다. 타임 1줄기와 월계수 잎을 얹어서 장식한다. 쿠킹포일을 덮어 로스팅 팬에 담고 틀이 반 정도 잠기도록 뜨거운 물을 부은 후 오븐에 넣어 30분간 굽는다. 오븐 온도를 120℃로 낮추고 1시간 더 굽는다. 실온에서 꺼내 한 김 식힌 뒤 냉장고에 넣어서 48시간 동안 식힌다.

새끼 오리

새끼 오리는 오리와 같은 방식으로 손질하되, 로스트를 할 때에는 육질이 부드러우므로 500g당 12분씩 굽는 것이 좋다.

타라곤을 더한 새끼 오리
CANETON À L'ESTRAGON

- 새끼 오리 2마리
- 버터 50g
- 육수(종류 무관) 100mL
- 타라곤 2줄기
- 소금과 후추

준비 시간 25분

조리 시간 1시간 15분

6인분

새끼 오리(430쪽)를 손질한다. 바닥이 묵직한 팬에 버터를 넣어 달구고 새끼 오리를 넣어서 중간 불에서 골고루 노릇하게 지진다. 육수를 붓고 타라곤 1줄기를 더한 다음 소금과 후추로 간을 한다. 뚜껑을 닫고 1시간 15분간 뭉근하게 익힌다. 내기 전에 바닥에 고인 국물을 체에 걸러서 타라곤 줄기를 제거한다. 남은 타라곤을 다져서 체에 거른 국물에 골고루 섞는다. 소스 그릇에 담아서 곁들인다.

거세닭

거세닭은 거세한 다음 비육한 어린 수탉이지만 이제 구할 수 있는 곳이 거의 없다. 닭과 동일하게 손질하며 같은 소스를 곁들여 낸다(446쪽). 전통 코코뱅에는 이 거세닭을 사용하지만 일반 닭고기로 만들어도 상관 없다.

코코뱅
COQ AU VIN

 464쪽

하루 전날 준비를 시작한다. 바닥이 묵직한 팬에 오일과 버터 50g을 둘러서 달군 다음 거세닭 또는 닭고기와 양파를 넣고 중강 불에서 골고루 노릇하게 지진다. 밀가루를 뿌려서 골고루 휘저어 익힌다. 불에서 내리고 코냑을 부어서 팔팔 끓여 알코올을 날린다. 와인을 붓고 소금과 후추로 간을 한 다음 마늘을 더해 1시간 동안 익힌다. 불을 끄고 한 김 식힌 후 냉장고에 넣어서 다음 날까지 보관한다.

다음 날 팬을 약한 불에 올려서 다시 천천히 데운다. 완성 직전에 팬 2개를 불에 올리고 남은 버터를 나누어 녹인다. 한쪽에는 버섯, 다른 쪽에는 작은 양파 또는 샬롯과 베이컨을 넣는다. 버섯은 부드러워질 때까지, 양파 또는 샬롯, 베이컨은 노릇하게 익힌다. 버섯, 양파 또는 샬롯, 베이컨을 닭이 든 냄비에 더하여 섞는다. 가느다란 감자 튀김을 곁들여 낸다.

- ◆ 오일 3큰술
- ◆ 버터 90g
- ◆ 거세닭 또는 일반 닭 해체한 것
  1마리(1.5kg) 분량
- ◆ 다진 양파 30g
- ◆ 밀가루 40g
- ◆ 코냑 50mL
- ◆ 부르고뉴 레드 와인 500mL
- ◆ 소금과 후추
- ◆ 으깨거나 곱게 다진 마늘 2쪽 분량
- ◆ 양송이버섯 185g
- ◆ 작은 양파 또는 샬롯 100g
- ◆ 깍둑 썬 훈제 베이컨 100g
- ◆ 곁들임용 가느다란 감자 튀김(576쪽)
  준비 시간 25분 + 차갑게 식히기
  조리 시간 1시간
  6인분

칠면조

크기가 작고 다리 뒤쪽 돌기(며느리발톱)가 없는 암컷 칠면조를 고른다. 살코기는 흰색을 띠어야 한다. 닭(446쪽)과 같은 방법으로 해체한다.

칠면조 가슴살 팬 로스트
ROTI DE DINDE

바닥이 묵직한 팬에 버터를 넣어 녹이고 칠면조 가슴살을 얹어 센 불에서 골고루 노릇하게 지진다. 소금과 후추로 간을 한 다음 절반 분량의 와인을 부어서 뚜껑을 닫고 불 세기를 적당히 조절하며 국물이 졸아들고 칠면조가 익을 때까지 45분~1시간 동안 가열한다. 국물이 졸아들면 남은 와인을 붓는다. 칠면조 가슴살을 저며서 낸다.

- ◆ 버터 40g
- ◆ 둥글게 말아 끈으로 고정한 칠면조 가슴살 1kg
- ◆ 소금과 후추
- ◆ 드라이 화이트 와인 200mL
  준비 시간 10분
  조리 시간 1시간
  6인분

칠면조 로스트
DINDE ROTIE

오븐을 220℃로 예열한다. 칠면조(431쪽)는 가슴살 위에 얇게 저민 베이컨을 덮고 끈으로 묶는다. 로스팅 팬에 칠면조를 담고 오븐에 넣어 450g당 20분씩 굽는다. 색이 너무 빨리 나면 버터를 넉넉히 바른 쿠킹포일을 덮는다. 2시간 후 칠면조의 끈을 제거하고 식사용 그릇에 담는다. 물냉이로 장식한다. 로스팅 팬에 와인이나 육수를 붓고 팬 바닥에 붙은 파편을 전부 긁어낸 다음 뭉근하게 익힌다. 소스 그릇에 담아 칠면조에 곁들여 낸다.

- ◆ 손질한 칠면조 1마리(3kg)
- ◆ 덮개용 얇게 저민 베이컨
- ◆ 곁들임용 물냉이
- ◆ 디글레이즈용 와인 또는 닭 육수 200mL
  준비 시간 15분
  조리 시간 2시간
  6인분

밤 스터핑을 채운 칠면조 로스트
DINDE FARCIE AUX MARRONS

칠면조 간 1개를 곱게 다진 다음 다진 송아지고기와 돼지고기, 베이컨 각
각 100g씩과 함께 섞는다. 밤(558쪽) 750g의 껍질을 벗기고 육수 또는
물 350mL에 담가 부드러워질 때까지 익힌 다음 고운체에 내린다. 팬에
버터 25g을 넣어 녹이고 다진 샬롯 10g을 더하여 부드러워질 때까지 익
힌다. 모든 재료를 골고루 섞은 다음 취향에 따라 손질하고 남은 송로버
섯 자투리를 섞는다. 완성한 스터핑을 칠면조 뱃속에 채우고 입구를 조리
용 끈으로 꿰어 봉한 다음 전체적으로 묶어서 옆 장의 조리 과정에 따라
로스트한다.

칠면조 송로버섯 로스트
DINDE TRUFFÉE

송로버섯 1개(대)를 반으로 자른다. 한쪽은 얇게 저며서 칠면조 껍질 속
에 밀어 넣는다. 베이컨 150g, 돼지고기와 송아지고기 100g씩, 칠면조
간 1개, 남은 송로버섯, 손질하고 남은 송로버섯 자투리를 모두 곱게 다진
다음 골고루 섞어서 스터핑을 만든다. 소금과 후추로 간을 한다. 완성한
스터핑을 칠면조 뱃속에 채우고 입구를 조리용 끈으로 꿰어 봉한 다음 전
체적으로 묶어서 옆 장의 조리 과정에 따라 로스트한다.

칠면조 사과 로스트
DINDE AUX POMMES

사과는 껍질을 벗기고 쐐기 모양으로 썰어서 칠면조 뱃속에 채운다. 입
구를 조리용 끈으로 꿰어 봉한 다음 전체적으로 묶어서 옆 장의 조리 과
정에 따라 로스트한다. 사과가 칠면조의 기름기와 육즙을 흡수해서 맛이
좋아진다.

참고

칠면조 대신 거위로 만들어도 좋다. 그런 경우에는 베이컨을 덮는 과정을
건너뛴다.

칠면조 브레이즈
DINDE BRAISÉE

바닥이 묵직한 큰 냄비에 버터를 넣고 녹인다. 칠면조(431쪽)는 손질해서 조리용 끈으로 묶은 다음 냄비에 넣어서 중간 불에서 골고루 노릇하게 지진다. 당근과 양파를 넣고 육수를 부은 뒤 소금과 후추로 간을 한다. 뚜껑을 닫고 1시간 동안 뭉근하게 익힌다. 코냑을 넣어서 가볍게 끓여 알코올을 날린 다음 1시간 30분 더 뭉근하게 익힌다.

- ◆ 버터 100g
- ◆ 칠면조 1마리(3kg)
- ◆ 저민 당근 100g
- ◆ 다진 양파 2개 분량
- ◆ 육수(종류 무관) 500mL
- ◆ 소금과 후추
- ◆ 코냑 100mL

  준비 시간 45분

  조리 시간 2시간 30분

  6인분

거위 & 푸아그라

거위는 풍미가 진하지만 꽤 기름진 편이다. 신선한 거위고기는 분홍빛이 돌고 지방은 옅은 노란색이어야 한다. 거위는 통째로 구입할 경우 약 5kg 정도가 나가며, 관절을 기준으로 해체한 고기를 부위별로 각각 구입할 수도 있다. 대체로 칠면조 레시피에 대신 사용할 수 있다.

포트 와인에 익힌 푸아그라
FOIE GRAS AU PORTO

2일 전에 준비를 시작한다. 푸아그라는 얇은 외막과 혈관, 쓸개를 제거한다. 이때 쓸개가 터지면 풍미를 완전히 해치므로 주의해야 한다. 볼에 푸아그라를 담고 소금, 파프리카 가루, 코냑, 포트 와인을 부어서 15시간 동안 재운다. 약 14시간 30분 뒤에 돼지 대망막을 식초를 푼 찬물에 담가 부드러워질 때까지 약 15분간 불린다. 건져서 물에 씻은 다음 키친타월로 두드려 물기를 제거하고 작업대에 펼친다. 푸아그라를 마리네이드에서 건진 다음 대망막으로 싼다. 미르푸아를 만든 다음 팬에 올려 익힌다. 미르푸아가 든 팬에 푸아그라를 넣고 포트 와인을 딱 잠길 만큼만 붓는다. 절대 끓어오르지 않도록 주의하면서 아주 잔잔하게 15분간 익힌다. 불에서 내리고 포트 와인에 담근 채로 한 김 식힌다. 푸아그라는 건져서 대망막을 제거하고 익힌 국물은 남겨 둔다. 이 국물로 고기 젤리 또는 아스픽(45쪽)을 만들 수 있다. 푸아그라는 속이 깊은 접시에 담고 고기 젤리를 씌워서 반짝이는 윤기가 나게 한다. 냉장고에 넣어 12시간 동안 차갑게 보관한 다음 낸다.

- ◆ 생거위 푸아그라 1개(800g)
- ◆ 소금 12g
- ◆ 파프리카 가루 1꼬집
- ◆ 코냑 50mL
- ◆ 포트 와인 50mL, 조리용 여분
- ◆ 돼지 대망막 1개
- ◆ 화이트 와인 식초 1큰술
- ◆ 미르푸아(44쪽)

  준비 시간 45분 + 재우기 + 차갑게 식히기

  조리 시간 4시간 30분

  6인분

생오리 푸아그라
FOIE GRAS FRAIS DE CANARD

3일 전에 준비를 시작한다. 대량으로 만들 예정이더라도 우선 분량에 따라 500g짜리 푸아그라로 먼저 한 번 만들어 보는 것이 좋다. 푸아그라는 2시간 동안 실온 해동하여 부드럽게 만든 뒤 얇은 외막과 혈관, 쓸개를 제거한다. 쓸개가 터지면 풍미가 망가질 수 있으므로 주의한다. 헤쳐 놓은 푸아그라를 다시 닫아서 모양을 잡고 랩 1장을 큼직하게 뜯어서 얹는다. 랩 째 뒤집어서 푸아그라가 위로 오게 한 뒤 소금과 후추로 간을 한 다음 송로버섯 에센스를 뿌리고 포트 와인을 두른다. 랩을 오므려 꼼꼼하게 감싼 다음 냉장고에 넣어 12시간 동안 차갑게 보관한다.

다음 날 푸아그라를 감싼 랩을 벗긴다. 실온에 1시간 동안 보관한 다음 오븐을 160℃로 예열한다. 타원형 테린 틀에 푸아그라를 담고 손가락으로 조심스럽게 눌러 속의 기포를 전부 제거한다. 테린 틀을 로스팅 팬에 담고 뜨거운 물(약 80℃)을 틀 높이의 반 정도 잠기도록 부은 후 오븐에 넣어 20분간 익힌다. 익었는지 확인하려면 테린 속 푸아그라 옆 부분을 꼬챙이로 찔렀다 빼서 온도를 확인한다. 꼬챙이가 따뜻하게 느껴지면 알맞게 익은 것이다.

오븐에서 테린을 꺼내고 바닥에 고인 기름은 물을 담은 볼에 부어서 굳힌다. 테린은 식힌다. 팬에 굳은 기름을 담고 약한 불에 올려서 녹인 다음 푸아그라 표면에 붓는다. 기름이 굳으면 푸아그라 위에 쿠킹포일을 덮고 나무 도마를 얹어서 누른다. 건져서 피를 제거하고 냉장고에 넣어 24시간 동안 차갑게 굳힌 후 낸다.

〔변형〕

● ●

아스픽을 씌운 푸아그라
ASPIC DE FOIE GRAS

아스픽(45쪽)를 소량 만든다. 테린 틀을 물에 깨끗하게 씻은 다음 아스픽을 한 켜 부은 뒤 잠깐 두어 굳힌다. 위와 같이 손질한 푸아그라를 넣고 아스픽을 한 켜 더 부은 다음 냉장고에 넣어 밤새 차갑게 굳힌다.

◆ 생오리 푸아그라 1개(500g)

◆ 소금과 후추

◆ 송로버섯 에센스 1큰술

◆ 포트 와인 50mL

준비 시간 30분 + 재우기 + 차갑게 식히기

조리 시간 25분

6인분

465쪽

마데이라 와인에 익힌 푸아그라
FOIE GRAS POCHÉ AU MADÈRE

- 생거위 푸아그라 1개(800g)
- 덮개용 얇게 저민 베이컨 또는 껍질
- 저민 당근 1개 분량
- 저민 작은 버섯 4개 분량
- 육수(종류 무관) 120mL
- 마데이라 와인

  준비 시간 15분 + 불리기

  조리 시간 1시간 20분

  6인분

푸아그라는 얇은 외막과 혈관, 쓸개를 제거한다. 쓸개가 터지면 풍미가 망가질 수 있으므로 주의한다. 소금물(물 1L당 소금 10g)에 푸아그라를 6시간 동안 담가 둔다. 오븐을 120℃로 예열한다. 테린 틀에 베이컨 껍질과 당근, 버섯을 담고 푸아그라를 넣는다. 육수와 마데이라 와인을 푸아그라가 충분히 잠길 만큼 붓는다. 한소끔 끓인 다음 뚜껑을 닫고 오븐에 넣어 45분간 익힌다. 푸아그라를 건져서 따로 둔다. 익힌 국물은 잔잔한 불에 올려서 약 20분간 뭉근하게 졸인 다음 마데이라 와인 2큰술을 더하여 섞는다. 푸아그라를 넣어서 잔잔한 불에 10~12분 더 익힌다. 바로 낸다.

푸아그라 무스
MOUSSE DE FOIE GRAS

- 익힌 푸아그라 200g
- 부드러운 버터 100g
- 송로버섯 70g
- 더블 크림 200g
- 소금과 후추

  준비 시간 20분

  6인분

볼에 푸아그라와 버터, 송로버섯을 담고 으깬다. 크림을 더하고 소금과 후추로 간을 한다. 초벌구이한 쇼트크러스트 페이스트리(784쪽)에 채우거나 토스트에 발라 낸다.

푸아그라 오 토르송
FOIE GRAS AU TORCHON

- 생거위 푸아그라 800g
- 소금과 후추
- 진한 소고기 육수 1회 분량(176쪽)
- 덮개용 녹인 거위 지방

  준비 시간 30분 + 차갑게 식히기

  조리 시간 20분

  6인분

11일 전에 준비를 시작한다. 푸아그라는 얇은 외막과 혈관, 쓸개를 제거한다. 쓸개가 터지면 풍미가 망가질 수 있으므로 주의한다. 소금과 후추로 간을 하고 냉장고에 넣어 24시간 동안 차갑게 보관한다. 다음 날 육수를 만든 후 식혀서 체에 거른다. 이제 푸아그라를 익힌다. 옆면을 붙여서 차가운 육수에 담갔다 뺀 깨끗한 면포로 단단하게 감싼다. 양쪽 끝을 꼬아서 단단하게 봉한 다음 소시지처럼 묶는다. 팬에 넣고 절반 분량의 육수를 부어서 한소끔 끓인 다음 불 세기를 줄여서 20분간 더 뭉근하게 익힌다. 푸아그라를 건져서 남은 차가운 육수에 담근다. 완전히 식으면 건져서 면포를 제거하고 테린 틀에 담는다. 누름돌을 얹어서 누른 다음 녹인 거위 지방을 덮는다. 냉장고에 넣고 10일간 보관한 다음 먹는다.

알리코°

ALICOT

바닥이 묵직한 팬에 거위 지방을 담고 중간 불에서 녹인다. 거위 내장을 넣고 센 불에서 약 5분간 노릇하게 지진다. 마늘잎쇠채와 당근을 넣는다. 육수와 부케 가르니를 더하고 소금과 후추로 간을 한 다음 토마토 소스 또는 퓌레를 더하여 골고루 섞는다. 한소끔 끓인 다음 뚜껑을 닫고 불을 약하게 줄여서 뭉근하게 익힌다. 그동안 밤 껍질에 칼집을 넣은 다음 반 정도 익을 때까지 로스트하거나 삶은 후 껍질을 벗긴다. 팬에 밤을 더한다. 뚜껑을 닫고 총 4시간 동안 익힌다.

- ◆ 거위 지방 60g
- ◆ 거위 내장 600g
- ◆ 다진 마늘잎쇠채 250g
- ◆ 다진 당근 400g
- ◆ 육수(종류 무관) 100mL
- ◆ 부케 가르니 1개
- ◆ 소금과 후추
- ◆ 토마토 소스(57쪽) 60g 또는 토마토 퓌레 1큰술
- ◆ 생 밤 250g

  준비 시간 30분

  조리 시간 4시간

  6인분

- ● 프랑스 남부의 가금류 내장 및 자투리 부위로 만든 스튜 요리.

뿔닭

뿔닭은 식용으로 사육하는 가금류 중 하나로 닭고기보다 색이 어둡고 풍미가 아주 은은하다. 가능하면 로스트를 할 때는 월령이 낮은 영계를, 프리카세fricassée에는 살이 탄탄하고 조금 퍼석한 성체를 사용한다. 자연에 자유롭게 방목하여 기른 뿔닭과 좁은 농장에서 사육한 뿔닭은 맛이 상당히 차이가 난다.

양배추를 곁들인 뿔닭

PINTADE AUX CHOUX

뿔닭(430쪽)은 손질한 다음 가슴살 위에 베이컨을 몇 장 덮는다. 바닥이 묵직한 냄비에 베이컨, 당근, 양파를 깐다. 그 위에 뿔닭을 얹고 둘레에 양배추를 얹은 다음 소금과 후추로 간을 하고 뚜껑을 닫아 센 불에서 15분간 익힌다. 육수를 붓고 약한 불에서 1시간 동안 더 익힌다.

 466쪽

- ◆ 뿔닭 1마리
- ◆ 저민 베이컨 200g
- ◆ 저민 당근 1개 분량
- ◆ 채 썬 양파 1개 분량
- ◆ 쐐기 모양으로 썬 양배추 1.5kg
- ◆ 소금과 후추
- ◆ 육수(종류 무관) 100mL

  준비 시간 25분

  조리 시간 1시간 15분

  6인분

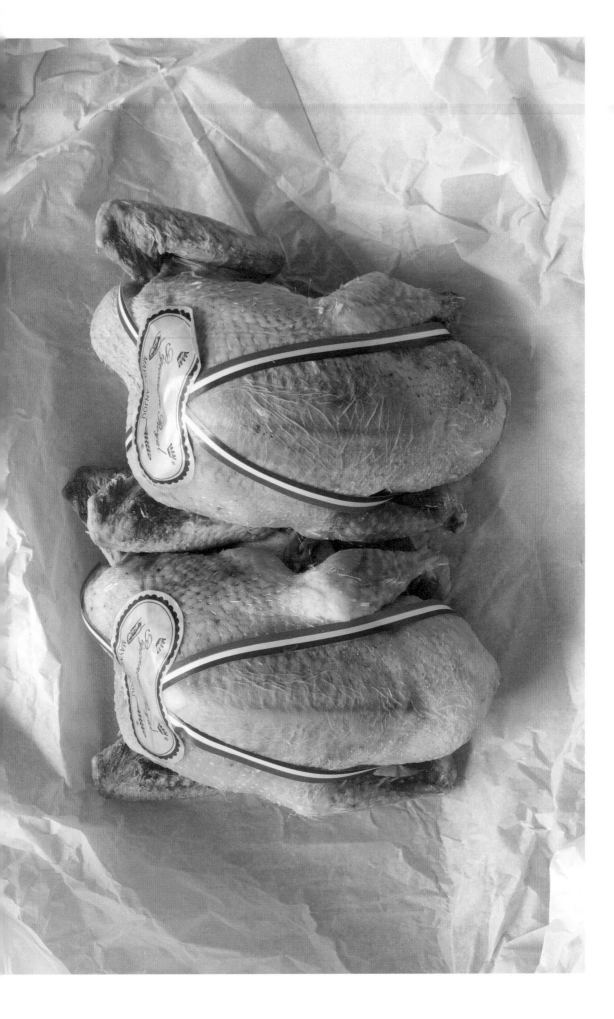

닭

닭은 먹이의 종류에 따라 고기가 흰색 또는 노란색을 띠는 부드러운 가금류다. 주로 2~4개월 사이에 도축하며 대체로 사육한 방식과 도축한 월령에 따라 분류한다. 성장이 빠르지만 그만큼 풍미가 부족한 대량 사육 닭, 약 60일경에 도축하는 곡물 사육 닭, 살점이 탄탄하고 맛이 좋으며 약 4개월 경에 도축하여 무게가 약 3kg 가량인 특정 지역에서만 구할 수 있는 닭 등이 있다. 닭고기를 고를 때는 포장지에 적힌 정보를 확인하거나 정육점에 조언을 구하는 것이 좋다.

닭이 익었는지 확인하려면 다리의 제일 두꺼운 부분을 날카로운 칼이나 꼬챙이로 찔러 본다. 맑은 육즙이 나오면 다 익은 것이다.

닭 해체하는 법

다리
다리에 포크를 찔러 넣고 단단하게 고정시켜 들어 올린 다음 몸통을 따라 칼날을 밀어 넣어 살점을 도려낸다. 관절 부분을 자른다.

날개
날개 아래에 포크를 찔러 넣고 칼로 관절 부위를 찾는다. 관절을 잘라 내고 포크로 눌러서 날개를 들어낸다. 이때 칼로 닭을 단단하게 고정한다.

나머지 뼈대
가운데를 기준으로 세로로 길게 자른다.

조리 전에 미리 해체할 때도 익힌 후 해체할 때와 마찬가지 방법으로 손질한다.

뼈 바르는 법

꽁무니에서 시작하여 목 부분까지 등뼈를 따라 가슴뼈까지 이어지도록 길게 칼집을 낸다. 칼집 낸 부분을 열듯이 잡고 가슴살을 양쪽으로 조심스럽게 뼈대에서 분리한다. 목 부분의 껍질을 자르고 꽁무니가 아래로 오도록 닭을 세운다. 칼날을 날개 아래 부분 관절로 밀어 넣는다. 다리를 잡고 반대쪽으로 잡아 당겨 뼈대에서 뜯어낸다. 다리 관절 부분을 자른다. 관절 아래 닭발과 날개 끝 부분은 잘라 낸다.

화이트 소스를 두른 닭고기
POULET AU BLANC

◆ 화이트 와인 100mL
◆ 쐐기 모양으로 썬 양파 1개 분량
◆ 부케 가르니
◆ 내장을 제거하고 손질한 닭
  1마리(1.5kg)
◆ 소금
◆ 버터 60g
◆ 밀가루 50g
◆ 레몬즙 1개 분량
◆ 달걀노른자 푼 것 2개 분량
◆ 곁들임용 크레올식 쌀 요리(617쪽) 1회
  분량
  준비 시간 20분
  조리 시간 1시간 15분
  6인분

물 1.5L와 와인, 양파, 부케 가르니로 쿠르부이용(82쪽)을 만든다. 쿠르부이용을 식힌 다음 닭고기를 넣고 소금으로 간을 해서 한소끔 끓인 후 뚜껑을 닫고 1시간 더 뭉근하게 익힌다. 익힌 국물은 체에 걸러서 따로 둔다.

소스를 만든다. 팬에 버터를 넣어 녹이고 밀가루를 넣어서 골고루 휘저은 다음 수분간 익혀 루를 만든다. 남겨 둔 익힌 국물을 천천히 부으면서 계속 휘저어 섞는다. 소스가 살짝 걸쭉해지면 레몬즙, 달걀노른자를 더하여 농도를 조절한다. 그릇에 닭을 담고 소스를 두른다. 크레올식 쌀요리를 곁들여 낸다.

참고
닭 대신 성계를 사용해도 좋다. 그럴 경우에는 조리 시간을 1시간에서 2시간 30분으로 늘린다.

닭고기 프리카세
RFICASSÉE DE POULET

바닥이 묵직한 팬에 닭을 담고 물 1.5L를 부은 다음 부케 가르니, 당근, 양파를 더한다. 한소끔 끓인 다음 불 세기를 줄이고 20분간 뭉근하게 익힌다. 닭고기를 건져서 키친타월로 두드려 물기를 제거하고 익힌 국물은 따로 둔다. 다른 팬에 버터를 넣어 녹이고 닭고기를 넣어 중간 불에서 익히되 갈색을 띠지 않도록 주의한다. 와인을 붓고 남겨둔 국물 200mL를 더한다. 소금과 후추로 간을 하고 2분간 팔팔 끓인 다음 불 세기를 줄여서 35분 더 뭉근하게 익힌다.

그동안 인도식 밥을 짓는다. 닭고기는 건져서 따뜻하게 보관한다. 소스는 체에 거른 다음 버섯을 더하여 국물이 3분의 1 정도 줄어들 때까지 뭉근하게 익힌다. 레몬즙과 달걀노른자를 더하여 살짝 걸쭉해질 때까지 휘젓는다. 그릇 가장자리에 인도식 밥과 버섯을 링 모양으로 담고 가운데에 닭고기를 담은 후 소스를 둘러서 낸다.

- ◆ 부위별로 해체한 닭 1마리(1.5kg) 분량
- ◆ 부케 가르니 1개
- ◆ 저민 당근 1개 분량
- ◆ 저민 양파 1개 분량
- ◆ 버터 60g
- ◆ 화이트 와인 200mL
- ◆ 소금과 후추
- ◆ 인도식 밥(616쪽) 1회 분량
- ◆ 곱게 다진 버섯 50g
- ◆ 레몬즙 1개 분량
- ◆ 달걀노른자 푼 것 2개 분량

준비 시간 25분

조리 시간 1시간

6인분

굴을 더한 닭 요리
POULET SAUCE AUX HUÎTRES

물 1.5L와 와인, 양파, 부케 가르니로 쿠르부이용(82쪽)을 만든다. 쿠르부이용을 식힌 다음 닭을 넣는다. 소금과 후추로 간을 하고 1시간 동안 뭉근하게 익힌다. 익힌 국물은 체에 걸러서 따로 남겨 둔다. 소스를 만든다. 팬에 버터 60g을 넣어 녹이고 밀가루를 넣어서 골고루 휘저은 다음 수분간 익혀서 루를 만든다. 남겨 둔 국물을 천천히 부으면서 계속 휘젓는다. 다른 팬에 버터 20g을 넣어 녹이고 버섯을 더하여 중간 불에서 5분간 익힌다. 소스에 익힌 버섯을 섞는다. 굴을 까서 속살과 국물을 작은 냄비에 담고 한소끔 끓인다. 소금과 후추로 간을 한다. 소스에 굴과 국물 2~3큰술을 더하고 레몬즙을 뿌린다. 닭에 굴 소스를 둘러서 낸다.

- ◆ 화이트 와인 100mL
- ◆ 쐐기 모양으로 썬 양파 1개 분량
- ◆ 부케 가르니 1개
- ◆ 내장을 손질한 닭 1마리(1.5kg)
- ◆ 소금과 후추
- ◆ 버터 80g
- ◆ 밀가루 50g
- ◆ 다진 버섯 200g
- ◆ 굴 24개
- ◆ 레몬즙 1개 분량

준비 시간 20분

조리 시간 1시간 15분

6인분

꼬치구이 통닭
POULET À LA BROCHE

- 닭 1마리(1.5kg)
- 조리용 녹인 버터
  준비 시간 15분
  조리 시간 1시간 10분
  6인분

닭(431쪽)은 조리용 끈으로 묶는다. 솔로 녹인 버터를 골고루 바른 다음 꼬챙이에 끼워서 뜨거운 바비큐 또는 오븐에 넣어 굽는다. 이때 8분마다 뒤집으면서 버터를 새로 바른다.

닭 오븐구이
POULET AU FOUR

- 닭 1마리(1.5kg)
- 작게 자른 버터 60g(선택 사항)
- 덮개용 얇게 저민 베이컨 4장(선택 사항)
- 장식용 물냉이 2줄기
- 닭 육수 또는 화이트 와인 200mL
  준비 시간 15분
  조리 시간 1시간 10분
  6인분

오븐을 220℃로 예열한다. 닭(431쪽)은 조리용 끈으로 묶은 다음 로스팅 팬에 담고 버터를 군데군데 얹거나 가슴살에 베이컨을 덮은 후 오븐에 넣어 1시간 10분간 로스트한다. 주기적으로 뒤집으면서 바닥에 고인 국물을 골고루 끼얹는다. 닭을 묶은 끈을 제거한 다음 식사용 그릇에 담고 물냉이로 장식한다. 로스팅 팬에 육수 또는 와인을 붓고 바닥에 붙은 파편을 모두 긁어낸 다음 약한 불에서 뭉근하게 익힌다. 소스 그릇에 담아서 닭에 곁들여 낸다.

밤 스터핑을 채운 닭
POULET FARCI AUX MARRONS

- 밤 375g
- 버터 50g
- 우유 200mL
- 고기 쥬 또는 농축한 고기 육수 100mL
- 소금과 후추
- 닭 1마리(1.5kg)
- 덮개용 얇게 저민 베이컨
  준비 시간 30분
  조리 시간 1시간 15분
  6인분

오븐은 220℃로 예열한다. 밤(558쪽)은 껍질을 벗기고 절반 분량의 버터와 함께 소금물에 넣어 익힌다. 통밤 12개를 골라서 따로 두고 나머지는 우유와 고기 쥬 또는 육수와 함께 으깬다. 으깬 밤에 남은 버터와 통밤을 더하여 골고루 섞은 다음 소금과 후추로 간을 한다. 닭 뱃속에 밤 스터핑을 채우고 조리용 끈으로 묶은 다음 가슴살 위에 얇게 저민 베이컨을 덮고 닭 오븐구이(449쪽)와 같은 방법으로 로스트한다.

닭고기 캐서롤

POULET À LA CASSEROLE

바닥이 묵직한 팬에 버터를 넣어 달구고 조리용 끈으로 묶어 고정한 닭 (431쪽)을 센 불에서 골고루 노릇하게 지진다. 소금으로 간을 하고 뚜껑을 닫아 약 1시간 30분간 천천히 익힌다. 먹기 전에 닭을 묶은 끈을 제거하고 식사용 그릇에 담는다. 팬에 와인 또는 육수를 부어서 바닥에 붙은 파편을 전부 긁어내고 뭉근하게 익힌다. 소스 그릇에 담아 닭에 곁들여 낸다.

◆ 버터 40g

◆ 닭 1마리(1kg)

◆ 소금

◆ 화이트 와인 또는 육수 200mL

준비 시간 5분

조리 시간 1시간 30분

6인분

〔변형〕

. . . .

샤쇠르 닭고기 요리

POULET CHASSEUR

위와 같은 방법으로 조리한다. 닭고기가 익는 동안 다른 팬에 여분의 버터 50g을 넣어 달구고 양송이버섯 250g과 작은 양파 또는 샬롯 100g을 더한다. 잔잔한 불에 25분간 익힌 다음 완성 15분 전에 소스에 더하여 잘 섞는다.

. . . .

크림 소스를 두른 닭고기

POULET À LA CRÈME

위와 같은 방법으로 조리한다. 55분 뒤에 팬에 버섯 125g을 더한다. 밀가루 20g을 뿌려서 10분간 익힌 다음 크렘 프레슈 500mL를 붓고 소금과 후추로 간을 한다. 닭을 해체한 다음 그릇에 링 모양으로 담고 소스를 둘러 낸다.

닭고기 코코트
POULET EN COCOTTE

- 버터 40g
- 깍둑 썬 줄무늬 베이컨 125g
- 다진 양파 60g
- 닭 1마리(1kg)
- 화이트 와인 100mL
- 소금과 후추
- 다진 버섯 125g

  준비 시간 10분

  조리 시간 1시간

  6인분

오븐을 200℃로 예열한다. 바닥이 묵직한 냄비에 버터를 둘러서 달구고 베이컨과 양파를 더하여 센 불에서 노릇하게 볶는다. 구멍 뚫린 국자로 닭고기를 건져서 따로 둔다. 냄비에 닭고기를 넣고 골고루 노릇하게 지진다. 베이컨과 양파를 다시 냄비에 넣고 와인을 부은 뒤 소금과 후추로 간을 한다. 딱 맞는 뚜껑을 덮고 오븐에 넣어 40분간 익힌다. 팬에 버섯을 넣고 다시 오븐에 넣어 20분간 익힌다.

참고

메추라기로 만들어도 좋다.

 467쪽

타라곤을 넣은 닭고기 요리
POULET À L'ESTRAGON

- 손질한 닭과 다진 간 1마리(1kg) 분량
- 다진 돼지고기 250g
- 다진 송아지고기 125g
- 깍둑 썬 훈제 베이컨 250g
- 코냑 20mL
- 다진 타라곤 40g, 타라곤 1줄기
- 소금과 후추
- 버터 60g
- 다진 양파 60g

  준비 시간 45분

  조리 시간 40분

  6인분

볼에 간과 돼지고기, 송아지고기, 절반 분량의 베이컨을 섞어서 스터핑을 만든다. 코냑을 붓고 다진 타라곤 30g을 더한다. 소금과 후추로 간을 한다. 닭(431쪽) 뱃속에 스터핑을 채우고 조리용 끈으로 묶는다. 바닥이 묵직한 팬에 버터를 넣어 녹이고 남은 베이컨과 양파를 더하여 센 불에서 노릇하게 볶은 다음 구멍 뚫린 국자로 건더기를 건져서 따로 둔다. 팬에 닭을 넣고 골고루 노릇하게 지진다. 베이컨과 양파를 다시 팬에 넣고 소금과 후추로 간을 한 다음 타라곤 줄기를 더한다. 물을 약간 붓고 뚜껑을 닫아 닭이 다 익을 때까지 잔잔한 불에서 40분간 가열한다. 먹기 전에 다진 타라곤 10g을 익힌 국물에 넣어 섞는다. 닭은 식사용 그릇에 담고 익힌 국물을 소스 그릇에 담아 곁들여 낸다.

파프리카 닭고기 요리
POULET AU PAPRIKA

오븐을 180℃로 예열한다. 닭고기(446쪽)는 관절을 따라 해체한다. 바닥이 묵직한 오븐용 냄비에 버터를 넣어 달구고 닭고기를 넣는다. 중강 불에서 골고루 노릇하게 지진다. 육수를 붓고 뚜껑을 닫아 오븐에 넣고 1시간 동안 익힌다. 먹기 전에 익힌 국물에 크렘 프레슈와 파프리카를 더하여 섞는다. 그릇에 닭고기를 수북하게 담고 소스를 둘러서 낸다.

* 닭 1마리(1kg)
* 버터 50g
* 육수(종류 무관) 200mL
* 크렘 프레슈 300mL
* 파프리카 2꼬집
  준비 시간 10분
  조리 시간 1시간 10분
  6인분

소스를 두른 닭고기 소테
POULET SAUTÉ EN SAUCE

닭고기(446쪽)는 관절을 따라 해체한다. 바닥이 묵직한 냄비에 절반 분량의 버터를 넣어 녹이고 닭고기를 넣어서 중강 불에서 노릇하게 지진다. 밀가루를 뿌리고 육수와 코냑을 부어서 수분간 바글바글 끓여 알코올을 날린다. 소금과 후추로 간을 하고 부케 가르니를 더한다. 다른 팬에 남은 버터를 넣고 녹여서 양파를 노릇하게 볶은 다음 닭고기가 든 냄비에 더하여 뚜껑을 닫고 30분간 약한 불에서 뭉근하게 익힌다. 버섯을 넣고 20분 더 익힌다. 닭에 소스를 둘러서 낸다.

* 닭 1마리(1.2kg)
* 버터 50g
* 밀가루 30g
* 육수(종류 무관) 200mL
* 코냑 100mL
* 소금과 후추
* 부케 가르니 1개
* 다진 양파 100g
* 다진 버섯 125g
  준비 시간 10분
  조리 시간 1시간
  6인분

닭고기 마렝고
POULET MARENGO

- 닭 1마리(1.2kg)
- 오일 2큰술
- 버터 30g
- 다진 이탈리안 파슬리 1줌 분량
- 다진 샬롯 1개 분량
- 밀가루 40g
- 육수(종류 무관) 200mL
- 화이트 와인 200mL
- 소금과 후추
- 다진 버섯 200g
- 토마토 퓌레 100g

  준비 시간 20분

  조리 시간 1시간 45분

  6인분

닭고기(446쪽)는 관절을 따라 해체한다. 바닥이 묵직한 냄비에 오일과 버터를 넣어 달군 뒤 닭고기를 넣어서 중강 불에서 노릇하게 지진다. 절반 정도 지지고 나면 파슬리와 샬롯을 뿌리고 계속해서 마저 노릇하게 지진다. 밀가루와 육수, 와인을 붓고 소금과 후추로 간을 한 다음 1시간 동안 뭉근하게 익힌다. 버섯과 토마토 퓌레를 더해 최소 30분간 더 익힌다.

참고
닭고기 대신 토끼고기로 만들어도 맛있다.

닭고기 나바레
POULET NAVARRAIS

- 닭 1마리(1kg)
- 버터 50g
- 마데이라 와인 200mL
- 소금과 후추
- 버섯 185g
- 토마토 퓌레 100g

  준비 시간 15분

  조리 시간 1시간

  6인분

닭고기(446쪽)는 관절을 따라 해체한다. 바닥이 묵직한 냄비에 버터를 두르고 달군 다음 닭고기를 넣어서 중강 불에서 노릇하게 지진다. 마데이라 와인을 붓고 소금과 후추로 간을 한다. 버섯과 토마토 퓌레를 더하여 딱 맞는 뚜껑을 닫고 약한 불에서 45분간 익힌다. 식사용 그릇에 닭고기를 담고 소스를 두른다.

닭고기 커리
POULET AU CURRY

닭고기(446쪽)는 관절을 따라 해체한다. 코코넛을 튼튼한 작업대 또는 깨 끗한 바닥 위에 얹고 볼을 옆에 놓는다. 코코넛 가운데 부분을 망치로 강 하고 조심스럽게 두들긴다. 껍데기가 깨져서 열릴 때까지 세게 내리쳐 부 서진 틈으로 흘러나온 코코넛 워터를 볼에 담는다. 같은 방식으로 계속 망치로 두들겨 껍데기를 잘게 부순 다음 작고 유연한 칼로 흰색 과육을 뜯어낸다. 절반 분량은 갈아서 따로 두고 나머지 절반은 냉장 보관해서 다른 요리에 사용한다.

바닥이 묵직한 냄비에 버터를 넣어 녹이고 닭고기와 양파를 더하여 센 불에서 수분간 익힌다. 마늘을 더하고 닭고기를 계속 뒤집으면서 노릇 하게 지진다. 밀가루를 뿌리고 절반 분량의 커리 파우더를 더한다. 불을 줄이고 코코넛 워터와 간 코코넛 과육을 더한다. 육수를 추가해서 소스 를 원하는 농도로 조절한다. 소금과 후추로 간을 하고 뚜껑을 닫아 잔잔 한 불에서 약 1시간 정도 익힌다. 먹기 약 5분 전에 남은 커리 파우더를 더 한다. 크레올식 쌀 요리를 곁들여서 뜨겁게 낸다.

- ◆ 닭 1마리(1kg)
- ◆ 코코넛 1개
- ◆ 버터 50g
- ◆ 4등분한 양파 1개 분량
- ◆ 으깬 마늘 1쪽 분량
- ◆ 밀가루 30g
- ◆ 커리 파우더 30g
- ◆ 육수(종류 무관) 100mL
- ◆ 소금과 후추
- ◆ 곁들임용 크레올식 쌀 요리(617쪽) 1회 분량

준비 시간 50분

조리 시간 1시간 15분

6인분

469쪽

- 닭 1마리(1.2kg)
- 버터 50g
- 다진 훈제 베이컨 100g
- 소금과 후추
- 길게 채 썬 햄 200g
- 길게 채 썬 송로버섯
- 가금류용 스터핑(79쪽) 150g
- 얇게 저민 베이컨 350g
- 코냑 60mL
- 밀가루 50g
- 아스픽(45쪽) 1회 분량

  준비 시간 1시간 15분 + 차갑게
  식히기 + 굳히기
  조리 시간 3시간
  6인분

닭고기 테린
TERRINE DE POULET

하루 전날 준비를 시작한다. 닭(446쪽)은 관절을 따라 해체한다. 바닥이 묵직한 팬에 버터를 넣어 달구고 닭고기와 베이컨을 넣고 소금과 후추로 간을 한 다음 30분간 익힌다. 그동안 햄과 송로버섯으로 스터핑을 만든다. 닭고기를 건져서 식힌 다음 뼈를 발라낸다.

오븐을 200℃로 예열한다. 테린 틀 바닥에 얇게 저민 베이컨 절반 분량을 깐다. 그 위에 스터핑을 한 켜, 닭고기를 한 켜, 다시 스터핑을 한 켜 깐다. 가장 위쪽에 닭고기를 깔고 닭과 함께 볶은 베이컨을 덮어서 마무리한다. 코냑을 두르고 나머지 얇게 저민 베이컨을 마저 얹는다. 볼에 밀가루를 담고 물을 적당량 섞어서 되직한 페이스트를 만든다. 테린 틀 뚜껑을 덮고 뚜껑 이음새에 페이스트를 둘러서 단단히 봉한다. 오븐에 넣어 2시간 30분간 익힌다. 딱딱하게 굳은 페이스트를 제거하고 닭고기 테린 위에 군데군데 구멍을 낸 다음 아스픽을 붓는다. 한 김 식힌 뒤 냉장고에 넣어 굳힌다. 다음 날에 낸다.

〔변형〕

. . . .

토끼 테린
TERRINE DE LAPIN

위와 같은 방법으로 조리하되 닭 대신 토끼 1마리(약 1kg)을 사용한다. 송아지고기 150g, 돼지고기 200g, 햄 250g, 가볍게 푼 달걀 2개 분량, 샬롯 1개 분량, 송로버섯 약간을 섞어서 스터핑을 만든다.

아스픽을 씌운 닭고기 요리
POULET EN GELÉE

하루 전날 준비를 시작한다. 닭의 간, 돼지고기, 송아지고기를 다진 뒤 볼에 담고 골고루 섞어 스터핑을 만든다. 소금과 후추로 간을 한다. 닭(447쪽)은 뼈를 발라낸 다음 속에 스터핑을 채우고 조리용 끈으로 묶은 후 기름진 베이컨을 덮는다. 바닥이 무거운 냄비에 얇게 저민 베이컨과 당근, 양파를 깐다. 닭고기를 넣고 뚜껑을 닫아 중간 불에서 15분간 익힌다. 와인을 붓고 소금과 후추로 간을 해 약한 불에서 1시간 더 뭉근하게 익힌다. 기름진 베이컨을 제거하고 타원형 테린 틀에 닭고기를 담는다. 아스픽을 만들어서 닭고기 위에 붓고 냉장고에 넣어 12시간 동안 굳힌다.

- ◆ 닭과 간 1마리(1kg) 분량
- ◆ 다진 돼지고기 125g
- ◆ 다진 송아지고기 125g
- ◆ 소금과 후추
- ◆ 덮개용 기름진 베이컨 125g
- ◆ 얇게 저민 베이컨 250g
- ◆ 저민 당근 1개 분량
- ◆ 저민 양파 1개 분량
- ◆ 드라이 화이트 와인 100mL
- ◆ 아스픽(45쪽) 1회 분량

  준비 시간 1시간 15분 + 굳히기

  조리 시간 1시간 15분

  6인분

바스크식 닭고기 요리
POULET BASQUAISE

 469쪽

닭(446쪽)은 관절을 따라 해체하고 다리와 날개를 반으로 자른다. 바닥이 묵직한 팬에 오일을 둘러 달구고 닭고기를 넣어 센 불에서 5~10분간 노릇하게 지진다. 이때 필요하면 적당량씩 나누어 작업한다. 토마토는 씨를 제거하고 다진다. 파프리카는 4등분하고 씨를 제거한다. 닭고기 팬에 토마토, 파프리카, 버섯을 더한다. 햄을 넣고 소금과 후추로 간을 한다. 와인을 붓고 뚜껑을 덮어서 중간 불에서 40분간 익힌다. 닭고기를 건져 식사용 그릇에 담는다. 필요하면 익힌 국물을 원하는 농도로 졸여서 닭고기 위에 두른다. 파슬리를 뿌리고 취향에 따라 매운 스페인산 고추를 다진 뒤 뿌려서 장식한다.

- ◆ 닭 1마리(1.2kg)
- ◆ 올리브 오일 3큰술
- ◆ 토마토 250g
- ◆ 녹색 파프리카 6개
- ◆ 저민 버섯 125g
- ◆ 깍둑 썬 훈제 햄 150g
- ◆ 소금과 후추
- ◆ 화이트 와인 150mL
- ◆ 다진 이탈리안 파슬리 2큰술
- ◆ 장식용 다진 매운 스페인산 고추(선택

  사항)

  준비 시간 25분

  조리 시간 45분

  6인분

간 파테
PÂTÉ DE FOIE

- 송아지와 닭 간 300g
- 마데이라 와인 200mL
- 기름진 베이컨 300g
- 달걀 2개
- 곱게 다진 샬롯 1개 분량
- 다진 이탈리안 파슬리 1/2줌 분량
- 소금과 후추
- 즉석에서 간 너트메그 1꼬집
- 틀용 버터

  준비 시간 25분 + 재우기

  조리 시간 2~3시간

  6인분

하루 전날 준비를 시작한다. 간은 마데이라 와인에 담가 24시간 재운 다음 베이컨과 함께 곱게 다진다. 볼에 간과 베이컨, 달걀, 샬롯, 파슬리를 담고 잘 섞는다. 소금과 후추, 너트메그로 간을 한다. 오븐은 150℃로 예열한다. 파테 틀에 버터를 바른 다음 혼합물을 꾹꾹 눌러 담고 로스팅 팬에 넣어서 뜨거운 물을 틀이 반 정도 잠길 만큼 붓는다. 쿠킹포일을 씌우거나 뚜껑을 닫고 오븐에 넣어 2~3시간동안 굽는다. 칼날로 찔러서 깨끗하게 나오면 파테가 다 익은 것이다. 오븐에서 꺼내어 한 김 식힌 뒤 낸다.

닭 간 로프
PAIN DE FOIES DE VOLAILLE

- 닭 간 4개(대)
- 소 골수 200g
- 분리한 달걀흰자와 달걀노른자 4개 분량
- 베샤멜 소스(50쪽) 500mL
- 소금과 후추
- 틀용 버터
- 마른 빵가루
- 곁들임용 토마토 소스(57쪽) 또는 피낭시에르 소스(57쪽)

  준비 시간 35분

  조리 시간 1시간

  6인분

오븐을 150℃로 예열한다. 간을 씻어서 소 골수와 함께 곱게 다진다. 볼에 간과 소 골수, 달걀노른자, 베샤멜 소스를 담고 잘 섞는다. 달걀흰자는 단단하게 뿔이 설 정도로 휘핑해 혼합물에 더하고 접듯이 섞는다. 소금과 후추로 간을 한다. 테린 틀에 버터를 바르고 빵가루를 뿌린 다음 혼합물을 꾹꾹 눌러 담는다. 로스팅 팬에 넣고 뜨거운 물을 틀이 반 정도 잠기도록 부은 다음 쿠킹포일을 덮거나 뚜껑을 닫아 오븐에 넣고 1시간 동안 굽는다. 원하는 소스를 곁들여 낸다.

성계

성계는 어린 영계보다 오래 산 닭을 뜻한다. 비교적 육질이 질긴 편이라 조리 시간이 길다는 특징이 있다. 성계는 포토푀(316쪽)로 만들거나 화이트 소스(447쪽)와 함께 낼 수 있다.

성계 젤리
POULE EN GELÉE

성계(431쪽)는 손질해서 조리용 끈으로 묶는다. 내장은 따로 모아 둔다. 큰 냄비에 송아지 다리, 도가니 관절, 우족을 담고 물 2.5L를 부은 후 소금, 당근, 양파, 부케 가르니, 남겨 둔 내장을 더한다. 성계를 더해서 한소끔 끓인 다음 불 세기를 약하게 줄여서 1시간 30분간 익힌다. 성계를 건진 다음 2시간 30분 더 익힌다. 익힌 국물을 체에 거른 다음 마데이라 와인을 더한다. 타원형 식사용 그릇에 성계를 담고 그 위에 익힌 국물을 부은 다음 냉장고에 넣어 국물이 굳어서 젤리가 될 때까지 차갑게 보관한다.

◆ 성계 1마리(1.3kg)
◆ 송아지 다리 250g
◆ 송아지 도가니(관절 부위) 500g
◆ 송아지 우족 1개
◆ 소금 25g
◆ 저민 당근 1개 분량
◆ 채 썬 양파 1개 분량
◆ 부케 가르니 1개
◆ 마데이라 와인 100mL

준비 시간 20분 + 차갑게 식히기 + 굳히기
조리 시간 4시간
6인분

성계와 쌀 요리
POULE AU RIZ

성계(431쪽)는 손질해서 조리용 끈으로 묶은 다음 큰 냄비에 담는다. 물 2.5L를 붓고 당근, 양파, 부케 가르니를 더한다. 소금과 후추로 간을 하고 뚜껑을 닫아 약한 불에서 2시간 30분간 뭉근하게 익힌다. 위에 뜬 기름기를 제거한다. 쌀을 씻어 팬에 넣고 약한 불에서 30분간 익힌다. 성계를 묶은 끈을 제거하고 그릇에 담은 뒤 가장자리에 익힌 쌀을 둘러서 담아 낸다.

◆ 성계 1마리(1.3kg)
◆ 저민 당근 1개 분량
◆ 채 썬 양파 1개 분량
◆ 부케 가르니 1개
◆ 소금과 후추
◆ 쌀 375g

준비 시간 5분
조리 시간 3시간
6인분

콩테식 성계 요리
BOULE À LA COMTOISE

- ◆ 성계 1마리(1.5~2kg)
- ◆ 버터 60g
- ◆ 아르마냑 50mL
- ◆ 코냑 100mL
- ◆ 다진 양파 1개 분량
- ◆ 다진 샬롯 1개 분량
- ◆ 으깬 마늘 1쪽 분량
- ◆ 부케 가르니 1개
- ◆ 소금과 후추
- ◆ 아르브와Arbois 또는 쥐라 화이트
  와인 300mL
- ◆ 묽은 육수 300mL
- ◆ 다진 버섯 200mL

  준비 시간 10분

  조리 시간 1시간 40분

  6인분

성계(446쪽)는 관절을 따라 해체한다. 바닥이 묵직한 냄비에 버터를 담아 녹이고 성계를 넣어 센 불에서 골고루 노릇하게 지진다. 필요하면 적당량씩 나누어서 작업한다. 아르마냑과 코냑을 붓고 수분간 끓여서 알코올을 날린다. 양파, 샬롯, 마늘, 부케 가르니를 더하고 소금과 후추로 간을 한다. 와인과 육수를 붓는다. 뚜껑을 닫고 약한 불에서 1시간 동안 뭉근하게 익힌다. 버섯을 더하고 40분 더 익힌다.

익힌 가금류 활용법

차갑게 내는 법

남은 고기 조각을 접시에 담고 취향에 따라 완숙 달걀과 파슬리로 장식한다. 마요네즈(70쪽)를 소스 그릇에 담아 곁들인다. 또는 남은 가금류 고기를 얇게 저며서 손질한 양상추, 완숙으로 삶은 달걀(134쪽)을 4등분한 것과 함께 샐러드 그릇에 담는다. 비네그레트 드레싱(66쪽)으로 간을 하고 소량의 마요네즈를 곁들여 낸다.

뜨겁게 내는 법

벨루테(59쪽), 토마토(57쪽), 피낭시에르(57쪽), 보르드레즈(58쪽) 등의 소스를 만든다. 고기 조각을 더하여 10분 이하로 익혀서 낸다.

가금류 오믈렛
EN OMELETTE

볼에 가금류 고기를 담고 달걀을 깨트려 넣은 뒤 소금과 후추로 간을 하여 잘 섞는다. 팬에 버터를 넣어 달구고 혼합물을 붓는다. 가장자리에 작은 기포가 생기고 달걀물이 거의 굳을 때까지 익힌다. 익지 않은 달걀물이 팬의 뜨거운 면에 고루 닿도록 계속 팬을 살살 흔들고 기울이도록 한다. 포크를 이용하여 오믈렛 가장자리 부분을 가운데 쪽으로 반 접은 후 뜨거운 그릇에 미끄러뜨려 담고 토마토 소스를 곁들여 낸다.

◆ 뼈와 껍질을 제거하고 곱게 다진
   가금류 고기 150g
◆ **달걀 6개**
◆ **소금과 후추**
◆ **버터 40g**
◆ **곁들임용 토마토 소스(57쪽) 1회 분량**
   준비 시간 5분
   조리 시간 5분
   6인분

가금류 튀김
EN BEIGNETS

- 튀김옷 반죽(724쪽) 1회 분량
- 화이트 와인 식초 1큰술
- 오일 2큰술, 튀김용 여분
- 소금과 후추
- 뼈와 껍질을 제거하고 같은 크기로 손질한 가금류 고기 150g
- 곁들임용 쐐기 모양으로 썬 레몬

준비 시간 30분 + 재우기

조리 시간 15분

6인분

튀김옷을 준비하고 휴지하는 동안 볼에 식초, 오일, 소금, 후추를 담고 섞어 양념을 만든다. 양념에 가금류를 넣고 1시간 동안 재운다. 튀김옷을 휴지하는 사이 튀김기에 오일을 채워서 180℃ 혹은 빵조각을 넣으면 30초 만에 노릇해질 정도로 가열한다. 양념에 재운 고기를 건져서 튀김옷을 입힌 다음 튀김기에 적당량씩 넣어서 노릇하게 튀긴다. 키친타월에 얹어서 기름기를 제거하고 레몬 조각을 곁들여 낸다.

가금류 크로켓
EN CROQUETTES

- 버터 50g
- 밀가루 50g
- 우유 200mL
- 곱게 다진 버섯 125g
- 뼈와 껍질을 제거하고 곱게 다진 가금류 고기 200g
- 곱게 다진 햄 60g
- 소금과 후추
- 튀김용 오일
- 물 1큰술과 오일을 더하여 푼 달걀 1개
- 튀김용 마른 빵가루

준비 시간 25분

조리 시간 35분

6인분

버터와 밀가루, 우유로 베샤멜 소스(50쪽)를 만든 다음 버섯을 더하여 5분간 익힌다. 소스를 식힌 다음 가금류 고기와 햄을 더하여 섞는다. 소금과 후추로 간을 하고 작은 공 모양으로 빚는다. 튀김기에 오일을 채워서 180℃ 혹은 빵조각을 넣으면 30초 만에 노릇해질 정도로 가열한다. 공 모양 반죽을 달걀물에 담갔다가 빵가루를 묻힌다. 뜨거운 오일에 조심스럽게 적당량씩 넣어서 노릇하게 튀긴다. 키친타월에 얹어서 기름기를 제거하고 뜨겁게 낸다.

오렌지 오리 요리(433쪽)

자두 오리 테린(435쪽)

코코뱅(436쪽)

마데이라 와인에 익힌 푸아그라(443쪽)

양배추를 곁들인 뿔닭(444쪽)

타라곤을 넣은 닭고기 요리(451쪽)

닭고기 테린(455쪽)

바스크식 닭고기 요리(456쪽)

-8-

야생 육류

야생 육류

'야생 육류'는 사냥해서 잡은 야생 동물 중 식용 가능한 모든 고기 종류에 적용된다. 월령과 환경, 먹이에 따라 고기의 질감과 맛이 달라진다. 고기가 짙은 색을 띠고 풍미가 아주 강한 경우가 많지만 기름진 정도에 있어서는 대체로 상당히 담백한 편이다. 야생 육류의 질감을 부드럽게 만들려면 걸어 두고 숙성시켜야 하지만 기간은 4~5일을 넘기지 않도록 한다.

식용으로 특별히 농장에서 사육하기도 하는 야생 육류와 달리 사냥해서 잡은 진짜 야생 육류는 영국과 프랑스에서 사냥 기간 중에 구할 수 있다. 하지만 기본적으로 구할 수 있는 야생 육류의 종류는 나라마다 매우 다르다. 야생 육류는 두 가지 종류로 구분할 수 있다. 털이 있는 야생 동물(멧돼지, 노루, 다마사슴, 야생 토끼, 산토끼)과 깃털이 달린 야생 가금류(새끼 자고새, 자고새, 누른도요새, 도요새, 메추라기, 비둘기, 멧닭, 검은가슴물떼새, 쇠오리)다. 개똥지빠귀, 댕기물떼새, 종달새, 울새, 찌르레기, 들꿩 등의 야생 가금류는 과거에는 즐겨 먹었으나 현재는 보호종에 속한다. 야생 육류와 잘 어울리는 소스로는 '가난한 자'의 소스(47쪽), 페리그 소스(61쪽), 프라브라드 소스(63쪽), 샤쇠르 소스(65쪽), 블러드 소스(65쪽) 등이 있다.

멧돼지

멧돼지에서 제일 맛있는 부위는 안심, 커틀렛, 허벅지살, 머리다. 좋은 냄새가 나고 고기는 밝은 붉은색을 띠며 털은 밝은 진회색인 신선한 고기만 사용해야 한다. 멧돼지는 적당한 온도의 오븐에서 450g당 30~35분씩 굽는다. 돼지고기 조리법을 적용해서 요리할 수 있다.

멧돼지 안심 로스트
FILET DE SANGLIER RÔTI

- ◆ 손질한 멧돼지 안심 필레 750g
- ◆ 덮개용 얇게 저민 베이컨
- ◆ 비가열식 마리네이드(78쪽) 1회 분량
- ◆ 샤쇠르 소스(65쪽) 250mL

  준비 시간 10분 + 재우기

  조리 시간 45분

  6인분

2~3일 전에 준비를 시작한다. 멧돼지 안심은 베이컨으로 감싼 다음 조리용 끈으로 묶어서 볼에 담는다. 마리네이드를 고기가 완전히 잠기도록 부은 다음 냉장고에 2~3일간 재운다. 오븐을 240℃로 예열한다. 고기를 마리네이드에서 건지고 키친타월로 두드려 물기를 제거한 다음 철망을 깐 로스팅 팬에 얹는다. 로스트 비프(322쪽)와 같은 방식으로 익힌다. 샤쇠르 소스를 곁들여 낸다.

멧돼지 허벅지살 요리
CUISSOT DE SANGLIER

- ◆ 손질한 멧돼지 허벅지살 1개 분량
- ◆ 가열식 화이트 와인 마리네이드(77쪽) 1회 분량
- ◆ 라르동용 얇게 저민 베이컨 1~2장
- ◆ 햄과 베이컨 자투리 취향껏
- ◆ 채 썬 양파 60g
- ◆ 저민 당근 1kg
- ◆ 화이트 와인 200mL
- ◆ 부케 가르니 1개
- ◆ 소금과 후추
- ◆ 코냑 50mL

  준비 시간 10분 + 재우기

  조리 시간 5시간

3~4일 전에 준비를 시작한다. 마리네이드를 고기에 완전히 잠기도록 부은 다음 냉장고에 넣고 3~4일간 재운다. 고기는 건지고 마리네이드는 따로 둔다. 라딩용 바늘을 이용해서 베이컨(312쪽)을 고기에 라딩한다. 바닥이 묵직한 냄비에 햄과 베이컨 자투리를 깔고 멧돼지고기, 양파, 당근을 얹은 다음 남겨 둔 마리네이드와 와인을 붓는다. 부케 가르니를 더하고 소금과 후추로 간을 한다. 한소끔 끓인 다음 불 세기를 줄여서 뚜껑을 닫고 4시간 30분~5시간 동안 뭉근하게 익힌다. 완성되기 1시간 전에 코냑을 더한다.

멧돼지 필레 미뇽 요리
FILETS MIGNONS DE SANGLIER

1~2일 전에 준비를 시작한다. 멧돼지 필레 미뇽은 다듬어서 약 4cm 두께로 고르게 썬다. 마리네이드를 고기가 완전히 잠기도록 부어서 냉장고에 넣어 1~2일간 재운다. 고기는 건져서 키친타월로 두드려 물기를 제거하고 마리네이드는 따로 둔다. 가장자리가 높은 팬에 베이컨과 마늘, 샬롯, 부케 가르니를 담는다. 다른 팬에 버터를 넣어 녹이고 고기를 넣어서 중강 불에서 앞뒤로 노릇하게 지진다. 고기를 건져서 베이컨이 든 팬에 얹은 다음 오일과 소금, 후추, 코냑, 남겨 둔 마리네이드 2큰술을 더한다. 뚜껑을 닫고 1시간 30분간 잔잔한 불에 뭉근하게 익힌다.

- ◆ 멧돼지 필레 미뇽(안심) 650g
- ◆ 비가열식 마리네이드(78쪽) 1회 분량
- ◆ 다진 베이컨 125g
- ◆ 다진 마늘 1쪽 분량
- ◆ 다진 샬롯 5개 분량
- ◆ 부케 가르니 1개(대)
- ◆ 버터 75g
- ◆ 올리브 오일 1큰술
- ◆ 소금과 후추
- ◆ 코냑 100mL
  준비 시간 15분 + 재우기
  조리 시간 1시간 40분
  6인분

멧돼지 순무 스튜
SANGLIER EN HARICOT

팬에 멧돼지고기를 담고 육수와 식초, 와인, 부케 가르니를 더한다. 소금과 후추로 간을 하고 뚜껑을 닫아 잔잔한 불에서 2시간 동안 뭉근하게 익힌다. 스튜에 순무를 넣고 뚜껑을 연 채로 약 1시간 동안 익혀서 소스를 졸인다. 육수를 더해서 10분 더 뭉근하게 익힌다. 고기를 식사용 그릇에 담고 가장자리에 순무를 담은 후 소스를 둘러 낸다.

- ◆ 잘게 썬 멧돼지 가슴살 600g
- ◆ 육수(종류 무관) 500mL
- ◆ 화이트 와인 식초 2큰술
- ◆ 화이트 와인 500mL
- ◆ 부케 가르니 1개
- ◆ 소금과 후추
- ◆ 다듬어서 반으로 자른 순무 300g
- ◆ 송아지 육수 100mL
  준비 시간 20분
  조리 시간 3시간 10분
  6인분

새끼 멧돼지 로스트
MARCASSIN RÔTI

- ◆ 새끼 멧돼지 등심 700g
- ◆ 비가열식 레드 또는 화이트 와인
  마리네이드(78쪽) 500mL
- ◆ 덮개용 얇게 저민 베이컨 125g
- ◆ 주니퍼 베리 20g
- ◆ 셰리 250mL
- ◆ 프라브라드 소스(63쪽) 250mL
- ◆ 소금과 후추

  준비 시간 20분 + 재우기

  조리 시간 1kg당 30분

  6인분

2~3일 전에 준비를 시작한다. 등심은 씻어서 손질한 다음 마리네이드를 완전히 잠기도록 부어서 냉장고에 넣어 2~3일간 재운다. 오븐을 240℃로 예열한다. 고기는 건져서 키친타월로 두드려 물기를 제거한 다음 얇게 저민 베이컨을 덮는다. 마리네이드는 따로 둔다. 오븐용 그릇에 고기를 담고 물을 약간 부어서 오븐에 노릇해질 때까지 로스트한 다음 오븐 온도를 200℃로 내리고 20~25분간 더 굽는다. 남겨 둔 마리네이드는 체에 걸러서 팬에 붓고 주니퍼 베리, 셰리, 프라브라드 소스, 로스트 팬에 고인 모든 국물을 더한다. 센 불에서 15분간 익혀서 졸인 다음 체에 거른다. 소금과 후추로 조심스럽게 간을 맞춘다. 소스 그릇에 담아서 고기에 곁들여 낸다.

사슴

노루사슴은 특히 프랑스와 영국 산림에 많이 서식하는 동물이며 고기 맛이 아주 좋기로 유명하다. 18개월 미만일 경우 육질이 아주 부드러워서 반드시 마리네이드에 절일 필요는 없다. 그보다 오래된 고기는 스튜에 사용한다. 어린 사슴은 뿔이 아직 완전히 발달하지 않아 가지가 뻗지 않은 모습으로 구분할 수 있다. 암컷 사슴은 뿔이 없고 이마 앞부분에 아주 작은 혹이 나 있다.

노루사슴고기의 육질을 부드럽게 만들려면 3~4일간의 숙성을 거쳐야 하며, 거의 항상 마리네이드를 한다. 가장 좋은 부위는 허벅지살과 갈비, 안심이다. 붉은사슴과 다마사슴고기는 더 질기고 탄탄한 편이지만 다음 레시피에서 노루사슴고기 대신 사용해도 좋다.

샤쇠르 사슴고기 요리

FILET CHASSEUR

2~3일 전에 준비를 시작한다. 고기 위에 마리네이드를 완전히 잠기도록 붓고 2~3일간 냉장고에 넣어 재운다. 고기를 건져서 물기를 제거하고 마리네이드는 따로 둔다. 가장자리가 높은 팬에 베이컨을 담고 중간 불에서 노릇하게 익힌다. 고기를 넣고 자주 뒤적이면서 노릇하게 지진다. 와인과 육수, 남겨 둔 마리네이드 250mL를 붓는다. 소금과 후추로 간을 하고 뚜껑을 닫아서 약 1시간 동안 뭉근하게 익힌다. 식사용 그릇에 담는다. 소스는 체에 걸러서 소스 그릇에 담아 따로 곁들인다.

◆ 사슴 안심 필레 1kg

◆ 비가열식 마리네이드(78쪽) 1회 분량

◆ 깍둑 썬 줄무늬 베이컨 75g

◆ 화이트 와인 250mL

◆ 육수(종류 무관) 250mL

◆ 소금과 후추

준비 시간 15분 + 재우기

조리 시간 1시간 10분

6인분

베리를 더한 사슴 등심 요리
CIGUE DE CHEVREUIL AUX AIRELLES

501쪽

◆ 올리브 오일 50mL

◆ 다진 당근 1개 분량

◆ 다진 양파 1개 분량

◆ 다진 셀러리 1/2대 분량

◆ 레드 와인 1L

◆ 타임 1줄기

◆ 월계수 잎 1장

◆ 으깬 주니퍼 베리 20g

◆ 토마토 퓌레 1큰술

◆ 소금과 후추

◆ 손질한 사슴 등심 1.5kg

◆ 버터 60g

◆ 프라브라드 소스(63쪽) 500mL

◆ 크랜베리 또는 레드커런트 젤리 1큰술

◆ 크렘 프레슈 50g

◆ 생크랜베리 또는 레드커런트 1큰술

준비 시간 40분+ 재우기

조리 시간 40분

6인분

3일 전에 준비를 시작한다. 먼저 마리네이드를 만든다. 팬에 오일을 둘러서 달구고 당근, 양파, 셀러리를 더하여 부드러워질 때까지 천천히 가열한다. 와인을 부어서 반으로 졸아들 때까지 뭉근하게 익힌다. 타임, 월계수 잎, 주니퍼 베리, 토마토 퓌레를 더한다. 소금과 후추로 간을 한 뒤 불을 끄고 한 김 식힌다. 사슴 등심을 마리네이드에 담근 뒤 냉장고에 넣고 가끔 뒤집어 가며 3일간 재운다.

고기를 건져서 키친타월로 두드려 물기를 제거한다. 마리네이드는 따로 남겨 둔다. 가장자리가 높은 팬에 절반 분량의 버터를 넣어 녹이고 사슴고기를 넣어서 바닥에 고인 버터를 자주 끼얹어 가며 골고루 노릇하게 지진다. 약 40분 후 고기가 익으면 식사용 그릇에 담고 쿠킹포일을 덮어서 따뜻하게 보관한다. 남겨 둔 마리네이드를 팬에 부어서 바닥에 붙은 파편을 모두 긁어낸 다음 뭉근하게 익힌다. 살짝 졸아들면 프라브라드 소스와 젤리를 더한다. 믹서에 넣어 곱게 간 다음 남은 버터와 크렘 프레슈를 더하여 거품기로 휘저어 걸쭉하게 만든다. 크랜베리를 더하여 골고루 휘저어 섞는다. 소스 그릇에 담아서 사슴고기에 곁들여 낸다.

토끼

시중에서 판매하는 토끼고기는 대체로 3개월 미만에 도축하며 다리를 제외했을 때 약 1.5kg 정도의 무게가 나간다. 좋은 토끼 고기는 육질이 탄탄하고 등(또는 등심) 부위에 고기가 튼실하며 반짝이는 분홍빛을 띠고 신장 주변에 단단한 흰색 지방이 붙은 것이다. 농장에서 사육한 토끼는 야생 토끼보다 크고 곡식과 풀을 먹고 자라 고기 맛이 좋다.

야생 토끼는 조금 작고 고기 색이 더 어두우며 풍미가 강하다. 다만 야생 새끼 토끼는 풍미가 섬세한 편이다.

손질하는 법

토끼는 등이 아래로 오도록 작업대에 얹고 위에서 아래로 크게 칼집을 넣는다. 등심 아랫부분에 칼을 밀어 넣어서 뒷다리를 분리한다. 내장을 제거한다.

해체하는 법

토끼는 통째로 구워서 낼 수 있다. 또는 등심 전체를 조리하거나 앞쪽 4분의 1 부분만 잘라 낼 수도 있고, 그보다 작은 크기로 해체하기도 한다. 어깨살은 적당히 먹기 좋게, 다리살은 3등분한다. 등심에서 흉곽을 잘라 낸다. 흉곽은 세로로 길게 반으로 자른 다음 가로로 다시 2등분한다. 등심은 등뼈에서 직각을 이루도록 2~3cm 간격으로 자른다.

토끼 로스트
LAPIN RÔTI

오븐을 240℃로 예열한다. 토끼는 라딩용 바늘을 이용해서 살점 부분에 베이컨을 라딩하거나 관절을 얇게 저민 베이컨으로 감싼다. 조리용 끈으로 묶어서 로스팅 팬에 담는다. 오븐에 넣고 500g당 20분씩 굽는다. 토끼를 묶은 끈을 제거하고 프브라드 소스나 매운 머스터드, 또는 간단히 베이컨과 함께 토끼 쥐를 곁들여 낸다.

[변형]

. . . .

머스터드 로스트 토끼
LAPIN RÔTI À LA MOUTARDE

위와 같은 방법으로 조리하되 토끼를 베이컨으로 감싸기 전에 매운 머스터드 50g을 바른다.

 502쪽

- 손질한 토끼 1마리(소) 또는 등심만 돌돌 말아서 끈으로 묶은 토끼 1마리(대) 분량
- 라딩 또는 덮개용 줄무늬 베이컨
- 프브라드 소스(63쪽) 1회 분량(선택 사항)
- 매운 머스터드 60g(선택 사항)
  준비 시간 10분
  조리 시간 약 45분
  6인분

토끼 소테
LAPIN SAUTÉ

- 버터 50g
- 관절을 따라 해체한 아주 어린 토끼
  1마리(900g) 분량
- 다진 양파 1개 분량
- 다진 샬롯 1개 분량
- 다진 이탈리안 파슬리 1줌 분량
- 다진 버섯 100g
- 소금과 후추
- 화이트 와인 200mL
- 뜨거운 물 100mL
  준비 시간 10분
  조리 시간 25분
  6인분

팬에 버터를 넣어 녹이고 토끼고기를 더하여 센 불에서 10분간 골고루 노릇하게 지진다. 양파, 샬롯, 파슬리, 버섯을 뿌린다. 소금과 후추로 간을 한다. 와인을 붓고 15분간 익힌다. 익은 토끼고기는 접시에 담는다. 팬에 뜨거운 물을 부어 바닥에 붙은 파편을 전부 긁어낸다. 한소끔 끓여서 원하는 농도로 졸인다. 토끼에 졸인 즙을 두르고 남은 것은 소스 그릇에 담아 낸다.

반염지한 새끼 토끼 안심 요리
RÂBLE DE LAPEREAU AU DEMI-SEL

- 소금 30g
- 토끼 등심 1개(1.5kg)
- 올리브 오일 50mL
- 길게 썬 토마토 300g
- 길게 썬 주키니 250g
- 소금과 후추
- 마른 허브 드 프로방스 1큰술
- 다진 타임 1큰술
- 송아지 육수 젤리 100mL
- 버터 30g
- 채 썬 양파 150g
- 셰리 식초 50mL
  준비 시간 3시간 + 절이기
  조리 시간 40~45분
  6인분

2시간 전에 준비를 시작한다. 물 1L에 소금을 녹여서 염지액을 만든다. 토끼 등심에서 등뼈를 발라낸다. 고기만 돌돌 말아서 작은 덩어리 모양으로 만든 다음 조리용 끈으로 묶어 염지액에 2시간 동안 담가 둔다. 1시간 30분 후에 오븐을 180℃로 예열한다. 그라탕 그릇에 오일을 약간 바르고 토마토와 주키니를 바닥에 켜켜이 깐다. 남은 오일을 바르고 소금과 후추로 간을 한 다음 허브와 절반 분량의 타임을 뿌린다. 오븐에 넣어 20~25분간 굽는다.

토끼를 염지액에서 건진다. 내열용 랩을 한 장 깔고 절반 분량의 육수 젤리를 가운데에 얹는다. 토끼를 올리고 남은 타임을 뿌린다. 남은 육수 젤리를 그 위에 얹고 랩으로 꼼꼼하게 싼다. 찜기에 담아서 15분간 찐다. 그동안 작은 냄비에 버터를 넣어 녹이고 양파를 넣어 약한 불에서 노릇하게 볶는다. 식초를 더해 바닥에 붙은 파편을 긁어내고 소금과 후추로 간을 한다. 구운 토마토와 주키니를 식사용 그릇에 담는다. 토끼를 꺼내서 조리용 끈을 제거한 다음 익힌 국물은 따로 둔다. 고기를 얇게 저미며 토마토와 애호박 위에 얹는다. 부드러운 양파를 가운데에 얹고 토끼 익힌 국물을 전체적으로 고루 두른다. 후추를 즉석에서 갈아 살짝 뿌려 낸다.

화이트 와인에 익힌 토끼 요리

LAPIN EN GIBELOTTE

바닥이 묵직한 팬에 버터를 넣어 녹이고 양파 또는 샬롯, 베이컨을 더하여 중강 불에서 노릇하게 볶는다. 건더기는 건져서 따로 두고 팬에 토끼고기를 넣는다. 노릇하게 지진 다음 밀가루를 뿌리고 뜨거운 육수와 와인을 붓는다. 소금과 후추로 간을 한다. 부케 가르니와 남겨 둔 베이컨, 양파 또는 샬롯을 다시 넣고 45분간 뭉근하게 익힌다. 감자를 넣고 소금과 후추로 간을 하여 30분 더 익힌다. 완성되기 약 15분 전에 버섯을 더한다. 식사용 그릇에 담아서 뜨겁게 낸다.

- ◆ 버터 50g
- ◆ 작은 양파 또는 샬롯 100g
- ◆ 깍둑 썬 베이컨 150g
- ◆ 해체한 토끼 1마리(1.5kg)
- ◆ 밀가루 40g
- ◆ 뜨거운 육수(종류 무관) 200mL
- ◆ 화이트 와인 400mL
- ◆ 소금과 후추
- ◆ 부케 가르니 1개
- ◆ 감자(소) 800g
- ◆ 버섯 125g

  준비 시간 20분

  조리 시간 1시간 15분

  6인분

크림을 더한 토끼

LAPIN À LA CRÈME

오븐을 220℃로 예열한다. 대망막은 식초를 푼 물에 푹 담가서 유연해질 때까지 약 15분간 불린다. 건져서 씻은 다음 물기를 제거하고 작업대에 펼친다. 토끼고기는 머스터드를 적당량 바른 다음 소금과 후추로 간을 한다. 토끼고기를 준비한 대망막에 얹고 꼼꼼하게 싸서 주머니 모양을 만든 다음 베이킹 그릇에 담는다. 오븐에 넣어 1시간 30분간 굽는다. 대망막을 벗겨 내고 고기를 식사용 그릇에 담은 후 뜨거운 베이킹 그릇에 크렘 프레슈를 부어서 조심스럽게 휘저어 섞는다. 토끼고기에 소스를 둘러서 낸다.

- ◆ 돼지 대망막 1개
- ◆ 화이트 와인 식초 1큰술
- ◆ 잘게 썬 토끼 등심 1개(대) 분량
- ◆ 조리용 디종 머스터드
- ◆ 소금과 후추
- ◆ 크렘 프레슈 185g

  준비 시간 30분

  조리 시간 1시간 30분

  6인분

토끼 스튜(시베)
CIVET DE LAPIN

바닥이 묵직한 팬에 버터를 넣어 달구고 양파와 베이컨을 더하여 중강 불에서 노릇하게 볶는다. 건더기는 건져서 따로 두고 팬에 토끼고기를 더하여 노릇하게 지진 다음 건진다. 다른 팬에 밀가루와 뜨거운 육수, 와인으로 브라운 소스(60쪽)를 만든다. 토끼고기와 베이컨, 양파를 다시 팬에 넣고 소금과 후추로 간을 한 다음 부케 가르니를 더한다. 1시간 동안 뭉근하게 익힌다. 완성 10분 전에 간을 으깨서 피와 함께 소스에 더하고 골고루 휘저어 잘 섞는다.

◆ 버터 30g

◆ 양파 125g

◆ 깍둑 썬 베이컨 125g

◆ 적당히 자른 토끼, 간과 피
   1마리(1.5kg) 분량

◆ 밀가루 30g

◆ 뜨거운 육수(종류 무관) 200mL

◆ 레드 와인 400mL

◆ 소금과 후추

◆ 부케 가르니 1개
   준비 시간 25분
   조리 시간 1시간 10분
   6인분

자두를 더한 토끼
LAPIN AUX PRUNEAUX

하루 전날 준비를 시작한다. 말린 자두를 씻어서 물에 담가 24시간 불린 다음 건진다. 볼에 토끼고기를 담는다. 마리네이드를 만들기 위해 팬에 와인과 당근, 타임, 월계수 잎을 담는다. 한소끔 끓이고 수분간 익힌 다음 따뜻할 때 토끼고기 위에 부어 완전히 잠기게 한다. 냉장고에 넣어 12시간 동안 재운다. 다음 날 바닥이 묵직한 팬에 버터를 넣어 달구고 양파와 베이컨을 더하여 중간 불에서 노릇하게 볶은 다음 건더기를 건져서 따로 둔다. 토끼를 마리네이드에서 건져서 키친타월로 물기를 제거한 다음 팬에 넣고 노릇하게 지진다. 마리네이드는 체에 거른다.

베이컨과 양파를 다시 팬에 넣는다. 체에 거른 마리네이드를 약간 붓고 소금과 후추로 간을 한 다음 불린 자두를 넣는다. 뚜껑을 닫고 45분~1시간 동안 뭉근하게 익힌다. 속이 깊은 식사용 그릇에 담아서 익힌 국물을 골고루 부어서 낸다. 원한다면 국물에 레드커런트 젤리를 더하여 걸쭉하게 만든다.

◆ 말린 자두 500g

◆ 적당히 자른 토끼 1마리 분량(1.5kg)

◆ 레드 와인 1L

◆ 저민 당근 1개 분량

◆ 타임 1꼬집

◆ 월계수 잎 1장

◆ 버터 50g

◆ 채 썬 양파 1개 분량

◆ 깍둑 썬 염장 베이컨 125g

◆ 소금과 후추

◆ 레드커런트 젤리 1큰술(선택 사항)
   준비 시간 20분 + 불리기 + 재우기
   조리 시간 1시간
   6인분

토끼고기 로프
PAIN DE LAPIN

◆ 적당히 썬 토끼 1마리(1kg) 분량

◆ 비가열식 마리네이드(78쪽) 1회 분량

◆ 베이컨 350g

◆ 분리한 달걀흰자와 달걀노른자 2개
분량

◆ 생빵가루 100g

◆ 코냑 100mL

◆ 다진 이탈리안 파슬리 1/2줌 분량

◆ 소금과 후추

◆ 틀용 버터

◆ 토마토 소스(57쪽) 1회 분량

준비 시간 30분 + 재우기

조리 시간 2시간

6인분

하루 전날 준비를 시작한다. 토끼고기에 마리네이드를 완전히 잠기도록 붓고 냉장고에 넣어 24시간 동안 재운다. 고기에서 뼈를 발라내고 베이컨과 함께 곱게 다진다. 달걀노른자를 풀어서 빵가루를 더해 포크로 으깨듯이 섞은 후 코냑과 함께 고기 혼합물에 더하여 섞는다. 달걀흰자는 단단한 뿔이 설 정도로 휘핑한 다음 파슬리와 함께 고기 혼합물에 더하여 접듯이 섞는다. 소금과 후추로 간을 한다. 오븐을 150℃로 예열한다. 직사각형 틀에 버터를 바르고 고기 혼합물을 꾹꾹 눌러 담는다. 틀을 로스팅 팬에 담고 뜨거운 물을 틀이 반 정도 잠길 만큼 부어서 오븐에 넣어 2시간 동안 굽는다. 뒤집어서 꺼낸 다음 토마토 소스를 곁들여 낸다.

니스식 새끼 토끼 요리
LAPEREAU À LA NIÇOISE

◆ 새끼 토끼 1마리

◆ 밀가루 50g

◆ 올리브 오일 1큰술

◆ 소금과 후추

◆ 화이트 와인 100mL

◆ 씨를 제거한 블랙 올리브 18개

◆ 토마토 소스(57쪽) 1회 분량

◆ 부케 가르니 1개

◆ 버터 50g

준비 시간 15분

조리 시간 35분

6인분

토끼(478쪽)는 껍질을 벗겨서 깨끗하게 손질한 다음 관절을 따라 해체한다. 토끼고기에 밀가루를 묻힌다. 팬에 오일을 넣어 달구고 고기를 넣어서 센 불에서 노릇하게 지진다. 소금과 후추로 간을 한 다음 와인을 붓는다. 올리브, 토마토 소스, 부케 가르니를 더한다. 잔잔한 불에서 25분간 뭉근하게 익힌다. 속이 깊은 식사용 그릇에 토끼고기를 담고 소스에 버터를 넣고 휘저어 걸쭉하게 만든 다음 고기 위에 부어 낸다.

저민 토끼 요리
ÉMINCÉ DE LAPIN

토끼고기를 저민다. 팬에 저민 고기와 베이컨을 담고 중강 불에서 앞뒤로 노릇하게 지진다. 피칸트 소스를 만들어서 저민 토끼를 넣고 20분간 뭉근하게 익힌다. 이때 끓지 않도록 주의한다.

- ◆ 익힌 토끼 1마리
- ◆ 다진 줄무늬 베이컨 75g
- ◆ 피칸트 소스(60쪽) 500mL

  준비 시간 30분

  조리 시간 40분

  6인분

멧토끼

고기 색이 연한 일반 토끼와 달리 멧토끼는 색이 진한 편이다. 새끼 멧토끼(1년 이하)는 토끼와 같은 방식으로 조리할 수 있다. 그보다 오래되면 마리네이드에 재운 다음 스튜를 만들거나 테린에 사용한다.

멧토끼 등심 로스트
RÂBLE DE LIÈVRE RÔTI

오븐을 220℃로 예열한다. 라딩용 바늘을 이용해서 멧토끼 등심에 길게 썬 베이컨을 꿴다. 소금과 후추로 간을 한 다음 철망을 깐 로스팅 팬에 얹어서 오븐에 넣고 주기적으로 버터를 끼얹어 가며 8분간 굽는다. 오븐 온도를 160℃로 낮춘 다음 계속 주기적으로 버터를 끼얹으면서 7~8분 더 굽는다. 길쭉한 식사용 그릇에 멧토끼 등심을 담고 밤 또는 버섯을 따로 곁들여 낸다. 토끼를 익힌 팬에 육수를 부어서 바닥에 붙은 파편을 모조리 긁어낸 후 수분간 익힌다. 소스 그릇에 담아 곁들인다.

- ◆ 멧토끼 등심 3개
- ◆ 가늘고 길게 자른 줄무늬 베이컨 120g
- ◆ 소금과 후추
- ◆ 녹인 버터 120g
- ◆ 곁들임용 통밤(558쪽) 또는 크림을 두른 꾀꼬리버섯(530쪽)
- ◆ 농축한 송아지 육수 50mL

  준비 시간 10분

  조리 시간 20분

  6인분

멧토끼 테린
TERRINE DE LIÈVRE

- 큼직한 멧토끼 다리 2개
- 다진 돼지 지방 또는 기름진 삼겹살
  부위 250g
- 다진 줄무늬 베이컨 375g
- 버터 40g
- 채 썬 양파 1개 분량
- 화이트 와인 200mL
- 타임 2줄기
- 월계수 잎 2장
- 코냑 50mL
- 으깬 주니퍼 베리 10g
- 다진 샬롯 3개 분량
- 다진 마늘 2쪽 분량
- 가볍게 푼 달걀 2개 분량
- 소금과 후추
- 얇게 저민 베이컨 300g
  준비 시간 40분 + 재우기
  조리 시간 1시간
  6인분

1주 전에 준비를 시작한다. 멧토끼 다리에서 뼈를 발라내고 고기를 작게 자른다. 볼에 멧토끼고기와 돼지 지방 또는 삼겹살, 줄무늬 베이컨을 담는다. 팬에 절반 분량의 버터를 담고 중간 불에서 녹인다. 양파를 넣고 갈색이 나지 않도록 주의하면서 부드러워질 때까지 천천히 익힌다. 절반 분량의 화이트 와인을 부어서 수분간 뭉근하게 익힌 다음 볼에 담은 고기 위로 붓는다. 볼에 타임 1줄기, 월계수 잎 1장, 코냑, 주니퍼 베리를 더한다. 뚜껑을 덮고 냉장고에 넣어 24시간 동안 재운다.

다음 날 팬을 중간 불에 올리고 남은 버터를 넣어 달군다. 샬롯과 마늘을 더하여 부드러워질 때까지 천천히 익힌다. 고기를 마리네이드에서 건져서 풍미 재료를 제거한 다음 샬롯, 마늘과 함께 푸드 프로세서에 간다. 볼에 담고 달걀과 함께 섞는다. 소금과 후추로 간을 한다.

오븐을 240℃로 예열한다. 파테 테린 틀에 얇게 저민 베이컨을 가장자리에 걸쳐지도록 깐다. 고기 혼합물을 채운 다음 남은 와인을 붓고 꾹꾹 누른 다음 가장자리에 늘어진 얇게 저민 베이컨을 접어서 덮는다. 남은 타임과 월계수 잎을 얹어서 장식한다. 로스팅 팬에 담고 뜨거운 물을 틀이 반 정도 잠길 만큼 붓는다. 오븐에 넣어 20분간 구운 다음 오븐 온도를 200℃로 낮추고 30분 더 익힌다. 한 김 식히고 냉장고에 넣어 48시간 동안 보관한다.

자고새

자고새는 맛이 섬세한 야생 가금류다. 새끼 자고새로 분류하는 8개월 이하의 개체는 부리가 말랑하고 첫 번째 날개 깃털에 백색 반점이 있는 것이 특징이다. 어릴수록 재빨리 익혀야 한다. 오래된 것은 주로 양배추와 함께 브레이즈한다.

자고새 스튜

PERDRIX À L'ÉTOUFFADE

자고새는 조리용으로 손질한다(430~431쪽). 바닥이 묵직한 팬에 베이컨, 햄, 양파, 당근을 담는다. 자고새를 위에 얹고 육수와 와인을 붓는다. 소금과 후추로 간을 하고 부케 가르니를 더한다. 딱 맞는 뚜껑을 덮고 아주 약한 불에서 1시간 동안 익힌다. 취향에 따라 소스에 고기 글레이즈를 더하여 섞는다. 식사용 그릇에 자고새를 담고 소스는 소스 그릇에 담아서 따로 곁들여 낸다.

- ◆ 자고새 2마리
- ◆ 저민 베이컨 150g
- ◆ 다진 햄 100g
- ◆ 다진 양파 2개 분량
- ◆ 다진 당근 2개 분량
- ◆ 육수(종류 무관) 250mL
- ◆ 화이트 와인 175mL
- ◆ 소금과 후추
- ◆ 부케 가르니 1개
- ◆ 고기 글레이즈(45쪽) 1회

  분량(선택사항)

  준비 시간 20분

  조리 시간 1시간

  6인분

양배추를 곁들인 자고새

PERDRIX AU CHOU

자고새는 조리용으로 손질한다(430~431쪽). 바닥이 묵직한 냄비에 자고새와 베이컨, 햄, 양파, 당근, 사블로이와 치폴라타 소시지를 담는다. 골고루 뒤적이면서 중간 불에서 노릇하게 볶는다. 다른 냄비에 소금물을 한소끔 끓이고 양배추를 넣어 15분간 데친다. 양배추를 건져서 꼭 짜 물기를 제거한다. 자고새 냄비에 양배추를 넣고 소금과 후추로 간을 한다. 육수를 붓고 부케 가르니를 더한다. 냄비 뚜껑을 닫고 자고새의 연령과 부드러운 정도에 따라 2~3시간 정도 뭉근하게 익힌다.

자고새가 부드러워지면 건진다. 사블로이 소시지는 적당히 썬다. 자고새를 그릇에 담고 주변에 채소와 향미 재료를 둘러 담은 후 소시지를 얹어서 장식한다. 소스는 약 150mL가 남을 때까지 센 불에서 졸인 다음 자고새에 두른다.

- ◆ 자고새 2마리
- ◆ 깍둑 썬 줄무늬 베이컨 150g
- ◆ 얇게 저민 햄 150g
- ◆ 쐐기 모양으로 썬 양파 2개 분량
- ◆ 큼직하게 썬 당근 1개 분량
- ◆ 사블로이saveloy 등 간이 약하고 큼직한 소시지 1개
- ◆ 저민 치폴라타 소시지 3개 분량
- ◆ 굵게 채 썬 사보이 양배추 1통 분량
- ◆ 소금과 후추
- ◆ 육수(종류 무관) 500mL
- ◆ 부케 가르니 1개

  준비 시간 30분

  조리 시간 2~3시간

  6인분

새끼 자고새 로스트
PERDREAUX RÔTIS

* 새끼 자고새 6마리
* 줄무늬 베이컨 200g
* 소금과 후추
* 크루통 장식 1회 분량(487쪽)
* 버터 25g
* 빵 6장

  준비 시간 30분

  조리 시간 30분

  6인분

오븐을 220℃로 예열한다. 자고새는 조리용으로 손질하고(430~431쪽) 간은 따로 모아 둔다. 자고새를 꼬챙이에 끼워서 바비큐 그릴 또는 오븐에 넣어 15분간 굽는다. 소금과 후추로 간을 한 다음 10~15분 더 굽는다. 그동안 남겨 둔 간으로 크루통 장식을 만든다. 팬에 버터를 넣어 달구고 빵을 올려서 앞뒤로 노릇하게 굽는다. 크루통 장식을 구운 빵에 펴 바른 다음 그 위에 자고새를 얹는다. 오븐에 2분간 넣어서 데운 다음 익힌 국물을 소스 그릇에 담아 함께 낸다.

참고
조리용 끈으로 묶기 전에 송로버섯을 얇게 저며서 자고새 껍질 아래 밀어 넣으면 훨씬 섬세한 요리가 된다.

크루통 장식(어린 자고새용)
GARNITURE DES CROÛTONS

* 3등분한 자고새 간 150g
* 곱게 다진 훈연하지 않은 기름진 베이컨 150g
* 소금과 후추
* 즉석에서 간 너트메그 1꼬집
* 코냑 1큰술

  준비 시간 5분

  조리 시간 5분

  6인분

작은 팬에 간과 베이컨을 담고 중강 불에서 베이컨이 노릇해질 때까지 볶는다. 소금과 후추, 너트메그로 간을 하고 코냑을 붓는다. 절구에 담고 으깨서 페이스트 상태로 만든다. 낼 때는 버터에 구운 빵에 펴 바른다.

포도를 더한 새끼 자고새 요리
PERDREAUX AU RAISIN

자고새는 조리용으로 손질한다(430~431쪽). 바닥이 묵직한 팬에 베이컨과 햄(사용 시)을 깔고 그 위에 자고새를 얹는다. 포도와 부케 가르니를 더하고 소금과 후추로 간을 한다. 뚜껑을 닫고 1시간 동안 익힌다. 그릇에 새를 담고 주변에 포도를 두른 다음 익힌 국물을 둘러 낸다.

- ◆ 새끼 자고새 6마리
- ◆ 줄무늬 베이컨 125g
- ◆ 얇게 저민 햄 200g(선택 사항)
- ◆ 씨를 제거한 청포도 800g
- ◆ 부케 가르니 1개
- ◆ 소금과 후추
   준비 시간 15분
   조리 시간 1시간
   6인분

새끼 자고새 망쉘
MANSELLE DE PERDREAUX

오븐을 220℃로 예열한다. 자고새는 조리용으로 손질한 다음(430~431쪽) 줄무늬 베이컨을 덮어 오븐에 넣고 20~25분간 굽는다. 날개와 다리를 건져서 따뜻하게 보관한다. 자고새에서 뼈를 발라내고 고기는 따로 따뜻하게 보관한다. 절구에 남은 뼈, 머리, 목, 샬롯, 후추, 부케 가르니를 넣고 찧는다. 바닥이 묵직한 냄비에 찧은 혼합물을 담고 포르투갈식 소스, 와인, 육수를 더한다. 소금, 후추, 너트메그로 간을 한 뒤 잔잔한 불에서 1시간 동안 익힌다. 소스를 면포 또는 고운체에 걸러서 뜨거운 자고새 고기와 다리, 날개에 둘러 낸다.

- ◆ 새끼 자고새 6마리
- ◆ 줄무늬 베이컨 200g
- ◆ 샬롯 1개
- ◆ 소금과 후추
- ◆ 부케 가르니 1개
- ◆ 포르투갈식 소스(62쪽) 400mL
- ◆ 화이트 와인 100mL
- ◆ 육수(종류 무관) 500mL
- ◆ 즉석에서 간 너트메그 1작은술
   준비 시간 30분
   조리 시간 1시간 30분
   6인분

새끼 자고새 수프림
SUPRÊME DE PERDREAUX

- ◆ 새끼 자고새 6마리
- ◆ 껍질을 벗기고 저민 송로버섯 2개 분량
- ◆ 곱게 다진 줄무늬 베이컨 250g
- ◆ 다진 허브(이탈리안 파슬리, 처빌, 골파, 타라곤 등) 1줌 분량
- ◆ 소금
- ◆ 카이엔 페퍼 1꼬집
- ◆ 버터 150g
- ◆ 화이트 와인 400m
- ◆ 육수(종류 무관) 150mL
- ◆ 샬롯 3개
- ◆ 크렘 프레슈 200mL
- ◆ 푸아그라

  준비 시간 20분

  조리 시간 1시간 15분

  6인분

자고새는 조리용으로 다듬는다(430~431쪽). 손질하고 남은 송로버섯 자투리는 곱게 다진다. 볼에 베이컨과 허브, 소금, 카이엔 페퍼, 자고새를 손질하고 남은 자투리, 송로버섯 자투리를 골고루 섞어서 스터핑을 만든다. 자고새 뱃속에 스터핑을 채우고 가느다란 조리용 끈으로 꿰어서 여민다. 팬에 버터를 넣어 녹이고 자고새를 조심스럽게 넣어서 센 불에서 노릇하게 지진다. 불 세기를 줄이고 뚜껑을 닫아서 30분간 익힌다.

자고새를 해체해서 다리, 날개, 흰 살코기를 모아 따뜻하게 보관한다. 절구에 발라낸 자고새 뼈를 담아서 찧은 다음 다시 팬에 넣는다. 와인과 육수를 붓고 샬롯을 더한 뒤 잔잔한 불에서 30~35분간 익힌다. 혼합물을 면포나 고운체에 걸러서 다리, 날개와 함께 다시 팬에 넣는다. 크렘 프레슈, 푸아그라, 저민 송로버섯을 더하여 골고루 섞는다. 5분간 익힌 다음 식사용 그릇에 담아서 아주 뜨겁게 낸다.

누른도요새 & 도요새

누른도요새는 아주 귀한 대접을 받지만 그만큼 개체 수가 적고 사냥하기 어렵다. 예전에는 4~5일간 걸어서 숙성시켰지만 요즘에는 대체로 손질하지 않고 신선하게 먹는 쪽을 선호한다. 도요새는 같은 과에 속하는 크기가 작은 가금류로 주로 늪이나 습지대에 서식한다. 가을에 맛이 가장 좋으므로 사냥 허가 기간인 8월부터 1월 사이에 신선한 것을 구하도록 한다.

크림 소스를 두른 누른도요새 로스트

BECASSE RÔTIE SAUCE CRÈME

오븐을 200℃로 예열한다. 누른도요새는 깃털을 뽑고 남은 털은 그슬려서 모조리 제거한다(430쪽). 모래주머니와 눈을 제거하되 물에 씻지 않는다. 베이컨을 덮어서 조리용 끈으로 묶은 뒤 오븐 또는 바비큐 그릴에 넣어 20분간 굽는다. 해체해서 다리와 날개, 흰 살코기를 따로 모아 따뜻하게 보관한다. 절구에 뼈와 내장, 심장, 간, 폐를 담아서 찧고 면포에 거른다. 팬에 고인 국물에 버터 100g과 육수, 소금, 카이엔 페퍼, 푸아그라를 약간 넣고 5분간 끓인다. 코냑을 붓고 살짝 더 끓여서 알코올을 날린다.

소스를 불에서 내리고 크렘 프레슈를 조심스럽게 부으면서 골고루 휘저어 걸쭉하게 만든다. 손질한 누른도요새고기를 소스에 넣고 자주 휘저어 약 10분간 조심스럽게 데우되 끓어오르지 않도록 주의한다. 팬에 남은 버터를 넣어 달구고 빵을 올려서 앞뒤로 노릇하게 굽는다. 구운 빵에 남은 푸아그라를 바르고 누른도요새를 얹은 다음 소스를 둘러서 아주 뜨겁게 낸다.

- ◆ 누른도요새 2마리
- ◆ 줄무늬 베이컨 125g
- ◆ 버터 125g
- ◆ 육수(종류 무관) 50mL
- ◆ 소금
- ◆ 카이엔 페퍼 1꼬집
- ◆ 푸아그라 취향껏
- ◆ 코냑 50mL
- ◆ 크렘 프레슈 125mL
- ◆ 껍질을 제거한 빵 6장

  준비 시간 25분

  조리 시간 35분

  6인분

그라스식 도요새 요리

BÉCASSINES À LA GRASSOISE

- ◆ 도요새 6마리
- ◆ 오일 2큰술
- ◆ 다진 샬롯 2개 분량
- ◆ 다진 마늘 1쪽 분량
- ◆ 부케 가르니
- ◆ 소금과 후추
- ◆ 화이트 와인 250mL
- ◆ 육수(종류 무관) 250mL
- ◆ 버터 135g
- ◆ 껍질을 제거한 흰색 빵 6개
- ◆ 곁들임용 레몬 저민 것 1개 분량

　준비 시간 30분

　조리 시간 1시간 45분

　6인분

도요새는 뼈를 바르고 필레를 따로 모은다. 발라낸 뼈는 꼼꼼하게 으깬다. 팬에 오일을 두르고 도요새를 손질하고 남은 자투리, 으깬 뼈, 내장을 넣어 중간 불에서 5~6분간 익힌다. 샬롯, 마늘, 부케 가르니를 더하고 소금과 후추로 간을 한 다음 와인과 육수를 붓는다. 1시간 30분간 뭉근하게 익힌 다음 체에 걸러서 소스를 따로 보관한다. 팬에 버터 75g을 넣어 녹이고 도요새 필레를 넣어서 7~8분간 골고루 노릇하게 지진다. 다른 팬에 남은 버터를 넣어 달구고 빵을 올려 앞뒤로 노릇하게 굽는다. 소스를 다시 데운다. 구운 빵에 도요새 필레를 얹고 소스를 두른 다음 저민 레몬을 곁들여 낸다.

메추라기

야생에 사는 메추라기는 이제 엄청나게 희귀한 존재가 되었으며, 제철인 가을에 가장 통통하게 살이 오르고 풍미가 뛰어나다. 사육한 메추라기는 다소 풍미가 떨어지지만 야생 메추라기와 같은 방식으로 조리할 수 있다. 둘 다 모두 깨끗하게 손질해서 로스팅하기 전에 베이컨으로 덮어야 한다. 가게에서는 주로 완전히 손질해서 오븐용으로 조리용 끈을 묶은 상태로 판매한다.

메추라기 로스트

CAILLES RÔTIES

- ◆ 메추라기 6마리
- ◆ 소금과 후추
- ◆ 줄무늬 베이컨 100g

　준비 시간 15분

　조리 시간 10분

　6인분

오븐을 220℃로 예열한다. 메추라기는 조리용으로 손질한 다음(430쪽) 뱃속에 소금과 후추로 간을 한다. 베이컨을 덮고 조리용 끈으로 묶어서 10분 이하로 로스트한다.

아스티 스푸만테에 익힌 메추라기
CAILLES À L'ASTI

메추라기는 조리용으로 손질한 다음 베이컨을 덮어서 조리용 끈으로 묶는다(430쪽). 팬에 버터를 넣어 녹이고 메추라기를 넣어 중간 불에서 골고루 노릇하게 10분간 지진다. 와인과 육수를 붓고 저민 송로버섯을 메추라기 주변에 담는다. 소금과 후추로 간을 하고 뚜껑을 닫아서 10분간 뭉근하게 익힌다. 속이 깊은 조리용 그릇에 담아서 뜨겁게 낸다.

◆ 메추라기 6마리
◆ 줄무늬 베이컨 100g
◆ 버터 75g
◆ 아스티 스푸만테 또는 기타 달콤한
　스파클링 화이트 와인 175mL
◆ 육수(종류 무관) 50mL
◆ 껍질을 벗기고 저민 흰 송로버섯
◆ 소금과 후추
　준비 시간 15분
　조리 시간 20분
　6인분

메추라기 캐서롤
CAILLES EN COCOTTE

 504쪽

오븐을 200℃로 예열한다. 메추라기는 조리용으로 손질한다(430쪽). 바닥이 묵직한 냄비에 버터를 넣어 녹이고 베이컨과 양파를 넣어 중강 불에서 노릇하게 지진다. 구멍 뚫린 국자로 건더기를 건져서 따로 둔다. 냄비에 메추라기를 넣고 골고루 노릇하게 지진다. 베이컨과 양파를 다시 냄비에 넣고 와인을 부은 뒤 소금과 후추로 간을 한다. 딱 맞는 뚜껑을 덮고 오븐에 넣어 15분간 굽는다. 버섯을 냄비에 더한 다음 다시 오븐에 넣어서 15분간 익힌다.

◆ 메추라기 6마리
◆ 버터 40g
◆ 깍둑 썬 줄무늬 베이컨 125g
◆ 다진 양파 60g
◆ 화이트 와인 100mL
◆ 소금과 후추
◆ 다진 버섯 125g
　준비 시간 10분
　조리 시간 30분
　6인분

포도를 더한 메추라기

CAILLES AUX RAISINS

- ◆ 메추라기 6마리
- ◆ 버터 40g
- ◆ 소금과 후추
- ◆ 청포도 50g
- ◆ 피노 데 샤랑트 또는 기타 달콤한
  화이트 와인 10mL
- ◆ 송아지 육수 1큰술

  준비 시간 15분

  조리 시간 20분

  6인분

메추라기는 조리용으로 손질한다(430쪽). 팬에 버터를 넣어 녹이고 메추라기를 더하여 중강 불에서 노릇하게 지진다. 소금과 후추로 간을 하고 12분 더 익힌다. 포도를 더하고 와인과 육수를 붓는다. 한소끔 끓이고 바로 낸다. 가능하면 프라이팬째 내도록 한다.

종이에 싼 메추라기 요리

CAILLES EN CAISSETTES

오븐을 200℃로 예열한다. 메추라기는 조리용으로 손질한 다음(430쪽) 키친타월로 두드려 물기를 제거한다. 빵가루를 우유에 담가 불린다. 볼에 버터와 간, 버섯, 우유에 불린 빵가루, 허브를 담고 잘 섞는다. 메추라기 뱃속에 절반 분량의 스터핑을 채우고 얇게 저민 베이컨을 덮은 다음 베이컨과 껍질 사이에 통후추 몇 개와 주니퍼 베리를 끼워 넣는다. 메추라기를 조리용 끈으로 묶는다. 유산지 6장을 접어서 봉지 6개를 만든 다음 오일을 가볍게 바른다. 남은 스터핑을 봉지에 나누어 담고 메추라기를 하나씩 넣는다. 베이킹 트레이에 종이 봉지를 담고 오일을 바른 유산지를 하나씩 덮는다. 오븐에 넣어 1시간 동안 익힌다. 봉지를 열어서 메추라기를 묶은 끈을 제거하여 종이 째로 낸다.

- ◆ 메추라기 6마리
- ◆ 생빵가루 125g
- ◆ 우유 100mL
- ◆ 버터 75g
- ◆ 다진 닭 간 6개 분량
- ◆ 곱게 다진 버섯 125g
- ◆ 다진 허브(이탈리안 파슬리, 골파, 처빌, 타라곤 등) 1줌 분량
- ◆ 얇게 저민 베이컨 75g
- ◆ 통후추
- ◆ 주니퍼 베리
- ◆ 조리용 오일

  준비 시간 45분

  조리 시간 1시간

  6인분

꿩 & 멧닭

꿩은 웅장한 황금색 깃털 꼬리가 특징이다. 갈수록 야생 꿩이 귀해지면서 자연 서식지에도 풍미가 비교적 떨어지는 농장 사육용 꿩을 심심치 않게 볼 수 있다. 크기는 수컷이 더 크지만 육질은 암컷이 더 섬세한 편이다. 가을에 총으로 사냥한 꿩 중에서도 어리고 부드러운 것이 제일 맛이 좋으며, 로스트하는 것을 추천한다. 늙은 꿩은 깃털을 뽑지 않은 채로 3일간 걸어 두어 숙성한 다음 스튜나 테린에 사용한다. 멧닭은 희귀하기 때문에 사냥 또한 엄격하게 규제한다. 풍미가 아주 강하며 꿩과 같은 방식으로 조리할 수 있다.

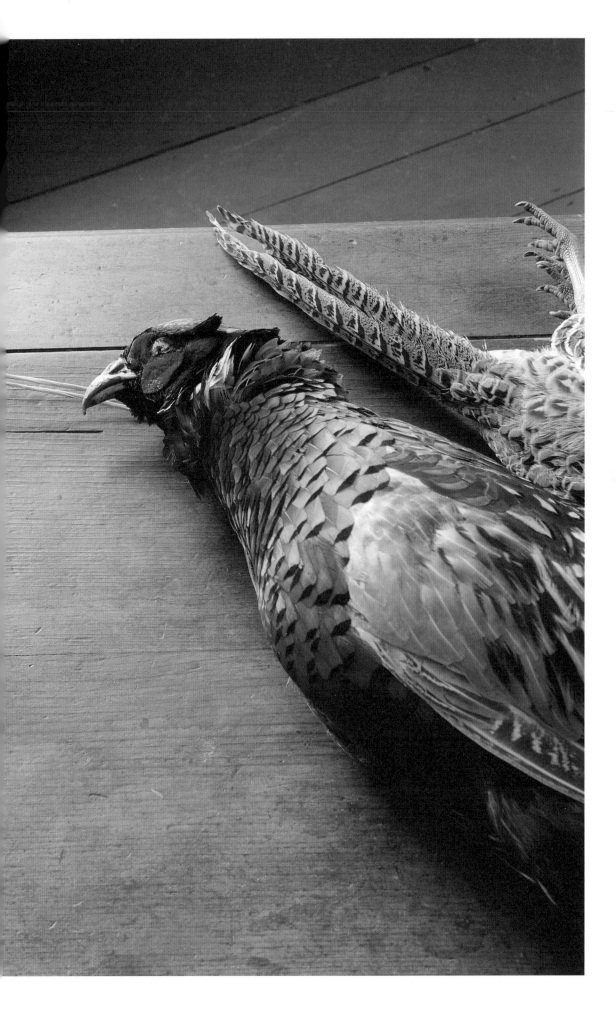

꿩 로스트
FAISAN RÔTI

늙은 꿩은 냉장고에 2~3일간 걸어서 숙성한 다음 깃털을 뽑아서 손질하여(430~431쪽 참조) 얇게 저민 베이컨을 덮고 조리용 끈으로 묶는다. 오븐을 220℃로 예열한다. 꿩을 로스팅 팬에 담고 오븐에 넣어 가끔 뒤집고 바닥의 국물을 끼얹어가며 35~40분간 굽는다. 꿩을 묶은 끈을 제거하고 식사용 그릇에 담는다. 로스팅 팬에 물을 약간 부어서 바닥에 붙은 파편을 긁어낸 다음 수분간 뭉근하게 익힌다. 소스 그릇에 즙을 담아 꿩에 곁들여 낸다.

◆ 꿩 1마리

◆ 얇게 저민 베이컨 4장

　준비 시간 15분

　조리 시간 35~40분

　6인분

속을 채운 꿩 팬 로스트
FAISAN FARCI À CASSEROLE

꿩은 깃털을 뽑고 씻어서 얇게 저민 베이컨으로 덮은 다음 조리용 끈으로 묶는다(430~431쪽). 밤은 익혀서 껍질을 제거한다. 볼에 밤과 줄무늬 베이컨, 송로버섯, 푸아그라를 담고 찧어서 스터핑을 만든다. 꿩 뱃속에 스터핑을 채우고 전용 바늘과 조리용 끈을 이용하여 꿰어 여민다. 바닥이 묵직한 팬에 버터를 넣어 달구고 꿩을 넣어서 중강 불에서 골고루 노릇하게 지진다. 마데이라 와인을 붓고 부케 가르니를 더한 뒤 소금과 후추로 간을 한 다음 뚜껑을 닫아 아주 약한 불에서 1시간 15분간 익힌다. 익힌 국물을 소스 그릇에 담고 밤 퓌레를 곁들여 낸다.

◆ 꿩 1마리

◆ 얇게 저민 베이컨 4장

◆ 밤(558쪽) 250g

◆ 곱게 다진 줄무늬 베이컨 125g

◆ 송로버섯

◆ 푸아그라

◆ 버터 75g

◆ 마데이라 와인 750mL

◆ 부케 가르니 1개

◆ 소금과 후추

◆ 곁들임용 밤 퓌레(559쪽) 1회 분량

　준비 시간 1시간

　조리 시간 1시간 15분

　6인분

505쪽

- ◆ 익힌 꿩(익힌 국물과 함께) 800g
- ◆ 육수 2큰술(선택 사항)
- ◆ 곱슬 치커리 200g
- ◆ 잎상추 200g
- ◆ 마타리 상추 50g
- ◆ 비네그레트(66쪽) 1회 분량
- ◆ 버터 30g
- ◆ 저민 버섯 200g
- ◆ 소금과 후추
  준비 시간 40분
  조리 시간 10분
  6인분

따뜻한 꿩 샐러드
SALADE TIÈDE DE FAISAN

꿩고기를 길고 가늘게 썰어서 익힌 국물이나 육수와 함께 팬에 담아 천천히 다시 데운다. 고기를 건지고 익힌 국물은 따로 둔다. 샐러드용 채소를 깨끗하게 손질하고 씻어서 물기를 제거한 다음 그 위에 꿩고기를 얹고 비네그레트를 뿌린다. 팬에 버터를 넣어 녹이고 버섯을 넣어 중간 불에서 부드러워질 때까지 익힌 다음 소금과 후추로 간을 해서 샐러드 위에 얹는다. 남겨 둔 국물을 두른다. 꿩고기가 너무 적으면 푸아그라를 길고 가늘게 썰어서 적당히 더해 보자.

비둘기

새끼 비둘기는 엉덩이가 하얗고 발 색깔이 옅으며 차골이 부드럽고 목살과 발이 굵다. 좋은 비둘기고기는 껍질이 분홍빛을 띠고 고기는 붉은색을 띤다. 대체로 미리 조리용으로 손질한 상태로 판매한다.

해체 및 손질하기

조리한 비둘기를 2등분 또는 4등분한다. 2등분할 경우에는 길게 반으로 자르고 4등분할 경우에는 가로로 다시 한 번 자른다. 조리하기 전 해체할 때에도 같은 방식으로 손질한다.

비둘기 로스트
PIGEONS RÔTIS

오븐을 220℃로 예열한다. 비둘기는 조리용으로 손질한 다음 뱃속에 소금으로 간을 한다(430~431쪽). 얇게 저민 베이컨을 덮고 조리용 끈으로 묶은 다음 로스팅 팬에 담아서 오븐에 넣고 25~30분간 익힌다.

〔변형〕

• •

속을 채운 비둘기
PIGEONS FARCIS

소시지용 고기 100g, 다진 베이컨 100g, 우유에 불린 흰색 빵과 곱게 다진 양파 100g을 섞어서 스터핑을 만든다. 숟가락으로 비둘기 뱃속에 스터핑을 채우고 베이컨을 덮은 다음 조리용 끈으로 묶어서 위와 같이 로스트한다. 비둘기의 간과 모래주머니를 다져서 우유에 불린 빵에 섞어 스터핑을 만들어도 좋다. 달걀 1개를 섞어서 끈기를 더한 다음 위와 같이 뱃속에 채운다.

 503쪽

- 비둘기 3마리
- 소금
- 덮개용 얇게 저민 베이컨
  준비 시간 15분
  조리 시간 30분
  6인분

비둘기 크라포딘
PIGEONS À LA CRAPAUDINE

먼저 비둘기를 납작하게 펼친다. 배는 그대로 붙어 있도록 등쪽을 갈라서 연다. 간과 폐는 그대로 둔 채로 살짝 납작해지게 누른다. 바닥이 묵직한 팬에 절반 분량의 버터를 넣어 녹이고 비둘기를 올려 뒤집어 가며 10분간 골고루 익히되 갈색을 띠지 않도록 주의한다. 익힌 비둘기는 건져서 따로 둔다. 비둘기를 익히고 남은 버터에 식초와 샬롯, 마늘, 타라곤, 고기 글레이즈, 레몬즙을 더한 다음 반으로 졸아들 때까지 뭉근하게 익힌다. 소스를 체에 걸러서 소스 그릇에 담는다. 비둘기가 식으면 남겨 둔 버터에 담갔다가 빵가루를 묻혀서 중간 불에 달군 번철에 얹어 20분간 노릇하게 익힌다.

- 비둘기 3마리
- 녹인 버터 60g
- 화이트 와인 식초 100mL
- 곱게 다진 샬롯 2개 분량
- 곱게 다진 마늘 1/2개 분량
- 곱게 다진 타라곤 1줄기 분량
- 고기 글레이즈(45쪽) 150g
- 레몬즙 1큰술
- 튀김옷용 마른 빵가루
- 소금과 후추
  준비 시간 20분
  조리 시간 1시간
  6인분

쇠오리

쇠오리는 크기가 작은 야생 오리다. 살짝 쓴맛이 돌지만 풍미가 섬세하다는 평을 듣는다. 다른 야생 오리와 같은 방법으로 조리할 수 있다.

쇠오리와 비터 오렌지 소스
SARCELLE À LA BIGARADE

- ◆ 간과 심장이 달린 쇠오리 2마리(소)
- ◆ 곱게 다진 베이컨 30g
- ◆ 아주 작게 자른 버터 75g
- ◆ 레몬 제스트 1/2개 분량
- ◆ 소금과 후추
- ◆ 레몬즙 1개 분량
- ◆ 줄무늬 베이컨 70g
- ◆ 미르푸아(44쪽) 125g
- ◆ 블론드 루(57쪽) 250mL
- ◆ 비터(세빌) 오렌지즙 3개 분량

준비 시간 30분

조리 시간 40분

6인분

쇠오리는 깃털을 뽑고 남은 깃털을 그슬려서 모조리 제거한 다음 깨끗하게 손질한다(430쪽). 오븐을 220℃로 예열한다. 간과 심장을 다지고 볼에 담은 뒤 다진 베이컨, 버터, 레몬 제스트, 소금, 후추와 함께 섞어서 스터핑을 만든다. 쇠오리 뱃속에 스터핑을 채운다. 위에 레몬즙을 두르고 줄무늬 베이컨을 덮어서 조리용 끈으로 묶은 다음 소금과 후추로 간을 한다. 쇠오리를 쿠킹포일로 단단하게 싸서 즙이 흐르지 않도록 한다. 오븐에 넣어 40분간 굽는다. 그동안 미르푸아를 준비해서 블론드 루, 오렌지즙과 함께 섞는다. 쿠킹포일을 벗기고 쇠오리를 묶은 끈을 제거한 다음 소스 그릇에 소스를 담아 곁들인다.

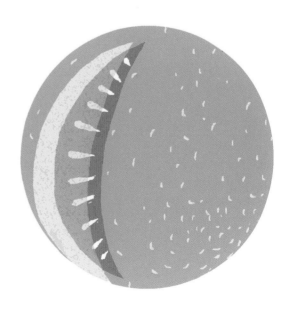

쇠오리 로스트
SARCELLE RÔTIE

오븐을 220℃로 예열한다. 쇠오리는 깃털을 뽑고 씻어서 얇게 저민 베이컨으로 덮은 다음 조리용 끈으로 묶는다(430~431쪽). 오븐 또는 바비큐 그릴에 약 8분간 굽는다. 소금과 후추로 간을 하고 약 7분간 더 익힌다. 길쭉한 식사용 그릇에 쇠오리를 담고 주변에 물냉이를 듬뿍 얹는다. 쇠오리를 익힌 팬에 뜨거운 물을 약간 부어서 바닥에 붙은 파편을 모두 긁어낸 다음 소스 그릇에 담아 곁들여 낸다.

- ◆ 쇠오리 1마리
- ◆ 줄무늬 베이컨 75g
- ◆ 소금과 후추
- ◆ 장식용 물냉이 여러 단

  준비 시간 25분

  조리 시간 15분

  6인분

올리브를 곁들인 쇠오리
SARCELLES AUX OLIVES

쇠오리는 깃털을 뽑고 씻어서 얇게 저민 베이컨으로 덮은 다음 조리용 끈으로 묶는다(430~431쪽). 오븐을 200℃로 예열한다. 바닥이 묵직한 팬에 버터를 넣어 달구고 쇠오리를 넣어서 골고루 노릇하게 지진다. 소금과 후추로 간을 하고 부케 가르니를 더하여 20분간 익힌다. 올리브를 더해서 20~25분 더 익힌다. 쇠오리와 익힌 국물을 그릇에 담아서 주변에 올리브를 둘러 낸다.

- ◆ 쇠오리 1마리
- ◆ 줄무늬 베이컨 100g
- ◆ 버터 40g
- ◆ 소금과 후추
- ◆ 부케 가르니 1개
- ◆ 씨를 제거하고 찬물에 씻은 그린 올리브 250g

  준비 시간 10분

  조리 시간 45분

  6인분

베리를 더한 사슴 등심 요리(477쪽)

토끼 로스트(478쪽)

비둘기 로스트(498쪽)

메추라기 캐서롤(492쪽)

따뜻한 꿩 샐러드(497쪽)

-9-

채소
&
샐러드

신선한 채소

흡수력이 좋은 미네랄과 비타민, 식이섬유가 풍부한 신선한 채소는 우리 식단에서 중요한 역할을 한다. 종류 또한 다양해서 메뉴를 무한정 다채롭게 짤 수 있다. 대부분의 채소는 날것으로 먹거나 가열하여 조리한다. 수일간 신선하게 보관할 수 있지만 가능하면 영양가를 보존하기 위해서라도 빨리 소비하는 것이 좋다.

조리법

신선한 채소는 너무 오래 가열하면 영양가와 풍미가 떨어진다. 종류에 따라 소금물에 재빨리 삶거나 찌고, 그릴에 굽기도 한다.

삶을 때는 물 1L당 소금 1작은술을 넣어서 소금물을 만든다. 아티초크, 양배추, 마늘잎쇠채 등 오랫동안 익혀야 하는 채소는 압력솥에 조리하면 시간을 절약할 수 있다. 깍지콩이나 시금치 등의 녹색 채소는 가볍고 빠르게 데쳐야 한다.

채소에 어울리는 소스

- 메트르도텔 버터(48쪽)
- 블랙 버터(48쪽)
- 베샤멜 소스(50쪽)
- 치즈 소스(51쪽)
- 프랭타니에르 또는 시브리 소스(54쪽)
- 토마토 소스(57쪽)
- 마데이라 소스(61쪽)
- 버섯 소스(61쪽)
- 포르투갈식 소스(62쪽)
- 레물라드 소스(68쪽)
- 무슬린 마요네즈(71쪽)

아티초크

통아티초크를 손질하려면 우선 줄기를 잘라 내고 아주 날카로운 칼로 질긴 겉잎을 제거한 다음 밑동을 다듬는다. 남은 속잎은 끝부분을 깔끔하게 잘라 낸다. 물에 깨끗하게 씻은 다음 레몬즙 1큰술을 푼 물에 담가서 갈변을 막는다.

아티초크 받침을 손질하려면 조리 전에 질긴 잎을 제거하여 잎 뿌리 부분이 붙어 있는 부드러운 식용 받침 부분만 남긴다. 지저분한 부분과 가운데의 털을 모두 제거한 다음 레몬으로 꼼꼼하게 문지른다. 소금물에 넣어서 아티초크의 크기에 따라 15~25분간 삶는다.

삶은 아티초크
ARTICHAUTS BOUILLIS

먼저 아티초크를 손질한다(510쪽). 냄비에 소금물을 넉넉하게 끓여서 아티초크를 넣어 삶거나 찐다. 조리 시간은 아티초크 크기에 따라 달라지므로 밑동을 날카로운 칼끝으로 찔러서 부드러워졌는지 확인한다.

다 익은 아티초크는 건져서 뾰족한 잎 끝부분이 아래로 가도록 잡고 물기를 제거한다. 이제 원하는 대로 잎을 모두 제거할 수 있다. 털이 난 가운데 부분을 모두 제거한 다음 부드러운 아티초크 받침에 다시 잎을 담는다. 비네그레트 또는 원하는 소스를 소스 그릇에 담아 곁들여 낸다.

- ◆ 아티초크(통) 6개
- ◆ 곁들임용 비네그레트(66쪽), 화이트 소스(50쪽), 크림 소스(51쪽) 1회 분량

  준비 시간 20분

  조리 시간 30분

  6인분

500쪽

- 아티초크(통) 6개
- 버섯 200g
- 베이컨 125g
- 이탈리안 파슬리 1줌
- 소금과 후추
- 얇은 베이컨 12장
- 버터 30g
- 오일 2큰술
- 굵게 다진 당근 125g
- 굵게 다진 양파 100g
- 베이컨 껍질
- 화이트 와인 300mL
- 육수 500mL

  준비 시간 1시간

  조리 시간 30분

  6인분

- 아티초크(통) 6개
- 버터 30g
- 다진 당근 1개 분량
- 다진 양파 1개 분량
- 육수(종류 무관) 500mL
- 소금과 후추
- 붉은 고기용 스터핑(80쪽) 1회 분량

  준비 시간 30분

  조리 시간 1시간

  6인분

아티초크 바리굴
ANTIOHAUTO À LA DANIQOULE

먼저 아티초크를 손질한다(510쪽). 냄비에 소금물을 넉넉하게 끓여서 아티초크를 넣고 5분간 삶는다. 그동안 버섯, 베이컨, 파슬리를 곱게 다져서 섞어 스터핑을 만들고 소금과 후추로 간을 한다. 아티초크를 건져서 이파리와 털을 제거한다. 아티초크 받침에 스터핑을 채운다. 얇은 베이컨 2장으로 아티초크를 십자 모양으로 감싼 다음 조리용 끈으로 묶는다. 팬에 버터와 오일을 두르고 아티초크를 넣어서 약 5분간 노릇하게 튀긴다.

오븐을 190℃로 예열한다. 바닥이 묵직한 오븐용 팬에 당근, 양파, 베이컨 껍질을 넣고 그 위에 아티초크를 담는다. 와인을 붓고 한소끔 끓인 뒤 센 불에서 10분간 졸인 다음 육수를 붓고 뚜껑을 덮어서 오븐에 넣고 30분간 익힌다. 아티초크를 묶은 끈을 제거하고 따뜻한 식사용 그릇에 담는다. 익힌 국물을 체에 걸러서 아티초크 위에 둘러 낸다.

속을 채운 아티초크 받침
FONDS D'ARTICHAUTS FARCIS

아티초크 받침을 손질한다(510쪽). 팬에 버터를 넣어 녹이고 아티초크를 넣어서 센 불에서 5분간 볶는다. 당근과 양파를 넣고 육수를 부어서 소금과 후추로 간을 한다. 불 세기를 줄이고 45분간 천천히 익힌다. 오븐을 200℃로 예열한다. 아티초크 받침에 원하는 스터핑을 채운다. 오븐 조리가 가능한 식사용 그릇에 아티초크를 담고 익힌 국물을 체에 걸러 두른 다음 오븐에 넣고 10분간 굽는다.

아티초크 받침 프랭타니에르
FONDS D'ARTICHAUTS PRINTANIÈRE

오븐을 180℃로 예열한다. 아티초크를 손질한다(510쪽). 냄비에 소금물을 넉넉히 끓여서 아티초크를 넣고 과조리하지 않도록 주의하며 15~20분간 삶는다. 그동안 버터 30g, 밀가루, 육수를 이용해서 블론드 루(57쪽)를 만든다. 소금과 후추로 간을 넉넉히 한다. 다른 팬에 버터 20g을 넣고 녹여서 버섯과 샬롯을 넣고 부드러워질 때까지 약 5분간 천천히 볶는다. 루에 더하여 골고루 섞은 다음 따로 둔다. 아티초크를 건져서 잎을 떼어 낸다.

아티초크 속심에서 털을 제거한다. 아티초크 잎에서 식용 가능한 뿌리 부분만 잘라 내서 완숙 달걀, 햄과 함께 섞는다. 아티초크 혼합물, 타라곤, 파슬리를 버섯 소스에 더하여 골고루 섞는다. 아티초크 받침에 혼합물을 채우고 오븐용 그릇에 담는다. 아티초크에 빵가루를 뿌리고 남은 버터를 적당히 두른 다음 오븐에 넣어 20분간 노릇하게 굽는다.

- ◆ 아티초크(통) 6개
- ◆ 버터 70g
- ◆ 밀가루 30g
- ◆ 육수(종류 무관) 200mL
- ◆ 소금과 후추
- ◆ 곱게 다진 버섯 100g
- ◆ 곱게 다진 샬롯 1개 분량
- ◆ 곱게 다진 완숙 달걀 1개 분량
- ◆ 다진 햄 100g
- ◆ 곱게 다진 타라곤 1큰술
- ◆ 곱게 다진 이탈리안 파슬리 1큰술
- ◆ 마무리용 마른 빵가루
  준비 시간 45분
  조리 시간 45분
  6인분

치즈 소스를 두른 아티초크 받침
FONDS D'ARTICHAUTS À LA MORNAY

오븐을 220℃로 예열한다. 아티초크 받침을 손질한다(510쪽). 그동안 팬에 버터를 넣어 달구고 버섯을 넣어서 부드러워질 때까지 잔잔한 불에서 약 5분간 볶는다. 아티초크가 익으면 건져서 잎을 떼어 낸다. 아티초크 받침에서 털을 제거한다. 아티초크 잎에서 식용 가능한 뿌리 부분만 잘라 내서 버섯 스터핑과 함께 섞은 뒤 아티초크 받침에 채우고 버터를 바른 오븐용 그릇에 담는다. 아티초크에 치즈 소스를 둘러서 오븐에 넣어 20분간 노릇하게 굽는다.

- ◆ 아티초크(통) 6개
- ◆ 버터 20g
- ◆ 다진 버섯 200g
- ◆ 소금과 후추
- ◆ 치즈 소스(51쪽) 1회 분량
  준비 시간 1시간
  조리 시간 1시간
  6인분

아스파라거스

흰색 또는 초록색 아스파라거스를 손질하려면 질긴 밑동을 잘라 내고 줄기에서 껍질을 벗긴다. (가느다란 아스파라거스일 경우 껍질을 벗기지 않아도 좋다. 대신 1인분당 준비하는 갯수를 늘린다.) 물에 깨끗하게 씻는다. 큰 냄비에 소금물을 끓인 다음 아스파라거스를 넣고 팔팔 끓이면서 딱 부드러워질 정도로 굵기에 따라 4~8분간 삶는다. 건져서 냅킨 또는 아스파라거스 전용 바구니 버쏘berceau에 담아 마요네즈(70쪽)나 무슬린 마요네즈(71쪽), 비네그레트(66쪽), 화이트 소스(50쪽), 치즈 소스(51쪽)를 곁들여 낸다.

　1인분당 굵은 아스파라거스 8~10개 또는 6인분에 2.5kg을 준비한다.

아스파라거스 퍼프 페이스트리
FEUILLETÉ AUX POINTES D'ASPERGES

오븐을 220℃로 예열하고 베이킹 트레이에 버터를 바른다. 퍼프 페이스트리는 2.5cm 두께로 밀어서 마름모 모양으로 6등분한다. 날카로운 칼로 반죽 가운데에 1.5cm 깊이로 사각형 모양 칼집을 넣어서 뚜껑을 만든다. 이때 바닥까지 전부 자르지 않도록 주의한다. 달걀노른자에 소량의 찬물을 섞어서 페이스트리 윗부분을 솔로 바른다. 페이스트리에 칼끝으로 대각선 무늬를 낸다. 페이스트리를 준비한 베이킹 트레이에 담고 오븐에 넣어 짙은 갈색을 띨 때까지 20~25분간 굽는다.

　그동안 아스파라거스를 손질해서 익힌다(514쪽). 건져서 흐르는 찬물에 식힌다. 아스파라거스 싹 부분을 약 4cm 길이로 자르고 나머지 줄기는 작게 깍둑썰기 한다. 팬에 버터를 넣어 녹이고 깍둑썰기 한 아스파라거스 줄기를 넣고 너트메그, 처빌, 절반 분량의 뵈르 블랑을 더하여 2~3분간 천천히 익힌다. 구운 페이스트리에서 뚜껑을 떼어 낸다. 속에 깍둑썰기 한 아스파라거스를 담고 뚜껑을 덮는다. 식사용 접시에 담는다. 아스파라거스 싹에 남은 뵈르 블랑을 얇게 바르고 페이스트리에 둥글게 꽂아 장식한다. 바로 낸다.

- ◆ 시판 또는 수제 퍼프 페이스트리(776쪽) 400g
- ◆ 버터 30g, 틀용 여분
- ◆ 달걀노른자 1개
- ◆ 아스파라거스 1.5kg
- ◆ 즉석에서 간 너트메그
- ◆ 다진 처빌 20g
- ◆ 뵈르 블랑(49쪽) 100mL
  준비 시간 30분
  조리 시간 40분
  6인분

완두콩식으로 조리한 아스파라거스

ASPERGES EN PETITS POIS

- ◆ 아스파라거스 50개
- ◆ 버터 50g
- ◆ 작은 양파 60g
- ◆ 밀가루 50g
- ◆ 닭 육수 또는 채소 육수 500mL
- ◆ 부케 가르니 1개
- ◆ 소금과 후추
- ◆ 달걀 푼 것 1개 분량

　조리 시간 45분

　조리 시간 15~20분

　6인분

아스파라거스를 손질한 뒤 깍둑썰기 한다(514쪽). 대형 팬에 버터를 넣어 녹이고 양파를 더하여 부드러워질 때까지 약한 불에서 익힌 다음 밀가루를 뿌리고 골고루 섞는다. 1분간 익힌 다음 육수를 붓고 골고루 휘저어 화이트 소스(50쪽)를 만든다. 부케 가르니, 소금, 후추, 아스파라거스를 더한다. 15~20분간 천천히 익힌다. 먹기 전에 달걀 푼 것을 넣고 골고루 휘저어서 걸쭉하게 만든다.

가지

가지는 만지면 단단하고 껍질이 아주 매끄러운 것을 고른다. 브레이즈, 볶음, 그라탕을 만들 때는 껍질을 벗기고 송송 썰거나 4등분하여 소금을 뿌린 다음 채반에 밭쳐서 30분간 재워 물기를 제거한다. 조리하기 전에 씻어서 키친타월로 두드려 물기를 제거한다. 가지에 속을 채울 때는 우선 반으로 자르고 과육 군데군데 칼집을 넣는다. 가장자리가 높은 팬에 오일을 반 정도 채운 다음 아주 뜨겁게 달궈서 과육이 아래로 가도록 가지를 조심스럽게 넣어 6~7분간 튀긴다. 튀긴 가지는 건져서 기름기를 제거하고 숟가락으로 과육을 파내 스터핑에 섞는다. 가지에 원하는 스터핑을 채운다. 1인분당 가지 1개(소) 또는 1/2개(대)를 준비한다.

속을 채운 가지(고기를 넣지 않은 것)
AUBERGINES FARCIES AU MAIGRE

오븐을 200℃로 예열한다. 가지를 길게 반으로 자르고 속을 채우는 용도로 손질한 다음 뜨거운 오일에 튀긴다(516쪽). 가지에서 과육을 적당히 파낸 다음 뒥셀과 함께 섞는다. 소금과 후추로 간을 한 다음 가지에 혼합물을 채운다. 빵가루를 뿌리고 버터를 군데군데 얹어서 오븐에 넣어 45분간 굽는다.

- ◆ 가지 3개
- ◆ 튀김용 오일
- ◆ 뒥셀(81쪽) 1회 분량
- ◆ 소금과 후추
- ◆ 마무리용 마른 빵가루
- ◆ 버터 40g
  준비 시간 30분
  조리 시간 45분
  6인분

가지 튀김
AUBERGINES FRITES

가지를 1cm 두께로 저며서 튀김용으로 손질한다(516쪽). 키친타월로 두드려 물기를 제거한 다음 튀김옷을 입힌다. 튀김기에 오일을 채워서 180℃ 혹은 빵조각을 넣으면 30초 만에 노릇해질 정도로 가열한다. 구멍 뚫린 국자로 가지를 튀김옷에서 건진 다음 튀김기에 적당량씩 나누어 넣고 노릇하게 튀긴다. 키친타월에 얹어서 기름기를 제거하고 뜨겁게 낸다.

- ◆ 가지 3개
- ◆ 튀김옷 반죽(724쪽) 1회 분량
- ◆ 튀김용 식물성 요일
  준비 시간 25분
  조리 시간 10분
  6인분

589쪽

가지와 토마토
AUBERGINES AUX TOMATES

- ◆ 다진 토마토 750g
- ◆ 가지 3개
- ◆ 튀김용 오일
- ◆ 소금과 후추
- ◆ 다진 이탈리안 파슬리 1줌 분량
- ◆ 다진 마늘 1쪽 분량
- ◆ 버터 40g

  준비 시간 45분

  조리 시간 45분

  6인분

토마토 퓌레를 만든다. 달군 팬에 토마토를 넣고 계속 휘저으면서 10분간 익힌다. 체에 내려서 따로 둔다. 가지를 1cm 두께로 둥글게 썬다. 가장자리가 높은 팬에 오일을 2cm 깊이로 붓는다. 가지를 적당량씩 나누어서 뜨거운 오일에 넣고 약 5분간 노릇하게 튀긴다. 그동안 오븐을 180℃로 예열한다. 오븐용 그릇에 토마토 퓌레를 한 켜 깔고 가지를 한 켜 얹은 다음 소금과 후추로 간을 한다. 각 켜마다 파슬리와 마늘을 뿌린다. 버터를 군데군데 얹어서 오븐에 넣어 45분간 굽는다.

가지 그라탕
GRATIN D'AUBERGINES

- ◆ 가지 3개
- ◆ 오일 100mL
- ◆ 버터 40g
- ◆ 곱게 다진 양파 1개 분량
- ◆ 곱게 다진 마늘 1쪽 분량
- ◆ 익힌 후 다진 고기 150g
- ◆ 토마토 퓌레 2큰술
- ◆ 다진 이탈리안 파슬리 1줌 분량
- ◆ 소금과 후추
- ◆ 마무리용 마른 빵가루

  준비 시간 25분

  조리 시간 45분

  6인분

오븐을 200℃로 예열한다. 가지를 1cm 두께로 저며서 튀김용으로 손질한다(516쪽). 가장자리가 높은 팬에 오일을 부어서 뜨겁게 달군 다음 가지를 적당량씩 넣어서 노릇하게 튀긴다. 다른 팬에 절반 분량의 버터를 넣어 녹이고 양파와 마늘을 넣어서 조심스럽게 10분간 볶는다. 고기, 토마토 퓌레, 파슬리를 더한다. 소금과 후추로 간을 하고 5분간 익힌다. 오븐용 그릇에 가지와 고기 혼합물을 번갈아서 켜켜이 깐 다음 빵가루를 뿌리고 남은 버터를 군데군데 얹는다. 오븐에 넣어 45분간 굽는다.

근대

근대를 손질하려면 우선 질긴 밑동부터 잘라 내고 줄기에서 잎 부분을 뜯어 낸다. 그 다음 칼로 줄기의 질긴 겉껍질을 벗겨 낸다. 너무 질기다면 2.5~4cm 길이로 송송 썬 다음 씻어서 건진다. 끓는 물에 소금을 아주 약간 넣고 근대 줄기를 더하여 3~5분간 익힌다. 근대가 소금을 흡수하므로 소금간을 너무 짜게 하지 않아야 한다. 잎은 채 썰어 두었다가 줄기를 수분간 먼저 삶은 다음 넣어 마저 익히거나 다른 요리에 사용한다. 근대를 건져서 화이트 소스(50쪽), 크림 소스(51쪽), 치즈 소스(51쪽), 풀레트 소스(52쪽)와 함께 낸다.

프로방스식 근대 요리
BETTES À LA PROVENCALE

근대 줄기를 손질한다(518쪽). 가볍게 소금을 푼 물에 넣어 3~5분간 삶은 다음 물기를 충분히 제거한다. 팬에 버터를 넣어 녹이고 근대와 마늘을 넣어서 센 불에서 3~4분간 볶는다. 파슬리를 뿌려서 낸다.

◆ 근대 1kg
◆ 소금
◆ 버터 50g
◆ 곱게 다진 마늘 1쪽 분량
◆ 다진 이탈리안 파슬리 1큰술
  준비 시간 10분
  조리 시간 10분
  6인분

브로콜리

브로콜리는 짙은 녹색을 띠어야 한다. 손질할 때는 잎만 떼어 내고 작은 송이들로 나누어 자른 뒤 꼼꼼하게 씻는다.

찐 브로콜리
BROCOLIS À LA VAPEUR

브로콜리를 손질한 뒤 4~5분간 찐다. 버터 또는 싱글 크림과 함께 뜨겁게 내거나, 올리브 오일을 두르고 파르미지아노 레지아노 치즈를 깎아서 뿌리는 등 샐러드로 따뜻하게 낸다.

◆ 브로콜리 1kg
◆ 녹인 버터 40g 또는 따뜻한 싱글 크림(선택 사항)
◆ 곁들임용 올리브 오일 또는 파르미지아노 레지아노 치즈(선택 사항)
  준비 시간 10분
  조리 시간 5분
  6인분

치즈 소스를 두른 브로콜리
BROCCOLIS SAUCE MORNAY

* 브로콜리 1kg
* 치즈 소스(51쪽) 1회 분량

  준비 시간 20분

  조리 시간 5분

  6인분

오븐을 220℃로 예열한다. 브로콜리는 4~5분간 찌거나 소금물에 넣어 6분간 삶는다. 건져서 오븐 조리가 가능한 식사용 그릇에 담는다. 브로콜리 위에 치즈 소스를 두르고 오븐에 넣어 5분간 노릇하게 구워서 낸다.

카르둔

카르둔은 아티초크와 비슷하게 생겼지만 더 길고 가시가 많은 특징이 있다. 어린 카르둔일 경우 꽃대와 꽃대 근처 부드러운 줄기 부분도 식용할 수 있지만 아주 꼼꼼하게 손질해야 한다. 너무 질기거나 숨이 죽고 속이 빈 퍼석퍼석한 줄기는 제거한다. 이렇게 전부 손질하고 나면 3분의 1 정도만 남게 된다. 미리 손질된 카르둔을 사는 방법도 있으니 참고하자.

카르둔을 부드러운 흰색 부분만 남기고 전부 손질한 다음 10등분하여 끈적거리는 섬유질을 모두 제거한다. 바로 레몬으로 문지른 다음 식초 또는 레몬즙을 몇 방울 섞은 물에 담근다. 건져서 끓는 물에 넣고 부드러워질 때까지 30~45분간 삶는다. 갈변을 막기 위해 원한다면 끓는 물 1L에 송아지 지방 100g을 더해도 좋다. 카르둔이 익으면 건져서 앞서 사용한 레몬수에 담가 24시간 동안 보관이 가능하다. 화이트 소스(50쪽)나 치즈 소스(51쪽) 또는 홀랜다이즈 소스(74쪽)를 곁들여 낸다.

카르둔 브레이즈
CARDONS AU JUS

* 카르둔 1kg
* 버터 40g
* 진한 송아지 육수 100mL

  준비 시간 5분

  조리 시간 20분

  6인분

카르둔은 손질해서 익힌다(519쪽). 팬에 버터를 더하고 카르둔을 넣어 잔잔한 불에서 10분간 데운다. 송아지 육수를 붓고 10분 더 뭉근하게 익힌다. 식사용 접시에 카르둔을 담아서 바로 낸다.

카르둔 그라탕
CARDONS EN GRATIN

카르둔은 손질해서 익힌다(519쪽). 오븐을 240℃로 예열한다. 카르둔 250g과 버섯을 잘게 썰어서 골고루 섞는다. 오븐용 그릇에 남은 카르둔을 담고 버섯 혼합물을 얹어서 덮은 다음 소금과 후추로 간을 한다. 레몬즙을 두르고 빵가루를 뿌려서 오븐에 넣어 20분간 굽는다. 육수를 뜨겁게 데워서 먹기 직전 그라탕에 뿌린 다음 낸다.

- ◆ 손질한 카르둔(통) 3kg
- ◆ 버섯 150g
- ◆ 소금과 후추
- ◆ 레몬즙 1개 분량
- ◆ 마른 빵가루 6큰술
- ◆ 진한 고기 육수 150mL

  준비 시간 1시간 30분

  조리 시간 20분

  6인분

당근

당근은 손질하고 껍질을 얇게 벗긴 뒤 씻는다. 어리고 부드러운 당근은 껍질을 벗기지 않고 문질러 씻는다. 늙은 당근은 심이 나무처럼 질길 수 있으니 잘라 낸다. 당근은 소금물에 통째로 또는 적당히 잘라 넣고 5~15분간 삶는다. 깍둑썰기 하거나 저미기도 하고, 길고 가늘게 썰거나 매끄러운 원통형으로 돌려깎기 할 수도 있다.

버터에 익힌 당근
CAROTTES AU BEURRE

당근을 문질러 씻는다. 팬에 당근을 담고 물을 딱 잠길 만큼만 붓는다. 소금을 더하고 한소끔 끓인 다음 불 세기를 줄여서 팬을 가끔씩 흔들어가며 잔잔하고 뭉근하게 익힌다. 당근이 익으면(조리 시간은 크기에 따라 달라진다.) 건져서 물기를 제거한 다음 팬에 버터와 함께 넣는다. 버터가 녹아서 당근과 골고루 버무려지도록 잘 흔든다. 파슬리를 뿌려서 낸다.

- ◆ 햇당근 600g
- ◆ 소금 1꼬집
- ◆ 버터 50g
- ◆ 다진 이탈리안 파슬리 1큰술

  준비 시간 10분

  조리 시간 20분

  6인분

501쪽

- 당근 600g
- 베샤멜 소스(50쪽) 1회 분량
- 달걀노른자 1개

  준비 시간 15분

  조리 시간 30분

  6인분

베샤멜 소스를 두른 당근
CAROTTES À LA BÉCHAMEL

당근을 손질해서 익힌다(520쪽). 베샤멜 소스를 만들고 달걀노른자를 더하여 골고루 휘저어 섞는다. 먹기 직전에 베샤멜 소스를 당근에 둘러서 낸다.

[변형]

• •

크림을 두른 당근
CAROTTES À LA CRÉME

위와 같이 조리하되 달걀노른자 대신 크렘 프레슈 100mL를 사용한다.

- 염장 베이컨 1개(100g)
- 버터 20g
- 껍질을 벗기거나 문질러 씻고 송송 썬 당근 700g
- 육수(종류 무관) 500mL
- 부케 가르니 1개
- 소금과 후추

  준비 시간 15분

  조리 시간 20~30분

  6인분

베이컨을 더한 당근
CARROTES AU LARD

베이컨은 깍둑썰기 한다. 팬에 버터를 넣어 녹이고 베이컨을 넣어 노릇해지기 시작할 때까지 중간 불에서 5분간 볶는다. 당근과 육수, 부케 가르니를 더한다. 소금과 후추로 간을 한다. 당근이 아주 부드러워질 때까지 크기에 따라 약 20~30분간 천천히 익힌다.

- 당근 600g
- 버터 40g
- 소금 1작은술
- 정제 백설탕 1큰술
- 베이킹 소다 1꼬집
- 다진 이탈리안 파슬리 1줌 분량

  준비 시간 10분

  조리 시간 20분

  6인분

비시 당근
CAROTTES À LA VICHY

당근은 껍질을 벗기고 다듬어서 같은 크기로 송송 썬 다음 비교적 큰 팬에 담는다. 버터와 소금, 설탕, 베이킹 소다와 물 400mL를 더한다. 한소끔 끓인 다음 불 세기를 줄여서 부드러워질 때까지 약 15분간 천천히 익힌다. 수분마다 팬을 흔들어 가면서 국물이 완전히 졸아들고 당근 표면이 글레이즈에 골고루 버무려져 반짝반짝해질 때까지 익힌다. 파슬리를 뿌려서 낸다.

셀러리

셀러리를 손질하려면 질긴 녹색 줄기와 잎을 전부 잘라 낸다. 뿌리에서 제일 가까운 부분만 남기고 필요하면 껍질을 벗긴다. 약 18~20cm 길이의 셀러리 1통이면 2인분 정도가 된다. 흐르는 물에 깨끗하게 씻는다. 끈으로 묶어서 형태를 고정한 다음 끓는 소금물에 넣어서 부드러워질 때까지 15분간 삶는다. 건져서 물기를 제거한다.

소스를 곁들인 셀러리
CÉLERI-BRANCHE EN SAUCE

셀러리는 익힌다(522쪽). 건져서 조리용 끈을 제거하고 화이트 소스나 크림 소스를 곁들이거나 둘러 낸다. 메트르도텔 버터를 곁들여도 좋다. 비네그레트나 마요네즈를 곁들여서 차갑게 낼 수도 있다.

- 셀러리 3통
- 화이트 소스(50쪽), 크림 소스(51쪽), 메트르도텔 버터(48쪽), 비네그레트(66쪽) 또는 마요네즈(70쪽) 1회 분량
  준비 시간 15분
  조리 시간 15분
  6인분

셀러리와 소 골수
CÉLERI-BRANCHE À LA MOELLE

셀러리는 손질한다(522쪽). 바닥이 묵직한 팬에 버터를 넣어 달구고 셀러리를 넣어 약한 불에서 5~10분간 익힌다. 육수를 붓고 20분간 뭉근하게 익힌다. 소금과 후추로 간을 한다. 그동안 칼을 뜨거운 물에 담갔다 빼서 소 골수를 5mm 두께로 저민다. 작은 냄비에 물을 담고 한소끔 끓인 다음 소 골수를 넣는다. 물이 팔팔 끓지 않도록 주의하면서 2분간 뭉근하게 익힌 다음 구멍 뚫린 국자로 골수를 조심스럽게 건진다. 셀러리를 묶은 끈을 제거하고 길게 반으로 자른 다음 다시 팬에 넣는다. 소 골수를 덮어 잔잔한 불에서 5분 더 익힌 다음 낸다.

- 셀러리 3통
- 버터 40g
- 소 육수 150mL
- 소금과 후추
- 소 골수 120g
  준비 시간 20분
  조리 시간 40분
  6인분

셀러리 브레이즈
CÉLERI AU JUS

- ◆ 버터 30g
- ◆ 송송 썬 당근 1개 분량
- ◆ 채 썬 양파 1개 분량
- ◆ 셀러리 3통
- ◆ 소금과 후추
- ◆ 육수(종류 무관) 250mL
- ◆ 농축한 고기 육수 또는 로스트 쥐
  250mL
  준비 시간 10분
  조리 시간 1시간
  6인분

셀러리는 손질한다(522쪽). 팬에 버터를 넣어 녹이고 당근과 양파를 넣어 부드러워질 때까지 중간 불에서 약 5분간 익힌다. 셀러리를 더하고 소금과 후추로 간을 한 다음 육수를 붓는다. 뚜껑을 덮고 45분간 뭉근하게 익힌다. 농축한 고기 육수 또는 로스트 쥐를 더하여 10분 더 익힌다.

셀러리악

셀러리악을 손질하려면 껍질을 벗기고 쐐기 모양으로 썰거나 얇게 저민 다음 레몬즙에 버무려서 갈변을 막는다. 소금물에 넣어서 한소끔 끓인 다음 부드러워질 때까지 크기에 따라 10~20분간 익힌다.

크림을 두른 셀러리악
CÉLERI-RAVE À LA CRÈME

- ◆ 셀러리악 750g
- ◆ 화이트 소스(50쪽) 1회 분량
- ◆ 크렘 프레슈 100mL
  준비 시간 15분
  조리 시간 20분
  6인분

셀러리악은 손질해서 익힌다(523쪽). 화이트 소스를 만들어서 크렘 프레슈를 더한 다음 익힌 셀러리악에 둘러 낸다.

셀러리악 퓌레
CÉLERI-RAVE EN PURÉE

셀러리악은 쐐기 모양으로 자른다. 냄비에 소금물을 끓여서 셀러리악을 넣고 5분간 삶는다. 감자를 쐐기 모양으로 잘라서 팬에 넣고 15분 더 익힌다. 물기를 충분히 제거한 다음 체에 내리거나 믹서에 갈아 퓌레를 만든다. 크렘 프레슈와 버터를 더하여 빠르게 뒤섞어서 골고루 버무린 뒤 소금과 후추로 간을 한다. 셀러리악의 양을 줄이고 감자의 양을 늘리면 조금 더 풍미가 부드러운 퓌레가 된다.

- ◆ 셀러리악 800g
- ◆ 감자 250g
- ◆ 크렘 프레슈 175mL
- ◆ 버터 40g
- ◆ 소금과 후추

  준비 시간 10분

  조리 시간 20분

  6인분

셀러리악 샐러드
CÉLERI-RAVE EN SALADE

6~8시간 전에 준비를 시작한다. 셀러리악은 껍질을 벗기고 쐐기 모양으로 썰어서 끓는 소금물에 4~5분간 데친다. 데친 셀러리악은 가늘게 채 썰거나 굵게 간다. 레몰라드 소스를 둘러서 냉장고에 넣고 6~8시간 차갑게 보관했다가 낸다.

- ◆ 셀러리악 1개
- ◆ 레몰라드 소스(68쪽) 1회 분량

  준비 시간 20분 + 차갑게 식히기

  조리 시간 10분

  6인분

셀러리악 로프
PAIN DE CÉLERI

오븐을 160℃로 예열한다. 속이 깊은 오븐용 그릇 또는 테린이나 로프 틀에 버터를 바른다. 셀러리악은 손질해서 익힌다(523쪽). 볼에 익힌 셀러리악을 담고 으깬 뒤 달걀노른자와 달걀, 크렘 프레슈를 더하여 골고루 섞은 다음 소금과 후추로 간을 한다. 혼합물을 준비한 그릇에 담고 쿠킹포일로 단단하게 감싸거나 뚜껑을 닫아서 로스팅 팬에 담고 뜨거운 물을 그릇이 반 정도 잠길 만큼 붓는다. 오븐에 넣어 1시간 30분간 굽는다.

- ◆ 버터 10g
- ◆ 셀러리악 1kg
- ◆ 달걀노른자 5개
- ◆ 달걀 1개
- ◆ 크렘 프레슈 250mL
- ◆ 소금과 후추

  준비 시간 20분

  조리 시간 1시간 30분

  6인분

버섯

버섯은 워낙 영양소가 풍부한 데다 미식적 가치도 뛰어나 여러모로 높이 평가받는 식재료다. 재배든 야생이든 자란 곳에 상관없이 향긋한 풍미로 요리를 더욱 맛있게 만들어 준다. 독버섯과 식용 버섯을 구분하는 일은 아주 까다로우므로 야생 버섯을 채취할 때는 반드시 전문가의 조언을 구해야 한다. 풍미를 최대한 보존하려면 버섯을 딴 즉시 조리해야 하며, 물에 씻으면 맛이 흐려지므로 젖은 행주로 닦아 내 손질한다. 깨끗한 솔로 흙을 꼼꼼하게 털어 내기도 한다. 버섯은 소스에 넣거나 천천히 오랫동안 익히는 요리에 더하고 곁들임 요리나 전채에 활용할 수 있다.

📷 592쪽

◆ 그물버섯, 양송이버섯, 주름버섯 등
　크기에 따라 6~12개(대)
◆ 녹인 버터 75g
◆ 다진 모둠 허브(이탈리안 파슬리, 처빌,
　타라곤 등) 1줌 분량
◆ 소금과 후추
　준비 시간 10분
　조리 시간 12분
　6인분

번철에 구운 버섯과 허브 버터
CHAMPIGNONS SUR LE GRIL

버섯은 젖은 행주로 깨끗하게 닦는다. 기둥은 잘라 내고 고깔은 번철 팬에 둥근 면이 아래로 가도록 얹는다. 버터 40g을 두르고 잔잔한 불에서 10~12분간 익힌다. 남은 버터는 허브를 더하고 소금과 후추로 간을 해서 골고루 섞는다. 식사용 그릇에 버섯을 담고 허브 버터를 채운다. 전채로 내거나 붉은 살코기 또는 야생 고기 로스트에 곁들여 낸다.

◆ 버섯 600g
◆ 버터 80g
◆ 레몬즙 1개 분량
◆ 블론드 루(57쪽) 1회 분량
◆ 크렘 프레슈 100mL
◆ 소금과 후추
◆ 곁들임용 빵 6장
　준비 시간 10분
　조리 시간 15분
　6인분

버섯 퓌레
PURÉE DE CHAMPIGNONS

버섯은 깨끗하게 손질해서 아주 곱게 다진다. 팬에 버터 50g과 레몬즙을 담고 중간 불에서 5~6분간 익힌다. 블론드 루와 크렘 프레슈를 더하여 골고루 섞은 다음 5분간 뭉근하게 졸이고 소금과 후추로 간을 한다. 남은 버터로는 빵을 구워서 버섯 퓌레를 곁들여 낸다.

속을 채운 버섯
CHAMPIGNONS FARCIS

오븐을 200℃로 예열한다. 버섯은 깨끗하게 손질하고 기둥을 잘라 내서 따로 둔다. 고깔에 녹인 버터나 오일을 약간 뿌린다. 베이킹 트레이에 버섯을 둥근 부분이 아래로 가도록 담고 오븐에 넣어 7~8분간 굽는다. 오븐에서 꺼낸 버섯은 뒤집어서 식힌다. 버섯 기둥은 다져서 양파, 샬롯, 너트메그, 버터 30g 또는 오일과 함께 뒥셀(81쪽)을 만든다. 버섯에 뒥셀을 수북하게 담고 빵가루를 뿌린다. 베이킹 트레이에 담고 남은 버터 또는 오일을 둘러서 12~15분간 굽는다.

◆ 재배 버섯 12개(대)

◆ 녹인 버터 90g 또는 올리브 오일 3큰술

◆ 곱게 다진 양파 60g

◆ 곱게 다진 샬롯 1개 분량

◆ 즉석에서 간 너트메그

◆ 마른 빵가루 6큰술

준비 시간 30분

조리 시간 25분

6인분

버섯 스튜
RAGOÛT DE CHAMPIGNONS

- ◆ 적당히 자른 버섯 600g
- ◆ 버터 50g
- ◆ 화이트 와인 식초 또는 레몬즙 1/2큰술
- ◆ 다진 모둠 허브(이탈리안 파슬리, 골파,
  처빌 또는 타라곤 등) 1줌 분량
- ◆ 즉석에서 간 너트메그
- ◆ 소금과 후추
- ◆ 달걀노른자 2개
  준비 시간 10분
  조리 시간 15분
  6인분

버섯은 젖은 행주로 깨끗하게 닦는다. 팬에 버섯과 버터, 식초 또는 레몬즙, 허브를 담는다. 너트메그, 소금, 후추로 간을 한다. 뚜껑을 닫고 12~15분간 뭉근하게 익힌다. 먹기 전에 불에서 내리고 달걀노른자를 더해 골고루 휘저어서 국물을 걸쭉하게 만든다.

익힌 버섯 샐러드
SALADE DE CHAMPIGNONS CUITS

- ◆ 버섯(야생이 아닌) 250g
- ◆ 레몬즙 1개 분량
- ◆ 달걀노른자 1개
- ◆ 오일 120mL
- ◆ 소금 1꼬집
  준비 시간 25분
  조리 시간 3분
  6인분

젖은 행주로 버섯을 깨끗하게 닦는다. 냄비에 소금물을 한소끔 끓이고 절반 분량의 레몬즙을 더한다. 버섯을 더하여 3분간 익힌다. 그동안 남은 레몬즙과 달걀노른자, 오일, 소금으로 마요네즈(70쪽)를 만든다. 버섯을 건져서 완전히 식힌 다음 작게 잘라서 볼에 담고 마요네즈를 넣어 함께 잘 섞는다. 이 샐러드는 샌드위치 속재료로 사용할 수 있다.

생버섯 샐러드
SALADE DE CHAMPIGNONS CRUS

- ◆ 재배 버섯 250g
- ◆ 레몬즙 1개 분량
- ◆ 오일 2큰술
- ◆ 소금과 후추
- ◆ 장식용 다진 이탈리안 파슬리 1줌 분량
  준비 시간 10분
  6인분

먹기 직전에 조리를 시작한다. 아주 신선한 버섯 적당량을 젖은 행주로 깨끗하게 닦은 뒤 가늘게 채 썰어서 볼에 담는다. 레몬즙, 오일, 소금과 후추를 따로 섞어서 드레싱을 만든 다음 버섯과 함께 골고루 버무린다. 파슬리로 장식한다.

그물버섯과 허브
CÈPES AUX FINES HERBES

3시간 전에 조리를 시작한다. 그물버섯을 젖은 행주로 깨끗하게 닦은 다음 기둥을 잘라 내서 따로 둔다. 볼에 고깔을 담고 오일에 버무린 다음 소금과 후추로 간을 해 3시간 동안 재운다. 샬롯과 버섯 기둥은 곱게 다진다. 팬에 버터를 넣어 녹이고 샬롯, 버섯 기둥, 허브를 넣어 잔잔한 불에서 15분간 익힌다. 다른 팬에 오일에 재운 고깔을 오일과 함께 붓고 센 불에서 5분간 노릇하게 지진다. 다진 버섯 혼합물을 팬에 더하고 5분 더 익힌다. 필요하면 소금과 후추로 간을 맞추고 아주 뜨겁게 낸다.

- ◆ 그물버섯 탄탄한 것 6개(대)
- ◆ 오일 100mL
- ◆ 소금과 후추
- ◆ 샬롯 2개
- ◆ 버터 25g
- ◆ 다진 모둠 허브(이탈리안 파슬리, 골파, 처빌, 타라곤 등) 1큰술

  준비 시간 15분 + 재우기

  조리 시간 20분

  6인분

보르드레즈식 그물버섯
CÈPES À LA BORDELAISE

그물버섯은 젖은 행주로 깨끗하게 닦고 기둥을 잘라 낸다. 기둥은 곱게 다져서 샬롯, 빵가루와 함께 섞는다. 소금과 후추로 간을 한다. 마른 번철 또는 팬에 버섯 고깔을 넣고 5분간 볶는다. 불에서 내리고 1cm 두께로 어슷썰기 한다. 팬에 절반 분량의 오일을 넣어 달구고 저민 버섯을 더하여 센 불에서 노릇하게 볶은 다음 건진다. 다른 팬에 남은 오일을 넣어 달구고 다진 버섯 기둥과 빵가루 혼합물을 더하여 2~3분간 볶는다. 그릇에 버섯 고깔을 담고 소금과 후추로 간을 한 다음 빵가루 혼합물을 뿌린다. 파슬리를 뿌린다.

- ◆ 아주 신선한 그물버섯 750g
- ◆ 곱게 다진 샬롯 1개 분량
- ◆ 마른 빵가루 40g
- ◆ 소금과 후추
- ◆ 올리브 오일 3큰술
- ◆ 다진 이탈리안 파슬리 1/2줌 분량

  준비 시간 20분

  조리 시간 15분

  6인분

속을 채운 그물버섯
CÈPES FARCIS

그물버섯은 젖은 행주로 깨끗하게 닦고 기둥을 제거한다. 버섯 기둥을 다져서 찢은 빵, 달걀, 허브와 함께 섞어 스터핑을 만든다. 버섯 고깔에 소금과 후추로 간을 한다. 팬에 버터 40g을 넣어 녹이고 버섯 고깔을 넣은 다음 뚜껑을 닫고 약한 불에서 20분간 익힌다. 고깔 가운데에 스터핑을 채운다. 팬에 남은 버터를 넣어 달구고 속을 채운 고깔을 다시 넣어 뒤집지 않고 그대로 10분간 천천히 익힌다.

- ◆ 그물버섯 6개(대)
- ◆ 껍질을 제거하고 적당히 찢은 흰색 빵 100g
- ◆ 완숙 달걀(134쪽) 2개 분량
- ◆ 모둠 허브(이탈리안 파슬리, 골파, 처빌, 타라곤 등) 1/2줌 분량
- ◆ 소금과 후추
- ◆ 버터 60g

  준비 시간 20분

  조리 시간 30분

  6인분

그물버섯 카술레

CASSOLETTES DE CÈPES

- ◆ 그물버섯 1kg
- ◆ 버터 또는 거위 지방 100g
- ◆ 다진 이탈리안 파슬리 1/2줌 분량
- ◆ 으깬 마늘 1쪽 분량
- ◆ 아주 곱게 다진 샬롯 50g
- ◆ 송로버섯 즙 100mL 또는 송로버섯
  에센스 1큰술
- ◆ 소금과 후추
- ◆ 송아지 육수(선택 사항)
- ◆ 곁들임용 페리그 소스(61쪽) 1회
  분량(선택 사항)

  준비 시간 15분

  조리 시간 10분

  6인분

그물버섯은 젖은 행주로 깨끗하게 닦아서 기둥과 고깔을 분리한 다음 둘 다 저민다. 팬에 버터 또는 거위 지방 60g을 넣고 녹여서 달군 다음 저민 버섯을 더해 5분간 천천히 익힌다. 팬에서 버섯을 건져 내고 기름기를 제거한다. 같은 팬에 남은 버터 또는 거위 지방을 넣고 녹여서 뜨거울 때 파슬리와 마늘, 저민 버섯을 더하여 노릇해질 때까지 센 불에서 약 5분간 볶는다. 불에서 내리고 샬롯, 송로버섯 즙 또는 에센스를 더하여 골고루 섞은 다음 소금과 후추 1꼬집으로 간을 한다. 혼합물이 너무 퍼석하면 송아지 육수를 약간 더하여 섞는다. 아주 뜨겁게 낸다. 취향에 따라 페리그 소스를 곁들인다.

브르타뉴식 그물버섯 요리

CÈPES À LA BRETONNE

- ◆ 버터 30g, 틀용 여분
- ◆ 그물버섯 6~8개(대)
- ◆ 샬롯 5개
- ◆ 모둠 허브(이탈리안 파슬리, 골파, 처빌,
  타라곤 등) 1/2줌
- ◆ 소금과 후추
- ◆ 화이트 와인 50mL
- ◆ 육수(종류 무관) 100mL
- ◆ 마른 빵가루 4큰술

  준비 시간 10분

  조리 시간 15분

  6인분

오븐을 220℃로 예열하고 오븐용 그릇에 버터를 바른다. 그물버섯을 젖은 행주로 깨끗하게 닦고 기둥을 잘라 낸다. 팬에 버터를 넣어 녹이고 기둥과 고깔을 넣어 중간 불에서 5분간 볶는다. 버섯을 건져 내고 기둥을 곱게 다져 볼에 담고 샬롯, 허브와 함께 섞고 소금과 후추로 간을 한다. 버섯 고깔에 혼합물을 채우고 준비한 그릇에 담는다. 와인과 육수를 붓고 빵가루를 뿌린 다음 오븐에 넣어 노릇해질 때까지 약 10분간 굽는다.

버터에 익힌 꾀꼬리버섯
CHANTERELLES AU BEURRE

꾀꼬리버섯은 부드러운 솔로 깨끗하게 손질한 다음 버터와 함께 팬에 넣고 센 불에서 10분간 노릇하게 볶는다. 샬롯, 마늘, 파슬리를 더하고 소금과 후추로 간을 한다. 딱 맞는 뚜껑을 덮고 잔잔한 불에서 15분간 익힌다. 송아지고기 로스트 또는 기타 고기 요리에 곁들이기 좋다.

〔변형〕

. . . .

크림을 두른 꾀꼬리버섯
CHANTERELLES À LA CRÈME
위와 같이 조리하되 샬롯을 빼고 내기 직전에 더블 크림 120mL을 더하여 섞는다.

- ◆ 꾀꼬리버섯 350g
- ◆ 버터 30g
- ◆ 다진 샬롯 1개 분량
- ◆ 으깬 마늘 1쪽 분량
- ◆ 다진 이탈리안 파슬리 2큰술
- ◆ 소금과 후추
  준비 시간 10분
  조리 시간 25분
  6인분

할머니의 꾀꼬리버섯 요리
CHANTERELLES BONNE FEMME

꾀꼬리버섯은 부드러운 솔로 깨끗하게 손질한다. 팬에 버터를 넣어 녹이고 베이컨을 더하여 센 불에서 5분간 볶는다. 양파와 파슬리, 꾀꼬리버섯을 넣고 소금과 후추로 간을 한다. 전체적으로 노릇노릇해지면 밀가루를 뿌린다. 소량의 뜨거운 물과 와인을 뿌리고 약한 불에서 40분간 뭉근하게 익힌다. 먹기 전에 크렘 프레슈를 더하여 골고루 섞는다.

참고
꾀꼬리버섯 대신 모렐버섯을 사용해도 좋다.

 593쪽

- ◆ 꾀꼬리버섯 750g
- ◆ 버터 40g
- ◆ 깍둑 썬 훈제 베이컨 125g
- ◆ 다진 양파 1개 분량
- ◆ 다진 이탈리안 파슬리 2큰술
- ◆ 소금과 후추
- ◆ 밀가루 30g
- ◆ 화이트 와인 75mL
- ◆ 크렘 프레슈 60mL
  준비 시간 20분
  조리 시간 50분
  6인분

기본 송로버섯 조리법
TRUFFES AU NATUREL

준비 시간 20분

조리 시간 35분

오븐을 190℃로 예열한다. 적당한 크기의 송로버섯을 부드러운 솔로 조심스럽게 깨끗하게 손질한다. 쿠킹포일 2장으로 싸서 주머니 모양을 만든 다음 물에 가볍게 담갔다가 건진다. 베이킹 트레이에 주머니를 올려 오븐에 넣고 35분간 굽는다. 아주 뜨거운 재 속에 묻어서 익혀도 좋다. 쿠킹포일을 벗기고 송로버섯을 따뜻한 냅킨에 담아 낸다.

〔변형〕

. . . .

송로버섯 파피요트
TRUFFES EN PAPILLOTES

준비 시간 30분

조리 시간 45분

위와 같은 방법으로 조리하되 먼저 송로버섯에 소금과 후추로 간을 하고 코냑에 담갔다가 아주 얇게 저민 베이컨으로 감싼 다음 다시 쿠킹포일에 이중으로 싼다. 송로버섯은 주머니에 담은 채로 바깥쪽 쿠킹포일만 벗겨 내기도 한다.

샴페인에 익힌 송로버섯
TRUFFES AU CHAMPAGNE

- 샴페인 또는 기타 스파클링 화이트 와인 1/2병
- 가열식 마리네이드(77쪽) 500mL
- 다진 염장 햄 125g
- 으깬 마늘 1쪽 분량
- 다진 이탈리안 파슬리 2큰술
- 깨끗하게 손질한 송로버섯
- 소금과 후추

준비 시간 20분

조리 시간 30분

6인분

샴페인 또는 스파클링 와인을 이용하여 마리네이드를 만든다. 마리네이드 팬에 햄과 마늘, 파슬리를 더한다. 송로버섯에 소금과 후추로 가볍게 간을 하고 팬에 넣어 약한 불에서 30분간 뭉근하게 익히고 한 김 식힌다. 송로버섯을 건져서 마른 면포에 얹어 물기를 제거한 다음 냅킨으로 감싸 낸다.

송로버섯 바위
TRUFFES EN ROCHE

오븐을 200℃로 예열한다. 송로버섯은 부드러운 솔로 깨끗하게 손질해서 따로 둔다. 베이컨과 코냑, 허브를 섞어서 스터핑을 만든 다음 소금과 후추로 넉넉히 간을 한다. 퍼프 페이스트리를 1cm 두께로 민 다음 3분의 1 분량의 스터핑을 바른다. 그 위에 송로버섯을 피라미드 모양으로 쌓으면서 그 사이에 3분의 1 분량의 스터핑을 바른다. 나머지 스터핑으로 송로버섯 피라미드를 덮은 다음 다른 퍼프 페이스트리 1장을 아주 얇게 밀어서 위에 얹은 뒤 송로버섯에 밀착시켜서 바위 모양을 만들어 가장자리를 봉한다. 윗부분에 작게 구멍을 낸 다음 달걀노른자를 솔로 골고루 발라 오븐에 넣어 1시간 동안 굽는다. 뜨겁게 낸다.

- ◆ 송로버섯 250g
- ◆ 곱게 다진 줄무늬 베이컨 200g
- ◆ 코냑 100mL
- ◆ 다진 모둠 허브(이탈리안 파슬리, 골파, 처빌, 타라곤 등) 1/2줌 분량
- ◆ 소금과 후추
- ◆ 퍼프 페이스트리(776쪽) 250g
- ◆ 달걀노른자 푼 것 1개 분량
  준비 시간 30분
  조리 시간 1시간
  6인분

냅킨에 싼 송로버섯
TRUFFES À LA SERVIETTE

송로 버섯은 부드러운 솔로 꼼꼼하게 깨끗이 손질한다. 직화 가능한 도기 그릇에 물을 약 1cm 깊이로 붓는다. 송로버섯을 넣고 소금으로 아주 가볍게 간을 한 뒤 단단하게 봉한다. 30~35분간 뭉근하게 익힌다. 송로버섯을 꺼낸 다음 냅킨을 접어서 그 안에 담는다. 익힌 국물에 코냑을 붓고 팬 주변의 인화성 물질을 모조리 치운 다음 멀찍이 서서 불을 켠 성냥을 팬 가장자리에 대고 불을 붙인다. 불꽃이 사그라지면 작은 내열용 유리 볼에 국물을 담아서 곁들여 낸다.

- ◆ 송로버섯
- ◆ 소금
- ◆ 코냑
  준비 시간 20분
  조리 시간 35분

꽃상추

이파리가 곱슬거리는 특징이 있고 줄기는 가늘고 길며 뿌리 부분이 느슨하게 결합된 종류의 샐러드 잎채소를 칭하는 이름이다. 곱슬 치커리, 양상추라고 부르기도 한다. 손질하려면 거칠거나 시든 겉잎을 제거하고 길게 4등분한다. 꼼꼼하게 씻어서 끓는 소금물에 담가 5분간 데친다.

꽃상추 퓌레
CHICORÉE EN PURÉE

* 꽃상추 3kg
* 베샤멜 소스(50쪽) 1회 분량
* 소금과 후추
* 즉석에서 간 너트메그
* 버터 50g
* 삼각형으로 자른 빵 6장 분량
  준비 시간 30분
  조리 시간 25분
  6인분

꽃상추는 손질해서 15분간 익힌다(533쪽). 꽃상추를 조심스럽게 건진 다음 양손으로 꼭 짜서 물기를 완전히 제거한다. 푸드밀 또는 푸드 프로세서로 갈아서 퓌레를 만든다. 베샤멜 소스를 만들어서 퓌레에 더하여 섞은 다음 소금과 후추, 너트메그로 간을 한다. 팬에 버터를 넣어 녹이고 삼각형으로 자른 빵을 더하여 앞뒤로 1분씩 노릇하게 굽는다. 퓌레에 삼각형 빵을 꽂아 장식한다.

꽃상추 고기 육수 브레이즈
CHICORÉE AU GRAS

* 꽃상추 3kg
* 버터 60g
* 소금과 후추
* 육수 또는 고기 쥬 200mL
  준비 시간 25분
  조리 시간 1시간
  6인분

꽃상추는 손질한다(533쪽). 꽃상추를 조심스럽게 건진 다음 양손으로 꼭 짜서 물기를 완전히 제거한다. 바닥이 묵직한 팬에 절반 분량의 버터를 넣어 녹이고 물기를 제거한 꽃상추를 더하여 뚜껑을 닫고 약한 불에서 10분간 익힌다. 소금과 후추로 간을 하고 육수 또는 고기 쥬를 더한다. 뚜껑을 닫고 45분간 뭉근하게 익힌다. 먹기 전에 나머지 버터를 넣어서 골고루 섞는다.

꽃상추 브레이즈(고기를 넣지 않은 것)
CHICORÉE AU MAIGRE

꽃상추는 손질해서 익힌다(533쪽). 꽃상추를 조심스럽게 건진 다음 양손으로 꼭 짜서 물기를 완전히 제거한다. 바닥이 묵직한 팬에 물기를 제거한 꽃상추를 넣고 버터와 크렘 프레슈를 더한다. 소금과 후추로 간을 하고 잔잔한 불에서 1시간 동안 익힌다. 구멍 뚫린 국자로 꽃상추를 조심스럽게 건진 다음 따뜻한 식사용 그릇에 담는다. 완숙 달걀을 4등분하여 꽃상추에 얹는다. 팬에 남은 국물에 달걀노른자를 섞어서 걸쭉해질 때까지 잔잔한 불에서 가열한 다음 꽃상추 위에 부어서 낸다.

- ◆ 꽃상추 3kg
- ◆ 버터 50g
- ◆ 크렘 프레슈 200mL
- ◆ 소금과 후추
- ◆ 완숙 달걀 3개
- ◆ 달걀노른자 2개 분량

  준비 시간 25분

  조리 시간 1시간

  6인분

고전식 꽃상추 로프
PAIN DE CHICORÉE À L'ANCIENNE

베샤멜 소스와 소금, 후추, 너트메그로 꽃상추 퓌레(533쪽)을 만든다. 오븐을 190℃로 예열하고 링 모양 틀에 버터를 바른다. 달걀을 풀어서 버터와 함께 퓌레에 더하여 골고루 섞는다. 준비한 틀에 혼합물을 붓는다. 로스팅 팬에 틀을 담고 뜨거운 물을 틀이 반 정도 잠기도록 부은 다음 오븐에 넣어 45분간 굽는다. 틀에서 꺼낸 다음 크림 소스와 함께 낸다.

- ◆ 베샤멜 소스(50쪽) 1회 분량
- ◆ 소금과 후추
- ◆ 즉석에서 간 너트메그
- ◆ 꽃상추 3kg
- ◆ 버터 50g, 틀용 여분
- ◆ 달걀 3개
- ◆ 곁들임용 크림 소스(51쪽) 1회 분량

  준비 시간 30분

  조리 시간 45분

  6인분

양배추

양배추를 조리용으로 손질할 때는 밑동을 자르고 시든 겉잎을 제거한다. 꼼꼼하게 씻어서 적당히 자른 다음 끓는 소금물에 넣어 5~10분간 삶는다.

기본 양배추 브레이즈
CHOU À L'ÉTOUFFÉE

◆ 라드 100g

◆ 양배추 1통(1.5kg)

◆ 소금과 후추

◆ 뜨거운 육수(종류 무관) 200mL

  준비 시간 5분

  조리 시간 1시간

  6인분

가장자리가 높은 팬을 중간 불에 올리고 라드를 넣어 녹인다. 양배추를 다듬고 적당히 썰어서 팬에 더한다. 소금과 후추로 간을 하고 뜨거운 육수를 부은 뒤 약한 불에서 1시간 동안 뭉근하게 익힌다.

양배추 베이컨 브레이즈
CHOU BRAISÉ

◆ 양배추 1통(1.5kg)

◆ 얇게 저민 베이컨 200g

◆ 송송 썬 당근 100g

◆ 채 썬 양파 1개 분량

◆ 타임 1줄기

◆ 월계수 잎 1개

◆ 소금과 후추

◆ 뜨거운 육수(종류 무관) 200mL

  준비 시간 15분

  조리 시간 1시간~1시간 30분

  6인분

양배추를 손질해서 4등분한다. 바닥이 묵직한 팬에 얇게 저민 베이컨을 깔되 3장은 마무리용으로 남겨 둔다. 베이컨 위에 양배추, 당근, 양파, 타임, 월계수 잎을 얹고 소금과 후추로 간을 한다. 남겨 둔 베이컨을 얹어서 덮은 다음 뜨거운 육수를 붓고 약한 불에서 1시간~1시간 30분간 뭉근하게 익힌다.

속을 채운 양배추
CHOU FARCI

594쪽

양배추는 숨이 죽거나 상처가 난 겉잎을 모두 제거해 손질한다. 양배추 바닥에 십자 모양으로 깊은 칼집을 넣는다. 큰 냄비에 소금물을 한소끔 끓이고 양배추를 넣어서 10분간 데친다. 양배추를 건지고 심을 일부 제거하여 이파리의 뿌리 부분이 드러나도록 한 다음 바닥이 아래로 가도록 들고 물기를 제거한다. 양배추를 완전히 해체하지 않도록 주의하면서 가운데 부분부터 이파리 아래쪽으로 스터핑을 밀어 넣어 골고루 채운다. 얇게 저민 베이컨으로 양배추를 감싸고 조리용 끈으로 묶는다. 바닥이 묵직한 냄비에 양배추, 양파, 당근을 담고 육수와 와인을 붓는다. 소금과 후추로 간을 하고 뚜껑을 덮은 다음 2시간 동안 뭉근하고 잔잔하게 익힌다.

- ◆ 양배추 1통(1.5kg)
- ◆ 붉은 고기용 스터핑(153쪽) 250g
- ◆ 얇게 저민 베이컨 125g
- ◆ 채 썬 양파 1개 분량
- ◆ 송송 썬 당근 1개 분량
- ◆ 육수(종류 무관) 200mL
- ◆ 화이트 와인 100mL
- ◆ 소금과 후추

  준비 시간 45분

  조리 시간 2시간

  6인분

샤트렌식 속을 채운 양배추
CHOU FARCI À LA CHÂTELAINE

양배추(535쪽)는 손질해서 데치고 스터핑을 만든다. 오븐을 160℃로 예열한다. 오븐용 그릇에 양배추와 스터핑, 얇게 저민 베이컨을 번갈아서 켜켜이 담고 마지막 층은 베이컨으로 마무리한다. 빵가루를 뿌리고 버터를 군데군데 얹은 다음 오븐에 넣어 2시간 동안 굽는다. 토마토 소스와 함께 낸다.

- ◆ 양배추 1통(1.5kg)
- ◆ 붉은 고기용 스터핑(80쪽) 250g
- ◆ 얇게 저민 베이컨 150g
- ◆ 마른 빵가루 4큰술
- ◆ 버터 30g
- ◆ 곁들임용 토마토 소스(57쪽) 1회 분량

  준비 시간 45분

  조리 시간 2시간

  6인분

방데식 양배추 퓌레
CHOUÉE VENDÉENNE

프랑스 서부 연안의 방데 지역에서 유래한 레시피다.

아주 어린 녹색 양배추를 골라서 손질하여 씻은 다음 끓는 소금물에 넣어 1시간 동안 익힌다. 건져 낸 양배추는 꾹 눌러서 물기를 제거한 다음 체에 내리거나 믹서에 갈아서 퓌레를 만든다. 팬에 버터를 넣고 녹인 다음 양배추 퓌레를 넣고 중간 불에서 볶는다. 소금과 후추로 간을 하고 식초를 더하여 섞는다.

- ◆ 어린 녹색 양배추 1kg
- ◆ 버터 125g
- ◆ 소금과 후추
- ◆ 화이트 와인 식초 1큰술

  준비 시간 10분

  조리 시간 1시간 15분

  6인분

방울양배추

방울양배추를 손질하려면 시든 겉잎을 제거한다. 소금물을 끓여서 방울양배추를 넣고 뚜껑을 연 채로 크기에 따라 딱 부드러워질 정도로 5~10분간 데친다.

방울양배추 소테
CHOUX DE BRUXELLES SAUTÉS

◆ 방울양배추 1kg

◆ 버터 80g

◆ 소금과 후추

준비시간 30분

조리 시간 20분

6인분

방울양배추는 손질해서 익힌다(537쪽). 팬에 버터 60g을 넣어 녹이고 방울양배추를 넣어서 센 불에서 볶는다. 노릇해지기 시작하면 소금과 후추로 간을 하고 남은 버터를 더한다.

방울양배추와 밤
CHOUX DE BRUXELLES AUX MARRONS

◆ 밤 500g

◆ 방울양배추 700g

◆ 녹인 버터 50g

준비 시간 1시간

조리 시간 25분

6인분

밤(588쪽)과 방울양배추(537쪽)를 각각 손질해서 익힌다. 익은 밤과 방울양배추를 잘 섞어서 식사용 볼에 담는다. 먹기 직전에 버터를 두른다.

콜리플라워

콜리플라워를 손질하려면 먼저 작은 송이들로 나눈다. 끓는 소금물에 넣고 송이의 크기에 따라 5~10분간 삶는다.

화이트 소스를 두른 콜리플라워
CHOU-FLEUR À LA SAUCE BLANCHE

콜리플라워는 손질해서 익힌 다음 큰 원형 볼에 줄기가 위로 오도록 담는다(538쪽). 곁들임용 그릇에 조심스럽게 뒤집어서 온전한 콜리플라워 형태가 되도록 담는다. 원하는 소스를 둘러서 낸다.

- 콜리플라워 1개(1kg)
- 뜨거운 화이트 소스(50쪽) 또는 토마토 소스(57쪽) 1회 분량

  준비 시간 20분

  조리 시간 20분

  6인분

콜리플라워 그라탕
CHOU-FLEUR EN GRATIN

콜리플라워는 손질해서 익힌다(538쪽). 오븐을 220℃로 예열한다. 송이로 나눈 콜리플라워를 버터를 바른 오븐용 그릇에 담는다. 치즈 소스를 두르고 치즈를 뿌려서 오븐에 넣고 10~15분간 노릇노릇하게 굽는다.

- 콜리플라워 1kg
- 틀용 버터
- 치즈 소스(51쪽) 1회 분량
- 갈은 그뤼에르 치즈 60g

  준비 시간 20분

  조리 시간 10~15분

  6인분

콜리플라워 팀발
TIMBALE DE CHOU-FLEUR

오븐을 180℃로 예열한다. 콜리플라워는 손질해서 익힌다(538쪽). 스터핑을 만든다. 오븐용 그릇에 콜리플라워 송이와 스터핑을 번갈아 켜켜이 깔고 마지막 층은 콜리플라워로 마무리한다. 로스팅 팬에 그릇을 담고 뜨거운 물을 그릇이 반 정도 잠기도록 부은 다음 40분간 굽는다. 버섯 소스를 곁들여 낸다.

- 콜리플라워 1kg
- 붉은 고기용 스터핑(80쪽) 250g
- 버섯 소스(61쪽) 1회 분량

  준비 시간 45분

  조리 시간 40분

  6인분

콜리플라워 크로켓
CHOU-FLEUR EN CROQUETTES

- ◆ 콜리플라워 750g
- ◆ 버터 30g
- ◆ 밀가루 50g
- ◆ 우유 500mL
- ◆ 그뤼에르 치즈 간 것 60g
- ◆ 달걀 1개
- ◆ 흰자와 노른자 분리한 달걀 1개 분량
- ◆ 소금과 후추
- ◆ 튀김옷용 마른 빵가루
- ◆ 튀김용 식물성 오일

  준비 시간 35분

  조리 시간 25분

  6인분

콜리플라워는 익힌 다음 건져서 작은 송이들로 나눈다(538쪽). 버터와 밀가루, 우유로 베샤멜 소스(50쪽)를 만든 다음 치즈를 더하여 잘 섞는다. 달걀과 달걀노른자를 더해서 골고루 휘저어 걸쭉하게 만든 다음 콜리플라워를 넣고 마저 섞는다. 소금과 후추로 간을 하고 따로 두어 식힌다. 남은 달걀흰자는 단단한 뿔이 설 정도로 휘핑한다. 콜리플라워 혼합물을 크로켓 모양으로 빚은 다음 달걀흰자에 굴렸다가 빵가루를 묻힌다. 튀김기에 오일을 채워서 180℃ 혹은 빵조각을 넣으면 30초 만에 노릇해질 정도로 가열한다. 크로켓을 적당량씩 뜨거운 오일에 넣어서 노릇하게 튀긴다. 기름기를 충분히 제거해서 낸다.

콜리플라워 튀김
CHOU-FLEUR EN BEIGNETS

- ◆ 콜리플라워 1개
- ◆ 달콤한 마리네이드(78쪽) 1회 분량
- ◆ 튀김옷 반죽(724쪽) 1회 분량
- ◆ 튀김용 기름

  준비 시간 20분

  조리 시간 10분

  6인분

콜리플라워는 손질해서 익힌 다음 작은 송이들로 나누어서 마리네이드에 버무린다(538쪽). 덮개를 씌워서 2시간 동안 재운다. 튀김옷을 만든다. 튀김기에 오일을 채워서 180℃ 혹은 빵조각을 넣으면 30초 만에 노릇해질 정도로 가열한다. 콜리플라워 송이를 튀김옷에 담갔다가 뜨거운 오일에 적당량씩 넣어서 노릇해질 때까지 2~3분씩 튀긴다. 건져 내고 기름기를 충분히 제거해서 낸다.

콜리플라워 로프
PAIN DE CHOU-FLEUR

- ◆ 틀용 버터
- ◆ 콜리플라워 300g
- ◆ 베샤멜 소스(50쪽) 1/2회 분량
- ◆ 크렘 프레슈 100mL
- ◆ 그뤼에르 치즈 간 것 60g
- ◆ 흰자와 노른자를 분리한 달걀 3개 분량
- ◆ 후추
- ◆ 토마토 소스(57쪽) 1회 분량

  준비 시간 5분

  조리 시간 1시간

  6인분

오븐을 180℃로 예열한다. 로프 틀에 버터를 바른다. 콜리플라워는 손질해서 익힌다(538쪽). 작은 송이들로 나눈 다음 물기를 충분히 제거해서 푸드밀 또는 푸드 프로세서에 갈아 퓌레를 만든다. 콜리플라워 퓌레와 베샤멜 소스, 크렘 프레슈, 치즈, 달걀노른자를 골고루 섞는다. 달걀흰자를 단단한 뿔이 설 때까지 휘핑하고 소스에 더하여 접듯이 섞는다. 후추로 간을 한다. 혼합물을 준비한 로프 틀에 담고 로스팅 팬에 넣은 다음 뜨거운 물을 틀이 반 정도 잠기도록 붓는다. 덮개를 씌워서 오븐에 넣고 30분간 익힌다. 로스팅 팬에서 꺼내 다시 오븐에 넣어 10분간 굽는다. 틀에서 꺼내 토마토 소스와 함께 낸다.

적양배추

적양배추는 우선 밑동을 자르고 시든 겉잎을 전부 제거한다. 꼼꼼하게 씻고 가늘게 채 썰어 끓는 소금물에 5~10분간 데친다.

베이컨을 더한 적양배추
CHOU ROUGE AU LARD

양배추를 씻어서 채 썬다. 바닥이 묵직한 팬을 센 불에 올리고 라드 또는 버터를 넣어 녹인다. 양파를 넣고 골고루 휘저으면서 노릇해질 때까지 5분간 익힌다. 양배추를 넣고 물 250mL를 부은 뒤 소금과 후추로 간을 하고 15분간 천천히 익힌다. 팬에 베이컨을 더하고 뚜껑을 덮어서 45분 더 익힌다.

[변형]

. . . .

적양배추와 밤
CHOU ROUGE AUX MARRONS
위와 같이 조리하되 베이컨 대신 껍질을 벗기고 굵게 다진 밤 500g을 사용한다.

- 적양배추 750g
- 라드 또는 버터 60g
- 채 썬 양파 1개 분량
- 소금과 후추
- 깍둑 썬 훈제 베이컨 300g
  준비 시간 10분
  조리 시간 1시간
  6인분

레드 와인에 익힌 적양배추
CHOU ROUGE AU VIN ROUGE

적양배추는 잘 씻은 뒤 채 썬다. 바닥이 묵직한 팬에 버터를 넣어 녹인 뒤 적양배추를 넣어 아주 잔잔한 불에서 15분간 익힌다. 소금과 후추로 간을 하고 와인을 붓는다. 뚜껑을 덮고 아주 약한 불에서 2시간 동안 익힌다.

- 적양배추 1kg
- 버터 60g
- 소금과 후추
- 레드 와인 200mL
  준비 시간 10분
  조리 시간 2시간 15분
  6인분

595쪽

알자스식 슈크루트
CHOUCROUTE À L'ALSACIENNE

◆ 사우어크라우트 1kg

◆ 라드 또는 오일 50g

◆ 다진 양파 100g

◆ 화이트 와인 250mL

◆ 소금과 후추

◆ 훈제 베이컨 1개(300g)

◆ 염장 소시지 1개(250g)

◆ 4등분한 감자 500g

◆ 햄 6장

준비 시간 10분

조리 시간 3시간 30분

6인분

사우어크라우트를 씻는다. 큰 냄비를 약한 불에 올리고 라드 또는 오일을 더하여 녹인다. 양파와 사우어크라우트를 더한다. 와인을 붓고 소금과 후추로 간을 한 다음 뚜껑을 덮고 약한 불에서 2시간 30분간 익힌다. 베이컨을 더한 뒤 뚜껑을 닫고 30분 더 익힌다. 소시지와 감자, 햄을 더해서 뚜껑을 닫고 마지막으로 30분간 익힌다. 베이컨과 소시지를 저며서 나머지 재료와 함께 따뜻한 식사용 그릇에 담아 낸다.

오이

먼저 오이 껍질을 벗기고 길게 반 잘라서 가운데 씨를 숟가락으로 긁어낸다. 과육을 얇게 송송 썰어서 끓는 소금물에 5분간 익힌다. 소스를 둘러 낼 때는 오이를 위와 같이 조리한 다음 풀레트 소스(52쪽)나 베샤멜 소스(50쪽)를 더한다. 곁들임 요리로 낼 때는 6인당 오이 1.25~1.5kg을 준비하면 알맞다.

앙티브식 오이 요리
CONCOMBRE À L'ANTIBOISE

◆ 오이 700g

◆ 염장 참치 통조림 200g

◆ 마요네즈(70쪽) 250mL

◆ 요구르트 소스(66쪽) 1회 분량

◆ 토마토 퓌레 1큰술

◆ 다진 이탈리안 파슬리 1큰술

준비 시간 40분

조리 시간 5분

6인분

오이는 손질해서 익힌 다음 얇게 송송 썬다(541쪽). 참치는 물기를 제거하고 절반 분량의 마요네즈와 함께 버무린다. 저민 오이를 그릇에 담고 그 위에 참치 마요네즈를 수큰술 얹는다. 볼에 요구르트 소스와 토마토 퓌레, 남은 마요네즈를 담고 골고루 섞는다. 참치와 오이 위에 두르고 파슬리를 뿌린다. 차갑게 식혀서 낸다.

속을 채운 오이
COMCOMBRE FARCIS

스터핑을 만든다. 오이는 양끝을 잘라 내서 옆에 둔다. 자루가 긴 숟가락으로 오이 속을 파낸 다음 스터핑을 채운다. 잘라 낸 양끝을 다시 붙인 다음 조리용 끈으로 묶는다. 큰 소테용 팬에 버터를 넣어 녹이고 오이를 넣은 뒤 육수를 붓는다. 소금과 후추로 간을 하고 아주 약한 불에 올려서 뚜껑을 닫고 1시간 동안 익힌다. 오이에 레몬즙을 두르고 소스와 함께 낸다.

◆ 붉은 고기용 스터핑(80쪽) 또는
  뒥셀(81쪽) 200g
◆ 오이 6개(소)
◆ 버터 50g
◆ 맑은 닭 육수 또는 채소 육수 200mL
◆ 소금과 후추
◆ 레몬즙 1개 분량
  준비 시간 30분
  조리 시간 1시간
  6인분

애호박

애호박은 깨끗하게 씻은 다음 껍질이 너무 질기면 얇게 벗긴다. 작은 애호박의 경우 통째로 조리하는 경우가 많다. 금방 수확한 호박꽃은 속을 채워서 가볍게 브레이즈하거나 튀김옷을 입혀서 튀긴다.

애호박 허브 소테
COURGETTES SAUTÉES AUX FINES HERBES

밀가루에 소금과 후추로 간을 한다. 애호박을 1cm 크기로 깍둑 썰어서 밀가루에 버무린다. 팬에 버터를 넣어 녹인 뒤 애호박을 넣고 센 불에서 5분간 노릇하게 볶는다. 다진 허브를 뿌려서 낸다.

◆ 밀가루 3큰술
◆ 소금과 후추
◆ 애호박 4개(대)
◆ 버터 50g
◆ 다진 처빌 2큰술
◆ 다진 이탈리안 파슬리 2큰술
◆ 다진 타라곤 1큰술
  준비 시간 5분
  조리 시간 5분
  6인분

애호박 그라탕
COURGETTES EN GRATIN

- ♦ 버터 또는 오일 40g
- ♦ 애호박 4개(대)
- ♦ 소금과 후추
- ♦ 베샤멜 소스(50쪽) 1회 분량
- ♦ 그뤼에르 치즈 간 것 40g

준비 시간 15분

조리 시간 5~10분

6인분

오븐을 240℃로 예열하고 오븐용 그릇에 버터 또는 오일을 약간 바른다. 애호박은 1.5cm 두께로 송송 썬다. 팬에 남은 버터 또는 오일을 넣어 달구고 애호박을 더하여 10분간 천천히 익힌다. 소금과 후추로 간을 한다. 베샤멜 소스를 만든다. 저민 애호박을 준비한 그릇에 담는다. 소스를 두르고 치즈를 뿌려서 오븐에 넣고 노릇해질 때까지 5~10분간 굽는다.

애호박 토마토 케이크

GÂTEAU DE COURGETTES ET DE TOMATES

오븐을 190℃로 예열한다. 토마토와 애호박은 송송 써는데 이때 저민 애호박보다 저민 토마토 크기가 조금 커야 한다. 오븐용 그릇에 솔로 오일을 약간 바르고 토마토와 애호박을 번갈아 켜켜이 담는다. 소금과 후추로 간을 하고 표면에 솔로 오일을 한 번 더 바른다. 타임 꽃 또는 잎을 뿌리고 오븐에 넣어 20분간 굽는다.

참고

마른 빵가루를 뿌려서 굽거나 익힌 후에 버터를 군데군데 얹고 뜨거운 그릴에서 노릇하게 구워 내도 좋다.

- ◆ **토마토 600g**
- ◆ **애호박 400g**
- ◆ **올리브 오일 3큰술**
- ◆ **소금과 후추**
- ◆ **타임 꽃 또는 어린 타임 잎 취향껏**

  준비 시간 20분

  조리 시간 20분

  6인분

물냉이

물냉이 퓌레

CRESSON EN PURÉE

물냉이는 질긴 줄기와 시든 잎을 제거하고 다듬는다. 끓는 소금물에 넣어서 1분간 데친다. 건져서 흐르는 찬물에 헹군다. 꼼꼼하게 물기를 털어낸 다음 꽉 짜서 물기를 완전히 제거한다. 푸드밀 또는 푸드 프로세서로 갈아서 퓌레를 만든다. 화이트 소스를 만들어서 퓌레와 함께 섞은 다음 너트메그로 간을 한다.

- ◆ **물냉이 6단**
- ◆ **화이트 소스(50쪽) 1회 분량**
- ◆ **즉석에서 간 너트메그**

  준비 시간 5분

  조리 시간 15분

  6인분

엔다이브

벨기에 엔다이브라고도 불리는 엔다이브는 쓴맛이 나는 이파리가 빈틈없이 들어찬 잎채소로 아주 옅은 노란색을 띠고 한쪽 끄트머리가 뾰족한 것이 특징이다. 손질하려면 뿌리 부분을 잘라 낸다. 시든 잎을 모두 떼어내고 흐르는 찬물에 조심스럽게 재빨리 씻어서 흙과 먼지를 제거한다. 탈탈 털고 키친타월로 두드려 물기를 제거한다.

엔다이브 브레이즈
ENDIVES À L'ÉTUVÉE

- 엔다이브 1kg
- 버터 60g
- 소금과 후추
- 레몬즙 1개 분량

준비 시간 10분

조리 시간 30분

6인분

엔다이브를 손질한다(544쪽). 가장자리가 높은 팬에 버터를 넣어 녹이고 엔다이브를 더하여 소금과 후추로 간을 하고 레몬즙을 두른다. 딱 맞는 뚜껑을 덮고 아주 약한 불에서 부드러워질 때까지 30분간 익힌다.

치즈를 두른 엔다이브
ENDIVES AU FROMAGE

- 틀용 버터
- 브레이즈한 엔다이브(545쪽) 1kg
- 베샤멜 소스(50쪽) 1회 분량
- 그뤼에르 치즈 간 것 40g

준비 시간 20분

조리 시간 40분

6인분

오븐을 220℃로 예열하고 오븐용 그릇에 버터를 바른다. 그릇에 엔다이브를 담고 베샤멜 소스를 덮은 다음 치즈를 뿌린다. 오븐에 넣고 노릇해질 때까지 10분간 굽는다.

속을 채운 엔다이브
ENDIVES FARCIES

- 틀용 버터
- 엔다이브 1kg
- 붉은 고기용 스터핑(80쪽) 250g
- 소금과 후추
- 화이트 소스(50쪽) 1회 분량

준비 시간 45분

조리 시간 1시간

6인분

오븐을 190℃로 예열하고 오븐용 그릇에 버터를 바른다. 엔다이브를 손질한다(544쪽). 큰 냄비에 소금물을 한소끔 끓이고 엔다이브를 넣은 뒤 불 세기를 줄이고 5분간 뭉근하게 익힌다. 엔다이브를 건져서 물기를 충분히 제거한다. 준비한 그릇에 엔다이브와 스터핑을 번갈아서 켜켜이 담는다. 소금과 후추로 간을 하고 화이트 소스를 덮은 뒤 오븐에 넣고 1시간 동안 굽는다. 이때 엔다이브가 너무 빨리 노릇해지면 쿠킹포일을 덮는다.

엔다이브 로프
PAIN D'ENDIVES

오븐을 190℃로 예열하고 오븐용 테린 또는 로프 틀에 버터를 바른다. 엔다이브를 2cm 길이로 송송 썬다. 볼에 고기와 달걀을 담고 골고루 잘 섞은 뒤 소금과 후추로 간을 한다. 테린 또는 로프 틀에 혼합물을 담고 로스팅 팬에 얹어서 뜨거운 물을 틀이 반 정도 잠기도록 붓고 오븐에 넣어 2시간 동안 굽는다. 그동안 화이트 소스를 만들어서 마데이라 와인, 버섯 육수, 토마토 퓌레와 함께 섞는다. 엔다이브 로프를 틀에서 꺼낸 다음 소스를 둘러 낸다.

* 틀용 버터
* 엔다이브 1kg
* 다진 고기 500g
* 달걀 푼 것 2개 분량
* 소금과 후추
* 버터 20g
* 화이트 소스(50쪽) 1회 분량
* 마데이라 와인 1큰술
* 버섯 육수(46쪽) 50mL
* 토마토 퓌레 1작은술
  준비 시간 10분
  조리 시간 2시간
  6인분

초석잠

초석잠은 돼지감자와 맛과 모양이 비슷한 채소다. 중국 아티초크라고 부르기도 하지만 아티초크와 큰 관련은 없다. 잘 씻어서 원한다면 끝부분을 잘라 내고 깨끗한 면포와 굵은 소금으로 살살 문질러서 껍질을 제거하여 다시 잘 씻는다. 끓는 소금물에 10~15분간 익힌다. 그대로 내거나 비네그레트(66쪽) 또는 마요네즈(70쪽)를 둘러서 낸다.

초석잠 소테
CROSNES SAUTÉS

초석잠을 손질해서 저민다(546쪽). 중간 크기의 팬에 버터를 넣어 달구고 초석잠을 넣어서 노릇해질 때까지 중간 불에서 5~10분간 볶는다. 소금과 파슬리를 뿌려서 낸다. 메트르도텔 버터(48쪽)를 곁들여도 좋다.

* 초석잠 600g
* 버터 60g
* 소금
* 다진 이탈리안 파슬리 1큰술
  준비 시간 20분
  조리 시간 25분
  6인분

시금치

시금치를 손질할 때는 너무 크거나 질긴 줄기를 잎에서 떼어 내는 것이 좋다. 물을 여러 번 갈면서 꼼꼼하게 씻은 다음 양이 넉넉한 끓는 소금물에 넣어 5분간 뚜껑을 덮지 않고 익힌다. 이때 시금치 1kg당 물은 약 3L를 준비한다. 건진 뒤 꽉 짜서 물기를 제거한다. 익히고 나면 날것일 때보다 무게가 3분의 2 정도 줄어든다.

시금치 쌀 로프
PAIN D'ÉPINARDS ET DE RIZ FLORENTIN

시금치(548쪽)를 씻어서 익힌다. 익힌 시금치는 건져서 물기를 제거한 다음 다진다. 인도식 밥을 짓고 베샤멜 소스를 만든다. 오븐을 220℃로 예열하고 오븐용 그릇에 버터를 바른다. 볼에 베샤멜 소스와 시금치를 담고 잘 섞는다. 달걀을 인도식 밥과 함께 섞은 다음 준비한 그릇에 밥과 소스를 바른 시금치를 번갈아 켜켜이 담는다. 군데군데 버터를 얹고 오븐에 넣어 20분간 굽는다.

참고
시금치와 쌀 로프는 햄이나 로스트 고기를 저며서 곁들인 다음 토마토 소스(57쪽)나 마데이라 소스(61쪽)를 둘러서 낼 수도 있다.

- ◆ 시금치 3kg
- ◆ 인도식 밥(616쪽) 200g
- ◆ 베샤멜 소스(50쪽) 500mL
- ◆ 버터 60g, 틀용 여분
- ◆ 달걀 푼 것 2개 분량
  준비 시간 45분
  조리 시간 20분
  6인분

시금치 크로켓
SUBRICS D'ÉPINARDS

베샤멜 소스를 만든다. 시금치는 푸드 프로세서를 이용해서 곱게 간 다음 베샤멜 소스에 더해 골고루 섞은 뒤 달걀과 치즈를 더해 마저 섞는다. 팬에 달군 버터가 뜨거워지면 시금치 혼합물을 수큰술씩 조심스럽게 떨어뜨려서 한 면당 2~3분씩 노릇하게 굽는다.

 596쪽

- ◆ 베샤멜 소스(50쪽) 250mL
- ◆ 익힌 시금치(548쪽) 800g
- ◆ 달걀 푼 것 2개 분량
- ◆ 그뤼에르 치즈 간 것 100g
- ◆ 버터 100g
  준비 시간 20분
  조리 시간 5분
  6인분

펜넬

펜넬을 손질할 때는 먼저 상한 줄기와 잎을 모두 제거한다. 아랫부분을 평평하게 다듬고 시든 부분을 전부 제거한 다음 꼼꼼하게 씻는다. 소금물을 끓여서 펜넬을 넣고 부드러워질 때까지 구근의 크기에 따라 15분 정도 삶는다. 건져서 물기를 충분히 제거한다. 펜넬은 베샤멜 소스(50쪽)나 마데이라 소스(61쪽), 크림 소스(51쪽)를 둘러서 낼 수 있다.

펜넬 브레이즈
FENOUIL À L'ÉTUVÉE

- 펜넬 1kg
- 버터 50g
- 소금과 후추
- 레몬즙 1개 분량
  준비 시간 10분
  조리 시간 35~45분
  6인분

펜넬(549쪽)은 손질해서 익히되 5분만 삶아서 건진다. 가장자리가 높은 팬에 버터를 넣어 녹이고 펜넬을 넣은 다음 소금과 후추로 간을 한다. 레몬즙을 두른다. 딱 맞는 뚜껑을 닫고 아주 약한 불에서 부드러워질 때까지 30~40분간 익힌다.

펜넬 타임 스튜
TOMBÉE DE FENOUIL AU THYM

- 펜넬 1kg
- 소금과 후추
- 레몬즙 2개 분량
- 올리브 오일 4큰술
- 월계수 잎 1장
- 타임 2~3줄기
  준비 시간 10분
  조리 시간 30분
  6인분

펜넬(549쪽)은 손질한 다음 질기고 긴 줄기를 전부 제거하고 길게 4등분한다. 4등분한 조각들이 흐트러지지 않도록 딱딱한 아랫부분과 가운데 심 하단을 조심스럽게 잘라 내서 손질한다. 팬에 펜넬을 담고 소금과 후추로 간을 한다. 레몬즙과 오일을 두르고 월계수 잎과 타임을 더한 다음 물을 펜넬이 반 정도 잠길 만큼 붓는다. 뚜껑을 닫고 잔잔한 불에 올려서 펜넬이 부드러워질 때까지 20~30분간 뭉근하게 익힌다. 월계수 잎과 타임을 제거한다. 펜넬은 건져서 취향에 따라 브레이즈한 국물과 함께 낸다.

참고
이 펜넬 스튜는 생선 그릴 구이와 아주 잘 어울린다.

누에콩

손질을 위해 먼저 누에콩의 껍질을 벗긴다. 흰색이 도는 껍질을 톡톡 터트려서 콩만 꺼낸 다음 반으로 가른다. 소금물을 끓여서 콩을 넣고 5분간 데친다. 구할 수 있으면 세이보리 줄기 몇 개를 이때 더한다. 또는 껍질이 있는 채로 먼저 1분간 데친 다음 껍질을 벗기고 다시 콩만 넣어 마저 익힐 수도 있는데, 이러면 껍질을 더 쉽게 벗길 수 있다. 콩을 건져서 세이보리를 제거한 다음 낸다. 취향에 따라 메트르도텔 버터(48쪽)를 곁들인다.

누에콩과 베이컨
FÈVES AU LARD

누에콩은 익힌다(550쪽). 팬에 버터를 넣어 녹이고 베이컨을 더하여 센불에서 노릇해질 때까지 볶는다. 콩과 소금, 후추, 세이보리를 더한다. 아주 약한 불에서 20분간 익힌다. 누에콩 대신 깍지콩을 사용해도 좋다.

- 껍질 벗긴 누에콩 1kg
- 버터 20g
- 깍둑썰기 한 베이컨 150g
- 소금과 후추
- 세이보리 2~3줄기
  준비 시간 15분
  조리 시간 20분
  6인분

크림을 두른 누에콩
FÈVES À LA CRÈME

누에콩은 익힌다(550쪽). 팬에 버터를 넣고 녹여서 달군 다음 누에콩을 넣고 30분간 천천히 익힌다. 소금과 후추로 간을 한다. 완성 5분 전에 크렘 프레슈 또는 풀레트 소스를 더한다.

- 껍질 벗긴 누에콩 1kg
- 버터 50g
- 소금과 후추
- 크렘 프레슈 100mL 또는 풀레트 소스(52쪽) 1회 분량
  준비 시간 10분
  조리 시간 35분
  6인분

깍지콩

깍지콩을 손질하려면 양쪽 끄트머리를 꺾어서 잡아 당겨 질긴 섬유질을 같이 벗겨 낸다. 크기가 너무 크면 길게 반으로 자른다. 따뜻한 물에 씻어서 바로 끓는 물에 데친다. 녹색을 유지하려면 한 번에 깍지콩을 한 줌씩 넣고 물이 다시 끓어오를 때까지 기다린 다음 다시 한 줌씩 넣기를 반복한다. 8~12분 정도 익힌다. 깍지콩은 살짝 탄탄한 정도를 유지하도록 익혀야 한다.

깍지콩 아 랑글레즈
HARICOTS VERTS À L'ANGLAISE

◆ 깍지콩 1kg

◆ 소금과 후추

◆ 버터 50g

◆ 다진 이탈리안 파슬리 2큰술

　준비 시간 30분

　조리 시간 20분

　6인분

깍지콩을 손질해서 익힌다(551쪽). 건져서 소금과 후추로 간을 한 다음 버터와 파슬리를 더하여 버무린다. 버터와 파슬리 대신 메트르도텔 버터(48쪽)를 사용해도 좋다.

니스식 깍지콩 요리
HARICOTS VERTS À LA NIÇOISE

 597쪽

◆ 깍지콩 1kg

◆ 토마토 소스(57쪽) 500mL

◆ 다진 이탈리안 파슬리 1줌 분량

　준비 시간 30분

　조리 시간 40분

　6인분

깍지콩을 손질해서 익힌다(551쪽). 건져서 토마토 소스를 담은 팬에 더한 뒤 약한 불에서 20분간 익힌다. 파슬리를 더하여 낸다.

신선한 흰강낭콩

흰강낭콩을 손질하려면 껍질을 벗긴 뒤 끓는 소금물에 마늘 1쪽, 부케 가르니 1개, 당근 저민 것 몇 조각을 넣어서 콩과 함께 삶는다. 부드러워질 때까지 30~40분간 천천히 익힌다. 깍지째 1kg일 경우 껍질을 벗기면 약 350g이 남는다. 이를 참고해 1인당 껍질 벗긴 콩 150g을 준비한다.

메트르도텔 버터를 두른 생흰강낭콩
HARICOTS BLANCS À LA MAÎTRE D'HÔTEL

콩은 껍질을 벗기고 위와 같이 조리한다. 나머지 재료로 메트르도텔 버터 (48쪽)를 만든다. 익힌 콩을 건져서 곧바로 버터에 버무려 낸다.

- ◆ 생흰강낭콩 2kg
- ◆ 부드러운 버터 120g
- ◆ 다진 이탈리안 파슬리 1줌 분량
- ◆ 레몬즙 1개 분량
- ◆ 소금과 후추

  준비 시간 40분

  조리 시간 1시간 10분

  6인분

생흰강낭콩과 토마토
HARICOTS BLANCS FRAIS AUX TOMATES

콩은 껍질을 벗기고 위와 같이 조리한다. 가장자리가 높은 팬에 버터를 넣어 달구고 양파를 노릇하게 볶는다. 토마토를 넣고 섞은 다음 콩을 더하여 마저 섞어서 소금과 후추로 간을 한다. 뚜껑을 연 채로 약한 불에서 20분간 뭉근하게 익힌다. 취향에 따라 토마토 소스를 소스 그릇에 담아서 곁들여 낸다.

- ◆ 생흰강낭콩 2kg
- ◆ 버터 60g
- ◆ 다진 양파 100g
- ◆ 껍질과 씨를 제거하고 깍둑 썬 토마토 500g
- ◆ 소금과 후추
- ◆ 곁들임용 토마토 소스(57쪽) 1회 분량(선택 사항)

  준비 시간 40분

  조리 시간 1시간 10분

  6인분

프로방스식 생흰강낭콩 요리
HARICOTS BLANCS À LA PROVENÇALE

- 생흰강낭콩 2kg
- 버터 60g
- 다진 양파 125g
- 육수(종류 무관) 800mL
- 마늘 1쪽
- 샬롯 1개
- 토마토 1개
- 월계수 잎 1장
- 정향 3개
- 소금과 후추

준비 시간 40분

조리 시간 3시간 30분

6인분

콩(552쪽)은 껍질만 벗기고 익히지 않은 채로 준비한다. 가장자리가 높은 팬에 버터를 넣어 달구고 양파를 더해 노릇하게 볶는다. 육수 500mL를 붓고 끓어오르면 콩을 넣는다. 마늘, 샬롯, 토마토, 월계수 잎과 정향을 더한 뒤 불 세기를 줄이고 1시간 동안 뭉근하게 익히면서 필요하면 뜨거운 육수를 추가한다. 2시간 후에 소금과 후추로 간을 한 다음 콩이 아주 부드러워질 때까지 1시간 가량 더 뭉근하게 익힌다.

생흰강낭콩 퓌레
HARICOTS BLANCS EN PURÉE

- 생흰강낭콩 2kg
- 뜨거운 우유 500mL
- 버터 100g
- 소금과 후추
- 곁들임용 빵 12장(소)

준비 시간 40분

조리 시간 40분

6인분

콩은 껍질을 벗겨서 552쪽의 안내에 따라 조리한다. 건져서 푸드 밀 또는 푸드 프로세서로 갈아 고운 퓌레를 만든다. 뜨거운 우유와 절반 분량의 버터를 더하여 잘 섞는다. 소금과 후추로 간을 한다. 팬에 남은 버터를 넣어 달구고 빵을 올려 앞뒤로 노릇하게 굽는다. 퓌레와 함께 낸다.

생흰강낭콩 브레이즈
HARICOTS BLANCS AU JUS

- 생흰강낭콩 2kg
- 닭 육수 500mL
- 채 썬 양파 1개 분량
- 다진 이탈리안 파슬리 1줌 분량
- 소금과 후추

준비 시간 40분

조리 시간 45분

6인분

콩은 껍질을 벗기고 552쪽의 안내에 따라 익힌다. 육수를 한소끔 끓인 다음 양파를 넣는다. 불 세기를 줄여서 15분간 뭉근하게 익힌다. 콩을 건져서 파슬리와 함께 육수에 넣고 20분간 뭉근하게 익힌다. 소금과 후추로 간을 해서 낸다.

크림을 더한 모제트 콩 요리
MOGETTES À LA CRÈME

큰 냄비에 콩을 담고 최소한 높이 5cm 이상 잠기도록 물을 붓는다. 양파와 당근, 셀러리악, 마늘, 타임을 더하고 후추로 간을 한다. 아주 약한 불에서 2시간 30분~3시간 동안 익히고 필요하면 중간에 뜨거운 물을 보충한다. 콩을 건져 내고 채소와 타임을 제거한다. 콩에 소금과 버터, 크렘 프레슈를 섞어서 낸다.

- ◆ 포장지의 안내에 따라 불린 모제트, 흰강낭콩 등 흰콩 1kg
- ◆ 정향을 꽂은 양파 1개
- ◆ 당근 1개
- ◆ 셀러리악 60g
- ◆ 마늘 1쪽
- ◆ 타임 1줄기
- ◆ 후추
- ◆ 소금 1작은술
- ◆ 버터 80g
- ◆ 크렘 프레슈 80mL
  준비 시간 15분
  조리 시간 3시간
  6인분

모둠 콩 요리
HARICOTS PANACHÉS

깍지콩(551쪽)과 흰강낭콩(552쪽)을 서로 다른 냄비에 담아서 익힌다. 식사용 그릇에 담아서 골고루 섞은 다음 소금과 후추로 간을 하고 취향에 따라 버터를 더하여 버무려서 낸다.

- ◆ 깍지콩 500g
- ◆ 생 흰강낭콩 500g
- ◆ 소금과 후추
- ◆ 버터(선택 사항)
  준비 시간 15분
  조리 시간 30~40분
  6인분

채소 자르디니에르
JARDINIÈRE DE LÉGUMES

- ◆ 당근 150g
- ◆ 순무 150g
- ◆ 콜리플라워 1개(소)
- ◆ 깍지콩 200g
- ◆ 껍질 벗긴 완두콩 200g
- ◆ 프라젤렛 콩 150g
- ◆ 버터 60g

  준비 시간 30분

  조리 시간 45분

  6인분

당근과 순무는 작은 막대 모양으로 자른다. 콜리플라워는 작은 송이들로 나눈다. 끓는 소금물에 모든 채소를 종류별로 나눠서 순서대로 넣고 부드러워질 때까지 삶아 건진다. 깍지콩은 익힌 다음에 깍둑썰기 한다. 채소에 버터를 더해서 각각 또는 섞어서 낸다.

채소 타르트
TARTE AUX LÉGUMES

 598쪽

- ◆ 쇼트크러스트 페이스트리(784쪽) 1회 분량
- ◆ 깍둑 썬 깍지콩 120g
- ◆ 껍질 벗긴 완두콩 120g
- ◆ 깍둑 썬 당근 120g
- ◆ 깍둑 썬 감자 120g
- ◆ 베샤멜 소스(50쪽) 1/2회 분량
- ◆ 그뤼에르 소스 간 것 60g
- ◆ 마른 빵가루 3큰술

  준비 시간 45분

  조리 시간 45분

  6인분

오븐을 200℃로 예열한다. 23cm 크기의 타르트 틀 1개에 페이스트리를 깔고 초벌구이한다. 끓는 소금물에 손질한 채소를 넣고 부드러워질 때까지 3~4분간 데친다. 건져서 물기를 충분히 제거한다. 초벌구이한 타르트 페이스트리에 절반 분량의 베샤멜 소스를 가볍게 펴 바르고 데친 채소를 얹는다. 남은 소스를 둘러서 덮고 치즈와 빵가루를 뿌린다. 오븐에 넣고 노릇해질 때까지 10~15분간 굽는다.

양상추

양상추는 시든 잎을 전부 떼어 내고 심을 잘라 낸다. 찬물에 잎을 담고 물을 여러 번 갈면서 조심히 꼼꼼하게 씻는다. 양상추를 가열 조리할 경우에는 끓는 소금물에 넣어 1~2분간 데치고 찬물을 담은 볼에 담가 식힌 다음 건져 물기를 충분히 제거한다.

양상추 브레이즈
LAITUES À L'ÉTUVÉE

큰 팬에 버터 60g을 넣고 녹인다. 양상추는 손질한 다음 팬에 넣고 잔잔한 불에서 10분간 브레이즈한다(556쪽). 양파와 육수를 넣고 소금과 후추로 간을 한다. 뚜껑을 닫고 1시간 동안 익힌다. 프랭타니에르 또는 시브리 소스를 만든다. 다른 팬에 남은 버터를 넣어 녹이고 빵을 올려 중간 불에서 앞뒤로 노릇하게 굽는다. 양상추(큰 것일 경우 반으로 잘라서 사용한다.)를 빵 위에 얹는다. 소스를 소스 그릇에 담아서 곁들인다.

- 버터 80g
- 양상추 3통(대) 또는 6통(소)
- 곱게 다진 양파 1개 분량
- 묽은 육수 100mL
- 소금과 후추
- 프랭타니에르 또는 시브리 소스(54쪽)
  1회 분량
- 빵 6장
  준비 시간 25분
  조리 시간 1시간 20분
  6인분

채소 부크티에르*
BOUQUETIÈRE DE LÉGUMES

당근과 순무, 감자는 작은 올리브 모양으로 손질한다. 콜리플라워는 작은 송이들로 나눈다. 끓는 소금물에 모든 채소를 종류별로 나눠 순서대로 넣고 부드러워질 때까지 삶은 뒤 건진다. 깍지콩은 익힌 다음 깍둑썰기 한다. 채소를 각각 식사용 그릇에 담고 파슬리와 버터를 얹는다. 취향에 따라 감자는 익힌 다음 버터에 가볍게 볶아도 좋다.

- 당근 150g
- 순무 150g
- 감자 200g
- 콜리플라워 1개(소)
- 깍지콩 200g
- 껍질 벗긴 완두콩 200g
- 프라젤렛 콩 150g
- 다진 이탈리안 파슬리 1줌 분량
- 버터 50g
  준비 시간 30분
  조리 시간 45분
  6인분
- 다양한 채소를 함께 차려서 주요리에 곁들여 내는 것을 뜻한다.

통옥수수

통옥수수를 손질할 때는 잎과 수염을 모두 제거한다. 심을 잘라서 옥수수 자루의 밑동을 평평하게 만든 뒤 찬물에 씻는다. 냄비에 물을 붓고 물 2L당 우유 100mL의 비율로 우유를 섞는다. 소금은 옥수수를 질기게 만드므로 넣지 않는다. 옥수수를 넣어서 부드러워질 때까지 15~20분간 뭉근하게 익힌다. 옥수수 낱알이 속대에서 쉽게 떨어져 나올 정도가 되어야 한다. 건져서 뜨겁게 낸다.

통옥수수와 버터
MAÏS AU BEURRE

옥수수(558쪽)는 손질해서 익힌다. 뜨거울 때 접시에 담아서 냅킨을 두른 다음 버터와 소금을 곁들여 낸다.

◆ **통옥수수 6자루**

◆ **곁들임용 버터**

◆ **곁들임용 소금**

준비 시간 5분

조리 시간 20분

6인분

밤

밤 껍질의 둥근 부분에 날카로운 칼로 조심스럽게 칼집을 낸다. 큰 냄비에 물을 한소끔 끓이고 밤을 넣어서 2분간 데친다. 건져서 한 김 식힌 다음 껍질을 벗긴다. 새로 끓인 물에 껍질을 벗긴 밤을 넣고 10분 더 삶는다. 적당량씩 꺼내서 아직 뜨거울 때 속껍질을 제거한다. (식으면 속껍질이 과육에 달라붙어서 벗기기 어렵다). 잔잔하게 끓는 물 또는 우유에 넣어 10~15분 더 익힌다. 건져서 소금과 버터를 곁들여 낸다.

양파를 더한 밤
MARRON3 AUX OIGNON3

- 밤 1kg(소)
- 버터 40g
- 다진 양파 250g
- 소금과 후추
- 육수 1L

  준비 시간 45분

  조리 시간 40분

  6인분

밤(558쪽)은 손질한다. 팬에 버터를 넣어 녹이고 양파를 더해 노릇해질 때까지 중간 불에서 5분간 익힌다. 밤을 더하여 소금과 후추로 간을 한다. 육수를 부어서 15~20분간 뭉근하게 익힌다.

밤 퓌레
MARRONS EN PURÉE

- 밤 1kg
- 우유 750mL
- 정제 백설탕 1작은술
- 소금 1작은술
- 버터 40g
- 소금과 후추 또는 설탕(선택 사항)

  준비 시간 1시간

  조리 시간 30분

  6인분

밤(558쪽)을 손질한다. 팬에 밤과 우유, 설탕, 소금을 담고 한소끔 끓인다. 불 세기를 줄여서 30분간 뭉근하게 익힌다. 밤을 건지고 푸드 프로세서에 갈아 퓌레를 만든다. 밤을 익힌 국물을 조금 더해서 농도를 조절한 다음 버터를 더하여 잘 섞는다. 소금과 후추로 간을 해서 짭짤한 퓌레를 만들거나 설탕을 더하여 달콤한 퓌레를 만든다.

순무

순무는 우선 껍질을 벗긴다. 필요에 따라 저미거나 깍둑썰기 하거나 4등분한 다음 끓는 소금물에 넣어서 부드러워질 때까지 크기에 따라 약 10~20분간 익힌다.

순무 감자 퓌레
NAVETS EN PURÉE

- 순무 500g
- 감자 500g
- 버터 40g
- 우유(선택 사항)
- 후추

  준비 시간 30분

  조리 시간 15분

  6인분

큰 냄비에 소금물을 한소끔 끓인다. 순무와 감자를 적당한 크기로 썰어서 같이 넣고 부드러워질 때까지 15분간 익힌다. 건져서 물기를 충분히 제거한 다음 푸드밀 또는 감자 라이서에 내려서 잘게 간다. 버터를 넣어서 섞은 다음 원한다면 우유를 약간 더한다. 후추로 간을 한다.

양파

양파를 익히려면 먼저 껍질을 벗긴 다음 끓는 소금물에 통째로 넣는다. 크기에 따라 10~15분간 뭉근하게 익힌다.

양파 글라세
OIGNONS GLACÉS

팬에 양파를 담고 송아지 육수 또는 물을 딱 잠길 만큼 붓는다. 소금과 후추로 간을 하고 버터를 더한다. 유산지를 둥글게 잘라서 얹거나 뚜껑을 반만 닫아서 양파가 부드러워지고 국물이 거의 다 증발할 때까지 잔잔한 불에서 익힌다. 양파를 팬 바닥에 조심스럽게 굴려서 남은 국물과 함께 버무려 윤기가 나게 한다. 많은 요리에 장식으로 사용할 수 있다.

- 껍질 벗긴 진주양파 또는 작은 양파 500g
- 송아지 육수 잠길 만큼(선택 사항)
- 소금과 후추
- 버터 100g
  준비 시간 10분
  조리 시간 30분
  6인분

양파 퓌레
OIGNONS EN PURÉE

양파는 익히고 그동안 베샤멜 소스를 만든다(560쪽). 양파를 믹서 또는 푸드 프로세서에 곱게 간 다음 베샤멜 소스와 함께 섞는다. 소금과 후추로 간을 한다.

- 양파 750g(중)
- 베샤멜 소스(50쪽) 1회 분량
- 소금과 후추
  준비 시간 20분
  조리 시간 30분
  6인분

속을 채운 양파
OIGNONS FARCIS

큰 냄비에 물을 한소끔 끓이고 양파를 넣은 다음 불 세기를 줄여서 15분간 뭉근하게 익힌다. 오븐을 200℃로 예열하고 오븐용 그릇에 버터를 바른다. 스터핑을 만든다. 익힌 양파를 건져서 속을 숟가락으로 파내는데, 이때 바닥까지 뚫지 않도록 주의한다. 스터핑과 화이트 소스를 섞은 다음 속을 파낸 양파에 채운다. 준비한 그릇에 담는다. 빵가루를 뿌리고 군데군데 버터를 얹어서 오븐에 넣고 25분간 굽는다.

 599쪽

- 스패니쉬 양파 6개(대)
- 버터 40g, 틀용 여분
- 붉은 고기용 스터핑(80쪽) 또는 뒥셀(81쪽) 200g
- 화이트 소스(50쪽) 1/2회 분량
- 마른 빵가루 3큰술
  준비 시간 45분
  조리 시간 45분
  6인분

양파 타르트
TARTE À L'OIGNON

프랑스 동부의 알자스 지역에서 유래한 레시피다.

　오븐을 200℃로 예열한다. 쇼트크러스트 페이스트리를 만든 다음 타르트 속을 만들 동안 휴지한다. 팬에 버터 60g을 넣어 녹이고 양파를 넣어서 모든 수분이 증발하여 노릇해질 때까지 중간 불에서 익힌다. 팬에 밀가루와 달걀을 더하여 섞는다. 소금과 후추로 간을 하고 필요하면 우유를 조금 더해서 혼합물의 농도를 조절한다. 페이스트리를 밀어서 타르트 틀에 채워 담는다. 페이스트리 위에 양파 속을 담아서 오븐에 넣고 30분간 굽는다.

- ◆ 쇼트크러스트 페이스트리(784쪽) 1회 분량
- ◆ 버터 75g
- ◆ 채 썬 양파 500g
- ◆ 밀가루 30g
- ◆ 달걀 푼 것 2개 분량
- ◆ 소금과 후추
- ◆ 우유(선택 사항)

　준비 시간 30분

　조리 시간 30분

　6인분

소렐

소렐을 손질할 때 너무 큰 잎은 줄기에서 떼어 낸다. 잎을 찬물에 푹 담가 씻고 끓는 물에 넣어서 1~2분간 데친다. 바로 건져서 요리에 사용하거나 버터를 조금 더하여 숨을 죽인다. 소렐은 익으면 양이 아주 많이 줄어들기 때문에 1인당 적어도 200g은 준비해야 한다.

소렐 브레이즈
OSEILLE AU JUS

큰 냄비에 버터를 넣어 달구고 소렐을 한 번에 한 줌씩 넣는다. 밀가루를 뿌린다. 설탕을 더하고 소금과 후추로 간을 한 다음 5분간 뭉근하게 익힌다. 육수를 부어서 30분간 뭉근하게 천천히 익힌다. 믹서에 곱게 갈아서 퓌레를 만든 다음 필요하면 육수를 조금 추가해서 농도를 조절한다.

- ◆ 버터 40g
- ◆ 소렐 1.2kg
- ◆ 밀가루 20g
- ◆ 정제 백설탕 1꼬집
- ◆ 소금과 후추
- ◆ 송아지 육수 400mL, 농도 조절용 여분

　준비 시간 5분

　조리 시간 35분

　6인분

완두콩

완두콩은 조리하기 직전에 껍질을 까서 사용하기 전까지 면포에 감싸 둔다. 깍지째 1kg을 준비할 경우 깐 완두콩은 350~400g이 나온다. 깍지완두는 완두콩과 같은 방식으로 조리할 수 있지만 깍지까지 먹을 수 있는 품종이다. 깍지콩과 마찬가지로 끄트머리를 꺾어서 잡아 당겨 질긴 섬유질을 제거해야 하지만 아주 어린 깍지완두는 특별히 손질이 필요하지 않을 수도 있다.

완두콩 아 랑글레즈
PETITS POIS À L'ANGLAISE

- ◆ 소금 3작은술, 필요 시 여분
- ◆ 깐 완두콩 1kg
- ◆ 곁들임용 버터 40g
- ◆ 곁들임용 다진 허브(민트, 세이보리,
  펜넬 등)
  준비 시간 10분
  조리 시간 10분
  6인분

물 3L와 소금을 냄비에 담고 한소끔 끓인다. 끓어오르면 완두콩을 넣고 6~8분간 익힌다. 부드럽지만 아직 탄탄한 상태의 콩을 건진 다음 취향에 따라 여분의 소금으로 간을 한다. 완두콩을 따뜻한 접시에 담아서 버터와 여러 허브를 따로 곁들여 낸다.

〔변형〕

• •

크림을 더한 완두콩
PETITS POIS À LA CRÈME
위와 같이 조리한 다음 크림 소스(51쪽) 250mL를 섞는다. 여러 종류의 허브를 곁들이되 버터는 뺀다.

완두콩 아 라 페이잔
PETITS POIS À LA PAYSANNE

- ◆ 깐 완두콩 1kg
- ◆ 차가운 버터 60g
- ◆ 채 썬 양상추 1통 분량
- ◆ 곱게 다진 양파 1개 분량
- ◆ 소금
- ◆ 정제 백설탕 1작은술
  준비 시간 15분
  조리 시간 20분
  6인분

냄비에 물 750mL, 완두콩, 절반 분량의 버터, 양상추, 양파를 담고 소금으로 간을 한다. 재빨리 한소끔 끓인 다음 불 세기를 줄여서 15분간 뭉근하게 익힌다. 먹기 직전에 설탕과 남은 버터를 더한다.

완두콩 아 라 프랑세즈
PETITS POIS À LA FRANÇAISE

큰 냄비 또는 가장자리가 높은 팬에 버터를 넣어 녹인다. 양파를 넣고 뚜껑을 닫은 다음 아주 약한 불에서 10분간 브레이즈한다. 완두콩과 양상추, 설탕을 넣고 소금으로 간을 한다. 뚜껑을 닫고 아주 약한 불에서 30분간 뭉근하게 익힌다.

참고
냉동 완두콩을 사용할 경우 완성 10분 전에 팬에 더한다.

- ◆ 버터 40g
- ◆ 진주양파 50g
- ◆ 깐 완두콩 1kg
- ◆ 채 썬 양상추 2통 분량
- ◆ 정제 백설탕 1작은술
- ◆ 소금

  준비 시간 15분

  조리 시간 45분

  6인분

플랑드르식 완두콩 요리
PETITS POIS À LA FLAMANDE

냄비에 물 500mL와 버터, 당근을 담는다. 한소끔 끓인 다음 15분간 익힌다. 완두콩과 소금을 더하여 30분간 잔잔하게 익힌다. 풍미를 더하려면 당근에 완두콩 깍지를 더하여 함께 삶아도 좋다. 먹기 전에 깍지를 제거한다.

- ◆ 버터 40g
- ◆ 깍둑 썬 어린 당근 250g
- ◆ 깐 완두콩 750g
- ◆ 소금

  준비 시간 40분

  조리 시간 45분

  6인분

서양 대파

서양 대파leek는 흰색 부분이 제일 쓰기 좋지만 질긴 녹색 윗부분도 수프나 스튜에 사용한다. 뿌리를 제거하고 상한 잎을 제거한 다음 아주 꼼꼼하게 씻어서 층층이 들어간 흙을 완전히 제거한다. 끓는 소금물에 넣고 뚜껑을 연 채로 작은 서양 대파를 통째로 익힐 경우 약 20분, 송송 썰어서 익힐 경우 약 8분간 삶는다.

아스파라거스식으로 익힌 서양 대파
POIREAUX EN AOPENOEO

- 서양 대파 24대(중)
- 무슬린 소스(75쪽), 화이트
  소스(50쪽), 풀레트 소스(52쪽),
  비네그레트(66쪽), 또는
  마요네즈(70쪽) 1회 분량
  준비 시간 10분
  조리 시간 20분
  6인분

서양 대파를 손질해서 익힌다(564쪽). 건져서 물기를 충분히 제거하고 무슬린 소스나 화이트 소스, 풀레트 소스, 비네그레트, 마요네즈 등을 소스 그릇에 담아서 곁들여 낸다.

서양 대파 그라탕
POIREAUX EN GRATIN

 600쪽

- 서양 대파 24대(중)
- 화이트 소스(50쪽) 1회 분량
- 마무리용 그뤼에르 치즈 간 것
  준비 시간 20분
  조리 시간 40분
  6인분

오븐을 200℃로 예열한다. 서양 대파는 손질해서 통째로 익힌다(564쪽). 그동안 화이트 소스를 만든다. 서양 대파를 건져서 물기를 충분히 제거하고 대형 오븐용 그릇 1개 또는 개인용 오븐용 그릇 여러 개에 담는다. 소스를 둘러서 덮고 치즈를 뿌려서 오븐에 넣어 노릇해질 때까지 20분간 익힌다.

서양 대파 퓌레
PURÉE DE POIREAUX

- 송송 어슷썰기 한 서양 대파 12대 분량
- 잘게 썬 감자 500g
- 소금
- 크렘 프레슈 200mL
  준비 시간 20분
  조리 시간 40분
  6인분

서양 대파는 깨끗하게 손질한다(564쪽). 냄비에 소금물을 한소끔 끓인 다음 서양 대파를 더하여 부드러워질 때까지 8분간 익힌다. 감자를 넣고 불 세기를 줄여서 15~20분간 더 익힌다. 감자가 부드러워지면 건져서 물기를 충분히 제거한 다음 푸드 프로세서나 믹서에 서양 대파와 감자를 담고 곱게 갈아서 퓌레를 만든다. 소금으로 간을 하고 크렘 프레슈를 섞어서 낸다.

서양 대파 파이
FLAMICHE PICARDE

서양 대파는 씻어서 가늘게 송송 썬다. 팬에 버터 40g과 서양 대파를 넣고 소금과 후추로 간을 한다. 자주 휘저으면서 아주 약한 불에서 30분간 익힌다. 오븐을 220℃로 예열하고 파이 그릇에 버터 15g을 바른다. 볼에 밀가루와 남은 버터, 달걀, 달걀흰자, 소금 1꼬집을 더하여 섞는다. 치대서 반죽을 만든 다음 2등분하여 공 모양으로 다듬는다.

덧가루를 넉넉히 뿌린 작업대에 공 모양 반죽을 올리고 얇게 민다. 준비한 그릇에 반죽 한 장을 올려 깐다. 서양 대파를 불에서 내리고 달걀노른자, 크렘 프레슈를 더하여 섞는다. 맛을 보고 필요하면 간을 조절한다. 페이스트리를 깐 접시에 서양 대파와 크렘 프레슈 혼합물을 붓는다. 남은 반죽을 덮고 칼로 반죽 윗면에 무늬를 낸다. 페이스트리 가장자리에 물을 약간 발라서 여민다. 오븐에 넣고 노릇해질 때까지 30분간 굽는다. 뜨겁게 낸다.

- ◆ 서양 대파 흰 부분 10대(대)
- ◆ 부드러운 버터 140g
- ◆ 소금과 후추
- ◆ 밀가루 250g, 덧가루용 여분
- ◆ 달걀 3개
- ◆ 흰자와 노른자를 분리한 달걀 2개 분량
- ◆ 크렘 프레슈 125mL
  준비 시간 30분
  조리 시간 30분
  6인분

감자

감자는 품종이 매우 다양하며 조리 용도에 따라 크게 두 종류로 나뉜다. 수프와 으깬 감자 및 토핑용으로는 킹 에드워드, 데지레, 마리스 파이퍼 등 분질 감자를 사용한다. 감자칩, 감자 튀김, 샐러드, 장식용으로는 샤를로테나 니콜라, 래트, 로즈발 등의 점질 감자를 사용한다. 물론 두 종류 모두 다양한 요리에 사용할 수 있다.●

● 우리나라에서 구할 수 있는 분질 감자로는 남작과 두백, 대서 등이, 점질 감자로는 대지, 서홍 등이 있다.

껍질째 삶은 감자
POMMES DE TERRE EN ROBE DES CHAMPS

감자를 꼼꼼하게 씻어 냄비에 담고 차가운 소금물을 잠기도록 부은 다음 한소끔 끓인다. 불 세기를 줄여서 부드러워질 때까지 20분간 뭉근하고 잔잔하게 익힌다. 감자를 건져 낸 다음 가능하면 아주 약한 불에 다시 올려서 10분간 계속 굴려 가며 물기를 충분히 제거한 후 버터를 곁들여 낸다.

- ◆ 감자(껍질째) 1.5kg(소)
- ◆ 소금
- ◆ 곁들임용 차가운 버터
  준비 시간 5분
  조리 시간 20분
  6인분

감자 아 랑글레즈
POMMES DE TERRE À L'ANGLAISE

- 감자 1.5kg(소)
- 녹인 버터 50g
- 소금
- 다진 이탈리안 파슬리 1줌 분량

  준비 시간 20분

  조리 시간 25분

  6인분

냄비에 소금물을 한소끔 끓여서 감자를 넣은 다음 불 세기를 줄이고 부드러워질 때까지 15분간 뭉근하게 익힌다. 감자 위에 버터를 붓고 소금으로 간을 한 다음 파슬리를 뿌린다.

찐 감자
POMMES DE TERRE VAPEUR

- 감자 1.5kg(소)
- 녹인 버터 50g
- 소금
- 다진 이탈리안 파슬리 1줌 분량

  준비 시간 20분

  조리 시간 25분

  6인분

감자를 씻어서 찜기에 담고 물이 담긴 냄비에 얹어 뚜껑을 닫는다. 물을 한소끔 끓인 다음 불 세기를 줄여서 15~20분간 익힌다. 감자 위에 버터를 붓고 소금으로 간을 한 다음 파슬리를 뿌린다.

감자 샐러드
POMMES DE TERRE EN SALADE

- 점질 감자(껍질째) 1kg
- 비네그레트(66쪽) 1회 분량
- 곱게 다진 양파 1개 분량
- 곱게 다진 이탈리안 파슬리 1큰술
- 완숙으로 삶은 뒤 저민 달걀 2개

  분량(선택 사항)
- 익혀서 저민 비트 1개 분량(선택 사항)

  준비 시간 20분

  조리 시간 20분

  6인분

냄비에 소금물을 한소끔 끓인 다음 감자를 넣고 불 세기를 줄여서 부드러워질 때까지 20분간 뭉근하게 익힌다. 한 김 식힌 다음 껍질을 벗기고 얇게 저며 샐러드 그릇에 담는다. 비네그레트를 두르고 양파와 파슬리를 더하여 조심스럽게 버무린다. 완숙 달걀과 비트를 사용할 경우 이때 더하여 함께 버무린다.

참고

샐러드가 너무 퍽퍽해지지 않게 하려면 버무리기 전에 샐러드 그릇 바닥에 육수나 우유를 조금 부은 후 재료를 담으면 된다.

속을 채운 감자
POMMES DE TERRE FARCIES

감자를 반으로 잘라 속을 찻숟가락으로 파낸 다음 끓는 소금물에 넣어 부드러워질 때까지 10분간 삶는다. 삶은 감자는 건져서 물기를 제거한다. 오븐을 220℃로 예열하고 오븐용 그릇에 버터를 바른다. 속을 파낸 감자 위에 스터핑을 채운다. 준비한 그릇에 감자를 얹고 고기 쥐 또는 육수, 뜨거운 물을 붓는다. 오븐에 넣어 25분간 굽는다.

- ◆ 감자(크기가 고른 것) 1kg
- ◆ 버터 10g
- ◆ 붉은 고기용 스터핑(80쪽) 또는 뒥셀(81쪽) 200g
- ◆ 고기 쥐 또는 농축한 고기 육수 100mL
- ◆ 뜨거운 물 100mL
  준비 시간 15분
  조리 시간 35분
  6인분

감자 아 라 풀레트
POMMES DE TERRE À LA POULETTE

감자(566쪽)를 껍질째 익힌다. 오븐을 220℃로 예열하고 오븐용 그릇에 버터를 바른다. 감자를 건져서 껍질을 벗기고 저민다. 준비한 그릇에 절반 분량의 감자를 한 켜로 깐다. 절반 분량의 화이트 소스와 절반 분량의 치즈를 덮는다. 남은 감자를 다시 한 켜 깔고 남은 소스와 치즈를 덮는다. 오븐에 넣어 노릇해질 때까지 20분간 굽는다.

- ◆ 감자(껍질째) 750g
- ◆ 틀용 버터
- ◆ 화이트 소스(50쪽) 1회 분량
- ◆ 그뤼에르 치즈 간 것 125g
  준비 시간 20분
  조리 시간 50분
  6인분

으깬 감자
PURÉE DE POMMES DE TERRE

감자를 냄비에 담고 차가운 소금물을 잠기도록 붓는다. 한소끔 끓인 다음 불 세기를 줄여서 감자가 부드러워질 때까지 20분간 뭉근하게 익힌다. 감자를 건져서 물기를 완전히 제거한 다음 아직 뜨거울 때 푸드밀 또는 감자 라이서로 간다. 버터와 우유를 넣고 나무 주걱으로 골고루 섞은 뒤 소금으로 간을 한다. 단, 버터와 우유를 더한 다음에는 퓌레를 가열하거나 치대지 않는다.

- ◆ 감자 1kg
- ◆ 버터 60g
- ◆ 뜨거운 우유 500mL
- ◆ 소금
  준비 시간 15분
  조리 시간 20분
  6인분

감자 그라탕

POMMES DE TERRE EN GRATIN

◆ 버터 60g

◆ 으깬 감자(568쪽) 1회 분량

◆ 그뤼에르 치즈 간 것 125g(선택 사항)

◆ 달걀노른자 2개(선택 사항)

◆ 크렘 프레슈 100mL(선택 사항)

준비 시간 10분

조리 시간 20~25분

6인분

오븐을 220℃로 예열하고 그라탕 그릇에 버터를 약간 바른다. 감자를 준비한 그릇에 펴 바르고 남은 버터를 군데군데 얹는다. 감자에 치즈나 달걀노른자 또는 크렘 프레슈를 더해서 맛을 더해도 좋다. 오븐에 넣고 노릇해질 때까지 20~25분간 굽는다.

감자 크로켓

POMMES DE TERRE EN CROQUETTES

◆ 으깬 감자(568쪽) 1회 분량

◆ 소금과 후추

◆ 튀김옷용 밀가루

◆ 달걀 푼 것 2개 분량

◆ 튀김옷용 마른 빵가루

◆ 튀김용 식물성 오일

준비 시간 30분

조리 시간 20분

6인분

으깬 감자에 소금과 후추로 간을 하고 식힌다. 크로켓 모양으로 빚은 다음 밀가루를 입힌다. 크로켓을 달걀 푼 것에 담갔다가 빵가루를 묻힌다. 튀김기에 오일을 채워서 180℃ 혹은 빵조각을 넣으면 30초 만에 노릇해질 정도로 가열한다. 크로켓을 적당량씩 넣어서 노릇하게 튀긴 다음 건져서 기름기를 뺀다.

코티지 파이

HACHIS PARMENTIER

◆ 틀용과 마무리용 버터

◆ 으깬 감자(568쪽) 1회 분량

◆ 소금과 후추

◆ 붉은 고기용 스터핑(80쪽) 1회 분량

◆ 마무리용 그뤼에르 치즈 간 것

준비 시간 35분

조리 시간 20~25분

6인분

오븐을 200℃로 예열하고 오븐용 그릇에 버터를 바른다. 감자에 소금과 후추로 간을 한다. 감자를 준비한 그릇에 한 켜 깔고 스터핑을 덮은 다음 다시 감자를 한 켜 더 깐다. 군데군데 버터를 얹고 치즈를 뿌린다. 오븐에서 노릇해질 때까지 20~25분간 굽는다.

감자 둥지에 앉은 달걀(달걀 파르망티에)
OEUFS PARMENTIER

볼에 감자와 우유, 버터를 담고 잘 섞어 아주 되직한 으깬 감자(568쪽)를 만든다. 소금과 후추로 간을 한다. 오븐을 220℃로 예열하고 얕은 오븐용 그릇에 버터를 바른다. 감자를 준비한 그릇에 펴 바른다. 숟가락 뒷면을 이용해서 감자에 6개의 홈을 판 다음 달걀을 각각 하나씩 깨서 담는다. 크렘 프레슈를 둘러서 덮은 다음 소금과 후추로 가볍게 다시 간을 하고 오븐에 넣어 노릇해질 때까지 15분간 굽는다.

- 감자 750g
- 우유 500mL
- 버터 50g, 틀용 여분
- 소금과 후추
- 달걀 6개
- 크렘 프레슈 200mL
  준비 시간 45분
  조리 시간 15분
  6인분

뒤세스 감자
POMMES DE TERRE DUCHESSE

감자를 익힌 뒤 으깬 감자(568쪽)를 만든다. 버터와 달걀물 2개 분량, 달걀노른자를 넣고 잘 섞은 후 소금과 후추, 너트메그로 간을 한다. 오븐을 220℃로 예열하고 베이킹 트레이에 버터를 바른다. 감자를 다른 트레이에 1cm 두께로 펴 바르고 식힌 다음 냉장고에 넣어서 차갑게 굳힌다. 감자를 정사각형, 마름모, 직사각형, 동글납작한 모양 등 원하는 대로 빚는다. 밀가루를 묻히고 남은 달걀물을 발라서 준비한 트레이에 얹는다. 오븐에 넣고 노릇해질 때까지 15분간 굽는다. 다른 요리에 장식으로 사용한다.

- 감자 1kg
- 버터 70g, 틀용 여분
- 가볍게 푼 달걀 3개 분량
- 달걀노른자 3개
- 소금과 후추
- 즉석에서 간 너트메그
- 조리용 밀가루
  준비 시간 30분
  조리 시간 35분
  6인분

도핀 감자
POMMES DE TERRE DAUPHINE

감자는 익혀서 달걀노른자, 달걀 1개, 버터를 더하여 으깬 감자(568쪽)를 만든다. 슈 페이스트리를 만들어서 으깬 감자와 함께 1:2 비율로 섞는다. 소금과 후추, 너트메그로 넉넉하게 간을 한다. 혼합물을 작은 달걀 모양으로 빚는다. 남은 달걀에 담갔다가 빵가루에 굴려서 묻힌다. 튀김기에 오일을 채워서 180℃ 혹은 빵조각을 넣으면 30초 만에 노릇해질 정도로 가열한다. 감자를 적당량씩 넣어서 노릇하게 튀긴다. 다른 요리에 곁들여 내는 음식이다.

- 감자 500g
- 달걀노른자 3개
- 가볍게 푼 달걀 3개 분량
- 버터 40g
- 슈 페이스트리(774쪽) 1/2회 분량
- 소금과 후추
- 즉석에서 간 너트메그
- 튀김옷용 마른 빵가루 100g
- 튀김용 식물성 오일
  준비 시간 40분
  조리 시간 45분
  6인분

601쪽

- 버터 50g, 틀용 여분
- 감자 1kg
- 소금과 후추
- 마늘 1쪽(선택 사항)
- 크렘 프레슈 250mL

준비 시간 20분

조리 시간 1시간 30분

6인분

감자 도피누아
GRATIN DAUPHINOIS

오븐을 180℃로 예열하고 오븐용 그릇에 버터를 바른다. 감자를 얇게 저민다. 씻어서 면포로 두드려 물기를 제거한 다음 소금과 후추로 간을 한다. 취향에 따라 준비한 그릇에 마늘쪽을 문질러 향을 낸다. 감자를 1cm 높이로 켜켜이 깐다. 크렘 프레슈를 둘러서 덮는다. 버터를 군데군데 얹고 오븐에 넣어 감자가 부드러워질 때까지 1시간 30분간 굽는다.

- 버터 70g, 틀용 여분
- 4등분한 감자 1kg
- 달걀 2개
- 달걀노른자 2개
- 밀가루 100g
- 소금
- 즉석에서 간 너트메그
- 그뤼에르 치즈 간 것 60g

준비 시간 40분

조리 시간 45분

6인분

감자 뇨키
GNOCCHIS AUX POMMES DE TERRE

오븐을 220℃로 예열하고 오븐 조리용 그릇에 버터를 바른다. 감자는 끓는 소금물에 넣어서 부드러워질 때까지 삶는다. 삶은 감자는 건져서 물기를 제거하고 볼에 담아 으깬 다음 달걀과 달걀노른자, 버터 30g, 밀가루를 더하여 골고루 섞는다. 소금과 너트메그로 간을 한다. 큰 냄비에 물을 담고 센 불에 올려서 한소끔 끓인다. 감자 혼합물을 작은 달걀 모양으로 빚는다. 살짝 납작하게 누른 다음 적당량씩 나눠서 끓는 물에 넣고 3~4분간 삶아 뇨키를 만든다. 구멍 뚫린 국자로 뇨키를 건지고 키친타월에 얹어 물기를 제거한다. 준비한 그릇에 뇨키를 담는다. 치즈를 뿌리고 남은 버터를 군데군데 얹어서 오븐에 넣고 노릇해질 때까지 15분간 굽는다.

- 감자 1kg
- 달걀 5개
- 다진 모둠 허브(이탈리안 파슬리, 골파, 처빌, 타라곤 등)
- 소금과 후추
- 튀김용 식물성 오일

준비 시간 15분

조리 시간 10분

분량 프리터 10개

감자 프리터
BEIGNETS DE POMMES DE TERRE

감자를 간 다음 채반에 담아서 단단하게 꾹 눌러 물기를 제거한다. 큰 볼에 달걀을 풀고 감자를 넣어 함께 잘 섞는다. 허브를 넣어서 다시 잘 섞은 다음 소금과 후추로 간을 한다. 튀김기에 오일을 채워서 180℃ 혹은 빵조각을 넣으면 30초 만에 노릇해질 정도로 가열한다. 감자 혼합물을 몇 숟갈씩 떠서 뜨거운 오일에 조심스럽게 넣는다. 앞뒤로 각각 3분씩 튀긴 다음 건져서 기름기를 충분히 제거한 후 낸다.

오베르뉴식 감자 요리
POMMES DE TERRE À L'AUVERGNATE

오븐을 240℃로 예열하고 직화 가능한 그릇에 버터를 바른다. 감자를 흐르는 찬물에 씻어서 얇게 저민다. 저민 감자 일부를 준비한 그릇에 한 켜로 깐다. 마늘을 약간 뿌리고 소금과 후추로 간을 한 다음 버터를 작은 덩어리 크기로 뜯어서 얹고 오일을 약간 뿌린다. 모든 재료를 소진할 때까지 계속해서 켜켜이 깐다. 베이컨을 덮는다. 감자 위에 육수를 붓는다. 불에 올려서 한소끔 끓인 다음 오븐에 옮겨서 감자가 부드러워질 때까지 50분간 굽는다.

◆ 버터 40g, 틀용 여분
◆ 감자 1kg
◆ 곱게 다진 마늘 1쪽 분량
◆ 소금과 후추
◆ 오일 40g
◆ 얇게 저민 훈제 베이컨 60g
◆ 육수(종류 무관) 100mL

　준비 시간 20분
　조리 시간 1시간
　6인분

감자 케이크
GÂTEAU DE POMMES DE TERRE

오븐을 220℃로 예열하고 베이킹 트레이에 버터를 바른다. 감자를 뭉근하게 끓는 소금물에 넣어서 부드러워질 때까지 익힌 다음 건져서 물기를 제거하고 식힌다. 껍질을 벗기고 볼에 담아 으깬 다음 밀가루와 우유, 달걀 1개를 더하여 섞는다. 소금과 후추로 간을 한다. 감자 혼합물을 준비한 베이킹 트레이에 담고 납작한 케이크 모양으로 빚는다. 윗부분에 마름모 모양으로 무늬를 낸 다음 남은 달걀물을 솔로 펴 바르고 버터를 군데군데 얹는다. 오븐에 넣고 노릇해질 때까지 약 15분간 굽는다.

◆ 버터 60g, 틀용 여분
◆ 감자(껍질째) 1kg
◆ 밀가루 80g
◆ 우유 200mL
◆ 달걀 2개
◆ 소금과 후추

　준비 시간 15분
　조리 시간 45분
　6인분

르네상스 팀발
TIMBALE RENAISSANCE

끓는 소금물에 감자를 넣고 부드러워질 때까지 20분간 삶는다. 삶은 감자는 건져서 물기를 제거하고 식힌다. 오븐을 200℃로 예열하고 샤를로트 틀에 버터를 바른다. 감자의 껍질을 벗기고 볼에 담아 으깬 다음 햄과 달걀을 더하여 섞는다. 크렘 프레슈와 버터를 더하여 다시 잘 섞는다. 소금과 후추로 간을 한다. 아주 부드러운 감자 혼합물을 준비한 틀에 담는다. 오븐에 넣어 45분간 구운 뒤 꺼내서 아주 뜨겁게 낸다.

◆ 크기가 고른 감자(껍질째) 1kg
◆ 부드러운 버터 60g, 틀용 여분
◆ 깍둑 썬 햄 125g
◆ 달걀 푼 것 3개 분량
◆ 크렘 프레슈 100mL
◆ 소금과 후추

　준비 시간 20분
　조리 시간 45분
　6인분

사보이 감자 로프
FAÇON SAVOYARD

- 버터 40g, 틀용 여분
- 감자 1kg
- 뜨거운 우유 500mL
- 곱게 다진 처빌 100g
- 달걀 6개
- 소금과 후추

  준비 시간 30분

  조리 시간 45분

  6인분

오븐을 200℃로 예열하고 오븐용 그릇에 버터를 바른다. 끓는 소금물에 감자를 넣고 부드러워질 때까지 삶은 다음 볼에 담고 뜨거운 우유와 처빌, 버터와 함께 으깬다. 달걀을 넣어 섞은 다음 소금과 후추로 간을 한다. 준비한 그릇에 담아서 오븐에 넣고 25분간 노릇해지도록 굽는다.

감자 맥케르 케이크
POMMES MACAIRE

- 감자(껍질째) 1kg(대)
- 버터 120g
- 소금과 후추
- 즉석에서 간 너트메그

  준비 시간 20분

  조리 시간 1시간 20분

  6인분

오븐을 200℃로 예열한다. 감자를 씻어서 물기를 제거한 다음 껍질째로 부드러워질 때까지 굽는다. (크기에 따라 약 45~60분이 걸린다.) 구운 감자의 껍질을 살짝 벗기고 속살을 파내어 볼에 담아 포크로 으깬 다음 버터 100g을 더해 골고루 섞는다. 소금과 후추, 너트메그로 간을 한다. 팬에 남은 버터 10g을 넣고 녹인다. 팬에 감자 혼합물을 넣어서 3cm 높이로 평평하게 펼친 다음 중간 불에서 바닥이 노릇해질 때까지 약 5~10분간 굽는다. 감자 케이크를 조심스럽게 접시에 미끄러트려 담은 후 다른 접시로 덮어서 뒤집는다. 팬에 남은 버터 10g을 넣고 감자 케이크의 익히지 않은 부분이 팬에 닿도록 올려서 노릇해질 때까지 굽는다. 팬의 크기에 따라 2~4장까지 부칠 수 있다. 곁들임 요리로 낸다.

깜짝 감자
POMMES DE TERRE SURPRISE

- 감자 500g
- 버터 50g, 틀용 여분
- 소금과 후추
- 슈 페이스트리(774쪽) 1회 분량
- 튀김용 식물성 오일

  준비 시간 30분

  조리 시간 30분

  6인분

감자는 끓는 소금물에 넣고 부드러워질 때까지 20분간 삶는다. 감자 라이서 또는 푸드 밀로 간 뒤 볼에 담고 버터를 더해 잘 섞은 다음 소금과 후추로 간을 한다. 슈 페이스트리 반죽을 만들어서 으깬 감자와 함께 섞는다. 얕은 그릇에 버터를 바르고 감자 혼합물을 1cm 두께로 펴 바른다. 한 김 식힌 다음 냉장고에 넣어 차갑게 굳힌다. 쿠키 커터를 이용해서 작은 동그라미 모양으로 자른다. 튀김기에 오일을 채워서 180℃ 혹은 빵조각을 넣으면 30초 만에 노릇해질 정도로 가열한다. 잘라 낸 감자 반죽을 적당량씩 뜨거운 오일에 넣어서 노릇하게 튀긴다.

버터에 익힌 감자
POMMES DE TERRE AU BEURRE

큰 감자는 멜론 볼러를 이용해서 작은 공 모양으로 도려낸 다음 키친타월로 두드려서 물기를 제거한다. 바닥이 묵직한 팬에 버터를 넣어 달구고 감자를 더하여 잔잔한 불에서 15~20분간 익힌다. 이때 팬을 자주 흔들어서 감자가 골고루 노릇해지도록 한다. 접시에 담고 소금과 파슬리를 뿌려서 낸다.

- 햇감자(소) 또는 감자(대) 1kg
- 버터 60g
- 소금 1/2작은술
- 곱게 다진 이탈리안 파슬리 1큰술
  준비 시간 25분
  조리 시간 15~20분
  6인분

감자 소테
POMMES DE TERRE SAUTEES

냄비에 물을 한소끔 끓여서 감자를 넣은 다음 불 세기를 줄이고 거의 다 익을 때까지 15분간 뭉근하게 익힌다. 건져서 물기를 제거한 뒤 한 김 식히고 저민다. 팬에 버터를 넣어 달구고 감자를 더해서 자주 팬을 흔들어가며 골고루 노릇해질 때까지 중간 불에서 튀긴다. 소금과 파슬리를 뿌려서 낸다.

- 감자 750g
- 버터 60g
- 소금 1/2작은술
- 곱게 다진 이탈리안 파슬리 1큰술
  준비 시간 10분
  조리 시간 25분
  6인분

감자 스튜
POMMES DE TERRE EN RAGOÛT

큰 팬에 버터를 넣어 달구고 베이컨과 양파를 넣어서 노릇해질 때까지 중간 불에서 5~10분간 볶는다. 밀가루를 더해서 육수와 함께 블론드 루(57쪽)를 만든다. 소금과 후추로 간을 하고 부케 가르니를 더한다. 감자를 더해서 부드러워질 때까지 아주 약한 불에서 1시간 15분간 익힌다. 부케 가르니를 제거하고 낸다.

- 버터 20g
- 깍둑 썬 베이컨 125g
- 다진 양파 100g
- 밀가루 30g
- 육수(종류 무관) 500mL
- 소금과 후추
- 부케 가르니 1개
- 4등분한 감자 750g(중)
  준비 시간 30분
  조리 시간 1시간 15분
  6인분

안나 감자
POMMES DE TERRE ANNA

감자는 문질러 닦거나 껍질을 벗긴다. 3분의 1 분량은 2mm 두께로 저며서 소금물을 담은 볼에 10분간 담가 둔다. 그동안 바닥이 튼튼한 원형 케이크 틀 또는 얕은 오븐용 팬에 거위 지방 또는 오일을 둘러서 아주 뜨겁게 달군다. 저민 감자를 건져서 키친타월로 두드려 물기를 제거한다. 오븐용 장갑을 끼고 조심스럽게 틀을 이리저리 기울여서 뜨거운 오일을 바닥과 옆면에 골고루 묻힌 다음 여분의 오일은 따라 낸다. 저민 감자를 바닥과 옆면에 서로 겹치도록 깐다. 오븐을 200℃로 예열한다.

남은 감자는 1cm 두께로 썬다. 팬에 버터 일부를 둘러서 달군 다음 감자를 넣어서 노릇해질 때까지 센 불에서 볶는다. 준비한 케이크 틀에 꾹꾹 눌러가며 켜켜이 깔되 매번 소금과 후추로 간을 하고 남은 버터를 솔로 바른다. 틀이 가득 찰 때까지 같은 과정을 반복한 다음 덮개를 씌우고 오븐에 넣어서 약 1시간 동안 익힌다. 틀을 접시에 뒤집어서 내용물을 뜨겁게 낸다. 감자가 노릇한 케이크 모양이 되어야 한다.

- ◆ 햇감자 1kg
- ◆ 거위 지방 또는 오일 1큰술
- ◆ 녹인 버터 100g
- ◆ 소금과 후추

  준비 시간 30분

  조리 시간 1시간 15분

  6인분

감자 튀김(퐁뇌프)
POMMES DE TERRE FRITES OU PONT-NEUF

감자는 1cm 두께의 손가락 모양으로 썬다. 키친타월로 두드려 물기를 제거한다. 튀김기에 오일을 채워서 180℃ 혹은 빵조각을 넣으면 30초 만에 노릇해질 정도로 가열한다. 감자를 조심스럽게 뜨거운 오일에 넣어서 부드럽지만 색이 나지는 않을 정도로만 튀긴다. 튀김을 건지고 오일 온도를 190℃로 높인다. 튀김을 다시 오일에 넣고 노릇하게 튀긴다. 소금을 뿌려서 뜨겁게 낸다.

- ◆ 감자 1.2kg
- ◆ 튀김용 식물성 오일
- ◆ 소금

  준비 시간 20분

  조리 시간 15분

  6인분

감자칩
POMMES DE TERRE CHIPS

가능하면 채칼을 이용해서 감자를 아주 얇게 저민다. 튀김기에 오일을 채워서 180℃ 혹은 빵조각을 넣으면 30초 만에 노릇해질 정도로 가열한다. 감자를 조심스럽게 뜨거운 오일에 넣고 칩이 위로 떠오를 때까지 튀긴다. 서로 달라붙으면 긴 숟가락으로 조심스럽게 휘저어 떨어뜨린다. 건져서 소금을 뿌린 다음 바로 낸다.

- ◆ 감자 800g
- ◆ 튀김용 식물성 오일
- ◆ 소금

  준비 시간 20분

  조리 시간 5분

  6인분

가느다란 감자 튀김
POMMER DE TERRE PAILLE

감자는 3mm 두께로 길게 썬다. 튀김기에 오일을 채워서 180℃ 혹은 빵 조각을 넣으면 30초 만에 노릇해질 정도로 가열한다. 채 썬 감자를 조심 스럽게 뜨거운 오일에 넣고 부드럽지만 색은 나지 않을 정도로 튀기고 감 자를 건진다. 오일 온도를 190℃로 높여서 감자를 다시 넣고 노릇해질 때 까지 약 10초 정도 튀긴다. 건져서 기름기를 충분히 제거한 다음 소금을 뿌려서 낸다.

◆ 감자 1kg
◆ 튀김용 식물성 오일
◆ 소금
　준비 시간 20분
　조리 시간 2분
　6인분

감자 퍼프(감자 수플레)*
POMMES DE TERRE SOUFFLÉES

감자를 3mm 두께로 저민 뒤 물기를 제거한다. 튀김기 2개에 오일을 채 워서 180℃ 혹은 빵조각을 넣으면 30초 만에 노릇해질 정도로 가열하되 둘 중 하나는 190℃로 온도를 높인다. 뜨거운 기름은 감자 퍼프 모양을 내는 용도로 사용한다. 저민 감자를 덜 뜨거운 첫 번째 튀김기에 조심스 럽게 넣어서 7분간 튀기고 건져서 기름기를 제거한다. 아주 뜨거운 두 번 째 튀김기에 감자를 넣고 조심스럽게 휘젓는다. 저민 감자가 둥글게 부풀 어 오를 것이다. 감자가 노릇하고 단단해지면 구멍 뚫린 숟가락으로 건져 서 기름기를 충분히 제거하고 소금을 뿌려서 낸다.

◆ 점질 감자 800g
◆ 튀김용 식물성 오일
◆ 소금
　준비 시간 15분
　조리 시간 8분
　6인분

● 일반적인 수플레가 아니라 두꺼운 칩 모양 으로, 저민 감자를 두 번 튀겨 속이 부푼 풍 선 모양으로 만드는 요리.

호박

두꺼운 호박 껍데기를 묵직하고 날카로운 칼로 조심스럽게 잘라 내고 숟 가락으로 씨를 제거한다. 속살만 깍둑썰기 하여 끓는 소금물에 넣고 부 드러워질 때까지 15~20분간 익힌다.

호박 그라탕
POTIRON EN GRATIN

- ◆ 껍데기 벗긴 호박 750g
- ◆ 감자 250g
- ◆ 달걀 푼 것 2개 분량
- ◆ 버터 50g
- ◆ 소금과 후추
- ◆ 그뤼에르 치즈 간 것 100g

    준비 시간 35분

    조리 시간 20분

    6인분

호박을 익힌다(576쪽). 그동안 감자를 끓는 소금물에 따로 넣어서 부드러워질 때까지 익힌다. 오븐을 220℃로 예열한다. 감자와 호박을 건져 내서 볼에 담고 달걀과 버터를 더하여 잘 으깬 후 소금과 후추로 간을 한다. 오븐용 그릇에 담고 치즈를 뿌려서 오븐에 넣은 뒤 노릇해질 때까지 20분간 굽는다.

마늘잎쇠채

마늘잎쇠채를 손질하려면 양쪽 끄트머리를 잘라 낸 다음 문질러 닦고 식초를 탄 물에 씻는다. 끓는 소금물에 넣어서 부드러워질 때까지 크기에 따라 30~45분간 익힌다.

크림 소스를 두른 마늘잎쇠채
SALSIFIS EN SAUCE BLANCHE

- ◆ 마늘잎쇠채 30대
- ◆ 화이트 소스(50쪽) 또는 풀레트
  소스(52쪽) 1회 분량

    준비 시간 30분

    조리 시간 30~40분

    6인분

마늘잎쇠채는 손질해서 5cm 길이로 송송 썬다(577쪽). 끓는 소금물에 넣어서 부드러워질 때까지 익힌 다음 건져서 물기를 제거한다. 원하는 소스를 만들어서 마늘잎쇠채에 둘러 낸다.

마늘잎쇠채 튀김
SALSIFIS FRITS

마늘잎쇠채(577쪽)는 손질해서 익힌다. 그동안 마리네이드와 튀김옷을 각각 만든다. 마늘잎쇠채는 건져서 마리네이드에 담가 식힌다. 다시 건져서 저민 다음 키친타월로 두드려 물기를 제거한다. 튀김기에 오일을 채워서 180℃ 혹은 빵조각을 넣으면 30초 만에 노릇해질 정도로 가열한다. 마늘잎쇠채에 튀김옷을 입히고 적당량씩 나누어 뜨거운 오일에 넣어서 노릇하게 튀긴다. 건져서 기름기를 충분히 제거한 다음 뜨겁게 낸다.

- ◆ 마늘잎쇠채 30대
- ◆ 달콤한 마리네이드(78쪽) 1회 분량
- ◆ 튀김옷 반죽(724쪽) 1회 분량
- ◆ 튀김용 식물성 오일
  준비 시간 30분
  조리 시간 15분
  6인분

토마토

색이 예쁘고 크기가 고른 생토마토는 많은 요리에 장식으로 쓰인다. 물론 풍미도 좋다. 사용하기 전에 꼼꼼하게 씻고 닦아야 한다.

새우를 채운 토마토
TOMATES FARCIES AUX CREVETTES

토마토 윗부분을 뚜껑처럼 저민다. 작은 숟가락으로 씨를 파내고 안쪽에 가볍게 소금 간을 한 다음 토마토를 뒤집어서 30분간 그대로 두어 물기를 제거한다. 껍데기를 벗긴 새우는 마요네즈에 버무린다. 토마토에 새우 혼합물을 담고 토마토 뚜껑을 덮어서 양상추 잎에 얹어 낸다.

- ◆ 토마토 12개(소)
- ◆ 소금
- ◆ 익혀서 껍데기를 벗긴 새우 125g
- ◆ 마요네즈(70쪽) 1/2회 분량
- ◆ 양상추 잎 적당량
  준비 시간 45분
  6인분

〔변형〕

• •

게살을 채운 토마토
TOMATES FARCUIES AU CRABE

위와 같이 조리하되 새우 대신 신선한 게살 300g을 사용한다. 그리고 완숙으로 삶아서 저민 달걀(134쪽)에 얹어 낸다. 같은 방법으로 마요네즈(70쪽)에 버무린 참치나 완숙 달걀과 허브를 다져서 마세두안 채소(96쪽)와 함께 마요네즈에 버무린 것, 안초비 필레 8장과 완숙 달걀 2개를 다져서 마요네즈에 버무린 것 등을 토마토에 채워도 좋다.

앙티브식 토마토 요리
TOMATES À L'ANTIBOISE

- ◆ 토마토 6개(중)
- ◆ 염장 참치 통조림(물기를 제거한 것)
  200g
- ◆ 마요네즈(70쪽) 250mL
- ◆ 소금과 후추
- ◆ 요구르트 소스(66쪽) 1/2회 분량
- ◆ 토마토 퓌레 1큰술
- ◆ 다진 이탈리안 파슬리 2큰술
  준비 시간 30분
  6인분

토마토를 1.5cm 두께로 고르게 저민다. 참치는 절반 분량의 마요네즈에 버무리고 소금과 후추로 가볍게 간을 한다. 저민 토마토를 접시에 원형으로 담고 참치 혼합물을 각각 1큰술씩 얹는다. 볼에 요구르트 소스와 토마토 퓌레, 남은 마요네즈를 담고 잘 섞는다. 그릇에 소스를 두르고 파슬리를 뿌린다. 차갑게 낸다.

토마토 브레이즈
TOMATES À L'ÉTUVÉE

- ◆ 토마토 1kg
- ◆ 버터 40g
- ◆ 으깬 마늘 4쪽 분량
- ◆ 소금과 후추
  준비 시간 10분
  조리 시간 40분
  6인분

내열용 볼에 끓는 물을 채우고 토마토를 2분간 넣어 두었다가 건져서 한 김 식힌다. 토마토를 4등분하여 껍질과 씨를 제거한다. 팬에 토마토 과육과 버터, 마늘을 담고 소금과 후추로 간을 한 뒤 40분간 잔잔하고 뭉근하게 익힌다.

토마토 튀김
TOMATES FRITES

- ◆ 토마토 600g
- ◆ 올리브 오일 3큰술
- ◆ 소금과 후추
  준비 시간 5분
  조리 시간 8분
  6인분

603쪽

토마토를 저민다. 팬에 오일을 넣어 달구고 토마토를 넣어 앞뒤로 3~4분씩 튀긴다. 소금과 후추로 간을 한다.

[변형]

· ·

토마토 튀김과 달걀
TOMATES FRITES AUX OEUFS

위와 같은 방법으로 조리한 다음 달걀 6개를 각각 깨트려 토마토 위에 하나씩 얹고 달걀이 굳을 때까지 4분 더 익힌다. 바로 낸다.

버섯을 채운 토마토
TOMATES FARCIES AU MAIGRE

토마토 윗부분을 뚜껑처럼 저민다. 작은 숟가락으로 씨를 파내고 안쪽에 가볍게 소금 간을 한 다음 토마토를 뒤집어서 30분간 그대로 두어 물기를 제거한다. 그동안 뒥셀을 만든다. 오븐을 190℃로 예열한다. 토마토에 뒥셀을 채우고 그 위에 버터를 한 덩어리씩 얹은 다음 빵가루를 뿌리고 토마토 뚜껑을 덮는다. 오븐에 넣어 40분간 굽는다.

- 토마토 6개(대)
- 소금
- 뒥셀(81쪽) 250g
- 버터 40g
- 마른 빵가루
  준비 시간 35분
  조리 시간 40분
  6인분

쌀을 채운 토마토
TOMATES FARCIES AU RIZ

인도식 밥을 만든다. 오븐을 190℃로 예열한다. 달걀을 다진 다음 볼에 밥과 파슬리, 양파, 처빌과 함께 담아서 골고루 섞는다. 소금과 후추로 간을 한다. 토마토 윗부분을 뚜껑처럼 저민다. 작은 숟가락으로 씨를 파내고 안쪽에 가볍게 소금 간을 한 다음 토마토를 뒤집어서 30분간 그대로 두어 물기를 제거한다. 토마토 속에 밥 혼합물을 담는다. 빵가루 또는 치즈를 뿌리고 오븐에 넣어 노릇해질 때까지 25분간 굽는다.

〔변형〕

• •

고기를 채운 토마토
TOMATES FARCIES AU GRAS
위와 같이 조리하되 밥 스터핑 대신 붉은 고기용 스터핑(80쪽) 또는 소시지용 고기를 사용한다. 오븐에 넣고 30분간 굽는다.

- 인도식 밥(616쪽) 180g
- 완숙으로 삶은 달걀(134쪽) 2개
- 다진 이탈리안 파슬리 2큰술
- 다진 양파 1개 분량
- 다진 처빌 1큰술
- 소금과 후추
- 토마토 6개(대)
- 마른 빵가루 3큰술 또는 그뤼에르 치즈 간 것 150g
  준비 시간 35분
  조리 시간 1시간
  6인분

토마토와 달걀
TOMATEO AUX OEUFO

- ◆ 버터 40g
- ◆ 저민 토마토 6개(대) 분량
- ◆ 소금과 후추
- ◆ 달걀 6개
  준비 시간 10분
  조리 시간 10분
  6인분

팬에 버터를 넣어 달구고 토마토를 얹은 다음 뚜껑을 닫고 부드러워질 때까지 익힌다. 소금으로 가볍게 간을 한다. 달걀을 하나씩 깨서 노른자가 깨지지 않도록 주의하면서 팬에 담는다. 달걀 프라이를 만들듯이 5분간 익힌다. 소금과 후추로 가볍게 간을 하고 바로 낸다.

라타투이
RATATOUILLE PROVENÇALE

- ◆ 가지 750g
- ◆ 애호박 1kg
- ◆ 양파 120g
- ◆ 마늘 1쪽
- ◆ 파프리카 750g
- ◆ 토마토 600g
- ◆ 올리브 오일 5큰술
- ◆ 소금과 후추
  준비 시간 25분
  조리 시간 2시간
  6인분

모든 채소를 약 1cm 두께로 저민다. 바닥이 묵직한 팬에 손질한 채소를 담고 오일을 두른 다음 소금과 후추로 간을 하고 물 150mL를 붓는다. 뚜껑을 닫고 2시간 동안 뭉근하게 익힌다. 취향에 따라 절구에 담아서 찧어도 좋다. 뜨겁거나 차갑게 낸다.

돼지감자

돼지감자는 껍질을 벗기고 씻어서 약 2cm 두께로 썬다. 팬에 같은 양의 물과 우유를 담고 한소끔 끓인 다음 돼지감자를 더하여 불 세기를 줄이고 15~20분간 뭉근하게 익힌다. 또는 같은 국물에 돼지감자를 담가서 오븐에 넣고 낮은 온도에서 부드러워질 때까지 20분간 브레이즈한다. 소스에 담아서 낼 때는 더 오래 익히기도 한다.

화이트 소스에 익힌 돼지감자
TOPINAMBOURS EN SAUCE BLANCHE

돼지감자는 손질해서 브레이즈한다(582쪽). 원하는 소스를 더해서 잔잔한 불에 10분 더 익힌다.

- 돼지감자 1kg
- 화이트 소스(50쪽), 크림 소스(51쪽), 토마토 소스(57쪽) 등 1회 분량

  준비 시간 15분

  조리 시간 30분

  6인분

돼지감자 퓌레
TOPINAMBOURS EN PURÉE

돼지감자는 익힌다(582쪽). 감자는 끓는 물에 넣고 부드러워질 때까지 15분간 삶는다. 두 채소의 물기를 충분히 제거한 다음 푸드밀 또는 감자 라이서에 내린다. 채소 퓌레에 버터와 우유(사용 시)를 더하여 섞는다. 소금과 후추로 간을 한다.

- 돼지감자 500g
- 감자 500g
- 버터 60g
- 우유(선택 사항)
- 소금과 후추

  준비 시간 20분

  조리 시간 15분

  6인분

돼지감자 튀김
TOPINAMBOUR3 FRIT3

- ◆ 돼지감자 700g
- ◆ 달콤한 마리네이드(78쪽) 1회 분량
- ◆ 튀김옷 반죽(724쪽) 1회 분량
- ◆ 튀김용 식물성 오일

  준비 시간 20분

  조리 시간 15분

  6인분

돼지감자는 브레이즈한다(582쪽). 그동안 마리네이드와 튀김옷을 준비한다. 돼지감자를 건져서 저민 다음 마리네이드에 담가 식힌다. 마리네이드에서 건진 다음 키친타월에 얹어서 물기를 제거한다. 튀김기에 오일을 채워서 180℃ 혹은 빵조각을 넣으면 30초 만에 노릇해질 정도로 가열한다. 저민 돼지감자를 튀김옷에 담갔다가 뜨거운 오일에 적당량씩 넣어서 노릇하게 튀긴다.

샐러드

엄격하게 말해서 샐러드란 녹색 잎채소를 날것으로 사용하여 가볍게 드레싱을 가미한 다음 전채로 내거나, 미각을 상쾌하게 환기시키는 용도로 곁들이거나, 치즈 코스에 함께 내는 요리다. 조금 더 넓게 해석하면 모든 종류의 차가운 채소 기반 레시피에 적용할 수 있으며, 고기와 달걀, 쌀, 파스타, 마른 콩류를 포함하기도 한다. 양이 푸짐한 샐러드는 주요리로 내기도 한다. 날것으로 사용하는 샐러드 재료는 반드시 전부 꼼꼼하게 씻어서 물기를 완전히 제거해야 한다.

양상추 샐러드
LAITUE

- ◆ 양상추 2통(중)
- ◆ 올리브 오일 또는 해바라기씨 오일 등
  중성 오일을 섞은 올리브 오일 4큰술
- ◆ 화이트 와인 식초 2큰술
- ◆ 소금과 후추
- ◆ 곱게 다진 처빌, 타라곤 또는 골파(선택
  사항)
- ◆ 레몬즙 1큰술(선택 사항)
- ◆ 크렘 프레슈 3큰술(선택 사항)

  준비 시간 10분

  6인분

비네그레트는 어떤 재료와 섞을 것인가에 따라 다양한 오일과 식초를 사용할 수 있다. 예를 들어 맛이 부드러운 해바라기씨 오일은 풍미가 강한 잎채소와 잘 어울린다. 로메인 양상추(코스 양상추), 곱슬 치커리, 잎상추, 리틀 젬 양상추 등과도 잘 맞는다.

양상추는 꼼꼼하게 씻으면서 잎을 한 장씩 나눈다. 건져서 채소 탈수기 등에 돌려 섬세한 잎이 다치지 않도록 주의하며 최대한 물기를 제거한다. 볼에 오일과 식초, 소금, 후추를 담고 거품기로 휘저어서 드레싱을 만든다. 드레싱은 미리 준비해 두어도 좋지만 먹기 직전까지는 절대로 잎채소와 함께 버무리지 않는다. 허브를 더해도 좋고 레몬즙, 소금, 후추와 함께 크렘 프레슈를 더하면 크림 드레싱이 된다.

엔다이브와 야생 치커리
ENDIVES, BARBE-DE-CAPUCIN

야생 치커리, 마늘잎쇠채, 민들레 등 어린 야생 샐러드 잎채소는 클수록 질기고 억세지므로 가능한 한 작고 여린 것을 고른다. 맛이 부드러운 잎채소와 함께 적당히 섞으면 샐러드에 독특한 풍미를 더할 수 있다. 꼼꼼하게 씻어서 건진 다음 물기를 제거하고 길게 자른다. 양상추 샐러드(583쪽)의 비네그레트를 준비해서 먹기 5~10분 전에 버무린다.

준비 시간 10분

6인분

베이컨 샐러드 드레싱
SALADE AU LARD

달군 팬에 베이컨을 넣고 중간 불에서 기름기가 다 빠져나올 때까지 굽는다. 작은 볼에 베이컨을 담고 나머지 재료를 모두 넣은 뒤 골고루 휘젓는다. 로메인 양상추(코스 양상추), 곱슬 치커리, 잎상추, 리틀 젬 양상추 등 다양한 샐러드 채소를 버무리는 용도로 사용한다.

 604쪽

- ◆ 깍둑 썬 베이컨 200g
- ◆ 화이트 와인 식초 1큰술
- ◆ 다진 모둠 허브(이탈리안 파슬리, 골파, 처빌, 타라곤 등) 1큰술
- ◆ 소금과 후추
  준비 시간 15분
  6인분

니농 샐러드
SALADE NINON

냄비에 물을 끓여서 달걀을 넣고 완숙으로 10분간 삶아 완전히 식힌다. 꽃상추와 엔다이브는 손질해서 깨끗하게 씻는다. 레물라드 소스와 함께 버무린다. 달걀흰자를 가늘게 채 썰고 달걀노른자는 다지거나 체에 내려 샐러드 장식으로 사용한다.

 605쪽

- ◆ 달걀 3개
- ◆ 꽃상추 3통
- ◆ 엔다이브 1통
- ◆ 레물라드 소스(68쪽) 6큰술
  준비 시간 10분 + 식히기
  조리 시간 10분
  6인분

파스투렐 샐러드
SALADE PASTOURELLE

작은 냄비에 소금물을 끓이고 양파를 넣어 부드러워질 때까지 10분간 익힌 다음 건진다. 달걀은 완숙(134쪽)으로 삶은 다음 식힌 후에 건져서 노른자만 따로 보관한다. 안초비 필레는 아주 가늘게 채 썰고 참치는 큼직큼직하게 나눈다. 볼에 양파와 안초비, 참치, 케이퍼, 오이 피클, 올리브를 담고 조심스럽게 골고루 섞는다. 달걀노른자를 반으로 나눈다. 샐러드에 비네그레트를 둘러서 버무린다. 반으로 자른 노른자와 허브로 장식한다. 오르되브르로 낸다.

- 둥근 양파 10개(소)
- 달걀 6개
- 안초비 필레 6장
- 오일 참치 통조림(물기를 제거한 것) 80g
- 씻은 케이퍼 1큰술
- 저민 오이 피클 2개 분량
- 씨를 제거한 올리브 10~15개
- 비네그레트(66쪽) 50mL
- 장식용 곱게 다진 모둠 허브(이탈리안 파슬리, 골파, 처빌, 타라곤 등)

　준비 시간 20분

　조리 시간 20분

　6인분

안드레아 샐러드
SALADE ANDRÉA

달걀은 완숙(134쪽)으로 삶는다. 감자와 깍지콩은 서로 다른 냄비에 소금물을 끓여서 각각 부드러워질 때까지 삶은 다음 건진다. 감자는 껍질을 벗겨서 얇게 저민다. 셀러리는 끓는 물에 넣어 2분간 데친다. 셀러리를 묶은 끈을 제거한 다음 얇게 송송 썬다. 완숙 달걀과 토마토는 반으로 자른다. 감자와 셀러리 저민 것은 깍지콩과 함께 조심스럽게 버무린다. 비네그레트를 더하여 골고루 버무린다. 반으로 자른 삶은 완숙 달걀과 토마토로 장식한 다음 마요네즈와 함께 낸다.

- 달걀 4개
- 감자(껍질째) 250g
- 손질한 깍지콩 250g
- 셀러리 1단
- 비네그레트(66쪽) 50mL
- 토마토 4개
- 마요네즈(70쪽) 4큰술

　준비 시간 20분

　조리 시간 30분

　6인분

라쉘 샐러드
SALADE RACHEL

비네그레트를 만든다. 셀러리는 가늘게 채 썰고 비반응성 볼에 비네그레트와 함께 담아서 2시간 동안 재운다. 호두는 4등분해서 사과와 함께 셀러리 볼에 담고 조심스럽게 버무린다. 엔다이브는 꼼꼼하게 씻어서 잎을 서로 분리한다. 건져서 탈탈 털거나 채소 탈수기에 돌린다. 샐러드 위에 엔다이브 잎과 저민 비트를 장식해 낸다.

 606쪽

- 비네그레트(66쪽) 50mL
- 셀러리 85g
- 생호두 12개(대)
- 얇게 저민 생식용 사과 2개 분량
- 엔다이브 2통
- 저민 비트 125g

　준비 시간 20분 + 재우기

　6인분

이베트 샐러드
SALADE YVETTE

- 감자(껍질째) 500g
- 셀러리 2단(소)
- 달걀 4개
- 비네그레트(66쪽) 50mL
- 마요네즈(70쪽) 4큰술

  준비 시간 25분

  조리 시간 20분

  6인분

감자는 부드러워질 때까지 삶거나 찐다. 셀러리는 끓는 물에 넣어 2~3분 간 데친다. 달걀은 완숙(134쪽)으로 삶는다. 감자는 껍질을 벗겨서 얇게 저민다. 셀러리는 손질해서 얇게 저민다. 달걀은 4등분한다. 볼에 감자와 셀러리, 달걀을 넣고 섞는다. 비네그레트를 더해서 마요네즈와 함께 조심스럽게 버무린다.

 607쪽

투랑겔 샐러드
SALADE TOURANGELLE

- 깍지콩 250g
- 햇감자 250g
- 로메인 양상추 1통
- 크렘 프레슈 150mL
- 레몬즙 1개 분량
- 소금과 후추
- 저민 토마토 2개 분량

  준비 시간 10분

  조리 시간 20분

  6인분

서로 다른 냄비에 소금물을 끓여서 깍지콩과 감자를 각각 넣고 부드러워질 때까지 삶는다. 건져서 물기를 제거하고 식힌 뒤 아주 작게 자른다. 양상추 잎은 서로 분리해서 씻은 다음 물기를 충분히 제거하고 곱게 채 썬다. 깍지콩과 감자에 양상추를 더해서 크렘 프레슈와 레몬즙을 두르고 골고루 버무린다. 소금과 후추로 간을 하고 저민 토마토로 장식한다.

아메리칸 샐러드
SALADE AMÉRICAINE

- 오렌지 3개
- 로메인 양상추 1통
- 다진 호두 20대(대) 분량
- 크렘 프레슈 100mL
- 레몬즙 1개 분량
- 소금과 후추

  준비 시간 20분

  6인분

오렌지를 씻어서 껍질째 얇게 저미고 양쪽 끄트머리는 버린다. 양상추 잎을 서로 분리해서 씻은 다음 물기를 충분히 제거한다. 색이 연한 속잎만 골라서 반으로 자른다. 저민 오렌지, 호두, 양상추를 샐러드 볼에 담는다. 크렘 프레슈, 레몬즙, 소금과 후추를 더하고 골고루 버무린다.

러시안 샐러드

SALADE RUSSE

채소는 끓는 물에 각각 따로 넣어서 부드러워질 때까지 삶는다. 건져서 물기를 제거하고 한 김 식힌 뒤 작게 깍둑썰기 하여 마요네즈와 함께 버무린다. 달걀은 완숙(134쪽)으로 삶아서 식힌 다음 저민다. 양상추 잎은 서로 분리해서 씻은 다음 물기를 충분히 제거한다. 샐러드 볼에 양상추를 담고 마요네즈를 버무린 채소 재료를 더한다. 토마토와 저민 달걀, 올리브로 장식한다.

◆ 아티초크 받침, 깍지콩, 생흰강낭콩, 어린 순무, 당근, 완두콩, 콜리플라워 등
◆ 마요네즈(70쪽) 1회 분량

장식용 재료:

◆ 달걀 2개
◆ 양상추 1통
◆ 저민 토마토 2개 분량
◆ 씨를 제거한 올리브 7~8개
　준비 시간 45분
　조리 시간 30분
　6인분

노르웨이식 샐러드

MACEDOINE NORVÉGIENNE

채소는 끓는 물에 각각 따로 넣어서 부드러워질 때까지 삶는다. 건져서 물기를 제거하고 한 김 식힌 뒤 작게 깍둑썰기 한다. 달걀은 완숙(134쪽)으로 삶고 식힌 다음 달걀흰자와 달걀노른자를 분리한다. 달걀흰자와 오이 피클은 저미고 큰 샐러드 볼에 익힌 채소와 함께 담는다. 달걀노른자는 작은 볼에 담아 곱게 찧는다. 달걀노른자에 오일을 한 방울씩 넣으면서 쉬지 않고 휘저어 매끄럽고 크리미한 소스를 만든다. 허브를 더하고 식초와 소금, 후추로 간을 한다. 샐러드에 부어서 골고루 버무린다. 안초비로 장식한다. 마요네즈로 드레싱을 대체해도 좋다.

◆ 아티초크 받침, 감자, 깍지콩, 생흰강낭콩, 순무, 당근, 완두콩 각 125g씩
◆ 달걀 4개
◆ 오이 피클 4개
◆ 해바라기씨 오일 200mL
◆ 곱게 다진 것 모둠 허브(이탈리안 파슬리, 처빌, 골파, 타라곤 등)
◆ 화이트 와인 식초 1큰술
◆ 소금과 후추
◆ 안초비 필레 12장
◆ 마요네즈(70쪽) 1회 분량(선택 사항)
　준비 시간 45분
　조리 시간 30분
　6인분

아티초크 바리굴(511쪽)

가지와 토마토(517쪽)

베샤멜 소스를 두른 당근(521쪽)

번철에 구운 버섯과 허브 버터(525쪽)

할머니의 꾀꼬리버섯 요리(530쪽)

속을 채운 양배추(536쪽)

알자스식 슈크루트(541쪽)

시금치 크로켓(548쪽)

니스식 깍지콩 요리(551쪽)

채소 타르트(555쪽)

속을 채운 양파(560쪽)

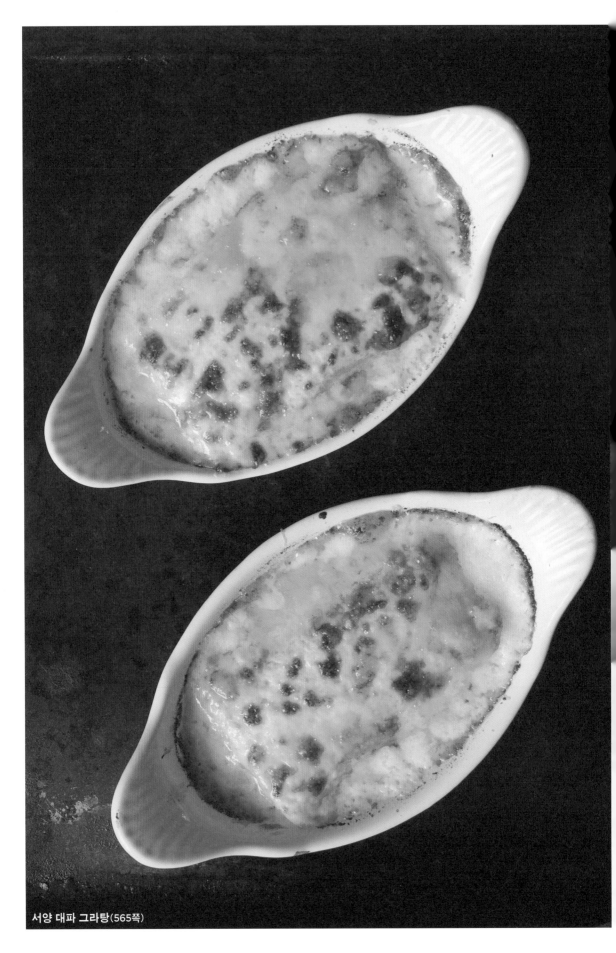

서양 대파 그라탕(565쪽)

감자 도피누아(571쪽)

안나 감자(575쪽)

토마토 튀김과 달걀(579쪽)

베이컨 샐러드 드레싱(584쪽)

니뇽 샐러드 (584쪽)

라웰 샐러드(586쪽)

투랑겔 샐러드(587쪽)

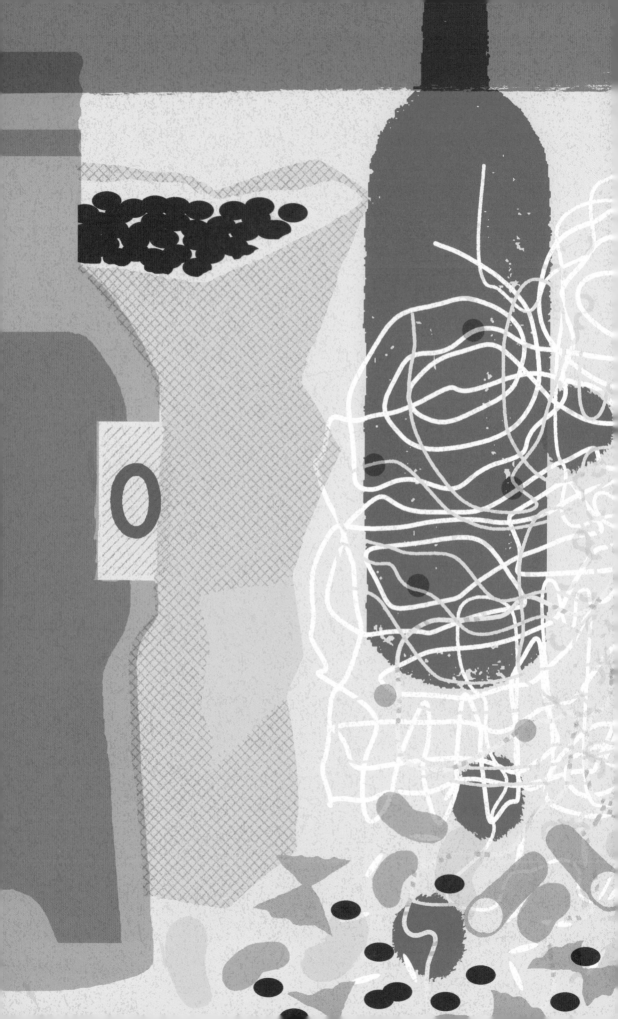

10

콩, 곡류 & 파스타

SALT

콩

일반 콩, 렌틸콩, 말린 완두콩 등 마른 콩류는 콩과의 씨앗에 속한다. 지방 함량이 높고 복합 탄수화물 및 단백질, 식이섬유, 비타민 등 영양가가 풍부할 뿐만 아니라 저렴하고 활용도도 뛰어나다. 포장지의 안내에 따라 요리하기 전에 미리 찬물에 불려야 한다. 보관 기간이나 수돗물의 경도 등 다양한 요인에 따라 총조리 시간이 달라진다. 재고 처리 속도가 빨라서 신선한 콩을 구입할 확률이 높은 상점을 이용하자. 토마토나 레몬즙, 식초 등의 산성 재료를 너무 빨리 넣으면 조리 시간이 눈에 띄게 길어진다.

콩류를 손질하려면 물에 씻어서 지저분한 이물질이 없는지 확인한 다음 큰 냄비에 담고 물을 잠기도록 붓는다. 콩을 삶는 사이에 물이 부족해지면 뜨거운 물을 더한다. 수돗물이 경수인 지역에서는 냄비에 베이킹소다를 1작은술 더하여 조리한다.

브르타뉴식 흰강낭콩 요리
HARICOTS SECS À LA BRETONNE

콩을 큰 냄비에 담고 물을 넉넉히 잠기도록 부어서 한소끔 끓인다. 불 세기를 줄이고 부케 가르니를 더하여 3시간 동안 부드러워질 때까지 뭉근하게 익힌다. 콩을 익히는 동안 소스를 준비한다. 중간 크기 냄비에 버터를 넣어 녹이고 양파를 더한다. 노릇하게 볶은 다음 밀가루를 뿌리고 수분간 볶아서 블론드 루(57쪽)를 만든다. 육수와 토마토 쿨리 또는 파사타를 천천히 부은 뒤 마늘을 더하고 소금과 후추로 간을 한다. 소스가 반으로 줄어들 때까지 10분간 잔잔하고 뭉근하게 익힌다. 콩이 익으면 부케 가르니를 제거하고 콩만 건져서 굵은 체에 내려 퓌레를 만든다. 소스를 콩 퓌레와 함께 섞고 10분 더 뭉근하게 익힌다.

 636쪽

- 불린 흰강낭콩 500g
- 부케 가르니 1개
- 버터 30g
- 다진 양파 200g
- 밀가루 30g
- 뜨거운 육수 300mL
- 토마토 쿨리 또는 파사타 60g
- 다진 마늘 1/2쪽 분량
- 소금과 후추

  준비 시간 20분 + 불리기

  조리 시간 3시간

  6인분

베이컨을 더한 붉은 콩

HARICOTS ROUGES AU LARD

큰 냄비에 콩을 담고 물을 잠기도록 부은 다음 한소끔 끓여서 15분간 바글바글 끓인다. 콩을 건져서 꼼꼼하게 씻은 다음 다시 팬에 담는다. 새 물을 잠기도록 붓고 베이컨과 와인을 더한다. 한소끔 끓인 다음 불 세기를 줄여 1시간 30분간 잔잔하고 뭉근하게 익힌다. 베이컨을 건져서 식힌 다음 깍둑썰기 한다. 팬에 절반 분량의 버터를 넣어 녹이고 베이컨과 양파를 더해서 노릇하게 볶는다. 콩을 건지고 익힌 국물은 몇 큰술 정도 따로 남겨 둔다. 식사용 그릇에 콩을 담고 베이컨과 양파를 얹는다. 소금과 후추로 간을 한다. 남은 버터를 군데군데 얹고 콩 삶은 국물을 둘러서 낸다.

- ◆ 하룻밤 불린 붉은 강낭콩 또는 일반 강낭콩 350g
- ◆ 베이컨 1덩이(125g)
- ◆ 레드 와인 200mL
- ◆ 버터 30g
- ◆ 다진 양파 1개 분량
- ◆ 소금과 후추

  준비 시간 10분 + 불리기

  조리 시간 2시간

  6인분

메트르도텔 버터를 더한 렌틸콩

LENTILLES À LA MAÎTRE D'HÔTEL

큰 냄비에 렌틸콩을 담고 물을 잠기도록 붓는다. 한소끔 끓인 다음 불 세기를 낮추고 렌틸콩이 부드러워질 때까지 25~45분간 아주 잔잔하고 뭉근하게 익힌다. 정확한 조리 시간은 렌틸콩의 크기와 종류에 따라 달라진다. (포장지의 안내를 참고한다.) 렌틸콩을 건져서 버터와 파슬리, 레몬즙 또는 식초를 더하여 골고루 섞은 다음 소금과 후추로 간을 해서 낸다.

- ◆ 렌틸콩 500g
- ◆ 버터 60g
- ◆ 곱게 다진 이탈리안 파슬리 1줌 분량
- ◆ 레몬즙 또는 발사믹 식초 약간
- ◆ 소금과 후추

  준비 시간 10분

  조리 시간 45분

  6인분

렌틸콩 브레이즈

LENTILLES AU JUS

큰 냄비에 렌틸콩을 담고 물을 잠기도록 붓는다. 한소끔 끓인 다음 불 세기를 줄이고 렌틸콩이 부드러워질 때까지 25~45분간 아주 잔잔하고 뭉근하게 익힌다. 정확한 조리 시간은 렌틸콩의 크기와 종류에 따라 달라진다. (포장지의 안내를 참고한다.) 그동안 냄비에 육수를 담아 데우고 양파를 더하여 15분간 뭉근하게 익힌다. 렌틸콩을 건져서 육수에 넣고 소금과 후추로 간을 한 다음 파슬리를 더한다. 20분간 뭉근하게 익힌다.

- ◆ 렌틸콩 500g
- ◆ 닭 육수 500mL
- ◆ 채썬 양파 1개 분량
- ◆ 다진 이탈리안 파슬리 1줌 분량
- ◆ 소금과 후추

  준비 시간 10분

  조리 시간 45분

  6인분

토마토를 더한 렌틸콩

LENTILLES AUX TOMATES

큰 냄비에 렌틸콩을 담고 물을 잠기도록 붓는다. 한소끔 끓인 다음 불 세기를 낮추고 렌틸콩이 부드러워질 때까지 25~45분간 아주 잔잔하고 뭉근하게 익힌다. 정확한 조리 시간은 렌틸콩의 크기와 종류에 따라 달라지니 포장지의 안내를 참고한다. 그동안 팬에 버터를 넣어 녹이고 양파를 더하여 노릇하게 볶는다. 토마토를 더하고 삶은 렌틸콩을 넣은 다음 소금과 후추로 간을 해서 30분간 뭉근하게 익힌다. 취향에 따라 토마토 소스를 소스 그릇에 담아서 따로 곁들여 낸다.

- 렌틸콩 500g
- 버터 30g
- 다진 양파 100g
- 껍질과 씨를 제거하고 깍둑 썬 토마토 500g
- 소금과 후추
- 곁들임용 토마토 소스(57쪽) 1회 분량(선택 사항)

  준비 시간 10분

  조리 시간 45분

  6인분

머스터드 렌틸콩

LENTILLES À LA DIJONNAISE

큰 냄비에 렌틸콩을 담고 물을 잠기도록 붓는다. 한소끔 끓인 다음 불 세기를 낮추고 렌틸콩이 부드러워질 때까지 25~45분간 아주 잔잔하고 뭉근하게 익힌다. 정확한 조리 시간은 렌틸콩의 크기와 종류에 따라 달라지니 포장지의 안내를 참고한다. 그동안 팬에 버터를 넣어 녹이고 양파와 햄을 더해 노릇하게 볶는다. 육수를 더하고 소금과 후추, 머스터드로 간을 한다. 렌틸콩을 건져서 머스터드 소스와 함께 섞는다.

- 렌틸콩 500g
- 버터 30g
- 다진 양파 1개 분량
- 다진 생햄 150g
- 뜨거운 육수 100mL
- 소금과 후추
- 디종 머스터드 30g

  준비 시간 10분

  조리 시간 1시간

  6인분

렌틸콩 퓌레

LENTILLES EN PURÉE

큰 냄비에 렌틸콩을 담고 물을 잠기도록 부은 다음 당근과 양파, 부케 가르니를 더하여 잔잔하게 한소끔 끓인다. 불 세기를 줄이고 렌틸콩이 부드러워질 때까지 25~45분간 아주 잔잔하고 뭉근하게 익힌다. 정확한 조리 시간은 렌틸콩의 크기와 종류에 따라 달라지니 포장지의 안내를 참고한다. 부케 가르니를 제거한다. 렌틸콩을 믹서에 곱게 갈아 퓌레를 만든 다음 버터를 더하여 마저 섞는다. 소금과 후추로 간을 한다.

- 렌틸콩 500g
- 다진 당근 100g
- 다진 양파 1개 분량
- 부케 가르니 1개
- 버터 40g
- 소금과 후추

  준비 시간 10분

  조리 시간 1시간 30분

  6인분

렌틸콩 샐러드
LENTILLES EN SALADE

◆ 렌틸콩 500g

◆ 비네그레트(66쪽) 1회 분량

　준비 시간 5분

　조리 시간 45분

　6인분

큰 냄비에 렌틸콩을 담고 물을 잠기도록 붓는다. 한소끔 끓인 다음 불 세기를 줄이고 렌틸콩이 부드러워질 때까지 25~45분간 아주 잔잔하고 뭉근하게 익힌다. 정확한 조리 시간은 렌틸콩의 크기와 종류에 따라 달라지니 포장지의 안내를 참고한다. 렌틸콩을 건져서 식힌 다음 비네그레트와 함께 버무린다.

말린 완두콩 퓌레
PURÉE DE POIS CASSÉS

◆ 물에 하룻밤 불려 말린 완두콩 500g

◆ 뜨거운 우유 250mL

◆ 버터 60g

◆ 소금과 후추

◆ 크루통용 작게 깍둑 썬 빵

　준비 시간 20분 + 불리기

　조리 시간 2시간 30분

　6인분

큰 냄비에 말린 완두콩을 담고 물을 잠기도록 붓는다. 한소끔 끓인 다음 불 세기를 줄이고 부드러워질 때까지 약 2시간 동안 뭉근하게 익힌다. 완두콩을 건져서 으깨어 퓌레를 만든 다음 다시 냄비에 담고 약한 불에서 계속 저어 가며 수분을 날린다. 우유와 절반 분량의 버터를 더하고 소금과 후추로 간을 한다. 팬에 남은 버터를 넣어 보글거리도록 달군 다음 빵을 넣고 노릇하게 볶아서 크루통을 만든다. 식사용 그릇에 퓌레를 소복하게 담고 위에 크루통을 장식해서 낸다.

쌀

쌀은 조리가 쉬우며 뜨겁게 조리해도 좋고, 차가운 샐러드로도 만들 수 있는 고열량 곡물이다. 종류가 매우 다양하며 그 풍미와 용도가 조금씩 다르다. 쌀을 도정해서 쌀겨를 벗겨 내면 비타민이 상당 부분 제거되므로 겨와 쌀눈을 완전히 없앤 백미보다 현미가 건강에 좋다. 정확한 조리 시간은 포장지의 안내를 참조한다.

쌀의 종류

단립종 백미
익는 속도가 빠르고 전분 함량이 높다. 수프나 리소토, 라이스 푸딩에 특히 잘 어울린다.

장립종 백미

단립종 쌀보다 단단하고 익은 후에도 끈적거리지 않는다. 풍미는 재배한 지역에 따라 다르다. 인도식 바스마티 쌀은 섬세하고 향기롭다. 미국산 장립종 쌀은 익은 후에도 형태를 유지하도록 찐쌀 상태로 판매하기도 한다.

현미

쌀겨가 일부 남아 있도록 도정한 쌀. 비타민과 미네랄 함량이 높고 백미에 비해 조리 시간이 길다. 샐러드에 사용하기 좋다.

야생 쌀

북아메리카 습지에서 자라는 야생 벼에서 수확한 쌀이다. 아주 길쭉한 짙은 갈색의 곡물로 헤이즐넛과 비슷한 맛이 난다. 다른 쌀 품종보다 가격대가 높으며 현미나 미국산 데친 쌀을 섞어서 판매하는 경우가 많다.

홍미, 녹미, 흑미

백미나 현미에 비해 구하기 조금 어렵고 가격대가 높다. 인공이 아닌 자연 색상이지만 한때는 '일반적인' 쌀에 속하지 않는다는 인식이 있었다. 지금은 특유의 색상을 살리기 위해 따로 경작한다. 유색 쌀은 현미처럼 맛이 풍부해서 샐러드에 사용하기 좋다.

인도식 밥
RIZ À L'INDIENNE

오븐을 150℃로 예열한다. 큰 냄비에 물을 담고 소금을 더해서 한소끔 끓인다. 쌀을 넣고 10분간 삶는다. 쌀을 건져서 뚜껑이 있는 오븐용 그릇에 담는다. 버터를 더해서 조심스럽게 골고루 버무린다. 뚜껑을 꽉 닫고 오븐에 넣어 20분간 조리한다. 쌀은 형태를 유지하되 부드러운 상태가 되어야 한다. 그대로 내거나 여러 가지 요리에 곁들여 낸다.

- ◆ 소금 15g
- ◆ 장립종 쌀 350g
- ◆ 버터 25g

  준비 시간 3분

  조리 시간 25분

  6인분

〔변형〕

• •

이탈리아식 밥
RIZ À L'ITALIENNE

쌀을 위와 같이 조리한 다음 간 파르메산 치즈 60g와 후추, 간 너트메그 약간을 더하여 골고루 섞는다. 버터 20g을 군데군데 얹어서 낸다.

토마토 밥
RIZ À LA TOMATE

쌀을 앞과 같이 조리한 다음 간 치즈 30g, 간 파르메산 치즈 40g, 토마토 쿨리 또는 파사타 200g을 더하여 골고루 섞는다. 버터 20g을 군데군데 얹어서 낸다.

피낭시에르 소스를 더한 밥
RIZ À LA FINANCIÈRE

쌀을 앞과 같이 조리한 다음 피낭시에르 소스(57쪽) 500mL를 더해 골고루 섞어서 낸다.

크레올식 쌀 요리
RIZ À LA CRÉOLE

- 소금 15g
- 장립종 쌀 350g
- 버터 30g
  준비 시간 3분
  조리 시간 10분
  6인분

큰 냄비에 물 3L를 붓고 소금을 더하여 한소끔 끓인다. 쌀을 더하고 10분간 더 끓인다. 쌀을 하나 집어 맛을 보고 부드러워졌는지 확인한다. 익은 쌀은 고운체에 거른 다음 흐르는 찬물에 재빨리 헹군 뒤 건진다. 큰 냄비에 버터를 넣어 녹이고 쌀을 넣어 냄비 바닥에 달라붙지 않도록 조심스럽게 휘저으며 데운다. 맛을 보고 필요하면 소금을 조금 더하여 간을 맞춘다.

볶음 쌀밥
RIZ REVENU

- 장립종 쌀 350g
- 버터 또는 닭 지방 50g
- 뜨거운 물 또는 육수 1L
- 소금과 후추
  준비 시간 5분
  조리 시간 20분
  6인분

쌀은 흐르는 찬물에 깨끗하게 씻어서 물기를 제거한다. 큰 냄비에 버터나 닭 지방을 넣어 녹이고 쌀을 넣어 계속 휘저으면서 4~5분간 볶는다. 쌀이 노릇해지면 뜨거운 물이나 육수(가능하면 육수 사용)를 더하여 소금과 후추로 간을 한 뒤 15분 더 익힌다. 쌀을 하나 집어 맛을 보고 부드러워졌는지 확인한다. 익은 쌀은 고운체에 걸러서 낸다.

617 ◆ 콩, 곡류 & 파스타

기름진 쌀밥
RIZ AU GRAS

큰 냄비에 육수를 붓고 한소끔 끓인다. 쌀과 양파, 버터 또는 지방, 부케 가르니를 더한다. 소금과 후추로 간을 한다. 잔잔하고 뭉근하게 15분간 익힌다. 쌀이 부드러워졌는지 먹어서 확인한 다음 부케 가르니를 제거하고 건져서 낸다. 그대로 내거나 가금류 및 송아지고기 등 흰 살코기 요리에 화이트 소스와 함께 곁들여 낸다.

◆ 육수 1L
◆ 장립종 쌀 350g
◆ 다진 양파 1개 분량
◆ 버터 또는 가금류 지방 50g
◆ 부케 가르니 1개
◆ 소금과 후추
　준비 시간 5분
　조리 시간 25분
　6인분

시골풍 쌀 요리
RIZ À LA PAYSANNE

소박하고 만족스럽지만 재료의 맛에 온전히 기대는 요리이기 때문에 풍미가 좋은 베이컨과 아주 적당히 졸인 진한 육수(송아지고기나 소고기)를 사용해야 한다.

　큰 냄비에 버터를 넣어 녹인 뒤 베이컨과 양파를 넣고 부드러워질 때까지 5분간 볶는다. 쌀을 더한 다음 기름에 골고루 버무려지도록 휘저으면서 2~3분간 볶은 후 육수를 붓는다. 허브를 모아서 끈으로 묶어 다발을 만든 다음 냄비에 넣는다. (여기서 사용하는 허브 조합은 핀제르브라고 부르며, 다른 부드러운 허브 종류로 대체해도 좋다.) 소금과 후추로 간을 한 다음 쌀이 부드러워질 때까지 15분간 익힌다. (현미를 사용할 경우에는 조리 시간이 더 늘어난다.) 허브를 제거하고 치즈를 더해서 골고루 섞어 낸다.

 637쪽

◆ 버터 20g
◆ 깍둑 썬 기름기가 없는 베이컨 75g
◆ 깍둑 썬 기름진 베이컨 75g
◆ 채썬 양파 1개 분량
◆ 장립종 백미 또는 현미 300g
◆ 뜨거운 육수 2L
◆ 파슬리 1줄기
◆ 타임 1줄기
◆ 처빌 1줄기
◆ 골파 1단(소)
◆ 소금과 후추
◆ 곱게 간 그뤼에르 치즈 80g
　준비 시간 10분
　조리 시간 20분
　6인분

해 뜨는 쌀 봉우리
MONT DE RIZ À L'AURORE

- 장립종 쌀 350g
- 버터 65g
- 밀가루 40g
- 뜨거운 우유 250mL
- 마일드 파프리카 가루 25g
- 송송 썬 버섯 125g
- 더블 크림 100mL
- 소금과 후추

  준비 시간 15분

  조리 시간 45분

  6인분

쌀과 버터 25g으로 인도식 밥(616쪽)을 짓는다. 그동안 소스를 준비한다. 팬을 약한 불에 올리고 남은 버터를 넣어 녹인다. 밀가루를 더하고 가볍게 휘저어 섞는다. 우유를 붓고 완전히 매끄러워질 때까지 거품기로 1~2분간 섞는다. 파프리카 가루, 버섯, 크림, 소금과 후추를 더하여 소스가 걸쭉해질 때까지 잔잔한 불에서 15분간 익힌다. 식사용 그릇에 익은 밥을 피라미드 혹은 산 모양으로 소복하게 담는다. 소스를 둘러서 뜨겁게 낸다.

여왕의 쌀 요리
RIZ À LA REINE

- 닭 육수 3L
- 버터 65g
- 장립종 쌀 300g
- 벨루테 소스(59쪽) 500mL
- 먹고 남은 익힌 가금류 고기 저민 것
- 다진 버섯 200g
- 크렘 프레슈 6큰술
- 송아지 크넬(104쪽) 200g
- 소금과 후추

  준비 시간 15분

  조리 시간 50분

  6인분

큰 냄비에 육수를 담아 한소끔 끓이고 절반 분량의 버터를 더한다. 쌀을 넣고 부드러워질 때까지 10분간 익힌다. 익힌 쌀은 건지고 남은 버터와 쌀을 익힌 육수로 벨루테 소스를 만든다. 소스에 가금류 고기와 버섯을 순서대로 더하여 섞는다. 20분간 뭉근하게 익힌 다음 크렘 프레슈와 크넬을 더한다. 수분간 뭉근하게 익혀서 골고루 데운 다음 건져 낸 쌀을 더해서 버무린다. 소금과 후추로 간을 한 다음 낸다.

돼지고기 잠발라야

RIZ JAMBALAYA AU PORC

프랑스어가 통용되는 뉴올리언즈 지역의 대표 요리인 잠발라야는 온갖 종류의 고기와 갑각류, 생선 등을 이용해서 만들 수 있지만 주재료는 언제나 쌀이며, 반드시 매콤해야 한다.

　　큰 냄비에 베이컨을 담고 기름기가 배어 나올 때까지 잔잔한 불에서 약 5분간 천천히 볶은 다음 양파를 더한다. 불 세기를 중간 정도로 높이고 부드러워질 때까지 5분 더 익힌다. 베이컨과 양파를 냄비에서 덜어내고 돼지고기를 더해 노릇해질 때까지 볶는다. 베이컨과 양파를 다시 냄비에 넣고 햄을 더한다. 뜨거운 물이나 육수를 붓고 한소끔 끓인 다음 불세기를 낮춰서 15분간 뭉근하게 익힌다. 쌀과 허브를 더하여 섞은 다음 소금과 카이엔 페퍼로 간을 한다. 쌀이 국물을 완전히 흡수해서 부드러워질 때까지 10분 더 익힌다.

◆ 깍둑 썬 기름진 베이컨 100g
◆ 채 썬 양파 2개 분량
◆ 로스트한 돼지고기 400g
◆ 깍둑 썬 햄 100g
◆ 뜨거운 물 또는 육수 1L
◆ 장립종 쌀 300g
◆ 다진 파슬리 1큰술
◆ 타임 1큰술
◆ 다진 처빌 1큰술
◆ 다진 골파 1단(소) 분량
◆ 소금과 카이엔 페퍼
　준비 시간 15분
　조리 시간 30분
　6인분

굴 잠발라야

RIZ JAMBALAYA AUX HUÎTRES

큰 냄비에 버터를 넣어 녹이고 양파를 더해서 부드러워질 때까지 5분간 볶는다. 쌀을 더하여 골고루 버무린 다음 뜨거운 물이나 육수, 부케 가르니를 더한다. 소금과 카이엔 페퍼로 간을 충분히 한 다음 쌀이 거의 익을 때까지 12분간 뭉근하게 익힌다. 굴을 까서 살점과 굴즙을 쌀 냄비에 더한다. 뚜껑을 닫고 가볍게 찌듯이 3분간 익힌다. 부케 가르니를 제거해서 바로 낸다.

◆ 버터 30g
◆ 채 썬 양파 2개 분량
◆ 장립종 쌀 350g
◆ 뜨거운 물 또는 생선 육수 1L
◆ 부케 가르니 1개
◆ 소금과 카이엔 페퍼
◆ 굴 24개
　준비 시간 15분
　조리 시간 15분
　6인분

게 잠발라야

RIZ JAMBALAYA AU CRABE

- ◆ 소금 쿠르부이용(82쪽) 1L
- ◆ 게 1마리(대)
- ◆ 깍둑 썬 베이컨 100g
- ◆ 채 썬 양파 2개 분량
- ◆ 장립종 쌀 350g
- ◆ 소금과 후추

  준비 시간 30분

  조리 시간 30분

  6인분

큰 냄비에 쿠르부이용을 담아서 바글바글 끓인다. 게를 넣고 뚜껑을 닫아서 15분간 익힌다. 냄비를 불에서 내리고 게를 국물에 담근 채로 식힌다. 게살을 발라내서 곱게 다진 다음 따로 둔다. 다른 팬에 베이컨과 양파를 넣고 노릇해질 때까지 5~10분간 중간 불에서 볶는다. 그동안 쿠르부이용을 다시 데운다. 베이컨이 든 팬에 쌀을 더한 다음 쿠르부이용을 조심스럽게 체에 걸러서 붓는다. 10분간 뭉근하게 익히되 완성 2분 전에 남겨둔 게살을 더하여 섞는다. 소금과 후추로 간을 해서 바로 낸다.

아스파라거스 크림 쌀

RIZ À LA CRÈME D'ASPERGES

- ◆ 장립종 쌀 300g
- ◆ 버터 65g
- ◆ 아스파라거스 1단(소) 분량
- ◆ 쌀가루 20g
- ◆ 뜨거운 물 100mL
- ◆ 더블 크림 200mL
- ◆ 소금과 후추
- ◆ 껍질을 제거한 흰색 빵 250g

  준비 시간 30분

  조리 시간 30분

  6인분

쌀과 버터 25g으로 인도식 밥(616쪽)을 짓는다. 그동안 아스파라거스 크림을 만든다. 소금물을 끓여서 손질한 아스파라거스를 넣고 부드러워질 때까지 5~10분간 익힌다. 믹서에 익힌 아스파라거스를 담고 곱게 갈아서 퓌레를 만들고 따로 둔다. 팬을 중간 불에 올리고 버터 20g을 더해서 녹인다. 버터가 보글거리면 쌀가루를 더하여 잘 섞은 다음 뜨거운 물을 천천히 붓는다. 크림을 더하여 섞은 다음 아스파라거스 퓌레를 더해서 마저 섞고 소금과 후추로 간을 한다. 아스파라거스 크림에 쌀을 더한다. 빵은 작게 깍둑썰기 한다. 다른 팬에 남은 버터를 넣어 녹이고 빵을 넣어서 노릇해질 때까지 2~3분간 구워 크루통을 만든다. 식사용 그릇에 크루통을 링 모양으로 담고 익힌 쌀 요리를 조금 뿌려서 장식한다. 남은 아스파라거스 쌀 요리를 링 가운데 부분에 담아 낸다.

아티초크를 더한 쌀 요리

RIZ AUX ARTICHAUTS

쌀과 절반 분량의 버터로 인도식 밥(616쪽)을 짓는다. 큰 냄비에 남은 버터를 넣어 녹이고 아티초크, 토마토, 양파를 더하여 가끔 휘저으면서 20분간 볶는다. 인도식 밥과 치즈, 소금과 후추를 더한다. 잘 섞어서 아주 뜨겁게 낸다.

- ◆ 장립종 쌀 300g
- ◆ 버터 50g
- ◆ 깍둑 썬 아티초크 밑동 4개 분량
- ◆ 4등분한 토마토 500g
- ◆ 다진 양파 1개 분량
- ◆ 파르메산 치즈 간 것 60g
- ◆ 소금과 후추

  준비 시간 25분

  조리 시간 45분

  6인분

커리 라이스

RIZ AU CURRY

큰 냄비를 중간 불에 올리고 절반 분량의 버터를 넣어서 녹인다. 양파를 더하여 노릇해질 때까지 5~10분간 익힌다. 쌀과 커리 파우더를 더한 뒤 조심스럽게 골고루 휘저어 섞는다. 육수를 붓고 쌀이 국물을 완전히 흡수해서 부드러워질 때까지 약한 불에서 15분간 익힌다. 남은 버터를 더하여 섞은 다음 소금과 후추로 간을 해서 바로 낸다.

[변형]

- ◆ 버터 40g
- ◆ 채썬 양파 2개 분량
- ◆ 장립종 쌀 350g
- ◆ 커리 파우더
- ◆ 뜨거운 육수 1L
- ◆ 소금과 후추

  준비 시간 5분

  조리 시간 20분

  6인분

• •

파프리카 라이스

RIZ AU PAPRIKA

위와 같이 조리하되 커리 파우더 대신 파프리카 가루를 넣는다.

• •

사프란 라이스

RIZ AU SAFRAN

위와 같이 조리하되 커리 파우더 대신 사프란 수술 1꼬집을 더하고 완성 수분 전에 토마토 쿨리 또는 파사타 100mL를 더하여 섞는다.

필라프
RIZ PILAF

큰 냄비에 쌀 부피의 동량 또는 1.5배 분량의 물 또는 육수를 부어서 한소끔 끓인다. 다른 큰 냄비에 버터 30g을 넣고 녹인다. 쌀과 양파를 더하여 노릇해지지 않도록 주의하면서 중간 불에서 2~3분간 익힌다. 끓는 물 또는 육수를 쌀에 조심스럽게 붓는다. 소금과 후추로 간을 한다. 뚜껑을 닫고 약한 불에서 쌀이 육수를 모두 흡수할 때까지 15분간 뭉근하고 잔잔하게 익힌다. 쌀 위에 남은 버터를 군데군데 얹은 다음 포크로 골고루 휘저어서 낸다.

- 물 또는 육수(만드는 법 참조)
- 버터 50g
- 장립종 쌀 350g
- 다진 양파 1개 분량
- 소금과 후추

  준비 시간 5분

  조리 시간 30분

  6인분

양상추롤
LAITUES DE LA MÈRE MARIE

 638쪽

오븐을 180℃로 예열한다. 큰 냄비에 물을 한소끔 끓인 다음 양상추 잎을 넣어서 쉽게 돌돌 말릴 정도가 될 때까지 30초~1분간 데친다. 건져서 물기를 충분히 제거한다. 볼에 쌀과 고기, 달걀을 담아 골고루 섞고 소금과 후추로 간을 한다. 고기 혼합물을 작은 공 모양으로 빚은 뒤 양상추 잎으로 한 번 더 돌돌 싸서 주머니 모양으로 만든다. 오븐용 그릇에 빼곡하게 눌러 담는다. 크렘 프레슈에 물 100mL를 더하여 거품기로 휘저은 다음 양상추롤 위에 붓고 오븐에 넣어 45분간 굽는다.

- 한 장씩 뗀 잎이 넓은 양상추 1통 분량
- 익힌 장립종 쌀 150g
- 익힌 송아지 또는 닭고기 곱게 다진 것 200g
- 가볍게 푼 달걀 1개 분량
- 소금과 후추
- 크렘 프레슈 100mL

  준비 시간 30분

  조리 시간 45분

  6인분

파스타

파스타는 영양소가 풍부할 뿐만 아니라 값도 비싸지 않아 아주 유용한 음식이다. 파스타의 고향인 이탈리아에서는 한 나라를 대표하는 가장 중요한 음식이자 하나의 예술 작품에 가까운 대접을 받는다. 온갖 형태와 모양을 갖추고 있으며 저마다 고유의 명칭이 있다.

가장 좋은 파스타는 신선한 달걀과 주로 '00'이라고 표시된 파스타 제조용 듀럼 백밀 강력분으로 만든 것이다. 수제 파스타 반죽은 달걀노른자 때문에 살짝 노란빛이 돌며 질감이 조금 거칠어서 소스가 잘 달라붙는다. 시판 파스타는 질감이 더 부드러운 편이다. 모든 파스타 반죽은 시금치나 토마토, 사프란 등을 첨가해서 맛이나 향을 더할 수 있다. 파스타는 다양한 방식으로 조리할 수 있으며, 곁들임 요리나 샐러드 혹은 주요리로 낸다. 아래 목록을 참조하자.

로스트 요리에 곁들일 때
로스트 요리에는 타글리아텔레 등 길쭉한 생파스타를 주로 곁들인다. 물에 삶아서 고기 쥬에 버무린다. 취향에 따라 치즈를 약간 더해도 좋다.

고기 그릴 구이에 곁들일 때
간단하게 삶은 파스타 위에 고기 그릴 구이를 얹은 다음 육즙을 끼얹어 낸다.

고기 브레이즈 및 스튜에 곁들일 때
스튜에는 주로 콘킬리에Conchiglie 파스타를 사용한다. 간단하게 익힌 다음 뜨거운 고기와 함께 소스에 담가 내면 탁월한 맛이 난다.

수프에 넣을 때
파스타는 수프에 크루통 대신 사용할 수 있다. 크기가 작은 파스타나 버미첼리를 주로 사용한다.

주요리로 낼 때
버터와 치즈 및 소스를 더하거나 그라탕으로 만든 파스타는 주요리로 내기에도 손색이 없다. 1인분당 100g을 준비한다.

어울리는 소스
화이트 소스(50쪽), 베샤멜 소스(50쪽), 치즈 소스(51쪽), 풀레트 소스(52쪽), 메트르도텔 버터(48쪽), 피낭시에르 소스(57쪽) 등이 잘 어울린다.

생파스타 만드는 법
PREPARATION DE LA PÂTE À NOUILLES

널찍하고 깨끗한 작업대에 밀가루를 소복하게 담고 가운데를 오목하게 판다. 달걀을 깨트려 오목한 부분에 담고 칼이나 손끝을 이용해서 천천히 밀가루와 함께 섞는다. 반죽이 한 덩어리로 뭉쳐지면 반 바퀴씩 돌려 가며 박자에 맞춰 골고루 잘 치댄다. 반죽이 바닥에 달라붙지 않도록 덧가루를 계속 뿌리면서 치대면 매끄럽고 신축성이 있는 반죽이 된다. 이때 덧가루는 가능한 한 적게 뿌리는 것이 좋다. 다 치댄 반죽에 볼을 뒤집어 덮거나 랩을 씌워서 최소한 30분간 휴지한다.

반죽의 덮개를 벗기고 가볍게 치댄다. 작업대에 덧가루를 소량 뿌린다. 큰 밀대를 이용해서 달라붙지 않도록 방향을 자주 돌려 가며 전체적으로 둥근 모양이 되도록 3mm 두께로 민다. 3시간 동안 휴지한다. 반죽을 느슨하게 돌돌 만 다음 날카로운 칼로 원하는 파스타 굵기에 따라 5mm~2.5cm 너비로 길게 썬다. 파스타를 들어 올려서 가볍게 흔들어 면발끼리 분리한 다음 덧가루를 가볍게 뿌린 깨끗한 면포에 얹어서 최소한 30분간 건조한다. 바로 조리하거나 서늘하고 건조한 곳에 2~3일간 보관한다.

* 파스타용 밀가루 300g, 덧가루용 여분
* 달걀 3개
  준비 시간 30분 + 휴지하기 + 말리기
  800g

기본 파스타 삶는 법
CUISSON ÉLÉMENTAIRE DES PÂTES

파스타는 넉넉한 양의 끓는 소금물에 삶아야 한다. 큼직한 냄비에 건조 파스타 250g당 최소 물 3L, 소금 30g, 오일 1작은술을 담는다. 물이 끓으면 파스타를 재빨리 집어 넣고 빠르게 다시 한소끔 끓여서 면발이 바닥에 가라앉아 서로 달라붙지 않게 한다. 이때 뚜껑은 닫지 않는다. 익히는 도중에도 두어 번 휘저어서 파스타가 서로 달라붙지 않도록 한다. 파스타를 큰 채반에 밭쳐 물기를 뺀다. 조리 시간은 물이 다시 한소끔 끓는 순간부터 측정하며 파스타 형태에 따라 달라진다. 생파스타는 2~3분만 삶으면 충분하다. 건조 파스타는 파스타 포장지의 안내에 따른다.

준비 시간 5분
조리 시간 5~12분

레장스식 파스타
NOUILLES RÉGENCE

- 타글리아텔레 또는 스파게티 350g
- 버터 30g
- 그뤼에르 치즈 간 것 100g
- 마른 빵가루 50g

  준비 시간 5분

  조리 시간 30분

  6인분

큰 냄비에 소금물을 한소끔 끓이고 타글리아텔레를 넣어 12분간 알 덴테로 삶는다. 오븐은 190℃로 예열한다. 오븐용 그릇에 버터를 약간 바른다. 익힌 파스타를 한 켜 담고 치즈 한 켜를 깐 다음 버터를 군데군데 얹는다. 접시가 가득 찰 때까지 같은 과정을 반복한 다음 가장 위쪽은 치즈 한 켜와 빵가루로 마무리한다. 오븐에 넣고 노릇해질 때까지 15분간 굽는다.

파스타 수플레
SOUFFLÉ AUX NOUILLES

- 베샤멜 소스(50쪽) 1회 분량
- 우유 500mL
- 타글리아텔레 또는 스파게티 5cm 길이로 자른 것 250g
- 분리한 달걀흰자와 달걀노른자 각각 4개 분량
- 소금과 후추

  준비 시간 30분

  조리 시간 25분

  6인분

베샤멜 소스를 만든다. 큰 냄비에 우유와 물 2L를 담고 한소끔 끓인다. 타글리아텔레를 넣고 알 덴테로 12분간 삶는다. 오븐은 180℃로 예열한다. 큰 볼에 베샤멜 소스와 달걀노른자를 담고 거품기로 잘 섞은 다음 파스타를 더하여 조심스럽게 버무린다. 소금과 후추로 간을 한다. 달걀흰자는 단단한 뿔이 서도록 휘핑한 다음 파스타 혼합물에 더하여 접듯이 섞는다. 그라탕 그릇에 담고 오븐에 넣어 25분간 굽는다. 바로 낸다.

나폴리식 마카로니
MACARONIS À LA NAPOLITAINE

- 마카로니 350g
- 토마토 소스(57쪽) 200mL
- 버터 30g
- 그뤼에르 치즈 간 것 100g
- 즉석에서 간 너트메그
- 소금과 후추

  준비 시간 15분

  조리 시간 25분

  6인분

큰 냄비에 소금물을 한소끔 끓이고 마카로니를 넣어 8~10분간 알 덴테로 삶는다. 그동안 토마토 소스를 데운다. 마카로니를 건져서 물기를 충분히 제거한 다음 식사용 그릇에 담고 버터, 치즈, 즉석에서 간 너트메그를 더하여 섞은 다음 소금과 후추로 간을 한다. 내기 직전에 뜨거운 토마토 소스를 붓는다.

마카로니 니수아즈
MACARONIS NIÇOIS

 639쪽

큰 냄비에 소금물을 한소끔 끓이고 마카로니를 넣어 8~10분간 알 덴테로 삶는다. 건져서 물기를 제거하고 따로 둔다. 가지 저민 것에 소금을 뿌리고 채반에 얹어서 30분간 물기를 거른다. 흐르는 찬물에 씻은 다음 물기를 제거한다. 튀김기에 오일을 채워서 180℃ 혹은 빵조각을 넣으면 30초 만에 노릇해질 정도로 가열한다. 가지를 적당량씩 넣어서 바삭하고 노릇해질 때까지 5분간 튀긴다. 키친타월에 얹어서 기름기를 제거한다. 팬에 버터를 넣어 녹이고 토마토, 버섯, 햄, 마늘을 더하여 5분간 볶는다. 고기 쥐와 치즈를 더한 뒤 소금과 후추로 간을 한다. 소스와 마카로니를 버무린 다음 튀긴 가지를 장식해서 낸다.

- 마카로니 200g
- 얇게 저민 가지 3개(대) 분량
- 절임용 소금
- 튀김용 식물성 오일
- 버터 30g
- 얇게 저민 토마토 3개 분량
- 얇게 저민 버섯 100g
- 깍둑 썬 햄 180g
- 으깬 마늘 1쪽 분량
- 고기 쥐 100mL
- 파르메산 치즈 간 것 60g
- 소금과 후추

  준비 시간 30분

  조리 시간 25분

  6인분

마카로니 팀발
TIMBALE MILANAISE

큰 냄비에 소금물을 한소끔 끓이고 마카로니를 넣어 8~10분간 알 덴테로 삶는다. 건져서 물기를 제거한 다음 다시 냄비에 넣고 버터와 치즈를 더하여 골고루 섞은 후 소금과 후추로 간을 한다. 큰 팬에 블론드 루를 담고 뭉근하게 끓인 다음 깍둑썰기 한 고기나 버섯을 넣고 부케 가르니를 더하여 15분간 익힌다. 소금과 후추로 간을 하고 크렘 프레슈를 더하여 5분 더 뭉근하게 익힌 뒤 부케 가르니를 건져 낸다. 식사용 그릇 또는 퍼프 페이스트리 껍질(사용 시)에 고기 혼합물과 마카로니를 번갈아 켜켜이 담는다. 마지막 켜는 고기 혼합물로 마무리하고 송로버섯 간 것을 뿌린다.

- 마카로니 250g
- 버터 75g
- 그뤼에르 치즈 75g
- 파르메산 치즈 50g
- 소금과 후추
- 블론드 루(57쪽) 300mL
- 익혀서 깍둑 썬 송아지 흉선, 깍둑 썬 햄, 깍둑 썬 가금류 크넬(104쪽), 깍둑 썬 버섯, 익혀서 깍둑 썬 치폴라타 소시지 중 취향대로 선택
- 부케 가르니 1개
- 크렘 프레슈 100mL
- 익힌 퍼프 페이스트리 껍질(선택 사항)
- 마무리용 송로버섯 간 것

  준비 시간 30분

  조리 시간 45분

  6인분

퀴시식 마카로니

MACARONIS À LA CUSSY

- 마카로니 360g
- 버터 100g
- 껍질 벗기고 저민 송로버섯 50g
- 마데이라 와인 100mL
- 손질해서 깍둑 썬 송아지 흉선(363쪽)
  1개 분량
- 소금과 후추
- 송아지 육수 50mL
- 파르메산 치즈 간 것 125g

  준비 시간 20분

  조리 시간 20분

  6인분

큰 냄비에 소금물을 한소끔 끓이고 마카로니를 넣어 8~10분간 알 덴테로 삶는다. 건져서 물기를 제거하고 따로 둔다. 그동안 팬에 4분의 1 분량의 버터를 넣어 녹이고 송로버섯을 넣어 수분간 볶는다. 마데이라 와인과 흉선을 더하여 10~15분간 익힌 뒤 소금과 후추로 간을 하고 육수를 더한다. 마카로니를 식사용 그릇에 담고 치즈와 남은 버터를 더하여 골고루 섞는다. 흉선 혼합물을 마카로니 위에 부어서 바로 낸다.

마카로니 로프

PAIN DE MACARONIS

오븐을 150℃로 예열하고 샤를로트 또는 다른 돔 모양 틀에 버터를 바른
다. 큰 냄비에 소금물을 한소끔 끓이고 마카로니를 더하여 8~10분간 알
덴테로 삶는다. 건져서 물기를 제거하고 달걀노른자, 치즈, 햄, 절반 분량
의 버섯을 더하여 잘 섞는다. 소금과 후추로 간을 한다. 큰 볼에 달걀흰자
를 담고 단단한 뿔이 서도록 휘핑한 다음 마카로니 혼합물에 더하여 접듯
이 섞는다. 마카로니 혼합물을 준비한 틀에 담고 로스팅 팬에 넣은 다음
뜨거운 물을 틀이 반 정도 잠길 만큼 붓는다. 오븐에 넣어 1시간 30분간
굽는다. 그동안 소스를 준비한다. 중간 크기 팬에 버터를 넣어 녹이고 남
은 버섯을 더하여 10분간 볶는다. 소금과 후추, 너트메그로 간을 하고 크
렘 프레슈를 더하여 섞는다. 마카로니 로프를 꺼내서 소스를 부어 낸다.

- ◆ 버터 20g, 틀용 여분
- ◆ 마카로니 300g
- ◆ 분리한 달걀흰자와 달걀노른자 각각
  6개 분량
- ◆ 갈아서 섞은 그뤼에르 치즈와 파르메산
  치즈 100g
- ◆ 다진 햄 150g
- ◆ 저민 버섯 250g
- ◆ 소금과 후추
- ◆ 즉석에서 간 너트메그
- ◆ 크렘 프레슈 125mL
  준비 시간 20분
  조리 시간 1시간 15분
  6인분

마카로니 튀김

MACARONIS FRITS

큰 냄비에 소금물을 한소끔 끓이고 마카로니를 넣어 8~10분간 알 덴
테로 삶는다. 건져서 물기를 충분히 제거한다. 튀김기에 오일을 채워서
180℃ 혹은 빵조각을 넣으면 30초 만에 노릇해질 정도로 가열한다. 마카
로니를 적당량 덜어서 뜨거운 오일에 조심스럽게 넣은 다음 노릇해질 때
까지 5분간 튀긴다. 건져서 기름기를 제거하고 소금과 후추로 간을 한다.
파슬리(81쪽)를 튀겨서 마카로니 튀김에 장식해서 낸다.

- ◆ 마카로니 250g
- ◆ 튀김용 식물성 오일
- ◆ 소금과 후추
- ◆ 이탈리안 파슬리 6줄기
  준비 시간 5분
  조리 시간 25분
  6인분

마카로니 샐러드

SALADE DE MACARONIS

큰 냄비에 소금물을 한소끔 끓이고 마카로니를 넣어 8~10분간 알 덴테
로 삶는다. 건져서 물기를 제거하고 소금과 후추로 간을 한다. 아티초크
받침과 삶은 달걀은 깍둑썰기 한다. 마카로니에 아티초크와 삶은 달걀,
파슬리를 더하여 골고루 섞는다. 간을 충분히 한 마요네즈를 만든 뒤 토
마토 퓌레와 함께 섞어 소스를 만든다. 마카로니 혼합물에 소스를 더하여
접듯이 섞는다. 따뜻하게 또는 차갑게 낸다.

- ◆ 마카로니 200g
- ◆ 소금과 후추
- ◆ 익힌 아티초크 받침(510쪽) 4개
- ◆ 완숙 달걀(134쪽) 1개
- ◆ 다진 이탈리안 파슬리
- ◆ 마요네즈(70쪽) 4큰술
- ◆ 토마토 퓌레 60g
  준비 시간 1시간
  조리 시간 25분
  6인분

나폴리식 크로켓
CROQUETTES NAPOLITAINES

- ◆ 마카로니 250g
- ◆ 그뤼에르 치즈 간 것 200g
- ◆ 다진 햄 200g
- ◆ 달걀 1개
- ◆ 분리한 달걀흰자와 달걀노른자 각각

  2개 분량
- ◆ 소금과 후추
- ◆ 튀김옷용 마른 빵가루
- ◆ 튀김용 식물성 오일

  준비 시간 20분

  조리 시간 25분

  6인분

큰 냄비에 소금물을 한소끔 끓이고 마카로니를 넣어 8~10분간 알 덴테로 삶는다. 건져서 물기를 제거한다. 볼에 마카로니, 치즈, 햄, 달걀, 달걀노른자를 담고 잘 섞는다. 소금과 후추로 간을 하고 혼합물을 크로켓 모양으로 다듬는다. 달걀흰자는 단단한 뿔이 서도록 휘핑한다. 크로켓 반죽을 휘핑한 달걀흰자에 넣어서 골고루 묻힌 다음 빵가루에 굴린다. 튀김기에 오일을 채워서 180℃ 혹은 빵조각을 넣으면 30초 만에 노릇해질 정도로 가열한다. 크로켓을 적당량씩 넣어서 노릇해질 때까지 5분간 튀긴다.

세벤느식 마카로니 요리
MACARONI À LA CÉVENOLE

- ◆ 마카로니 250g
- ◆ 버터 60g
- ◆ 밤 500g
- ◆ 소금과 후추
- ◆ 그뤼에르 치즈 간 것 125g
- ◆ 크렘 프레슈 60mL

  준비 시간 20분

  조리 시간 30분

  6인분

큰 냄비에 소금물을 한소끔 끓이고 마카로니를 넣어 8~10분간 알 덴테로 삶는다. 건져서 물기를 제거한다. 오븐을 180℃로 예열하고 오븐용 그릇에 버터를 약간 바른다. 밤 껍질에 칼집을 넣고 오븐에 넣어 20분간 굽는다. 식힌 다음 껍질을 벗기고 반으로 자른다. 마카로니와 밤을 섞어서 준비한 그릇에 담는다. 소금과 후추로 간을 한다. 치즈를 뿌리고 남은 버터를 군데군데 얹고 크렘 프레슈를 붓는다. 오븐에 넣어 15분간 굽는다.

마카로니 그라탕
MACARONIS GRATINS

큰 냄비에 소금물을 한소끔 끓이고 마카로니를 더하여 8~10분간 알 덴 테로 삶는다. 건져서 물기를 제거한다. 햄과 고기, 파슬리를 곱게 다져서 볼에 담는다. 오븐을 240℃로 예열하고 오븐용 그릇에 버터를 바른다. 작은 팬에 버터 20g을 넣어 녹이고 버섯과 양파를 더하여 부드러워질 때까지 5분간 볶는다. 고기 볼에 붓고 육수, 토마토 소스를 더한 뒤 소금과 후추로 간을 한다. 절반 분량의 마카로니를 준비한 그릇에 담고 고기를 깐 다음 위에 남은 마카로니를 올린다. 치즈를 뿌리고 남은 버터를 군데군데 얹는다. 7~8분간 굽는다.

- 마카로니 또는 엘보 마카로니 250g
- 햄 120g
- 익힌 고기(닭고기, 송아지고기, 소고기 등) 120g
- 이탈리안 파슬리 1줌
- 버터 40g, 틀용 여분
- 저민 버섯 120g
- 채 썬 양파 1개 분량
- 진한 육수 또는 고기 쥬 3큰술
- 토마토 소스(57쪽) 100mL
- 소금과 후추
- 그뤼에르 치즈 간 것 85g

준비 시간 20분

조리 시간 30분

6인분

여왕의 마카로니 요리
COQUILLETTES À LA REINE

큰 냄비에 소금물을 한소끔 끓이고 마카로니를 넣어 8~10분간 알 덴테로 삶는다. 건져서 물기를 제거한다. 치즈를 더하여 골고루 섞는다. 그동안 베샤멜 소스를 만든 다음 가금류를 섞고 고기 쥬를 더한다. 필요하다면 다시 데운 다음 파스타와 함께 골고루 섞고 소금과 후추로 간을 한다.

- 작은 마카로니 또는 엘보 마카로니 250g
- 그뤼에르 치즈 간 것 150g
- 베샤멜 소스(50쪽) 250mL
- 가금류 고기 저민 로스트 150g
- 진한 육수 또는 고기 쥬 100mL
- 소금과 후추

준비 시간 15분

조리 시간 15분

6인분

카넬로니
CANNELLONIS

- 파스타 반죽(626쪽) 250g
- 익힌 뒤 곱게 다진 고기(소고기, 송아지
  고기, 닭고기 등) 150g
- 소시지용 고기 100g
- 시금치 퓌레 200g
- 그뤼에르 치즈 간 것 3g, 마무리용
  여분(선택 사항)
- 달걀 1개
- 달걀노른자 1개
- 즉석에서 간 너트메그
- 소금과 후추
- 토마토 소스(57쪽) 300mL
  준비 시간 30분
  조리 시간 30분
  6인분

파스타 반죽을 만들어서 3mm 두께로 민다. 사방 12cm 길이의 정사각형 모양으로 자른다. 큰 냄비에 소금물을 한소끔 끓이고 파스타를 넣어서 알 덴테로 8분간 삶는다. 건져서 물기를 제거한다. 스터핑을 만든다. 익힌 고기와 소시지용 고기, 시금치 퓌레, 그뤼에르 치즈, 달걀, 달걀노른자를 더하여 섞는다. 너트메그와 소금, 후추로 간을 한다. 오븐을 200℃로 예열한다. 스터핑을 작은 크기로 나눠서 정사각형 모양 파스타 위에 하나씩 얹는다. 돌돌 말아서 아주 큰 마카로니 같은 모양을 만든 다음 물을 살짝 적셔서 가장자리를 여민다. 오븐용 그릇에 담고 토마토 소스를 둘러서 덮는다. 취향에 따라 갈아 놓은 여분의 치즈를 약간 뿌린다. 오븐에 넣어 10분간 굽는다.

라비올리
RAVIOLIS

- 파스타 반죽(626쪽) 250g
- 익힌 뒤 다진 고기 125g
- 다진 이탈리안 파슬리 2큰술
- 소금과 후추
- 육수 또는 물 1.5L
  준비 시간 50분
  조리 시간 10분
  6인분

파스타 반죽을 만들고 3mm 두께로 민다. 약 15cm 지름의 원형 모양으로 찍어 낸다. 고기에 파슬리를 더하여 섞은 다음 소금과 후추로 간을 한다. 혼합물을 작게 떼어서 파스타 위에 하나씩 얹는다. 가장자리에 물을 적신 다음 반으로 접어서 조심스럽게 여며 턴오버 파이처럼 만든다. 큰 냄비에 육수 또는 물을 한소끔 끓인 다음 라비올리를 넣어서 10분간 뭉근하게 익힌다. 수프에 넣거나 고기, 채소 요리에 장식으로 사용한다. 버터와 파르메산 치즈 간 것을 더해 주요리로 내도 좋다.

호두 소스 스파게티
SPAGHETTIS SAUCE AUX NOIX

절구에 마늘, 호두, 파슬리를 담고 으깬 다음 오일을 한 방울씩 넣으면서 섞어 유화한다. 소금과 후추로 간을 한다. 큰 냄비에 소금물을 한소끔 끓이고 스파게티를 더하여 알 덴테로 8~10분간 삶는다. 건져서 물기를 제거한 파스타를 소스에 버무리고 치즈를 뿌려 낸다.

◆ 마늘 1쪽

◆ 호두 60g

◆ 다진 이탈리안 파슬리 2큰술

◆ 올리브 오일 2큰술

◆ 소금과 후추

◆ 스파게티 250g

◆ 파르메산 치즈 간 것 120g

준비 시간 30분

조리 시간 12분

6인분

프로방스식 스파게티
TIMBALE PROVENÇALE

큰 냄비에 소금물을 한소끔 끓이고 스파게티를 더하여 알 덴테로 8~10분간 삶는다. 건져서 물기를 제거한다. 큰 팬에 버터를 넣어 녹이고 양파와 버섯을 더해 2~3분간 센 불에 볶은 다음 약한 불로 낮춰서 타임과 월계수 잎을 더하여 10분간 부드러워질 때까지 익힌다. 토마토 소스와 스파게티를 버무린 뒤 양파와 버섯을 넣는다. 올리브와 치즈를 더해 섞고 2~3분간 뭉근하게 익혔다가 아주 뜨겁게 낸다.

◆ 스파게티 250g

◆ 버터 30g

◆ 작은 양파 100g

◆ 양송이버섯 250g

◆ 타임 잎 2작은술

◆ 월계수 잎 1장

◆ 토마토 소스(57쪽) 1/4회 분량

◆ 씨를 뺀 올리브 120g

◆ 파르메산 치즈 간 것 100g

준비 시간 30분

조리 시간 40분

6인분

고드 *
GAUDES

프랑스 동부 부르고뉴 지역에서 유래한 레시피다.

큰 냄비에 물 1L와 소금을 넣어 한소끔 끓인다. 옥수수 가루를 더하고 불 세기를 줄인 다음 자주 휘저으면서 25분간 뭉근하게 익히고 버터를 더한다. 다른 팬에는 우유를 넣어 뜨겁게 데운다. 익힌 옥수수 가루 혼합물에 뜨거운 우유를 부어서 낸다. 또는 옥수수 가루 혼합물을 로프 틀에 담고 식혀서 굳힌 다음 저며서 버터에 튀기듯이 구워 낸다.

◆ 소금 2작은술

◆ 옥수수 가루 200g

◆ 버터 125g

◆ 우유 1L

◆ 조리용 버터(선택 사항)

준비 시간 5분

조리 시간 25분

6인분

● 옥수수 가루로 만든 반죽을 비스킷 모양으로 빚어 굽거나 삶아 먹는 음식. 짭짤하거나 달콤하게 만들어서 식사에 곁들인다

뇨키
GNOOOIIIO

- ◆ 슈 페이스트리 반죽(774쪽) 300g
- ◆ 버터 25g
- ◆ 치즈 소스(51쪽) 500mL

    준비 시간 20분 + 휴지하기

    조리 시간 30분

    6인분

슈 페이스트리 반죽을 만들어서 2시간 동안 휴지한다. 오븐을 240℃로 예열하고 그릇에 버터를 바른다. 큰 냄비에 소금물을 한소끔 끓인 뒤 반죽을 호두 크기의 공 모양으로 빚어서 물에 넣고 15분간 데친다. 익힌 반죽은 건져서 물기를 충분히 제거하고 준비한 그릇에 담는다. 반죽 위에 치즈 소스를 붓고 남은 버터를 군데군데 얹는다. 오븐에 넣어 노릇노릇하게 10분간 굽는다.

사보이식 크로제 파스타
CROSETS SAVOYARDS

- ◆ 밀가루 500g
- ◆ 달걀 4개
- ◆ 우유 250mL
- ◆ 소금 1작은술
- ◆ 그뤼에르 치즈 간 것 100g
- ◆ 곁들임용 버터 또는 고기 쥬 100mL

    준비 시간 30분

    조리 시간 25분

    6인분

프랑스 알프스 지역 근처의 사보이 지방에서 유래한 레시피로, 전통적으로 물과 메밀가루를 섞어 만든다.

볼에 밀가루를 담고 달걀, 우유, 소금을 더하여 치대서 탄탄한 반죽을 만든다. 반죽을 약 3mm 두께로 밀어서 작게 깍둑썰기 한다. 큰 냄비에 소금물을 한소끔 끓인 뒤 깍둑썰기 한 파스타를 넣고 알 덴테로 약 5분간 삶는다. 건져서 물기를 제거한다. 치즈를 뿌리고 버터나 고기 쥬와 함께 낸다.

크네플
KNEPFLES

- ◆ 밀가루 300g
- ◆ 달걀 2개
- ◆ 소금과 후추
- ◆ 우유 100mL
- ◆ 녹인 버터 50g

    준비 시간 25분 + 휴지하기

    조리 시간 2분

    6인분

2시간 전에 준비를 시작한다. 볼에 밀가루와 달걀, 소금, 후추, 우유를 담고 골고루 섞어서 반죽을 만든 다음 매끄러워질 때까지 치댄다. 완성한 반죽은 볼 위에 덮개를 씌운 뒤 2시간 동안 휴지한다. 큰 냄비에 소금물 3L를 넣고 한소끔 끓인다. 반죽을 4cm 길이의 원통 모양으로 빚은 다음 지름 2cm 크기로 송송 썬다. 끓는 물에 넣고 수면에 동동 떠오르면 완전히 익을 때까지 5분 더 삶아서 건진다. 식사용 그릇에 담고 위에 버터를 두른다. 바로 낸다.

참고
알자스 지방의 경단처럼 반죽에 골파나 파슬리, 처빌 등의 허브를 더해도 좋다.

브르타뉴식 흰강낭콩 요리(610쪽)

시골풍 쌀 요리(618쪽)

양상추롤(624쪽)

마카로니 니수아즈(628쪽)

11

과일

과일

과일은 비타민과 미네랄, 식이섬유 등의 풍부한 영양소를 자랑하며 다양하고 매력적인 풍미, 질감, 색상, 향기를 갖춘 최상급 식품군에 속한다. 창조적인 요리사에게는 상상력을 자극하는 보물 창고나 마찬가지인 셈이다. 질병과 무관하고 완전히 익은 제철 과일을 먹어야 가장 효과적으로 영양소를 섭취할 수 있다. 겨울철에는 신선한 과일을 쉽게 구할 수 없으므로 알코올이나 시럽에 재우고 당절임을 만들거나 건조 및 냉동하는 등 다양하게 보존 및 보관하면 큰 도움이 된다.

설탕

설탕은 디저트와 케이크, 페이스트리를 만들 때 사용하며, 과일을 잼이나 시럽, 당절임 등으로 보존할 때 필수적인 역할을 한다. 시럽은 온도가 올라갈수록 특성이 달라지며, 서로 다른 용도로 사용한다. 시럽 상태를 확인할 때는 조리용 온도계로 온도를 재거나 물리적인 상태를 살핀다. 온도계를 사용할 때는 반드시 끝 부분이 뜨거운 팬에 닿지 않고 시럽에 잠겨 있도록 해야 한다. 온도가 아주 높으므로 설탕 시럽을 만들 때는 언제나 각별히 주의를 기울여야 한다.

설탕 시럽
SIROP DE SUCRE

깨끗한 큰 냄비에 물 250mL를 담는다. 설탕을 넣고 약한 불에 올린 다음 휘저어서 설탕을 완전히 녹인다. 그런 다음 불 세기를 줄이고 젓지 않는 채로 시럽이 레시피에 필요한 온도나 단계에 도달할 때까지 면밀하게 관찰하며 끓인다. 상태를 확인하려면 시럽을 작은 숟가락으로 약간 뜬 다음 손가락을 찬물에 담갔다가 바로 숟가락의 시럽을 만져서 상태를 확인한다. 정확한 온도에 도달하면 냄비를 조심스럽게 불에서 내리고 얼음물 한두 방울을 더해서 시럽이 더 이상 익지 않도록 한다.

◆ 정제 백설탕 또는 그래뉴당 1kg
　준비 시간 2분
　조리 시간 5~25분
　1.2L

〔변형〕

묽은 설탕 시럽
물 1L에 설탕 500g을 냄비에 담아 잔잔한 불에 올리고 1분간 바글바글 끓이면 묽은 설탕 시럽 1.5L가 완성된다.

글레이즈용 시럽 또는 펄
105℃
시럽이 숟가락에 상당히 엷게 묻어나는 정도.

짧은 실
107℃
손가락(가능하면 찬물에 담갔다 뺀 것)에 묻혔을 때 시럽이 약 1cm 길이로 짧은 실 모양을 그리며 늘어나다가 바로 끊어지는 정도.

긴 실
109~110℃
손가락 사이에서 약 2~3cm 길이로 긴 실 모양을 그리며 늘어나는 정도.

날개
111℃
끓으면서 표면에 작고 동그란 기포가 생긴다. 손가락에 묻혀 보면 4~5cm 길이로 긴 실 모양을 그리며 늘어나는 정도.

수플레
114℃
시럽 표면에 작은 기포가 생긴다. 숟가락에 묻혀서 가볍게 불어 보면 기포가 생기는 정도.

부드러운 공
115~117℃
숟가락에 담아서 조심스럽게 불면 기포가 따로 분리되어 나오는 정도.

단단한 공
120℃
손가락 사이로 굴리면 완두콩 크기의 작고 부드러운 공 모양이 되는 정도.

딱딱한 공
125~130℃
손가락 사이로 굴리면 헤이즐넛 크기의 상당히 딱딱한 공 모양이 되는 정도.

살짝 바삭함
135~140℃
딱딱하고 바삭한 작은 공 모양이 되는 정도. 치아에 끈적하게 달라붙는다.

아주 딱딱함
145~150℃
손가락으로 만지거나 이로 깨물면 딱딱하게 부서지는 정도.

옅은 캐러멜
짙은 캐러멜
155~165℃
166~175℃
물이 전부 증발하고 설탕이 캐러멜화되기 시작하여 옅은 노란색에서 짙은 갈색으로 변하는 정도.

살구 아 랑글레즈
ABRICOTS À L'ANGLAISE

큰 냄비에 물 2L를 담고 한소끔 끓인다. 살구는 씻어서 반으로 잘라 씨를 제거한다. 끓는 물에 반으로 자른 살구를 조심스럽게 넣는다. 살구가 수면 위로 올라오는 즉시 구멍 뚫린 국자로 건진다. 그릇에 담고 정제 백설탕을 뿌린다. 차갑게 낸다.

- ◆ 살구 1kg
- ◆ 정제 백설탕 취향껏

  준비 시간 10분

  조리 시간 10분

  6인분

살구 콩포트
COMPOTE D'ABRICOTS

설탕과 물 250mL로 시럽을 만들어서 긴 실 단계(643쪽)까지 가열한다. 살구는 씻어서 반으로 자른 다음 씨를 제거한다. 손질한 살구를 시럽에 넣고 10~12분간 뭉근하게 익힌다. 살구를 건져서 그릇에 담고 시럽을 부어 낸다.

- ◆ 정제 백설탕 125g
- ◆ 살구 1kg

  준비 시간 10분

  조리 시간 20분

  6인분

말린 살구 콩포트
ABRICOTS SECS EN COMPOTE

하루 전날 준비를 시작한다. 살구를 깨끗하게 씻고 물을 잠길 만큼 넉넉히 부어서 불린다. 다음 날 살구를 건진다. 중간 크기 냄비에 살구 불린 물 500mL와 설탕을 담아서 한소끔 끓인다. 살구를 끓는 시럽에 조심스럽게 넣고 불 세기를 줄여서 1시간 동안 뭉근하게 익힌다. 익힌 국물과 함께 따뜻하게 또는 차갑게 낸다.

- ◆ 말린 살구 300g
- ◆ 정제 백설탕 90g

  준비 시간 5분 + 불리기

  조리 시간 1시간

  6인분

깜짝 살구 달걀
ŒUFS SURPRISE

살구는 반으로 잘라서 씨와 과육을 따로 분리한다. 중간 크기 냄비에 물 100mL와 설탕을 담고 한소끔 끓인다. 살구 씨를 더해서 10~12분간 더 끓인 뒤 구멍 뚫린 국자로 살구 씨를 건져 낸다. 반으로 자른 살구를 시럽에 조심스럽게 넣고 불 세기를 줄여서 뭉근하게 끓는 시럽에 5~6분간 조린다. 구멍 뚫린 국자로 살구를 건져서 물기를 제거한 뒤 한 김 식힌다. 둥근 접시에 차가운 라이스 푸딩을 펴 담고 크렘 프레슈를 둘러서 덮은 다음 반으로 자른 살구를 가운데에 달걀노른자 모양으로 얹는다. 차갑게 낸다.

- ◆ 살구 12개(특대)
- ◆ 정제 백설탕 100g
- ◆ 라이스 푸딩(711쪽) 200g
- ◆ 크렘 프레슈 125mL

  준비 시간 10분

  조리 시간 20분

  6인분

디플로마 푸딩
DIPLOMATE

하루 전에 준비를 시작한다. 얕은 볼에 럼과 묽은 설탕 시럽을 담고 잘 섞는다. 레이디핑거의 납작한 부분을 시럽 혼합물에 담갔다가 샤를로트 틀 바닥과 옆면에 차곡차곡 한 켜 깐다. 레이디핑거 위에 3분의 1 분량의 살구 마멀레이드를 펴 바른다. 건포도와 당절임 과일을 뿌린다. 틀에 시럽을 적신 레이디핑거, 콩포트, 건포도와 당절임 과일을 번갈아 켜켜이 담아서 채운다. 위에 접시를 덮고 무게 200g 정도의 누름돌을 올린다. 냉장고에 넣어 24시간 동안 차갑게 보관한다. 뒤집어서 빼내 접시에 담은 다음 크렘 앙글레제를 곁들여 낸다.

- ◆ 럼 5큰술
- ◆ 묽은 설탕 시럽(643쪽) 5큰술
- ◆ 레이디핑거 비스킷● 300g
- ◆ 살구 마멀레이드(855쪽) 350g
- ◆ 건포도 85g
- ◆ 다진 당절임 과일 3큰술
- ◆ 크렘 앙글레즈(694쪽) 500mL

  준비 시간 20분 + 재우기

  조리 시간 20분

  6인분

● 사보이아르디라고도 불리는 손가락 모양의 파삭하고 부드러운 비스킷. 달걀흰자를 휘핑해서 만드는 과자로 흡습력이 좋아 액상 재료에 가볍게 적셔서 티라미수나 샤를로트 등 다양한 과자류에 활용한다.

살구 오믈렛
OMELETTE AUX ABRICOTS

그릴을 예열한다. 달걀물에 소금 1꼬집을 섞고 팬에 버터와 함께 부어 오믈렛(157쪽)을 만든다. 오믈렛을 접기 전에 속에 살구 마멀레이드를 채운 뒤 반으로 접는다. 오븐용 그릇에 오믈렛을 흘려 넣듯이 담는다. 설탕을 뿌리고 뜨거운 그릴에 넣어 3~5분간 노릇하게 굽는다.

 680쪽

- ◆ 소금
- ◆ 달걀 6개
- ◆ 버터 50g
- ◆ 살구 마멀레이드(855쪽) 120g
- ◆ 슈거파우더 2~3큰술

  준비 시간 10분

  조리 시간 10분

  6인분

아몬드 페이스트
PÂTE D'AMANDES

아몬드를 끓는 물에 넣고 2분간 데친다. 건져서 물기를 제거하고 깨끗한 마른 행주로 문질러서 껍질을 제거한다. 데친 아몬드, 설탕, 달걀흰자를 절구에 담고 찧거나 푸드 프로세서를 사용해 부드러운 페이스트를 만든다. 껍질을 벗긴 아몬드나 아몬드 가루를 사면 조리 시간도 줄이고 간편하게 만들 수 있다.

- ◆ 스위트 아몬드 200g
- ◆ 비터 아몬드 5~6개●●
- ◆ 정제 백설탕 200g
- ◆ 달걀흰자 1개 분량

  준비 시간 35분

  조리 시간 2분

  6인분

●● 청산가리가 미량 함유된 비터 아몬드는 국내에는 거의 수입·유통되지 않는다. 스위트 아몬드로 대체하고 아몬드 익스트랙을 소량 첨가하는 것이 좋다.

블랑망제[*]
BLANC-MANGER

- ◆ 스위트 아몬드 500g
- ◆ 비터 아몬드 30g
- ◆ 젤라틴 파우더 15g 또는 판젤라틴 4장
- ◆ 정제 백설탕 350g
- ◆ 오렌지 꽃물 1큰술

　준비 시간 1시간 + 굳히기

　조리 시간 5분

　6인분

● 아몬드 우유 젤리.

3~4시간 전에 조리를 시작한다. 아몬드는 끓는 물에 넣고 2분간 데친 뒤 건져서 물기를 제거하고 깨끗한 마른 행주로 문질러 껍질을 제거한다. 아몬드와 물 450mL를 조금씩 더해 가며 절구에 담아 찧거나 푸드 프로세서를 이용해 페이스트를 만든다. 튼튼하고 깨끗한 면포에 찧은 아몬드를 담고 볼 위에서 꼭 짜서 아몬드 밀크를 받는다.

　작은 냄비에 젤라틴과 물 50mL를 섞어서 부드러워질 때까지 5분간 불린다. 냄비를 아주 잔잔한 불에 올려서 부글부글 끓지 않도록 주의하며 젤라틴을 녹인다. 아몬드 밀크에 데운 젤라틴과 설탕을 더해 골고루 섞는다. 오렌지 꽃물을 더해서 한 번 더 섞는다. 틀이나 개별용 라메킨에 부어서 냉장고에 넣거나 얼음물에 담가서 굳힌다. 꺼낼 때는 틀을 따뜻한 물에 30초간 담갔다가 뒤집으면 잘 빠진다. 식사용 그릇에 담아 낸다.

가염 아몬드
AMANDES SALÉES

- ◆ 아몬드 250g
- ◆ 소금 25g

　준비 시간 5분

　조리 시간 15분

　6인분

오븐을 200℃로 예열한다. 아몬드를 끓는 물에 넣고 2분간 데친다. 건져서 물기를 제거하고 깨끗한 마른 행주로 문질러서 껍질을 제거한다. 아몬드가 아직 촉촉할 때 소금에 굴린다. 아몬드를 베이킹 시트에 한 켜로 깔고 오븐에 넣어 10분간 노릇하게 굽는다. 꺼내서 한 김 식힌 뒤 여분의 소금을 털어 낸다.

키르슈에 재운 파인애플
ANANAS AU KIRSCH

- ◆ 파인애플 1개(약 1.2kg)
- ◆ 묽은 설탕 시럽(643쪽) 200mL
- ◆ 키르슈 50mL

　준비 시간 5분

　6인분

파인애플은 껍질과 폭 들어간 눈 부분을 제거한다. 파인애플 과육을 저민 다음 설탕 시럽과 키르슈를 붓고 1시간 동안 재운다. 아주 차갑게 낸다. 키르슈 대신 샴페인이나 럼 등의 주류를 사용해도 좋다.

파인애플 콩포트
COMPOTE D'ANANAS

중간 크기 냄비에 설탕과 물 250mL를 담는다. 한소끔 끓인 다음 잘 저어서 설탕을 모두 녹인다. 파인애플은 껍질과 폭 들어간 눈 부분을 제거한 다음 굵게 썰어서 질긴 심 부분을 잘라 낸다. 오렌지는 껍질을 벗겨서 과육만 보기 좋게 잘라 낸 다음 씨를 모조리 제거한다. 끓는 시럽에 손질한 파인애플과 오렌지 과육을 조심스럽게 넣고 불 세기를 줄여서 12분간 뭉근하게 익힌다. 불에서 내리고 식사용 그릇에 담는다. 과일 위에 마라스키노 체리 리큐어를 두른다.

- ◆ 설탕 150g
- ◆ 파인애플 1개(약 1.2kg)
- ◆ 오렌지 2개
- ◆ 마라스키노 체리 리큐어 50mL

  준비 시간 10분

  조리 시간 35분

  6인분

파인애플 왕관
COURONNE D'ANANAS

쌀과 우유, 설탕 85g, 바닐라, 소금으로 라이스 푸딩(711쪽)을 만든다. 링 모양 틀에 가볍게 오일을 바른다. 라이스 푸딩을 링 모양 틀에 붓고 표면을 평평하게 만든다. 한 김 식힌 다음 냉장고에 넣어서 굳힌다. 식사용 그릇에 뒤집어 꺼내서 담는다. 파인애플은 껍질과 폭 들어간 눈 부분을 제거한다. 얇게 저민 다음 반으로 썰어서 링 모양 라이스 푸딩 위에 둘러 담는다. 딸기는 남은 설탕과 함께 믹서에 넣고 갈아서 퓌레를 만든다. 링 가운데 부분에 딸기 퓌레를 붓는다. 아주 차갑게 낸다.

- ◆ 푸딩용 쌀(단립종) 250g
- ◆ 우유 750mL
- ◆ 정제 백설탕 120g
- ◆ 바닐라 익스트랙 1작은술
- ◆ 소금 1작은술
- ◆ 틀용 무향 오일
- ◆ 파인애플 1개(약 1.2kg)
- ◆ 딸기 125g

  준비 시간 15분 + 굳히기

  조리 시간 45분

  6인분

바나나 콩포트
COMPOTE DE BANANES

중간 크기 냄비에 설탕과 물 250mL를 담고 한소끔 끓인다. 바나나는 껍질을 벗기고 섬유질을 제거한 뒤 저며서 시럽에 넣고 조심스럽게 익힌다. 불 세기를 줄이고 가끔 저으면서 10분간 잔잔하고 뭉근하게 익힌다. 차갑게 낸다.

- ◆ 설탕 100g
- ◆ 바나나 6개

  준비 시간 3분

  조리 시간 10분

  6인분

681쪽

- 설탕 85g
- 바닐라 익스트랙 1작은술
- 바나나 6개
- 럼 1과 1/2큰술
  준비 시간 5분
  조리 시간 15분
  6인분
- 음식이 담긴 팬이나 내열용 그릇 등에 알코올성 리큐어를 붓고 불을 붙여 알코올을 날리는 조리 방법 또는 불이 붙은 채로 내는 방식을 뜻하는 말. 알코올과 함께 잡내가 날아가고 리큐어의 잔향만 남는다.

바나나 플랑베*
BANANES FLAMBANTES

넓고 얕은 팬에 설탕과 물 250mL, 바닐라를 담고 한소끔 끓여 시럽을 만든다. 바나나 껍질을 벗기고 섬유질을 제거한 다음 시럽에 담가 3~4분간 익힌다. 구멍 뚫린 국자로 바나나가 뭉개지지 않도록 조심스럽게 건진다. 시럽은 따로 둔다. 바나나는 식사용 그릇에 담는다. 내기 직전에 시럽에 럼을 더해서 중간 불에 다시 데우되 끓지 않도록 주의한다. 바나나에 부은 다음 그릇 주변의 인화성 물질을 모조리 치운 다음 멀찍이 서서 불을 켠 성냥을 그릇 가장자리에 대고 럼에 불을 붙인다. 불꽃이 붙어 있을 때 낸다.

- 바나나 6개
- 버터 50g
- 정제 백설탕 30g
  준비 시간 3분
  조리 시간 3분
  6인분

바나나 튀김
BANANES FRITES

바나나는 껍질을 벗기고 섬유질을 제거한 다음 길게 반으로 자른다. 팬에 버터를 넣어 녹이고 바나나를 더하여 센 불에서 앞뒤로 2~3분씩 굽는다. 접시에 담고 설탕을 뿌려서 바로 낸다. 뜨거운 라이스 푸딩 위에 얹어서 내도 좋다.

- 크레페 반죽(721쪽) 1/2회 분량
- 크렘 파티시에르(706쪽) 1회 분량
- 럼 2큰술
- 버터 30g
- 바나나 6개
  준비 시간 20분
  조리 시간 30분
  크레페 12개

바나나 크레페
CRÊPES AUX BANANES

크레페 반죽을 만든 뒤 따로 두어 휴지한다. 그동안 크렘 파시티에르를 만들어서 럼을 더하여 섞는다. 팬에 버터 20g을 조금씩 나눠 둘러 가면서 크레페 12장을 부친다. 오븐을 200℃로 예열한다. 바나나는 껍질을 벗겨서 길게 반으로 자른다. 크레페 1장당 크렘 파티시에르 1큰술을 바르고 바나나 1/2개를 얹어서 돌돌 만다. 그라탕 그릇에 나머지 버터를 바른 다음 속을 채운 크레페를 담는다. 오븐에 넣고 노릇해질 때까지 7~8분간 구운 다음 바로 낸다.

바나나 보트
BATEAUX DE BANANES

하루 전날 준비를 시작한다. 너무 푹 익지 않고 멍든 부분이 없는 바나나를 고른다. 껍질째 길게 반으로 자른다. 껍질이 망가지지 않도록 과육을 조심스럽게 꺼낸 다음 껍질은 덮개를 씌워서 따로 둔다. 얕은 그릇에 럼과 정제 백설탕, 레몬즙을 담고 섞는다. 바나나 과육을 깍둑썰기 해서 그릇에 더한다. 일반 딸기는 심을 제거하고 씻어서 저민 다음 그릇에 더해 조심스럽게 버무린다. 덮개를 씌우고 가끔 조심스럽게 뒤섞으면서 12시간 동안 재운다. 야생 딸기와 라즈베리를 체에 꾹꾹 눌러서 퓌레를 만들어 슈거파우더와 함께 작은 냄비에 담는다. 10분간 끓여서 시럽을 만든 다음 한 김 식힌다. 바나나 딸기 혼합물을 건져서 남겨둔 바나나 껍질 보트에 채운다. 딸기 시럽을 둘러서 아주 차갑게 낸다.

- 바나나 6개
- 럼 1작은술
- 정제 백설탕 50g
- 레몬즙 1개 분량
- 일반 딸기 250g(대)
- 야생 딸기 120g
- 라즈베리 120g
- 슈거파우더 100g

  준비 시간 20분 + 재우기

  조리 시간 10분

  6인분

바나나 콩데
CONDÉ DE BANANES

되직한 라이스 푸딩을 만들어서 가볍게 오일을 바른 링 모양 틀에 채워 한 김 식힌 다음 냉장고에 넣어 굳힌다. 바나나는 껍질을 제거해서 세로로 반으로 자른 다음 다시 길게 반으로 자른다. 오렌지와 귤, 사과는 작게 깍둑썰기 한다. 팬에 물 100mL와 설탕을 담고 한소끔 끓인 다음 바나나를 더하여 3~4분간 익히고 구멍 뚫린 국자로 건져서 물기를 제거한다. 깍둑썰기 한 과일을 더해서 3~4분간 익히고 구멍 뚫린 국자로 건져서 물기를 제거한다. 라이스 푸딩 링을 식사용 그릇에 뒤집어 담아서 빼낸 다음 가장자리에 바나나를 둘러 담는다. 가운데 빈 곳에 깍둑썰기 한 과일을 채운다. 글라세 또는 통조림 체리로 장식한다. 과일을 익힌 시럽에 살구 마멀레이드(사용 시)를 더하여 골고루 섞는다. 시럽을 전체적으로 끼얹어 낸다.

- 라이스 푸딩(711쪽) 500mL
- 틀용 무향 오일
- 바나나 6개
- 오렌지 2개
- 귤 2개
- 사과 2개
- 설탕 80g
- 곁들임용 체리 글라세 또는 통조림 체리 약간
- 살구 마멀레이드(855쪽) 1~2큰술(선택 사항)

  준비 시간 15분 + 식히기

  조리 시간 30분

  6인분

[변형]

• •

복숭아 콩데
CONDÉ DE PÊCHES

잘 익은 큰 복숭아 6개를 반으로 잘라 씨를 제거한다. 바나나 콩데와 같은 과정으로 조리한다. 가운데 채우는 과일 필링은 살구와 자두, 미라벨 자두를 각각 125g씩 깍둑썰기 한 다음 시럽에 익혀서 사용한다.

살구 콩데
CONDÉ D'ABRICOTS

잘 익은 살구는 반으로 잘라서 씨를 제거한다. 바나나 콩데와 같은 과정으로 조리한다. 가운데 채우는 과일 필링은 살구와 자두, 미라벨 자두를 각각 125g씩 깍둑썰기 한 다음 시럽에 익혀서 사용한다.

배 콩데
CONDÉ DE POIRES

잘 익은 배 6개의 껍질을 벗긴 다음 반으로 잘라서 심과 꼭지를 제거한다. 바나나 콩데와 같이 조리하되 배는 물 250mL로 만든 시럽에 넣고 10분간 익힌다. 가운데 채우는 과일 필링은 레드커런트와 라즈베리, 딸기를 각각 125g씩 준비해서 시럽에 익혀서 사용한다.

사과 콩데
CONDÉ DE POMMES

생식용 사과 6개의 껍질을 벗긴 다음 반으로 자르고 심과 꼭지를 제거한다. 바나나 콩데와 같이 조리하되 사과는 물 250mL로 만든 시럽에 넣고 10~15분간 익힌다. 가운데 채우는 과일 필링은 뜨거운 물을 조금 섞은 레드커런트 젤리 1/2병 분량으로 대체한다.

바나나 수플레
SOUFFLÉ DE BANANES

- 버터 20g, 틀용 여분
- 밀가루 25g
- 뜨거운 우유 100mL
- 바나나 6개
- 흰자와 노른자를 분리한 달걀 3개 분량
- 정제 백설탕 50g
- 바닐라 익스트랙 1작은술
- 소금 1꼬집

  준비 시간 20분

  조리 시간 50분

  6인분

버터와 밀가루, 우유로 베샤멜 소스(50쪽)를 만든다. 바나나를 믹서나 푸드 프로세서에 갈아서 퓌레를 만든 다음 베샤멜 소스와 함께 섞는다. 달걀노른자와 설탕을 넣어서 섞은 다음 바닐라 익스트랙을 더한다. 오븐을 220℃로 예열하고 수플레 그릇에 버터를 바른다. 달걀흰자는 소금을 더해서 단단한 뿔이 서도록 거품을 낸 다음 바나나 퓌레에 더하여 접듯이 섞는다. 준비한 수플레 그릇에 혼합물을 붓고 조심스럽게 윗부분을 평평하게 고른 다음 오븐에 넣어 잘 부풀고 노릇해질 때까지 30분간 굽는다.

체리 아 랑글레즈
CERIES À L'ANGLAISE

체리를 씻는다. 꼭지는 약 1cm 정도만 남기고 가위로 자른다. 큰 냄비에 물을 한소끔 끓인다. 체리를 한 번에 몇 개씩 나눠서 넣는다. 바닥에 가라 앉았던 체리가 수면 위로 떠오르면 구멍 뚫린 국자로 바로 건져 내 그릇에 담는다. 설탕을 뿌려서 식힌다.

◆ 체리 1kg
◆ 정제 백설탕
  준비 시간 10분
  조리 시간 5분
  6인분

체리 콩포트
COMPOTE DE CERISES

체리는 꼭지와 씨를 제거한다. 냄비에 물 120mL와 설탕을 담고 한소끔 끓인다. (설탕의 양은 체리의 단맛에 따라 조절한다.) 체리를 더해서 10분간 뭉근하게 익힌다. 시럽에 담근 채로 차갑게 낸다.

◆ 체리 1kg
◆ 정제 백설탕 100~120g
  준비 시간 15분
  조리 시간 10분
  6인분

키르슈를 더한 체리
CERISES AU KIRSCH

체리는 꼭지와 씨를 제거한다. 냄비에 설탕과 물 100mL를 담고 한소끔 끓인다. 체리를 더하여 10분간 뭉근하게 익혀 체리 콩포트를 만든다. 볼에 전분과 물 수작은술을 섞은 뒤 체리 콩포트에 부어서 걸쭉해질 때까지 휘젓는다. 2분 더 끓이고 불에서 내린 뒤 체리 콩포트를 볼에 담는다. 키르슈를 따뜻하게 데워서 체리 콩포트에 붓는다. 그릇 주변의 인화성 물질을 모조리 치운 다음 멀찍이 서서 불을 켠 성냥을 그릇 가장자리에 대고 불을 붙인다. 불을 붙인 채로 낸다.

◆ 체리 1kg
◆ 설탕 200g
◆ 감자 전분 또는 쌀 전분 15g
◆ 키르슈 1큰술
  준비 시간 20분
  조리 시간 20분
  6인분

체리 뒤세스
CERISES DUSHESSE

- 모렐로 또는 새콤한 체리 600g(대)
- 달걀흰자 2개 분량
- 정제 백설탕 125g

  준비 시간 20분

  조리 시간 15분

  6인분

오븐은 180℃로 예열한다. 체리 꼭지는 약 2cm만 남기고 자른다. 깨끗하게 씻어서 가볍게 물기를 제거한다. 볼에 달걀흰자를 담고 포크로 5분간 친다. 체리를 달걀흰자에 한 번 담갔다가 설탕을 묻힌다. 베이킹 시트에 남은 설탕을 적당히 뿌린다. 체리를 시트 위에 올리고 오븐에 넣어 15분간 굽는다. 뜨겁거나 따뜻하게, 혹은 차갑게 낸다.

클라푸티
CLAFOUTIS

- 틀용 버터
- 밀가루 100g
- 달걀 6개
- 소금 1꼬집
- 우유 250mL
- 씨를 제거한 검은 체리 750g
- 키르슈 1큰술
- 정제 백설탕 90g

  준비 시간 30분

  조리 시간 35분

  6인분

프랑스 중부의 리무쟁 지역에서 유래한 레시피다. 전통적으로 검은 체리를 사용하지만 살구나 자두 등 다른 핵과로도 종종 만든다.

오븐은 200℃로 예열하고 오븐용 그릇에 버터를 바른다. 볼에 밀가루와 달걀, 소금을 담고 잘 섞는다. 우유를 한 번에 조금씩 넣어 가며 잘 섞어 반죽을 가볍고 매끄럽게 만든다. 크레페 반죽 같은 질감이 되어야 한다. 체리와 키르슈를 반죽에 더한다. 준비한 그릇에 붓고 오븐에 넣어 35분간 굽는다. 설탕을 뿌린다. 따뜻하게 또는 차갑게 낸다.

크림을 더한 딸기
FRAISES À LA CRÈME

- 딸기 500g
- 샹티이 크림(121쪽) 250mL
- 곁들임용 정제 백설탕

  준비 시간 10분

  6인분

딸기는 씻어서 물기를 제거하고 손질한다. 접시에 딸기를 피라미드 모양으로 쌓고 크림을 둘러서 덮는다. 정제 백설탕과 함께 낸다. 원한다면 딸기에 크렘 프레슈를 따로 곁들여 내는 것도 좋다.

딸기 와인 절임
FRAISES AU JUS

몇 시간 전에 준비를 시작한다. 딸기는 씻어서 물기를 제거한 다음 손질해서 볼에 담는다. 설탕을 취향에 따라 적당히 뿌리고 와인이나 마라스키노 리큐어, 샴페인 등을 딸기가 딱 잠길 만큼 붓는다. 냉장고에 넣어 수시간 재운다.

 682쪽

◆ 딸기 500g
◆ 정제 백설탕
◆ 레드 와인, 마라스키노 체리 리큐어
 또는 샴페인 차갑게 식힌 것 1/2병
 준비 시간 10분 + 재우기
 6인분

이탈리아식 딸기
FRAISES À L'ITALIENNE

2시간 전에 준비를 시작한다. 딸기는 씻어서 물기를 제거한 다음 손질하여 볼에 담는다. 설탕, 레몬즙, 키르슈를 더한다. 냉장고에 넣어 2시간 동안 재운 후 낸다.

◆ 딸기 500g
◆ 정제 백설탕 85g
◆ 레몬즙 2개 분량
◆ 키르슈 2큰술
 준비 시간 10분 + 재우기
 6인분

◆ 틀용 버터
◆ 화이트 와인 250mL
◆ 정제 백설탕 130g
◆ 레몬즙 1개 분량
◆ 바닐라 익스트랙 1작은술
◆ 세몰리나 125g

쿨리 재료:
◆ 라즈베리 250g
◆ 슈거파우더 100g
◆ 레몬즙 1/2개 분량
  준비 시간 20분 + 식히기
  조리 시간 1시간
  6인분

◆ 라즈베리 500g
◆ 슈거파우더 200g
◆ 레몬즙 1/2개 분량
  준비 시간 5분
  조리 시간 6분

◆ 라즈베리 500g
◆ 설탕 200g
◆ 레몬즙 1/2개 분량
  준비 시간 12분
  조리 시간 5분
  6인분

라즈베리 로프
PAIN DE FRAMBOISES

오븐을 150℃로 예열하고 샤를로트 틀 큰 것 1개 또는 작은 것 여러 개에 버터를 바른다. 큰 냄비에 물 250mL와 와인, 설탕, 레몬즙, 바닐라를 담고 5분간 바글바글 끓인 다음 세몰리나를 한 번에 털어 넣는다. 잘 휘저으면서 15분간 뭉근하게 익힌다. 세몰리나 혼합물을 준비한 틀에 붓는다. 틀을 로스팅 팬에 넣은 다음 뜨거운 물을 틀이 반 정도 잠길 만큼 붓는다. 오븐에 넣어 30분간 굽는다. 한 김 식힌 다음 틀에서 꺼내 식사용 접시에 담는다. 그동안 라즈베리 쿨리(655쪽)를 준비하여 세몰리나에 둘러서 낸다.

라즈베리 쿨리
COULIS DE FRAMBOISE

라즈베리를 믹서에 갈아서 퓌레를 만든 다음 설탕과 레몬즙을 더해 2분 더 간다. 고운체에 걸러서 씨를 제거한 뒤 밀폐용기에 담아서 사용하기 전까지 냉장 보관한다.

익힌 라즈베리 쿨리
COULIS DE FRAMBOISE(CHAUD)

라즈베리는 믹서에 1분간 간다. 설탕과 레몬즙을 더하여 다시 한 번 가볍게 간다. 팬에 붓고 나무 주걱으로 저으면서 한소끔 끓어오르면 바로 불에서 내린다. 고운체에 걸러서 밀폐용기에 담은 뒤 내기 전까지 냉장 보관한다.

참고
간단한 과일 디저트를 만들고 싶다면 쿨리를 샹티이 크림(121쪽) 250g 또는 바닐라로 풍미를 낸 크렘 앙글레즈(694쪽)에 섞어도 좋다.

설탕과 레몬에 절인 레드커런트
GROSEILLES AU JUS

2시간 전에 준비를 시작한다. 레드커런트는 씻어서 물기를 제거한 다음 줄기에서 과실만 떼어 낸다. 유리 그릇에 담고 설탕과 레몬즙을 더하여 골고루 버무린다. 2시간 동안 재운다.

- 레드커런트 500g
- 정제 백설탕 200g
- 레몬즙 1개 분량

  준비 시간 15분 + 재우기

  6인분

커런트 카디날
GROSEILLES CARDINAL

3시간 전에 준비를 시작한다. 레드커런트와 화이트커런트는 씻어서 물기를 제거한 다음 줄기에서 과실만 떼어 내 유리 그릇에 담는다. 라즈베리는 씻은 뒤 면포를 깐 체에 담고 꾹꾹 눌러 즙을 짜낸다. 라즈베리 즙을 레드커런트와 화이트커런트 위에 붓고 바닐라 설탕과 레몬즙을 더한다. 유리 그릇을 얼음이 든 볼에 담거나 냉장고에 넣어 3시간 동안 차갑게 식힌다.

- 레드커런트 250g
- 화이트커런트 250g
- 라즈베리 150g
- 바닐라 설탕 150g
- 레몬즙 1개 분량

  준비 시간 20분 + 식히기

  6인분

귤 콩포트
MARMALADE DE MANDARINS

큰 냄비에 물을 한소끔 끓인다. 귤은 깨끗하게 씻어서 물기를 제거한다. 껍질을 벗기고 섬유질과 속껍질을 모조리 제거한다. 과육만 남기고 씨는 따로 모아 둔다. 껍질을 깨끗하게 씻어서 끓는 물에 넣고 부드러워질 때까지 약 30분간 익힌다. 건져서 믹서나 푸드 프로세서에 곱게 갈아 걸쭉한 퓌레를 만든다. 팬에 설탕과 물 250mL를 담고 한소끔 끓어오르면 센 불에서 10분간 더 끓인다. 불 세기를 줄이고 귤 퓌레와 과육을 더해서 12~15분간 아주 잔잔하고 뭉근하게 익힌다. 불에서 내린 다음 식혀서 차갑게 낸다.

- 상처 없는 귤 500g(대)
- 설탕 200g

  준비 시간 20분

  조리 시간 1시간

  6인분

밤국수
VERMICELLERIE DE MARRONS

- ◆ 밤 500g
- ◆ 정제 백설탕 120g
- ◆ 샹티이 크림(121쪽) 250mL

  준비 시간 45분

  조리 시간 35분

  6인분

밤(558쪽)은 껍질을 벗겨서 익힌다. 으깬 다음 식사용 그릇을 아래에 놓고 체나 눈이 굵은 채반에 내려서 국수 모양을 만든다. 밤 위에 설탕을 뿌리고 크림을 피라미드 모양으로 얹어 낸다.

몽블랑
MONT-BLANC

 684쪽

- ◆ 껍질 벗긴 밤 500g
- ◆ 바닐라 설탕 175g
- ◆ 더블 크림 250mL

  준비 시간 30분

  조리 시간 30분

  6인분

밤 퓌레(559쪽)를 만들어서 설탕을 더하여 섞는다. 식사용 그릇에 피라미드 모양으로 쌓거나 짠다. 크림을 단단히 뿔이 서도록 휘핑해서 밤 퓌레 위에 펴 바르거나 짜 올린다. 아주 차갑게 낸다.

시럽에 담근 밤
MARRONS AU SIROP

- ◆ 밤 500g
- ◆ 설탕 300g
- ◆ 바닐라 익스트랙 1작은술

  준비 시간 30분

  조리 시간 50분

  6인분

밤(558쪽)은 물에 넣어 20분간 삶는다. 건져서 한 김 식힌 다음 아직 따뜻할 때 과육이 다치지 않도록 조심스럽게 껍질을 벗긴다. 중간 크기 냄비에 설탕과 물 100mL를 담고 뭉근하게 끓여 설탕을 녹인 뒤 바닐라 익스트랙을 더해 시럽을 만든다. 밤을 조심스럽게 시럽에 넣고 아주 약한 불에서 30분간 익힌다. 밤을 접시에 담고 시럽을 끼얹는다. 차갑게 식혀서 낸다.

부쉬 드 노엘*
BÛCHE DE NOËL

밤 퓌레(559쪽)를 만든 다음 버터를 더하여 골고루 섞는다. 볼에 초콜릿과 우유 또는 물을 담고 잔잔한 불에 올려 가끔 휘저으면서 초콜릿을 녹인다. 녹인 초콜릿을 밤 퓌레에 더하여 골고루 섞고 수시간 동안 식힌다. 통나무 모양으로 빚고 설탕절임 꽃으로 장식한 뒤 크림을 둘러 낸다.

◆ 밤 1kg

◆ 버터 100g

◆ 다크 초콜릿 250g

◆ 우유 또는 물 50mL

◆ 제비꽃 등 설탕절임 꽃 60g

◆ 샹티이 크림(121쪽) 250mL

준비 시간 40분 + 식히기

조리 시간 30분

6인분

● 크리스마스에 주로 먹는 눈 쌓인 통나무 모양의 케이크.

밤 케이크
GÂTEAU DE MARRONS

밤 껍질에 칼집을 내고 끓는 물에 넣어 30분간 삶는다. 건져서 한 김 식힌 다음 아직 따뜻할 때 껍질을 벗긴다. 오븐을 160℃로 예열한다. 냄비에 밤과 우유, 설탕, 바닐라를 담고 15분간 뭉근하게 익힌다. 불에서 내리고 한 김 식힌 다음 믹서로 곱게 갈아 퓌레를 만든다. 달걀흰자를 단단한 뿔이 서도록 휘핑한 다음 퓌레에 더하여 접듯이 섞는다. 샤를로트 틀에 옅은 캐러멜을 입힌다. 틀에 퓌레를 붓고 오븐에 넣어 1시간 30분~1시간 45분간 굽는다. 크렘 앙글레즈를 곁들여 낸다.

◆ 밤 1kg

◆ 우유 250mL

◆ 설탕 100g

◆ 바닐라 익스트랙 1작은술

◆ 달걀흰자 4개 분량

◆ 옅은 캐러멜(643쪽) 1회 분량

◆ 곁들임용 크렘 앙글레즈(694쪽)

500mL

준비 시간 45분

조리 시간 2시간 30분

6인분

◆ 신선한 달걀노른자 2개 분량

◆ 정제 백설탕 50g

◆ 다크 초콜릿 150g

◆ 버터(실온) 125g

◆ 밤 퓌레(559쪽) 400g

◆ 크렘 프레슈 40mL

◆ 키르슈 50mL

◆ 레이디핑거 비스킷 24개

◆ 곁들임용 옅은 캐러멜(643쪽), 크렘

　앙글레즈(694쪽) 또는 럼 소스(729쪽)

　1회 분량

　준비 시간 30분 + 식히기

　6인분

밤 초콜릿 테린
FAVÉ DE MARRONS AU CHOCOLAT

하루 전날 준비를 시작한다. 볼에 달걀노른자와 설탕을 담아 흰색을 띠며 걸쭉하고 크리미해질 때까지 거품기로 친다. 내열용 볼에 초콜릿을 담고 물을 아주 약간 더해서 잔잔하게 끓는 물이 든 냄비에 얹어 중탕한다. 달걀노른자 혼합물을 더하여 섞는다. 버터를 부드럽게 쳐서 달걀 초콜릿 혼합물에 더한다. 밤 퓌레를 조금씩 넣어 가며 골고루 섞는다. 마지막으로 크렘 프레슈와 키르슈를 더하여 섞는다.

　로프 틀의 바닥과 옆면에 레이디핑거를 골고루 깐다. 밤 혼합물을 한 켜 담은 뒤 레이디핑거를 한 켜 깐다. 같은 방법으로 밤 혼합물 한 켜, 레이디핑거 한 켜를 깔아 마무리한다. 쿠킹포일로 레이디핑거를 덮고 누름돌을 얹는다. 12시간 동안 냉장한다. 뒤집어서 꺼낸다. 그대로 내거나 아주 옅은 캐러멜, 크렘 앙글레즈, 럼 소스 등을 둘러서 덮어 낸다.

◆ 밤 500g

◆ 버터 30g, 틀용 여분

◆ 우유 500mL

◆ 바닐라 익스트랙 1작은술

◆ 정제 백설탕 125g

◆ 분리한 달걀흰자와 달걀노른자 각각

　4개 분량

　준비 시간 30분

　조리 시간 1시간 15분

　6인분

밤 수플레
SOUFFLÉ AUX MARRONS

밤 껍질에 칼집을 내고 끓는 물에 넣어 30분간 삶는다. 건져서 한 김 식힌 다음 아직 뜨거울 때 껍질을 벗긴다. 오븐을 180℃로 예열하고 오븐용 그릇에 버터를 바른다. 냄비에 밤과 우유를 담고 한소끔 끓인 다음 불 세기를 줄여서 15분간 뭉근하게 익힌다. 바닐라 익스트랙과 설탕을 더하여 섞고 한 김 식힌 다음 믹서에 넣고 곱게 간다. 다시 냄비에 붓고 달걀노른자를 더하여 쉬지 않고 휘저어 섞는다. 달걀흰자를 단단한 뿔이 서도록 휘핑한 다음 밤 혼합물에 더해서 접듯이 섞는다. 준비한 그릇에 붓고 오븐에 넣어 노릇하게 부풀 때까지 25분간 굽는다.

녹색 멜론 콩포트
COMPOTE DE MELON VERT

멜론은 껍질을 두껍게 벗긴 다음 씨를 제거한다. 얇게 저민다. 비반응성 냄비에 설탕과 식초를 담는다. 잔잔하게 가열해서 설탕을 녹이고 저민 멜론을 넣는다. 부드러워질 때까지 30~35분간 뭉근하게 익힌 뒤 차갑게 낸다.

- ◆ 덜 익은 멜론 3개(소)
- ◆ 정제 백설탕 250g
- ◆ 화이트 와인 식초 50mL
- 준비 시간 10분
- 조리 시간 35분
- 6인분

깜짝 멜론
MELON SURPRISE

하루 전날 준비를 시작한다. 멜론은 반으로 잘라서 씨를 제거한다. 껍질이 망가지지 않도록 과육을 조심스럽게 파낸 다음 깍둑썰기 한다. 볼에 멜론 과육과 딸기, 설탕, 키르슈를 담고 골고루 버무린다. 반절짜리 멜론에 과일 혼합물을 채운 다음 다시 원상태로 맞물려서 끈으로 단단히 묶는다. 냉장고에 넣어 24시간 동안 식힌 다음 아주 차갑게 낸다.

- ◆ 잘 익은 멜론 1개(대)
- ◆ 적당히 썬 딸기 250g
- ◆ 정제 백설탕 80g
- ◆ 키르슈 50mL
- 준비 시간 15분 + 차갑게 식히기
- 6인분

호두 테린
GRENOBLOIS(AUX NOIX)

하루 전날 준비를 시작한다. 볼에 달걀노른자와 설탕을 담고 걸쭉하고 새하얀 색을 띠며 부드러운 상태가 될 때까지 거품기로 친다. 호두는 찧어서 페이스트를 만든다. 레이디핑거 3개는 따로 빻아서 파우더를 만든다. 달걀노른자 혼합물에 호두 페이스트와 레이디핑거 파우더, 부드러운 버터를 더하여 접듯이 섞는다. 달걀흰자는 단단한 뿔이 서도록 휘핑한 다음 혼합물에 더해서 접듯이 섞는다. 로프 틀에 유산지를 깐다. 얕은 볼에 커피 익스트랙과 코냑을 섞은 다음 남은 레이디핑거를 담가서 적신 후 틀 바닥과 옆면에 나란히 깐다. 호두 혼합물과 레이디핑거를 틀에 번갈아서 켜켜이 깔고 제일 마지막 켜는 레이디 핑거로 마무리한다. 유산지를 덮고 누름돌을 얹은 뒤 냉장고에 넣어서 다음 날까지 차갑게 보관한다. 뒤집어 꺼내서 그대로 내거나 커피 크림 앙글레즈를 곁들여 낸다.

- ◆ 달걀노른자 4개
- ◆ 정제 백설탕 25g
- ◆ 껍데기 벗긴 호두 100g
- ◆ 레이디핑거 비스킷 28개
- ◆ 부드러운 버터 90g
- ◆ 달걀흰자 2개 분량
- ◆ 커피 익스트랙 100mL
- ◆ 코냑 50mL
- ◆ 곁들임용 커피 크렘
  앙글레즈(694쪽)(선택 사항)
- 준비 시간 30분 + 식히기
- 6인분

깜짝 오렌지
ORANGE SURPRISE

- ◆ 오렌지 6개
- ◆ 껍질을 벗겨 깍둑 썬 사과 1개 분량
- ◆ 껍질을 벗겨 깍둑 썬 배 1개 분량
- ◆ 껍질을 벗겨 깍둑 썬 바나나 2개 분량
- ◆ 건포도 2큰술
- ◆ 반으로 자른 체리 글라세 2큰술
- ◆ 정제 백설탕 60g
- ◆ 럼

  준비 시간 30분

  6인분

오렌지 윗부분을 작은 뚜껑처럼 약간 도려낸다. 뚜껑은 옆에 두고 속살을 파낸 뒤 속이 빈 오렌지 껍질은 따로 둔다. 과육은 작게 잘라서 접시에 담고 다른 과일과 건포도, 체리를 더한다. 과일 위로 설탕을 뿌리고 럼을 입맛에 맞춰서 두른 다음 잘 섞는다. 빈 오렌지 속에 과일 샐러드를 채우고 오렌지 뚜껑을 덮는다. 냉장고에 넣어 차갑게 보관하다가 낸다.

오렌지 샐러드
SALADE D'ORANGES

- ◆ 오렌지 5개
- ◆ 정제 백설탕 100g
- ◆ 럼 50mL

  준비 시간 10분 + 식히기

  6인분

1~2시간 전에 준비를 시작한다. 오렌지 껍질을 벗기고 속껍질을 제거한 다음 과육을 얇게 저민다. 볼에 과육을 담고 설탕을 뿌린다. 럼과 물 50mL를 섞어서 과육 위에 뿌린다. 냉장고에 넣어 차갑게 보관하다가 낸다.

타히티식 오렌지 요리
ORANGES TAHITIENNES

- ◆ 껍질을 벗기고 저민 파인애플 6장
- ◆ 껍질을 벗긴 오렌지 6개 분량
- ◆ 마무리용 레드커런트 젤리
- ◆ 다진 당절임 과일 125g

  준비 시간 20분

  6인분

저민 파인애플을 접시에 담는다. 파인애플 위에 오렌지를 하나씩 얹는다. 레드커런트 젤리를 덮은 다음 당절임한 과일을 주변에 뿌린다. 냉장고에 넣어 차갑게 보관하다가 낸다.

오렌지 젤리
ASPIC D'ORANGES

5~6시간 전에 준비를 시작한다. 볼에 물을 담고 설탕과 젤라틴을 넣어 녹인 뒤 오렌지 2개의 제스트를 갈아서 더한다. 모든 오렌지와 레몬의 즙을 짜서 시럽에 섞는다. 고운 면포나 고운체에 거르고 샤를로트 틀 또는 개별 라메킨에 담는다. 냉장고에 5~6시간 두어 차갑게 굳힌다. 틀 또는 라메킨을 뜨거운 물에 30초간 담갔다가 식사용 그릇에 뒤집어 올려서 젤리만 빼낸다.

- ◆ 정제 백설탕 60g
- ◆ 젤라틴 파우더 30g 또는 판젤라틴 8장
- ◆ 뜨거운 물 250mL
- ◆ 오렌지 12개
- ◆ 레몬 3개
  준비 시간 20분 + 굳히기
  6인분

오렌지 수플레
SOUFFLÉ À L'ORANGE

오븐을 190℃로 예열하고 샤를로트 틀 또는 수플레 틀에 버터를 바른다. 중간 크기 볼에 밀가루와 우유 50mL를 담고 골고루 매끄럽게 섞는다. 남은 우유는 냄비에 담아서 끓기 직전까지 데워 밀가루 혼합물에 붓고 잘 섞은 다음 다시 냄비에 붓는다. 약한 불에서 골고루 휘저어 5~10분간 걸쭉하게 만들고 불에서 내린다. 버터에 설탕과 달걀노른자, 오렌지 제스트, 당절임 오렌지 필을 더하여 골고루 섞는다. 달걀흰자를 단단한 뿔이 서도록 거품 낸 다음 수플레 반죽에 더하여 접듯이 섞는다. 준비한 틀에 수플레 반죽을 붓고 오븐에 넣어 노릇하게 부풀 때까지 20분간 굽는다.

- ◆ 버터 25g, 틀용 여분
- ◆ 밀가루 30g
- ◆ 우유 200mL
- ◆ 정제 백설탕 50g
- ◆ 달걀노른자 4개 분량
- ◆ 오렌지 제스트 2개 분량
- ◆ 다진 당절임 오렌지 필 30g
- ◆ 달걀흰자 5개 분량
  준비 시간 15분
  조리 시간 25분
  6인분

오렌지 콩포트
MARMALADE D'ORANGES

오렌지는 껍질을 벗기고 과육을 저민다. 냄비에 과육과 즙을 모두 담고 설탕을 더한다. 천천히 한소끔 끓여서 설탕을 녹이고 불 세기를 줄여서 10분간 뭉근하게 익힌다. 뜨겁게 또는 차갑게 낸다.

- ◆ 오렌지 1kg
- ◆ 정제 백설탕 약 400g(오렌지 당도에 따라 조절)
  준비 시간 10분
  조리 시간 15분
  6인분

간단한 삶은 복숭아
PÊCHES POOLIÉES

- ◆ 복숭아 6개(대)
- ◆ 마무리용 정제 백설탕

  준비 시간 4분

  조리 시간 10분

  6인분

복숭아는 깨끗하게 닦는다. 큰 냄비에 물을 한소끔 끓이고 복숭아를 조심스럽게 넣어 3~4분간 익힌다. 복숭아를 건져서 물기를 제거하고 껍질을 벗긴다. 통째로 또는 반으로 잘라서 씨를 제거한 뒤 식사용 그릇에 담는다. 정제 백설탕을 뿌린다.

와인에 재운 복숭아
PÊCHES AU VIN

- ◆ 복숭아 6개
- ◆ 스파클링 화이트 와인 또는 샴페인

  250mL
- ◆ 정제 백설탕 30g

  준비 시간 10분 + 재우기

  6인분

2시간 전에 준비를 시작한다. 복숭아 껍질을 벗기고 4등분한 다음 씨를 제거한다. 볼에 담고 와인 또는 샴페인을 붓고 설탕을 뿌려 1~2시간 재운다. 취향에 따라 차갑게 또는 얼음에 얹어서 낸다.

라이스 푸딩에 얹은 복숭아
PÊCHES COLUMBINE

- ◆ 라이스 푸딩(711쪽) 250g
- ◆ 설탕 100g
- ◆ 복숭아 6개
- ◆ 장식용 반으로 자른 체리 글라세 및

  길게 썬 안젤리카●
- ◆ 사바용(727쪽) 250mL

  준비 시간 20분

  조리 시간 30분

  6인분

- ● 줄기, 잎, 뿌리 등을 식용하는 허브의 일종으로 제과에는 주로 줄기를 당절임하여 사용한다.

라이스 푸딩을 만든다. 큰 숟가락으로 라이스 푸딩을 퍼서 둥근 그릇 가운데에 달걀 모양으로 6군데씩 나눠 담는다. 큰 냄비에 설탕과 물을 담고 천천히 한소끔 끓인다. 불 세기를 줄여 뭉근하게 끓는 물에 복숭아를 넣어 5분간 삶는다. 건져서 껍질을 벗긴 다음 반으로 잘라서 씨를 제거한다. 빈 곳에 남은 라이스 푸딩을 소량 채운 다음 다시 원래대로 붙인다. 라이스 푸딩 옆에 복숭아를 링 모양으로 나누어 담은 후 체리 글라세와 안젤리카로 장식한다. 라이스 푸딩에 사바용을 둘러서 덮어 낸다.

피치 멜바식 디저트
PÊCHES FAÇON MELBA

 686쪽

수시간 전에 준비를 시작한다. 작은 냄비에 물 500mL과 설탕 100g을 담고 녹여서 묽은 시럽을 만든 다음 1분간 바글바글 끓인다. 복숭아는 껍질을 벗기고 시럽에 넣어 5분간 익힌다. 복숭아를 건져 볼에 담고 레드커런트 젤리를 둘러서 덮은 다음 아몬드를 뿌린다. 우유와 달걀노른자, 남은 설탕으로 크렘 앙글레즈(694쪽)를 만들고 한 김 식힌다. 크렘 앙글레즈를 복숭아 주변에 두른다. 또는 개별용 디저트 그릇에 레드커런트 젤리와 복숭아, 크렘 앙글레즈를 켜켜이 담는다. 냉장고에 수시간 넣어 차갑게 굳혀서 낸다.

- ◆ 정제 백설탕 150g
- ◆ 복숭아 6개
- ◆ 마무리용 레드커런트 젤리
- ◆ 구운 뒤 다진 아몬드 50g
- ◆ 우유 500mL
- ◆ 달걀노른자 5개

  준비 시간 30분 + 식히기

  조리 시간 25분

  6인분

복숭아 무스
MOUSSE DE PÊCHES

- ◆ 껍질과 씨를 제거한 복숭아 3개 분량
- ◆ 정제 백설탕 100g
- ◆ 휘핑한 더블 크림 250mL
- ◆ 레이디핑거 비스킷 125g
- ◆ 젤라틴 파우더 15g 또는 판젤라틴
  4장(선택 사항)
  준비 시간 10분 + 굳히기
  6인분

복숭아는 믹서에 담아서 곱게 갈아 퓌레를 만든다. 볼에 퓌레를 담고 설탕을 더한 다음 크림을 더하여 접듯이 섞는다. 접시에 복숭아 혼합물을 담고 레이디핑거를 둘러 담는다. 미리 만들어 둘 경우 젤라틴을 소량의 뜨거운 물에 녹여서 복숭아 퓌레에 더하여 섞는다. 냉장고에 넣어서 수시간 동안 차갑게 굳힌다.

(변형)

. . . .

바나나 무스
MOUSSE DE BANANES

위와 같이 조리하되 복숭아 대신 껍질 벗긴 바나나 6개와 설탕 50g을 사용한다.

. . . .

살구 무스
MOUSSE D'ABRICOTS

위와 같이 조리하되 복숭아 대신 씨를 제거한 살구 250g과 설탕 100g을 사용한다.

. . . .

파인애플 무스
MOUSSE D'ANANAS

위와 같이 조리하되 복숭아 대신 파인애플 저민 것 4장과 설탕 75g을 사용한다.

할머니의 복숭아 요리
PÊCHES BONNE FEMME

- ◆ 버터 100g, 틀용 여분
- ◆ 흰색 빵 6장
- ◆ 복숭아 6개(대)
- ◆ 설탕 40g
  준비 시간 10분
  조리 시간 40분
  6인분

오븐을 160℃로 예열하고 오븐용 그릇에 버터를 바른다. 빵에 절반 분량의 버터를 바른다. 복숭아는 껍질을 벗기고 반으로 잘라서 씨를 제거한다. 빈 곳에 설탕과 남은 버터를 채운다. 준비한 그릇에 빵을 담고 그 위에 복숭아를 올린다. 물을 조금씩 뿌려서 오븐에 넣고 40분간 굽는다.

배 콩포트

COMPOTE DE POIRES

배는 껍질을 벗기고 4등분하여 심을 제거한 다음 찬물을 담은 볼에 담가서 갈변을 막는다. 비반응성 팬에 4등분한 배를 담고 물 250g과 설탕, 레몬 제스트 또는 바닐라 익스트랙을 더한다. 한소끔 끓인 다음 배가 부드러워질 때까지 10~20분간 익힌다. 식사용 그릇에 담아서 차갑게 낸다.

- ◆ 배 500g
- ◆ 설탕 80g
- ◆ 레몬 제스트 1개 분량 또는 바닐라 익스트랙 1작은술

  준비 시간 15분

  조리 시간 30분

  6인분

배 와인 조림

POIRES AU VIN

배는 꼭지를 그대로 남긴 채 껍질만 벗긴다. 비반응성 냄비에 배를 담고 와인, 설탕, 시나몬, 정향, 너트메그를 더한다. 한소끔 끓인 다음 배가 부드러워질 때까지 30분간 뭉근하게 익힌다. 배를 꼭지가 위로 오도록 그릇에 담고 조린 국물을 부어서 낸다.

 687쪽

- ◆ 단단한 배 500g(소)
- ◆ 레드 와인 100mL
- ◆ 정제 백설탕 200g
- ◆ 시나몬 가루 1꼬집
- ◆ 정향 1개
- ◆ 즉석에서 간 너트메그 한 꼬집

  준비 시간 15분

  조리 시간 30분

  6인분

크림을 두른 배

POIRES À LA CRÈME

배는 꼭지를 그대로 두고 껍질을 벗긴다. 큰 냄비에 설탕, 바닐라 익스트랙, 물 250mL을 넣고 천천히 한소끔 끓인다. 시럽에 배를 푹 잠기도록 넣은 다음 부드러워질 때까지 30분간 잔잔하고 뭉근하게 익힌다. 배를 건져서 물기를 제거한다. 불 세기를 중강 불로 높이고 시럽이 반으로 줄어들 때까지 졸인다. 배 위에 졸인 시럽을 두른다. 우유와 설탕, 달걀노른자로 걸쭉한 크렘 앙글레즈(694쪽)를 만든다. 배에 크렘 앙글레즈를 둘러 낸다.

- ◆ 단단한 배 12개(소)
- ◆ 정제 백설탕 100g
- ◆ 바닐라 익스트랙 1작은술
- ◆ 우유 250mL
- ◆ 설탕
- ◆ 달걀노른자 4개 분량

  준비 시간 10분

  조리 시간 45분

  6인분

배조림 토스트
ÉMINCÉ DE POIRES

- 잘 익은 배 6개
- 버터 75g
- 흰색 빵 6장(소)
- 정제 백설탕
  준비 시간 10분
  조리 시간 10분
  6인분

배는 껍질을 벗기고 4등분해서 심을 제거한다. 비반응성 냄비에 버터 50g을 넣어 녹이고 배를 넣어 노릇하고 부드러워질 때까지 5분간 익히되 이때 배가 타거나 부서지지 않도록 주의한다. 다른 팬에 남은 버터를 넣어 녹이고 빵을 넣어서 노릇해질 때까지 5분간 굽는다. 빵 위에 배를 얹고 설탕을 뿌린다. 뜨겁게 낸다.

당절임 과일을 더한 배
POIRES AUX FRUITS CONFITS

- 링 또는 로프 모양 브리오슈 1개
- 정제 백설탕 125g
- 배 6개
- 다진 체리 글라세 100g
- 다진 안젤리카 60g
- 크렘 앙글레즈(694쪽) 1회 분량
- 키르슈
  준비 시간 30분
  조리 시간 40분
  6인분

오븐을 220℃로 예열한다. 브리오슈는 고른 크기로 약 12등분하여 저민다. 베이킹 시트에 브리오슈를 담고 설탕 25g을 뿌린 뒤 오븐에 넣어 노릇하고 바삭해지도록 5~10분간 굽는다. 그동안 냄비에 물 500mL와 남은 설탕을 담고 한소끔 끓여 시럽을 만든다. 배는 껍질을 벗기고 반으로 잘라서 심을 제거한 뒤 시럽에 넣어 부드러워질 때까지 10~20분간 뭉근하게 익힌다. 브리오슈 위에 반으로 자른 배를 하나씩 얹는다. 배 반쪽에는 체리 글라세를 링 모양으로, 나머지 반쪽에는 안젤리카를 링 모양으로 담는다. 크렘 앙글레즈에 키르슈를 더하여 풍미를 낸 다음 식사용 그릇에 두르고 남은 브리오슈 슬라이스에 올린다. 배에 곁들여 낸다.

구운 사과
POMMES AU FOUR

- 크기가 고르고 상처 없는 생식용 사과 6개(대)
  준비 시간 5분
  조리 시간 35분
  6인분

오븐을 180℃로 예열한다. 사과를 깨끗하게 씻어서 물기를 제거한 뒤 오븐용 그릇에 담고 물 1큰술을 더한다. 포크로 사과를 각각 2~3번씩 찔러 구멍을 낸다. 그러면 굽는 중에 사과가 터지지 않는다. 오븐에 사과를 넣고 부드러워질 때까지 크기에 따라 약 35분간 굽는다. 아무것도 더하지 않은 채 그대로 낸다.

샤트렌식 사과 요리
POMMES CHÂTELAINE

사과는 껍질을 벗기고 심을 제거한 다음 반으로 자른다. 비반응성 냄비에 사과를 단면이 아래로 오도록 담는다. 설탕과 물 500mL, 바닐라 익스트랙을 더하여 뚜껑을 닫고 중간 불에 올려서 한소끔 끓인다. 8~10분 정도 익힌 다음 사과가 부드러워지면 부서지지 않도록 조심스럽게 뒤집는다. 뚜껑을 연 채로 10분 더 익히고 사과를 건져서 접시에 담는다. 냄비에 남은 국물은 센 불에 올려서 시럽처럼 될 때까지 7~8분간 졸인다. 시럽에 레몬즙을 더해서 풍미를 낸 다음 사과 위에 붓는다. 차갑게 식혀서 낸다.

- ◆ 생식용 사과 6개
- ◆ 정제 백설탕 100g
- ◆ 바닐라 익스트랙 1작은술
- ◆ 레몬즙 1개 분량

  준비 시간 20분

  조리 시간 30분

  6인분

속을 채운 사과
POMMES FARCIES

사과는 껍질을 벗기고 심을 제거한다. 오븐을 200℃로 예열한다. 사과 속을 지름 2cm 크기로 파낸 다음 파낸 속살을 잘게 다져서 당절임한 과일과 함께 섞는다. 럼을 더해 스터핑을 만든다. 오븐용 그릇에 사과를 담고 빈 곳에 스터핑을 채운 뒤 물 약간을 두른다. 사과마다 버터를 한 조각씩 올리고 설탕을 조금씩 뿌린 다음 오븐에 넣어 부드러워질 때까지 크기에 따라 약 35분간 굽는다. 굽는 중간중간 바닥의 국물을 사과에 골고루 끼얹는다.

- ◆ 생식용 사과 6개(대)
- ◆ 당절임 과일 100g
- ◆ 럼 1큰술
- ◆ 버터 60g
- ◆ 설탕 60g

  준비 시간 20분

  조리 시간 35분

  6인분

버터에 익힌 사과
POMMES AU BEURRE

오븐을 180℃로 예열한다. 사과는 과육이 상하지 않도록 주의하면서 껍질을 벗기고 심을 조심스럽게 제거한다. 버터는 조금만 남겨 두고 나머지를 빵에 앞뒤로 바른다. 큰 오븐용 그릇 바닥에 빵을 한 켜로 깐다. 빵 위에 사과를 하나씩 얹는다. 사과 심을 제거한 부분에 남은 버터를 작게 잘라서 한 덩어리씩 넣는다. 바닐라 설탕을 뿌리고 물 2큰술을 두른 뒤 오븐에 넣어 40분간 굽는다. 익힌 뒤 그릇째로 아주 뜨겁게 낸다.

- ◆ 크기가 고르고 상처 없는 생식용 사과 6개(대)
- ◆ 버터 85g
- ◆ 조금 묵은 빵 6장
- ◆ 바닐라 설탕 60g

  준비 시간 15분

  조리 시간 40분

  6인분

사과 퓌레
PURÉE DE POMMES

◆ 조리용 사과 1kg

◆ 레몬 제스트 간 것 1꼬집

◆ 정제 백설탕

준비 시간 15분

조리 시간 20분

6인분

사과는 4등분한 다음 꼭지를 제거하고 상한 부분을 제거하되 껍질과 심은 그대로 둔다. 비반응성 냄비에 물 120mL와 사과를 담고 뚜껑을 덮은 뒤 약한 불에서 15~20분 정도 익힌다. 사과를 건져 믹서에 곱게 간 다음 체에 걸러서 씨를 제거한다. 레몬 제스트와 설탕을 더하여 섞는다. 식사용 그릇에 담아서 차갑게 낸다.

〔변형〕

. . . .

사과 퓌레와 크루통
PURÉE AUX CROÛTONS

사과 퓌레를 위와 같이 준비한다. 식히기 전에 버터 50g을 섞는다. 흰색 빵 10g을 손가락 크기로 자른 다음 버터에 구워서 따뜻한 퓌레와 함께 뜨겁게 낸다.

사과 콩포트
COMPOTE DE POMMES

◆ 생식용 사과 1kg

◆ 정제 백설탕

◆ 바닐라 익스트랙 또는 레몬 제스트
취향껏

준비 시간 15분

조리 시간 15분

6인분

사과는 껍질을 벗기고 심을 제거한 다음 4등분한다. 비반응성 냄비에 사과를 담고 설탕, 물 250mL, 바닐라 익스트랙 또는 레몬 제스트를 더한다. 한소끔 끓인 다음 센 불에서 15분간 익힌다. 따뜻하게 또는 차갑게 낸다.

포르투갈식 사과 요리
PORTUGAISE

1~2시간 전에 준비를 시작한다. 사과는 껍질을 벗기고 심을 제거한 다음
4등분하여 냄비에 담고 설탕, 레몬 제스트, 물 120mL를 더한다. 약한 불
에 잔잔하게 익혀서 고운 퓌레를 만든다. 필요하면 믹서에 간 다음 한 김
식힌다.

그동안 커스터드를 만든다. 냄비에 우유와 옥수수 전분, 바닐라 설탕,
달걀노른자를 담고 잘 섞은 뒤 잔잔한 불에 올려 걸쭉해질 때까지 계속 휘
젓는다. 불에서 내리고 한 김 식힌다. 속이 깊은 식사용 그릇에 사과를 한
켜 깔고 당절임 과일을 몇 개 뿌린 다음 커스터드를 한 켜 두르고 다시 사
과를 한 켜 깐다. 모든 재료를 소진할 때까지 같은 과정을 반복하되 당절임
과일은 장식용으로 조금 남겨 둔다. 냉장고에 넣어 1~2시간 동안 보관한
다. 남겨 둔 당절임 과일과 크림으로 장식한 머랭(사용 시)을 얹어서 낸다.

- ◆ 조리용 사과 1kg
- ◆ 정제 백설탕 250g
- ◆ 레몬 제스트 1개 분량
- ◆ 우유 500mL
- ◆ 옥수수 전분 2큰술
- ◆ 바닐라 설탕 1큰술
- ◆ 달걀노른자 2개 분량
- ◆ 다진 당절임 과일 80g
- ◆ 크림으로 장식한 머랭(선택 사항)

준비 시간 30분

조리 시간 50분

6인분

사과 머랭
POMMES MERINGUÉES

오븐을 180℃로 예열하고 오븐용 그릇에 버터를 바른다. 사과 퓌레를 만
들어서 준비한 그릇에 펴 담는다. 달걀흰자와 설탕을 섞어서 단단한 뿔이
서도록 휘핑한 다음 사과 위에 얹어서 덮는다. 설탕을 조금 더 뿌리고 오
븐에 넣어 노릇해질 때까지 15분간 굽는다.

- ◆ 버터 20g
- ◆ 사과 퓌레(669쪽) 1회 분량
- ◆ 달걀흰자 3개 분량
- ◆ 정제 백설탕 50g, 마무리용 여분

준비 시간 20분

조리 시간 35분

6인분

말린 과일 콩포트
COMPOTE DE FRUITS SECS

과일을 씻어서 찬물에 담가 2시간 동안 불린다. 냄비에 불린 과일을 담고
설탕, 바닐라 익스트랙, 물 750mL를 더한다. 한소끔 끓인 다음 약한 불
에서 1시간 동안 뭉근하게 익힌다. 식사용 그릇에 담아서 한 김 식힌다.
아몬드, 헤이즐넛 또는 피스타치오로 장식한다.

- ◆ 말린 자두 200g
- ◆ 말린 무화과 200g
- ◆ 통통한 큰 건포도 125g
- ◆ 씨 없는 작은 건포도 125g
- ◆ 정제 백설탕 50g
- ◆ 바닐라 익스트랙 1작은술
- ◆ 장식용 껍질 벗긴 아몬드나 헤이즐넛

또는 피스타치오 약간

준비 시간 10분 + 불리기

조리 시간 1시간

6인분

사과 젤리
ASPIC DE POMMES

- ◆ 생식용 사과 1kg
- ◆ 정제 백설탕 350g
- ◆ 바닐라 익스트랙 1작은술
- ◆ 레몬즙 1개 분량
- ◆ 버터 25g
- ◆ 틀용 무향 오일
- ◆ 곁들임용 크렘 앙글레즈(694쪽)

　준비 시간 15분 + 굳히기

　조리 시간 3시간

　6인분

하루 전날 준비를 시작한다. 사과는 껍질을 벗기고 심을 제거한 다음 아주 얇게 저민다. 비반응성 냄비에 사과를 담고 설탕, 바닐라 익스트랙, 레몬즙을 더한다. 뚜껑을 덮고 아주 약한 불에 올려서 바닥에 눌어붙어 타지 않도록 가끔 휘저어 가며 3시간 동안 익힌다. 믹서에 갈아서 퓌레를 만든 다음 작게 자른 버터를 넣어서 골고루 섞는다. 큰 틀 1개 또는 개별용 틀 여러 개에 오일을 바르고 사과 퓌레를 담는다. 냉장고에 넣어 12시간 동안 굳힌다. 평평한 식사용 그릇에 뒤집어 꺼내 담고 크렘 앙글레즈를 곁들여 낸다.

사과 플랑베
POMMES FLAMBANTES

- ◆ 생식용 사과 500g
- ◆ 정제 백설탕 120g
- ◆ 바닐라 익스트랙 1작은술
- ◆ 럼 50mL

　준비 시간 10분

　조리 시간 20분

　6인분

사과는 과육이 상하지 않도록 조심해서 껍질을 벗기고 심을 제거한다. 비반응성 냄비에 사과를 담고 물 250mL, 설탕, 바닐라 익스트랙을 더한 뒤 뚜껑을 닫아 약한 불에서 15~20분간 익힌다. 사과가 익었지만 물크러지지 않을 정도가 되면 구멍 뚫린 국자로 건져서 물기를 제거하고 오븐용 그릇에 담아 따뜻하게 낸다. 국물은 센 불에서 바글바글 끓여서 시럽 농도로 졸인다. 럼을 더하여 시럽이 아주 뜨거울 때 사과 위에 붓는다. 그릇 주변의 인화성 물질을 모조리 치운 다음 멀찍이 서서 불을 켠 성냥을 그릇 가장자리에 대고 럼에 불을 붙인다. 불을 붙인 상태로 낸다.

삶은 사과 라이스 푸딩
POMMES AU RIZ

 688쪽

- ◆ 푸딩용 쌀(단립종) 150g
- ◆ 우유 500mL
- ◆ 설탕 120g
- ◆ 바닐라 익스트랙 1작은술
- ◆ 버터 20g
- ◆ 생식용 사과(크기가 고른 것) 6개

　준비 시간 10분

　조리 시간 40분

　6인분

쌀과 우유, 설탕 50g, 바닐라 익스트랙으로 라이스 푸딩을 만든다(711쪽). 오븐용 그릇에 버터를 바른 뒤 라이스 푸딩을 담는다. 사과는 과육이 상하지 않도록 조심스럽게 껍질을 벗기고 심을 제거한다. 사과를 비반응성 냄비에 담고 물 250mL와 설탕 50g을 더한다. 뚜껑을 닫고 약한 불에서 10~15분간 익힌다. 오븐을 190℃로 예열한다. 사과가 부드럽지만 물크러지지 않을 정도가 되면 시럽에서 건져서 라이스 푸딩 위에 얹고 나머지 설탕을 뿌린다. 오븐에 넣고 노릇해질 때까지 15~20분간 굽는다.

사과 라이스 푸딩 샤를로트
CHARLOTTE DE POMMES AU RIZ

하루 전날 준비를 시작한다. 되직한 라이스 푸딩을 만들고 아주 걸쭉한 사과 퓌레를 준비한다. 샤를로트 틀 바닥에 레이디핑거를 깔되 레이디핑거의 납작한 부분을 묽은 설탕 시럽에 담갔다 빼서 바닥 쪽 둥근 부분이 아래로 가도록 깐다. 남은 레이디핑거도 같은 과정을 반복하면서 틀 가장자리까지 빼곡하게 채운다. 너무 길면 끝 부분을 잘라 내서 다듬는다. 틀에 라이스 푸딩과 사과 퓌레를 번갈아 켜켜이 담는다. 다듬고 잘라 낸 레이디핑거 끝 부분을 얹어서 마무리한다. 접시 하나를 올리고 누름돌을 얹어서 묵직하게 누른 뒤 냉장고에 넣어 차갑게 식힌다. 다음 날 뒤집어서 빼내 접시에 담는다. 크렘 앙글레즈와 레드커런트 젤리 또는 살구 콩포트를 곁들여 낸다.

- ◆ 라이스 푸딩(711쪽) 500mL
- ◆ 사과 퓌레(669쪽) 1회 분량
- ◆ 레이디핑거 비스킷 150g
- ◆ 묽은 설탕 시럽(643쪽) 5큰술
- ◆ 곁들임용 크렘 앙글레즈(694쪽), 레드커런트 젤리 또는 살구 콩포트(644쪽)

  준비 시간 10분 + 차갑게 식히기

  조리 시간 15분

  6인분

사과 팀발
TIMBALE DE POMMES

오븐을 160℃로 예열한다. 샤를로트 틀에 버터를 약간 바른다. 바닥에 빵을 한 켜 깔고 사과를 한 켜 깐다. 설탕을 약간 뿌리고 버터를 군데군데 얹는다. 틀이 가득 찰 때까지 같은 과정을 반복한다. 물 100mL를 붓고 오븐에 넣어 1시간 동안 구운 뒤 꺼낸다. 그대로 또는 크렘 앙글레즈를 곁들여 낸다.

- ◆ 버터 125g
- ◆ 아주 얇게 저민 살짝 묵은 빵 200g
- ◆ 껍질과 심을 제거하고 저민 사과 500g
- ◆ 정제 백설탕 100g
- ◆ 곁들임용 크렘 앙글레즈(694쪽)(선택 사항)

  준비 시간 15분

  조리 시간 1시간

  6인분

사과 푸딩
FLAN AUX POMMES

오븐을 200℃로 예열한다. 크레페 반죽을 만들어서 설탕을 1큰술만 남기고 나머지를 전부 더하여 섞는다. 반죽에 사과와 레몬 제스트를 더하여 골고루 섞는다. 오븐용 그릇에 절반 분량의 버터를 넉넉히 바르고 사과 혼합물을 붓는다. 군데군데 버터를 얹고 남은 설탕을 뿌린다. 오븐에 넣고 푸딩이 노릇하게 부풀어 오르고 반죽이 익을 때까지 45분~1시간 정도 굽는다.

- ◆ 크레페 반죽(721쪽) 1회 분량
- ◆ 설탕 50g
- ◆ 껍질을 벗기고 4등분하여 저민 사과 6개 분량
- ◆ 레몬 제스트 간 것 1개 분량
- ◆ 버터 50g

  준비 시간 25분

  조리 시간 45분~1시간

  8인분

노르망디식 부르드로
BOURDELOTS NORMANDS

이 부르드로와 아래의 사과 조림은 프랑스 북부에서 사과 과수원으로 유명한 노르망디 지역에서 유래한 레시피다.

오븐을 180℃로 예열하고 오븐용 그릇에 버터를 바른다. 페이스트리를 상당히 얇게 민 다음 사과 위에 한 겹씩 덮어 부르드로를 만든다. 냉장고에 넣고 최소 30분간 휴지한다. 준비한 그릇에 휴지한 부르드로를 담고 오븐에 넣어 45분간 굽는다.

◆ 틀용 버터
◆ 퍼프 페이스트리(776쪽) 400g
◆ 껍질과 심을 제거한 생식용 사과 6개(대)
 준비 시간 10분
 조리 시간 45분
 6인분

노르망디식 사과 조림
POMMES NORMANDES

큰 잼용 냄비에 설탕과 물 250mL를 담고 조심스럽게 아주 딱딱함 단계(643쪽)의 시럽을 만든다. 사과는 껍질을 벗기고 쐐기 모양으로 썰어 심을 제거한다. 사과와 말린 과일, 오렌지를 조심스럽게 시럽에 넣고 아주 약한 불에서 2시간 동안 익힌다. 이 과정을 마치면 사과는 노릇하고 반짝거리는 상태가 된다. 럼을 더하여 골고루 섞는다. 소독한 병에 담아서 뚜껑을 닫고 먹기 직전에 꺼내서 낸다.

◆ 정제 백설탕 1.5kg
◆ 사과 2kg
◆ 건포도 65g
◆ 설타나 65g
◆ 곱게 다진 당절임 오렌지 100g
◆ 럼 25mL
 준비 시간 20분
 조리 시간 2시간 30분
 3.5kg

말린 자두 콩포트
COMPOTE DE PRUNES

자두는 씻어서 반으로 자르고 심과 씨를 제거한다. 냄비에 물 100mL와 설탕(자두의 당도에 따라 분량을 조절한다.)을 담는다. 약한 불에서 자두가 부드러워질 때까지 약 15~25분간 익힌다. 차갑게 낸다.

◆ 자두 500g
◆ 정제 백설탕 약 100g
 준비 시간 10분
 조리 시간 25분
 6인분

말린 자두
PRUNEAUX

◆ 반건조 자두 350g

◆ 정제 백설탕 100g

   준비 시간 5분 + 불리기

   조리 시간 1시간

   6인분

말린 자두는 씻어서 물 300mL에 담가 수시간 동안 불린다. 냄비에 자두와 자두를 불린 물을 담고 설탕을 더하여 한소끔 끓인다. 불 세기를 줄여서 자주 저으며 1시간 동안 잔잔하고 뭉근하게 익힌다. 익힌 국물과 함께 차갑게 낸다.

홍차에 재운 말린 자두
PRUNEAUX AU THE

◆ 아쟁산 부드러운 말린 자두 350g(대)

◆ 팔팔 끓인 실론 홍차 500mL

◆ 바닐라 익스트랙 1작은술

◆ 정제 백설탕 80g

   준비 시간 10분 + 재우기

   6인분

6~7시간 전에 준비를 시작한다. 말린 자두는 씻어서 찬물에 담가 2시간 동안 불린 뒤 건져서 물기를 제거하고 볼에 담는다. 자두에 팔팔 끓는 실론 홍차를 붓고 바닐라 익스트랙과 설탕을 더하여 골고루 섞는다. 재운 다음 냉장고에 넣어 4~5시간 동안 차갑게 식혀 낸다.

파르*
FAR

◆ 말린 자두 250g

◆ 버터 15g

◆ 밀가루 250g

◆ 소금 1/2작은술

◆ 달걀 4개

◆ 정제 백설탕 250g

◆ 우유 1L

◆ 럼 1큰술

   준비 시간 20분 + 불리기

   조리 시간 40분

   6인분

● 말린 자두를 넣은 플랑.

반죽에 말린 자두를 넣어서 구운 플랑으로, 프랑스 북부의 브르타뉴 지방에서 유래한 레시피다.

   하루 전날 준비를 시작한다. 말린 자두를 물에 담가서 24시간 동안 불린다. 다음 날 오븐을 220℃로 예열하고 오븐용 그릇에 버터를 바른다. 볼에 밀가루와 소금을 담고 달걀을 하나씩 깨트려 더하면서 뭉치지 않도록 잘 섞어 반죽을 묽게 만든다. 반죽에 설탕을 더하여 거품기로 섞은 다음 우유를 더하여 휘젓고 마지막으로 럼을 더해서 골고루 섞는다. 자두를 건져서 반죽에 더해 버무린다. 준비한 그릇에 혼합물을 담고 오븐에 넣어 굽는다. 약 20분 뒤에 반죽이 굳으면 온도를 180℃로 낮추고 20분 더 굽는다.

와인에 재운 말린 자두
PRUNEAUX AU VIN

6~7시간 전에 준비를 시작한다. 말린 자두를 씻어서 물에 담가 2시간 동안 불린 다음 건져서 물기를 제거하고 볼에 담는다. 냄비에 물 500mL와 와인, 시나몬, 저민 레몬, 설탕을 더하여 한소끔 끓인 다음 바로 말린 자두에 붓는다. 재운 다음 냉장고에 넣어 4~5시간 동안 차갑게 식혀 낸다.

◆ 말린 자두 350g(대)
◆ 보르도 레드 와인 100mL
◆ 시나몬 가루 1꼬집
◆ 저민 레몬 1개 분량
◆ 설탕 80g
   준비 시간 10분 + 재우기
   6인분

커스터드에 익힌 말린 자두
PRUNEAUX À LA CRÈME

말린 자두(675쪽)를 익힌다. 건져서 익힌 국물은 따로 두고 식힌 뒤 씨를 제거하고 자두 과육만 그릇에 담는다. 크렘 앙글레즈를 둘러서 덮는다. 냄비에 남겨 둔 국물을 담고 강한 불에서 가열한 다음 불 세기를 줄여서 시럽 농도가 될 때까지 뭉근하게 익힌다. 식힌 다음 말린 자두와 크렘 앙글레즈 위에 부어서 낸다.

◆ 말린 자두 350g
◆ 걸쭉한 크렘 앙글레즈(694쪽) 500mL
   준비 시간 10분 + 식히기
   조리 시간 1시간 30분
   6인분

포도 타르트
FLAN AUX RAISINS

오븐을 160℃로 예열한다. 밀가루와 버터로 쇼트크러스트 페이스트리 반죽(784쪽)을 만든다. 페이스트리를 밀어서 타르트 틀에 채우고 그 위에 포도를 채운다. 볼에 아몬드 가루와 우유, 달걀, 설탕 50g을 담고 잘 섞어 포도 위에 붓는다. 남은 설탕을 뿌리고 오븐에 넣어 45분간 굽는다.

◆ 밀가루 150g
◆ 버터 85g
◆ 씨 없는 청포도 200g
◆ 아몬드 가루 60g
◆ 우유 100mL
◆ 달걀 1개
◆ 정제 백설탕 100g
   준비 시간 20분
   조리 시간 45분
   6인분

루바브 콩포트
COMPOTE DE RHUBARB

- ◆ 루바브 1kg
- ◆ 정제 백설탕 300g

  준비 시간 10분

  조리 시간 25분

  6인분

루바브는 씻어서 다듬되 껍질은 그대로 둔다. 1cm 길이로 송송 썬다. 비반응성 냄비에 담고 설탕을 더하여 잔잔한 불에 올린다. 자주 저으면서 부드러워질 때까지 25분간 익힌다. 접시에 담아서 차갑게 낸다.

네 가지 베리 젤리
ASPIC AUX QUATRE FRUITS

 689쪽

- ◆ 라즈베리 200g
- ◆ 레드커런트 150g
- ◆ 딸기 200g
- ◆ 체리 150g
- ◆ 오렌지즙 2개 분량
- ◆ 레몬즙 1개 분량
- ◆ 정제 백설탕 250g
- ◆ 젤라틴 파우더 25g 또는 판젤라틴 6장
- ◆ 오렌지 제스트 간 것 1/2개 분량

  준비 시간 25분 + 굳히기

  조리 시간 10분

  6인분

4~5시간 전에 준비를 시작한다. 붉은 과실 종류는 줄기와 씨를 전부 제거한다. 모든 과일을 믹서에 담고 오렌지즙과 레몬즙을 더하여 갈아 묽은 퓌레를 만들고 볼에 붓는다. 작은 냄비에 설탕과 물 200mL, 젤라틴을 담고 설탕과 젤라틴이 녹을 때까지 천천히 가열한다. 이때 절대 끓지 않도록 주의한다. 젤라틴 혼합물을 과일 퓌레에 더한 다음 잘 섞어서 쉬누아(눈이 고운 깔때기형 체) 또는 기타 고운체에 거른다. 오렌지 제스트를 더하여 잘 섞는다. 샤를로트 또는 링 모양 틀이나 로프 틀에 혼합물을 채우고 냉장고에 넣어 4~5시간 차갑게 굳힌다. 내기 전에 틀을 따뜻한 물에 잠시 담근 후 식사용 그릇에 뒤집어서 빼낸다.

참고

젤리는 개별용 유리잔이나 라메킨에 담아서 1인용으로 만들 수 있다. 취향에 따라 과일을 통째로 사용해서 그 위에 과일 즙과 시럽, 젤라틴을 붓고 위와 같이 굳혀서 내도 좋다.

모둠 과일 콩포트
COMPOTE TOUS FRUITS

- ◆ 정제 백설탕 200g
- ◆ 살구 250g
- ◆ 복숭아 250g
- ◆ 씨를 제거한 체리 200g
- ◆ 심을 제거하고 너무 큰 것은 적당히 자른 딸기 200g
- ◆ 라즈베리 250g
- ◆ 껍질 벗기고 저민 바나나 2개 분량

  준비 시간 30분

  조리 시간 15분

  6인분

큰 냄비에 설탕과 물 500mL를 넣고 한소끔 끓인다. 살구는 씨와 껍질을 제거하여 4등분하고 복숭아는 씨를 제거하고 저민다. 냄비에 살구를 조심스럽게 더하여 3분간 익힌다. 복숭아 저민 것을 더하여 3분간 더 익힌다. 체리를 뭉근하게 끓는 국물에 더하여 1분간 더 익힌다. 불에서 내리고 나머지 손질한 과일을 전부 넣는다. 한 김 식힌 다음 식사용 그릇에 담아서 냉장고에 넣어 보관하다가 아주 차갑게 낸다.

과일 마세두안
MACÉCOINE DE FRUITS

4시간 전에 준비를 시작한다. 볼에 체리, 딸기, 포도, 라즈베리를 담는다. 복숭아와 배는 껍질을 벗기고 깍둑썰기 하여 볼에 더한다. 바나나는 껍질을 벗기고 저며서 볼에 더한다. 레몬즙과 설탕을 둘러서 골고루 버무린다. 냉장고에 넣어 4시간 동안 차갑게 보관한 다음 낸다.

〔변형〕
• •

술에 절인 차가운 과일
FRUITS RAFRAÎCHIS

위와 같이 조리하되 레몬즙 대신 키르슈 75mL, 마라스키노 리큐어 또는 코냑이나 레드 혹은 화이트 와인을 사용한다. 냉장고에 넣어 2~3시간 동안 보관한 다음 얼음처럼 차갑게 낸다.

◆ 씨를 뺀 체리 200g

◆ 심을 제거한 일반 또는 야생 딸기 200g

◆ 씨를 제거한 포도 125g

◆ 라즈베리 125g

◆ 복숭아, 배 또는 기타 과일

◆ 바나나 2개

◆ 레몬즙 1개 분량

◆ 정제 백설탕

준비 시간 30분 + 차갑게 식히기

6인분

겨울 과일 샐러드
SALADE DE FRUITS D'HIVER

오렌지와 자몽은 껍질과 속껍질, 씨를 모두 제거한 다음 과육만 작게 도려낸다. 사과는 껍질을 벗기고 심과 씨를 모두 제거한다. 바나나는 껍질을 벗기고 저민다. 볼에 모든 과일을 담고 설탕과 럼을 뿌린다. 냉장고에 넣어 1~2시간 동안 보관한다.

◆ 오렌지 3개

◆ 자몽 1개

◆ 사과 2개

◆ 바나나 2개

◆ 정제 백설탕

◆ 럼 50mL

준비 시간 20분 + 차갑게 식히기

6인분

민트 과일 샐러드
SALADE DE FRUITS À LA MENTHE

- 정제 백설탕 125g
- 민트 1단(소)
- 천도복숭아 200g
- 살구 250g
- 포도 200g
- 껍질과 눈 부분을 제거하여 저민
  파인애플 2장
- 배 1개(대)
- 오렌지 1개
- 자몽 1/5개
- 곁들임용 레몬 또는 민트 소르베
  500mL
  준비 시간 30분
  조리 시간 5분
  6인분

중간 크기 냄비에 설탕과 물 250mL를 담는다. 잔잔하게 가열하여 설탕을 녹인 다음 한소끔 끓인다. 민트는 잎 몇 장을 장식용으로 남겨 두고 남은 것은 채 썬다. 시럽을 불에서 내리고 민트 잎을 더하여 뚜껑을 닫고 향을 우린다. 그동안 과일을 손질한다. 각각 껍질과 씨를 제거하고 다양한 크기와 모양으로 잘라 색과 모양을 정돈하여 접시 6개에 예쁘게 담는다. 내기 30분 전에 차갑게 식힌 시럽을 과일에 살짝 두른다. 접시 가운데에 레몬 또는 민트 소르베를 한 덩어리씩 담는다. 남겨둔 민트 잎으로 장식하고 바로 낸다.

생강 과일 샐러드
SALADE DE FRUITS AU GINGEMBRE

- 정제 백설탕 125g
- 다진 날생강 50g, 곁들임용 생강 간
  것(선택 사항)
- 멜론 200g
- 복숭아 250g
- 천도복숭아 200g
- 살구 250g
- 자몽 1/2개
  준비 시간 30분 + 재우기
  조리 시간 5분
  6인분

수시간 전에 준비를 시작한다. 중간 크기 냄비에 설탕과 물 250mL를 담는다. 천천히 가열하여 설탕을 녹이고 한소끔 끓인다. 시럽이 끓기 시작하면 생강을 넣고 뚜껑을 닫은 다음 불에서 내려 향을 우린다. 과일은 껍질과 씨를 제거하고 쐐기 모양으로 잘라 접시 6개에 예쁘게 담는다. 생강 시럽을 체에 걸러서 과일 위에 뿌리고 2시간 동안 재운다. 취향에 따라 먹기 직전에 날생강을 조금 갈아서 과일 위에 뿌려도 좋다.

살구 오믈렛(646쪽)

바나나 플랑베(649쪽)

딸기 와인 절임(654쪽)

라즈베리 로프(655쪽)

몽블랑(657쪽)

밤 초콜릿 테린(659쪽)

피치 멜바식 디저트(664쪽)

배 와인 조림(666쪽)

삶은 사과 라이스 푸딩 (671쪽)

네 가지 베리 젤리(677쪽)

12

우유 & 달걀 디저트

우유 & 달걀 디저트

앙트르메entremets라고도 부르는 우유와 달걀 푸딩은 식사 마지막 코스에 디저트로 제공하는 달콤한 음식이다. 주재료는 보통 달걀과 우유, 설탕이지만 쌀이나 세몰리나 등 다른 재료를 더하기도 하며, 커피나 바닐라, 레몬, 오렌지, 시나몬, 오렌지 꽃물, 주정이나 리큐어로 풍미를 낸다. 뜨겁거나 차갑게, 또는 얼려서 낸다. 맛있으면서도 경제적인 디저트다.

크림 & 커스터드

크림과 커스터드는 우유와 설탕, 달걀을 섞어서 만든다. 사용하는 달걀의 양과 달걀흰자의 유무 등에 따라 농도가 달라진다. 달걀노른자를 넣은 크림과 커스터드를 조리할 때는 심히 주의를 기울여야 한다. 혼합물을 과열하지 않는 것이 매우 중요하며 아주 천천히 가열해야 한다.

일본식 크림
CRÈME JAPONAISE

팬에 우유와 설탕 100g, 초콜릿을 담고 잔잔하게 가열하여 초콜릿을 녹인다. 5분간 식힌 다음 초콜릿 우유 표면에 한천을 뿌린다. 팬을 다시 불에 올리고 잘 저은 다음 한천이 녹을 때까지 10분간 뭉근하게 익힌다. 남은 설탕과 물 1큰술로 옅은 캐러멜(643쪽)을 만든다. 틀에 캐러멜을 부은 다음 틀을 살살 돌려서 바닥에 골고루 묻힌다. 틀에 우유 혼합물을 붓고 한 김 식힌 다음 냉장고에 넣어 굳힌다. 뒤집어 꺼내서 낸다.

참고
작은 틀이나 라메킨에 담아서 개별용 일본식 크림을 만들 수도 있다.

- 우유 1L
- 설탕 160g
- 초콜릿 다진 것 150g
- 한천 5g
  준비 시간 5분 + 굳히기
  조리 시간 20분
  6인분

우유 젤리 케이크
GÂTEAU DE CRÈME DOUCE

- 우유 750mL
- 설탕 160g
- 레몬 제스트 간 것, 바닐라 익스트랙
  또는 커피 에센스 등 가향 재료
- 젤라틴 파우더 25g 또는 판젤라틴 6장
- 휘핑크림 250mL
  준비 시간 10분
  조리 시간 20분
  6인분

냄비에 우유와 설탕 100g을 더하여 한소끔 끓인 다음 원하는 가향 재료를 더한다. 판젤라틴을 사용할 경우에는 찬물에 부드럽게 불린다. 불린 젤라틴을 뜨거운 우유에 더하여 골고루 저어서 녹이고 아직 따뜻할 때 휘핑크림을 더한다. 남은 설탕과 물 1큰술로 옅은 캐러멜(643쪽)을 만든다. 틀에 캐러멜을 붓고 살살 돌려서 안쪽에 골고루 묻힌다. 우유 혼합물을 붓고 한 김 식힌 다음 냉장고에 넣어 굳힌다. 뒤집어 꺼내서 낸다.

 730쪽

눈 쌓인 달걀
OEUFS À LA NEIGE

- 우유 1L
- 설탕 125g
- 분리한 달걀흰자와 달걀노른자 각각
  6개 분량
- 레몬 제스트 간 것, 바닐라 익스트랙
  또는 커피 에센스 등 가향 재료
  준비 시간 25분
  조리 시간 40분
  6인분

큰 냄비에 우유와 설탕을 담고 뭉근하게 끓을 정도로 가열한다. 그동안 달걀흰자는 단단한 뿔이 서도록 휘핑한다. 우유가 끓기 시작하는 순간 휘핑한 달걀흰자를 수북하게 2큰술 정도 더한다. 이 수북한 '달걀흰자 섬'이 표면에 떠오르면 뒤집어서 다시 표면에 떠오를 때까지 익힌 다음 건진다. 이때 각 면당 1분 이상 익히지 않도록 주의해야 한다. 달걀흰자를 익힌 우유 500mL와 달걀노른자로 크렘 앙글레즈(694쪽)를 만들되 취향에 따라 가향 재료를 더하여 섞는다. 커스터드가 식으면 '달걀흰자 섬'을 위에 얹는다. 달걀흰자는 우유 대신 끓는 물에 익혀도 좋다.

 731쪽

고슴도치
HÉRISSONS

- 껍질 벗긴 아몬드 60g
- 럼 200mL
- 정제 백설탕 120g
- 마들렌(807쪽) 12개(소)
- 우유 500mL
- 달걀노른자 5개 분량
  준비 시간 30분
  조리 시간 25분
  6인분

아몬드는 길게 썰어서 오븐 또는 눌어붙음 방지 코팅 팬에 담고 중간 불에 올려 자주 뒤적이며 살짝 굽는다. 볼에 럼과 설탕 30g, 물 3큰술을 담고 섞은 다음 마들렌을 적신다. 마들렌에 아몬드를 콕콕 박아서 고슴도치 모양을 만든다. 우유와 달걀노른자, 남은 설탕으로 크렘 앙글레즈(694쪽)를 만든다. 그릇에 크렘 앙글레즈를 부어서 식힌 다음 마들렌을 얹어 낸다.

크렘 앙글레즈
CRÈME ANGLAISE

큰 냄비에 우유와 설탕을 담고 약한 불에 올려서 뭉근하게 끓을 정도로 가열한다. 큰 볼에 달걀노른자를 담고 거품기로 휘저으며 뜨거운 우유를 조금씩 더해 잘 섞고 다시 팬에 붓는다. 아주 약한 불에서 계속 휘저으면서 천천히 걸쭉하게 익히거나, 뭉근하게 끓는 물이 든 냄비 위에 커스터드 볼을 얹고 계속 저으면서 익힌다. 혼합물은 걸쭉해서 숟가락 뒷면에 묻어날 정도가 되어야 하며 이때 절대 끓이면 안 된다. 커스터드가 분리되거나 뭉치면 소량을 병에 담는다. 깨끗한 면포로 덮어서 커스터드가 걸쭉해질 때까지 수분간 거세게 흔들거나 믹서에 갈아도 좋다. 커스터드를 고운 체에 거른다. 크렘 앙글레즈는 달걀노른자와 달걀흰자를 모두 넣어서 만들 수도 있다. 그럴 때는 달걀 4개당 우유 500mL를 사용하되 가능한 한 약한 불에 올려 매우 주의를 기울이며 걸쭉하게 익혀야 한다.

〔변형〕

. . . .

바닐라 크렘 앙글레즈
CRÈME À LA VANILLE

바닐라 빈 하나를 반으로 갈라서 우유와 설탕에 더하여 위와 같이 진행한다.

. . . .

레몬 또는 오렌지 크렘 앙글레즈
CRÈME AU CITRON, À L'ORANGE

레몬 또는 오렌지 1개의 제스트를 갈아서 우유와 설탕에 더하여 위와 같이 진행한다.

. . . .

커피 크렘 앙글레즈
CRÈME AU CAFÈ

커피 익스트랙 2작은술을 달걀노른자에 섞어서 위와 같이 진행한다.

. . . .

초콜릿 크렘 앙글레즈
CRÈME AU CHOCOLAT

뜨거운 우유에 설탕 대신 다진 초콜릿 200g을 더하여 녹인다. 달걀노른자는 6개에서 5개로 줄이고 위와 같이 진행한다.

◆ 우유 500mL

◆ 설탕 60g

◆ 달걀노른자 6개 분량

준비 시간 5분

조리 시간 20분

6인분

파인애플 크렘 앙글레즈
CRÈME À L'ANANAS

파인애플 과육 250g을 믹서에 최대한 곱게 간다. 파인애플 퓌레를 크렘 앙글레즈(694쪽)에 더하고 키르슈로 풍미를 낸다.

딸기 크렘 앙글레즈
CRÈME AUX FRAISES

딸기 500g을 정제 백설탕 80g과 함께 갈아서 퓌레를 만든다. 크렘 앙글레즈(694쪽)와 함께 섞는다.

말린 자두 크렘 앙글레즈
CRÈME AUX PRUNEAUX

말린 자두(675쪽) 250g을 익힌다. 씨를 제거하고 으깬 다음 익힌 국물과 함께 졸여서 퓌레를 만든다. 크렘 앙글레즈(694쪽)와 함께 골고루 섞는다.

바나나 크렘 앙글레즈
CRÈME À LA BANANA

바나나 6개를 믹서에 간다. 바나나 퓌레를 따뜻한 크렘 앙글레즈(694쪽)에 섞는다. 차갑게 낸다.

말린 살구 크렘 앙글레즈
CRÈME AUX ABRICOTS SECS

말린 살구 125g을 밤새 불린다. 냄비에 불린 살구와 물 500mL, 설탕 90g을 담고 부드러워질 때까지 뭉근하게 익힌다. 살구를 체에 내리거나 믹서로 갈아서 퓌레를 만든다. 퓌레를 따뜻한 크렘 앙글레즈(694쪽)와 함께 섞는다. 차갑게 낸다.

캐러멜 크렘 앙글레즈(크렘 오 캐러멜)
CRÈME AU CARAMEL

설탕과 물 3큰술로 짙은 캐러멜(643쪽)을 만든 다음 불에서 내리고 뜨거운 우유를 아주 조심스럽게 붓는다. 이때 심하게 튀는 경향이 있으므로 잠시 팬과 거리를 둔다. 우유를 잘 휘저어서 캐러멜화된 설탕을 녹인다. 고운체 또는 쉬누아에 한 번 거른 뒤 달걀노른자를 더하고 크렘 앙글레즈(694쪽)와 함께 섞는다. 완전히 차갑게 식혀서 낸다.

◆ 설탕 150g
◆ 뜨거운 우유 500mL
◆ 달걀노른자 6개 분량
　준비 시간 10분
　조리 시간 30분
　6인분

모카 크렘 앙글레즈
CRÈME PÉRUVIENNE

절반 분량의 우유와 커피를 냄비에 붓고 천천히 뭉근하게 끓도록 가열한다. 불에서 내리고 옆에 따로 두어 향을 우린다. 설탕과 물 3큰술로 짙은 캐러멜(643쪽)을 만든 다음 불에서 내린다. 뜨거운 커피향 우유를 체에 내려서 조심스럽게 캐러멜에 붓는다. 이때 심하게 튀는 경향이 있으므로 잠시 팬과 거리를 둔다. 휘저어서 캐러멜화된 설탕을 녹인 다음 초콜릿을 더해 잘 휘저어 녹인다. 남은 우유와 달걀노른자로 걸쭉한 크렘 앙글레즈(694쪽)를 만든다. 나머지 우유를 더하여 섞는다. 완전히 차갑게 식혀서 낸다.

◆ 우유 500mL
◆ 커피콩 간 것 15g
◆ 설탕 100g
◆ 다진 초콜릿 125g
◆ 달걀노른자 6개 분량
　준비 시간 30분
　조리 시간 30분
　6인분

베네치아식 크렘 앙글레즈
CRÈME VÉNITIENNE

우유와 설탕, 달걀노른자로 크렘 앙글레즈(694쪽)를 만든다. 원하는 향미 재료를 더하여 골고루 섞는다. 달걀흰자는 단단한 뿔이 서도록 휘핑한 뒤 걸쭉한 뜨거운 커스터드에 더하여 접듯이 섞는다. 만든 당일에 뜨겁게 또는 차갑게 내서 먹는다.

◆ 우유 1L
◆ 설탕 100g
◆ 흰자와 노른자를 분리한 달걀 6개 분량
　준비 시간 10분
　조리 시간 40분
　6인분

바닐라 바바루아
CRÈME BAVAROISE À LA VANILLA

- 젤라틴 파우더 20g 또는 판젤라틴 5장
- 반으로 가른 바닐라 빈 1개 분량
- 우유 500mL
- 설탕 100g
- 달걀노른자 6개 분량
- 더블 크림 250mL

  준비 시간 20분 + 굳히기

  조리 시간 25분

  6인분

최소 3시간 전에 준비를 시작한다. 판젤라틴을 부드럽게 불리거나 뜨거운 물 3큰술에 젤라틴 파우더를 녹인다. 바닐라 빈에서 씨를 긁어내어 우유에 더한다. 바닐라 빈 씨를 더한 우유와 설탕, 달걀노른자로 크렘 앙글레즈(694쪽)를 만든다. 크렘 앙글레즈가 걸쭉해지면 일단 불에서 내린다. 판젤라틴을 사용할 경우에는 꽉 짜서 물기를 짜낸다. 크렘 앙글레즈가 아직 뜨거울 때 젤라틴을 더하고 저어서 녹인 뒤 실온에서 한 김 식힌다. 혼합물이 굳기 시작하면 크림을 부드러운 뿔이 서도록 휘핑해 더하고 접듯이 섞는다. 바바루아를 큰 틀 1개 또는 개인용 틀 6개에 나누어 담고 냉장고에 넣어서 3시간 정도 굳을 때까지 식힌다. 뒤집어 꺼내서 낸다.

[변형]

• •

초콜릿 바바루아
CRÈME BAVAROISE AU CHOCOLAT

초콜릿 크렘 앙글레즈(694쪽)를 만든다. 커스터드가 걸쭉해지기 전에 젤라틴파우더 15g(또는 부드럽게 불린 판젤라틴 4장)을 더하여 섞은 다음 위와 같은 방식으로 진행한다.

• •

커피 바바루아
CRÈME BAVAROISE AU CAFÉ

커피 크렘 앙글레즈(694쪽)을 만든다. 커스터드가 걸쭉하기 전에 젤라틴파우더 20g(또는 부드럽게 불린 판젤라틴 5장)을 더하여 섞은 다음 바닐라 바바루아와 같은 방식으로 진행한다.

• •

과일 바바루아
CRÈME BAVAROISE AUX FRUITS

바닐라 바바루아(697쪽)를 만든다. 딸기나 라즈베리, 레드커런트 등 붉은 베리류 500g을 믹서에 갈고 체에 내려서 씨를 제거한다. 바바루아에 부어서 낸다.

 732쪽

커피 샤를로트
CHARLOTTE AU CAFÉ

3일 전에 준비를 시작한다. 커피를 우유에 담가서 덮개를 씌운 다음 냉장고에 넣어 2일간 우린다. 볼에 달걀노른자와 슈거파우더를 담아서 골고루 섞는다. 판젤라틴을 사용할 경우에는 찬물 약간에 판젤라틴을 넣어 3분간 불린다. 커피를 우린 우유를 체에 거른 다음 바닐라 빈을 더해서 한소끔 끓인다. 끓인 우유를 달걀노른자 혼합물과 함께 섞어서 크렘 앙글레즈(694쪽)를 만들듯이 아주 잔잔한 불에서 익힌다. 불에서 내리고 바닐라 빈을 제거한다. 판젤라틴을 사용할 경우에는 꽉 짜서 물기를 제거하고 뜨거운 달걀노른자 혼합물에 더하여 골고루 섞은 뒤 한 김 식힌다. 혼합물이 굳기 시작하면 크림을 부드러운 뿔이 서도록 휘핑한 다음 접듯이 섞는다. 개별용 틀 6개에 나누어 담고 냉장고에 넣어 12시간 동안 차갑게 식힌다. 뒤집어 꺼내서 낸다.

- ◆ 커피콩 간 것 40g
- ◆ 우유 300mL
- ◆ 달걀노른자 4개 분량
- ◆ 슈거파우더 150g
- ◆ 젤라틴 파우더 12g 또는 판젤라틴 3장
- ◆ 바닐라 빈 1/2개 분량
- ◆ 더블 크림 400mL

  준비 시간 10분 + 차갑게 식히기

  조리 시간 20분

  6인분

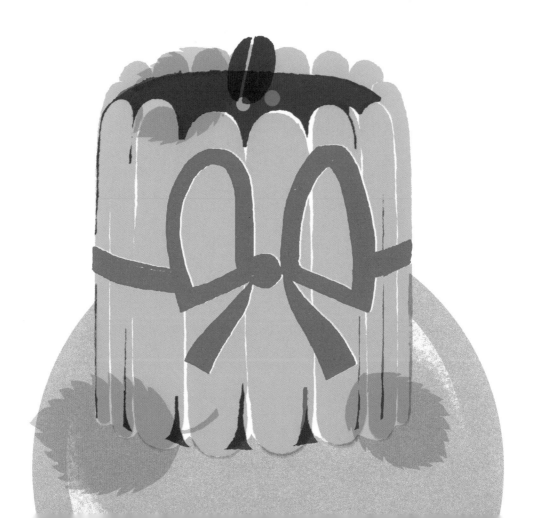

달걀흰자 디저트

달걀흰자로 만드는 디저트는 대체로 아주 빨리 만들 수 있다는 점이 특징이며, 먹기 바로 직전에 만들어야 맛이 좋다. 달걀노른자가 조금이라도 섞이면 부피감이 완전히 살지 않으므로 달걀흰자와 달걀노른자를 분리할 때는 신중하게 작업해야 한다. 또한 볼에 기름기가 조금이라도 남아 있으면 거품이 잘 나지 않으므로 아주 깨끗한 볼을 사용한다. 일반 거품기나 전기 거품기를 이용해서 달걀흰자가 탄탄해질 때까지 휘핑한다. 휘핑한 달걀흰자는 바로 사용하지 않으면 거품이 꺼지므로 주의한다.

가벼운 초콜릿 무스

MOUSSE AU CHOCOLAT

- **초콜릿 200g**
- **달걀흰자 6개**
- **정제 백설탕 30g**

준비 시간 20분 + 차갑게 식히기

6인분

3시간 전에 준비를 시작한다. 내열용 볼에 초콜릿과 물 2큰술을 담고 아주 잔잔하게 끓는 물이 든 냄비에 얹은 다음 가끔 휘저어서 걸쭉한 페이스트를 만든다. 달걀흰자는 부드러운 뿔이 서도록 휘핑한 다음 설탕을 더하여 질감이 아주 탄탄해지도록 마저 휘핑한다. 초콜릿을 더하여 조심스럽게 접듯이 섞는다. 볼에 붓고 냉장고에 넣어 3시간 동안 차갑게 보관한다.

커피 무스

MOUSSE AU CAFÉ

- **달걀흰자 6개 분량**
- **정제 백설탕 80g**
- **커피 에센스 2작은술**

준비 시간 10분 + 차갑게 식히기

6인분

달걀흰자는 부드러운 뿔이 서도록 휘핑한 다음 설탕과 커피 에센스를 더하여 아주 단단한 뿔이 설 때까지 마저 휘핑한다. 냉장고에 넣어 30분간 차갑게 식힌 다음 낸다.

부드러운 커피 무스
CRÈME MOUSSEUSE AU CAFÉ

수시간 전에 준비를 시작한다. 큰 냄비에 우유를 담고 한소끔 끓인다. 큰 볼에 달걀노른자, 바닐라 익스트랙, 옥수수 전분을 담고 섞어서 부드러운 페이스트를 만든다. 뜨거운 우유를 달걀노른자 혼합물에 천천히 부으면서 계속 휘저어 섞은 다음 커피를 더한다. 다시 팬에 붓고 잔잔한 불에서 계속 저으며 커스터드가 걸쭉해질 때까지 익히고 한 김 식힌다. 달걀흰자는 부드러운 뿔이 서도록 휘핑한 다음 설탕을 더하여 아주 단단한 뿔이 설 때까지 마저 거품을 낸다. 달걀흰자를 커스터드에 조심스럽게 접듯이 섞는다. 냉장고에 넣고 1~2시간 동안 차갑게 식힌 다음 낸다.

- ◆ 우유 1L
- ◆ 분리한 달걀흰자와 달걀노른자 각각 5개 분량
- ◆ 바닐라 익스트랙 1작은술
- ◆ 옥수수 전분 15g
- ◆ 인스턴트 커피 1큰술
- ◆ 설탕 150g

준비 시간 20분 + 차갑게 식히기
조리 시간 15분
6인분

딸기 무스
MOUSSE AUX FRAISES

딸기를 포크로 으깨서 체에 거른다. 달걀흰자는 부드러운 뿔이 서도록 휘핑한 다음 설탕을 더하여 아주 단단한 뿔이 설 때까지 마저 휘핑한다. 딸기를 휘핑한 달걀흰자에 더하여 접듯이 섞는다. 큰 볼 1개 또는 개별용 볼에 담아서 차갑게 식혀서 낸다.

- ◆ 딸기 300g
- ◆ 달걀흰자 4개 분량
- ◆ 설탕

준비 시간 15분 + 차갑게 식히기
6인분

크림 무스
MOUSSE À LA CRÈME CHANTILLY

크림은 휘핑한다. 달걀흰자는 부드러운 뿔이 서도록 휘핑한 다음 설탕을 더하여 아주 단단한 뿔이 설 때까지 마저 휘핑한다. 휘핑한 달걀흰자를 원하는 가향 재료와 함께 크림에 더한 다음 접듯이 섞는다.

- ◆ 더블 크림 200mL
- ◆ 달걀흰자 4개 분량
- ◆ 설탕
- ◆ 가향용 바닐라 익스트랙, 커피 에센스 또는 리큐어

준비 시간 15분
6인분

일 플로탕트
ÎLE FLOTTANTE

◆ 분리한 달걀흰자와 달걀노른자 각각
  6개 분량
◆ 정제 백설탕 200g
◆ 우유 500mL
  준비 시간 20분
  조리 시간 1시간
  6인분

오븐을 150℃로 예열한다. 달걀흰자는 설탕 80g과 함께 단단하게 뿔이 설 때까지 휘핑한다. 설탕 60g과 물 1큰술을 이용하여 옅은 캐러멜(643쪽)을 만든다. 틀에 캐러멜을 조심스럽게 부은 다음 살살 기울여서 안쪽에 골고루 묻힌다. 틀에 달걀흰자를 숟가락으로 옮겨 담고 표면을 평평하게 만든다. 로스팅 팬에 틀을 넣고 뜨거운 물을 틀 높이의 반 정도 잠길 만큼 붓는다. 오븐에 넣어 45분간 굽는다. 우유와 달걀노른자, 남은 설탕과 함께 크렘 앙글레즈(694쪽)를 만든다. 오븐에서 틀을 꺼내 한 김 식힌 다음 뜨거운 물에 30초간 담가 꺼내기 쉽게 만든다. 뒤집어서 식사용 그릇에 담고 크렘 앙글레즈를 둘러서 낸다.

〔변형〕

• •

리슐리외 크림
CRÈME RICHELIEU

위와 같이 조리하되 휘핑한 달걀흰자에 잘게 부순 프랄린 10개 분량과 붉은색 식용 색소 한 방울을 더한다. 달걀흰자에는 설탕을 30g만 더한다.

러시아식 무스
MOUSSE RUSSE

◆ 분리한 달걀흰자와 달걀노른자 각각
  6개 분량
◆ 정제 백설탕 240g
◆ 말린 머랭 120g
◆ 우유 500mL
  준비 시간 20분
  조리 시간 1시간
  6인분

오븐을 150℃로 예열한다. 달걀흰자는 부드러운 뿔이 서도록 휘핑한 다음 설탕 100g을 더하여 아주 단단한 뿔이 설 때까지 마저 휘핑한다. 머랭을 부숴서 달걀흰자에 더하여 접듯이 섞는다. 설탕 60g과 물 1큰술을 이용하여 옅은 캐러멜(643쪽)을 만든다. 틀에 캐러멜을 조심스럽게 부은 다음 살살 기울여서 안쪽에 골고루 묻힌다. 틀에 달걀흰자를 숟가락으로 옮겨 담고 표면을 평평하게 만든다. 로스팅 팬에 넣고 뜨거운 물을 틀이 반 정도 잠길 만큼 붓는다. 오븐에 넣어 45분간 굽는다. 우유와 달걀노른자, 남은 설탕과 함께 크렘 앙글레즈(694쪽)를 만든다. 오븐에서 틀을 꺼내 한 김 식힌 다음 뜨거운 물에 30초간 담가 꺼내기 쉽게 만든다. 뒤집어서 식사용 그릇에 담고 크렘 앙글레즈를 둘러서 낸다.

마카로네트
MACARONETTE

오븐을 180℃로 예열한다. 마카롱 또는 아마레티는 곱게 부순다. 달걀흰자를 단단한 뿔이 서도록 휘핑한 다음 부순 비스킷을 더하여 접듯이 섞는다. 설탕 60g과 물 1큰술을 이용하여 옅은 캐러멜(643쪽)을 만든다. 틀에 캐러멜을 조심스럽게 부은 다음 살살 기울여서 안쪽에 골고루 묻힌다. 틀에 달걀흰자를 숟가락으로 옮겨 담고 표면을 평평하게 만든다. 로스팅 팬에 넣고 뜨거운 물을 틀이 반 정도 잠길 만큼 붓는다. 오븐에 넣어 45분간 굽는다. 우유와 달걀노른자, 남은 설탕과 함께 크렘 앙글레즈(694쪽)를 만든다. 마카로네트를 식힌 다음 뒤집어서 식사용 그릇에 꺼내 담는다. 크렘 앙글레즈를 곁들여 낸다.

- ◆ 아몬드 마카롱(771쪽) 또는 아마레티
  비스킷 12개
- ◆ 분리한 달걀흰자와 달걀노른자 각각
  6개 분량
- ◆ 정제 백설탕 140g
- ◆ 우유 500mL
  준비 시간 25분
  조리 시간 1시간
  6인분

통달걀 디저트

달걀을 온전히 전부 넣어서 만드는 무스와 커스터드도 많다. 달걀흰자와 달걀노른자를 모두 사용한 커스터드는 탄탄해서 식사용 접시에 뒤집어 꺼내 담을 수 있으므로 크렘 랑베르세cremes renversees라고 부른다. 언제나 최대한 신선한 달걀을 사용하도록 한다.

레몬 무스
MOUSSE AU CITRON

아주 잔잔하게 끓는 물이 든 냄비 위에 얹은 내열용 볼에 설탕, 레몬즙, 제스트, 달걀노른자, 물 3큰술을 담고 거품기로 휘저어서 걸쭉하게 만든다. 불에서 내리고 한 김 식힌다. 달걀흰자는 단단한 뿔이 서도록 거품을 내고 차가운 레몬 혼합물에 조심스럽게 접듯이 섞는다. 큰 볼 하나 또는 개별용 볼 6개에 나누어 담아 낸다.

- ◆ 정제 백설탕 100g
- ◆ 레몬즙 4개 분량
- ◆ 레몬 제스트 간 것 2개 분량
- ◆ 분리한 달걀흰자와 달걀노른자 각각
  6개 분량
  준비 시간 20분 + 식히기
  조리 시간 8분
  6인분

〔변형〕

• •

오렌지 무스
MOUSSE À L'ORANGE

위와 같이 조리하되 레몬 대신 오렌지즙 5개 분량과 오렌지 제스트 간 것 3개 분량을 넣고 설탕은 80g을 사용한다.

마리 루이즈 무스
CRÈME MARIE-LOUISE

다크 초콜릿 250g과 아주 진한 커피 100mL을 아주 약한 불에 올려서 녹인 다음 물과 설탕을 빼고 레몬 무스(702쪽)와 같이 진행한다.

초콜릿 무스
BALANCÉS

733쪽

◆ 다크 초콜릿 250g

◆ 분리한 달걀흰자와 달걀노른자 각각
    6개 분량
    준비 시간 25분 + 차갑게 식히기
    6인분

초콜릿은 내열용 볼에 담고 잔잔하게 끓는 물이 든 냄비 위에 얹어서 휘저어 녹인다. 그동안 다른 볼에 달걀흰자를 담고 단단한 뿔이 서도록 거품을 낸다. 초콜릿을 불에서 내리고 달걀노른자를 더하여 섞는다. 단단하게 거품 낸 달걀흰자를 더해서 접듯이 섞는다. 작은 단지 또는 개인용 라메킨 6개에 나누어 담고 냉장고에 넣어 수시간 동안 차갑게 식힌다.

럼 무스
CRÈME BACHIQUE

◆ 분리한 달걀흰자와 달걀노른자 각각
    6개 분량
◆ 정제 백설탕 60g
◆ 럼 150mL
    준비 시간 15분
    6인분

내기 바로 직전에 만든다. 볼에 달걀노른자와 설탕, 럼을 담고 거품이 일도록 거품기로 친다. 달걀흰자는 단단한 뿔이 서도록 거품 낸 다음 달걀노른자 혼합물에 더하여 접듯이 섞는다. 럼 대신 동량의 키르슈를 사용해도 좋고, 설탕을 넣지 않은 휘핑크림 200mL를 더해서 접듯이 섞어도 좋다. 작은 볼 6개에 나누어 담아서 차갑게 낸다.

달걀 커스터드
OEUFS AU LAIT

◆ 우유 500mL
◆ 설탕 125g
◆ 바닐라 익스트랙, 커피 에센스, 리큐어
    또는 기타 가향 재료
◆ 가볍게 푼 달걀 4개
    준비 시간 15분
    조리 시간 45분
    6인분

오븐을 150℃로 예열한다. 중간 크기 냄비에 우유와 설탕, 원하는 가향 재료를 담고 약한 불에서 한소끔 끓인다. 불에서 내리고 달걀을 더하여 계속 휘젓는다. 혼합물을 그릇에 담아서 로스팅 팬에 넣은 다음 뜨거운 물을 틀이 반 정도 잠길 만큼 붓는다. 오븐에 넣어 45분간 익힌다.

작은 단지에 담은 커스터드
CRÈME PRISE EN POTS

오븐을 150℃로 예열한다. 중간 크기 냄비에 우유와 설탕, 원하는 가향 재료를 담는다. 약한 불에 올려서 한소끔 끓인다. 불에서 내리고 달걀을 더하여 계속 휘젓는다. 혼합물을 작은 단지에 담아서 로스팅 팬에 넣은 다음 뜨거운 물을 틀이 반 정도 잠길 만큼 붓는다. 오븐에 넣어 25분간 익힌다. 이때 단지 속 내용물이 끓지 않도록 주의해야 한다.

- ◆ 우유 500mL
- ◆ 설탕 125g
- ◆ 바닐라 익스트랙, 커피 에센스, 리큐어 또는 기타 가향 재료
- ◆ 가볍게 푼 달걀 5개 분량

  준비 시간 15분

  조리 시간 25분

  6인분

크렘 캐러멜(크렘 랑베르세)
CRÈME RENVERSÉE

최소한 2시간 전에 준비를 시작한다. 오븐을 150℃로 예열한다. 설탕 70g과 물 1큰술로 짙은 캐러멜(643쪽)을 만든 다음 조심스럽게 틀에 붓고 잘 기울여 안쪽에 골고루 묻힌다. 큰 냄비에 우유와 남은 설탕, 원하는 가향 재료를 담아서 한소끔 끓인다. 불에서 내리고 달걀을 더해 쉬지 않고 휘젓는다. 준비한 틀에 붓고 로스팅 팬에 넣은 다음 뜨거운 물을 틀이 반 정도 잠길 만큼 붓는다. 오븐에 넣어 굳을 때까지 45~50분간 굽고 한 김 식힌다. 틀을 뜨거운 물에 30초간 담갔다가 그릇에 뒤집어 빼내서 낸다.

- ◆ 설탕 200g
- ◆ 우유 500mL
- ◆ 바닐라 익스트랙, 커피 에센스, 리큐어 또는 기타 가향 재료 취향껏
- ◆ 가볍게 푼 달걀 6개 분량

  준비 시간 15분 + 식히기

  조리 시간 1시간

  6인분

'벨레봉' 크렘 캐러멜●
CRÈME BELLE ET BONNE

설탕 200g과 우유, 달걀 그리고 바닐라를 이용하여 링 틀에 담은 크렘 캐러멜(위쪽 참조)을 만든다. 큰 냄비에 와인과 남은 설탕을 담고 한소끔 끓여 와인 시럽을 만든다. 작은 배는 깍둑썰기 하여 와인 시럽에 담가 30분간 뭉근하게 익힌 뒤 구멍 뚫린 국자로 건져서 따로 둔다. 중간 크기 배는 껍질과 심을 제거하고 반으로 잘라서 같은 와인 시럽에 담가 부드러워질 때까지 40분간 뭉근하게 익힌다. 크렘 캐러멜이 익으면 한 김 식히고 뒤집어 꺼내 그릇에 담는다. 반으로 자른 배를 링 주변에 담고 깍둑썰기 한 배를 가운데에 담는다. 크림을 되직하게 거품 내서 크렘 캐러멜을 장식한다.

- ◆ 설탕 250g
- ◆ 우유 500mL
- ◆ 달걀 6개
- ◆ 바닐라 익스트랙 1작은술
- ◆ 레드 와인 400mL
- ◆ 배 4개(소)
- ◆ 배 6개(중)
- ◆ 더블 크림 200mL

  준비 시간 1시간 30분

  조리 시간 1시간 15분

  6인분

● 아름답고 맛있는 크렘 캐러멜이라는 뜻.

바닐라 크렘 브륄레
ONÈME DNÛLÉE À LA VANILLA

- 우유 500mL
- 싱글 크림 500mL
- 반으로 가른 바닐라 빈 4개 분량
- 정제 백설탕 200g
- 달걀노른자 10개
- 황설탕 100g

  준비 시간 20분 + 차갑게 식히기

  조리 시간 1시간

  1시간

미리 준비를 시작한다. 오븐은 150℃로 예열한다. 냄비에 우유와 크림, 바닐라 빈, 정제 백설탕 100g을 담아서 섞는다. 약한 불에 올려 끓기 시작할 때까지 가열한 다음 바로 불에서 내려 식힌다. 바닐라 빈에서 씨를 긁어내어 우유에 넣고 빈 깍지는 다른 요리에 사용한다. 그동안 볼에 달걀노른자와 남은 정제 백설탕을 더하여 하얗고 부드러워질 때까지 친다. 바닐라향 우유를 달걀에 붓고 골고루 섞는다. 오븐용 그릇 1개 또는 개별용 라메킨 6개에 나누어 담는다. 그릇 또는 라메킨을 로스팅 팬에 넣은 다음 뜨거운 물을 틀이 반 정도 잠길 만큼 붓는다. 오븐에 넣어 딱 굳을 정도로만 45~50분간 익힌다. (이때 커스터드는 절대 끓지 않도록 주의해야 한다.) 실온으로 식힌 다음 냉장고에 넣어서 3~4시간 동안 굳힌다.

내기 조금 전에 커스터드에 황설탕을 뿌리고 그릇을 아주 뜨거운 그릴에 넣어서 캐러멜화될 정도로만 잠시 가열한다. 황설탕이 녹으면서 표면에 작은 기포가 생길 것이다. 또는 주방용 토치를 이용해서 조심스럽게 캐러멜화해도 좋다.

과일 커스터드
CRÈME FRUITÉE

- 틀용 버터
- 우유 500mL
- 설탕 100g
- 레이디핑거 비스킷 60g
- 달걀 4개
- 다진 체리 글라세 50g
- 럼 또는 키르슈 50mL
- 레드커런트 젤리 또는 살구

  콩포트(644쪽)

  준비 시간 20분

  조리 시간 1시간

  6인분

오븐은 150℃로 예열하고 틀에 버터를 바른다. 냄비에 우유와 설탕을 더하여 뭉근하게 끓도록 가열한다. 끓인 우유에 레이디핑거를 더해 부드러워질 때까지 담근다. 달걀을 풀어서 우유와 레이디핑거 혼합물에 섞어 넣고 체에 거른다. 체리와 럼 또는 키르슈를 더한다. 준비한 틀에 붓고 로스팅 팬에 넣은 다음 뜨거운 물을 틀 높이의 반 정도 잠길 만큼 붓는다. 오븐에 넣고 굳을 때까지 1시간 정도 굽는다. 꺼내서 레드커런트 젤리 또는 살구 콩포트를 둘러서 덮어 낸다.

아몬드 커스터드(크렘 프랑지판)
CRÈME FRANGIPANE

큰 냄비에 우유를 붓고 한소끔 끓인다. 볼에 설탕, 달걀, 달걀노른자, 밀가루, 버터 60g, 소금을 더하여 골고루 섞는다. 끓는 우유를 달걀 혼합물에 더하여 잘 섞은 다음 다시 냄비에 붓고 중간 불에 올려 혼합물이 걸쭉해질 때까지 계속 저으면서 익힌다. 남은 버터와 아몬드를 더하여 천천히 저으면서 식힌다.

참고
아몬드 커스터드는 많은 타르트와 페이스트리에 필링으로 사용한다.

◆ 우유 300mL
◆ 정제 백설탕 75g
◆ 달걀 2개
◆ 달걀노른자 2개 분량
◆ 밀가루 90g
◆ 부드러운 버터 90g
◆ 소금 1작은술
◆ 아몬드 가루 60g
　준비 시간 15분
　조리 시간 20분
　6인분

크렘 파티시에르
CRÈME PÂTISSIÈRE

대형 냄비에 우유를 담는다. 바닐라 빈에서 씨를 긁어내고 깍지와 함께 우유에 더해 한소끔 끓인다. 큰 볼에 밀가루와 설탕, 달걀을 담고 골고루 섞는다. 달걀 볼에 끓는 우유를 조금씩 부으면서 골고루 휘저어 섞는다. 볼의 내용물을 다시 냄비에 붓고 잔잔한 불에 올린 다음 계속 저으면서 익힌다. 혼합물이 끓어서 걸쭉해지면 바로 불에서 내린다. 바닐라 빈은 건져서 다른 요리에 사용한다.

참고
크렘 파티시에르는 다양한 타르트와 페이스트리에 필링으로 사용한다.

◆ 반으로 가른 바닐라 빈 1/2개 분량
◆ 우유 500mL
◆ 밀가루 50g
◆ 정제 백설탕 75g
◆ 달걀 1개
◆ 달걀노른자 3개 분량
　준비 시간 15분
　조리 시간 10분
　6인분

파리식 커스터드 푸딩
FLAN À LA PARISIENNE

오븐을 180℃로 예열하고 틀에 버터를 바른다. 볼에 밀가루를 담고 가운데를 오목하게 만든 다음 설탕, 달걀, 버터를 더해 골고루 섞는다. 바닐라 설탕을 우유에 더하여 섞은 다음 볼에 더한다. 반죽이 완전히 매끄러워질 때까지 친다. 준비한 틀에 붓고 로스팅 팬에 넣은 다음 뜨거운 물을 틀 높이의 반 정도 잠길 만큼 붓는다. 오븐에 넣고 45분간 굽는다. 꺼내서 차갑게 낸다.

◆ 녹인 버터 30g, 틀용 여분
◆ 밀가루 200g
◆ 정제 백설탕 100g
◆ 달걀 4개
◆ 바닐라 설탕
◆ 우유 1L
　준비 시간 10분
　조리 시간 45분
　6인분

레몬 커스터드 푸딩
FLAN AU CITRON

- 설탕 160g
- 감자 전분 30g
- 우유 750mL
- 레몬 제스트 간 것 1개 분량
- 달걀 4개

  준비 시간 15분

  조리 시간 45분

  6인분

오븐은 180℃로 예열한다. 설탕 60g과 물 1큰술로 옅은 캐러멜(643쪽)을 만든 다음 틀에 조심스럽게 붓고 기울여 내부에 골고루 묻힌다. 작은 볼에 감자 전분과 우유 1큰술, 레몬 제스트를 담고 곱게 섞어 페이스트를 만든다. 냄비에 남은 우유와 설탕을 담고 가열한다. 달걀을 풀어서 냄비에 넣고 잘 섞은 다음 작은 볼에 담긴 페이스트를 붓고 다시 잘 섞는다. 매끄러워질 때까지 섞은 다음 준비한 틀에 붓고 로스팅 팬에 넣은 다음 뜨거운 물을 틀 높이의 반 정도 잠길 만큼 붓는다. 오븐에 넣어 45분간 굽는다. 꺼내서 차갑게 낸다.

오렌지 커스터드
FLAN À L'ORANGE

- 달걀 2개
- 달걀노른자 2개 분량
- 정제 백설탕 60g
- 오렌지 주스 450mL

  준비 시간 10분 + 차갑게 식히기

  조리 시간 20분

  6인분

2~3시간 전에 준비를 시작한다. 오븐은 150℃로 예열한다. 볼에 달걀과 설탕을 담고 함께 골고루 섞어서 푼다. 오렌지 주스를 따뜻하게 데워서 달걀물에 조금씩 더하며 골고루 섞는다. 개별용 라메킨 6개에 혼합물을 붓고 로스팅 팬에 넣은 다음 뜨거운 물을 틀 높이의 반 정도 잠길 만큼 붓는다. 오븐에 넣어 굳을 때까지 15~20분간 굽는다. 꺼내서 한 김 식힌 뒤 냉장고에 넣고 2~3시간 정도 차갑게 보관한다.

파인애플 커스터드 푸딩
FLAN À L'ANANAS

- 설탕 185g
- 파인애플 통조림 1개(1kg) 분량
- 달걀 6개
- 밀가루 35g
- 레몬즙 1개 분량
- 키르슈 2큰술

  준비 시간 15분 + 차갑게 식히기

  조리 시간 1시간 10분

  6인분

하루 전날 준비를 시작한다. 설탕 85g과 물 2큰술로 옅은 캐러멜(643쪽)을 만든 다음 틀에 조심스럽게 붓고 기울여 안쪽에 골고루 묻힌다. 오븐은 180℃로 예열한다. 파인애플 4분의 3 분량을 으깬다. 비반응성 냄비에 으깬 파인애플과 통조림 국물, 남은 설탕을 함께 담고 한소끔 끓어오르면 5분간 더 끓인다. 남은 파인애플을 깍둑썰기 하여 냄비에 넣고 5분 더 익힌다. 볼에 달걀을 깨트려 넣고 밀가루와 레몬즙, 키르슈를 함께 담고 섞는다. 파인애플을 더한다. 혼합물을 준비한 틀에 붓고 로스팅 팬에 넣은 다음 뜨거운 물을 틀 높이의 반 정도 잠길 만큼 붓는다. 오븐에 넣어 1시간 동안 굽고 꺼내어 한 김 식힌 다음 냉장고에 보관한다. 다음 날에 꺼내서 낸다.

수플레

수플레는 밀가루와 버터, 우유, 달걀로 만드는 아주 가벼운 질감의 디저트다. 주로 달걀흰자를 따로 분리하여 휘핑한 다음 반죽에 접듯이 조심스럽게 섞어 넣어 기포와 가벼운 질감을 더한다.

초콜릿 수플레
SOUFFLÉ AU CHOCOLAT

오븐은 160℃로 예열하고 수플레 그릇에 버터를 바른다. 우유는 2큰술만 남겨 놓고 냄비에 담아서 약한 불에 올려 뭉근하게 끓을 정도로 가열한다. 불에서 내리고 초콜릿을 더하여 섞는다. 남은 우유와 밀가루, 설탕을 곱게 섞어 페이스트를 만든 다음 따로 둔다. 큰 볼에 달걀노른자를 담고 푼 다음 초콜릿 우유를 부으면서 잘 섞은 뒤 페이스트를 섞는다. 달걀흰자를 단단한 뿔이 서도록 휘핑한 다음 초콜릿 혼합물과 함께 접듯이 조심스럽게 섞는다. 준비한 그릇에 붓고 표면을 평평하게 고른다. 오븐에 넣어서 10분간 익힌 다음 온도를 200℃로 높인 후 20분 더 굽는다. 바로 낸다.

- 틀용 버터
- 우유 400mL
- 다진 초콜릿 140g
- 밀가루 15g
- 정제 백설탕 30g
- 분리한 달걀흰자와 달걀노른자 각각 5개 분량

  준비 시간 10분

  조리 시간 30분

  6인분

당절임 과일 수플레
SOUFFLÉ AUX FRUITS CONFITS

오븐은 180℃로 예열한다. 볼에 당절임 과일을 담고 큐라소를 부어서 재운다. 우유와 설탕, 밀가루, 버터, 달걀, 그리고 바닐라 대신 큐라소에 재운 당절임 과일을 이용하여 바닐라 수플레(710쪽)를 만드는 과정에 따라 조리한다. 오븐에 넣고 10분간 구운 다음 온도를 220℃로 높이고 25분 더 굽는다. 바로 낸다.

- 깍둑 썬 당절임 과일 125g
- 큐라소 50mL
- 우유 300mL
- 정제 백설탕 60g
- 밀가루 40g
- 버터 50g, 틀용 여분
- 달걀노른자 4개 분량
- 달걀흰자 6개 분량

  준비 시간 20분

  조리 시간 35분

  6인분

베리 수플레
SOUFFLÉ AUX FRUITS ROUGES

베리 재료는 꼭지와 줄기를 제거한다. 큰 비반응성 냄비에 베리 재료와 설탕 100g을 더한다. 볼에 감자 전분 2작은술과 물 약간을 넣어 골고루 갠 다음 냄비에 더해서 계속 휘젓는다. 천천히 가열하고 혼합물이 걸쭉해지면 불에서 내려 따로 둔다. 다른 냄비에 우유를 넣고 끓인다. 그동안 볼에 달걀노른자와 설탕 100g, 남은 감자 전분, 밀가루를 담고 섞다가 뜨거운 우유를 더하여 마저 잘 섞는다. 볼의 내용물을 우유 냄비에 다시 부은 다음 잔잔한 불에 올려서 일반 거품기 또는 핸드믹서 거품기를 이용해 걸쭉해질 때까지 골고루 섞으며 가열한다.

오븐을 150℃로 예열하고 개별용 수플레 그릇 6개에 버터를 바른다. 그릇에 절반 분량의 설탕을 뿌린다. 달걀흰자를 남은 설탕과 함께 단단한 뿔이 서도록 친다. 커스터드와 익힌 베리를 따뜻하게 데워서 한데 섞는다. 라즈베리 리큐어로 풍미를 낸다. 마지막으로 달걀흰자를 더하여 스패출러로 접듯이 섞고 준비한 그릇에 담아서 오븐에 넣어 15분간 굽는다. 수플레가 부풀자마자 낸다.

- ◆ 딸기 250g
- ◆ 라즈베리 200g
- ◆ 레드커런트 40~50g
- ◆ 정제 백설탕 300g
- ◆ 감자 전분 40~50g
- ◆ 우유 750mL
- ◆ 분리한 달걀흰자와 달걀노른자 각각 6개 분량
- ◆ 밀가루 40g
- ◆ 버터 50g
- ◆ 라즈베리 리큐어 50mL
  준비 시간 30분
  조리 시간 20~30분
  6인분

바닐라 수플레
SOUFFLÉ À LA VANILLA

 734쪽

오븐은 190℃로 예열하고 수플레 틀에 버터를 바른다. 냄비에 우유와 설탕, 바닐라 빈을 담고 끓어오를 때까지 가열한다. 다른 냄비에 뜨거운 우유 2큰술과 밀가루를 담고 섞은 다음 나머지 뜨거운 우유를 천천히 부으면서 섞은 후 약한 불에서 걸쭉해질 때까지 잘 섞으며 가열한다. 냄비에 버터를 더하여 다시 잘 섞고 바닐라 빈 씨를 긁어내서 더한다. 달걀노른자를 더하고 골고루 섞은 다음 한 김 식힌다. 달걀흰자를 거품기로 단단한 뿔이 서도록 휘핑한 다음 혼합물에 더하여 접듯이 조심스럽게 섞는다. 준비한 그릇에 붓고 조심스럽게 움직여 표면을 평평하게 고른다. 오븐에 넣고 30~35분간 구워서 바로 낸다.

- ◆ 버터 100g, 틀용 여분
- ◆ 우유 400mL
- ◆ 설탕 100g
- ◆ 반으로 가른 바닐라 빈 1개 분량
- ◆ 밀가루 50g
- ◆ 분리한 달걀흰자와 달걀노른자 각각 5개 분량
  준비 시간 10분
  조리 시간 30~35분
  6인분

[변형]

• •

레몬 수플레
SOUFFLÉ AU CITRON
위와 같이 조리하되 바닐라 빈 대신 곱게 간 레몬 제스트 2개 분량을 더한다.

우유 푸딩

프랑스에서 푸딩이란 우유와 달걀, 설탕에 쌀이나 세몰리나, 타피오카, 옥수수 전분, 레이디핑거 비스킷, 빵 등을 더해 만든 디저트를 뜻한다. 커스터드와 같은 방식으로 풍미를 낼 수 있으며 크렘 앙글레즈(694쪽)를 곁들이거나 럼을 뿌려서 플랑베 하기도 한다.

라이스 푸딩
RIZ AU LAIT

- ◆ 우유 1L
- ◆ 반으로 가른 바닐라 빈 1/2개 분량
- ◆ 푸딩용 쌀 250g
- ◆ 정제 백설탕 100g
  준비 시간 5분
  조리 시간 25분
  6인분

우유를 바닐라 빈과 함께 냄비에 담고 끓어오를 때까지 가열한 다음 쌀을 더한다. 뚜껑을 닫고 쌀이 부드러워질 때까지 20분간 잔잔하게 익힌다. 불에서 내리고 바닐라 빈을 제거한 다음 설탕을 더해서 포크로 조심스럽게 섞는다. 따뜻하게 또는 차갑게 낸다.

구운 라이스 푸딩
RIZ AU FOUR

- ◆ 버터 20g
- ◆ 우유 1.25L
- ◆ 바닐라 익스트랙 또는 레몬 제스트 간 것
- ◆ 설탕 175g
- ◆ 푸딩용 쌀(단립종) 250g
  준비 시간 10분
  조리 시간 1시간 10분
  6인분

오븐은 160℃로 예열하고 오븐용 그릇에 버터를 바른다. 냄비에 우유와 바닐라 또는 레몬 제스트를 넣어 한소끔 끓이고 설탕을 더한다. 쌀을 씻어서 건진 다음 준비한 그릇에 담고 팔팔 끓는 우유를 붓는다. 오븐에 넣어 쌀이 부드러워질 때까지 1시간 동안 굽는다.

구운 건포도 라이스 푸딩
PUDDING AU RIZ

설탕 60g과 물 1큰술을 이용하여 옅은 캐러멜(643쪽)을 만든 다음 조심스럽게 틀에 부어서 기울여 안쪽에 골고루 묻힌다. 오븐을 220℃로 예열한다. 냄비에 우유와 바닐라 빈을 담고 한소끔 끓인 다음 남은 설탕을 더하여 골고루 섞는다. 쌀은 씻어서 물기를 제거한 뒤 끓는 우유에 넣고 소금을 더한 다음 부드러워질 때까지 15분간 뭉근하게 익힌다. 바닐라 빈을 제거한다. 그동안 달걀흰자를 단단한 뿔이 서도록 휘핑한다. 쌀이 익으면 달걀노른자를 풀어서 건포도, 달걀흰자와 함께 섞는다. 준비한 틀에 붓고 오븐에 넣어 10분간 굽는다. 한 김 식힌 다음 뒤집어 꺼내서 낸다.

* 설탕 120g
* 우유 1L
* 반으로 가른 바닐라 빈 1/2개 분량
* 장립종 쌀 250g
* 소금 1작은술
* 분리한 달걀흰자와 달걀노른자 각각 2개 분량
* 건포도 100g

  준비 시간 20분

  조리 시간 30분

  6인분

황후의 쌀 요리
RIZ À L'IMPÉRATRICE

볼에 당절임 과일을 담고 키르슈를 부어서 2~3시간 또는 밤새 재운다. 크렘 앙글레즈를 만들어서 따뜻하게 보관한다. 냄비에 우유를 부어서 한소끔 끓인다. 냄비에 설탕과 쌀을 더하고 뚜껑을 닫은 뒤 쌀이 우유를 거의 흡수할 때까지 잔잔하고 뭉근하게 가열한다. 젤라틴은 따뜻한 물 3큰술에 수분간 불린 다음 아주 잔잔하게 가열해서 녹인다. 이때 끓어오르지 않도록 주의한다. 젤라틴을 쌀, 당절임 과일과 함께 뜨거운 크렘 앙글레즈에 더하여 섞고 거의 굳을 때까지 따로 둔다. 그동안 크림에 슈거파우더를 더하여 부드러운 뿔이 설 정도로 거품을 낸다. 틀에 버터를 바르고 쌀 혼합물을 붓는다. 굳을 때까지 식히되 완전히 차갑게 굳히지는 않는다. 내기 전에 뜨거운 물에 30초간 담근 다음 뒤집어서 꺼낸다. 휘핑크림을 곁들여 낸다.

참고
휘핑크림 대신 레드커런트 젤리 또는 키르슈로 향을 낸 크렘 앙글레즈와 함께 내도 좋다.

* 다진 당절임 과일 125g
* 키르슈
* 크렘 앙글레즈(694쪽) 1회 분량
* 우유 750mL
* 정제 백설탕 50g
* 푸딩용 쌀(단립종) 150g
* 젤라틴 파우더 12g 또는 판젤라틴 3장
* 더블 크림 150mL
* 슈거파우더
* 틀용 버터

  준비 시간 1시간 30분 + 재우기와 굳히기

  조리 시간 35분

  6인분

살구 라이스 푸딩 왕관
COURONNE AUX ABRICOTS

◆ 말린 살구 250g

◆ 구운 건포도 라이스 푸딩(712쪽) 1회
분량

준비 시간 30분 + 불리기

조리 시간 20분

6인분

하루 전날 준비를 시작한다. 볼에 살구를 담고 물을 잠기도록 부은 뒤 하루 동안 불린다. 구운 건포도 라이스 푸딩을 만든다. 링 모양 틀을 물로 씻어서 라이스 푸딩을 붓는다. 작은 냄비에 살구와 불린 물을 담고 잔잔한 불에 올려 부드러워지도록 가열한 다음 건진다. 먹기 전에 라이스 푸딩을 꺼내서 살구로 장식한다. 살구 대신 생과일을 끓는 물에 5분간 삶은 다음 묽은 설탕 시럽(643쪽)을 두른 체리나 자두 또는 통조림 과일을 사용해도 좋다.

세몰리나 푸딩
PUDDING À LA SEMOULE

◆ 우유 1L

◆ 설탕 160g

◆ 버터 20g

◆ 레몬 제스트 1개 분량

◆ 세몰리나 125g

◆ 껍질 벗긴 아몬드 60g

준비 시간 10분

조리 시간 35분

6인분

오븐을 220℃로 예열한다. 큰 냄비에 우유와 설탕 100g, 버터, 레몬 제스트를 더하여 한소끔 끓인다. 끓으면 세몰리나를 천천히 고르게 부은 뒤 10~15분간 잔잔하고 뭉근하게 익힌다. 아몬드는 곱게 다져서 세몰리나에 섞는다. 남은 설탕과 물 1큰술로 옅은 캐러멜(643쪽)를 만든 다음 조심스럽게 틀에 붓고 기울여 안쪽에 골고루 묻힌다. 혼합물을 붓고 오븐에 넣어 10분간 굽는다. 한 김 식힌 다음 뒤집어 꺼내서 낸다.

[변형]

• •

세몰리나 크로켓
CROQUETTES DE SEMOULE

세몰리나를 위와 같이 익힌다. 굽는 대신 식혀서 걸쭉하게 만든 다음 작은 공 모양으로 빚어 밀가루를 골고루 묻힌다. 튀김기에 오일을 채워서 180℃ 혹은 빵조각을 넣으면 30초 만에 노릇해질 정도로 가열한다. 크로켓을 적당량씩 조심스럽게 넣어서 노릇하게 튀긴다.

세몰리나 크림
SEMOULE À LA CRÈME

오븐은 220℃로 예열한다. 큰 냄비에 우유와 설탕 60g을 담고 한소끔 끓인다. 냄비에 세몰리나를 천천히 고르게 붓고 약한 불에서 10~15분간 뭉근하게 익힌다. 달걀흰자는 단단한 뿔이 서도록 휘핑한다. 달걀노른자와 당절임 과일을 세몰리나에 더하여 섞은 다음 달걀흰자를 더하여 접듯이 섞는다. 남은 설탕과 물 1큰술로 옅은 캐러멜(643쪽)를 만든 다음 조심스럽게 틀에 붓고 기울여 안쪽에 골고루 묻힌다. 틀에 세몰리나를 붓고 오븐에 넣어 8분간 굽는다. 꺼내서 한 김 식힌 뒤 뒤집어 꺼내서 크렘 앙글레즈를 둘러 덮어 낸다.

◆ 우유 1L
◆ 설탕 120g
◆ 세몰리나 125g
◆ 분리한 달걀흰자와 달걀노른자 각각 2개 분량
◆ 당절임 과일 50g
◆ 곁들임용 크렘 앙글레즈 1회 분량(694쪽)

준비 시간 10분
조리 시간 35분
6인분

그리스크네플®
BOULETTES DE SEMOULE(GRIESKNEPFLES)

프랑스 동부 알자스 지역에서 유래한 디저트 레시피다.

큰 냄비에 우유와 설탕, 바닐라 빈을 담고 잔잔하게 가열하여 뭉근하게 끓인다. 세몰리나를 한 번에 조금씩 더해 가며 계속 휘저어 10분간 뭉근하게 익힌다. 바닐라 빈을 제거하고 혼합물을 그릇에 칼로 펼쳐 담는다. 한 김 식힌 다음 작은 네모 모양으로 자른다. 팬에 버터를 넣어 녹이고 세몰리나를 올려 노릇하게 지진다.

◆ 우유 50mL
◆ 설탕 30g
◆ 반으로 가른 바닐라 빈 1개 분량
◆ 굵은 세몰리나 200g
◆ 버터 180g

준비 시간 10분 + 식히기
조리 시간 15분
6인분

● 세몰리나 반죽을 사각형 모양으로 잘라 익힌 요리

세몰리나 크넬
QUENELLES DE SEMOULE

오븐을 200℃로 예열하고 오븐용 그릇에 버터를 바른다. 중간 크기 냄비에 우유와 설탕을 넣고 한소끔 끓인다. 세몰리나를 천천히 붓고 잘 섞은 다음 자주 휘저으면서 약한 불에서 10~15분간 뭉근하게 익힌다. 달걀과 버터, 건포도를 더하여 섞는다. 한 김 식힌 다음 작은 소시지 또는 크넬 모양으로 빚는다. 준비한 그릇에 담고 오븐에 넣어 20분간 굽는다. 내열용 볼에 초콜릿과 물 1큰술을 담고 잔잔하게 끓는 물이 든 냄비에 얹어서 녹인 다음 세몰리나 크넬에 둘러서 낸다.

◆ 버터 30g, 틀용 여분
◆ 우유 600mL
◆ 설탕 60g
◆ 세몰리나 125g
◆ 달걀 푼 것 3개 분량
◆ 건포도 60g
◆ 곁들임용 초콜릿 125g

준비 시간 15분
조리 시간 40분
6인분

타피오카 푸딩
PUDDING AU TAPIOCA

- ◆ 우유 500mL
- ◆ 설탕 160g
- ◆ 타피오카 150g
- ◆ 분리한 달걀흰자와 달걀노른자 각각
  6개 분량
- ◆ 버터 40g
  준비 시간 8분
  조리 시간 55분
  6인분

오븐은 160℃로 예열한다. 중간 크기 냄비에 우유와 설탕 100g을 담고 한소끔 끓인다. 타피오카를 부어서 5분간 뭉근하게 익히고 불에서 내린다. 달걀흰자를 단단한 뿔이 서도록 휘핑한다. 달걀노른자와 버터를 타피오카에 더하여 섞다가 달걀흰자를 더하여 접듯이 섞는다. 남은 설탕과 물 1큰술로 옅은 캐러멜(643쪽)을 만든 다음 조심스럽게 틀에 붓고 기울여 안쪽에 골고루 묻힌다. 타피오카를 준비한 틀에 붓고 로스팅 팬에 넣은 다음 뜨거운 물을 틀 높이의 반 정도 잠길 만큼 붓는다. 오븐에 넣고 40분간 굽는다. 한 김 식힌 다음 뒤집어서 꺼내 낸다.

샤트렌식 케이크
GÂTEAU CHARTRAIN

- ◆ 다진 초콜릿 150g
- ◆ 우유 750mL
- ◆ 세몰리나 60g
- ◆ 타피오카 25g
- ◆ 설탕 60g
  준비 시간 8분 + 식히기
  조리 시간 20분
  6인분

냄비에 초콜릿과 우유를 담고 아주 약한 불에 올려서 녹인다. 자주 저으면서 혼합물을 끓어오를 때까지 가열한 다음 세몰리나와 타피오카를 천천히 붓고 고르게 섞는다. 15분간 잔잔하고 뭉근하게 익힌다. 설탕과 물 1큰술로 옅은 캐러멜(643쪽)을 만든 다음 틀에 조심스럽게 부어서 기울여 안쪽에 골고루 묻힌다. 한 김 식힌다. 뭉근하게 끓는 세몰리나 혼합물을 차가운 틀에 조심스럽게 붓고 식으면 뒤집어서 꺼낸다.

옥수수 푸딩
PUDDING MAÏZENA

- ◆ 우유 1L
- ◆ 설탕 60g
- ◆ 옥수수 가루 90g
- ◆ 곁들임용 크렘 앙글레즈(694쪽) 1회
  분량
  준비 시간 5분 + 식히기
  조리 시간 15분
  6인분

냄비에 우유 750mL과 설탕을 담고 한소끔 끓인다. 옥수수 가루를 남은 우유와 함께 곱게 섞는다. 설탕을 넣은 우유가 끓기 시작하면 옥수수 가루 혼합물을 더하여 계속 휘저으면서 10분간 뭉근하게 익힌다. 틀을 물에 씻어서 옥수수 가루 혼합물을 부은 다음 냉장고에 넣어서 굳힌다. 뒤집어서 꺼내 크렘 앙글레즈를 곁들여서 낸다.

복숭아 옥수수 푸딩
PUDDING MAÏZENA AUX PÊCHES

오븐을 180℃로 예열한다. 냄비에 우유 750mL와 설탕 60g을 담고 한소끔 끓인다. 옥수수 가루를 남은 우유와 함께 곱게 섞는다. 달걀흰자는 단단한 뿔이 서도록 거품 낸다. 달걀노른자를 옥수수 가루 혼합물에 더하여 섞은 다음 달걀흰자를 더하여 접듯이 섞는다. 이 혼합물을 끓는 우유에 부어서 골고루 섞고 불에서 내린다. 남은 설탕과 물 1큰술로 옅은 캐러멜 (643쪽)을 만든 다음 조심스럽게 샤를로트 틀에 붓고 기울여 안쪽에 골고루 묻힌다. 옥수수 가루 혼합물을 붓고 오븐에 넣어 20분간 구운 다음 식힌다. 복숭아는 껍질을 벗기고 반으로 잘라서 씨를 제거한 뒤 설탕 시럽에 넣고 6분간 삶는다. 옥수수 푸딩을 뒤집어 꺼내서 복숭아로 장식한다. 복숭아 대신 생과일이나 통조림 과일을 사용해도 좋다.

◆ 우유 1L
◆ 설탕 120g
◆ 옥수수 가루 75g
◆ 분리한 달걀흰자와 달걀노른자 각각 3개 분량
◆ 복숭아 500g
◆ 묽은 설탕 시럽(643쪽) 1회 분량

준비 시간 10분 + 식히기
조리 시간 35분
6인분

당절임 과일 옥수수 푸딩
PUDDING MAÏZENA AUX FRUITS CONFITS

쌀가루와 옥수수 가루를 섞은 다음 우유를 수큰술 더하여 곱게 섞는다. 냄비에 남은 우유와 설탕을 담아서 한소끔 끓인다. 뜨거운 우유에 옥수수 가루 혼합물을 부어서 휘저어 가며 5분간 뭉근하게 익힌다. 절반 분량의 체리 글라세와 당절임 안젤리카를 다져서 옥수수 가루 혼합물에 더하여 섞는다. 틀에 버터를 바르고 혼합물을 붓는다. 한 김 식힌다. 뒤집어서 꺼낸 다음 남은 체리와 안젤리카로 장식한다.

◆ 쌀가루 30g
◆ 옥수수 가루 30g
◆ 우유 750mL
◆ 설탕 60g
◆ 섞은 체리 글라세와 당절임 안젤리카 125g
◆ 버터 10g

준비 시간 15분 + 식히기
조리 시간 10분
6인분

브레드 푸딩
PUDDING AU PAIN

- 우유 500mL
- 설탕 160g
- 달걀 푼 것 3개 분량
- 껍질을 제거하고 깍둑 썬 묵은 빵 500g
- 다진 당절임 과일 125g
  준비 시간 20분
  조리 시간 1시간
  6인분

오븐을 160℃로 예열한다. 냄비에 우유와 설탕 100g을 담아서 한소끔 끓인다. 불에서 내리고 뜨거운 우유에 달걀을 더하여 섞는다. 빵과 당절임 과일을 더하여 섞은 다음 빵이 부드러워질 때까지 재운다. 남은 설탕과 우유 1큰술로 옅은 캐러멜(643쪽)을 만든 다음 틀에 조심스럽게 붓고 기울여 안쪽에 골고루 묻힌다. 틀에 브레드 푸딩 혼합물을 붓고 오븐에 넣어 1시간 동안 굽는다. 식힌 다음 뒤집어 꺼내서 낸다. 과일 대신 바닐라 익스트랙 1작은술 또는 간 레몬 제스트, 불린 다음 건져서 씨를 제거한 말린 자두 등을 더해도 좋다.

버미첼리 푸딩
PUDDING AU VERMICELLI

- 우유 1L
- 설탕 80g
- 레몬 제스트 간 것 1개 분량
- 버미첼리 150g
- 분리한 달걀흰자와 달걀노른자 각각 3개 분량
- 아몬드 가루 60g
- 버터 60g
- 곁들임용 크렘 앙글레즈(694쪽) 또는 레드커런트 젤리(860쪽) 1.5L
  준비 시간 20분 + 차갑게 식히기
  조리 시간 50분
  6인분

하루 전날 준비를 시작한다. 오븐을 180℃로 예열한다. 냄비에 우유, 설탕, 레몬 제스트를 한소끔 끓인다. 버미첼리를 부숴서 우유에 더한다. 15분간 뭉근하게 익히고 불에서 내린다. 달걀노른자와 아몬드, 버터를 더하여 골고루 섞는다. 달걀흰자를 단단한 뿔이 서도록 거품 낸 다음 혼합물에 더해서 접듯이 섞는다. 흐르는 물에 씻은 틀에 푸딩을 붓고 오븐에 넣어 30분간 굽는다. 한 김 식힌 다음 냉장고에 넣어 보관한다. 다음 날에 크렘 앙글레즈 또는 레드커런트 젤리를 곁들여 낸다.

살구 푸딩
PUDDING À LA CONFITURE

- 럼 200mL
- 레이디핑거 비스킷 250g
- 살구 잼(853쪽) 250g
- 크렘 앙글레즈(694쪽) 1회 분량
  준비 시간 20분 + 차갑게 식히기
  6인분

하루 전날 준비를 시작한다. 얕은 그릇에 럼과 물 100mL를 섞은 다음 레이디핑거를 하나씩 담갔다 뺀다. 샤를로트 틀 옆면에 레이디핑거의 납작한 부분이 바깥쪽을 향하도록 빼곡하게 둘러 채운다. 틀 바닥에도 같은 방식으로 깐다. 이어서 레이디핑거 위에 살구 잼을 한 켜 바르고 다시 레이디핑거를 한 켜 깐다. 같은 방법으로 계속 반복하고 마지막 켜는 레이디핑거로 마무리한다. 맨 위에 작은 접시를 덮고 누름돌을 얹는다. 냉장고에 넣어 최소 4시간 동안 차갑게 식힌다. 뒤집어서 꺼내고 크렘 앙글레즈를 덮어 낸다.

초콜릿 푸딩
PUDDING AU CHOCOLAT

하루 전날 준비를 시작한다. 내열용 볼에 초콜릿과 물 1큰술을 담고 잔잔하게 끓는 물이 든 냄비에 얹어서 녹인다. 달걀흰자를 단단한 뿔이 서도록 거품 낸다. 녹인 초콜릿에 달걀노른자와 설탕, 버터를 더하여 섞는다. 이어서 거품 낸 달걀흰자를 더하고 접듯이 섞는다. 샤를로트 틀 바닥과 옆면에 레이디핑거를 납작한 부분이 바깥쪽을 향하도록 깐다. 초콜릿 혼합물을 붓는다. 레이디핑거를 다시 한 켜 얹어서 마무리한다. 작은 접시를 얹고 누름돌을 올린 뒤 냉장고에 넣어 다음 날까지 차갑게 식힌다. 뒤집어서 꺼낸 다음 크렘 앙글레즈를 곁들여 낸다.

- ◆ 다진 초콜릿 160g
- ◆ 분리한 달걀흰자와 달걀노른자 각각 4개 분량
- ◆ 정제 백설탕 80g
- ◆ 부드러운 버터 60g
- ◆ 레이디핑거 비스킷 125g
- ◆ 크렘 앙글레즈(694쪽) 1회 분량

  준비 시간 35분 + 차갑게 식히기

  6인분

로열 푸딩
PUDDING ROYAL

하루 전날 준비를 시작한다. 오븐은 180℃로 예열한다. 체리 글라세 30g을 다진다. 냄비에 우유를 부어 한소끔 끓이고 다이제스티브 비스킷, 버터 50g, 달걀, 럼과 다진 체리를 더하여 섞는다. 샤를로트 틀에 남은 버터를 바른다. 틀에 레이디핑거와 우유 혼합물, 마카롱, 남은 체리를 번갈아 켜켜이 담는다. 맨 위에 덮개를 씌운 다음 로스팅 팬에 넣고 뜨거운 물을 틀 높이의 반 정도 잠길 만큼 붓는다. 오븐에 넣고 30분간 구운 다음 덮개를 벗기고 10분 더 구운 뒤 한 김 식힌다. 다음 날 뒤집어서 꺼내 접시에 담은 후 슈거파우더로 단맛을 낸 크렘 프레슈로 장식해 낸다.

- ◆ 체리 글라세 100g
- ◆ 우유 500mL
- ◆ 부순 다이제스티브 비스킷 100g
- ◆ 버터 60g
- ◆ 달걀 푼 것 4개 분량
- ◆ 럼 200mL
- ◆ 레이디핑거 비스킷 100g
- ◆ 아몬드 마카롱(771쪽) 100g
- ◆ 크렘 프레슈 250mL
- ◆ 슈거파우더

  준비 시간 35분

  조리 시간 40분

  6인분

직접 가열식 디저트

수플레 오믈렛
OMELETTE SOUFFLÉE

- 버터 25g
- 정제 백설탕 150g
- 분리한 달걀흰자와 달걀노른자 각가 5개 분량
- 바닐라 익스트랙 또는 오렌지, 레몬 제스트 간 것

준비 시간 10분

조리 시간 22분

6인분

오븐은 180℃로 예열하고 수플레 그릇에 버터를 바른다. 큰 볼에 설탕 125g, 달걀노른자를 담아서 거품기로 부드럽게 푼다. 바닐라 익스트랙이나 레몬, 오렌지 제스트로 풍미를 낸다. 달걀흰자는 단단한 뿔이 서도록 거품 낸다. 달걀흰자의 4분의 1 분량을 노른자 혼합물에 더하여 골고루 섞는다. 남은 달걀흰자를 더하여 접듯이 섞는다. 준비한 그릇에 혼합물을 담고 남은 설탕을 뿌린 다음 윗부분을 칼로 부드럽게 다듬는다. 열이 고르게 가해지도록 군데군데 깊이 칼집을 넣는다. 오븐에 넣어 노릇해질 때까지 20~22분간 굽는다. 바로 낸다.

노르망디식 오믈렛
OMELETTE NORMANDE

- 사과 350g
- 버터 60g
- 달걀 5개
- 우유 1큰술
- 소금 1작은술
- 마무리용 시나몬 가루
- 정제 백설탕 50g

준비 시간 10분

조리 시간 15분

6인분

사과는 껍질을 벗기고 심을 제거하여 고른 크기로 얇게 저민다. 큰 팬에 버터 30g을 넣어 녹이고 사과를 더하여 중간 불에서 5분간 익히고 건진다. 볼에 달걀을 깨트려 담고 우유와 소금을 더해서 골고루 푼다. 사과를 익혔던 팬을 다시 중간 불에 올리고 남은 버터를 넣어 녹인다. 절반 분량의 달걀 혼합물을 뜨거운 팬에 부어서 2분간 익힌다. 팬에 사과를 올리고 남은 달걀 혼합물을 위에 덮어 5분 더 굽는다. 오믈렛을 식사용 그릇에 뒤집어 담고 시나몬과 설탕을 뿌린다.

노르웨이식 오믈렛

OMELETTE NORVÉGIENNE

모두 한참 전에 미리 준비해 두어야 하는 세 가지 레시피로 이루어진 요리다. 사보이 케이크는 하루 전날 만든 다음 2.5cm 높이의 직사각형 모양으로 다듬는다. 아이스크림은 미리 만들어서 사보이 케이크와 같은 크기에 높이 약 5cm의 긴 직사각형 또는 원통형 용기에 담아서 냉동 보관한다. 수플레 오믈렛 반죽은 내기 직전에 만들되 익히지 않고 준비한다. 길쭉한 식사용 그릇에 사보이 케이크를 담는다. 그릴을 예열하고 사보이 케이크 위에 아이스크림을 얹는다. 재빨리 아이스크림을 수플레 오믈렛 반죽으로 완전히 감싸고 칼날로 무늬를 그린다. 예열한 그릴에 올려 오믈렛 표면이 노릇해질 때까지만 가열한다. 이때 오믈렛이 아이스크림을 녹지 않도록 보호하는 역할을 한다. 바로 낸다.

- ◆ 사보이 케이크(801쪽) 1개
- ◆ 아이스크림(종류 무관, 740~757쪽) 1회 분량
- ◆ 수플레 오믈렛(719쪽) 1회 분량
  준비 시간 30분 + 얼리기
  조리 시간 3분
  6인분

크림 튀김

CRÉME FRITE

우유와 달걀노른자, 설탕, 밀가루로 아주 되직한 크렘 파티시에르(706쪽)를 만든다. 깨끗한 쟁반에 펴 발라서 식혀 굳히고 같은 크기로 자른다. 속이 깊은 소테용 팬에 오일을 약 2cm 깊이로 부어서 가열한다. 크렘 파티시에르 조각을 달걀물에 담갔다가 빵가루를 묻힌 다음 필요에 따라 적당량씩 나누어서 오일에 넣고 노릇해질 때까지 3분간 튀긴다. 건져서 기름기를 제거하여 뜨겁게 낸다.

- ◆ 우유 500mL
- ◆ 달걀노른자 6개 분량
- ◆ 설탕 80g
- ◆ 밀가루 40g
- ◆ 튀김용 오일
- ◆ 달걀 푼 것 1개 분량
- ◆ 튀김옷용 마른 빵가루
  준비 시간 25분
  조리 시간 10분
  6인분

기본 크레페
ONÊPEO ONDINAINEO

- ◆ 밀가루 250g
- ◆ 달걀 2개
- ◆ 식물성 오일 2큰술
- ◆ 소금 1작은술
- ◆ 우유 500mL
- ◆ 럼, 키르슈, 오렌지 꽃물, 레몬 제스트 간 것 등 가향 재료
- ◆ 마무리용 정제 백설탕

준비 시간 10분 + 휴지하기

조리 시간 크레페 1장당 3분씩

6인분

 735쪽

볼에 밀가루를 담고 가운데를 오목하게 만든 뒤 달걀을 깨트려 담는다. 오일 1큰술, 소금, 소량의 우유를 더한 뒤 반죽이 가볍고 매끄러워질 때까지 거품기로 섞는다. 남은 우유를 천천히 부으면서 거품기로 반죽을 들어 올렸을 때 리본 모양으로 떨어질 때까지 친다. 원하는 가향 재료를 더하고 반죽을 냉장고에 넣어 수시간 동안 휴지한다. 반죽이 살짝 걸쭉해질 것이다. 크레페를 굽기 전에 반죽을 꺼내서 골고루 섞은 다음 소량의 물이나 우유를 더해서 원래 농도로 조절한다. 팬에 남은 오일을 아주 약간 두르고 센 불에 올린다. 반죽 약간을 붓고 바로 팬을 이리저리 기울여서 골고루 퍼트린다. 크레페가 노릇해지고 들어 올릴 수 있는 상태가 되면 바로 뒤집는다. 반대쪽도 마저 노릇하게 익힌 다음 설탕을 뿌린다. 아주 뜨겁게 낸다. 남은 반죽으로 같은 과정을 반복한다.

참고
반죽의 오일 대신 녹인 버터 30g을 넣어도 좋다. 그런 경우에는 크레페를 만들기 직전에 반죽에 녹인 버터를 더하여 거품기로 골고루 섞는다.

〔변형〕

• •

잼을 채운 크레페
CRÊPES FOURRÉES À LA CONFITURE
위와 같이 조리한다. 크레페당 잼 1큰술을 펴 바르고 돌돌 말아서 낸다.

• •

크림을 채운 크레페
CRÊPES FOURRÉES À LA CRÈME
위와 같이 조리한다. 크레페당 아몬드 커스터드(706쪽) 또는 크렘 프레슈 1큰술을 펴 바르고 돌돌 말아서 낸다.

메밀 크레페

CRÊPES SARRASIN

프랑스 북부 브르타뉴 지역에서 유래한 크레페 레시피다.

볼에 메밀가루와 밀가루, 소금을 넣고 섞는다. 달걀과 소량의 우유를 더하여 고운 페이스트가 될 때까지 섞은 다음 남은 우유를 더하여 마저 섞는다. 반죽이 너무 되직하면 물을 조금 섞는다. 거품기로 들어 올리면 리본 모양을 그리면서 쉽게 흘러내리는 정도가 되어야 한다. 팬 또는 번철에 솔로 오일을 바르고 중간 불에 올린다. 뜨겁게 달궈지면 반죽을 약간 부어서 나무 스패출러를 이용하거나 팬을 기울여서 얇고 고른 두께로 편 뒤 앞뒤로 2분씩 굽는다. 남은 반죽으로 같은 과정을 반복한다. 크레페마다 양질의 버터를 한 조각씩 올리고 두 번 접어서 4분의 1 크기로 만들어 낸다.

- ◆ 메밀가루 200g
- ◆ 밀가루 90g
- ◆ 소금 1/2작은술
- ◆ 달걀 1개
- ◆ 우유 500mL
- ◆ 튀김용 오일
- ◆ 마무리용 버터 100g

준비 시간 20분

조리 시간 크레페 1장당 4분

6인분

가벼운 크레페
ONÊPEO LÉQÈNEO

볼에 밀가루를 담고 우유와 따뜻한 물을 더하여 섞는다. 버터 15g을 녹인 다음 소금 1꼬집과 함께 밀가루 볼에 부어서 골고루 섞는다. 완성한 반죽은 냉장고에 넣어 최소한 1시간 정도 휴지한다. 달걀흰자에 소금 1꼬집을 더해서 단단한 뿔이 서도록 거품 낸다. 크레페 반죽에 달걀노른자, 레몬 제스트, 남은 버터를 더해서 섞은 다음 거품 낸 달걀흰자를 더해서 접듯이 섞는다. 반죽이 매끄럽고 가벼운 상태가 되어야 한다. 기본 크레페(721쪽)와 같은 방식으로 굽는다. 설탕을 뿌려서 바로 낸다.

◆ 밀가루 250g

◆ 우유 300mL

◆ 따뜻한 물 200mL

◆ 부드러운 버터 100g

◆ 소금 2꼬집

◆ 분리한 달걀흰자와 달걀노른자 각각
  5개 분량

◆ 레몬 제스트 간 것 1개 분량

◆ 정제 백설탕

  준비 시간 10분

  조리 시간 크레페 1장당 3분씩

  6인분

프렌치 토스트
PAIN PERDU

우유에 설탕 150g과 달걀을 더하여 골고루 섞는다. 빵을 상당히 얇은 두께로 고르게 저민 다음 우유 혼합물에 담근다. 이때 빵은 아주 축축하지만 부서지지 않을 정도가 되어야 한다. 달군 팬에 버터 한 덩이를 넣고 녹인다. 재운 빵을 올리고 센 불에서 앞뒤로 노릇하게 익히며 필요하면 버터를 추가한다. 남은 설탕과 시나몬 가루 또는 바닐라 설탕을 뿌려서 뜨겁게 낸다.

 736쪽

◆ 우유 500mL

◆ 정제 백설탕 175g

◆ 달걀 2개

◆ 살짝 묵은 빵 400g

◆ 버터 125g

◆ 시나몬 가루 또는 바닐라 설탕

  준비 시간 10분

  조리 시간 1장당 3분씩

  6인분

수플레 튀김
BEIGNETS SOUFFLÉS OU PETS DE NONE

슈 페이스트리 반죽을 준비한다. 튀김기에 오일을 채워서 180℃ 혹은 빵 조각을 넣으면 30초 만에 노릇해질 정도로 가열한다. 슈 반죽을 호두 크기로 몇 숟갈 정도 퍼낸 다음 뜨거운 오일에 조심스럽게 넣는다. 반죽을 한꺼번에 기름에 넣지 말고 적당량씩 나눠서 작업한다. 반죽이 부풀면 온도를 바로 190℃로 높인다. 튀김이 노릇해지면 건진다. 기름기를 충분히 제거하고 설탕을 뿌려서 바로 낸다. 튀김을 볼에 담아서 취향에 따라 바닐라 또는 기타 가향 크렘 앙글레즈를 곁들여 내도 좋다.

◆ 슈 페이스트리 반죽(774쪽) 1회 분량

◆ 튀김용 식물성 오일

◆ 마무리용 정제 백설탕

◆ 곁들임용 크렘 앙글레즈(694쪽)(선택
  사항)

  준비 시간 20분

  조리 시간 튀김 1개당 5분

  6인분

튀김옷 반죽

PÂTE À FRIRE

2시간 전에 준비를 시작한다. 볼에 밀가루와 이스트, 따뜻한 물을 담고 잘 섞어서 페이스트를 만든다. 밀가루 가운데를 오목하게 파고 오일과 이스트를 담는다. 따뜻한 물을 조금씩 부으면서 휘젓되 거품기로 반죽을 들어 올리면 리본 모양을 그리면서 떨어질 때까지 섞는다. 볼에 달걀흰자를 담아 포크로 1분간 푼 다음 반죽에 더해서 섞는다. 반죽을 냉장고에 넣어 2시간 동안 재운 다음 사용한다.

참고

위 레시피 대신 크레페 반죽을 사용해도 좋지만 바삭한 질감이 덜하다.

- ◆ 밀가루 250g
- ◆ 생이스트 1덩어리
- ◆ 따뜻한 물 1큰술, 반죽용 여분
- ◆ 오일 1큰술
- ◆ 달걀흰자 1개 분량

  준비 시간 8분 + 휴지하기

  분량 500mL

사과 튀김

BEIGNETS AUX POMMES

튀김옷 반죽을 만든다. 튀김기에 오일을 채워서 180℃ 혹은 빵조각을 넣으면 30초 만에 노릇해질 정도로 가열한다. 사과는 껍질을 벗기고 심을 제거해서 고른 크기로 저민다. 저민 사과에 하나씩 튀김옷을 묻힌다. 튀김옷을 입힌 사과를 적당량씩 나눠서 뜨거운 오일에 조심스럽게 넣은 다음 노릇하고 부드러워질 때까지 수분간 튀긴다. 건져서 기름기를 제거하고 설탕을 뿌려서 바로 낸다.

 737쪽

- ◆ 튀김옷 반죽(724쪽) 1회 분량
- ◆ 튀김용 식물성 오일
- ◆ 생식용 사과 6개
- ◆ 마무리용 설탕

  준비 시간 8분

  조리 시간 15분

  6인분

〔변형〕

. . . .

딸기 튀김

BEIGNETS AUX FRAISES

위와 같이 조리하되 사과 대신 딸기를 사용한다.

. . . .

복숭아 튀김

BEIGNETS AUX PÊCHES

복숭아를 반으로 잘라서 씨를 제거한다. 사과 대신 복숭아를 사용하여 같은 과정으로 조리한다.

라이스 크로켓
CROQUETTES DE RIZ

- 장립종 쌀 175g
- 우유 500mL
- 레몬 제스트 간 것 1개 분량 또는 반으로 가른 바닐라 빈 1/2개 분량
- 소금 1꼬집
- 부드러운 버터 60g
- 달걀 2개
- 튀김옷용 밀가루 또는 달걀흰자 푼 것 1개 분량
- 튀김용 식물성 오일
- 설탕 60g

준비 시간 15분 + 식히기

조리 시간 30분

6인분

쌀과 우유, 물 500mL, 레몬 제스트 또는 바닐라 빈과 소금으로 인도식 밥(616쪽)을 만든다. 한 김 식힌 다음 바닐라 빈(사용 시)을 제거하고 버터와 달걀을 더하여 섞는다. 혼합물이 완전히 식으면 소시지 모양으로 빚어서 밀가루 또는 달걀흰자를 묻힌다. 튀김기에 오일을 채워서 180℃ 혹은 빵조각을 넣으면 30초 만에 노릇해질 정도로 가열한다. 크로켓을 적당량씩 더하여 노릇하게 튀긴다. 건져서 기름기를 충분히 제거한 다음 설탕을 뿌려서 낸다.

기타 우유 & 달걀 레시피

초콜릿 베샤멜
BÉCHAMEL AU CHOCOLAT

- 우유 750mL
- 다진 초콜릿 200g
- 버터 50g
- 밀가루 40g

준비 시간 10분

조리 시간 10분

6인분

냄비에 우유를 담고 뭉근하게 끓도록 가열한 뒤 초콜릿을 넣어 녹인다. 다른 냄비에 버터를 넣어 녹이고 밀가루를 더해 잘 휘저어서 루를 만든다. 초콜릿을 넣은 우유를 조금씩 더하면서 계속 휘저어 섞는다. 걸쭉해질 때까지 휘저으면서 10분간 익힌다. 차갑게 낸다.

봉 존 옴므*

UN BON JEUNE HOMME

냄비에 우유를 한소끔 끓이고 초콜릿과 설탕을 더하여 섞는다. 자주 휘 저으면서 45분간 잔잔하고 뭉근하게 익혀 아주 걸쭉한 페이스트를 만든 다. 계속 휘젓다가 약 30분 후 초콜릿이 요구르트 정도의 농도가 되면 볼 에 옮겨 식힌다. 크렘 앙글레즈를 덮어서 아주 차갑게 낸다.

- ◆ 우유 750mL
- ◆ 다진 초콜릿 175g
- ◆ 설탕 50g
- ◆ 크렘 앙글레즈(694쪽) 1회 분량

  준비 시간 3분

  조리 시간 45분

  6인분

- ● 직역하면 '흰칠한 젊은이'라는 뜻으로 부드 러운 초콜릿 혼합물에 크림 종류를 얹은 디 저트.

초콜릿 마르퀴즈

MARQUISE AU CHOCOLAT

4시간 전에 준비를 시작한다. 중간 크기 냄비에 초콜릿과 물 약간을 담고 잔잔한 불에 올려서 부드럽게 녹인다. 불에서 내린 다음 설탕과 달걀노른 자, 버터를 더하여 골고루 섞는다. 달걀흰자는 부드러운 뿔이 서도록 거 품낸 뒤 초콜릿 혼합물에 더하여 접듯이 섞는다. 혼합물을 샤를로트 틀 에 붓고 냉장고에 넣어 차갑게 식혀 굳힌다. 틀을 뜨거운 물에 담갔다가 뒤집어서 꺼낸다. 바닐라 크렘 앙글레즈를 둘러서 덮어 낸다.

- ◆ 다진 초콜릿 250g
- ◆ 정제 백설탕 60g
- ◆ 분리한 달걀흰자와 달걀노른자 각각 4개 분량
- ◆ 녹인 버터 175g
- ◆ 바닐라 크렘 앙글레즈(694쪽) 500mL

  준비 시간 25분 + 차갑게 식히기

  6인분

초콜릿 마요네즈

MAYONNAISE AU CHOCOLAT

내열용 볼에 버터와 초콜릿을 담고 잔잔하게 끓는 물이 든 냄비에 얹어서 녹인다. 초콜릿에 달걀노른자를 하나씩 넣으면서 잘 섞는다. 달걀흰자는 아주 단단한 뿔이 서도록 거품 낸다. 초콜릿 혼합물에 더해서 접듯이 섞 은 다음 럼을 더한다. 냉장고에 수시간 동안 차갑게 보관한 다음 낸다.

- ◆ 버터 30g
- ◆ 다진 초콜릿 175g
- ◆ 분리한 달걀흰자와 달걀노른자 각각 4개 분량
- ◆ 럼 30mL

  준비 시간 25분 + 차갑게 식히기

  6인분

사바용
SABAYON

- 정제 백설탕 200g
- 달걀노른자 5개 분량
- 바닐라 익스트랙 1/2작은술
- 레몬 제스트 간 것 1개 분량
- 강화 와인(포트 와인, 쉐리, 마데이라
  와인 등) 200g
  준비 시간 10분
  조리 시간 5~10분
  6인분

큰 볼에 설탕과 달걀노른자, 바닐라, 레몬 제스트를 담고 거품기를 이용해서 걸쭉하고 새하얀 색을 띠며 부드러워질 때까지 섞는다. 와인을 더한 다음 내열용 볼에 담아서 잔잔하게 끓는 물이 든 냄비에 올린다. 거품기로 계속 치면서 거품이 일고 아주 되직한 상태가 될 때까지 5~10분간 천천히 가열한다. 불에서 내려서 바로 낸다.

케이크용 키르슈 아이싱
GLACE AU KIRSCH POUR GÂTEAU

- 슈거파우더 120g
- 키르슈
  준비 시간 25분
  6인분

볼에 슈거파우더를 담고 소량의 키르슈를 1작은술씩 더해 걸쭉한 페이스트가 될 때까지 섞는다. 끓는 물에 담갔다가 뺀 뜨거운 팔레트 나이프를 이용해서 케이크에 아이싱을 고르게 펴 바른다.

초콜릿 아이싱
GLACE AU CHOCOLAT

- 다진 초콜릿 60g
- 버터 60g
- 아주 신선한 달걀흰자와 달걀노른자
  각각 2개 분량
  준비 시간 20분
  6인분

작은 냄비를 약한 불에 올리고 초콜릿과 버터를 더하여 천천히 녹인다. 불에서 내리고 달걀노른자를 더하여 섞는다. 달걀흰자는 부드러운 뿔이 설 정도로 거품기로 친 다음 초콜릿 혼합물에 더하여 접듯이 섞는다. 팔레트 나이프로 케이크에 아이싱을 펴 바른다. 아이싱이 식으면 자연스럽게 굳는다.

커피 퐁당 아이싱
FONDANT AU CAFÉ

냄비에 설탕과 글루코즈, 물 100mL를 담고 약한 불에 올려서 녹인 다음 시럽을 만들어 긴 실 단계(643쪽)가 될 때까지 가열한다. 시럽을 조심스럽게 대리석 판에 붓는다. 시럽이 식으면 바로 나무 또는 철제 스패출러를 이용해서 불투명한 상태가 될 때까지 치댄다. 레몬즙을 더한 다음 마저 잘 치대서 공 모양으로 빚는다. 공 모양 아이싱을 다시 냄비에 담고 끓지 않도록 주의하면서 약한 불에서 천천히 녹인다. 커피 익스트랙을 더한 다음 큰 케이크 또는 작은 슈에 두르는 용도로 사용한다. 시판 퐁당 아이싱을 사용해도 좋다.

◆ 설탕 300g

◆ 글루코즈 1큰술

◆ 레몬즙 10방울

◆ 커피 익스트랙 2작은술

준비 시간 15분

조리 시간 10분

6인분

생토노레 크림
CRÈME SAINT-HONORÉ

냄비에 우유와 바닐라 빈을 담고 약한 불에 올려서 끓어오를 때까지 한소끔 끓인다. 큰 볼에 밀가루와 설탕, 달걀, 달걀노른자를 담고 매끈하게 섞일 때까지 거품기로 친다. 거품기로 계속 치면서 우유를 조금씩 붓는다. 다시 냄비에 담고 계속 휘저으면서 혼합물이 걸쭉해질 때까지 잔잔한 불에서 익힌다. 바닐라 빈을 제거한다. 달걀흰자를 단단한 뿔이 서도록 거품 낸 다음 커스터드에 더해서 접듯이 섞는다. 한 김 식으면 바로 필링으로 사용하되 유통기한이 오래가지 않으므로 주의한다.

◆ 우유 500mL

◆ 반으로 가른 바닐라 빈 1개 분량

◆ 밀가루 30g

◆ 정제 백설탕 125g

◆ 달걀 1개

◆ 분리한 달걀흰자와 달걀노른자 각각
  3개 분량

준비 시간 15분 + 식히기

조리 시간 10분

6인분

버터 크림
CREME AU BEURRE

큰 볼에 달걀과 설탕을 담고 잔잔하게 끓는 물이 든 냄비에 얹어서 핸드믹서로 걸쭉하고 부드러워질 때까지 친다. 불에서 내린 다음 거품기로 혼합물이 거의 식을 때까지 친다. 계속 휘저으면서 버터를 조금씩 더해 가며 크림이 걸쭉하고 반짝거리며 완전히 식을 때까지 섞는다. 취향에 따라 원하는 가향 재료를 더하여 섞는다.

◆ 달걀 3개

◆ 정제 백설탕 120g

◆ 버터(실온) 270g

◆ 오렌지 또는 레몬 제스트 간 것, 커피
  에센스, 바닐라 익스트랙 또는 으깬
  프랄린 등 가향 재료(선택 사항)

준비 시간 30분

조리 시간 10분

6인분

슈용 필링
CRÈME POUR CHOUX

- ◆ 우유 500mL
- ◆ 다진 초콜릿 50g
- ◆ 밀가루 60g
- ◆ 정제 백설탕 100g
- ◆ 소금 1작은술
- ◆ 달걀 3개
- ◆ 버터 30g

  준비 시간 25분

  조리 시간 10분

  6인분

큰 냄비에 우유와 초콜릿을 담고 약한 불에 올려서 가끔 휘저으며 초콜릿을 녹인다. 큰 볼에 밀가루와 설탕, 소금, 달걀을 담아서 매끄럽게 섞는다. 따뜻한 초콜릿 우유를 부으면서 거품기로 섞은 다음 다시 냄비에 붓는다. 버터를 조금씩 넣으면서 휘저어서 섞는다. 잔잔한 불에 올려서 계속 휘저으며 걸쭉해질 때까지 1분간 익힌다. 불에서 내린 다음 거품기로 치면서 완전히 식힌다.

짭짤한 치즈 필링
CRÈME AU FROMAGE POUR PÂTISSERIES SALÉEES

- ◆ 버터 125g
- ◆ 밀가루 30g
- ◆ 크렘 프레슈 200mL
- ◆ 그뤼에르 치즈 간 것 75g
- ◆ 분리한 달걀흰자와 달걀노른자 각각

  2개 분량
- ◆ 소금과 후추

  준비 시간 25분

  조리 시간 15분

  6인분

버터 60g과 밀가루, 크렘 프레슈로 베샤멜 소스(50쪽)를 만든다. 약한 불에 올려서 휘저어 가며 15분간 익힌다. 불에서 내리고 치즈와 달걀노른자를 더하여 섞은 다음 남은 버터를 작게 잘라 더한다. 달걀흰자를 단단한 뿔이 서도록 거품 낸 다음 베샤멜 소스에 더해서 접듯이 섞는다. 소금과 후추로 간을 하고 나무 주걱으로 잘 섞어서 필링으로 사용한다.

럼 소스
SAUCE AU RHUM

- ◆ 설탕 125g
- ◆ 럼 200mL

  준비 시간 5분

  조리 시간 10분

  6인분

냄비에 물 250mL와 설탕, 럼을 담고 약한 불에 올려서 한소끔 끓인다. 끓기 시작하면 바로 불에서 내리고 잘 섞어서 바로 사용한다. 뜨거운 럼 바바(793쪽)에 부어서 먹는 용도로 써도 좋다.

눈 쌓인 달걀(693쪽)

고슴도치(693쪽)

과일 바바루아(697쪽)

초콜릿 무스(703쪽)

바닐라 수플레(710쪽)

잼을 채운 크레페(721쪽)

프렌치 토스트(723쪽)

사과 튀김(724쪽)

-13-
빙과

빙과

빙과류는 우유 또는 크림을 사용한 농후한 혼합물(아이스크림) 또는 과일과 물, 설탕(소르베)만 가지고 만든다. 주로 준비한 혼합물을 패들 도구를 장착한 아이스크림 제조기에 넣고 영하 약 18℃에서 일정한 속도로 빠르게 교반하여 완성한다. 아직 부드러울 때 틀 또는 용기에 담아서 냉동고에 내기 전까지 보관한다.

　아이스크림 제조기가 없을 경우에는 혼합물을 열전도가 좋은 용기(철제 등)에 담아서 냉동고에 넣은 다음 15분마다 거품기로 휘저어서 큼직한 얼음 결정이 생기지 않도록 골고루 깨트린다. 너무 뻣뻣해서 거품기로 저을 수 없을 때까지 같은 과정을 반복한다. 설탕이나 알코올을 너무 많이 넣으면 혼합물이 얼지 않으며, 우유나 물을 너무 많이 넣으면 얼음 결정이 생기기 쉽다. 냉동고의 종류에 따라 완전히 얼기까지는 4~8시간 정도가 소요된다. 꺼낼 때는 차가운 물(절대 뜨거운 물을 사용하지 않는다.)을 틀 위에 1~2분 정도 부은 다음 식사용 그릇에 담는다.

바닐라 아이스크림
GLACE À LA VANILLA

큰 냄비에 우유와 바닐라 빈을 담고 뭉근하게 끓도록 가열한 다음 불에서 내리고 향을 우린다. 볼에 달걀노른자와 설탕을 담고 하얀 색을 띠고 거품이 생길 때까지 최소한 10분 이상 거품기로 친다. 달걀 혼합물에 우유를 조금씩 부으면서 골고루 섞은 다음 다시 냄비에 붓고 아주 약한 불에 올려 걸쭉해질 때까지 계속 휘저으면서 천천히 익힌다. 이때 숟가락을 넣었을 때 뒷면에 묻어날 정도가 되어야 한다. 불에서 내린 다음 크림처럼 매끄러운 상태가 될 때까지 거품기로 계속 휘젓는다. 완전히 식힌다. 커스터드를 아이스크림 제조기에 부어서 설명서에 따라 교반한다. 냉동하기 직전에 휘핑한 크림을 아이스크림에 섞어 크림 같은 질감과 부피감을 더해도 좋다.

- ◆ 우유 1L
- ◆ 반으로 가른 바닐라 빈 1개 분량
- ◆ 달걀노른자 8개 분량
- ◆ 설탕 150g
- ◆ 샹티이 크림(121쪽) 500mL(선택 사항)

　준비 시간 10분 + 얼리기

　조리 시간 15분

　6인분

키르슈 아이스크림
GLACE AU KIRSCH

바닐라 아이스크림(740쪽)과 동일하게 조리하되 냉동하기 직전에 커스터드에 키르슈를 더하여 향을 낸다.

초콜릿 아이스크림
GLACE AU CHOCOLAT

초콜릿 250g과 달걀노른자 6개, 설탕 60g으로 초콜릿 크렘 앙글레즈(694쪽)를 만든다. 바닐라 아이스크림(740쪽)과 같은 방식으로 조리한다.

커피 아이스크림
GLACE AU CAFÉ

바닐라 빈 대신 커피 익스트랙 4작은술과 설탕 100g을 사용해서 커피 크렘 앙글레즈(694쪽)를 만든다. 바닐라 아이스크림(740쪽)과 같은 방식으로 조리한다.

당절임한 커피콩을 더한 커피 아이스크림
GLACE AU CAFÉ AVEC GRAINS

커피 아이스크림(741쪽)과 같이 조리하되 냉동하기 직전에 당절임 커피콩 125g을 섞는다.

과일 아이스크림
GLACE AUX FRUITS

냄비에 설탕과 물 400mL을 담는다. 가열해서 설탕을 녹이고 한소끔 끓인다. 1분간 끓인 다음 아래 안내를 참조해서 원하는 과일 재료를 더한다. 시럽은 묽은 농도여야 한다. 아이스크림(740쪽)과 같은 방식으로 교반하여 냉동한다.

참고
모든 과일 아이스크림에 크렘 프레슈 500mL를 더하면 훨씬 부드럽고 얼음 느낌이 덜한 아이스크림이 된다.

〔변형〕

. . . .

딸기즙 아이스크림
GLACE AUX FRAISES

믹서에 딸기 500g과 레몬즙 2개 분량을 더하여 곱게 간다. 설탕 시럽에 섞어서 교반 후 냉동(740쪽)한다.

. . . .

귤즙 아이스크림
GLACE AUX MANDARINS

귤 750g의 절반 분량은 제스트를 갈고 모든 귤의 즙을 짠다. 설탕 시럽에 즙을 넣고 섞은 뒤 물 200mL를 더한다. 교반 후 냉동(740쪽)한다.

. . . .

오렌지즙 아이스크림
GLACE AUX ORANGES

오렌지 750g의 절반 분량은 제스트를 갈고 모든 오렌지의 즙을 짠다. 설탕 시럽에 즙을 넣고 섞은 뒤 물 300mL를 더한다. 교반 후 냉동(740쪽)한다.

◆ **설탕 500g**
◆ **과일(변형 참조)**

준비 시간 20분 + 얼리기

6인분

 753쪽

과일 무스 아이스크림
MOUSSE GLACÉE AUX FRUITS

- **설탕 시럽 500mL**
- **달걀노른자 8개 분량**

  준비 시간 30분 + 얼리기

  6인분

무스 베이스를 만든다. 설탕 시럽을 긴 실 단계(643쪽)로 준비한다. 큰 볼에 달걀노른자를 담고 핸드믹서로 하얗고 매끄러워질 때까지 친 다음 시럽을 가느다랗게 일정한 속도로 부으며 섞는다. 이때 시럽이 거품기에 닿지 않도록 주의한다. 볼을 잔잔하게 끓는 물이 든 냄비에 얹은 다음 걸쭉하고 단단해질 때까지 계속 거품기로 친다. 볼을 불에서 내리고 식을 때까지 계속 친다. 아래의 안내를 참조하여 원하는 과일을 더한다. 교반하여 냉동(740쪽)한다.

〔변형〕

. . . .

딸기 무스 아이스크림
MOUSSE GLACÉE AUX FRAISES

믹서에 딸기 200g을 곱게 간다. 무스 베이스와 휘핑크림 500mL을 더하여 섞은 다음 위와 같이 제조한다.

. . . .

파인애플 무스 아이스크림
MOUSSE GLACÉE AUX ANANAS

생파인애플 또는 통조림 시럽 파인애플(건져 낸 후의 무게) 185g를 믹서에 곱게 간다. 무스 베이스에 휘핑크림 250mL와 함께 섞은 다음 위와 같이 제조한다.

. . . .

귤 또는 오렌지 무스 아이스크림
MOUSSE GLACÉE À LA MANDARINE OU À L'ORANGE

귤 6개 또는 오렌지 4개의 제스트를 묽은 설탕 시럽(643쪽)에 익힌 다음 위와 같이 무스 베이스를 만든다. 휘핑크림 250mL를 섞어서 위와 같이 제조한다.

카페 글라세(아이스 커피)
CAFÉ GLACÉ

끓는 물 1L와 간 커피콩으로 진한 커피를 만든다. 설탕을 더해서 휘저어 녹인다. 아이스크림 제조기로 교반한 후 냉동한다. 먹기 전에 꺼내서 살짝 부드러워지도록 기다리는 사이 더블 크림을 부드러운 뿔이 서도록 휘핑한다. 크림을 커피 아이스에 더해서 접듯이 섞어 낸다.

- 커피콩 간 것 185g
- 설탕 200g
- 더블 크림 500mL

  준비 시간 10분 + 얼리기

  6인분

피치 멜바
PÊCHES MELBA

큰 냄비에 물 500mL와 설탕을 더하여 한소끔 끓여 시럽을 만든다. 시럽에 복숭아를 넣어서 부드러워질 때까지 15분간 뭉근하게 익힌다. 식힌 다음 껍질을 벗긴다. 개별용 컵에 바닐라 아이스크림을 담고 복숭아를 통째로 하나씩 얹는다. 레드커런트 시럽을 두르고 아몬드를 뿌린 다음 크림으로 장식해서 낸다.

- 설탕 100g
- 복숭아 6개(대)
- 바닐라 아이스크림(740쪽) 1L
- 레드커런트로 만든 붉은 베리 시럽(826쪽) 50mL
- 껍질 벗긴 아몬드 슬라이스 50g
- 차갑게 식힌 샹티이 크림(121쪽) 250mL

  준비 시간 5분

  조리 시간 20분

  6인분

카페 오 레 글라세(아이스 카페 라테)
CAFÉ A LAIT GLACÉ

볼에 연유와 차가운 우유를 넣고 섞는다. 끓는 물 2큰술에 녹인 인스턴트 커피 또는 커피 에센스를 더하여 마저 섞는다. 커피 맛이 강하게 나는지 먹어 보고 확인한다. 아이스크림(740쪽)과 같은 방식으로 교반하여 냉동한다.

- 연유 1캔(400g들이)
- 우유 400mL
- 인스턴트 커피 또는 커피 에센스

  준비 시간 10분 + 얼리기

  6인분

커피 선데이
CAFÉ LIÉGEOIS

 754쪽

수시간 전에 준비를 시작한다. 커피 크렘 앙글레즈를 만든 다음 교반하고 냉동해서 커피 아이스크림(741쪽)을 만든다. 차가운 선데이 유리컵 6개 바닥에 커피를 2큰술씩 담는다. 아이스크림을 미리 내놔서 살짝 부드럽게 만든 다음 선데이 컵에 각각 2~3스쿱씩 담는다. 크림에 슈거파우더를 더하여 거품을 낸 다음 선데이 위에 올리고 당절임 커피콩으로 장식해 낸다.

- ◆ 커피 크렘 앙글레즈(694쪽) 1L
- ◆ 차가운 블랙 커피 175mL
- ◆ 더블 크림 200g
- ◆ 슈거파우더 50g
- ◆ 당절임 커피콩 60g
  준비 시간 20분 + 얼리기
  6인분

살구 아이스크림
CRÈME GLACÉE AUX ABRICOTS

 755쪽

살구는 씨를 제거하고 믹서에 곱게 간다. 설탕을 더한 다음 1분간 간다. 설탕이 녹아 살짝 걸쭉한 상태가 되어야 한다. 크림을 휘핑한 다음 살구 퓌레와 함께 접듯이 섞는다. 냉동고에 넣고 30분마다 꺼내서 거품기로 휘젓는 과정을 4~6시간 동안 반복하여 커다란 얼음 결정이 생기지 않도록 한다. 또는 아이스크림 제조기로 교반하여 냉동한다.

- ◆ 잘 익은 살구 600g
- ◆ 설탕 90g
- ◆ 더블 크림 250mL
  준비 시간 10분 + 얼리기
  6인분

(변형)

＊＊＊＊＊＊＊＊＊＊＊＊＊＊＊＊＊＊＊＊＊＊＊＊＊＊＊＊＊＊

딸기 또는 라즈베리 아이스크림
CRÈME GLACÉE AUX FRAISES OU AUX FRAMBOISES

 756쪽

살구와 설탕 대신 잘 익은 딸기 또는 라즈베리 500g과 정제 백설탕 100g을 더하여 위와 같이 조리한다.

＊＊＊＊＊＊＊＊＊＊＊＊＊＊＊＊＊＊＊＊＊＊＊＊＊＊＊＊＊＊

복숭아 아이스크림
CRÈME GLACÉE AUX PÊCHES

살구 대신 복숭아를 사용하고 복숭아 퓌레에 레몬즙 1작은술을 더하여 위와 같이 조리한다.

초콜릿 수플레 아이스크림
SOUFFLÉ GLACÉ AU CHOCOLAT

- ◆ 녹인 버터 20g
- ◆ 정제 백설탕 130g, 틀용 여분
- ◆ 달걀노른자 6개 분량
- ◆ 코코아 파우더 30g
- ◆ 더블 크림 375mL

준비 시간 25분 + 얼리기

조리 시간 5분

6인분

하루 전날 준비를 시작한다. 가장자리가 일자형인 수플레 그릇 안쪽에 유산지를 한 장 둘러서 그릇 위쪽으로 10cm 정도 올라오도록 한다. 그릇 위로 올라온 유산지를 바깥쪽으로 접어서 끈으로 묶어 고정시킨다. 유산지 안쪽에 솔로 버터를 바른 다음 여분의 설탕을 뿌린다. 설탕과 물 260mL로 긴 실 단계(643쪽)의 설탕 시럽을 만든다.

큰 내열용 볼에 달걀노른자를 담고 핸드믹서로 새하얗고 매끄러운 상태가 될 때까지 휘핑한다. 계속 휘핑하면서 뜨거운 시럽을 핸드믹서에 직접 닿지 않도록 일정한 속도로 가느다랗게 부어 골고루 섞는다. 볼을 잔잔하게 끓는 물이 든 냄비 위에 얹어서 걸쭉하고 단단한 상태가 될 때까지 휘핑한다. 볼을 불에서 내리고 식을 때까지 계속 휘핑한다.

볼에 코코아와 소량의 따뜻한 물을 섞어서 되직한 페이스트를 만든다. 크림이 부드럽고 걸쭉해질 때까지 휘핑한 다음 완성 즈음이 되면 얼음물 1큰술과 코코아 페이스트를 더해서 섞는다. 크림에 휘핑한 달걀 혼합물을 더해서 스패출러로 조심스럽게 접듯이 섞는다. 초콜릿 수플레 반죽을 준비한 수플레 그릇에 담는다. 부피감이 줄어들지 않도록 주의한다. 위쪽을 칼날로 매끈하게 다듬는다. 하룻밤 동안 냉동한다. 종이와 끈을 제거해서 낸다.

소테른 아이스크림
CRÈME GLACÉE AU SAUTERNES

- ◆ 소테른 100mL
- ◆ 크렘 프레슈 300mL
- ◆ 정제 백설탕 200g

준비 시간 5분 + 얼리기

6인분

볼에 소테른과 크렘 프레슈, 설탕을 담아서 섞은 다음 아이스크림 제조기에 부어서 교반한다.

소르베

소르베는 지방이나 달걀을 넣지 않고 만드는 빙과류다. 주로 설탕과 과일 퓌레 또는 과일 즙, 허브 우림액(레몬밤, 타라곤 등), 리큐어(아르마냑 등), 와인(포트 와인이나 샴페인 등) 등의 가향 재료를 더한다. 초기의 소르베는 과일과 꿀, 눈을 이용해서 만들었다. 소르베는 식사 마무리 단계에 가벼운 디저트로 내는데 많은 코스로 이루어진 긴 식사의 경우 코스 중간에 내기도 한다. 역사적으로 축하연 코스의 중간에 내는 소르베는 '노르망디의 구멍'이라는 뜻의 트루 노르망trou normand이라고 부르며, 식사를 잠시 멈추고 손님의 소화를 돕는 기능을 한다. 소르베는 만든 당일에 먹어야 제일 맛이 좋다.

기본 소르베 조리법

팬에 지정된 분량의 물과 설탕, 레몬즙, 준비한 과일을 담아서 가열한다. 5분간 끓인 다음 믹서에 갈아 퓌레를 만든다. 식힌 다음 아이스크림 제조기에 넣어서 아이스크림을 만들듯이 교반한다. 잼용 설탕에는 펙틴이 함유되어 있어서 소르베가 굳는 데에 도움이 된다. 물과 설탕의 비율은 어떤 재료를 기본으로 사용하느냐에 따라 달라진다. 알코올 베이스 소르베에는 조금 덜, 과일 소르베에는 조금 더, 허브 티 소르베에는 많이 더 필요하다. 취향에 따라 광천수를 사용해도 좋다.

블랙커런트 소르베
SORBET AU CASSIS

- 블랙커런트 1kg
- 레몬즙 1개 분량
- 설탕 350g

  준비 시간 20분 + 얼리기

  조리 시간 7분

  6인분

블랙커런트는 씻어서 줄기를 제거한다. 냄비에 담고 물 300mL, 레몬즙과 설탕을 더한다. 재빠르게 한소끔 끓인 다음 5분간 바글바글 끓인다. 불에서 내리고 식힌다. 믹서에 간 다음 쉬노아(눈이 고운 깔때기형 체)에 내려서 씨를 제거한다. 아이스크림 제조기에 교반하거나 용기에 담아 냉동(740쪽)한다. 생블랙커런트 대신 냉동된 것을 사용해도 좋으며 조리 전에 해동한다.

라즈베리 소르베
SORBET À LA FRAMBOISE

- 라즈베리 500g
- 오렌지즙 1개(소) 분량
- 라임즙 1개 분량
- 설탕 200g

  준비 시간 5분 + 얼리기

  6인분

모든 재료를 믹서에 담고 갈아서 퓌레를 만든다. 체에 내리지 않는다. 아이스크림 제조기에 교반하거나 용기에 담아 냉동(740쪽)한다.

레몬밤 소르베
SORBET À LA CITRONNELLE

모든 재료를 냄비에 담고 물 1L를 붓는다. 재빨리 한소끔 끓인다. 뚜껑을 닫고 불에서 내린 다음 10분간 우린다. 한 김 식힌 다음 체에 거른다. 아이스크림 제조기에 교반하거나 용기에 담아 냉동(740쪽)한다.

참고
가능하면 소르베의 풍미가 훨씬 좋아지는 생레몬밤을 사용한다.

- ◆ **말린 레몬밤 1큰술 또는 생레몬밤 1줌**
- ◆ **오렌지즙 2개 분량**
- ◆ **설탕 350g**

  준비 시간 15분 + 얼리기

  6인분

아르마냑 소르베
SORBET À L'ARMAGNAC

냄비에 모든 재료를 담고 물 350mL를 더한다. 끓기 바로 직전까지 가열한다. 한 김 식힌 다음 아이스크림 제조기에 교반하거나 용기에 담아 냉동(740쪽)한다.

- ◆ **아르마냑 250mL**
- ◆ **설탕 250g**
- ◆ **레몬즙 1개 분량**

  준비 시간 5분 + 얼리기

  6인분

배 소르베
SORBET À LA POIRE

배는 껍질을 벗기고 4등분하여 심을 제거한다. 믹서에 모든 재료를 담고 물 150mL를 더한 다음 곱게 간다. 아이스크림 제조기에 교반하거나 용기에 담아 냉동(740쪽)한다.

참고
잼용 설탕에는 펙틴이 함유되어 있어서 소르베가 제대로 얼 수 있도록 돕는 역할을 한다. 일반 설탕으로 대체할 수 있다.

 757쪽

- ◆ **잘 익은 배 1.5kg**
- ◆ **잼용 설탕 250g**
- ◆ **레몬즙 1개 분량**
- ◆ **배 브랜디 100mL**

  준비 시간 10분 + 얼리기

  6인분

토마토 소르베

SORBET À LA TOMATE

허브를 제외한 모든 재료를 믹서에 담고 물 100mL를 더한다. 1~2분간 갈아서 퓌레를 만든다. 완성 수초 전에 허브를 더하여 마저 간다. 아이스크림 제조기에 교반하거나 용기에 담아 냉동(740쪽)한다.

- ◆ 토마토 주스 1L
- ◆ 라임 즙과 제스트 2개 분량
- ◆ 화이트 와인 식초 1큰술
- ◆ 소금 1작은술
- ◆ 설탕 50g
- ◆ 카이엔 페퍼 1꼬집
- ◆ 파프리카 가루 1꼬집
- ◆ 다진 타라곤 1큰술
- ◆ 다진 처빌 1큰술

  준비 시간 5분 + 얼리기

  6인분

라임 소르베

SORBET AU CITRON VERT

라임과 레몬즙을 체에 걸러서 팬에 붓는다. 물 750mL와 설탕을 더한다. 재빠르게 한소끔 끓인 다음 5분간 더 끓인다. 불에서 내리고 식힌다. 아이스크림 제조기에 교반하거나 용기에 담아 냉동(740쪽)한다.

- ◆ 라임즙 4개 분량
- ◆ 레몬즙 2개 분량
- ◆ 설탕 400g

  준비 시간 10분 + 얼리기

  조리 시간 10분

  6인분

딸기즙 아이스크림(742쪽)

커피 선데이(746쪽)

살구 아이스크림(746쪽)

라즈베리 아이스크림(746쪽)

배 소르베(750쪽)

-14-
케이크
&
페이스트리

케이크 & 페이스트리

수제 케이크와 페이스트리는 축하 행사에 쓰이는 메뉴에서 일상적인 음식으로 변화해 왔다. 대체로 경제적이고 좋은 재료를 이용하여 간단하게 만들 수 있으며, 어디에도 비견할 수 없는 풍미가 난다. 도구도 많이 필요하지 않다. 깨끗한 작업대와 밀대, 믹서와 다양한 크기와 모양의 틀이면 충분하다. 하지만 오븐 온도와 조리 시간은 반드시 레시피에 지정한 대로 정확히 따라야 한다.

오븐 온도를 확인하려면 흰색 종이 한 장을 잠깐 넣어서 색 변화를 관찰한다. 온도에 따라 종이 상태가 달라지므로 정확한 판단은 언제나 조리사의 경험에 기대야 한다.

뜨거운 정도	온도(℃)	종이의 색깔	가스 오븐 세팅	케이크 종류
미지근함	50 70	옅은 황토색	1/4	머랭 마카롱
따뜻함	90	황토색	1/2	진저브레드
중간	120 150	옅은 노란색	1 2	쇼트브레드 비스킷 과일 케이크 스펀지 케이크
뜨거움	180 200	옅은 갈색	4 6	브리오슈 수플레 타르트 슈 페이스트리
매우 뜨거움	240	짙은 갈색	9	퍼프 페이스트리

비스킷

비스킷에는 다양한 종류와 크기, 모양이 있다. 대체로 모두 버터와 설탕, 밀가루라는 동일한 기본 재료를 이용해서 비율을 달리하고 다양한 가향 재료를 첨가하여 만든다. 조리 및 준비 방법에 따라 결과물이 달라진다. 비스킷 반죽은 손으로 직접 만들거나 전기 믹서를 사용할 수 있다. 어느 쪽을 선택하건 페이스트리와 마찬가지로 가볍고 신속하게 작업해야 입에서 살살 녹는 포슬포슬한 비스킷을 만들 수 있다. 비스킷 반죽에는 밀대로 밀어야 하는 탄탄한 반죽과 숟가락으로 떠서 베이킹 트레이에 얹는 부드러운 반죽의 두 종류가 있다.

사블레 비스킷
SABLÉS

- ◆ 정제 백설탕 125g
- ◆ 밀가루 250g, 덧가루용 여분
- ◆ 소금 1꼬집
- ◆ 잘게 자른 차가운 버터 125g
- ◆ 가볍게 푼 달걀 1개 분량
- ◆ 레몬 제스트 간 것, 바닐라 익스트랙 또는 시나몬 가루 등 가향 재료

  준비 시간 20분

  조리 시간 12분

  6인분

오븐을 180℃로 예열한다. 볼에 설탕, 밀가루 소금을 섞고 버터를 더하여 손가락으로 비비듯이 섞어서 고운 빵가루 같은 상태로 만든다. 달걀과 원하는 가향 재료를 더한 다음 덧가루를 뿌린 작업대에 옮긴다. 한 덩어리가 될 때까지 가볍게 치댄다. 5mm 두께로 밀어서 쿠키 커터를 이용하여 비스킷 모양으로 찍어 낸다. 베이킹 트레이에 얹고 오븐에 넣어 살짝 노릇하고 바삭해질 때까지 12분간 굽는다.

노르망디식 사블레
SABLÉS NORMANDS

- ◆ 밀가루 250g, 덧가루용 여분
- ◆ 부드러운 버터 150g
- ◆ 정제 백설탕 65g
- ◆ 달걀 노른자 1개 분량
- ◆ 가볍게 푼 달걀 1개 분량

  준비 시간 15분

  조리 시간 25분

  6인분

오븐은 180℃로 예열한다. 볼에 밀가루, 버터, 설탕, 달걀노른자를 담아서 섞은 다음 가볍게 덧가루를 뿌린 작업대에 옮겨서 가볍게 치대어 매끄러운 반죽을 만든다. 1cm 두께로 밀어서 세모 모양으로 자른다. 솔로 달걀물을 골고루 바른다. 베이킹 트레이에 담고 오븐에 넣어 노릇해질 때까지 25분간 굽는다.

노르웨이식 리본 과자
NOEUDS NORVÉGIENS

 808쪽

냄비에 물을 끓여서 달걀 1개를 완숙으로 삶는다. 다른 달걀 2개는 달걀 흰자와 달걀노른자를 분리한다. 오븐을 180℃로 예열하고 베이킹 트레이에 버터를 가볍게 바른다. 완숙으로 삶은 달걀은 껍데기를 벗기고 달걀노른자를 꺼낸다. 중간 크기 볼에 삶은 달걀노른자를 곱게 으깬 다음 날 달걀 노른자를 더해서 골고루 섞어 매끄러운 페이스트를 만든다. 설탕 100g을 더하여 5분간 섞는다. 절반 분량의 밀가루를 더하여 섞은 다음 버터를 섞는다. 남은 밀가루를 더하여 골고루 섞은 다음 가볍게 치대서 매끄러운 반죽을 만들어 작은 호두 크기로 나눈다. 반죽을 각각 긴 끈 모양으로 밀어서 리본 모양으로 빚는다. 볼에 달걀흰자를 담고 포크로 푼다. 리본 모양 반죽을 달걀흰자에 담갔다가 남은 설탕을 뿌린다. 준비한 베이킹 트레이에 담고 오븐에 넣어 노릇해질 때까지 15분간 굽는다.

- 달걀 3개
- 부드러운 버터 125g, 틀용 여분
- 정제 백설탕 150g
- 밀가루 250g

준비 시간 25분

조리 시간 15분

6인분

달걀을 넣지 않은 쇼트브레드
SABLÉS SANS OEUFS

오븐을 180℃로 예열하고 베이킹 트레이에 버터를 가볍게 바른다. 볼에 설탕, 바닐라, 우유, 베이킹 소다를 담고 골고루 섞는다. 다른 볼에 버터와 밀가루를 담고 손가락으로 비벼서 빵가루 같은 형태를 만든다. 두 볼의 내용물을 한 데 섞은 다음 가볍게 치댄다. 가볍게 덧가루를 뿌린 작업대에 반죽을 얹고 민 다음 쿠키 커터를 이용하여 비스킷 모양으로 찍어 낸다. 준비한 트레이에 담고 오븐에 넣어 노릇해질 때까지 15~20분간 굽는다.

- 버터 125g, 틀용 여분
- 정제 백설탕 125g
- 바닐라 익스트랙 1작은술
- 우유 3큰술
- 베이킹 소다 1꼬집
- 밀가루 250g, 덧가루용 여분

준비 시간 15분

조리 시간 15~20분

6인분

화이트 와인 비스킷
GÂTEAUX AU VIN BLANC

오븐을 180℃로 예열하고 베이킹 트레이에 버터를 가볍게 바른다. 볼에 밀가루와 설탕을 넣고 섞어서 작업대에 쌓는다. 버터를 작게 잘라서 밀가루에 얹은 다음 손가락으로 비벼서 빵가루 같은 형태를 만든다. 와인을 더해서 가볍게 반죽한 다음 한 덩어리로 뭉친다. 다루기 힘들면 냉장고에 30분 정도 넣어서 단단하게 만든다. 덧가루를 뿌린 작업대에 반죽을 얹어서 민 다음 원하는 모양대로 자르거나 찍어 낸다. 준비한 트레이에 담아서 오븐에 넣어 노릇해질 때까지 15~20분간 굽는다.

- 버터 150g, 틀용 여분
- 밀가루 250g, 덧가루용 여분
- 정제 백설탕 150g
- 화이트 와인 1큰술

준비 시간 10분

조리 시간 15~20분

6인분

오렌지필 비스킷
GALETTES D'ORANGE

- 버터 150g, 틀용 여분
- 밀가루 300g, 덧가루용 여분
- 정제 백설탕 150g
- 달걀 2개
- 다진 당절임 오렌지필 50g

  준비 시간 15분

  조리 시간 15~20분

  6인분

오븐을 180℃로 예열하고 베이킹 트레이에 버터를 가볍게 바른다. 볼에 밀가루와 설탕을 넣고 섞어서 작업대에 쏟는다. 버터를 잘게 잘라서 밀가루에 얹은 다음 손가락으로 비벼서 빵가루 같은 상태를 만든다. 가운데를 오목하게 파고 달걀을 깨트려 담은 후 당절임 오렌지필을 더해서 골고루 잘 섞으며 치대 부드러운 반죽을 만든다. 덧가루를 뿌린 작업대에 반죽을 올리고 얇게 민 다음 원하는 모양대로 자른다. 준비한 트레이에 담아서 오븐에 넣어 노릇해질 때까지 15~20분간 굽는다.

아니스 비스킷
GALETTES À L'ANIS

- 틀용 버터
- 정제 백설탕 250g
- 달걀 2개
- 밀가루 250g, 덧가루용 여분
- 아니스 씨 2작은술
- 베이킹 소다 1꼬집

  준비 시간 15분

  조리 시간 15~20분

  6인분

오븐을 180℃로 예열하고 베이킹 트레이에 버터를 가볍게 바른다. 볼에 설탕과 달걀을 넣고 섞는다. 밀가루, 아니스 씨, 베이킹 소다를 더한다. 골고루 섞은 다음 가볍게 치대서 반죽을 완성한다. 덧가루를 뿌린 작업대에 반죽을 올리고 얇게 민 다음 원하는 모양대로 자른다. 준비한 트레이에 담아서 오븐에 넣어 노릇해질 때까지 15~20분간 굽는다.

귤 비스킷
GALETTES À LA MANDARINE

- 버터 15g
- 곱게 다진 껍질 벗긴 아몬드 160g
- 귤 제스트 간 것 2개 분량
- 정제 백설탕 100g
- 밀가루 70g
- 달걀 2개

  준비 시간 35분

  조리 시간 15~20분

  6인분

오븐을 180℃로 예열하고 베이킹 트레이에 가볍게 버터를 바른다. 아몬드 다진 것과 귤 제스트를 잘 섞는다. 설탕과 밀가루를 더해서 섞은 다음 달걀 1개와 달걀노른자 1개 분량을 더하여 섞는다. 가볍게 치대서 반죽을 만든다. 남은 달걀흰자는 가볍게 뿔이 서도록 휘핑한 다음 반죽에 더하여 접듯이 섞는다. 준비한 트레이에 반죽을 서로 충분히 간격을 두고 작고 소복하게 쌓는다. 오븐에 넣어 노릇해질 때까지 15~20분간 굽는다.

초콜릿 비스킷
GALETTES AU CHOCOLAT

오븐을 180℃로 예열하고 베이킹 트레이에 가볍게 버터를 바른다. 볼에 아몬드 가루, 초콜릿, 설탕, 달걀을 넣고 섞은 다음 한 덩어리로 뭉쳐서 가볍게 치대 매끄러운 반죽을 만든다. 손에 슈거파우더를 뿌리고 반죽을 작은 호두 크기로 둥글게 빚은 후 최대한 차갑게 식힌다. 준비한 트레이에 얹어서 가볍게 누른 다음 오븐에 넣고 바삭해질 때까지 10~12분간 굽는다.

- ◆ 틀용 버터
- ◆ 아몬드 가루 125g
- ◆ 초콜릿 간 것 125g
- ◆ 정제 백설탕 125g
- ◆ 달걀 1개
- ◆ 마무리용 슈거파우더
  준비 시간 25분
  조리 시간 10~12분
  6인분

낭트식 비스킷
GALETTES NANTAISES

오븐을 180℃로 예열하고 베이킹 트레이에 가볍게 버터를 바른다. 볼에 밀가루, 아몬드, 버터, 소금, 설탕을 넣고 섞어서 가볍게 치댄다. 덧가루를 살짝 뿌려 놓은 작업대에 반죽을 옮겨서 얇게 민 다음 원형으로 찍어 낸다. 준비한 트레이에 찍어 낸 반죽을 담는다. 칼이나 포크 날을 이용해서 윗부분에 무늬를 만든다. 달걀노른자를 솔에 묻혀 윗부분에 가볍게 바른다. 아몬드를 반으로 잘라서 윗부분에 얹어 장식한다. 오븐에 넣고 노릇해질 때까지 15~20분간 굽는다.

 809쪽

- ◆ 부드러운 버터 60g, 틀용 여분
- ◆ 밀가루 125g, 덧가루용 여분
- ◆ 아몬드 가루 40g
- ◆ 소금 1작은술
- ◆ 정제 백설탕 60g
- ◆ 달걀 노른자 2개 분량
- ◆ 껍질 벗긴 아몬드(통) 50g
  준비 시간 25분
  조리 시간 15~20분
  6인분

짭짤한 비스킷
GALETTES SALÉES

오븐을 200℃로 예열하고 베이킹 트레이에 가볍게 버터를 바른다. 밀가루에 버터를 더해서 손가락으로 비벼 빵가루 같은 상태를 만든다. 가운데를 오목하게 만들고 베이킹 파우더, 우유, 소금을 더한다. 잘 섞은 다음 가볍게 치대서 매끄러운 반죽을 만든다. 덧가루를 살짝 뿌려 놓은 작업대에 반죽을 옮겨서 5mm 두께로 민 다음 원형으로 찍어 낸다. 준비한 트레이에 담고 오븐에 넣고 노릇해질 때까지 15~20분간 굽는다.

- ◆ 버터 60g, 틀용 여분
- ◆ 밀가루 250g, 덧가루용 여분
- ◆ 베이킹 파우더 1작은술
- ◆ 우유 50mL
- ◆ 소금 1과 1/2작은술
  준비 시간 15분
  조리 시간 15~20분
  6인분

뒤세스 프티 푸르*

PETITS FOURS DUCHESSE

- 부드러운 버터 110g
- 정제 백설탕 200g
- 분리한 달걀흰자와 달걀노른자 각각 2개 분량
- 밀가루 300g
- 베이킹 파우더 1작은술
- 아몬드 또는 체리 글라세

준비 시간 10분

조리 시간 25~30분

6인분

● 음료에 곁들이는 작은 케이크나 쿠키류.

오븐을 180℃로 예열하고 베이킹 트레이에 버터를 바른다. 남은 버터는 설탕 140g, 달걀노른자와 함께 잘 섞는다. 밀가루와 베이킹 파우더를 더하여 골고루 섞는다. 가볍게 치대서 매끄러운 반죽을 만든다. 반죽을 호두 크기로 나눠서 공 모양으로 빚는다. 준비한 트레이에 담는다. 가볍게 푼 달걀흰자를 솔로 바른 다음 남은 설탕을 뿌린다. 프티 푸르에 반절짜리 아몬드 또는 반으로 자른 체리 글라세를 하나씩 얹어서 장식한 다음 오븐에 넣고 노릇해질 때까지 25~30분간 굽는다.

스바로프 비스킷

SOUVAROFFS

- 부드러운 버터 210g
- 정제 백설탕 100g
- 밀가루 250g, 덧가루용 여분
- 소금 1/2작은술
- 바닐라 익스트랙 1작은술
- 레드커런트 또는 라즈베리 젤리(비스킷 사이에 바르는 용도)
- 장식용 슈거파우더

준비 시간 10분

조리 시간 10~12분

6인분

오븐을 180℃로 예열하고 베이킹 트레이에 버터를 바른다. 남은 버터는 설탕, 밀가루, 소금, 바닐라와 함께 섞어서 부드러운 반죽을 만든다. 반죽을 다루기 힘들면 냉장고에 넣어 30분간 차갑게 식힌다. 가볍게 덧가루를 뿌린 작업대에 반죽을 얹어서 2mm 두께로 민 뒤 원형으로 찍어 낸다. 준비한 트레이에 담고 오븐에 넣어 10~12분간 굽는다. 식힌 다음 비스킷에 레드커런트 또는 라즈베리 젤리를 바르고 두 개씩 붙여서 샌드위치 모양을 만든다. 슈거파우더를 뿌린다.

건포도 비스킷

GÂTEAUX AUX RAISINS

- 부드러운 버터 165g
- 밀가루 200g, 덧가루용 여분
- 정제 백설탕 150g
- 소금 1작은술
- 베이킹 파우더 15g
- 점도 조절용 우유(선택 사항)
- 건포도 100g
- 시나몬 가루

준비 시간 20분

조리 시간 20~25분

6인분

오븐은 180℃로 예열한다. 버터 60g을 녹여서 따로 두어 식힌다. 밀가루와 남은 버터, 설탕 60g, 소금, 베이킹 파우더를 골고루 섞는다. 상태를 봐서 필요하면 우유를 조금씩 더하면서 반죽을 한 덩어리로 뭉친 다음 가볍게 치댄다. 가볍게 덧가루를 뿌려 놓은 작업대에 반죽을 옮겨서 1cm 두께의 직사각형 모양으로 민다. 반죽 위에 녹인 버터를 두르고 건포도와 시나몬 가루, 남은 설탕을 뿌린다. 반죽을 길게 돌돌 만 뒤 1cm 너비로 자른다. 베이킹 트레이에 얹고 오븐에 넣어 20~25분간 굽는다.

헤이즐넛 프티 푸르
FOURS AUX NOISETTES

오븐을 180℃로 예열하고 베이킹 트레이에 버터를 바른다. 헤이즐넛을 곱게 다진다. 볼에 헤이즐넛과 설탕 125g, 따로 풀지 않은 달걀흰자를 담고 골고루 섞는다. 혼합물을 작은 공 모양으로 빚은 다음 남은 설탕에 굴려서 묻힌다. 준비한 트레이에 담아 오븐에 넣어 25~30분간 굽는다.

- 틀용 버터
- 껍질 벗긴 헤이즐넛 160g
- 정제 백설탕 200g
- 달걀흰자 2개 분량

  준비 시간 15분

  조리 시간 25~30분

  6인분

아몬드 크루아상 쿠키
CROISSANTS AUX AMANDES

오븐을 180℃로 예열하고 베이킹 트레이에 버터를 바른다. 볼에 밀가루와 버터, 아몬드, 설탕 100g을 담고 골고루 섞은 뒤 가볍게 치대서 한 덩어리로 빚는다. 다루기 힘들면 냉장고에 30분간 넣어 차갑게 굳힌 다음 작업한다. 반죽을 적당량 떼어 내 작은 초승달 모양으로 빚어 크루아상 모양 쿠키를 만든다. 준비한 트레이에 담고 오븐에 넣어 20~25분간 굽는다. 쿠키가 아직 뜨거울 때 남은 설탕을 뿌린다.

- 버터 200g, 틀용 여분
- 밀가루 280g
- 아몬드 가루 100g
- 정제 백설탕 175g

  준비 시간 25분

  조리 시간 25분

  6인분

아몬드 번
PETITS PAINS AUX AMANDES

오븐을 180℃로 예열하고 베이킹 트레이에 버터를 바른다. 볼에 아몬드 가루와 설탕을 담고 가볍게 섞은 뒤 달걀, 버터, 밀가루, 소금을 더해서 부드러운 반죽을 만든다. 반죽을 가볍게 치대서 작은 번 모양으로 빚는다. 준비한 트레이에 담고 오븐에 넣어 10분간 구운 다음 온도를 200℃로 올려서 20분 더 굽는다.

- 부드러운 버터 100g, 틀용 여분
- 아몬드 가루 125g
- 정제 백설탕 250g
- 달걀 1개
- 밀가루 250g
- 소금 1작은술

  준비 시간 20분

  조리 시간 30분

  6인분

시나몬 스틱
BÂTONS DE CANNELLE

하루 전날 준비를 시작한다. 아몬드를 다진다. 큰 볼에 달걀노른자를 제외한 모든 재료를 섞는다. 덮개를 씌워서 냉장고에 넣어 24시간 동안 재운다. 다음 날 오븐을 200℃로 예열하고 베이킹 트레이에 버터를 바른다. 반죽을 스틱 모양으로 다듬고 달걀노른자를 솔에 묻혀 바른다. 준비한 트레이에 담고 오븐에 넣어 20분간 굽는다.

◆ 껍질을 벗기지 않은 아몬드 125g
◆ 밀가루 215g
◆ 설탕 125g
◆ 달걀 1개
◆ 부드러운 버터 125g, 틀용 여분
◆ 시나몬 가루 1작은술
◆ 달걀노른자 1개 분량

준비 시간 20분 + 휴지하기
조리 시간 20분
6인분

크로키뇰 비스킷
CROQUIGNOLES

오븐을 180℃로 예열하고 베이킹 트레이에 버터를 바른다. 모든 재료를 섞은 다음 치대서 단단한 반죽을 만든다. 적당량 떼어 내 동전 크기만 한 작은 비스킷 모양으로 빚는다. 준비한 트레이에 담고 오븐에 넣어 20분간 굽는다.

◆ 틀용 버터
◆ 달걀흰자 2개 분량
◆ 정제 백설탕 175g
◆ 밀가루 200g

준비 시간 15분
조리 시간 20분
6인분

토성의 고리
ANNEAUX DE SATURNE

큰 볼에 달걀과 설탕, 소금, 크렘 프레슈, 버터, 베이킹 소다, 밀가루, 레몬 제스트를 담고 잘 섞어서 단단한 반죽을 만든다. 덧가루를 가볍게 뿌려 놓은 작업대에 반죽을 옮겨서 1cm 두께로 민다. 지름 9cm 크기의 쿠키 커터로 반죽을 둥글게 찍어 낸 다음 다시 5cm 크기의 쿠키 커터를 이용해서 반죽 가운데 부분을 둥글게 찍어 구멍을 낸다. 튀김기에 오일을 채워서 190℃ 혹은 빵조각을 넣으면 20초 만에 노릇해질 정도로 가열한다. 링 모양 반죽을 오일에 넣어서 노릇하게 부풀 때까지 1분간 튀긴다. 키친 타월에 얹어서 기름기를 제거하고 설탕을 뿌려 낸다.

◆ 달걀 3개
◆ 정제 백설탕 300g, 마무리용 여분
◆ 소금 1꼬집
◆ 크렘 프레슈 175mL
◆ 녹인 버터 75g
◆ 베이킹 소다 1꼬집
◆ 밀가루 600g, 덧가루용 여분
◆ 레몬 제스트 간 것 1개 분량
◆ 튀김용 식물성 오일

준비 시간 20분
조리 시간 5분
6인분

클로티드 크림 비스킷
GÂTEAUX À LA CRÈME CUITE

◆ 틀용 버터
◆ 클로티드 크림 125mL
◆ 정제 백설탕 125g
◆ 밀가루 125g
◆ 바닐라 익스트랙 1작은술
　준비 시간 5분
　조리 시간 10분
　6인분

오븐을 180℃로 예열하고 베이킹 트레이에 버터를 바른다. 볼에 클로티드 크림과 설탕, 밀가루, 바닐라 익스트랙을 담고 잘 섞어서 반죽을 만든다. 반죽을 떼어 준비한 트레이에 서로 충분한 간격을 두고 작고 소복하게 쌓는다. 오븐에 넣어 반죽 가장자리가 노릇해질 때까지 10분간 굽는다. 아주 오랫동안 보관할 수 있는 경제적인 비스킷이다.

바삭한 사블레 비스킷
SABLÉS CROQUANTS

◆ 틀용 버터
◆ 달걀 2개
◆ 정제 백설탕 250g
◆ 럼 1큰술
◆ 밀가루 250g
　준비 시간 10분
　조리 시간 10분
　6인분

오븐을 200℃로 예열하고 베이킹 트레이에 버터를 바른다. 볼에 달걀과 설탕, 럼, 밀가루를 담고 잘 섞어서 부드러운 반죽을 만든다. 반죽을 떼어 준비한 트레이에 서로 충분한 간격을 두고 작고 소복하게 쌓는다. 오븐에 넣어 노릇해질 때까지 10분간 굽는다.

익살꾼 비스킷*
BISCUITS RIGOLOS

◆ 틀용 버터
◆ 달걀 3개
◆ 정제 백설탕 250g
◆ 밀가루 250g
◆ 점도 조절용 우유(선택 사항)
　준비 시간 10분
　조리 시간 10분
　6인분

● 리졸로rigolo는 '재미있다'는 뜻으로 웃는 얼굴 등 다양한 모양을 내서 만들 수 있는 쿠키다.

오븐을 200℃로 예열하고 베이킹 트레이에 버터를 바른다. 볼에 달걀과 설탕을 담고 거품기를 이용해서 기포가 일 정도로 섞는다. 밀가루를 더해서 마저 섞은 다음 상태를 보고 필요하면 우유를 조금씩 더하면서 반죽을 한 덩어리로 뭉치고 가볍게 치댄다. 준비한 트레이에 반죽을 서로 충분히 간격을 두고 작고 소복하게 쌓는다. 오븐에 넣어 노릇해질 때까지 10분간 굽는다.

숙녀의 비스킷
PALETS DE DAME

오븐을 160℃로 예열하고 베이킹 트레이에 버터를 바른다. 볼에 건포도를 담고 럼을 부어서 재운다. 다른 볼에 설탕과 버터를 담고 새하얗고 부드러워질 때까지 친다. 달걀을 하나씩 넣으면서 골고루 섞는다. 밀가루를 한 번에 전부 넣고 불린 건포도와 럼을 더한 뒤 섞는다. 준비한 트레이에 반죽을 서로 충분히 간격을 두고 작고 소복하게 쌓는다. 오븐에 넣어 10분간 구운 다음 온도를 200℃로 높여서 가장자리가 노릇해질 때까지 15분 더 굽는다.

* 버터 125g, 틀용 여분
* 건포도 60g
* 럼 1잔(리큐어 글라스 기준)
* 설탕 125g
* 달걀 2개
* 밀가루 150g
  준비 시간 15분 + 재우기
  조리 시간 25분
  6인분

돌라 비스킷
DOLLARS

오븐을 200℃로 예열하고 베이킹 트레이에 버터를 바른다. 볼에 달걀과 럼을 담고 거품기로 골고루 섞는다. 설탕, 버터, 밀가루를 더해서 마저 섞는다. 준비한 트레이에 반죽을 서로 충분히 간격을 두고 작고 소복하게 쌓는다. 오븐에 넣어 노릇해질 때까지 20분간 굽는다.

* 부드러운 버터 100g, 틀용 여분
* 달걀 1개
* 럼 1과 1/2큰술
* 정제 백설탕 125g
* 밀가루 150g
  준비 시간 10분
  조리 시간 20분
  6인분

코코넛 과자
CONGOLAIS

베이킹 트레이에 버터를 바른 유산지 또는 라이스 페이퍼를 깐다. 오븐을 150℃로 예열한다. 팬에 설탕과 달걀흰자를 담고 가능한 한 제일 약한 불에 얹어서 휘저어 설탕을 녹인다. 코코넛과 바닐라를 더해서 마저 섞는다. 반죽을 떼서 준비한 트레이에 피라미드 모양으로 쌓는다. 오븐에 넣어 노릇해질 때까지 30~45분간 굽는다.

* 틀용 버터
* 식용 라이스 페이퍼(선택 사항)
* 정제 백설탕 300g
* 달걀흰자 5개 분량
* 코코넛 슬라이스 250g
* 바닐라 익스트랙 1작은술
  준비 시간 10분
  조리 시간 30~45분
  6인분

018ㅍ

- **틀용 버터**
- **아몬드 가루 250g**
- **달걀흰자 3개 분량**
- **정제 백설탕 500g**

  준비 시간 25분

  조리 시간 20~25분

  6인분

● 현대식의 형형색색 매끄러운 샌드위치 모양의 마카롱이 아닌 거친 질감의 고전식 마카롱을 만드는 방법이다.

아몬드 마카롱°
MACARONS AUX AMANDES

오븐을 150℃로 예열하고 베이킹 트레이에 버터를 바른 유산지를 깐다. 볼에 아몬드를 담고 달걀흰자를 조금씩 더하면서 섞는다. 설탕을 더해서 골고루 섞는다. 반죽을 살짝 납작한 공 모양으로 빚어서 준비한 트레이에 담는다. 오븐에 넣어 노릇해질 때까지 20~25분간 굽는다.

〔변형〕

헤이즐넛 마카롱
MACARONS AUX NOISETTES

아몬드 대신 헤이즐넛을 사용하고 달걀흰자 2개를 단단한 뿔이 서도록 거품 내서 접듯이 섞는다. 위와 같이 진행한다.

- **틀용 버터**
- **정제 백설탕 85g**
- **분리한 달걀흰자와 달걀노른자 각각 3개 분량**
- **오렌지 꽃물 몇 방울**
- **밀가루 85g**
- **마무리용 슈거파우더**

  준비 시간 25분

  조리 시간 15분

  6인분

스푼 비스킷
BISCUITS À LA CUILLÈRE

오븐을 160℃로 예열하고 베이킹 트레이에 버터를 바른다. 큰 볼에 설탕과 달걀노른자를 담고 하얗고 부드러워질 때까지 친 다음 오렌지 꽃물을 섞는다. 다른 볼에 달걀흰자를 담고 단단한 뿔이 서도록 휘핑한다. 휘핑한 달걀흰자를 밀가루와 함께 노른자가 든 볼에 더해서 접듯이 섞는다. 준비한 트레이에 숟가락으로 덜어서 얹거나 짤주머니를 이용해서 손가락 모양으로 짠다. 슈거파우더를 뿌리고 오븐에 넣어 색이 나지 않도록 10~15분간 굽는다.

아몬드 튀일

TUILES AUX AMANDES

오븐을 200℃로 예열하고 베이킹 트레이에 유산지를 깐다. 볼에 모든 재료를 담아서 골고루 섞는다. 숟가락으로 반죽을 1/2큰술 정도 퍼서 준비한 트레이에 서로 충분한 간격을 두고 작게 쌓는다. 오븐에 넣고 노릇하고 보글거릴 때까지 8~10분간 굽는다. 오븐에서 꺼내 잠시 기다린 다음 아직 뜨거울 때 가볍게 오일을 바른 병목 부분이나 밀대, 기타 원통형 물건에 얹어서 둥글게 구부린다. 식어서 굳으면 밀폐용기에 옮겨 담아 바삭하게 보관한다.

참고

아몬드를 빼고 만들면 기본 튀일이 된다.

 811쪽

- ◆ 껍질 벗긴 아몬드 슬라이스 60g
- ◆ 달걀흰자 3개 분량
- ◆ 달걀노른자 1개 분량
- ◆ 바닐라 설탕 75g 또는 동량의 정제 백설탕과 바닐라 익스트랙 1작은술
- ◆ 녹인 버터 50g
- ◆ 소금 1꼬집
- ◆ 밀가루 75g
- ◆ 틀용 오일

  준비 시간 10분

  조리 시간 10분

  6인분

작은 수플레 비스킷

PETITS SOUFFLÉS

오븐을 140℃로 예열하고 베이킹 트레이에 버터 바른 유산지를 깐다. 볼에 달걀흰자와 설탕을 담고 거품기를 이용해서 혼합물이 상당히 탄탄해져 들어 올려도 더 이상 리본 모양을 그리며 떨어지지 않을 때까지 친다. 원하는 가향 재료를 더한다. 준비한 트레이에 반죽을 서로 충분히 간격을 두어 작고 소복하게 쌓는다. 오븐에 넣고 노릇해질 때까지 30분간 굽는다.

- ◆ 틀용 버터
- ◆ 달걀흰자 1개 분량
- ◆ 정제 백설탕 100g
- ◆ 커피 에센스, 코코아 파우더 또는 곱게 다진 아몬드 등 가향 재료

  준비 시간 30분

  조리 시간 30분

  6인분

랑그드샤*

LANGUES DE CHAT

오븐을 190℃로 예열하고 베이킹 트레이에 버터를 바른다. 볼에 버터를 담고 새하얗고 부드러워질 때까지 친다. 설탕을 더하여 섞은 다음 달걀을 하나씩 더하면서 골고루 섞는다. 밀가루를 더해서 마저 섞는다. 준비한 트레이에 숟가락으로 덜어서 얹거나 짤주머니를 이용해서 손가락 모양으로 짠다. 오븐에 넣어 20분간 굽는다. 가장자리는 노릇하지만 가운데는 옅은 색을 띨 정도로만 구워야 한다.

- ◆ 버터 80g, 틀용 여분
- ◆ 정제 백설탕 80g
- ◆ 달걀 2개
- ◆ 밀가루 85g

  준비 시간 20분

  조리 시간 20분

  6인분

- ● '고양이 혀'라는 뜻을 가진 이름으로, 부드럽고 파삭한 과자.

뷔 가르송 비스킷
VIEUX GARÇONS

- ◆ 부드러운 버터 125g, 틀용 여분
- ◆ 밀가루 250g, 덧가루용 여분
- ◆ 황설탕 125g
- ◆ 분리한 달걀흰자와 달걀노른자 각각
  1개 분량
  준비 시간 20분
  조리 시간 20분
  6인분

프랑스 북부 브르타뉴 지역에서 유래한 비스킷으로, 전통 방식에서는 금작화 가지를 넣은 장작 오븐에 구워서 특별한 풍미를 더한다.

오븐을 190℃로 예열하고 베이킹 트레이에 버터를 바른다. 깨끗한 작업대에 밀가루를 소복하게 담고 가운데에 우물을 파서 버터, 설탕, 달걀흰자를 담는다. 밀가루와 함께 서서히 섞어서 부드러운 반죽을 만든 다음 가볍게 치댄다. 작업대에 반죽을 살짝 납작하게 편 다음 다시 한 번 가볍게 치댄다. 작업대와 반죽에 덧가루를 뿌려서 달라붙지 않도록 한다. 1cm 두께로 민다. 쿠키 커터로 둥글게 찍어 낸다. 준비한 트레이에 담고 달걀노른자를 솔에 묻혀 바른다. 오븐에 넣어 노릇해질 때까지 20분간 굽는다.

마지판 비스킷
MASSEPAINS

- ◆ 껍질 벗긴 아몬드 125g
- ◆ 정제 백설탕 200g
- ◆ 달걀흰자 2개 분량
- ◆ 밀가루 15g
- ◆ 레몬 제스트 간 것 1개 분량
  준비 시간 20분
  조리 시간 30분
  6인분

오븐을 180℃로 예열한다. 푸드 프로세서에 아몬드, 설탕, 달걀흰자를 담고 갈거나 절구에 담아서 찧어 반쯤 액상 상태인 페이스트를 만든다. 밀가루와 레몬 제스트를 더한다. 덧가루를 뿌린 베이킹 트레이에 반죽을 작고 소복하게 쌓는다. 오븐에 넣어 노릇해질 때까지 30분간 굽는다.

팽 드 젠느
PAIN DE GÊNES

- ◆ 부드러운 버터 120g, 틀용 여분
- ◆ 정제 백설탕 300g
- ◆ 달걀 4개
- ◆ 아몬드 가루 250g
- ◆ 밀가루 100g
- ◆ 키르슈 2큰술
  준비 시간 25분
  조리 시간 45분
  6인분

오븐을 160℃로 예열하고 케이크 틀에 버터 바른 유산지를 깐다. 볼에 버터와 설탕을 담고 쳐서 잘 푼다. 달걀을 하나씩 넣으면서 섞은 다음 아몬드, 밀가루, 키르슈를 더하여 마저 섞는다. 준비한 틀에 반죽을 붓는다. 오븐에 넣어 45분간 굽되 너무 빨리 노릇해지면 알루미늄 포일을 덮는다.

스펀지 케이크(제누아즈)
GÉNOISE

오븐을 180℃로 예열하고 원형 케이크 틀에 버터를 바른다. 내열용 볼을 잔잔하게 끓는 물이 든 냄비에 얹는다. 볼에 달걀과 설탕을 담고 약한 불을 유지하며 혼합물이 가볍고 매끄러우며 부피가 늘어날 때까지 거품기로 친다. 레몬 제스트와 바닐라를 더한 다음 밀가루를 뿌리고 스패출러로 접듯이 섞는다. 마지막으로 녹인 버터를 더하여 섞는다. 반죽을 준비한 틀에 붓고 오븐에 넣어 30~40분간 굽는다. 가운데를 가볍게 눌러서 단단함이 느껴지면 다 익은 것이다.

참고
반죽이 변색될 수 있으니 알루미늄 볼은 절대 사용하지 않는다.

- ◆ 녹인 버터 125g, 틀용 여분
- ◆ 달걀 5개
- ◆ 정제 백설탕 150g
- ◆ 레몬 제스트 간 것 또는 바닐라 익스트랙
- ◆ 밀가루 130g

  준비 시간 30분

  조리 시간 30~40분

  6인분

페이스트리

슈 페이스트리
PÂTE À CHOUX

큰 냄비에 물 120mL와 설탕, 버터, 소금을 담고 천천히 가열하여 버터를 녹인 후 한소끔 끓인다. 밀가루를 한 번에 털어 넣고 나무 주걱으로 재빠르게 치댄다. 불 세기를 낮춘 다음 반죽이 냄비 가장자리에서 쉽게 떨어질 때까지 약 1분간 계속 치댄다. 접시에 버터를 바르고 반죽을 뒤집어 털어서 담은 후 실온으로 식힌다. 반죽을 다시 팬에 넣고 달걀 푼 것을 천천히 더하면서 반죽에 윤기가 흐르고 매끄러워질 때까지 섞는다.

〔변형〕
• •

슈
CHOUX SOUFFLÉS

오븐을 220℃로 예열한다. 버터를 바른 베이킹 트레이에 슈 페이스트리 반죽을 짤주머니로 짜거나 숟가락으로 떼어서 달걀 크기로 얹는다. 오븐 온도를 200℃로 낮춘다. 오븐에 넣어 슈가 잘 부풀고 노릇해질 때까지 20분간 굽는다. 레시피의 안내에 따라 속을 채운 다음 뜨겁거나 차갑게 낸다.

- ◆ 정제 백설탕 20g
- ◆ 설탕 1작은술
- ◆ 버터 100g, 틀용 여분
- ◆ 밀가루 120g
- ◆ 달걀 푼 것 4개 분량

  준비 시간 20분

  조리 시간 15분

  6인분

•••

치즈 슈
CHOUX AUX FROMAGE

오븐을 220℃로 예열한다. 설탕을 빼고 간 그뤼에르 치즈 150g을 더해서 슈 페이스트리 반죽을 만든다. 버터를 바른 베이킹 트레이에 슈 페이스트리 반죽을 짤주머니로 짜거나 숟가락으로 떼어서 달걀 크기로 얹는다. 오븐 온도를 200℃로 낮춘다. 오븐에 넣어 슈가 잘 부풀고 노릇해질 때까지 20분간 굽는다. 레시피의 안내에 따라 속을 채운 다음 뜨겁거나 차갑게 낸다.

•••

커스터드 크림 슈
CHOUX À LA CRÈME PÂTISSIÈRE

큼직한 슈를 여러 개 만든다. 한 김 식으면 슈 위쪽 근처에 가로로 칼집을 낸다. 되직한 크렘 파티시에르(706쪽)를 칼집 틈새로 살짝 보일 정도로 속에 넉넉히 채운다.

•••

생크림 슈
CHOUX À LA CRÈME CHANTILLY

큼직한 슈를 여러 개 만든다. 한 김 식으면 슈 위쪽 근처에 가로로 칼집을 낸다. 샹티이 크림(121쪽)을 속에 넉넉히 채운다.

티타임용 페이스트리 비스킷
GALETTES FEUILLETÉES POUR LE THÉ

◆ 퍼프 페이스트리(776쪽) 1회 분량

◆ 틀용 버터

◆ 달걀물용 달걀노른자 1개 분량

◆ 마무리용 정제 백설탕(선택 사항)

　준비 시간 45분 + 휴지하기

　조리 시간 25분

　6인분

퍼프 페이스트리를 만든다. 오븐을 220℃로 예열하고 베이킹 트레이에 버터를 바른다. 페이스트리를 3mm 두께로 민다. 지름 3~4cm 크기의 원형 모양으로 찍어 낸다. 볼에 달걀노른자와 물 2작은술을 섞은 뒤 솔을 이용하여 둥근 페이스트리에 바른다. 설탕(사용 시)을 뿌린다. 준비한 트레이에 담고 노릇해질 때까지 15~20분간 굽는다. 따뜻하게 또는 차갑게 낸다.

퍼프 페이스트리

PÂTE FEUILLETEE

퍼프 페이스트리는 버터와 밀가루, 소량의 물과 소금 한 꼬집으로 만든다. 버터와 밀가루의 비율은 저마다 다르지만 기본적으로 밀가루 무게 대비 절반 분량의 버터를 사용한다. 퍼프 페이스트리는 서늘한 곳에서 만들어야 한다.

볼에 밀가루와 소금, 물 대부분을 담아서 필요하면 나머지 물을 조금씩 더해 가면서 매끄럽고 신축성이 좋은 반죽을 만든다. 작업대에 덧가루를 뿌리고 반죽을 5mm 두께의 직사각형 모양으로 민다. 반죽 가운데에 버터를 얹고 사방 가장자리를 가운데 방향으로 접어서 맞물려 버터를 완전히 반죽 속에 봉한다. 냉장고에 넣어 10분간 휴지한다. 반죽을 직각으로 돌려서 버터가 삐져나오지 않도록 주의하면서 5mm 두께의 길쭉한 직사각형 모양으로 다시 민다. 양쪽 끝을 책을 닫듯이 가운데 방향으로 겹치도록 접어서 3층짜리 작은 직사각형 모양을 만든다. 15분간 휴지한다. 반죽을 다시 밀어서 접기를 반복한다. 15분간 휴지한다. 이러한 과정을 6번 반복한다. 각 단계를 '접기'라고 부른다. 6번 접기를 완료하면 페이스트리가 완성된다. 접기를 반복할수록 결과물이 가벼워진다.

참고

버터는 반죽과 같은 정도로 부드러운 상태여야 한다. 단단하면 버터가 열심히 만든 켜를 찢어 버린다.

- ◆ 체에 친 밀가루 200g, 덧가루용 여분
- ◆ 소금 1꼬집
- ◆ 얼음물 100mL
- ◆ 깍둑 썬 부드러운 버터 100g

  준비 시간 2시간 + 휴지하기

  6인분

에클레어

ÉCLAIRS

슈 페이스트리를 만든다. 오븐을 200℃로 예열하고 베이킹 트레이에 버터를 바른다. 준비한 트레이에 숟가락으로 덜어서 얹거나 짤주머니를 이용해서 손가락 모양으로 짠다. 오븐에 넣어 20분간 구운 다음 식힌다. 식은 에클레어의 옆면에 길게 칼집을 넣고 원하는 속을 채운 다음 차갑게 식힌다.

〔변형〕

. . . .

초콜릿 에클레어

ÉCLAIRS AU CHOCOLAT

위와 같이 에클레어를 만든다. 초콜릿 크렘 앙글레즈(694쪽)를 채우고 위에 초콜릿 아이싱(727쪽)을 바른다.

- ◆ 슈 페이스트리(774쪽) 1회 분량
- ◆ 틀용 버터

  준비 시간 30분

  조리 시간 20분

  6인분

커피 에클레어
ÉCLAIRS AU CAFÉ

에클레어를 만든다. 커피 크렘 앙글레즈(694쪽)를 채우고 위에 커피 퐁당 아이싱(728쪽)을 바른다.

아몬드 에클레어
ÉCLAIRS À LA FRANGIPANE

에클레어를 만든다. 아몬드 커스터드(706쪽)를 채우고 위에 케이크용 키르슈 아이싱(727쪽)을 바른다.

크렘 에클레어
ÉCLAIRS À LA CRÈME PÂTISSIÈRE

에클레어를 만든다. 크렘 파티시에르(706쪽)를 채우고 위에 케이크용 키르슈 아이싱(727쪽)을 바른다.

치즈 링 슈
GÂTEAU DE GANNET

오븐을 200℃로 예열한다. 물 100mL와 버터, 소금, 밀가루로 슈 페이스트리(774쪽)를 만든다. 한 김 식힌 다음 달걀과 치즈를 더하여 치대고 후추로 간을 한다. 베이킹 트레이에 버터를 바르고 밀가루를 뿌린다. 준비한 트레이에 반죽을 짤주머니 또는 숟가락을 이용해서 링 모양으로 담는다. 오븐에 넣고 온도를 220℃로 높인다. 슈가 부풀어서 노릇해질 때까지 30~45분간 굽는다. 식으면 슈를 가로로 반 자른 다음 원하는 속을 채운다. 애피타이저로 낸다.

◆ 버터 40g, 틀용 여분
◆ 소금과 후추
◆ 밀가루 120g, 덧가루용 여분
◆ 달걀 푼 것 4개 분량
◆ 얇게 저민 그뤼에르 치즈 120g
　준비 시간 20분
　조리 시간 30~45분
　6인분

볼로방
VOL-AU-VENT

오븐을 220℃로 예열하고 베이킹 트레이에 버터를 바른다. 퍼프 페이스트리를 만든다. 덧가루를 뿌린 작업대에 페이스트리를 얹고 2.5cm 두께로 민다. 날카로운 칼을 이용해서 지름 12~15cm 크기의 원형 모양으로 자른다. 달걀노른자에 물을 약간 섞어서 페이스트리에 솔로 바른다. 칼끝으로 가장자리에 골고루 작은 칼집을 낸다. 그리고 가장자리에서 안쪽으로 3cm 정도 들어온 곳을 기준으로 바닥까지 자르지 않도록 주의하면서 둥그렇게 칼집을 넣는데, 이 부분이 뚜껑이 된다. 뚜껑 위에 격자무늬를 낸다. 페이스트리를 준비한 트레이에 담는다. 오븐에 넣고 짙은 갈색을 띨 때까지 35분간 굽는다. 오븐에서 꺼내 조심스럽게 뚜껑을 제거한 다음 옆에 따로 둔다. 아직 익지 않은 페이스트리 가운데 부분을 제거한다. 완성한 볼로방에 원하는 속을 채운다.

◆ 틀용 버터
◆ 퍼프 페이스트리(776쪽) 300g
◆ 덧가루용 밀가루
◆ 달걀노른자 1개 분량
　준비 시간 45분
　조리 시간 35분
　6인분

[변형]

・・・

피낭시에르 볼로방
VOL-AU-VENT À LA FINANCIÈRE

볼로방(778쪽)에 송아지 크넬과 버섯으로 만든 피낭시에르 소스(57쪽)를 채운다. 송로버섯을 더해서 풍미를 내도 좋다. 페이스트리 뚜껑을 덮어서 뜨겁게 낸다.

홍합 볼로방
VOL-AU-VENT À LA MARINIÈRE

볼로방(778쪽)에 넉넉히 양념을 한 홍합 마리니에르(272쪽)를 채운다. 페이스트리 뚜껑을 다시 덮고 뜨겁게 낸다.

• •

여왕의 부셰
BOUCHÉES À LA REINE

볼로방(778쪽)을 조리하되 페이스트리를 지름 5~6cm 크기보다 작게 자른다. 피낭시에르 소스(57쪽)를 채운다.

고기 파이
TOURTE À LA VIANDE

◆ 퍼프 페이스트리(776쪽) 300g

◆ 달걀노른자 1개 분량(선택 사항)

필링 재료:

◆ 익힌 고기 200g

◆ 햄 50g

◆ 줄무늬 베이컨 50g

◆ 적당히 찢은 껍질을 제거한 흰색 빵
  30g

◆ 우유 2큰술

◆ 버터 1덩어리

◆ 저민 버섯 100g

◆ 가볍게 푼 달걀 2개 분량

◆ 다진 모둠 허브(이탈리안 파슬리, 골파,
  처빌, 타라곤 등)

◆ 소금과 후추

◆ 다진 송로버섯

  준비 시간 45분 + 휴지하기

  조리 시간 35분

  6인분

먼저 필링을 만든다. 모든 고기 재료를 잘게 다지고 빵은 우유에 넣어 불린다. 팬에 버터를 넣어 녹이고 버섯을 더하여 볶은 다음 따로 덜어 내서 식힌다. 볼에 다진 고기와 빵, 달걀, 허브를 담아 섞는다. 소금과 후추로 넉넉히 간을 한 다음 송로버섯과 식힌 버섯을 더하여 섞는다. 다음 방법을 참조해서 고기 파이를 완성한다.

만드는 법 1

볼로방(778쪽)과 같은 방식으로 페이스트리를 만들어서 익힌다. 페이스트리에 고기 필링을 채운다. 페이스트리 뚜껑을 덮어서 뜨겁게 낸다.

만드는 법 2

오븐을 220℃로 예열한다. 3분의 2 분량의 페이스트리를 1cm 두께로 둥글게 민다. 덧가루를 뿌린 베이킹 트레이에 얹고 가장자리를 접어서 낮은 테두리를 만든다. 고기 필링을 채운다. 남은 반죽을 둥그렇게 밀어서 뚜껑을 만든다. 필링 위에 뚜껑을 덮고 가장자리를 주름을 잡아 가며 여민다. 달걀노른자를 솔에 묻혀 바르고 오븐에 넣어 35분간 굽는다.

파테 앙 크루트(페이스트리에 싼 파테)

PÂTÉ EN CROÛTE

먼저 페이스트리를 만든다. 볼에 밀가루를 담고 가운데를 오목하게 만든 다음 버터와 소금을 더한다. 얼음물을 반죽이 한 덩어리로 뭉쳐질 만큼 넣는다. 덧가루를 뿌린 작업대에 반죽을 옮기고 매끈해질 때까지 5분간 충분히 치댄다. 반죽에 덮개를 씌운 다음 냉장고에 넣어 반나절 동안 휴지한다.

오븐을 200℃로 예열한다. 파테 그릇 또는 테린에 버터를 바른다. 3분의 2 분량의 반죽을 밀어서 그릇에 가장자리로 2cm 정도 늘어질 만큼 채운다. 바닥에 얇은 베이컨을 한 켜 깔고 스터핑을 한 켜 깐 다음 햄을 약간 뿌리고 송아지고기를 한 켜 깐다. 매번 소금과 후추로 충분히 간을 한다. 모든 재료를 소진할 때까지 같은 순서로 그릇을 채운다. 남은 반죽을 밀어서 그릇보다 조금 큰 크기의 뚜껑을 만든 다음 필링을 덮는다. 가장자리를 집어서 밀봉한다. 페이스트리에 솔로 달걀노른자를 바른 다음 뚜껑 가운데에 작게 구멍을 낸다. 마분지를 말아서 작은 굴뚝 모양을 만든 다음 구멍에 끼워서 조리 중에 막히지 않도록 한다. 오븐에 넣어 짙은 갈색을 띨 때까지 1시간 30분간 굽는다.

페이스트리 재료:

- 밀가루 500g, 덧가루용 여분
- 차갑게 식혀서 깍둑 썬 버터 200g, 틀용 여분
- 소금 2작은술
- 점도 조절용 얼음물

스터핑용 재료:

- 얇게 저민 베이컨 200g
- 원하는 스터핑(79~80쪽) 250g
- 저민 햄 200g
- 길고 가늘게 썬 송아지고기 200g
- 소금과 후추
- 달걀물용 달걀노른자 1개 분량
  준비 시간 1시간 30분 + 휴지하기
  조리 시간 1시간 30분
  6인분

소시지 롤

FRIANDS

퍼프 페이스트리를 만들어서 5mm 두께로 민다. 오븐을 220℃로 예열한다. 페이스트리를 가로 4cm, 세로 8cm 크기의 직사각형 모양으로 자른다. 반죽의 반절 부분에 치폴라타 소시지를 얹고 남은 반쪽을 덮어서 가장자리에 물을 발라 여민다. 취향에 따라 칼로 가장자리를 꼭꼭 눌러서 무늬를 낸다. 오븐에 넣어 짙은 갈색을 띨 때까지 30분간 굽는다.

- 퍼프 페이스트리(776쪽) 250g
- 치폴라타 소시지 250g
  준비 시간 1시간 + 휴지하기
  조리 시간 30분
  6인분

(변형)

. . . .

안초비 롤

FEUILLANTINES AUX ANCHOIS

위와 같이 조리하되 치폴라타 대신 염장 안초비를 사용한다. 페이스트리는 가로 3cm, 세로 10cm 크기의 직사각형 모양으로 자른다.

작은 고기 파이
PETITO PÂTÉO

- ◆ 퍼프 페이스트리(776쪽) 250g
- ◆ 붉은 고기용 스터핑(80쪽) 1회 분량
- ◆ 달걀노른자 1개 분량

  준비 시간 1시간 + 휴지하기

  조리 시간 25분

  6인분

퍼프 페이스트리를 만들고 고기 스터핑을 준비한다. 오븐은 220℃로 예열한다. 아래 방법을 참조하여 고기 파이를 완성한다.

만드는 법 1
페이스트리를 5mm 두께로 민 뒤 지름 5cm 크기로 둥글게 찍어 낸다. 찍어 낸 반죽에 고기 스터핑을 1큰술씩 담고 다른 반죽 하나를 덮어서 가장자리에 물을 발라 봉한다. 윗면에 달걀노른자를 바르고 오븐에 넣어 25분간 굽는다.

만드는 법 2
볼로방(778쪽)과 같은 방식으로 지름 5~6cm 크기의 페이스트리 틀을 만든다. 고기 스터핑을 채워서 오븐에 넣고 20분간 굽는다. 가금류용 스터핑(79쪽) 또는 생선용 스터핑(80쪽)을 사용해도 좋다.

 814쪽

- ◆ 밀가루 200g
- ◆ 버터 100g
- ◆ 소금 1작은술
- ◆ 정제 백설탕 125g

  준비 시간 1시간 + 휴지하기

  조리 시간 20분

  6인분

팔미에
PALMIERS

밀가루와 버터, 소금, 물 2큰술로 퍼프 페이스트리(776쪽)를 만든다. 오븐을 220℃로 예열한다. 작업대에 설탕을 가볍게 뿌리고 페이스트리를 약 5mm 두께에 너비 10~20cm 크기로 민다. 양쪽 가장자리가 가운데에서 만나도록 페이스트리의 끝 부분을 접은 다음 같은 방식으로 한 번 더 접는다. 페이스트리를 1cm 두께로 송송 썬다. 잘라 낸 반죽을 살짝 펼쳐서 하트 모양을 만든다. 베이킹 트레이에 설탕을 뿌리고 하트 모양 반죽을 납작하게 얹는다. 오븐에 넣어 중간에 한 번 뒤집어 가며 15~20분간 굽는다.

가정식 비스킷
GALETTE DE MÉNAGE

퍼프 페이스트리를 만든다. 이때 매번 접기 전에 설탕을 뿌려 가면서 만
든다. 오븐을 220℃로 예열한다. 페이스트리를 2cm 두께의 원형으로 민
다. 반죽 윗부분에 달걀물을 솔에 묻혀 골고루 바르고 칼끝으로 격자 무
늬를 그린다. 베이킹 트레이에 옮겨서 오븐에 넣어 노릇해질 때까지 30분
간 굽는다.

- ◆ 퍼프 페이스트리(776쪽) 350g
- ◆ 정제 백설탕 75g
- ◆ 달걀물용 달걀 푼 것 1개 분량

  준비 시간 45분 + 휴지하기

  조리 시간 30분

  6인분

롱 갈레트
GALETTE DE PLOMB

오븐은 180℃로 예열하고 타르트 틀에 버터를 바른다. 큰 볼에 밀가루,
버터, 크렘 프레슈, 설탕, 소금을 담아 섞는다. 반죽을 작업대에 옮겨서
강하게 치댄다. 틀에 반죽을 채우고 달걀물을 솔로 바른다. 오븐에 넣어
노릇해질 때까지 45분간 굽는다.

- ◆ 부드러운 버터 165g, 틀용 여분
- ◆ 밀가루 250g
- ◆ 크렘 프레슈 100mL
- ◆ 정제 백설탕 1큰술
- ◆ 소금 1꼬집
- ◆ 달걀 푼 것 1개 분량

  준비 시간 10분

  조리 시간 45분

  6인분

짭짤한 치즈 비스킷
GALETTE SALÉES AU FROMAGE

퍼프 페이스트리를 만든다. 마지막 4~6회 접기를 할 때 사이사이에 그뤼
에르 치즈를 뿌린다. 오븐을 220℃로 예열한다. 페이스트리를 1cm 두께
로 민다. 지름 3~4cm 크기의 동그라미 모양으로 찍어 낸다. 달걀물을 솔
에 묻혀 바른다. 오븐에 넣어 노릇해질 때까지 25분간 굽는다.

- ◆ 퍼프 페이스트리(776쪽) 300g
- ◆ 그뤼에르 치즈 간 것 200g
- ◆ 달걀 푼 것 1개 분량

  준비 시간 45분 + 휴지하기

  조리 시간 25분

  6인분

크림 코르네*

CORNETS À LA CRÈME

- ◆ 퍼프 페이스트리(776쪽) 200g
- ◆ 틀용 버터
- ◆ 달걀노른자 1개 분량
- ◆ 크렘 파티시에르(706쪽) 또는 샹티이
  크림(121쪽) 250mL

  준비 시간 1시간+ 휴지하기

  조리 시간 30분

  분량 크림 코르네 약 12개

● 흔히 '소라빵'이라고 부르는 원뿔 모양의 과자.

퍼프 페이스트리를 만든다. 오븐을 220℃로 예열하고 베이킹 트레이에 버터를 바른다. 페이스트리를 아주 얇게 민 다음 2~3cm 너비로 길게 자른다. 원뿔형 크림 코르네 틀 여러 개에 버터를 바르고 길게 자른 페이스트리를 틀 바깥쪽에 나선형으로 빈틈없이 둘러 붙인다. 틈새에 물을 조금씩 발라서 여며도 좋다. 달걀노른자에 따뜻한 물 1작은술을 섞어서 솔에 묻혀 골고루 바른다. 준비한 트레이에 반죽을 얹고 오븐에 넣어 노릇해질 때까지 30분간 굽는다. 부서지지 않도록 주의하면서 틀에서 코르네를 빼낸다. 크렘 파티시에르 또는 크림을 채운다.

타르트

타르트 틀에 반죽을 채울 때는 다음과 같은 방식을 따른다. 먼저 덧가루를 뿌린 작업대에서 페이스트리를 민다. 파이 그릇이나 타르트 틀에 얹어서 눌러 채운다. 바닥은 얇아야 하고 틀 바깥쪽으로 삐져나온 반죽은 날카로운 칼로 골고루 잘라 낸다. 포크로 바닥을 골고루 찔러서 구멍을 낸다. 반죽에 익힌 과일을 채울 때는 먼저 초벌구이(쇼트크러스트 페이스트리 참조, 784쪽)를 해야 한다. 식힌 다음 원하는 필링을 채운다. 익히지 않은 반죽을 약 5mm 너비로 길고 가늘게 잘라서 격자 무늬 뚜껑을 만들어도 좋다. 버터를 바른 유산지에 길게 자른 반죽을 얹어서 격자 무늬 뚜껑 모양을 낸다. 바닥과 따로 구운 다음 필링 위에 구운 뚜껑을 얹는다.

타르틀레트는 타르트와 같은 방식으로 만든다. 작고 둥근 틀은 복숭아나 사과 등 크고 둥근 과일로 만들 때 사용하며 타원형 틀은 체리나 딸기 등 작은 과일로 만들 때 사용한다.

쇼트크러스트 페이스트리(파트 브리제)

PÂTE BRISÉE

볼에 밀가루를 담고 가운데를 오목하게 만든 뒤 오일, 소금, 버터를 담는다. 버터를 밀가루에 문질러 섞는다. 얼음물을 조금씩 더해서 촉촉하게 만든 다음 반죽을 한 덩어리로 뭉친다. 손으로 반죽을 가볍게 치댄다. 신속하게 작업해야 제대로 된 페이스트리를 만들 수 있다. 반죽을 랩으로 싸서 냉장고에 넣어 30분~24시간 동안 휴지한다. 밀기 전에 미리 꺼내서 실온으로 되돌린다. 덧가루를 가볍게 뿌린 작업대에서 5mm 두께의 둥근 모양으로 민 다음 타르트 틀에 채운다. 가능하면 바닥을 분리할 수 있는 틀을 이용한다. 페이스트리는 작고 둥근 틀이나 바게트 모양의 틀에 채워도 좋다.

페이스트리 반죽을 초벌구이할 때는 오븐을 200℃로 예열한다. 페이스트리 틀에 유산지를 깔고 누름돌 또는 생쌀을 담는다. 오븐에 넣어 10분간 굽고 유산지와 누름돌을 조심스럽게 제거한 다음 페이스트리 틀을 다시 오븐에 넣어서 노릇해지고 완전히 익을 때까지 10~15분간 굽는다.

참고

재료와 도구는 최대한 차가운 온도를 유지하도록 한다. 그래야 바삭하고 포슬포슬한 페이스트리를 만들 수 있다.

◆ 밀가루 250g, 덧가루용 여분

◆ 해바라기씨 또는 유채씨 등 무향 오일
  1큰술

◆ 소금 1/2작은술

◆ 차갑게 식혀서 깍둑 썬 버터 125g

◆ 얼음물 1~2큰술
  준비 시간 20분 + 휴지하기
  조리 시간 20~25분
  6인분

익힌 과일 또는 잼 타르트

TARTE AUX FRUITS CUITS, À LA CONFITURE

쇼트크러스트 페이스트리를 초벌구이한다. 원하는 익힌 과일이나 잼을 채운다.

[변형]

● ●

아몬드 타르트

TARTE À LA CRÈME FRANGIPANE

쇼트크러스트 페이스트리(784쪽)를 초벌구이한다. 아몬드 커스터드(706쪽)를 채워서 15분 더 굽는다.

◆ 쇼트크러스트 페이스트리(784쪽) 1회
  분량

◆ 원하는 과일잼 또는
  콤포트(853~861쪽) 1회 분량
  준비 시간 20분
  조리 시간 25분
  6인분

라이스 푸딩 타르트
TARTE AU RIZ

쇼트크러스트 페이스트리(784쪽)를 초벌구이한다. 바닐라 익스트랙 또는 갈아낸 레몬 제스트로 풍미를 낸 라이스 푸딩(711쪽)을 채운다. 10분 더 굽는다.

커스터드 타르트
TARTE AU FLAN

쇼트크러스트 페이스트리(784쪽)를 초벌구이한다. 초콜릿 베샤멜(725쪽) 또는 바닐라 베샤멜을 채운다. 이때 베샤멜에 갈아 낸 레몬 제스트를 더하여 풍미를 내도 좋다. 10분 더 굽는다.

부드러운 과일 타르트
TARTE AUX FRUITS

쇼트크러스트 페이스트리(784쪽)를 완전히 익혀 예쁘고 노릇한 색이 나도록 초벌구이한다. 딸기나 라즈베리, 레드커런트 등 부드러운 과일을 채운다. 설탕 시럽(642쪽)이나 레드커런트 젤리(860쪽)로 광택을 낸다.

단단한 과일 타르트
TARTE AUX FRUITS PEU JUTEUX

사과나 배 등 단단한 과일은 껍질을 벗긴 다음 저며서 초벌구이를 하지 않은 쇼트크러스트 페이스트리(784쪽)에 채운다. 블랙베리 등 부드러운 과일을 더해도 좋다. 우유 175mL를 데우고 정제 백설탕 2큰술과 밀가루 1큰술을 더해서 커스터드를 만든다. 한소끔 끓인 다음 걸쭉해질 때까지 휘젓는다. 과일에 커스터드를 붓고 200℃로 예열한 오븐에서 넣어 30분간 굽는다.

타르트 타탱
TARTE TATIN

오븐을 200℃로 예열한다. 쇼트크러스트 페이스트리를 만든 다음 덮개를 씌워서 휴지한다. 직화 가능한 바닥이 탄탄한 파이 그릇(강철 제품 추천)에 설탕 100g을 담고 물 1~2큰술을 두른다. 그릇을 중간 불에 올려서 아주 짙은 캐러멜(643쪽)을 만든다. 그릇 바닥에 캐러멜을 골고루 퍼지게 만든 다음 식힌다.

　필링을 만든다. 사과는 껍질을 벗기고 심을 제거한 다음 얇게 저민다. 그릇에 담은 캐러멜 위에 사과를 빼곡하게 링 모양으로 겹쳐 담은 후 남은 설탕을 뿌린다. 버터를 군데군데 얹는다. 페이스트리를 5mm 두께로 밀어서 사과 위에 완전히 덮이도록 얹은 다음 틀에 가장자리를 꼼꼼하게 채워 붙인다. 오븐에 넣어 30분간 구운 다음 캐러멜화한 사과가 위로 오도록 식사용 그릇에 바로 뒤집어 담아서 낸다.

812쪽

◆ 쇼트크러스트 페이스트리(784쪽) 1회
　분량
◆ 정제 백설탕 125g

　필링 재료:
◆ 사과 500g
◆ 버터 40g
　준비 시간 25분
　조리 시간 30분
　6인분

알자스식 사과 타르트
TARTE À L'ALSACIENNE(AUX POMMES)

오븐을 200℃로 예열한다. 익히지 않은 쇼트크러스트 페이스트리 틀을 준비한다. 사과를 페이스트리에 담는다. 볼에 밀가루, 달걀, 설탕, 크렘 프레슈를 담고 매끄럽게 섞는다. 사과 위에 붓고 오븐에 넣어 30~40분간 굽는다.

〔변형〕

· ·

루바브 타르트
TARTE À LA RHUBARB

위와 같이 조리하되 사과 대신 3cm 길이로 자른 루바브 500g을 더한다. 위에 커스터드 혼합물을 덮어서 오븐에 넣어 30~40분간 굽는다. 취향에 따라 여분의 설탕을 뿌려 낸다.

◆ 쇼트크러스트 페이스트리(784쪽) 1회
　분량

　필링 재료:
◆ 껍질과 심을 제거하고 저민 사과 500g
◆ 밀가루 50g
◆ 달걀 2개
◆ 정제 백설탕 100g
◆ 크렘 프레슈 100mL
　준비 시간 20분
　조리 시간 30~40분
　6인분

오렌지 타르트
TARTE À L'ORANGE

오븐을 200℃로 예열한다. 지름 23cm 크기의 바닥이 분리되는 타르트 틀 또는 개별용 타르트 틀 6~8개에 쇼트크러스트 페이스트리를 여분으로 조금 따로 남겨 두고 골고루 채운다. 초벌구이(784쪽)를 한 다음 바닥에 달걀물을 솔로 묻혀 바르고 다시 오븐에 넣어서 2분간 굽는다. 꺼내서 식힌다. 필링을 만든다. 볼에 달걀과 설탕, 오렌지 제스트, 즙, 버터를 더해서 섞는다. 구운 페이스트리에 오렌지 혼합물을 붓는다. 남겨 둔 페이스트리를 5mm 너비로 길게 잘라서 타르트 또는 타르틀레트를 장식한 다음 달걀을 솔로 바른다. 오븐 온도를 180℃로 내린 뒤 타르트를 오븐에 넣어 노릇하고 살짝 부풀 때까지 30~35분간 굽는다.

[변형]

. . . .

레몬 타르트
TARTE AU CITRON

위와 같이 조리하되 오렌지 대신 레몬을 사용한다. 필링의 단맛이 좀 덜하다.

. . . .

파인애플 타르트
TARTE À L'ANANAS

위와 같이 조리하되 오렌지 대신 저민 파인애플 2개를 준비해서 하나는 깍둑 썰고 하나는 으깬다. 필링에 버터 15g과 키르슈 1큰술을 추가한다.

◆ 쇼트크러스트 페이스트리(784쪽) 1회 분량

◆ 가볍게 푼 달걀 1개 분량

필링 재료:

◆ 달걀 1개

◆ 정제 백설탕 150g

◆ 오렌지 제스트와 즙 1개 분량

◆ 녹인 버터 85g

준비 시간 20분

조리 시간 25~35분

분량 8인분

 813쪽

달콤한 페이스트리(파트 아 퐁세)

PÂTE À FONCER

- ◆ 밀가루 250g, 덧가루용 여분
- ◆ 정제 백설탕 30g
- ◆ 달걀노른자 1개 분량
- ◆ 부드러운 버터 150g
- ◆ 소금 1작은술

  준비 시간 20분 + 휴지하기

  조리 시간 20~25분

  6인분

달콤한 페이스트리는 쇼트크러스트 페이스트리보다 흡습력이 떨어져서 물기 많은 과일이나 액상 커스터드를 담아도 좋다.

밀가루를 볼에 담거나 작업대에 소복하게 얹는다. 가운데를 오목하게 만들고 설탕, 달걀노른자, 버터, 소금을 더한다. 우물 속 내용물에 밀가루를 조금씩 골고루 섞어 넣는다. 물(약 2큰술)을 페이스트리가 하나로 뭉칠 만큼만 적당히 더한다. 가볍게 치댄 다음 공 모양으로 빚는다. 덮개를 씌워서 냉장고에 넣고 최소 1시간 동안 휴지한다. 밀기 전에 미리 꺼내서 실온으로 되돌린다.

덧가루를 가볍게 뿌린 작업대에서 반죽을 5mm 두께의 둥근 모양으로 민 다음 지름 25~35m 크기의 둥근 타르트 틀에 채운다. 가능하면 바닥을 분리할 수 있는 틀을 사용한다. 작고 둥근 틀 또는 바게트 모양 틀을 사용해도 좋다. 페이스트리를 초벌구이하려면 오븐을 190℃로 예열한다. 페이스트리를 담은 틀에 유산지를 깔고 누름돌 또는 생쌀을 담는다. 오븐에 넣어 10분간 굽고 유산지와 누름돌을 조심스럽게 제거한 다음 틀을 다시 오븐에 넣어서 노릇해지고 완전히 익을 때까지 10~15분간 굽는다.

사과 턴오버

CHAUSSONS AUX POMMES

- ◆ 퍼프 페이스트리(776쪽) 250g
- ◆ 틀용 버터
- ◆ 덧가루용 밀가루
- ◆ 사과 퓌레(669쪽) 175g
- ◆ 달걀노른자 1개 분량
- ◆ 정제 백설탕 60g

  준비 시간 1시간 + 휴지하기

  조리 시간 30분

  6인분

퍼프 페이스트리를 만든다. 오븐을 220℃로 예열하고 베이킹 트레이에 버터를 바른다. 덧가루를 뿌린 작업대에서 페이스트리를 아주 얇게 민다. 볼 또는 페이스트리 커터를 이용해서 지름 12cm 크기의 둥근 모양으로 찍어 낸다. 사과 퓌레를 넉넉히 1큰술씩 얹는다. 반으로 접은 다음 가장자리에 물을 약간 바르고 눌러서 봉해 반달 모양의 턴오버를 만든다. 준비한 트레이에 담는다. 달걀물을 발라서 광택을 더한 다음 설탕을 뿌린다. 오븐에 넣고 30분간 굽는다.

참고

사과 퓌레 대신 원하는 잼을 채우면 잼 턴오버가 된다.

리솔
RISSOLES

퍼프 페이스트리를 만든다. 오븐을 220℃로 예열하고 베이킹 트레이에 버터를 바른다. 덧가루를 뿌린 작업대에서 페이스트리를 아주 얇게 민다. 유리잔이나 페이스트리 커터를 이용해서 지름 12cm 크기로 둥글게 찍어 낸다. 반죽에 필링을 조금씩 담고 반으로 접어서 가장자리에 물을 약간 발라 봉해 반달 모양의 파이를 만든다. 달걀물을 솔에 묻혀 파이 위에 바르고 준비한 트레이에 담는다. 오븐에 넣고 20분간 구운 다음 뜨겁게 낸다. 또는 튀김기에 오일을 채워서 180℃ 혹은 빵조각을 넣으면 30초 만에 노릇해질 정도로 가열한다. 리솔을 적당량씩 넣어서 노릇하게 튀긴다. 건져서 기름기를 충분히 제거한 다음 낸다.

- ◆ 퍼프 페이스트리(776쪽) 150g
- ◆ 틀용 버터
- ◆ 덧가루용 밀가루
- ◆ 필링(변형 참조)
- ◆ 달걀 푼 것 1개 분량
- ◆ 튀김용 식물성 오일(선택 사항)

    준비 시간 30분

    조리 시간 20분

    6인분

〔변형〕

고기 리솔
RISSOLES À LA VIANDE

익힌 고기를 다진다. 가볍게 푼 달걀 1개 분량을 더하여 섞은 다음 소금과 후추로 간을 한다. 반죽에 고기 혼합물을 채워서 위와 같이 조리한다.

생선 리솔
RISSOLES DE POISSON

익힌 생선과 우유에 불린 찢은 흰색 빵 약간을 섞는다. 소금과 후추로 간을 한다. 반죽에 생선 혼합물을 채워서 위와 같이 조리한다.

채소 리솔
RISSOLES DE LÉGUMES

남은 익힌 시금치, 아스파라거스 또는 버섯을 다져서 사용한다. 소금과 후추로 간을 하고 반죽에 채워서 위와 같이 조리한다.

과일 리솔
RISSOLES DE FRUITS

반죽에 걸쭉하게 졸인 과일을 채우고 취향에 따라 정제 백설탕을 뿌려 위와 같이 조리한다.

피티비예
PITHIVIERS

- 퍼프 페이스트리(776쪽) 250g
- 껍질 벗긴 아몬드 350g
- 정제 백설탕 175g
- 아몬드 익스트랙 1작은술
- 레몬 제스트 간 것 1작은술
- 달걀 3개
- 부드러운 버터 175g
- 달걀노른자 1개

  준비 시간 1시간+ 휴지하기

  조리 시간 30분

  6인분

퍼프 페이스트리를 만든다. 오븐을 220℃로 예열한다. 아몬드는 설탕, 아몬드 익스트랙, 레몬 제스트와 함께 절구에 찧거나 믹서로 간다. 달걀을 하나씩 더하면서 잘 섞은 다음 버터를 더하여 마저 섞는다. 골고루 치댄다. 파이 틀 또는 타르트 틀에 페이스트리를 절반 분량으로 채우고 가장자리에 물을 약간 발라 눌러서 여민다. 달걀노른자를 솔에 묻혀 발라서 윤기를 낸다. 날카로운 칼을 이용해서 가운데부터 가장자리를 향해 바퀴살 무늬를 그린다. 오븐에 넣고 노릇해질 때까지 30분간 굽는다.

다르투아
DARTOIS

- 퍼프 페이스트리(776쪽) 250g
- 틀용 버터

  아몬드 페이스트 재료:
- 아몬드 가루 125g
- 부드러운 버터 60g
- 달걀 2개
- 정제 백설탕 100g
- 바닐라 익스트랙 1작은술

  준비 시간 1시간 + 휴지하기

  조리 시간 25분

  6인분

퍼프 페이스트리를 만든다. 아몬드와 버터, 달걀, 설탕, 바닐라를 섞어서 아몬드 페이스트를 만든 다음 덮개를 씌워서 실온에 보관한다. 오븐을 220℃로 예열하고 베이킹 트레이에 버터를 바른다. 페이스트리를 5mm 두께로 민다.

반죽을 너비 8~10cm 크기로 길게 하나, 너비 2cm 크기로 길게 또 하나 자른다. 준비한 트레이에 큰 반죽을 담는다. 숟가락으로 상당히 부드러운 상태의 아몬드 페이스트를 반죽 위에 얹고 가장자리를 1cm 정도 접어서 아몬드 페이스트를 감싼다. 작은 반죽을 뚜껑처럼 덮은 다음 가장자리에 물을 발라서 눌러 여민다. 가장자리에 세로로 홈을 파서 꼿꼿하게 세운다. 4~5cm 간격으로 칼집을 넣어 1인분 기준의 안내선을 표시한다. 오븐에 넣고 짙은 갈색을 띨 때까지 25분간 굽는다. 꺼내자마자 표시한 안내선을 따라 다르투아를 조심스럽게 자른다.

팽창제가 들어간 케이크

과정 시작 단계나 중간에 이스트나 베이킹파우더를 더하여 부피감을 살리는 반죽에는 여러 가지 종류가 있다. 이스트는 언제나 오븐에 굽기 전에 미리 반죽에 넣어 충분히 부풀려야 한다. 이스트를 물이나 우유 등 액상 재료에 녹일 때는 미지근한 정도 이상으로 뜨겁지 않은 것을 사용해야 이스트가 죽지 않는다. 베이킹 소다나 베이킹 파우더 등의 화학적 팽창제가 가열 시 제일 효과적으로 부풀어 오른다.

마지막으로 탄탄하게 거품을 낸 달걀흰자 또한 가벼운 질감과 부피감을 더하여 반죽을 부풀어 오르게 만드는 역할을 한다. 팽창제를 더한 반죽을 만들 때는 급격한 온도 변화를 피해야 가열하여 부피가 안정적으로 고정되기 전에 팽창제의 기능이 떨어지는 것을 막을 수 있다. 따라서 케이크가 완전히 익기 전에는 오븐 문을 열지 않도록 한다.

짭짤한 고기 번
PETITS PÂTÉS SOUFFLÉS

오븐을 180℃로 예열한다. 큰 볼에 밀가루와 이스트, 소금을 담고 잘 섞는다. 가운데를 오목하게 만들고 버터, 달걀, 크렘 프레슈를 붓고 골고루 섞어서 아주 뻣뻣한 반죽을 만든 뒤 15분간 휴지한다. 12구 번 또는 머핀 틀에 버터를 바르고 반죽을 각각 1큰술씩 담는다. 소시지용 고기를 작게 빚어서 반죽마다 얹은 다음 남은 버터를 조금씩 두른다. 물에 적신 손가락으로 소시지용 고기 주변의 반죽을 매끄럽게 다듬으며 완전히 여민다. 15분간 휴지한 다음 오븐에 넣어 노릇하게 부풀어 고기 가운데 부분까지 충분히 익을 정도로 20~25분간 굽는다. 꺼내서 스타터로 뜨겁게 낸다.

- 밀가루 200g
- 패스트 액션 드라이 이스트●
  1/2봉(7g) 분량
- 소금 1꼬집
- 녹인 버터 75g, 틀용 여분
- 달걀 3개
- 크렘 프레슈 50mL
- 소시지용 고기 100g

  준비 시간 20분 + 휴지하기

  조리 시간 20~25분

  6인분

- ● 1차 발효를 생략할 수 있는 이스트. 인스턴트 드라이 이스트로 대체하고 발효 과정을 2번 거쳐도 무방하다.

사바랭

SAVARIN

- ◆ 생이스트 15g
- ◆ 미지근한 우유 50mL
- ◆ 밀가루 250g
- ◆ 달걀 3개
- ◆ 부드러운 버터 125g, 틀용 여분
- ◆ 정제 백설탕 30g
- ◆ 소금 1과 1/2작은술
- ◆ 럼 소스(729쪽) 1/2회 분량

  준비 시간 30분 + 발효하기

  조리 시간 30분

  6인분

 815쪽

6시간 전에 준비를 시작한다. 이스트를 우유에 더하고 잘 저어서 녹인다. 밀가루를 체에 쳐서 볼에 담고 가운데를 오목하게 만들어 우유를 붓는다. 달걀을 깨트려 넣고 반죽이 손이나 주걱에서 쉽게 떨어지는 상태가 될 때까지 수분간 치댄다. 볼에 덮개를 씌우고 실온에서 반죽이 두 배로 부풀 때까지 발효한다. 오븐을 200℃로 예열하고 링 모양 틀에 버터를 바른다. 반죽에 버터와 설탕, 소금을 더해서 골고루 섞은 다음 아주 매끄러운 상태가 될 때까지 치댄다. 준비한 링 모양 틀에 반죽을 3분의 2 정도 채운 다음 오븐에 넣어 30분간 굽는다. 사바랭이 아직 따뜻할 때 틀에 담은 채로 럼 소스를 붓는다. 소스가 완전히 스며들 때까지 차갑게 식힌 다음 뒤집어 꺼내서 낸다.

〔변형〕

• •

럼 바바

BABAS AU RHUM

위와 같이 조리하되 버터를 넣을 때 건포도 100g을 더한다. 버터를 충분히 바른 바바 틀(큰 것 또는 작은 것)에 반죽을 담는다. 오븐에 넣고 작은 바바는 15~20분간, 큰 바바는 30분간 굽는다. 아직 따뜻할 때 럼 소스(729쪽) 또는 키르슈를 붓는다.

간단 사바랭
SAVARIN RAPIDE

오븐을 200℃로 예열한다. 20cm 크기의 사바랭 틀 또는 링 모양 틀에 버터를 넉넉히 바른다. 볼에 달걀노른자, 설탕, 밀가루, 베이킹 파우더를 담고 섞는다. 달걀흰자는 단단한 뿔이 설 정도로 휘핑한 다음 절반 분량을 혼합물에 섞어서 뻑뻑한 반죽을 만든다. 남은 달걀흰자를 조심스럽게 더하여 접듯이 섞는다. 준비한 틀에 혼합물을 담고 오븐에 넣어 노릇해질 때까지 20분간 굽는다. 오븐에서 꺼내자마자 사바랭 위에 럼 소스를 붓는다. 소스가 완전히 스며들 때까지 차갑게 식힌 다음 뒤집어 꺼내서 낸다.

[변형]

. . . .

간단 럼 바바
BABA RAPIDE

위와 같이 조리하되 밀가루를 넣을 때 건포도 50g을 더한다. 차갑게 식힌 바바 속에 크렘 파티시에르(706쪽)를 채워도 좋다.

- ◆ 틀용 버터
- ◆ 분리한 달걀흰자와 달걀노른자 각각 3개 분량
- ◆ 정제 백설탕 100g
- ◆ 밀가루 100g
- ◆ 베이킹 파우더 1/2작은술
- ◆ 럼 소스(729쪽) 1/4회 분량

  준비 시간 15분

  조리 시간 20분

  6인분

브리오슈
BRIOCHE

- ◆ 생이스트 10g 또는 인스턴트 드라이
  이스트 1봉(7g)
- ◆ 따뜻한 우유 50mL
- ◆ 밀가루 300g, 덧가루용 여분
- ◆ 정제 백설탕 60g
- ◆ 소금 1꼬집
- ◆ 달걀 3개
- ◆ 부드러운 버터 125g, 틀용 여분
- ◆ 달걀노른자 1개
  준비 시간 40분 + 휴지하기 +
  발효하기
  조리 시간 30분
  6인분

하루 전날 준비를 시작한다. 생이스트를 사용할 경우 우유와 섞어서 잘 저어 녹인 다음 10분간 그대로 둔다. 큰 볼에 생이스트 혼합물(또는 드라이 이스트)과 밀가루, 설탕, 소금을 담아서 손으로 섞거나 스탠드 믹서 볼에 담아서 섞는다. 드라이 이스트를 사용할 경우 이때 따뜻한 우유를 붓는다. 이어 달걀을 더해서 치대어 아주 부드럽고 끈적한 반죽을 만든다. 반죽용 후크 도구를 장착한 믹서로 5분간 반죽하거나 손을 이용해서 반죽 덩어리를 위로 잡아당겼다가 두드리듯이 다시 볼에 밀어 넣는 동작을 반복하며 치댄다. 오일을 바른 랩을 덮은 다음 따뜻한 곳에서 두 배로 부풀 때까지 발효한다.

반죽이 적당히 부풀면 버터를 한 번에 한 덩어리씩 더하면서 스탠드 믹서 또는 손으로 잘 치댄다. 손으로 반죽할 때는 덧가루를 뿌린 작업대에 반죽을 얹고 속에 버터 덩어리를 묻은 다음 위에서 설명한 동작을 반복하여 버터 덩어리가 눈에 띄지 않고 매끄럽고 탄력 있는 상태가 될 때까지 치댄다. 버터를 모두 섞고 나면 다시 덮개를 씌워서 두 배로 부풀 때까지 (약 4~8시간 정도) 발효한다. 냉장고에 넣어 하룻밤 동안 차갑게 보관한다.

다음 날 오븐을 200℃로 예열하고 브리오슈 틀 또는 둥근 케이크 틀에 버터를 바른 다음 밀가루를 뿌린다. 덧가루를 뿌린 작업대에 반죽을 올리고 3분의 2 분량을 공 모양으로 빚어 준비한 틀에 반 정도 차도록 담는다. 남은 반죽을 작은 공 모양으로 빚어서 그 위에 얹는다. 나무 주걱 손잡이 부분에 덧가루를 뿌리고 위쪽 공을 세로로 눌러서 아래쪽 공에 붙인다. 솔로 달걀노른자를 발라서 광택을 낸 다음 오븐에 넣고 노릇해질 때까지 30분간 굽는다.

간단 브리오슈
BRIOCHE RAPIDE

- ◆ 틀용 버터
- ◆ 크렘 프레슈 175mL
- ◆ 밀가루 175g
- ◆ 베이킹 파우더 3작은술
- ◆ 달걀 푼 것 2개 분량
- ◆ 소금 1작은술
- ◆ 정제 백설탕 30g
  준비 시간 10분
  조리 시간 45분
  6인분

오븐을 180℃로 예열하고 브리오슈 틀에 버터를 바른다. 볼에 크렘 프레슈와 밀가루, 베이킹 파우더를 넣고 섞는다. 절반 분량의 달걀물과 소금, 설탕을 더한다. 골고루 섞어서 부드러운 반죽을 완성한다. 준비한 틀에 담는다. 남은 달걀물을 솔로 발라서 광택을 낸 다음 오븐에 넣어 노릇해질 때까지 45분간 굽는다.

와플
GAUFRES

8시간 전에 준비를 시작한다. 우유에 이스트를 더해서 잘 저어 녹인 다음 10분간 재운다. 볼에 밀가루를 담고 이스트를 녹인 우유를 더해서 잘 섞어 반죽을 완성한 다음 따뜻한 곳에서 3~6시간 정도 발효한다. 반죽이 두 배로 부풀면 달걀, 설탕, 버터, 럼, 베이킹 소다를 더하여 치댄다. 덮개를 씌워서 2시간 정도 다시 발효한다. 덧가루를 뿌린 작업대에 얹어서 약 2cm 두께로 밀고 적당한 크기로 자른다. 와플 기계를 달궈서 버터를 바르고 반죽을 넣어서 노릇하게 완전히 익을 때까지 5분간 굽는다.

- ◆ 미지근한 우유 150mL
- ◆ 생이스트 10g
- ◆ 밀가루 250g, 덧가루용 여분
- ◆ 달걀 푼 것 2개 분량
- ◆ 정제 백설탕 125g
- ◆ 부드러운 버터 125g, 틀용 여분
- ◆ 럼 1큰술
- ◆ 베이킹 소다 작은 1꼬집
  준비 시간 30분 + 발효하기
  조리 시간 와플 1개당 5분
  6인분

꿀 와플
GAUFRETTES AU MIEL

볼에 밀가루와 꿀, 달걀, 럼을 담고 잘 섞는다. 반죽이 부드러워지면 가볍게 치댄다. 덧가루를 뿌린 작업대에서 반죽을 밀고 적당한 크기로 자른다. 와플 기계를 달궈서 버터를 바르고 반죽을 넣어서 노릇하게 완전히 익을 때까지 5분간 굽는다.

- ◆ 밀가루 500g, 덧가루용 여분
- ◆ 꿀 250g
- ◆ 달걀 푼 것 5개 분량
- ◆ 럼 1큰술
- ◆ 틀용 버터
  준비 시간 15분
  조리 시간 와플 1개당 5분
  6인분

과일 케이크

CAKE

- ◆ 당절임 과일 40g
- ◆ 럼 2큰술
- ◆ 부드러운 버터 175g, 틀용 여분
- ◆ 정제 백설탕 120g
- ◆ 소금 1작은술
- ◆ 달걀 3개
- ◆ 밀가루 250g
- ◆ 베이킹 파우더 1과 1/2작은술
- ◆ 설타나 50g
- ◆ 건포도 50g

  준비 시간 25분

  조리 시간 50분

  6인분

당절임 과일 중 모양이 예쁜 것을 15g 정도 골라 장식용으로 따로 남겨 둔다. 나머지 당절임 과일은 다져서 볼에 담고 럼을 더해서 재운다. 오븐을 180℃로 예열한다. 다른 볼에 버터와 설탕, 소금을 담아서 옅은 색이 될 때까지 친다. 달걀을 하나씩 넣으면서 잘 섞는다. 밀가루와 베이킹 파우더를 한 번에 넣고 반죽이 가벼워질 때까지 잘 친다. 당절임 과일과 럼, 설타나, 건포도를 더해서 섞는다. 로프 틀에 버터를 바르고 반죽을 채운 뒤 남겨 둔 당절임 과일로 장식한다. 오븐에 넣어 5분간 구운 다음 오븐 온도를 200℃로 높이고 45분 더 굽는다. 너무 빨리 노릇해지면 알루미늄 포일을 덮는다.

잼 롤케이크(스위스롤)

GÂTEAU À LA CONFITURE

- ◆ 틀용 버터
- ◆ 달걀 2개
- ◆ 정제 백설탕 110g
- ◆ 밀가루 70g
- ◆ 소금 1작은술
- ◆ 베이킹 파우더 1과 1/2작은술
- ◆ 우유 1큰술
- ◆ 잼
- ◆ 버터 크림(728쪽) 1회 분량(선택 사항)

  준비 시간 20분

  조리 시간 15~20분

  6인분

오븐을 180℃로 예열하고 스위스롤 틀에 버터를 바른다. 볼에 달걀과 설탕을 담고 거품기로 5분간 친다. 밀가루를 한 숟갈씩 넣으면서 계속 치대어 섞은 다음 소금과 베이킹 파우더, 우유를 더한다. 준비한 틀에 반죽을 붓고 표면을 고르게 편다. 오븐에 넣어 노릇해질 때까지 15~20분간 굽고 바로 꺼낸다. 잼을 고르게 한 켜 바르고 몸에 가까운 긴 쪽부터 시작해서 조심스럽게 돌돌 말아 원통형 롤케이크를 만든다. 식힌 다음에 버터 크림을 발라서 돌돌 말아도 좋다.

참고

가볍게 적신 행주를 잠깐 얹어 두면 케이크가 잘 부서지지 않아 쉽게 말 수 있다.

팽데피스

PAIN D'ÉPICE

오븐을 150℃로 예열하고 로프 틀에 버터를 바른다. 큰 팬에 설탕과 꿀, 베이킹 소다를 담고 물 100mL를 붓는다. 약한 불에 올려서 잘 저어 가며 녹인다. 불에서 내려 한 김 식힌 다음 밀가루, 오렌지 제스트, 향신료를 더하여 섞는다. 준비한 로프 틀에 반죽을 반 정도 채운 다음 쿠킹포일을 덮어서 오븐에 넣고 1시간 30분간 굽는다.

◆ 틀용 버터
◆ 정제 백설탕 2작은술
◆ 짙은 색 꿀 125g
◆ 베이킹 소다 2작은술
◆ 밀가루 250g
◆ 오렌지 제스트 간 것 1개 분량
◆ 아니스씨와 시나몬, 정향, 카다몸, 생강, 너트메그와 후추 등 모듬 향신료 2작은술
　준비 시간 10분
　조리 시간 1시간 30분
　6인분

헤이즐넛 케이크

GÂTEAU AUX NOISETTES

오븐을 180℃로 예열하고 케이크 틀에 버터를 바른다. 볼에 밀가루와 베이킹 파우더, 버터, 설탕, 달걀노른자를 담고 섞는다. 달걀흰자를 부드러운 뿔이 서도록 휘핑한 다음 헤이즐넛과 함께 밀가루 혼합물에 더하여 접듯이 섞는다. 준비한 케이크 틀에 부어서 오븐에 넣고 50~60분간 굽는다.

◆ 부드러운 버터 225g, 틀용 여분
◆ 밀가루 250g
◆ 베이킹 파우더 2작은술
◆ 정제 백설탕 240g
◆ 분리한 달걀흰자와 달걀노른자 각각 4개 분량
◆ 껍질 벗겨서 다진 헤이즐넛 150g
　준비 시간 25분
　조리 시간 50~60분
　6인분

마블 케이크
GÂTEAU MARBRÉ

- ◆ 버터 100g, 틀용 여분
- ◆ 정제 백설탕 200g
- ◆ 분리한 달걀흰자와 달걀노른자 각각 3개 분량
- ◆ 밀가루 200g
- ◆ 우유 100mL
- ◆ 베이킹 파우더 1작은술
- ◆ 초콜릿 간 것 60g
- ◆ 바닐라 익스트랙 또는 레몬 제스트 간 것

  준비 시간 20분

  조리 시간 1시간

  6인분

오븐을 150℃로 예열하고 로프 틀에 버터를 바른다. 볼에 버터와 설탕을 담고 부드럽고 옅은 색을 띨 때까지 거품기로 친다. 달걀노른자와 밀가루, 우유, 베이킹 파우더를 더하여 섞는다. 다른 볼에 달걀흰자를 담고 단단한 뿔이 설 때까지 휘핑한 다음 케이크 반죽에 더하여 접듯이 섞는다. 볼 2개에 혼합물을 반씩 나누어 담는다. 한쪽 볼에는 초콜릿을, 다른 쪽 볼에는 바닐라 또는 레몬 제스트를 더하여 골고루 섞는다. 준비한 틀에 흰색 반죽과 초콜릿 반죽을 몇 숟갈씩 번갈아 담으며 틀의 3분의 2 정도를 채운다. 오븐에 넣어 1시간 동안 굽는다.

오렐리아 케이크
GÂTEAU D'AURÉLIA

- ◆ 틀용 버터
- ◆ 달걀 4개
- ◆ 정제 백설탕 250g, 마무리용 여분
- ◆ 시나몬 가루 1작은술
- ◆ 레몬 제스트 또는 오렌지 제스트 간 것 1개 분량
- ◆ 우유 90mL
- ◆ 땅콩 오일 105mL
- ◆ 밀가루 150g
- ◆ 옥수수 전분 50g
- ◆ 베이킹 파우더 1과 1/2작은술

  준비 시간 20분

  조리 시간 40분

  6인분

오븐을 200℃로 예열한다. 지름 15~28cm, 높이 5cm 크기의 케이크 틀에 버터를 바른다. 큰 볼에 달걀을 깨트려 담고 2~3분간 푼 뒤 설탕과 시나몬 가루, 레몬 또는 오렌지 제스트, 우유, 오일을 더하여 섞는다. 나무 주걱이나 핸드믹서를 이용해서 약 5분간 골고루 섞는다. 그 다음 밀가루와 옥수수 전분, 베이킹 파우더를 천천히 더하면서 섞는다. 준비한 틀에 케이크 반죽을 담는다. 정제 백설탕을 약간 뿌리고 오븐에 넣어 40분간 굽는다. 반 정도 구운 다음 유산지를 덮어서 너무 빨리 색이 나지 않도록 한다.

구겔호프
KUGELHOPF

6시간 전에 준비를 시작한다. 냄비에 우유를 담고 미지근하게 데운다. 작은 볼에 따뜻한 우유 2큰술과 이스트를 넣고 섞는다. 남은 우유가 든 냄비에 버터를 더해서 녹인다. 큰 볼에 밀가루와 달걀을 담고 따뜻한 우유 버터 혼합물, 이스트, 소량의 소금을 더한다. 반죽이 볼에서 깨끗하게 떨어져 나올 때까지 치댄 다음 건포도를 더해서 마저 반죽한다. 구겔호프 틀에 버터를 넉넉히 바르고 오목한 부분마다 아몬드를 하나씩 얹는다. 틀에 반죽을 반 정도 채운 다음 덮개를 씌워서 따뜻한 곳에서 6시간 동안 발효한다.

오븐을 160℃로 예열한다. 오븐에 넣고 15분간 구운 다음 온도를 200℃로 높여서 45분 더 굽는다. 너무 빨리 노릇해지면 알루미늄 포일을 덮는다. 슈거파우더를 뿌려서 낸다.

- ◆ 우유 200mL
- ◆ 생이스트 25g
- ◆ 버터 100g, 틀용 여분
- ◆ 밀가루 500g
- ◆ 달걀 2개
- ◆ 소금
- ◆ 건포도 125g
- ◆ 아몬드 12개
- ◆ 마무리용 슈거파우더

준비 시간 30분 + 발효하기
조리 시간 1시간
6인분

찜 도넛
BEIGNETS À LA VAPEUR

알자스 지방에서 유래한 담프누델dampfnudeln 도넛이다. 뜨거운 기름기에 닿은 수분이 증발하면서 증기가 생성되어 반죽이 부풀어 오른다.

2시간 전에 준비를 시작한다. 냄비에 우유를 담고 미지근하게 데운다. 작은 볼에 따뜻한 우유 2큰술과 이스트를 넣고 섞는다. 남은 우유가 든 냄비에 버터를 더해서 녹인다. 큰 볼에 밀가루를 담고 따뜻한 우유 버터 혼합물, 이스트, 설탕, 소금을 더한다. 반죽이 볼에서 깨끗하게 떨어져 나올 때까지 치댄 다음 덮개를 씌워서 2시간 동안 발효한다.

바닥이 묵직한 냄비를 중간 불에 올리고 라드를 넣어 달군다. 연기가 올라올 정도로 뜨거워지면 반죽 수큰술 분량을 떠서 4~5개 정도 조심스럽게 넣는다. 뚜껑을 반쯤 닫고 틈새로 물 50mL를 붓는다. 물이 마구 튀므로 바로 뚜껑을 닫는다. 도넛이 노릇해지면 건져서 설탕을 뿌려 바로 낸다. 취향에 따라 뭉근하게 익힌 과일을 곁들인다.

- ◆ 우유 500mL과 2큰술
- ◆ 생이스트 50g
- ◆ 깍둑 썬 버터 125g
- ◆ 밀가루 900g
- ◆ 정제 백설탕 50g, 마무리용 여분
- ◆ 소금 1작은술
- ◆ 라드 75g
- ◆ 곁들임용 뭉근하게 익힌 과일(선택 사항)

준비 시간 30분 + 발효하기
조리 시간 15분
6인분

달걀흰자를 넣은 케이크

엔젤 케이크
GÂTEAU MOUSSELINE

오븐을 160℃로 예열하고 케이크 틀에 버터를 바른다. 달걀흰자는 단단한 뿔이 서도록 휘핑한다. 다른 볼에 설탕과 달걀노른자를 담고 옅은 색을 띠면서 기포가 일 때까지 거품기로 친다. 감자 전분과 레몬 제스트를 더하여 섞은 다음 달걀흰자를 더해서 접듯이 섞는다. 준비한 케이크 틀에 담고 오븐에 넣어 노릇하게 부풀 때까지 45분간 굽는다.

◆ 틀용 버터

◆ 분리한 달걀흰자와 달걀노른자 각각
  5개 분량

◆ 정제 백설탕 75g

◆ 감자 전분 125g

◆ 레몬 제스트 간 것 1개 분량
  준비 시간 15분
  조리 시간 45분
  6인분

사보이 케이크
GÂTEAU DE SAVOIE

오븐을 180℃로 예열하고 케이크 틀에 버터를 바른다. 달걀흰자는 단단한 뿔이 서도록 휘핑한다. 다른 볼에 설탕과 달걀노른자를 담고 옅은 색을 띠면서 기포가 일 때까지 거품기로 친다. 밀가루와 감자 전분, 바닐라 또는 레몬 제스트를 더하여 섞고 달걀흰자를 넣어 접듯이 섞는다. 준비한 케이크 틀에 반죽을 3분의 2 정도 채운다. 오븐에 넣어 10분간 구운 다음 오븐 온도를 200℃로 올리고 15~20분 더 굽는다.

◆ 틀용 버터

◆ 분리한 달걀흰자와 달걀노른자 각각
  4개 분량

◆ 정제 백설탕 200g

◆ 밀가루 40g

◆ 감자 전분 60g

◆ 바닐라 익스트랙 또는 레몬 제스트 간
  것
  준비 시간 20분
  조리 시간 30분
  6인분

아몬드 케이크
GÂTEAU AUX AMANDES

오븐을 180℃로 예열하고 케이크 틀에 버터를 약간 바른다. 설탕, 달걀 1개와 달걀노른자 3개, 아몬드 가루를 섞는다. 밀가루, 남은 버터, 오렌지 꽃물을 더하여 섞는다. 다른 볼에 달걀흰자를 단단한 뿔이 서도록 거품을 낸 다음 조심스럽게 케이크 반죽과 함께 접듯이 섞는다. 준비한 케이크 틀에 3분의 2 정도로 채운다. 오븐에 넣고 45분간 굽는다.

◆ 녹인 버터 90g

◆ 정제 백설탕 300g

◆ 달걀 1개

◆ 분리한 달걀흰자와 달걀노른자 각각
  3개 분량

◆ 아몬드 가루 50g

◆ 밀가루 150g

◆ 오렌지 꽃물
  준비 시간 20분
  조리 시간 45분
  6인분

체리 케이크
GÂTEAU DE CERISES

오븐을 200℃로 예열하고 샤를로트 틀에 버터를 바른다. 체리는 씻어서 심과 씨를 제거한다. 내열용 볼에 버터를 담고 잔잔하게 끓는 물이 든 냄비에 얹은 다음 액체 상태가 될 때까지 친다. 설탕과 아몬드를 더하여 불에서 내린다. 브리오슈는 우유와 함께 으깬 다음 아몬드 혼합물에 넣는다. 달걀을 하나씩 깨트려 넣으면서 골고루 잘 섞은 다음 체리를 더한다. 준비한 샤를로트 틀에 혼합물을 담는다. 오븐에 넣어 30분간 굽고 꺼낸다. 키르슈를 뿌려서 차갑게 낸다.

◆ 버터 125g, 틀용 여분
◆ 블랙 체리 600g
◆ 정제 백설탕 125g
◆ 아몬드 가루 125g
◆ 브리오슈 1조각(100~150g)
◆ 우유 100mL
◆ 달걀 4개
◆ 곁들임용 키르슈 2큰술

　준비 시간 15분
　조리 시간 30분
　6인분

프랄린 케이크
GÂTEAU AUX PRALINES

오븐을 180℃로 예열한다. 24cm 크기의 케이크 틀 2개에 유산지를 깔거나 버터를 넉넉히 바른다. 볼에 설탕과 아몬드를 담고 잘 섞은 뒤 달걀흰자 3개 분량과 옥수수 전분, 바닐라 익스트랙을 더해 섞는다. 남은 달걀흰자는 단단한 뿔이 서도록 휘핑한 다음 아몬드 혼합물에 더하여 접듯이 섞는다. 준비한 케이크 틀에 혼합물을 담는다. 오븐에 넣어 20분간 구운 다음 꺼내서 식힌다.

　케이크를 굽는 동안 크렘 필링을 만든다. 볼에 설탕과 달걀노른자를 담고 옅은 색을 띠면서 부드러워질 때까지 거품기로 5분간 친다. 버터를 더해서 마저 친다. 프랄린 75g을 아주 곱게 부순 다음 버터 혼합물에 더해 섞는다. 식힌 케이크 하나에 프랄린 혼합물을 펴 바른다. 조금 남겨 두었다가 위쪽에 발라서 장식해도 좋다. 두 번째 케이크를 얹고 남은 프랄린을 굵게 부순다. 케이크에 슈거파우더를 뿌리고 프랄린으로 장식한다.

 817쪽

◆ 버터 30g
◆ 정제 백설탕 125g
◆ 아몬드 가루 100g
◆ 달걀흰자 6개 분량
◆ 옥수수 전분 30g
◆ 바닐라 익스트랙 1작은술
◆ 마무리용 슈거파우더

크렘 필링 재료:
◆ 정제 백설탕 75g
◆ 달걀노른자 4개 분량
◆ 부드러운 버터 150g
◆ 프랄린 100g

　준비 시간 50분
　조리 시간 20분
　6인분

프랑스식 파운드케이크(캬트르 캬트)
QUATRE-QUARTS

- ◆ 버터 약 150g, 틀용 여분
- ◆ 달걀 3개
- ◆ 밀가루 약 150g
- ◆ 정제 백설탕 약 150g
- ◆ 레몬 제스트 간 것 1개 분량

준비 시간 20분

조리 시간 30~40분

6인분

오븐은 160℃로 예열한다. 둥근 케이크 틀에 버터를 바른다. 달걀의 무게를 잰 다음 밀가루와 설탕, 버터를 동량으로 계량한다. 버터를 녹여서 식힌다. 달걀은 달걀흰자와 달걀노른자를 분리한 다음 달걀노른자는 설탕과 함께 옅은 색을 띠고 거품기로 들어 올리면 리본 모양을 그리며 떨어질 때까지 친다. 밀가루를 조금씩 더해서 접듯이 섞은 다음 버터를 몇 숟갈씩 넣으면서 마저 섞고 레몬 제스트를 더한다. 달걀흰자를 단단한 뿔이 서도록 휘핑한 다음 케이크 반죽에 더해서 접듯이 섞는다. 준비한 케이크 틀에 반죽을 3분의 2 정도 채운다. 오븐에 넣고 30~40분간 굽는다.

오렌지 케이크
GÂTEAU À L'ORANGE

- ◆ 틀용 버터
- ◆ 분리한 달걀흰자와 달걀노른자 각각 3개 분량
- ◆ 정제 백설탕 15g
- ◆ 감자 전분 60g
- ◆ 아몬드 가루 125g
- ◆ 오렌지 제스트와 즙 1개 분량

준비 시간 20분

조리 시간 40분

6인분

오븐을 160℃로 예열한다. 둥근 케이크 틀에 버터를 바른다. 볼에 달걀노른자를 담고 잘 푼 다음 설탕과 감자 전분, 아몬드, 오렌지 제스트, 즙을 더해 마저 섞는다. 달걀흰자를 단단한 뿔이 서도록 휘핑한 다음 케이크 반죽과 함께 접듯이 섞는다. 준비한 케이크 틀에 붓고 오븐에 넣어 40분간 굽는다.

영국식 케이크
GÂTEAU ANGLAIS

- ◆ 부드러운 버터 125g, 틀용 여분
- ◆ 정제 백설탕 125g
- ◆ 쌀가루 125g
- ◆ 곱게 다진 당절임한 오렌지 필 3조각 분량
- ◆ 분리한 달걀흰자와 달걀노른자 각각 2개 분량
- ◆ 바닐라 익스트랙 1작은술
- ◆ 키르슈 아이싱(727쪽) 1회 분량

준비 시간 15분

조리 시간 20분

6인분

오븐을 180℃로 예열한다. 케이크 틀에 버터를 바른다. 내열용 볼에 버터를 담고 잔잔하게 끓는 물이 든 냄비에 얹어서 기포가 생길 정도로 친다. 설탕과 쌀가루, 오렌지 필을 조금씩 더하면서 섞는다. 불에서 내리고 달걀노른자와 바닐라 익스트랙을 더하여 섞는다. 마지막으로 달걀흰자를 단단한 뿔이 서도록 휘핑한 다음 접듯이 섞는다. 준비한 케이크 틀에 혼합물을 붓고 오븐에 넣어 20분간 굽는다. 꺼내서 식힌 다음 키르슈 아이싱을 바른다.

초콜릿 케이크
GÂTEAU AU CHOCOLAT

 816쪽

오븐을 150℃로 예열한다. 케이크 틀에 버터를 바른다. 냄비에 초콜릿과 버터를 담고 아주 약한 불에 올려서 녹인다. 불에서 내리고 달걀노른자를 하나씩 넣으면서 섞은 다음 밀가루와 설탕을 더하여 마저 섞는다. 다른 볼에 달걀흰자와 가향 재료를 담고 단단한 뿔이 설 정도로 휘핑한 다음 초콜릿 혼합물에 더하여 접듯이 섞는다. 준비한 케이크 틀에 담아서 오븐에 넣고 50분간 굽는다. 꺼내서 한 김 식힌 다음 초콜릿 아이싱을 덮고 당절임 과일로 장식한다.

- 버터 70g, 틀용 여분
- 다진 초콜릿 140g
- 분리한 달걀흰자와 달걀노른자 각각 4개 분량
- 밀가루 90g
- 설탕 140g
- 럼, 키르슈 또는 오렌지 꽃물 등 가향 재료 1작은술
- 초콜릿 아이싱(727쪽) 1회 분량
- 장식용 당절임 과일(체리나 오렌지나 안젤리카 등)

  준비 시간 20분

  조리 시간 50분

  6인분

초콜릿 크림 케이크
GÂTEAU AU CHOCOLAT AVEC CRÈME

오븐을 150℃로 예열한다. 케이크 틀에 버터를 바른다. 볼에 달걀과 설탕을 담고 옅은 색을 띠고 기포가 생길 때까지 거품기로 섞는다. 초콜릿과 밀가루를 더해서 접듯이 섞은 다음 마지막으로 크렘 프레슈를 더해서 조심스럽게 접듯이 섞는다. 준비한 케이크 틀에 부어서 오븐에 넣고 30분간 굽는다.

- 틀용 버터
- 달걀 5개
- 정제 백설탕 250g
- 초콜릿 간 것 125g
- 밀가루 125g
- 크렘 프레슈 100mL

  준비 시간 20분

  조리 시간 30분

  6인분

커피 초콜릿 케이크
GÂTEAU SUPREME (AU CAFÉ)

오븐을 160℃로 예열한다. 케이크 틀에 버터를 바른다. 냄비에 초콜릿과 물 1큰술을 더하고 약한 불에 올려서 녹인다. 불에서 내리고 설탕, 옥수수 전분, 밀가루, 버터, 커피, 달걀노른자를 더하여 섞는다. 다른 볼에 달걀흰자를 담고 부드러운 뿔이 설 정도로 휘핑한 다음 케이크 반죽에 더하여 접듯이 섞는다. 준비한 케이크 틀에 담고 오븐에 넣어 25분간 굽는다. 일반 크렘 앙글레즈 또는 커피 크렘 앙글레즈를 곁들여 낸다.

- ◆ 버터 60g, 틀용 여분
- ◆ 다진 초콜릿 240g
- ◆ 정제 백설탕 60g
- ◆ 옥수수 전분 60g
- ◆ 밀가루 30g
- ◆ 인스턴트 커피 3작은술
- ◆ 분리한 달걀흰자와 달걀노른자 각각 3개 분량
- ◆ 곁들임용 크렘 앙글레즈 또는 커피 크렘 앙글레즈(694쪽)

  준비 시간 15분

  조리 시간 25분

  6인분

초콜릿 럼 케이크
GÂTEAU DE CHOCOLAT AU RHUM

2시간 전에 준비를 시작한다. 오븐을 180℃로 예열한다. 원형 케이크 틀에 버터를 바른다. 중간 크기의 볼에 달걀, 설탕 60g, 베이킹 파우더, 밀가루, 우유를 담아서 섞는다. 혼합물을 준비한 케이크 틀에 담고 오븐에 넣어 20분간 굽는다. 꺼내서 한 김 식힌다. 작은 냄비에 럼과 설탕 2큰술, 물 2큰술을 담고 불에 올린 다음 잘 저어서 설탕을 녹인다. 케이크에 붓는다. 버터와 초콜릿을 작은 냄비에 담고 아주 약한 불에 올려서 녹인 다음 케이크 위에 1cm 두께로 바른다. 케이크 위에 코코아 파우더를 뿌리고 2시간 동안 차갑게 식혀서 낸다.

- ◆ 버터 80g, 틀용 여분
- ◆ 달걀 1개
- ◆ 정제 백설탕 60g과 2큰술
- ◆ 베이킹 파우더 1작은술
- ◆ 밀가루 50g
- ◆ 우유 3큰술
- ◆ 럼 2큰술
- ◆ 다진 초콜릿 125g
- ◆ 코코아 파우더 50g

  준비 시간 20분 + 차갑게 식히기

  조리 시간 20분

  6인분

피낭시에
FINANCIERS

- 부드러운 버터 120g, 틀용 여분
- 달걀흰자 4개 분량
- 정제 백설탕 125g
- 체에 친 밀가루 100g

  준비 시간 40분

  조리 시간 20분

  6인분

오븐을 180℃로 예열한다. 작은 피낭시에 틀에 버터를 바른다. 볼에 달걀 흰자와 설탕을 담고 윤기가 흐르는 단단한 뿔이 설 때까지 핸드믹서로 섞 는다. 밀가루와 버터를 더하여 접듯이 섞는다. 준비한 틀에 반죽을 반 정 도씩 채우고 오븐에 넣어 20분간 굽는다.

마들렌
MADELEINES

- 부드러운 버터 125g, 틀용 여분
- 달걀 2개(대)
- 정제 백설탕 150g
- 체에 친 밀가루 150g
- 바닐라 익스트랙 1작은술 또는 레몬 제스트 간 것 1개 분량

  준비 시간 20분

  조리 시간 8~10분

  6인분

오븐을 200℃로 예열한다. 마들렌 틀에 버터를 바른다. 볼에 달걀과 설 탕을 담고 옅은 색을 띠면서 부피가 세 배로 늘어날 때까지 핸드믹서로 친 다. 밀가루와 버터를 더해서 천천히 접듯이 섞은 다음 바닐라 또는 레몬 제스트를 더한다. 준비한 틀에 부어서 오븐에 넣고 8~10분간 굽는다.

비스탕딘
VISITANDINES

- 부드러운 버터 125g, 틀용 여분
- 달걀흰자 5개 분량
- 체에 친 밀가루 125g
- 정제 백설탕 250g
- 아몬드 가루 100g
- 레몬 제스트 간 것 1/2개 분량

  준비 시간 25분

  조리 시간 30분

  6인분

오븐을 160℃로 예열한다. 작은 개별용 케이크 틀에 버터를 바른다. 달걀 흰자는 부드러운 뿔이 서도록 핸드믹서로 친 다음 밀가루와 설탕, 아몬 드, 레몬 제스트를 천천히 더하여 접듯이 섞는다. 마지막으로 버터를 더 하여 섞는다. 혼합물을 준비한 틀에 담고 오븐에 넣어 30분간 굽는다.

노르웨이식 리본 과자(762쪽)

낭트식 비스킷(764쪽)

아몬드 마카롱(771쪽)

아몬드 튀일(772쪽)

타르트 타탱(786쪽)

레몬 타르트(788쪽)

팔미에(781쪽)

럼 바바(793쪽)

초콜릿 케이크(804쪽)

프랄린 케이크(802쪽)

당과,
보존 음식
&
음료

당과

집에서 만든 당과류는 풍미가 더욱 특별하고 매력적이라 어른과 아이를 가리지 않고 인기가 많다. 식사가 끝난 후 커피와 함께 먹거나 차를 마실 때 내고, 특별한 날 선물로 주기에도 제격이다. 대체로 조리법이 간단하며 대리석판이나 베이킹 시트, 토피 트레이 등의 직사각형 틀과 담아서 내놓을 종이 틀 정도만 있으면 충분히 만들 수 있다.

보리설탕*
SUCRE D'ORGE

대리석판 또는 베이킹 트레이에 오일을 가볍게 바른다. 큰 냄비에 물 100mL, 설탕, 레몬즙을 담는다. 센 불에 올려서 계속 저어 가며 설탕이 옅은 갈색을 띠고 단단한 공 단계(643쪽)가 될 때까지 익힌다. 준비한 판이나 트레이에 조심스럽게 부어서 아직 따뜻할 때 작은 사각형 모양으로 자른다.

[변형]

• •

설탕 누가
NOUGAT DE SUCRE

아몬드와 헤이즐넛, 피스타치오 섞은 것 300g을 오븐에 넣고 구운 다음 식혀서 굵게 다진다. 위와 같이 조리하되 판 또는 트레이에 붓기 직전에 다진 견과류를 혼합물과 함께 섞는다.

◆ **틀용 무향 오일**

◆ **정제 백설탕 250g**

◆ **레몬즙 1큰술**

준비 시간 5분

조리 시간 10분

250g

● 전통 사탕의 일종으로 원래는 설탕 시럽에 보리 농축액을 섞어 만든다. 현재는 보리 대신 가향 재료를 더해 제작한다.

꿀 누가
NOUGAT AU MIEL

- ◆ 틀용 무향 오일(선택 사항)
- ◆ 덧가루용 밀가루(선택 사항)
- ◆ 라이스 페이퍼(선택 사항)
- ◆ 아몬드, 헤이즐넛과 피스타치오 400g
- ◆ 꿀 150g

  준비 시간 10분 + 식히기

  조리 시간 20분

  500g

대리석판 또는 베이킹 트레이에 오일을 가볍게 바르거나 밀가루를 뿌리고 라이스 페이퍼를 깐다. 견과류는 오븐에 넣어 가볍게 구운 다음 식혀서 굵게 다진다. 큰 냄비에 꿀을 담아서 한소끔 끓인 다음 10분간 더 끓인 후 견과류를 더한다. 잘 섞이도록 계속 저으면서 시럽이 단단한 볼 단계(643쪽)에 이를 때까지 끓이고 불에서 내린다. 준비한 판 또는 베이킹 트레이에 붓는다. 레몬을 문지른 스패츌러로 표면을 평평하게 고른다. 라이스 페이퍼(사용 시)를 한 장 더 덮는다. 도마를 올리고 누름돌을 얹는다. 식힌 다음 사각형 모양으로 썬다.

파스티유 사탕
PASTILLES

- ◆ 정제 백설탕 500g
- ◆ 틀용 무향 오일
- ◆ 민트, 레몬 또는 베르가모트 에센스
  등의 가향 재료 4~5방울

  준비 시간 5분 + 식히기

  조리 시간 10분

  500g

냄비에 설탕과 물 200mL를 담고 아주 약한 불에 올려서 끓지 않게 주의하며 천천히 익혀 걸쭉한 페이스트를 만든다. 대리석판 또는 베이킹 트레이에 가볍게 오일을 바른다. 페이스트에 가향 재료를 더해서 섞는다. 준비한 판 또는 베이킹 트레이에 페이스트를 작은 크기로 떨어뜨린 다음 굳힌다. 1시간 후에 파스티유를 들어 올린다.

초콜릿 토피(초콜릿 캐러멜)
CARAMELS AU CHOCOLAT

- ◆ 초콜릿 75g
- ◆ 더블 크림 80g
- ◆ 꿀 60g
- ◆ 버터 100g
- ◆ 정제 백설탕 100g
- ◆ 틀용 무향 오일

  준비 시간 5분

  조리 시간 15분

  토피 40개

큰 냄비에 초콜릿을 갈아서 담고 더블 크림과 꿀, 버터, 설탕을 더한다. 한소끔 끓인 다음 잔잔한 불에서 12~15분간 더 익힌다. 그동안 토피 트레이 또는 속이 깊은 베이킹 트레이에 오일을 바른다. 준비한 트레이에 붓고 아직 따뜻할 때 날카로운 칼로 자를 부분을 표시한다.

커피 토피(커피 캐러멜)
CARAMELS AU CAFÉ

큰 냄비에 설탕을 담고 크림과 꿀, 우유를 더하여 약한 불에 올려서 녹인다. 불 세기를 아주 약하게 줄여서 15분간 뭉근하게 익힌다. 그동안 토피 트레이 또는 속이 깊은 베이킹 트레이에 오일을 바른다. 커피 에센스를 냄비에 더한다. 준비한 트레이에 부어서 아직 따뜻할 때 날카로운 칼로 자를 부분을 표시한다.

- ◆ 정제 백설탕 225g
- ◆ 더블 크림 200g
- ◆ 꿀 125g
- ◆ 우유 1큰술
- ◆ 틀용 무향 오일
- ◆ 커피 에센스 3큰술

  준비 시간 5분

  조리 시간 15분

  토피 60개

토피
TOFFEES

흑당밀 또는 메이플 시럽을 냄비에 담고 약한 불에 올린다. 황설탕과 버터를 더한다. 끓지 않도록 주의하면서 주기적으로 저어 가며 2시간 동안 익힌다. 그동안 토피 트레이 또는 속이 깊은 베이킹 트레이에 오일을 바른다. 불 세기를 살짝 올린 다음 계속 저으면서 15분간 익힌다. 찬물을 담은 컵에 소량의 설탕 혼합물을 조심스럽게 떨어뜨려 상태를 확인한다. 바로 딱딱해지면 완성된 것이고 그렇지 않으면 조금 더 익힌다. 불에서 내리고 준비한 트레이에 부어서 아직 따뜻할 때 날카로운 칼로 자를 부분을 표시한다. 식으면 자른다.

 862쪽

- ◆ 흑당밀 또는 메이플 시럽 125g
- ◆ 황설탕 500g
- ◆ 버터 250g
- ◆ 틀용 무향 오일

  준비 시간 20분 + 식히기

  조리 시간 2시간 15분

  토피 60개

초콜릿 트러플
TRUFFES AU CHOCOLAT

4~5시간 전에 준비를 시작한다. 냄비에 초콜릿과 우유를 담고 아주 약한 불에 올려서 휘저어 녹인다. 아주 고운 페이스트 상태가 되면 불에서 내린다. 달걀노른자를 더하여 섞은 다음 버터를 더하여 마저 섞는다. 반죽을 2~3분간 치댄 다음 4~5시간 동안 두어 식힌다. 반죽을 호두 크기의 작은 공 모양으로 떼어 내 빚은 뒤 코코아 파우더에 굴려 묻힌다. 하얀 종이 틀에 담아서 상자에 담는다. 48시간까지 냉장 보관할 수 있다.

 863쪽

- ◆ 양질의 다진 초콜릿 250g
- ◆ 우유 2큰술
- ◆ 달걀노른자 2개 분량
- ◆ 깍둑 썬 버터 75g
- ◆ 코코아 파우더 60g

  준비 시간 25분 + 식히기

  조리 시간 5~10분

  트러플 40개

804쪽

◆ 퀸스 250g

◆ 틀용 무향 오일

◆ 정제 백설탕 350g

준비 시간 5분 + 말리기

조리 시간 30분

600g

퀸스 파테
PÂTE DE COING

5일 전에 준비를 시작한다. 퀸스는 껍질을 제거하고 4등분한 다음 심을 제거하고 냄비에 담는다. 면포 주머니에 껍질과 심, 씨를 담아서 냄비에 더한 다음 내용물이 전부 잠길 만큼 찬물을 붓는다. 한소끔 끓인 다음 중간 불에서 부드러워질 때까지 익힌다. 대리석판에 오일을 가볍게 바르고 설탕을 살짝 뿌린다.

퀸스가 부드러워지면 건진다. 믹서에 과육과 함께 설탕 250g을 더해서 갈아 퓌레를 만든다. 깨끗한 냄비에 담고 계속 저어 가며 아주 약한 불에서 페이스트가 냄비 가장자리에서 잘 떨어져 나올 때까지 익힌다. 준비한 판에 페이스트를 붓고 남은 설탕을 뿌린 뒤 냉장고에 넣어 4일간 말린다. 꺼내어 작은 사각형 모양으로 자른다. 파테 조각은 유산지를 깐 밀폐용기에 담아 수개월간 보관할 수 있다. 사과나 살구, 자두 등을 이용해서 같은 방식으로 조리하면 다른 풍미의 파테가 된다.

◆ 둥근 밤 1kg(대)

◆ 설탕 1kg

준비 시간 1시간 + 불리기

1kg

마롱 글라세
MARRONS GLACÉS

집에서 만들 때에도 수일에 걸쳐 작업해야 하는 사치스러운 당과류다. 하지만 대부분의 시판 마롱 글라세를 거뜬히 능가하는 결과물을 얻을 수 있으며, 선물로 주기에도 좋다.

밤은 부서지지 않도록 주의하면서 겉껍질을 제거한다. 냄비에 밤을 담고 찬물을 잠기도록 붓는다. 한소끔 끓인 다음 약한 불에서 끓는점 바로 아래 정도 상태를 유지하며 3시간 동안 익힌다. 물을 버리고 밤이 부서지지 않도록 주의하면서 바로 속껍질을 벗긴다. 설탕으로 묽은 설탕 시럽(643쪽)를 만든 다음 20℃가 되도록 식힌다. 밤을 시럽에 담가서 따로 둔다.

12시간 후 내열용 볼에 밤을 담고 잔잔하게 끓는 물이 든 냄비에 올려서 천천히 데운다. 구멍 뚫린 국자로 밤을 건진 다음 쟁반을 받친 식힘망에 얹어서 물기를 제거한다. 시럽을 25℃로 데운다. 밤을 시럽에 담가서 12시간 동안 재운다. 다시 밤을 건져서 쟁반을 받친 식힘망에 얹고 시럽을 33℃로 데운다. 밤을 시럽에 담가서 12시간 동안 재운다. 밤은 내열용 철제 채반에 담고 시럽을 아주 딱딱함 단계(643쪽)로 가열한다. 밤을 조심스럽게 시럽에 넣었다가 1분 후에 건진다. 아주 낮은 온도의 오븐에서 수 시간 정도 말린다.

속을 채운 호두
NOIX FARCIES

볼에 아몬드와 슈거파우더, 초콜릿을 담고 달걀흰자를 더한다. 골고루 섞어서 페이스트를 만든 다음 호두 크기의 공 모양으로 24개를 빚는다. 호두는 속살이 다치지 않도록 주의하면서 껍데기를 벗긴 다음 조심스럽게 반으로 쪼갠다. 반으로 나눈 호두 2개 사이에 아몬드 페이스트 볼을 끼워서 샌드위치 과자 모양으로 만든다.

- ◆ 아몬드 가루 125g
- ◆ 슈거파우더 100g
- ◆ 초콜릿 간 것 50g
- ◆ 달걀흰자 1개 분량
- ◆ 호두 24개(특대)

  준비 시간 40분

  24개

속을 채운 무화과
FIGUES FOURRÉES

칼이나 주방용 가위를 이용해서 무화과 꼭지를 제거한다. 무화과 위쪽에 구멍을 판다. 볼에 버터와 초콜릿, 아몬드를 섞어서 페이스트를 만든다. 페이스트를 비닐봉지에 담아 한쪽 귀퉁이에 내용물을 몰아넣고 모퉁이를 잘라 내 즉석에서 짤주머니를 만든다. 무화과의 구멍에 아몬드 페이스트를 채운다. 구운 헤이즐넛을 하나씩 얹는다.

- ◆ 반건조 무화과 24개(대)
- ◆ 부드러운 버터 80g
- ◆ 초콜릿 간 것 80g
- ◆ 아몬드 가루 80g
- ◆ 껍질 벗겨 구운 헤이즐넛 24개

  준비 시간 35분

  24개

속을 채운 대추야자
DATES FARCIES

피스타치오를 푸드 프로세서나 믹서에 갈아서 파우더를 만든 다음 볼에 옮겨서 슈거파우더, 달걀흰자와 함께 섞는다. 골고루 치대서 뻑뻑하고 고운 페이스트를 만든다. 대추야자의 한쪽 옆에 칼집을 내서 씨를 제거한다. 피스타치오 페이스트를 작은 공 모양으로 뜯어서 대추야자보다 조금 작은 크기의 원통형으로 빚은 다음 대추야자 속에 채운다. 완전히 여미지 말고 틈새로 페이스트가 약간 보이도록 마무리한다.

- ◆ 껍질 벗긴 피스타치오 80g
- ◆ 슈거파우더 80g
- ◆ 달걀흰자 1/2개 분량
- ◆ 대추야자 24개(대)

  준비 시간 35분

  24개

속을 채운 말린 자두
PRUNEAUX FOURRÉS

제일 작은 말린 자두를 몇 개 골라서 피스타치오, 아몬드와 헤이즐넛과 함께 다진 다음 골고루 섞어서 스터핑을 만든다. 큼직한 말린 자두의 빈 곳에 혼합물을 채우고 틈새를 꼼꼼하게 여민다. 말린 자두를 종이 틀에 담는다.

- ◆ 씨 제거한 아쟁산 말린 자두 500g(대)
- ◆ 피스타치오 60g
- ◆ 아몬드와 헤이즐넛 120g

  준비 시간 30분

  6인분

음료

수분은 기후와 식단에 따라 매일 1.5L 이상 섭취할 것을 권장한다. 물은 인간의 유일한 필수 음료이며 다른 어떤 것보다도 훨씬 건강에 이롭다. 하지만 과일이나 식물 기반의 음료 등으로 일정량을 대체하여 마셔도 좋다.

아몬드 밀크
LAIT D'AMANDE

따뜻한 물 1L에 아몬드를 넣어 15분간 불린다. 건져서 불린 물은 따로 두고 아몬드는 설탕과 함께 찧거나 갈아서 페이스트를 만든다. 남겨 둔 불린 물을 한 번에 조금씩 더하면서 골고루 섞는다. 오렌지 꽃물로 풍미를 낸 뒤 면포를 깐 체에 거른다.

◆ 껍질 벗긴 아몬드 30g
◆ 정제 백설탕 1큰술
◆ 오렌지 꽃물 1큰술
  준비 시간 20분
  1L

붉은 베리 시럽
SIROP DE FRUITS ROUGES

먼저 과일즙을 만든다. 면포를 깐 체 또는 쉬누아(눈이 고운 깔때기형 체) 아래 볼을 받치고 원하는 과일을 부어서 눌러 즙을 받는다. 과일즙은 냉장고에 넣어 1일간 보관하며 차갑게 식힌다. 면포를 깐 체에 거른다. 큰 잼용 냄비에 설탕을 담고 과일즙을 더한다. 한소끔 끓인 다음 큰 숟가락으로 위에 올라온 거품을 제거하고 불에서 내린다. 한 김 식히고 소독한 병에 담아서 봉한다. 시럽 1L를 찬물 4~5L에 희석하면 아주 맛있는 음료수가 된다.

◆ 체리, 레드커런트 또는 라즈베리 500g
◆ 설탕 1kg
  준비 시간 20분 + 차갑게 식히기
  조리 시간 5분
  약 500mL

차 시럽
SIROP DE THÉ

냄비에 물 250mL를 담고 40℃로 가열한 다음 찻잎을 넣는다. 3시간 동안 우린 다음 시럽을 더한다. 체에 걸러서 소독한 병에 담고 봉한다. 낼 때는 취향에 따라 물에 희석해서 차갑게 또는 뜨겁게 낸다.

◆ 찻잎 20g
◆ 설탕 시럽(642쪽) 750mL
  준비 시간 5분 + 우리기
  1L

665쪽

- ◆ 퀸스 3개(대)
- ◆ 설탕 1kg

준비 시간 20분 + 차갑게 식히기
조리 시간 45분
약 750mL

퀸스 시럽
SIROP DE COING

24시간 전에 준비를 시작한다. 퀸스는 껍질을 벗기고 심을 제거한 다음 갈아서 냄비에 담고 물 750mL를 더한다. 한소끔 끓인 다음 40분간 더 끓인다. 고운체에 한 번 거른 뒤 냉장고에 넣어 24시간 동안 차갑게 식힌다. 다시 냄비에 담고 설탕을 더하여 한소끔 끓인다. 큰 숟가락으로 위에 올라온 거품을 제거하고 불에서 내린다. 면포를 깐 체에 거르고 한 김 식힌다. 소독한 병에 담아서 봉한다. 취향에 따라 물로 희석해서 낸다.

참고
같은 방식으로 파인애플 시럽을 만들 수 있다. 퀸스 대신 껍질을 제거한 파인애플 1개를 곱게 다져서 사용한다.

- ◆ 오렌지 8개
- ◆ 각설탕 1kg
- ◆ 레몬즙 1/2개 분량
- ◆ 구연산 1작은술

준비 시간 15분 + 차갑게 식히기
조리 시간 2~3분
500mL

오렌지 시럽
SIROP D'ORANGE

2~3일 전에 준비를 시작한다. 오렌지는 씻어서 물기를 제거한다. 각설탕을 하나하나 오렌지 껍질에 문질러서 주황색으로 물들인다. 오렌지의 즙을 짜서 각설탕, 레몬즙, 구연산과 함께 볼에 담는다. 물 500mL를 한소끔 끓여 볼에 붓는다. 덮개를 씌우고 가끔 휘저어 가며 냉장고에 넣고 2~3일간 차갑게 식힌다. 면포를 깐 체에 거른 다음 소독한 병에 담아서 봉한다. 완성한 시럽은 물에 희석해서 마시며 수개월간 보관할 수 있다.

〔변형〕

. . . .

귤 시럽
SIROP DE MANDARINE

위와 같이 조리하되 오렌지 대신 귤 10개를 사용하고 설탕 450g, 물 250mL, 구연산 1/2작은술을 더한다.

. . . .

레몬 시럽
SIROP DE CITRON

위와 같이 조리하되 오렌지 대신 레몬과 설탕 500g, 물 250mL를 사용한다.

커피 시럽

SIROP DE CAFÉ

커피콩은 굵게 다진다. 물 500mL를 한소끔 끓이고 커피콩을 더해 3시간 동안 우린다. 냄비에 설탕을 더해서 한소끔 끓인다. 거품을 제거하고 불에서 내린 다음 면포 또는 고운체에 거른다. 소독한 병에 담아서 봉한다. 취향에 따라 물에 희석해서 뜨겁게 또는 차갑게 낸다.

- ◆ 볶은 커피콩 300g
- ◆ 설탕 750g

  준비 시간 5분 + 우리기

  500mL

제비꽃 시럽

SIROP DE FLEURS DE VIOLETTE

물 500mL를 한소끔 끓여서 꽃잎 위에 부은 뒤 밀폐용기에 담아서 24시간 동안 우린다. 묽은 설탕 시럽을 더한 다음 면포 또는 고운체에 거르고 살균한 병에 담아서 봉한다. 취향에 따라 물에 희석해서 낸다.

- ◆ 금방 수확한 제비꽃(무농약 재배) 300g
- ◆ 묽은 설탕 시럽(643쪽) 500mL

  준비 시간 5분 + 우리기

  500mL

마시멜로 시럽

SIROP DE GUIMAUVE

마시멜로 뿌리는 씻어서 껍질을 제거하고 저민다. 물 500mL를 한소끔 끓이고 마시멜로 뿌리를 더해 24시간 동안 우린다. 체에 거른 다음 설탕을 더한다. 다시 한 번 한소끔 끓인 다음 거품을 제거하고 바로 불에서 내린다. 체에 걸러서 한 김 식힌 다음 살균한 병에 담아서 봉한다. 취향에 따라 물에 희석해서 낸다.

- ◆ 마시멜로 뿌리 75g
- ◆ 설탕 1kg

  준비 시간 5분 + 우리기

  500mL

레모네이드

CITRONNADE

레몬은 즙을 짠다. 냄비에 물 1.5L를 끓인 다음 설탕을 더해서 빠르게 휘저어 녹인 후 레몬즙을 더한다. 아주 차갑게 식힌다.

　　오렌지 6개와 정제 백설탕 150g을 같은 방식으로 조리해서 오렌지에이드를 만들어도 좋다. 레몬 3개와 오렌지 4개, 설탕 200g과 물 2L를 이용하여 갈증 해소에 제격인 레몬 오렌지에이드를 만들 수도 있다.

- ◆ 레몬 4개
- ◆ 정제 백설탕 180g

  준비 시간 20분 + 차갑게 식히기

  1.5L

딸기 레모네이드
LEMONADE À LA FRAISE

잘 씻은 레몬에 각설탕을 골고루 문질러서 노랗게 물들인다. 내열용 볼에 각설탕을 담는다. 레몬의 즙을 짜서 딸기와 함께 믹서에 간다. 딸기즙을 각설탕 볼에 붓는다. 물 500mL를 한소끔 끓여서 볼에 붓고 잘 저어서 녹인 다음 식힌다. 면포 또는 고운체에 거른 다음 소독한 병에 담아서 봉한다.

〔변형〕

. . . .

라즈베리 또는 블랙베리 레모네이드
LEMONADE À LA FRAMBOISE, À LA MÛRE

위와 같이 조리하되 레몬 1개, 설탕 150g, 라즈베리 또는 블랙베리 300g, 물 250mL를 사용한다.

. . . .

레드커런트 레모네이드
LEMONADE À LA GROSEILLE

위와 같이 조리하되 레드커런트 350g, 물 750mL를 사용한다.

 866쪽

- ◆ **레몬 2개**
- ◆ **각설탕 125g**
- ◆ **딸기 350g**

  준비 시간 10분 + 식히기

  600mL

라즈베리 식초
VINAIGRE DE FRAMBOISE

빈 병에 라즈베리를 채우고 식초를 붓는다. 병을 봉하고 40일간 재운다. 즙을 면포 또는 고운체에 걸러서 냄비에 담는다. 액체에 설탕을 더하고 한소끔 끓인 뒤 5~6분간 더 끓인다. 큰 숟가락으로 거품을 제거하고 한 김 식힌다. 살균한 병에 담아서 봉한다.

참고

같은 방식으로 사워체리, 딸기, 블랙베리 식초 등을 만들 수 있다.

867쪽

- ◆ **라즈베리 500g**
- ◆ **화이트 와인 식초 500mL**
- ◆ **설탕 750g**

  준비 시간 5분 + 재우기

  500mL

기타 과실주

링곤베리 와인
BOISSON AUX AIRELLES

링곤베리는 아주 신선할 때 수확해서 깨끗하게 씻어 도기 병에 담아 으깬다. 물 500mL를 더하고 36시간 동안 재운다. 면포 또는 고운체에 거른 뒤 설탕을 더해서 수일간 발효한다. 소독한 병에 담아서 봉한다.

◆ 링곤베리 250g

◆ 설탕 100g

준비 시간 15분 + 재우기 +

발효하기

500mL

〔변형〕

. . . .

블랙베리 와인
BOISSON À LA MÛRE

위와 같이 조리하되 링곤베리 대신 블랙베리 300g, 물 300mL, 타르타르 크림 1/2작은술, 설탕 75g을 사용한다.

. . . .

산수유 와인
BOISSON À LA CORNOUILLE

위와 같이 조리하되 산수유 또는 기타 야생 체리 300g, 설탕 60g을 사용한다.

. . . .

딱총나무 열매 와인
BOISSON AU SUREAU

위와 같이 조리하되 딱총나무 열매 300g, 물 600mL을 사용한다.

. . . .

유럽매자나무 열매 와인
BOISSON À L'ÉPINE-VINETTE

위와 같이 조리하되, 유럽매자나무 열매 300g과 물 600mL를 사용한다.

알코올 음료

물푸레나무잎 맥주
BOISSON DE FEUILLES DE FRÊNE

- 씻은 물푸레나무 잎 30g
- 씻은 홉 20g
- 씻은 야생 꽃상추 125g
- 설탕 4kg
- 타르타르 크림 80g
- 맥주 양조용 효모 50g

  준비 시간 15분 + 발효하기

  100L

아주 큰 냄비에 물푸레나무 잎과 홉, 야생 꽃상추를 담고 물 10L를 더한다. 한소끔 끓인 다음 40분간 더 뭉근하게 익힌다. 깨끗한 큰 볼 또는 그릇에 설탕을 담고 끓인 물을 체에 걸러서 붓는다. 잘 휘저어서 설탕을 완전히 녹인 뒤 타르타르 크림을 더한다. 작은 볼에 미지근한 물과 맥주 양조용 효모를 섞어서 3~4시간 정도 둔 다음 설탕수를 붓는다. 양조용 통에 담고 물을 보충해서 총 100L를 맞춘다.

미드(꿀술)
HYDROMEL

- 꿀 5kg
- 맥주 양조용 효모 125g
- 화이트 와인 1L

  준비 시간 15분 + 발효하기

  100L

꿀을 따뜻한 물 20L에 섞는다. 양조용 통에 붓는다. 맥주 양조용 효모에 물 200mL를 섞어서 통에 붓는다. 매일 통에 와인 1잔을 더하면서 8일간 발효한다. 발효가 느려지면 통에 물을 채워서 총 100L를 맞춘다. 마개를 단단하게 채우고 40~50일간 재운다. 맑은 미드만 따라 내서 가라앉은 퇴적물을 제거한다. 수개월간 숙성시킨다. 다시 맑은 부분만 따라 내서 멸균한 병에 담는다.

뮬드 와인(뱅 쇼)
VIN CHAUD

- 레드 와인 600mL
- 설탕 125g
- 시나몬 스틱 15g
- 저민 레몬 1개 분량

  준비 시간 5분

  조리 시간 1분

  900mL

냄비에 와인과 물 300mL, 설탕, 시나몬을 담고 천천히 한소끔 끓인다. 1분간 뭉근하게 익힌다. 레몬 조각을 띄워서 아주 뜨겁게 낸다.

잼 와인
VIN DE CONFITURE

잼이나 콤포트를 만들고 남은 으깬 과일을 해결하기 좋은 레시피다.

　　으깬 과일에 화이트 와인을 붓고 냉장고에 넣어 24시간 재운다. 면포를 깐 체에 거르고 브랜디를 더한다. 소독한 병에 담아서 밀봉하여 보관한다.

- ◆ 으깬 과일 1kg
- ◆ 화이트 와인 1L
- ◆ 브랜디 100mL

　준비 시간 5분 + 재우기

　1.25L

레드커런트 와인
VIN DE GROSEILLE

큰 냄비에 레드커런트 과육과 물 약간을 담고 한소끔 끓인다. 물을 더해서 총 6L를 맞춘 다음 소량의 따뜻한 물에 식초, 설탕, 이스트를 섞어서 붓는다. 큰 용기(가능하면 맥주 저장용 케그keg)에 담는다. 케그의 마개를 4일간 열어 둬서 내용물이 공기와 접촉하도록 한다. 맑은 액체만 조용히 따라 낸다. 고운체에 거른 다음 과육에서 즙을 최대한 짜낸다. 소독한 병에 담아서 봉하여 4일간 숙성시킨 다음 마신다.

참고

레드커런트 잼 또는 젤리를 만들고 남은 과육으로 만들어도 좋다.

- ◆ 으깬 레드커런트 과육 2kg
- ◆ 식초 1작은술
- ◆ 설탕 180g
- ◆ 생이스트 6g

　준비 시간 15분 + 발효하기

　6L

펀치
PUNCH

설탕과 차를 냄비에 담고 한소끔 끓인다. 레몬 제스트를 깎아 내서 펀치볼에 담는다. 뜨거운 차를 제스트에 붓고 레몬즙을 짜서 더한다. 럼을 뜨겁게 데워서 차에 아주 천천히 부어 수면 위에 고이도록 한다. 취향에 따라 럼을 플랑베한다. 볼 주변의 인화성 물질을 모조리 치운 다음 멀찍이 서서 불을 켠 성냥을 가장자리에 대고 럼에 불을 붙인다. 아주 뜨겁게 낸다.

- ◆ 설탕 175g
- ◆ 막 우린 차 500mL
- ◆ 레몬 1개
- ◆ 럼 300mL

　준비 시간 5분

　조리 시간 10분

　800mL

글록
GROG

준비 시간 5분

1인분

코냑 또는 럼 2작은술을 잔에 담는다. 끓는 물을 채운다. 각설탕 3개와 저민 레몬 1장을 더한다. 뜨겁게 낸다.

풋호두 리큐어
BROU DE NOIX

- ◆ **껍데기를 제거한 풋호두 20개**
- ◆ **브랜디(40%짜리) 1L**
- ◆ **설탕 600g**

  준비 시간 15분 + 우리기

  1L

풋호두는 얇게 저민 뒤 브랜디를 부어 60일간 우린다. 고운체에 한 번 거르고 설탕을 더해 잘 저어서 녹인다. 종이 필터에 걸러 소독한 병에 담아서 봉한다. 최소 3개월간 숙성한 후에 사용한다.

아망딘

AMANDINE

아몬드를 깐다. 껍데기를 볼에 담아서 증류주 주정을 붓고 3일간 우린다. 체에 걸러서 주정만 남기고 아몬드 껍데기는 버린다. 물 400mL를 한소끔 끓이고 설탕을 더하여 저어서 녹인다. 두 액체를 각각 따로 체에 거른 다음 잘 섞어서 소독한 병에 담는다. 밀봉해서 5~6주일간 숙성한 후에 마신다.

- ◆ 아몬드(껍데기째) 200g
- ◆ 증류주(90%짜리) 300mL
- ◆ 설탕 400g

   준비 시간 15분 + 숙성하기

   750mL

레몬밤수

EAU DE MÉLISSE

모든 재료를 다져서 볼에 담고 증류주를 부어서 4일간 재운다. 체에 걸러서 소독한 병에 담은 뒤 밀봉한다.

- ◆ 생레몬밤 꽃 25g
- ◆ 시나몬 스틱 20g
- ◆ 레몬 1개
- ◆ 정향 40g
- ◆ 고수 씨 10g
- ◆ 안젤리카 뿌리 10g
- ◆ 증류주(80%짜리) 1.25L

   준비 시간 15분 + 재우기

   1.25L

체리 리큐어

LIQUIEUR DE CERISE

체리는 씨를 제거한다. 무게를 재서 설탕을 동량으로 계량한다. 동량의 물을 이용해서 설탕 시럽(642쪽)을 만든다. 시럽이 한소끔 끓으면 조심스럽게 체리를 더하여 25분간 뭉근하게 익힌다. 면포를 깐 체에 거르되 꾹꾹 누르지 않도록 주의한다. 키르슈를 더해서 잘 저은 다음 소독한 병에 담고 밀봉한다.

- ◆ 모렐로 체리 1.5kg
- ◆ 설탕(만드는 법 참조)
- ◆ 키르슈 300mL

   준비 시간 20분

   약 1.5L

초콜릿 리큐어
CRÈME DE CACAO

- ◆ 코코아 빈 20g
- ◆ 증류주(90%짜리) 300mL
- ◆ 설탕 350g

  준비 시간 5분 + 재우기

  조리 시간 15~20분

  600mL

팬에 코코아 빈을 넣고 타지 않도록 주의하면서 10~12분간 볶는다. 불에서 내려서 한 김 식힌 뒤 굵게 다진다. 증류주를 그 위에 부어서 15일간 재운다. 면포를 깐 체에 거른다. 냄비에 물 300mL과 설탕을 담아 한소끔 끓인 뒤 5~6분간 더 끓인다. 코코아를 우려낸 증류주를 붓는다. 면포를 깐 체에 거르고 소독한 병에 담아서 봉한다.

〔변형〕

. . . .

커피 리큐어(크렘 드 카페)
CRÈME DE CAFÉ

위와 같이 조리하되 다크 로스트한 커피콩 50g과 비터 아몬드 5~6개를 증류주에 재운다. 설탕 500g과 물 250mL로 설탕 시럽(642쪽)을 만든다.

블랙커런트 리큐어
LIQUEUR DE CASSIS

- ◆ 블랙커런트 1kg
- ◆ 증류주(40%짜리) 1L
- ◆ 설탕 375g

  준비 시간 10분 + 재우기

  1.5L

블랙커런트를 꼼꼼하게 씻는다. 유리병에 블랙커런트와 블랙커런트 잎 여러 장을 담는다. 증류주를 과일이 잠기도록 붓고 뚜껑을 덮어서 2~3개월간 재운다. 면포를 깐 체에 걸러서 주정과 과일을 따로 분리한다. 설탕과 물 500mL로 묽은 설탕 시럽(643쪽)을 만든다. 블랙커런트를 우려낸 증류주를 더한다. 종이 필터에 거르고 소독한 병에 담아서 봉한다. 남은 블랙커런트는 취향에 따라 그래뉴당에 굴려서 묻힌 다음 아이스크림 등의 디저트에 곁들여 낸다.

주니퍼 리큐어
LIQUEUR DE GENIÈVRE

주니퍼 베리를 씻어서 볼에 담는다. 저민 레몬을 더하고 브랜디를 부어서 3일간 우린 다음 체에 거른다. 뜨거운 물 120mL에 설탕을 넣고 잘 저어서 녹인 다음 향을 우려낸 브랜디를 더한다. 아니스 씨와 바닐라 빈, 시나몬 스틱을 면포에 담아서 봉한 다음 브랜디 혼합물에 담가 1개월간 재운다. 종이 필터에 거르고 소독한 병에 담아서 봉한다.

- ◆ 막 수확한 녹색 주니퍼 베리 1줌
- ◆ 저민 레몬 1/2개 분량
- ◆ 브랜디(40%짜리) 750mL
- ◆ 설탕 300g
- ◆ 아니스 씨 10개
- ◆ 다진 바닐라 빈 1개 분량
- ◆ 시나몬 스틱 10g

준비 시간 5분 + 우리기 + 재우기

900mL

뜨거운 음료

핫초콜릿
CHOCOLAT À L'EAU

작은 냄비에 초콜릿과 물 1큰술을 담아서 초콜릿을 녹인다. 부드러운 페이스트 상태가 되면 물 175mL와 바닐라 익스트랙을 더해 약한 불에서 10~15분간 뭉근하게 익힌다. 손으로 휘저어서 거품을 낸다. 핫초콜릿은 물 대신 우유로 만들어도 좋다.

- ◆ 다진 다크 초콜릿 25g
- ◆ 바닐라 익스트랙

준비 시간 2분

조리 시간 10~15분

1인분

코코아
CACAO

코코아와 설탕을 찬물 또는 우유 1큰술에 섞어서 부드러운 페이스트 상태를 만든다. 작은 냄비에 남은 물 또는 우유를 넣고 한소끔 끓여서 코코아 페이스트에 조금씩 부으면서 부드럽게 섞는다.

- ◆ 코코아 25g
- ◆ 정제 백설탕 30g
- ◆ 물 또는 우유 200mL

준비 시간 2분

조리 시간 5분

1인분

스페인식 핫초콜릿
CHOCOLAT ESPAGNOL

- 초콜릿 50g
- 바닐라 익스트랙 1/2작은술
- 시나몬 가루 1/2작은술

  준비 시간 2분

  조리 시간 8~10분

  1인분

작은 냄비에 초콜릿과 물 1큰술을 담아서 녹인다. 물 175mL를 더하고 자주 저으며 아주 잔잔한 불에서 8~10분간 뭉근하게 익힌다. 바닐라와 시나몬을 더하고 휘저어서 거품을 낸다.

터키식 커피
CAFÉ À LA TURQUE

- 곱게 간 커피 가루
- 정제 백설탕

  준비 시간 1분

  조리 시간 5분

작은 냄비 또는 터키식 커피용 구리 냄비에 곱게 간 커피 가루를 1인당 1작은술씩 담는다. 1인당 정제 백설탕 1작은술, 끓는 물 200mL를 조금씩 부으면서 섞는다. 한소끔 끓이고 커피가 부풀어 오르면 불에서 내린다. 2분 뒤에 다시 불에 올려서 다시 부풀어 오르게 한다. 차가운 물 1작은술을 부어서 앙금을 가라앉힌다. 바로 낸다.

커피 에센스
ESSENCE DE CAFÉ

- 방금 로스트한 커피콩 200g

  준비 시간 5분 + 우리기

  250mL

커피콩을 간다. 냄비에 물 250mL를 넣어 한소끔 끓이고 절반 분량의 커피가루를 더한다. 바로 불에서 내리고 뚜껑을 닫아서 완전히 차갑게 식을 때까지 우린다. 체에 거른 다음 다시 한소끔 끓인다. 커피 필터 또는 커피 포트에 남은 커피 가루를 담고 우려낸 커피를 이용해서 일반 커피를 만들 듯이 내린다. 소독한 병에 담아서 단단히 밀봉한다.

민트티
THÉ À LA MENTHE

- 찻잎
- 생 또는 마른 민트잎
- 설탕

  준비 시간 1분 + 우리기

찻주전자에 끓는 물을 붓고 수초간 두어서 데운 다음 따라 낸다. 냄비에 1인당 찻잎 1작은술을 담고 생 또는 마른 민트 몇 장과 설탕을 취향껏 더한다. 끓는 물을 새로 부어서 5분간 우린 다음 낸다.

허브티

다양한 식물 재료를 간단하게 뜨거운 물에 우리기만 해도 맛있는 음료수를 만들 수 있다. 이런 식으로 만드는 음료 중에는 치료 효과가 있다고 간주되는 것도 있다. 만드는 법은 재우기(찬물에 담그기), 우리기(뜨거운 물을 부어서 그대로 두기), 달이기(물에 넣고 끓이기)의 총 세 가지로 분류한다.

아니스 씨
아니스 씨 1/2작은술에 끓는 물을 붓는다.

보리
껍질을 제거한 보리 1작은술에 끓는 물을 붓는다.

보리지
보리지 꽃과 잎 적당량에 끓는 물을 붓는다.

우엉
우엉 뿌리 1/2작은술을 작게 다져서 끓는 물을 붓는다.

카모마일
카모마일 꽃 3송이에 끓는 물을 붓는다.

체리 꼭지
마른 체리 꼭지 1작은술에 끓는 물을 붓는다.

처빌
처빌 잎 몇 줄기에 끓는 물을 붓는다.

꽃상추
생 또는 마른 꽃상추 1~1과 1/2작은술에 끓는 물을 붓는다. 식욕을 자극하는 효과가 있다.

딱총나무 꽃(엘더플라워)
마른 딱총나무 꽃 1/4작은술에 끓는 물을 붓는다.

홉
홉 꽃 8~10g에 끓는 물을 붓는다.

히솝
히솝 꽃과 잎이 달린 줄기 몇 개에 끓는 물을 붓는다.

레몬, 퀸스 또는 오렌지
껍질째 얇게 저민 레몬이나 오렌지, 퀸스 2~3장에 끓는 물을 붓는다. 수

렴제 역할을 한다.

레몬 버베나
레몬 버베나 꽃과 잎이 달린 줄기 몇 개에 끓는 물을 붓는다. 맛이 좋고 소화를 돕는다.

이끼
이끼 16g과 물 1L를 한소끔 끓인 다음 7~8분간 가열한다. 기침 예방 효과가 있다.

라임 꽃
생 또는 말린 라임 꽃과 포엽 약간에 끓는 물을 붓는다. 진정 효과가 있다.

아마씨
아마씨 1큰술을 물 1/2잔에 부어서 15~30분간 재운다. 잔째로 마신다. 소화 기관에 좋다.

감초
생감초 뿌리 다진 것 30g 또는 마른 뿌리 가루 1/2작은술에 끓는 물을 붓는다. 소화 기관 질환을 치료하는 효과가 있다.

민트
민트 잎과 꽃이 달린 줄기 몇 개에 끓는 물을 붓는다. 생민트 차는 식사 후에 마시기 좋다.

오렌지꽃
오렌지꽃 송이 3~4개에 끓는 물을 붓는다.

양귀비 또는 제비꽃
생 또는 말린 꽃잎 적당량에 끓는 물을 붓는다. 오렌지꽃과 더불어 진정 효과가 있다.

키니네 껍질
키니네 껍질 10g을 굵게 다진 다음 물 1L에 2~3시간 재운다.

쌀
쌀 30~50g과 물 1L를 한소끔 끓인다. 15분간 끓인다.

야생 감초
야생 감초 뿌리 50g을 잘라서 뜨거운 물에 담근다.

겐티아나
다진 겐티아나 뿌리 1작은술에 끓는 물을 붓는다.

보존 음식

보존 음식은 1년 내내 방대한 종류의 식재료를 자유롭게 사용할 수 있게 하는 아주 유용한 기술이다. 특히 채소밭이나 과수원을 가꾸는 사람이라면 남은 과실을 효과적으로 처리할 수 있게 한다. 수제 보존 음식이 시판 제품보다 훨씬 풍미가 좋기는 하지만, 반드시 병과 통을 제대로 꼼꼼하게 소독한 다음 만들어야 한다.

염장 고기

염장에는 돼지고기가 제일 잘 어울린다. 우선 고기를 300~800g 크기로 자른다. 굵은 소금을 골고루 문지른다. 용기(큼직한 도기 또는 플라스틱 용기) 바닥에 월계수 잎, 타임, 주니퍼 베리, 후추 등의 가향 재료를 깔고 그 위에 고기를 한 켜로 올린다. 고기 위에 굵은 소금을 덮어서 누른다. 용기가 가득 찰 때까지 같은 과정을 반복한다. 뚜껑을 닫고 누름돌을 얹어서 냉장고에 보관한다. 수일 후면 염지액이 표면 위로 올라와야 한다. 염장 고기는 3주 후에 먹을 수 있다.

가금류, 토끼 및 야생 육류 콩피

가금류(430쪽)는 깃털을 뽑고 내장을 손질한 다음 같은 크기로 자른다. (머리와 목, 뼈는 다른 용도로 사용한다.) 큰 용기에 고기와 굵은 소금, 후추, 월계수 잎, 타임, 정향을 함께 담고 냉장고에 넣어 4일간 재운다. 고기를 꺼내서 찬물에 씻은 다음 키친타월로 두드려 물기를 제거한다. 지방은 따로 떼어 모아서 바닥이 묵직한 큰 냄비에 담고 약한 불에 올려 녹인다. 체에 거른 다음 다시 불에 올린다. 끓으면 조심스럽게 고기를 넣고 약 3시간 정도 익힌다.

칼로 찔러서 익었는지 확인한다. 붉은빛이 돌지 않는 투명한 육즙이 흘러 나와야 한다. 건져서 소독한 병에 담고 냄비의 기름을 고기 위로 2~3cm 정도 올라올 만큼 붓는다. 병을 밀봉한 다음 1시간 동안 소독한다. 콩피한 고기는 최소한 1개월 이후부터 먹을 수 있으며 제대로 소독한 경우 개봉하지 않은 채로 2년간 보관할 수 있다. 콩피는 익힌 기름과 함께 다시 데워서 먹는다.

채소

채소는 반드시 수확한 직후에 보존 처리를 해야 한다. 잘 익어서 부드럽고 상처가 없는 맛있는 채소를 사용한다. 보존 방법에는 여러 가지가 있다. 말릴 수도 있지만 그런 경우 풍미가 어느 정도 손실된다.

보관 및 건조 보존법

당근, 비트, 순무, 셀러리악
아주 건조한 모래를 한 켜 덮어서 지하실에 수개월간 보관할 수 있다.

감자
물기를 완전히 제거한 다음 환기가 잘 되는 상자에 담아서 벽돌 위에 얹어 보관한다. 서늘한 응달 지하실에 겨울 내내 보관할 수 있다. 봄에 싹이 나기 시작하면 맛이 나빠진다. 싹은 가능한 한 자주 조심스럽게 제거하도록 한다.

양배추, 콜리플라워, 카르둔, 마늘잎쇠채
뿌리째 뽑은 다음 모아서 지하실에 다시 심는다. 얕은 도랑을 파서 사이사이에 흙을 채우며 서로 기대도록 심는다.

양파, 마늘, 샬롯
끈으로 엮어서 지하실이나 헛간 등 아주 건조한 장소의 지붕에 매달아 둔다.

버섯
어리고 신선한 버섯을 세척한 다음 너무 큰 것은 반으로 자른다. 바늘로 가느다란 실에 꿰어서 햇볕이나 아주 낮은 온도의 오븐에 넣어 완전히 말린다. 통에 담아 보관한다. 모렐, 꾀꼬리버섯 등은 특히 말리면 보존성이 높아진다. 조리하기 전에 따뜻한 물에 담가 12시간 동안 불린다.

깍지콩
부드러운 콩을 골라서 바늘을 이용해서 실에 꿴다. 꿴 콩은 끓는 소금물에 넣어 3~4분간 데친다. 응달에 말린 다음 낮은 온도의 오븐에 넣어 6~8분간 건조한다.

염장 보존법

염장은 아주 간단하게 할 수 있지만 먹기 전에 물에 충분히 담가 소금기를 제거해야 한다.

깍지콩

잘 씻어서 건진 다음 물기를 제거하고 키친타월로 두드려 말린 후 부드러운 것만 골라서 실에 꿴다. 도기 항아리에 켜켜이 담은 다음 매 켜마다 굵은 소금을 뿌린다. 천으로 덮고 항아리 안에 딱 맞는 속뚜껑을 넣은 다음 누름돌을 얹어서 콩을 누른다. 2일 후에 콩을 더 채운다. 항아리에 오일을 콩이 완전히 잠길 만큼 붓는다. 잼병과 같은 방식으로 봉한다. 먹기 전에 흐르는 물로 소금을 씻어 낸다. 반드시 찬물에 넣어서 조리를 시작해야 한다. 아주 천천히 한소끔 끓인 다음 2시간 동안 익힌다.

토마토

닦아서 물기를 제거하고 꼭지를 제거한 뒤 병에 담는다. 물 1L당 소금 80g 비율로 소금물을 만들어 한소끔 끓인다. 토마토에 식힌 소금물을 붓는다. 수면 위에 오일을 살짝 흘려 넣고 봉한다. 찬물에 불린 다음 요리에 사용한다.

그린 올리브

아주 잘 익은 올리브를 딴다. 씻어서 꼭지를 제거하고 핀으로 골고루 찌른다. 용기에 담고 나무재를 덮은 다음 물을 올리브가 자유롭게 떠다닐 정도로 충분히 붓는다. 올리브가 부드러워지면 씻어서 물 100mL당 소금 10g의 비율로 섞어서 월계수 잎과 후추, 펜넬로 향을 낸 염지액에 담근다. 최소한 10일간 재운 후에 먹는다. 먹기 직전까지 염지액에 계속 담가두는 것이 좋다.

식초 보존법

작은 오이와 녹색 토마토

아주 작은 크기에 상처가 없고 아주 신선한 것을 골라야 한다. 닦아서 꼭지를 제거하고 볼에 담은 후 굵은 소금을 완전히 잠기도록 붓는다. 24시간 후에 건져서 도기 항아리에 담는다. 양질의 식초를 5분간 끓인 다음 채소 위에 완전히 잠기도록 붓고 24시간 더 재운다. 식초에서 건진 다음 식초는 팬에 담아 다시 끓인다. 오이와 토마토는 타라곤, 작은 양파, 처빌, 통후추, 매운 고추와 함께 병에 담는다. 끓여서 한 김 식힌 식초를 병에 붓고 봉한다. 2개월간 재운 다음 먹는다.

양파 피클

아주 작은 양파를 골라서 껍질을 벗긴다. 병에 담고 양질의 알코올 식초 (8%짜리)를 소금과 통후추, 타라곤과 함께 5분간 끓여서 양파가 잠기도록 붓는다. 봉해서 2개월간 재운다.

겨자 피클

아래 목록에서 고른 채소를 깨끗하게 씻어서 조심스럽게 손질한 다음 작게 썬다. 물기를 충분히 제거한 다음 도기 항아리에 담고 끓인 식초를 위에 부어 24시간 동안 재운다. 채소는 건지고 식초는 다시 한소끔 끓인다. 씻은 항아리에 채소를 다시 담고 식초를 붓는다. 케이퍼와 다진 타라곤, 처빌, 통후추, 간 생강, 정향, 마늘, 겨자씨를 더한다. 병이 꽉 차지 않을 경우 차가운 식초를 추가해서 채운다. 15일간 재운 다음 차가운 고기 요리에 양념으로 낸다.

- 봄 콜리플라워
- 가는 깍지콩
- 작은 양파
- 작은 오이
- 매운 고추
- 작은 녹색 토마토
- 햇당근
- 마늘

오일 보존법

블랙 올리브

아주 잘 익은 올리브를 골라서 핀으로 골고루 찌른다. 볼에 올리브를 담고 물 100mL당 소금을 10g 비율로 녹여 만든 염지액을 부어 15일간 재운다. 흐르는 물에 씻어 건진 다음 키친타월로 두드려 물기를 제거한다. 병에 담고 양질의 올리브 오일을 붓는다.

살균 소독 보존법

소독한 병에 음식을 보존하는 법은 언제나 동일하다. 어리고 상처 없는 아주 신선한 채소를 골라 껍질을 벗기고 씻은 다음 크기에 따라 나눈다. 냄비에 소금물을 끓인 다음 채소를 넣고 뚜껑을 닫아서 수분간 데친다. 데친 채소는 건져 찬물에 담가서 아삭한 질감을 유지하도록 한다. 병에 담고 물 1L당 소금 30g을 녹인 다음 한소끔 끓여서 식힌 소금물을 붓는다. 봉해서 병 제조사의 안내에 따라 소독한다. 이런 식으로 통이나 병에 보존한 채소를 요리에 사용할 때는 우선 보존한 물에서 건진다. (국물은 수프 등에 사용할 수 있다.) 채소를 다시 데워서 다양한 요리에 사용한다. 보존한 채소는 이미 익은 것이므로 수분간 데워서 내기만 하면 된다.

깍지콩

씻어서 크기에 따라 분류한 다음 섬유질을 제거한다. 끓는 소금물에 6~7분간 데친다. 찬물에 담가서 식히고 건져 내 병에 채운다. 염지액을 입구 아래로 2cm 정도만 남기고 가득 채워 붓는다. 2시간 동안 살균 소독한다.

완두콩

콩만 까서 알맹이를 물에 씻은 다음 크기에 따라 분류한다. 완두콩이 아주 작은 경우 데치지 않고 바로 병에 담는다. 염지액을 가득 부은 다음 물 1L당 설탕 1작은술을 더한다. 봉해서 2시간 동안 살균 소독한다.

　반면 큼직한 완두콩은 한 번 데쳐서 병에 넣는다. 5분간 끓는 물에 데친 후 찬물에 담가서 더 익지 않도록 한 다음 작은 완두콩과 같은 방식으로 병에 담고 봉해 2시간 동안 살균 소독한다.

아티초크

잎 끝부분을 가위로 잘라 내고 씻는다. 끓는 소금물에 30분간 익힌 뒤 찬물에 담가 식힌다. 산성수에 담그면서 잎과 털 부분을 제거해서 변색을 막는다. 남은 심지 부분을 모조리 제거한 뒤 병에 담는다. 염지액을 아티초크 위로 2cm 이상 올라올 만큼 붓는다. 봉해서 1시간 30분간 살균 소독한다.

토마토 쿨리

토마토는 씻어서 심을 제거하고 잘게 다진다. 냄비에 토마토와 양파, 마늘, 타임, 월계수 잎, 파슬리, 소금과 후추를 담는다. 잘 저어 가며 잔잔한 불에서 40분간 익힌다. 체에 받쳐 꼼꼼하게 내린다. 다시 냄비에 담고 골고루 저어 가며 센 불에서 5~6분간 졸인다. 작은 병에 담아서 봉하고 45분간 살균 소독한다.

모둠 채소

여러 종류의 채소를 준비하여 껍질을 벗기고 씻어서 똑똑썰기 한다. 종류에 따라 딱딱한 것(콩, 당근, 순무)은 10분간, 부드러운 것(아스파라거스 싹, 완두콩)은 5분간 데친다. 찬물에 담가서 식힌 다음 건진다. 병에 채소를 가득 채우고 염지액을 잠기도록 부은 다음 봉해서 1시간 30분간 살균 소독한다.

아스파라거스

굵기에 따라 꼼꼼하게 분류해서 같은 길이로 자른 다음 손질해서 씻는다. 끓는 물에 기둥은 6분간, 싹은 1분간 데치고 건져 찬물에 담가 식힌다. 병에 아스파라거스를 똑바로 세워서 담는다. 염지액을 잠기도록 붓고 봉해서 1시간 30분간 살균 소독한다.

허브

타임

타임은 고온 건조한 날씨에 수확한다. 떨어지는 것까지 제대로 받을 수 있도록 바닥에 종이를 깔고 잎을 훑어 낸다. 딱 맞는 뚜껑이 있는 깡통에 잎을 담는다. 요리에 사용할 때는 잎을 소스에 바로 넣지 않고 면 주머니에 잎 1꼬집을 담아서 냄비에 넣는다.

파슬리

파슬리는 고온 건조한 날씨에 줄기가 길게 남도록 수확한다. 바람이 잘 통하는 응달에서 말린 다음 갈색 종이 봉지에 담아서 밀봉한다. 사용하기 전에 따뜻한 물에 담가 15~20분간 불린다. 처빌도 같은 방식으로 건조할 수 있으나 풍미가 훨씬 떨어진다.

월계수 잎

잎이 많이 달린 긴 줄기를 수확한 다음 다발로 묶어서 응달에 건조한다. 종이 봉투 또는 천주머니에 담아 보관한다.

타라곤

끓는 소금물에 잎을 2분간 데친 다음 건져 찬물에 씻는다. 잎을 작은 병에 담는다. 소금 5g을 푼 염지액을 붓는다. 봉한 다음 5분간 살균 소독한다.

생과일

천연 보존법

과일의 종류에 따라 몇 주일에서 몇 개월까지 신선하게 보관할 수 있어 한 겨울까지 맛있는 가을 과일 디저트를 즐길 수도 있다. 과일은 언제나 상처 난 곳이 전혀 없고 살짝 덜 익은 상태이며 용도에 맞는 품종인 것을 골라야 한다. 또한 수확하자마자 곧장 보존 작업에 들어가는 것이 좋다. 가장 이상적인 보관법은 서늘하고 어두우며 건조하고 바람이 잘 통하는 나무 선반에 보관하는 것이다. 자주 상태를 살피면서 위치를 바꿔 주면 좋다. 상한 과일을 발견하면 바로 버린다.

사과, 배, 퀸스
보관이 쉽고 딱히 보존 처리가 필요하지 않다.

포도와 견과류
포도는 나무 선반에 보관하기도 하지만 잘 시든다. 뛰어난 풍미는 여전하더라도 보기에 전혀 예쁘지 않다. 다시 신선한 외양을 되찾게 하려면 미지근한 물에 30분간 통째로 담가 둔다. 특히 줄기가 긴 포도를 물에 완전히 푹 담그면 다시 아주 매력적인 모양이 된다. 아몬드와 호두, 헤이즐넛은 껍질을 벗기고 아무 보존 처리 없이 일광 건조한다. 다시 신선해 보이게 하려면 물에 24시간 동안 담가 둔다.

서양 모과
첫서리가 내릴 때 수확해서 나무 선반이나 짚에 얹어 두면 계속 익어 간다.

사과에서 파인애플 맛이 나게 하려면?
아주 오래된 사과 보존법으로 독특한 파인애플 풍미가 감돌게 된다. 상처 난 부분이 없는 생식용 사과를 골라 깨끗하게 닦는다. 흰색 나무 상자 바닥에 응달에서 말린 딱총나무 꽃을 한 켜 깐다. 그 위에 사과를 서로 닿지 않도록 한 켜 깔고 다시 꽃을 두텁게 까는 것을 상자가 가득 찰 때까지 반복한다. 상자 뚜껑을 닫고 공기가 침투하지 않도록 틈새마다 종이를 붙여 봉한다. 1~2개월 정도 보관하고 나면 사과에서 아주 강한 파인애플 맛이 난다.

건조 보존법

과일은 대체로 너무 오래 보관하면 신선도가 떨어지고 수분이 날아 간다. 햇살이 강한 지역이라면 일광 건조하여 보존성을 높일 수 있다. 햇살이 좋지 않은 곳에서는 따뜻한 오븐을 이용한다.

무화과
지중해 과일인 무화과는 갈대 선반에 얹어서 햇볕에 말리되 이슬을 맞지 않도록 밤에는 실내로 들여 놓는다. 자주 뒤집고 돌려서 골고루 주름이 지면서 건조되도록 한다. 대략 7~8일 이상이 지나면 납작해진다. 흰색 나무 상자에 보관한다.

살구와 복숭아
일단 반으로 잘라서 씨를 제거한 다음 무화과와 같은 방식으로 햇볕에 말리거나 자두처럼 오븐에 말린다.

자두
자두를 일단 말리고 나면 프룬prune이라는 이름을 얻는다. 아주 잘 익은 자두는 강한 햇볕에 통째로 내놨다가 낮은 온도의 오븐(35℃)에 넣어 하룻밤 동안 보관한다. 다음 날 오븐에서 꺼내서 하루 동안 식힌 다음 조금 더 뜨거운 오븐(60℃)에 넣어 다시 하룻밤 동안 보관한다. 꺼내어 하루 더 식히면서 말린 다음 마지막으로 뜨거운 오븐(90℃)에 넣고 문을 연 채로 1시간 동안 말린다. 사과와 배도 저민 다음 같은 방식으로 건조할 수 있다.

알코올 보존법

체리, 자두, 살구, 복숭아, 배
끓는 물에 체리와 자두는 1분, 살구와 복숭아는 2분, 껍질 벗긴 배는 5분간 데친다. 가운데 부분을 핀으로 골고루 찌른다. 유리병에 켜켜이 담으면서 매 켜마다 설탕의 한 종류인 그래뉴당을 뿌린다. 그래뉴당은 손질한 과일 1kg당 250g의 비율로 준비한다. 병에 도수 40%짜리 브랜디를 채우고 밀봉한다. 최소한 7~8주일간 절인 다음 먹는다.

식초 보존법

체리, 배, 말린 자두

통째로 씻어서 건진 과일을 도기 항아리에 차곡차곡 담는다. 화이트 와인 식초를 5분간 뭉근하게 끓인 다음 과일 위에 붓고 24시간 동안 재운다. 과일을 건져 낸 뒤 식초는 냄비에 담고 과일은 다시 병에 담는다. 식초를 한소끔 끓여서 과일 위에 붓는다. 타라곤과 백후추, 소량의 소금을 더하고 한 김 식힌 다음 병을 밀봉한다. 최소한 15~18일간 절인 다음 차가운 고기 요리에 양념으로 낸다.

병입 보존법

과일은 뚜껑과 고무 패킹(틈막이)이 달리고 금속 스프링 클립으로 고정하는 보존용 유리병에 액상 재료와 함께, 또는 액상 재료 없이 보존할 수 있다. 액상 재료 없이 병입할 때는 깨끗하게 씻은 다음 물기를 제거하거나 껍질을 벗긴 과일을 씨를 제거하거나 혹은 그대로 담는다. 병 높이의 4분의 3 정도를 채우고 병과 뚜껑 사이에 고무 패킹을 끼운 뒤 뚜껑을 닫는다. 스프링 클립으로 아주 단단하게 봉한다. 병 제조사의 안내를 따라 살균 소독한다. 다음 지침에 따라 과일마다 소독 시간을 조정한다.

- 딸기와 라즈베리 15분
- 레드커런트 20분
- 체리 30분
- 자두와 미라벨 자두 30~40분
- 살구 40분
- 복숭아 40분
- 배 30~40분

시럽을 넣는 병입 보존법

액상 재료 없이 병입할 때와 같은 과정으로 작업한다. 병을 봉하기 전에 설탕 시럽(642쪽)을 2분간 끓여서 체에 걸러 식힌 다음 병에 붓는다.

딸기

딸기는 심을 제거한 다음 보존용 유리병에 4분의 3 정도 채워 담는다. 물 1L당 설탕 600g으로 시럽을 만든다. 2분간 끓인 다음 과일이 잠기도록 붓는다. 병과 뚜껑 사이에 고무 패킹을 끼운다. 스프링 클립으로 아주 단단하게 봉한다. 20분간 살균 소독한다.

체리

딸기와 같은 방법으로 만든다. 물 1L당 설탕 000g의 비율로 시럽을 만든다. 25분간 살균 소독한다.

라즈베리

딸기와 같은 방법으로 만든다. 물 1L당 설탕 600g의 비율로 시럽을 만든다. 20분간 살균 소독한다.

레드커런트

딸기와 같은 방법으로 만든다. 물 1L당 설탕 800g의 비율로 시럽을 만든다. 20분간 살균 소독한다.

살구

살구에 끓는 물을 부은 다음 껍질을 벗기고 빈으로 잘라서 씨를 제거한다. 나머지는 딸기와 같은 방식으로 진행하되 물 1L당 설탕 350g의 비율로 시럽을 만든다. 30분간 살균 소독한다.

복숭아

복숭아에 끓는 물을 부은 다음 껍질을 벗기고 반으로 잘라서 씨를 제거한다. 나머지는 딸기와 같은 방식으로 진행하되 물 1L당 설탕 500g의 비율로 시럽을 만든다. 30분간 살균 소독한다.

자두

자두는 씨를 빼지 않은 채로 바늘로 과일 껍질을 골고루 찌른다. 끓는 물에 데친다. 찬물에 담가 식힌다. 나머지는 딸기와 같은 방식으로 진행하되 물 1L당 설탕 500g의 비율로 시럽을 만든다. 30분간 살균 소독한다.

붉은 자두

과일을 잘라서 쪼개어 씨를 제거한다. 나머지는 딸기와 같은 방식으로 진행하되 물 1L당 설탕 400g의 비율로 시럽을 만든다. 45분간 살균 소독한다.

배

껍질을 벗기고 끓는 물에 30초간 데친다. 찬물에 1분간 담가 식히고 건진다. 나머지는 딸기와 같은 방법으로 진행하되 물 1L당 설탕 350g의 비율로 시럽을 만든다. 40분간 살균 소독한다.

오렌지

오렌지는 찬물에 24시간 불린다. 오렌지만 건져서 냄비에 담고 새 물을 부어서 한소끔 끓인 다음 5분간 익힌다. 찬물에 씻고 24시간 동안 담가둔 다음 건진다. 물 1L당 설탕 1.5kg의 비율로 시럽을 만들어서 탄탄한 공 단계(643쪽)가 될 때까지 가열한다. 오렌지를 저미며 씨를 제거한다. 병에 저민 오렌지와 시럽을 채우고 50분간 살균 소독한다.

잼

잼은 기본적으로 과일과 설탕을 함께 조리하는 보존법이다. 끓이는 과정
에서 수분이 날아가며 설탕이 항균 작용을 한다. 과일과 설탕을 섞어서
가열하여 농축시키면 과일의 발효가 멈추고 설탕은 결정화되지 않는다.
상처 난 부분이 없는 완전히 익은 과일을 사용한다. 다양한 과일로 여러
가지 잼을 만들 수 있다. 그러나 잼을 만들 때는 언제나 신중하고 조심스
럽게 작업해야 한다. 잼 만드는 법은 과일을 통째로 혹은 적당한 크기로
잘라서 보존하는 잼, 조리 중에 형태가 풀어지는 콩포트 또는 마멀레이
드, 즙만 사용해서 만드는 젤리의 세 가지로 분류할 수 있다.

잼 만들기

설탕
잼의 풍미와 색상에 영향을 미치고 발효를 야기할 수 있는 황설탕은 사용
하지 않는다. 정제 백설탕 또는 펙틴이 섞인 잼용 설탕을 사용한다. 잼용
설탕은 펙틴이 충분히 들어 있지 않아 잘 굳지 않는 종류의 과일로 잼을
만들 때에 유용하다.

만드는 법
잼을 만들 때는 열전도율이 고르고 바닥이 묵직한 큰 냄비 또는 바닥이
두꺼운 잼용 냄비(가능하면 구리 제품)를 사용하는 것이 좋다. 신속하게 작
업하고 거품을 제거해야 반투명한 상태가 유지된다. 차가운 접시에 조금
떨어뜨려서 잼의 굳기를 확인한다. 식으면 딱 형태가 유지되는 정도가 되
어야 한다. 바글바글 끓는 잼은 뜨겁고 순식간에 끓어 넘쳐 위험하므로
되도록 큰 냄비를 사용하는 것이 좋고 내용물이 냄비의 3분의 1 이상을
채우지 않도록 해야 한다.

병입
완성한 잼은 깨끗하게 세척한 다음 자체적인 열로 건조한 병에 담는다.
따뜻한 오븐에 병을 넣어서 소독할 수도 있다. 가능하면 병 입구를 깨끗
하게 유지할 수 있도록 잼용 깔때기를 이용해서 조심스럽게 담는다.

밀봉
잼이 식을 때까지 기다린다. 식용 왁스를 녹여서 잼 위에 1cm 두께로 부
은 다음 겉에 물을 묻힌 셀로판지를 입구에 한 장 덮고 고무줄을 끼워 고
정한다. 돌려서 여는 뚜껑이 달린 병을 이용하면 밀봉이 훨씬 간단하다.
병에 잼을 담고 뚜껑을 닫은 다음 바로 뒤집어서 완전히 식힌다.

살구 잼
CONFIRUTE D'ABRICOT3

살구는 길게 반으로 잘라서 씨를 제거한다. 살구 과육의 무게를 잰다. 설탕을 살구와 동량으로 계량한 다음 물을 적당히 더해서 설탕 시럽을 만든다. 시럽이 날개 단계(643쪽)가 되면 살구를 넣는다. 끓으면 바로 살구를 건진 다음 시럽을 다시 날개 단계가 될 때까지 끓인다. 살구를 다시 냄비에 넣고 한소끔 끓인 다음 씨를 몇 개 넣는다. 불에서 내리고 소독한 병에 담는다.

참고
위 레시피에 따라 체리 잼, 딸기 잼, 미라벨 자두 잼, 그린게이지 자두 잼을 만들 수 있다.

준비 시간 20분
조리 시간 45분

말린 살구와 호박 잼
CONFITURE D'ABRICOTS SECS ET DE POTIRON

하루 전날 준비를 시작한다. 살구는 씻어서 길게 썬다. 물 2L에 담가서 24시간 동안 불린다. 살구를 건지고 불린 물은 큰 냄비에 담아 한소끔 끓인다. 호박을 넣어서 30분간 삶는다. 체에 걸러서 매끄러운 페이스트를 만든 다음 다시 냄비에 넣고 설탕을 더하여 약한 불에 올려서 저어 가며 30분간 익힌다. 불린 살구를 더해서 30분 더 익히고 소독한 병에 담는다.

 868쪽

◆ 말린 살구 1kg
◆ 껍질을 제거하고 다진 호박 3kg
◆ 정제 백설탕 3kg
　준비 시간 1시간 + 불리기
　조리 시간 1시간 30분

밤 잼
CONFITURE DE CHÂTAIGNES OU DE MARRONS

밤은 겉껍질을 제거한 다음(558쪽) 끓는 물에 30분간 삶는다. 밤이 아직 뜨거울 때 속껍질을 벗긴 다음 바로 절구에 찧거나 푸드 프로세서에 갈아서 퓌레를 만든다. 밤 퓌레를 계량한 다음 동량의 설탕으로 날개 단계(643쪽)의 시럽을 만든다. 시럽과 퓌레를 조심스럽게 섞어서 고운 페이스트를 만든 다음 주기적으로 저으면서 30분간 잔잔하게 익힌다. 소독한 병에 담는다.

준비 시간 1시간
조리 시간 1시간

무화과 잼
CONFITURE DE FIGUES

무화과는 껍질을 벗겨서 무게를 잰다. 동량의 설탕으로 부드러운 공 단계(643쪽)의 시럽을 만든다. 무화과를 조심스럽게 시럽에 넣고 과일 1kg당 레몬즙 1개 분량, 반으로 가른 바닐라 빈 1개 분량을 더한다. 5분간 익히고 무화과를 건진다. 무화과에서 흘러나온 시럽을 다시 냄비에 붓고 한소끔 끓인 뒤 센 불에서 10분간 끓인다. 무화과를 다시 냄비에 넣고 30분 더 천천히 익힌 다음 한 김 식히고 소독한 병에 담는다.

준비 시간 20분 + 식히기
조리 시간 45분

오렌지 잼
CONFITURE D'ORANGES

하루 전날 준비를 시작한다. 오렌지 10개는 얇게 저미고 나머지 2개는 즙을 짠다. 오렌지 슬라이스를 잼용 냄비에 담고 물 2L, 레몬즙, 오렌지즙을 더하여 24시간 동안 재운다. 설탕을 더해 잔잔하게 한소끔 끓인 다음 2시간 동안 뭉근하게 익힌다. 위로 올라오는 거품은 전부 제거한 뒤 소독한 병에 담는다.

◆ 씻은 오렌지 12개
◆ 레몬즙 2개 분량
◆ 정제 백설탕 3kg
준비 시간 15분 + 재우기
조리 시간 2시간

사과 잼
CONFITURE DE POMMES

사과 껍질을 벗긴다. 작게 저미서 냄비에 담고 물을 잠기도록 붓는다. 부드러워질 때까지 익힌 다음 건져서 과일 무게를 잰다. 동량의 설탕으로 날개 단계(643쪽)의 시럽을 만든다. 사과를 다시 냄비에 넣고 사과 1kg당 간 레몬 제스트 1개 분량을 더한 다음 가끔 저으며 약한 불에서 1시간 동안 익힌다. 소독한 병에 붓는다.

준비 시간 20분
조리 시간 1시간

네 가지 과일 잼
OONΓITUΠC DC QUATΠC ΓΠUITO

* 사워체리 500g
* 딸기 500g
* 라즈베리 500g
* 레드커런트 500g
* 정제 백설탕 3kg
  준비 시간 30분
  조리 시간 40분

체리는 씨를 제거하고 나머지 과일은 심을 제거한다. 설탕으로 단단한 공 단계(643쪽)의 시럽을 만든다. 끓는 시럽에 체리를 조심스럽게 넣고 15분간 익힌다. 딸기를 더해서 15분 더 익힌다. 마지막으로 레드커런트와 라즈베리를 더해서 10분 더 익힌다. 위로 올라온 거품을 모조리 제거하고 소독한 병에 담는다.

포도 잼
CONFITURE DE RAISINS

준비 시간 15분
조리 시간 10분

포도는 상하지 않도록 주의하면서 줄기에서 알만 떼어 낸다. 심을 빠르게 당겨서 씨를 제거한다. (또는 씨 없는 포도를 사용한다.) 과일과 동량의 설탕으로 단단한 공 단계(643쪽)의 시럽을 만든다. 끓는 시럽에 조심스럽게 포도를 넣고 10분간 끓인다. 위로 올라온 거품을 모조리 제거하고 소독한 병에 담는다.

마멀레이드

살구 마멀레이드
MARMALADE D'ABRICOTS

준비 시간 20분 + 절이기
조리 시간 20분

하루 전날 준비를 시작한다. 살구는 길게 반으로 갈라서 씨를 제거한다. 씨 몇 개는 따로 남겨 둔다. 잼용 냄비에 과일을 담고 동량의 설탕을 더해 12시간 동안 재운다. 한소끔 끓인 다음 살구 씨에서 발라낸 속씨를 더하여 20분간 익힌다. 위로 올라온 거품을 모조리 제거하고 소독한 병에 담는다.

참고
위 레시피를 따라 딸기, 레드커런트, 미라벨 자두, 붉은 자두, 블랙베리, 그린게이지 자두 마멀레이드를 만들 수 있다.

체리 마멀레이드
MARMALADE DE CERISES

하루 전날 준비를 시작한다. 모렐로 또는 다른 사워체리를 고른다. 씨를 제거한다. 과일을 볼에 담고 설탕을 과일 무게의 4분의 3 분량으로 계량하여 더해 12시간 동안 재운다. 냄비에 담아서 한소끔 끓인 다음 20분간 익힌다. 구멍 뚫린 국자로 체리를 전부 건져 내 소독한 병에 반 정도 채운다. 냄비를 약한 불에 올려서 1시간 동안 뭉근하게 졸인다. 병에 시럽을 채운다.

준비 시간 30분 + 절이기
조리 시간 1시간 20분

당근 마멀레이드
MARMALADE DE CAROTTES

- 당근 500g
- 설탕 500g
- 레몬즙과 제스트 4개 분량

  준비 시간 20분

  4시간

당근은 껍질을 벗기고 얇게 저민다. 잼용 냄비에 당근을 켜켜이 깔고 설탕, 레몬 제스트, 레몬즙을 더한 후 물을 딱 잠길 만큼 붓는다. 아주 약한 불에 올려서 4시간 동안 익힌다. 소독한 병에 담는다.

멜론 마멀레이드
MARMALADE DE MELON

- 멜론 2개
- 과육 1kg당 설탕 800g
- 레몬즙과 제스트 2개 분량

  준비 시간 30분 + 절이기

  조리 시간 4시간

하루 전날 준비를 시작한다. 멜론은 반으로 자르고 씨를 제거한 다음 껍질을 잘라 낸다. 과육만 2cm 크기로 깍둑썰기 한 다음 무게를 달아서 잼용 냄비에 담고 레몬 제스트, 레몬즙을 더한다. 멜론 1kg당 설탕 800g을 계량하여 멜론 위에 붓고 12시간 동안 재운다. 팬을 아주 약한 불에 올리고 시럽이 걸쭉해져 호박색으로 변할 때까지 익힌다. 소독한 병에 담는다.

붉은 토마토 잼
CONFITURE DE TOMATES ROUGES

 869쪽

준비 시간 30분

조리 시간 3시간

토마토를 잘게 썬다. 체에 꾹꾹 눌러서 내리거나 믹서에 간 다음 체에 내린다. 과육의 무게를 잰다. 잼용 냄비에 토마토 과육을 담고 토마토 500g당 설탕 300g을 계량하여 더한다. 잔잔한 불에 올려서 3시간 동안 익힌다. 토마토 500g당 럼 100mL를 더하여 향을 낸 다음 1시간 더 익힌다. 소독한 병에 담는다.

녹색 토마토 잼
CONFITURE DE TOMATES VERTES

준비 시간 30분 + 절이기

조리 시간 2시간 30분

하루 전날 준비를 시작한다. 토마토의 무게를 잰 다음 얇게 저민다. 토마토 500g당 설탕 300g을 계량한다. 볼에 토마토와 설탕을 켜켜이 담고 24시간 동안 재운다. 잼용 냄비에 볼 내용물을 전부 붓고 토마토 500g당 레몬즙과 제스트 1개 분량을 더한다. 2시간 30분 동안 천천히 익힌다. 소독한 병에 담는다.

호박 잼

CONFITURE DE POTIRON

하루 전날 준비를 시작한다. 호박과 레몬을 작게 깍둑썰기 한다. 설탕과 함께 볼에 담아서 24시간 동안 재운다. 다음 날에 냄비에 옮겨서 주기적으로 저어가며 1시간 동안 잔잔하게 익힌다. 소독한 병에 담는다.

- ◆ 껍데기와 씨를 제거한 호박 1kg
- ◆ 레몬 2개
- ◆ 정제 백설탕 500g

준비 시간 20분 + 절이기

조리 시간 1시간

젤리*

전통적으로 젤리는 펙틴 함량이 높은 과일로 만든다. 펙틴 덕분에 식으면서 자연스럽게 굳는다. 펙틴 함량이 높은 과일로는 퀸스와 사과, 레드커런트, 블랙커런트, 블랙베리 등이 있다. 지금은 펙틴이 함유된 잼용 설탕을 이용해서 대부분의 과일로 젤리를 만들 수 있다.

● 여기서 말하는 젤리는 과자가 아니라 과일 즙으로 만들어 건더기(과육)가 없는 맑은 잼 종류를 뜻한다.

블랙커런트 젤리

GELÉE DE CASSIS

블랙커런트는 무게를 재서 잼용 냄비에 담고 과일 500g당 물 120mL를 계량하여 붓는다. 블랙커런트가 터질 때까지 가열한 뒤 면포를 깐 체에 얹어서 아래로 떨어지는 즙을 볼에 받는다. (이때 너무 꾹꾹 누르면 젤리가 탁해지므로 주의한다.) 즙의 무게를 달아서 동량의 설탕을 더한다. 천천히 한소끔 끓인 다음 25분간 뭉근하게 익힌다. 위로 올라온 거품을 모조리 제거하고 소독한 병에 담는다. 블랙베리 젤리도 같은 방식으로 만들 수 있다.

준비 시간 15분 + 거르기

조리 시간 30분

포도 젤리
GELÉE DE RAISIN

준비 시간 15분 + 거르기

조리 시간 25~30분

포도는 씻은 다음 줄기에서 알만 떼어 낸다. 물 없이 포도만 잼용 냄비에 담아서 약한 불에 올려 부드러워질 때까지 익힌 다음 절굿공이나 감자 으깨는 도구로 골고루 으깬다. 면포를 깐 체에 얹어서 아래로 떨어지는 즙을 볼에 받는다. 즙의 무게를 잰 뒤 잼용 설탕을 즙 무게의 절반 무게로 계량한다. 잼용 냄비에 설탕을 붓고 포도즙을 더한다. 한소끔 끓인 다음 25~30분간 익힌다. 위로 올라온 거품을 제거한 뒤 소독한 병에 담는다. 냉장고에 넣어 굳힌 다음 뚜껑을 닫는다.

퀸스 젤리
GELÉE DE COING

준비 시간 15분

조리 시간 1시간

퀸스는 4등분해서 심과 씨를 제거한 다음 면포 주머니에 담는다. 잼용 냄비에 면포 주머니를 담고 찬물을 잠기도록 붓는다. 퀸스가 부드러워질 때까지 약 40분간 천천히 익힌다. 면포를 깐 체에 얹어서 아래로 떨어지는 즙을 볼에 받는다. 즙의 무게를 잰 뒤 동량의 설탕과 함께 냄비에 담는다. 천천히 한소끔 끓인 다음 10분간 끓인다. 위로 올라온 거품을 모조리 제거하고 소독한 병에 담는다.

참고

사과 젤리도 같은 방식으로 만들 수 있다. 이때 사과 1kg당 레몬즙 또는 오렌지즙 1개 분량을 더해서 풍미를 내도 좋다.

레드커런트 젤리
GELÉE DE GROSEILLE

준비 시간 15분 + 거르기

조리 시간 15~30분

만드는 법 1

블랙커런트 젤리(858쪽) 만드는 법을 따른다. 레드커런트와 화이트커런트를 섞어서 만들어도 좋다.

만드는 법 2

줄기에서 커런트 알만 훑어 내어 잼용 냄비에 담고 과일 500g당 물 120mL를 계량하여 더한다. 커런트가 터질 때까지 가열한 다음 계속 휘저으면서 약 8분간 익힌다. 아래에 볼을 받친 면포를 깐 체에 내용물을 부어서 걸러 즙을 모은다. (꾹꾹 누르면 젤리가 탁해지므로 주의한다.) 즙의 무게를 달아서 동량의 설탕을 더한다. 잔잔한 불에 올리고 열이 골고루 퍼지도록 계속 저으며 익힌다. 끓어오르면(가운데에서 가장자리를 향해 작은 물결이 일어나면) 즉시 젓는 것을 멈춘다. 위로 올라온 거품을 모조리 제거하고 3분 더 익힌다. 이때 레드커런트의 펙틴이 설탕과 섞이면서 빠르게 굳어 젤리가 된다. 실수로 너무 오래 가열한 경우에는 약 30분 정도 더 익히면 되나 풍미가 조금 줄어든다.

만드는 법 3

잼용 냄비에 커런트를 조금씩 넣으면서 구멍 뚫린 국자로 골고루 휘젓는다. 물 없이 커런트가 터질 때까지 가열한 다음 고운체에 얹는다. 누르지 않은 채로 2시간 동안 거른다. 과일즙 1kg당 정제 백설탕 1.05kg을 더한다. 잔잔한 불에 올려서 자주 휘저으며 녹인다. 설탕이 완전히 녹으면 바로 소독한 병에 담아서 냉장고에 넣어 젤리를 굳힌다.

독특한 잼

로즈힙 잼
CONFITURE DE BAIES D'ÉGLANTIER

준비 시간 15분

조리 시간 45분

완전히 익은 로즈힙만 사용한다. (주로 10월 중순 또는 첫 서리가 내린 이후가 적기다.) 로즈힙을 세로로 반 갈라서 안쪽의 털을 제거한다. 잼용 냄비에 담고 물을 잠기도록 붓는다. 한소끔 끓인 다음 뭉근하게 익힌다. 부드러워지면 건지고 익힌 국물은 그대로 둔다. 로즈힙을 믹서에 갈아서 퓌레를 만든다. 퓌레의 무게를 재고 익힌 국물을 동량으로 계량하여 더한다. 과일과 익힌 국물의 무게를 합한 만큼의 설탕을 더하여 섞는다. 한소끔 끓인다. 15~20분간 보글보글 끓인 다음 소독한 병에 담는다.

서양 모과 젤리
GELÉE DE NÈFLE

준비 시간 5분

조리 시간 30~45분

서양 모과는 잘 씻은 다음 껍질째 잼용 냄비에 담아서 찬물을 잠기도록 붓는다. 한소끔 끓인 다음 젓지 말고 그대로 익힌다. 냄비 속 내용물을 아래 볼을 받친 체에 꼼꼼하게 긁어 담고 즙을 충분히 걸러 낸다. 즙의 무게를 잰 다음 동량의 설탕을 더한다. 잼용 냄비에 부어서 위로 올라오는 거품을 전부 걷어 내며 30~45분간 익힌다. 시럽이 겔화되는 온도가 되면 소독한 병에 담는다.

엘더베리 젤리
GELÉE DE SUREAU

준비 시간 15분

조리 시간 45분

엘더베리 몇 다발 분량을 잘 씻어서 잼용 냄비에 담는다. 찬물을 잠기도록 붓는다. 아주 잔잔하게 가열해서 한소끔 끓이는데 이때 최소한 30분 이상이 걸려야 한다. 엘더베리가 익으면 믹서에 갈거나 아래에 볼을 받친 체에 꾹꾹 걸러서 즙을 추출한다. 즙의 무게를 잰다. 즙 1L당 설탕 1kg을 더한다. 냄비에 즙과 설탕을 담고 잔잔한 불에 올려서 즙이 굳을 정도가 될 때까지 최소한 45분간 가열한다. 소독한 병에 담는다.

토피(822쪽)

초콜릿 트러플(822쪽)

퀸스 파테(823쪽)

퀸스 시럽(827쪽)

딸기 레모네이드(830쪽)

라즈베리 식초(830쪽)

말린 살구와 호박 잼(853쪽)

붉은 토마토 잼(857쪽)

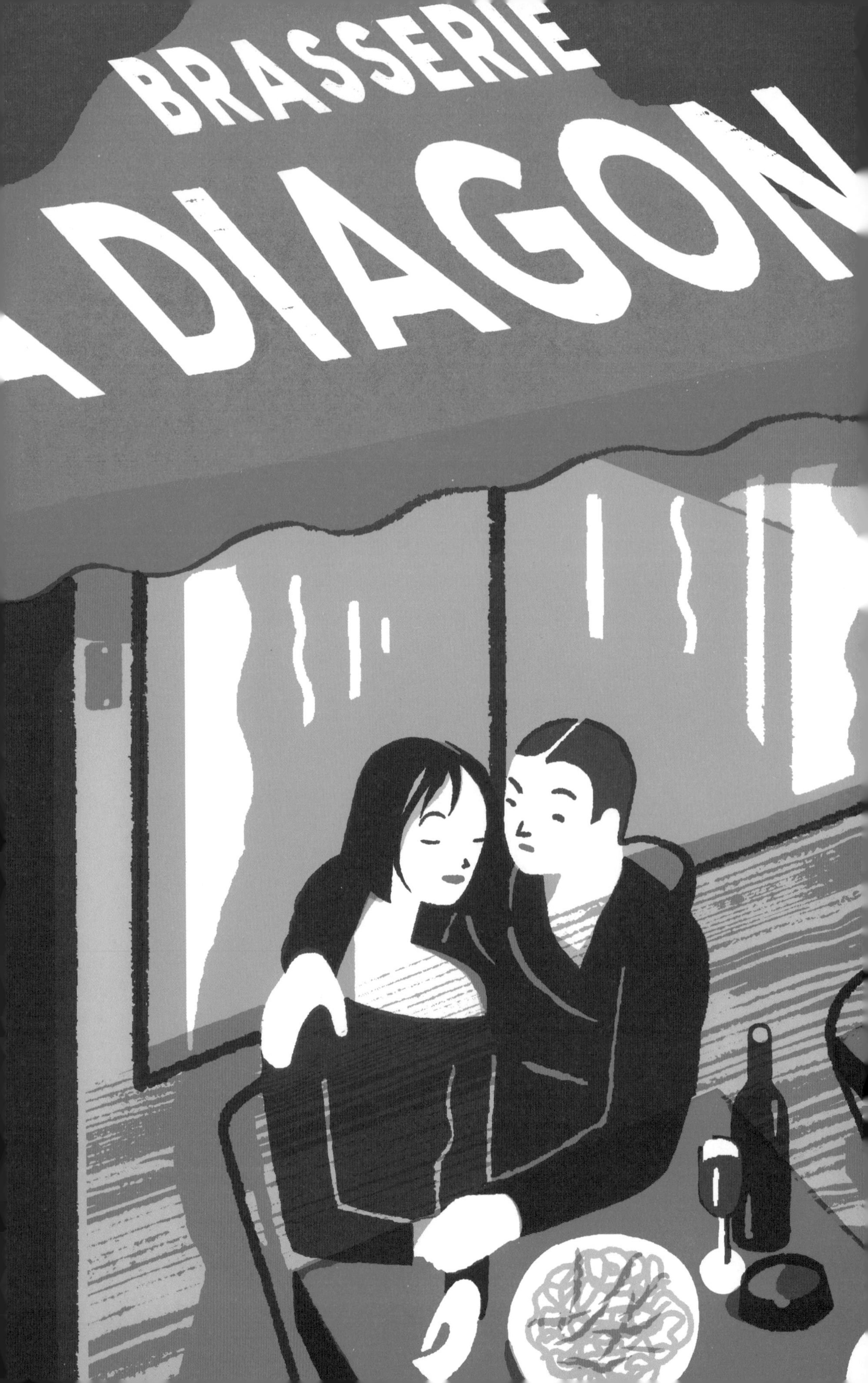
BRASSERIE
DIAGON

유명 셰프가 제안하는 메뉴

이 장에서는 세계 최고의 셰프가 선보이는 프랑스 비스트로식 요리를 소개한다. 레시피를 읽으면 알 수 있듯 전통 프랑스 요리에는 극히 소수의 사람만 구현할 수 있는 복잡한 고급 기술이 필요하지 않다. 그럼에도 풍미가 뛰어나고 맛이 좋으며 편안한 분위기를 자아내는 완벽한 음식이다. 섬세한 손놀림으로 소박한 재료의 잠재력을 최대한 이끌어 내는 전통 프랑스 요리는 그야말로 전 세계에서 널리 사랑받아 마땅한 예술이라 할 수 있다.

프랑스 쿡북의 게스트 셰프

파스칼 오시냑, 영국 런던

- 속을 채운 어린 오징어와 블랙 에스카베슈
- 오리 푸아그라 펜넬 테린
- 사보라 매시와 올리바드를 곁들인 송아지 갈비 로스트

기욤 브라히미, 호주 시드니

- 콜리플라워 퓌레와 표고버섯, 송아지 쥬를 곁들인 지진 가리비
- 보르드레즈 소스를 곁들인 스테이크와 감자 튀김
- 푸아르 벨 엘렌과 바닐라 아이스크림

티에리 브레통, 프랑스 파리

- 노랑촉수 필레와 검은 래디시 레물라드
- 모렐 버섯과 뱅 존을 가미한 쿠쿠 드 렌
- 파리 브레스트

다니엘 불뤼, 미국 뉴욕

- 모로칸 향신료를 가미한 참치 그릴 구이와 당근 민트 오일
- 뿌리채소와 홀스래디시 크림을 더한 소고기 푸아그라 젤리
- 토마토 타르트 타탱

앤서니 드미트리, 영국 런던

- 돼지 볼살과 귀, 족발 샐러드와 바삭한 보리
- 노란 설타나를 더한 천천히 익힌 양고기 가슴살과 흉선 요리
- 레몬 타임과 바닐라를 가미한 황도 로스트

앙리 해리스, 영국 런던

- 게살 플로랑틴

- 삶은 머튼 다리와 케이퍼 크림 소스
- 콩포네

리아드 나스르 & 리 한슨, 미국 뉴욕
- 양파 수프 그라티네
- 니수아즈 샐러드
- 크레페 수제트

프랑수아 파야드, 미국 뉴욕
- 구제르
- 두 번 구운 업사이드다운 치즈 수플레와 파르메산 치즈 소스
- 부야베스
- 레몬 타르트

데이비드 & 메레디스 푸아리에, 호주 시드니
- 삶은 굴과 돼지고기 정강이 및 키플러 감자
- 돼지고기 안심과 셀러리악 크렘, 퓨이 렌틸
- 루바브 크렘 브륄레

프랑크 레이먼드, 영국 런던
- 껍데기째 구운 관자와 헤이즐넛 버터
- 토마토 콩피와 블랙 올리브를 곁들인 농어 구이
- 생허브와 식초를 가미한 송아지 간 팬 구이
- 바질과 레몬을 가미한 복숭아 로스트

피에르 쉐델린, 미국 뉴욕
- 돼지 볼살을 가미한 프리제 상추 렌틸 샐러드와 머스터드 쿠민 비네그레트
- 브로콜리 라베와 레몬, 케이퍼, 브라운 버터를 더한 홍어 지느러미 뫼니에르
- 타르트 타탱과 크렘 프레슈

스테판 셰뮬리, 프랑스 파리
- 홀그레인 머스터드 소스를 두른 도미 타르타르와 녹색 채소 샐러드
- 천천히 익힌 로즈메리 양고기 어깨살 및 올리브 오일과 골파를 가미한 으깬 감자
- 세 가지 종류의 달걀 커스터드(바닐라, 커피, 초콜릿)

마르탱 슈미드, 프랑스 리옹 & 자메이카 킹스턴
- 모듬 채소와 와사비 크림을 가미한 알록달록한 농어 요리
- 비둘기 그린 샤르트뢰즈 로스트
- 사과 스트루델

실뱅 센드라, 프랑스 파리
- 양송이버섯 카르파치오와 바지락 시트롱 크림
- 대구 그릴 구이 및 레몬 콩피와 함께 익힌 채소
- 파인애플과 오이, 바질을 가미한 초콜릿 카르파치오

파스칼 오시냑
Pascal Aussignac

• •

영국 런던

툴루즈 출신의 파스칼 오시냑 셰프는 파리의 여러 저명한 프랑스 셰프 아래에서 일하며 실력을 닦은 다음 십여 년 전 런던 스미스필드에 클럽 개스콘club gascon을 열었다. 프랑스 남부에서 영감을 받은 맛있는 요리로 셰프 장인 협회craft guild of chefs의 2013년 레스토랑 셰프 상을 거머쥐고 미쉐린 별 하나를 따냈다. 이후 비교적 캐주얼한 와인 바 셀러 개스콘cellar gascon과 비스트로 델리 르 콩투아 개스콘le comptoir gascon을 차례로 오픈했다.

속을 채운 어린 오징어와 블랙 에스카베슈

오징어는 촉수와 몸통을 분리한다. 몸통은 씻어서 깨끗하게 손질한 다음 키친타월로 두드려서 물기를 제거한다. 팬에 올리브 오일을 두르고 뜨겁게 달궈서 오징어 몸통을 더해 수초간 지지고 꺼내어 한 김 식힌다. 냄비에 물을 한소끔 끓인 다음 퀴노아를 넣고 뚜껑을 닫아서 15분간 익힌다. 오이와 칵테일 양파는 저미고 케이퍼와 파슬리는 으깬다. 익힌 퀴노아에 손질한 오이, 양파, 케이퍼, 파슬리를 더하고 레몬즙을 두른 다음 소금과 에스플레트 고춧가루로 간을 한다. 익힌 오징어 몸통에 퀴노아 혼합물을 채운다.

소스를 만든다. 팬에 오일을 둘러서 달군 다음 오징어 촉수를 넣어서 지진다. 밀가루와 물 200mL를 더해 15분간 뭉근하게 익힌다. 화이트 와인과 식초, 설탕, 마늘을 더하여 15분 더 익힌다. 믹서에 곱게 갈아서 체에 내린다. 다시 냄비에 담아서 먹물 페이스트를 더하여 한소끔 끓인다. 반짝거리며 윤기가 도는 글레이즈 상태가 될 때까지 뭉근하게 졸인다. 큰 팬에 버터를 넣어 녹이고 속을 채운 오징어를 더하여 노릇하게 익힌다. 접시에 담아서 소스를 둘러 낸다.

참고
에스플레트 고추는 바스크 지방의 맵고 붉은 고추 품종이다. 검은 후추로 대체할 수 있다.

오징어 재료:

- 어린 오징어(통) 30마리
- 조리용 올리브 오일
- 버터 40g
- 퀴노아 500g
- 작은 오이
- 작은 칵테일 양파
- 케이퍼
- 이탈리안 파슬리
- 레몬즙 1/2개 분량
- 소금과 에스플레트 고춧가루

에스카베체 재료:

- 조리용 올리브 오일
- 밀가루 1꼬집
- 화이트 와인 100mL
- 화이트 와인 식초 10g
- 설탕 30g
- 마늘 4쪽
- 오징어 먹물 페이스트 60g
- 버터

  6인분

오리 푸아그라 펜넬 테린

푸아그라 재료:

◆ 오리 푸아그라(생) 1개(500~600g)

◆ 소금 4g

◆ 검은 후추 넉넉한 1꼬집

펜넬 재료:

◆ 펜넬 구근 1개

◆ 올리브 오일 50mL

◆ 설탕 50g

◆ 소금 5g

◆ 물 400mL

펜넬 캐러멜 재료:

◆ 펜넬 구근 1/2개

◆ 꿀 1큰술

◆ 슈거파우더 50g

◆ 셰리 식초 50mL

◆ 발사믹 식초 50mL

　6인분

푸아그라는 신경과 힘줄을 제거하고 깨끗하게 손질해서 소금과 후추로 간을 한다. 펜넬을 1cm 두께로 저며서 냄비에 담는다. 올리브 오일, 설탕, 소금, 물 400mL를 더하여 펜넬이 아주 부드러워질 때까지 잔잔하게 익히고 한 김 식힌다. 오븐을 80℃로 예열한다. 작은 테린 틀에 펜넬과 푸아그라를 틀이 거의 찰 때까지 번갈아서 켜켜이 담는다. 테린에 쿠킹포일을 덮고 로스팅 팬에 담은 다음 끓는 물을 틀이 반 정도 차도록 붓는다. 오븐에 넣어 45분간 굽는다. 익으면 꺼내서 식힌 다음 누름돌을 얹어서 24시간 동안 차갑게 식힌다.

　캐러멜을 만든다. 펜넬을 얇게 채 썬 다음 팬에 담고 잔잔한 불에 올려서 색이 나지 않도록 천천히 익힌다. 꿀과 슈거파우더를 더해서 슈거파우더가 캐러멜화되어 길색이 될 때까지 익힌다. 식초 2종을 더해서 골고루 휘저어 말끔하게 모조리 녹인 다음 체에 내린다. 아주 뜨거운 칼로 푸아그라 테린을 썰어서 아주 곱게 저민 펜넬 샐러드와 펜넬 캐러멜을 곁들여 낸다.

사보라 매시와 올리바드를 곁들인
송아지 갈비 로스트

오븐을 180℃로 예열한다. 묵직한 오븐용 팬에 오일을 넣어 달군다. 송아지고기에 소금으로 간을 한 다음 팬에 넣어서 골고루 노릇하게 지진다. 버터를 더해서 완전히 녹아 거품이 일기 시작하면 팬을 오븐에 옮겨서 45분간 익힌다. 가운데 부분을 칼로 찔러서 송아지고기가 다 익었는지 확인한다. 칼끝이 따뜻하게 느껴져야 한다. 다 익은 고기는 꺼내서 10분간 휴지한다.

송아지고기를 익히는 동안 사보라 매시를 준비한다. 냄비에 소금물을 한소끔 끓여서 감자를 더하여 부드러워질 때까지 삶는다. 건져서 오븐에 넣어 2분간 말린다. 우유를 따뜻하게 데운 다음 높은 용기에 감자와 우유, 버터, 머스터드를 담고 골고루 으깬다. 거의 흐를 정도로 부드러운 상태가 되어야 한다. 소금과 후추로 간을 한다. 으깨는 사이에 감자 온도가 너무 떨어지지 않도록 주의한다.

올리바드 소스를 만든다. 냄비에 물을 한소끔 끓이고 물냉이를 넣어서 6분간 데친다. 건져서 아직 따뜻할 때 믹서에 담고 올리브, 마늘, 바질, 레몬즙과 함께 곱게 간다. 소금과 후추로 간을 한 다음 체에 내린다. 송아지고기를 썰어서 사보라 매시와 올리바드 소스를 곁들여 낸다. 송아지고기의 단면은 분홍빛을 띠어야 한다.

송아지 갈비 재료:

- ◆ 송아지 갈비 1개(갈비 4대짜리)
- ◆ 올리브 오일 1큰술
- ◆ 굵은 소금 10g
- ◆ 버터 30g

사보라 매시 재료:

- ◆ 감자 1kg
- ◆ 우유 400mL
- ◆ 작게 자른 차가운 버터 100g
- ◆ 사보라Savora 머스터드(단맛)● 100g
- ◆ 소금과 후추

올리바드●● 재료:

- ◆ 물냉이 1단
- ◆ 씨 제거한 녹색 올리브 150g
- ◆ 마늘 50g
- ◆ 바질 1단
- ◆ 레몬즙 1개 분량
- ◆ 소금과 후추

4인분

- ● 프랑스 양념 브랜드의 머스터드 제품 중 하나로 다양한 향신료를 가미하여 좋은 풍미가 나는 것이 특징이다.
- ●● 올리브로 만든 페이스트.

기욤 브라히미
Guillaume Brahimi

• •

호주 시드니

프랑스 태생의 기욤 브라히미는 19세의 나이에 파리의 미쉘린 별 셋 레스토랑 자맹Jamin에서 조엘 로부숑 셰프 아래에서 훈련을 거쳤다. 이후 호주 시드니에서 기욤 엣 베넬롱Guillaume at Bennelong 레스토랑을 열며 화려한 경력을 쌓아 가기 시작했다. 정통 프랑스식 비스트로 요리로 여러 상을 수상했으며, 최근에는 시드니 동부 교외 지역에 기욤Guillaume 레스토랑을 열어 멋진 요리를 선보이고 있다.

콜리플라워 퓌레와 표고버섯, 송아지 쥬를 곁들인 지진 가리비

• 송아지 정강이 500g

• 미르푸아(44쪽)

• 토마토 2개

• 마늘 1/2통

• 으깬 통후추

• 닭 육수 1.35L

• 소금과 후추

• 작게 송이로 나눈 콜리플라워 2kg

• 휘핑크림 170mL

• 버터 40g

• 기둥을 제거하고 4등분한 표고버섯
  100g

• 가리비 관자 12개(대)

• 천일염과 후추

• 다진 이탈리안 파슬리
  4인분

먼저 송아지 쥬를 만든다. 팬을 센 불에 올린다. 송아지 뼈와 미르푸아, 토마토, 마늘, 통후추를 더하여 재빨리 노릇하게 볶는다. 큰 냄비에 옮겨 담고 찬물을 잠기도록 붓는다. 한소끔 끓인 다음 불 세기를 줄여서 위로 올라온 거품을 주기적으로 말끔하게 제거해 가며 4~6시간 동안 익힌다. 국물을 체에 걸러서 다른 냄비에 옮긴 다음 250mL로 줄어들고 소스 같은 농도가 될 때까지 졸인다. 따로 따뜻하게 보관한다.

다른 팬에 육수를 담아서 가열한 다음 소금과 후추로 간을 한다. 콜리플라워를 더해서 뚜껑을 닫은 다음 부드러워질 때까지 약 15분간 뭉근하게 익힌다. 콜리플라워를 건져서 푸드 프로세서에 곱게 갈아 퓌레를 만든 다음 다시 빈 팬에 옮긴다. 크림을 휘핑한 다음 콜리플라워 퓌레에 천천히 더해서 섞는다. 따뜻하게 보관한다.

팬을 센 불에 올리고 버터를 넣어 녹인 다음 버섯을 더한다. 노릇하게 볶은 다음 소금과 후추로 간을 해서 따뜻하게 보관한다. 관자를 팬에 넣고 불 세기를 살짝 줄인 다음 한 면당 45초씩 노릇하게 지진 후 뒤집어서 10초 더 지진다. 그릇에 콜리플라워를 담고 버섯과 관자를 얹은 다음 송아지 쥬 2큰술을 관자에 두르고 파슬리를 뿌려서 낸다.

보르드레즈 소스를 곁들인
스테이크와 감자 튀김

레드 와인 졸임액을 만든다. 팬을 중간 불에 올리고 소고기 자투리와 당근, 셀러리, 토마토, 양파, 마늘을 더해서 채소가 부드럽고 반투명해질 때까지 볶는다. 타임과 월계수 잎, 통후추, 주니퍼 베리를 더한다. 팬을 불에서 내리고 레드 와인을 더한다. 하룻밤 동안 재운다. 다음 날에 불에 올린 다음 최소한 절반 정도로 졸아들 때까지 뭉근하게 익힌다. 따로 둔다.

보르드레즈 소스를 마무리한다. 냄비에 샬롯과 레드 와인 졸임액 140mL, 송아지 육수를 더한 다음 3분의 1 정도가 졸아들 때까지 익힌다. 당근 퓌레와 소 골수를 더해서 천천히 휘저어 골고루 섞는다. 소스에 크렘 프레슈와 레몬즙을 더하여 골고루 섞은 다음 따로 둔다.

바닥이 묵직한 팬에 올리브 오일을 넣어 달구고 스테이크를 넣은 다음 한 면을 4분간 굽는다. 튀김기에 오일을 채워서 140℃로 가열한 다음 감자를 넣어서 부드러워질 때까지 익힌다. 그동안 스테이크를 뒤집어서 2분 더 구운 다음 팬에 버터를 더한다. 녹은 버터를 스테이크에 끼얹으면서 마지막으로 2분 더 굽는다. 스테이크를 꺼내서 4분간 휴지한다. 감자를 부드럽지만 색이 나지 않을 정도로만 익히고 건진 다음 튀김기의 오일 온도를 180℃로 높인다. 감자를 다시 튀김기에 넣어 바삭하고 노릇해질 때까지 2~3분간 더 튀기고 건져서 기름기를 제거한다. 스테이크와 감자 튀김에 보르드레즈 소스를 둘러 낸다.

레드 와인 졸임액 재료:

- 소고기 자투리 1.5kg
- 다진 당근 1개 분량
- 다진 셀러리 1대 분량
- 다진 토마토 1개 분량
- 다진 양파 1개(소) 분량
- 으깬 마늘 2쪽 분량
- 타임 4줄기
- 월계수 잎 6장
- 굵게 으깬 백후추(통) 30g
- 주니퍼 베리 15g
- 레드 와인 2L

보르드레즈 소스 재료:

- 저민 샬롯 115g
- 송아지 육수 60mL
- 갈아서 퓌레로 만든 당근 1개(대) 분량
- 소 골수 2~3개
- 크렘 프레슈 1/2큰술
- 레몬즙 1작은술

스테이크와 감자 튀김 재료:

- 엑스트라 버진 올리브 오일 50mL
- 소고기 안심 필레 4개(각 200g)
- 튀김용 오일
- 껍질을 벗기고 1cm 굵기로 길게 썬 감자 4개(대) 분량
- 무염 버터 50g
  4인분

푸아르 벨 엘렌과 바닐라 아이스크림

◆ 더블 크림 550mL

◆ 우유 650mL

◆ 바닐라 빈 2개

◆ 달걀노른자 200g

◆ 정제 백설탕 550g

◆ 껍질과 심을 제거한 완벽한 윌리엄스
  배 4개

◆ 꿀 1큰술

◆ 커버추어 초콜릿* 다진 것 200g

◆ 버터 30g

  4인분

● 별도의 첨가물을 넣지 않은 제과용으로 사
  용하는 초콜릿

아이스크림을 만든다. 팬을 중간 불에 올리고 크림 500mL와 우유 500mL를 붓는다. 한소끔 끓인 다음 바닐라 빈 긁어낸 것 1개 분량을 더한다. 볼에 달걀노른자와 설탕 200g을 담고 거품기로 잘 섞는다. 3분의 1 분량의 크림과 우유를 달걀 혼합물에 조심스럽게 더하면서 천천히 휘젓는다. 달걀 우유 혼합물을 냄비에 다시 부어서 중간 불에 올리고 커스터드가 80~85℃가 되거나 숟가락 뒷면에 걸쭉하게 묻어날 때까지 휘저어 가며 익힌다. 커스터드를 체에 걸러서 냉장고에 넣어 보관한다. 다음 날에 아이스크림 제조기로 교반한다.

배를 조리한다. 냄비에 물 670mL과 남은 설탕과 바닐라 빈을 담고 센 불에 올린다. 한소끔 끓인 다음 불 세기를 줄이고 배를 넣는다. 10분간 뭉근하게 익힌 다음 시럽에 담근 채로 식혀서 냉장고에 넣어 보관한다. 소스를 만든다. 팬에 꿀과 남은 우유와 크림을 담고 한소끔 끓인 다음 초콜릿을 더해서 불 세기를 잔잔하게 조절한 후 거품기로 휘저어 매끄럽게 만든다. 마지막으로 버터를 더하여 섞는다. 아이스크림에 차가운 배와 따뜻한 소스를 더해서 낸다.

참고

커버추어 초콜릿은 코코아 버터 함량이 높아서 잘 녹는 것이 특징이나 다른 양질의 다크 초콜릿을 사용해도 좋다.

티에리 브레통
Thierry Breton

. . . .

프랑스 파리

티에리 브레통은 렌 출신으로 프랑스 브르타뉴 지방에서 어린 시절을 보냈다. 비스트로에서 내는 음식의 미식적 수준을 높이 끌어올린 첫 주자 중 하나로, 시골풍 음식을 세련된 방식으로 꾸며 내어 적정한 가격으로 선보인다. 파리의 쉐 미쉘Chez Michel과 쉐 카시미르Chez Casimir에서는 본인의 근원을 이루는 브르타뉴의 매력을 충실히 보여 주고 있다.

노랑촉수 필레와 검은 래디시 레물라드

그릴을 예열한다. 노랑촉수 필레는 씻어서 키친타월로 두드려 물기를 제거한 다음 남은 등뼈를 제거한 후 접시에 담아서 올리브 오일을 뿌린다. 마요네즈를 만든다. 볼에 달걀노른자를 담고 머스터드, 소금, 소량의 후추를 더한다. 오일을 아주 천천히 부으면서 거품기로 쉬지 않고 저어서 부드럽고 걸쭉한 소스를 만든다. 마지막으로 식초를 더한다. 마요네즈에 길게 간 검은 래디시와 골파를 더해서 식사용 그릇 바닥에 펴 바른 다음 따로 둔다.

　　노랑촉수 필레에 소금으로 간을 한 다음 베이킹 트레이에 껍질 부분이 위로 오도록 담는다. 그릴에서 5~7분간 굽는다. 노랑촉수를 꺼내서 검은 래디시 레물라드 위에 얹은 다음 바로 낸다.

◆ 손질해서 필레만 떠 낸 노랑촉수(뼈는 따로 모아서 생선 수프를 만들 때 사용) 4마리 분량

◆ 올리브 오일

◆ 껍질을 벗기고 길게 간 검은 래디시 1개 분량

◆ 꼼꼼하게 씻어서 곱게 다진 골파 1큰술

◆ 소금

마요네즈 재료:

◆ 달걀노른자 1개 분량

◆ 홀그레인 머스터드 1/2큰술

◆ 소금 1/2작은술

◆ 후추

◆ 올리브 오일 200mL

◆ 화이트 와인 식초 1큰술

　　4인분

모렐 버섯과 뱅 존을 가미한 쿠쿠 드 렌

- ◆ 깃털을 제거하고 손질한 다음 기름기, 내장, 날개와 목을 따로 모은 쿠쿠 드 렌 닭(설명 참조) 1마리(약 2.5kg)
- ◆ 반가염 버터 125g
- ◆ 게랑드 플뢰르 드 셀
- ◆ 검은 후추
- ◆ 가로로 2등분한 통마늘 1개 분량
- ◆ 타임 1단
- ◆ 월계수 잎 4장
- ◆ 다진 헤이즐넛 200g
- ◆ 곱게 다진 샬롯 200g
- ◆ 호두 오일 5큰술
- ◆ 모렐 버섯 600g 또는 검은 송로버섯 300g
- ◆ 소금과 후추
- ◆ 뱅 존Vin jaune® 200mL
- ◆ 걸쭉한 크렘 프레슈 500mL
- ◆ 셰리 식초 1큰술
- ◆ 잎만 뗀 물냉이 2단 분량
- ◆ 다진 타라곤 1/2단 분량
- ◆ 다진 이탈리안 파슬리 1/2단 분량

6인분

● 프랑스 쥐라 지역에서 사바냉 품종을 이용하여 생산하는 특별한 화이트 와인으로 숙성 시 고의로 산소에 노출시키며 반드시 6년 이상 숙성해야 한다. 셰리와 비슷한 풍미가 난다.

오븐을 220℃로 예열한다. 작은 팬에 닭 지방을 넣어 녹인다. 볏과 간, 모래주머니, 심장, 목, 날개를 더하고 뚜껑을 닫아 잔잔한 불에서 30분간 익힌 뒤 건져서 따로 둔다. 닭 껍질에 반가염 버터를 골고루 바른다. 뱃속과 껍질에 플뢰르 드 셀과 굵게 간 검은 후추를 뿌린다. 오븐용 그릇에 반으로 자른 통마늘, 타임, 월계수 잎, 닭을 담고 주기적으로 바닥에 고인 기름을 골고루 끼얹으면서 필요시 물을 조금 추가해 가며 1시간 30분간 굽는다. 완성 15분 전에 헤이즐넛을 더한다.

큰 팬에 호두 오일 2큰술을 두르고 센 불에 올려서 샬롯을 더하여 튀기듯이 익힌다. 모렐 버섯 또는 송로버섯을 더하여 소금과 후추로 간을 한다. 뱅 존을 부어서 바닥에 달라붙은 파편을 모조리 긁어낸 후 계속 가열한다. 크렘 프레슈를 더해 진진한 불에서 15분간 익힌다. 구운 닭은 관절을 따라 부위 별로 잘라 낸다. 팬의 모렐 버섯 위에 잘라 낸 닭을 얹은 다음 잔잔한 불에서 10분간 익힌다.

그동안 물냉이와 닭 부산물 샐러드를 준비한다. 큰 볼에 셰리 식초 1큰술, 호두 오일 3큰술, 소금, 후추를 담아 골고루 섞는다. 물냉이와 앞서 익힌 볏과 간, 모래주머니, 심장, 목, 날개를 더하여 골고루 버무린다. 내기 직전에 닭고기 위에 타라곤과 파슬리를 뿌린다. 닭은 팬에 담은 채로 식탁에 낸다. 물냉이 샐러드를 곁들이고 브르타뉴산 사과주를 함께 낸다.

참고

쿠쿠 드 렌은 브르타뉴에서 전통 방식으로 사육하는 재래 품종 닭으로, 현재는 공식적으로 보호 품종에 속한다. 뻐꾸기처럼 깃털에 가로줄무늬가 있는 근육질의 강건한 닭이다. 헤이즐넛 풍미가 느껴지는 탄탄한 육질이 특징이다. 여기서는 닭에서 발라낸 지방에 익힌 내장 등 부산물 부위를 섞은 낭트산 물냉이 샐러드를 곁들인다.

〔변형〕

• •

감자 1kg을 모렐 버섯 대신 또는 같이 사용해도 좋다. 소금을 살짝 가미한 물에 껍질째 30분간 삶은 다음 반으로 자른다. 반가염 버터를 살짝 갈색이 되도록 가열한 다음 감자를 더해서 튀기듯이 굽는다. 색이 나면 다진 이탈리안 파슬리와 다진 타라곤을 각각 1단 분량씩 더하여 섞는다.

파리 브레스트

하루 전날 슈 페이스트리를 만든다. 냄비에 물 125mL와 버터를 담아서 한소끔 끓인다. 불에서 내리고 밀가루를 더한 다음 나무 주걱으로 재빠르게 휘저어서 매끄러운 페이스트를 만든다. 냄비를 다시 잔잔한 불에 올려서 10분간 휘저으며 반죽을 말린다. 불에서 내리고 달걀 2개를 하나씩 넣으면서 골고루 잘 섞는다. 냉장고에 넣어 하룻밤 동안 식힌다.

다음 날 크렘 파티시에르를 만든다. 큰 볼에 설탕과 달걀노른자를 담고 걸쭉하고 하얗게 될 때까지 친다. 밀가루를 더한 다음 뜨거운 우유를 조금씩 부으면서 계속 휘저어 섞는다. 혼합물을 다시 우유 냄비에 부은 다음 잔잔한 불에서 5~6분간 익힌다. 냉장고에 넣어 차갑게 식힌다. 이어서 프랄린 필링을 만든다. 부드러운 버터와 초콜릿 스프레드 2종을 골고루 섞는다. 차갑게 식힌 크렘 파티시에르를 더하여 마저 섞는다. 프랄린 필링은 냉장고에 넣어 12시간 동안 보관할 수 있다.

먹는 당일에 오븐을 250℃로 예열한다. 슈 페이스트리를 짤주머니에 담아서 지름 8cm 크기의 자전거 바퀴 모양으로 6개를 짠다. 오븐에 넣어 페이스트리가 잘 부풀어 노릇하게 될 때까지 굽는다. 오븐을 끄고 오븐 문을 연 채로 페이스트리를 3~4분간 말린다. 오븐에서 꺼내고 실온으로 식힌다. 차갑게 식힌 프랄린 필링을 주름 모양 깍지를 끼운 짤주머니에 담는다. 페이스트리가 완전히 식으면 날카로운 칼을 이용해서 조심스럽게 가로로 2등분한 다음 바닥 부분에 짤주머니로 소용돌이 무늬를 그리면서 프랄린 필링을 채운다. 팬을 센 불에 올리고 아몬드를 더하여 구운 뒤 한 김 식히고 프랄린 필링에 얹어 장식한다. 슈 페이스트리 뚜껑을 덮고 슈거 파우더로 장식한다. 같은 방식으로 총 6개의 파리브레스트를 만들어서 식사용 접시에 예쁘게 담는다.

참고

자전거 바퀴 모양의 슈 페이스트리인 파리 브레스트는 1938년 파리에서 브레스트까지 이어지는 자전거 대회의 첫 개최를 기념하여 탄생한 훌륭한 디저트다. 생각보다 간단하게 만들 수 있다. 어떤 경우에도 실제 자전거 경주에 도전하는 것보다는 쉽다. 반드시 성공하려면 하루 전날 슈 페이스트리와 프랄린 필링을 미리 만들어 두어야 한다.

슈 페이스트리 재료:
- 반가염 버터 40g
- 밀가루 65g
- 달걀 2개

크렘 파티시에르 재료:
- 정제 백설탕 150g
- 달걀노른자 5개 분량
- 밀가루 100g
- 뜨거운 우유(전지유) 750mL

프랄린 필링 재료:
- 부드러운 무염 버터 200g
- 발로나 아몬드 헤이즐넛 초콜릿 스프레드(견과류 함량 50%) 150g
- 발로나 아몬드 헤이즐넛 초콜릿 스프레드(전통식) 50g
- 크렘 파티시에르(882쪽) 400g

마무리 재료:
- 채 썬 아몬드 200g
- 마무리용 슈거파우더
  6인분

다니엘 불뤼
Daniel Boulud

미국 뉴욕

프랑스 리옹 출신의 다니엘 불뤼는 지난 30년간 미국에서 최고의 프랑스 음식을 선보이는 레스토랑을 차례차례 선보이며 성공 가도를 달렸다. 요리로 수많은 찬사를 받는 셰프로 북미 지역에서 최고의 프랑스 요리 대가 대접을 받으며 세계 곳곳에 여러 레스토랑을 운영하고 있다.

모로칸 향신료를 가미한 참치 그릴 구이와 당근 민트 오일

- 민트 잎 1단 분량
- 엑스트라 버진 올리브 오일 또는 포도씨 오일 250mL과 2큰술
- 봉 양파 3개
- 아주 얇게 어슷썰기 한 당근 5개 분량
- 쿠민 씨 10개
- 즉석에서 짠 오렌지즙 175mL
- 얇게 저민 레몬 콩피 1작은술
- 소금과 후추
- 고수 5줄기

   참치 재료:

- 자타르 2작은술
- 파프리카 가루 1/4작은술
- 고수 씨 3/4작은술
- 펜넬 씨 3/4작은술
- 쿠민 씨 3/4작은술
- 검은 통후추 1/4작은술
- 카이엔 페퍼 1/4작은술
- 참치 뱃살 900g
- 소금
- 엑스트라 버진 올리브 오일 2큰술
- 조리용 식물성 오일

민트 오일을 만든다. 볼에 얼음물을 담는다. 냄비에 소금물을 한소끔 끓인 다음 민트를 넣고 1~2분간 데쳐서 바로 얼음물에 옮겨 식힌다. 꽉 짜서 수분을 완전히 제거한다. 믹서에 민트와 올리브 오일 또는 포도씨 오일 250mL를 담고 밝은 녹색을 띠는 유화액이 될 때까지 간다. 면포를 깐 체에 거른다.

   채소를 조리한다. 큰 소테용 팬에 올리브 오일 2큰술을 두르고 중강불에서 가열한다. 양파는 쐐기 모양으로 8등분한 다음 팬에 넣어서 부드럽고 반투명해질 때까지 7~8분간 익힌다. 당근, 쿠민 씨, 오렌지즙을 더한 다음 불 세기를 중약 불로 줄이고 수분이 완전히 날아갈 때까지 익힌다. 레몬 콩피를 더하여 소금과 후추로 간을 한다. 불에서 내리고 따뜻하게 보관한다. 먹기 직전에 고수 줄기를 더해 섞는다.

   참치를 조리한다. 향신료 전용 그라인더 또는 절구에 자타르와 파프리카 가루, 고수 씨, 펜넬과 쿠민 씨, 통후추, 카이엔 페퍼를 담아서 곱게 간다. 참치는 2.5cm 두께로 저미고 소금과 혼합 향신료로 간을 한 뒤 앞뒤로 올리브 오일을 바른다. 번철을 예열하고 솔로 식물성 오일을 펴 바른 다음 참치를 올린다. 미디엄 레어가 될 때까지 한 면당 2분씩 구운 다음 꺼내서 1분간 휴지한다. 따뜻한 접시 한가운데에 조리한 채소를 소복하게 담는다. 구운 참치 뱃살을 얹고 민트 오일을 가장자리에 둘러서 낸다.

참고

자타르는 말린 타임 또는 세이버리, 볶은 참깨, 소금에 때때로 쿠민과 수막 등을 섞어 만드는 혼합 향신료다.

뿌리채소와 홀스래디시 크림을 더한
소고기 푸아그라 젤리

번철 또는 바닥이 묵직한 팬을 아주 뜨겁게 달구고 양파를 자른 단면이 아래로 가도록 얹어서 새까맣게 그슬릴 때까지 굽는다. 속이 깊고 높은 육수 냄비에 까만 양파, 소뼈와 고기, 마늘, 월계수 잎, 타임, 고수 씨, 파슬리, 검은 통후추, 서양 대파 녹색 부분, 천일염을 담고 소고기가 최소한 12.5cm 깊이로 잠길 정도로 찬물을 붓는다. 한소끔 끓인 다음 불 세기를 낮추고 주기적으로 위에 올라오는 거품을 제거하면서 3시간 동안 뭉근하게 익힌다.

소고기를 냄비에서 건져 따로 둔다. 채소와 허브, 향신료, 뼈는 버린다. 국물은 고운체에 거른다. 냄비를 씻어서 소고기, 당근, 셀러리, 순무, 남은 서양 대파 흰 부분, 토마토를 담는다. 체에 거른 국물을 다시 붓는다. 다시 한소끔 끓인 다음 불 세기를 줄이고 주기적으로 위에 올라오는 거품을 제거하면서 1시간 동안 뭉근하게 익힌다. 토마토를 제거하고 국물에서 고기와 채소를 조심스럽게 건져 낸다. 식힌 다음 고기와 채소 모두 5mm 크기로 깍둑썰기 한다.

그동안 작은 볼에 찬물을 담고 판젤라틴을 담가서 부드럽게 불린 다음 꽉 짜서 물기를 제거한다. 뜨거운 국물을 고운체에 걸러서 볼에 담고 부드러운 판젤라틴을 더해 골고루 저어 녹인다. 맛을 보고 필요하면 소금으로 간을 맞춘다. 얼음물을 담은 볼 위에 국물을 담은 볼을 얹어서 국물이 시럽 같은 상태가 될 때까지 휘젓는다. 맛을 보고 필요하면 소금과 후추로 간을 맞춘다. 350mL들이 유리잔 또는 얕은 수프 그릇 바닥에 국물 젤리를 얇게 한 켜 깐다. 깍둑썰기 한 채소 1~2큰술을 담는다. 젤리를 다시 얇게 한 켜 깔아서 채소를 덮는다. 푸아그라와 소고기를 몇 조각씩 얹는다. 잔이 4분의 3 정도로 찰 때까지 같은 과정을 반복하며 켜켜이 쌓는다. 마지막으로 젤리를 얇게 덮어서 윗면을 매끄럽게 만든다. 1시간 동안 냉장고에 넣어 굳힌다.

홀스래디시 크림을 만든다. 작은 냄비에 크림과 홀스래디시를 넣고 한소끔 끓인다. 불 세기를 줄이고 크림이 반으로 졸아들 때까지 약 10~15분간 뭉근하게 익힌다. 크림을 고운체에 거른다. 소금과 후추로 간을 한다. 냉장고에 넣어 차갑게 식힌다. 젤리 위에 홀스래디시 크림을 얹어서 숟가락 뒷면으로 골고루 펴 바른다. 바로 낸다.

◆ 껍질 벗기고 반으로 자른 양파 2개(대) 분량

◆ 소고기 뼈사태(뼈를 분리하고 고기는 675~900g 크기로 길게 4등분한 다음 기름기를 제거한 것. 정육점에 손질을 요청한다.) 1개 분량

◆ 가로로 2등분한 마늘 1통 분량

◆ 월계수 잎 2장

◆ 타임 3줄기

◆ 고수 씨 1/2큰술

◆ 이탈리안 파슬리 10줄기

◆ 검은 통후추 1작은술

◆ 녹색 부분과 흰색 부분을 분리해서 손질한 서양 대파 4대(중) 분량

◆ 굵은 천일염 2큰술

◆ 손질한 당근 4개(대) 분량

◆ 손질해서 15cm 길이로 자른 셀러리 4대 분량

◆ 손질한 순무 4개 분량

◆ 반으로 잘라서 씨를 제거한 비프스테이크 토마토 1개(대) 분량

◆ 소금과 흰 후추

◆ 판젤라틴 8장(각 2g)

◆ 5mm 크기로 깍둑 썬 푸아그라 테린 120g

홀스래디시 크림 재료:

◆ 더블 크림 250mL

◆ 즉석에서 간 생홀스래디시 30g

◆ 소금과 후추

6인분

토마토 타르트 타탱

- ◆ 덧가루용 밀가루
- ◆ 냉동 퍼프 페이스트리 450g
- ◆ 물 1작은술을 더해서 거품낸 달걀흰자 1개 분량
- ◆ 2mm 두께로 가로로 저민 플럼 토마토 10개(대) 분량
- ◆ 소금과 후추
- ◆ 엑스트라 버진 올리브 오일 2큰술
- ◆ 무염 버터 2큰술
- ◆ 껍질을 벗기고 가늘게 채 썬 노란 양파 2개(대, 각 약 200g) 분량
- ◆ 타임 잎 4줄기 분량
- ◆ 부드러운 생염소 치즈 120g
- ◆ 마스카르포네 치즈 2작은술
- ◆ 더블 크림 2작은술
- ◆ 페스토 소스 2큰술, 마무리용 여분
- ◆ 곱게 다진 샬롯 4큰술
- ◆ 곱게 다진 골파 2큰술
- ◆ 곱게 다진 마늘 1작은술
- ◆ 흰 부분과 옅은 노란 부분만 손질해서 씻은 다음 물기를 제거한 프리제 상추 2통(소) 분량 또는 모듬 샐러드 채소 120g
- ◆ 씨를 제거하고 반으로 자른 칼라마타 올리브 16개
- ◆ 반으로 자른 방울토마토 16개 분량
- ◆ 1cm 길이로 송송 썬 골파 8대 분량
- ◆ 엑스트라 버진 올리브 오일 60mL
- ◆ 즉석에서 짠 레몬즙 1큰술

  8인분

오븐을 200℃로 예열하고 선반을 오븐 가운데 단에 설치한다. 베이킹 트레이에 유산지를 깐다. 가볍게 덧가루를 뿌린 작업대에서 퍼프 페이스트리를 3mm 두께로 민다. 지름 10cm 크기의 동그라미 모양으로 4장을 찍어 낸다. 준비한 베이킹 트레이에 페이스트리를 담고 냉장고에 넣어 15분간 차갑게 식힌다. 페이스트리에 솔로 달걀물을 바르고 포크로 골고루 찌른다. 오븐에 넣어 노릇해질 때까지 10~12분간 굽는다. 식힘망에 얹어서 식힌다.

베이킹 트레이에 키친타월을 여러 장 깔고 저민 토마토를 얹는다. 소금으로 간을 한 다음 냉장고에 2~3시간 정도 넣어 물기를 제거한다. 오븐을 180℃로 예열한다. 눌어붙음 방지 코팅된 둥근 타르트 틀 바닥에 솔로 올리브 오일 1/2큰술을 바른다. 저민 토마토를 서로 겹치도록 둥글게 깐다. 소금과 후추로 간을 한다. 오븐에 넣고 토마토가 부드러워질 때까지 약 10분간 굽는다. 숟가락 뒷면을 이용해서 토마토를 납작하게 누른다. 큰 소테용 팬을 중약 불에 올리고 버터를 넣어 녹인다. 양파와 타임을 더해서 소금과 후추로 간을 한다. 양파가 캐러멜화되기 시작할 때까지 10~15분간 익힌다. 노릇해지면 건져서 따로 둔다.

작은 볼에 염소 치즈, 마스카르포네 치즈, 더블 크림, 페스토 소스, 샬롯, 골파, 마늘을 담고 섞는다. 소금과 후추로 간을 한다. 따뜻한 토마토 가운데에 염소 치즈 혼합물을 한 덩이 얹는다. 캐러멜화하여 따뜻한 양파를 염소 치즈 위에 골고루 나누어 담고 퍼프 페이스트리를 얹는다. 토마토 타르트를 뒤집어서 접시에 담고 틀을 제거한다. 틀에서 잘 떨어지지 않으면 숟가락으로 바닥을 가볍게 탕탕 두드린다. 볼에 프리제 상추 또는 모듬 샐러드 채소, 올리브, 토마토, 골파, 올리브 오일, 레몬즙을 담고 골고루 버무린다. 소금과 후추로 간을 한다. 타르트 위에 샐러드를 조금씩 소복하게 얹는다. 페스토 소스를 둘러서 낸다.

앤서니 드미트리

Anthony Demetre

· ·

영국 런던

앤서니 드미트리는 2006년, 그리고 2007년 런던에 아르부투스arbutus
와 와일드 허니wild honey를 열고 적당한 가격에 정교하면서도 편안한
프랑스 요리를 선보이며 크게 성공을 거두었다. 세련되지만 고전적인 프
랑스 요리로 많은 팬과 미쉐린 별을 동시에 거머쥐었다. 2010년에는 런던
에 그랑 브라세리 레 두 살롱Les Deux Salons을 열었다.

돼지 볼살과 귀, 족발 샐러드와 바삭한 보리

오븐을 160℃로 예열한다. 바닥이 묵직한 오븐용 냄비에 오일 1큰술을
넣어 달구고 돼지고기를 전부 넣어 노릇하게 볶는다. 팬을 불에서 내리고
물 1L와 셰리를 더한 다음 뚜껑을 덮고 오븐에 넣어 3시간 동안 익힌다.
고기가 부드러워지면 국물을 따라 내서 따로 식힌다. 돼지고기는 굵게 다
져서 소금과 후추로 간을 한 다음 세이지, 샬롯, 파슬리를 더하여 섞는다.
랩에 혼합물을 담고 말아서 원통형으로 빚은 다음 양쪽 끝을 묶어서 냉장
고에 넣어 약 4시간 동안 보관한다.

　　그동안 팬에 버터를 넣어 달구고 사과, 콜라비, 물 약간을 더한다. 팬
뚜껑을 닫고 사과와 콜라비가 부드러워질 때까지 익힌다. 혼합물을 푸드
프로세서로 갈아서 퓌레를 만든다. 팬에 남은 오일을 두르고 달군 다음
(이때 유채씨 오일을 사용하면 근사한 견과류 향이 난다.) 익힌 통보리(사용 시)
를 더하여 바삭하게 볶는다. 그릇에 담아서 낸다.

* 유채씨 오일 또는 올리브 오일 2큰술
* 돼지 귀 2개
* 반으로 가른 돼지 족발 1개 분량
* 반으로 가른 돼지 볼살 12개 분량
* 드라이 셰리 200mL
* 소금과 후추
* 다진 세이지 1큰술
* 깍둑 썬 샬롯 2개 분량
* 다진 이탈리안 파슬리 3큰술
* 버터 1덩이
* 잘게 썬 그래니 스미스 사과 1개 분량
* 잘게 썬 콜라비 2개 분량
* 익혀서 키친타월로 물기를 제거한
  통보리 4큰술(선택 사항)
  6인분

노란 설타나를 더한 천천히 익힌
양고기 가슴살과 흉선 요리

- ◆ 양고기 가슴살(뼈와 살점을 분리한 것)

  2개 분량
- ◆ 마늘 퓌레 8쪽 분량
- ◆ 곱게 다진 로즈메리 2줄기 분량
- ◆ 소금과 후추
- ◆ 버터 100g
- ◆ 올리브 오일
- ◆ 곱게 다진 양파 2개 분량
- ◆ 펜넬 씨 1작은술
- ◆ 허브 드 프로방스(타임, 로즈메리,

  세이버리 등을 섞은 말린 혼합 허브)

  1작은술
- ◆ 화이트 와인 200mL
- ◆ 데쳐서 껍질을 벗긴 양 흉선(363쪽)

  200g
- ◆ 꿀 1작은술
- ◆ 발사믹 식초 1큰술
- ◆ 노란 설타나 1줌
- ◆ 곁들임용 채소 퓌레

  6인분

오븐을 150℃로 예열한다. 양고기 안쪽에 마늘, 로즈메리, 소금, 후추를 바른다. 껍질 부분이 밖으로 가도록 돌돌 말아서 조리용 끈으로 묶는다. 양고기보다 조금 큰 크기의 팬에 절반 분량의 버터와 소량의 올리브 오일을 둘러서 녹인다. 양고기를 넣어서 노릇해질 때까지 자주 뒤집으면서 약 15분간 익힌다. 양고기를 건지고 팬에 양파, 펜넬 씨, 허브 드 프로방스를 더한다. 양파가 완전히 부드러워질 때까지 약 15분간 익힌다. 양고기를 다시 팬에 넣고 와인과 남겨 둔 뼈를 넣는다. 물을 뼈가 반 정도 잠길 만큼 부은 다음 소금과 후추로 간을 하고 딱 맞는 뚜껑을 덮어서 오븐에 넣어 부드러워질 때까지 최소 2시간 동안 익힌다.

양고기가 부드러워지면 냄비에서 꺼내 따뜻하게 보관한다. 익힌 국물은 약 200mL 정도로 졸아들 때까지 잔잔한 불에서 뭉근하게 익힌다. 국물을 고운체에 거른다. 눌어붙음 방지 코팅 팬에 남은 버터와 소량의 올리브 오일을 둘러서 녹인다. 흉선을 넣고 불 세기를 올려서 노릇해질 때까지 볶는다. 꿀을 더해서 흉선을 가볍게 캐러멜라이징한다. 식초, 설타나, 4분의 1 분량의 걸러 낸 육수를 더하여 골고루 섞은 다음 소금과 후추로 간을 한다. 흉선과 양고기, 채소 퓌레를 담아 낸다.

레몬 타임과 바닐라를 가미한 황도 로스트

- ◆ 잘 익은 노란 복숭아 6개(대)
- ◆ 버터 100g
- ◆ 반으로 가른 바닐라 빈 1개 분량
- ◆ 정제 백설탕 40g
- ◆ 레몬 타임 4줄기
- ◆ 핵과 리큐어(종류 무관)

  6인분

오븐을 150℃로 예열한다. 큰 냄비에 물을 한소끔 끓인다. 복숭아 껍질에 위아래로 십자 모양의 칼집을 가볍게 넣는다. 냄비에 넣어서 약 20~30초간 데친 다음 건져서 바로 찬물에 담근다. 복숭아가 식으면 껍질을 벗긴다. 작은 팬에 버터를 담고 거품이 일 때까지 녹인 다음 바닐라, 정제 백설탕, 타임, 리큐어를 더해서 골고루 섞는다. 큰 오븐용 접시에 복숭아를 담고 버터 혼합물을 붓는다. 물 3큰술을 두르고 오븐에 넣어 바닥의 국물을 복숭아에 자주 끼얹어 가며 굽는다. 복숭아가 부드러워지면 오븐에서 꺼내 차갑게 낸다.

앙리 해리스
Henry Harris

• •

영국 런던

앙리 해리스는 헬레르 레스토랑의 시몬 홉킨슨 아래에서 훈련을 받은 이후 런던에 유명한 레스토랑 비벤덤Bibendum을 열어 영국 내 프랑스 요리 분야의 새로운 기준을 세웠다. 2002년에는 꾸밈없고 풍미가 넘치는 프랑스 요리와 완벽한 서비스로 많은 칭송과 상을 얻어 낸 라신Racine을 열었다. 이후 2015년 라신의 문을 닫고 그루초 클럽에서 컨설턴트 셰프로 근무하고 있다.

게살 플로랑틴

시금치는 넉넉한 양의 찬물을 매번 갈아 가면서 세 번 씻는다. 큰 냄비에 소금물을 한소끔 끓이고 시금치를 넣어서 30초간 데친 다음 건져서 꽉 짜내 물기를 제거한다. 다시 팬에 담고 마늘, 크렘 프레슈를 더해 3분간 익힌다. 푸드 프로세서에 옮겨 담고 곱게 갈아 매끄러운 퓌레를 만든 다음 작은 냄비에 담아서 따로 둔다. 내열용 볼에 달걀노른자와 레몬즙을 담고 아주 잔잔하게 끓는 물이 든 냄비에 얹어서 옅은 색을 띠는 가벼운 무스 같은 상태가 될 때까지 거품기로 친다. 버터 200g을 녹여 달걀 혼합물에 천천히 부어 가며 거품기로 계속 친다. 덩어리가 지면 뜨거운 물을 약간 둘러서 골고루 섞는다. 소금과 후추로 간을 해서 홀랜다이즈 소스를 만든다.

    그릴을 예열한다. 팬에 버터를 약간 넣어 녹이고 게살과 타바스코 소스를 더한다. 소금으로 간을 하고 자주 휘저으면서 익히다가 골파 1큰술을 더하여 섞는다. 브리오슈는 쿠키 커터로 둥글게 찍어 낸다. 그릴에서 브리오슈를 앞뒤로 구운 다음 베이킹 트레이에 담는다. 브리오슈에 시금치 퓌레를 바르고 게살을 얹은 다음 홀랜다이즈 소스를 두른다. 그릴에 올려 살짝 노릇해지고 윤기가 날 때까지 굽는다. 남은 골파로 장식해서 낸다.

◆ 잎, 줄기를 제거한 시금치 125g

◆ 으깬 마늘 1/4쪽 분량

◆ 크렘 프레슈 1큰술

◆ 달걀노른자 2개

◆ 레몬즙 1/2개 분량

◆ 녹인 무염 버터 200g, 튀김용 여분

◆ 소금과 후추

◆ 흰 게살 300g

◆ 타바스코 소스

◆ 곱게 다진 골파 3큰술

◆ 브리오슈 4장

  4인분

삶은 머튼 다리와 케이퍼 크림 소스

- ◆ 겉의 지방층을 80% 제거한 머튼
  다리(지방은 조금 남겨 놔야 국물의 맛이
  좋아진다.) 1개
- ◆ 채 썬 스패니시 양파 12개(대) 분량
- ◆ 말돈 천일염 2작은술
- ◆ 월계수 잎 6장
- ◆ 검은 통후추 1작은술
- ◆ 시나몬 스틱 1/4개 분량
- ◆ 오렌지 제스트 1개 분량
- ◆ 화이트 와인 750mL
- ◆ 아주 묽은 닭 육수 약 3L
- ◆ 무염 버터 300g
- ◆ 곱게 다진 샬롯 4큰술
- ◆ 케이퍼 4큰술
- ◆ 더블 크림 500mL
- ◆ 소금과 후추

  6인분

냄비에 머튼을 담고 채 썬 양파와 소금을 덮는다. 면포에 월계수 잎, 통후추, 시나몬, 오렌지 제스트를 담아서 봉한 다음 냄비에 넣고 절반 분량의 화이트 와인을 더한다. 육수를 내용물이 잠기도록 붓고 위로 올라오는 거품을 모두 제거하면서 부드러워질 때까지 잔잔한 불에 약 3시간 동안 뭉근하게 익힌다.

1시간 30분 후 작은 팬에 버터 150g을 넣어 녹인 다음 샬롯과 케이퍼를 더해서 부드러워질 때까지 천천히 익힌다. 불 세기를 올리고 샬롯이 가볍게 노릇해질 때까지 조금 더 익힌다. 남은 화이트 와인을 더하고 반 정도로 졸아들 때까지 뭉근하게 익힌다. 머튼 냄비에서 육수를 약 1L 따라 내어 샬롯과 케이퍼에 부은 다음 반 정도로 졸아들 때까지 뭉근하게 익힌다. 크림을 더한 다음 전체적으로 윤기가 흐르는 크림 그레이비가 완성될 때까지 뭉근하게 익힌다. 소금과 후추로 간을 한 다음 따뜻하게 보관한다.

식사용 그릇에 익힌 머튼을 담아서 따뜻하게 보관한다. 머튼 냄비의 내용물을 체에 거른 다음 양파를 따로 건져 낸다. 팬에 남은 버터를 넣어 녹이고 양파를 넣어서 노릇노릇하고 부드러워질 때까지 익힌다. 머튼을 얇게 저며서 케이퍼 크림 소스와 양파를 곁들여 낸다.

참고
남은 머튼 육수는 보관해 두었다가 수프를 만들 때 사용한다.

콜로넬

- ◆ 설탕 700g
- ◆ 글루코즈 300g
- ◆ 레몬 제스트 5개 분량
- ◆ 신선한 레몬즙 1L
- ◆ 크렘 프레슈 400mL
- ◆ 우유 400mL
- ◆ 곁들임용 냉동 보관한 러시안 보드카 ●

  6인분

● 보드카를 냉동하면 꽁꽁 얼지 않고 살짝 걸쭉한 상태가 된다.

팬에 물 1L, 설탕, 글루코즈, 레몬 제스트를 담고 5분간 뭉근하게 익힌다. 고운체에 걸러서 제스트는 버리고 내용물에 레몬즙을 더하여 섞는다. 다른 볼에 크렘 프레슈와 우유를 담아 섞는다. 아이스크림 제조기에 3분의 1 분량의 레몬즙 혼합물을 부어서 교반한다. 거의 냉동되면 3분의 1 분량의 우유 혼합물을 붓는다. 크렘 프레슈와 우유를 더하고 난 후 과도하게 교반하면 내용물이 분리될 수 있으므로 주의한다. 완성한 소르베는 냉동고에 넣는다. 나머지 혼합물로 교반 과정을 반복한다. 레몬 소르베로 크넬 3개를 만들어서 차가운 아이스크림 잔에 담는다. 냉동 러시안 보드카 샷 하나와 함께 낸다.

리아드 나스르 & 리 한슨
Riad Nasr & Lee Hanson

. . . .

미국 뉴욕

리아드 나스르와 리 한슨은 대니얼 레스토랑에서 부주방장으로 만난 사이다. 프랑스에서 나스르는 미쉐린 별 셋 레스토랑인 미쉘 브라Michel bras에서, 한슨은 오레올Aureole, 봉Von, 르 서크Le Cirque에서 일했다. 그리고 대니얼에서 함께 일하며 각자의 요리 방식이 서로를 독특하게 보완해 준다는 사실을 깨달았다. 이후 1997년 뉴욕 첼시 호텔의 상징적인 프랑스 비스트로 발사자르Balthazar의 오픈 시기부터 공통 수석 요리사로 근무하다 스페인 레스토랑 엘 키호테티 Quijote를 함께 이어받았다.

양파 수프 그라티네

양파는 뿌리 부분이 서로 붙어 있도록 2등분한 다음 5mm 너비로 송송 채 썬다. 5L들이 오븐용 주물 냄비에 올리브 오일을 두르고 중간 불에 올려서 가열한다. 양파를 더하고 자주 휘저으면서 노릇해질 때까지 30분간 볶는다. 버터, 마늘, 타임, 월계수 잎, 소금, 후추를 더하여 10분 더 익힌다. 강한 불로 불 세기를 높이고 화이트 와인을 더하여 한소끔 끓인 다음 국물이 반으로 줄어들 때까지 졸인다. 닭 육수를 더해서 45분간 뭉근하게 익힌다.

    타임 줄기를 제거하고 수프에 포트 와인을 더하여 섞는다. 그릴을 예열한다. 수프를 직화 가능한 그릇 6개에 나누어 담는다. 그릇에 구운 빵을 얹고 그뤼에르 치즈 간 것을 빵 위에 뿌린 다음 뜨거운 그릴에 넣어서 치즈가 녹아서 바삭하고 노릇해질 때까지 3분간 굽는다.

- ◆ 노란 양파 4개(중)
- ◆ 올리브 오일 75mL
- ◆ 버터 1큰술
- ◆ 껍질 벗기고 얇게 저민 마늘 1쪽 분량
- ◆ 타임 4줄기
- ◆ 월계수 잎 1장
- ◆ 소금 1큰술
- ◆ 즉석에서 간 흰 후추 1/4작은술
- ◆ 드라이 화이트 와인 200mL
- ◆ 닭 육수 2와 1/4L
- ◆ 포트 와인 125mL
- ◆ 구운 시골빵 6장(두께 약 2.5cm)
- ◆ 굵게 간 그뤼에르 치즈 225g

    6인분

니수아즈 샐러드

중간 크기 냄비에 달걀을 담고 물을 잠기도록 붓는다. 한소끔 끓인 다음 팬을 불에서 내리고 뚜껑을 닫은 후 8분간 그대로 둔다. 구멍 뚫린 국자로 달걀을 건져고 따로 둔다. (이 단계까지 미리 준비해 두어도 좋다.) 내기 직전에 껍데기를 벗기고 4등분한다.

다른 냄비에 감자를 담고 차가운 소금물을 잠기도록 부어서 한소끔 끓인다. 포크로 찌르면 부드럽게 들어갈 정도로 40분간 익힌다. 감자가 익는 동안 다른 중간 크기 냄비에 소금물을 한소끔 끓인 다음 깍지콩을 넣어서 부드러워질 때까지 약 6분간 삶는다. 깍지콩을 건져서 얼음물에 담가 식힌다. 건져서 키친타월로 두드려 물기를 제거한 다음 따로 둔다. 감자는 건진 다음 만질 수 있을 정도로 식으면 8등분하여 발사믹 비네그레트 60mL에 골고루 버무린다. 따로 둔다.

참치에 앞뒤로 소금과 후추로 간을 한다. 큰 눌어붙음 방지 코팅 프라이팬에 올리브 오일을 두르고 강한 불에 올려 상당히 뜨겁게 가열한다. 참치를 앞뒤로 한 면당 2분씩(레어) 또는 4분씩(웰던) 굽는다. 결 반대 방향으로 1cm 두께로 저민다. 큰 볼에 루콜라, 파프리카, 적양파, 래디시, 토마토, 깍지콩, 오이를 담고 남은 드레싱을 더하여 골고루 버무린다. 감자를 더하여 소금과 후추로 간을 한 다음 샐러드를 개별용 볼 6개에 나누어 담는다. 볼 1개당 참치 저민 적당량과 완숙으로 삶은 달걀 4등분한 것 4개 분량, 올리브 4개, 안초비 필레 2개를 얹는다. 바로 낸다.

- ◆ 달걀 6개
- ◆ 유콘 골드 또는 기타 점질 감자 4개
- ◆ 손질한 깍지콩 175g
- ◆ 발사믹 식초로 만든 비네그레트(66쪽) 1회 분량
- ◆ 5cm 두께로 저민 참치 450g
- ◆ 소금과 후추
- ◆ 올리브 오일 3큰술
- ◆ 줄기를 제거한 루콜라 1단 분량
- ◆ 가늘게 채 썬 빨강 파프리카 1개 분량
- ◆ 가늘게 채 썬 노랑 파프리카 1개 분량
- ◆ 반으로 잘라서 2mm 두께로 채 썬 적양파 1개 분량
- ◆ 얇게 저민 래디시 6개 분량
- ◆ 반으로 자른 빨강 방울토마토 9개 분량
- ◆ 반으로 자른 노랑 방울토마토 9개 분량
- ◆ 껍질을 벗기고 길게 반으로 잘라서 씨를 제거한 오이 1개 분량
- ◆ 니수아즈 올리브 24개
- ◆ 안초비 필레 12개

  6인분

크레페 수제트

- ◆ 달걀 4개
- ◆ 우유 300mL
- ◆ 더블 크림 125mL
- ◆ 녹인 버터 60g, 조리용 여분
- ◆ 오렌지 제스트 간 것 1작은술
- ◆ 밀가루 120g
- ◆ 설탕 2큰술
- ◆ 소금 1/4작은술

마무리용:

- ◆ 버터 4큰술
- ◆ 설탕 1큰술
- ◆ 오렌지 제스트 간 것 1큰술
- ◆ 그랑 마니에르 2큰술
- ◆ 바닐라 아이스크림

4인분

볼에 액상 재료를 담아서 섞는다. 다른 볼에 가루 재료를 전부 담는다. 액상 재료를 가루 재료에 더하여 섞는다. 냉장고에 넣어 최소한 2시간에서 하룻밤 동안 재운다. 재우고 나면 반죽이 살짝 걸쭉해지므로 우유를 살짝 더해서 더블 크림 농도로 조절한다.

25cm 크기의 눌어붙음 방지 코팅 또는 크레페 팬을 중간 불에 올린다. 팬에 녹인 버터를 솔로 약간 바른다. 팬을 뜨겁게 달군 다음 반죽 60mL를 더하여 팬을 기울여서 바닥에 골고루 퍼지도록 한다. 노릇해지도록 구운 다음 뒤집어서 10까지 숫자를 센 다음 꺼낸다. 처음 부친 크레페 2개는 실험용이었다고 생각하고 버린다. 그쯤 되면 팬이 길이 들어서 잘 부쳐진다. 크레페는 하루 전날 부쳐서 준비해 둘 수 있다.

낼 때는 그레페를 4등분으로 접는다. 큰 프라이팬을 중강 불에 올려 가열한다. 버터와 설탕을 팬에 더한다. 버터가 뜨거워지면 오렌지 제스트를 더하여 수초간 팬을 흔든 다음 크레페를 더한다. 1분간 익힌 다음 크레페를 뒤집어서 1분 더 익힌다. 그랑 마니에르를 더한 다음 팬 주변의 인화성 물질을 모조리 치운 후 멀찍이 서서 불을 켠 성냥을 팬 가장자리에 대고 불을 붙인다. 불꽃이 사그라지면 크레페를 접시 4개에 나누어 담고 버터 소스를 약간 두른다. 바닐라 아이스크림 한 덩이를 얹는다.

프랑수아 파야드
François Payard

미국 뉴욕

니스 태생의 프랑수아 파야드는 부모와 조부모로부터 고전 프랑스식 페이스트리 요리에 대한 애정을 물려받았다. 1997년 맨해튼 북동부 지역에 첫 레스토랑 파야드 파티스리 & 비스트로Payard Pâtisserie & Bistro를 열었다. 또한 최근에는 뉴욕 맨해튼 전역에 접근성 높은 편안한 프렌치 베이커리 FPB를 선보였다.

구제르

오븐을 200℃로 예열한다. 베이킹 트레이에 유산지를 깐다. 중간 크기 냄비에 물 250mL와 버터를 담고 중강 불에 올려서 한소끔 끓인다. 불 세기를 약하게 낮추고 밀가루, 소금, 카이엔 페퍼, 너트메그를 더한다. 계속 휘저으면서 혼합물이 되직한 페이스트가 되어 냄비 가장자리에서 떨어질 때까지 15~20초간 익힌다. 반죽을 패들 기구를 장착한 스탠드 믹서의 볼에 옮긴다. 달걀을 하나씩 넣으면서 느린 속도로 잘 섞는다. 반드시 앞서 넣은 달걀이 완전히 섞인 다음에 다음 달걀을 넣어야 한다. 믹서를 계속 돌리면서 혼합물에 크림을 더한다. 믹서를 멈추고 조심스럽게 그뤼에르 치즈 간 것을 더하여 반죽의 기포가 빠져나가지 않도록 주의하면서 스패출러로 접듯이 섞는다.

1cm 크기의 별모양 깍지를 끼운 짤주머니에 반죽을 채운다. 준비한 베이킹 트레이에 반죽을 지름 2.5cm 크기의 동그라미 모양으로 짠다. 손가락에 물을 적셔서 구제르 윗부분을 매끈하게 다듬는다. 오븐에 넣어 노릇해질 때까지 10~15분간 굽는다. 꺼낸 다음 취향에 따라 그뤼에르 치즈 간 것을 뿌린다. 식사용 그릇에 담아서 따뜻하게 낸다.

참고

구제르는 따뜻하게 내는 것이 제일 좋으므로 손님이 오기 직전에 짜서 굽도록 한다. 남은 구제르는 비닐봉지에 단단하게 밀봉해서 냉동고에 넣어 1개월간 보관할 수 있다. 내기 직전에 180℃로 예열한 오븐에 3~4분간 따뜻하게 데운다.

- ◆ 무염 버터 6큰술
- ◆ 체에 친 밀가루 250g
- ◆ 소금 1꼬집
- ◆ 카이엔 페퍼 1꼬집
- ◆ 즉석에서 간 너트메그 1꼬집
- ◆ 달걀 5개(대)
- ◆ 더블 크림 150mL
- ◆ 그뤼에르 치즈 간 것 420g, 장식용 여분(선택 사항)

40개

두 번 구운 업사이드다운 치즈 수플레와 파르메산 치즈 소스

파르메산 크림 재료:

- 크림 400mL
- 우유 100mL
- 파르메산 치즈 간 것 100g
- 소금과 흰 후추

수플레 재료:

- 우유 420mL
- 가볍게 으깬 마늘 1쪽 분량
- 소금과 흰 후추
- 즉석에서 간 너트메그 1꼬집
- 버터 180g
- 밀가루 100g
- 파르메산 치즈 간 것 100g
- 굵게 간 그뤼에르 치즈 50g
- 분리한 달걀흰자와 달걀노른자 각각 6개 분량
- 흰 송로버섯 오일(선택 사항) 12개

먼저 파르메산 크림을 만든다. 크림과 우유를 한소끔 끓여서 조심스럽게 믹서에 붓고 파르메산 치즈 간 것을 더한다. 곱게 갈아서 소금과 후추로 간을 한다. 따로 둔다. (파르메산 크림은 미리 만들어서 냉장고에 넣어 3일까지 보관할 수 있다.)

수플레를 만든다. 팬에 우유와 마늘을 담고 소금과 후추, 너트메그로 간을 한 다음 한소끔 끓인다. 다른 팬에 버터를 넣어 녹이고 밀가루를 더하여 루를 만든 다음 3~4분간 익힌다. 마늘 향을 낸 우유를 체에 걸러서 루 냄비에 붓고 계속 거품기로 저으면서 뭉근하게 한소끔 끓인다. 우유 혼합물을 패들 도구를 장착한 믹서에 붓고 느린 속도로 돌리면서 파르메산 치즈와 그뤼에르 치즈를 더한다. 치즈가 골고루 섞이면 달걀노른자를 더하여 섞는다. 그동안 달걀흰자를 단단한 뿔이 서도록 거품 낸다. 거품 낸 달걀흰자를 큰 숟가락으로 반죽에 더해서 접듯이 섞는다.

오븐을 180℃로 예열한다. 오븐용 라메킨 또는 알루미늄 팀발 틀에 오일을 넉넉히 바른 다음 가장자리가 높은 로스팅 팬에 약 2.5cm 간격을 두고 담는다. 숟가락이나 짤주머니를 이용해서 틀에 치즈 혼합물을 채운다. 오븐에 넣고 로스팅 팬에 물을 틀이 4분의 3 정도 잠기도록 붓는다. 오븐에서 8~10분간 굽는다.

잘 익은 치즈 수플레는 겉은 단단하지만 안은 아주 부드러워서 만지면 탄력이 느껴진다. 조심스럽게 치즈 수플레를 뒤집어서 수프 그릇 6개에 하나씩 담고 조심스럽게 틀을 제거한다. 수플레를 그릴에 넣어서 윗부분이 노릇해질 때까지 1~2분간 굽는다. 따뜻한 파르메산 크림을 수플레 가장자리에 두른다. 수플레에 흰 송로버섯 오일을 한 방울씩 떨어뜨린 다음 뜨겁게 낸다.

부야베스

먼저 생선뼈를 흐르는 찬물에 수시간 동안 담가서 세척한다. 큰 냄비에 올리브 오일을 두르고 달궈서 양파, 셀러리, 서양 대파, 마늘, 부케 가르니, 펜넬을 더하여 20분간 천천히 볶는다. 생선뼈를 더하여 10분 더 익힌다. 토마토 퓌레를 더하여 5분간 익힌 다음 페르노드와 화이트 와인을 더해서 거의 증발할 때까지 익힌다. 물을 생선뼈가 잠기도록 부은 다음 한소끔 끓인 후 뭉근하게 끓도록 불 세기를 낮춘다. 생토마토와 사프란, 팔각을 더하여 위에 올라오는 거품은 모조리 제거하면서 30분간 천천히 익힌다.

냄비 속 내용물을 푸드 밀 또는 물리mouli 그레이터(회전식 분쇄기)에 간 다음 쉬노아(눈이 고운 깔대기형 체)에 거르면서 뼈를 꾹꾹 눌러 국물을 최대한 빼낸다. 국물은 따로 두고 뼈는 버린다.

아이올리를 만든다. 끓는 소금물에 사프란 1꼬집을 풀고 감자를 넣어서 부드러워질 때까지 익힌 다음 으깬다. 볼에 으깬 감자와 다진 마늘, 달걀노른자, 소금, 흰 후추 간 것을 취향에 따라 더한 다음 잘 섞는다. 올리브 오일을 천천히 부으면서 거품기로 저어서 유화시킨다. 남은 사프란을 뜨거운 물 1큰술에 불려서 소스에 더한다. 아이올리를 라메킨에 담아서 따로 곁들여 낸다. 바게트 장식을 만든다. 바게트를 4등분한 다음 올리브 오일을 뿌려서 그릴에 올려 노릇하게 구운 다음 마늘쪽을 문지른다. 라메킨에 얹는다.

낼 때는 국물을 깨끗한 냄비에 담고 한소끔 끓인다. 대합, 홍합, 생선, 채소를 더하여 뚜껑을 닫고 조개는 입을 벌리고 생선살은 불투명해질 때까지 익힌다. 볼에 수프를 담고 다진 파슬리로 장식한다.

참고

위 레시피는 파야드 파티스리 & 비스트로의 이그제큐티브 셰프 필립 베르티노의 작품이다.

국물 재료:

- 잘게 자른 생선뼈 4.5kg
- 올리브 오일 60mL
- 다진 양파 2개 분량
- 다진 셀러리 2대 분량
- 다진 서양 대파 1대 분량
- 마늘 1통
- 부케 가르니(월계수 잎 1장과 바질, 파슬리, 타임, 로즈메리 2줄기씩) 1개
- 펜넬 구근 2개
- 토마토 퓌레 1큰술
- 페르노드 250mL
- 화이트 와인 250mL
- 2등분한 빨강 플럼토마토 10개 분량
- 사프란 가닥 2꼬집
- 팔각 4개

아이올리 재료:

- 사프란 2꼬집
- 아이다호 또는 기타 구이용 감자 1개
- 다진 마늘 4쪽 분량
- 달걀노른자 1개 분량
- 소금과 간 흰 후추
- 엑스트라 버진 올리브 오일 250mL

장식용 재료:

- 바게트 2개
- 올리브 오일
- 마늘 2쪽
- 다진 이탈리안 파슬리

마무리용:

- 대합 1kg
- 홍합 1kg
- 2.5cm 크기로 깍둑 썬 살이 탄탄한 흰 살 생선 500g
- 가늘게 저민 펜넬 1개 분량
- 얇게 송송 썬 서양 대파 1대 분량
- 1cm 크기로 깍둑 썬 토마토 4개 분량
- 1cm 크기로 깍둑 썬 삶은 감자 500g

8인분

레몬 타르트

◆ 무왁스 레몬 제스트와 즙 4개 분량

◆ 달걀 3개(대)

◆ 설탕 110g

◆ 1cm 크기로 깍둑 썬 버터 40g

◆ 초벌구이한 달콤한 페이스트리
  껍질(789쪽) 1개(23cm 크기)

장식용 재료:

◆ 레몬 1개

◆ 체에 내려서 물 1큰술과 함께 섞은
  살구잼 60g

◆ 민트 잎
  6인분

오븐을 160℃로 예열한다. 중간 크기 냄비에 물을 3분의 1정도 채운 다음 뭉근하게 한소끔 섞는다. 중간 크기의 내열용 볼에 레몬 제스트와 즙을 담고 달걀을 깨트려 넣는다. 볼에 설탕과 버터를 더하고 뭉근하게 끓는 물 위에 얹는다. 이때 볼 바닥이 물에 닿지 않도록 주의해야 한다. 계속 거품기로 치면서 버터가 완전히 녹아서 혼합물이 매끄러워질 때까지 가열한다. 볼을 중탕 냄비에서 내리고 혼합물을 15분간 식힌다. 베이킹 트레이에 달콤한 페이스트리 껍질을 담는다. 필링을 페이스트리에 붓고 오븐에 넣어 가운데가 딱 굳을 정도로만 8~10분간 굽는다. 타르트를 식힘망에 얹어서 완전히 식힌다.

　이어서 타르트 장식을 만든다. 홈 파기 전용 칼 또는 작고 날카로운 길로 레몬 껍질을 길고 가늘게 긁어내면서 같은 간격으로 홈을 6개 판다. 레몬 한가운데 부분을 얇게 한 장 저미서 타르트 가운데에 얹는다. 나머지 레몬은 길게 반으로 자른 다음 반달 모양으로 얇게 저민다. 타르트 틀 가장자리에 저민 레몬을 자른 단면이 위로 오도록 둥글게 둘러 깐다. 필요하면 살구 글레이즈를 약한 불에 올려서 다시 데운다. 타르트 위쪽에 페이스트리용 솔로 따뜻한 살구 글레이즈를 바른다. 민트 잎 몇 장으로 장식한다.

참고
페이스트리 셰프는 일을 너무 복잡하게 만드는 경향이 있는데, 이 완벽하고 단순한 레몬 타르트는 복잡성이 반드시 필요한 요소인 것은 아니라는 점을 증명한다. 새콤한 맛을 두려워하는 셰프도 있지만 레몬을 좋아하는 사람은 설탕 한 사발을 같이 들이키고 싶어 하지 않는다는 점을 명심하자. 레몬 맛을 제대로 느낄 수 있는 타르트다. 페이스트리 껍질과 필링은 모두 하루 전날 만들어 둘 수 있지만 각각 따로 보관해야 한다.

데이비드 &
메레디스 푸아리에
David & Meredith Poirier

호주 시드니

호주에서 가장 유명한 프렌치 비스트로인 시드니 라 그랑 부페 La Grande Bouffe의 전통 프랑스식 메뉴는 관록 있는 식당 경영자 데이비드와 메레디스 푸아리에의 실력을 증명한다. 프랑스 요리에 대한 열정으로 전 세계를 누비며 경력을 쌓은 로버트 호지슨 셰프가 근무하고 있다. 지금은 시드니의 레스토랑 비스트로 밈Meme과 르 빌리지Le Village 두 곳을 통해 프랑스 남부에서 영감을 받은 프로방스식 요리를 선보이는 중이다.

삶은 굴과 돼지고기 정강이 및 키플러 감자

큰 냄비에 물을 한소끔 끓이고 돼지고기 정강이를 넣어서 부드러워질 때까지 약 2시간 30분간 익힌다. 그동안 끓는 소금물에 감자를 넣어 삶은 다음 포크로 굵게 으깬다. 돼지고기는 식힌 다음 건지고 익힌 국물은 따로 보관한다. 살코기 100g을 덜어서 결대로 찢고 나머지 고기는 따로 보관해서 다른 요리에 사용한다. 팬에 버터를 넣어 녹이고 살코기, 감자, 돼지고기 삶은 국물 500mL, 비네그레트 75mL를 더한다. 2분간 뭉근하게 익힌다.

다른 냄비에 소금물을 끓이고 굴을 넣어서 2~3분간 천천히 삶는다. 삶은 굴, 굴즙, 공 모양 오이, 골파, 딜을 비네그레트와 함께 버무린다. 물냉이 잎과 남은 비네그레트로 장식해서 바로 낸다.

- ◆ 돼지고기 정강이 1개
- ◆ 키플러Kipfler나 아냐Anya 등 작은 점질 감자 등 4개
- ◆ 버터 15g
- ◆ 비네그레트(66쪽) 100mL
- ◆ 즉석에서 까서 즙을 따로 모은 굴 12개 분량
- ◆ 껍질을 벗기고 작은 멜론 볼러로 동글동글하게 파낸 오이 1/2개 분량
- ◆ 곱게 다진 골파 1/2단 분량
- ◆ 작은 줄기로 나눈 딜 1/4단
- ◆ 물냉이 1단

  4인분

돼지고기 안심과 셀러리악 크림, 퓨이 렌틸

- ◆ 힘줄을 제거하고 2등분한 돼지고기
  안심 2개 분량
- ◆ 펜넬 씨 가루 1작은술
- ◆ 가늘게 썬 판체타 200
- ◆ 4등분한 돼지 대망막 200g
- ◆ 셀러리악 1개
- ◆ 크림 200mL
- ◆ 우유 100mL
- ◆ 소금과 흰 후추
- ◆ 버터 15g
- ◆ 익힌 퓨이 렌틸 100g
- ◆ 마늘 퓌레 1통 분량
- ◆ 헤이즐넛 오일 1작은술
- ◆ 송아지 쥬 100mL
- ◆ 셰리 식초 1/2작은술
- ◆ 굵게 다진 이탈리안 파슬리 1/2단 분량

  4인분

오븐을 250℃로 예열한다. 돼지고기에 펜넬 씨 가루를 뿌리고 판체타에 굴려 골고루 묻힌 다음 대망막으로 싼다. 절반 분량의 셀러리악을 1cm 크기로 깍둑썰기 한다. 냄비에 소금물을 끓여서 셀러리악을 넣고 부드러워질 때까지 익힌 다음 건져서 따로 둔다. 나머지 셀러리악은 굵게 다진다. 냄비에 크림과 우유를 담아서 가열한 다음 굵게 다진 셀러리악을 더한다. 셀러리악이 아주 부드러워지고 우유가 반으로 졸아들 때까지 뭉근하게 익힌다. 냄비 속 내용물을 푸드 프로세서에 옮겨서 곱게 갈아 퓌레를 만든다. 소금과 후추로 간을 한다.

번철을 가열한 다음 돼지고기를 얹어서 앞뒤로 노릇하게 재빨리 지진다. 베이킹 트레이에 담아서 오븐에 넣어 6~7분간 로스트한 다음 휴지한다. 팬에 버터를 넣어 녹이고 렌딜, 마늘 퓌레, 익혀 깍둑썰기 한 셀러리악, 헤이즐넛 오일, 송아지 쥬, 식초를 더한다. 잘 저은 다음 3분간 뭉근하게 익히고 파슬리를 더한다. 로스트한 돼지고기 안심을 저며서 1분간 다시 휴지한다. 그릇에 셀러리악 퓌레를 한 켜 깔고 저민 돼지고기를 얹은 다음 렌틸을 올려서 낸다.

루바브 크렘 브륄레

- ◆ 굵게 다진 루바브 1단 분량
- ◆ 정제 백설탕 200g
- ◆ 달걀노른자 10개 분량
- ◆ 더블 크림 1L
- ◆ 반으로 가른 바닐라 빈 1개 분량
- ◆ 황설탕 100g

  8인분

오븐을 150℃로 예열한다. 바닥이 묵직한 팬에 루바브를 담고 4분의 1분량의 정제 백설탕을 더한다. 잔잔한 불에 올려서 루바브가 뭉개질 때까지 익힌다. 대형 볼에 달걀노른자와 남은 설탕을 담고 옅은 색을 띠면서 걸쭉해질 때까지 거품기로 친다. 팬에 크림을 담고 바닐라 빈을 더해서 강한 불에 올려 한소끔 끓인다. 크림을 달걀 설탕 혼합물에 부어서 섞은 다음 체에 거른다. 표면의 거품은 제거한다. 브륄레 그릇 또는 작은 오븐용 라메킨 8개에 루바브를 한 켜 깔고 오븐에 넣어 5분간 구워서 루바브를 말린다. 그러면 브륄레 혼합물이 분리되는 것을 막을 수 있다.

루바브를 오븐에서 꺼내고 브륄레 혼합물을 조심스럽게 나누어 붓는다. 로스팅 팬에 그릇 또는 라메킨을 담고 뜨거운 물을 틀이 반 정도 잠길 만큼 부은 다음 다시 오븐에 넣어서 딱 굳을 정도로 약 40분간 굽는다. 식힌다. 먹기 전에 브륄레에 황설탕을 뿌린 다음 주방용 토치로 캐러멜화하거나 뜨거운 브로일러에 넣어서 설탕을 노릇하게 녹인다.

프랑크 레이먼드
Franck Raymond

· ·

영국 런던

제네바의 르 마리냐크Le Marignac 레스토랑에서 미쉐린 별 두 개를 거머
쥔 프랑크 레이먼드는 에비앙 지역에 르 셰벌 블랑Le Cheval Blanc을 열
고 영국으로 건너와 마르코 피에르 화이트 셰프 밑에서 근무했다. 런던의
명성 높은 레스토랑 몽 플레지에Mon Plaisir에서 수석 주방장으로 10년
간 일한 후 어거스틴 키친Augustine Kitchen을 열어서 프랑스 요리에 대
한 열정을 아낌없이 선보이고 있다.

껍데기째 구운 관자와 헤이즐넛 버터

오븐을 180℃로 예열한다. 버터에 골파, 헤이즐넛, 빵가루, 레몬즙을 더
하여 잘 섞는다. 후추로 간을 한다. 랩을 이용해서 버터를 원통형으로 다
듬어 냉장고에 넣어 보관한다. 가리비 관자는 까서 손질한 다음 껍데기는
문질러 씻어서 끓는 물에 5분간 삶는다. 관자를 다시 껍데기에 얹고 헤이
즐넛 버터를 나누어 얹은 다음 오븐에 넣어 딱 익을 정도로 5분간 굽는다.

그동안 식사용 접시 4개에 암염을 나누어 담아서 껍데기를 고정시킬
소금 둔덕을 만든다. 오븐에서 가리비를 꺼내 소금 둔덕 위에 눌러 얹는
다. 천일염과 후추로 간을 해서 낸다.

헤이즐넛 버터 재료:

- ◆ 살짝 가염한 부드러운 버터 100g
- ◆ 곱게 다진 골파 30g
- ◆ 다진 헤이즐넛 50g
- ◆ 고운 빵가루 30g
- ◆ 레몬즙 1/2개 분량
- ◆ 후추

관자 재료:

- ◆ 가리비 관자(껍데기째) 12개
- ◆ 암염 1kg, 접시용
- ◆ 천일염과 후추

  4인분

토마토 콩피와 블랙 올리브를 곁들인 농어 구이

- ◆ 마늘 1쪽
- ◆ 내장을 제거하고 손질한 농어 1마리(약 800g)
- ◆ 올리브 오일 100mL, 마무리용 여분
- ◆ 레몬즙 50mL
- ◆ 버터 50g
- ◆ 선드라이 토마토 12개
- ◆ 씨를 제거한 블랙 올리브 12개
- ◆ 소금과 후추
- ◆ 다진 바질 잎 12장 분량

2인분

오븐을 160℃로 예열한다. 오븐용 그릇에 마늘을 바르고 농어를 담는다. 올리브 오일, 레몬즙, 물 100mL를 두르고 버터를 군데군데 얹는다. 오븐에 넣고 바닥에 고인 국물을 자주 농어에 끼얹어 가며 약 16분간 굽는다. 나무 이쑤시개로 가장 두꺼운 부분을 찔러서 쉽게 쑥 들어가는지 확인한다. 그렇지 않으면 5분 더 구운 다음 다시 상태를 확인한다. 농어가 익기 직전에 그릇을 꺼내 토마토와 올리브를 더한 다음 다시 오븐에 넣어 마무리한다.

농어가 익으면 익힌 국물만 작은 팬에 옮긴 뒤 강한 불에 올려 절반 정도로 졸아들 때까지 익힌다. 올리브 오일을 약간 두르고 소금과 후추로 간을 한다. 농어가 담긴 오븐용 그릇에 다시 졸인 소스를 두른 다음 바질로 장식해 낸다.

생허브와 식초를 가미한 송아지 간 팬 구이

송아지 간은 한 면에만 소금과 후추로 간을 한다. 눌어붙음 방지 코팅 프라이팬에 오일을 둘러 달군다. 송아지 간을 양념한 부분이 아래로 가도록 얹어 잔잔한 불에서 2분간 굽는다. 다른 면에 간을 한 다음 뒤집는다. 팬에 버터 한 덩이를 더하여 녹은 버터를 간에 계속 끼얹으면서 2분 더 굽는다. 간이 익으면 따뜻한 식사용 접시에 담는다. 팬에 마늘을 문지른 다음 꺼내서 버린다. 절반 분량의 허브, 식초, 으깬 검은 후추, 육수를 더하여 바닥에 붙은 파편을 모조리 긁어낸 다음 잔잔하게 익힌다. 마지막으로 남은 허브를 더한 다음 팬 내용물을 간 위에 부어 낸다.

- 송아지 간 4장(각 약 180g)
- 소금과 후추
- 땅콩 오일 50mL
- 버터 40g
- 마늘 1쪽
- 다진 허브(이탈리안 파슬리와 타라곤, 처빌 등) 50g
- 레드 와인 식초 50mL
- 으깬 검은 후추 5g
- 닭 육수 또는 소고기 육수 150mL

  4인분

바질과 레몬을 가미한 복숭아 로스트

오븐을 240℃로 예열한다. 복숭아 윗부분에 십자로 칼집을 낸다. 오븐용 그릇에 복숭아를 담고 버터 한 덩이를 하나씩 얹은 다음 설탕과 바질을 뿌린다. 이때 바질은 3~4장 정도 따로 남겨 둔다. 절반 분량의 레몬즙에 오일 10mL와 레몬 제스트, 물 100mL를 더하여 섞는다. 레몬즙 혼합물을 복숭아 위에 붓고 오븐에 넣어 25분간 익히되 5분마다 꺼내서 바닥의 국물을 복숭아에 끼얹는다.

　복숭아가 익으면 꺼내서 따뜻하게 보관한다. 익힌 그릇에 남은 레몬즙을 붓고 강한 불에 올려서 시럽 상태가 될 때까지 졸인다. 후추를 두세 번 갈아서 뿌리고 남은 바질과 오일 1큰술을 더한다. 스틱 블렌더로 시럽을 갈아서 복숭아에 뿌려 낸다.

- 복숭아 8개
- 버터 40g
- 정제 백설탕 30g
- 찢은 바질 잎 16장 분량
- 레몬즙 4개 분량
- 올리브 오일 10mL와 1큰술
- 레몬 제스트 1개 분량
- 후추

  4인분

피에르 쉐델린
Pierre Schaedelin

• •

미국 뉴욕

프랑스 동부 알자스 지역 태생인 피에르 쉐델린은 오베르쥬 드 릴 Auberge de l'ill, 르 루이 15세Le Louis XV 등을 비롯하여 여러 최고급 프랑스 레스토랑을 거쳤다. 이후 1999년 미국으로 건너가 뉴욕에 자리한 알랭 뒤카스의 프랑스 비스트로 르 서크Le Cirque의 수석 주방장으로 근무했다. 지금은 정통 프랑스식 메뉴를 제공하는 PS 테일러드 이벤트PS Tailored Events를 운영하고 있다.

돼지 볼살을 가미한 프리제 상추 렌틸 샐러드와 머스터드 쿠민 비네그레트

돼지 볼살 재료:

◆ 돼지 볼살 900g
◆ 당근 1개
◆ 반으로 자른 셀러리 1대 분량
◆ 반으로 자른 양파 1개 분량
◆ 반으로 자른 마늘 1통 분량
◆ 잘게 썬 베이컨 4장 분량

쿠민 머스터드 비네그레트 재료:

◆ 디종 머스터드 2큰술
◆ 쿠민 가루 3작은술
◆ 식물성 오일 330mL
◆ 소금과 후추

채소 재료:

◆ 녹색 렌틸 225g
◆ 다진 흰 양파 1/2개 분량
◆ 소금과 후추
◆ 당근 1개
◆ 셀러리악 1/2개 분량
◆ 프리제 상추 225g

　4인분

큰 냄비에 돼지 볼살을 담고 물을 잠기도록 붓는다. 한소끔 끓인 다음 위에 올라온 거품을 전부 제거한다. 당근, 셀러리, 양파, 마늘, 베이컨을 더한다. 한소끔 뭉근하게 끓인 다음 2시간 동안 익힌다. 돼지 볼살은 건지고 채소를 제거한 다음 국물만 따로 보관한다. 익힌 국물 125mL와 머스터드, 쿠민 가루, 식물성 오일을 섞어서 스틱 블렌더로 간 다음 소금과 후추로 간을 하여 쿠민 머스터드 비네그레트를 만든다.

작은 냄비에 렌틸을 담고 중간 불에 올린 뒤 남겨둔 익힌 국물 500mL를 붓는다. 렌틸이 부드러워질 때까지 뭉근하게 익힌 다음 건져서 비네그레트 2큰술, 양파를 더한 다음 소금과 후추로 간을 해서 버무린다. 다른 냄비에 소금물을 담고 강한 불에 올려서 한소끔 끓인다. 당근과 셀러리악을 더해서 부드러워질 때까지 익힌다. 따뜻하게 보관한다. 프리제 상추에 남은 비네그레트 드레싱으로 간을 한 다음 렌틸과 채소를 더하여 돼지 볼살을 얹어서 낸다.

브로콜리 라베와 레몬, 케이퍼, 브라운 버터를 더한 홍어 지느러미 뫼니에르

소스를 만든다. 레몬은 껍질을 잘라 내고 속껍질을 벗겨서 속살만 발라 낸다. 씨를 제거한 다음 과육을 작게 잘라서 따로 둔다. 작은 냄비에 물을 한소끔 끓인다. 토마토 바닥에 십자 모양으로 칼집을 낸 다음 끓는 물에 더하여 10초간 데친다. 구멍 뚫린 국자로 건져서 찬물이 담긴 볼에 옮긴다. 2분간 그대로 두어 식힌 다음 껍질을 제거한다. 4등분해서 씨를 제거한 다음 작게 잘라서 따로 둔다.

크루통을 만든다. 빵은 껍질을 잘라 내고 깍둑썰기 한다. 작은 프라이팬에 버터 4큰술을 넣어 녹이고 빵조각을 더하여 전체적으로 골고루 노릇해질 때까지 휘저으면서 익힌다. 소금을 뿌리고 종이 타월에 얹어서 기름기를 제거한다. 따로 둔다.

브로콜리는 줄기를 약 7.5cm 길이로 손질한다. 냄비에 소금물을 한소끔 끓이고 브로콜리를 더하여 부드러워질 때까지 익힌다. 따뜻하게 보관한다. 팬에 감자를 담고 찬물을 잠기도록 부은 다음 월계수 잎, 소금 1꼬집, 마늘을 더한다. 한소끔 뭉근하게 끓인 다음 감자가 부드러워질 때까지 천천히 익힌다. 한 김 식힌 다음 껍질을 벗기고 따뜻하게 보관한다.

큰 그릇에 우유를 붓고 다른 큰 그릇에 밀가루를 담는다. 홍어는 앞뒤로 소금과 후추로 간을 한다. 홍어 필레를 하나씩 우유와 밀가루에 차례로 담근다. 30cm 크기의 프라이팬에 올리브 오일을 두르고 강한 불에 올려서 가열한다. 홍어 필레를 하나씩 넣어서 중간에 한 번 뒤집어 가며 앞뒤로 노릇하게 굽는다. 남은 홍어로 같은 과정을 반복한다. 따로 둔다. 같은 팬에 남은 버터를 더하여 노릇해지고 고소한 향이 날 때까지 익힌다. 케이퍼와 깍둑썰기 한 토마토, 깍둑썰기 한 레몬, 파슬리, 크루통을 더한다. 구운 홍어에 버터 소스를 붓고 따뜻한 브로콜리 라베, 감자를 곁들여 낸다.

◆ 레몬 1개
◆ 플럼토마토 2개
◆ 하루 묵은 흰색 빵 4장
◆ 버터 225g
◆ 소금과 후추
◆ 브로콜리 라베 또는 싹 브로콜리 1단
◆ 핑거링(긴 점질) 감자(껍질째) 450g
◆ 월계수 잎 1장
◆ 가로로 반 자른 마늘 1통 분량
◆ 우유 120mL
◆ 밀가루 120g
◆ 홍어 필레 4장
◆ 엑스트라 버진 올리브 오일 1큰술
◆ 물에 헹군 케이퍼 1큰술
◆ 다진 이탈리안 파슬리 1큰술

  4인분

타르트 타탱과 크렘 프레슈

페이스트리 재료:

- 밀가루 80g
- 베이킹 파우더 1/4작은술
- 차가운 버터 50g
- 소금 1/2작은술
- 달걀노른자 1개 분량
- 우유 1큰술
- 설탕 1과 1/3큰술

사과 재료:

- 골든 딜리셔스 사과 10개
- 설탕 100g과 2큰술
- 버터 1과 3/4큰술, 틀용 여분
- 버터 80g
- 크렘 프레슈 225g

4~6인분

오븐을 180℃로 예열하고 반죽을 만든다. 패들 도구를 장착한 스탠드 믹서 볼에 밀가루와 베이킹파우더, 버터, 소금을 담고 골고루 섞거나 일반 볼에 담아서 손으로 섞는다. 달걀노른자와 우유, 설탕을 더해서 한 덩어리로 뭉칠 때까지 섞는다. 냉장고에 넣어 최소한 1시간 동안 휴지한 다음 2mm 두께로 민다. 지름 20cm 크기로 둥글게 찍어 낸다. 가장자리가 낮은 베이킹 트레이에 담고 오븐에 넣어 15분간 구운 다음 꺼내서 오븐 온도를 200℃로 높인다.

사과는 껍질을 벗기고 심을 제거한 다음 4등분한다. 베이킹 트레이에 사과를 담고 녹인 버터를 솔로 바른 다음 설탕 100g을 뿌린다. 오븐에 넣고 20분간 구운 다음 식힌다. 오븐 온도를 140℃로 내린다. 둥근 페이스트리 반죽과 같은 크기의 오븐용 타르트 타탱 틀 또는 케이크 틀을 베이킹 트레이에 얹는다. 팬에 설탕 2큰술을 담고 약한 불에 갈색이 될 때까지 익혀서 캐러멜을 만든 다음 버터를 더하고 거품기로 조심스럽게 섞어서 매끄러운 혼합물을 만든다. 캐러멜이 아직 뜨거울 때 틀 바닥에 붓는다. 사과를 틀 안에 둥글게 둘러 담은 다음 오븐에 넣어 약 1시간 30분간 굽는다. 꺼내서 1시간 동안 식힌 다음 구운 페이스트리를 틀에 담고 뒤집어서 사과가 페이스트리에 뒤집어 얹히도록 한다. 크렘 프레슈를 곁들여 낸다.

스테판 셰물리
Stephane Schermuly

. . . .

프랑스 파리

스테판 셰물리는 본인 가족이 다섯 세대에 걸쳐 물려받으며 운영해 온 프랑스 레스토랑에서 요리를 배웠다. 단순하고 전통적이며 어린 시절에 경험한 프로방스식 음식에 크게 영향을 받은 요리 스타일이 특징이다. 파리의 포트 마이요에 자리한 전형적인 파리식 비스트로이자 1930년까지 역사를 거슬러 올라가며 단골 손님 모두가 완벽하게 조리한 고전식 프렌치 비스트로 요리를 즐길 수 있는 쉐 조르주Chez Georges의 수석 주방장이다.

홀그레인 머스터드 소스를 두른
도미 타르타르와 녹색 채소 샐러드

타르타르를 만든다. 도미 필레는 작게 깍둑썰기 해서 냉장고에 넣어 보관한다. 토마토는 4등분해서 씨를 제거하고 깍둑썰기 한 다음 샬롯과 골파, 타라곤과 함께 도미 필레에 더한다. 홀그레인 머스터드 1큰술과 레몬즙, 해바라기씨 오일 1큰술을 더하고 소금과 후추로 간을 한 다음 골고루 버무린다. 다른 볼에 홀그레인 머스터드 1큰술과 셰리 식초 1큰술, 해바라기씨 오일 3큰술을 담고 거품기로 휘저어서 비네그레트를 만든다.

다른 볼에 홀그레인 머스터드 1큰술과 싱글 크림을 섞은 다음 소금과 후추로 간을 해서 소스를 만든다. 지름 8cm 크기의 조리용 링이나 쿠키 커터에 도미 타르타르를 담고 윗부분을 매끈하게 고른 다음 링을 조심스럽게 들어낸다. 샐러드 채소에 비네그레트를 더해서 버무린 다음 타르타르 위에 소복하게 얹고 타르타르 주변에 소스를 두른다. 아주 차갑게 낸다.

- ◆ 필레를 뜨고 등뼈를 제거한 신선한
   도미 3마리(각 약 600~800g)
- ◆ 토마토 1개(대)
- ◆ 곱게 다진 샬롯 2개 분량
- ◆ 다진 골파 1단 분량
- ◆ 다진 타라곤 1단 분량
- ◆ 홀그레인 머스터드 3큰술
- ◆ 레몬즙 1/2개 분량
- ◆ 해바라기씨 오일 4큰술
- ◆ 소금과 후추
- ◆ 셰리 식초 1큰술
- ◆ 싱글 크림 100mL
- ◆ 모듬 녹색 샐러드 채소 200g
   6인분

천천히 익힌 로즈메리 양고기 어깨살 및 올리브 오일과 골파를 가미한 으깬 감자

- ◆ 양고기 어깨살 1개(약 2.8~3kg)
- ◆ 조리용 오일
- ◆ 소금과 후추
- ◆ 깍둑 썬 양파 1개 분량
- ◆ 깍둑 썬 당근 2개 분량
- ◆ 마늘 3쪽
- ◆ 씨를 제거하고 깍둑 썬 토마토 2개 분량
- ◆ 화이트 와인 250mL
- ◆ 로즈메리 1줄기(대)
- ◆ 샤를로트charlotte 감자 1kg
- ◆ 버터 150g
- ◆ 올리브 오일 300mL
- ◆ 곱게 다진 샬롯 2개 분량
- ◆ 곱게 다진 골파 1단 분량

　6인분

양고기 어깨살에서 뼈를 발라내어 분리한 다음 고기를 50g 크기로 자른다. (또는 정육점에 부탁해서 미리 고기와 뼈를 분리한 다음 구입한다.) 고기에 오일을 두르고 소금과 후추로 간을 한 다음 바닥이 무거운 주물 냄비를 중간 불에 올리고 고기와 뼈를 더하여 노릇하게 지진다. 고기를 건져 내고 양파, 당근, 마늘 2쪽을 더하여 노릇하게 볶는다. 토마토와 화이트 와인을 더해서 바닥에 달라붙은 파편을 모조리 긁어낸다. 바글바글 끓인 다음 고기를 다시 넣고 로즈메리를 더한다. 물을 고기가 잠길 만큼 부은 다음 뚜껑을 닫고 잔잔한 불에서 2시간 동안 뭉근하게 익힌다.

　냄비에 소금물을 한소끔 끓이고 감자와 남은 마늘을 넣어서 15~18분간 삶는다. 감자는 부드럽지만 형태를 유지할 정도가 되어야 한다. 감자를 건져서 물기를 거른 다음 다시 냄비에 넣는다. 버터와 올리브 오일을 더한 다음 거품기로 으깬 후 샬롯과 골파를 더한다. 따뜻하게 보관한다. 양고기가 부드러워지면 냄비에서 건져 내고 로즈메리를 제거한다. 냄비에 남은 소스를 믹서에 갈아 퓌레를 만든 다음 체에 내려서 고기와 함께 섞는다. 접시에 으깬 감자를 소복하게 담고 가운데를 오목하게 파서 고기와 소스를 담는다. 로즈메리 한 줄기로 장식한다.

세 가지 종류의 달걀 커스터드 (바닐라, 커피, 초콜릿)

- ◆ 더블 크림 1L
- ◆ 반으로 가른 바닐라 빈 3개 분량
- ◆ 달걀노른자 10개 분량
- ◆ 정제 백설탕 180g
- ◆ 코코아 파우더 25g
- ◆ 인스턴트 커피 6g(1작은술)

　6인분

오븐을 100℃로 예열한다. 냄비를 잔잔한 불에 올리고 크림과 바닐라 빈을 더해서 한소끔 끓인다. 큰 볼에 달걀노른자를 담는다. 설탕을 더해서 새하얗게 걸쭉해질 때까지 친다. 끓인 크림을 체에 걸러서 볼에 부은 다음 골고루 섞는다. 혼합물을 볼 3개에 나누어 담고 코코아 파우더와 커피를 각각 하나씩 더한 다음 나머지 하나는 그대로 둔다. 내열용 도기 커피 컵 18개에 커스터드 혼합물을 채우고 오븐에 넣어 굽는다. 초콜릿 커스터드는 30분 후에, 커피와 바닐라 커스터드는 50분 뒤에 꺼낸다. 실온으로 식힌 다음 냉장고에 넣어 4시간 동안 차갑게 식힌다.

마르탱 슈미드
Martin Schmied

. . . .

프랑스 리옹 & 자메이카 킹스턴

마르탱 슈미드는 파리의 르드와양Ledoyen과 쉐 타유방Chez Taillevent
및 플라자 아테네 호텔의 레스토랑을 거친 후 2006년 고메 비스트로 마
갈리 에 마르탱Magali et Martin을 열었다. 마르탱의 음식에서는 프랑스
전통 속에 녹아든 그만의 색채를 뚜렷하게 감지할 수 있다. 마갈리 에 마
르탱은 개장 후 불과 3년만에 큰 성공을 거두며 리옹 지역 프랑스 비스트
로의 새로운 기준을 수립했다. 지금은 자메이카의 리조트에서 근무하며
현지 식재료와 프랑스 파인 다이닝을 결합한 음식을 선보이고 있다.

모듬 채소와 와사비 크림을 가미한
알록달록한 농어 요리

팬에 화이트 와인과 샬롯, 간장, 마늘을 담고 수분간 뭉근하고 잔잔하게
익혀서 기본 국물을 만든다. 함부르크 파슬리와 순무, 셀러리를 더해서
부드러워질 때까지 천천히 익힌 다음 구멍 뚫린 국자로 건진다. 농어 필레
를 더해서 딱 익을 때까지 삶는다. 볼에 찬물을 담고 판젤라틴을 더하여
부드럽게 불린 다음 짜서 물기를 제거한다. 농어를 육수에서 건진 다음
젤라틴을 더하여 휘저어서 녹인다. 소금과 후추로 간을 한다. 실온으로
식힌다.

찻잔 또는 유리잔 2개(대)에 젤리를 한 숟갈 넣고 채소 한 숟갈을 더
한 다음 생선 한 숟갈을 더한다. 모든 재료가 소진될 때까지 반복해서 켜
켜이 담는다. 작은 냄비에 크림을 담고 한소끔 끓여서 반으로 졸인다. 와
사비 페이스트를 원하는 만큼 더해서 섞는다. 식힌 다음 젤리 위에 와사
비 크림을 소량 붓는다.

참고
함부르크 파슬리는 파스닙과 비슷하게 생긴 뿌리채소로 셀러리악 및 파
슬리와 비슷한 맛이 난다.

◆ 화이트 와인 750mL

◆ 다진 샬롯 1개 분량

◆ 간장

◆ 마늘 1쪽

◆ 길게 채 썬 함부르크 파슬리 20g

◆ 길게 채 썬 스웨덴 순무 20g

◆ 길게 채 썬 셀러리 1대 분량

◆ 껍질을 벗기고 뼈를 제거한 농어 필레
  150g

◆ 판젤라틴 5개

◆ 소금과 후추

◆ 더블 크림 200mL

◆ 와사비 페이스트
  2개

비둘기 그린 샤르트뢰즈 로스트

- ◆ 비둘기 1마리(통)
- ◆ 마늘 1쪽
- ◆ 타임 1줄기
- ◆ 조리용 오일
- ◆ 그린 샤르트뢰즈 리큐어 1큰술
- ◆ 푸아그라(날 것) 10g
- ◆ 구운 흰색 빵 1장
- ◆ 소금과 후추

  1인분

오븐을 220℃로 예열한다. 비둘기(430~431쪽)는 손질해서 간을 따로 분리한다. 바닥이 묵직한 오븐용 팬에 비둘기를 담고 마늘과 타임을 더하여 오븐에 넣어 약 15~20분간 로스트한다. (이때 비둘기고기는 레어 상태가 되어야 한다). 10분간 따뜻하게 보관한다.

비둘기에서 가슴살과 다리를 발라낸다. 프라이팬에 오일을 약간 두르고 가슴살과 다리, 남은 뼈를 더해서 잔잔한 불에 볶는다. 샤르트뢰즈를 부은 다음 팬 주변의 인화성 물질을 모조리 치우고 멀찍이 서서 불을 켠 성냥을 팬 가장자리에 대고 불을 붙인다. 간과 푸아그라는 다른 팬에 담아 딱 익을 정도로 구운 다음 믹서에 갈아 퓌레를 만든다. 구운 빵에 바른다. 그 위에 가슴살과 다리를 얹고 접시에 담는다. 익힌 즙을 고운체에 길러서 소금과 후추로 간을 한 다음 고기에 두른다.

사과 스트루델

페이스트리 재료:

- ◆ 밀가루 250g
- ◆ 소금 1/2작은술
- ◆ 올리브 오일 20mL
- ◆ 가볍게 푼 달걀 50mL(약 2개 분량)

필링 재료:

- ◆ 부드러운 버터 40g
- ◆ 껍질을 벗기고 심을 제거한 다음 잘게
  썬 사과 1.5kg
- ◆ 설탕 100g
- ◆ 시나몬 가루
- ◆ 빵가루 80g
- ◆ 녹인 버터 80g

  4인분

볼에 밀가루와 소금을 담고 오일, 달걀, 따뜻한 물 125mL를 더하여 골고루 섞어서 페이스트리 반죽을 만든다. 20분간 휴지한다. 오븐을 180℃로 예열한다. 깨끗한 천에 페이스트리를 올리고 직사각형 모양으로 아주 얇게 민 다음 솔로 버터를 골고루 바른다. 사과와 설탕, 시나몬 가루, 빵가루를 뿌린다. 긴 쪽을 기준으로 돌돌 말아서 길고 납작한 원통형 스트루델을 만든 다음 녹인 버터를 솔로 발라서 오븐에 넣고 노릇하게 굽는다.

실뱅 센드라

Sylvain Sendra

프랑스 파리

실뱅과 사라 센드라의 첫 레스토랑 르 탕 오 탕Le Temps au Temps은 파리의 폴 베르트 가에 자리하고 있다. 2008년 문을 연 후 미쉐린 별을 거머쥔 이티네뢰르Itineraires 레스토랑에서는 현지 시장에서 조달하는 신선한 식재료를 바탕으로 독창적이고 현대적인 프랑스 비스트로 요리를 선보인다. 또한 이탈리아 레스토랑 보카 로사Bocca Rossa에서는 센드라의 실험적인 자세를 엿볼 수 있다. 본래 이탈리아에 뿌리를 둔 여러 프랑스 요리의 뒤를 좇고 있기 때문이다.

양송이버섯 카르파치오와 바지락 시트롱 크림

시트롱에서 속껍질과 제스트를 벗겨낸 다음 작은 냄비에 담아 매번 새 물로 한소끔 끓여서 3번 데친다. 마지막으로 데친 국물은 남겨 두었다가 믹서에 데친 시트롱과 설탕을 담고 데친 국물을 약간 더해서 곱게 갈아 퓌레를 만든다. 버섯은 껍질을 벗겨서 레몬으로 문지른 다음 아주 가늘게 채 썬다. 이어서 펜넬을 같은 방식으로 손질한다. 바지락은 뜨거운 오븐 또는 번철에서 입을 벌릴 때까지 수분간 익힌다. 입을 벌리지 않는 것은 버린다.

　낼 때는 접시에 시트롱 크림을 4군데에 방울방울 얹고 그 위에 바지락을 각각 얹은 다음 그 주변에 펜넬과 버섯을 장미 모양으로 둘러 담는다. 소금과 후추로 간을 하고 올리브 오일을 약간 두른다.

◆ 시트롱 1개

◆ 설탕 10g

◆ 양송이버섯 6개(대)

◆ 반으로 자른 레몬 1개 분량

◆ 펜넬 구근 1개

◆ 씻은 바지락 20개

◆ 소금과 후추

◆ 곁들임용 올리브 오일

　4인분

대구 그릴 구이 및 레몬 콩피와 함께 익힌 채소

- ◆ 두꺼운 대구 필레 4장
- ◆ 녹색 아스파라거스 3대
- ◆ 흰색 아스파라거스 3대
- ◆ 애호박 1개
- ◆ 빨강 파프리카 1개
- ◆ 노란 당근 1개
- ◆ 레몬 콩피 또는 레몬 소금 절임 1/2개
  분량
- ◆ 생선 육수 200mL
- ◆ 소금과 후추
  4인분

대구는 바비큐 또는 직화 그릴을 이용해서 딱 익을 정도로 굽는다. 아스파라거스와 애호박, 파프리카, 당근, 레몬은 얇게 송송 어슷 썬다. 바닥이 묵직한 팬에 손질한 채소를 담고 1~2분간 노릇하게 볶은 다음 생선 육수를 부어서 바닥에 달라붙은 파편을 모조리 긁어내고 뭉근하게 익힌다. 접시에 익힌 채소를 담고 생선 육수를 살짝 두른 다음 대구를 얹는다. 국물을 떠먹을 수 있도록 숟가락을 함께 낸다.

파인애플과 오이, 바질을 가미한 초콜릿 카르파치오

- ◆ 더블 크림 160mL
- ◆ 다진 일반 초콜릿 200g
- ◆ 올리브 오일 1큰술
- ◆ 작게 깍둑 썬 빵 10개
- ◆ 깍둑 썬 파인애플 50g
- ◆ 깍둑 썬 아보카도 1개 분량
- ◆ 깍둑 썬 오이 1/2개 분량
- ◆ 민트 잎 2장
- ◆ 바질 잎 2장
- ◆ 곁들임용 민트 그라니타(선택 사항)
  4인분

작은 냄비에 크림을 담고 잔잔한 불에서 한소끔 끓인 다음 초콜릿을 더해서 휘저어 녹인다. 베이킹 트레이에 유산지 2장을 깔고 그 위에 초콜릿 혼합물을 붓는다. 냉장고에 넣어 4시간 동안 차갑게 굳힌다. 그동안 팬에 올리브 오일을 두르고 빵을 넣어서 골고루 노릇하게 구워 크루통을 만든다. 차갑게 굳은 초콜릿을 지름 15~20cm 크기로 둥글게 자른다.

원형 초콜릿을 식사용 그릇에 담고 가운데에 손질한 채소와 과일을 얹어 장식한다. 민트와 바질 잎을 더하고 민트 그라니타와 크루통을 적당히 뿌린다.

LA PELOTE
***

지네트가 선사하는 주방의 조언

요리에 관한 토막 상식

그뤼에르 치즈

그뤼에르 치즈는 식초를 약간 탄 물에 적셨다가 꼭 짠 면포에 싸면 오래 보관할 수 있다. 냉장고에 보관할 때는 그뤼에르를 뚜껑이 있는 상자에 보관한다. 각설탕을 한두 개 같이 넣어 두었다가 녹기 시작하면 새 것으로 교체한다. 그러면 그뤼에르가 건조해지지 않는다.

로스트

고기를 로스트할 때는 로스팅 팬 바닥에 소금을 약간 뿌린다. 그러면 기름이 타는 것을 막을 수 있다.

마요네즈

마요네즈가 분리될 것 같다면 소금 약간이나 식초 한 방울을 떨어뜨린다. 이미 분리된 마요네즈를 되살리려면 다음 방법 중 하나를 시도한다.

- 큰 볼에 머스터드 1작은술을 담고 분리된 마요네즈를 조금씩 넣으면서 섞는다.
- 깨끗한 볼에 식초 한 방울을 담고 분리된 마요네즈를 조금씩 넣으면서 섞는다.
- 깨끗한 볼에 찬물 1/4작은술을 담는다. 분리된 마요네즈를 조금씩 넣으면서 계속 휘젓는다.
- 깨끗한 볼에 달걀노른자를 담고 잘 푼 다음 분리된 마요네즈를 조금씩 넣으면서 섞는다.

머스터드

머스터드는 직접 만들 수 있다. 볼에 머스터드 파우더 1큰술을 담는다. 화이트 와인 식초를 천천히 부으면서 힘차게 휘저어 고운 페이스트를 만든다. 올리브 오일 1작은술과 백후추 1꼬집을 더한다. 골고루 섞어서 마무리한다. 2일간 재운다. 밀폐용기에 담는다. 머스터드에 풍미를 더하고 싶다면 만들기 전에 미리 식초에 골파와 타라곤, 파슬리, 통후추, 고수 또는 정향을 재워 보자.

바닐라 설탕

바닐라 설탕을 만들려면 정제 백설탕 60g을 잘게 썬 바닐라 빈 1개 분량과 함께 절구에 찧는다. 밀폐용기에 보관한다.

샌드위치

샌드위치를 신선하게 보관하려면 차곡차곡 쌓아서 깨끗한 젖은 행주로 싸 둔다.

소고기 브레이즈

2시간 30분간 조리한 후에도 소고기가 질기다면 연육 작용을 돕는 따뜻한 브랜디 2작은술을 더한다.

소금

유제품은 너무 빨리 소금을 넣으면 분리될 수 있으므로 요리 완성 직전에 소금으로 간을 한다. 소금통에 담은 소금이 습기를 머금지 않도록 하려면 쌀알을 몇 개 같이 넣어 둔다. 너무 짠 요리에서 소금기를 빼려면 각설탕을 하나 넣었다가 2초 후에 건지거나 저민 날감자를 더했다가 먹기 전에 제거한다. 염장 고기 또는 생선 보존 식품을 물에 담가 둘 때는 채반에 넣은 다음 물을 채운 용기에 넣어서 바닥에 직접 닿지 않도록 한다. 소금기가 빠져나와 용기 바닥에 고이기 때문이다. 중간에 물을 2~3회 갈아 준다.

식초

10~15L 정도의 작은 나무 통 하나만 있으면 집에서도 식초를 만들 수 있다. 나무 통을 아주 깨끗하게 손질한 다음 구멍을 두 군데 낸다. 하나는 가운데보다 조금 위쪽에 상당히 크게 내서 공기가 들어갈 수 있도록 한다. 다른 하나는 더 높은 곳에 내서 와인을 부을 수 있도록 한다. 통에는 마개가 달려 있어야 한다. 양질의 와인 식초 3L를 10~15분간 팔팔 끓인다. 통에 부어서 식힌다. 발효 과정이 진행 중인 다른 식초 통에서 따라 낸 식초 배양액, 즉 '초모醋母'를 더한다. 수면 위에 잠기지 않도록 주의하면서 랩이나 시트 등을 한 장 깐다.

　10일간 재운다. 10일 간격으로 식초 250mL를 따라 내고 양질의 와인을 동량 더한다.

우유

우유를 가열하다가 태웠다면 따뜻하게 온도를 유지하면서 깨끗한 젖은 면포를 담근다. 면포를 건져서 깨끗하게 씻은 다음 꼭 짜서 다시 우유에 담근다. 탄내가 사라질 때까지 같은 과정을 반복한다.

적양배추

적양배추를 조리할 때 생식용 사과의 껍질을 벗겨서 저민 다음 더하면 전체적으로 맛이 아주 좋아진다.

정제 버터

정제 버터를 만들 때는 버터를 담은 팬을 잔잔한 불에 올려서 녹인다. 표면에 거품이 올라오기 시작하지만 곧 없어지면서 팬 바닥에 침전물이 고일 것이다. 침전물은 남기고 맑은 액상 부분만 따라 낸다.

케이크

케이크를 구운 다음 두 번 접은 행주에 틀째로 엎었다가 차가운 돌 위에 5분간 올려 두면 틀에서 더 쉽게 빼낼 수 있다.

크렘 앙글레즈

크렘 앙글레즈가 뭉치면 밀폐용기에 담아서 세차게 흔들거나 믹서에 간다.

토마토

토마토는 가끔 맛이 영 밍밍할 때가 있다. 그럴 때는 반으로 잘라서 단면에 소금을 뿌린 다음 30분간 재운다. 고인 즙을 따라 내고 평소와 같이 요리한다.

홀랜다이즈

홀랜다이즈 소스가 분리되면 깨끗한 볼에 뜨거운 물 1작은술을 담고 분리된 소스를 천천히 부으면서 섞는다.

메뉴 짜는 법

우리는 살기 위해 반드시 먹어야 하지만, 단순히 눈앞에 놓인 음식을 소비해서 허기를 달래는 것만으로 만족할 수는 없다. 품질과 양을 꼼꼼하게 따져서 가장 영양가가 높은 재료를 현명하게 골라내야 한다. 또한 메뉴를 잘 짜려면 음식을 먹는 사람의 필요와 취향을 충분히 고려해야 한다.

메뉴를 짤 때는 적정한 가격대의 영양가 높은 식재료를 활용한다. 가격대가 높은 것은 주로 희소성이나 외양, 향료, 브랜드나 포장재 때문일 경우가 많기 때문이다. 소고기 안창살 등 저렴한 부위도 채끝등심처럼 비싼 부위만큼 영양소가 풍부하며 솜씨 좋게 손질해서 우아하게 차리면 아주 맛있게 즐길 수 있다. 자고로 음식은 가격 자체보다 가격 대비 영양가가 떨어질 때 비싸다고 평가하게 된다.

가능하면 언제나 제철 재료를 이용해서 메뉴를 짜도록 한다. 제철이 아닌 식재료는 대체로 너무 비싸고 제철만큼 풍미가 뛰어나지 못하다. 제일 첫 코스는 허기를 달랠 수 있는 가벼운 요리로 준비한다. 스타터로는 생채소나 모둠 샐러드, 오르되브르 등을 낸다. 양은 사람마다 필요한 만큼 준비한다. 활동량이 적은 성인의 경우 저녁 식사의 양은 점심 식사보다 가볍게 차리는 것이 좋다. 계절에 맞고 균형 잡힌 식사의 예시가 궁금하다면 918~919쪽의 메뉴를 참조하자.

메뉴는 상황에 맞춰서 신중하게 바꿔 가며 짜야 한다. 가족 식사에서는 단순하지만 단조롭지 않도록 준비하는 것이 좋다. 친구와의 식사에서는 간단하지만 신중하게 구성한 메뉴를 신경 써서 조리해 내놓도록 한다. 축하연을 치를 때는 잠시 절약할 생각을 내려놓아도 좋지만, 영양가를 따지는 것을 잊어서는 안 된다. 맛있고 풍성하지만 영양 높은 식사를 차리는 것은 절대 불가능한 일이 아니다.

외식을 할 때는 그날의 추천 메뉴를 신뢰하는 것이 좋다. 레스토랑은 고객을 만족시켜서 꾸준히 방문하도록 만들고 싶어 하기 때문이다. 와인은 언제나 요리와 어울리는 것으로 신중하게 골라야 한다. 와인의 풍미가 요리와 상충할 경우 둘 다 제대로 즐길 수 없다.

수프와 오르되브르

메뉴를 구성할 때 매우 중요한 역할을 하는 코스다. 식욕을 자극해서 나머지 식사를 기대하게 만들고 전체적인 균형을 조정하면서 좋은 첫인상을 남길 수 있다.

메인 요리

주로 고기 또는 생선 요리에 채소를 곁들인다. 채소는 반드시 주재료와 어울리는 풍미와 색상, 담음새, 조리 방식을 완벽하게 고수하도록 준비해야 한다. 주객전도로 전체 요리를 지배하거나 방해하는 일 없이 주재료 및 소스를 뒷받침하는 역할을 한다.

샐러드

아주 건강하면서 주요리를 보조하는 역할을 하는 코스다. 또한 소화를 돕는다.

치즈

치즈는 칼슘 함량이 높으며 식사의 영양 균형을 맞추는 데에 기여한다. 스타터에 치즈가 들어가 있을 경우 식사 마지막 코스로 다시 낼 필요는 없다. 소화를 돕고 미식가를 크게 만족시킬 수 있는 요소다.

디저트

메인 요리를 보충하면서 마지막으로 좋은 인상을 남기며 식사를 마무리하는 역할을 한다.

봄

- 감자 뇨끼(571쪽)
- 칠면조 가슴살 팬 로스트(438
  쪽)
- 양상추 브레이즈(556쪽)
- 요구르트(121쪽)

- 명태 또는 헤이크 터번(245쪽)
- 뒤세스 감자(570쪽)
- 모둠 샐러드 채소(97쪽)
- 크림 치즈(122쪽)

- 아스파라거스와 무슬린 마요
  네즈(71쪽, 145쪽)
- 양 다리 로스트(378쪽)
- 으깬 감자(568쪽)
- 레몬 크림 앙글레즈(694쪽)

- 생버섯 샐러드(527쪽)
- 닭고기 마렝고와 파스타
  (453쪽, 625쪽)
- 초콜릿 무스(703쪽)

- 가리비 소테를 얹은 양상추 샐
  러드(279쪽, 583쪽)
- 스테이크(316쪽)
- 크레올식 쌀 요리(617쪽)
- 오렌지 샐러드(661쪽)

- 래디시(94쪽)
- 잘게 찢은 홍어와 허브(259쪽)
- 찐 감자(567쪽)
- 레몬 타르트(788쪽)

- 샤블리를 넣은 달팽이 요리

(111쪽)
- 마카로니 로프(630쪽)
- 모둠 샐러드 채소(97쪽)
- 치즈(122쪽)

- 아티초크와 비네그레트(92쪽)
- 토마토를 곁들인 서대기 필레
  와 파스타(264쪽, 625쪽)
- 초콜릿 수플레 아이스크림
  (747쪽)

- 당근 간 것
- 화이트 와인에 익힌 토끼 요리
  와 감자 소테(480쪽, 574쪽)
- 체리 콩포트(652쪽)

- 앙티브식 오이 요리(541쪽)
- 속을 채운 양 어깨살(381쪽)
- 도핀 감자(570쪽)
- 바닐라 크렘 브륄레(705쪽)

여름

- 앙티브식 토마토 요리(579쪽)
- 송아지 흉선 및 신장 소테와
  머스터드 소스(68쪽, 363쪽,
  370쪽)
- 껍질째 삶은 감자(566쪽)
- 민트 과일 샐러드(679쪽)

- 생래디시
- 송아지 포피예트(353쪽)
- 깍지콩 아 랑글레즈(551쪽)
- 자두 타르트(785쪽)

- 생멜론
- 노랑촉수와 토마토(260쪽)

- 애호박 토마토 케이크(544쪽)
- 라즈베리 소르베(749쪽)

- 토마토와 비네그레트(66쪽,
  578쪽)
- 비둘기 로스트와 완두콩(498
  쪽, 563쪽)
- 피치 멜바식 디저트(664쪽)

- 아스파라거스 퍼프 페이스트
  리(514쪽)
- 스테이크(316쪽)
- 감자칩(575쪽)
- 딸기 타르트(785쪽)

- 생멜론
- 투르느도 스테이크(320쪽)
- 양상추 브레이즈(556쪽)
- 딸기 또는 라즈베리 아이스크
  림(746쪽)

- 콜리플라워 로프(539쪽)
- 노랑촉수와 토마토(260쪽)
- 과일 튀김(724쪽)

- 모듬 샐러드 채소(97쪽)
- 파슬리 소스를 두른 소고기
  (328쪽)
- 도핀 감자(570쪽)
- 라즈베리

가을

- 토마토 샐러드(94쪽)
- 소고기 소테(329쪽)
- 감자칩(575쪽)
- 말린 자두 콩포트(674쪽)

피크닉

피크닉용 요리는 쉽게 운반할 수 있어야 하므로 메뉴를 짜기 쉽지 않다. 다음 목록을 참고하자.

마요네즈 파스타 샐러드

소금물을 끓여서 파스타 250g을 삶는다. 건져서 식힌다. 게살 통조림 1캔 분량을 결대로 찢은 다음 마요네즈(70쪽)와 함께 버무려서 차가운 파스타와 함께 골고루 섞는다.

채소 마세두안

간을 넉넉히 한 마요네즈(70쪽)로 러시안 샐러드(588쪽)를 만든다. 길쭉하거나 둥근 빵을 준비한다. 위쪽 뚜껑 모양으로 잘라 낸다. 칼로 안쪽 속살을 파낸 다음 러시안 샐러드를 채운다. 뚜껑을 다시 덮어서 끈으로 묶어 쉽게 들고 이동할 수 있도록 한다.

속을 채운 완숙 달걀

달걀 적당량을 완숙(134쪽)으로 삶는다. 껍데기째 반으로 자른다. 달걀노른자를 꺼내서 찢은 다음 다진 허브와 비네그레트(66쪽)와 함께 섞는다. 혼합물을 작은 크기로 덜어서 둥글게 빚은 다음 달걀의 빈 곳에 채운다. 달걀을 다시 원래대로 맞붙여서 쿠킹포일로 싼다.

녹색 채소 샐러드

녹색 채소 샐러드는 준비해서 젖은 행주에 싸서 가지고 다닐 수 있다. 비네그레트는 미리 준비해서 밀봉한 병에 담아 간다.

로스트 고기

로스트한 고기 및 가금류는 종류와 무관하게 피크닉 자리에서 차갑게 즐길 수 있다.

푸아그라 무스

거위 푸아그라에 동량의 아주 차가운 버터를 섞는다. 단단하게 뿔이 서도록 거품을 낸 달걀흰자 또는 휘핑한 크림을 조금 더해 마저 섞는다.

샌드위치

샌드위치는 시골 빵, 식빵, 호밀이나 통밀빵, 롤빵, 아주 작은 우유 롤빵 등으로 만들 수 있다. 직사각형, 사각형, 삼각형 등 원하는 모양과 크기로 자른다. 잘 어울리는 속 재료로는 올리브, 치즈, 머스터드, 새우 버터(99쪽), 안초비 버터(100쪽), 로스트 비프, 익힌 닭고기, 절인 또는 익힌 훈제 햄, 소시지, 모르타델라, 혀, 푸아그라, 간 파테, 오일에 절인 정어리, 오일에 절인 참치, 청어 또는 안초비 필레, 훈제 연어, 닭새우, 바닷가재, 새우, 가재, 토마토, 래디시, 마세두안, 녹색 채소 샐러드 등이 있다. 또는 완숙으로 삶은 달걀 1개를 다져서 굵게 다진 양상추 속심 1통 분량과 마요네즈(70쪽) 4큰술과 함께 골고루 버무려 사용한다.

디저트

틀에 담은 채로 쉽게 가지고 다닐 수 있는 디저트로는 라이스 푸딩(711쪽) 또는 세몰리나 푸딩(713쪽)이 있다. 크거나 작은 비스킷류도 좋다.

깜짝 멜론

끈으로 묶어서 가지고 다니기 쉽고 여름에 특히 환영받는 아주 산뜻한 디저트다. 멜론 윗부분을 뚜껑처럼 자른다. 안쪽 속살을 파내서 잘게 자른다. 파인애플이나 복숭아, 살구, 배, 사과, 바나나, 딸기, 체리 등을 깍둑 썬다. 과일과 잘게 썬 멜론을 다시 멜론 속에 채우고 정제 백설탕을 뿌려서 덮는다. 뚜껑을 다시 제자리로 되돌린다. 조리용 끈으로 묶는다.

주방

요리는 시간이 많이 들고 힘든 작업이기도 하지만, 주방을 제대로 단장하면 시간과 품을 절약할 수 있다. 꼼꼼하게 따져서 체계적이고 실용적으로 일할 수 있도록 정리해 보자. 완벽한 주방까지는 이르지 못하더라도, 어느 정도 정돈하면 효율성이 훨씬 높아진다.

벽은 물청소가 가능한 옅은 색의 페인트를 칠한 다음 약 2m 높이까지는 타일을 붙이도록 한다. 또한 바닥은 내구성이 있으며 청소가 용이해야 한다. 물건은 가능한 한 안쪽에 안전하게 보관하는 것이 좋으니 개방형 선반과 찬장은 최소화한다. 작업대는 매끄럽고 모서리가 둥글어야 하며 청소하기 쉽지 않은 몰딩은 피하고, 선반은 옅은 색의 플라스틱을 씌워서 보호한다. 향신료 항아리를 수십 개씩 늘어놓는 식의 구성은 피하자. 심미적 효과에는 논쟁의 여지가 있으며 청소하기 매우 까다롭다.

주방은 조명이 밝아야 하지만 조명 자체를 교체하기는 쉽지 않다. 그럴 때는 불투명한 유리를 투명한 것으로 바꾸거나 문에 유리를 삽입하는 것을 고려해 보자. 조명은 실내 중앙 및 다양한 작업대 위에 설치되어 있어야 하며, 불빛을 확산시키는 적절한 산광기를 이용하면 조명을 쾌적하게 만들 수 있다.

주방의 가구와 도구는 작업을 끊기지 않고 올바른 순서대로 진행하며 같은 일을 두 번 반복할 필요가 없도록 합리적으로 배치해야 한다. 손질, 세척, 식사 등 작업별로 도구와 구역을 나누는 것이 좋다. 그래야 작업이 간편해져서 시간을 절약할 수 있다. 부엌에 시계를 놓으면 매우 유용하게 쓰이며, 타이머 기능이 있는 것이 좋다. 행주 또한 관리에 신경을 기울여야 한다. 방금 씻은 그릇을 오염시킬 걱정이 없을 정도로 아주 깨끗하게 손질하고 보관해야 한다. 키친타월을 넉넉히 마련해 두면 식재료를 손질하거나 생선을 준비하고 채소의 물기를 제거하는 등의 다양한 작업에 광범위하게 활용할 수 있다.

발행인의 한마디

지네트 마티오의 주방 구조 및 식사 예절에 대한 조언에서 『나는 요리하는 법을 안다』의 역사를 엿볼 수 있다. 여성이 가정주부로 집안일을 도맡아 하던 과거 프랑스의 유물처럼 보이기도 하지만 사실 현대에도 적용 가능한 부분이 많다.

냉장고가 제대로 기능하려면 찬 공기가 순환할 수 있도록 관리해야 한다. 식재료를 너무 꽉 채우지 말고 플라스틱 식재료를 가리지 않도록 주의한다. 일주일에 한 번씩 성에를 제거하고 깨끗하게 청소한다. 식재료를 보관할 때도 합리적으로 판단해야 한다. 대체로 최상단이 가장 차가우므로 제일 위쪽 선반에 고기와 생선을 보관하며 비교적 온도가 높은 아래쪽에는 과일과 채소를 둔다. 모든 음식은 냉장고에 넣기 전에 랩으로 싸거나 뚜껑이 있는 상자에 담는다. 냉장고와 냉동고에 보관하는 음식은 수시로 교체하며 유통기한을 자주 확인하는 것이 중요하다.

채소 바구니가 있으면 감자, 양파, 샬롯, 마늘 등을 보관하기 좋다. 선반 등의 아래에 바구니를 달면 공간을 절약할 수 있다.

식사 예절

식사를 대접할 때는 전체적으로 신경 쓸 부분이 많다. 모두가 저녁 식사가 훌륭하고 적절했다고 생각하며 아무도 소외감을 느끼지 않도록 주의를 기울여야 한다. 모든 책임은 주최한 집주인 측이 진다. 주최자는 식탁에서 대화를 이끌며 활기차고 예의 바른 분위기를 주도해야 한다. 중요하지만 매우 섬세한 작업이다. 19세기의 프랑스 미식가 브리야 사바랭은 손님을 초대해서 식사를 대접할 때에는 모두가 처음부터 끝까지 행복할 수 있도록 책임을 져야 한다고 말했다.

완벽한 저녁 파티는 잘 짜인 메뉴와 우아한 식탁, 적절한 조명(나뭇가지 모양의 촛대 등), 합리적인 좌석 배치 및 효율적인 배려에 달려 있다.

주최자는 손님을 따뜻하게 환영해야 한다. 도착하자마자 반갑게 맞이할 준비를 마치고 나가서 얼굴을 마주한 다음 거실 또는 응접실로 안내한다. 친절하게 소개해서 손님끼리 서로 인사를 할 수 있도록 한다.

테이블 세팅

언제 어느 때라도 따스하고 매력적으로 식탁을 차릴 수 있도록 한다. 식사 시간은 가족의 삶을 상징하는 존재로 가족 구성원을 서로 가까이 뭉칠 수 있도록 한다. 되는대로 마구 차린 식탁 구석에 엉덩이를 붙이기란 얼마나 서글픈 일인지! 반면 지친 하루를 보낸 후 아름답게 꾸민 식탁에 둘러앉으면 절로 편안하게 긴장을 풀 수 있다. 어렵지도 시간이 오래 걸리지도 않는 일이며 적은 노력으로 가족에게 기쁨과 즐거움을 선사할 수 있다.

식탁에 모직이나 면 펠트 천을 깔면 뜨거운 그릇에 나무 표면이 손상되지 않고 식기를 보호할 수 있으며 식사 중에 수저를 내려놓을 때 딸각거리는 소리가 나지 않는다. 그 위에 식탁보를 깐다. 식탁을 맨바닥 채로 사용하지 않으면서 세탁물을 줄이고 싶다면 개별용 식탁 매트를 사용하자. 따뜻한 장식 효과를 내면서 훨씬 경제적이다.

저녁 파티용 테이블

장소 마련하기

모든 사람이 물건과 적정 거리를 유지하면서 불편하지 않게 머무를 수 있어야 한다. 1인당 최소 60~70cm 정도를 할애하자. 접시는 식탁에 대칭 형태로 차린다.

커트러리

커트러리에 문장이나 각인이 새겨져 있지 않다면 포크는 날이 위로 오도록, 숟가락은 폭 들어간 아치 부분이 위를 향하도록 차린다. 포크는 접시 왼쪽, 숟가락은 오른쪽에 칼과 같이 두되 수저 받침대를 이용해서 깔끔하게 정리한다. 후반 코스용 수저 및 날붙이는 깨끗한 쟁반에 담아서 보조 식탁에 차려 둔다. 디저트 접시에는 푸딩용 및 과일용 수저를 따로 준비한다. 치즈 코스를 낼 때는 작은 접시와 함께 칼과 포크를 차려야 한다.

유리잔

물잔과 레드 와인잔, 화이트 와인잔이 한 세트를 이룬다. 잔은 접시 앞에 차리되 놓는 순서는 취향에 따라 달리한다. 1인당 잔 세 개씩을 차리는 것이 일반적이다. 가운데에 물잔을 두고 레드 와인잔과 화이트 와인잔은 살짝 오른쪽으로 비켜서 차린다. 주로 화이트 와인을 먼저 내는 경우가 많으므로 합리적인 차림새라 할 수 있다. 화이트 와인을 마신 다음 잔을 치우고 레드 와인을 낸다. 샴페인을 식사 마지막 코스로 낼 경우 샴페인잔을 물잔 왼쪽에 두고, 식사 첫 코스에 낼 경우에는 화이트 와인잔의 오른쪽에 둔다.

소금통

소금통은 식탁 크기에 따라 양쪽 끝에 하나씩 또는 가운데에 두 개를 놓는다. 1인당 하나씩 준비할 경우가 아니라면 작은 숟가락을 함께 놓도록 한다.

냅킨

냅킨은 수프 코스 유무에 따라 접시에 얹거나 그 옆에 둔다. 복잡하게 접어서 모양을 내는 것은 피하자. 단순하고 예쁘게 차리는 것이 훨씬 낫다.

빵

롤빵을 냅킨에 싸서 차린다. 잘라서 내는 빵은 철제 또는 고리버들 나무 바구니에 담는다. 작은 접시에 담아서 손님 왼쪽에 둘 수도 있다.

메뉴판

취향에 따라 손님 자리마다 이름과 메뉴 등을 기재한 작은 카드를 올려서 장식해도 좋다.

음료

물은 잔에 어울리는 카라페carafe에 담거나 시판 광천수를 낸다. 테이블 와인은 작은 카라페에 담는다. AOC 와인은 병째 내되 너무 오래된 것은 예외로 디캔트 과정을 거친다.

테이블 장식

식탁보가 단순할 경우 테이블 러너를 이용해서 가운데를 장식한다. 눈에 거슬리지 않고 적당한 미감을 갖추고 있는 한 마음껏 상상력을 발휘해서 식탁을 꾸며 보자.

꽃 장식

너무 크거나 향이 심하게 강하고 식탁 내 시야를 가릴 수 있는 키 큰 꽃 종류는 피한다. 꽃과 이파리를 모아서 단순한 일자형 또는 곡선형 다발을 만들어 식탁보에 바로 올리면 간단하게 만들 수 있고 저렴하면서 우아한 꽃 장식이 된다. 식탁 양쪽에 올리는 정식 센터 피스를 만들 때는 꽃을 더 많이 장식하고 높이는 아주 낮게 조정해야 한다. 꽃은 수분 유지를 위한 플로랄 폼(오아시스)에 꽂아야 모양내기 좋고 신선도를 유지할 수 있다. 꽃 대신 멋진 과일 바구니를 장식해도 좋다.

식탁 예절

모든 인인이 도착하면 식탁에 모두 착석해야 한다. 인원이 12일 이상일 경우 손님 이름을 적은 작은 상자를 자리 앞에 하나씩 둔다. 이때 메뉴판 뒷면을 이용해도 좋다. 주최자는 식탁 가운데에 서로 마주 보고 앉는다. 주최자의 오른쪽에는 사회적 지위 또는 나이 등으로 가장 존경받는 위치에 있는 남녀 손님을 앉힌다. 다른 손님의 자리를 배정하는 것은 상당한 기술을 요한다. 여성과 남성은 반드시 교대로 앉혀야 한다. 분위기가 어색해지는 것을 막으려면 서로 모르는 사람끼리 모여 앉지 않도록 주의한다. 여성 주최자가 먼저 자리에 앉은 다음 모두가 착석한다. 여성 주최자가 자리에서 일어나면 모두가 일어나야 하므로 가능하면 다들 식사를 마무리하기 전까지 식탁을 뜨지 않도록 하자.

음식을 내는 순서

음식은 미리 결정한 순서대로 차례차례 낸다. 계절과 상황에 맞춘 수프 또는 뜨겁거나 차가운 오르되브르, 스타터, 주요리(생선 또는 고기에 일정한 곁들임 음식을 차린 것), 채소, 샐러드, 치즈, 디저트, 과일(디저트에 과일이 들어가지 않을 경우) 등으로 이어진다. 냅킨에 싼 음식 그릇을 앉은 사람의 왼쪽으로 건네면서 제일 상석에 앉은 여성을 시작으로 계급 순서에 따라 손님이 직접 덜 수 있도록 낸다. 다만 현대에 와서는 효율성을 높여서 가장 지위가 높은 사람에게 먼저 권한 다음 정해진 순서 없이 돌려서 나누어 담도록 한다. 모든 손님이 요리를 덜고 나면 접시를 다시 부엌에 가져가서 재차 권하기 전까지 따뜻하게 보관한다. 빵과 물, 와인은 주최자가 나누어야 한다. 음료는 사용인을 따로 고용하지 않은 경우 앉은 손님의 오른쪽 방향에서 따른다.

커트러리는 코스 중간에 바꿔 준다. 주최자가 이미 사용한 접시를 포크와 나이프를 얹은 채로 앉은 사람의 오른쪽 방향으로 가져간 다음 새 접시와 새 수저류를 왼쪽 방향에서 차린다. 디저트를 내기 전에는 전용 쓰레받기와 작은 솔, 자동 청소기, 냅킨 등을 이용해서 식탁보에 흩어진 음식 부스러기를 깨끗하게 치운다. 과일이나 굴을 낸 후에는 저민 레몬을 띄운 따뜻한 물을 담은 핑거볼을 접시에 담아서 내놓아도 좋다. 커피는 식탁에서 바로 마시거나 식당에서 나와 편안한 분위기에서 따로 마신다. 쟁반에 컵과 작은 찻숟가락, 각설탕을 따로 차려 둔다. 커피는 반드시 아주 뜨겁게 내야 한다. 원하는 사람이 있을 경우 리큐어 등을 전용 잔에 담아서 따로 쟁반에 차려도 좋다.

가족 식사

식탁

가족 식사를 차릴 때는 간단하고 품이 덜 가는 것이 좋다. 식탁 차림새는 덜 복잡하지만 편안하고 깔끔한 형태가 되어야 한다. 큰 행사를 치를 때와 같은 방식으로 꾸며도 좋지만 와인잔을 여러 개 놓지 않는다. 놓는다면 물잔 옆에 하나 정도 차리는 것이 좋다. 냅킨은 접시 왼쪽에 둔다. 냅킨은 반드시 개인별로 사용해야 하며 식사가 끝난 후에는 냅킨 링이나 직물 봉투에 담아서 깔끔하게 보관한다. 아무리 식탁을 간단하게 차리더라도 빵 도마 및 바구니에 담은 빵과 빵 나이프는 빠뜨리지 않는다. 소금통과 오일, 식초는 필요할 때 언제든 사용할 수 있도록 항상 식탁 위에 차려 둔다.

음식 그릇은 식탁 가운데 테이블 매트를 놓은 다음 그 위에 얹어서 격식을 차리지 않고 각자 덜어 먹도록 한다. 맛에 영향이 가지 않는 한 음식은 미리 준비해 두는 것이 좋다. 요리사가 여러 번 자리에서 일어나야 하는 음식은 모두에게 불편하다. 필요에 따라 깨끗한 접시와 수저 등을 따로 옆에 준비해 두는 것도 좋지만 가능하면 교체 횟수는 적을수록 좋다.

치우기

가족 모두가 배부르게 식사를 끝마치고 나면 식탁을 치운다. 혼자서도 할 수 있지만 여럿이 함께하면 시간을 훨씬 단축할 수 있다. 식탁을 깨끗하게 치우고 식당을 환기하며 식탁보와 냅킨은 털어서 깔끔하게 개어 먼지를 피할 수 있는 작은 탁자나 찬장 서랍 등의 제자리에 넣어 둔다. 그런 다음 식당을 청소기로 깨끗하게 청소한다. 식당은 가족 구성원이 아주 빈번하게 시간을 보내는 곳이기 때문이다. 주방에서는 남은 음식을 밀폐 용기에 담아 냉장고에 넣는다. 가능하면 당일에 전부 먹어 치우는 것이 좋다.

설거지를 바로 하건 나중에 하건 식기를 미리 차곡차곡 쌓아 둔다. 매번 식사가 끝나자마자 설거지를 해야 할 필요는 없으며, 식기세척기가 있다면 더더욱 그렇다. 접시는 깨끗하게 문질러 닦아서 수저류와 함께 차곡차곡 쌓아 둔다. 찬장 선반에 잠시 보관해도 좋다. 냄비나 팬은 나중에 쉽게 세척할 수 있도록 물에 담가 둔다. 그러면 지저분한 그릇이 보이지 않아서 주방을 언제나 깔끔하게 유지할 수 있다. 이런 식으로 정리하면 설거지는 하루 한 번으로 족하다.

레시피 관련 참고 사항

◆ 달리 지정하지 않는 한 조리용 올리브 오일 또는 해바라기씨 오일이나 땅콩 오일 등 향이 없는 오일을 사용한다.

◆ 후추는 달리 지정하지 않는 한 즉석에서 간 검은 후추를 사용한다.

◆ 허브는 달리 지정하지 않는 한 신선한 것을 사용한다.

◆ 크렘 프레슈는 전지유를 사용한다. 반탈지유로 만든 크렘 프레슈는 쉽게 분리된다. 크렘 프레슈는 언제든지 더블 크림으로 대체할 수 있다.

◆ 밀가루는 달리 지정하지 않는 한 일반 백밀가루를 사용한다.

◆ 달걀은 달리 지정하지 않는 한 중간 크기를 사용한다.

◆ 조리 시간과 온도는 지침일 뿐이며 개별 오븐에 따라 상태가 달라진다. 팬 오븐을 사용할 때는 설명서를 참조해서 필요에 따라 온도를 조정해야 한다.

◆ 튀김 요리를 할 때는 특히 조심해야 한다. 식재료를 넣을 때 기름이 튀지 않도록 조심스럽게 작업하며 긴 장갑을 착용한다. 절대 팬을 불에 올린 채로 부엌을 떠나서는 안 된다.

◆ 플랑베를 할 때도 특히 조심해야 한다. 팬 주변의 인화성 물질을 모두 치우고 멀찍이 서서 팬 뚜껑을 가까이에 둔 채로 작업한다.

◆ 일부 레시피에는 날것 또는 아주 살짝 익힌 달걀이나 생선, 고기가 함유되어 있다. 노약자와 유아, 임신부, 환자, 면역력이 약한 사람은 주의하도록 한다.

◆ 이 책에서는 미터법 계량을 적용하고 있다.

◆ 숟가락으로 계량할 때는 반드시 깎아서 측정해야 한다. 1작은술은 5mL, 1큰술은 15mL에 해당한다. 호주에서는 기본적으로 20mL를 1큰술로 치므로 호주 독자의 경우 소량을 계량할 때는 1큰술 대신 3작은술을 쓰도록 한다.

레시피 목록

우유 & 달걀 디저트

찾아보기

ㄱ

ㅊ

역자 후기

프랑스 요리는 현재 가장 잘 정리된 서양 요리의 기초본이다. 반드시 프랑스 요리를 배워야 전문 주방에 입성할 수 있는 것은 아니다. 그러나 육수 내기부터 재료별 특성에 맞춘 손질과 조리법, 소스, 조화로운 식사 코스 구성, 상차림, 음료와의 궁합 등 개성적인 미식 세계를 꾸미기 전에 갖춰야 할 가장 기본적인 모든 지식을 프랑스 요리를 통해 배울 수 있다. 실제로 레스토랑 주방 정리의 기초라 일컫는 '완벽하게 사전 조리 준비를 끝낸 상태'를 '미즈 앙 플라스Mise en Place'라고 부르는 등 업계 용어에도 프랑스어가 즐비하다.

개인적으로 프랑스 요리의 가장 큰 특징으로 꼽는 것은 다소 복잡한 과정이다. 다른 문화권에 비하여 최상의 맛 내기를 위해 조금 귀찮은 과정을 거치기를 꺼리지 않고 조금 더 아름답게 차려내기를 중시한다. 물론 생래디시에는 버터와 플뢰르 드 셀을 곁들여 생으로 먹는 것이 제일이라는 단순한 조리법도 존재한다. 그러나 소스나 스튜 등에 점도와 깊은 풍미를 더하기 위해 루를 만들고, 달걀흰자와 다진 고기로 국물을 정제해 맑고 투명한 수프를 내며, 소량의 살점을 희생하더라도 양갈빗대에 붙은 고기와 힘줄을 말끔하게 긁어내서 겉보기에 더없이 깔끔하게 손질하는 것이 프랑스식이다. 후자의 방식으로 뼈를 손질하는 과정은 심지어 '프렌치french 한다'고 부른다.

『프랑스 쿡북』의 굉장한 점은 그런 프랑스 요리의 기초가 극도로 정제된 파인 다이닝에 국한되지 않고 일상적인 가정 요리 전반에 배어 있음을 보여 준다는 것이다. 물론 이 책에 등장하는 레시피 자체는 (조리 학교에서 배우는 까다로운 설명에 비하면) 간결하고 단순한 편이며, 제작 시기가 수십 년 전인 만큼 채소를 익히는 시간 등이 지금 접하기에는 당황스러울 정도로 길다. 다만 이 부분 또한 실제로 이 책을 새롭게 편찬하면서 테스트를 통해 현재 실정에 맞게 줄였다고 한다.

여기서 주목해야 할 점은 '고전은 영원하다'는 것이다. 버터(또는 오일)를 녹여서 밀가루를 뿌리고 노릇노릇하게 볶아 블론드 루를 만드는 모습은 전문 레스토랑에도, 가정용 주방에도 존재한다. 곱게 채 썬 당근을 비네그레트에 버무리고, 스튜를 만들기 위해 잘게 썬 염장 삼겹살인 라르동을 채소 3종으로 이루어진 미르푸아와 함께 노릇노릇하게 볶고, 냄비 바닥에 눌어붙은 맛의 정수인 고기 파편을 와인과 육수로 불려 긁어내는 디글레이징 과정은 몇십 년 전에도, 그리고 몇십 년 후에도 영원할 것이다.

세상의 온갖 식재료를 용감하게 다루는 실력을 갖추기 위해 한 가지 퀴진을 선택해야 한다면 단연코 프랑스 요리를 추천한다. 날것이든 익힌 것이든 이 책을 참고하고 나면 한 가지 음식에서 더 큰 가능성을 볼 수 있는 눈을 갖추게 될 것이다.

정연주

옮긴이 정연주

성균관대학교 법학과를 졸업하고 사법시험 준비 중 진정 원하는 일은 '요리하는 작가'임을
깨닫고 방향을 수정했다. 이후 르 코르동 블루에서 프랑스 요리를 전공하고, 푸드 매거진
에디터로 일했다. 현재 바른번역 소속 번역가이자 프리랜서 에디터로 활동하고 있다.
옮긴 책으로는 『피에르 에르메 마카롱』, 『케토채식』, 『노마 발효 가이드』, 『풍미사전』,
『바 타르틴』, 『마스터링 파스타』 등이 있으며 『온갖 날의 미식 여행』을 썼다. 유튜브 푸드
채널 '페퍼젤리컴퍼니'를 운영하고 있다.

일러스트 블렉스볼렉스 Blexbolex

베를린에서 작업 활동을 펼치고 있는 블렉스볼렉스는 여러 수상 경력을 지닌
프랑스 도서 일러스트레이터다. 산업형 인쇄 기술을 활용한 도서에 효과적으로
어우러지는 일러스트레이션을 선보이고 있다.

포랑스 FRANCE THE COOKBOOK 쿡북

1판 1쇄 찍음   2021년 4월 8일
1판 1쇄 펴냄   2021년 4월 15일

지은이   지네트 마티오
옮긴이   정연주

편집   김수연 김지향
교정교열   윤혜민
디자인   한나은 김낙훈 이미화
마케팅   정대용 허진호 김채훈 홍수현 이지원
온라인마케팅   유선사
홍보   이시윤
저작권   남유선 김다정 송지영
제작   박성래 임지헌 김한수 이인선
관리   박경희 김하림 김지현

펴낸이   박상준
펴낸곳   세미콜론

한국어판 © (주)사이언스북스, 2021.
Printed in Seoul, Korea
ISBN 979-11-91187-72-4 13590
값 65,000원

세미콜론은 민음사 출판그룹의
만화·예술·라이프스타일 브랜드입니다.
www.semicolon.co.kr

트위터 semicolon_books
인스타그램 semicolon.books
페이스북 SemicolonBooks
유튜브 세미콜론TV

출판등록 1997. 3. 24(제16-1444호)
06027 서울특별시 강남구 도산대로1길 62
대표전화 515-2000 팩시밀리 515-2007
편집부 517-4263 팩시밀리 514-2329

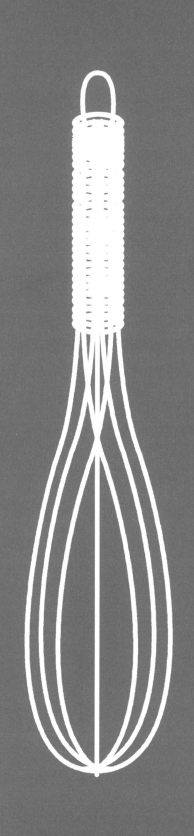